《中国古脊椎动物志》编辑委员会主编

中国古脊椎动物志

第三卷

基干下孔类　哺乳类

主编　邱占祥　|　副主编　李传夔

第五册（上）（总第十八册上）

啮型类 II：啮齿目 I

李传夔　邱铸鼎　等 编著

科学技术部基础性工作专项（2013FY113000）资助

科 学 出 版 社
北 京

内 容 简 介

本册志书为啮齿目（I），包括了2017年以前在中国（台湾资料暂缺）发现的除鼠超科（Muroidea）外的所有啮齿类动物化石，共计有3个亚目和数个亚目不定的19科161属312种。书中对每个属、种的鉴别特征、产地和层位都由有关编者做了详实的考证和记述。但对科级及以上阶元的安排，由于近年来学术争议颇多，加之分子生物学的飞跃进展，使得在处置上有一定的困难。志书遵从了每位编者在把有关高阶元的研究现状做出全面的评析后，依作者本人的意见来确定其分类位置。因之书中多处出现了“亚目位置不确定”“啮齿目（分类位置不明）”的阶元安排。这或许与传统的分类办法有所不同，但恰恰展示出当今的研究现状和进展。书中附有336张照片及插图。

本书是国内外凡涉及地学、生物学、考古学的大专院校、科研机构、博物馆有关科研人员及业余古生物爱好者的基础参考书，也可为科普创作提供必要的参考资料。

图书在版编目（CIP）数据

中国古脊椎动物志. 第3卷. 基干下孔类、哺乳类. 第5册. 上，啮型类. II，啮齿目. I：总第18册上 / 李传夔等编著. —北京：科学出版社，2019. 3
ISBN 978-7-03-060501-6

I. ①中… II. ①李… III. ①古动物－脊椎动物门－动物志－中国 ②啮齿目－动物志－中国 IV. ①Q915.86

中国版本图书馆CIP数据核字（2019）第023577号

责任编辑：胡晓春 孟美岑 / 责任校对：严 娜
责任印制：肖 兴 / 封面设计：黄华斌

科学出版社 出版
北京东黄城根北街16号
邮政编码：100717
http://www.sciencep.com
中国科学院印刷厂 印刷
科学出版社发行 各地新华书店经销
*
2019年3月第 一 版 开本：787 × 1092 1/16
2019年3月第一次印刷 印张：36
字数：744 000

定价：469.00元

Editorial Committee of Palaeovertebrata Sinica

PALAEOVERTEBRATA SINICA

Volume III

Basal Synapsids and Mammals

Editor-in-Chief: **Qiu Zhanxiang** | Associate Editor-in-Chief: **Li Chuankui**

Fascicle 5 (1) (Serial no. 18-1)

Glires II: Rodentia I

By **Li Chuankui, Qiu Zhuding et al.**

Supported by the Special Research Program of Basic Science and Technology
of the Ministry of Science and Technology (2013FY113000)

Science Press
Beijing

《中国古脊椎动物志》编辑委员会

Editorial Committee of Palaeovertebrata Sinica

本册撰写人员分工

主编	李传夔 E-mail: lichuankui@ivpp.ac.cn
副主编	邱铸鼎 E-mail: qiuzhuding@ivpp.ac.cn
啮齿目导言	李传夔
斑鼠科、初鼠科、壮鼠科	童永生 E-mail: tongyongsheng@ivpp.ac.cn
	李　茜 E-mail: liqian@ivpp.ac.cn
山河狸科	王伴月 E-mail: wangbanyue@ivpp.ac.cn
	邱铸鼎
圆齿鼠科	吴文裕 E-mail: wuwenyu@ivpp.ac.cn
松鼠科	邱铸鼎
睡鼠科	吴文裕
河狸科	李　强 E-mail: liqiang@ivpp.ac.cn
始鼠科	吴文裕
跳鼠科	邱铸鼎、王伴月
豪猪科	王　元 E-mail: xiaowangyuan@ivpp.ac.cn
梳趾鼠超科 科不确定	李　茜、童永生
梳趾鼠科	王伴月
戈壁鼠科	王伴月
硅藻鼠科	李传夔
圆柱齿鼠科	王伴月
争胜鼠科	王伴月
查干鼠科	王伴月

（以上编写人员所在单位均为中国科学院古脊椎动物与古人类研究所、
中国科学院脊椎动物演化与人类起源重点实验室）

Contributors to this Fascicle

Editor	**Li Chuankui** E-mail: lichuankui@ivpp.ac.cn
Associate Editor	**Qiu Zhuding** E-mail: qiuzhuding@ivpp.ac.cn
A sketch of the Order Rodentia	**Li Chuankui**
Alagomyidae, Archetypomyidae, Ischyromyidae	
	Tong Yongsheng E-mail: tongyongsheng@ivpp.ac.cn
	Li Qian E-mail: liqian@ivpp.ac.cn
Aplodontidae	**Wang Banyue** E-mail: wangbanyue@ivpp.ac.cn
	Qiu Zhuding
Mylagaulidae	**Wu Wenyu** E-mail: wuwenyu@ivpp.ac.cn
Sciuridae	**Qiu Zhuding**
Gliridae	**Wu Wenyu**
Castoridae	**Li Qiang** E-mail: liqiang@ivpp.ac.cn
Eomyidae	**Wu Wenyu**
Dipodidae	**Qiu Zhuding, Wang Banyue**
Hystricidae	**Wang Yuan** E-mail: xiaowangyuan@ivpp.ac.cn
Ctenodactyloidea: Incertae familiae	**Li Qian, Tong Yongsheng**
Ctenodactylidae	**Wang Banyue**
Gobiomyidae	**Wang Banyue**
Diatomyidae	**Li Chuankui**
Cylindrodontidae	**Wang Banyue**
Zelomyidae	**Wang Banyue**
Tsaganomyidae	**Wang Banyue**

(All the contributors are from the Institute of Vertebrate Paleontology and Paleoanthropology, Chinese Academy of Sciences, Key Laboratory of Vertebrate Evolution and Human Origins of Chinese Academy of Sciences)

总　序

中国第一本有关脊椎动物化石的手册性读物是1954年杨钟健、刘宪亭、周明镇和贾兰坡编写的《中国标准化石——脊椎动物》。因范围限定为标准化石，该书仅收录了88种化石，其中哺乳动物仅37种，不及德日进（P. Teilhard de Chardin）1942年在《中国化石哺乳类》中所列举的在中国发现并已发表的哺乳类化石种数（约550种）的十分之一。所以这本只有57页的小册子还不能算作一本真正的脊椎动物化石手册。我国第一本真正的这样的手册是1960－1961年在杨钟健和周明镇领导下，由中国科学院古脊椎动物与古人类研究所的同仁们集体编撰出版的《中国脊椎动物化石手册》。该手册共记述脊椎动物化石386属650种，分为《哺乳动物部分》（1960年出版）和《鱼类、两栖类和爬行类部分》（1961年出版）两个分册。前者记述了276属515种化石，后者记述了110属135种。这是对自1870年英国博物学家欧文（R. Owen）首次科学研究产自中国的哺乳动物化石以来，到1960年前研究发表过的全部脊椎动物化石材料的总结。其中鱼类、两栖类和爬行类化石主要由中国学者研究发表，而哺乳动物则很大一部分由国外学者研究发表。“文化大革命”之后不久，1979年由董枝明、齐陶和尤玉柱编汇的《中国脊椎动物化石手册》（增订版）出版，共收录化石619属1268种。这意味着在不到20年的时间里新发现的化石属、种数量差不多翻了一番（属为1.6倍，种为1.95倍）。

自20世纪80年代末开始，国家对科技事业的投入逐渐加大，我国的古脊椎动物学逐渐步入了快速发展的时期。新的脊椎动物化石及新属、种的数量，特别是在鱼类、两栖类和爬行动物方面，快速增加。1992年孙艾玲等出版了《The Chinese Fossil Reptiles and Their Kins》，记述了两栖类、爬行类和鸟类化石228属328种。李锦玲、吴肖春和张福成于2008年又出版了该书的修订版（书名中的Kins已更正为Kin），将属种数提高到416属564种。这比1979年手册中这一部分化石的数量（186属219种）增加了大约1倍半（属近2.24倍，种近2.58倍）。在哺乳动物方面，20世纪90年代初，中国科学院古脊椎动物与古人类研究所一些从事小哺乳动物化石研究的同仁们，曾经酝酿编写一部《中国小哺乳动物化石志》，并已草拟了提纲和具体分工，但由于种种原因，这一计划未能实现。

自20世纪90年代末以来，我国在古生代鱼类化石和中生代两栖类、翼龙、恐龙、鸟类，以及中、新生代哺乳类化石的发现和研究方面又有了新的重大突破，在恐龙蛋和爬行动物及鸟类足迹方面也有大量新发现。粗略估算，我国现有古脊椎动物化石种的总数已经超过 3000 个。我国是古脊椎动物化石赋存大国，有关收藏逐年增加，在研究方面正在努力进入世界强国行列的过程之中。此前所出版的各类手册性的著作已落后于我国古脊椎动物研究发展的现状，无法满足国内外有关学者了解我国这一学科领域进展的迫切需求。美国古生物学家 S. G. Lucas，积 5 次访问中国的经历，历时近 20 年，于 2001 年出版了一部 370 多页的《Chinese Fossil Vertebrates》。这部书虽然并非以罗列和记述属、种为主旨，而且其资料的收集限于 1996 年以前，却仍然是国外学者了解中国古脊椎动物学发展脉络的重要读物。这可以说是从国际古脊椎动物研究的角度对上述需求的一种反映。

2006 年，科技部基础研究司启动了国家科技基础性工作专项计划，重点对科学考察、科技文献典籍编研等方面的工作加大支持力度。是年 10 月科技部召开研讨中国各门类化石系统总结与志书编研的座谈会。这才使我国学者由自己撰写一部全新的、涵盖全面的古脊椎动物志书的愿望，有了得以实现的机遇。中国科学院南京地质古生物研究所和古脊椎动物与古人类研究所的领导十分珍视这次机遇，于 2006 年年底前，向科技部提交了由两所共同起草的“中国各门类化石系统总结与志书编研”的立项申请。2007 年 4 月 27 日，该项目正式获科技部批准。《中国古脊椎动物志》即是该项目的一个组成部分。

在本志筹备和编研的过程中，国内外前辈和同行们的工作一直是我们学习和借鉴的榜样。在我国，“三志”（《中国动物志》、《中国植物志》和《中国孢子植物志》）的编研，已经历时半个多世纪之久。其中《中国植物志》自 1959 年开始出版，至 2004 年已全部出齐。这部煌煌巨著分为 80 卷，126 册，记载了我国 301 科 3408 属 31142 种植物，共 5000 多万字。《中国动物志》自 1962 年启动后，已编撰出版了 126 卷、册，至今仍在继续出版。《中国孢子植物志》自 1987 年开始，至今已出版 80 多卷（不完全统计），现仍在继续出版。在国外，可以作为借鉴的古生物方面的志书类著作，有原苏联出版的《古生物志》（《Основы Палеонтологии》）。全书共 15 册，出版于 1959 – 1964 年，其中古脊椎动物为 3 册。法国的《Traité de Paléontologie》（实际是古动物志），全书共 7 卷 10 册，其中古脊椎动物（包括人类）为 4 卷 7 册，出版于 1952 – 1969 年，历时 18 年。此外，C. M. Janis 等编撰的《Evolution of Tertiary Mammals of North America》（两卷本）也是一部对北美新生代哺乳动物化石属级以上分类单元的系统总结。该书从 1978 年开始构思，直到 2008 年才编撰完成，历时 30 年。

参考我国“三志”和国外志书类著作编研的经验，我们在筹备初期即成立了志书编辑委员会，并同步进行了志书编研的总体构思。2007 年 10 月 10 日由 17 人组成的《中国古脊椎动物志》编辑委员会正式成立（2008 年胡耀明委员去世，2011 年 2 月 28 日增补邓涛、尤海鲁和张兆群为委员，2012 年 11 月 15 日又增加金帆和倪喜军两位委员，现共 21 人）。2007 年 11 月 30 日《中国古脊椎动物志》“编辑委员会组成与章程”、“管理条例”和“编写规则”三个试行草案正式发布，其中“编写规则”在志书撰写的过程中不断修改，直至 2010 年 1 月才有了一个比较正式的试行版本，2013 年 1 月又有了一个更为完善的修订本，至今仍在不断修改和完善中。

考虑到我国古脊椎动物学发展的现状，在汲取前人经验的基础上，编委会决定：①延续《中国脊椎动物化石手册》的传统，《中国古脊椎动物志》的记述内容也细化到种一级。这与国外类似的志书类都不同，后者通常都停留在属一级水平。②采取顶层设计，由编委会统一制定志书总体结构，将全志大体按照脊椎动物演化的顺序划分卷、册；直接聘请能够胜任志书要求的合适研究人员负责编撰工作，而没有采取自由申报、逐项核批的操作程序。③确保项目经费足额并及时到位，力争志书编研按预定计划有序进行，做到定期分批出版，努力把全志出版周期限定在10年左右。

编委会将《中国古脊椎动物志》的编写宗旨确定为："本志应是一套能够代表我国古脊椎动物学当前研究水平的中文基础性丛书。本志力求全面收集中国已发表的古脊椎动物化石资料，以骨骼形态性状为主要依据，吸收分子生物学研究的新成果，尝试运用分支系统学的理论和方法认识和阐述古脊椎动物演化历史、改造林奈分类体系，使之与演化历史更为吻合；着重对属、种进行较全面、准确的文字介绍，并尽可能附以清晰的模式标本图照，但不创建新的分类单元。本志主要读者对象是中国地学、生物学工作者及爱好者，高校师生，自然博物馆类机构的工作人员和科普工作者。"

编委会在将"代表我国古脊椎动物学当前研究水平"列入撰写本志的宗旨时，已经意识到实现这一目标的艰巨性。这一点也是所有参撰人员在此后的实践过程中越来越深刻地感受到的。正如在本志第一卷第一册"脊椎动物总论"中所论述的，自20世纪50年代以来，在古生物学和直接影响古生物学发展的相关领域中发生了可谓"翻天覆地"的变化。在20世纪七八十年代已形成了以Mayr和Simpson为代表的演化分类学派（evolutionary taxonomy）、以Hennig为代表的系统发育系统学派[phylogenetic systematics，又称分支系统学派（cladistic systematics，或简化为cladistics）]及以Sokal和Sneath为代表的数值分类学派（numerical taxonomy）的"三国鼎立"的局面。自20世纪90年代以来，分支系统学派逐渐占据了明显的优势地位。进入21世纪以来，围绕着生物分类的原理、原则、程序及方法等的争论又日趋激烈，形成了新的"三国"。以演化分类学家Mayr和Bock为代表的"达尔文分类学派"（Darwinian classification），坚持依据相似性（similarity）和系谱（genealogy）两项准则作为分类基础，并保留林奈套叠等级体系，认为这正是达尔文早就提出的生物分类思想。在分支系统学派内部分成两派：以de Quieroz和Gauthier为代表的持更激进观点的分支系统学家组成了"系统发育分类命名法规学派"（简称PhyloCode）。他们以单一的系谱（genealogy）作为生物分类的依据，并坚持废除林奈等级体系的观点。以M. J. Benton等为代表的持比较保守观点的分支系统学家则主张，在坚持分支系统学核心理论的基础上，采取某些折中措施以改进并保留林奈式分类和命名体系。目前争论仍在进行中。到目前为止还没有任何一个具体的脊椎动物的划分方案得到大多数生物和古生物学家的认可。我国的古生物学家大多还处在对这些新的论点、原理和方法以及争论论点实质的不断认识和消化的过程之中。这种现状首先影响到志书的总体架构：如何划分卷、册？各卷、册使用何种标题名称？系统记述部分中各高阶元及其名称如何取舍？基于林奈分类的《国际动物命名法规》是否要严格执行？…… 这些问题的存在甚至对编撰本志书的科学性和必要性都形成了质疑和挑战。

在《中国古脊椎动物志》立项和实施之初，我们确曾希望能够建立一个为本志书各卷、册所共同采用的脊椎动物分类方案。通过多次尝试，我们逐渐发现，由于脊椎动物内各大类群的研究历史和分类研究传统不尽相同，对当前不同分类体系及其使用的方法，在接受程度上差别较大，并很难在短期内弥合。因此，在目前要建立一个比较合理、能被广泛接受、涵盖整个脊椎动物的分类方案，便极为困难。虽然如此，通过多次反复研讨，参撰人员就如何看待分类和究竟应该采取何种分类方案等还是逐渐取得了如下一些共识：

1）分支系统学在重建生物演化过程中，以其对分支在演化过程中的重要作用的深刻认识和严谨的逻辑推导方法，而成为当前获得古生物学家广泛支持的一种学说。任何生物分类都应力求真实地反映生物演化的过程，在当前则应力求与分支系统学的中心法则（central tenet）以及与严格按照其原则和方法所获得的结论相符。

2）生物演化的历史（系统发育）和如何以分类来表达这一历史，属于两个不同范畴。分类除了要真实地反映演化历史外，还肩负协助人类认知和记忆的功能。两者不必、也不可能完全对等。在当前和未来很长一段时期内，以二维和文字形式表达演化过程的最好方式，仍应该是现行的基于林奈分类和命名法的套叠等级体系。从实用的观点看，把十几代科学工作者历经 250 余年按照演化理论不断改进的、由近 200 万个物种组成的庞大的阶元分类体系彻底抛弃而另建一新体系，是不可想象的，也是极难实现的。

3）分类倘若与分支系统学核心概念相悖，例如不以共祖后裔而单纯以形态特征为分类依据，由复系类群组成分类单元等，这样的分类应予改正。对于分支系统学中一些重要但并非核心的论点，诸如姐妹群需是同级阶元的要求，干群（“Stammgruppe”）的分类价值和地位的判别，以及不同大类群的阶元级别的划分和确立等，正像分支系统学派内部有些学者提出的，可以采取折中措施使分支系统学的基本理论与以林奈分类和命名法为基础建立的现行分类体系在最大程度上相互吻合。

4）对于因分支点增多而所需阶元数目剧增的矛盾，可采取以下折中措施解决。①对高度不对称的姐妹群不必赋予同级阶元。②对于重要的、在生物学领域中广为人知并广泛应用、而目前尚无更好解决办法的一些大的类群，可实行阶元转移和跃升，如鸟类产生于蜥臀目下的一个分支，可以跃升为纲级分类单元（详见第一卷第一册的“脊椎动物总论”）。③适量增加新的阶元级别，例如 1997 年 McKenna 和 Bell 已经提出推荐使用新的主阶元，如 Legion（阵）、Cohort（部）等，和新的次级阶元，如 Magno-（巨）、Grand-（大）、Miro-（中）和 Parvo-（小）等。④减少以分支点设阶的数量，如仅对关键节点设立阶元、次要节点以顺序先后（sequencing）表示等。⑤应用全群（total group）的概念，不对其中的并系的干群（stem group 或“Stammgruppe”）设立单独的阶元等。

5）保留脊椎动物现行亚门一级分类地位不变，以避免造成对整个生物分类体系的冲击。科级及以下分类单元的分类地位基本上都已稳定，应尽可能予以保留，并严格按照最新的《国际动物命名法规》（1999 年第四版）的建议和要求处置。

根据上述共识，我们在第一卷第一册的“脊椎动物总论”中，提出了一个主要依据中国所有化石所建立的脊椎动物亚门的分类方案（PVS-2013）。我们并不奢求每位参与本志书撰写的人员一定接受它，而只是推荐一个可供选择的方案。

对生物分类学产生重要影响的另一因素则是分子生物学。依据分支系统学原理和方法，借助计算机高速数学运算，通过分析分子生物学资料（DNA、RNA、蛋白质等的序列数据）来探讨生物物种和类群的系统发育关系及支系分异的顺序和时间，是当前分子生物学领域的热点之一。一些分子生物学家对某些高阶分类单元（例如目级）的单系性和这些分类单元之间的系统关系进行探索，提出了一些令形态分类学家和古生物学家耳目一新的新见解。例如，现生哺乳动物 18 个目之间的系统和分类关系，一直是古生物学家感到十分棘手的问题，因为能够找到的目之间的共有裔征（synapomorphy）很少，而经常只有共有祖征（symplesiomorphy）。相反，分子生物学家们则可以在分子水平上找到新的证据，将它们进行重新分解和组合。例如，他们在一些属于不同目的“非洲类型”的哺乳动物（管齿目、长鼻目、蹄兔目和海牛目）和一些非洲土著的“食虫类”（无尾猬、金鼹等）中发现了一些共同的基因组变异，如乳腺癌抗原 1（BRCA1）中有 9 个碱基对的缺失，还在基因组的非编码区中发现了特有的“非洲短散布核元件（AfroSINES）”。他们把上述这些“非洲类型”的动物合在一起，组成一个比目更高的分类单元（Afrotheria，非洲兽类）。根据类似的分子生物学信息，他们把其他大陆的异节类、真魁兽啮型类和劳亚兽类看作是与非洲兽类同级的单元。分子生物学家们所提出的许多全新观点，虽然在细节上尚有很多值得进一步商榷之处，但对现行的分类体系无疑具有重要的参考价值，应在本志中得到应有的重视和反映。

采取哪种分类方案直接决定了本志书的总体结构和各卷、册的划分。经历了多次变化后，最后我们没有采用严格按照节点型定义的现生动物（冠群）五“纲”（鱼、两栖、爬行、鸟和哺乳动物）将志书划分为五卷的办法。其中的缘由，一是因为以化石为主的各“纲”在体量上相差过于悬殊。现生动物的五纲，在体量上比较均衡（参见第一卷第一册“脊椎动物总论”中有关部分），而在化石中情况就大不相同。两栖类和鸟类化石的体量都很小：两栖类化石目前只有不到 40 个种，而鸟类化石也只有大约五六十种（不包括现生种的化石）。这与化石鱼类，特别是哺乳类在体量上差别很悬殊。二是因为化石的爬行类和冠群的爬行动物纲有很大的差别。现有的化石记录已经清楚地显示，从早期的羊膜类动物中很早就分出两大主要支系：一支通过早期的下孔类演化为哺乳动物。下孔类，按照演化分类学家的观点，虽然是哺乳动物的早期祖先，但在形态特征上仍然和爬行类最为接近，因此应该归入爬行类。按照分支系统学家的观点，早期下孔类和哺乳动物共同组成一个全群（total group），两者无疑应该分在同一卷内。该全群的名称应该叫做下孔类，亦即：下孔类包含哺乳动物。另一支则是所有其他的爬行动物，包括从蜥臀类恐龙的虚骨龙类的一个分支演化出的鸟类，因此鸟类应该与爬行类放在同一卷内。上述情况使我们最后决定将两栖类、不包括下孔类的爬行类与鸟类合为一卷（第二卷），而早期下孔类和哺乳动物则共同组成第三卷。

在卷、册标题名称的选择上，我们碰到了同样的问题。分支系统学派，特别是系统发育分类命名法规学派，虽然强烈反对在分类体系中建立绝对阶元级别，但其基于严格单系分支概念的分类名称则是“全套叠式”的，亦即每个高阶分类单元必须包括其成员最近的共同祖先及由此祖先所产生的所有后代。例如传统意义中的鱼类既然包括肉鳍鱼类，那么也必须包括由其产生的所有的四足动物及其所有后代。这样，在需要表述某一“全套叠式”的名称的一部分成员时，就会遇到很大的困难，会出现诸如“非鸟恐龙”之类的称谓。相反，林奈分类体系中的高阶分类单元名称却是“分段套叠式”的，其五纲的概念是互不包容的。从分支系统学的观点看，其中的鱼纲、两栖纲和爬行纲都是不包括其所有后代的并系类群（paraphyletic groups），只有鸟纲和哺乳动物纲本身是真正的单系分支（clade）。林奈五纲的概念在生物学界已经根深蒂固，不会引起歧义，因此本志书在卷、册的标题名称上还是沿用了林奈的“分段套叠式”的概念。另外，由于化石类群和冠群在内涵和定义上有相当大的差别，我们没有直接采用纲、目等阶元名称，而是采用了含义宽泛的“类”。第三卷的名称使用了“基干下孔类 哺乳类”是因为“下孔类”这一分类概念在学界并非人人皆知，若在标题中舍弃人人皆知的哺乳类，而单独使用将哺乳类包括在内的下孔类这一全群的名称，则会使大多数读者感到茫然。

在编撰本志书的过程中我们所碰到的最后一类问题是全套志书的规范化和一致性的问题。这类问题十分烦琐，我们所花费时间也最多。

首先，全志在科级以下分类单元中与命名有关的所有词汇的概念及其用法，必须遵循《国际动物命名法规》。在本志书项目开始之前，1999年最新一版（第四版）的《International Code of Zoological Nomenclature》已经出版。2007年中译本《国际动物命名法规》（第四版）也已出版。由于种种原因，我国从事这方面工作的专业人员，在建立新科、属、种的时候，往往很少认真阅读和严格遵循《国际动物命名法规》，充其量也只是参考张永辂1983年出版的《古生物命名拉丁语》中关于命名法的介绍，而后者中的一些概念，与最新的《国际动物命名法规》并不完全符合。这使得我国的古脊椎动物在属、种级分类单元的命名、修订、重组，对模式的认定，模式标本的类型（正模、副模、选模、副选模、新模等）和含义，其选定的条件及表述等方面，都存在着不同程度的混乱。

这些都需要认真地予以厘定，以免在今后以讹传讹。

其次，在解剖学，特别是分类学外来术语的中译名的取舍上，也经常令我们感到十分棘手。“全国科学技术名词审定委员会公布名词”（网络 2.0 版）是我们主要的参考源。但是，我们也发现，其中有些术语的译法不够精准。事实上，在尊重传统用法和译法精准这两者之间有时很难做出令人满意的抉择。例如，对 phylogeny 的译法，在“全国科学技术名词审定委员会公布名词”中就有种系发生、系统发生、系统发育和系统演化四种译法，在其他场合也有译为亲缘关系的。按照词义的精准度考虑，钟补求于 1964 年在《新系统学》中译本的“校后记”中所建议的“种系发生”大概是最好的。但是我国从 1922 年杜就田所编撰的《动物学大词典》中就使用了“系统发育”的译法，以和个体发育（ontogeny）相对应。在我国从 1978 年开始的介绍和翻译分支系统学的热潮中，几乎所有的译介者都沿用了“系统发育”一词。经过多次反复斟酌，最后，我们也采用了这一译法。类似的情况还有很多，这里无法一一列举，这些抉择是否恰当只能留待读者去评判了。

再次，要使全套志书能够基本达到首尾一致也绝非易事。像这样一部预计有 3 卷 23 册的丛书，需要花费众多专家多年的辛勤劳动才能完成；而在确立各种体例和格式之类的琐事上，恐怕就要花费其中一半的时间和精力。诸如在每一册中从目录列举的级别、各章节排列的顺序，附录、索引和文献列举的方式及详简程度，到全书中经常使用的外国人名和地名、化石收藏机构等的缩写和译名等，都是非常耗时费力的工作。仅仅是对早期文献是否全部列入这一点，就经过了多次讨论，最后才确定，对于 19 世纪中叶以前的经典性著作，在后辈学者有过系统而全面的介绍的情况下（例如 Gregory 于 1910 年对诸如 Linnaeus、Blumenbach、Cuvier 等关于分类方案的引述），就只列后者的文献了。此外，在撰写过程中对一些细节的决定经常会出现反复，需经多次斟酌、讨论、修改，最后再确定；而每一次反复和重新确定，又会带来新的、额外的工作量，而且确定的时间越晚，增加的工作量也就越大。这其中的烦琐和日久积累的心烦意乱，实非局外人所能体会。所幸，参加这一工作的同行都能理解：科学的成败，往往在于细节。他们以本志书的最后完成为己任，孜孜矻矻，不厌其烦，而且大多都能在规定的时限内完成预定的任务。

本志编撰的初衷，是充分发挥老科学家的主导作用。在开始阶段，编委会确实努力按照这一意图，尽量安排老科学家担负主要卷、册的编研。但是随着工作的推进，编委会越来越深切地感觉到，没有一批年富力强的中年科学家的参与，这一任务很难按照原先的设想圆满完成。老科学家在对具体化石的认知和某些领域的综合掌控上具有明显的经验优势，但在吸收新鲜事物和新手段的运用、特别是在追踪新兴学派的进展上，却难以与中年才俊相媲美。近年来，我国古脊椎动物学领域在国内外都涌现出一批极为杰出的人才，其中有些是在国外顶级科研和教学机构中培养和磨砺出来的科学家。他们的参与对于本志书达到“当前研究水平”的目标起到了关键的作用。值得庆幸的是，我们所邀请的几位这样的中年才俊，都在他们本已十分繁忙的日程中，挤出相当多时间参与本志有关部分的撰写和/或评审工作。由于编撰工作中技术性任务量大、质量要求高，一部分年轻的学子也积极投入到这项工作中。最后这支编撰队伍实实在在地变成了一支老中青相结合的队伍了。

大凡立志要编撰一本专业性强的手册性读物，编撰者首要的追求，一定是原始资料的可靠和记录及诠释的准确性，以及由此而产生的权威性。这样才能经得起广大读者的推敲和时间的考验，才能让读者放心地使用。在追求商业利益之风日盛、在科普读物中往往充斥着种种真假难辨的猎奇之词的今天，这一点尤其显得重要，这也是本编辑委员会和每一位参撰人员所共同努力追求并为之奋斗的目标。虽然如此，由于我们本身的学识水平和认识所限，错误和疏漏之处一定不少，真诚地希望读者批评指正。

感谢 《中国古脊椎动物志》编研工作得以启动，首先要感谢科技部具体负责此项工作的基础研究司的领导，也要感谢国家自然科学基金委员会、中国科学院和相关政府部门长期以来对古脊椎动物学这一基础研究领域的大力支持。令我们特别难以忘怀的是几位参与我国基础性学科调研并提出宝贵建议的地学界同行，如黄鼎成和马福臣先生，是他们对临界或业已退休、但身体尚健的老科学工作者的报国之心的深刻理解和积极奔走，才促成本专项得以顺利立项，使一批新中国建立后成长起来的老古生物学家有机会把自己毕生积淀的专业知识的精华总结和奉献出来。另外，本志书编委会要感谢本专项的挂靠单位，中国科学院古脊椎动物与古人类研究所的领导和各处、室，特别是标本馆、图书室、负责照相和绘图的技术室，以及财务处的同仁们，对志书工作的大力支持。编委会要特别感谢负责处理日常事务的本专项办公室的同仁们。在志书编撰的过程中，在每一次研讨会、汇报会、乃至财务审计等活动中，他们忙碌的身影都给我们留下了难忘的印象。我们还非常幸运地得到了与科学出版社的胡晓春编辑共事的机会。她细致的工作作风和精湛的专业技能，使每一个接触到她的参撰人员都感佩不已。在本志书的编撰过程中，还有很多国内外的学者在稿件的学术评审过程中提出了很多中肯的批评和改进意见，使我们受益匪浅，也使志书的质量得到明显的提高。这些在相关册的致谢中都将做出详细说明，编委会在此也向他们一并表达我们衷心的感谢。

《中国古脊椎动物志》编辑委员会

2013年8月

编委会说明：在2015年出版的各册的总序第vi页第二段第3-4行中“**其最早的祖先**”叙述错误，现已更正为“**其成员最近的共同祖先**”。书后所附“《中国古脊椎动物志》总目录”也根据最新变化做了修订。敬请注意。 2017年6月

特别说明：本书主要用于科学研究。书中可能存在未能联系到版权所有者的图片，请见书后与科学出版社联系处理相关事宜。

本册前言

按 2016 年 10 月《中国古脊椎动物志》编委会第九次会议的决定，本册志书为第三卷第五册（上）（啮型类 II：啮齿目 I），内容包括了除鼠超科（Muroidea）以外的所有啮齿类，计有 3 个亚目和数个亚目不定的 19 科（包含 2 个不确定科）161 属 312 种。本册的编撰始于 2008 年 7 月。与第三卷前四册不同，在本册参编的 8 位编者中，除 5 位为年龄在 80 岁上下的退休老专家外，还增添了 3 位青年研究人员，这为本册的编撰带来新的生机与活力，值得庆幸。

本册志书编写专家的分工中，19 科的撰写者皆是研究该科的一线首席专家，对科内的分类、鉴别特征、地史地理分布等皆有亲身阅历，内容的真实、可靠性毋庸置疑。但对该科高阶元的归属，则从各自的研究角度或结合近年国际上最新研究成果，提出了一些与传统的或习惯上有所不同的观点，这是科学研究的正常规律，为此，我们保留了编者的观点和意见。例如河狸科（Castoridae），分子生物学的众多研究结果认为它与囊鼠类（geomyoids）关系最密切，而不是松鼠类动物的姐妹群，但河狸类 + 囊鼠类应是什么分类阶元并无答案，本志书只好暂把河狸超科放在松鼠型亚目之后，作为松鼠型亚目中分类位置不确定（Suborder Sciuromorpha incertae sedis）处置。再如梳趾鼠超科（Ctenodactyloidea），在以往文献中，超科之下计有 Cocomyidae、Tamquammyidae、Yuomyidae 等多科，但在编写各科下的属时，由于原作者们对科的定义各有不同、甚至相互混淆，使编者产生了某属依某一特征应归入某位著者的某科，而依另一特征又应归入另位著者的另一科的困惑，因此只好把科级阶元摒弃，而统归入梳趾鼠超科之下。但 Ctenodactyloidea 又应归入哪个亚目？归入 McKenna 和 Bell（1997）创建的 Suborder Sciuravida 显然不当，因为该亚目从未得到有关专家的支持。或有可能与 Huchon 等（2000）创建的“梳趾豪猪型啮齿类”(Ctenohystrica）有关，但目前证据尚嫌不足，有待确认，目前只能依从 Rose（2006）的意见，把梳趾鼠超科置于亚目位置不确定（Incerti subordinis）之下。又如圆柱齿鼠科（Cylindrodontidae），传统上多归入松鼠型亚目，而本志编者通过研究，采用了 Emry 和 Korth（1996a）认为 cylindrodontids 在啮齿目中的位置不确定的意见，把圆柱齿鼠科排除在松鼠型亚目之外，而以啮齿目（分类位置不明）Rodentia incertae sedis 处理。同样的理由，编者依自身的研究经历，把通常认为应归入豪猪型下颌亚目（Hystricognatha）的查干鼠科（Tsaganomyidae）从该亚目中剔出，而作为啮齿目分类位置不明（Rodentia incertae sedis）中一独立的科。还有睡鼠科（Gliridae），不少学者认为它是鼠型亚目（Myomorpha）的成员，与鼠超科（Muroidea）+ 跳鼠超科（Dipodoidea）组成姐妹类群，这三个超科组成鼠型亚目。而近年，从中耳结构、颈动脉系统和分子生物学的研究成果，认为睡鼠类与松鼠类之间有很密切的系统发育关系；并提出松鼠型亚目的 3 个主要的单系组合，即松鼠超科（= 松鼠科 + 山河狸科）+ 睡鼠科。因此本志书就把睡鼠科置于松鼠型亚目（Sciuromorpha）之中。凡此种种，我们尊重编者的意见，这也是《中国古脊椎动物志》的编志原则——以编者的意见为准。

本册志书按照最初的计划，应于 2010 年完稿。由于啮型动物各册的分拆、合并及诸位编写专家同时又承担着其他研究课题，致使延搁至今。但各册的分合或人员的分工都是在编委会主任邱占祥院士的领导下进行的，对他的关怀、指导建议以及在人力物力上的支持，编者表示衷心感谢。在志书的编写过程中，得益于国内外同行专家的讨论、指教，如孟津（American Museum of Natural History, New York）、Mary R. Dawson（Carnegie Museum of Natural History, Pittsburgh）、Larry J. Flynn（Peabody Museum, Harvard University, Cambrige）、G. Storch（Forschungsinstitut Senckenberg, Frankfurt）及王应祥（中国科学院昆明动物研究所）等，编者感谢他们。志书早期的一些章节是由李萍女士整理的。她 2010 年离开中国科学院古脊椎动物与古人类研究所之后，所有文稿都由司红伟女士汇编、校对、编目及合成制作图版，对她们的辛劳、协助，我们由衷地感谢。本册的照片先后由张杰、高伟先生摄制，电镜照片则是在张文定先生指导下由司红伟完成的。一些化石修理工作得助于谢树华先生，对于他们热心的奉献，编者谨致感谢。本册的古近纪和新近纪层位对比表、地点分布图分别由王元青、白滨、李强和司宏伟诸位制作，对他们的贡献，编者表示感谢。最后，编者还要衷心感谢志书项目负责人邓涛研究员、张翼主任和张昭高级工程师，他们的周密筹划、尽力工作才使得本册志书顺利完成。

李传夔　邱铸鼎

2017 年 10 月

本册涉及的机构名称及缩写

【缩写原则：1. 本志书所采用的机构名称及缩写仅为本志使用方便起见编制，并非规范名称，不具法规效力。2. 机构名称均为当前实际存在的单位名称，个别重要的历史沿革在括号内予以注解。3. 原单位已有正式使用的中、英文名称及 / 或缩写者（用 * 标示），本志书从之，不做改动。4. 中国机构无正式使用之英文名称及 / 或缩写者，原则上根据机构的英文名称或按本志所译英文名称字串的首字符（其中地名按音节首字符）顺序排列组成，个别缩写重复者以简便方式另择字符取代之。】

（一）中国机构

***BMNH** — 北京自然博物馆 Beijing Museum of Natural History

BXGM — 本溪地质博物馆（辽宁）Benxi Geological Museum (Liaoning Province)

CQMNH — 重庆自然博物馆 Chongqing Museum of Natural History

HNM — 海南省博物馆（海口）Hainan Museum (Haikou)

***HZPM** — 和政古动物化石博物馆（甘肃）Hezheng Paleozoological Museum (Gansu Province)

***IVPP** — 中国科学院古脊椎动物与古人类研究所（北京）Institute of Vertebrate Paleontology and Paleoanthropology, Chinese Academy of Sciences (Beijing)

***LZU** — 兰州大学（甘肃）Lanzhou University (Gansu Province)

***NHMG** — 广西自然博物馆（南宁）Natural History Museum of Guangxi (Nanning)

***NWU** — 西北大学（陕西 西安）Northwest University (Xi'an, Shaanxi Province)

***SDM** — 山东博物馆（济南）Shandong Museum (Ji'nan)

SWNG — 山旺国家地质公园（山东 临朐）Shanwang National Geopark (Linqu, Shandong Province)

SWPM — 山旺古生物化石博物馆（山东 临朐）Shanwang Paleontological Museum (Linqu, Shandong Province)

WSM — 巫山博物馆（重庆）Wushan Museum (Chongqing)

YSM — 榆社博物馆（山西）Yushe Museum (Shanxi Province)

（二）外国机构

***AMNH** — American Museum of Natural History (New York) 美国自然历史博物馆（纽约）

***FAM** — Frick Collection of American Museum of Natural History (New York) 美国自然历史博物馆的弗里克收藏品（纽约）

***MEUU** — Museum of Evolution (including former Paleontological Museum) of Uppsala University (Sweden) 乌普萨拉大学演化博物馆（瑞典）

NHMW — Naturhistorisches Museum Wien (Austria) 维也纳自然历史博物馆（奥地利）

***PIN** — Paleontological Institute, Russian Academy of Sciences (Moscow) 俄罗斯科学院古生物研究所（莫斯科）

ZIKAS — Zoological Institute of the Kazakhstan Academy of Sciences (the former USSR) 哈萨克斯坦科学院动物研究所（原苏联）

***ZPAL** — Institute of Paleobiology, Polish Academy of Sciences (Warsaw) 波兰科学院古生物研究所（华沙）

目　录

啮齿目导言

一、概　　述

啮齿目（Rodentia）是 1821 年 Bowdich 在《An Analysis of the Natural Classifications of Mammalia for the Use of Students and Travellers》中提出的分类阶元。*rodere* 词源来自拉丁文，是啮（gnaw）的意思。啮齿类包括松鼠、家鼠、豪猪等现生的和更多的化石属种。世界上现生的啮齿类有 2277 种（Wilson et Reeder, 2005），占整个现生哺乳动物种的 40% 以上；中国现生啮齿类有 216 种，占中国哺乳动物种的 33.49%（潘清华等，2007）。世界上的化石啮齿类截至 1998 年约有 743 属，而现生属约 429 个，绝灭属占所有属（743+429=1172 属）的 63%；啮齿类绝灭的科有 28 个，而现生科为 24 个，绝灭科占所有科的 54%（McKenna et Bell, 1997）。中国化石啮齿类截止到 2016 年在本志书中列出的是 29 科 268 属约 656 种（见本志书三卷五册上、下册），约为中国现生啮齿类的 3 倍。啮齿类分布在南极以外的所有大陆。在澳大利亚也有啮齿动物，但其与兔形类不同，是上新世早—中期才自然扩散抵达的（Rich, 1991）。啮齿类几乎占据了除海洋以外的所有陆地生态域，从极地苔原到热带荒漠。有生活在海拔 5000 m 高山草甸的喜马拉雅旱獭（*Marmota himalayana*），有居于干旱荒芜地区的荒漠跳鼠（*Jaculus*），有靠皮膜在树间滑翔的飞鼠（如 *Hylopetes*），有树栖的花松鼠（*Tamiops*），有地栖的田鼠（*Microtus*），有完全营地下生活的非洲滨鼠（*Heterocephalus*），有营半水栖的河狸（*Castor*），还有善于奔跑的水豚（*Hydrochaeris*），等等。啮齿类个体大小的差异范围超过了哺乳动物任何一个目，非洲的宠物小鼠（*Mus minutoides*）体长 6–8 cm（包括 2–4 cm 的尾巴）、体重仅 3–12 g，而巴基斯坦的倭跳鼠（*Salpingotulus michaelis*）或许还要更小些；现生的南美水豚（*Hydrochaeris hydrochaeris*）通常体重是 65 kg 左右，个别的可达 91 kg；而化石啮齿类，如南美的 *Josephoartigasia monesi* 正常体重为 1211 kg，最大个体可达 2586 kg（Rinderknecht et Blanco, 2008）。以此计算，啮齿目内个体大小可相差几十万倍。啮齿类的繁殖力极强，以宾州田鼠（*Microtus pennsylvanicus*）为例，出生 25 天达到性成熟，分娩 21 天后可再次怀孕，一年可生 17 窝，一窝有 5–6 个鼠仔，这样一只母鼠一年可繁殖百余只后代，加之它子孙的繁衍，每年的数量是极为可观的，因之获有哺乳动物的“果蝇”之称（Chaline, 1977）。由于繁殖速度快，有时种群的密度达到令人震惊的程度，据载一种田鼠（*Microtus*）在 1 公亩（100 m^2）内的密度可达 8000 只，而每平方米竟有鼠窝 15–20 个（Wood, 1974a）。目前，无争议的啮齿类最早出现于古新世、始新世交界时期：在北美是壮鼠科（Ischyromyidae）的待明副鼠（*Acritoparamys*），时代为 56 Ma；在亚洲是湖南衡东梳趾鼠超科（Ctenodactyloidea）的钟健鼠（*Cocomys*），时代为 55 Ma。

二、啮齿类的形态特征

1. 头部骨骼

（1）头颅（skull）

吻长，上门齿后伸至上颌骨内，门齿孔伸长、位置偏后，门齿与颊齿间具有长的齿虚位（齿隙），前颌骨和鼻骨向后伸展与额骨相接，鼻骨前端张开下卷。眶下孔（管）较短，管孔的大小在不同的门类中变化极大。眼窝位于颊齿之上后方，并与颞窝完全融通。颧弓完整，颧骨前后分别与颌骨和鳞骨相接，多构成一垂直的板状（颧弓板），为附着咬肌起着重要的支撑作用。腭桥长，翼窝大。鳞骨上的关节窝（glenoid fossa）伸长，可供下颌在窝内前后向滑动，即下颌由颞肌牵引滑至关节窝前端时，门齿接触，颊齿脱离，用门齿来啮物，下颌滑退至窝的后部时，门齿脱离，颊齿在咬肌作用下上下咬合，用以咀嚼食物，这是啮齿类及其相关的混齿目特有的功能。听泡骨化，由外鼓骨构成。

（2）颧区咬肌结构（zygomasseteric structure）

啮齿类由于颧 - 咬肌机能的强化，导致颞肌、翼肌、咬肌发育。咬肌有着重要的分类意义，分化为特有的三层：表层咬肌（superficial masseter）、外层咬肌（lateral masseter）和内层咬肌（medial masseter）。长期以来学者们依据三层咬肌的起止点不同，把啮齿类头骨划分为四种颧 - 咬肌结构的组合（在分类上，有时会相当于“亚目级”的高分类阶元，但它仅是一个重要的形态特征，而不能作为啮齿类在高阶元分类中的共同裔征；图 1）：

1）始啮型头骨（protrogomorphous skull；图 1A）　颅骨上的三层咬肌起点均附着于颧弓，而不伸达吻部。表层咬肌起于颧弓前腹端，止于下颌角突的内腹缘；外层咬肌起于颧弓内侧腹边、占据颧弓大部，止于下颌角突、占据角突大部；内层咬肌起于颧弓前部，止于下颌咬肌窝的前背侧。

2）松鼠型头骨（sciuromorphous skull；图 1B）　表层咬肌起止点大体与始啮型头骨者相同；外层咬肌起点向前、向上延伸至吻部；内层咬肌起点沿颧弓向后适度扩展，止于下颌咬肌窝、范围有所扩大。

3）豪猪型头骨（hystricomorphous skull；图 1C）　表层咬肌依然；外层咬肌起点向后扩展、可达颧弓后根，止于下颌整个咬肌窝内；内层咬肌则穿过头骨上硕大的眶下孔、附着于吻部的前颌骨上，止于下颌咬肌窝的上部。

4）鼠型头骨（myomorphous skull；图 1D） 表层咬肌依然；外层、内层咬肌应相当于松鼠型和豪猪型头骨的组合，即外层咬肌类似松鼠型，其起点可伸达颧弓前部，而内层咬肌一小分支穿过眶下孔附着在吻部。其下颌止点与其他类型大体相当。

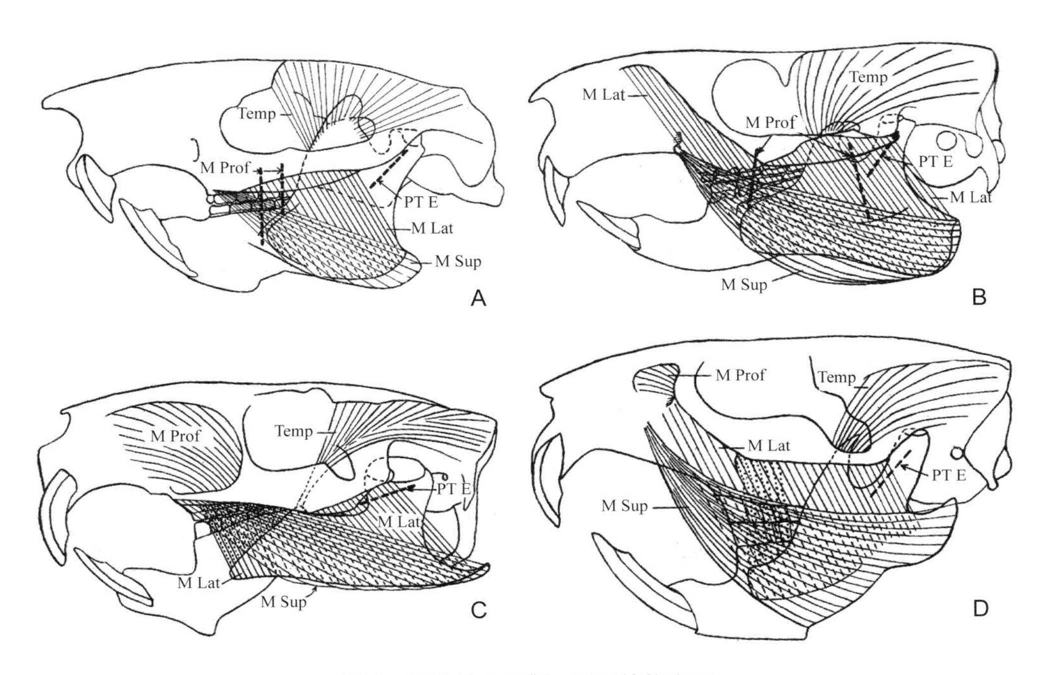

图 1 啮齿类头骨颧 - 咬肌结构类型

A. 始啮型（protrogomorphous skull），B. 松鼠型（sciuromorphous skull），C. 豪猪型（hystricomorphous skull），D. 鼠型（myomorphous skull）：M Lat. 外层咬肌（*masseter lateralis*），M Prof. 内层咬肌（*masseter profundus*），M Sup. 表层咬肌（*masseter superficialis*），PT E. 翼肌（*pterygoideus externus*），Temp. 颞肌（temporalis）（引自 Wood, 1965）

（3）下颌（mandible/lower jaw）

啮齿类颞肌相对较弱，故下颌的冠状突一般不大（但较兔形类者为大）。髁突远高于颊齿列。啮齿类下颌的前后向运动促使其咬肌窝比任何真兽类的都前后向伸长，在原始的始啮类型中，咬肌窝的前端可伸达 m1 或 m2 的位置，而在具松鼠型和鼠型头骨的啮齿类中，咬肌窝可伸至齿列的前端。角突与水平支的相对位置在啮齿类中有两种类型（图 2），在分类中起着重要的、甚至是关键性的作用。

1）松鼠型下颌（sciurognathous jaw；图 2A） 下颌的角突与水平支在同一平面上。包括始啮型头骨、松鼠型头骨、鼠型头骨及部分豪猪型头骨的众多的啮齿类。

2）豪猪型下颌（hystricognathous jaw；图 2B） 下颌的角突与水平支不在同一平面上，而是移向外侧，包括多数豪猪型头骨的啮齿类。在北美古近纪早期有几个始啮型头骨的属种，如 *Prolapsus*、*Franimys* 等具有不很明显豪猪型下颌，有的学者（如 Wood, 1962, 1975）称之为“初始的豪猪型下颌”（incipiently hystricognathous），也有学者（如 Dawson, 1977；Korth, 1984）称之为“亚豪猪型下颌”（subhystricognathous）。南亚中始新世的 Chapattimyidae 虽被认为是豪猪型下颌的祖先类型（Hussain et al., 1978），但仅有牙齿，真正具有豪猪型下颌的化石被认为是最早发现在秘鲁中始新世晚期（约 41 Ma）的 *Cachiyacuy* 等属（Antoine et al., 2012）。

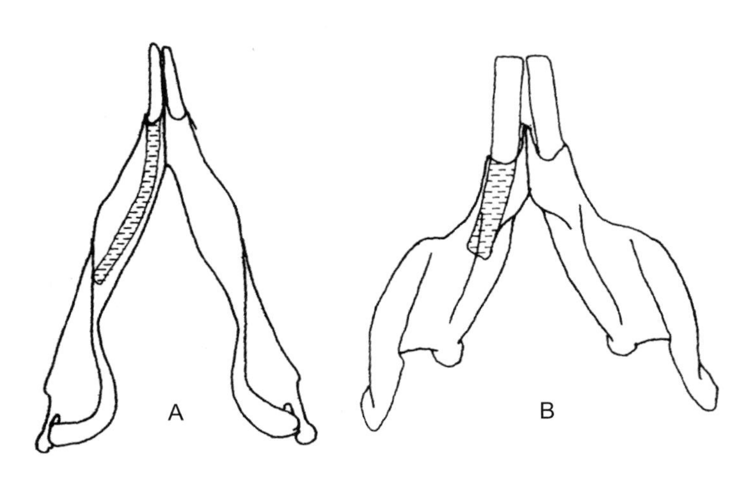

图 2　啮齿类下颌骨角突与水平支相对位置类型

A. 松鼠型下颌（sciurognathous jaw, *Sciurus niger*），B. 豪猪型下颌（hystricognathous jaw, *Bathyergus suillus*）；腹面视；断横线区为下门齿（di2）的投影（引自 Korth, 1994）

2. 牙齿

啮齿类的犬齿和前面的前臼齿退化缺失，上下门齿仅保留 1 个，通常齿式为 1•0•0–2•3/1•0•0–1•3，即有 16–22 颗牙齿。但也有例外，如牙齿数目最多的是非洲的一类滨鼠（*Heliophobius*, Bathyergidae），为 1•0•3•3/1•0•3•3=28 颗；数目最少的也是非洲另一类滨鼠（*Heterocephalus*，唯一变温的有胎盘类），为 1•0•2•0–1/1•0•2•0–1=12 颗（Carleton, 1984）。而在印度尼西亚发现的食蠕缺齿鼠（*Paucidentomys vermidax*）（Esselstyn et al., 2012）因单靠地下蠕虫为食，故颊齿退化，齿式为 1•0•0•0/1•0•0•0=4，且上门齿具有双尖，不同于其他啮齿类者。

门齿　与兔类相同，啮齿类上下门齿均为 DI2/di2（Luckett, 1985）。门齿无齿根、终生生长，前端成凿形、侧扁、前缘为釉质层包卷。与兔形类 DI2 仅后伸在前颌骨内不同，啮齿类的上门齿是深入到上颌骨内。

啮齿类门齿釉质层的微细结构是研究分类特征与系统发育的重要依据之一，1850 年 Tomes 首先确认出啮齿类门齿釉质层存在着两种结构类型。1934 年，Korvenkontio 提出啮齿类门齿釉质层分为外层（PE, portio externa）和内层（PI, portio interna）两层，而兔类仅为一层。他还把 Tomes 1850 年提出的釉质层分别命名为复系釉质（multiserial enamel）和单系釉质（uniserial enamel），并增添了一类原始类型的散系釉质（pauciserial enamel）。近二三十年扫描电镜技术的飞速发展，为釉质层的深入研究提供了可靠的技术支撑，啮齿类釉质层的研究已不仅仅局限于形态的观察，而是通过大量切片的积累、对比，使其提升为研究啮齿类分类和系统发育的重要手段之一。

在介绍三类釉质层结构之前，先把与釉质层相关的名词及其定义简介于下（参见 Martin, 1993；von Koenigswald et Sander, 1997；毛方圆等，2017；图 3）。

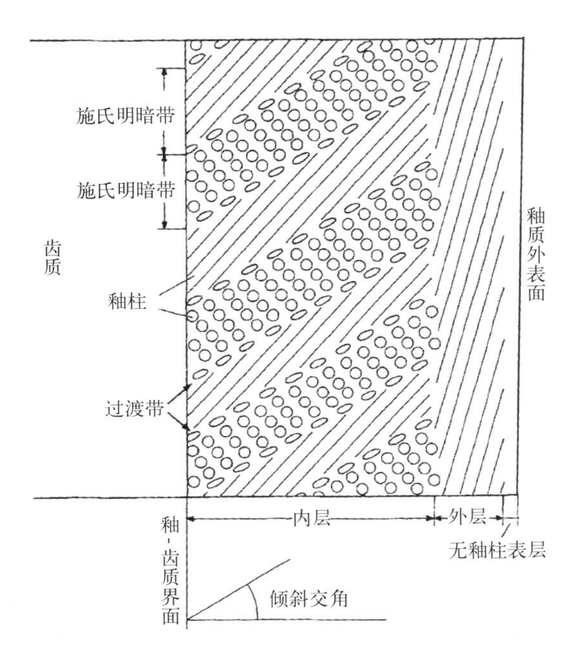

图 3　啮齿类门齿釉质层结构示意图

a. 微晶（crystallite）：釉质层的最小单位，成分为羟基磷灰石，长约为 1600 至 10000 Å[①]，宽度可达 400 Å（Clemens, 1997）。

b. 釉柱（prism, P）：由成束的羟基磷灰石微晶构成的柱形体，是牙齿釉质层最重要、最基本的组织结构。

c. 施氏明暗带（Hunter-Schreger bands, HSB）：又称施雷格釉柱带。由一列或数列釉柱带组成，釉柱带内釉柱彼此平行，相邻的釉柱带间釉柱呈角度相交，在牙齿切面上呈现重复的明暗交替的条带。

d. 釉柱间质（interprismatic matrix, IPM 或 M）：由有方向性的羟基磷灰石构成，但

① 1Å=10^{-10} m。

不呈现柱形。

e. 釉柱鞘（prism sheath）：分离开釉柱与釉柱间质的空间，在活体牙中鞘内充填着蛋白聚糖（proteoglycans）。

f. 无釉柱表层（prismless external layer, PLEX）：釉质层的最外层，无釉柱结构，而是由釉柱间质的微晶构成。

g. 放射型釉质（radial enamel）：一种平行走向的釉质类型。

h. 过渡带（transition zone）：仅出现在复系中，指两个釉柱带间的釉柱有序地从先一个釉柱带转向下一个釉柱带所形成的过渡带。此过渡带有宽有窄。

i. 釉质结构（Schmelzmuster）：具相同方向排列的釉质单元的三维组合。

j. 釉 - 齿质界面（enamel-dentine junction, EDJ）：牙齿齿质层与釉质层相接的面。

k. 倾斜交角（inclination）：在纵切的 EDJ 上釉柱或 IPM 与垂直线的交角。当釉柱或 IPM 与 EDJ 垂直时交角为零；交角显示釉柱或 IPM 指向牙齿尖端的倾斜度。

啮齿类的釉质层类型分为三种，即散系、复系和单系（图 4），但三系又可细分若干亚系。釉质层模式的鉴定一般多采用上、下门齿的纵切面，尤以下门齿纵切面较为清晰。

1）散系明暗带（pauciserial HSB；图 4A）　最初建立散系釉柱带时，认为带宽仅由少数（2–4 个）釉柱构成。但随着样本的丰富、积累，散系带宽釉柱数目可达 6 个，即与复系带宽的釉柱数目（3–10 个）相叠覆，因之釉柱的数目已不是散系釉质带唯一的重要鉴定特征。鉴别散系的特征是：釉柱间质厚，其微晶平行于釉柱方向；釉柱带的倾斜交角极小或为零并缺少过渡带，釉柱带的釉柱数目通常是 2–3 个，但在同一件标本上常有变化；外层釉柱间质较厚，釉柱低度倾斜（25º–55º）；整个门齿釉质层较薄（50–100 μm）。散系釉质带出现在原始的啮齿类和啮型动物中，如 paramids、*Cocomys*，及 Mixodontia 的 *Rhombomylus* 等。化石证据显示散系釉质带系由哺乳动物原始的釉柱带演化变薄而成，也有证据表明复系、单系釉柱带都可能从散系演化而成（Martin, 1992, 1993）。

2）单系明暗带（uniserial HSB；图 4B）　带宽仅为单一釉柱。釉柱间质与釉柱的方向可以是平行的（原始型），也可以成交角状（进步型）；而成垂直的交角者，增强了三维空间的应力，被认为是最进步的。原始型最早出现在始新世中期，如 *Pappocricetodon antiques*（Wang et Dawson, 1994）。Sciuromorpha、eomyids、一些 theridomyids 和 anomalurids 都具有原始型的单系釉质带。而垂直型的单系釉质带则为较晚期的 Myomorpha 所具有（Martin, 1997）。

3）复系明暗带（multiserial HSB；图 4C），也称多系（王伴月、欧阳涟，1999）　带宽为 3–10 个釉柱（多数为 3–7 个）。在多数情况下，釉柱间质与釉柱成角度相交；而在最原始的属种中，两者之间则成大体平行状态，但它绝不像散系中那样釉柱间质是围绕着釉柱。两带间出现有过渡带。外层的釉柱通常高度倾斜（可达 80º）。最早的复系釉柱

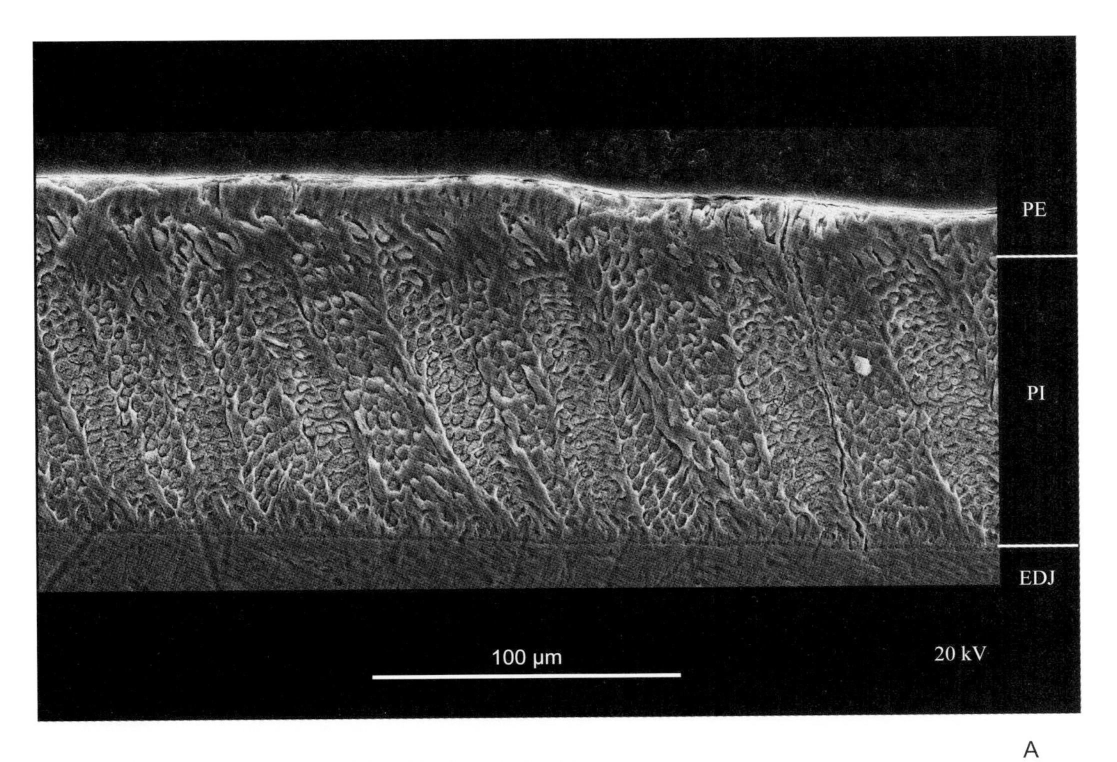

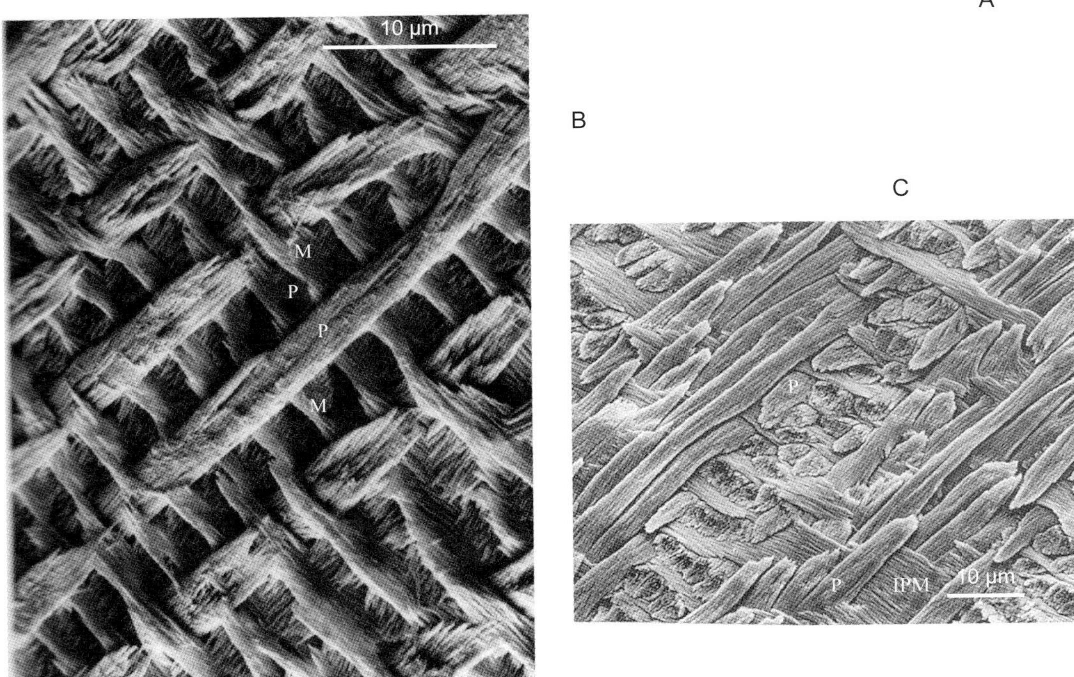

图 4　啮齿类门齿釉质层结构类型

A. 散系明暗带（pauciserial HSB, *Asiomys dawsoni*），B. 单系明暗带（uniserial HSB, *Ondatra zibethicus*），C. 复系明暗带（multiserial HSB, *Myocastor coypus*）：下门齿，纵切面；EDJ. 釉 - 齿质界面，IPM 或 M. 釉柱间质，P. 釉柱，PE. 外层，PI. 内层（A 引自 Li et Meng, 2013；B 引自 Wahlert, 1989；C 引自 Martin, 1992）

带出现在中始新世的 cf. *Tamquammys*。Hystricognathi（包括非洲的 Phiomorpha、南美的 Caviomorpha 及亚洲的 Hystricidae 和进步的 Ctenodactyloidea 等）都具有复系釉柱带。

牙齿釉质层的微细结构除在啮齿类门齿中具有特别重要的分类和系统发育意义外，在臼齿中也同样有着分类和鉴别的价值，如对 Arvicolidae 臼齿棱角上釉质层的研究（von Koenigswald, 1980）。

3. 颅后骨骼

啮齿类由于极其分异的生态适应，或水栖、或滑翔、或跳跃、或疾走、或穴居等。随生态环境适应的不同，颅后骨骼的形态各有变化，难于找出啮齿类共同的颅后骨骼特征。

三、啮齿类的分类

在 19 世纪上半叶之前，啮齿类在哺乳动物中的分类位置读者可参阅本志书三卷四册的 Glires 一节。

至 1855 年，Brandt 第一次明确提出啮齿类分为 Sciuromorphi、Myomorphi 和 Hystricomorphi 三亚目。其实，早在 1816 年 de Blainville 就有类似的分类方案（见 Korth, 1994, p. 29）。1876 年 Alston 在"On the classification of the order Glires"一文中则提出下列方案：

Order Glires
    Suborder Glires Simplicidentati
        Section I. Sciuromorpha
        Section II. Myomorpha
        Section III. Hystricomorpha
    Suborder Glires Duplicidentati

1885 年，Schlosser 在"Die Nager ders europäischen Tertiärs nebst Betrachtungen über die Organisation und die geschichtliche Entwicklung der Nager überhaupt"一文中也同样采取了 Sciuromorpha、Myomorpha 和 Hystricomorpha 三分的分类办法。

1899 年，Tullberg 在《Ueber das System der Nagetiere: Eine Phylogenetische Studie》一书中，依角突与下齿列的相对位置将整个啮齿类划分为两族（Tribe），即 Tribus 1 豪猪型下颌和 Tribus 2 松鼠型下颌。前者包括 Bathyergmorphi 和 Hystricomorphi 两亚族；后者有 Myomorphi 和 Sciuromorphi 两亚族。事实上，除去 Bathyergmorpi 仅有的一科三属外，Tullberg 还是遵循了 Brandt（1855）和 Alston（1876）的三分原则。但依下颌角突为啮齿类首选标准的分类原则，在其后的半个世纪中很少有人采用，直到 1951 年 Lavocat 启用后，这一分类原则才被学者重视和应用，近年更有见多之趋势。

1918 年，Miller 和 Gidley 在“Synopsis of the supergeneric group of rodents”一文中不用亚目，而用了 Sciuroidae、Muroidae、Dipodoidae、Bathyergoidae 和 Hystricoidae，代表现代概念的“超科”来划分啮齿目。在各个超科之下又采用三齿尖、四齿尖或者外层、内层咬肌做次一级的分类标准。Simpson（1945）评价它“在所有分类级别上的分拆或合并都难与系统发育相适应”。尽管如此，Miller 和 Gidley 还是创建了不少新的分类阶元名称，并为后人所沿用。

Wood（1937）在研究北美 White River 渐新世的啮齿类时，在 Brandt（1855）啮齿类三分的基础上，又提出了一个新亚目即始啮亚目（Protrogomorpha）来定义那些原始的、咬肌不特化、像众多哺乳动物一样仅限于颧弓的啮齿类。

1940–1941 年 Ellerman 出版了两卷集的《The Families and Genera of Living Rodents》，上卷包括除 Muridae 之外的啮齿类，下卷为鼠科。上卷中先是以下颌角突为依据分为豪猪型下颌和松鼠型下颌两部（未提出是亚目级别），然后依眶下孔是否穿过咬肌、颧弓板的斜度、前臼齿的有无等划分出 12 个超科。值得提及的是 Ellerman 依据颧弓板窄、位于大的眶下孔之下、从不向上倾斜等特征，把 Dipodoidae 和 Ctenodactyloidae 两个超科组合在一起。Ellerman 的《The Families and Genera of Living Rodents》无疑是一部非常重要的著作，尤其是书中对属、科之鉴定特征的记述更为重要。Wood（1955a）在肯定该书卓越贡献的同时，也指出它“缺少系统发育的背景”和“对化石的忽视”。

1945 年，Simpson 在“The principles of classification and a classification of mammals”一文中，承用了 Brandt（1855）的三分框架，对化石和现生啮齿类做了系统分类研究。他把 Matthew 和 Granger（1923b）记述并归入 ?Eomyidae 的 *Tataromys*、*Karakoromys* 归属于 ?Sciuromorpha 亚目 ?Anomaluroidea 超科 Cf. Theridomyidae 科之中，但把 Ctenodactylidae 置于 ?Hystricomorpha 或 ?Myomorpha incertae sedis 之下的 Ctenodactyloidea 超科。

1951 年，Lavocat 在 Tullberg 的分类基础上，提出第三个“亚目”Atypognathes，它相当 Wood（1937）的 Protrogomorpha 或 Simpson（1945）的 Aplodontoidea。同时又提出一个 Parasciurognatha 新亚目来包括欧洲的兽鼠类（theridomyoids）

Wood（1955a）提出一个分类的新方案。他把啮齿目分为 7 个亚目，即：Sciuromorpha、Theridomyomorpha、Castorimorpha、Myomorpha、Caviomorpha、Hystricomorpha 和 Bathyergomorpha。Wood 沿用了 Simpson（1945）的 Ctenodactyloidea，但把它置于 cf. Sciuromorpha 之下，同时把 *Tataromys*、*Karakoromys* 和 *Ctenodactylus* 全归入 Ctenodactylidae 之中。在 Wood（1955a）的文中及所列参考文献中均未提及 Bohlin（1946）的研究成果。事实上是 Bohlin（1946, p. 45, 133）曾使用过“Tataromyidae”一名，但并未正式建立“Tataromyidae”“新科”。而 Tataromyidae 这一科名后被 Schaub（1958）和 Lavocat（1961）等所采用。三年以后，Wood（1958）在“Are there rodent suborders?”一文中又重新采用了 Protrogomorpha 阶元，并强调它的“基干”位置。Wood 提出两种可供参考的

分类方案：①把所有的啮齿类都放进 Protrogomorpha 和他（1955a）提出的 7 个亚目，并再加另外三个未命名的新亚目（Gliroidea、Ctenodactyloidea 和 Anomaluridae-Pedetidae）共 11 个亚目之中，这样让所有的啮齿类都有亚目级的归属；②仅把理由充分的、被认证的啮齿类归入亚目一级，即 Protrogomorpha、Caviomorpha 和 Myomorpha 三亚目，其余的，包括 Sciuridae、Castoroidea、Theridomyoidea、Ctenodactylidae、Anomaluridae、Pedetidae、Hystricidae、Thryonomyoidea 和 Bathyergidae 等都不做亚目安排。

1957 年，Landry 在"The interrelationships of the New and Old World hystricomorph rodents"论文中，把 Ctenodactylidae、Bathyergidae 和 Thryonomyidae 均归入 Hystricomorpha。

在 20 世纪 50 年代，欧洲一些古生物学家，如 Stehlin、Schaub 等则提出另外一种啮齿类分类方案，他们摒弃了咬肌、下颌角等分类原则，而采取了先依颊齿结构是不是五条齿脊来作为分类的首要依据。Stehlin 和 Schaub（1951）首先出版了完全以颊齿"五脊"形态为分类依据的《Die Trigonodontie der simplicidentaten Nager》专著。之后，Schaub（1953a, b）又连续著文讨论这一分类方案，至 1958 年 Schaub 在撰写《Traité de Paléontologie》6 卷 2 册的 Simplicidentata 时，才最终把这一分类方案确定下来。Schaub（1958）的分类是：

Order Simplicidentata
- Suborder Pentolophodonta
  - Infraorder Palaeotrogomorpha
    - Superfamily Theridomyoidea
    - Superfamily Hystricoidea
    - Superfamily Castoroidea
  - Palaeotrogomorpha inc. sed.
    - Thryonomyidae, Bathyergidae, Spalacidae: Spalacinae, Rhizomyinae
  - Infraorder Nototrogomorpha
    - Superfamily Erethizontoidea, Cavioidea etc.
- Suborder Non-Pentolophodonta
  - Superfamily Aplodontoidea
  - Superfamily Sciuroidea
  - Superfamily Geomyoidea
  - Superfamily Gliroidea
  - Superfamily Ctenodactyloidea
    - Family Tataromyidae
  - Infraorder Myodonta
    - Superfamily Dipodoidea

Superfamily Muroidea

Schaub（1958）与 Stehlin 和 Schaub（1951）的分类显然有些偏执，后来的学者少有遵循这一分类架构者。

1966 年，Thaler 在《Les rongeurs fossils du Bas-Languedoc dans leurs rapports avec l'histoire des faunes et la stratigraphie du tertiaire d'Europe》一书中提出了 16 个亚目的分类方案，包括 Protrogomorpha、Theridomorpha、Glirimorpha、Sciuromorpha、Hystricomorpha、Castorimorpha、Myomorpha、Cricetomorpha、Dipodomorpha、Geomorpha 和 Caviomorpha 11 个已命名的亚目阶元和以 Phiomyidae、Anomaluridae、Pedetidae、Bathyergidae、Ctenodactyloidea 为代表、尚未给出亚目命名的 5 个阶元。

1979 年，Chaline 和 Mein 在《Les Rongeurs et L'Évolution》一书中采用了 Tullberg（1899）的分类系统，在 Sciurognathi 亚目之下建立了 Protrogomorpha、Sciuromorpha、Ctenodactylomorpha (new Infraorder)、Myomorpha 4 个下目，在 Hystricognathi 亚目之下，建立了 Franimorpha、Phiomorpha、Caviomorpha 3 个下目。

1984 年，在法国巴黎举办的"啮齿类演化关系"国际会议（见 Luckett et Hatenberger, 1985），尽管没有有关啮齿目整体分类方案的论文提交，但 Wood（1985）在论述豪猪型下颌啮齿类时把 Ctenodactyloidea 和 Pedetidae 都排除在 Hystricognathi 之外。另外，与会者还从胚胎、耳区、颈动脉、氨基酸等多个方面对啮齿目内次级阶元间的系统发育提出了不少创意性的分类意见。

Korth（1994）在《The Tertiary Record of Rodents in North America》一书中采用了如下的啮齿目分类系统：

Order Rodentia
  Suborder Sciuromorpha
      Superfamily Ischyromyoidea
      Superfamily Aplodontoidea
      Superfamily Sciuroidea
  Suborder Sciuromorpha inc. sed.
        Family Cylindrodontidae
      Superfamily Castoroidea
  Suborder Myomorpha
    Infraorder Myodonta
      Superfamily Muroidea
      Superfamily Dipodoidea
    Infraorder Geomorpha
      Superfamily Geomyoidea

Superfamily Eomyoidea

Suborder ?Myomorpha inc. sed.

Family Sciuravidae

1994 年，Meng 等记述了发现于内蒙古晚古新世巴彦乌兰层的一种啮型动物，*Tribosphenomys minutes*，并将其归入啮齿目的 ?Alagomyidae。1996 年，Wyss 和 Meng 把 *Tribosphenomys* 从 Rodentia 中剔出，而由 *Tribosphenomys* 和 Rodentia（冠群）组成一个新的阶元：啮齿型动物（Rodentiaformes），而 *Heomys* 和 Rodentiaformes 则构成一个更高一级的阶元：啮齿形动物（Rodentiamorpha）。之后 1998 年，Meng 等在记述巴彦乌兰动物群时，同样说明了 *Tribosphenomys* 不是 Rodentia（冠群）中的一员，而是和 Rodentia（冠群）一起构成 Rodentiaformes。2001 年，Meng 和 Wyss 更进一步阐述 Rodentiaformes 的概念，并给出 Rodentiaformes 11 个裔征（Node 37）和包括 *Tribosphenomys*、*Alagomys* 在内的 Alagomyidae 两个裔征（Node 34）。对于 *Tribosphenomys* 的系统位置近期更有不同的见解，O'Leary 等（2013）则把 *Tribosphenomys* 置于 Glires（包括 Simplicidentata 和 Duplicidentata）的基干位置，而 Rose（2006）则视其为已知最古老、最原始的啮齿类（见下）。

1997 年，McKenna 和 Bell 将啮齿目分为 5 个亚目：Sciuromorpha、Myomorpha、Anomaluromorpha、Sciuravida 和 Hystricognatha。他们把 Muridae 分为 29 个亚科，几乎囊括了所有的仓鼠、田鼠、鼠、鼢鼠、沙鼠、竹鼠等，都以亚科处置。他们新建的 Sciuravida 亚目包括了：

Family Ivanantoniidae Shevyreva, 1989

Family Sciuravidae Miller et Gidley, 1918

Family Chapatimyidae Hussain, Bruijn et Leinders, 1978

Subfamily Cocomyinae de Bruijn, Hussain et Leinders, 1982

Subfamily Chapattimyinae Hussain, Bruijn et Leinders, 1978

Subfamily Yuomyinae Dawson, Li et Qi, 1984

Subfamily Baluchimyinae Flynn, Jacobs et Cheema, 1986

Family Cylindrodontidae Miller et Gidley, 1918

Family Ctenodactylidae Gervais, 1853

其中 Sciuravidae 和 Cylindrodontidae 为北美、亚洲所共有，其余的 sciuravidans 均为亚洲古近纪的“ctenodactyloids”和非洲的 ctenodactylids。由此可以看出 McKenna 和 Bell 把后两者置于同一阶元之下，显然认为有着更近的系统发育关系。另外值得提及的是他们把 *Diatomys*、*Megapedates* 和 *Pedetes* 均置于 Anomaluromorpha 亚目下的 Pedetidae 科之中。

1998 年，Hartenberger 提出了一个将啮齿目划分为 6 个亚目的方案，但他并未给出所有亚目、下目阶元的名称，仅以数字表示：

Suborder 1

Alagomyidae

Suborder 2

Infraorder 2A

Aplodontidae, Sciuridae, Ischyromyidae, Castoridae, Cylindrodontidae, Gliridae

Infraorder 2B

Sciuravidae, Zapodidae, Dipodidae, Geomyidae, Eomyidae

Suborder 3 = Parasciurognatha

Anomaluridae, Theridomyidae

Suborder 4 = Murida

Ivanantoniidae, Platacanthomyidae, Cricetidae, Splacidae, Muridae, Rhizomyidae

Suborder 5 = Ctenodactylomorpha

Cocomyidae, Chapattimyidae, Yuomyidae, Ctenodactylidae

Suborder 6 = Hystricognatha

Infraorder 6A

Tsaganomyidae

Infraorder 6B = Phiomorpha

Infraorder 6C = Caviida

Infraorder 6D

Erethizontidae

Insertae sedis

Hystricidae, Pedetidae

在这一分类方案中，Hartenberger 把 Alagomyidae 作为未命名的 Suborder 1；把 Cocomyidae、Chapattimyidae、Ctenodactylidae 归入 Suborder 5，等同于 Ctenodactylomorpha Chaline et Mein, 1979。该方案有其合理之处，但毕竟是一家之言，编者尚未见到有全面采用者。

1999 年，Landry 摒弃了以颧 - 咬肌结构作为啮齿目分类的依据，而采用了一种"怪异"的分类准则，他依据鼻泪管至门齿槽行走路径的不同，分啮齿目为两大类（dichotomy）：内泪管型（entodacry）和外泪管型（ectodacry）。前者代表了一种原始状态，结合其他 8 种形态特征，归入在内泪管型的啮齿类有 Ctenodactylidae（*Cocomys* 除外）、Hystricognathii 和 Tsaganomyidae。而后者为一进步特征，包括了其余的 sciurognathii 类啮齿类，结合其他特征 sciurognathii 又划分为 Stegaulata 和 Phaneraulata 两类。Landry 的分类系统到目前似乎尚未有人采用。

1999年，Nowak在他的现生啮齿类的分类中，采用了Sciurognathi和Hystricognathi两个亚目的分类办法。前者包括了6（?）个下目：Protrogomorpha、Sciuromorpha、Myomorpha、Anomaluromorpha、Ctenodactylomorpha和Gliromorpha，后者包括Bathyergomorpha、Hystricomorpha、Phiomorpha和Caviomorpha 4个下目。

2005年在Wilson和Reeder主编的《Mammal Species of the World—A Taxonomic and Geographic Reference》（第三版）分类中，Carleton和Musser采用了把啮齿目分为5个亚目的方案：Sciuromorpha、Castorimorpha、Myomorpha、Anomaluromorpha和Hystricomorpha。把Gliridae置于松鼠亚目之下，把Geomyoidea置于河狸亚目之下，把Ctenodactylidae置于豪猪亚目之下。

随着新兴学科的发展，分子生物学家自20世纪90年代也开始了对啮齿类演化与分类的研究。Graur等（1991）依据氨基酸序列的分析，得出结论是guinea-pigs（*Cavia*）的分异（时间）当在Myomorpha与灵长类及偶蹄类分异之前。因此Graur等对guinea-pigs是否是啮齿类，而啮齿类是否是一个单系类群（monophyly）都提出了质疑。Graur的推论随即引起争议，Luckett和Hartenberger（1993）从啮齿类的头骨、牙齿、颅后骨骼及胎膜等多个方面分析，坚定地支持啮齿类为一单系类群。Nedbal等（1996）利用线粒体12S rRNA基因，分析了现生25科59种啮齿类的近800碱基对，得出啮齿类高阶元的分类结论是：Hystricognathi、Muroidea和Geomyoidea为单系支系，而Aplodontoidea-Sciuroidea及Dipodoidea-Muroidea分别构成姐妹群。2000年，Huchon等利用*vWF*基因对15个科的啮齿类和8类真兽类进行研究，得出Ctenodactylidae和Hystricognathi应为一个类群，并进而提出“梳趾豪猪型啮齿类”（Ctenohystrica）这一新概念。研究者还认为啮齿类至少三个重要的支系（Gliridae、Sciuroidea和Ctenohystrica）的出现当在白垩纪与古近纪的交界时段。2001年，Adkins等在“Molecular phylogeny and divergence time estimates for major rodent groups: Evidence from multiple genes”一文中指出，啮齿类氨基酸替换速率两倍于非啮齿类，从而提出豪猪型下颌与多数松鼠型下颌的啮齿类分异时间当在75 Ma之前。2002年，Adkins等又用两种相容核基因对同一命题做了研究，得出五个主要结论，其中包括①强烈支持Myodonta为一单系，② Ctenohystrica为一单系（包括Sciuravida和Hystricognatha两个亚目）等。2002年，Huchon等又运用三种核基因进一步做啮齿类的系统发育和啮型类进化时间尺度的研究，结论是在当前既定的啮齿类各科中可以划分成7个界限明显的支系：Anomaluromorpha、Castoridae、Ctenohystrica、Geomyoidea、Gliridae、Myodonta和Sciuroidea。2009年，Blanga-Kanfi等又用6个核基因分析了41种啮齿类和6个外类群，得出的结果是啮齿目可以分成3个支系：①“与松鼠相关的支系”，②“与鼠相关的支系”和③ Ctenohystrica。

Marivaux等（2004b）以牙齿为依据对古近纪啮齿类做了高阶元的系统发育分析，其结果基本与当时的分子生物学的结论及化石层位相一致。作者提出了在早期啮齿类演化中一个基本为二歧分支（dichotomy）的结论，即：（1）the earliest ‘ctenodactyloid’ (Ctenodactylidae, Chapattimyidae, Yuomyidae, Diatomyidae) and hystricognathous (Tsaganomyidae, Baluchimyinae, ‘phiomorphs’, ‘caviomorphs’) rodents 和（2）the earliest ‘ischyromyoid’ rodents with their closest relatives (Muroidea + Dipodoidea + Geomyoidea + Anomaluroidea + Castoroidea + Sciuravidae + Gliroidea, and Sciuroidea + Aplodontoidea + Theridomorpha)。这一论断支持“梳趾豪猪型啮齿类”（Ctenohystrica）为第一单支系，而为分支（2）则创建了一个新的分类阶元：“壮鼠型啮齿类”（Ischyromyiformes）。当然，作者在作出这一结论的同时，也注意到其中诸如五脊型齿、颧-咬肌结构和门齿显微构造的同塑性并加以识别。Marivaux 等（2004b）的文章是目前所知的能把化石（牙齿）、分子生物学及地层结合到一起较全面的一个啮齿类分类系统，尽管还未得到公认和应用，但仍不失为一个可供参照的分类体系之一。

2006 年，Rose 在其《The Beginning of the Age of Mammals》第 15 章中提出啮齿类的分类方案。他大体采用了 McKenna 和 Bell（1997）的分类系统，将啮齿类分为 4 个亚目和 1 个未定亚目：Sciuromorpha、Myomorpha、Anomaluromorpha、Hystricognatha = Hystricomorph 和 Suborder uncertain。Rose（2006）摒弃了 McKenna 和 Bell（1997）提出的 Sciuravida，认为既没有系统发育上的依据，也缺少形态学上的支持。这样 Rose 把亚洲早古近纪归入 Ctenodactyloidea 的 5 个科（Cocomyidae、Chapattimyidae、Yuomyidae、Tamquammyidae、Gobiomyidae）和 Ctenodactylidae 归诸到他的 Suborder uncertain。为了解决 Wyss 和 Meng（1996）与 Meng 和 Wyss（2001）提出的 Rodentiaformes 及 Alagomyidae、和一些原始的 ctenodactyloids、ischyromyids 是否应归入 Rodentia 的问题，Rose（2006）提出把后三者统归入“已知最古老、最原始的啮齿类”。Rose（2006）也注意到了 Marivaux 等（2004）的系统发育分析，只是未做任何评议。

2008 年，在《Evolution of Tertiary Mammals of North America》（Volume 2）一书中，Janis、Dawson 和 Flynn 撰写了啮齿类的概要（Glires summary），作者在这一节中系统地回顾了 Glires（包括 Rodentia）分类的历史沿革（Table 1）和分子生物学家对啮齿类超科以上阶元的处置（Table 2）。遗憾的是他们仅侧重于北美啮齿类系统的讨论，对亚洲特别是中国啮齿类科级以上的分类阶元鲜有论及。在其图 16.4 中只列出了北美各科分属于 Myomorpha、Sciuromorpha 和 Ctenohystrica-Hystricognathi 的系统支序图，而未涉及亚洲的 Ctenodactyloids（尽管后两位作者也是研究亚洲啮齿类的专家）。

综上所述，从啮齿类的分类沿革和不同的分类体系可以看出啮齿目的分类是一个极为复杂多样的科学命题。无论从分子生物学抑或从头骨、牙齿等形态学角度的研究，都会得出不同的结论。遗憾的是我国虽有多位，尤其是研究化石啮齿类的专家，但少有人从事啮齿类高阶元的分类研究，尤其对分子生物学的了解更显短缺。因之在我们自己提不出对啮齿目分类框架主见的情况下，编写志书就遇到一个啮齿目分类依从谁家和如何分类的问题，尤其对我国早古近纪发现众多的“ctenodactyloids”归属更是为难。尽管McKenna和Bell（1997）将其归入Sciuravida亚目，但正如Rose（2006）所指出的缺乏依据。而Rose的Suborder uncertain，尽管其“系统位置不清楚”（Rose, 2006, p. 307, note 3），但我们在未做高阶元的深入研究之前，用于编写志书也不失为权宜之计。至于Marivaux等（2004b）的分类，虽不无道理，甚至是一个多学科综合研究的良好开端，但在初始阶段，我们也不好贸然相从。为此，本志书决定就大体依从Rose（2006）的分类标准作为志书编写的框架，即：

啮齿目 Order Rodentia
斑鼠科 Family Alagomyidae
初鼠科 Family Archetypomyidae
松鼠型亚目 Suborder Sciuromorpha
壮鼠科 Family Ischyromyidae
山河狸科 Family Aplodontidae
圆齿鼠科 Family Mylagaulidae
松鼠科 Family Sciuridae
睡鼠科 Family Gliridae
松鼠型亚目分类位置不确定 Suborder Sciuromorpha incertae sedis
河狸超科 Superfamily Castoroidea
河狸科 Family Castoridae
鼠型亚目 Suborder Myomorpha
始鼠科 Family Eomyidae
鼠齿下目 Infraorder Myodonta
科不确定 Incertae familiae
鼠超科 Superfamily Muroidea [见本志书第三卷第五册（下）]
跳鼠超科 Superfamily Dipodoidea
跳鼠科 Family Dipodidae
豪猪型下颌亚目 Suborder Hystricognatha
豪猪科 Family Hystricidae
亚目位置不确定 Incerti subordinis
梳趾鼠超科 Superfamily Ctenodactyloidea
科不确定 Incertae familiae
梳趾鼠科 Family Ctenodactylidae
戈壁鼠科 Family Gobiomyidae
硅藻鼠科 Family Diatomyidae

啮齿目（分类位置不明） Rodentia incertae sedis

圆柱齿鼠科 Family Cylindrodontidae

争胜鼠科 Family Zelomyidae

查干鼠科 Family Tsaganomyidae

四、啮齿类的起源

Hartenberger（1985）在综述啮齿类起源时，归纳了三类主要的起源假说：

1）起源于灵长类 主要以 Wood 为代表。Wood（1962）研究完古近纪副鼠科（Paramyidae）后，绘制出一个 Paramyidae 中古新世祖先的颊齿臆想图，据此结合头骨的特征，与当时划归为灵长类的 *Plesiadapis*（Russell, 1959）进行比较，看出两者具有突出的吻部、伸长的门齿、显著的齿虚位、紧密排列的颊齿等诸多相似之处。Wood 认为"尽管已有的 paramyids 与晚古新世的 *Plesiadapis* 之间很难说有直接的亲缘关系，但早古新世副鼠的祖先是如此之原始，以至于不能再视为啮齿类，那它的祖先家世就非常接近于灵长类祖先的家世。"

对 Wood 的灵长类起源的观点，Gingerich（1976）认为 paramyids 与晚期的 *Plesiadapis* 的一些相似特征，显然是相同食性行为、各自独立平行演化的结果，而非系统亲缘关系。探讨啮齿类起源于灵长类有关的另一位学者是 McKenna。他于 1961 年重新鉴定了发现在美国蒙大拿州 Bear Creek 上古新统 cf. *Labidolemur*（=*Apatemys*）的一枚左上颊齿（P4, M1 or M2，AMNH 22195），将其归入 *Paramys atavus* Jepsen, 1937 中。从这颗古新世最晚期的 *Paramys* 颊齿所呈现的原始特征，如具有极弱的唇侧齿带和在后齿带发育有小的次尖来看，这样的动物在古新世为数不少，尤其在灵长类中。因之，McKenna 含蓄地暗示啮齿类起源于灵长类的可能。

2）起源于 palaeoryctoids（古鼩类） 这里的 palaeoryctoids 是一个泛泛的概念，它也包括了诸如 leptictids 等等，讨论的问题往往不单纯集中于啮齿类，而是与 Glires 的起源一并讨论，典型的代表是 Szalay（1977, 1985）、Szalay 和 Decker（1974）。他们多是从颅后骨骼，尤其是跟骨、距骨来探讨起源的可能性，仅是一家之言。

3）起源于 eurymyloids *Eurymylus*（宽臼齿兽）是 Matthew 和 Granger（1925a）记述的、发现在蒙古晚古新世格沙头组中一种中亚特有的啮型动物。1942 年 Wood 认为它与兔形类有关。直到 1971 年 Sych 发表了波 - 蒙考察团在同时代的另一地点发现的新材料，证明这类动物仅有一对上门齿（DI2），说明它可能与啮齿类相关，但 Sych 却为它创立了一个新目：混齿目（Mixodontia）。1977 年李传夔记述了发现于安徽潜山中古新世痘姆组的 *Heomys*。李认为"若就颧区结构、牙齿数目、门齿构造及地理、地史分布上比较而言，*Heomys* 可能比 *Plesiadapis* 类更接近于啮齿目的祖先类型"（李传夔，1977，113

页）。之后在 1984 年法国巴黎举行的“啮齿类演化关系”国际会议上，Li 和 Ting（1985）较详细地分析了 *Heomys*、*Eurymylus* 与啮型动物及狉兽类、Leptictidae、Zalambdalestidae 等的性状，得出“*Heomys* 是非常接近啮齿类祖先基干的一员”。1987 年，Li 等又发表了“The origin of rodents and lagomorphs”一文，文中强调“尽管 *Heomys* 具有许多特化的性状不可能是由它直接演化到最早期啮齿类，但有理由相信在 Eurymylidae 中一些尚未知的属种会是啮齿类的直系祖先”（Li et al., 1987, p. 103）。1989 年，Wilson 在“Rodent origin”一文中又阐述了类似的观点。事实确是如此，自 20 世纪 70 年代至今，在中国和蒙古确实发现了众多的相近于啮齿类的 Eurymylidae 新属种，如 *Rhombomylus*（翟仁杰，1978；Meng et al., 2003）、*Matutinia*（李传夔等，1979；Ting et al., 2002）、*Sinomylus*（McKenna et Meng, 2001）、*Hanomys*（Huang et al., 2004）、*Palaeomylus*（Meng et al., 2005）、*Zagmy*（Flynn et al., 1987）、*Eomylus*、*Amar*、*Khaychina*（Dashzeveg et Russell, 1988）、*Decuoinys*（Dashzeveg et al., 1998）、*Nikolomylus*（Shevyreva et Gabuniya, 1986）。尽管目前仍然无法确定，也不可能确定哪一属种直接与啮齿类的起源有关，但无需质疑的、也是目前时所公认的是啮齿类的起源与 Eurymylidae 密切相关。

附：

2015 年，Cox 和 Hautier 主编了一本《Evolution of the Rodents》（Cambridge University Press, 611 pp）。这是继 1985 年《Evolutionary Relationships among Rodents: A Multidisciplinary Analysis》（Luckett et Hartenberger eds., Plenum Press, 721 pp）出版之后的又一本重要的啮齿类综合研究成果。全书共收集 40 多位作者的 20 篇论文，涉及“颅骨形态及发育（第 5、8、11、13、14 章）、颅后骨骼形态（第 19、20 章）、门齿釉质层结构（第 16 章）、分子生物学及蛋白质（第 2 章）、齿系的结构、功能及发育研究（第 15–18 章）和古生物及地层构架（第 3、4、6、7、9 章）”（Hautier et Cox, 2015, p. 8）。其中对我们编志最重要的，当推 Dawson 的“Emerging perspectives on some Paleogene sciurognath rodents in Laurasia: the fossil record and its interpretation”。该文作者以其丰富的阅历、经验，提出一些我们编志应加思考的问题：

1）“古新世怪象”（“the Paleocene paradox”）：这一怪象是指既然啮齿类起源于亚洲，已被发现的众多的古新世和早始新世啮型类和啮齿类化石所证实，但世界上最早的啮齿类化石却发现在北美古新世 Clarkforkian 期。作者对这一矛盾怪象的解释是：在厘定了 alagomyids 并非啮齿类后，“怪象”似乎迎刃而解。换言之，啮齿类最原始的类型是 Ischyromyidae，而非 *Alagomys*，更不是 *Tribosphnomys*（作者把后二者归为 gliroid）。这也就是 Hartenberger 和 Luckett（2015, p. XIII）在该书前言中评说的“Dawson 的文章，在综述全局之后，解决了什么是最原始的啮齿类的问题”。

2）*Alagomys* 到目前仅发现了牙齿，排除其于啮齿目的主要依据是颊齿极度横宽及上颊齿齿尖的排列方式。依现有证据即*Alagomys*在门齿釉质层结构为散系的两层这一衍生性状和颊齿低冠这一原始性状分析，*Alagomys*更接近于啮齿类，而*Tribosphnomys*既不是啮齿类，也不是啮齿类的近亲。

3）始鼠类（eomyids）不应视为Myomorpha或Myodonta中的一员，而是新北区啮齿类辐射进化中衍生出具有松鼠型头骨和松鼠型下颌及变化了的门齿单系釉质层的一类啮齿类。

4）Myodonts：在作者的概念中似应是muroids+dipodoids。Dipodoids是以豪猪型头骨及门齿单系釉质层结构和退化的前臼齿为特征的。在2010年前，北美早始新世晚期（Bridgerian最早期）的*Armintomys*已具备这些条件的雏形（Dawson et al., 1990），之后在早Bridgerian的*Flymys* P3已丢失、P4退化（Emry et Korth, 1989），显示出它可能从*Armintomys*类进化到zapodids水平。但自2010年Li和Meng记述了发现在内蒙古二连盆地阿山头期（早始新世最晚期或中始新世早期）的*Erlianomys combinatus*后，dipodids的起源和进化支系都变得更为复杂、多样。*Erlianomys*虽归入myodont，但它在齿式和牙齿形态上都显示出相似于*Flymys*，是生存在亚洲（同期）的一个zapodid。

至于muroids的起源似乎比较清晰。亚洲中始新世的仓鼠*Pappocricetodon*已显示出一定的分异，可以说明亚洲是muroids的起源中心，尽管详情还不十分清楚，但它不像zapodids那样，少有迁徙、交流，直到晚始新世cricetids才迁徙到北美。

Dawson的论文提出了有待我们深思和讨论的问题，这本应是我们在编志过程中应加以认真对待的。令人遗憾的是《Evolution of the Rodents》一书抵达我们手中时，大部分编者已完成定稿，而忙于其他工作，如重新翻改，确有困难。因之，只好留作下次改版时加以订正。遗憾之至。

系 统 记 述

啮齿目 Order RODENTIA Bowdich, 1821

斑鼠科 Family Alagomyidae Dashzeveg, 1990

模式属 斑鼠属 *Alagomys* Dashzeveg, 1990

定义与分类 斑鼠类是出现在晚古新世—早始新世的一类原始的小型啮型动物，中国、蒙古及北美西部均有发现。

Dashzeveg（1990b）根据蒙古 Nemegt 盆地 Bumban 段采集的上、下颊齿建立了斑鼠属（*Alagomys*）和斑鼠科（Alagomyidae）。后来，在中国山东五图盆地早始新世地层中发现斑鼠的一个新种 *A. oriensis*（Tong et Dawson, 1995）。与此同时，在北美的晚古新世地层中也发现了斑鼠类的化石，命名为 *A. russelli*（Dawson et Beard, 1996）。但也有人认为 *russelli* 种归入 *Alagomys* 属不一定合适，它可能代表一个独立的属（童永生、王景文，2006；Meng et al., 2007b）。

根据内蒙古四子王旗脑木根台地（Holy Mesa）北面巴彦乌兰的材料，Meng 等（1994）建立了磨楔鼠属（*Tribosphenomys*），有疑问地将其归入 Alagomyidae 科。Dashzeveg（2003）又记述了 Bumban 段的斑鼠类新材料，命名了 *T. borealis*。其后，Lopatin 和 Averianov（2004a, b）先后报道了蒙古 Tsagan-Khushu 地点上古新统 Zhigden 段 *Tribosphenomys* 属的 *T. secundus* 和 *T. tertius*；Meng 等（2007b）又记述过内蒙古苏崩地点的三种斑鼠类：*T. minutus*、*T.* cf. *T. secundus* 和 *Neimengomys qii*。

Dashzeveg（1990b）最初建立斑鼠科（Alagomyidae）时，将其归入啮齿目（Rodentia），随着 *Tribosphenomys* 和 *Neimengomys* 等材料的归入，*Alagomys* 和 *Tribosphenomys* 之间明显的形态差异被指出，同时该科的有效性被怀疑、分类位置也成为问题。Meng 等（1994）在记述 *Tribosphenomys* 时，虽将其归入啮齿目，但在讨论中提出 *Tribosphenomys* 与现代类型的啮齿目构成姐妹群（Meng et al., 1994；Meng et Wyss, 1994）。1996 年，Wyss 和 Meng 将 *Tribosphenomys* 从啮齿目中剔除，并与啮齿目一起组成新的分类阶元——啮齿型动物（Rodentiaformes），进一步将 *Heomys*（晓鼠）和 Rodentiaformes 构成更高一级的阶元——啮齿形动物（Rodentiamorpha）。之后，在记述巴彦乌兰动物群时，Meng 等（1998）再次指出 *Tribosphenomys* 不是啮齿目中的一员，而是和啮齿目一起构成啮齿型动物。2001 年，Meng 和 Wyss 将 *Alagomys* 也移出啮齿目，并给出 Alagomyidae（包含 *Alagomys* 和 *Tribosphenomys*）及啮齿型动物（Rodentiaformes）的裔征。根据门齿釉质层的研究（Martin, 1997）及颊齿形态，有研究者认为 *Alagomys* 比 *Tribosphenomys* 更接近啮齿类。Rose（2006）则仍将 Alagomyidae 放在啮齿目内，将其看成已知最原始的啮齿类。而近来 O'Leary 等（2013）则将 *Tribosphenomys* 置于啮型类（Glires）的基干位置。Dawson（2015）指出 *Tribosphenomys* 既不是啮齿类，也与啮齿类无很近的亲缘关系，但同时又指出 *Alagomys* 与已知的原始梳趾鼠 *Yuanomys*（Meng et Li, 2010）和 *Tussabomys*（Dawson et Beard, 2007；Anemone et al., 2012）有许多相似的形态特征。

由上可见，关于 *Alagomys* 和 *Tribosphenomys* 的分类位置现在尚未形成统一认识。在还没有一个较为确定的分类方案的情况下，本志书仍延续最初的分类，啮齿目中的 Alagomyidae 包含有 *Alagomys*、*Tribosphenomys* 和 *Neimengomys* 三属。

鉴别特征 小型的啮齿动物。始啮型头骨，上颌颧突后缘与 M1 的后尖在同一水平位置；松鼠型下颌，咬肌窝延伸至 m2 的下前方。一对增大、终生生长的门齿，釉质层仅覆盖在门齿的前表面（唇侧），下门齿向后延伸至 m3 的底部。齿式为 1•0•2•3/1•0•1•3；P3 钝；DP4 和 dp4 均臼齿化，dp4 的下跟座比下三角座宽；p4 无臼齿化；颊齿具尖锐的齿尖，上臼齿中 M1 最大；DP4–M3 横向增大、有开阔的三角凹，前、后尖明显分开，前尖后棱和后尖前棱指向颊侧，但并未形成中央棱，原尖前棱上有明显的前小尖，后小尖发育，无前齿带，后齿带低，上臼齿中有次尖架，缺少发育的棱脊。p4–m3 下三角座前后压缩，下跟凹宽。

中国已知属 *Alagomys*, *Neimengomys*, *Tribosphenomys*，共 3 属。

分布与时代 内蒙古、山东，古新世晚期—早始新世。

评注 斑鼠类不仅出现早（古新世晚期），在牙齿形态上也与始新世及后期的啮齿类有明显差别。斑鼠类在亚洲和北美均有分布（Dawson et Beard, 1996），在北美晚古新世不仅出现斑鼠类，还有壮鼠类（已知 5 属 6 种）(Korth, 1994)。相对于北美，亚洲晚古新世的啮型或啮齿类化石的研究有待于进一步发现、加强。

斑鼠属 Genus *Alagomys* Dashzeveg, 1990

Tribosphenomys borealis：Dashzeveg, 2003, p. 54

模式种 意外斑鼠 *Alagomys inopinatus* Dashzeveg, 1990

鉴别特征 个体小，齿式：1•0•2•3/1•0•1•3。颊齿为丘形齿、低冠齿。P4/p4 未臼齿化，分别有两个齿根。M1–2 冠面为等腰三角形，原尖膨大、为最大的尖，无次尖；原小尖、后小尖发育；前附尖不明显，中附尖发育；三角凹开放、相对窄长；出现后齿带。下颊齿中下三角座比下跟座窄，下外脊发育并有膨大的下中尖。

中国已知种 仅 *Alagomys oriensis* 一种。

分布与时代 山东，早始新世。

评注 属名中的“Alag”源自蒙古语中的“斑点”之意，mys 为希腊文“鼠”，故汉译名属名为斑鼠属。

Martin（1993）研究了 *Alagomys inopinatus* 门齿釉质层，其特点是釉质层薄、散系釉质，另外，施氏明暗带的倾斜度相对较陡，外层缺失，因后两个特点见于混齿类中的菱臼齿兽（*Rhombomylus*），由此怀疑 *Alagomys* 不是一种啮齿类，而是混齿类。Meng 和 Wyss（1994）认为在早期啮型动物中双层或单层的门齿釉质层反映了门齿釉质层进化的复杂性，而不能作为分类的根据。随后，他们提出由“Rodentia”+ *Tribosphenomys* 组成新分类阶元“Rodentiaformes”(Wyss et Meng, 1996）。同年，Dawson 等明确地将 *Alagomys* 和 *Tribosphenomys* 归入 Alagomyidae。2001 年，Meng 和 Wyss 在详细地研究和分析了 *Tribosphenomys* 形态之后，将 *Alagomys* 与 *Tribosphenomys* 一起从“Rodentia”中排除。

2003 年，Dashzeveg 将产自蒙古 Nemegt 盆地下始新统的一块存 P4–M1 的右上颌骨标本（PSS-MAE 900）取名为 *Tribosphenomys borealis*，而孟津等认为其是 *Alagomys inopinatus* 的晚出异名（Meng et al., 2007b）。

东方斑鼠 *Alagomys oriensis* Tong et Dawson, 1995

（图 5）

正模 IVPP V 10693，存下门齿和 p4–m3 的右下颌骨，存下门齿和 m3 的左下颌骨和左 M1–3。山东昌乐西上疃煤矿，下始新统五图组。

归入标本 IVPP V 10694，左下颌骨存下门齿和 m1–2（山东昌乐）。

鉴别特征 不同于属型种 *Alagomys inopinatus* 在于东方种 p4 臼齿化，下臼齿下原尖位置靠前，使三角座更加前后收缩，无下中尖，M1–2 的颊侧齿带比较明显。不同于 *A. russelli* 在于 p4 三角座更加横宽，下臼齿无下中尖，M3 后小尖大。

产地与层位 山东昌乐西上疃、五图，下始新统五图组。

评注 Dashzeveg（1990b）根据蒙古 Nemegt 盆地 Bumban 段采集的上、下颊齿建立了斑鼠属后，在山东五图盆地也采到类似的标本，取名为 *Alagomys oriensis* (Tong et Dawson, 1995)。接着，Dawson 和 Beard（1996）记述了美国 Washakie 盆地 Big Multi Quarry 的一种斑鼠，取名为 *A. russelli*。其实，这三种斑鼠之间颊齿区别比较明显，以前臼齿为例，可看到它们之间可能存在着种级以上的区别。*A. inopinatus* 的 P4 未臼齿化，横宽，仅有前尖和原尖，有些类似钟健鼠（*Cocomys*）和似鼠（*Tamquammys*）的 P4。但 *A. inopinatus* 缺少 p4 的材料，从未臼齿化的 P4 推测，其 p4 应该是未臼齿化，也可能缺少发育的跟座。*A. oriensis* 有 p4，但没有 P4 标本，其 p4 臼齿化，有短宽的三角座（三角座宽度约是跟座宽的 3/4）和宽大的跟座，形态与 m1 和 m2 相近。北美的 *A. russelli* 也只有 p4，与五图标本相似，p4 由宽大的跟座和小的三角座组成，下原尖和下后尖很接近，使三角座宽度变得很窄小，约是跟座宽的 1/2。另外，*A. inopinatus* 和 *A. russelli* 的 m1 和 m2 有明显的下中尖，而 *A. oriensis* 无明显的下中尖，在上臼齿上也有一些区别。在目前材料不全的情况下，将三个地点的化石归入斑鼠属或许是稳妥的做法，但不排除存在属一级差别的可能性。

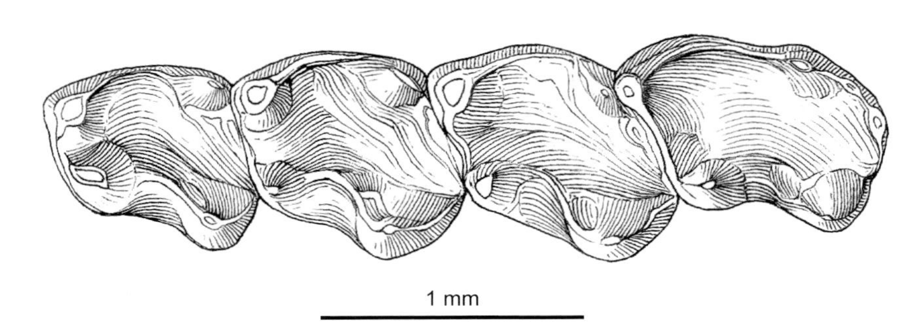

图 5　东方斑鼠 *Alagomys oriensis*
右 p4–m3（IVPP V 10693，正模，反转）：冠面视（引自 Tong et Dawson, 1995）

内蒙古鼠属　Genus *Neimengomys* Meng, Ni, Li, Beard, Gebo et Wang, 2007

模式种　齐氏内蒙古鼠 *Neimengomys qii* Meng, Ni, Li, Beard, Gebo et Wang, 2007

鉴别特征　与斑鼠不同但与磨楔齿鼠相似的特征有上臼齿有颊侧架和次尖，M3 齿尖呈锥状，下三角凹比较窄。与磨楔齿鼠不同在于 P4 具有弱的颊侧架，上臼齿原尖比较膨大，次尖更大并较颊位，下臼齿有一小的下次小尖。

中国已知种　仅模式种。

分布与时代　内蒙古，晚古新世。

齐氏内蒙古鼠 *Neimengomys qii* Meng, Ni, Li, Beard, Gebo et Wang, 2007

（图 6）

正模　IVPP V 14711.1，右 M1/2。内蒙古二连苏崩，上古新统—下始新统脑木根组。

副模　IVPP V 14711.2–13，V 14712.1–5，颊齿 17 枚。产地与层位同正模。

鉴别特征　同属。

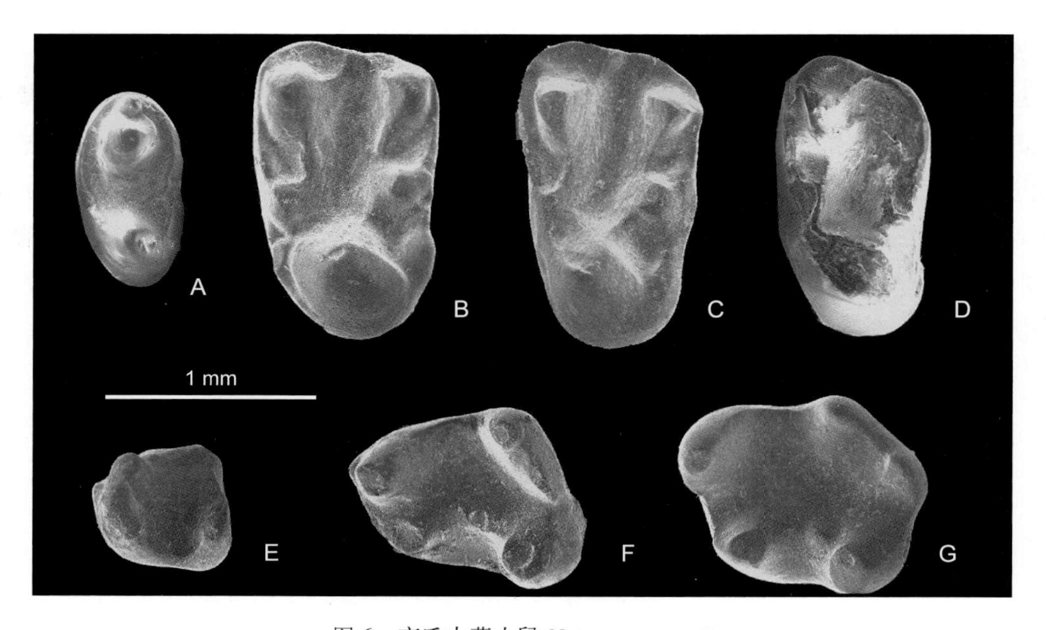

图 6　齐氏内蒙古鼠 *Neimengomys qii*

A. 左 P4（IVPP V 14711.2），B. 右 M1/2（IVPP V 14711.1，正模，反转），C. 左 M1/2（IVPP V 14711.3），D. 左 M2/3（IVPP V 14711.11），E. 右 p4（IVPP V 14712.1，反转），F. 右 m1（IVPP V 14712.2，反转），G. 左 m3（IVPP V 14712.3）：冠面视（引自 Meng et al., 2007b）

磨楔齿鼠属 Genus *Tribosphenomys* Meng, Wyss, Dawson et Zhai, 1994

模式种　小磨楔鼠 *Tribosphenomys minutus* Meng, Wyss, Dawson et Zhai, 1994

鉴别特征　小型的啮型类，齿式：1•0•2–3•3/•0•1•3。门齿终生生长，釉质层具内、外层，无施氏明暗带。上颊齿略呈单侧高冠；DP2 退化或缺失；DP3 钝、单尖或双尖（有小的原尖）；DP4 和 dp4 臼齿化；上臼齿三角形、横向宽，缺少啮齿类中发育的横脊，颊侧架明显，颊侧齿带完整，前尖和后尖被横向发育的三角凹分开，前中、后中齿带弱，后小尖与后尖大小相似，原尖与前尖位置相对，出现小的次尖与后齿带，次尖在原尖的后舌侧，次尖架明显且封闭；p4 未臼齿化，呈三角形，下前尖退化，下原尖明显，下后尖小；下前尖在 m1–2 中出现或缺失；dp4–m3 有前后压缩的三角座，下次小尖明显、在 m3 上呈尖状或叶状。上颌颧突后缘与 M1 的后尖在同一水平位置。

中国已知种　*Tribosphenomys minutus* 和 *T.* cf. *T. secundus*。

分布与时代　内蒙古，晚古新世。

评注　磨楔齿鼠最早发现于内蒙古四子王旗脑木根台地以北的巴彦乌兰（Bayan Ulan）上古新统，被命名为 *Tribosphenomys minutus*（Meng et al., 1994）。后在蒙古 Nemegt 盆地上古新统 Zhigen 段也发现了磨楔齿鼠化石，Lopatin 和 Averianov（2004a, b）先后建立了 *T. secundus* 和 *T. tertius*。Meng 等（2007b）在研究内蒙古二连盆地苏崩磨楔齿鼠化石时记述了磨楔齿鼠的相似种（*Tribosphenomys* cf. *T. secundus*）。

Tribosphenomys 与 *Alagomys* 的区别在于：门齿无施氏明暗带；上臼齿有明显的颊侧架，前小尖与原尖之间的三角凹向前延伸，后小尖更大一些，有低但明显的原尖后棱，前小尖位置更靠近舌侧，次尖架更明显；dp4 三角座上的尖更为膨大；在未被磨蚀的 m1 上有残留的下前尖，三角座更长、略窄；下后尖的位置更靠后；m1–2 有低的下原脊，m3 上有明显的下次尖叶。与 *Alagomys* 相比，*Tribosphenomys* 的下颌更为细长。

小磨楔鼠 *Tribosphenomys minutus* Meng, Wyss, Dawson et Zhai, 1994

（图 7）

Tribosphenomys tertius：Lopatin et Averianov, 2004b, p. 336

正模 IVPP V 10775，同一个体的左上颌骨带 P3–M2、左下颌骨带 p4–m3、已位移的上、下门齿和右 M1 及 M2。内蒙古四子王旗巴彦乌兰（Bayan Ulan），上古新统脑木根组巴彦乌兰层。

副模 IVPP V 10776，右 M1–M3 和左 p4–m2。产地与层位同正模。

鉴别特征 个体稍小，上颊齿颊侧架上瘤状突起少，p4 三角座相对较宽。

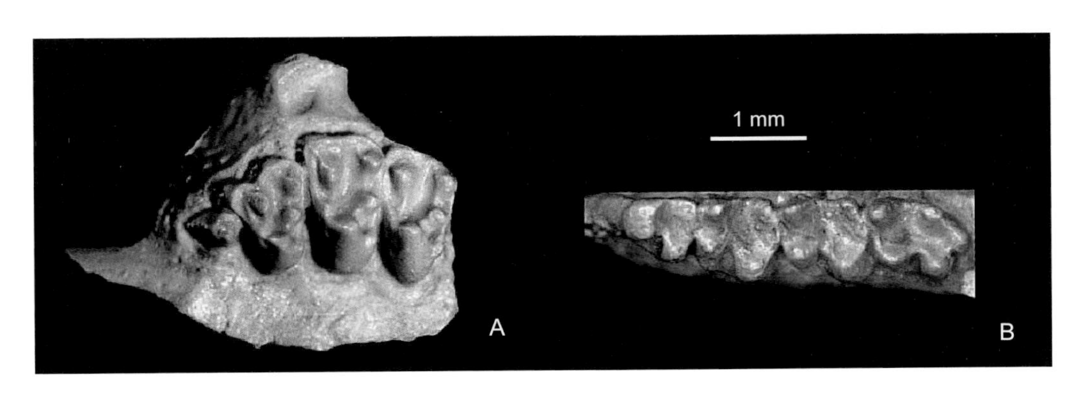

图 7 小磨楔鼠 *Tribosphenomys minutus*

同一个体的左上颌骨和左下颌骨（IVPP V 10775，正模）：A. 存 P3–M2 的左上颌骨，B. 存 p4–m3 的左下颌骨，均冠面视（引自 Meng et al., 2001）

评注 Lopatin 和 Averianov（2004b）在记述蒙古上古新统的下颌骨标本时所建立的 *Tribosphenomys tertius*，孟津等（Meng et al., 2007b）在研究苏崩地点的斑鼠类时认为是 *T. minutus* 的晚出异名。

次磨楔鼠（相似种） ***Tribosphenomys* cf. *T. secundus* Lopatin et Averianov, 2004**

（图 8）

材料为 5 颗上颊齿（IVPP V 14709.1–5）和 5 颗下颊齿（IVPP V 14710.1–5），产自内蒙古二连浩特西约 25 km 的苏崩上古新统—下始新统的脑木根组。苏崩标本比 *Tribosphenomys minutus* 中相应牙齿大 20% 左右，其大小与产于蒙古 Nemegt 盆地上古新统 Zhigdon 段的 *T. secundus* 相似。与 *T. secundus* 最明显的区别是 m2，苏崩的牙齿是长大于宽，Zhigdon 的标本是宽大于长。

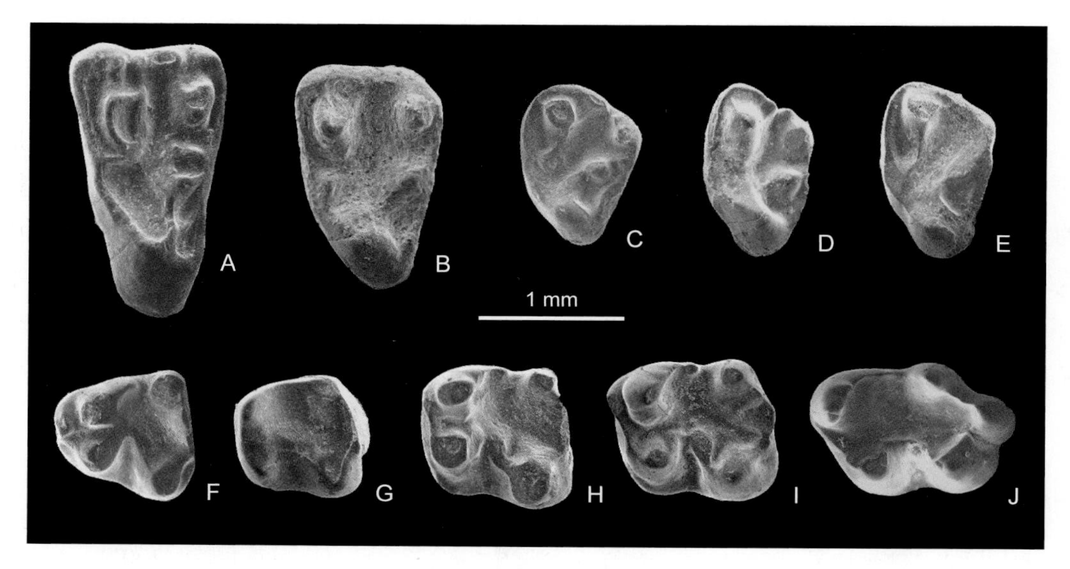

图 8　次磨楔鼠（相似种） *Tribosphenomys* cf. *T. secundus*

A. 左 M1（IVPP V 14709.1），B. 左 M2（IVPP V 14709.2），C. 左 M3（IVPP V 14709.3），D. 左 M3（IVPP V 14709.4），E. 左 M3（IVPP V 14709.5），F. 左 dp4（IVPP V 14710.1），G. 左 dp4（IVPP V 14710.2），H. 右 m1（IVPP V 14710.3，反转），I. 右 m2（IVPP V 14710.4，反转），J. 左 m3（IVPP V 14710.5）：冠面视（引自 Meng et al., 2007b）

初鼠科 **Family Archetypomyidae Meng, Li, Ni, Wang et Beard, 2007**

模式属　初鼠属 *Archetypomys* Meng, Li, Ni, Wang et Beard, 2007

定义与分类　一类小型、亚洲古近纪中期的土著啮型动物。在牙齿形态上与斑鼠类的很相似，在系统发育上处于斑鼠类和现代类型啮齿类之间的过渡位置。

目前该科发现的化石不多，仅有出现在中国内蒙古的一个属种，而且可否归入啮齿目也有不同意见。李茜和孟津在研究始新世梳趾鼠系统发育关系时涉及到初鼠的特征分析，认定代表初鼠科的 *Archetypomys* 属和斑鼠科中的 *Tribosphenomys* 属组成姐妹群，两者又与斑鼠属（*Alagomys*）构成姐妹群，倾向于认可归入啮齿目（Li et Meng, 2015）。但

Dawson（2015）注意到二连盆地的初鼠类与斑鼠科的 *Alagomys* 在颊齿上的明显相似，指出二者有很近的亲缘关系，建议将其归入斑鼠科，并从啮齿目中移出。因此，根据目前的研究，该属乃至该科的分类位置尚需要调整和研究。

鉴别特征 具有斑鼠类和现生啮齿类的综合牙齿特征。与斑鼠类相似但与早期啮齿类的不同在于：上颊齿具有一部分颊侧齿带，后小尖明显、并后移与后齿带相接，三角凹横向延伸、将前尖和后尖远远地隔离，无次尖；下臼齿下次小尖明显，无下原尖棱。初鼠类不同于斑鼠类的特征为：上颊齿长宽比较大，出现“前原小尖”及其向前突出的“前原小尖棱”，斜脊比较倾斜，并有明显的下中尖，dp4 下前边尖存在，m3 下次尖相对于下次小尖明显后移。

中国已知属 仅模式属。

分布与时代 内蒙古，早始新世晚期（阿山头期）。

评注 孟津等根据对内蒙古二连盆地努和廷勃尔和一带阿山头组采集到的斑鼠状上下颊齿的研究，在啮齿目中建立了初鼠科（Meng et al., 2007a）。斑鼠状化石此前仅在上古新统—下始新统下部的脑木根组或相当层位中发现，二连盆地的材料代表了在脑木根组之上地层中采集到这类化石。孟等认为始新世早期啮齿类比以往想象的更为分化。虽然阿山头组已发现多种具有现代类型特征的啮齿类，但初鼠的发现的确为啮齿类早期发育的研究添加了想象空间。

初鼠属 Genus *Archetypomys* Meng, Li, Ni, Wang et Beard, 2007

模式种 二连初鼠 *Archetypomys erlianensis* Meng, Li, Ni, Wang et Beard, 2007

鉴别特征 同科。

中国已知种 仅模式种。

分布与时代 内蒙古，早始新世晚期（阿山头期）。

二连初鼠 *Archetypomys erlianensis* Meng, Li, Ni, Wang et Beard, 2007

（图 9）

正模 IVPP V 14623.1，右 M1。内蒙古二连努和廷勃尔和，下始新统阿山头组。

副模 IVPP V 14623.2–17，上、下颊齿 16 枚。产地与层位同正模。

归入标本 IVPP V 14622.1–33，上、下颊齿 33 枚（内蒙古二连）。

鉴别特征 同科。

产地与层位 内蒙古二连努和廷勃尔和、“爪兽坑”（“chalicothere pit”）（距正模产地约 200 m，层位稍低），下始新统阿山头组。

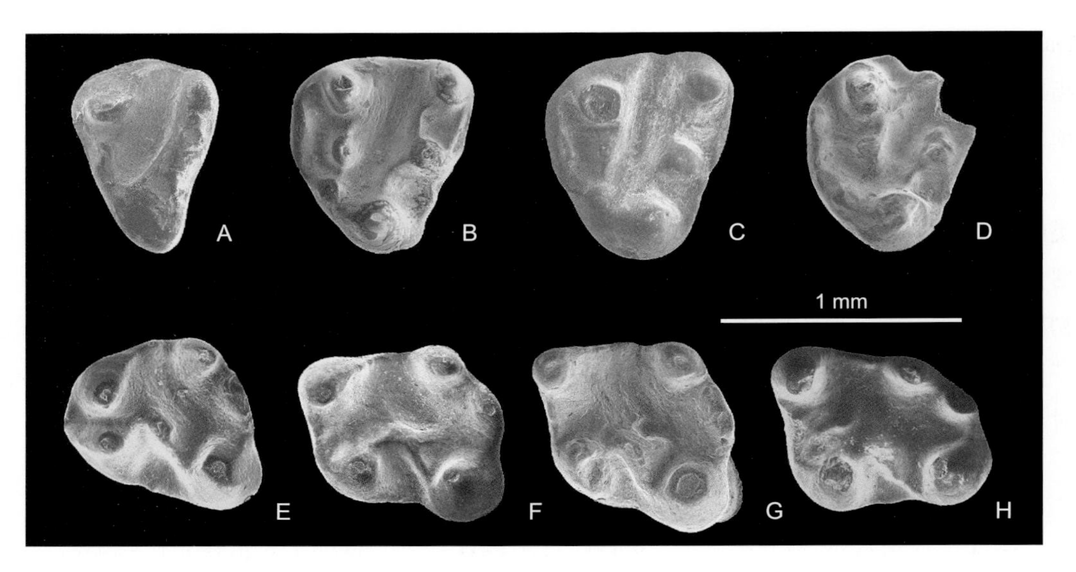

图 9　二连初鼠 *Archetypomys erlianensis*

A. 左 P4（IVPP V 14623.2），B. 右 M1（IVPP V 14623.1，正模，反转），C. 右 M2（IVPP V 14622.6，反转），D. 右 M3 （IVPP V 14623.6，反转），E. 右 dp4（IVPP V 14622.16，反转），F. 右 m1（IVPP V 14622.22，反转），G. 右 m2（IVPP V 14623.14，反转），H. 右 m3（IVPP V 14622.29，反转）：冠面视 （引自 Meng et al., 2007a）

松鼠型亚目 Suborder SCIUROMORPHA Brandt, 1855

概述　一类较原始的啮齿动物，咬肌限于颧弓腹面或到达颧弓之前。眶下孔一般较小，或被挤压成隙。齿式原始，多保留 P3，为 1•0•2•3/1•0•1•3。门齿釉质层结构多为原始的散系。亚目内的分类各家意见不一，下面仅简介几个主要的研究者对亚目的分类意见。

Wood（1955a）：

Suborder Sciuromorpha Brandt, 1855

Superfamily Ischyromyoidea Wood, 1937

Family Paramyidae Miller et Gidley, 1918

Family Sciuravidae Miller et Gidley, 1918

Family Ischyromyidae Alston, 1876

Family Cylindrodontidae Miller et Gidley, 1918

Family Protoptychidae Wood, 1937

?Ischyromyoidea incertae sedis

Family Phiomyidae Wood, 1937

Superfamily Aplodontoidea Matthew, 1910

Family Aplodontidae Trouessart, 1897

Family Mylagaulidae Cope, 1881

Superfamily Sciuroidea Gill, 1878

Family Sciuridae Gray, 1821

Cf. Sciuromorpha incertae sedis

Superfamily Ctenodactyloidea Simpson, 1945

Family Ctenodactylidae Zittel, 1893

Korth（1994）（仅限于北美啮齿类）：

Suborder Sciuromorpha Brandt, 1855

Superfamily Ischyromyoidea Alston, 1876

Family Ischyromyidae Alston, 1876

Superfamily Aplodontoidea Trouessart, 1897

Family Aplodontidae Trouessart, 1897

Family Mylagaulidae Cope,1881

Superfamily Sciuroidea Gray, 1821

Family Sciuridae Gray, 1821

Suborder Sciuromorpha incertae sedis

Family Cylindrodontidae Miller et Gidley, 1918

Superfamily Castoroidea Gray, 1821

Family Castoridae Gray, 1821

Family Eutypomyidae Miller et Gidley, 1918

McKenna 和 Bell （1997）：

Suborder Sciuromorpha Brandt, 1855

Superfamily Ischyromyoidea Alston, 1876

Family Ischyromyidae Alston, 1876

Superfamily Aplodontoidea Brandt, 1855

Family Allomyidae Marsh, 1877

Family Aplodontidae Brandt, 1855

Family Mylagaulidae Cope, 1881

Infraorder Theridomyomorpha Wood, 1955

Family Theridomyidae Alston, 1876

Infraorder Sciurida Carys, 1868

Family Reithroparamyidae Wood, 1962

Family Sciuridae de Waldheim, 1817

Rose（2006）：

Suborder Sciuromorpha

Family Ischyromyidae

Family Sciuravidae

Family Cylindrodontidae

Superfamily Aplodontoidea

Family Theridomyidae

Family Sciuridae

Superfamily Castoroidea

Family Gliridae (=Myoxidae)

Janis 等（2008）：

Sciuromorpha

Family Sciuridae

Family Ischyromyidae

Family Mylagaulidae

Family Aplodontidae

Family Gliridae

通过上述五种不同的分类系统，读者可以看出各家对松鼠亚目（Sciuromorpha）的内涵、归属各不一致，甚至同一阶元的创建者也并不相同。有些分类单元，如 Wood（1955a）的 Phiomyidae、Ctenodactyloidea 经后人研究早已归入啮齿类的其他亚目；再如 McKenna 和 Bell（1997）把 Sciuravidae、Cylindrodontidae 归诸于他们创建的新亚目 Sciuravida 中，把 Gliridae 作为一 Myomorpha 的 Infraorder。在我们编志的过程中，按照编志原则，应以各章节编者的意见为准，因之，我们把圆柱齿鼠科排除在松鼠型亚目之外；把睡鼠科（Gliridae）作为松鼠型亚目一个单系组合，即松鼠超科（= 松鼠科 + 山河狸科）+ 睡鼠科；而把河狸超科（Castoroidea）置于松鼠型亚目分类位置不确定中。

壮鼠科 Family Ischyromyidae Alston, 1876

模式属 壮鼠属 *Ischyromys* Alston, 1876

定义与分类 壮鼠科是啮齿类中的原始类型，古近纪全北区分布。最早的壮鼠类 *Paramys adamus* 发现于北美晚古新世（Dawson et Beard, 1996），始新世时该科在北美和欧洲的分异度很高，但亚洲壮鼠类化石的数量和属种都不多。

最初，Wood（1962）依据深层咬肌的位置、颊齿齿脊的发育程度以及其他头骨特征认为副鼠类与壮鼠类明显不同，将它们划分为两个不同的科：副鼠科（Paramyidae）和壮鼠科（Ischyromyidae）。Black（1968, 1971）认为这些特征不足以区分两个科，建议二者合并为一个科。随后，Korth（1984, 1994）使用 Ischyromyidae，并将 Paramyidae 归入其中。McKenna 和 Bell（1997）定义的壮鼠科（Ischyromyidae），包括 Microparamyinae、Paramyinae、Ailuravinae、Ischyromyinae 四个亚科。Anderson（2008）对壮鼠类重新进行了系统发育分析，将壮鼠科（Ischyromyidae）划分为 Paramyinae、Reithroparamyinae、Ailuravinae 和 Ischyromyinae 四个亚科。至今，对壮鼠科的认识比较统一，通常所说的壮鼠科（Ischyromyidae）(Alston, 1876）包含了副鼠类在内，而且副鼠类是该科中的重要组成部分。由于研究者对亚科的划分意见并不完全一致，目前在中国发现的化石种类还不是很多，因此本志书未对我国发现的壮鼠类化石作亚科的确定。

鉴别特征 始啮型头骨，眶下孔小，矢状嵴明显。头骨较大、粗壮，相比现生的啮齿类其鼻骨和颅底区都相对较长。听泡在大部分属种中明显。松鼠型下颌，上升支宽、冠状突发育，下颌咬肌窝前端在 m1 或者 m2 之下。齿式为 1•0•2•3/1•0•1•3。门齿釉质结构多为散系。颊齿低冠，上颊齿近方形，P4 臼齿化，M1–3 中原尖、前尖、后尖和次尖明显，前后齿带发育。下颊齿冠面呈矩形或菱形，跟座比三角座略宽，主尖之间有弱脊连接。牙齿表面釉质在多数属种中平滑，少数釉质褶皱明显。

中国已知属 *Acritoparamys*?, *Taishanomys*, *Anatoparamys*, *Asiomys*, *Hulgana*, *Eosischyromys*，共 6 属。

分布与时代 北美、欧洲和亚洲，古新世晚期— 中新世早期。中国：山东、河南、江苏、内蒙古、北京，始新世。

评注 中国的壮鼠类除上述 6 个属外，尚有内蒙古二连盆地努和廷勃尔和下始新统阿山头组底部发现的 2 枚颊齿（IVPP V 17803, V 17804；Li et Meng, 2013），内蒙古四子王旗扎木敖包上始新统“乌兰戈楚组”发现的只保存有齿根的破损头骨（AMNH 26084；Dawson, 1968），以及河南淅川核桃园村北石皮沟中始新统核桃园组的两枚颊齿（IVPP V 10241.1, 2；童永生，1997）。这些标本在形态上都具有与壮鼠类相似的特征，材料不多，但代表了该科不同未定属、种在中国的发现。

待明副鼠属 Genus *Acritoparamys* Korth, 1984

模式种 弗氏副鼠 *Paramys francesi* Wood, 1962

鉴别特征 小型啮齿类，吻部前端细窄，鼻骨延伸到前颧弓后部；颧弓前跟后缘在 P4 中部；眶下孔中等大小；下颌咬肌窝延伸到 m2 的中部或前部下方。门齿横切面呈椭圆形，釉质层仅覆盖在唇侧面。P4 有原小尖和小的次尖，半臼齿化。M1–2 次尖明显，发育的原脊和后脊指向原尖；原小尖和后小尖单一；中附尖大。下臼齿前齿带连接下原尖和下后尖；下三角座前后收缩，后端不封闭；下次小尖发育；后棱与下内尖有浅凹相隔。

中国已知种 *Acritoparamys*? *wutui* 和 *Acritoparamys*? sp.。

分布与时代 山东，早始新世。

评注 Korth（1984）以希腊文“*akritos*”（混合的、困惑的）作为词冠来命名这个属，表明他所建立的属本身还有一些不清楚的问题。Ivy（1990）也指出，*Acritoparamys* 属中个体较小的种与 *Microparamys* 很难区分。之所以将两件山东五图标本与 *Acritoparamys* 属进行比较，一方面是由于材料太少，难以确切把握山东标本的分类位置，另一方面与 *Acritoparamys* 属某些种确实存在一些相似性，如 *Acritoparamys*? *wutui* 与北美的 *A. atwateri*，*Acritoparamys*? sp. 与北美的 *A. atavus*，但两者与 *Acritoparamys* 属的模式种 *A. francesi* 又有明显的差别。

五图待明副鼠？ *Acritoparamys*? *wutui* Tong et Dawson, 1995

（图 10）

正模 IVPP V 10692，一段右下颌骨，存 m1–2。山东昌乐五图，下始新统五图组。

鉴别特征 个体比 *Acritoparamys atwateri* 大。不同于其他的待明副鼠在于下臼齿三角座更加前后收缩。

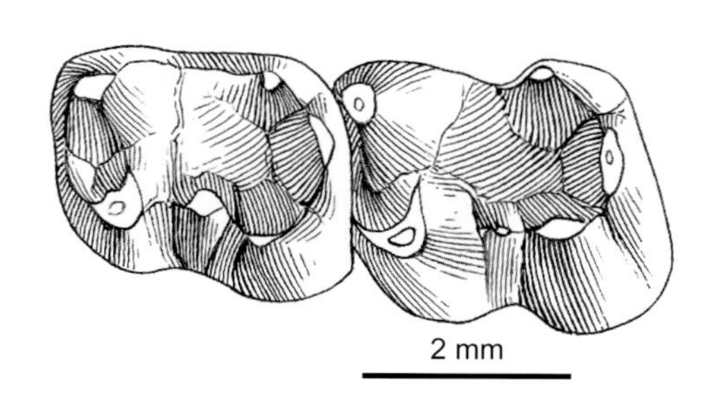

图 10 五图待明副鼠？ *Acritoparamys*? *wutui*

右 m1–2（IVPP V 10692，正模，反转）：冠面视（引自童永生、王景文，2006）

待明副鼠？（未定种） *Acritoparamys*? sp.

（图 11）

材料为保存有下门齿和 m1 的右下颌骨残段（IVPP V 10706），采自山东昌乐五图煤矿，下始新统五图组。下颌骨已残破，下门齿较窄，下门齿和 p4 之间的齿虚位较长，约 4.5 mm。p4 齿冠部分已损坏，从存留部分可以看出 p4 相对短宽，三角座侧向收缩，跟座横宽。m1 保存完好，三角座前后收缩，而跟座相对宽大，前齿带与下后尖相连，下中尖较小，下内尖与下次小尖间有齿谷相隔，下次小尖大，横向延长。标本与个体较小的

A. atavus（依 Ivy, 1990）相近。

五图下臼齿标本的形态与 Korth（1984）建立的 *Acritoparamys* 属中几个种类似，但材料太少，又未发现上颊齿，其性质还有不明了的地方，不能完全肯定可归入这一北美属。

有人怀疑 *Acritoparamys*? *wutui* 和 *Taishanomys changlensis* 的归类是否正确（Averianov, 1996）。尽管材料不多，但这些种下臼齿或者下前臼齿与亚洲古近纪原始梳趾鼠区别相当明显，却与北美已知的副鼠类接近。因此，目前只能将其归入壮鼠科。

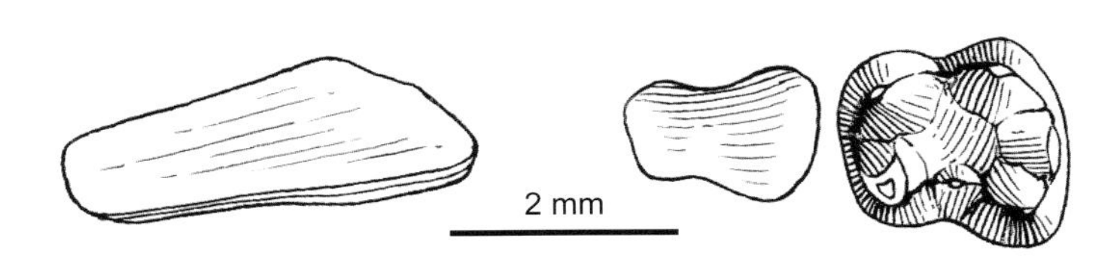

图 11　待明副鼠？（未定种）*Acritoparamys*? sp.
右下颌骨，不完整，存门齿和 m1（IVPP V 10706，反转）：冠面视（引自童永生、王景文，2006）

泰山鼠属 Genus *Taishanomys* Tong et Dawson, 1995

模式种　昌乐泰山鼠 *Taishanomys changlensis* Tong et Dawson, 1995

鉴别特征　下颌骨齿虚位短，咬肌窝向前伸至 m3 之下。下臼齿低冠，前齿带长，下后尖是最明显的齿尖；下原尖后臂形成三角座的后缘；m1 三角座相对较长。

中国已知种　*Taishanomys changlensis* 和 *T. parvulus*。

分布与时代　山东，早始新世。

昌乐泰山鼠 *Taishanomys changlensis* Tong et Dawson, 1995

（图 12）

正模　IVPP V 10691，左下颌骨存下门齿和 m1–3。山东昌乐五图，下始新统五图组。

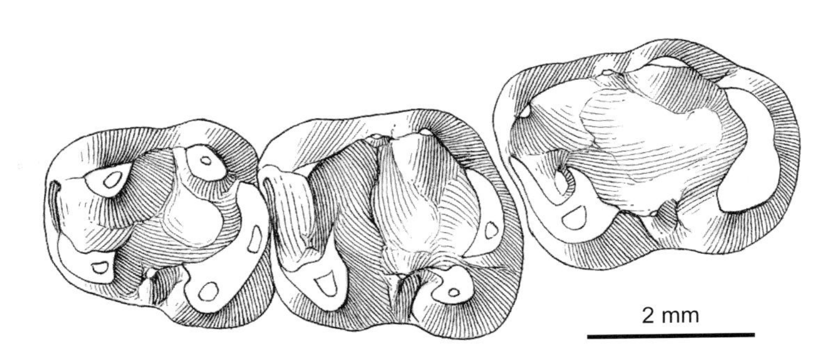

图 12　昌乐泰山鼠 *Taishanomys changlensis*
左 m1–3（IVPP V 10691，正模）：冠面视（引自童永生、王景文，2006）

鉴别特征 个体较大。下门齿和 p4 之间的齿虚位相对较短；下臼齿下原尖后臂比较发育，三角凹近于封闭，下外脊弱或不完全，下中尖位置靠前。

评注 下颌骨高、短，m1 处的下颌骨高为 10.2 mm，下门齿和 p4 之间的齿虚位短，长约 3.5 mm，m1 长 2.65 mm、宽 2.50 mm 。

小巧泰山鼠 *Taishanomys parvulus* Tong et Wang, 2006

（图 13）

正模 IVPP V 10719，一段左下颌骨，存下门齿基部和 p4–m2。山东昌乐五图，下始新统五图组。

鉴别特征 个体较小。下门齿和 p4 之间的齿虚位相对较长；下臼齿三角凹向后开放，下外脊缺失，下中尖位置更靠近下次尖。

评注 下门齿和 p4 之间的齿虚位相对较长，长约 3 mm，m1 长 1.85 mm、宽 1.65 mm。

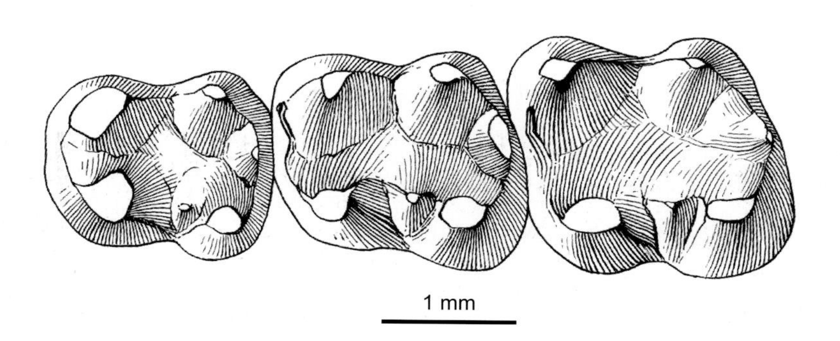

图 13 小巧泰山鼠 *Taishanomys parvulus*
左 p4–m2（IVPP V 10719，正模）：冠面视（引自童永生、王景文，2006）

东方副鼠属 Genus *Anatoparamys* Dawson et Wang, 2001

模式种 裂隙东方副鼠 *Anatoparamys crepaturus* Dawson et Wang, 2001

鉴别特征 中等大小的壮鼠类，丘形齿，齿脊发育弱。上颊齿有完整细长的原脊，原尖前后延伸，无原小尖，后小尖明显，次尖小或缺失；p4 下三角座窄长，下原尖小；下臼齿呈菱形、向前舌侧延伸，下三角凹小，下跟凹浅、宽，下内尖小，无下次脊。与其他壮鼠类的区别：颊齿丘形的齿尖；P4–M3 原尖都前后延伸，上颊齿无原小尖，次尖小或无；下颊齿菱形的冠面，缺少下次脊。

中国已知种 *Anatoparamys crepaturus* 和 *A.* sp.。

分布与时代 江苏，中始新世。

评注 东方副鼠明显是壮鼠类的成员，但它的齿尖呈丘形、几乎无齿脊的颊齿，与已知的亚洲始新世壮鼠类区别明显。与亚洲之外的壮鼠类比较，东方副鼠某些特征与壮鼠类中的 manitshine 可比（Wood, 1962；Korth, 1985）。该类型的壮鼠类个体大，比现生的河狸还要大；在北美种类中齿尖呈圆丘形，咀嚼面上齿尖比齿脊更醒目，与东方副鼠相似。但东方副鼠下臼齿呈菱形，而已知 manitshine 类壮鼠类的下臼齿没有明显或确切菱形的冠面。东方副鼠颊齿简单，丘形齿似适应咀嚼浆果和其他植物（Dawson et Wang, 2001）。

裂隙东方副鼠 *Anatoparamys crepaturus* Dawson et Wang, 2001

（图 14）

正模 IVPP V 11032.1，右 m2。江苏溧阳上黄（裂隙 D），中始新世伊尔丁曼哈期裂隙堆积。

副模 IVPP V 11032.2–15，14 枚颊齿。产地与层位同正模。

归入标本 IVPP V 11035.1–2，2 枚 dp4（江苏溧阳上黄裂隙）。

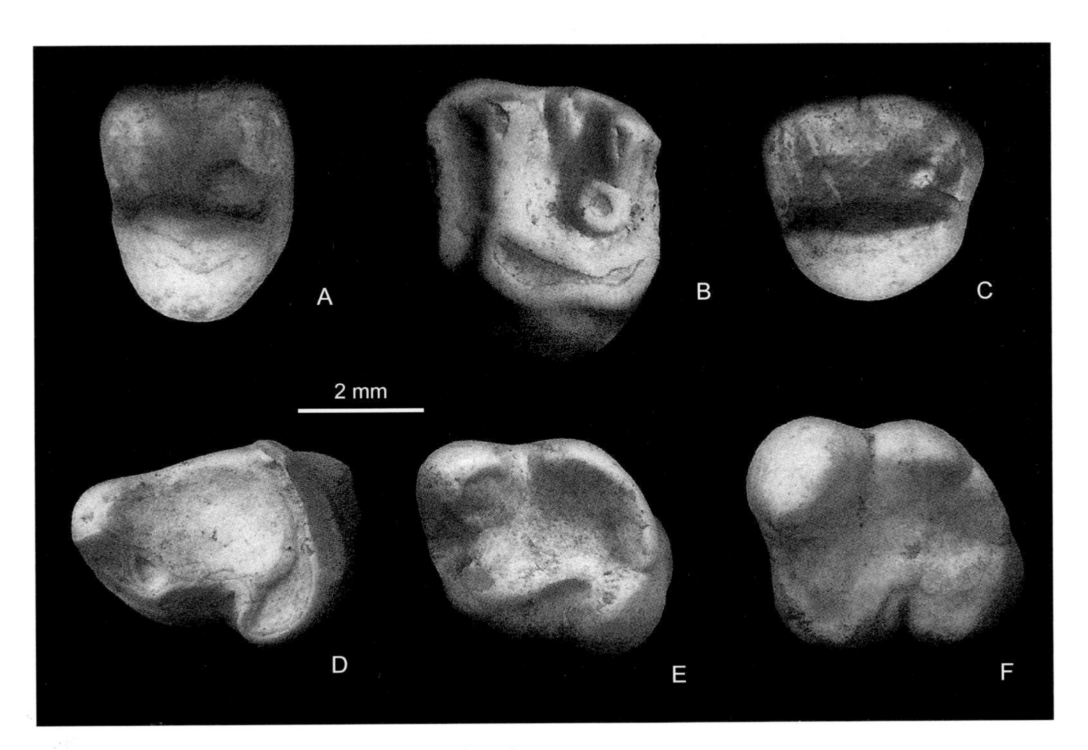

图 14 裂隙东方副鼠 *Anatoparamys crepaturus*

A. 左 P4（IVPP V 11032.9），B. 右 M2（IVPP V 11032.14，反转），C. 右 M3（IVPP V 11032.11，反转），D. 右 p4（IVPP V 11032.2，反转），E. 左 m1（IVPP V 11032.4），F. 右 m2（IVPP V 11032.1，正模，反转）：冠面视（引自 Dawson et Wang, 2001）

鉴别特征 同属。

产地与层位 江苏溧阳上黄（裂隙 D、E），中始新世伊尔丁曼哈期裂隙堆积。

东方副鼠（未定种） *Anatoparamys* sp.

（图 15）

在江苏溧阳上黄裂隙 D（IVPP V 11033.1，左 p4；IVPP V 11033.2，左 m3；IVPP V 11033.3，右 dp4）及裂隙 E（IVPP V 11034，右 p4）中发现的几枚下颊齿，基于这些标本形态，特别是齿尖圆钝、棱脊弱发育、三角座开阔、下次脊缺失等特点将其归入东方副鼠中。与裂隙东方副鼠相比，标本尺寸略小，p4 的下后尖非常明显、有小的三角座，m3 冠面略呈菱形、前齿带更为靠前、下原尖后臂缺失，dp4 下三角座前后不封闭。以上特点使其区别于裂隙东方副鼠。

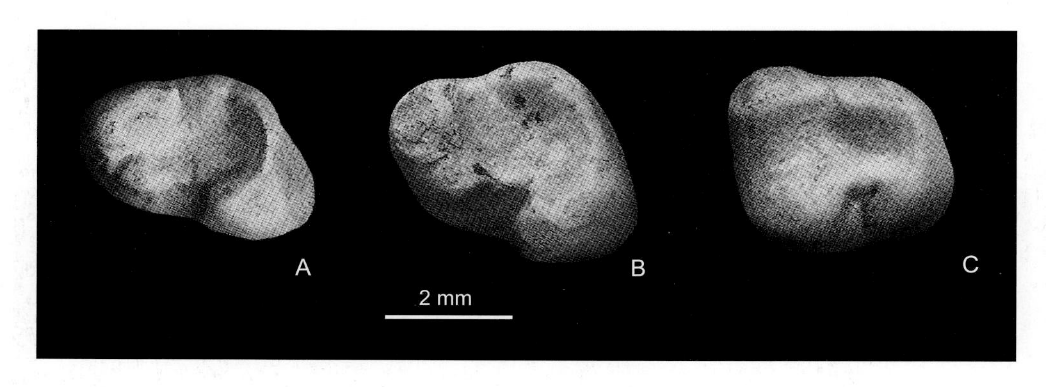

图 15 东方副鼠（未定种） *Anatoparamys* sp.

A. 右 dp4（IVPP V 11033.3，反转），B. 右 p4（IVPP V 11034，反转），C. 左 m3（IVPP V 11033.2）：冠面视（引自 Dawson et Wang, 2001）

亚洲壮鼠属 Genus *Asiomys* Qi, 1987

模式种 道氏亚洲壮鼠 *Asiomys dawsoni* Qi, 1987

鉴别特征 个体较大的一类壮鼠。下颌厚、高；咬肌窝明显，前缘达 m2 中部下方并有较明显的结节。齿虚位短；颏孔大，位于齿虚位后部近上缘。下门齿釉质结构为散系。上臼齿主尖明显。P4 无次尖，M1 和 M2 次尖小。上颊齿原脊和后脊完整，后脊与原尖弱连接；前小尖小或不明显，后小尖 2 个，靠近原尖的较大；前后齿带发育。dp4 有明显的下次脊，p4 无下次脊。下臼齿下原尖后棱长短不一，下次尖与下后棱相连，下外脊完整，下次脊短。（下）后棱上常有瘤型皱褶。

中国已知种 仅模式种。

分布与时代 内蒙古，中始新世。

评注 *Asiomys* 属在建立之初，根据其个体大小认为与 paramyines 和 reithroparamyines 类很接近，又因为上臼齿有 2 个后小尖及 m1 下内尖与下后棱分离而归入 reithroparamyines 中（Qi, 1987）。Li 和 Meng（2013）报道了在内蒙古呼和勃尔和新发现的 *Asiomys* 化石，认为其下颌骨比较厚、高，咬肌窝前端宽；P4 没有出现次尖，上臼齿的次尖较小，下前齿带连接下原尖和下后尖，下中尖通常缺失，下内尖和下后棱在 m1 中虽有浅沟相隔，但在 m2–3 中该浅沟已不明显甚至二者已经相连。这些特点都表明 *Asiomys* 似乎与 Paramyinae 更为接近，而 Reithroparamyinae 的下颌比 Paramyinae 的纤细，其咬肌窝前端往往较窄，另外 P4 已出现次尖，臼齿中次尖相对较大、下内尖与下后棱分离、下次小尖明显（Wood, 1962；Korth, 1984）。*Asiomys* 的形态与 reithroparamyines 的特征明显有所不同。另外，*Asiomys* 与横脊发育的 Ischyromyinae 不同，与有明显的次尖、发育的下次小尖的 Ailuravinae 也不同。目前所发现的 *Asiomys* 的材料主要是牙齿，缺少头骨及头后骨骼的信息，因此想要准确确定其分类位置有一定困难，暂将其归入 Paramyinae 中（Li et Meng, 2013）。

李传夔（1963a）报道过内蒙古锡林郭勒盟呼图格音沟发现的一枚下臼齿（m1 或 m2）(IVPP V 2732)，鉴定为 Paramyinae indet.。这颗臼齿的下原尖后棱明显，伸达下后尖基部，下外脊完整，下内尖向内侧伸出微弱的棱，可以看作弱的下次脊，下内尖与下后齿带相连，下后棱上有轻微斑点状的釉质皱起。其下三角座与下跟座基本等宽，所以推断更可能是 m2。如果推断正确，该标本与 *Asiomys* 特征很接近，也许可以归入同一个属中（Li et Meng, 2013）。另外，Dawson（1964）记述了一枚产自二连盆地盐池以东约 40 km 的下臼齿（AMNH 20235），似乎也可归入亚洲壮鼠属（Li et Meng, 2013）。

道氏亚洲壮鼠 *Asiomys dawsoni* Qi, 1987

（图 16）

正模 IVPP V 5684，右 M1。内蒙古二连伊尔丁曼哈（IVPP Loc. 77026），中始新统伊尔丁曼哈组。

归入标本 IVPP V 5685, V 5686, V 17799–17802，若干单独颊齿和两个不完整的下颌（内蒙古二连地区）。

鉴别特征 同属。

产地与层位 内蒙古二连伊尔丁曼哈（IVPP Loc. 77026）、二连呼和勃尔和（Loc. 77027）、二连道特音敖包（Loc. 77028），中始新统伊尔丁曼哈组。

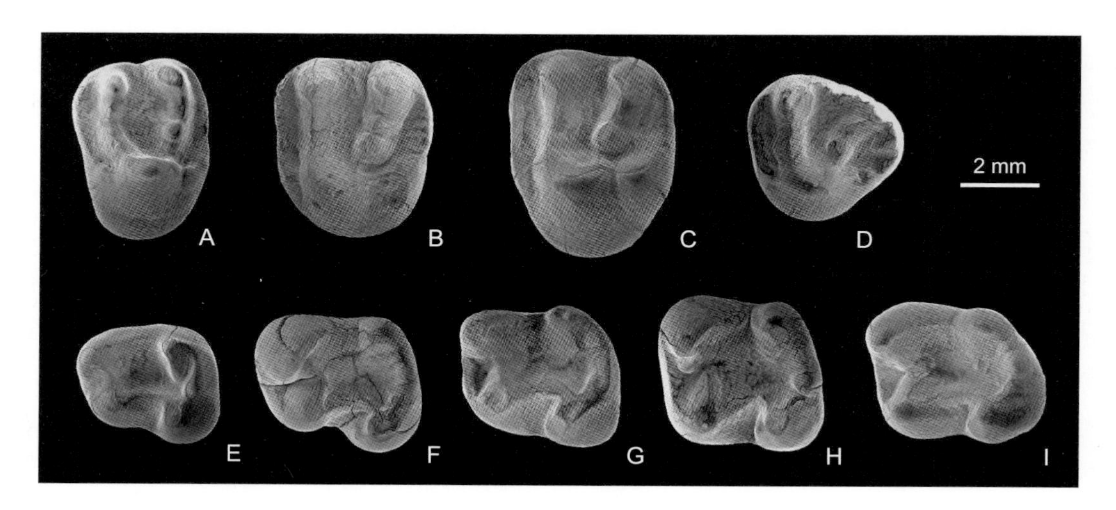

图 16　道氏亚洲壮鼠 *Asiomys dawsoni*

A. 右 P4（IVPP V 17799.3，反转），B. 左 M1（IVPP V 17799.5），C. 右 M2（IVPP V 17799.15，反转），D. 左 M3（IVPP V 17799.17），E. 右 dp4（IVPP V 17800.1，反转），F. 左 p4（IVPP V 17800.2），G. 左 m1（IVPP V 17800.8），H. 左 m2（IVPP V 17800.11），I. 右 m3（IVPP V 17800.16，反转）：冠面视（引自 Li et Meng, 2013）

蒙语鼠属 Genus *Hulgana* Dawson, 1968

模式种　古蒙语鼠 *Hulgana ertnia* Dawson, 1968

鉴别特征　蒙语鼠的齿式为 1•0•2•3/1•0•1•3。颊齿咀嚼面呈盆状，构造相当简单；无次尖，小尖不明显，缺少附尖、下附尖和下次脊。P4–M2 的原尖向前舌侧突出，齿脊向原尖汇聚；p4–m3 的下原尖、下后尖、下次尖和下内尖分布于大的中央盆的四周，在主尖中下后尖最为明显；咬肌窝前缘在 m2 跟座之下或在 m2 和 m3 之间。

中国已知种　*Hulgana ertnia*, cf. *Hulgana eoertnia*, cf. *Hulgana* sp.。

分布与时代　内蒙古、河南，始新世中晚期。

评注　属名 *Hulgana* 在蒙古语中为小鼠之意，故被称蒙语鼠属。Dawson（1968）在记述内蒙古标本时指出，*Hulgana ertnia* 很特别的形态，尤其是上颊齿原尖向前扭转和下臼齿呈菱形的特点，与 *Prosciurus* 和某些松鼠类相似，但认为这些类似很可能是平行演化。虽然 Dawson 将 *Hulgana* 归入壮鼠科，但是也指出无论是牙齿结构还是咬肌位置 *Hulgana* 都具有自己的特点，难以判断其直接的祖先类型或者与其他已知属种之间的亲缘关系。Flynn 等（1986）在对比讨论梳趾鼠类与圆柱齿鼠类 p4 时，提到“*Hulgana* 应该归入圆柱鼠科（Cylindrodontidae）”，但是没有说明归入圆柱鼠科的理由。Korth（1994）、Emry 和 Korth（1996a）都不同意将 *Hulgana* 归入圆柱鼠科。Dashzeveg 和 Meng（1998b）在描述蒙古的圆柱齿鼠类 *Proardynomys* 时指出，该属上颊齿与 *Hulgana* 的一样，原尖前置，原脊和后脊汇聚于原尖，小尖不明显，没有分离的次尖。他们认为，如果被归

入 *Proardynomys* 的 M1 正确的话，意味着 *Proardynomys* 与壮鼠类型的种类存在某种亲缘关系。这一设想似乎也可理解成 *Hulgana* 或许与圆柱鼠类有关。由此可见，*Hulgana* 独特的牙齿结构使得其分类位置至今还有不同的认识，归入壮鼠科是否合适还待进一步验证。

古蒙语鼠 *Hulgana ertnia* Dawson, 1968

（图 17）

正模 AMNH 26085，存不完整的下门齿和 m1–3。内蒙古四子王旗札木敖包，上始新统乌兰戈楚组。

副模 AMNH 26058, 26059，右下颌骨存不完整的 m1–3；AMNH 26060，左下颌骨存 m1–2；AMNH 26086，左下颌骨存 p4–m2；AMNH 26087, AMNH 26088，存 P4–M2 的部分上颌骨；AMNH 26100，右下颌骨存 m1–3。产地与层位同正模。

鉴别特征 同属。

评注 属型种古蒙语鼠是一种体型较大的啮齿类，正模的 m1 长度为 4.2 mm，副模的 m1 长度为 3.7 mm。

内蒙古四方敖包地区是相当重要的化石地点，除了在札木敖包发现古蒙语鼠外，还在札木敖包和双敖包发现了 *Desmatolagus vetustus*、*Gobiolagus andrewsi* 和 *Anagale gobiensis*（Dawson, 1968）。不过，解决这一地区的地层划分和对比问题还需要进一步工作（王元青等，2012）。

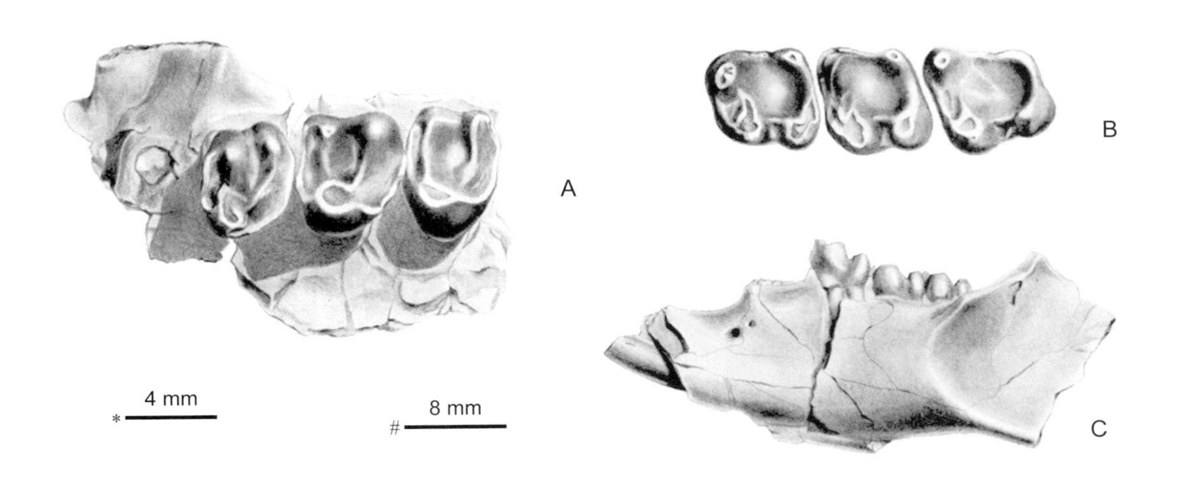

图 17　古蒙语鼠 *Hulgana ertnia*

A. 存 P4–M2 的右上颌骨（AMNH 26087，反转），B, C. 右下颌骨（AMNH 26085，正模，反转）：A, B. 冠面视，C. 颊侧视；比例尺：* - A, B，# - C（引自 Dawson, 1968）

始似蒙语鼠 cf. *Hulgana eoertnia* Tong, 1997

（图 18A）

正模 IVPP V 10239，左 m1?。河南渑池上河，中始新统河堤组任村段。

副模 IVPP V 10239.1, 2，右 m1? 和左 m3。产地与层位同正模。

鉴别特征 小型啮齿类（m1 长 0.95 mm），具 *Hulgana* 状的下臼齿，下臼齿下后脊低弱，下外脊近于消失，无下中尖，跟盆向舌侧开放，下次小尖无或弱，前齿带或显或弱，下后尖高大且位置较靠前，m3 比前面的臼齿短窄。

评注 始似蒙语鼠下臼齿的外形呈菱形，下后尖高突，下外脊退化，以及齿尖的配置，大体可与 *Hulgana ertnia* 相比，但其牙齿的尺寸比后者小得多，细部结构也有相当大的区别。因此，始似蒙语鼠是与 *H. ertnia* 形态相近，但又有明显区别的一种啮齿类。

在河南渑池任村南 2 km 上河一带河堤组任村段下化石层（中始新世沙拉木伦期）发现的一枚右 p4（IVPP V 10240），属于目前所知最小的副鼠状啮齿类之一。该牙齿的尺寸小（0.73 mm × 0.53 mm），无横脊，齿尖边缘分布具有明显的 *Paramys* 特征。但其下外脊很弱，无下中尖，似乎与 *Hulgana* 更接近。之所以未将其归入渑池同一地点和层位的始似蒙语鼠，是考虑到内蒙古机木敖包的 *H. ertnia* 的 p4 和 m1 尺寸相近，而河南的这两枚下臼齿的尺寸相差较大。另外，在形态上任村的 p4 比较延长，而 *H. ertnia* 的下颊齿长宽相近；任村的 p4 无前齿带，具弱小的下次小尖，下内尖不发育等特征与 *H. ertnia* 的 p4 也不同。显然，V 10240 标本与已知的 *Hulgana* 有明显的差异，但材料太少，故称其为似蒙语鼠属的一个未定种（见图 18B）。

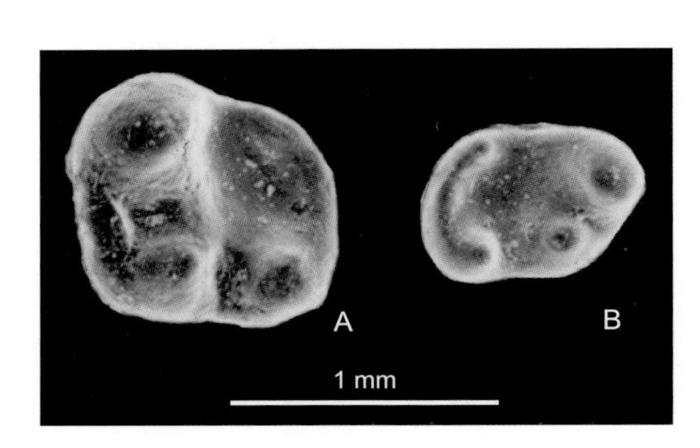

图 18 始似蒙语鼠 cf. *Hulgana eoertnia* 和似蒙语鼠（未定种） cf. *Hulgana* sp.

A. 始似蒙语鼠 cf. *Hulgana eoertnia*，左 m1?（IVPP V 10239，正模），B. 似蒙语鼠 cf. *Hulgana* sp.，右 p4（IVPP V 10240）：冠面视（引自童永生，1997）

东方壮鼠属 Genus *Eosischyromys* Wang, Zhai et Dawson, 1998

模式种 杨氏东方壮鼠 *Eosischyromys youngi* Wang, Zhai et Dawson, 1998

鉴别特征 个体大小中等；颊齿低冠；主尖明显，高于连接齿尖的脊，下前边脊长，下外脊较低，下次脊完整但细而低，并向后弯凸，中凹开阔，外凹浅而长。门齿珐琅质外层较厚。

中国已知种 仅模式种。

分布与时代 北京、内蒙古，中始新世晚期。

评注 原作者将 *Eosischyromys* 属归入壮鼠亚科（Ischyromyinae）。*Eosischyromys* 属与北美种类既有共同点，也有明显的区别，如颊齿齿冠更低些，主尖较显丘形，齿脊明显低于主尖，特别是下外脊和下次脊很低细，下前边脊较长，中凹开阔等。这些都是较原始的特点。壮鼠亚科化石原先只在北美古近纪地层中发现，仅有三四个种，它们在晚始新世 Chadronian 期繁盛，在渐新世 Orellan 期衰退，最晚出现在 Whitneyan 期（Korth, 1994）。中国的啮齿类化石中明确地归入壮鼠亚科的仅此一种，与北美种类之间的关系还有待于更多的发现。

杨氏东方壮鼠 ***Eosischyromys youngi*** **Wang, Zhai et Dawson, 1998**

（图 19）

正模 IVPP V 11376，一段幼年个体的右下颌骨具 i2 和 p4–m2，p4 未完全萌出。北京长辛店高佃村，中始新统上部长辛店组。

归入标本 IVPP V 11377，一段右下颌骨具 i2 和 m1–3（内蒙古四子王旗）。

鉴别特征 同属。

产地与层位 北京长辛店高佃村，中始新统上部长辛店组；内蒙古四子王旗巴彦乌兰，中始新统上部红层沙拉木伦组（?）。

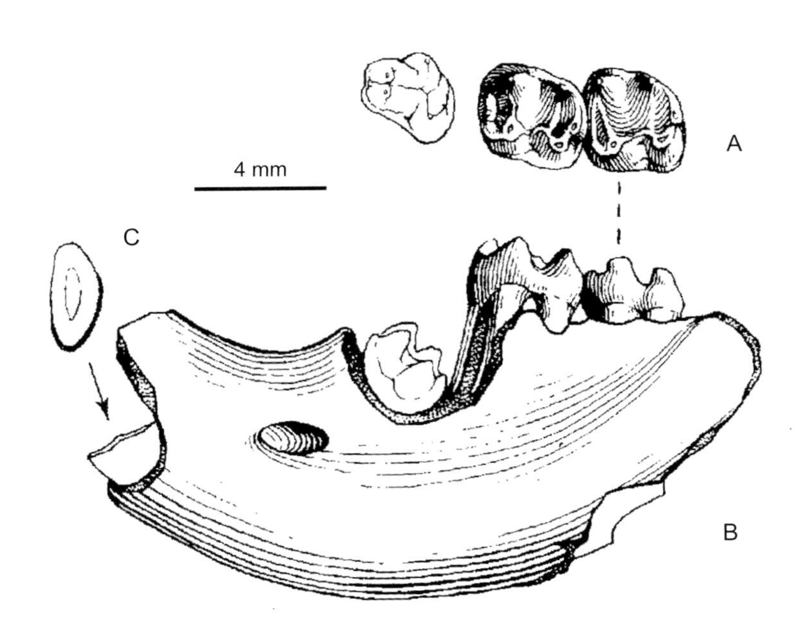

图 19 杨氏东方壮鼠 *Eosischyromys youngi*

具 i2 和 p4–m2 的右下颌骨（IVPP V 11376，反转）：A. 冠面视（p4–m2），B. 颊侧视（下颌骨），C. 横断面（i2）

（引自王伴月等，1998）

副鼠亚科 Subfamily Paramyinae Haeckel, 1895

副鼠亚科未定属、种 Paramyinae gen. et sp. indet.

（图 20）

Paramyid spp.：Dawson, 1964, p. 2

?Paramyid sp.：Dawson, 1964, p. 4

Dawson（1964）记述了美国自然历史博物馆中亚考察团 20 世纪 20 年代和 1930 年采自内蒙古二连盆地伊尔丁曼哈地区、呼和勃尔和地区（原文为 Camp Margetts area）和二连盐池以东约 40 km 处的壮鼠类标本，似乎可以归入副鼠亚科的未定属、种。这些材料计有：

AMNH 20176，5 颗零星牙齿，3 枚门齿、一枚左 p4 和一枚 m1 或 m2，产自伊尔丁曼哈地区的伊尔丁曼哈组。

AMNH 80800，左下颌骨存门齿和 m2–3（图 20），产自呼和勃尔和地区乌兰勃尔和北（原文为 7 miles west of Camp Margetts）的阿山头组（原文为“Irdin Manha” beds）。个体较小，牙齿构造简单，m2 下内尖小，未成脊状，与下后边脊之间有一浅沟，咬肌窝向前伸至 m2 中部的下方。AMNH 80800 下臼齿的尺寸比 AMNH 20176 稍小一些，同时下次脊较弱，缺少下内尖侧面的小尖，与 AMNH 20176 下臼齿形态有差异。两者是不是种间或个体差异尚不清楚。

AMNH 20235，一枚 m1/2，产自二连盐池以东约 40 km 的伊尔丁曼哈组？，尺寸较大，与 AMNH 20176 和 80800 的相比下臼齿下原尖后棱较长，下内尖呈脊状，并与下后边脊之间有深沟相隔，下次小尖稍稍突出。这颗牙齿与李传夔（1963a）鉴定为 Paramyinae indet. 的左下臼齿（IVPP V 2732）有些相似，Dawson（1964）对这两颗下臼齿是否代表同一种副鼠不能确定。但 IVPP V 2732 标本可能应归入亚洲壮鼠属（*Asiomys*）（Li et Meng, 2013），AMNH 20235 标本或许也可归入这一属。

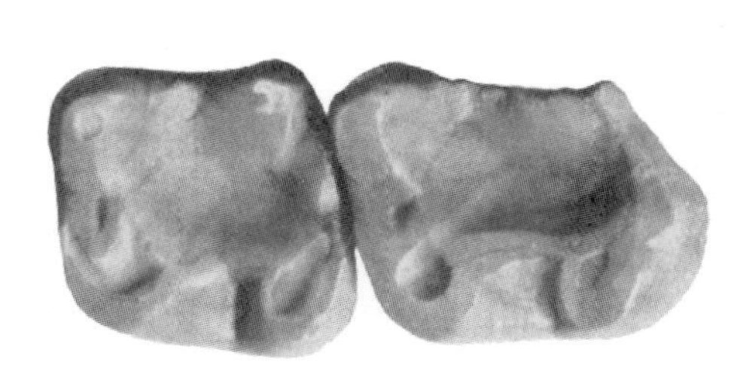

图 20　副鼠亚科（未定属、种）
Paramyinae gen. et sp. indet.
左 m2–3（AMNH 80800）：冠面视
（引自 Dawson, 1964）

另外，Dawson（1964）还记述了一件保存有门齿和 m1–2 的下颌骨（AMNH 80801），原文标明产自马捷茨营地的“伊尔丁曼哈层”（“Irdin Manha” beds at Camp Margetts）。据最近研究，应在呼和勃尔和地区的都和敏勃尔和（王元青等，2012）。该标本尺寸较小（m1

长为 2.2 mm，m2 长为 2.3 mm），是这批标本中个体最小的，但牙齿磨损严重，鉴定困难。

山河狸科 Family Aplodontidae Brandt, 1855

模式属 山河狸属 *Aplodontia* Richardson, 1829

定义与分类 山河狸科是一类小—中型，广布全北区的啮齿动物。山河狸一词源自“mountain beaver”，是英文对现生 *Aplodontia rufa* 的称谓，其实现生的这种动物既不栖息于“山”，在系统分类上与河狸类也没有任何关系。Matthew（1910）最早把山河狸科（Aplodontidae）、壮鼠科（Ischyromyidae）和圆齿鼠科（Mylagaulidae）一起归入山河狸超科，后来 McKenna 和 Bell（1997）把 Ischyromyidae 从山河狸超科中剔除，保留了 Aplodontidae 和 Mylagaulidae，同时又加入 Allomyidae。也有人认为山河狸超科只包括 2 科（Aplodontidae 和 Mylagaulidae）(Rensberger, 1975；Wood, 1980；Flynn et Jacobs, 2008a）。山河狸科的起源可能与啮齿目中的壮鼠类（ischyromyoids）有关，也有人（尤其是研究分子分类学的学者）认为可能与松鼠类有系统关系（Adkins et al., 2002；Flynn et Jacobs, 2008a）。鉴于该科高阶元分类的意见尚不统一，编者暂时仅将其置于松鼠型亚目之下。

在一些文献中，山河狸科被分为原松鼠亚科（Prosciurinae）、奇异鼠亚科（Allomyinae）、新月鼠亚科（Meniscomyinae）、半圆鼠亚科（Ansomyinae）和山河狸亚科（Aplodontinae）（Rensberger, 1975, 1983；邱铸鼎，1987；Flynn et Jacobs, 2008a）。但这些亚科的建立基本上依据牙齿的形态，定义多少显得不够成熟，各亚科的确立也并未取得一致看法，因此在本志书中暂时回避各属在亚科中的分类地位。

山河狸科最早出现于北美洲的中始新世，并一直延续至今。北美被认为是山河狸科的起源和繁衍中心，山河狸科在中始新世和早渐新世就发生了明显的分异，渐新世和中新世期间曾一度有过相对繁荣时期，至今仍有一个单型属（*Aplodontia*）残存于西部沿海潮湿地带，成为始啮型啮齿类唯一的现生代表。山河狸科在欧亚大陆出现稍晚，而且种类也比北美少得多。在亚洲，山河狸类最早出现在晚始新世，渐新世到中中新世期间得到进一步发展，中中新世末期开始衰退，进入上新世前即已灭绝。在欧洲直到渐新世时才出现，而且仅延续到中中新世。在中国该科的化石主要发现于华北和西北，内蒙古晚始新世的原始原松鼠（*Prosciurus pristinus*）为最早代表，最后出现为内蒙古的中新世晚期的 *Pseudaplodon asiaticus*。

鉴别特征 中—小型的啮齿动物，头骨无单一的矢状嵴，具始啮型颧 - 咬肌结构，吻部背腹向深，门齿孔和齿隙很短。下颌骨为松鼠型。颊齿低—中等高冠。齿式为：1•0•2•3/1•0•1•3。门齿釉质层的微细结构属单系。P3 细小，单齿尖，单齿根。P4 一般具发达的前边尖。P4/p4 臼齿化，尺寸通常比 M1/m1 的大；M1/m1 尺寸与 M2/m2 相近或稍小。上臼齿前尖和后尖约为次三角形，有发育成连续外脊和附尖的趋势；原小尖和后小尖大，通常有脊分别与前尖和后尖相连；中附尖发达，次尖常退化。上臼齿的原尖具有前、后棱脊；外脊有逐渐发展加强、中附尖有渐趋显著的趋势。下臼齿具下中附尖、下后附尖脊和下次脊；下中尖和下外中脊通常显著，在部分属种中下外中脊有与下次尖相连的现象；下次尖明显向后颊侧膨大，下三角座总是窄于下跟座。

中国已知属 *Prosciurus*, *Haplomys*, *Proansomys*, *Ansomys*, *Promeniscomys*, *Parameniscomys*, *Quadrimys*, *Pseudaplodon*，共 8 属。

分布与时代 山河狸科的化石分布于全北区。北美，中始新世—现代；欧洲，渐新世—中新世；亚洲主要分布在中亚及其周边和中国的东部地区，晚始新世—晚中新世。我国晚始新世到晚中新世地层中都发现有山河狸化石。

山河狸科的牙齿构造在不同类群中有较大的差异，本书所使用的术语大体如图 21 所示。

原松鼠属 Genus *Prosciurus* Matthew, 1903

模式种 年迈原松鼠 *Sciurus* (*Prosciurus*) *vetustus* Matthew, 1903

鉴别特征 小型、低冠的山河狸。颊齿由丘型齿向脊型齿过渡。P4–M3 具 4 横脊，中央盆开阔，向颊侧开口；缺外脊；中附尖小，不向颊侧隆凸；原小尖明显或不明显，后小尖大。原脊和后脊分别与原小尖后缘和后小尖前缘连接；具游离的原尖前臂。下臼齿下原尖匍匐状，位置后移；下后尖明显前移；下中附尖与下后尖分开；下臼齿仅具 3 横脊（即下前边脊、下次脊和下后边脊），下后脊退化；下中尖明显，但其颊端不特别伸出，也不与下次尖连接，不封闭后颊凹；下次尖颊端向前颊侧伸。

中国已知种 *Prosciurus ordosius* 和 *P. pristinus*。

分布与时代 内蒙古，晚始新世（乌兰戈楚期）—早渐新世（乌兰塔塔尔期）。

评注 原松鼠（*Prosciurus*）最早被 Matthew（1903）描述为 *Sciurus* 属的亚属，稍后被 Matthew（1910）提升为属，并将其归入壮鼠科（Ischyromyidae）。该属后来又曾被归入副鼠科（Paramyidae；Miller et Gidley, 1918）或先松鼠科（Sciuravidae；Wood, 1937）。Wilson（1949b）为原松鼠等属创建了原松鼠亚科（Prosciurinae），并将其归入山河狸超科（Aplodontoidea）的壮鼠科（Ischyromyidae）。后来，原松鼠亚科又被归入山河狸超科的山河狸科（Aplodontidae；Rensberger, 1975；Wood, 1980；Flynn et Jacobs, 2008a）。此外，也有人将该属归入山河狸超科的异鼠科（Allomyidae；McKenna et Bell, 1997）。

最初，原松鼠属仅发现于北美，时代为晚始新世—早渐新世；近年来在亚洲晚始新世—早中新世地层中也被陆续发现。在我国的上始新统和下渐新统，以及蒙古的渐新

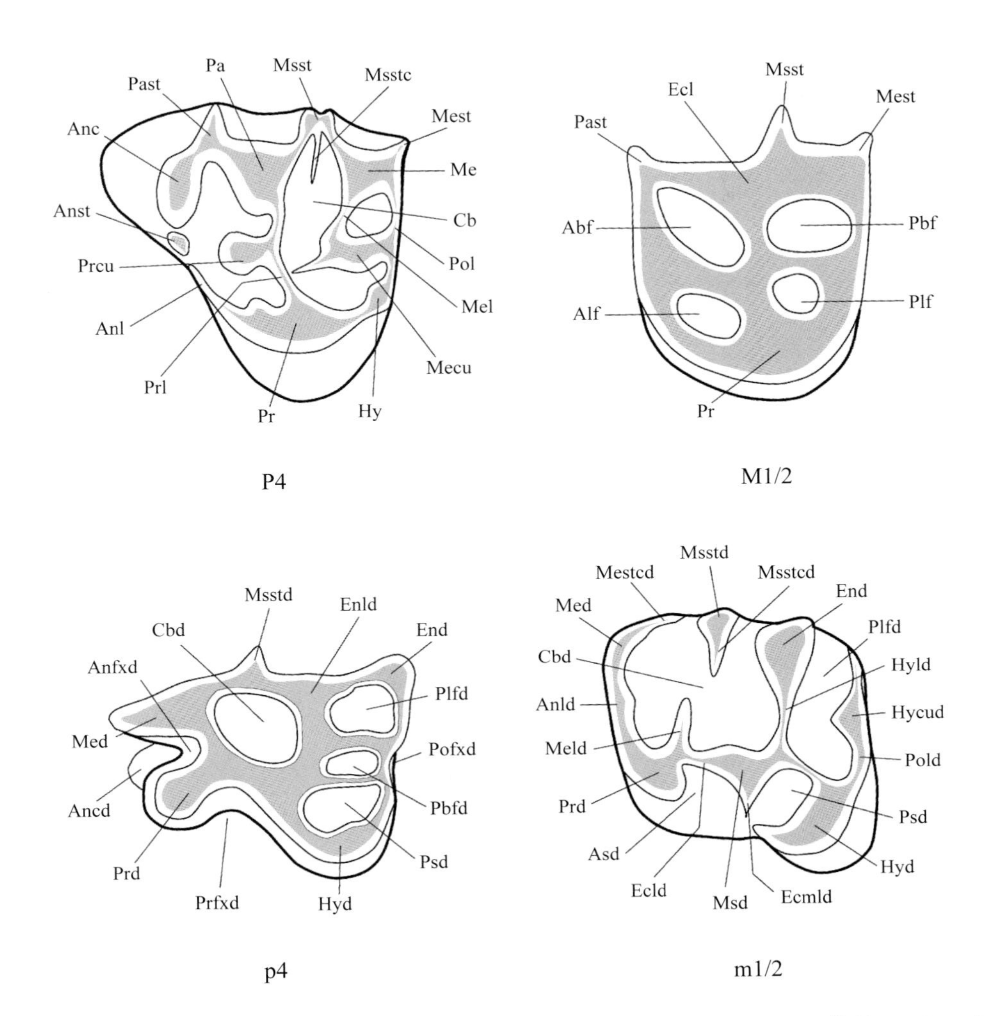

图 21　山河狸科颊齿构造模式图（引自 Shotwell, 1958；Rensberger, 1983；王伴月，1987；经综合修改）

Abf. 前颊凹（anterobuccal fossette），Alf. 前舌凹（anterolingual fossette），Anc. 前边尖（anterocone），Ancd. 下前边尖（anteroconid），Anfxd. 下前边褶（anteroflexid or anterior reentrant），Anl. 前边脊（anteroloph），Anld. 下前边脊（anterolophid），Anst. 前边附尖（anterocone style），Asd. 下前颊侧凹（anterosinusid），Cb. 中央盆（central basin, trigon basin），Cbd. 下中央盆（central basin, trigonid+talonid basins），Ecl. 外脊（ectoloph），Ecld. 下外脊（ectolophid），Ecmld. 下外中脊（ectomesolophid），End. 下内尖（entoconid），Enld. 下内脊（entolophid），Hy. 次尖（hypocone），Hycud. 下次小尖（hypoconulid），Hyd. 下次尖（hypoconid），Hyld. 下次脊（hypolophid），Me. 后尖（metacone），Mecu. 后小尖（metaconule），Med. 下后尖（metaconid），Mel. 后脊（metaloph），Meld. 下后脊（metalophulid），Mest. 后附尖（metastyle），Mestcd. 下后附尖脊（metastylid crest），Msd. 下中尖（mesoconid），Msst. 中附尖（mesostyle），Msstc. 中附尖脊（mesostyle crest），Msstcd. 下中附尖脊（mesostylid crest），Msstd. 下中附尖（mesostylid），Pa. 前尖（paracone），Past. 前附尖（parastyle），Pbf. 后颊凹（posterobuccal fossette），Pbfd. 下后颊凹（posterobuccal fossettid），Plf. 后舌凹（posterolingual fossette），Plfd. 下后舌凹（posterolingual fossettid），Pofxd. 下后边褶（posteroflexid or posterior reentrant），Pol. 后边脊（posteroloph），Pold. 下后边脊（posterolophid），Pr. 原尖（protocone），Prcu. 原小尖（protoconule），Prd. 下原尖（protoconid），Prfxd. 下原褶（protoflexid），Prl. 原脊（protoloph），Psd. 下后颊侧凹（posterosinusid）

统和哈萨克斯坦的下渐新统和下中新统都有发现（Matthew et Granger, 1923b；Kowalski, 1974；王伴月，1987, 2008；Emry et al., 1998a；Lopatin, 2000；Wang et Dashzeveg, 2005；Daxner-Höck et al., 2010）。该属的未定种还发现于内蒙古阿拉善左旗克克阿木早渐新世或晚始新世地层（王伴月、王培玉，1991；Zhang et al., 2016）。

鄂尔多斯原松鼠 *Prosciurus ordosius* Wang, 1987

（图 22）

正模 IVPP V 7959，左 M1/2。内蒙古杭锦旗巴拉贡乌兰曼乃（原三盛公），下渐新统乌兰布拉格组。

鉴别特征 尺寸与 *Prosciurus relictus* 相近，但臼齿相对较窄长，齿冠低；原小尖弱小，后小尖单一、约与后尖等大，原脊直，后脊斜伸与原脊汇聚于原尖的唇侧，中央盆开阔，无中附尖。

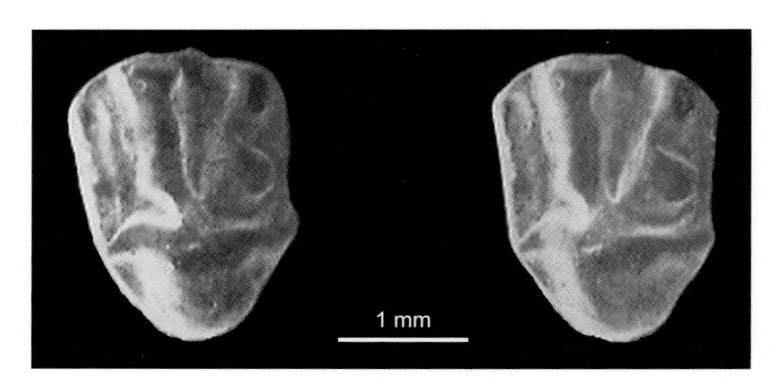

图 22 鄂尔多斯原松鼠 *Prosciurus ordosius*
左 M1/2（IVPP V 7959，正模，立体照片）：冠面视（引自王伴月，1987）

原始原松鼠 *Prosciurus pristinus* Wang, 2008

（图 23）

正模 IVPP V 13575.1，左 p4。内蒙古二连浩特火车站东，上始新统呼尔井组。

副模 IVPP V 13575.2，左 P4。产地与层位同正模。

鉴别特征 较原始的原松鼠，个体中等大小。P4 前附尖弱小；后小尖为单尖，很发达。p4 无下中附尖、下中尖和下外脊；下次脊低弱，与下后边脊连接。

评注 因原著者在描述此种时，只指定正模和归入标本，未指出副模。根据新的《国际动物命名法规》和《中国古脊椎动物志》编写规则，编者将原描述的、与正模产自同一地点和层位的归入标本改称为副模。

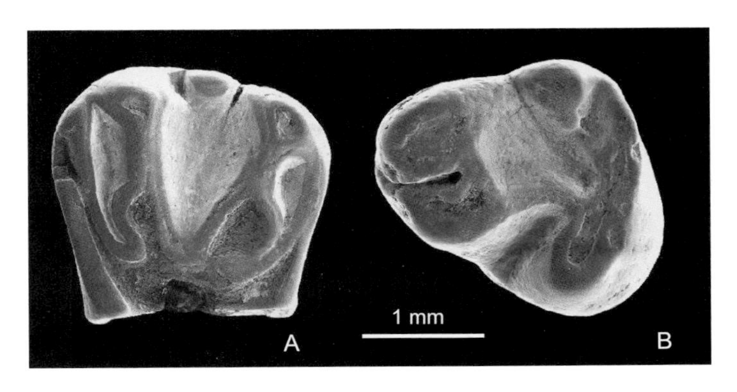

图 23　原始原松鼠 *Prosciurus pristinus*

A. 左 P4（IVPP V 13575.2），B. 左 p4（IVPP V 13575.1，正模）：冠面视（引自王伴月，2008）

简单鼠属 Genus *Haplomys* Miller et Gidley, 1918

模式种　平滑脊新月鼠 *Meniscomys liolophus* Cope, 1881

鉴别特征　颊齿的形态和结构都与 *Prosciurus relictus* 相似的山河狸类；下中附尖和下后附尖脊明显；下中尖为强的三角形，具显著的、与下次尖前棱连接或近于相连的下外中脊；下次脊在下中尖之后与下外脊或下后边脊连接；上颊齿外脊不发达或甚弱；前尖和后尖呈三角形。

中国已知种　仅 *Haplomys arboraptus* 一种。

分布与时代　内蒙古，早渐新世。

评注　简单鼠属是 Miller 和 Gidley（1918）以原归入 *Meniscomys* 属的 *M. liolophus* 作模式种建立的。该属分布于北美和亚洲早渐新世。现仅包括两种：分布于北美早渐新世的模式种 *Haplomys liolophus* 和分布于亚洲早渐新世的 *H. arboraptus*。

树栖简单鼠 *Haplomys arboraptus* (Shevyreva, 1966)

（图 24）

Prosciurus arboraptus：Shevyreva, 1966, p. 143；Shevyreva, 1971a, p. 79；Kowalski, 1974, p. 154

正模　PIN No. 2259/412，上颌骨及颧弓残段具 P4。哈萨克斯坦库斯塔奈州热兹卡兹甘市西南 60 km 的克孜勒卡克沟，下渐新统。

归入标本　IVPP V 7958，右 M2（内蒙古杭锦旗）。

鉴别特征　颊齿尺寸约为 *Haplomys liolophus* 的一半；齿冠低，外脊约呈 W 形，但中央盆唇侧在中附尖之后向外开口，使外脊中断；前尖大于原小尖；后小尖约与后尖等大，大于原小尖；原尖前臂弱；无次尖；有外齿带。

产地与层位 内蒙古杭锦旗巴拉贡乌兰曼乃（原三盛公），下渐新统乌兰布拉格组。

评注 树栖简单鼠原被 Shevyreva（1966, 1971a）归入原松鼠属（*Prosciurus*）。Kowalski（1974）将在蒙古发现的标本也归入该属、种。王伴月（1987）在研究我国内蒙古的标本时，将该种归入简单鼠属（*Haplomys*）。

树栖简单鼠在哈萨克斯坦库斯塔奈地区下渐新统和蒙古查干诺尔盆地下渐新统三达河组中都有发现（Shevyreva, 1966, 1971a；Kowalski, 1974）。

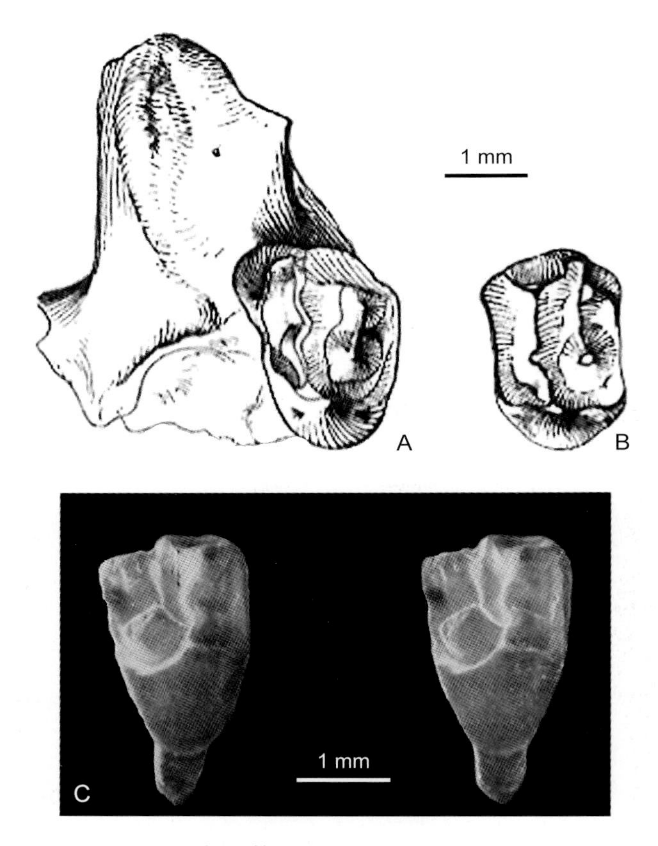

图 24 树栖简单鼠 *Haplomys arboraptus*

A. 上颌骨残段具左 P4（PIN No. 2259/412，正模），B. 左 M2（PIN No. 2259/413），C. 右 M2（IVPP V 7958，立体照片）：冠面视（A, B 引自 Shevyreva, 1971a；C 引自王伴月，1987）

原半圆鼠属 Genus *Proansomys* Bi, Meng, McLean, Wu, Ni et Ye, 2013

模式种 杜热原半圆鼠 *Proansomys dureensis* Bi, Meng, McLean, Wu, Ni et Ye, 2013

鉴别特征 颊齿低冠，齿凹光滑无次生小脊。P4–M2 的外脊呈半圆形；中附尖单一，未构成完全封闭中央盆的齿脊。下臼齿的下后尖呈前后向压扁状、但齿尖清晰，下次脊完整、与下外脊连接；p4 的下次脊与下次小尖而不是与下外脊相连。

中国已知种 仅模式种。

分布与时代 新疆，渐新世晚期（塔奔布鲁克期）。

杜热原半圆鼠 *Proansomys dureensis* Bi, Meng, McLean, Wu, Ni et Ye, 2013

（图 25）

正模 IVPP V 18534.5，左 M1/2。新疆富蕴铁尔斯哈巴合，上渐新统铁尔斯哈巴合组。

副模 IVPP V 18534.1–4, 6–27，具 p4–m1 的下颌骨碎块 1 件，颊齿 25 枚。产地与层位同正模。

归入标本 IVPP V 18533, V 18536, V 18537, V 18538，具 m2–3 的下颌骨碎块 1 件，颊齿 49 枚（新疆富蕴）。IVPP V 18535，臼齿 2 枚（新疆福海）。

鉴别特征 同属。

产地与层位 新疆富蕴铁尔斯哈巴合、福海萨尔多依腊，上渐新统铁尔斯哈巴合组、索索泉组下部。

评注 原作者在建种时将 IVPP V 18534 号标本（除正模外）都指定为归入标本，这些材料与正模采自同一地点和层位（XJ 98035），可视为该种的副模。

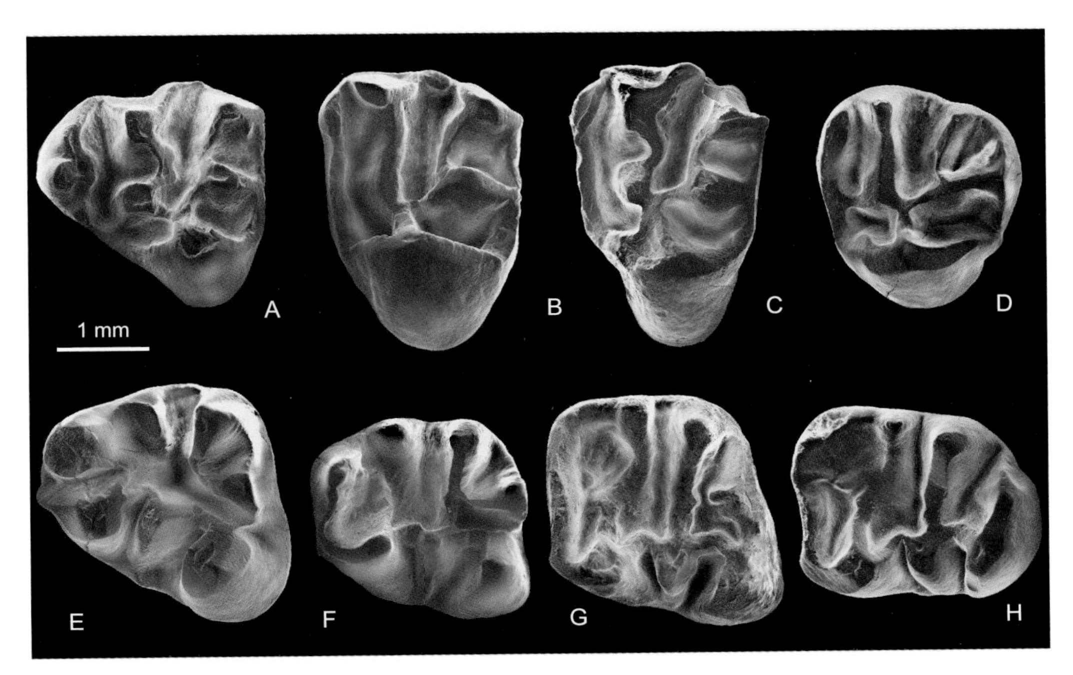

图 25 杜热原半圆鼠 *Proansomys dureensis*

A. 右 P4（IVPP V 18534.3，反转），B. 左 M1/2（IVPP V 18534.5，正模），C. 右 M1/2（IVPP V 18537.3，反转），D. 左 M3（IVPP V 18533.12），E. 左 P4（IVPP V 18534.16），F. 左 m1/2（IVPP V 18534.22），G. 左 m1/2（IVPP V 18535.1），H. 右 m3（IVPP V 18534.27，反转）：冠面视（引自 Bi et al.，2013）

半圆鼠属 Genus *Ansomys* Qiu, 1987

模式种 东方半圆鼠 *Ansomys orientalis* Qiu, 1987

鉴别特征 颊齿低冠，但齿尖和齿脊较高。P4–M3 原尖舌侧壁背腹向弯曲；没有次尖；前尖和后尖的颊侧平坦；中附尖大，呈半圆形或方褶形构成向颊侧凸出的外脊部分；后小尖单一。下颊齿主尖呈前后向压扁状；下臼齿的下后尖极弱或脊形；下次尖向后外角扩张；通常具有明显的下中附尖和下次小尖，下中尖显著或缺失。

中国已知种 *Ansomys orientalis*, *A. borealis*, *A. lophodens*, *A. robustus*, *A. shantungensis*, *A. shanwangensis*，共 6 种。

分布与时代 山东，渐新世晚期（塔奔布鲁克期）—中新世早期（山旺期）；江苏，早中新世；内蒙古，中新世早期（谢家期晚期）—中新世晚期（灞河期）。

评注 半圆鼠属为一洲际型的山河狸动物类群，在亚洲除中国外尚出现于哈萨克斯坦（Lopatin, 1997），北美的早渐新世—中中新世地层中共发现了 4 种（Korth, 1992；Hopkins, 2004；Kelly et Korth, 2005），欧洲的"?*Plesispermophilus descedens* Dehm, 1950"（见 Schmidt-Kittler et Vianey-Liaud, 1979）显然也可归入该属。邱铸鼎（1987）基于该属的牙齿形态特征建立了半圆鼠亚科。

东方半圆鼠 *Ansomys orientalis* Qiu, 1987

（图 26）

Prosciurus sp.：李传夔等，1983，313 页

正模 IVPP V 8444，左 M1/2。江苏泗洪双沟，下中新统下草湾组。

副模 IVPP V 8445.1–64，颊齿 64 枚。产地与层位同正模。

归入标本 IVPP V 8445.65–73，颊齿 9 枚（江苏泗洪）。

鉴别特征 颊齿齿凹有较明显的次生小脊，上颊齿多具中附尖脊；上颊齿中时见双中附尖，中附尖构成的半圆形外脊发育，并在半数的标本中完全封闭中央盆；下颊齿的下中尖显著，下次小尖常与下中附尖脊相连。M3 次长方形，宽度相对较大；m3 似三角形，下内尖和下次脊较退化。

产地与层位 江苏泗洪双沟、松林庄和郑集，下中新统下草湾组。

评注 原作者在建种时将正模以外的材料都指定为归入标本，其中的 IVPP V 8445.1–64 号标本与正模都采自双沟的同一地点和层位，可视为该种的副模。

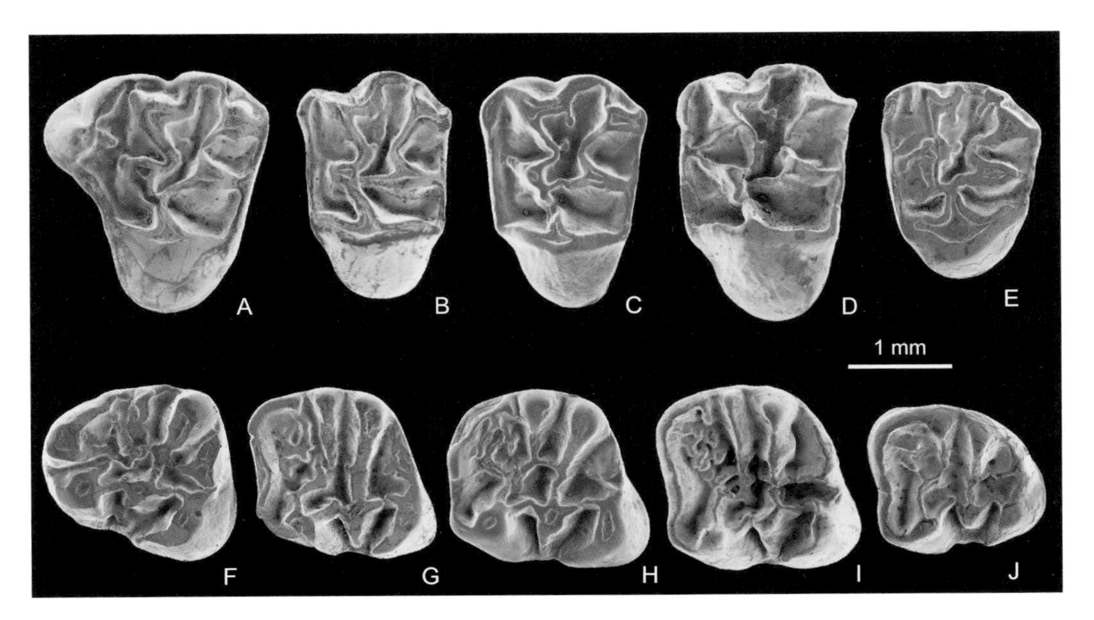

图 26　东方半圆鼠 *Ansomys orientalis*

A. 左 P4（IVPP V 8445.5），B. 左 M1/2（IVPP V 8444，正模），C. 右 M1/2（IVPP V 8445.71，反转），D. 右 M1/2（IVPP V 8445.16，反转），E. 左 M3（IVPP V 8445.24），F. 左 p4（IVPP V 8445.32），G. 左 ml/2（IVPP V 8445.37），H. 左 m1/2（IVPP V 8445.67），I. 左 m1/2（IVPP V 8445.35），J. 左 m3（IVPP V 8445.60）：冠面视

北方半圆鼠　*Ansomys borealis* Qiu et Li, 2016

（图 27）

Ansomys? sp.：邱铸鼎，1996, 35 页

Ansomys sp. 1：Qiu et al., 2013, p. 177

正模　IVPP V 19457, 右 M1/2。内蒙古苏尼特左旗嘎顺音阿得格，下中新统敖尔班组。

副模　IVPP V 19458，颊齿 10 枚。产地与层位同正模。

归入标本　IVPP V 19459–19470，颌骨碎块 5 件，颊齿 226 枚（内蒙古中部地区）。

鉴别特征　P4–M3 后尖前臂发育弱，与中附尖构成的半圆形外脊低甚至不完整；上臼齿原尖的前臂与前边脊连接；M3 次圆形。下颊齿有显著的下中尖，下外中脊与下次尖颊侧前臂不相连；p4 的下次脊通常与下外脊连接；p4 和 m1 的下中附尖和下中附尖脊发育；下臼齿的下内尖脊形；m3 似梯形，明显往后延伸，下内尖和下次脊较退化。颊齿齿凹釉质层光滑，次生小脊发育弱。

产地与层位　内蒙古苏尼特左旗嘎顺音阿得格、敖尔班（下、上），下中新统敖尔班组；巴伦哈拉根、必鲁图，上中新统；苏尼特右旗 346 地点（原呼 - 锡公路里程碑 346 km 处），中中新统通古尔组。

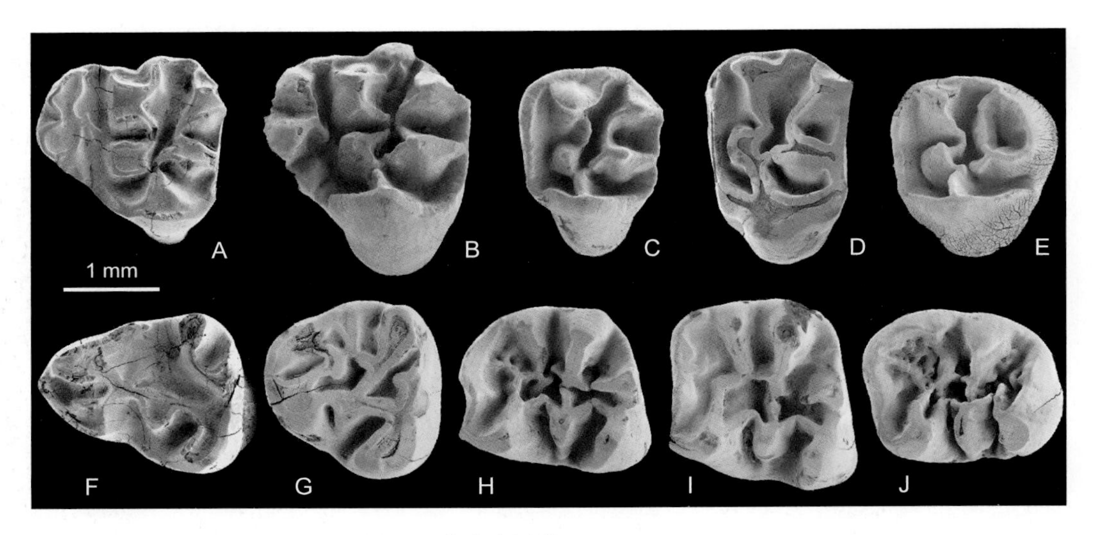

图 27　北方半圆鼠 *Ansomys borealis*

A. 左 DP4（IVPP V 19467.1），B. 左 P4（IVPP V 19467.2），C. 左 M1/2（IVPP V 19461.1），D. 右 M1/2（IVPP V 19457，正模，反转），E. 左 M3（IVPP V 19467.3），F. 左 dp4（IVPP V 19465.1），G. 左 p4（IVPP V 19468.2），H. 左 m1/2（IVPP V 19464.1），I. 左 m1/2（IVPP V 19458.1），J. 左 m3（IVPP V 19461.3）：冠面视（引自邱铸鼎、李强，2016）

脊齿半圆鼠 *Ansomys lophodens* Qiu et Li, 2016

（图 28）

Ansomys sp. 2：Qiu et al., 2013, p. 181, 183

Ansomys sp.：Qiu et al., 2013, p. 181, 182

正模　IVPP V 19477，左 m1/2。内蒙古苏尼特左旗巴伦哈拉根，上中新统下部。

副模　IVPP V 19478，颊齿 259 枚。产地与层位同正模。

归入标本　IVPP V 19479–19483，颌骨碎块 1 件，颊齿 77 枚（内蒙古中部地区）。

鉴别特征　中等大小的半圆鼠；第四前臼齿明显比臼齿大，P4 的宽度相对比 *Ansomys borealis* 和 *A. robustus* 的小，p4 的宽度则相对大。上臼齿原尖前臂与前边脊相连；原小尖发育弱；中附尖脊形，参与构成的外脊通常连续；半数以上的 M1 和 M2 具有中附尖脊；M3 次圆形。下颊齿的下中尖极弱、甚至缺如；p4 三齿根，下次脊粗壮，通常与下外脊连接，少数还与下中附尖脊相连；下臼齿没有下外中脊，下内尖脊形。颊齿齿凹釉质层光滑，少有附属脊。

产地与层位　内蒙古苏尼特右旗 346 地点，中中新统通古尔组；苏尼特左旗巴伦哈拉根、比鲁图，苏尼特右旗阿木乌苏、沙拉，阿巴嘎旗灰腾河，上中新统。

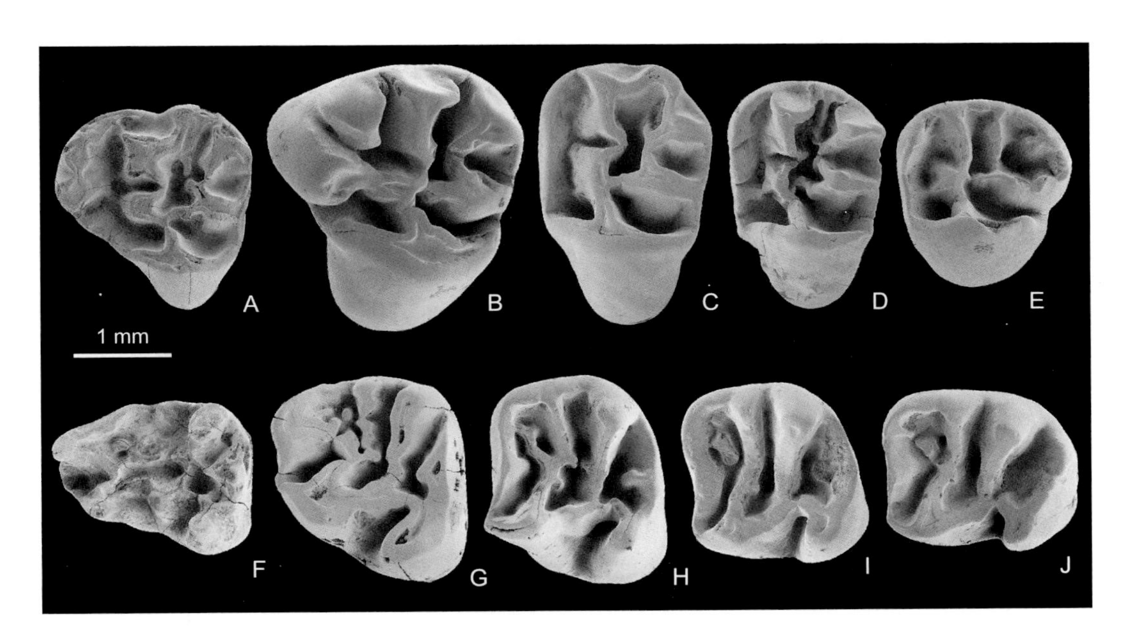

图 28　脊齿半圆鼠 *Ansomys lophodens*

A. 左 DP4（IVPP V 19478.1），B. 左 P4（IVPP V 19480.1），C. 右 M1/2（IVPP V 19480.2，反转），D. 右 M1/2（IVPP V 19483.1，反转），E. 左 M3（IVPP V 19478.4），F. 左 dp4（IVPP V 19478.5），G. 左 p4（IVPP V 19478.6），H. 左 m1/2（IVPP V 19477，正模），I. 右 m1/2（IVPP V 19480.4，反转），J. 左 m3（IVPP V 19478.7）：冠面视（引自邱铸鼎、李强，2016）

粗壮半圆鼠 *Ansomys robustus* Qiu et Li, 2016

（图 29）

Cf. *Ansomys* sp. nov.：Qiu et al., 2013, p. 177, 178

正模　IVPP V 19471，附有 p4–m2 的破碎左下颌骨。内蒙古苏尼特左旗敖尔班（下），下中新统敖尔班组。

归入标本　IVPP V 19472–19476，下颌骨碎块 1 件，颊齿 27 枚（内蒙古中部地区）。

鉴别特征　下颌骨和牙齿的基本形态与 *Ansomys borealis* 的相似：P4–M2 的半圆形外脊低、甚至不完整；M3 次圆形；下颊齿的下中尖显著，与下次尖颊侧前臂不连接；p4 的下次脊通常与下外脊连接；p4 和 m1 有明显的下中附尖和下中附尖脊；下臼齿的下内尖脊形；m3 前后向伸长。与 *Ansomys borealis* 不同的是：下颌骨粗壮；牙齿尺寸大，齿冠较高，齿尖较强大；上臼齿的原脊多曲折；下颊齿常有小的下后附尖及下后附尖脊，下中附尖与下后附尖脊间常见浅的凹缺，次生小脊的发育稍强。

产地与层位　内蒙古苏尼特左旗敖尔班（下）、敖尔班（上）、嘎顺音阿得格，下中新统敖尔班组。

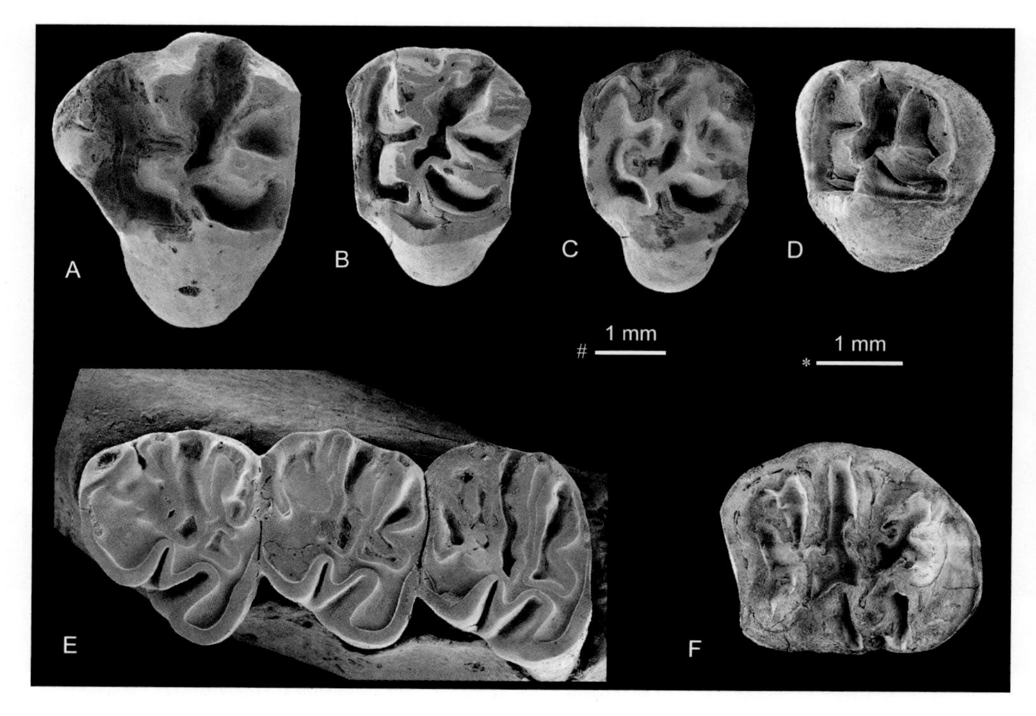

图 29 粗壮半圆鼠 *Ansomys robustus*

A. 右 P4（IVPP V 19473.1，反转），B. 右 M1/2（IVPP V 19475.1，反转），C. 右 M1/2（IVPP V 19474.1，反转），D. 右 M3（IVPP V 19472.1，反转），E. 破碎左下颌骨，附 p4–m2（IVPP V 19471，正模），F. 右 m3（IVPP V 19475.3，反转）：冠面视；比例尺：* - A–D, F，# - E（引自邱铸鼎、李强，2016）

山东半圆鼠 *Ansomys shantungensis* (Rensberger et Li, 1986)

（图 30）

Prosciurus? shantungensis：Rensberger et Li, 1986, p. 764

正模 IVPP V 5251，左 m1/2。山东东营钻井岩心，渐新统（?）沙河街组。

鉴别特征 齿凹中次生小脊不发育；下后尖低、前后向压扁；三角座和中央盆相对短；下后脊从下原尖伸达齿凹但未达下后尖；下中附尖前后向压扁，与很不发育的下后附尖脊分开；下中尖强大；下原尖前臂纵向延伸；下次尖显著地向牙齿的后外角凸出，顶部明显前后向压扁；下后颊凹大；下内尖前后向压扁，向前弯；下次脊伸至下中尖的中部，比北美 *Prosciurus* 的高；下次小尖三角形，相对较显著。

评注 该种的材料仅有采自钻井岩心的一枚下臼齿，建种时被归入 *Prosciurus* 属，认为其与北美中渐新世或晚渐新世的原松鼠的演化水平相当，因此将含化石层时代定为渐新世（Rensberger et Li, 1986）。邱铸鼎（1987）将其移至 *Ansomys* 属，由于其性状比中国东部地区早中新世的 *A. orientalis* 和 *A. shanwangensis* 都原始，故亦符合原命名者对其产出时代的确定。如果时代确定无误，则该种可能为中国东部地区渐新世地层中发现的唯一的一种哺乳动物。

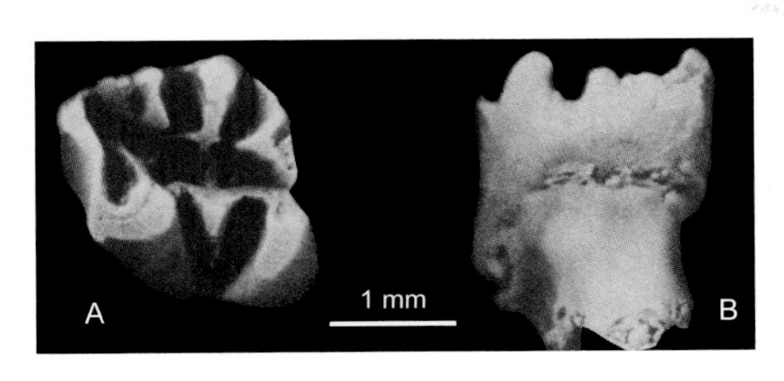

图 30　山东半圆鼠 *Ansomys shantungensis*

左 m1/2（IVPP V 5251，正模）：A. 冠面视，B. 舌侧视（引自 Rensberger et Li, 1986）

山旺半圆鼠 *Ansomys shanwangensis* Qiu et Sun, 1988

（图 31）

正模　SWPM SW 830101.1，几乎完整、背腹向受压的骨架及印模，保存有右 P3–M3，左 M3，右 p4–m3 及左 m3。山东临朐解家河，下中新统山旺组。

鉴别特征　一种个体稍大的半圆鼠，齿凹中具较强壮的次生小脊。上臼齿的原脊直，

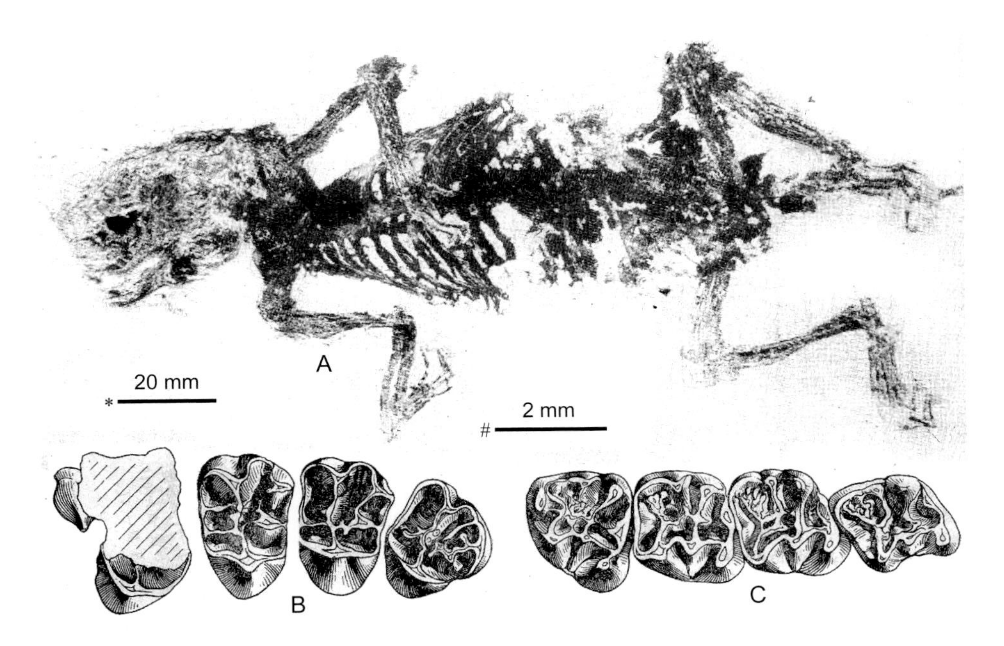

图 31　山旺半圆鼠 *Ansomys shanwangensis*

受压骨架及印模，右 P3–M3 和右 p4–m3（SWPM SW 830101.1，正模）：A. 骨架及印模，B. 右上颊齿列（反转），C. 右下颊齿列（反转）；均冠面视；比例尺：* - A，# - B, C（引自邱铸鼎、孙博，1988）

原小尖中部略收缩，有分成双尖的趋向；中附尖参与构成的半圆形外脊连续，封闭中央盆，齿凹中的附属脊相对发育。M3 次方形。下颊齿的下内尖粗壮，有显著的下中尖；下中附尖脊发育；下次小尖相对弱。p4 的下次脊与下中尖连接。m3 近菱形，下内尖显著，下次小尖清晰，下次脊不甚退化。

原新月鼠属 Genus *Promeniscomys* Wang, 1987

模式种 中国原新月鼠 *Promeniscomys sinensis* Wang, 1987

鉴别特征 个体较小、形态较原始的山河狸类，尺寸与 *Prosciurus* 属相近。颊齿齿冠低，齿尖较齿脊发达；原小尖不与前边脊相连；后小尖由后脊与后尖连接，将中央盆与后颊凹分开；中央盆大；后颊凹小；原尖前臂弱；臼齿不缩短。P4 不甚增大，前边尖大，并具前边附尖。P4 的前附尖和中附尖明显，前后压缩呈脊状。外齿带很发达。

中国已知种 仅模式种。

分布与时代 内蒙古，晚渐新世（塔奔布鲁克期）。

评注 原新月鼠可能代表山河狸科中出现较早、颊齿形态最原始的类型。现仅在中国的内蒙古鄂尔多斯市（原伊克昭盟）杭锦旗巴拉贡乌兰曼乃（原三盛公）被发现。

中国原新月鼠 *Promeniscomys sinensis* Wang, 1987

（图 32）

正模 IVPP V 7957，左上颌骨具 P3–M1。内蒙古杭锦旗巴拉贡乌兰曼乃（原三盛公），上渐新统伊克布拉格组。

鉴别特征 同属。

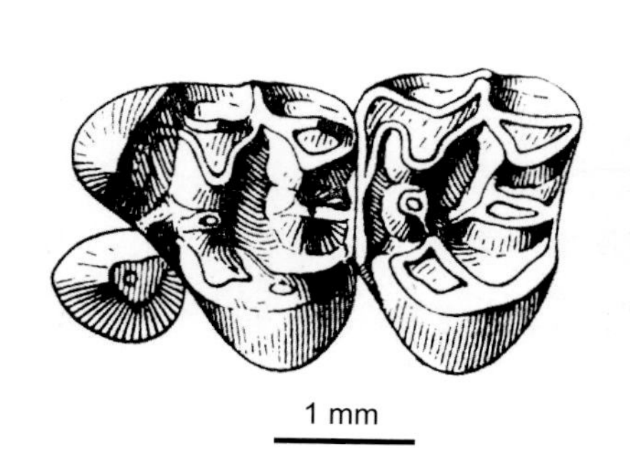

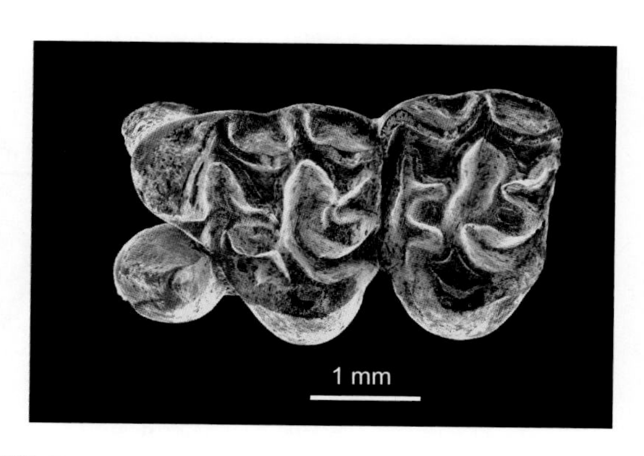

图 32 中国原新月鼠 *Promeniscomys sinensis*

左 P3–M1（IVPP V 7957，正模）：冠面视（引自王伴月，1987）

副新月鼠属 Genus *Parameniscomys* Qiu et Li, 2016

模式种 蒙副新月鼠 *Parameniscomys mengensis* Qiu et Li, 2016

鉴别特征 颊齿低冠，丘-脊型齿。M1/2 的宽度明显大于长度；无次尖；后小尖单一；前尖和后尖颊侧壁陡直；前附尖不发育；中附尖显著，构成明显向颊侧凸出、并完全封闭中央盆的尖状外脊；原小尖和后小尖强大，分别与前边脊和后边脊相连；原脊和后脊不甚发育。

中国已知种 仅模式种。

分布与时代 内蒙古，中新世早期（谢家期晚期）。

评注 副新月鼠属仅在中国被发现。该属的牙齿形态与 Meniscomyinae 亚科成员的有较多相似之处，但可否归入该亚科仍有待更多材料的发现。

蒙副新月鼠 *Parameniscomys mengensis* Qiu et Li, 2016

（图 33）

正模 IVPP V 19491，左 M1/2。内蒙古苏尼特左旗敖尔班（下），下中新统敖尔班组下段。

副模 IVPP V 19492.1–2，两枚 M1/2 的舌侧部分。产地与层位同正模。

鉴别特征 同属。

图 33 蒙副新月鼠 *Parameniscomys mengensis* 左 M1/2（IVPP V 19491，正模）：冠面视
（引自邱铸鼎、李强，2016）

方齿鼠属 Genus *Quadrimys* Qiu et Li, 2016

模式种 奇异方齿鼠 *Quadrimys paradoxus* Qiu et Li, 2016

鉴别特征 颊齿低冠，丘-脊型齿。P4–M3 的次尖显著，后小尖单一；前尖和后尖颊侧壁陡直；前附尖和中附尖发育，构成外脊颊侧脊状的凸出部分，并完全封闭前颊凹和中央盆；原小尖显著，发育在原尖伸至前尖的原脊之前；没有后脊；P4 具前边附尖；M1–2 和 m1–2 轮廓接近方形。下颊齿构造简单，具有高锥形的下后尖、明显的下中尖和下中附尖，以及低封闭的下后颊凹；下内脊完整，但没有下次小尖和下中附尖脊；下臼齿的下原尖有向舌侧伸出与下内脊而不与下后尖连接的强脊，下后脊和下次脊缺如。

中国已知种 仅模式种。

分布与时代　内蒙古，中新世早期（谢家期晚期）。

奇异方齿鼠 *Quadrimys paradoxus* Qiu et Li, 2016

（图 34）

Aplodontidae gen. et sp. nov.：Qiu et al., 2013, p. 177

正模　IVPP V 19484，附有 M2 和 M3 的右上颌骨碎块。内蒙古苏尼特左旗敖尔班（下），下中新统敖尔班组红色泥岩段。

副模　IVPP V19485，颊齿 6 枚。产地与层位同正模。

归入标本　IVPP V 19486–19490，颌骨碎块 2 件，颊齿 9 枚（内蒙古中部地区）。

鉴别特征　同属。

产地与层位　内蒙古苏尼特左旗敖尔班（下）、嘎顺音阿得格，下中新统敖尔班组。

评注　*Quadrimys paradoxus* 仅发现于内蒙古中部地区早中新世地点，材料不多，显然属于稀少而奇特的一种山河狸，但其亚科的分类位置以及亲缘关系有待更多材料的发现和进一步的研究。

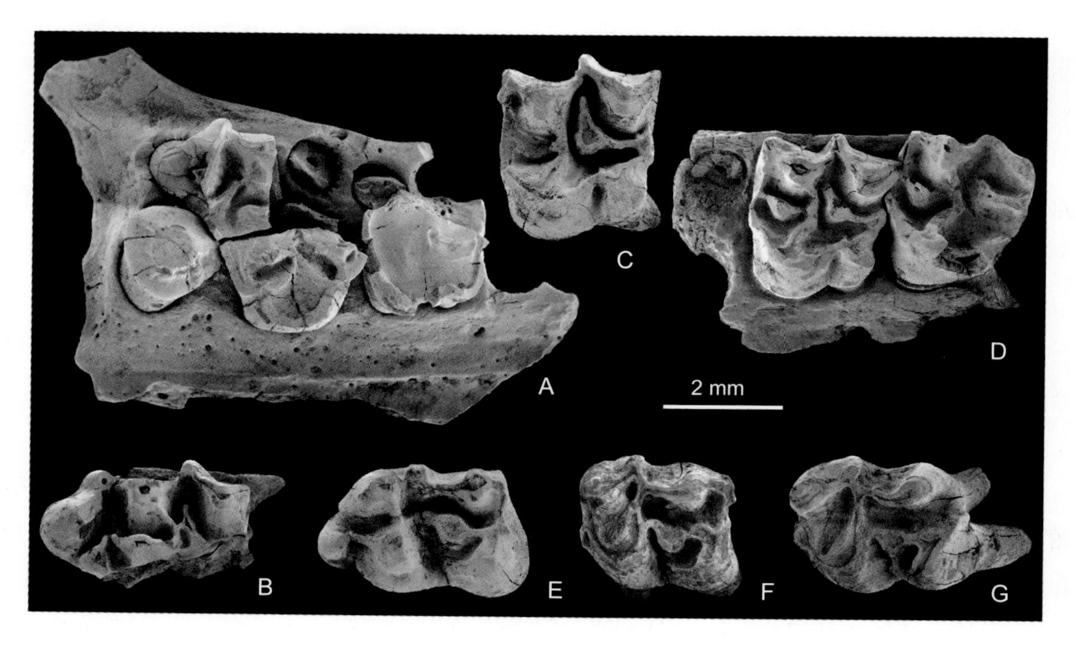

图 34　奇异方齿鼠 *Quadrimys paradoxus*

A. 左上颌骨碎块，附 P3 和破损的 P4 与 M1（IVPP V 19486.1），B. 破损的左 P4（IVPP V 19485.1），C. 左 M1/2（IVPP V 19485.2），D. 右上颌骨碎块，附 M2 和 M3（IVPP V 19484，正模，反转），E. 左 p4（IVPP V 19488.1），F. 左 m1/2 （IVPP V 19488.2），G. 左 m3（IVPP V 19485.3）：冠面视（引自邱铸鼎、李强，2016）

假山河狸属 Genus *Pseudaplodon* Miller, 1927

模式种 亚洲山河狸 *Aplodontia asiatica* Schlosser, 1924 = *Pseudaplodon asiaticus* (Schlosser, 1924)

鉴别特征 山河狸科中个体中等、齿冠相对较低的一属。颊齿具齿根；第四前臼齿个体明显比臼齿大；P4–M3 无次尖，小尖不发育，具有显著、向唇侧凸出的中附尖，以及发育并分割齿凹的细脊；下颊齿有伸达齿冠基部的下原褶和完整的下内脊；p4 具弱的下中附尖和延续到齿冠基部的下前边褶；下臼齿无下中附尖；在 p4–m2 中，下外脊从下次尖的前臂伸至下后脊后部；m3 稍退化，有开放、持续到齿冠基部的下后边褶。

中国已知种 *Pseudaplodon asiaticus* 和 *P. amuwusuensis* 两种。

分布与时代 内蒙古，中新世晚期（灞河期—保德期）。

评注 *Pseudaplodon* 属最先被 Schlosser（1924）指定为北美的现生属 *Aplodontia*，后被 Miller（1927）重新命名。

亚洲假山河狸 *Pseudaplodon asiaticus* (Schlosser, 1924)

（图 35）

Aplodontia asiatica：Schlosser, 1924, p. 30

Pseudaplodon asiatica：Miller, 1927, p. 14

选模 Schlosser（1924）在命名 *Aplodontia asiatica* 种时，没有指定正模，对描述的材料也未编号。Miller（1927）对其订正时也未指定正模。现将其中附有 p4–m3 的一件破碎下颌骨（Schlosser, 1924, Pl. II, fig. 15）作为该种的选模。标本作为拉氏收藏品保存于瑞典乌普萨拉大学博物馆，编号不明。内蒙古化德二登图 1，上中新统二登图组。

副选模 一枚 p4（Schlosser, 1924, Pl. II, fig. 16）；标本作为拉氏收藏品保存于瑞典乌普萨拉大学博物馆，编号不明；与选模产自相同地点和层位。

归入标本 IVPP V 19493, 颌骨碎块 3 件，颊齿 44 枚（内蒙古化德）。

鉴别特征 个体较小、颊齿齿冠相对高、齿尖和齿脊较弱的一种假山河狸。M3 齿凹的深度相对较小；p4 无下前边尖，下内脊相对连续，三齿根。

产地与层位 内蒙古化德二登图 1、2，上中新统二登图组。

评注 Miller (1927) 基于 Schlosser (1924) 的 *Aplodontia asiatica* 建立了 *Pseudaplodon* 属。由于属名的变更，根据《国际动物命名法规》，形容词的种级名称“必须在任何时候与同它组合的属名的性别一致”之规定，原来 *A. asiatica* 的种名应自行改为阳性的 *asiaticus*。

除二登图地点外，*Pseudaplodon asiaticus* 显然也发现于模式地点附近的哈尔鄂博地

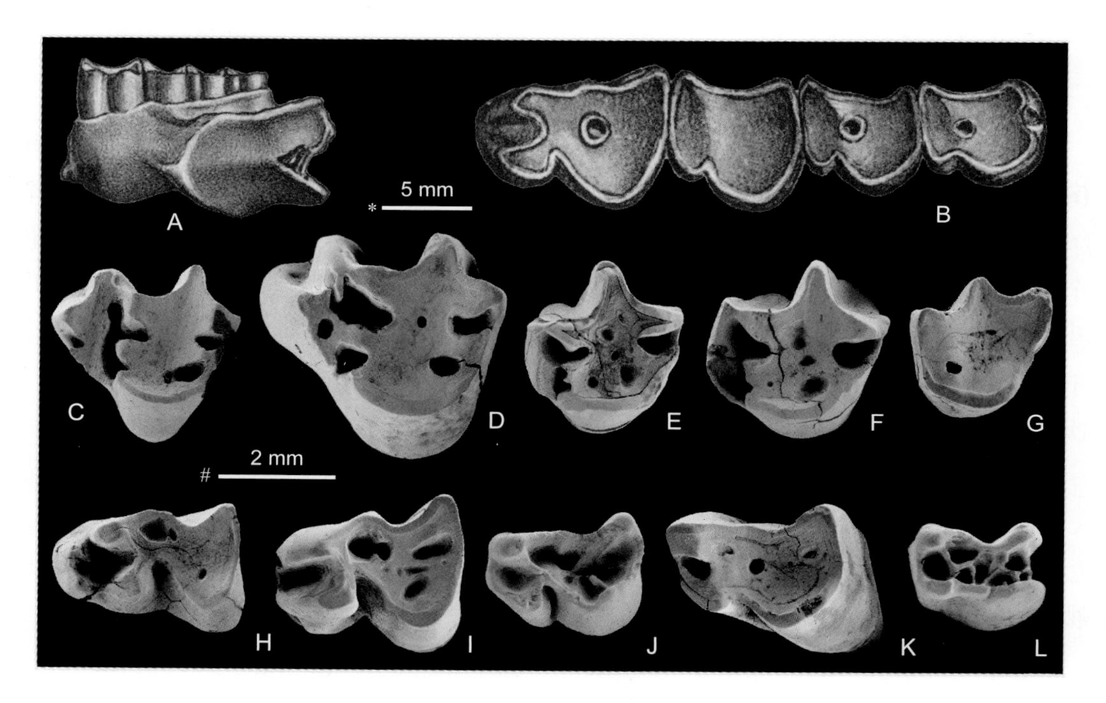

图 35 亚洲假山河狸 *Pseudaplodon asiaticus*

A, B. 破损右下颌骨，附 p4–m3（保存于瑞典乌普萨拉大学，编号不明，选模，反转），C. 右 DP4（IVPP V 19493.1，反转），D. 右 P4（IVPP V 19493.2，反转），E. 左 M1/2（IVPP V 19493.3），F. 左 M1/2（IVPP V 19493.4），G. 左 M3（IVPP V 19493.5），H. 右 dp4（IVPP V 19493.6，反转），I. 左 p4（IVPP V 19493.7），J. 左 m1/2（IVPP V 19493.8），K. 左 m1/2（IVPP V 19493.9），L. 左 m3（IVPPV 19493.10）：A. 颊侧视；B–L. 冠面视；比例尺：* - A，# - B–L（A, B 引自 Schlosser, 1924；C–L 引自邱铸鼎、李强，2016）

点，但标本尚未详细描述（Fahlbusch et al., 1983）。

阿木乌苏假山河狸 *Pseudaplodon amuwusuensis* Qiu et Li, 2016

（图 36）

Meniscomyinae indet.：邱铸鼎、王晓鸣，1999，125 页；Qiu et al., 2006, p. 180；Qiu et al., 2013, p. 181

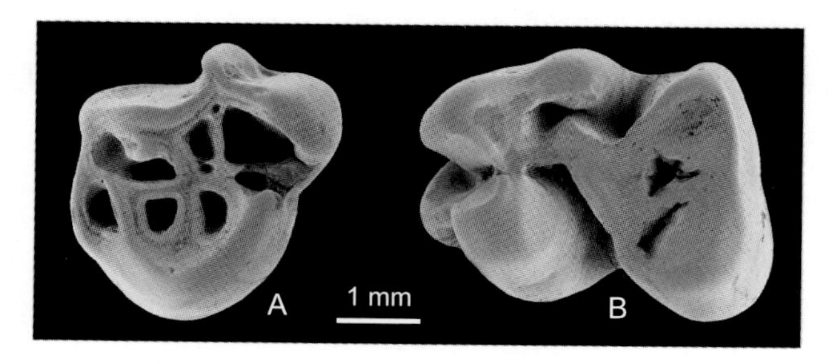

图 36 阿木乌苏假山河狸 *Pseudaplodon amuwusuensis*

A. 右 M3（IVPP V 19495，反转），B. 左 p4（IVPP V 19494，正模）：冠面视（引自邱铸鼎、李强，2016）

正模　IVPP V 19494，左 p4。内蒙古苏尼特右旗阿木乌苏，上中新统。

副模　IVPP V19495，一枚 M3。产地与层位同正模。

鉴别特征　个体硕大、颊齿适度高冠、齿尖和齿脊很粗壮的一种假山河狸。M3 相对不甚退化，齿宽相对大，齿凹深度也较大；p4 具有低小的下前边尖，下内脊不连续，双齿根。

圆齿鼠科 Family Mylagaulidae Cope, 1881

模式属　圆齿鼠属 *Mylagaulus* Cope, 1878

定义与分类　圆齿鼠科是一类已绝灭的、特化的、头骨具始啮型颧 - 咬肌构造、营穴居及掘地生活的中—大型啮齿类动物。该科与山河狸科亲缘关系很近，同属于山河狸超科，两者都具有单系的门齿显微结构和一系列相似的头骨管孔。该科分布于北美和亚洲北部的晚渐新世至上新世早期。

圆齿鼠科通常被分为两个亚科：原圆齿鼠亚科（Promylagaulinae Rensberger, 1980）和圆齿鼠亚科（Mylagaulinae Cope, 1881）（McKenna et Bell, 1997；Flynn et Jacobs, 2008a）。原圆齿鼠亚科具有相当多山河狸科的特征，圆齿鼠亚科则具更多适应穴居生活的特征。

目前，原圆齿鼠亚科拥有北美的 *Crucimys*、*Trilaccogaulus*、*Promylagaulus*、*Galbreathia*、*Mylagaulodon* 和 *Mesogaulus* 6 个属，以及亚洲北部的 *Tschalimys*、*Simpligaulus*、*Lamugaulus* 和 *Irtyshogaulus* 4 个属。圆齿鼠亚科有 7 个属：*Alphagaulus*、*Hesperogaulus*、*Umbogaulus*、*Pterogaulus*、*Mylagaulus*、*Ceratogaulus* 和 *Epigaulus*（Flynn et Jacobs, 2008a），仅分布于北美。Korth 将 *Mesogaulus* 从原圆齿鼠亚科中分离出来作为亚科内唯一的属建立了 Mesogaulinae 亚科，认为该亚科在牙齿、头骨和头后骨骼的形态、以及地史分布方面都介于原圆齿鼠亚科和圆齿鼠亚科之间，并认为圆齿鼠亚科可能由 *Mesogaulus* 演化而来（Korth, 1994, 2000b）。此外，Korth 还认为 *Epigaulus* 是 *Ceratogaulus* 的晚出异名。Hopkins（2008）对山河狸超科的 100 多个属、用 250 个特征做了详尽的系统发育分析，也将圆齿鼠科分为上述三个亚科，但是其原圆齿鼠亚科是在引号内的，因为她从分支分类分析中没有找到“原圆齿鼠亚科”与圆齿鼠科的共近裔特征，它们之间仅具共近祖特征，她认为“原圆齿鼠亚科”是个并系支系。Lu 等（2016）依据新发现的材料，在 Hopkins（2008）的基础上，添加了新的信息和数据，依据分析结果将圆齿鼠科划分为原圆齿鼠亚科和圆齿鼠亚科两个亚科，亚科的成员也有所变动。圆齿鼠科的分类，必将随着化石材料的不断发现而逐步更新和完善。本志暂采用两个亚科的分类方案。

鉴别特征　中—高冠颊齿。头骨低宽，吻部短宽，颧骨粗壮。眶后突发育，并在颧骨上与眶后突相对应处有一向背侧的突起；具一条发育的矢状脊或两条起始于眶后突并向后收敛的旁矢状脊，人字脊发育；颅部的管孔形态和分布与现生的山河狸 *Aplodontia* 相似：视神经孔小，筛孔位于额骨内，除 *Promylagaulus* 外所有的属都具有一个小的前颌骨间孔。腭面宽，头骨翼区缩得很短；听泡稍膨胀，外耳道长；枕骨垂直或稍向前倾；在圆齿鼠亚科的一些属种的鼻骨上长有骨质突起。下颌骨在演化过程中渐变高，其齿虚部尤高，用以容纳变得越来越高大的 p4。门齿前面宽凸，具单系的釉质显微结构。在原圆齿鼠亚科和原始的圆齿鼠亚科中的齿式为：1•0•2•3/1•0•1•3。P4 和 p4 总是大于其后的臼齿。臼齿的大小自 M1/m1 向 M3/m3 递减。在 *Mylagaulus* 和一些较晚期的圆齿鼠亚科的属种内，P3 消失，在一些情况下 P4 和 p4 增至很大以至于在其萌出过程中将 M1 和 m1、有时将 M2 和 m2 也挤出齿槽，仅保留一枚或两枚臼齿。磨蚀后的颊齿咀嚼面具有数量不等及形状各异的釉质齿窝，组成的图案因种类而不同。由于对穴掘生活方式的适应，圆齿鼠科动物的头后骨骼很粗壮，尤其是前肢，其肌肉附着脊和突非常发育，后肢的粗壮程度不及前肢，但较现生山河狸 *Aplodontia* 和绝大多数啮齿类的粗壮。

评注 圆齿鼠科因模式属 *Mylagaulus* 及 Mylagaulinae 亚科内的属种都具有近似圆柱形或椭圆形齿柱而得名。该科最早的化石记录在北美晚渐新世，中新世繁盛，至上新世早期绝灭。该科化石过去仅分布于北美，主要在西部大盆地（Great Basin）、北美大平原（Great Plains）和佛罗里达。20 世纪下半叶以来在中亚地区的哈萨克斯坦斋桑盆地（Shevyreva, 1971c）、中国新疆准噶尔盆地北缘（吴文裕，1988；吴文裕等，2013；Lu et al., 2016）和内蒙古中部（邱铸鼎、李强，2016），以及西伯利亚东部贝加尔地区（Tesakov et Lopatin, 2015）的中新世地层中陆续发现了原圆齿鼠亚科的零散牙齿化石，但都还没有发现头骨和头后骨骼以及圆齿鼠亚科的化石。

关于圆齿鼠科的起源至今没有定论。由于最早的原圆齿鼠 *Promylagaulus* 与 Meniscomyinae 都具有增大的第四前臼齿和高齿冠，一些学者曾推测圆齿鼠起源于山河狸科中的新月鼠 *Meniscomys* Cope, 1879（Matthew, 1924；McGrew, 1941；Korth, 1994）。Flynn 和 Jacobs（2008a）推测圆齿鼠科（以及山河狸科）起源于亚洲，但未提及可能的祖先。Korth 和 Tabrum（2011）描述了北美蒙大拿州早渐新世的 *Brachygaulaus* 属。由于该属与最早期的原圆齿鼠类共有一些牙齿的衍生特征以及颅部形态特征，同时又具有与同时期的原松鼠类（prosciurines）一样的原始性状，他们推测，圆齿鼠科可能起源于北美早渐新世时期类似于 *Brachygaulaus* 的原松鼠类祖先。至于亚洲的原圆齿鼠亚科的起源以及与北美的原圆齿鼠亚科之间的关系，乃至于亚洲的早中新世的较低冠的原圆齿鼠亚科的属种（*Lamugaulus*, *Irtyshogaulus*）与中中新世较高冠的属种（*Tschalimys*, *Simpligaulus*）之间的关系均是有待探讨的问题。

原圆齿鼠亚科 Subfamily Promylagaulinae Rensberger, 1980

模式属 原圆齿鼠属 *Promylagaulus* McGrew, 1941

定义与分类 原圆齿鼠亚科是出现时间较早、体型较小、形态上较为原始、特化程度较低的圆齿鼠类。分布于北美晚渐新世至中中新世和亚洲北部早中新世中晚期至中中新世。

本志书赞同归入原圆齿鼠亚科的有 10 个属。北美 6 个：*Promylagaulus*、*Crucimys*、*Trilaccogaulus*、*Galbreathia*、*Mylagaulodon* 和 *Mesogaulus*（Flynn et Jacobs, 2008a），分布于晚渐新世至中中新世的不同时段。亚洲 4 个：早中新世中晚期或中中新世早期的 *Tschalimys*、*Simpligaulus*、*Lamugaulus* 和 *Irtyshogaulus*。

鉴别特征 牙齿尺寸较小、中—高冠。除个别属外，均保留 P3 和全部臼齿，第四前臼齿大于臼齿。P4 长大于宽，具有颊侧附尖，前边尖向舌侧扩展，其他齿尖大致前 - 后纵向延长，齿的垂直轴向舌侧弯凸。M1 及 M2 的前后齿脊同等发育，外脊的前、后两部分内凹程度相当。齿凹深度较圆齿鼠亚科稍浅，随牙齿磨蚀程度的加深而逐渐消失，后舌侧齿凹保留时间最长。p4 的下中尖很小，但随着牙齿磨蚀加深而增大，从而形成颊侧褶的前、后支，前支不很发育，但后支发育并向后舌方向斜伸；也随着牙齿磨蚀加深，颊侧凹被渐趋膨大的下次尖封闭。m1 与 m2 具有发育的下中凹和下后附尖脊，下次尖后颊侧扁平、下后边脊明显后突，下后凹指向前颊侧。m3 小，具有后侧扁平的下次尖和退化的颊侧褶。除少数属种的齿根分叉外，绝大部分属种的牙齿齿根愈合为单根，但根尖不封闭。

图 37 为本志书中使用的原圆齿鼠亚科的牙齿构造术语。

中国已知属 *Irtyshogaulus*, *Simpligaulus*, *Tschalimys*，共 3 属。

分布与时代 新疆，早中新世中晚期—中中新世早期；内蒙古，早中新世中晚期—晚中新世早期。

评注 McGrew（1941）在描述一件产自南达科他州早中新世的圆齿鼠头骨时，发现其头骨和牙齿既具有山河狸科的特征，又与 *Meniscomys* 和 *Mylagaulus* 相似，显示了山河狸科与圆齿鼠科之间的过渡性质，因此建立了 *Promylagaulus* 属，属名显然表明这是一个原始的圆齿鼠动物。Promylagaulinae 亚科是 Rensberger 在 1980 年建立的（包括两个属），但当时并不确定是否归入 Mylagaulidae。亚洲发现的第一个原圆齿鼠，是 Shevyreva（1971c）报道的产自哈萨克斯坦斋桑盆地中中新世早期的 *Tschalimys ckhikvadzei*。之后，中国新疆准噶尔盆地北缘中中新世早期的 *T. ckhikvadzei*（=*Sinomylagaulus halamagaiensis*）和 *Simpligaulus yangi*（吴文裕，1988；吴文裕等，2013）、俄罗斯西伯利亚贝加尔湖地区早中新世中晚期的 *Lamugaulus olkhonensis*（Tesakov et Lopatin, 2015）、中国新疆布尔津地区的 *Irtyshogaulus minor* 和 *I. major*（Lu et al., 2016）以及中

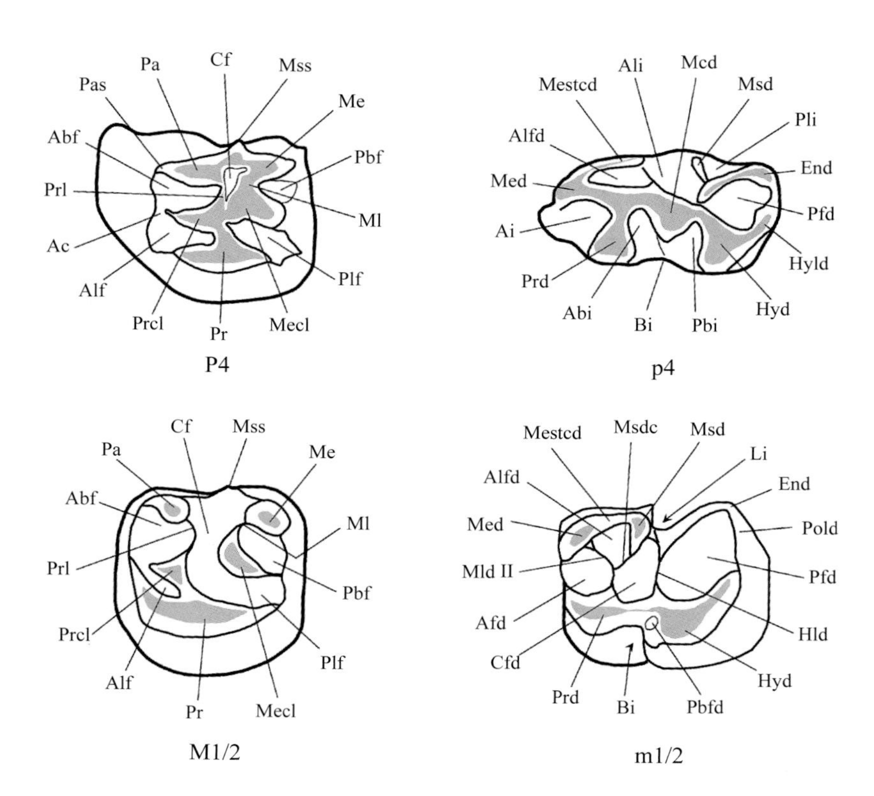

图 37　原圆齿鼠亚科颊齿构造模式图（依据 Rensberger, 1979，略作修改）

Abf. 前颊侧凹（anterobuccal fossette），Abi. 下前颊侧褶（anterobuccal inflection），Ac. 前边尖（anterocone），Afd. 下前凹（anterior fossettid），Ai. 下前褶（anterior inflection），Alf. 前舌侧凹（anterolingual fossette），Alfd. 下前舌侧凹（anterolingual fossettid），Ali. 下前舌侧褶（anterolingual inflection），Bi. 下颊侧褶（buccal inflection），Cf. 中央凹（central fossette），Cfd. 下中央凹（central fossettid），End. 下内尖（entoconid），Hld. 下次脊（hypolophid），Hyd. 下次尖（hypoconid），Hyld. 下次小尖（hypoconulid），Li. 下舌侧褶（lingual inflection），Mcd. 下中尖（mesoconid），Me. 后尖（metacone），Mecl. 后小尖（metaconule），Med. 下后尖（metaconid），Mestcd. 下后附尖脊（metastylid crest），Ml. 后脊（metaloph），Mld II. 下后脊 II（metalophulid II），Msd. 下中附尖（mesostylid），Msdc. 下中附尖脊（mesostylid crest），Mss. 中附尖（mesostyle），Pa. 前尖（paracone），Pas. 前附尖（parastyle），Pbf. 后颊侧凹（posterobuccal fossette），Pbfd. 下后颊侧凹（posterobuccal fossettid），Pbi. 下后颊侧褶（posterobuccal inflection），Pfd. 下后凹（posterior fossettid），Plf. 后舌侧凹（posterolingual fossette），Pli. 下后舌侧褶（posterolingual inflection），Pold. 下后边脊（posterolophid），Pr. 原尖（protocone），Prd. 下原尖（protoconid），Prcl. 原小尖（protoconule），Prl. 原脊（protoloph）

国内蒙古中部早中新世中晚期和晚中新世早期的 *Tschalimys* cf. *T. ckhikvadzei*（邱铸鼎、李强，2016）陆续被发现。这些属种都被描述者归入原圆齿鼠亚科。但 McKenna 和 Bell（1997），以及 Hopkins（2008）都将 *T. ckhikvadzei*（= *Sinomylagaulus halamagaiensis*）排除在圆齿鼠科之外，将其归入山河狸科或山河狸超科。Lu 等（2016）在做系统发育分析时，在 Hopkins（2008）报道的基础上加入了 2008 年以后的信息，得出的结果是：原圆齿鼠亚科只包括 *Promylagaulus*、*Trilaccogaulus*、*Lamugaulus* 和 *Irtyshogaulus* 4 个属，而将 *Tschalimys* 和 *Simpligaulus* 与 *Galbreathia*、*Mylagaulodon* 和 *Mesogaulus* 一起都归入圆齿鼠亚科内。本志书暂将亚洲的 4 个属仍都作为原圆齿鼠亚科的成员。

额尔齐斯圆齿鼠属 Genus *Irtyshogaulus* Lu, Ni, Li et Li, 2016

模式种 小额尔齐斯圆齿鼠 *Irtyshogaulus minor* Lu, Ni, Li et Li, 2016

鉴别特征 小型、中高齿冠的原圆齿鼠。下臼齿的下后附尖脊高，下中附尖小，颊侧褶宽、后舌向伸展，下后脊II横向伸展。无下中尖，下前凹和下后凹大、发育程度相当。M1和M2咀嚼面呈方形，具有5个齿凹，深度磨蚀后留有两个齿凹。单齿根。

中国已知种 *Irtyshogaulus minor* 和 *I. major*。

分布与时代 新疆，早中新世中晚期（山旺期）。

评注 *Irtyshogaulus* 与俄罗斯西伯利亚东部贝加尔湖地区早中新世中晚期 *Lamugaulus olkhonensis*（Tesakov et Lopatin, 2015）的牙齿很相似：尺寸小、齿冠较低和齿尖明显，而且都产自早中新世中晚期的地层中。它们之间应有很近的系统发育关系。Lu 等（2016）的支序分析表明这两个属组成单系类群。

小额尔齐斯圆齿鼠 *Irtyshogaulus minor* Lu, Ni, Li et Li, 2016

（图 38）

正模 IVPP V 20328，左M1。新疆布尔津XJ 200604地点，下中新统（相当于山旺阶）。

副模 IVPP V 20329.1–15，上、下臼齿15枚。产地与层位同正模。

鉴别特征 小型的 *Irtyshogaulus*。上、下臼齿的齿凹较大；M1和M2的前齿脊发育，

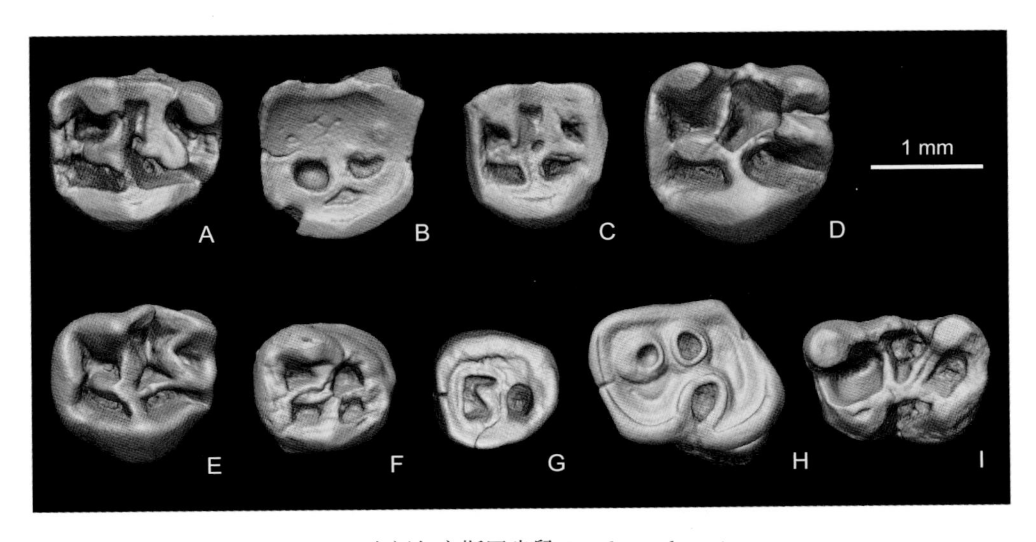

图 38 小额尔齐斯圆齿鼠 *Irtyshogaulus minor*

A. 左 M1（IVPP V 20328，正模），B. 左 M1（IVPP V 20329.1），C. 右 M1（IVPP V 20329.4，反转），D. 左 M2（IVPP V 20329.5），E. 右 M2（IVPP V 20329.6，反转），F. 左 M3（IVPP V 20329.8），G. 左 M3（IVPP V 20329.11），H. 右 m1（IVPP V 20329.12，反转），I. 右 m2（IVPP V 20329.15，反转）：冠面视（引自 Lu et al., 2016）

后齿脊较弱；M3 后部收缩，后小尖很小或消失；m2 的下次脊呈前颊 - 后舌向伸展，下中凹呈三角形。

评注 被命名人作为归入标本的材料与正模产自同一地点和层位，按《国际动物命名法规》这些标本应为该种的副模。该种的建立仅基于上、下臼齿，尚未发现上、下第四前臼齿。

大额尔齐斯圆齿鼠 *Irtyshogaulus major* Lu, Ni, Li et Li, 2016

（图 39）

正模 IVPP V 20809，右 M1。新疆布尔津 XJ 200604 地点，下中新统（相当于山旺阶）。

副模 IVPP V 20810，上、下臼齿 7 枚及 1 枚破损的 p4。产地与层位同正模。

鉴别特征 尺寸大于 *Irtyshogaulus minor*。与 *I. minor* 比较：齿脊较粗壮，尤其是原脊和后脊直而粗壮，齿凹较窄小；上臼齿的原小尖和后小尖都发育；下臼齿的下后脊 II 与下次脊平行，颊侧褶较窄、舌侧褶发育，下中附尖小。

评注 命名人在描述该种的材料时，将 IVPP V 20810 作为归入标本，因其与正模产自同一地点和层位，在此被看做是副模。该种的建立仅基于上、下臼齿，只有一枚破损的下第四前臼齿。

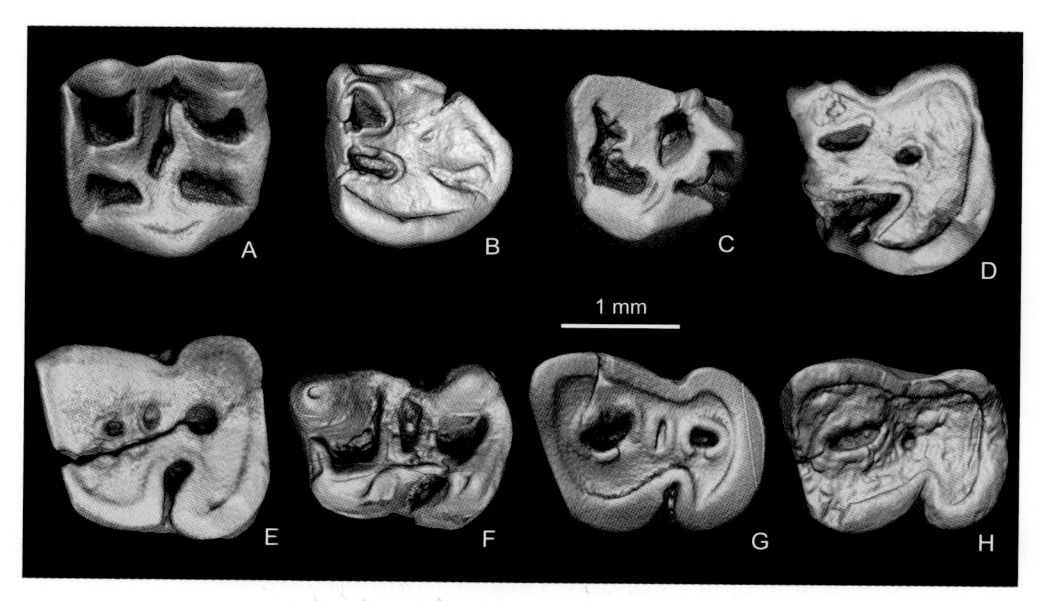

图 39 大额尔齐斯圆齿鼠 *Irtyshogaulus major*

A. 右 M1（IVPP V 20809，正模，反转），B. 左 M3（IVPP V 20810.1），C. 左 M3（IVPP V 20810.2），D. 残破左 p4（IVPP V 20810.4），E. 右 m1（IVPP V 20810.5，反转），F. 右 m2（IVPP V 20810.6，反转），G. 左 m3（IVPP V 20810.7），H. 右 m3（IVPP V 20810.8，反转）：冠面视（引自 Lu et al., 2016）

简圆齿鼠属 Genus *Simpligaulus* Wu, Ni, Ye, Meng et Bi, 2013

模式种 杨氏简圆齿鼠 *Simpligaulus yangi* Wu, Ni, Ye, Meng et Bi, 2013

鉴别特征 中型、高冠原圆齿鼠。p4 齿体稍向颊侧凸弯，下后附尖脊与下中附尖很发育但下中附尖很后位，两者相连在下中附尖的前颊侧，并封闭下舌侧凹；下颊侧褶后支发育并有一弱的前支，随着磨蚀的加深和下原尖后壁的突起物的增大渐被封闭为下颊侧凹；在下颊侧凹形成前，冠面上仅有两个齿凹：下前凹及下舌侧凹。下后凹不存在，或可能在牙齿的早期磨蚀阶段就已消失。单齿根，根尖不封闭。

中国已知种 仅模式种。

分布与时代 新疆，中中新世早期。

评注 目前代表该属仅有一件标本，与奇氏察里圆齿鼠（*Tschalimys ckhikvadzei*）产自同一地点和层位。

杨氏简圆齿鼠 *Simpligaulus yangi* Wu, Ni, Ye, Meng et Bi, 2013

（图 40）

正模 IVPP V 17929，磨蚀较深的左 p4。新疆富蕴铁尔斯哈巴合 XJ 97007 地点，中中新统哈拉玛盖组下部。

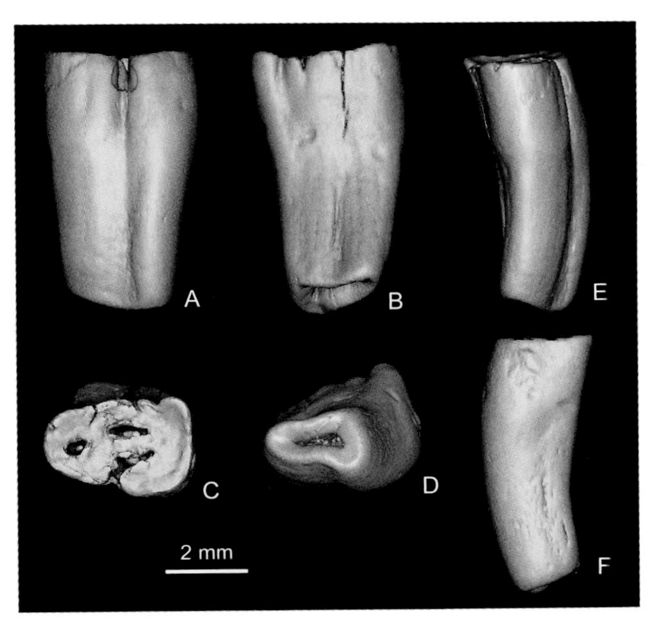

图 40 杨氏简圆齿鼠 *Simpligaulus yangi*

左 p4（IVPP V 17929，正模）：A. 颊侧视，B. 舌侧视，C. 冠面视，D. 根视，E. 前面视，F. 后面视（引自吴文裕等，2013）

鉴别特征 同属。

评注 种的建立仅依据一枚磨蚀较深的p4，但其特征明显地不同于原圆齿鼠亚科内已知的各属种。

察里圆齿鼠属 Genus *Tschalimys* Shevyreva, 1971

模式种 奇氏察里圆齿鼠 *Tschalimys ckhikvadzei* Shevyreva，1971（哈萨克斯坦斋桑盆地，中中新统萨勒布拉克组）

鉴别特征 中型、略单面高冠的原圆齿鼠。P4前边尖稍向舌侧扩展；前附尖与中附尖在齿冠颊侧壁成不很发育的脊，前附尖脊在齿冠颊侧壁向下延伸至约齿冠高度的三分之一，中附尖脊向下延伸至约齿冠高度的五分之一；嚼面有六个齿凹，前颊侧凹与前舌侧凹在前端相连，有两个中凹，随着磨蚀的加深，两个前凹在前端分离，舌侧中凹消失。p4有两个小而发育的“下前边尖”；下后附尖脊及下中附尖发育，两者相连封闭下舌侧凹，在嚼面上形成三个发育的主要齿凹：下前凹、下舌侧凹（中凹）和下后凹；随着磨蚀的加深下中尖渐增大，使下颊侧褶渐成为具有前、后支的Y形颊侧褶。P4和p4都具单一似愈合的齿根，齿根末端不封闭。

中国已知种 *Tschalimys ckhikvadzei* 和 *T.* cf. *T. ckhikvadzei*。

分布与时代 新疆，中中新世早期；内蒙古，早中新世晚期和晚中新世早期。

评注 *Tschalimys chhikvadzei* 由Shevyreva（1971c）建立，全部研究材料为产自哈萨克斯坦斋桑盆地中中新统的三枚P4。她指出该属P4的构造与北美的*Promylagaulus*、*Mylagaulodon* 和 *Mesogaulus* 很相似，其下臼齿构造与 *Meniscomys* 相似，遗憾的是没有提供对下臼齿的文字描述和插图。

1988年吴文裕描述了在中国首次发现的、产自新疆富蕴铁尔斯哈巴合地点哈拉玛盖组下部层位的一枚圆齿鼠的P4，该齿与 *Tschalimys ckhikvadzei* 的形态相似，但由于齿冠咀嚼面的齿凹构造有些差异以及形态上与Shevyreva的描述存在一些不同，因而建立了新属新种 *Sinomylagaulus halamagaiensis*。2013年吴文裕等对该标本做了CT断层研究，表明两者咀嚼面齿凹构造的差异只是由磨蚀程度不同造成，故认为 *Sinomylagaulus* 应是 *Tschalimys* 的晚出异名。

奇氏察里圆齿鼠 *Tschalimys ckhikvadzei* Shevyreva, 1971

（图41）

Tschalimys ckhikvadzei：Shevyreva, 1971c, p. 482

Sinomylagaulus halamagaiensis：吴文裕，1988，251页

Tschalimys ckhikvadzei：吴文裕等，2013，56 页

正模 PIN ПИН, No. 2977-3，右 P4。哈萨克斯坦斋桑盆地，中中新统萨勒布拉克组（Sarybulak Formation）。

归入标本 IVPP V 8107，右 P4 和 IVPP V 17928，左 p4（新疆准噶尔盆地）。

鉴别特征 同属。

产地与层位 新疆富蕴铁尔斯哈巴合，中中新统哈拉玛盖组。

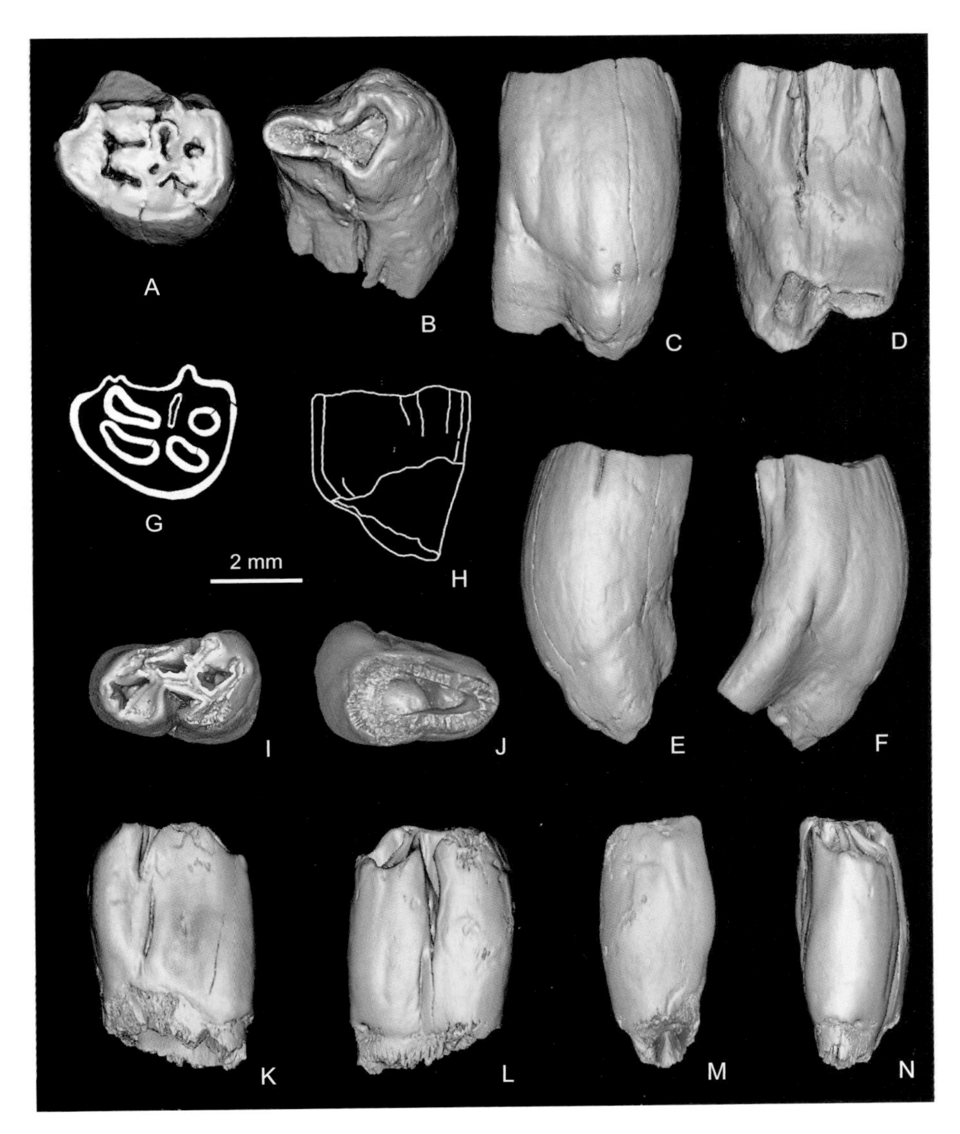

图 41 奇氏察里圆齿鼠 *Tschalimys ckhikvadzei*

A–F. 右 P4（IVPP V 8107，反转），G–H. 右 P4（PIN ПИН，No. 2977-3，正模，反转），I–N. 左 p4（IVPP V 17928）：A, G, I. 冠面视（A, G，反转），B, J. 根视，C, K. 舌侧视，D, L. 颊侧视，E, M. 后面视，F, N. 前面视（A–F, I–N 引自吴文裕等，2013；G, H 改自 Shevyreva, 1971c）

评注 1988 年吴文裕描述的标本仅是一枚 P4，1997 年在同一地点和层位又发现了一枚 p4。吴文裕等（2013）不能肯定两者（P4 和 p4）是否为同一属种，但两者在尺寸大小、齿冠高度上是匹配的，暂将其归入同一个种。这一问题有待今后的发现和研究来解决。

奇氏察里圆齿鼠（相似种） *Tschalimys* cf. *T. ckhikvadzei* Shevyreva, 1971

（图 42）

邱铸鼎和李强（2016）描述了在内蒙古中部首次发现的两枚圆齿鼠牙齿：① IVPP V 19496，左 m1/2 一枚；内蒙古苏尼特左旗（IM 0772 地点），下中新统敖尔班组上红泥岩段。② IVPP V 19497，右 M1/2 一枚；内蒙古阿巴嘎旗灰腾河（IM 0003 地点），上中新统上部灰腾河层。他们注意到这两枚牙齿较 *Tschalimys ckhikvadzei* 尺寸小很多且齿冠低得多，以及其他一些形态差别，将其暂作为 *T. ckhikvadzei* 的相似种。

编者认为内蒙古的这两枚牙齿与新疆布尔津早中新世中晚期的 *Irtyshogaulus* 和俄罗斯西伯利亚东部贝加尔湖地区早中新世中晚期的 *Lamugaulus olkhonensis* 更相似，三者无论是在尺寸大小、还是齿冠高度和形态特征方面都是可以比较的，且都是亚洲北部同一地质时期的产物，之间应有紧密的亲缘关系，有待今后关注和研究。

据前述，这两枚内蒙古的牙齿来自相距约 125 km 的两个不同地点的不同时代的沉积物中。但从牙齿形态来看，两者非常匹配，很可能是同时代的产物。邱铸鼎（个人交流）不排除产自阿巴嘎旗灰腾河层的标本可能是由较早的沉积物再沉积而来的，故认为也应是早中新世中晚期。

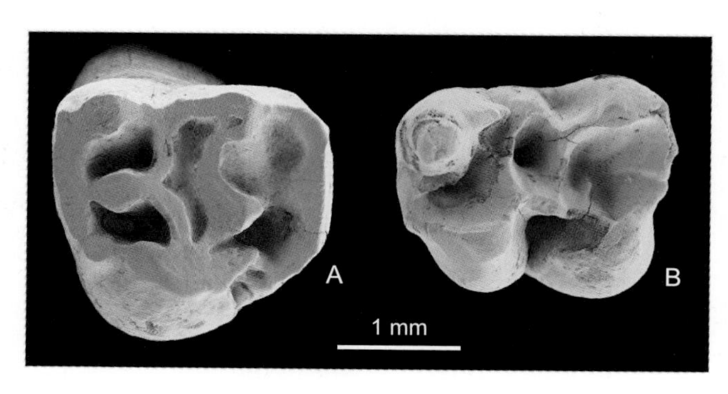

图 42　奇氏察里圆齿鼠（相似种） *Tschalimys* cf. *T. ckhikvadzei*
A. 右 M1/2（IVPP V 19497，反转），B. 左 m1/2（IVPP V 19496）：冠面视（引自邱铸鼎、李强，2016）

松鼠科 Family Sciuridae Fischer von Waldheim, 1817

模式属 松鼠属 *Sciurus* Linnaeus, 1758

定义与分类 松鼠科的起源可能与壮鼠类（ischyromyoids）有关，最早出现于北美的晚始新世，并一直延续至今。该科种类多，分布广，对栖息环境具有很强的适应性，包括夜行具有滑翔功能的所谓飞松鼠（鼯鼠）和昼出夜息的普通松鼠，由 270 多个现生种和许多化石种组成。在现生哺乳动物群属种数量的排位中，松鼠科继鼠科（广义的 Muridae）、蝙蝠科（Vespertilionidae）和鼩鼱科（Soricidae）之后名列第四；在啮齿目（Rodentia）中位居第二。松鼠科在新近纪的分异度较高，上新世后期逐渐衰退，但现生树松鼠类和飞松鼠类在亚洲东南部和邻近岛屿的多样性仍然很丰富，花鼠类和地栖适应的旱獭类在北美的数量也还相当多。

松鼠类动物的分类研究历史久远，Fischer von Waldheim 1817 年以 *Sciurus* Linnaeus, 1758 为模式属建立了松鼠族（Sciurii）。Gray 1821 年将其提升为科级单元，这一建议至今仍在松鼠动物的分类研究中被采用。由于在形态上松鼠类与壮鼠类和山河狸类（aplodontiids）相似，因此很早就各自被作为独立的松鼠超科一起归入松鼠型亚目（Sciuromorpha）（Matthew, 1910；Wilson, 1949b；Wood, 1955a）。Matthew（1910）把河狸科（Castoridae）、囊鼠科（Geomyidae）和异鼠科（Heteromyidae）也归入松鼠超科（Sciuroidea），但这一方案没有得到 Simpson（1945）及其后多数学者接受。Hartenberger（1985）只把松鼠科与山河狸科（Aplodontidae）、壮鼠科（Ischyromyidae）及圆齿鼠科（Mylagaulidae）归入松鼠超科，这样的分类似乎较恰当地反映了这些类群在形态上的相似性，而且得到分子分类学者的认同（Huchon et al., 1999；Montgelard et al., 2002）。但 McKenna 和 Bell（1997）将松鼠科归入松鼠下目（Sciurida），隶属于啮齿目中的松鼠型亚目。

对松鼠科现代分类的研究最先当属 Pocock（1923），他将松鼠类分为 6 个亚科：Sciurinae、Tamiasciurinae、Funambulinae、Callosciurinae、Xerinae 和 Marmotinae。Simpson（1945）也识别出与此相同类别的松鼠，但将其置于族而非亚科级阶元。Moore（1959）赞同 Simpson 把松鼠科归入 6 个族的意见，同时又增加了 Ratufini 和 Protoxerini 族。Black（1963）提议将以前归入 Marmotini 族的花鼠类提升为 Tamiini 族。尽管松鼠科的一些属在族一级的分类位置可能会因不同的研究者而有所不同，但以上工作为松鼠科较高阶元的现代分类研究奠定了基础。值得一提的是，根据对分子分类学的研究，研究现生哺乳动物的一些学者对上述分类进行了较大的修订和重新安排，取消和增补了一些亚科和族，并将现生松鼠科确定为五或六个亚科（Ratufinae、Sciurillinae、Sciurinae、Callosciurinae、Xerinae 和 Marmotinae），特别是将鼯鼠类作为一个族置于松鼠亚科（Sciurinae）之下（Steppan et al., 2004；Thorington et Hoffmann, 2005；Roth et Mercer, 2015）。多数学者都相信飞松鼠是一个单系，作为一个科或亚科与普通松鼠构成姐妹群，只有个别学者对此表示质疑（Hight et al., 1974）。Emry 和 Thorington（1984）研究了北美的最古老松鼠化石 *Douglassciurus* 属，他们认为该属是与 *Sciurus* 相似的树松鼠，飞松鼠和地松鼠都是从其衍生而来。de Bruijn（1999）则认为，渐新世的鼯鼠与同时期的地松鼠及树松鼠在形态上已有明显的不同，这些差异表明了此前它们各自有过很长的演化历史，飞松鼠类和普通松鼠类不是从一个共同的壮鼠类祖先衍生而来的，因此建议将鼯鼠和普通松鼠两大类群提升为科级分类单元，归入松鼠超科。

多数研究化石松鼠类的学者倾向于把松鼠类作为独立的一科，将飞松鼠类作为鼯鼠亚科置于其下（Simpson, 1945；McKenna et Bell, 1997；邱铸鼎、倪喜军，2006）。在McKenna 和 Bell（1997）的分类中，松鼠科被分为三个亚科：雪松鼠亚科（Cedromurinae）、松鼠亚科（Sciurinae）和鼯鼠亚科（Petauristinae），其中松鼠亚科又被分为几个族。虽然在族级成员的确定上研究者中歧见颇多，但把松鼠类归入一个科的这一分类意见，似乎得到普遍认同，在当今的分类中不失为相对合理和实用的一个方案（见 de Bruijn et Mein, 1968；McKenna et Bell, 1997；de Bruijn, 1999；Goodwin, 2008）。中国的松鼠类化石包括了上述三个亚科，此外，王伴月和邱占祥（2003）根据发现于甘肃早更新世的材料，又建立了高冠松鼠亚科（Aepyosciurinae）。对松鼠化石的分类，本书采纳上述方案，即把化石松鼠都归入一科，将该科分为 Sciurinae、Pteromyinae、Aepyosciurinae 和 Cedromurinae? 4 个亚科，但对族级成员的指定多少带有随意性。

鉴别特征 头骨宽，脑颅不同程度凸起，吻部短，门齿孔小。最早的松鼠（如北美的 *Douglassciurus*）头骨为始啮型颧 - 咬肌结构，但下颌的咬肌窝如同其他松鼠一样，前伸达 m1 后部之下；现生松鼠类头骨都为松鼠型颧 - 咬肌结构；颧弓和眶间区宽，眶间区的后部有明显、从额骨向后侧方伸出的后眶突。齿式：1•0•1–2•3/1•0•1•3。颊齿有齿根，低（原始类型）—中等高冠；上颊齿通常具有 3 个主尖（在原始的种类及部分的飞松鼠类中，M1 和 M2 常有明显的次尖），下颊齿具有 4 个主尖；P4–M2 的原脊和后脊常有发育程度不同的小尖，p4–m2 的下内尖一般较弱（除飞松鼠类外）；M3 和 m3 或多或少地向后扩伸。树松鼠和飞松鼠类的肢骨较为纤细，但地松鼠类（特别是旱獭族）的肢骨和趾骨则较粗壮。胫骨和腓骨不愈合。此外，上颊齿原脊和后脊的排列以及后脊的完整程度，下颊齿下中尖、下后脊和下内脊的发育与否，下外脊和下外谷的延伸方向，以及齿凹的相对高度等，因属种的不同而异，在识别松鼠类的较低阶元中具有意义。

松鼠科动物对栖息环境有很强的适应性，现生松鼠类对栖息环境的适应大致分为三类：地松鼠（穴居，昼出夜息）；树松鼠（树栖，昼出夜息）；飞松鼠（树栖，夜间活动）。不同适应类型的松鼠，在骨骼和牙齿的构造上也有所不同，这些差异可简要归纳于下（图 43）。

地松鼠：下颌骨较为轻巧，高度不大；齿虚位长而浅；下门齿尖端与颊齿列磨蚀面持平或低于其水平面；齿尖和齿脊相对较高而锐利；P4–M2 的原脊和后脊通常向原尖会聚，后脊不完整或者在舌缘明显收缩；p4–m2 的下内尖弱，并与下后边脊融会，形成舌后脊（下舌后内脊），下内尖角区弧形（图 43A）。

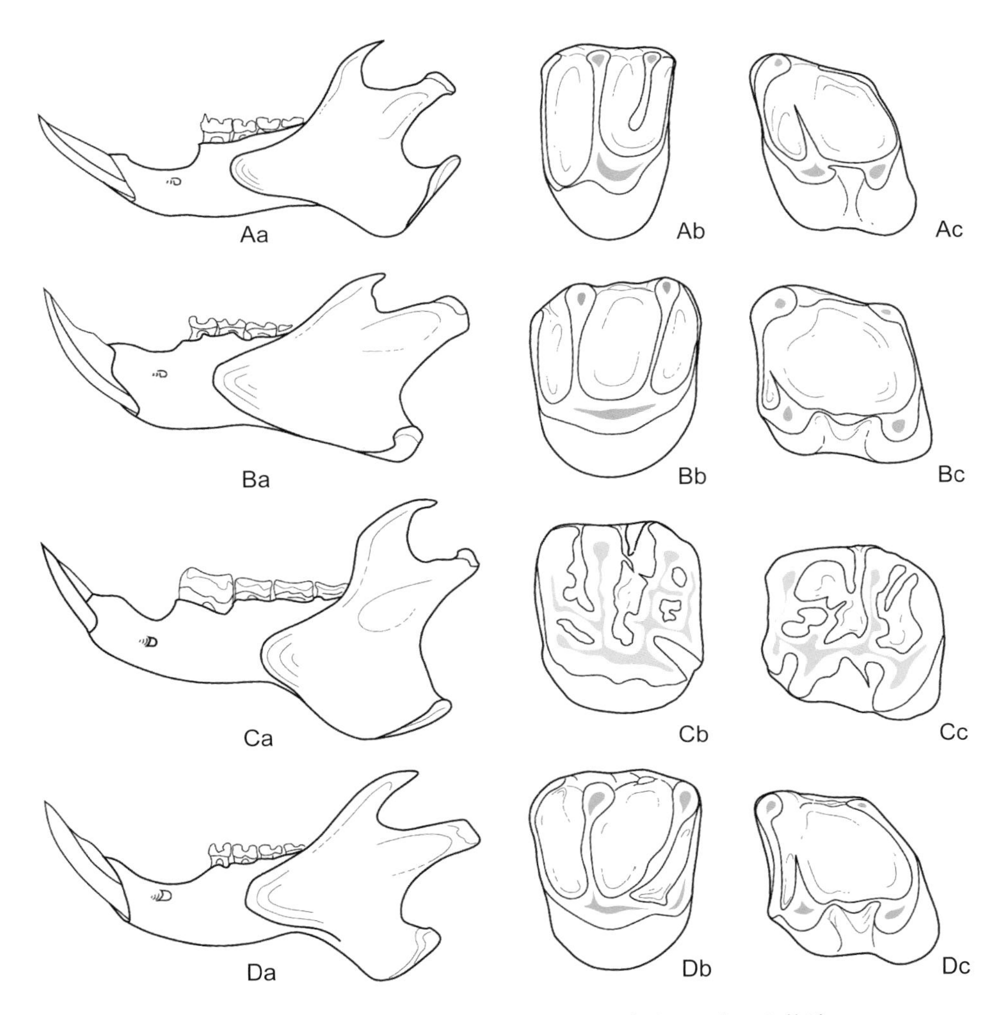

图 43　不同栖息环境类型松鼠的下颌骨形态和 M2 与 m2 构造

A. *Spermophilus spilosoma*（地松鼠），B. *Sciurus vulgaris*（树松鼠），C. *Aeretes melanopterus*（飞松鼠），D. *Tamias sibiricus*（花鼠）；a. 下颌骨，b. M2，c. m2

树松鼠：下颌骨粗壮，高度相对大；齿虚位短而深；下门齿尖端处于颊齿列磨蚀水平面之上；齿尖和齿脊相对低、钝；P4–M2 原脊和后脊通常近于平行排列，后脊完整；p4–m2 的下内尖轮廓分明，下内尖角区钝角形（图 43B）。

飞松鼠：下颌骨形态如同树松鼠者；未磨蚀颊齿的齿凹常具不规则的附属脊或粗糙的釉质层；M1 和 M2 常有次尖，原脊和后脊在一些属中（如 *Pliopetaurista*）向原尖会聚，在一些属中（如 *Miopetaurista*）则趋于平行排列；P4–M2 的后脊通常完整，但在一些属中（如 *Albanensia*）舌侧部分稍收缩；p4–m2 的下内尖一般显著，下内尖角区折角形（图 43C）。

化石的研究表明，松鼠类从一出现，上述三个特化类群在下颌骨和臼齿形态上的差异就已经存在。虽然这种划分过于简单，又不严密，而且一些类群，如适应丛林生境的花鼠类，在牙齿与骨骼形态特征上都处于地松鼠和树松鼠之间（图 43D）；但在松鼠科的大多数属种中，下颌骨和颊齿所具有的形态特征足以作为其对环境适应的一种提示，可粗略地推测其适应的生境类型。更重要的是，我们所发现的松鼠类化石，多为脱落的牙齿和破碎的下颌骨，利用其形态构造与动物栖息环境关系的原理进行识别和鉴定，有助于对化石松鼠类的生存环境作出大致的判断。

图 44 为松鼠科的通用牙齿构造模式图。

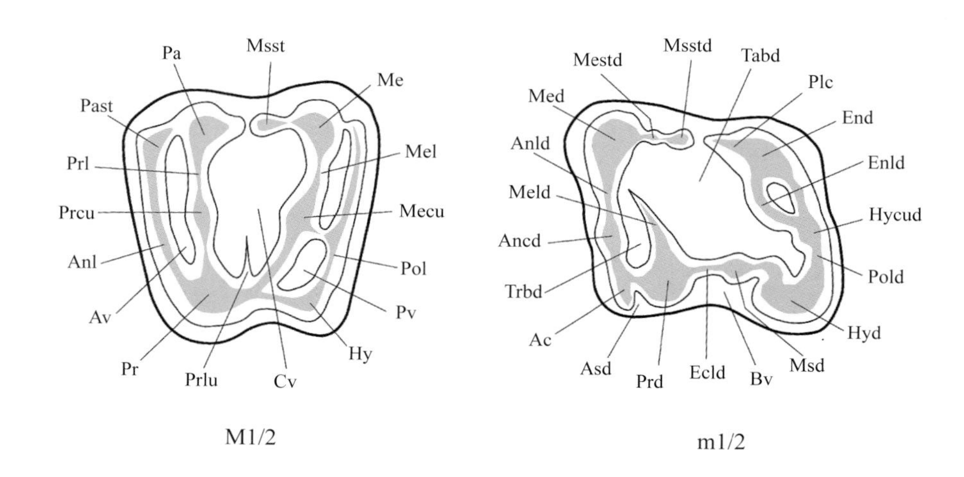

图 44　松鼠科臼齿构造模式图

Ac. 前颊侧齿带（anterobuccal cingulum），Ancd. 下前边尖（anteroconid），Anl. 前边脊（anteroloph），Anld. 下前边脊（anterolophid），Asd. 前颊谷（anterobuccal sinusid），Av. 前凹（anterior valley），Bv.（下）外谷（buccal valley），Cv. 中凹（central valley），Ecld. 下外脊（ectolophid），End. 下内尖（entoconid），Enld. 下内脊 (entolophid), Hy. 次尖 (hypocone), Hycud. 下次小尖 (hypoconulid), Hyd. 下次尖 (hypoconid), Me. 后尖（metacone），Mecu. 后小尖（metaconule），Med. 下后尖（metaconid），Mel. 后脊（metaloph），Meld. 下后脊 (metalophulid), Mestd. 下后附尖 (metastylid), Msd. 下中尖 (mesoconid), Msst. 中附尖 (mesostyle), Msstd. 下中附尖（mesostylid），Pa. 前尖（paracone），Past. 前附尖（parastyle），Plc. 下舌后内脊（posterolingual crest), Pol. 后边脊 (posteroloph), Pold. 下后边脊 (posterolophid), Pr. 原尖 (protocone), Prcu. 原小尖 (protoconule), Prd. 下原尖（protoconid），Prl. 原脊（protoloph），Prlu. 原小脊（protolophule），Pv. 后凹（posterior valley），Tabd. 下跟座凹（talonid basin），Trbd. 下三角座凹（trigonid basin）

中国已知属　*Sciurus, Oriensciurus, Tamiops, Callosciurus, Dremomys, Atlantoxerus, Sinotamias, Sciurotamias, Prospermophilus, Marmota, Spermophilus, Palaeosciurus, Shuanggouia, Tamias, Plesiosciurus, Heterotamias, Spermophilinus, Ratufa, Pseudoratufa, Parapetaurista, Miopetaurista, Hylopetodon, Pliopetaurista, Yunopterus, Hylopetes, Pteromys, Petaurista, Aeretes, Belomys, Trogopterus, Aepyosciurus, Oligosciurus*，共 32 属。

分布与时代　松鼠科的现生属种分布于除大洋洲和极地以外的所有大陆。该科在欧亚大陆最早出现于渐新世，出现时代比北美稍晚；在非洲最早出现于早中新世，但马达加斯加未见有任何时代松鼠的踪迹；南美洲出现的时间更晚，而且其南端至今没有任何发现。中国较为肯定的松鼠科化石最早记录于早渐新世（王伴月、邱占祥，2004），在新近纪较为分化；化石主要发现于华北和西北地区，属、种多归入松鼠亚科和鼯鼠亚科，在更新世出现了特有的高冠松鼠亚科，渐新世还可能有雪松鼠亚科的遗迹。

松鼠亚科 Subfamily Sciurinae Fischer von Waldheim, 1817

一类具有松鼠型头骨、没有滑翔功能皮质翼膜的松鼠。牙齿构造相对简单。M1 和 M2 的次尖和 m1 和 m2 的下次脊退化或者缺如。上臼齿原脊和后脊近平行排列或向原尖聚会，其上的原小尖和后小尖可能存在，但通常小且单一；下臼齿的下内尖显著或完全融入下舌后内脊。牙齿的次生褶、附属脊不发育；咀嚼面的轮廓，中附尖、下中附尖和下中尖的有无与发育程度变异大。

松鼠亚科是属种最多的一个类群，包括树松鼠类、地松鼠类和花鼠类；最早出现于新、旧大陆的渐新世。在中国，该亚科发现的化石包括 Sciurini、Nannosciurini、Xerini、Marmotini、Tamiini 和 Ratufini 6 个族，渐新世的种类很少，中新世最为分化，在大多数小哺乳动物化石地点都有发现。

树松鼠族 Tribe Sciurini Fischer von Waldheim, 1817

为一类分布广的树栖松鼠。头颅的背向或多或少地凸起，额面宽，颧弓相对于颅基轴面夹角较大；下颌骨齿虚位短，齿虚位前端在颊齿齿槽缘面之下。颊齿低冠，齿尖和齿脊低；M1 和 M2 大体方形，原尖前后向伸长，原脊和后脊完整，后小尖退化或缺如；p4–m2 通常具有明显的下内尖，下内尖角区一般呈折角形；m1 和 m2 通常有完整、并封闭下三角座凹的下后脊。肢骨相对于地松鼠显得长而细。

松鼠属 Genus *Sciurus* Linnaeus, 1758

模式种 北松鼠（又称欧亚红松鼠）*Sciurus vulgaris* Linnaeus, 1758

鉴别特征 个体小—中型松鼠。头骨松鼠型，颅部圆凸，眶间区宽，眶后突细、下弯，无明显的矢状脊或枕脊；下颌骨粗壮，齿虚位短、前端在颊齿齿槽缘面之下。齿尖和齿脊低、钝；P4–M2 原尖前后向伸长，原脊和后脊完整、简单，近平行排列，其上的小尖不发育；p4–m2 的下内尖显著，下内尖角区折角形；M1 和 M2 以及 m1 和 m2 轮廓较方形，上颊齿中附尖和下臼齿下中尖及下中附尖的发育程度会因种的不同而有所差别。

中国已知种 仅 *Sciurus lii* 一种。

分布与时代 山东，早中新世；陕西、内蒙古，晚中新世；山西、山东，上新世；安徽，？更新世。

评注 松鼠属为一现生属，广布新旧大陆，但化石种远没有现生种常见。在北美最早出现于中中新世，在欧洲稍晚，南美洲更晚。在中国，无论是化石种还是现生种都主要出现于北方地区，除 *Sciurus lii* 外，在陕西蓝田、内蒙古中部地区、山西榆社、山东沂南和安徽繁昌尚有该属未定种的报道（Qiu, 1991；Jin et al., 1999；Qiu et al., 2008；邱铸鼎、李强，2016；Qiu et Jin, 2016；Qiu, 2017b）。但并非一些早期报道的 *Sciurus* 未定种和相似种都可以归入该属，如裴文中（Pei, 1936）记述的周口店第三地点的"*Sciurus* cf. *davidianus*"应为 *Sciurotamias* 属；德日进（Teilhard de Chardin, 1936, 1938）记述的北京周口店第九地点和第十二地点的"*Sciurus* sp.", 根据其牙齿尺寸大小和形态特征，应该归入 *Tamias* 属；步林（Bohlin, 1946）描述的党河地区晚渐新世的"*Sciurus* sp."，与该属也无关。江苏泗洪下草湾组发现的一些松鼠类化石亦曾被归入 *Sciurus* 属，但其后被移至 *Palaeosciurus* 属（见邱铸鼎、林一璞，1986；邱铸鼎、阎翠玲，2005；Qiu et Qiu, 2013；Qiu, 2015）。

李氏松鼠 *Sciurus lii* Qiu et Yan, 2005

（图 45）

正模 SWNG SWB 980002，不完整的骨架（被压碎的头骨上附有左 P3、P4 和 M3，左 p4–m3 和右 p4 与 m1）。山东临朐解家河，下中新统山旺组。

鉴别特征 个体和形态与现生北松鼠（*Sciurus vulgaris*）接近，不同的是：P4 和 p4 较大，明显臼齿化，P4 的前边尖稍弱，p4 的下前边脊显著；p4–m3 的下后脊虽弱，但清楚，与前边脊围成的三角座凹清晰，三角座凹和下后边脊相对较高；m3 较少地向后延伸，具有分明的三角座凹及明显的下中附尖。

评注 山旺的 *Sciurus lii* 是该属较早的化石记录，其颊齿形态与欧洲渐新世 *Palaeosciurus* 属的一些种，如 *P. goti*，有某些相似之处，两者上中间颊齿的后小尖不发育，原脊和后脊近平行排列，m1 和 m2 的下内尖未完全融入下舌后内脊，下内尖角近折角形，下中尖显著等。当然它不应该归入该属，因为其下门齿的尖端在颊齿磨蚀面之上，具有典型树松鼠的特征，而在 *P. goti* 中下门齿的尖端在颊齿磨蚀面之下（见 Vianey-Liaud, 1974），具有地松鼠的特征。*S. lii* 与北美中渐新世至早中新世 *Protosciurus* Black, 1963 的特征也很相似，特别是与 *P. mengi* 种的形态更接近，下颊齿都有高的三角座和后边脊，但其牙齿形态与现生北松鼠的更为相似。

江苏泗洪下草湾组发现的一些松鼠化石，最初被邱铸鼎和林一璞（1986）指定为 *Shuanggouia lui* 和 *Parapetaurista tenurugosa*。后来，其中的部分牙齿被归入 *Sciurus lii*（邱铸鼎、阎翠玲，2005；Qiu et Qiu, 2013）。Qiu（2015）又将其订正为 *Palaeosciurus jiangi*。

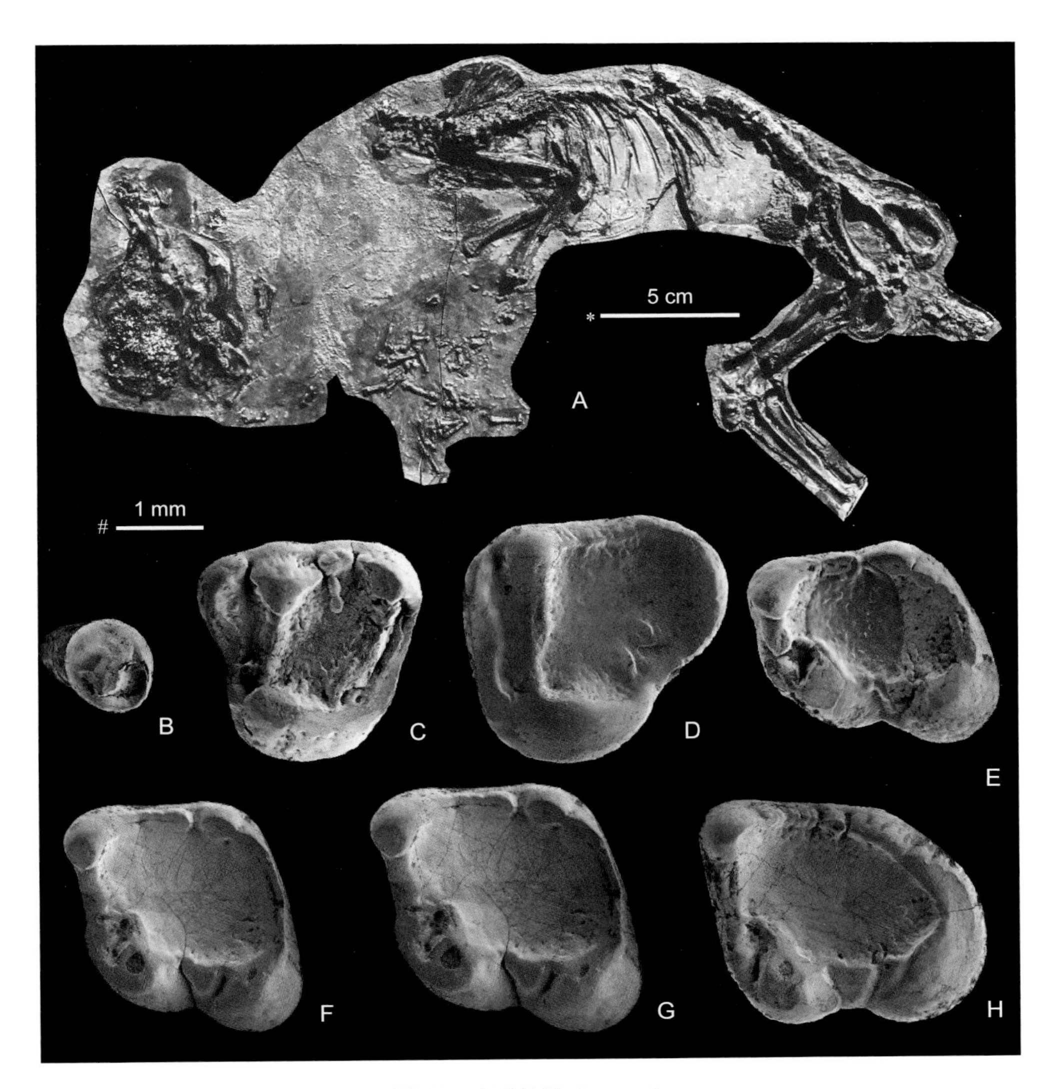

图 45 李氏松鼠 *Sciurus lii*

A–H. SWNG SWB 980002，不完整骨架及部分颊齿（正模）：A. 压碎骨架，B. 左 P3，C. 左 P4，D. 左 M3，E. 左 p4，F. 左 m1，G. 左 m2，H. 左 m3；A. 左侧视，B–H. 冠面视；比例尺：* - A，# - B–H（引自邱铸鼎、阎翠玲，2005）

东方松鼠属 Genus *Oriensciurus* Qiu et Yan, 2005

模式种 临朐东方松鼠 *Oriensciurus linquensis* Qiu et Yan, 2005

鉴别特征 下颌咬肌窝前端终止于 m1 之下；下门齿尖顶在颊齿列磨蚀面之上；齿虚位短，前端在颊齿齿槽缘面之下。颊齿低冠，具有相对高的齿尖和低的齿脊，原尖前后向扩伸；M1 和 M2 的原脊和后脊完整、近平行排列，其上无小尖；M3 不甚向后延伸，具后脊；下颊齿的下内尖不很分明，下内尖角区近弧形，下中尖小，下中附尖不发育，下三角座凹在颊侧开放。

中国已知种 仅模式种。

分布与时代 山东，早中新世。

评注 迄今，东方松鼠属仅发现于中国。其下颌骨和颊齿具有类似于树栖松鼠型的特征，个体和某些形态与 *Sciurus*、*Callosciurus*、*Shuanggouia* 和 *Spermophilinus* 属的特征接近或相似。但以上臼齿的 M3 具有后脊，下颊齿的下内尖较为融入下舌后内脊、下三角座凹的颊侧开放而不同于 *Sciurus* 属；以 M1 和 M2 的原脊和后脊较弱，M3 具有后脊，下颊齿具有下中尖、下三角座凹的颊侧开放而不同于 *Callosciurus* 属；以 M1 和 M2 的原脊和后脊近平行排列，原尖明显前后向扩张，没有后小尖而异于 *Shuanggouia* 属；以 M1 和 M2 没有后小尖，M3 具有后脊而易于与 *Spermophilinus* 属分开。

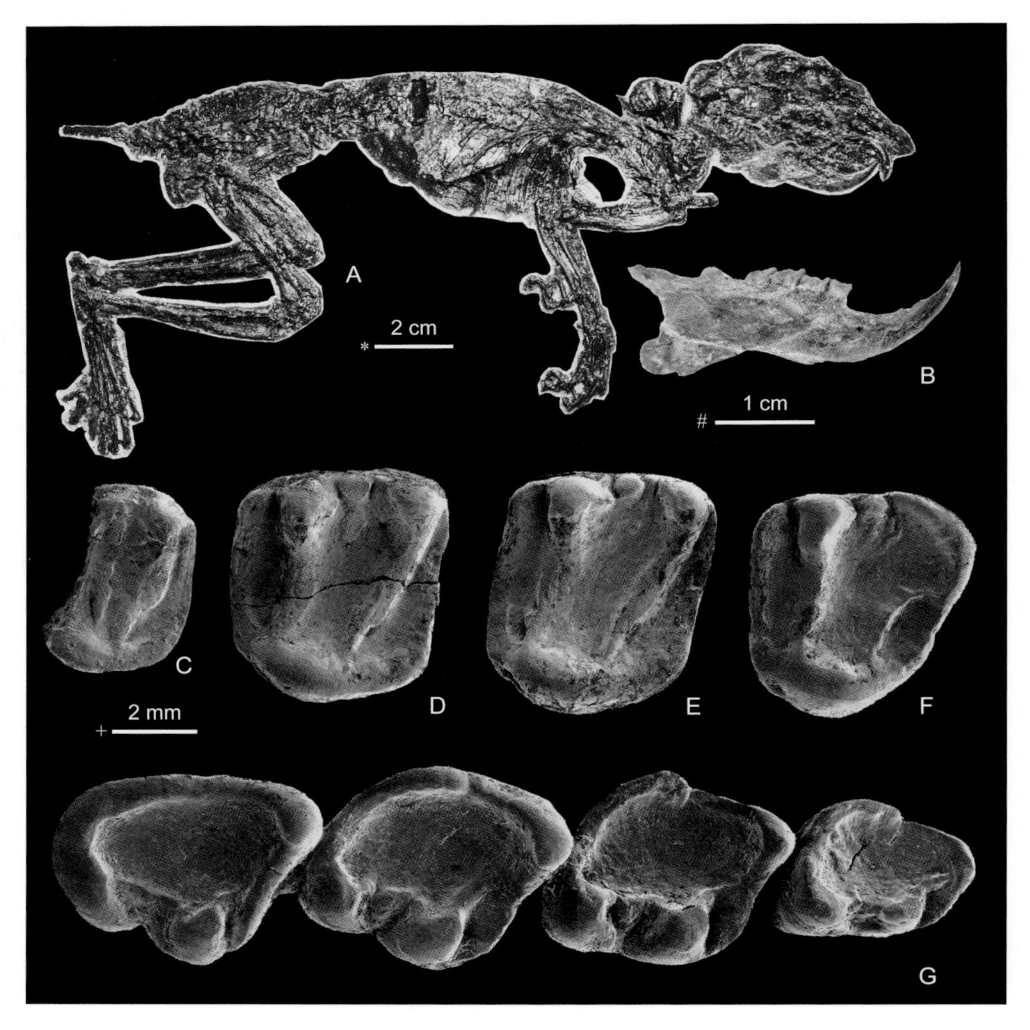

图 46　临朐东方松鼠 *Oriensciurus linquensis*

A–G. 不完整骨架、下颌骨及部分颊齿（IVPP V 14409，正模）：A. 压碎骨架，B. 右下颌骨，C. 破损左 P4，D. 左 M1，E. 左 M2，F. 左 M3，G. 右 p4–m3；A, B. 右侧视，C–G. 冠面视；比例尺：∗ - A，# - B，+ - C–G（引自邱铸鼎、阎翠玲，2005）

临朐东方松鼠 *Oriensciurus linquensis* Qiu et Yan, 2005

（图 46）

正模 IVPP V 14409，被压碎、但保存较完整的骨架，附有左 P4–M3，右 M1–M3，右 p4–m3。山东临朐解家河，下中新统山旺组。

鉴别特征 同属。

评注 邱铸鼎和阎翠玲（2005）在建立 *Oriensciurus linquensis* 时提及该种的某些形态，如下内尖不甚醒目、下内尖角区圆弧形，与大多数地松鼠类的牙齿特征相似，而与现生 *Sciurus* 属的有所不同。但同时又注意到，现生东洋界的一些树松鼠，如 *Callosciurus* 属，牙齿也具有相似的形态构造。因此，*O. linquensis* 很可能属于较原始、与丽松鼠类更接近的树栖松鼠。

东洋树松鼠族 Tribe Nannosciurini Forsyth Major, 1893

一类分布于东洋界的树栖松鼠。下颌骨齿虚位短，齿虚位前端与颊齿齿槽缘面持平或在其下；下门齿尖端处于颊齿列磨蚀水平面之上。颊齿低冠，齿尖和齿脊粗、钝；上臼齿圆方形，原尖不同程度地前后向伸长，小尖不发育；M1 和 M2 的原脊和后脊显著，不甚平行排列，后脊在接近原尖处或多或少地收缩；下颊齿的下内尖轮廓清晰，但通常比 *Sciurus* 属的弱，下内尖角区钝角形或弧形，没有下中尖，下外脊前内向延伸，外谷窄、浅，未磨蚀牙齿齿凹中的珐琅质粗糙。

东洋树松鼠族有多个属，该族的现生属主要分布于南亚的热带和亚热带地区。McKenna 和 Bell（1997）认为 Callosciurini Simpson, 1945 是 Nannosciurini Forsyth Major, 1893 的晚出异名，但 Thorington 和 Hoffmann（2005）对此并不认同，仍主张使用前者。中国的化石属包括 *Tamiops*、*Callosciurus* 和 *Dremomys*，其中前者最早出现于早中新世，分布也广。

花松鼠属 Genus *Tamiops* J. Allen, 1906

模式种 明纹松鼠 *Sciurus macclellandi* Horsfield, 1840 = *Tamiops macclellandi* (Horsfield, 1840)

鉴别特征 个体小。吻部较短，颅部宽凸，眶后突细。下门齿尖顶在颊齿列磨蚀面之上；齿虚位短。颊齿齿尖钝，齿脊低。P4–M2 的原脊和后脊通常完整，近平行排列或微向原尖会聚，在某些现生种中后脊在接近原尖处略收缩；无原小尖，但偶见极弱的后小尖、小或脊形的中附尖；前凹明显比后凹宽阔。M3 适度向后扩展，无后脊。m1 和 m2

的下内尖多少融入下舌后内脊，下内尖角区折角形，常有小或脊形的下中附尖；下颊齿无下中尖，外脊前内 - 后外向，下齿凹窄、浅，外谷向舌前侧凹入。齿凹中的釉质层在牙齿磨蚀初期有明显的麻状皱纹。

中国已知种 *Tamiops asiaticus*, *T. atavus*, *T. minor*, *T. swinhoei*，共 4 个化石种。

分布与时代 山东，早中新世；内蒙古、云南，晚中新世；重庆，早—中更新世；陕西，早更新世；贵州，中更新世。

评注 *Tamiops* 最早出现于早中新世，一直延续至今。该属的现生种主要栖息于东洋界的森林地区，中国境内有 *T. macclellandi*、*T. swinhoei* 和 *T. maritimus* 三种（王应祥，2003）。据报道，*Tamiops* 属未定种的化石还发现于安徽繁昌人字洞早更新世地层（金昌柱等，2009）。

该属与欧洲新近纪的 *Blackia* Mein, 1970 在牙齿尺寸、齿冠轮廓、齿尖和齿脊构造上都很相似，特别是两者 P4–M2 都有低弱、完整、近于平行排列的原脊和后脊，原小尖和后小尖都不发育，后凹相对狭窄，下颊齿没有下中尖、外谷向舌前侧凹入、下外脊前内 - 后外向，齿凹釉质层有小褶皱。毫无疑问，如果亚洲 *Tamiops* 的化石在欧洲出现，则有可能被指定为 *Blackia* 属，相反亦然。两者较为明显的差异似乎是 *Blackia* 属齿凹中的釉质层褶皱比 *Tamiops* 更为细密、较为显著（也可能与牙齿的磨蚀程度有关），但以此作为区分这两个属的理由显然不够充分。如果 *Blackia* 属和 *Tamiops* 属为同一类松鼠，将出现 *Blackia* 属在系统分类上的归属问题，因为 *Blackia* 被指定为鼯鼠亚科的飞松鼠，而 *Tamiops* 属无疑为松鼠亚科的树栖松鼠。因此，对于 *Blackia* 属的分类地位，及其与 *Tamiops* 属的系统关系，尚有待进一步的发现和研究。

亚洲花松鼠 ***Tamiops asiaticus* (Qiu, 1981)**

（图 47）

Meinia asiatica：邱铸鼎，1981，228 页；邱铸鼎、孙博，1988，50 页；Qiu et Qiu, 1995, p. 41

正模 SWPM LW 78001，被侧压的骨架，附有左 i1、左 P3–M1 和 M3、左 p4–m2 及右 M3。山东临朐解家河，下中新统山旺组。

归入标本 IVPP V 14407, V 14408，破损的骨架及部分牙齿（山东临朐）。

鉴别特征 一种小个体花松鼠。颊齿的齿尖和齿脊细弱；上臼齿的前边脊长，M1 和 M2 没有原小尖和后小尖，其后脊在接近原尖处不甚收缩；p4–m2 具弱的中附尖；M3 和 m3 明显向后延展。

产地与层位 山东临朐解家河，下中新统山旺组。

评注 邱铸鼎（1981）在记述该种时未注意到其形态与现生花松鼠的高度相似，不

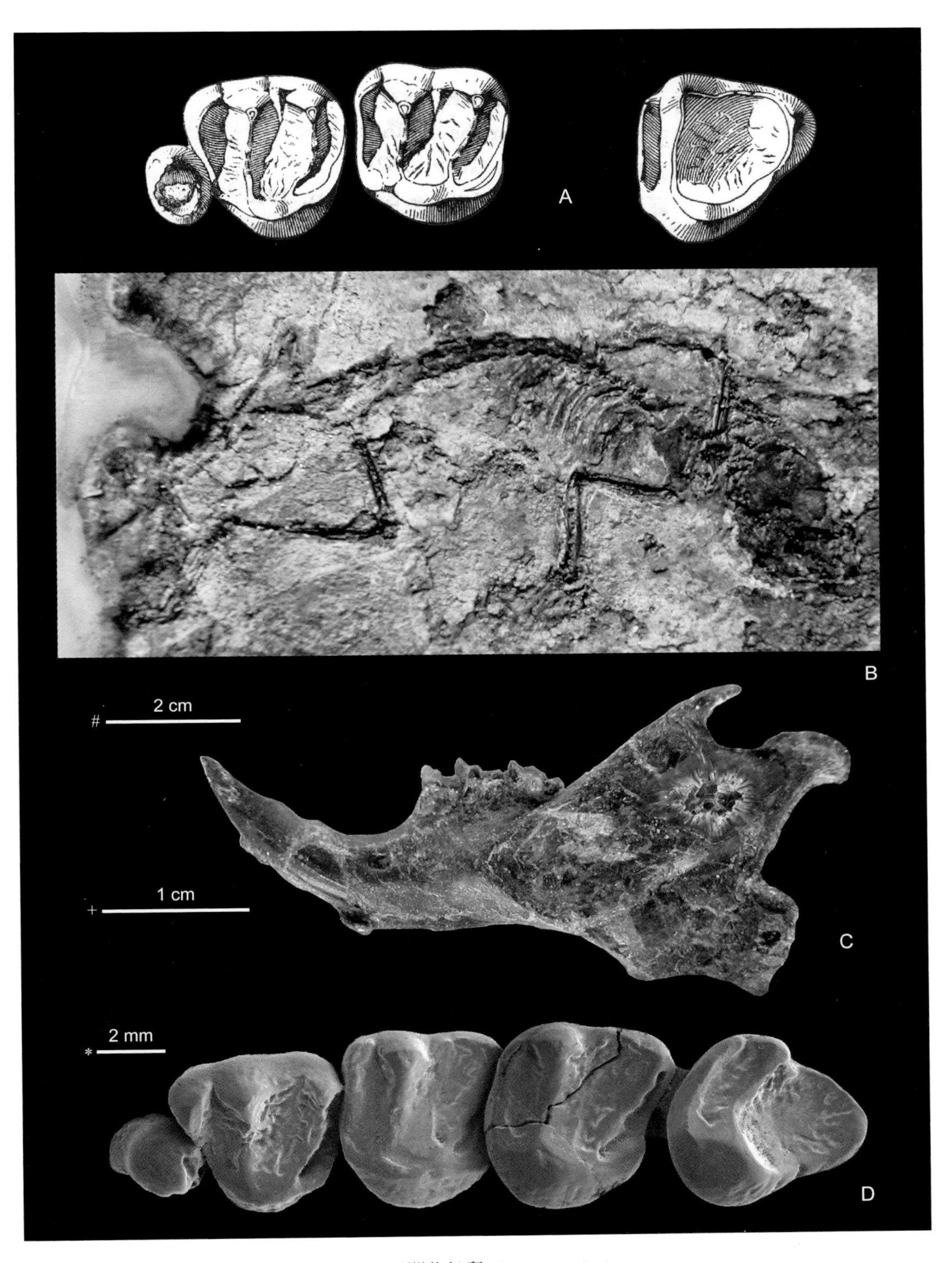

图 47　亚洲花松鼠 *Tamiops asiaticus*

A. 同一个体上的左 P3、P4、M1 和 M3（SWPM LW 78001.3，正模），B–D. 不完整骨架、下颌骨及部分颊齿（IVPP V 14407）（B. 被压碎骨架，C. 左下颌骨，D. 左 P3–M1）：A, D. 冠面视，B. 背侧视，C. 颊侧视；比例尺：* - A, D，# - B，+ - C（引自邱铸鼎，1981；邱铸鼎、阎翠玲，2005）

仅将其指定为 *Meinia* 新属，而且还归入鼯鼠亚科。在更多的地模标本被发现后，该种的归属被重新订正（邱铸鼎、阎翠玲，2005）。因此，“*Meinia*” Qiu, 1981 是 *Tamiops* Allen, 1906 的晚出异名，应予以废弃。

祖花松鼠 *Tamiops atavus* Qiu et Ni, 2006

（图 48）

cf. *Tamiops* sp.：邱铸鼎等，1985，17 页；Qiu, 1988, p. 839

Tamiops sp.：Qiu et Qiu, 1995, p. 63 (part)；邱铸鼎，2002，181 页；Ni et Qiu, 2002, p. 538

正模 IVPP V 13488，左 M1/2。云南元谋雷老（IVPP Loc. 雷老 9906 地点），上中新统小河组。

副模 IVPP V 13489.6–8，颊齿 3 枚。产地与层位同正模。

归入标本 IVPP V 13489.1–5，颊齿 5 枚（云南元谋）。IVPP V 13143，臼齿 5 枚（云南禄丰）。

鉴别特征 中型花松鼠，个体比 *Tamiops asiaticus* 和 *T. minor* 都大。P4–M2 的原脊和后脊完整、近平行排列，无原小尖和后小尖，具有小并与前尖连接的中附尖；M3 明显地向后伸展。m1 和 m2 下内尖和下中附尖显著，两者被一明显的齿缺隔开；m3 不甚向后部伸展。

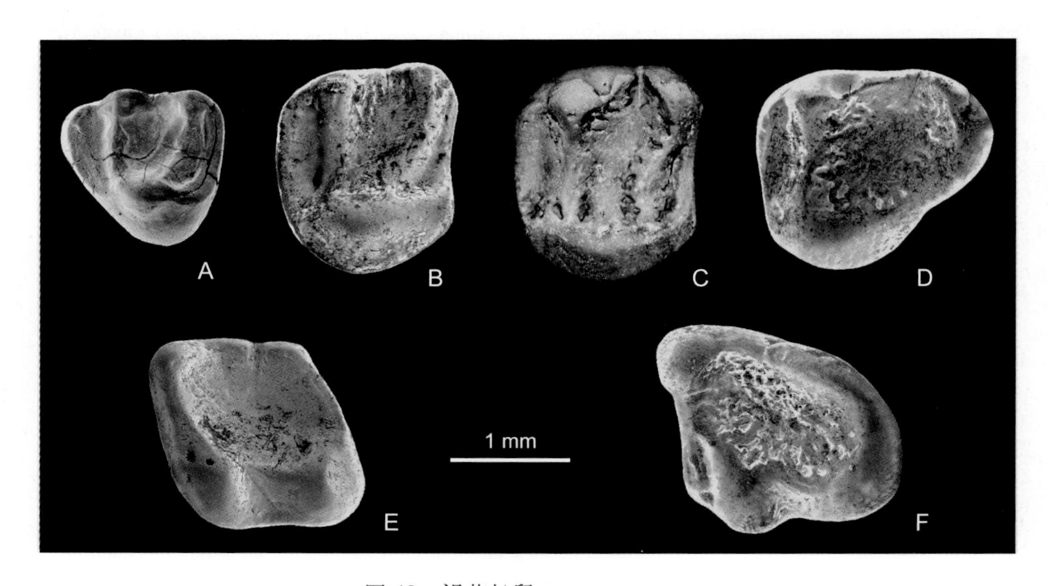

图 48 祖花松鼠 *Tamiops atavus*

A. 右 DP4（V 13489.2，反转），B. 左 M1/2（IVPP V 13489.6），C. 左 M1/2（IVPP V 13488，正模），D. 右 M3（IVPP V 13489.7，反转），E. 左 m1/2（IVPP V 13489.5），F. 右 m3（IVPP V 13489.8，反转）：冠面视（引自邱铸鼎、倪喜军，2006）

产地与层位 云南元谋雷老，上中新统小河组；禄丰石灰坝，上中新统石灰坝组。

评注 原作者将 IVPP V 13489.1–5 指定为副模，因这些标本与正模不是产自相同地点，故改称归入标本。

小花松鼠 *Tamiops minor* Qiu et Li, 2016

（图 49）

Sciuridae indet. 1：Qiu et al., 2013, p. 181

正模 IVPP V 19519，左 M1/2。内蒙古苏尼特左旗巴伦哈拉根，上中新统下部巴伦哈拉根层。

副模 IVPP V 19520.1–6，颊齿 6 枚。产地与层位同正模。

鉴别特征 小型花松鼠，个体比 *Tamiops asiaticus* 和 *T. atavus* 的都小。P4–M2 的原脊和后脊完整、近平行排列，无原小尖和后小尖，中附尖脊形；M3 较少地向后伸展。m1 和 m2 长大于宽，下内尖几乎融入下舌后内脊，无显著的下中附尖，下次尖明显地向颊后侧凸出。

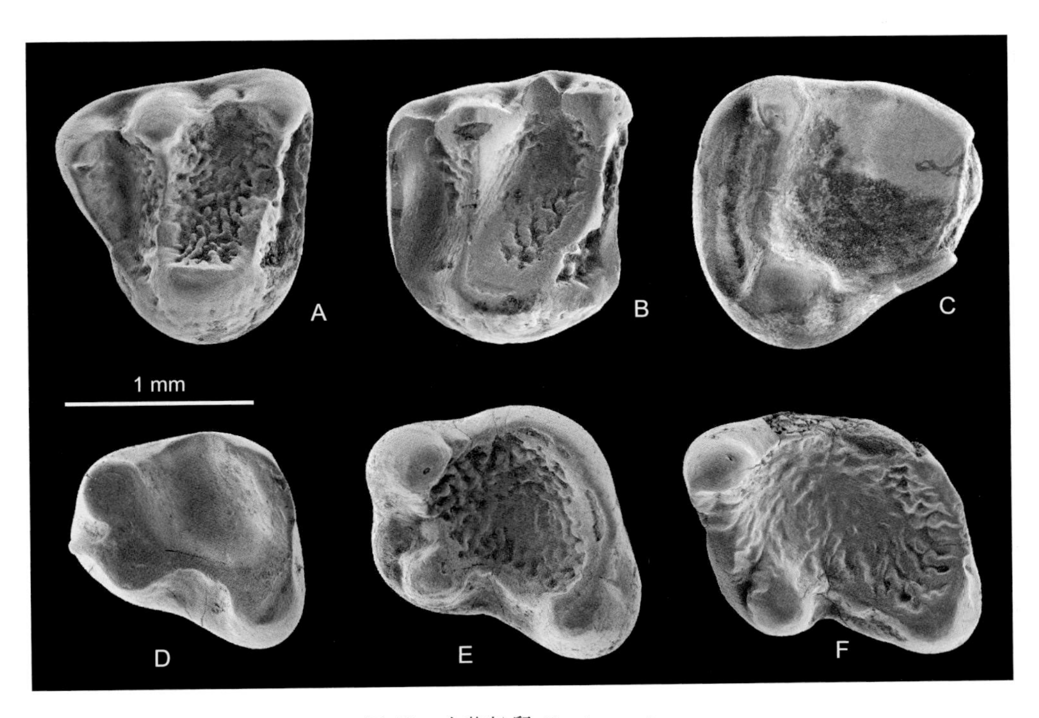

图 49 小花松鼠 *Tamiops minor*

A. 左 P4（IVPP V 19520.1），B. 左 M1/2（IVPP V 19519，正模），C. 左 M3（IVPP V 19520.2），D. 右 p4（IVPP V 19520.3，反转），E. 右 m1/2（IVPP V 19520.4，反转），F. 左 m1/2（IVPP V 19520.5）：冠面视（引自邱铸鼎、李强，2016）

隐纹花松鼠 *Tamiops swinhoei* (Milne-Edwards, 1874)

（图 50）

Tamias asiaticus：Young, 1935, p. 248

?*Tamias asiaticus*：Teilhard de Chardin, 1942, p. 26

正模 现生标本，未指定。四川宝兴穆坪。

归入标本 IVPP V 9619，破碎的下颌骨 5 件，颊齿 45 枚（川黔地区）。FJM FJV.0114–0117，颊齿 13 枚（重庆奉节）。NWU V 1206，残破下颌骨 1 件，臼齿 3 枚（陕西洛南）。

鉴别特征 较大型花松鼠，个体比中新世的种类都大。P4–M2 的原脊和后脊完整、不甚平行排列，而且后脊在接近原尖处明显收缩，无原小尖和清楚的后小尖，也无中附

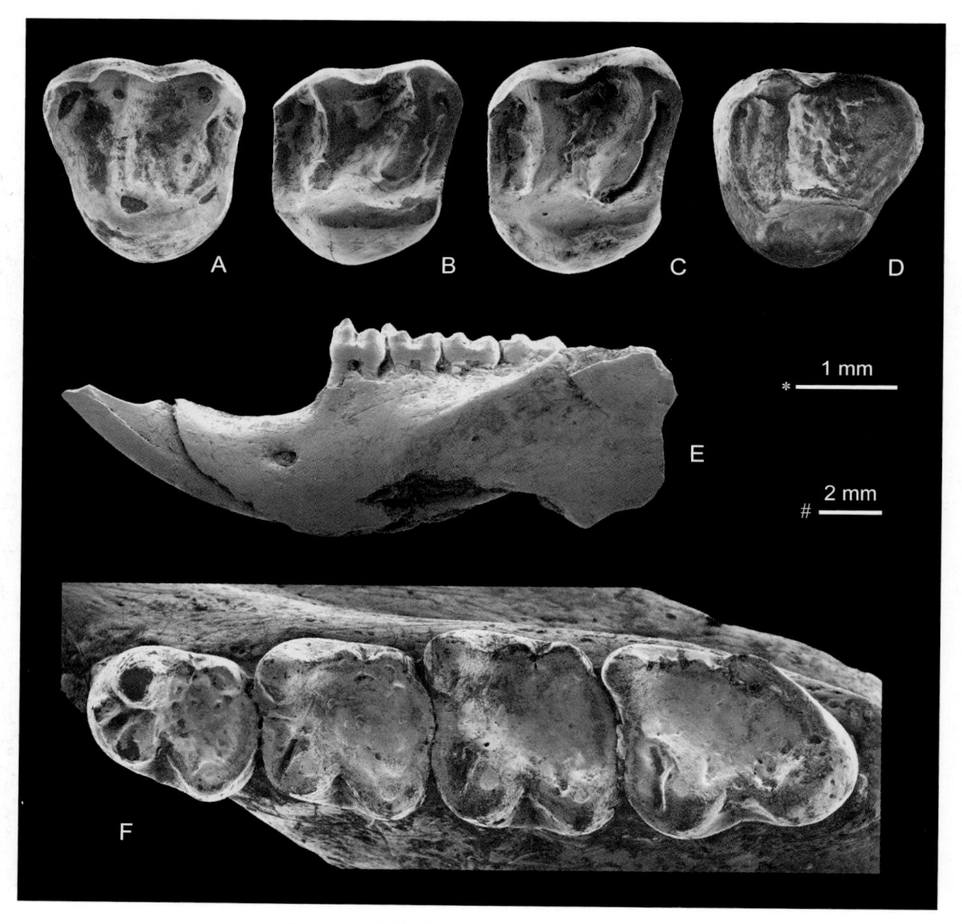

图 50 隐纹花松鼠 *Tamiops swinhoei*

A. 左 P4（IVPP V 9619.7），B. 右 M1/2（IVPP V 9619.8，反转），C. 右 M1/2（IVPP V 9619.14，反转），D. 右 M3 （IVPP V 9619.20，反转），E, F. 附有 p4–m3 的破损左下颌骨（IVPP V 9619.1）：A–D, F. 冠面视，E. 颊侧视；比例尺：* - A–D, F，# - E

尖；M3 适度向后伸展。m1 和 m2 下内尖和下中附尖显著，两者间有稍高的齿脊相连；m3 明显向后部延伸。

产地与层位 重庆巫山龙骨坡、陕西洛南龙牙洞，下更新统；重庆万县[①]盐井沟、奉节天坑地缝，贵州普定穿洞、桐梓岩灰洞，中更新统。

评注 该种为现生树松鼠，化石发现于川黔地区，材料由郑绍华（1993）、薛祥煦等（1999）、黄万波等（2002）研究。

丽松鼠属 Genus *Callosciurus* Gray, 1867

模式种 赤腹松鼠 *Sciurus rafflesii* Vigors et Horsfield, 1867 = *Callosciurus rafflesii* (Vigors et Horsfield, 1867)

鉴别特征 个体通常比 *Sciurus* 属的小，但明显比 *Tamiops* 属的大。吻部短，颅部宽大，眶后突发达。下门齿尖端在颊齿列磨蚀面之上；齿虚位短。颊齿的宽度相对较大，边角浑圆，齿尖粗钝，齿脊低。P4–M2 的原尖前后向伸长，原脊和后脊通常完整，略向原尖会聚，后脊在接近原尖处稍收缩；无原小尖、无明显的后小尖和中附尖；前凹明显比后凹宽阔。p4–m2 的下内尖轮廓不甚分明，较明显地融入下舌后内脊，下内尖角区近弧形，通常无下中尖和下中附尖，下外脊前内 - 后外向，外谷浅、向舌前侧凹入；m3 明显向后延伸。齿凹中的釉质层在牙齿磨蚀初期凹凸不平。

中国已知种 化石仅 *Callosciurus erythraeus* 一种。

分布与时代 云南，晚中新世；安徽、陕西，早更新世；重庆，中更新世—晚更新世；海南，全新世。

评注 *Callosciurus* 为一现生属，现生种分布于东洋界的森林地区，中国境内有 *C. erythraeus* 和 *C. caniceps* 等 7 种（王应祥，2003）。化石的最早记录见于云南禄丰和元谋的晚中新世地层，但材料不多，被指定为未定种（见邱铸鼎等，1985；Qiu, 1988；Qiu et Qiu, 1995；邱铸鼎，2002；Ni et Qiu, 2002；邱铸鼎、倪喜军，2006）。此外，该属未定种的化石还报道发现于安徽繁昌的早更新世地层，但至少其中的 M1/2（IVPP V 13979.2）似乎更可能属于 *Sciurotamias* 者（见金昌柱等，2009）。

赤腹丽松鼠 *Callosciurus erythraeus* (Pallas, 1779)

（图 51）

Callosciurus cf. *erythraeus*：郑绍华，1993，13 页

① 万县今称万州。因系著名化石产地，本书沿用史料所称。

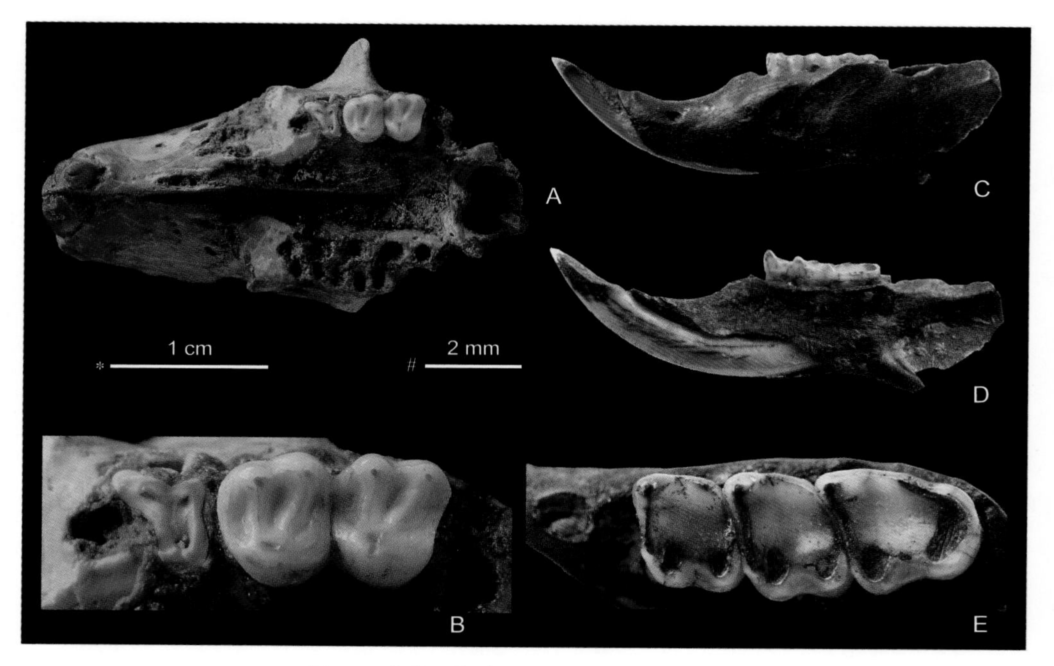

图 51　赤腹丽松鼠 *Callosciurus erythraeus*

A, B. 附有门齿、左 M1 和 M2 的破损头骨（HNM HV 00118），C–E. 附有 m1–m3 的破损左下颌骨（IVPP V 9614）：A. 腹面视，B, E. 冠面视，C. 颊侧视，D. 舌侧视（反转）；比例尺：* - A, C, D，# - B, E

正模　现生标本，未指定。四川宝兴穆坪。

归入标本　IVPP V 9614，一件破碎的下颌骨附 m1–3（重庆万县）。WSM LIPAN V 162–170，颊齿 9 枚（重庆巫山）。HNM HV 00115–00129，破碎的头骨及下颌骨 15 件（海南三亚）。

鉴别特征　臼齿的齿尖粗钝；P4–M2 具有弱的中附尖，原脊和后脊完整、略向原尖会聚，后脊在接近原尖处明显收缩，有稍清楚的中附尖，中凹比前凹和后凹都明显宽阔；p4–m2 的下内尖几乎融入下舌后内脊，下内尖角区弧形，无下中尖和下中附尖。

产地与层位　重庆万县平坝，中更新统；巫山迷宫洞，上更新统。海南三亚落笔洞，全新统。

评注　*Callosciurus erythraeus* 为现生树松鼠，化石发现于重庆万县、巫山和海南三亚的中更新世至全新世（郑绍华，1993；郝思德、黄万波，1998；黄万波等，2000）。其相似种报道于陕西洛南龙牙洞的下更新统（薛祥煦等，1999）。

长吻松鼠属 Genus *Dremomys* Heude, 1898

模式种　珀氏长吻松鼠 *Sciurus pernyi* Milne-Edwards, 1822 = *Dremomys pernyi* (Milne-Edwards, 1822)

鉴别特征 中型大小松鼠，个体比 *Tamiops* 属大。吻部长，颅部圆凸，眶后突小而下弯。下门齿尖端在颊齿列磨蚀面之上；齿虚位短。颊齿的宽度相对较小，齿尖比齿脊粗壮，齿尖相对低；M1 和 M2 原尖的位置偏前，原脊和后脊完整、近平行排列，无原小尖和后小尖，后尖明显比前尖向颊侧凸出，前尖与后尖间有低脊连接，但其间无明显的中附尖，后边脊与原尖的连接处明显肿胀，但未形成独立的次尖；m1 和 m2 无下中尖，通常具有弱的下内尖和下中附尖，下内尖角区折角形，外谷窄、向舌前侧凹入，外脊倾斜而弱；m3 明显向后扩伸。

中国已知种 仅有 *Dremomys primitivus* 和 *D.* cf. *D. pernyi* 两个化石种。

分布与时代 云南，晚中新世；安徽，早更新世；重庆，早—中更新世；贵州，中更新世。

评注 *Dremomys* 为一现生属，现生种分布于东洋区的森林或森林—丛林地区，中国境内有 *D. lokriah* 和 *D. ryfigenis* 等 5 种（王应祥，2003）。化石的最早记录见于云南禄丰和元谋的晚中新世地层（邱铸鼎，2002；邱铸鼎、倪喜军，2006）；化石的未定种还报道被发现于安徽繁昌和重庆奉节的下或中更新统（金昌柱等，2009；黄万波等，2002）。

原始长吻松鼠 *Dremomys primitivus* Qiu, 2002

（图 52）

cf. *Dremomys* sp.：邱铸鼎等，1985，17 页；Qiu, 1988, p. 839

Dremomys sp.：Qiu et Qiu, 1995, p. 63；Ni et Qiu, 2002, p. 538 (part)

正模 IVPP V 13145，右 M1/2。云南禄丰石灰坝（IVPP Loc. 禄丰 L.V 地点），上中新统石灰坝组。

副模 IVPP V 13146.9–15，颊齿 7 枚。产地与层位同正模。

归入标本 IVPP V 13146.1–8, 16–19，颊齿 12 枚（云南禄丰）。IVPP V 13491，颊齿 40 枚（云南元谋）。

鉴别特征 个体与现生种 *Dremomys gularis* 的接近，但齿脊和齿尖相对较弱。M1 和 M2 原尖和后尖的颊侧壁陡直，无后小尖和原小脊；m1 和 m2 的下内尖醒目，下内尖角区角状。

产地与层位 云南禄丰石灰坝，上中新统石灰坝组；元谋雷老，上中新统小河组。

评注 原作者将 IVPP V 13146.1–8, 16–19 标本指定为副模，因其与正模不是产自相同的地点，故改称归入标本。

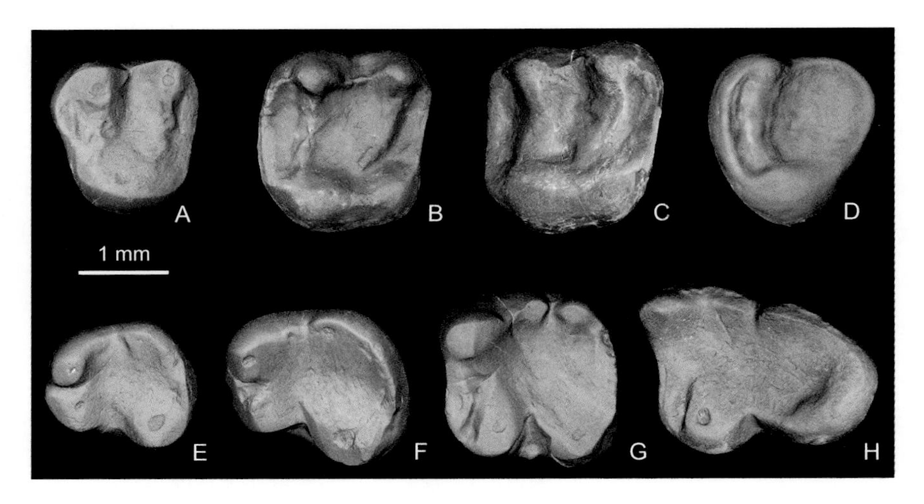

图 52　原始长吻松鼠 *Dremomys primitivus*

A. 右 DP4/P4（IVPP V 13146.4，反转），B. 右 M1/2（IVPP V 13145，正模，反转），C. 左 M1/2（IVPP V 13146.16），D. 右 M3（IVPP V 13146.13，反转），E. 右 dp4（IVPP V 13146.6，反转），F. 左 p4（IVPP V 13146.19），G. 左 m1/2（IVPP V 13146.18），H. 右 m3（IVPP V 13146.7，反转）：冠面视（引自邱铸鼎，2002）

珀氏长吻松鼠（相似种） *Dremomys* cf. *D. pernyi* (Milne-Edwards, 1822)

（图 53）

发现于重庆巫山龙骨坡下更新统、贵州普定穿洞和桐梓岩灰洞中更新统的 11 枚颊齿

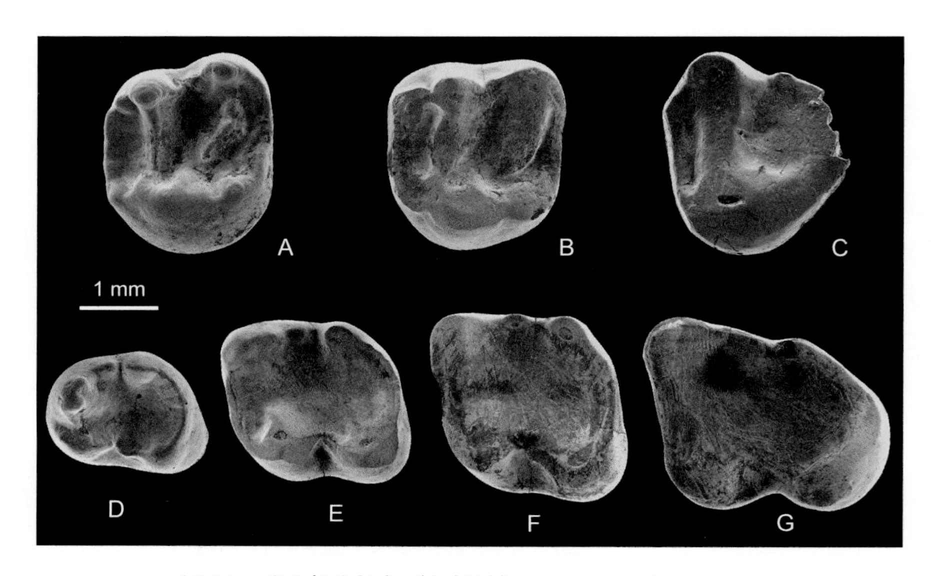

图 53　珀氏长吻松鼠（相似种） *Dremomys* cf. *D. pernyi*

A. 左 M1/2（IVPP V 9613.2），B. 左 M1/2（IVPP V 9613.1），C. 左 M3（IVPP V 9613.4），D. 右 dp4（IVPP V 9613.5，反转），E. 右 m1/2（IVPP V 9613.7，反转），F. 左 m1/2（IVPP V 9613.9），G. 左 m3（IVPP V 9613.11）：冠面视

（IVPP V 9613.1–11），标本的尺寸较小，与现生的橙腹长吻松鼠（*Dremomys lokriah*）和珀氏长吻松鼠（*D. pernyi*）的接近。在 M3 不甚向后扩张、m1 无任何下中尖的痕迹、跟凹釉质层不褶皱方面与珀氏长吻松鼠更相似，但其 M1 和 M2 中常见短的原小脊，M2 偶见中附尖，m1 的下后脊弱而无下三角座凹，因而被黄万波等（1991）和郑绍华（1993）指定为 *D. pernyi* 的相似种。

旱松鼠族 Tribe Xerini Murray, 1866

一类出现于古北区干旱地带的地松鼠，最早出现于渐新世，残存至今的现生属种分布于北非和中亚局部的荒漠地区。该族的牙齿多少单面高冠，齿脊显著。P4–M2 的后脊短，通常与原尖隔开，后小尖强大；M3 常有残留的后脊和后小尖。下臼齿有连接下内尖和下次尖或下后边脊的下内脊，少有下中尖，下外谷狭窄。

Xerini 族化石在中国除 *Atlantoxerus* 属外，尚有报道发现于新疆的 *Heteroxerus* 属，但尚未见后者有稍详细的描述。*Atlantoxerus* 属和 *Heteroxerus* 属的牙齿形态和构造相似。一般而言，两者的主要区别是前者牙齿尺寸较大，下颊齿的颊侧通常没有前齿带，但随着前者个体较小种和后者较大种的发现，两属的界限变得不是很清楚。

阿特拉旱松鼠属 Genus *Atlantoxerus* Forsyth Major, 1893

模式种 北非地松鼠 *Sciurus getulus* Linnaeus, 1758=*Atlantoxerus getulus* (Linnaeus, 1758)

鉴别特征 牙齿形态与 *Heteroxerus* 属的相似，但个体较大。上门齿背缘常有沟；颊齿多少单面高冠，齿尖强大，齿脊显著。P4–M2 的后脊短，通常与原尖隔开，常有发育程度不同的次尖，偶见极弱的原小尖，几乎总有发育的后小尖；下颊齿具下内脊，少见下中尖，下外谷狭窄，颊侧通常没有前齿带。

中国已知种 *Atlantoxerus exilis*, *A. giganteus*, *A. junggarensis*, *A. major*, *A. orientalis*，共 5 种。

分布与时代 青海，早中新世；新疆，早中新世—中中新世；内蒙古，早中新世—晚中新世；甘肃，晚中新世—早上新世。

评注 该属的现生种在中国境内已经绝迹，化石分布于蒙新高原地区，主要发现于早中新世—中中新世地层。除上述种外，该属的未定种还发现于内蒙古早中新世—中中新世地层，甚至是甘肃灵台的晚中新世—早上新世地层，但未见后者的详细描述（张兆群、郑绍华，2000；郑绍华、张兆群，2001；Qiu et al., 2013）。

细弱阿特拉旱松鼠 *Atlantoxerus exilis* Qiu et Li, 2016

（图 54）

Sciurid sp.：李传夔、邱铸鼎，1980，201 页

Atlantoxerus sp.：Qiu et Qiu, 1995, p. 61；Qiu et al., 2013, p. 177 (part)

正模　IVPP V 19524，左 M1/2。内蒙古苏尼特左旗敖尔班（下）（IVPP Loc. IM 0407 地点），下中新统敖尔班组下段。

副模　IVPP V 19525.1–3，颊齿 3 枚。产地与层位同正模。

归入标本　IVPP V 5989，臼齿 1 枚（青海西宁）。IVPP V 19526–19529，破碎的下颌骨 1 件，颊齿 13 枚（内蒙古中部地区）。

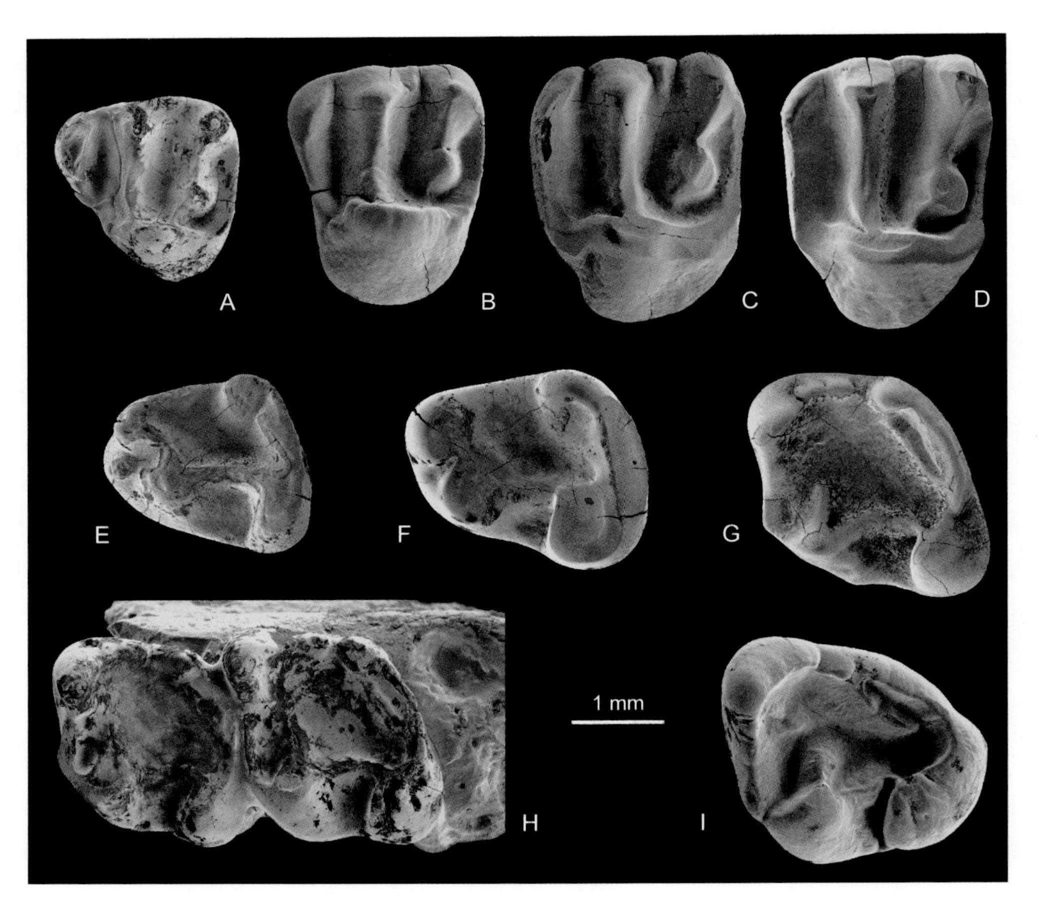

图 54　细弱阿特拉旱松鼠 *Atlantoxerus exilis*

A. 左 DP4（IVPP V 19527.1），B. 左 P4（IVPP V 19525.1），C. 左 M1/2（IVPP V 19524，正模），D. 右 M1/2（IVPP V 19525.2，反转），E. 右 dp4（IVPP V 19529.1，反转），F. 右 p4（IVPP V 19528.1，反转），G. 右 m1/2（IVPP V 19526，反转），H. 附有 m1 和 m2 的左下颌骨碎块（IVPP V 19527.2），I. 左 m3（IVPP V 19528.2，反转）：冠面视（引自邱铸鼎、李强，2016）

鉴别特征 颊齿中等大小，齿冠相对较低，略显单面高冠，齿尖和齿脊适度强壮。P4–M2 的原尖锐利，前后向伸长不明显；次尖不清楚；具有小的中附尖；后小尖显著，但比后尖小或近等大，与后边脊分离并多与原尖隔开。下臼齿的下次小尖不明显，下内脊低弱，下外脊强大、直或后内向弯曲；m1/2 的下后脊发育，常伸达下后尖，下内脊与下后边脊连接；m3 的下后脊横向，伸向跟座凹，下内脊不与下后边脊相连。

产地与层位 青海湟中田家寨，下中新统谢家组。内蒙古苏尼特左旗敖尔班（下、上）、嘎顺音阿得格，下中新统敖尔班组；苏尼特左旗巴伦哈拉根，上中新统巴伦哈拉根层。

巨大阿特拉旱松鼠 *Atlantoxerus giganteus* Wu, 1988

（图 55）

正模 IVPP V 8106，右 P4。新疆富蕴铁尔斯哈巴合（IVPP Loc. XJ 82513 地点），下中新统—中中新统哈拉玛盖组。

鉴别特征 *Atlantoxerus* 属的最大种。P4 次尖不明显，原小尖较发育，后小尖以小脊与原小尖和后边脊相连，中附尖小。

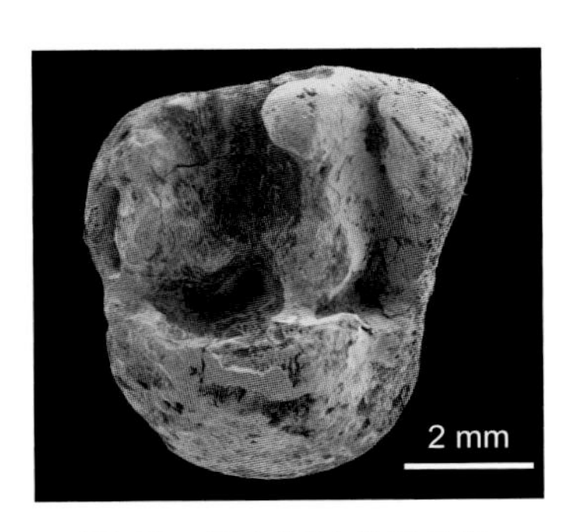

图 55 巨大阿特拉旱松鼠 *Atlantoxerus giganteus* 右 P4（IVPP V 8106，正模）：冠面视

准噶尔阿特拉旱松鼠 *Atlantoxerus junggarensis* Wu, 1988

（图 56）

正模 IVPP V 8105.1，左 P4。新疆富蕴铁尔斯哈巴合（IVPP Loc. XJ 82513 地点），下中新统—中中新统哈拉玛盖组。

副模 IVPP V 8105.2–4，臼齿 3 枚。产地与层位同正模。

归入标本 IVPP V 16126–16131，破碎的头骨和下颌骨各一件，颊齿 40 枚（新疆准噶尔盆地）。

鉴别特征 牙齿个体大，尺寸仅次于 *Atlantoxerus giganteus*。P4 次尖和原小尖不很发育，后小尖不与原小尖和后边脊相连，中附尖小；下臼齿无下前边尖，下后脊不与下后尖连接，下内脊发育、连接下内尖和下次小尖，下外脊强壮；m3 的长度和宽度近等。

产地与层位 新疆富蕴铁尔斯哈巴合 (82513 地点)，下中新统—中中新统哈拉玛盖组。

评注 迄今，该种仅发现于新疆准噶尔盆地的下中新统或中中新统。建名时将材料指定了正模和归入标本，这些材料都采自同一地点和层位，其归入标本被视为副模。魏涌澎（2010）在后来对新疆准噶尔地区阿特拉旱松鼠的研究中，又增加了该种数量可观的归入标本。

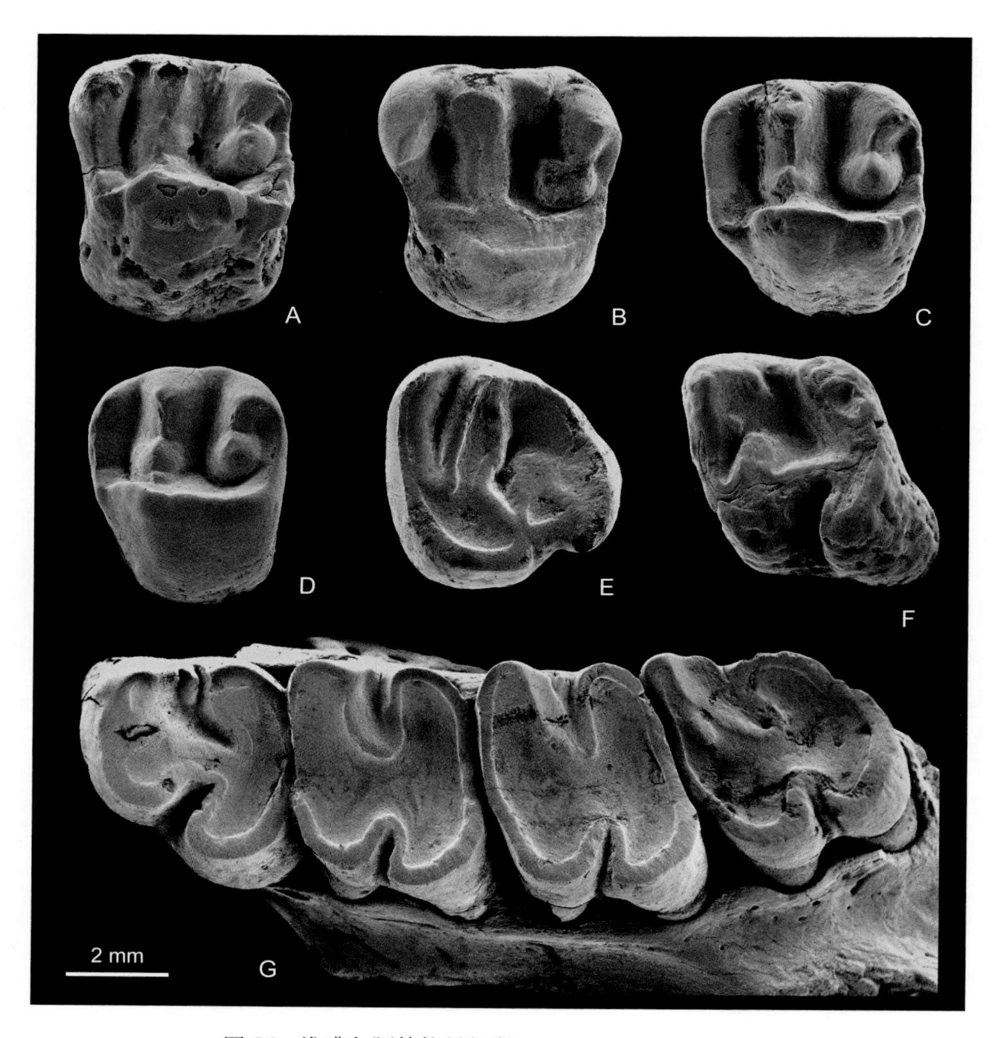

图 56　准噶尔阿特拉旱松鼠 *Atlantoxerus junggarensis*

A. 左 DP4（IVPP V 16127.1），B. 左 P4（IVPP V 8105.1，正模），C. 左 M1/2（IVPP V 16127.8），D. 右 M1/2（IVPP V 16127.12，反转），E. 左 M3（IVPP V 16126），F. 右 m1/2（IVPP V 8105.2，反转），G. 附 p4–m3 的破损左下颌骨（IVPP V 16126）：冠面视

大阿特拉旱松鼠 *Atlantoxerus major* Qiu et Li, 2016

（图 57）

Atlantoxerus sp.：Qiu et al., 2013, p. 178, 181 (part)

正模　IVPP V 19530，右 M1/2。内蒙古苏尼特左旗敖尔班（上）（IVPP Loc. IM 0772 地点），下中新统敖尔班组上段。

副模　IVPP V 19531.1–7，颊齿 7 枚。产地与层位同正模。

归入标本　IVPP V 19532, V 19533，颊齿 6 枚（内蒙古中部地区）。

鉴别特征 个体较大的阿特拉旱松鼠，颊齿中度单面高冠。P4–M2 的原尖脊形、前后向拉长，次尖弱小或不清楚，无中附尖，有显著、近与后尖等大、与原尖和后边脊都分离的后小尖；M1/2 前凹比中凹宽阔；M3 具很小的原小尖，有显著的后小尖和弱的后脊。下颊齿有小的下内尖，低、弱并与下后边脊连接的下内脊；m1/2 具有小的下中附尖，下外脊的基部肿胀形成显著的类中尖，下后脊发育、常伸达下后尖。

产地与层位 内蒙古苏尼特左旗敖尔班（上）、嘎顺音阿得格，下中新统敖尔班组；巴伦哈拉根，上中新统巴伦哈拉根层。

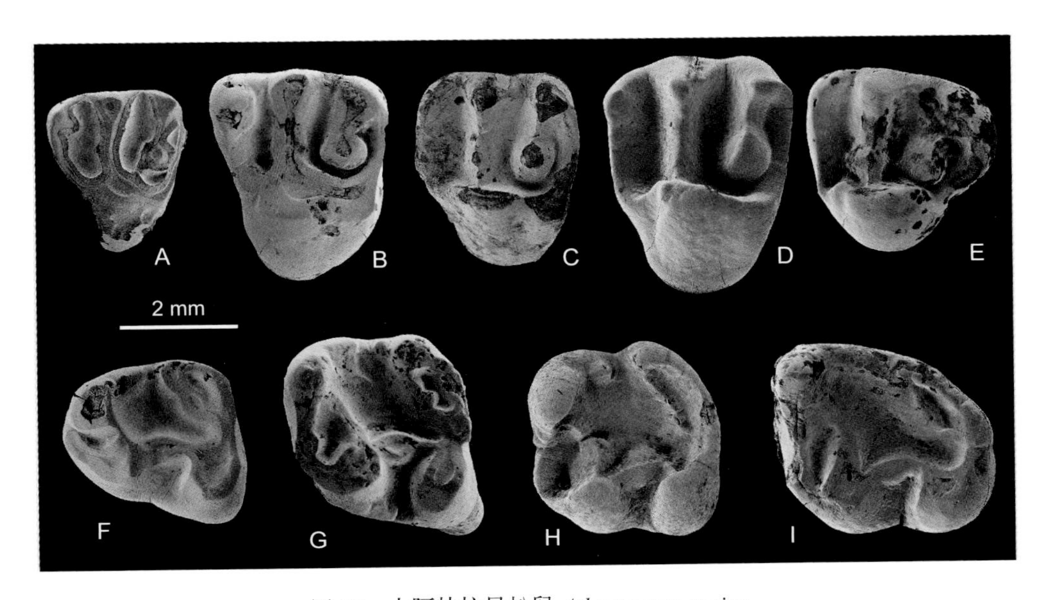

图 57 大阿特拉旱松鼠 *Atlantoxerus major*

A. 左 DP4（IVPP V 19531.1），B. 左 P4（IVPP V 19533.1），C. 右 M1/2（IVPP V 19531.2，反转），D. 右 M1/2（IVPP V 19530，正模，反转），E. 右 M3（IVPP V 19531.3，反转），F. 右 p4（IVPP V 19531.4，反转），G. 左 m1/2（IVPP V 19533.2），H. 右 m1/2（IVPP V 19533.3，反转），I. 右 m3（IVPP V 19531.5，反转）：冠面视（引自邱铸鼎、李强，2016）

东方阿特拉旱松鼠 *Atlantoxerus orientalis* Qiu, 1996

（图 58）

Atlantoxerus sp.：Qiu et al., 1988, p. 401；Qiu, 1988, p. 834；Qiu et Qiu, 1995, p. 62；Qiu et al., 2013, p. 181, 183

Atlantoxerus xiyuensis：魏涌澎，2010，225 页

正模 IVPP V 10353，右 M1/2。内蒙古苏尼特左旗默尔根，中中新统通古尔组。

副模 IVPP V 10354.1–9，颊齿 9 枚。产地与层位同正模。

归入标本 IVPP V 16132, V 16133, V 16135，颊齿 8 枚（新疆准噶尔盆地）。IVPP V

19521–19523，颊齿 60 枚（内蒙古中部地区）。

鉴别特征 个体中等大小，臼齿明显单面高冠。P4–M2 有小的中附尖，常有比后尖大、并与后边脊紧靠或连接而多与原尖分开的后小尖；M3 具后脊，弱的原小尖和明显的后小尖。下臼齿的下次小尖不明显，下后脊未伸达下后尖，下内脊发育，与下后边脊连接；下外脊强大，后内向弯曲。

产地与层位 内蒙古苏尼特左旗默尔根、苏尼特右旗 346 地点，中中新统通古尔组；苏尼特左旗巴伦哈拉根、必鲁图，上中新统。新疆富蕴铁尔斯哈巴合，下中新统—中中新统哈拉玛盖组。

评注 建名时指定的归入标本（见邱铸鼎，1996），因与正模采自通古尔地区同一地点和层位，可视为副模。该种的材料后来在内蒙古地区有所增加（邱铸鼎、李强，2016）。魏涌澎（2010）描述的新疆准噶尔的 *Atlantoxerus xiyuensis* 被认为与该种为同物异名。

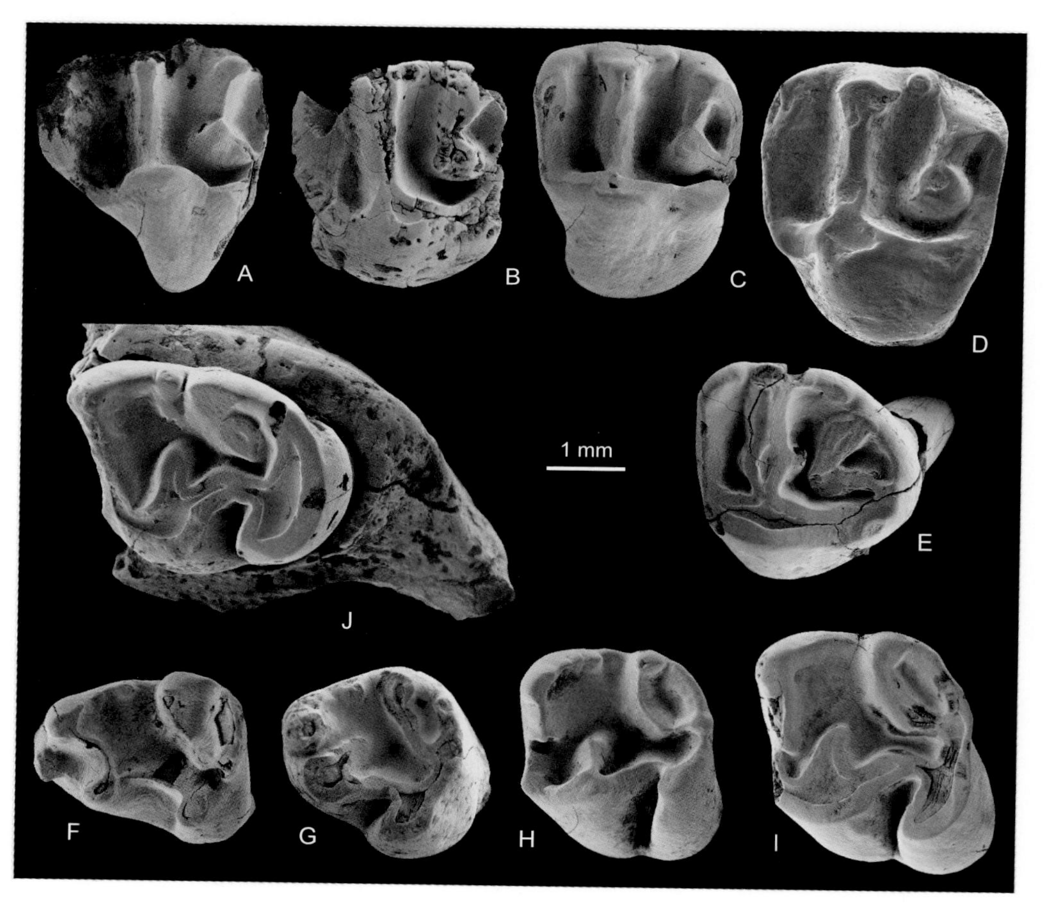

图 58 东方阿特拉旱松鼠 *Atlantoxerus orientalis*

A. 左 DP4（IVPP V 19521.1），B. 左 P4（IVPP V 19522.1），C. 左 M1/2（IVPP V 19521.2），D. 右 M1/2（IVPP V 10353，正模，反转），E. 左 M3（IVPP V 19522.3），F. 右 dp4（IVPP V 19521.3，反转），G. 右 p4（IVPP V 19522.4，反转），H. 右 m1/2（IVPP V 19522.5，反转），I. 右 m1/2（IVPP V 19521.4，反转），J. 右 m3（IVPP V 19521.5，反转）：冠面视（除 D 外均引自邱铸鼎、李强，2016）

旱獭族 Tribe Marmotini Pocock, 1923

一类分布于新、旧大陆的地栖松鼠。颅部平至中度凸起，额面宽度比树松鼠族的窄；眶下孔卵圆形至三角形，腹部或腹侧有非常发育的咬肌结节；下颌骨齿虚位长而浅，前端与颊齿齿槽缘面持平或在其上。颊齿齿冠比树松鼠族的高，齿脊相对显著；上臼齿次方形至三角形，具明显的后小尖，后脊在接近原尖处不同程度地收缩；p4–m2 的下内尖融入后内脊，下内尖角区通常圆弧形；m1 和 m2 似菱形，舌侧比颊侧收缩。肢骨比树松鼠的相对粗壮。

中华花鼠属 Genus *Sinotamias* Qiu, 1991

模式种 厚重中华花鼠 *Sinotamias gravis* Qiu, 1991

鉴别特征 牙齿构造大体与 *Prospermophilus* 和 *Sciurotamias* 的相似，但个体比 *Prospermophilus* 大，颊齿的齿尖和齿脊相对粗壮。上臼齿原尖稍前后向伸长，原脊完整，后脊在接近原尖处收缩；M1 和 M2 的原脊和后脊向原尖会聚，无原小尖，后小尖不特别显著，中附尖不发育；下臼齿下内尖融入下舌后内脊，下中尖和下中附尖极弱或缺失，下外脊明显、后内向弯曲，下前边脊与下原尖连接，下内尖角区圆弧形，下三角座凹位置低，外谷窄、掠向舌后侧。

中国已知种 *Sinotamias gravis, S. mimutus, S. primitivus*，共 3 种。

分布与时代 内蒙古，中中新世—上新世；青海，晚中新世；甘肃，晚中新世—上新世；山西，上新世。

评注 该属的未定种还发现于青海德令哈的晚中新世地层，山西榆社和甘肃灵台的上新世地层，但未见有甘肃灵台标本的详细描述（郑绍华、张兆群，2001；Qiu et Li, 2008；Qiu, 2017b）。

厚重中华花鼠 *Sinotamias gravis* Qiu, 1991

（图 59）

Spermophilinus group sp.：Fahlbusch et al., 1983, p. 212；Qiu, 1988, p. 838

Atlantoxerus sp.：Qiu et Storch, 2000, p. 185 (part)

Sciurotamias sp.：Li et al., 2003, p. 108

Sinotamias sp.：Qiu et al., 2006, p. 181；Qiu et al., 2013, p. 182

正模 IVPP V 8767，右 M1/2。内蒙古化德二登图 2，上中新统二登图组。

副模　IVPP V 8768.1–33，颊齿 33 枚。产地与层位同正模。

归入标本　IVPP V 19541–19544，颊齿 12 枚（内蒙古中部地区）。

鉴别特征　个体较大种。颊齿的齿尖和齿脊相对粗壮；m1 和 m2 的下外脊后内向弯曲，无下中尖，外谷明显地舌后向延伸。

产地与层位　内蒙古苏尼特右旗沙拉，上中新统；化德二登图、哈尔鄂博，上中新统二登图组—？下上新统；化德比例克、阿巴嘎旗高特格，下上新统。

评注　Qiu 和 Storch（2000）记述采自内蒙古化德比例克地点的“*Atlantoxerus* sp.”，材料少而破损，邱铸鼎和李强（2016）认为这些标本不具阿特拉旱松鼠属的特征，尺寸和形态与高特格 *Sinotamias* 标本很相似，并将其归入了 *S. gravis*。建名时采自二登图 2 的归入标本可视为该种的副模。

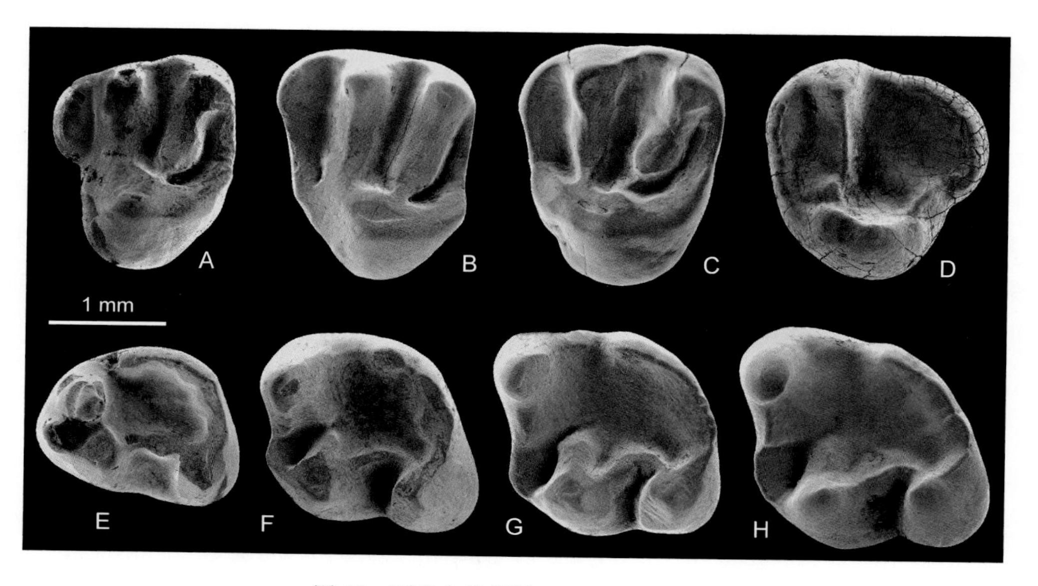

图 59　厚重中华花鼠 *Sinotamias gravis*

A. 右 P4（IVPP V 8768.3，反转），B. 右 M1/2（IVPP V 8767，正模，反转），C. 右 M1/2（IVPP V 19541.2，反转），D. 左 M3（IVPP V 8768.22），E. 右 p4（IVPP V 19541.4，反转），F. 左 m1/2（IVPP V 8768.7），G. 右 m1/2（IVPP V 8768.1，反转），H. 右 m3（IVPP V 8768.29，反转）：冠面视

小中华花鼠 *Sinotamias minutus* (Zheng et Li, 1982)

（图 60）

Spermophilinus minutus：郑绍华、李毅，1982，38 页

正模　IVPP V 6280，右 m2–3。甘肃天祝松山，上中新统。

副模　IVPP V 6281，一右 m1/2；V 6281.1，一右 m3。产地与层位同正模。

鉴别特征 颊齿尺寸与 *Sinotamias gravis* 的接近，但齿尖和齿脊较弱；m2 和 m3 的下外脊粗壮，并有形成下中尖的趋向，外谷后内向延伸不很强烈。

评注 该种的材料很少，最初郑绍华和李毅（1982）将其归入 *Spermophilinus* 属，由于标本中的下前边脊与下原尖在高处紧密连接，下外脊粗壮、后内向，下外谷舌后向掠伸，形态有悖于 *Spermophilinus* 属的特征，被 Qiu（1991）归入 *Sinotamias* 属。但其 m2 和 m3 的下外脊粗壮，不很后内向弯曲，并有形成下中尖的趋向，这些特征与属型种 *S. gravis* 有较明显的差异，因此归入 *Sinotamias* 属仍有待更多材料的发现证实。建名时把正模外的标本指定为其他标本，因都系采自相同地点和层位，可视为该种的副模。

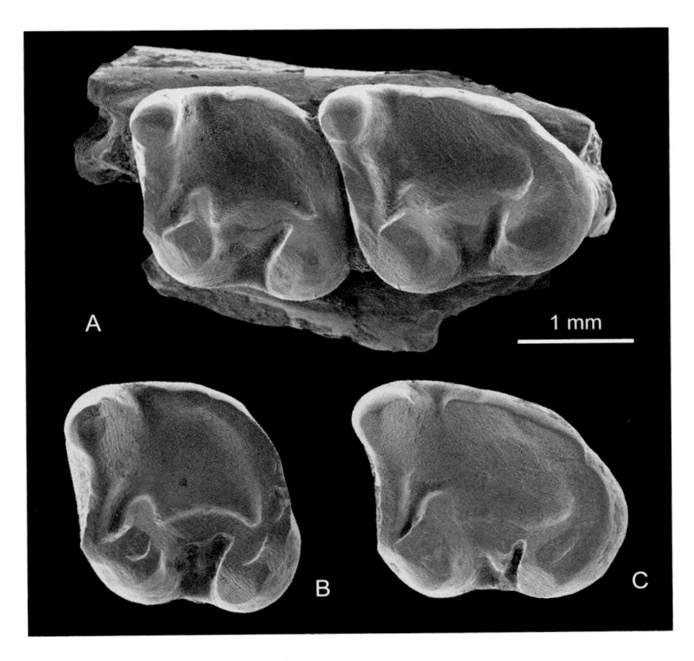

图 60 小中华花鼠 *Sinotamias minutus*

A. 附有 m2 和 m3 的右下颌骨碎块（IVPP V 6280，正模，反转），B. 右 m1/2（IVPP V 6281，反转），C. 右 m3（IVPP V 6281.1，反转）：冠面视

原始中华花鼠 *Sinotamias primitivus* Qiu, 1996

（图 61）

Spermophilinus group sp.：Qiu et al., 1988, p. 401；Qiu, 1988, p. 834

Eutamias cf. *E. ertemtensis*：邱铸鼎，1996，38 页（部分）

正模 IVPP V 10351，左 M1/2。内蒙古苏尼特左旗默尔根，中中新统通古尔组。

副模 IVPP V 10352.1–13，颊齿 13 枚。产地与层位同正模。

归入标本 IVPP V 19540，颊齿 5 枚（内蒙古中部地区）。

鉴别特征 颊齿构造与 *Sinotamias gravis* 的相似，但尺寸稍小，齿尖和齿脊较弱；下臼齿具前齿带，外谷后内向延伸不甚强烈。

产地与层位 内蒙古苏尼特左旗默尔根，中中新统通古尔组；巴伦哈拉根，上中新统巴伦哈拉根层。

评注 建名时指定的归入标本，系采自通古尔默尔根同一地点的相同层位，可视为该种的副模。根据对默尔根松鼠材料的再观察，原指定为 *Eutamias* cf. *E. ertemtensis* 的一枚 P4、一枚 M1/2 和两枚 m3（即 IVPP V 10350.1, 2, 6, 7；见邱铸鼎，1996）应归入该种。

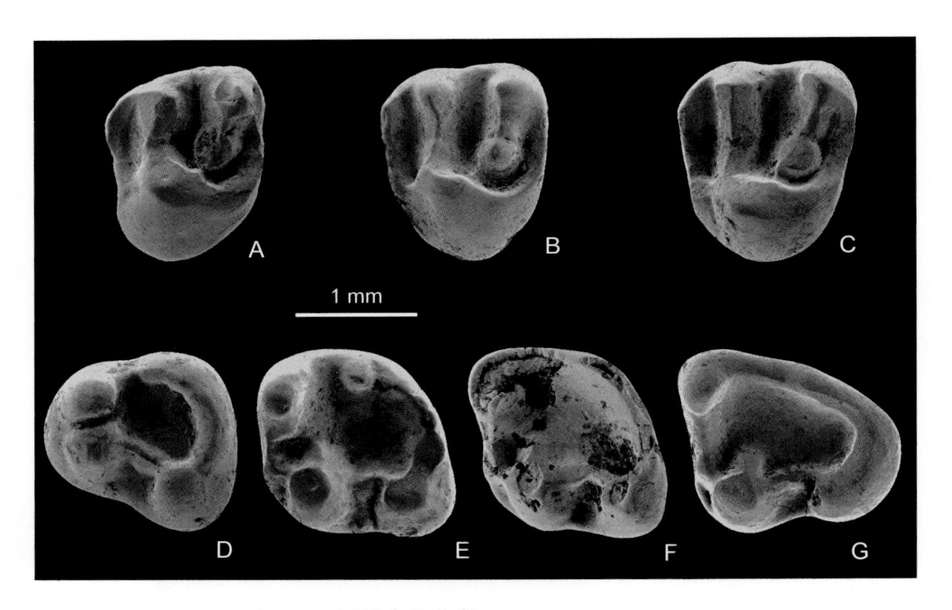

图 61 原始中华花鼠 *Sinotamias primitivus*

A. 右 P4（IVPP V 10352.4，反转），B. 左 M1/2（IVPP V 10351，正模），C. 右 M1/2（IVPP V 10352.6，反转），D. 右 p4（IVPP V 10352.9，反转），E. 左 m1/2（IVPP V 10352.10），F. 左 m1/2（IVPP V 19540.3，反转），G. 右 m3（IVPP V 10350.7，反转）：冠面视

岩松鼠属 Genus *Sciurotamias* Miller, 1901

模式种 戴氏松鼠 *Sciurus davidianus* Milne-Edwards, 1867 = *Sciurotamias davidianus* (Milne-Edwards, 1867)

鉴别特征 中等大小的普通松鼠。吻部狭长，颅部低而平直，鼻骨长，眶间宽度小于吻部长度，眶后突小，听泡大；下颌骨齿虚位长而浅，前端与颊齿齿槽缘面持平或在其上；下门齿齿尖端在颊齿列磨蚀面之上。颊齿的齿尖和齿脊粗壮；P4 比 M1 明显小或近等；M1 和 M2 的原脊完整，后脊在靠近原尖处强烈收缩或接近断开，原脊和后脊近于向原尖会聚，无原小尖、但可能有极弱的后小尖。m1 和 m2 的下内尖中等发育、近与下舌后内

脊融会，下内尖角区弧形，外谷窄，外脊直而弱，下中尖小或无，无下中附尖，下后尖和下内尖间由宽的齿缺隔开，下前边脊在较低处与下原尖连接；m3 适度向后扩伸。

中国已知种 *Sciurotamias davidianus*, *S. leilaoensis*, *S. praecox*, *S. pusillus*, *S. teilhardi*, *S. wangi*，共 6 种。

分布与时代 云南、陕西、青海，晚中新世；重庆，早更新世—中更新世；安徽，? 晚中新世、早更新世；北京，早更新世；贵州，中更新世。

评注 *Sciurotamias* 为中国的土著属，最早出现于晚中新世，并延续至今。现生有两个种，广布南北方。该属的头骨和牙齿形态有许多与旱獭族共同的特征，如颅部较平，额面窄，下颌骨齿虚位长而浅，齿脊较显著，上臼齿的原脊和后脊向原尖聚会，后脊在接近原尖处收缩，p4–m2 的下内尖角区圆弧形等，因此被暂时归入 Marmotini 族。

戴氏岩松鼠 *Sciurotamias davidianus* (Milne-Edwards, 1867)

（图 62）

正模 现生标本，未指定。

归入标本 IVPP V 9615，破损下颌骨 6 件、颊齿 11 枚（川黔地区）。IVPP V 13980，

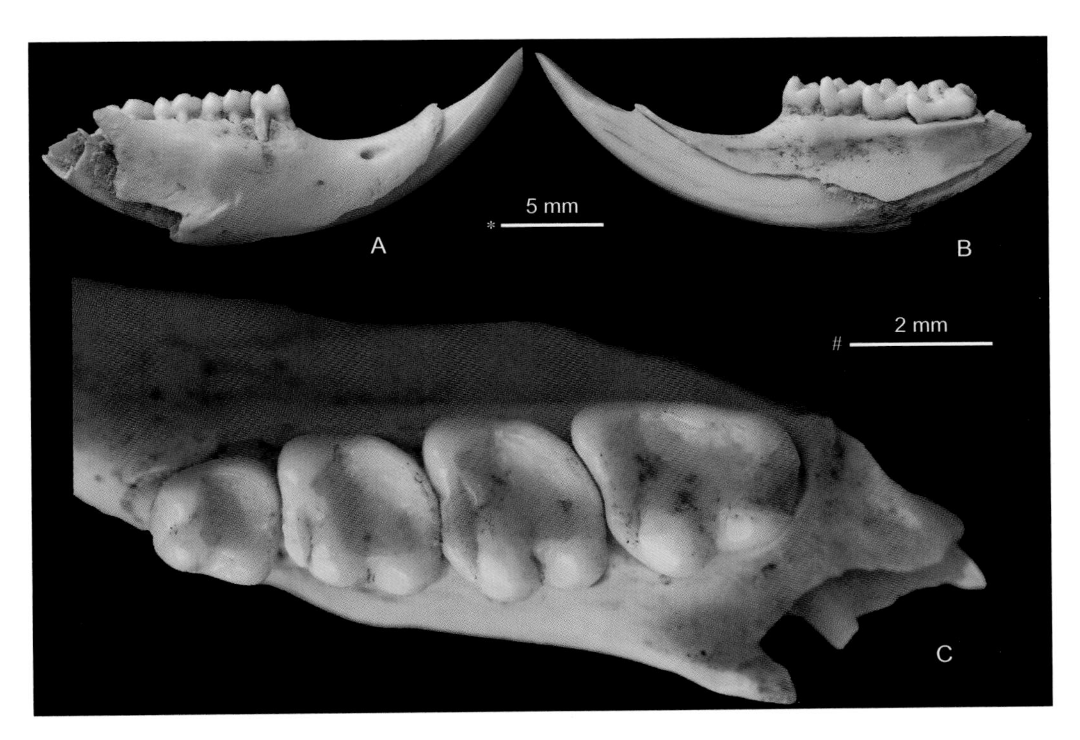

图 62 戴氏岩松鼠 *Sciurotamias davidianus*

A–C. 附有完整齿列的破损右下颌骨（IVPP V 9615.2）：A. 颊侧视，B. 舌侧视，C. 冠面视（反转）；比例尺：* - A, B，# - C

臼齿 5 枚（安徽繁昌）。

鉴别特征 中等大小的普通松鼠。吻部狭长，颅部相对低平，鼻骨长，眶后突小；下颌骨齿虚位前端与颊齿齿槽缘面持平。P4 小；颊齿的齿尖和齿脊粗壮；M1 和 M2 后脊在靠近原尖处近断开，无中附尖，常见模糊的后小尖。m1 和 m2 的下内尖角区钝角形，外谷窄，外脊弱，有小的下中尖，无下中附尖。

产地与层位 安徽繁昌人字洞，下更新统裂隙堆积；重庆万县平坝，中更新统；贵州桐梓岩灰洞、挖竹洞，普定白岩脚洞，中更新统。

雷老岩松鼠 *Sciurotamias leilaoensis* Qiu et Ni, 2006

（图 63）

Sciurotamias sp.：蔡保全，1997，65 页；Ni et Qiu, 2002, p. 538 (part)

正模 IVPP V 13486，右 M1/2。云南元谋雷老（IVPP Loc. 雷老 9906 地点），上中新统小河组。

副模 IVPP V 13487.5–6，臼齿 2 枚。产地与层位同正模。

归入标本 IVPP V 13487.1–4，颊齿 4 枚（云南元谋）。

鉴别特征 颊齿形态与现生种 *Sciurotamias davidianus* 的有些相似：齿尖和齿脊强壮；P4 和 p4 较退化，P4 冠面近 U 形、前附尖弱；M1 和 M2 颊侧相对狭窄，后脊在接近原尖处明显收缩，无中附尖，但可能有弱小的后小尖；m1 和 m2 的下内尖轮廓不清晰，下内尖角区呈钝角形，下中尖不明显。

产地与层位 云南元谋雷老，上中新统小河组。

评注 原作者将 IVPP V 13487.1–4 指定为副模，因其与正模不是产自相同的地点，故改称归入标本。

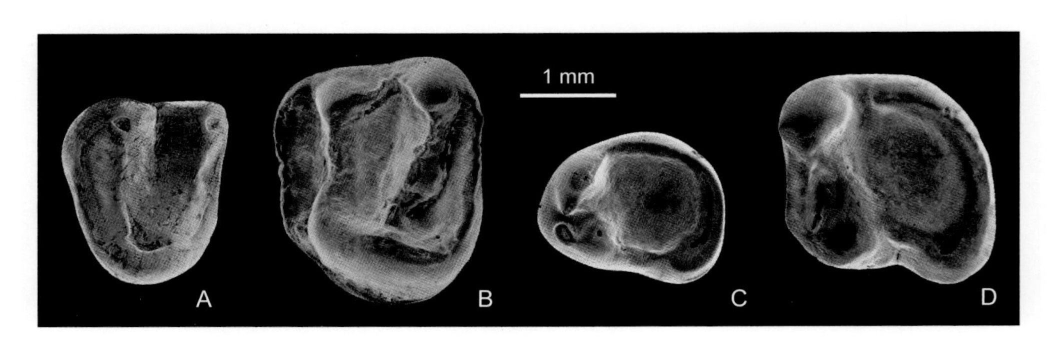

图 63 雷老岩松鼠 *Sciurotamias leilaoensis*

A. 左 P4 （IVPP V 13487.2），B. 右 M1/2 （IVPP V 13486，正模，反转），C. 左 p4（IVPP V 13487.4），D. 左 m1/2 （IVPP V 13487.5）：冠面视（引自邱铸鼎、倪喜军，2006）

早成岩松鼠 *Sciurotamias praecox* Teilhard de Chardin, 1940

（图 64）

选模 IVPP CP 114，破损头骨，附有除右 P3 外的颊齿齿列（见 Teilhard de Chardin, 1940, p. 50, fig. 30）。北京周口店第十八地点，下更新统。

副选模 IVPP CP 116，附 p4–m3 破损右下颌骨一件（见 Teilhard de Chardin, 1940, p. 51, fig. 31）。产地与层位同正模。

鉴别特征 个体比 *Sciurotamias davidianus* 稍小，齿尖和齿脊相对弱，M3 和 m3 较少地向后扩展。头骨光滑，无显著的矢状脊，额部不下凹，颚骨宽。P4 冠面 U 形；M1 和 M2 的后脊在接近原尖处收缩，具有很小的中附尖，但后小尖不甚明显；m1 和 m2 的下内尖完全融会于下舌后内脊，具有小的下中尖而无下中附尖；m3 后部的宽度较小。

评注 该种目前仅见于北京周口店第十八地点，材料不多，其种名的确定更多的是考虑古生物学上的（使用）意义和地质时代（Teilhard de Chardin, 1940）。如果它与该属的已知化石种和现生种有区别，似乎主要是其个体稍小，颚骨宽，M1 和 M2 有小的中附尖，m1 和 m2 有弱的下中尖，以及第三臼齿不甚向后扩展，但这些差异实属细微。

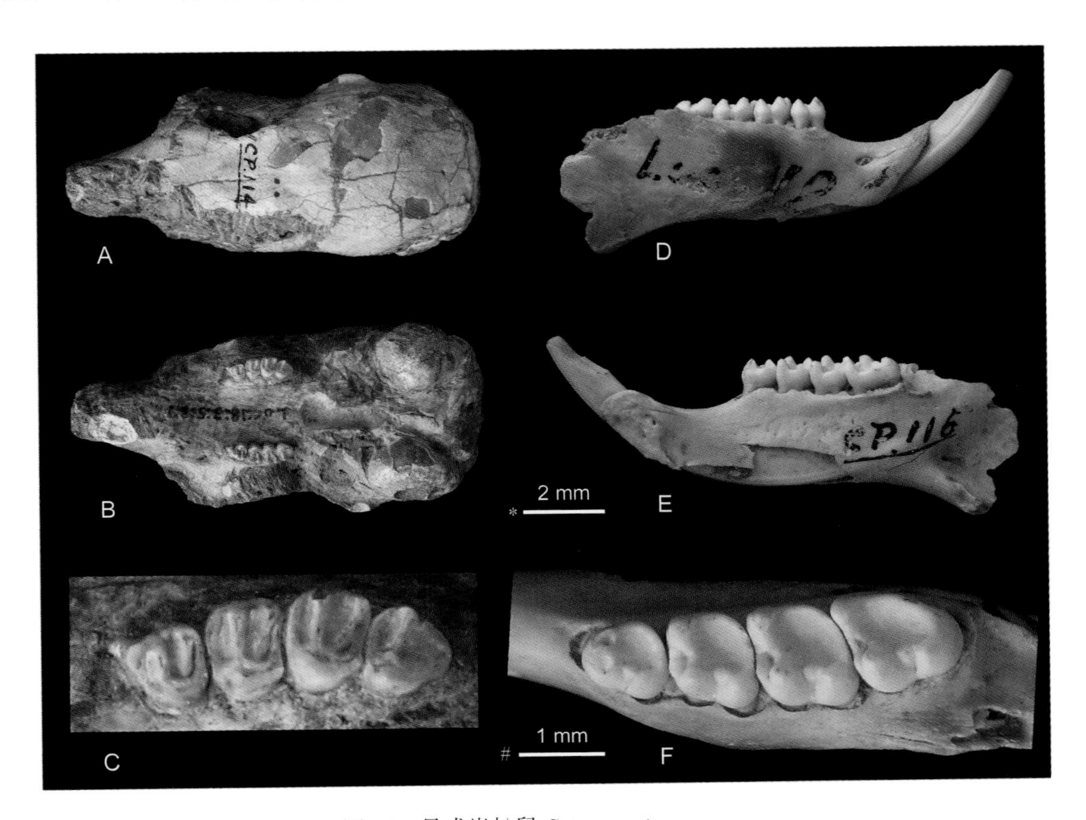

图 64 早成岩松鼠 *Sciurotamias praecox*

A–C. 破损头骨及右上颊齿列（IVPP CP 114），D–F. 破损右下颌骨及齿列（IVPP CP 116）：A. 背侧视，B. 腹侧视，C. 冠面视，D. 颊侧视，E. 舌侧视，F. 冠面视（反转）；比例尺：* - A, B, D, E，# - C, F

细小岩松鼠 *Sciurotamias pusillus* Qiu, Zheng et Zhang, 2008

（图 65）

Sciurotamias sp.：Zhang et al., 2002, p. 171；Qiu et al., 2003, p. 445

Sciurotamias cf. *S. pusillus*：Qiu et Li, 2008, p. 284

正模 IVPP V 15343，左 M1/2。陕西蓝田灞河西岸，上中新统灞河组。

副模 IVPP V 15344.1–10，颊齿 10 枚。产地与层位同正模。

归入标本 IVPP V 15344.11–16，颊齿 6 枚（陕西蓝田）。IVPP V 15456，颊齿 3 枚（青海德令哈）。

鉴别特征 岩松鼠属中个体较小的一种，齿尖和齿脊比 *Sciurotamias wangi* 和 *S. leilaoensis* 的高且较强壮。P4 似三角形，前附尖膨大；M1 和 M2 的原尖收缩，时见小的后小尖和中附尖；m1 和 m2 的下内尖不发育，下外谷窄浅；m3 相对较为向后扩展。

产地与层位 陕西蓝田灞河，上中新统灞河组；青海德令哈深沟，上中新统上油砂山组。

评注 命名者在记述时，把正模以外的标本都指定为副模。IVPP V 15344.11–16 标本虽然都采自蓝田灞河，但与正模产自不同的地点和层位，因此应视为归入标本。

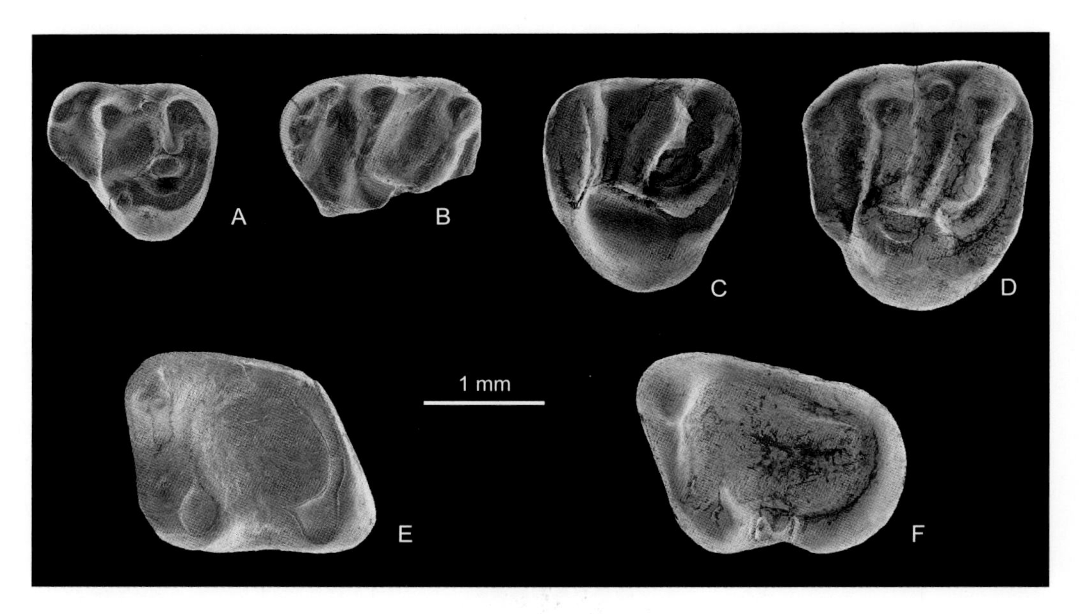

图 65 细小岩松鼠 *Sciurotamias pusillus*

A. 右 DP4（IVPP V 15344.1，反转），B. 破损左 P4（IVPP V 15344.2），C. 右 M1/2（IVPP V 15344.3，反转），D. 左 M1/2（IVPP V 15343，正模），E. 左 m1/2（IVPP V 15344.15），F. 左 m3（IVPP V 15344.10）：冠面视

德氏岩松鼠 *Sciurotamias teilhardi* Zheng, 1993

（图 66）

Sciurotamias teilhardi：郑绍华、张联敏，1991，53 页

正模 IVPP V 9616，右 m3。重庆巫山龙骨坡，下更新统。

副模 IVPP V 9617，一左 M3。产地与层位同正模。

归入标本 IVPP V 9618，颊齿 116 枚（重庆巫山）。IVPP V 20852，颊齿 10 枚（安徽繁昌）。

鉴别特征 个体介于 *Sciurotamias davidianus* 和 *S. praecox* 之间的岩松鼠；P4 冠面轮廓近三角形；M1 和 M2 的后脊在接近原尖处较收缩或断开，通常具有很小的中附尖，但后小尖不明显；dp4/p4 的下原尖比下后尖靠后；m1 和 m2 的下内尖完全融会于下舌后内脊，下内尖角区呈弧形，常具有弱小的下中尖；第三臼齿适度向后扩展。

产地与层位 重庆巫山龙骨坡，下更新统；安徽繁昌癞痢山，晚新生代洞穴堆积（? 上中新统）。

评注 郑绍华和张联敏（1991）最先使用该种名进行报道（见黄万波等，1991），但未指定正模和制作图版。后来，前一作者（郑绍华）于 1993 年作了规范记述，本书以

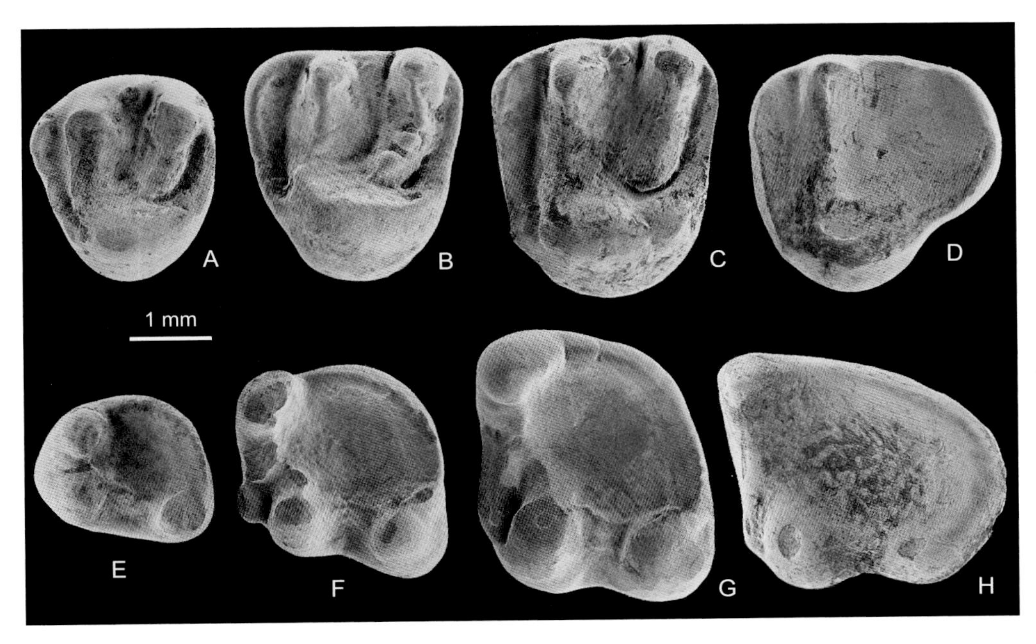

图 66 德氏岩松鼠 *Sciurotamias teilhardi*

A. 左 P4（IVPP V 9618.5），B. 左 M1/2（IVPP V 9618.6），C. 左 M1/2（IVPP V 9618.7），D. 左 M3（IVPP V 9617.8），E. 右 p4（IVPP V 9618.54，反转），F. 左 m1/2（IVPP V 9618.80），G. 左 m1/2（IVPP V 9618.59），H. 右 m3（IVPP V 9616，正模，反转）：冠面视

此作为有效种名。在牙齿尺寸和形态上该种与 *Sciurotamias praecox* 和现生种 *S. forresti* 的相近，差异细微，可否作为种的区别特征有待进一步的研究。

该种的相似种还发现于陕西洛南的下更新统（薛祥煦等，1999）。

王氏岩松鼠 *Sciurotamias wangi* Qiu, 2002

（图 67）

Sciurotamias sp.：邱铸鼎等，1985，17 页；Qiu, 1988, p. 839；Qiu et Qiu, 1995, p. 63；Ni et Qiu, 2002, p. 538

正模 IVPP V 13141，附有右 p4–m2 的破碎下颌骨。云南禄丰石灰坝（IVPP Loc. 禄丰 L. II 地点），上中新统石灰坝组。

副模 IVPP V 13142.2–4，颊齿 3 枚。产地与层位同正模。

归入标本 IVPP V 13142.1, 5–9，颊齿 6 枚（云南禄丰）。IVPP V 13485，颊齿 37 枚（云南元谋）。IVPP V 20851，颊齿 9 枚（安徽繁昌）。

鉴别特征 颊齿形态与现生种 *Sciurotamias forresti* 的有些相似：齿尖和齿脊相对弱；P4 和 p4 不甚退化，P4 次三角形，p4 具下前边尖；M1 和 M2 颊侧相对宽，后脊在接近原尖处较少收缩，可能有很小的中附尖，但后小尖不明显；m1 和 m2 的下内尖较显著，下内尖角区圆弧形。

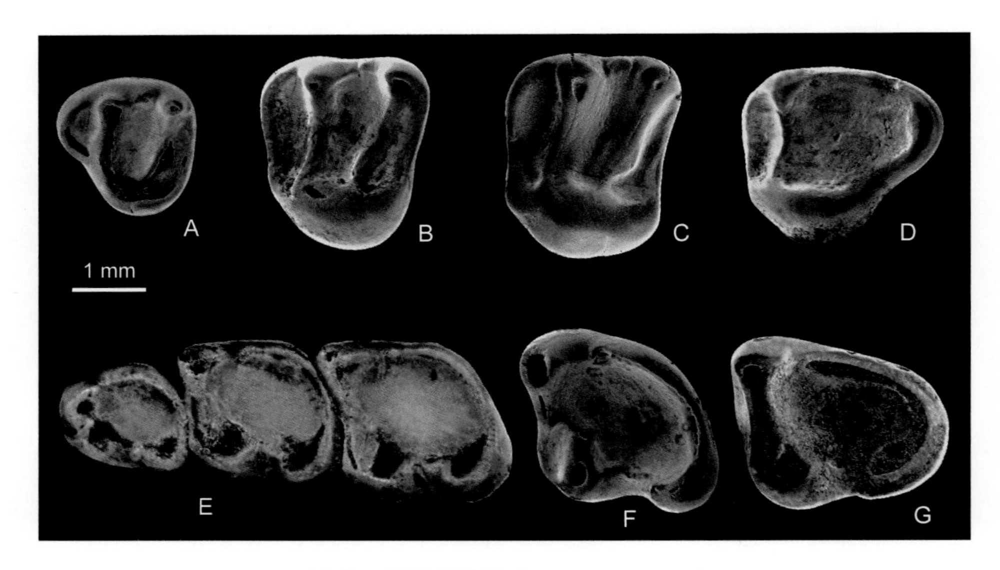

图 67 王氏岩松鼠 *Sciurotamias wangi*

A. 左 P4（IVPP V 13485.19），B. 右 M1/2（IVPP V 13485.1，反转），C. 左 M1/2（IVPP V 20851.2），D. 右 M3（IVPP V 13485.25，反转），E. 破损右下颌骨上的 p4–m2（IVPP V 13141，正模，反转），F. 右 m1/2（IVPP V 13485.33，反转），G. 左 m3（IVPP V 13485.4）：冠面视

产地与层位 云南禄丰石灰坝，上中新统石灰坝组；元谋雷老，上中新统小河组。安徽繁昌癞痢山，晚新生代洞穴堆积（? 上中新统）。

评注 原作者将 IVPP V 13142.1, 5–9 标本指定为副模，因其与正模不是产自相同的地点，故改称归入标本。

原黄鼠属 Genus *Prospermophilus* Qiu et Storch, 2000

模式种 东方黄鼠 *Spermophilus orientalis* Qiu, 1991 = *Prospermophilus orientalis* (Qiu, 1991)

鉴别特征 牙齿构造大体与 *Sinotamias* 的相似，但个体较小，颊齿齿冠相对低。上臼齿原尖锐利，原脊完整，后脊弱、在接近原尖处明显收缩或完全中断，原脊和后脊或多或少地向原尖会聚，无原小尖，后小尖显著，下中附尖不发育；下臼齿下内尖完全融入下舌后内脊，没有下中尖和下中附尖，下外脊明显、通常后内向弯曲，下前边脊一般在低处与下原尖连接，下内尖角区圆弧形，下三角座凹位置低，外谷深、窄且稍掠向后内。

中国已知种 仅 *Prospermophilus orientalis* 一种。

分布与时代 内蒙古，晚中新世—上新世。

评注 *Prospermophilus* 属先前被指定为 *Spermophilus*（Qiu, 1991），由于其牙齿形态具有现代黄鼠的某些特征，但又有重大的差异，后被 Qiu 和 Storch（2000）改名为 *Prospermophilus* 属。该属仅有 *P. orientalis* 一种，出现于内蒙古中部，是该地区晚新近纪动物群中相当常见的一种地松鼠。

东方原黄鼠 *Prospermophilus orientalis* (Qiu, 1991)

（图 68）

Spermophilinus group sp.：Fahlbusch et al., 1983, p. 212；Qiu, 1988, p. 837

Spermophilus orientalis：Qiu, 1991, p. 233；Qiu et Qiu, 1995, p. 65

Prospermophilus cf. *P. orientalis*：Qiu et al., 2006, p. 181；Qiu et al., 2013, p. 182

Prospermophilus sp.：Qiu et al., 2013, p. 183

正模 IVPP V 8770，附有 P3–M1 的上颌骨碎块。内蒙古化德哈尔鄂博 2，上中新统二登图组—? 下上新统。

副模 IVPP V 8772.1–23，颊齿 23 枚。产地与层位同正模。

归入标本 IVPP V 8771，V 19545–19548，颊齿 237 枚（内蒙古中部地区）。

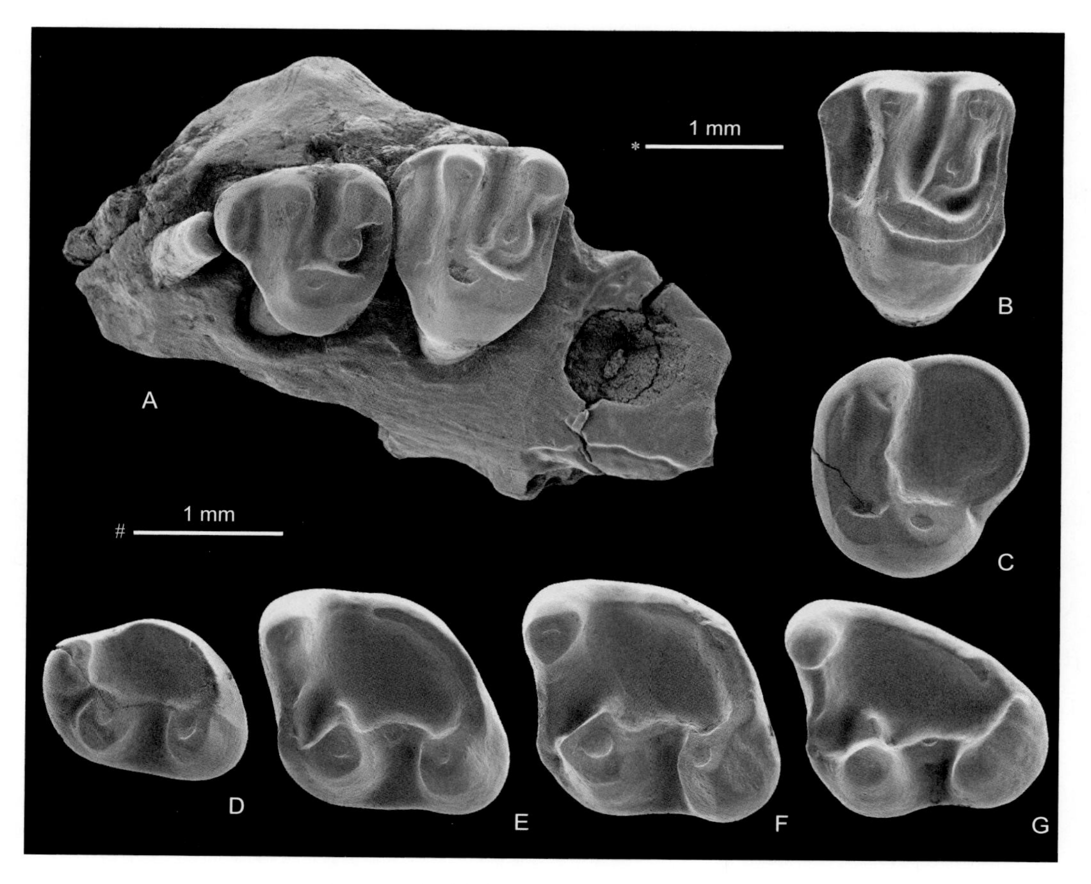

图 68　东方原黄鼠 *Prospermophilus orientalis*

A. 附有 P3–M1 的右上颌骨碎块（IVPP V 8770，正模，反转），B. 左 M1/2（IVPP V 8771.41），C. 左 M3（IVPP V 8771.91），D. 左 p4（IVPP V 8771.110），E. 左 m1/2（IVPP V 8771.142），F. 右 m1/2（IVPP V 8771.1，反转），G. 左 m3（IVPP V 8771.183）：冠面视；比例尺：* - A，# - B–G

鉴别特征　同属。

产地与层位　内蒙古苏尼特左旗巴伦哈拉根、必鲁图，阿巴嘎旗灰腾河，苏尼特右旗沙拉，上中新统；化德二登图、哈尔鄂博，上中新统二登图组—? 下上新统；化德比例克，下上新统。

评注　建名时采自哈尔鄂博 2 的归入标本可视为该种的副模（Qiu, 1991）。

旱獭属　Genus *Marmota* Blumenbach, 1779

模式种　阿尔卑斯山旱獭 *Mus marmota* =*Marmota marmota* (Linnaeus, 1758)

鉴别特征　个体最大的地栖类松鼠。头骨粗壮，颅部低、扁，颧弓向后扩张，眶上突发达、向下外弯，矢状脊显著；下门齿尖端在颊齿列磨蚀面之上；齿虚位一般较长，在 p4 前部陡直。下颌骨的上咬肌脊粗壮。上门齿釉质层光滑或具有浅沟；上臼齿齿尖明显；P3 大；P4–M2 的后小尖显著；M3 没有完整的后脊。下门齿釉质层光滑或不同程度地显示细纹；p4 三角座横向压缩，具清楚、强烈弯曲的下后脊；下臼齿的下后脊发育变异大，在 m2 和 m3 中常发育不全。

中国已知种 *Marmota bobak*、*M. parva* 和 *M.* cf. *M. himalayana* 三种（*M. bobak* 和 *M. himalayana* 为现生种）。

分布与时代 甘肃、北京、山西、辽宁、吉林、黑龙江、四川，更新世。

评注 *Marmota* 为一现生属，现生种有 *M. bobak* 等 4 种（王应祥，2003）。在中国该属的化石最早作为 *Arctomys* 报道（Young, 1934；Teilhard de Chardin, 1940）。其后，Teilhard de Chardin 和 Pei（1941）在描述北京周口店第十三地点的旱獭化石时，将材料及此前在第一地点发现、指定为 *A. robustus* 和第十八地点发现、指定为 *A.* cf. *A. robustus* 的标本都改称为 *Marmota* 属（*Arctomys* Schreber, 1780 是 *Marmota* Frisch, 1775 的晚出异名）。另外，该属的未定种还报道发现于山西榆社盆地（Qiu, 2017b）。

草原旱獭 *Marmota bobak* Radde, 1776

（图 69）

Arctomys complicidens：Young, 1934, p. 49

Arctomys robustus 和 *A.* cf. *robusta*：Young, 1934, p. 46；Teilhard de Chardin, 1940, p. 52

Marmota complicidens：张镇洪等，1986，41 页

正模 现生种，未指定。波兰。

归入标本 IVPP C/C. 1026, C/C. 1030, C/C. 1031，破损上、下颌骨三件（北京周口店）。无编号（见 Teilhard de Chardin et Pei, 1941, Fig. 37），完整下颌骨（北京周口店）。BXGM B.S.M.8001A-136，破损的下颌骨一件（辽宁本溪）。哈尔滨市文化局 HY82025，破损的头骨一件（黑龙江阎家岗）。

鉴别特征 下颊齿列长度在 20–21 mm。下门齿尖端在颊齿列磨蚀面之上；咬肌窝宽阔，角突强大；齿虚位短、粗，在 p4 前部陡峻。上臼齿中 M1 和 M2 的后凹狭窄；下颊齿的下外脊较靠颊侧，无下中尖和下中附尖，三角座凹不完整；p4 臼齿化，下后脊极弱，无下前边尖；m3 向后不很扩张。门齿釉质层有细密的沟纹。

产地与层位 北京房山周口店，中更新统；东北（黑龙江顾乡屯、阎家岗，吉林榆树，辽宁庙后山、金牛山和山城子），上更新统；四川炉霍虾拉沱，上更新统。

评注 Teilhard de Chardin 和 Pei (1941) 在描述北京周口店第十三地点的旱獭化石时，将材料归入现生种 *Marmota bobak*，并认为此前在第一地点发现的 *Arctomys robustus* 和第十八地点发现的 *A.* cf. *A. robustus* 都应归入该种；Teilhard de Chardin 和 Leroy（1942）怀

疑第一地点的 *A. complicidens* 是 *M. bobak* 种的个体变异。郑绍华和韩德芬（1993）在描述辽宁金牛山和黑龙江阎家岗的化石时，把这两个地点的旱獭以及辽宁庙后山张镇洪等（1986）鉴定为 *M. complicidens* 的标本都指定为 *M. bobak*。

在文献中，该种有称为蒙古旱獭者，也有称为喜马拉雅旱獭者，现按现生动物分类命名，统称草原旱獭。

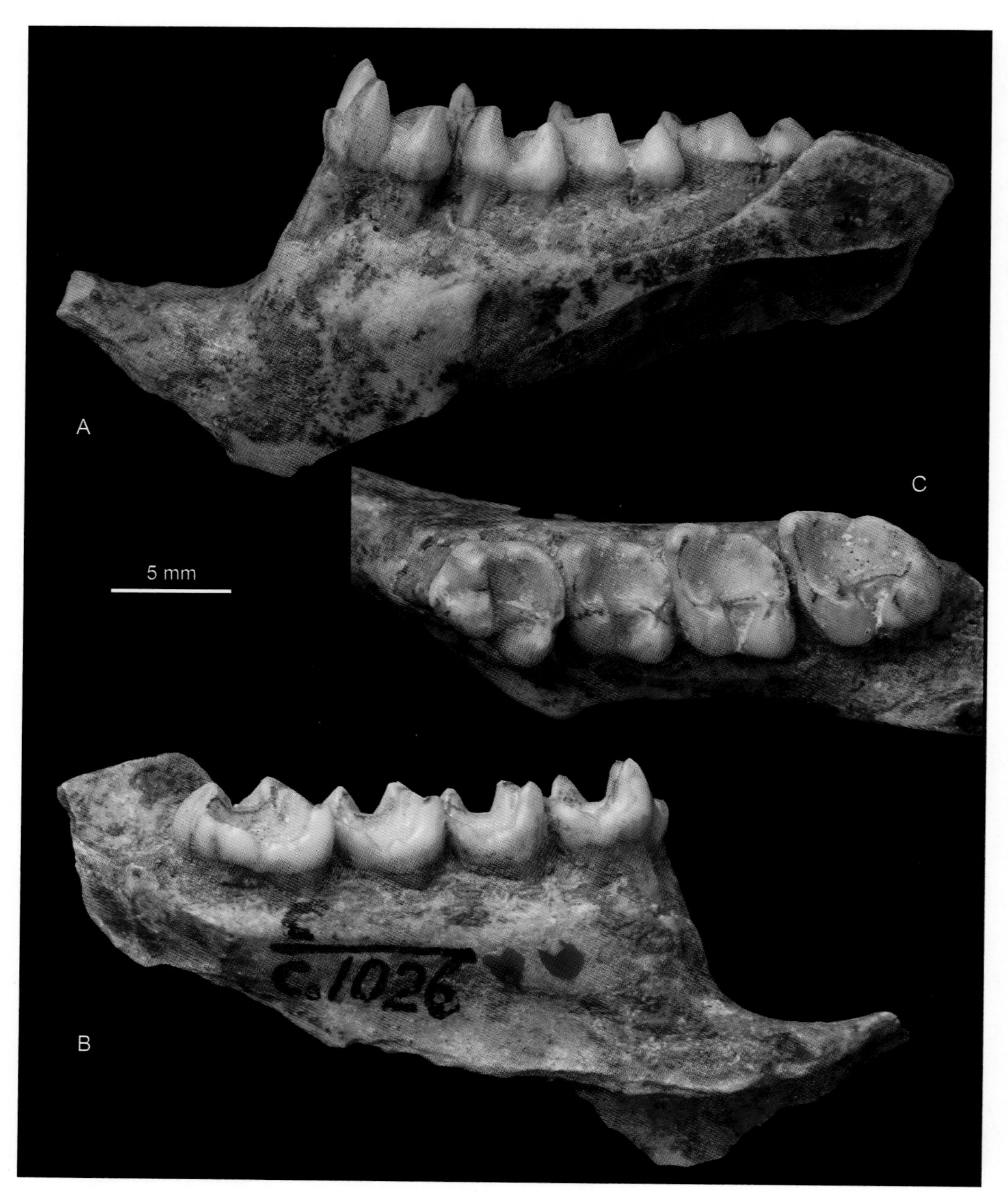

图 69　草原旱獭 *Marmota bobak*

A–C. 左下颌骨，附 p4–m3（IVPP C/C. 1026）：A. 颊侧视，B. 舌侧视，C. 冠面视

小旱獭 *Marmota parva* Qiu, Deng et Wang, 2004

（图 70）

正模 IVPP V 13550，不完整头骨，具一对 I2、左 P4、M2–3、右 M2，左下颌骨具 i2，右 p4–m3，部分肢骨，以及可能为同一个体的脱落左 P3 和右 M1。甘肃东乡龙担，下更新统。

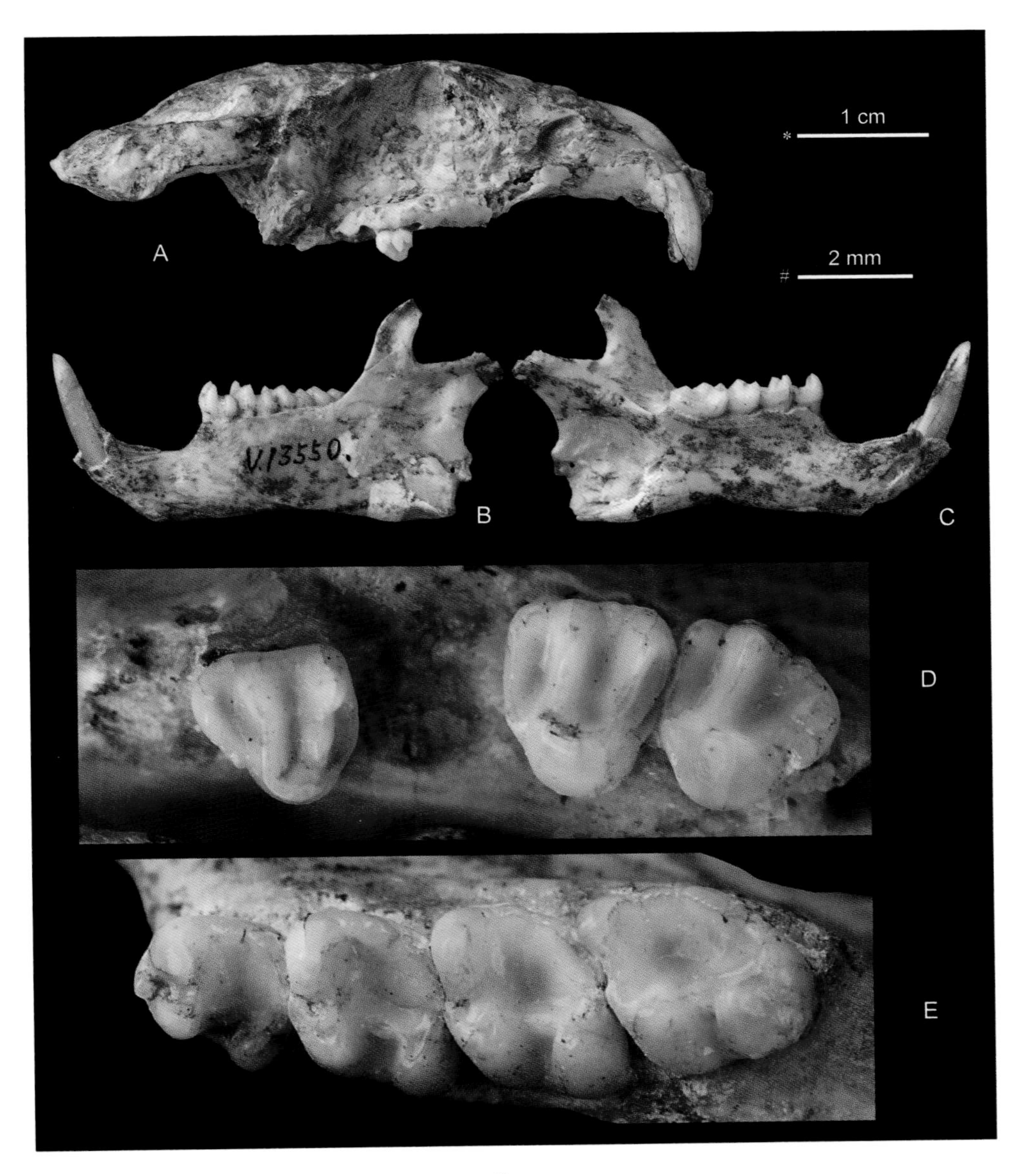

图 70 小旱獭 *Marmota parva*

A–E. 附有部分牙齿的不完整头骨（含下颌骨）（IVPP V 13550，正模）：A. 破损的颅部和脸部，B, C. 附有 p4–m3 保持较完好的左下颌骨，D. 左 P4、M2 和 M3，E. 左 p4–m3；A. 侧面视，B. 颊侧视，C. 舌侧视，D–E. 冠面视；比例尺：* - A–C，# - D, E

鉴别特征 个体很小的旱獭。上颌骨-颚骨缝内及其后有多个后腭孔。下颌骨粗壮；齿虚位短、粗，在p4前部较陡峻。上颊齿前后向不明显压缩，尺寸往后增加不显著；P4–M3前附尖为双尖；P4–M2后脊中部和与原尖连接处收缩，后凹相对开阔；P4具双后小尖，无中附尖；M1–3有发达的中附尖，后小尖单一。下颊齿的下外脊较靠舌侧，下中尖显著，下中附尖明显；p4不很臼齿化，下后脊低弱，下三角座凹小，具下前边尖；m3后部不很退化，下后脊较退化。门齿釉质层表面无明显的纵沟棱。

喜马拉雅旱獭（相似种）*Marmota* cf. *M. himalayana* (Hodgson, 1841)

在辽宁大连海茂动物群中，有左、右上颌骨各一件（分别附有P3–4和M1–2）及上门齿两枚，最初被指定为 *Marmota complicidens*（孙玉峰等，1992），后改称 *M.* cf. *M. robusta*（Jin et al., 1999）。由于 *M. robusta* 被认为是 *M. himalayana* 的晚出异名（Wilson et Reeder, 1993），因此上述标本理应归入 *M.* cf. *M. himalayana*。但本书编者未能对标本进行观察和比较，文献中又缺少标本的图件，从简单的描述难以判断其与 *M. bobak* 及其他种的区别，有待进一步的研究、厘定。（在榆社也有旱獭的报道，可能也可归入此种；见 Qiu, 2017b）

黄鼠属 Genus *Spermophilus* F. Cuvier, 1825

模式种 黄鼠 *Mus citellus* Linnaeus, 1766 = *Spermophilus citellus* (Linnaeus, 1766)

鉴别特征 眼眶长大，颧骨粗壮。下颌骨细弱；齿虚位长而浅。颊齿齿冠相对高，齿尖和齿脊锐利；臼齿明显前后向压扁，M1和M2的原脊完整，后脊通常未伸达原尖，无原小尖，后小尖相对明显；m1和m2无下中尖和下中附尖，下内尖融入下舌后内脊，下内尖角区弧形，下后脊发育，下外脊短，三角座凹狭窄而高，跟座凹宽阔、相对低；M3和m3不甚向后扩展。

中国已知种 现生种有 *Spermophilus dauricus*、*S. alaschanicus*、*S. erythrogenys*、*S. relictus* 和 *S. undulates* 5种。所报道的化石可能只有 *S.* cf. *S. dauricus*。

分布与时代 华北地区，晚更新世—现代。

评注 *Spermophilus* 为一现生属，分布于北半球的干旱和半干旱草原地区。该属包括了新近纪的一些种类，组成比较复杂，目前对其全面、准确定义尚较困难。上述鉴别特征的依据仅为现生种类形态。显然 *Spermophilus* 是一个复系类群，有待今后厘定。在中国北方的更新世晚期地层中，该属的化石或半化石很常见，但都没有较详细的描述，在早期的文献中常以 *Citellus* cf. *dauricus* 或 *C.* cf. *mongolicus* 记述。关于 *Citellus* 和 *Spermophilus* 的有效性在文献中早有讨论，现在一般都采用后者作为这一类群的属名。

达乌尔黄鼠（相似种）*Spermophilus* cf. *S. dauricus* Brandt, 1843

（图 71）

中国的黄鼠化石最早被指定为 *Spermophilus* cf. *mongolicus* 或 *Citellus mongolicus*（Young, 1927, 1932；Boule et Teilhard de Chardin, 1928）。后来，在北京周口店第三地点和第十三地点的中更新世地层中各发现一件破损的下颌骨，分别被裴文中（Pei, 1936）、德日进和裴文中（Teilhard de Chardin et Pei, 1941）归入 *Spermophilus mongolicus* 和 *Citellus* sp.。这两件标本中牙齿的齿冠高，颊齿前部的两个齿尖（下原尖和下后尖）比后部的两个齿尖（下次尖和下内尖）明显高，三角座凹比跟座凹显著高而狭窄，具有黄鼠属（*Spermophilus*）的牙齿特征，第十三地点的标本还被认为可以归入现生的达乌尔黄鼠类。在 Teilhard de Chardin 和 Leroy（1942）所著的《中国化石哺乳动物》一书中，上述标本连同此前在华北和东北地区（山西、内蒙古和辽宁；分别见 Young, 1927；Boule et Teilhard de Chardin, 1928；Teilhard de Chardin et Young, 1931）发现的一些黄鼠类材料都被指定为 *Spermophilus* (*Citellus*) cf. *mongolicus* 或 *Citellus mongolicus*。这些材料的牙齿尺寸和形态与华北地区常见的现生达乌尔黄鼠的相似有其合理性，但在现代的哺乳动物分类中，"*S. mongolicus*"作为 *S. dauricus* 的一个亚种，在分类的名录中 *S. mongolicus* 已不存在，因此建议使用 *S.* cf. *S. dauricus* 一名以替代"*Spermophilus* (*Citellus*) cf. *mongolicus* 或 *Citellus mongolicus*"。归入该相似种的可能还有东北地区第四纪地层中发现、原指定为 *Citellus mongolicus* 的材料（周明镇，1959）。郑绍华和韩德芬（1993）

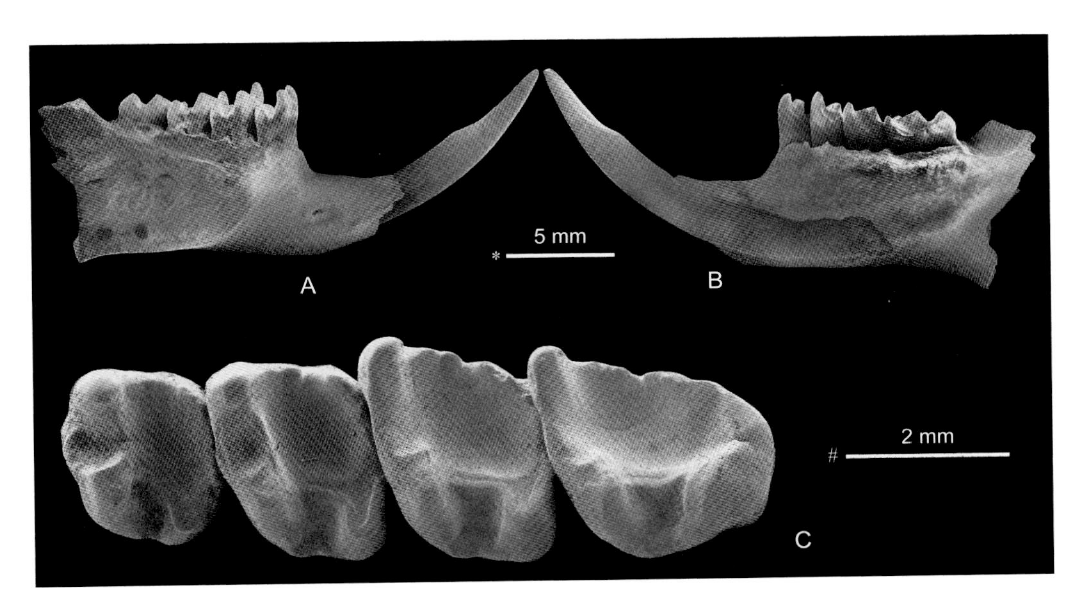

图 71　达乌尔黄鼠（相似种）*Spermophilus* cf. *S. dauricus*

A–C. 附有 p4–m2 的破损右下颌骨（IVPP C/C 2029.）：A. 颊侧视，B. 舌侧视，C. 冠面视（反转）；比例尺：* - A, B，# - C

倾向于将迄今在陕西、山西、河北和吉林等地发现、类似于现代达乌尔黄鼠的零星标本都归入 *S. dauricus* 种。

花鼠族 Tribe Tamiini Weber, 1928

一类全北区分布，适应丛林环境的中—小型松鼠，头骨具完整的松鼠型颧-咬肌结构。下颌骨和颊齿的形态介于树松鼠族和地松鼠族之间。在现生的属种中，眶下孔成为颧弓板上的一个简单的卵圆形孔洞，没有眶下骨管（化石种类不明）；下颌骨齿虚位长而纤细，颏孔位于 p4 齿槽之前。上臼齿次方形，齿脊完整，后脊在近原尖处稍收缩，原小尖和后小尖不发育，后小尖往往以后脊中部的肿胀呈现。下臼齿通常具有下中尖，在下前边脊和下原尖连接处的颊侧有前颊侧谷；下内尖通常不明显，但下内尖角区较旱獭族的呈角状；m2 和 m3 的下后脊不完整，下三角座凹后部开放。肢骨形态和尺寸比例上介于树松鼠和地松鼠之间。

古松鼠属 Genus *Palaeosciurus* Pomel, 1853

模式种 费氏古松鼠 *Palaeosciurus feignouxi* Pomel, 1853

鉴别特征 下颌骨在早期的种类中具有地松鼠型的形态特征：水平支细长，齿虚位长而浅。M1 和 M2 冠面次方形，原脊和后脊在接近原尖处稍收缩，并多少向原尖聚会或近平行排列；有中附尖（晚期种的中附尖很发育）；原小尖甚弱或无；后小尖小或显著。下颊齿的下内尖通常未完全融入下舌后内脊（晚期种的下内尖很醒目）；下中尖显著；具下中附尖，下中附尖与下内尖之间往往为一明显的齿缺隔开；m1 和 m2 的下内尖角区一般折角形，下前边脊与下原尖连接，下跟座凹的釉质层通常粗糙。

中国已知种 *Palaeosciurus aoerbanensis* 和 *P. jiangi* 两种。

分布与时代 内蒙古、江苏，早中新世。

评注 McKenna 和 Bell（1997）将 *Palaeosciurus* 属归入旱獭族，但其 M1 和 M2 的原脊通常比较完整，下颊齿的下内尖一般较为明显、常有下中尖和下中附尖，牙齿的这些形态有悖于常见的 Marmotini 特征，故这里暂将其归入 Tamiini 族。

敖尔班古松鼠 *Palaeosciurus aoerbanensis* Qiu et Li, 2016

（图 72）

Eutamias sp., *Oriensciurus*? sp.：Qiu et al., 2013, p. 177, 178

正模 IVPP V 19536，附有 p4–m3 的破损右下颌骨。内蒙古苏尼特左旗敖尔班（下）（IVPP Loc. IM 0407 地点），下中新统敖尔班组下段。

副模 IVPP V 19537，DP4 一枚。产地与层位同正模。

归入标本 IVPP V 19538–19539，颊齿 5 枚（内蒙古中部地区）。

鉴别特征 *Palaeosciurus* 属中个体较小的一种。下咬肌窝前端终止于 p4 与 m1 间的下方。上臼齿的原尖不前后向延伸，原脊和后脊明显向原尖会聚，无原小尖，后小尖明显；下臼齿的下内尖、下中尖和下中附尖适度发育，下中附尖与下内尖间的凹缺深；m1 和 m2 的下后脊显著。下臼齿跟座凹釉质层不甚粗糙。

产地与层位 内蒙古苏尼特左旗敖尔班（上、下）、嘎顺音阿得格，下中新统敖尔班组。

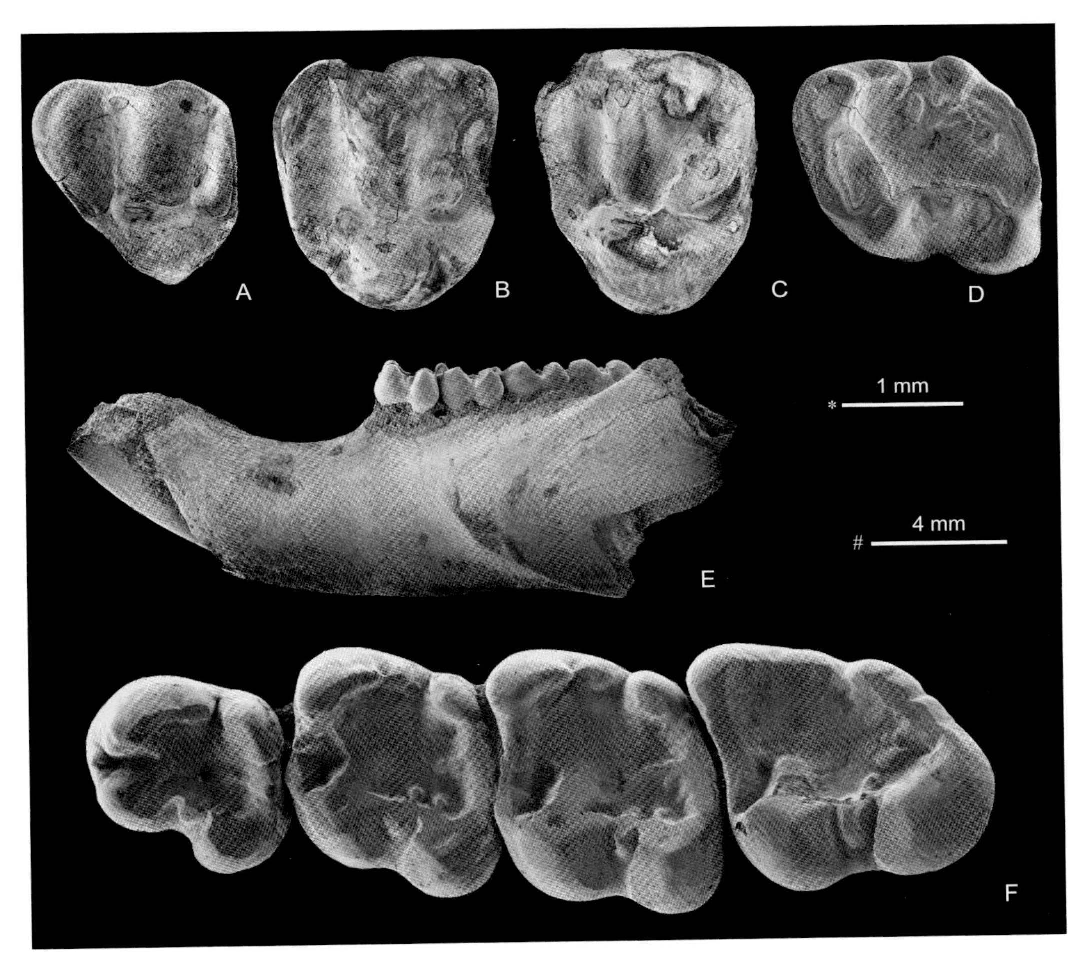

图 72 敖尔班古松鼠 *Palaeosciurus aoerbanensis*

A. 左 DP4（IVPP V 19537），B. 右 M1/2（IVPP V 19539.1，反转），C. 左 M1/2（IVPP V 19538），D. 左 m1/2（IVPP V 19539.2），E, F. 附有门齿和 p4–m3 的破损右下颌骨（IVPP V 19536，正模，反转）：A–D, F. 冠面视，E. 颊侧视；比例尺：* - A–D, F，# - E（引自邱铸鼎、李强，2013）

蒋氏古松鼠 *Palaeosciurus jiangi* Qiu, 2015

（图 73）

Miopetaurista sp. II：李传夔等，1983，313 页（部分）

Shuanggouia lui：邱铸鼎、林一璞，1986，203 页（部分）

Sciurus lii：邱铸鼎、阎翠玲，2005，199 页（部分）；Qiu et Qiu, 2013, p. 147

正模 IVPP V 8154.4，右 M1/2。江苏泗洪松林庄，下中新统下草湾组。

副模 IVPP V 8154.5, 6，两枚 m1/2。产地与层位同正模。

归入标本 IVPP V 8154，颊齿 7 枚（江苏泗洪）。

鉴别特征 *Palaeosciurus* 属中个体较大的一种。P4–M2 的原尖前后略收缩，中附尖显著，原脊和后脊明显向原尖会聚，原小尖不发育，后小尖弱小；p4–m2 的下内尖小、但轮廓清晰，下中尖醒目，下中附尖与下内尖间的凹缺窄且较浅；m1 和 m2 的下后脊完整。齿凹中的釉质层粗糙成脊状。

产地与层位 江苏泗洪双沟、松林庄、郑集，下中新统下草湾组。

评注 该种的正型标本最先被归入 *Shuanggouia lui*，后又曾被指定为 *Sciurus lii*（邱铸鼎、林一璞，1986；邱铸鼎、阎翠玲，2005；Qiu et Qiu, 2013）。

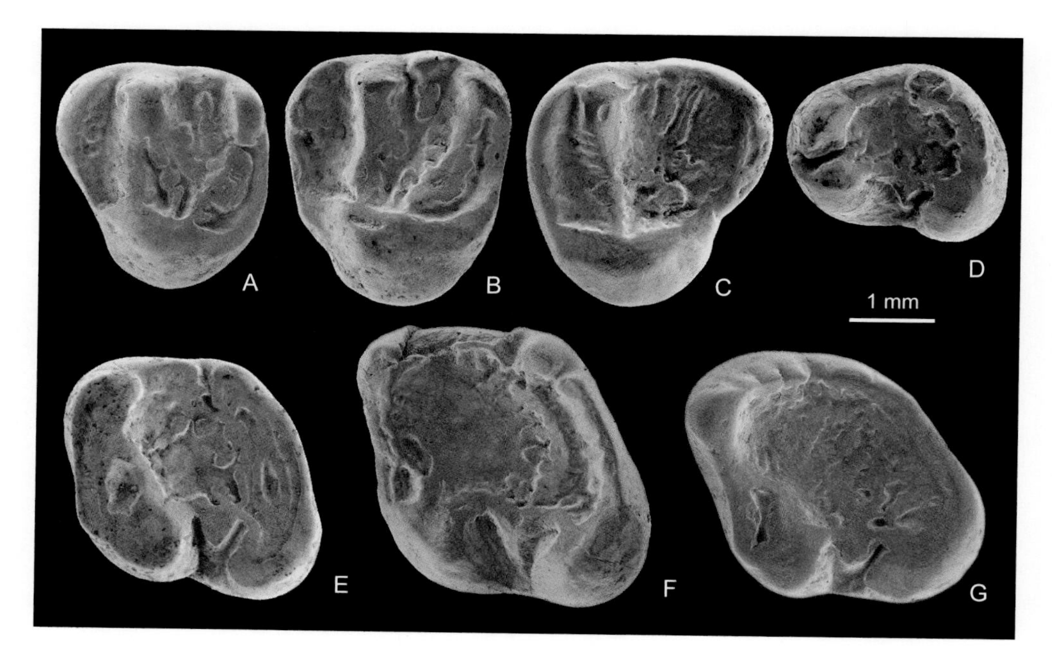

图 73 蒋氏古松鼠 *Palaeosciurus jiangi*

A. 右 DP4（IVPP V 8154.9，反转），B. 右 M1/2（IVPP V 8154.4，正模，反转），C. 左 M3（IVPP V 8154.10），D. 左 p4（IVPP V 8154.22），E. 左 m1/2（IVPP V 8154.13），F. 右 m1/2（IVPP V 8154.6，反转），G. 左 m3（IVPP V 8154.19）：冠面视（引自 Qiu, 2015）

双沟鼠属 Genus *Shuanggouia* Qiu et Lin, 1986

模式种 陆氏双沟鼠 *Shuanggouia lui* Qiu et Lin, 1986

鉴别特征 个体与现生北松鼠（*Sciurus vulgaris*）接近的一类普通松鼠。前颧弓起于M1前部，下颌咬肌窝前端终止于p4和m1之间的下方。颊齿齿尖和齿脊中度升起；P4比M1大，前附尖向前扩展，前边脊长；上臼齿无次尖，原尖稍前后向伸长；P4–M2的原小尖不清楚，后小尖显著，原脊横向，后脊与中轴斜交、在接近原尖处收缩，原脊和后脊完整、向原尖会聚，具有很小的中附尖和短的中附尖脊；M3有残存的后小尖和后脊。下颊齿下内尖部分融入下舌后内脊，下内尖角区钝角形，外谷浅，下外脊短，有小的下中尖；p4–m2下内尖的位置明显靠前；m1长大于宽，m2略前后向压缩，都有发育并封闭三角座凹后方的下后脊；m3明显向后延展，下中尖显著。齿凹釉质层凹凸不平。

中国已知种 仅模式种。

分布与时代 江苏，早中新世。

评注 邱铸鼎和林一璞（1986）在建立 *Shuanggouia* 属时，将其归入鼯鼠亚科（Petauristinae）。邱铸鼎和阎翠玲（2005）认为属型种的正模及经剔除后的副模构造简单，具有松鼠亚科的形态特征，故转置 Sciurinae 亚科。

陆氏双沟鼠 *Shuanggouia lui* Qiu et Lin, 1986

（图 74）

Miopetaurista sp. II：李传夔等，1983，313页（部分）

Sciuridae indet.：邱铸鼎、林一璞，1986，203页；Qiu et Qiu, 2013, p. 147

正模 IVPP V 8153，碎损的左上颌骨，附有P3–M2。江苏泗洪双沟，下中新统下草湾组。

副模 IVPP V 8152. 8, 9, V 8154.1–3，颊齿5枚。产地与层位同正模。

归入标本 IVPP V 8154.7, 8, 11, 14–16, 18, 20, 21，破碎下颌骨1件，颊齿8枚（江苏泗洪）。

鉴别特征 同属。

产地与层位 江苏泗洪双沟、松林庄、郑集，下中新统下草湾组。

评注 邱铸鼎和阎翠玲（2005）在研究山东山旺的松鼠化石时，将邱铸鼎和林一璞（1986）原指定为该种的部分标本归入 *Sciurus lii*，后来 Qiu（2015）又将其订正为 *Palaeosciurus jiangi*。

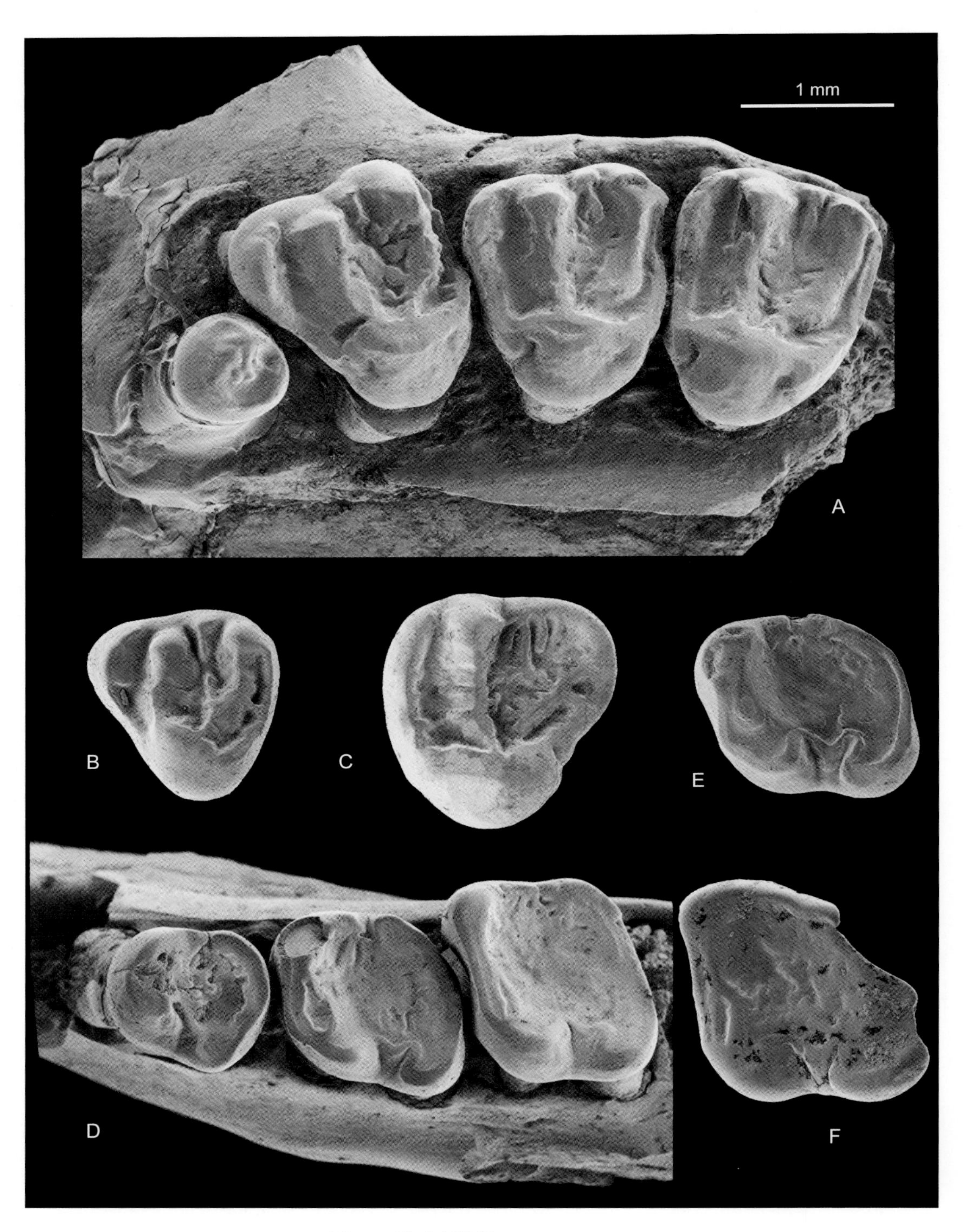

图 74　陆氏双沟鼠 *Shuanggouia lui*

A. 附有 P3–M2 的破损左上颌骨（IVPP V 8153，正模），B. 右 DP4（IVPP V 8154.1，反转），C. 右 M3（IVPP V 8154.11，反转），D. 附有 p4–m2 的破损左下颌骨（IVPP V 8154.7），E. 右 m1/2（IVPP V 8154.14，反转），F. 右 m3（IVPP V 8152.9，反转）：冠面视（引自 Qiu, 2015）

花鼠属 Genus *Tamias* Illiger, 1811

模式种 金花鼠 *Sciurus striatus* Linnaeus, 1758 = *Tamias striatus* (Linnaeus, 1758)

鉴别特征 小个体松鼠。下颌骨的齿虚位长而纤弱，咬肌窝前端位于p4之下，颏孔在p4齿槽之前。上臼齿次方形；原尖不扩张；原小尖和后小尖不明显；原脊和后脊低但完整，多少向原尖会聚，后脊常在接近原尖处略收缩。下颊齿的下内尖不显著；常有发育程度不同的下中尖；前边脊通常与下原尖低位相连；下外脊近纵向排列；下外谷宽阔；m1和m2轮廓似菱形，下内尖角区近折角形；m2和m3的下后脊不完整，下三角座凹后方开放；肢骨形态介于树松鼠和地松鼠者之间。

中国已知种 *Tamias ertemtensis*, *T. lishanensis*, *T. wimani*（或 *T. sibiricus*），共3种。

分布与时代 内蒙古，早中新世—上新世；山西，晚中新世、早上新世、中更新世；陕西，晚中新世；甘肃，上新世；辽宁，早更新世；北京，中更新世—晚更新世。

评注 现生的花鼠在过去的文献中常被分为两个属：*Eutamias* 和 *Tamias*。其区别主要是前者的个体稍小，门齿有沟和上颊齿具P3，而后者的门齿光滑，颊齿无P3。两个属名在旧大陆发现的花鼠化石中都被使用过（Teilhard de Chardin, 1942；Sulimski, 1964；Black et Kowalski, 1974；邱铸鼎、林一璞，1986；Qiu, 1991）。但在分类的修订中，所有花鼠类的现生种都被归入 *Tamias* 属，*Eutamias* 属名被取消（Wilson et Reeder, 1993）。这一方案正逐渐为古生物研究者和我国的现生动物学者所接受（McKenna et Bell, 1997；王应祥，2003；邱铸鼎、李强，2016）。本志书遵从用 *Tamias* 属名替代 *Eutamias* 的意见，其实，目前尚无法在化石材料中把这两个属的脱落牙齿分开。在周口店第九地点和第十二地点的松鼠材料中，以前报道过的 *Sciurus* sp.（Teilhard de Chardin, 1936, 1938），重新观察表明，这些标本属于花鼠类，亦可归入 *Tamias* 属。

二登图花鼠 *Tamias ertemtensis* (Qiu, 1991)

（图75）

Sciurus-group, sp. I：Fahlbusch et al., 1983, p. 212；Qiu, 1988, p. 838

Eutamias ertemtensis：Qiu, 1991, p. 225；Qiu et Storch, 2000, p. 183

Eutamias aff. *E. ertemtensis*：邱铸鼎，1996，38页（部分）

Eutamias sp.：Qiu et al., 2006, p. 180

Eutamias cf. *E. ertemtensis*：Qiu et al., 2006, p. 181

Eutamias cf./aff. *E. ertemtensis*, *Eutamias* sp.：Qiu et al., 2013, p. 177–179, 181, 182, 184

正模 IVPP V 8762，右M1/2。内蒙古化德二登图2，上中新统二登图组。

副模 IVPP V 8763.1–166，166 枚颊齿。产地与层位同正模。

归入标本 IVPP V 8764, V 10349–10350, V 11898, V 19498–19513，破碎上颌骨 1 件、破碎下颌骨 5 件、颊齿 487 枚（内蒙古中部地区）。

鉴别特征 个体和牙齿形态与现生花鼠 *Tamias sibiricus* 的相似。上颊齿次方形；P4 的前边脊和前附尖很弱；臼齿的原尖收缩，原脊和后脊低、略向原尖会聚，后脊在接近原尖处稍收缩，没有原小尖，后小尖极弱或不清楚，中附尖发育弱或缺如；下颊齿中的 m1 和 m2 菱形，略前后向压缩，下内尖完全融入下舌后内脊，下内尖角区圆弧形，下中尖清晰，下外谷宽阔。

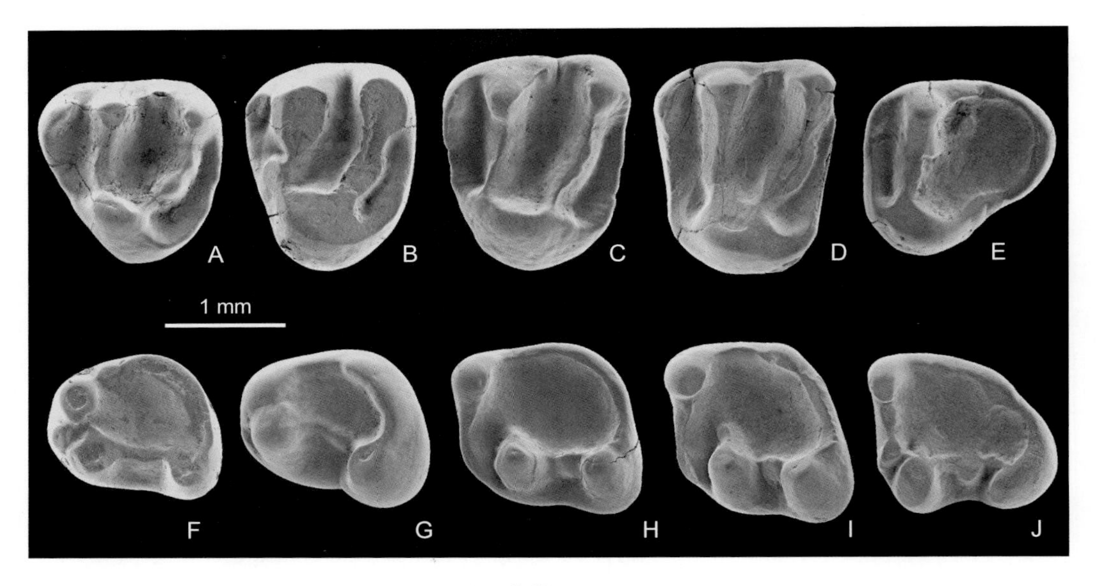

图 75 二登图花鼠 *Tamias ertemtensis*

A. 左 DP4（IVPP V 8763.23），B. 左 P4（IVPP V 8763.36），C. 左 M1/2（IVPP V 8763.54），D. 右 M1/2（IVPP V 8762，正模，反转），E. 左 M3（IVPP V 8763.94），F. 左 dp4（IVPP V 8763.109），G. 左 p4（IVPP V 8763.117），H. 左 m1/2 （IVPP V 8763.126），I. 右 m1/2（IVPP V 8763.1，反转），J. 左 m3（IVPP V 8763.157）：冠面视

产地与层位 内蒙古苏尼特左旗敖尔班、嘎顺音阿得格，下中新统敖尔班组；苏尼特左旗默尔根、苏尼特右旗 346 地点，中中新统通古尔组；苏尼特左旗巴伦哈拉根、苏尼特右旗阿木乌苏和沙拉、阿巴嘎旗灰腾河，上中新统；化德二登图、哈尔鄂博，上中新统二登图组—? 下上新统；化德比例克、阿巴嘎旗高特格，下上新统。

评注 该种在内蒙古中部地区早中新世到上新世地层中很常见，其相似种还发现于山西榆社（Qiu, 2017b）。建名时把二登图 2 的 166 枚颊齿（IVPP V 8763.1–166）作为归入标本处理，这些标本与正模采自相同地点和层位，可视为该种的副模。

骊山花鼠 *Tamias lishanensis* (Qiu, Zheng et Zhang, 2008)

（图 76）

Eutamias sp.：Zhang et al., 2002, p. 171

Eutamias sp.：Qiu et al., 2003, p. 445

正模 IVPP V 15341，附有 P3–M1 的左上颌骨碎块。陕西蓝田第 13 地点，上中新统灞河组。

归入标本 IVPP V 15342.1–19，19 枚颊齿（陕西蓝田）。

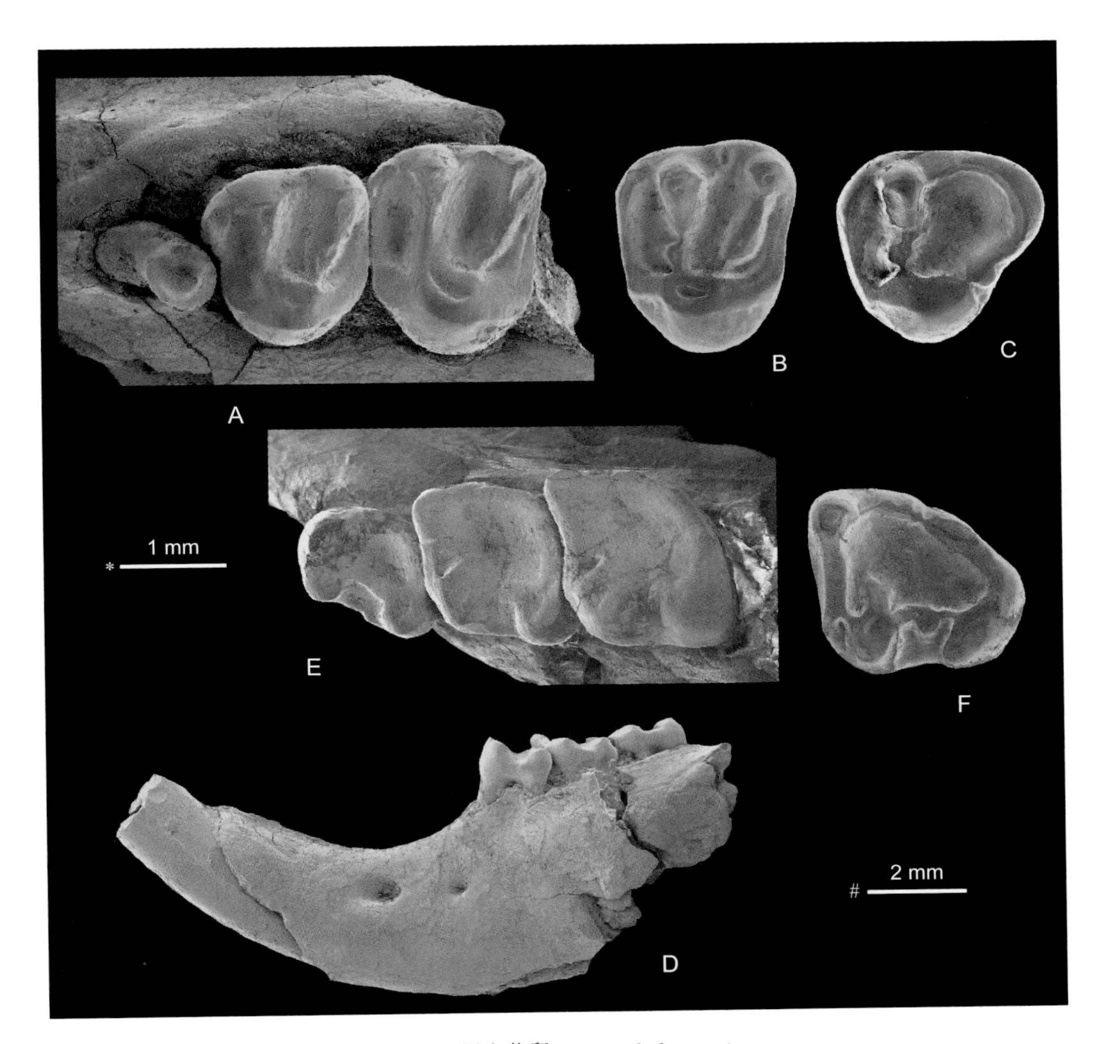

图 76 骊山花鼠 *Tamias lishanensis*

A. 附有 P3–M1 的左上颌骨碎块（IVPP V 15341，正模），B. 左 M1/2（IVPP V 15342.3），C. 右 M3（IVPP V 15342.4，反转），D, E. 附有 p4–m2 的右下颌骨碎块（IVPP V 15342.11，反转），F. 左 m3（IVPP V 15342.7）：A–C, E, F. 冠面视，D. 颊侧视；比例尺：* - A–C, E, F，# - D（引自邱铸鼎等，2008）

鉴别特征 个体比现生花鼠 *Tamias sibiricus* 稍大，前臼齿和第三臼齿的尺寸相对更大。无 P3。P4 具完整的前边脊，且明显臼齿化；上臼齿的原尖较收缩，中附尖不发育；M3 明显向后扩伸，无后脊；下臼齿的下内尖几乎融入下舌后内脊，下中尖很小。

产地与层位 陕西蓝田第 6、8、13、19、36、46 地点，上中新统灞河组。

评注 命名者在记述时，把正模以外的标本都指定为副模。IVPP V 15342.1–19 标本虽然都采自蓝田灞河，但来自与正模不同的地点和层位，因此应视为归入标本。

魏氏花鼠 *Tamias wimani* Young, 1927

(图 77)

Tamias sp.：Teilhard de Chardin et Young, 1931, p. 4

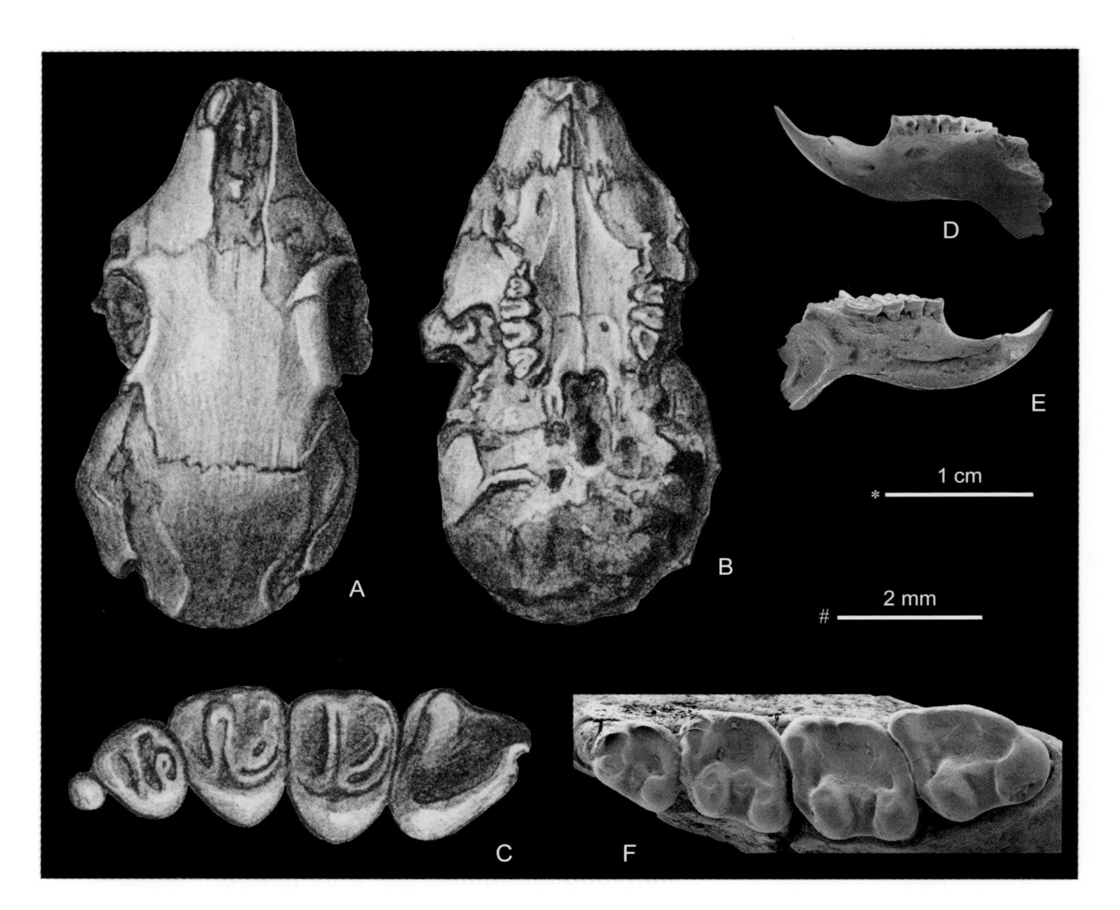

图 77 魏氏花鼠 *Tamias wimani*

A–C. 附有右 P4–M1 和左 M1–3 保存良好的头骨及右齿列（选模，无编号，C 反转），D, E. 附有 p4–m3 的破损左下颌骨（IVPP C/C. 1032.1），F. 附有 p4–m2 的破损右下颌骨（IVPP C/C. 1032.2，反转）：A. 背面视，B. 腹面视，C, F. 冠面视，D. 颊侧视，E. 舌侧视；比例尺：* - A, B, D, E，# - C, F（A–C 引自 Young, 1927）

选模 破损头骨，附有右 P3–M1 和左 M1–3 的上颌骨碎块（见 Young, 1927, p. 8, pl. I, figs. 1, 2；无编号，标本可能保存在瑞典乌普萨拉大学博物馆）。北京房山周口店（第二地点 /Loc. 53），中更新统。

副选模 破损右下颌支，仅保留 p4 和 m1 齿槽（见 Young, 1927, p. 8, pl. I, figs. 1, 2；无编号，标本可能保存在瑞典乌普萨拉大学博物馆）。产地与层位同选模。

归入标本 IVPP V 15058, C/C. 1032，破碎下颌骨 3 件（北京房山）。

鉴别特征 个体和头骨形态与蒙古高原地区的现生花鼠 *Tamias sibiricus* 接近，但略粗壮、尺寸稍大，颅部明显隆凸，吻部、额骨和眶间区较宽，眶上突短小、向后外变尖，齿列也长些。P4–M3 冠面呈 U 形，有中附尖；M3 向后扩展，没有后脊。

产地与层位 北京房山周口店、十渡，中更新统—上更新统；山西保德火山，中更新统；辽宁大连海茂，下更新统。

评注 裴文中（Pei, 1936）对该种的有效性有过质疑，认为其形态与 *Tamias asiaticus*（即 *T. sibiricus*）的特征难以区分。郑绍华和韩德芬（1993）在描述辽宁营口金牛山的花鼠材料时，把前人指定为 *T. wimani* 种及与其形态相似的种或未定种的大部分标本（如产自大连海茂的标本）都归入了 *T. sibiricus*，并建议取消 *T. wimani* 种。同号文等（2008）则直接将发现于北京房山十渡、形态上与 *T. wimani* 相似的花鼠（IVPP V 15058 标本）归入 *T. sibiricus*。确实，*T. wimani* 与现生 *T. sibiricus* 的差异细微，是否可作为一个独立的种，有待作进一步的研究。因此，本书也倾向于把 *T. wimani* 视为与 *T. sibiricus* 等同，两者难以区分，但暂时将地层中产出的标本称为 *T. wimani*。

近松鼠属 Genus *Plesiosciurus* Qiu et Lin, 1986

模式种 中华近松鼠 *Plesiosciurus sinensis* Qiu et Lin, 1986

鉴别特征 小型松鼠，牙齿相对粗钝，齿尖比齿脊醒目。P4 的前附尖稍向前扩张，前边脊短；P4–M2 的原尖略前后向伸展，没有原小尖和中附尖，后小尖微弱或无，原脊和后脊完整、稍向原尖会聚，原脊在接近原尖处肿胀，后脊在低处与原尖连接；M3 或具有后小尖的痕迹和不完整的后脊，或完全退化。下颊齿的下内尖完全融入下舌后内脊，无下中尖和下中附尖，下外谷中度宽阔，下外脊纵向或略倾斜地延伸；m1 和 m2 多少前后向压扁，下后脊长、封闭三角座凹后部；m3 中度向后延伸，下后脊较短、未能封闭三角座凹后部。齿凹中的釉质层光滑。

中国已知种 *Plesiosciurus sinensis* 和 *P. zhengi* 两种。

分布与时代 江苏、山东、安徽，早中新世。

评注 据 Maridet 等（2014）报道，蒙古中部湖谷地区（Valley of Lakes）的晚渐新世发现了 *Plesiosciurus sinensis* 的亲近种。

中华近松鼠 *Plesiosciurus sinensis* Qiu et Lin, 1986

（图 78）

Spermophilinus sp.：李传夔等，1983，313 页

正模 IVPP V 8157，右 M1/2。江苏泗洪松林庄，下中新统下草湾组。

副模 IVPP V 8158.1–8，附有 m2 和 m3 的破碎下颌骨 1 件，颊齿 16 枚。产地与层位同正模。

归入标本 IVPP V 8158，颊齿 8 枚（江苏泗洪）。

鉴别特征 个体较小的一种近松鼠，齿尖和齿脊相对弱。M1 和 M2 中连接前尖与后尖间的外脊弱；M3 具有后小尖和后脊的痕迹；m1 和 m2 较明显地前后向压缩，外脊纵向排列。

产地与层位 江苏泗洪松林庄、双沟、郑集，下中新统下草湾组。

评注 邱铸鼎和林一璞（1986）认为该种的牙齿形态介于花鼠或地松鼠与树松鼠之间，并将其归入树松鼠族（Sciurini）。进一步的研究表明，*Plesiosciurus sinensis* 的牙齿形态具有典型花鼠类的特征，故又被移入花鼠族（Qiu, 2015）。

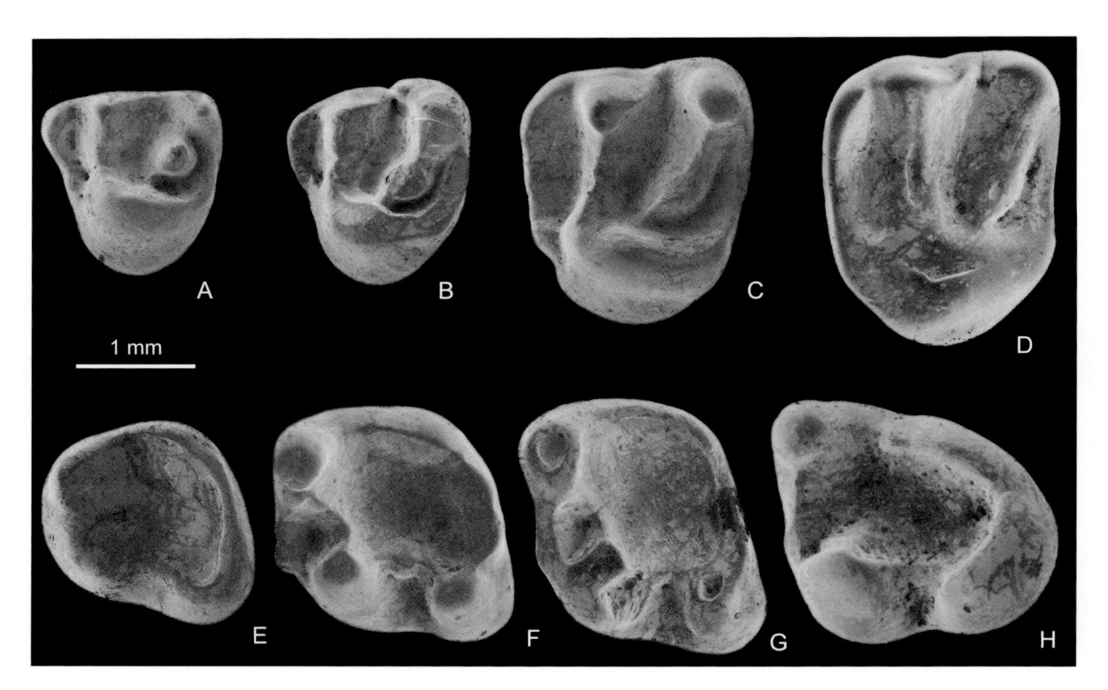

图 78 中华近松鼠 *Plesiosciurus sinensis*

A. 右 DP4（IVPP V 8158.11，反转），B. 右 P4（IVPP V 8158.12，反转），C. 右 M1/2（IVPP V 8157，正模，反转），D. 左 M1/2（IVPP V 8158.4），E. 右 p4（IVPP V 8158.5，反转），F. 左 m1/2（IVPP V 8158.6），G. 左 m1/2（IVPP V 8158.14），H. 右 m3（IVPP V 8158.10，反转）：冠面视（引自 Qiu, 2015）

郑氏近松鼠 *Plesiosciurus zhengi* Qiu, 2015

（图 79）

Plesiosciurus aff. *sinensis*：邱铸鼎、孙博，1988，54 页

正模 IVPP V 20849，左 M1/2。安徽繁昌癞痢山，晚新生代洞穴堆积（? 下中新统—中中新统）。

副模 IVPP V 20850.1–28，颊齿 28 枚。产地与层位同正模。

归入标本 SWPM SM 830102，受压致损的骨架，保存有颊齿 3 枚（山东临朐）。

鉴别特征 个体较大的一种近松鼠，齿尖和齿脊相对粗壮。M1 和 M2 中连接前尖与后尖间的外脊很显著；M3 的后小尖和后脊完全退化消失；m1 和 m2 不甚前后向压缩，外脊较明显地前内 - 后外向排列。

产地与层位 安徽繁昌癞痢山，晚新生代洞穴堆积（? 下中新统—中中新统）；山东临朐解家河，下中新统山旺组。

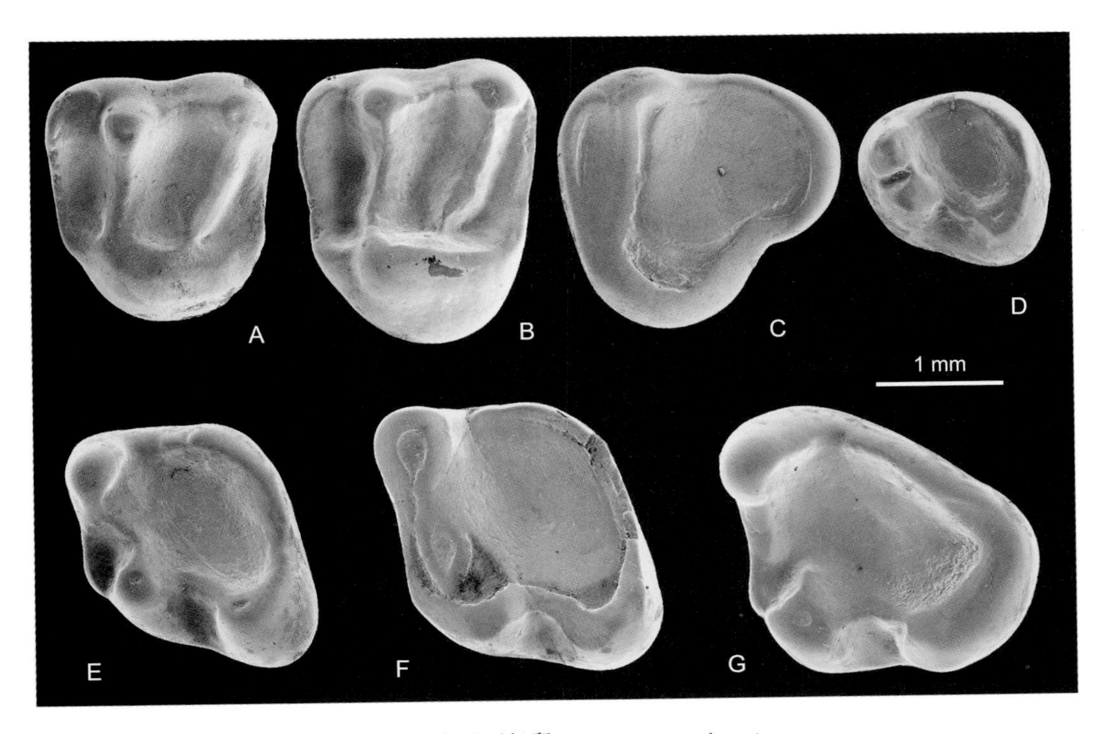

图 79 郑氏近松鼠 *Plesiosciurus zhengi*

A. 左 M1/2（IVPP V 20850.1），B. 左 M1/2（IVPP V 20849，正模），C. 左 M3（IVPP V 20850.7），D. 左 p4（IVPP V 20850.14），E. 左 m1/2（IVPP V 20850.15），F. 左 m1/2（IVPP V 20850.16），G. 左 m3（IVPP V 20850.23）：冠面视（引自 Qiu, 2015）

异花鼠属 Genus *Heterotamias* Qiu, 2015

模式种 泗洪花鼠 *Eutamias sihongensis* Qiu et Lin, 1986 = *Heterotamias sihongensis* (Qiu et Lin, 1986)

鉴别特征 小个体花鼠。P4 的前附尖不明显向前扩张，前边脊长；P4–M2 原尖前后向收缩，具有弱的原小尖和发育的后小尖，原脊和后脊完整、向原尖会聚，并通常在接近原尖处明显收缩；M3 具后小尖和不完整的后脊；p4–m2 的下内尖清晰，下内尖角区钝角形或弧形，通常具有小的下中尖、纵向的下外脊和宽的外谷；m1 和 m2 的长度大于宽度，具有长的下后脊，磨蚀早期的牙齿保留有下内脊或其残留的痕迹；m3 中度向后扩展，具有比 m1 和 m2 更为清楚的下中尖，但下后脊较短。齿凹中的釉质层粗糙。

中国已知种 仅有 *Heterotamias sihongensis* 一种。

分布与时代 江苏，早中新世。

评注 异花鼠属的个体和形态与 *Tamias* 属的较接近，但其 P4 前边脊发育，P4–M2 具有弱的原小尖和发育的后小尖，M3 具后小尖和后脊，p4–m2 的下内尖很显著，m1 和 m2 的长度明显大于宽度、具有长的下后脊和退化的下内脊，这些形态与花鼠属的特征明显不同。它被认为可能在渐新世时与 *Tamias* 属有共同的祖先（Qiu, 2015）。

泗洪异花鼠 *Heterotamias sihongensis* (Qiu et Lin, 1986)

（图 80）

Sciurus sp.：李传夔等，1983，313 页

Eutamias sihongensis：邱铸鼎、林一璞，1986，200 页；Qiu, 1988, p. 841；Qiu et Qiu, 1995, p. 61；Qiu et Qiu, 2013, p. 147

Plesiosciurus sinensis：邱铸鼎、林一璞，1986，202 页（部分）

正模 IVPP V 8155，右 M1/2。江苏泗洪松林庄，下中新统下草湾组。

副模 IVPP V 8156.1–16，16 枚颊齿。产地与层位同正模。

归入标本 IVPP V 1956.17–38, V 8158.16，颊齿 23 枚（江苏泗洪）。

鉴别特征 同属。

产地与层位 江苏泗洪松林庄、双沟、郑集，下中新统下草湾组。

评注 该种最先被归入 *Eutamias* 属（邱铸鼎、林一璞，1986）。鉴于其形态与 *Eutamias* 或 *Tamias* 属的明显差异，后被订正为 *Heterotamias* 属（Qiu, 2015）。

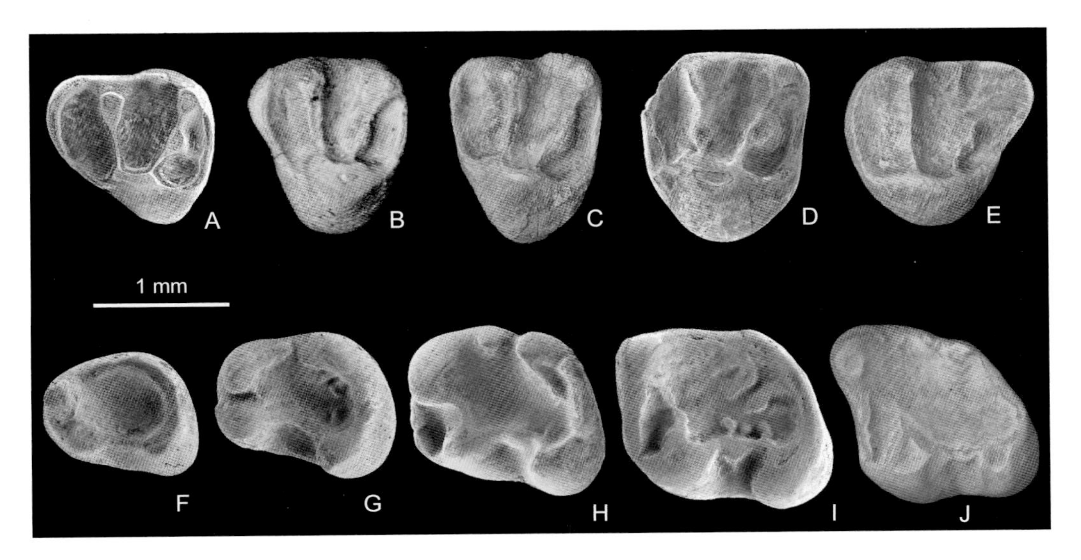

图 80　泗洪异花鼠 *Heterotamias sihongensis*

A. 左 DP4（IVPP V 8156.22），B. 左 P4（IVPP V 8156.24），C. 左 M1/2（IVPP V 8156.25），D. 右 M1/2（IVPP V 8155，正模，反转），E. 左 M3（IVPP V 8156.5），F. 左 dp4（IVPP V 8156.32），G. 左 p4（IVPP V 8156.34），H. 右 m1/2（IVPP V 8156.11，反转），I. 左 m1/2（IVPP V 8156.36），J. 左 m3（IVPP V 8156.13）：冠面视（引自 Qiu, 2015）

欧洲花鼠属 Genus *Spermophilinus* De Bruijn et Mein, 1968

模式种　布雷达松鼠 *Sciurus bredai* Von Meyer, 1848 = *Spermophilinus bredai* (Von Meyer, 1848)

鉴别特征　眶下孔大，卵圆形，伸达颧弓；无眶下沟；颧骨板与上齿列成 40º 夹角；眶间区窄；门齿之后有两个颊肌附着窝；前颌骨和上颌骨缝合线朝眶下孔向后弯曲。下颌骨齿虚位长而浅，前端与颊齿槽上缘处在同一水平面；咬肌窝前端位于 m1 前根之下，下咬肌脊直；髁突背缘处于与下颊齿列咀嚼面水平线之上。M1 和 M2 冠面次方形，原脊和后脊向原尖会聚，后脊在接近原尖处稍收缩，中附尖小或无；上门齿侧扁，有纵纹，强烈弯曲。下臼齿的下内尖融入下舌后内脊；m1 和 m2 下内尖角区圆弧形，下原尖与下前边脊之间通常由一谷分开，在早期种类中前后向不压扁，但在 *S. turolensis* 中则多少呈现压扁现象；m1–m3 的下中尖显著；下中附尖小或无；下门齿的唇侧有纵纹。

中国已知种　仅 *Spermophilinus mongolicus* 一种。

分布与时代　内蒙古，晚中新世。

评注　*Spermophilinus* 属在欧洲分布于早中新世—上新世地层，是新近纪较常见的一属。对其族一级的分类位置尚有不同意见：de Bruijn 和 Mein（1968）将其归入 Tamiini 族，而 McKenna 和 Bell（1997）则将其移至 Marmotini 族。根据其颌骨形态和牙齿构造与 *Tamias* 的相似性，本书赞同暂且归入 Tamiini 族的意见。

Spermophilinus 属在欧洲早期的种类中，个体和形态与 *Tamias* 属的特征有很多相似之处，明显的不同在于前者的个体稍大，M1 和 M2 的原脊和后脊较少地向原尖会聚，m1 和 m2 的下中尖较显著、下原尖与下前边脊在多数标本中明显分开。

蒙古欧洲花鼠 *Spermophilinus mongolicus* Qiu et Li, 2016

（图 81）

Eutamias cf. *E. ertemtensis*, *Eutamias* sp.：Qiu et al., 2013, p. 181, 183 (part)

正模 IVPP V 19514，左 m1/2。内蒙古苏尼特左旗巴伦哈拉根（IVPP Loc. IM 0801），上中新统。

副模 IVPP V 19515.1–56，颊齿 56 枚。产地与层位同正模。

归入标本 IVPP V 19516–19517，颊齿 18 枚（内蒙古中部地区）。

鉴别特征 牙齿尺寸与 *Spermophilinus bredai* 的接近。P4 前附尖适度向前凸出，前边脊长度达齿宽之半以上；P4–M2 常有弱脊形的中附尖；p4–m2 的下内尖未完全融入下舌后内脊，下内尖角区通常钝角形；下臼齿下前边脊与下原尖间的分开一般较狭窄；m1 和 m2 的下后脊显著。

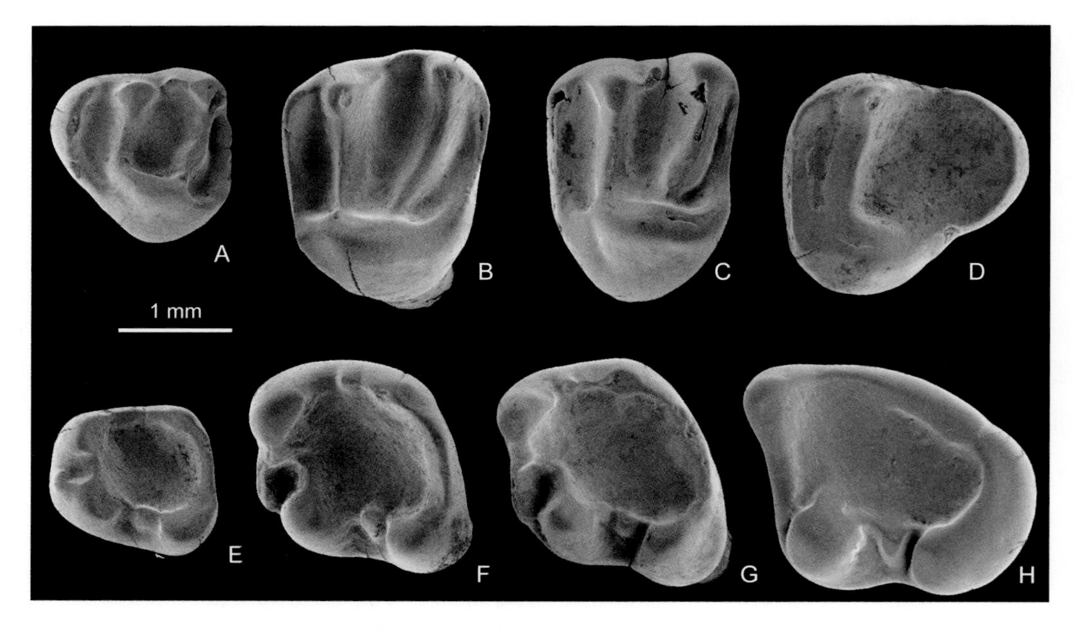

图 81 蒙古欧洲花鼠 *Spermophilinus mongolicus*

A. 右 P4（IVPP V 19515.2，反转），B. 左 M1/2（IVPP V19515.3），C. 右 M1/2（IVPP V19517.1，反转），D. 左 M3 （IVPP V19515.4），E. 右 p4 （IVPP V 19515.6，反转），F. 右 m1/2（IVPP V19517.2，反转），G. 左 m1/2（IVPP V 19514，正模），H. 左 m3（IVPP V 19516.1）：冠面视（引自邱铸鼎、李强，2016）

产地与层位 内蒙古苏尼特左旗巴伦哈拉根、必鲁图和苏尼特右旗阿木乌苏，上中新统。

巨松鼠族 Tribe Ratufini Moore, 1959

体型大。头骨具发达的眶上突，额骨中部宽，颧弓粗壮。下颌骨齿虚位短而粗。齿尖和齿脊低且弱，齿凹釉质层粗糙；上臼齿圆方形，常有小的次生脊，原小尖和后小尖不发育，原脊和后脊近平行排列，前边脊和后边脊完整，常见短的原小脊；下颊齿的下内尖轮廓分明，下中尖和下中附尖通常发育。

巨松鼠族是适应乔木环境的大型松鼠，属、种的多样性很不丰富，现生种栖息于东洋区，化石种报道于欧洲和亚洲的南部地带，最早出现于中新世。

巨松鼠属 Genus *Ratufa* Gray, 1867

模式种 印度松鼠 *Sciurus indicus* Erxleben, 1777 = *Ratufa indicus* (Erxleben, 1777)

鉴别特征 体型硕大。头骨具发达、呈三角形的眶上突，额骨最大宽度位于眶间中部，颧弓粗壮，听泡大、无中隔。下颌骨齿虚位前端与颊齿槽缘面持平。齿尖和齿脊低弱，齿凹浅，釉质层褶皱；上颊齿的原脊和后脊近平行排列，但在接近原尖处明显收缩；上臼齿圆方形，原尖前后向伸长，原小尖和后小尖不清晰；M1 和 M2 有弱的次尖，原脊和后脊的界线不规则，前边脊和后边脊完整并在舌侧接近原尖处肿胀、膨大，具短的原小脊；下颊齿的下内尖轮廓分明、显著，具有明显的下中尖和下中附尖，下内尖角区折角形，齿凹中附属脊发育。

中国已知种 *Ratufa bicolor* 和 *R. yuanmouensis* 两种。

分布与时代 云南，晚中新世；海南，全新世。

评注 *Ratufa* 为现生最大型的普通树松鼠，共有 4 个现生种，分布于东洋界。化石最早发现于我国云南和泰国的中新统（Mein et al., 1990；邱铸鼎、倪喜军，2006）。文献中欧洲的下中新统也有该属化石的报道，但可否归入该属尚有疑义。

巨松鼠 *Ratufa bicolor* (Sparrmann, 1778)

（图 82）

正模 现生种，未指定。

归入标本 HNM HV 00130–00142，破碎的上颌骨和下颌骨 13 件（海南三亚）。

鉴别特征 个体比 *Ratufa yuanmouensis* 大，齿冠明显高，齿尖和齿脊较粗壮，上臼齿的次尖和后尖也强大得多，原脊和后脊相对完整，原小尖和后小尖稍清楚，原小脊和中附尖较显著。下颌咬肌窝宽浅，前伸达p4与m1间之下；颏孔小，位于p4前缘之前下方；p4无下前边尖；m1和m2的下中尖和下中附尖发育；m3不甚向后延伸。

产地与层位 海南三亚落笔洞，全新统。

评注 *Ratufa bicolor* 为现生种，分布于云南西南、广西和海南岛，半化石仅发现于海南省三亚市落笔洞的全新统（郝思德、黄万波，1998）。郑绍华和张联敏（见黄万波、方其仁等，1991）曾记述过采自重庆巫山龙骨坡的一段附有M1–M3的上颌骨，根据牙齿的尺寸、齿冠低、齿凹中釉质层复杂等，指定为 *R.* cf. *bicolor*。该标本属老年个体，冠面构造不是很清楚，但M1和M2的宽度明显比长度大，原脊和后脊向原尖聚会，无原小脊，前边脊和后边脊甚弱、在舌侧接近原尖处并不肿胀，与现生 *R. bicolor* 的形态有较大的差别，可否归入 *Ratufa* 的相似种，有待更多材料的发现和进一步的研究。

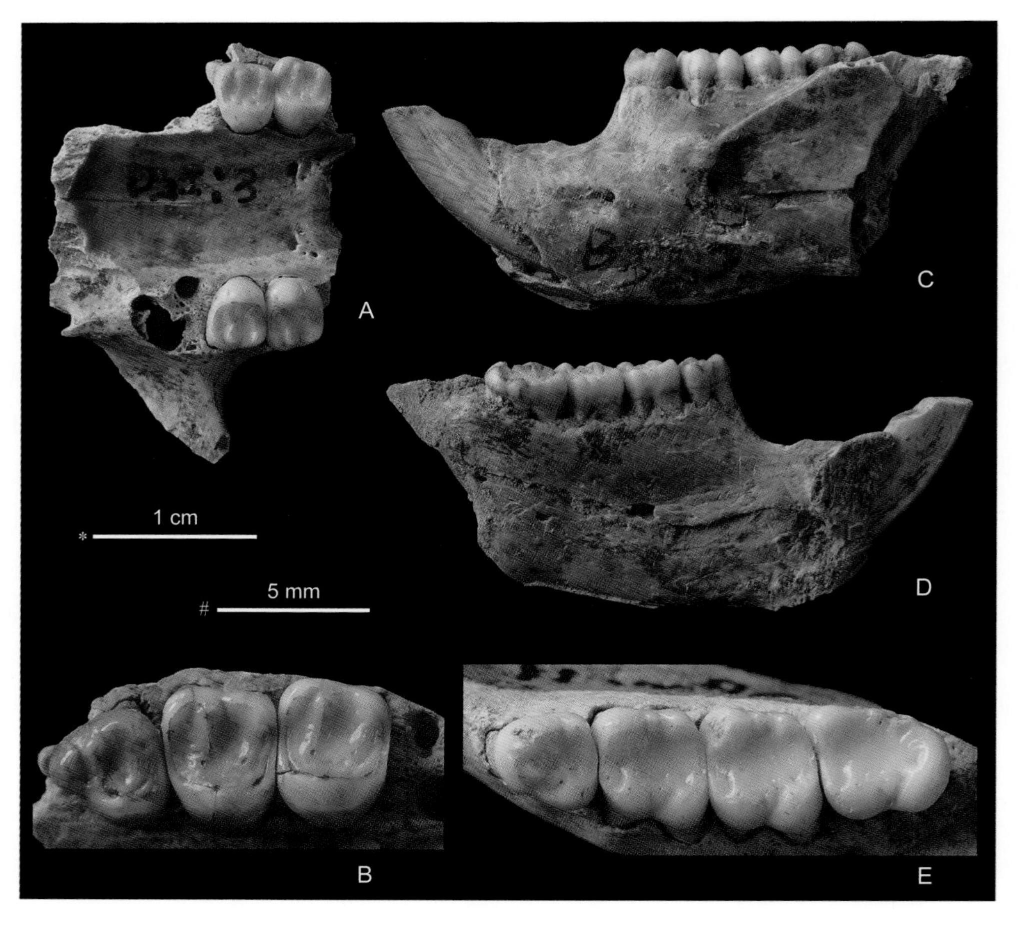

图 82 巨松鼠 *Ratufa bicolor*

A. 附有左、右M1和M2的头骨碎块（HNM HV 00135），B. 附有P4–M2的破损左上颌骨（HNM HV 00133），C, D. 附有p4–m3的破损左下颌骨（HNM HV 00131），E. 附有p4–m3的破损左下颌骨（HNM HV 00132）：A. 腹面视，B, E. 冠面视，C. 颊侧视，D. 舌侧视；比例尺：* - A, C, D，# - B, E

元谋巨松鼠 *Ratufa yuanmouensis* Qiu et Ni, 2006

（图 83）

Ratufa sp.：Ni et Qiu, 2002, p. 538

正模 IVPP V 13493，右 M1/2。云南元谋雷老（IVPP Loc. 雷老 9906 地点），上中新统小河组。

归入标本 IVPP V 13494，P4 一枚（元谋雷老）。

鉴别特征 个体较小的一种巨松鼠。齿冠低，齿尖和齿脊低弱；M1/2 的次尖和后尖很小，次尖高度比原尖的略低，原脊和后脊不甚完整，前边脊和后边脊相对显著，具有狭窄的后凹。

产地与层位 云南元谋雷老（9904 地点、9906 地点），上中新统小河组。

评注 原作者将 IVPP V 13494 标本指定为副模，因该标本与正模不是产自相同的地点，故改称归入标本。

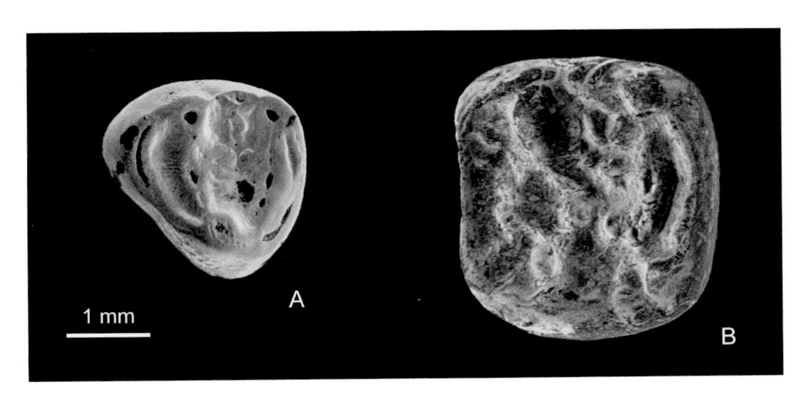

图 83 元谋巨松鼠 *Ratufa yuanmouensis*

A. 右 P4（IVPP V 13494，反转），B. 右 M1/2（IVPP V 13493，正模，反转）：冠面视（引自邱铸鼎、倪喜军，2006）

假巨松鼠属 Genus *Pseudoratufa* Qiu et Jin, 2016

模式种 皖假巨松鼠 *Pseudoratufa wanensis* Qiu et Jin, 2016

鉴别特征 体型较大的松鼠。颊齿构造敦厚，单面高冠；P4–M2 四角浑圆；P4 很小，无前附尖；M1 和 M2 的原尖明显前后向延伸，原脊和后脊强大、舌侧收缩、近平行排列，原小尖和后小尖缺如，原小脊显著，前边脊和后边脊在舌侧融入原尖、在颊侧分别与前尖和后尖连接而形成围绕咀嚼面的齿脊；p4 小，无下前边尖，下内尖融入下内脊并与下原尖、下次尖、下后尖和下外脊连接而形成围绕跟座凹的齿脊。M1 和 M2 的中凹具有短而粗、从原脊和后脊伸出的显著次生脊。

中国已知种 仅 *Pseudoratufa wanensis* 一种。

分布与时代 安徽，晚新生代（? 早中新世—中中新世）。

评注 该属的牙齿形态具有树松鼠的特征，并与巨松鼠属的相似，因而被归入巨松鼠族。现生巨松鼠族的成员仅分布于东洋区的森林地带；发现于安徽的假巨松鼠化石，代表该族仅有的两个属之一。

皖假巨松鼠 *Pseudoratufa wanensis* Qiu et Jin, 2016

（图 84）

正模 IVPP V 20853，左 M1/2。安徽繁昌癞痢山，晚新生代裂隙堆积（? 下中新统—中中新统）。

副模 IVPP V 20854.1–5，颊齿 5 枚。产地与层位同正模。

鉴别特征 同属。

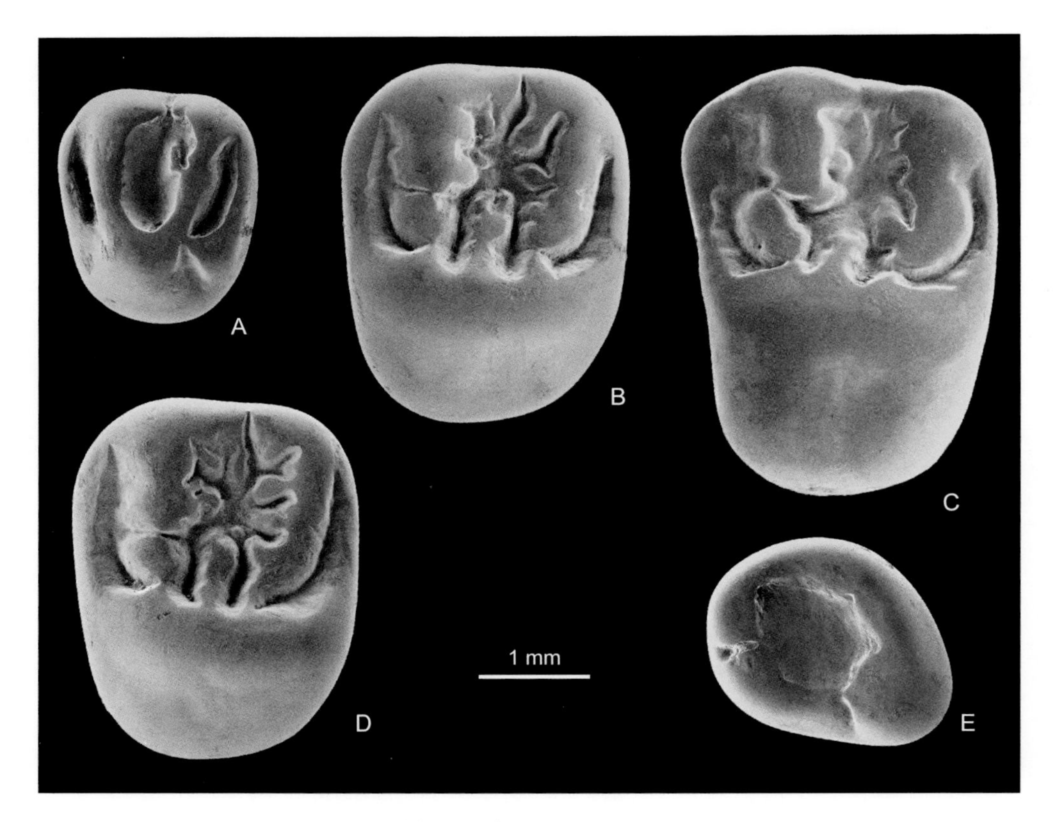

图 84 皖假巨松鼠 *Pseudoratufa wanensis*

A. 右 P4（IVPP V 20854.1，反转），B. 左 M1/2（IVPP V 20853，正模），C. 左 M1/2（IVPP V20854.3），D. 右 M1/2 （IVPP V20854.2，反转），E. 右 p4（IVPP V 20854.5，反转）：冠面视（引自 Qiu et Jin, 2016）

鼯鼠亚科 Subfamily Pteromyinae Brandt, 1855

一类具松鼠型头骨、有滑翔功能皮质翼膜及特有腕骨组合的树栖松鼠。牙齿构造较为复杂；上臼齿原脊和后脊上的附属褶嵴通常明显，在牙齿磨蚀早期釉质层皱纹或附属小脊显著；M1 和 M2 常具清晰的次尖；下颊齿一般有发育的下中尖、轮廓分明的下内尖，以及清楚的前颊侧齿带。在较原始的属、种中，牙齿的构造相对简单，进步种类一般较为复杂。

这种适应乔木环境的鼯鼠亚科动物，其皮质翼膜及腕骨至今未在化石中发现，古生物学者只参照现生飞松鼠的牙齿形态，把凡具有以上牙齿特征或其中部分特征的化石归入鼯鼠亚科。该亚科最早出现于欧洲大陆的渐新世；在中国化石最早记录于早中新世，多见于东部和西南部的动物群，华北相对少，西北地区的动物群中很罕见。

副鼯鼠属 Genus *Parapetaurista* Qiu et Lin, 1986

模式种 细纹副鼯鼠 *Parapetaurista tenurugosa* Qiu et Lin, 1986

鉴别特征 鼯鼠类中个体中等大小、牙齿构造相对简单、齿冠较低的一属。P4 的前附尖显著、向前扩展；P4–M2 无次尖，原尖前后向延展，前尖明显比后尖强壮，原脊和后脊相对弱、近平行排列、并倾斜地与原尖连接，原小尖和后小尖不发育，但具有清楚的原小脊；M3 不甚向后延伸，无后脊；p4–m2 具轮廓分明的下内尖，清楚的下中尖，折角形的下内尖角区和高且强壮的下舌后内脊；m1 和 m2 具小、与下后尖连接而与下内尖隔开的下中附尖，有完整的下后脊，以及明显的前颊侧谷。齿凹釉质层呈细皱纹状。

中国已知种 仅模式种。

分布与时代 江苏，早中新世。

细纹副鼯鼠 *Parapetaurista tenurugosa* Qiu et Lin, 1986

（图 85）

Miopetaurista sp. 1：李传夔等，1983，313 页

正模 IVPP V 8151，左 M1/2。江苏泗洪松林庄，下中新统下草湾组。

副模 IVPP V 8152.1–7，颊齿 7 枚。产地与层位同正模。

归入标本 IVPP V 8152.8–9，颊齿 2 枚（江苏泗洪）。

鉴别特征 同属。

产地与层位 江苏泗洪松林庄、双沟，下中新统下草湾组。

评注 建名时将产自正型地点除正模外的标本和双沟的标本都指定为“归入标本”，其实 IVPP V 8152.1–7 的 7 枚颊齿与正模都采自松林庄相同地点的同一层位，可视为该种的副模。

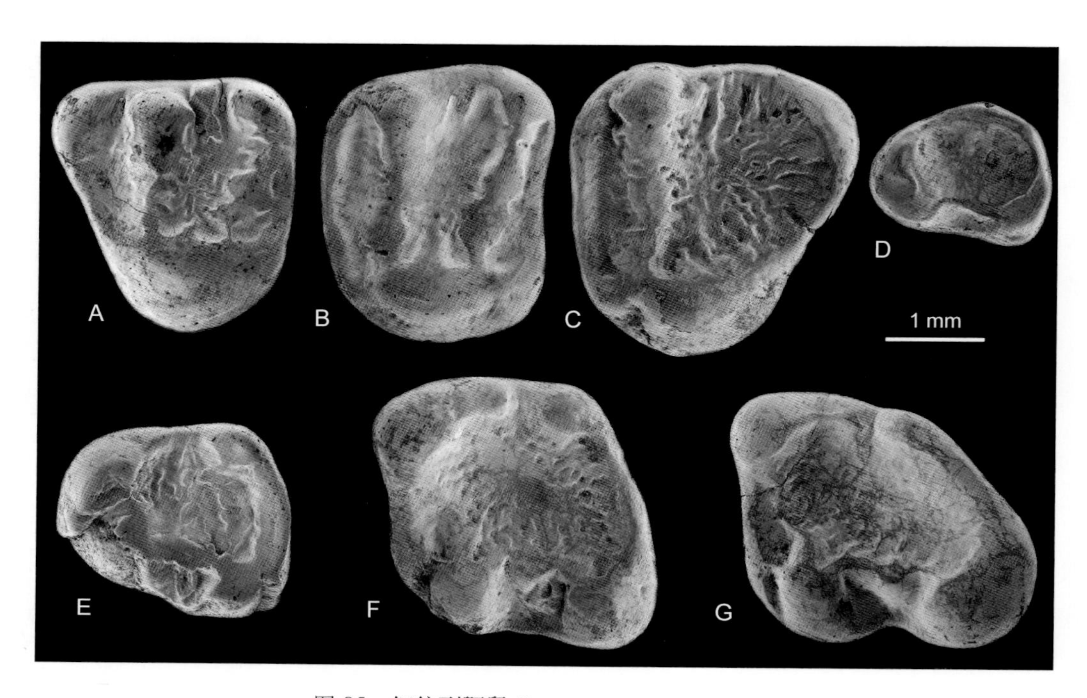

图 85 细纹副鼯鼠 *Parapetaurista tenurugosa*

A. 右 P4（IVPP V 8152.1，反转），B. 左 M1/2（IVPP V 8151，正模），C. 左 M3（IVPP V 8152.2），D. 左 dp4（IVPP V 8152.4），E. 右 p4（IVPP V 8152.5，反转），F. 左 m1/2（IVPP V 8152.6），G. 右 m3（IVPP V 8152.7，反转）：冠面视（引自 Qiu, 2015）

中新鼯鼠属 Genus *Miopetaurista* Kretzoi, 1962

模式种 驼背松鼠 *Sciurus gibberosus* Hofmann, 1893=*Miopetaurista gibberosa* (Hofmann, 1893)

鉴别特征 中—大型鼯鼠。上颊齿的原小尖和后小尖弱或无，常有游离的原小脊和孤立的中附尖，内齿带不发育；M1 和 M2 的原脊和后脊平行或近似于平行地与原尖连接，次尖不清晰；M3 无后脊。下臼齿的下内尖轮廓很清楚，下前边脊常与下原尖连接并留下前颊侧齿带和前颊侧谷，齿凹釉质层常有不规则的小褶或皱纹。

中国已知种 仅 *Miopetaurista asiatica* 一种。

分布与时代 内蒙古、云南，晚中新世。

评注 该属发现于欧亚大陆，主要分布于欧洲的早中新世—早上新世地层，共有 6 种：*Miopetaurista gibberosa*、*M. lappi*、*M. gaillardi*、*M. neogrivensis*、*M. crusafonti* 和 *M. thaleri*。中国仅有一个命名种，此外尚有发现于内蒙古阿木乌苏的一个未定种（邱铸鼎、李强，2016）。

亚洲中新鼯鼠 *Miopetaurista asiatica* Qiu, 2002

（图 86）

?*Forsythia* sp.：邱铸鼎等，1985，18 页（部分）；Qiu, 1988, p. 839 (part)

Forsythia sp.：Qiu et Qiu, 1995, p. 63 (part)；Ni et Qiu, 2002, p. 538 (part)

正模 IVPP V 13147，附有 P3 齿根和 P4–M2 的破损左上颌骨。云南禄丰石灰坝（IVPP Loc. 禄丰 L. III），上中新统石灰坝组。

副模 IVPP V 13148.1，一附有门齿和 p4–m3 的破损下颌支。产地与层位同正模。

归入标本 IVPP V 13148.2，一枚 M3（云南禄丰）。IVPP V 13496，一枚 P4（云南元谋）。

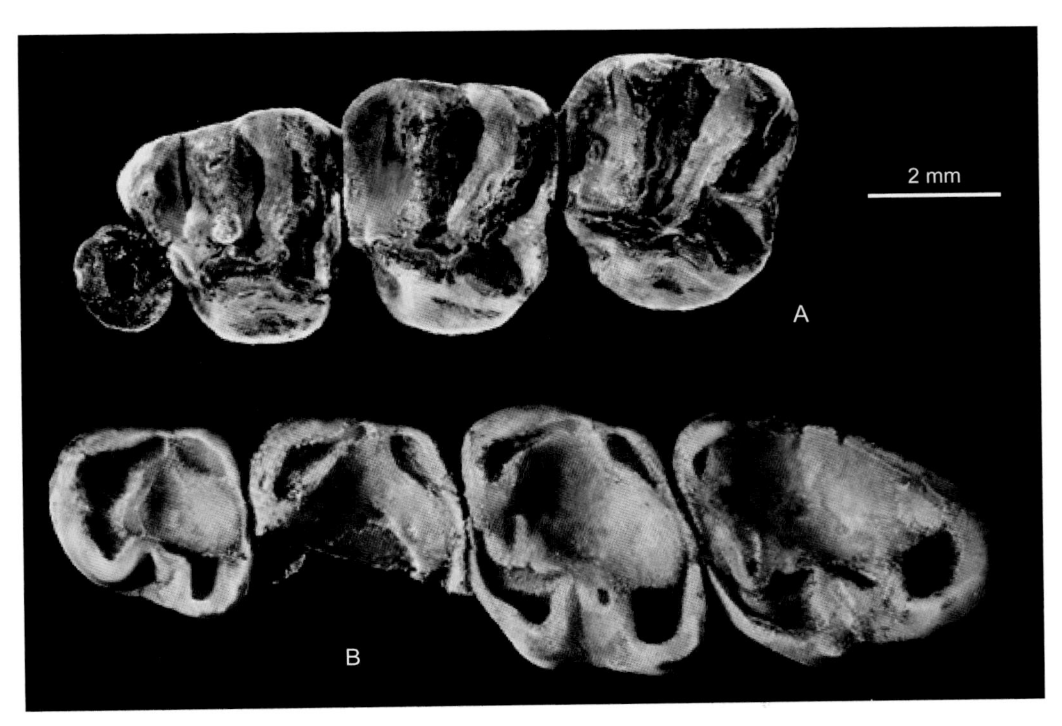

图 86 亚洲中新鼯鼠 *Miopetaurista asiatica*

A. 同一破损左上颌骨中的 P3 齿根及 P4–M2（IVPP V 13147，正模），B. 同一破损左下颌骨中的 p4–m3（IVPP V 13148.1）：冠面视（引自邱铸鼎，2002）

鉴别特征 个体中等大小。P4 与 M1 长度近等，但后者比前者稍宽。P4–M2 的次尖相对发育；M1 和 M2 的次小尖显著，但在 P4 上不甚明显。P4–M2 无中附尖。下颊齿的下中尖和下中附尖小。齿凹无明显的附属脊，釉质层也不甚褶皱。

产地与层位 云南禄丰石灰坝，上中新统石灰坝组；元谋雷老，上中新统小河组。

林飞齿鼠属 Genus *Hylopetodon* Qiu, 2002

模式种 滇林飞齿鼠 *Hylopetodon dianense* Qiu, 2002

鉴别特征 个体较大的飞松鼠。P4 与 M1 近等长。P4–M2 具弱的次尖但无中附尖；原脊和后脊会聚于原尖；后小尖在 P4 上强大，在 M1 和 M2 上分为双尖。M3 无后脊。p4–m2 的下中尖和下中附尖显著，下中附尖与下后尖连接；下内尖发育，以深的齿缺与下中附尖分开；无下前边尖，也无前颊侧齿带和前颊侧谷。颊齿凹中釉质层褶皱，并具不规则的附属脊。

中国已知种 仅模式种。

分布与时代 云南，晚中新世。

滇林飞齿鼠 *Hylopetodon dianense* Qiu, 2002

（图 87）

cf. *Hylopetes* sp.：邱铸鼎等，1985，18 页（部分）；Qiu, 1988, p. 839 (part)

Hylopetes sp.：Qiu et Qiu, 1995, p. 63 (part)；Ni et Qiu, 2002, p. 538 (part)

正模 IVPP V 13149，附有除左 P3 外所有上颊齿的残破头骨。云南禄丰石灰坝（IVPP Loc. 禄丰 L. II），上中新统石灰坝组。

副模 IVPP V 13150.2–4，颊齿 3 枚。产地与层位同正模。

归入标本 IVPP V 13150.1, 5–10，破损下颌骨 1 件、颊齿 6 枚（云南禄丰）。IVPP V 13497，颊齿 6 枚（云南元谋）。

鉴别特征 同属。

产地与层位 云南禄丰石灰坝，上中新统石灰坝组；元谋雷老，上中新统小河组。

评注 建名者将 IVPP V 13150.1–10 标本指定为副模，因只有 IVPP V 13150.2–4 标本采自与正模相同的地点和层位，称为副模，其余应为归入标本。

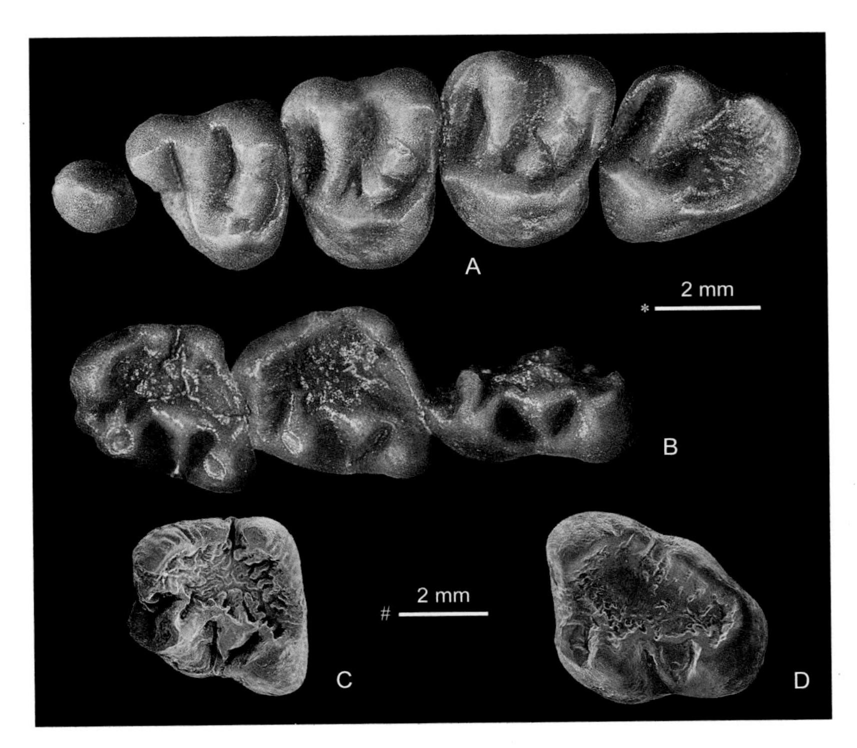

图 87　滇林飞齿鼠 *Hylopetodon dianense*

A. 同一破损头骨上的右 P3–M3（IVPP V 13149，正模，反转），B. 同一破损右下颌骨中的 p4–m2（IVPP V 13150.7，反转），C. 左 m1/2（IVPP V 13150.3），D. 左 m3（IVPP V 13150.5）：冠面视；比例尺：* - A, B，# - C, D（引自邱铸鼎，2002）

上新鼯鼠属 Genus *Pliopetaurista* Kretzoi, 1962

模式种　上新飞松鼠 *Sciuropterus pliocaenicus* Depéret, 1897 = *Pliopetaurista pliocaenicus* (Depéret, 1897)

鉴别特征　中—大型鼯鼠。P4–M2 通常具有显著的原尖和清晰的次尖，后小尖很强壮且与后边脊连接，无原小脊，牙齿的舌侧臂常有弱的齿带，中附尖无或极弱，原脊和后脊连续、向原尖会聚，后脊后方的附属脊发育；M3 无后脊。下臼齿的下内尖显著，具有显著的次小尖，下前边脊与下原尖连接而未形成前颊侧齿带和前颊侧谷，齿凹釉质层常有不规则的小褶或皱纹。

中国已知种　*Pliopetaurista rugosa* 和 *P. speciosa* 两种。

分布与时代　内蒙古、云南、青海，晚中新世；山西，晚中新世—上新世。

评注　该属发现于欧亚大陆。在欧洲出现于晚中新世—晚上新世地层，共有 3 种：*Pliopetaurista dehneli*、*P. bressana* 和 *P. meini*。中国除上述两种外，尚有发现于内蒙古中部的 *P.* cf. *P. speciosa* 和 *P.* cf. *P. rugosa*，以及青海深沟和云南元谋的一个未定种（邱铸鼎、倪喜军，2006；Qiu et Li, 2008；邱铸鼎、李强，2016）。

皱纹上新鼯鼠 *Pliopetaurista rugosa* Qiu, 1991

（图 88）

cf. *Pliopetaurista* sp.：Fahlbusch et al., 1983, p. 212

正模 IVPP V 8773，右 P4。内蒙古化德哈尔鄂博 2，上中新统二登图组—? 下上新统。

归入标本 IVPP V 8774，颊齿 2 枚（内蒙古中部地区）。IVPP V 13081、YSM Y 0124，颌骨两件、颊齿 9 枚（山西榆社）。

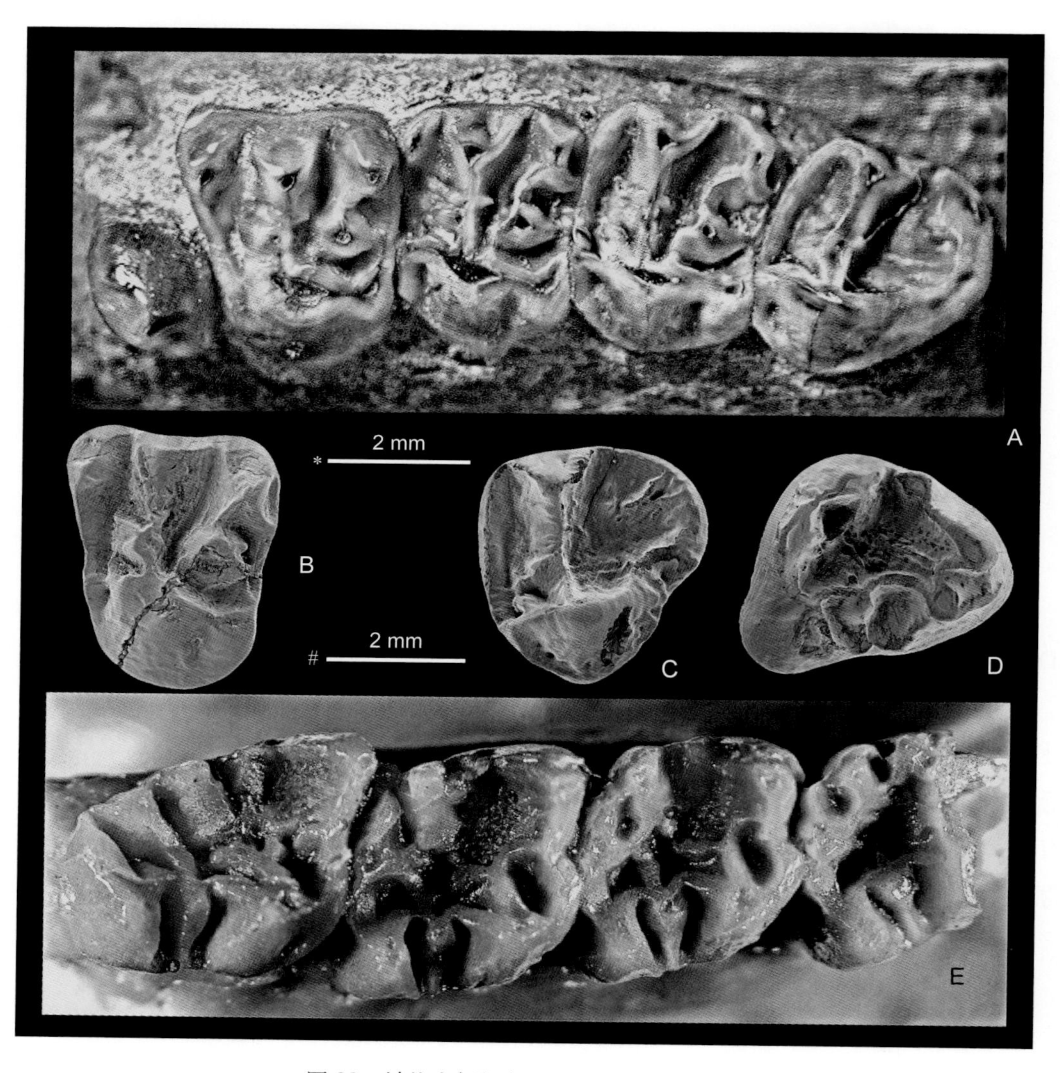

图 88 皱纹上新鼯鼠 *Pliopetaurista rugosa*

A. 附有 P3–M3 的左上颌骨碎块（IVPP V 13081.1），B. 右 P4（IVPP V 8773，正模，反转），C. 右 M3（IVPP V 8774.1，反转），D. 右 dp4/p4（IVPP V 8774.2），E. 附有破损 p4 及完整 m1–3 的右下颌骨碎块（YSM Y 0124）：冠面视；比例尺：* - A, E，# - B–D （A, E 引自 Qiu, 2017b）

鉴别特征 一种个体较大的上新鼯鼠，附属脊相对发育。P4 具有显著的原小尖，前附尖明显，但不甚向前扩展；P4–M2 的原尖和次尖发育，原尖位置靠前，原脊和后脊连续，后小尖强壮、与后边脊连接，有发育的中附尖脊。下颊齿的下次小尖显著，p4–m2 发育有下内脊。

产地与层位 内蒙古化德二登图 2、哈尔鄂博 2，上中新统二登图组—？下上新统；山西榆社马会、高庄、麻则沟，上中新统马会组—下上新统高庄组、麻则沟组。

优美上新鼯鼠 *Pliopetaurista speciosa* Qiu et Ni, 2006

（图 89）

Petauristinae gen. et sp. indet. 2：Ni et Qiu, 2002, p. 538

正模 IVPP V 13498，左 m1/2。云南元谋雷老（IVPP Loc. 雷老 9905 地点），上中新统小河组。

归入标本 IVPP V 13499.1–6，颊齿 6 枚（元谋雷老）。

鉴别特征 一种体型中等大小的上新鼯鼠。M3 的宽度大于长度；下颊齿的下次小尖发育，m2 有清楚的前颊侧谷；齿凹釉质层褶皱、附属脊显著。

产地与层位 云南元谋雷老（9905 地点、9905 地点），上中新统小河组。

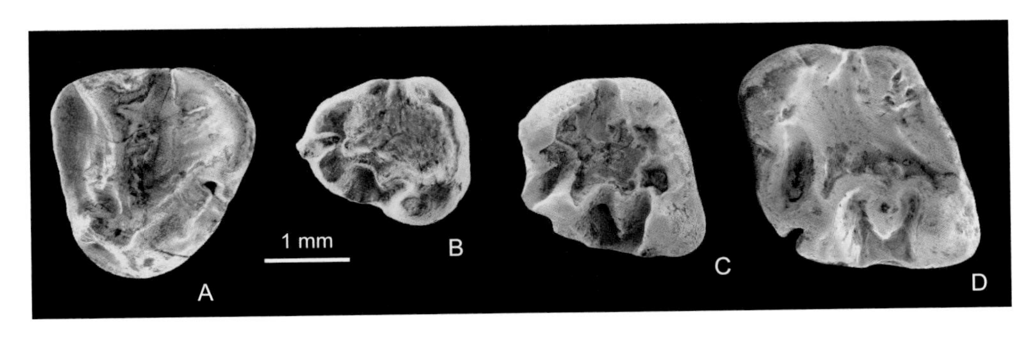

图 89 优美上新鼯鼠 *Pliopetaurista speciosa*

A. 右 M3（IVPP V 13499.1，反转），B. 右 p4（IVPP V 13499.2，反转），C. 左 m1/2（IVPP V 13499.3），D. 左 m1/2（IVPP V 13498，正模）：冠面视（引自邱铸鼎，2002）

云南鼯鼠属 Genus *Yunopterus* Qiu et Ni, 2006

模式种 姜氏云南鼯鼠 *Yunopterus jiangi* Qiu et Ni, 2006

鉴别特征 个体较大的一类鼯鼠。M1 和 M 2 的原尖不收缩，无次尖，原脊和后脊连续、近平行排列，原小尖和后小尖不发育，具有小的中附尖和短的原小脊；M3 有不完整的后脊。m1/2 的下内尖轮廓清晰，下内尖角区折角形，下中尖显著，下中附尖与下后尖连接，具有前颊侧谷；m3 向后不很扩展。齿凹釉质层粗糙，附属脊发育。

中国已知种 仅模式种。

分布与时代 云南，晚中新世。

姜氏云南鼯鼠 *Yunopterus jiangi* Qiu et Ni, 2006

（图 90）

Albanensia sp.：邱铸鼎等，1985，17 页；Qiu, 1988, p. 839；Ni et Qiu, 2002, p. 538

Petauristinae gen. et sp. indet.：邱铸鼎，2002，190 页（部分）

正模 IVPP V 13501，右 M1/2。云南元谋雷老（IVPP Loc. 雷老 9905 地点），上中新统小河组。

归入标本 IVPP V 13502，M3 1 枚（云南元谋）。IVPP V 13151，颊齿 6 枚（云南禄丰）。

鉴别特征 同属。

产地与层位 云南元谋雷老，上中新统小河组；禄丰石灰坝，上中新统石灰坝组。

评注 建名者将 IVPP V 13502 标本指定为副模，虽然该标本产自与正模相同的层位，但地点不同，在此改称归入标本。

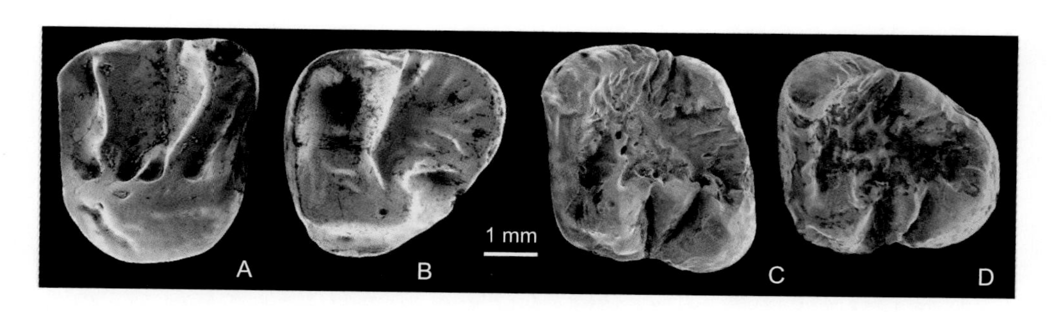

图 90 姜氏云南鼯鼠 *Yunopterus jiangi*

A. 右 M1/2（IVPP V 13501，正模，反转），B. 左 M3（IVPP V 13502），C. 左 m1/2（IVPP V 13151.3），D. 右 m3（IVPP V 13151.6，反转）：冠面视（引自邱铸鼎，2002；邱铸鼎、倪喜军，2006）

箭尾飞鼠属 Genus *Hylopetes* Thomas, 1908

模式种 菲氏飞鼠 *Hylopetes phayrei* (Blyth, 1859)

鉴别特征 小体型鼯鼠。颊齿齿冠低，齿尖和齿脊低而钝。上、下中间颊齿趋于方形；M1 和 M2 无次尖，原尖多少收缩，无原小尖和后小尖，原脊和后脊近平行排列，原小脊不发育；M3 无后脊；m1 和 m2 通常有轮廓清晰的下内尖，下内尖角区折角形，下中尖和下中附尖在晚期的种类中尤为明显。齿凹釉质层粗糙，常有轻微的皱纹。

中国已知种 化石有 *Hylopetes auctor*、*H. bellus*、*H. electilis*、*H. yani* 和 *H. yuncuensis*，共 5 种。

分布与时代 内蒙古，晚中新世—早上新世；山西，晚中新世—上新世；贵州，中更新世。

评注 *Hylopetes* 为一现生属，栖息于东洋区，中国境内有两种，分布于华南。Bouwens 和 de Bruijn（1986）根据对现生 *Hylopetes* 和 *Petinomys* 的研究，认为两属的牙齿形态甚为相似，在化石上难以将两者区分开来，建议在化石的研究上只使用 *Hylopetes* 属名，本书赞同这一意见，并将过去作为 *Petinomys* 报道的化石种改为 *Hylopetes* 属。该属在欧洲有 *H. hungaricus* 和 *H. macedoniensis* 两种，出现于晚中新世—上新世。

先驱箭尾飞鼠 *Hylopetes auctor* (Qiu, 1991)

（图 91）

Petauristinae indet.：Fahlbusch et al., 1983, p. 212；Qiu, 1988, p. 838

Petinomys auctor：Qiu, 1991, p. 238

正模 IVPP V 8775，右 P4。内蒙古化德二登图 2，上中新统二登图组。

副模 IVPP V 8776.1–10，颊齿 10 枚。产地与层位同正模。

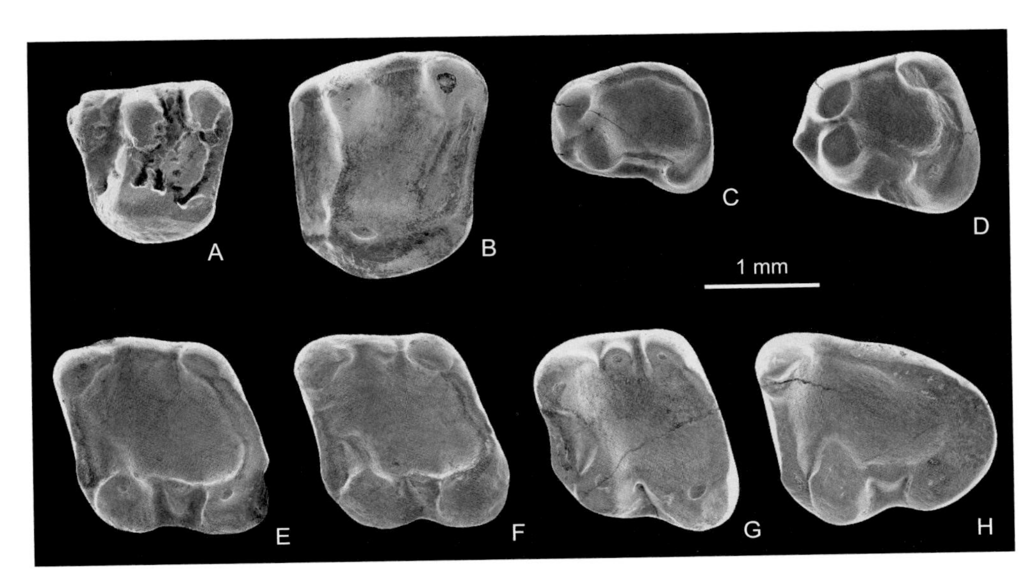

图 91 先驱箭尾飞鼠 *Hylopetes auctor*

A. 右 P4（IVPP V 8775，正模，反转），B. 右 M1/2（IVPP V 8776.1，反转），C. 右 dp4（IVPP V 8777.1，反转），D. 右 p4（IVPP V 8776.4，反转），E. 右 m1/2（IVPP V 8776.5），F. 右 m1/2（IVPP V 8776.6，反转），G. 右 m1/2（IVPP V 8776.7，反转），H. 左 m3（IVPP V 8776.8）：冠面视

归入标本　IVPP V 8777.1，dp4 1 枚（内蒙古化德）。

鉴别特征　牙齿形态与现生 *Petinomys electilis* 的相似，但个体较小，齿凹中的珐琅质褶皱发育也弱。M1 和 M2 的原脊和后脊平行排列，其上既无原小尖也无后小尖。个体比 *Hylopetes yani* 稍小，齿冠较低，齿尖和齿脊相对弱，较为短宽的 p4 有低小的下前边尖和弱的下中尖，m1/2 的下中尖弱小，下后脊不甚完整，连接下前边脊与下原尖的脊发育弱。

产地与层位　内蒙古化德二登图，上中新统二登图组；化德哈尔鄂博，上中新统二登图组—下上新统（?）。

评注　该种最初命名为 *Petinomys auctor*（Qiu, 1991）。建名时将产自正型地点除正模外的标本和产自哈尔鄂博 2 的标本都指定为“归入标本”，因 IVPP V 8776.1–10 标本与正模发现于相同地点和层位，可视为该种的副模。

美丽箭尾飞鼠 *Hylopetes bellus* Qiu et Li, 2016

（图 92）

正模　IVPP V 19554，左 M1/2。内蒙古苏尼特左旗巴伦哈拉根，上中新统下部。

副模　IVPP V 19555.1–3，臼齿 3 枚。产地与层位同正模。

鉴别特征　个体较小的箭尾飞鼠。齿冠和齿尖相对低；M1/2 的原尖收缩，原脊和后脊连续、在接近原尖处稍收缩，中附尖和原小脊不发育；m1/2 的下次尖明显地向唇后侧凸出，下内尖相对较为融入下舌后内脊，下中尖和下中附尖极弱，下前边脊与下原尖连接。齿凹釉质层的皱纹不特别显著。

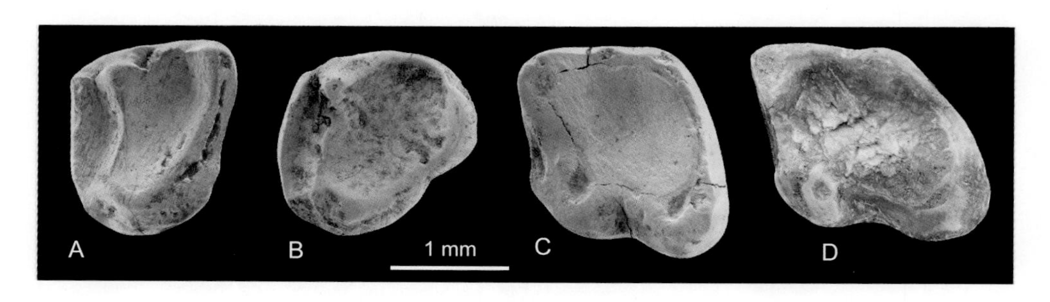

图 92　美丽箭尾飞鼠 *Hylopetes bellus*

A. 左 M1/2（IVPP V 19544，正模），B. 右 M3（IVPP V 19545.1，反转），C. 右 m1/2（IVPP V 19545.2，反转），D. 右 m3（IVPP V 19545.3，反转）：冠面视（引自邱铸鼎、李强，2016）

海南箭尾飞鼠 *Hylopetes electilis* (G. Allen, 1925)

（图 93）

Petinomys electilis：郑绍华，1993，23 页

正模 现生种，未指定，海南岛。

归入标本 IVPP V 9620，破碎的下颌骨两段及臼齿一枚（贵州桐梓）。

鉴别特征 下颊齿列长度 8.6 mm。颏孔大，位于齿虚位中部、下颌骨体的中央。m1 和 m2 呈菱形，下内尖小，下内尖角区浑圆，下中尖显著，下中附尖明显、紧靠下后尖，下前边脊与下原尖连接、并留下前颊侧谷，三角座凹狭窄，跟座凹宽大、釉质层褶皱发育，外谷宽；m3 向后延展且收缩变窄明显。

产地与层位 贵州桐梓挖竹洞、天门洞，中更新统。

评注 *Hylopetes electilis* 亦为现生种，在中国分布于华南热带、亚热带的局部地区。

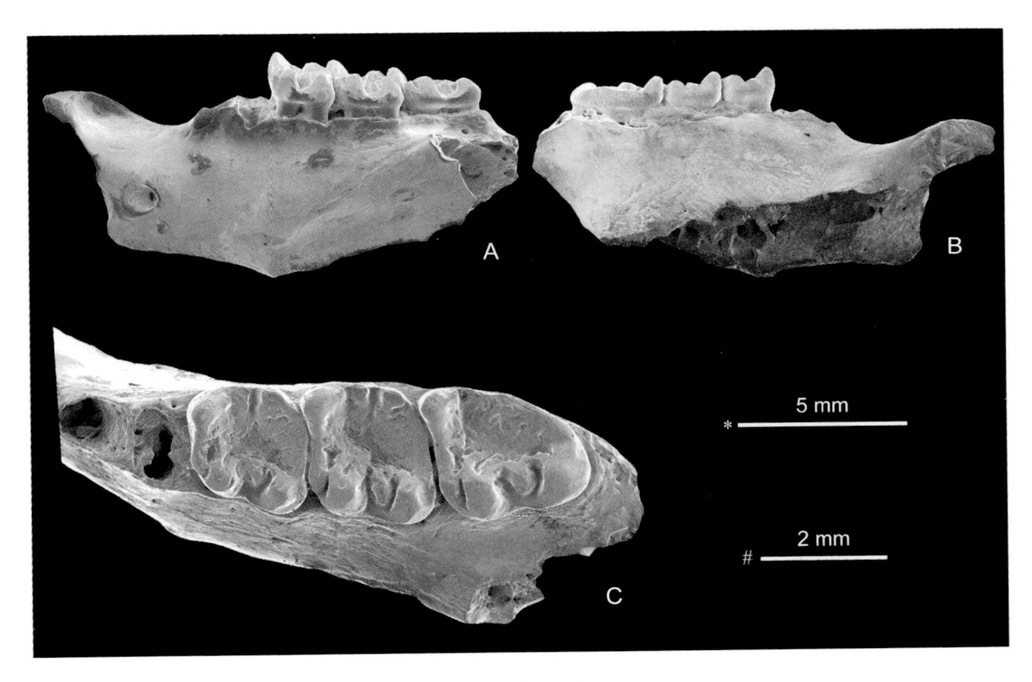

图 93 海南箭尾飞鼠 *Hylopetes electilis*

A–C. 附有 m1–3 的破损下颌骨（IVPP V 9620.1）：A. 颊侧视，B. 舌侧视，C. 冠面视；比例尺：* - A, B, # - C

阎氏箭尾飞鼠 *Hylopetes yani* Qiu et Li, 2016

（图 94）

Tamiasciurus cf. *yusheensis*：Qiu et Storch, 2000, p. 184 (part)

Sciurus yusheensis：Qiu et al., 2013, p. 185 (part)

正模 IVPP V 11899.4，左 M1/2。内蒙古化德比例克，下上新统比例克层。

副模 IVPP V 11899.3, 5, 7–11，臼齿 7 枚。产地与层位同正模。

鉴别特征 个体较大的一种化石箭尾飞鼠。齿冠较高，齿尖和齿脊相对粗壮；M1/2的后脊在接近原尖处不特别收缩，原小脊缺如；p4 相对长大，具有小的下前边尖和明显的下内尖与下中尖；m1 和 m2 的下内尖、下中尖和下中附尖显著，下前边脊在颊侧与下原尖连接，下后脊发育完整。

评注 上述松鼠标本曾指定为至今尚未发表的“*Tamiasciurus yusheensis*”的相似种或“*Sciurus yusheensis*”（Qiu et Storch, 2000；Qiu et al., 2013）。后来，邱铸鼎和李强（2016）将其归入箭尾飞鼠属。

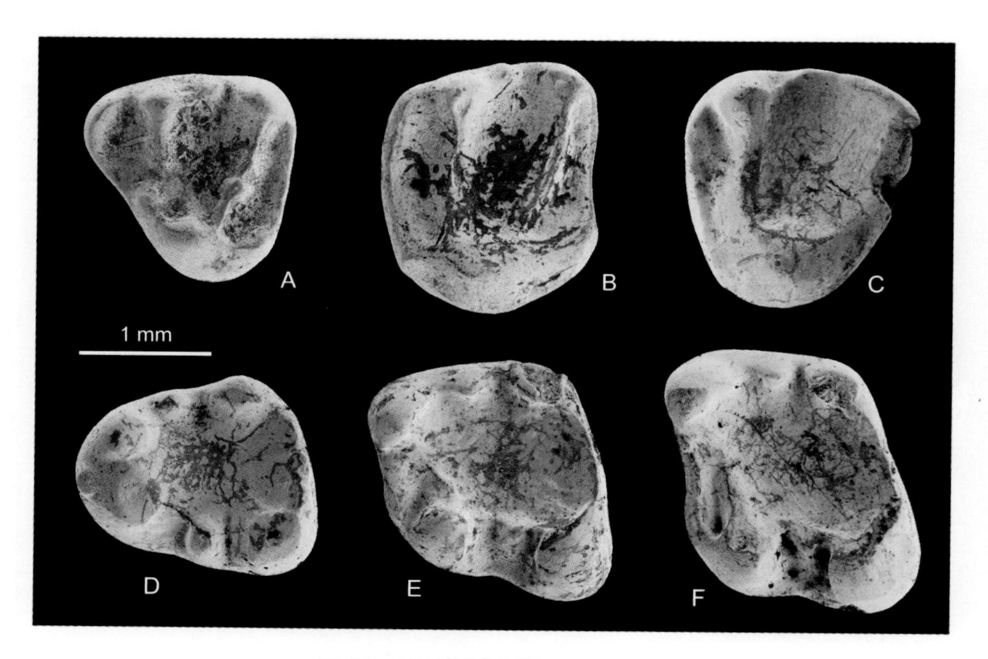

图 94 阎氏箭尾飞鼠 *Hylopetes yani*

A. 左 DP4（IVPP V 11899.3），B. 左 M1/2（IVPP V 11899.4，正模），C. 右 M3（IVPP V 11899.5，反转），D. 左 p4（IVPP V 11899.8），E. 左 m1/2（IVPP V 11899.9），F. 右 m1/2（IVPP V 11899.10，反转）：冠面视（引自邱铸鼎、李强，2016）

云簇箭尾飞鼠 *Hylopetes yuncuensis* Qiu, 2017

（图 95）

正模 IVPP V 10377，左 m1/2。山西榆社赵庄（YS4 地点），下上新统高庄组醋柳沟段。

副模 IVPP V 10378.6, 7，M3 和 m3 各 1 枚。产地与层位同正模。

归入标本 IVPP V 10378.1–5, 8, 9，颊齿 7 枚（山西榆社）。

鉴别特征 个体较大的箭尾飞鼠。M1 和 M2 的原尖前后向不甚延伸，没有原小脊；m1 和 m2 的下内尖适度融入下舌后内脊，下内尖角区钝角形，下后脊不完整，下中尖和下中附尖小，下内尖与下中附尖间有深的凹缺，前边脊与下原尖不连接；m3 不甚向后扩展。

产地与层位 山西榆社 YS4, YS8, YS50, YS87, YS90, YS97，上中新统马会组—下上新统高庄组和麻则沟组。

评注 该种的牙齿尺寸和形态与 *Hylopetes yani* 的比较相似，差异细微。两个种的现知材料都不多，是否系同物异名值得进一步研究。

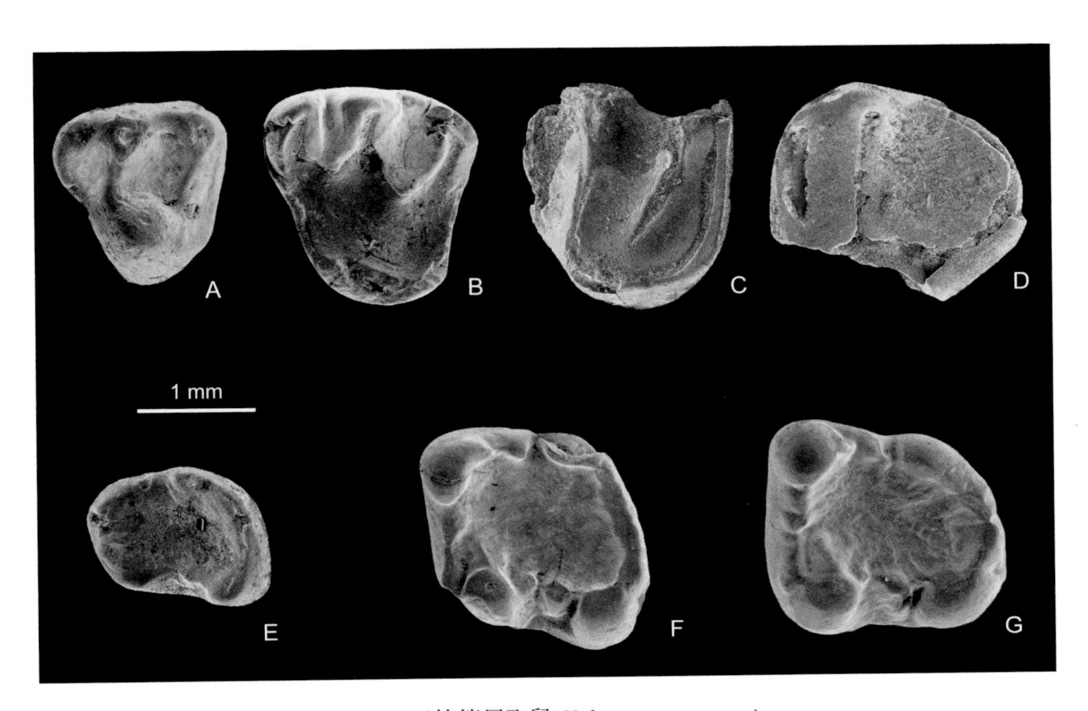

图 95 云簇箭尾飞鼠 *Hylopetes yuncuensis*

A. 左 DP4（IVPP V 10378.1），B. 右 P4（IVPP V 10378.3，反转），C. 右 M1/2（IVPP V 10378.9，反转），D. 左 M3（IVPP V 10378.6），E. 右 dp4（IVPP V 10378.5，反转），F. 左 m1/2（IVPP V 10377，正模），G. 左 m3（IVPP V 10378.7）：冠面视（引自 Qiu, 2017b）

飞鼠属 Genus *Pteromys* Cuvier, 1800

模式种 小飞鼠（西伯利亚飞鼠）*Pteromys volans* (Linnaeus, 1758)

鉴别特征 体型小的鼯鼠类。吻短，脑颅宽大，眶后突显著；下颌支中下门齿尖端比颊齿列磨蚀面略低或大体持平，齿虚位很短、前端处于颊齿槽水平面之下，咬肌窝和角突宽大，角突的下部强烈向内、上部向外弯曲，冠状突小而尖、位置比髁突稍高。颊齿低冠；P3 很小、芽状；P4 臼齿化，次方形；M1 和 M2 方形，具次尖，原脊连续，后脊不完整，有显著的后小尖；M3 无后脊，向后不甚伸展；下颊齿具有显著的下中尖和下内尖。

中国已知种 *Pteromys huananensis* 和 *P. volans* 两种。

分布与时代 安徽，早更新世；川黔地区，早更新世—晚更新世；北京，晚更新世。

评注 *Pteromys* 为现生属，中国境内仅有一种，分布于北方局部地区，栖息于寒温带的针叶林或针阔叶混交林。化石的未定种见于安徽繁昌人字洞的下更新统（见金昌柱等，2009）。

华南飞鼠 *Pteromys huananensis* Zheng et Zhang, 1991

正模 CQMNH CV. 1026，左 M3。重庆巫山龙骨坡，下更新统。

归入标本 CQMNH CV. 1026–1030，颌骨 3 件，颊齿 16 枚（重庆巫山）。

鉴别特征 下颊齿基本构造与 *Pteromys volans* 的相似，但似乎略显低冠，P4 齿带较发育，M3 较少退化（具稍清楚的后尖和原小尖，有明显、指向前尖或与后尖相连的后脊，常见小的中附尖）。

产地与层位 重庆巫山龙骨坡，下更新统。

评注 郑绍华和张联敏（见黄万波、方其仁等，1991）在建立新种时仅指定了正模，但未制作图版，其后郑绍华（1993）作为 *Pteromys* spp. 描述的 IVPP V 9628.10, 11 标本可能属于该种。据文献，该种形态与 *P. volans* 的很相似，同时显示了较后者原始的性状，但将其区别为不同的种似乎略显材料不足，证据还不甚充分。由于原记述的材料下落不明，故在此未能提供图件。

小飞鼠 *Pteromys volans* (Linnaeus, 1758)

（图 96）

正模 现生种，未指定。芬兰。

归入标本 IVPP V 9627，破碎的上、下颌骨及颊齿 462 件（川黔地区）。IVPP V 15528，破碎的上、下颌骨各一件（北京房山）。FJM FJV.0119–0126，颊齿 57 枚（重庆奉节）。

鉴别特征 下颊齿列长度 7.0 mm 左右。颏孔大，位于齿虚位最低处下方、骨体上部约五分之二处。P4–M2 的次尖显著，多数具有弱的原小尖，几乎所有标本的原尖前方都有发育程度不同、并伸向前凹的前附脊，原小脊短，无中附尖，后小尖多与后边脊相连；m1 和 m2 的下后脊短、未完全封闭下三角座凹，下中附尖不发育；m3 明显向后延展。

产地与层位 重庆巫山龙骨坡，下更新统；万县平坝，中更新统；奉节天坑地缝，上更新统。贵州桐梓岩灰洞、天门洞，以及普定穿洞，中更新统。北京房山十渡，上更新统。

评注 *Pteromys volans* 为现生种，发现的化石由郑绍华（1993）、黄万波等（2002）和同号文等（2008）报道与研究。

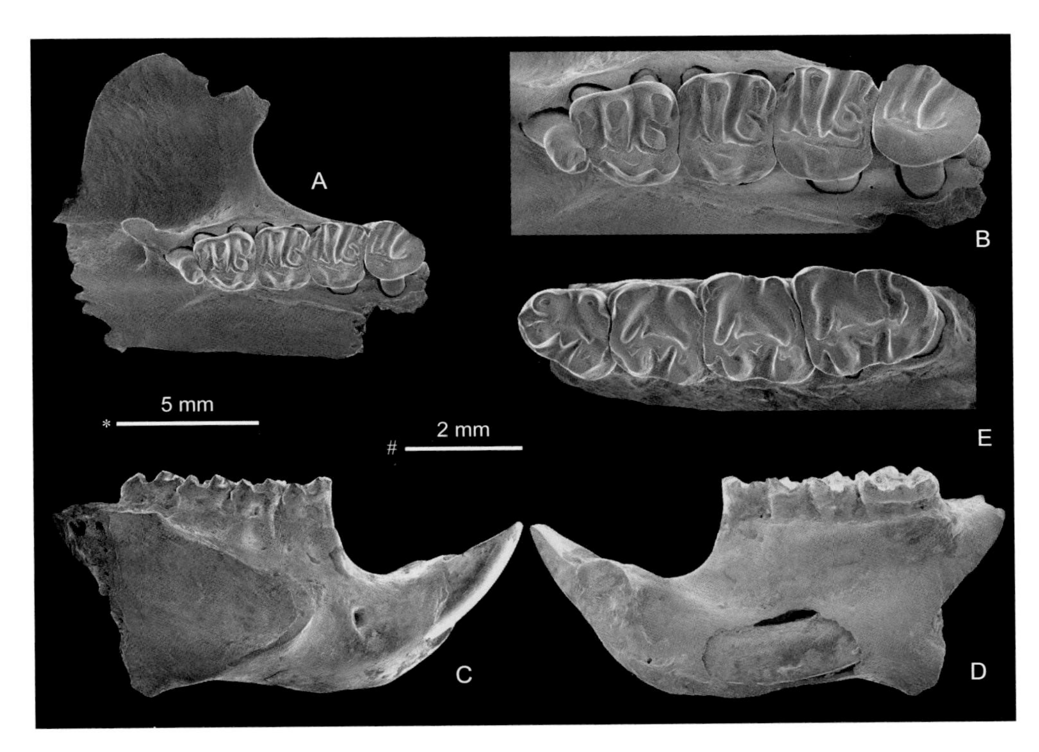

图 96　小飞鼠 *Pteromys volans*

A, B. 附有 P4–M3 的左上颌骨碎块（IVPP V 9627.1），C, D. 附有 p4–m3 的破损右下颌骨（IVPP V 9627.216），E. 附有 p4–m3 的破损左下颌骨（IVPP V 9627.196）：A. 腹面视，B, E. 冠面视颊齿列，C. 颊侧视，D. 舌侧视；比例尺：* - A, C, D，# - B, E

鼯鼠属 Genus *Petaurista* Link, 1795

模式种　大飞鼠 *Sciurus petaurista* Pallasinnaeus, 1766 = *Petaurista petaurista* (Pallasinnaeus, 1766)

鉴别特征　体型较大的鼯鼠类。吻短，脑颅宽大，眶间区凹平，眶后突发达、三角形，眼眶和听泡大；下门齿尖端与颊齿列磨蚀面大体持平，齿虚位很短、前端处于颊齿槽上缘水平面之下，角突宽大、明显腹后向伸展。颊齿齿冠高，齿尖和齿脊粗壮；P3 很小；P4 大，臼齿化，次三角形；M1 和 M2 无次尖，原脊和后脊完整、近平行排列或稍向原尖会聚，原小尖和后小尖不发育，但具有明显的次小尖及宽深的舌侧后谷（次小尖与原尖间的齿缺），中凹颊侧开口宽而深；M3 短小，后部退化；下颊齿具有轮廓尚分明的下内尖、下中尖和下后附尖，下内尖与下后附尖间由深的齿缺分开，前颊侧谷明显，齿凹釉质层粗糙，次生脊比上颊齿的发育。

中国已知种　*Petaurista alborufus*, *P. brachyodus*, *P. xanthotis*，共 3 个化石种。

分布与时代　安徽，早更新世；重庆，早—中更新世；北京、贵州，中更新世；四川、云南，晚更新世；海南，全新世。

评注 *Petaurista* 为现生属，中国境内共有 11 种，分布于东部森林地区（王应祥，2003）。该属的化石最早指定为 *Pteromys* 属，后订正为 *Petaurista* 属（Young, 1934）。化石主要发现于南方的洞穴堆积中，材料往往不多，经常被归入现生种（如发现于云南呈贡三家村的 *P. elegans*）或该属的某些相似种，但多为简单的报道，缺乏标本图示（见 Young, 1935；邱铸鼎等，1984；韩德芬、许春华，1989；郝思德、黄万波，1998）。由于迄今没有对该属现生种类的头骨和牙齿进行过较详细的比较研究，在编写本志时又几乎未观察到这些标本，目前既难以肯定又难以否定，亟待进一步的发现和研究，因此本书未将那些非确定的化石种作为条目一一收录。

红白鼯鼠 *Petaurista alborufus* (Milne-Edwards, 1870)

（图 97）

正模 现生种，未指定。四川宝兴穆坪。

归入标本 IVPP V 9631，破碎的下颌骨及颊齿 9 件（川黔地区）。

鉴别特征 个体较大，下颊齿列长度 18.9–20.5 mm；额骨愈合，眶后突发达、呈三角形，眶间区低凹，眼眶甚大。M1 和 M2 基本构造与 *Petaurista xanthotis* 的相似，但尺寸较大，原脊中部不与前边脊连接，舌侧后谷更深，舌侧壁光滑无皱纹；下颊齿的下中尖小，附属脊发育，因此咀嚼面构造复杂，特别是有一从下中附尖伸达下前边脊中部、并与下后尖颊后方围成近封闭齿凹的附属脊。

产地与层位 重庆万县平坝，贵州桐梓岩灰洞、天门洞、挖竹洞，中更新统。

评注 *Petaurista alborufus* 为现生种，栖息于亚热带常绿阔叶林和针阔混交林带。化石仅发现于川黔地区（郑绍华，1993）。

低冠鼯鼠 *Petaurista brachyodus* (Young, 1934)

（图 98）

Pteromys brachyodus：Young, 1934, p. 45

选模 IVPP C/C. 1025，附有 p4 和 m3 的右下颌骨碎块（见 Young, 1934, p. 45, fig. 12）。北京房山周口店，中更新统。(标本下落不明)

归入标本 IVPP V 9629，破碎的下颌骨及颊齿 8 件（川黔地区）。IVPP V 13984，颊齿 10 枚（安徽繁昌）。

鉴别特征 下颊齿列长度 13.0 mm。P4 前附尖显著；P4–M2 的原脊和后脊略向原尖会聚，原脊中部不与前边脊连接，后脊中部与后边脊紧密相连并将后凹隔开，有短的原

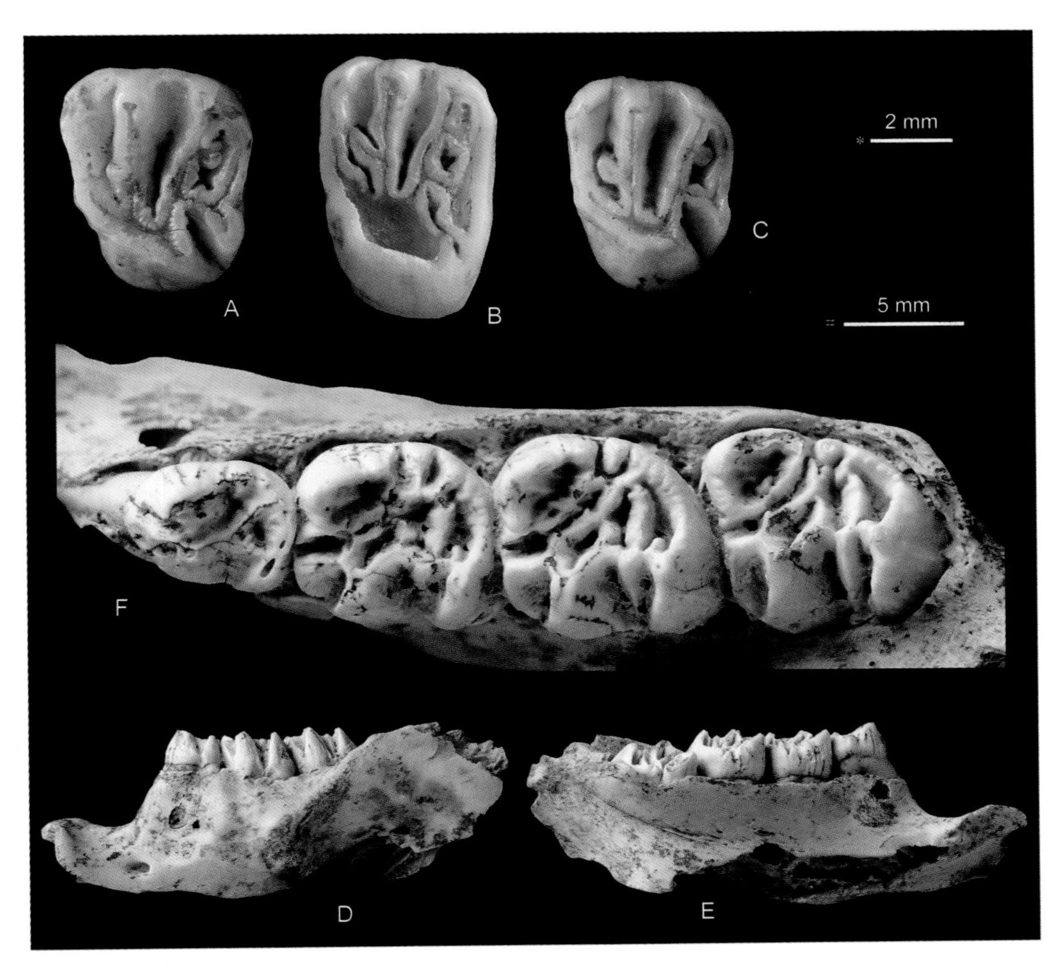

图 97　红白鼯鼠 *Petaurista alborufus*

A. 左 P4（IVPP V 9631.7），B. 右 M1/2（IVPP V 9631.8，反转），C. 左 M1/2（IVPP V 9631.9），D–F. 附有 dp4/p4–m3 的破损左下颌骨（IVPP V 9631.1）：A–C, F. 冠面视，D. 颊侧视，E. 舌侧视；比例尺：* - A–C, F，# - D, E

小脊，附属脊不发育；p4 次长方形，臼齿化；具有小的下前边尖；下内尖轮廓清楚，下内尖角区折角形；下中附尖明显，与下后尖连接，与下内尖间为一深的齿缺隔开；m3 适度向后扩展，具有明显的下中尖和前颊侧谷；齿凹釉质层粗糙，附属脊显著。

产地与层位　安徽繁昌人字洞，下更新统；北京房山周口店，贵州桐梓天门洞、挖竹洞以及普定穿洞，中更新统。

评注　该种最早被杨钟健（Young, 1934）指定为 *Pteromys* 属，后被郑绍华（1993）归入 *Petaurista* 属。这一订正显然是正确的，因为正型标本的尺寸明显较大，而且齿凹中有较发育的附属脊。杨钟健、刘东生（Young et Liu, 1950）以及徐余瑄等（1957）曾分别报道过重庆歌乐山和贵州织金发现的 *Petaurista* cf. *brachyodus*，郑绍华（1993）认为它们不属于 *Petaurista* 属，而应归入 *Belomys* 属的种类。

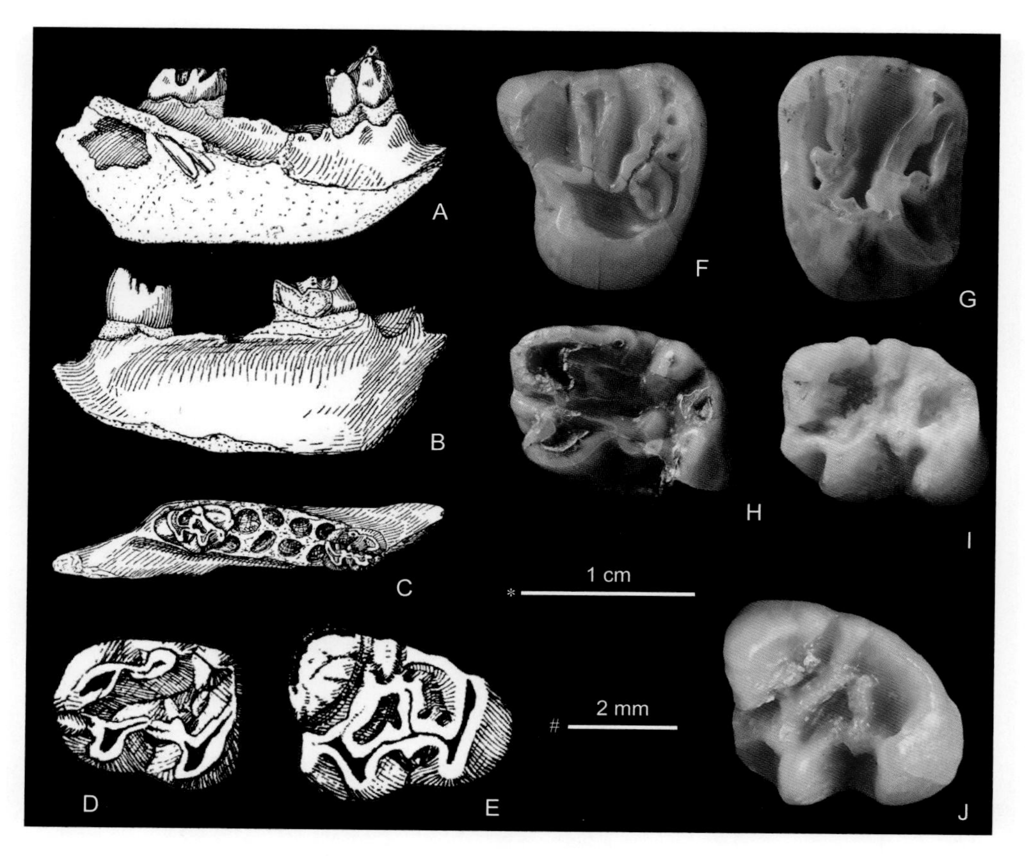

图 98　低冠鼯鼠 *Petaurista brachyodus*

A–E. 右下颌骨碎块及所附有的 p4 和 m3（IVPP C/C. 1025，选模，D 和 E 反转），F. 左 P4（IVPP V 9629.6），G. 左 M1/2（IVPP V 9629.7），H. 左 p4（IVPP V 9629.2），I. 左 m1/2（IVPP V 9629.3），J. 右 m3（IVPP V 9629.4，反转）：A. 颊侧视，B. 舌侧视，C–J. 冠面视；比例尺：* - A–C，# - D–J（A–E 引自 Young, 1934）

灰鼯鼠 ***Petaurista xanthotis* (Milne-Edwards, 1872)**

（图 99）

正模　现生种，未指定。? 四川宝兴穆坪。

归入标本　IVPP V 9630，破碎的下颌骨及颊齿 7 件。重庆巫山宝坛寺，下更新统。

鉴别特征　下颊齿列长度约 15.0–17.0 mm。M1 和 M2 基本构造与 *Petaurista brachyodus* 的相似，但尺寸较大，齿冠相对高，原脊中部与前边脊连接，舌侧后谷更深，有弱的中附脊，附属脊较发育，舌侧壁具有细小的皱纹；下颊齿的外谷狭窄，附属脊发育，磨蚀后形成许多“釉岛”。

评注　*Petaurista xanthotis* 为现生种，系横断山区特有种，分布于西藏、云南、四川、青海等地，栖息于亚高山针叶林或针阔混交林带。其化石仅发现于重庆地区（郑绍华，1993）。

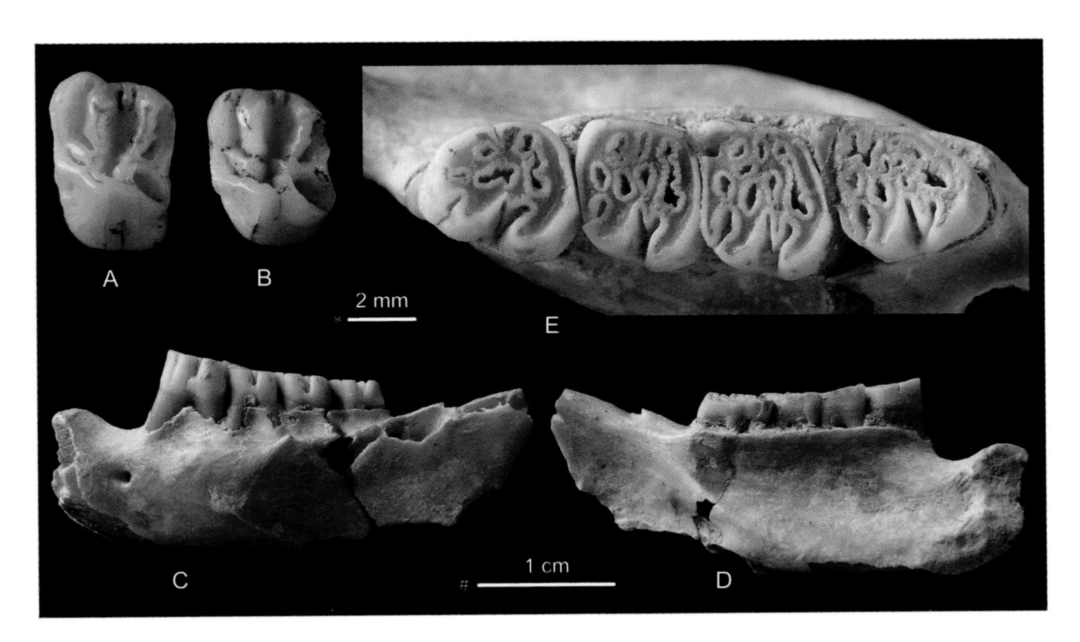

图 99 灰鼯鼠 *Petaurista xanthotis*

A. 左 M1/2（IVPP V 9630.4），B. 左 M1/2（IVPP V 9630.6），C–E. 附有 p4–m3 的破损左下颌骨（IVPP V 9630. 1）：A, B, E. 冠面视，C. 颊侧视，D. 舌侧视；比例尺：* - A, B, E，# - C, D

沟牙鼯鼠属 Genus *Aeretes* G. Allen, 1938

模式种 黑沟牙飞鼠 *Pteromys melanopterus* Milne-Edwards, 1867 = *Aeretes melanopterus* (Milne-Edwards, 1867)

鉴别特征 体型硕大；吻短，眶后突发达、呈三角形，上门齿唇缘具纵沟；下颌骨齿虚位短粗，下门齿粗壮，齿尖端与颊齿列磨蚀面大体持平。P3 小；P4 比臼齿大，臼齿中 M3 最小；P4–M2 有弱小并与原尖紧靠的次尖，原脊和后脊完整、向原尖会聚并常通过齿脊分别与前边脊和后边脊相连，原小尖和后小尖很不发育，无中附尖，有显著的次小尖和深的舌侧后谷；M1 和 M2 的中凹颊侧开口宽深，磨蚀后齿宽增大；下颊齿的下内尖小，下内尖角区钝角形—弧形，下中尖通常较小，下中附尖发育、前后分别与下后尖附尖和下内尖由深的齿缺隔开，前颊侧谷显著，附属脊发育。

中国已知种 *Aeretes grandidens*, *A. melanopterus*, *A. premelanopterus*, 共 3 个化石种。

分布与时代 重庆、陕西，早更新世；贵州，中更新世；北京，晚更新世。

评注 现生的 *Aeretes* 为一单型属，分布于四川、甘肃和河北局部的森林地区，先前被指定为 *Petaurista*（Howell, 1927；Pei, 1940），后经 Ellerman 和 Morrison-Scott（1951）订正，归入 *Aeretes* 属。化石的未定种还发现于陕西洛南下更新统（薛祥煦等，1999）。

该属名在发表时带有一个读音符号，拼写为“*Aëretes*”，这一拼法出现在许多文献中。按照《国际动物命名法规》（第四版），这个读音符号应该删除，故此统称 *Aeretes*。

大齿沟牙鼯鼠 *Aeretes grandidens* Zheng, 1993

（图 100）

Aeretes grandidens：郑绍华、张联敏，1991，62 页

正模 IVPP V 9636，右 P4。重庆巫山龙骨坡，下更新统。

副模 IVPP V 9637，左 p4。产地与层位同正模。

归入标本 IVPP V 9638，颊齿 9 枚（重庆巫山龙骨坡）。

鉴别特征 较大型沟牙鼯鼠，齿冠高，齿脊粗壮。P4 完全臼齿化；上颊齿舌侧后谷向根部延伸深度大；p4 横脊平行向后内倾斜；下臼齿下后尖后方的附属脊复杂。

产地与层位 重庆巫山龙骨坡，下更新统。

评注 郑绍华和张联敏（1991）首先提出该种名拟作新种进行初步报道，但未指定正模和制作图版，之后郑绍华（1993）作了规范记述，本书以此作为有效种名。该种在重庆巫山地区与 *Aeretes premelanopterus* 和 *A. melanopterus* 一起被发现，材料很少，其种间界限不是很清晰，有待更多材料的发现和研究。

原作者把该种产自相同地点和层位的模式标本指定为正模、副模和归入标本，编者暂保留这一指定。

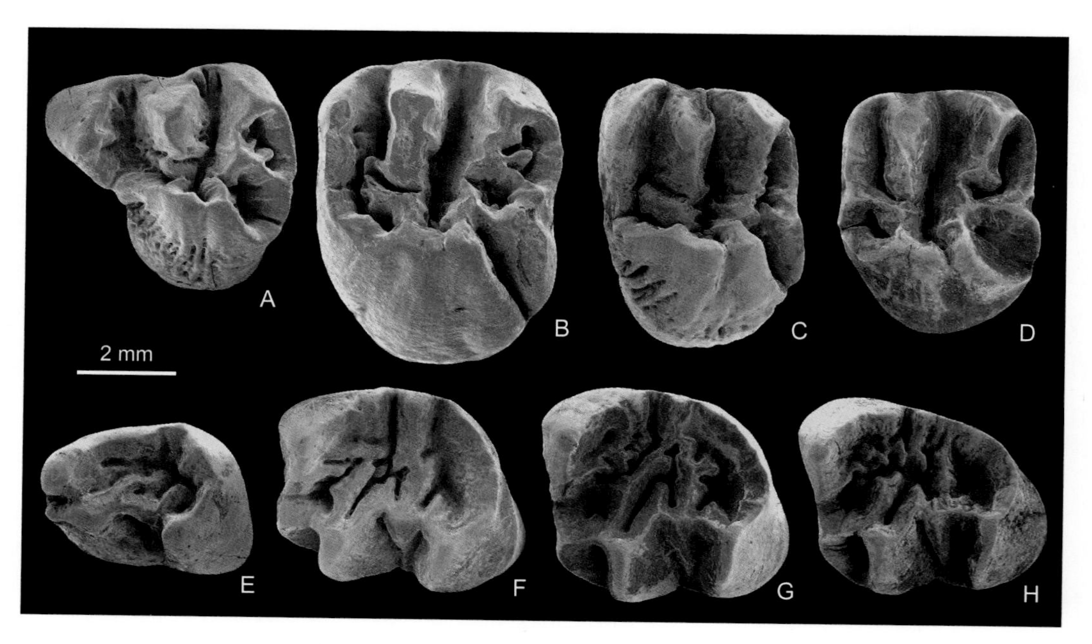

图 100 大齿沟牙鼯鼠 *Aeretes grandidens*

A. 右 DP4（IVPP V 9638.1，反转），B. 右 P4（IVPP V 9636，正模，反转），C. 左 M1/2（IVPP V 9638.3），D. 左 M1/2（IVPP V 9638.4），E. 左 p4（IVPP V 9637），F. 右 m1/2（IVPP V 9638.5，反转），G. 左 m1/2（IVPP V 9638.6），H. 左 m3（IVPP V 9638.8）：冠面视

黑沟牙鼯鼠 *Aeretes melanopterus* (Milne-Edwards, 1867)

（图 101）

Petaurista sulcatus：Pei, 1940, p. 45

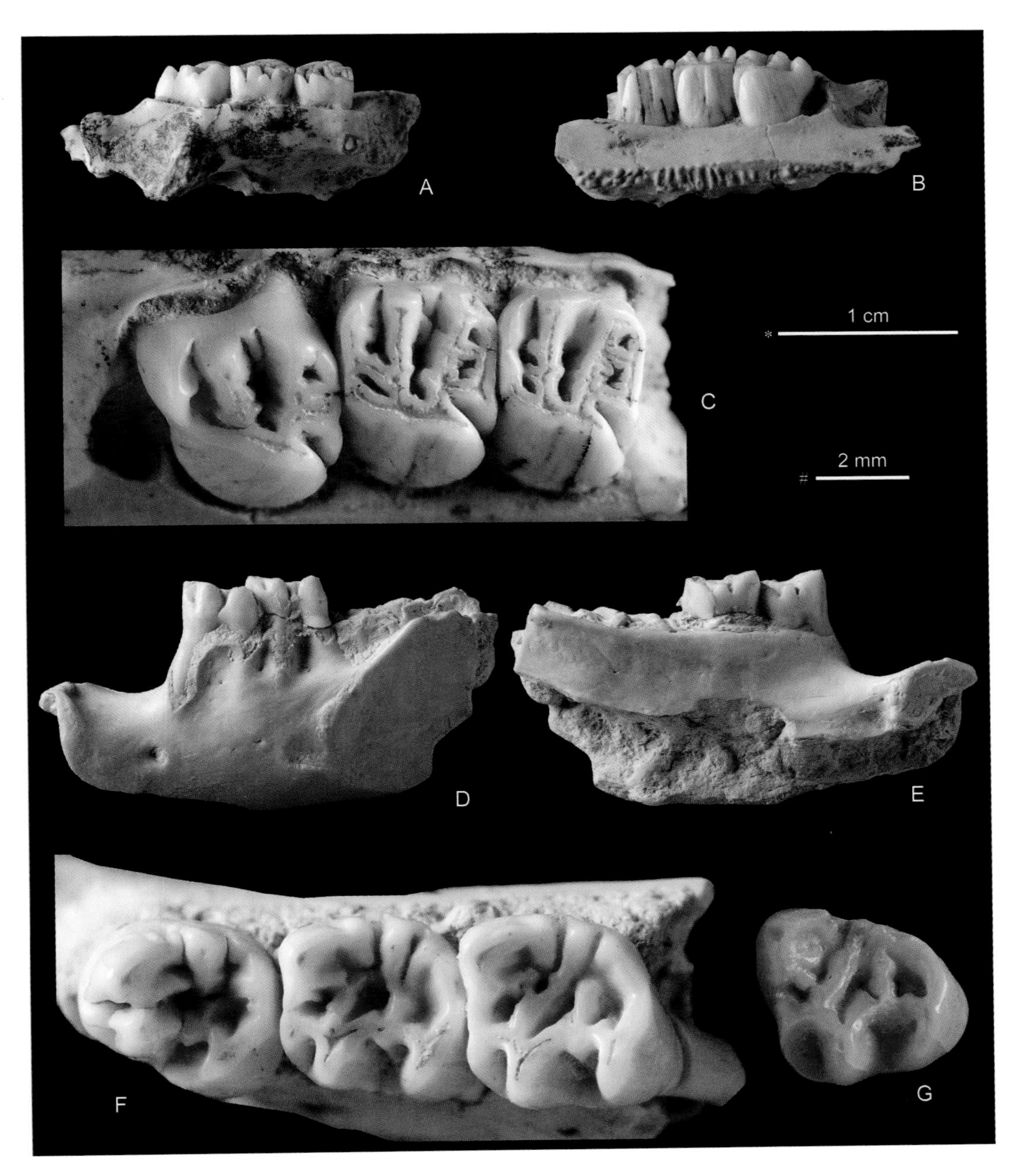

图 101　黑沟牙鼯鼠 *Aeretes melanopterus*

A–C. 附有 P4–M2 的右上颌骨碎块（IVPP V 9632.1，c 反转），D, E. 附有 dp4/p4–m1 的左下颌骨碎块（IVPP V 9632.5），F. 附有 p4–m2 的左下颌骨碎块（IVPP V 9632.4），G. 左 m3（IVPP V 9632.10）：A, D. 颊侧视，B, E. 舌侧视，C, F, G. 冠面视；比例尺：* - A, B, D, E，# - C, F, G

正模 现生种，未指定。河北兴隆。

归入标本 IVPP V 9632，破碎的上、下颌骨及颊齿 12 件（川黔地区）。IVPP V 15059，破碎的上、下颌骨 3 件（北京房山）。破损头骨 2 个，下颌骨 6 件（北京周口店，见 Pei, 1940, Fig. 16–18；无编号）。

鉴别特征 个体大，下颊齿列长度约 15.0–17.0 mm；上门齿宽大、唇缘具纵沟，下门齿粗壮。P4–M2 在磨蚀阶段初期原脊中部不与前边脊连接，后脊中部与次小尖相连，舌侧后谷延伸深度大，附属脊不甚发育；P4 次三角形，前附尖强大；M1 和 M2 的附属脊较发育。下颊齿的下内尖不够清晰，下中尖和下中附尖适度发育，下后附尖显著，下内尖角区弧形，附属脊明显。

产地与层位 重庆巫山宝坛寺，下更新统；贵州桐梓岩灰洞，中更新统；北京房山周口店、十渡，上更新统。

评注 该种的化石最先由裴文中（Pei, 1940）报道于周口店山顶洞，并被指定为 *Petaurista sulcatus* Howell, 1927，他指出"其上门齿的宽沟很特征，与仍栖息于河北省东部森林地带的现生种相似，无疑周口店的化石种为其直接的先祖"。Ellerman 和 Morrison-Scott（1951）认为 *P. sulcatus* 是 *Aeretes melanopterus* 的晚出异名。除北京的材料外，化石还发现于川黔地区（郑绍华，1993）。

前黑沟牙鼯鼠 *Aeretes premelanopterus* Zheng, 1993

（图 102）

Aeretes premelanopterus：郑绍华、张联敏，1991，53 页

正模 IVPP V 9633，右 P4。重庆巫山龙骨坡，下更新统。

副模 IVPP V 9634，左 m1/2。产地与层位同正模。

归入标本 IVPP V 9635，颊齿 10 枚（重庆巫山）。

鉴别特征 个体比 *Aeretes melanopterus* 略小；齿冠稍低；齿脊较细而多褶曲，附属的纵向脊不甚发育；上颊齿舌侧后谷向根部延伸浅，M1 具弱脊状的中附尖；下颊齿的下中尖和下中附尖较发育，但下后附尖相对弱，m3 的后部窄、下中脊横贯跟座凹。

产地与层位 重庆巫山龙骨坡，下更新统。

评注 郑绍华和张联敏（1991）首先提出该种名拟作新种进行初步报道，但未指定正模和制作图版，后来前一作者（郑绍华，1993）作了规范记述，本书以此作为有效种名。上述重庆巫山的材料采自龙骨坡相同层位的堆积，原作者将其指定为正模、副模和归入标本，编者暂保留这一指定。

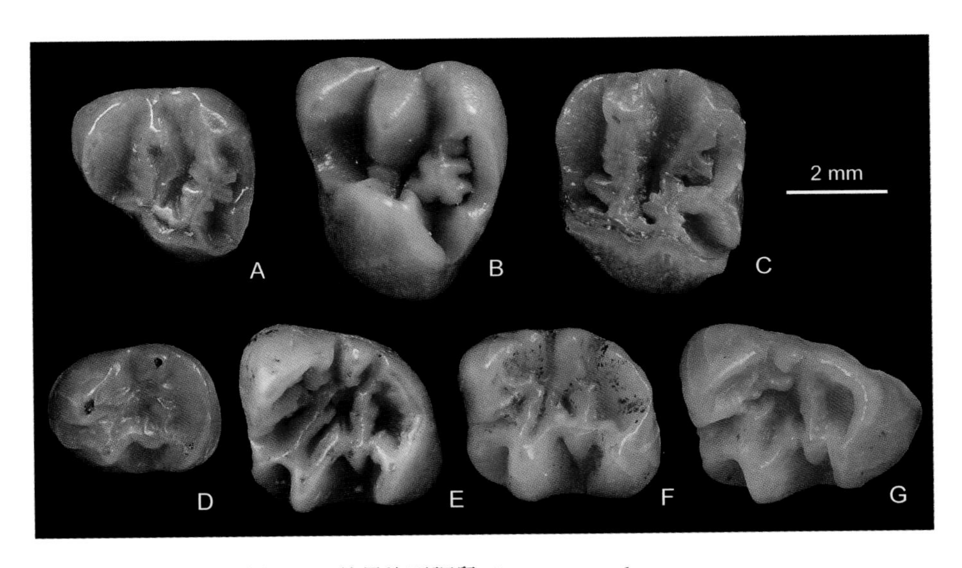

图 102　前黑沟牙鼯鼠 *Aeretes premelanopterus*

A. 左 DP4（IVPP V 9635.1），B. 右 P4（IVPP V 9633，正模，反转），C. 右 M1/2（IVPP V 9635.2，反转），D. 右 dp4（IVPP V 9635.4，反转），E. 左 m1/2（IVPP V 9634），F. 右 m1/2（IVPP V 9635.6，反转），G. 右 m3（IVPP V 9635.9，反转）：冠面视

毛耳飞鼠属 Genus *Belomys* Thomas, 1908

模式种　皮氏飞鼠 *Sciuropterus pearsonii* Gray, 1842 = *Belomys pearsoni* (Gray, 1842)

鉴别特征　体型较小的鼯鼠类。吻部相对长，鼻骨长度大于眶间区宽度，眶后突短小，听泡相对大；下门齿尖端比颊齿列磨蚀面高，齿虚位前端与颊齿槽上缘高度持平，角突不甚宽大。颊齿的齿尖和齿脊高而锐利；P3 很小；P4 臼齿化，次三角形，尺寸比臼齿都大；P4–M2 有次尖，原脊完整，后脊与原脊或后边脊连接而不直接与原尖相连，原小尖小，后小尖显著，中附尖弱尖形或脊形、明显向颊侧凸出；M1 和 M2 原尖和次尖间的舌侧有明显的凹谷；M3 小，不向后伸展，有的有后脊和后小尖。下颊齿具有显著的下内尖、下中尖和下次小尖，下中附尖相对小，无前颊侧谷，下内尖角区折角形，齿凹中次生脊发育，并与齿尖和齿脊连接形成齿坑；m3 的下内尖显著，独立而未与下后边脊融会形成舌后内脊。

中国已知种　化石有 *Belomys parapearsoni* 和 *B. pearsoni* 两种。

分布与时代　安徽、陕西，早更新世；重庆，早—中更新世；贵州、江西，中更新世；四川，晚更新世；海南，全新世。

评注　*Belomys* 为一现生单型属，主要分布于东洋区热带的原始森林地区，在中国该属栖息于云南、广西和海南岛等地（王应祥，2003）。化石除发现于川黔地区外，尚见于江西、安徽、陕西和海南（Young, 1947；郑绍华，1993；郝思德、黄万波，1998；薛祥煦等，1999；金昌柱等，2009；黄万波等，2002）。郑绍华（1993）认为，发现于重庆歌乐山

和贵州织金的 *Petaurista* cf. *brachyodus* （Young et Liu, 1950；徐余瑄等，1957），都应归入 *Belomys* 属。

偏皮氏毛耳飞鼠 *Belomys parapearsoni* Zheng, 1993

（图 103）

Belomys parapearsoni：郑绍华、张联敏，1991，58 页

正模 IVPP V 9623，左 M3。重庆巫山龙骨坡，下更新统。

副模 IVPP V 9624，右 m3。产地与层位同正模。

归入标本 IVPP V 9625，颊齿 32 枚（川黔地区）。IVPP V 13983，颊齿 2 枚（安徽繁昌）。NWU V 1209，M3 1 枚（陕西洛南）。

鉴别特征 个体较 *Belomys pearsoni* 小；齿冠较低；上颊齿的中附尖和下颊齿的下中附尖较不发育；M3 冠面轮廓浑圆，无后尖，具有封闭齿凹的后内边脊；下臼齿的下次尖醒目，明显向牙齿的后外角凸出；m3 似长方形，下内尖大，几乎占据牙齿的后内角。

产地与层位 重庆巫山龙骨坡、安徽繁昌人字洞、陕西洛南龙牙洞，下更新统。

评注 郑绍华和张联敏（1991）首先提出该种名作新种进行了初步报道，但未指定正模和制作图版，郑绍华于 1993 年作了描述。该种在重庆巫山龙骨坡发现的材料稍多，但在陕西洛南和安徽繁昌发现的都很零星（薛祥煦等，1999；金昌柱等，2009）。

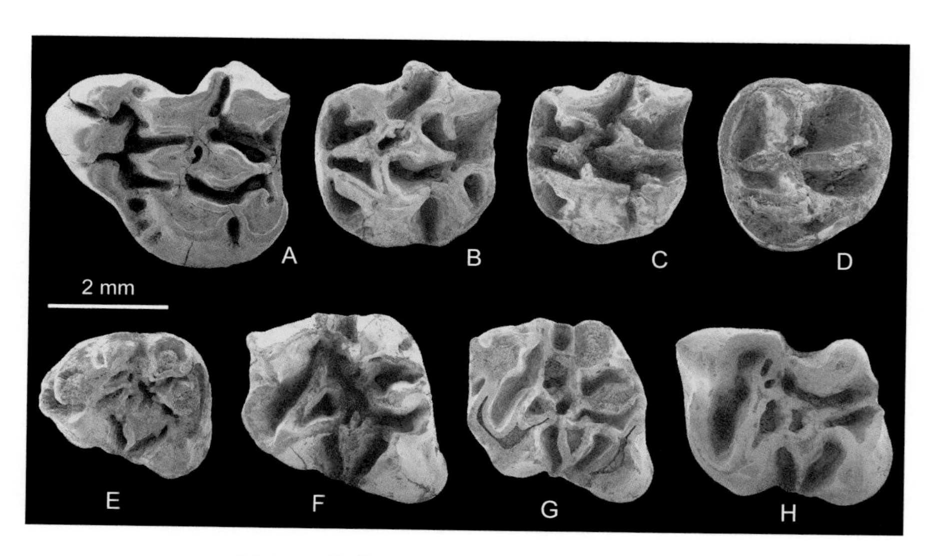

图 103 偏皮氏毛耳飞鼠 *Belomys parapearsoni*

A. 右 DP4（IVPP V 9625.20，反转），B. 右 M1/2（IVPP V 9625.30，反转），C. 右 M1/2（IVPP V 9625.22，反转），D. 左 M3（IVPP V 9623，正模），E. 左 dp4/p4（IVPP V 9625.1），F. 左 m1/2（IVPP V 9625.8），G. 左 m1/2（IVPP V 9625.13），H. 右 m3（IVPP V 9624，反转）：冠面视

皮氏毛耳飞鼠 *Belomys pearsoni* (Gray, 1842)

（图 104）

Pteromys lopingensis：Young, 1947, p. 165

Petaurista cf. *brachyodus*：Young et Liu, 1950, p. 53；徐余瑄等，1957，343 页

正模 现生种，未指定。印度大吉岭。

归入标本 IVPP V 9622，破碎的头骨，上、下颌骨及颊齿 467 件（川黔地区）。破损的头骨及下颌骨 3 件（江西乐平，见 Young, 1947, Fig. 1, 2；无编号，标本下落不明）。HNM HV 00143–00146，破碎的下颌骨 4 件（海南三亚）。

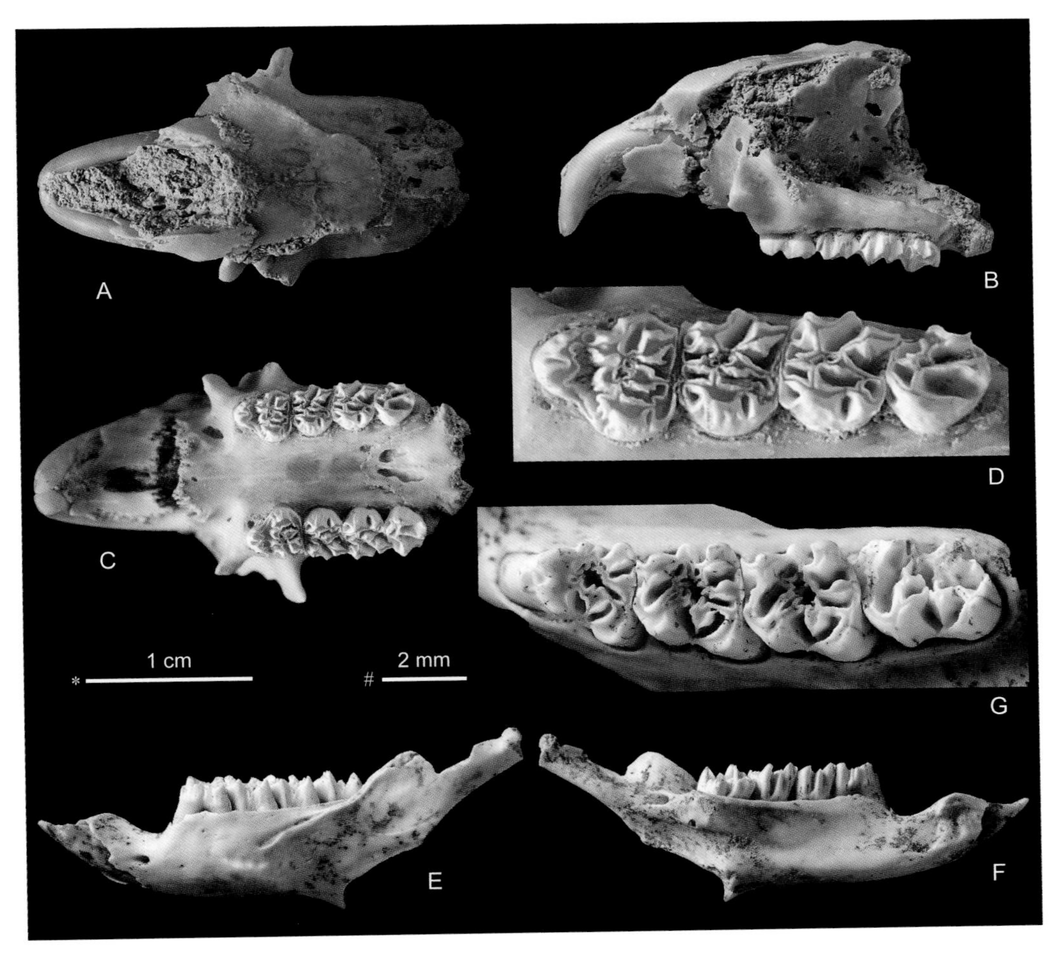

图 104 皮氏毛耳飞鼠 *Belomys pearsoni*

A–D. 附有完整齿列的头骨前部及左侧颊齿列（IVPP V 9622.1），E–G. 附有完整齿列的破损左下颌骨（IVPP V 9622.254）；A. 背面视，B, E. 颊侧视，C. 腹面视，D, G. 冠面视颊齿列，F. 舌侧视；比例尺：* - A–C, E, F，# - D, G

鉴别特征 下颊齿列长度约 10.6–12.6 mm；上门齿釉质层光滑；下颌骨的颏孔小、咬肌窝浅、下咬肌脊比上咬肌脊显著，下门齿截面次三角形、后端终止于 m3 之下。P3 极小、单尖；P4 的前附尖强大；P4–M2 的原小尖和后小尖分别伸出附属脊与前边脊和后边脊连接；M3 后部退化，次尖不发育。下颊齿中 p4–m2 的下中尖强大，下次小尖发育，下中附尖与下内尖间有深的凹缺；m3 呈斜长菱形，下内尖很显著。

产地与层位 重庆巫山宝坛寺、龙骨坡，下更新统；重庆万县平坝，江西乐平，贵州桐梓岩灰洞、挖竹洞、天门洞以及普定穿洞，中更新统；海南三亚落笔洞，全新统。

评注 该种为现生种，化石主要发现于川黔地区（郑绍华，1993）。此外，杨钟健（Young, 1947）描述过一些采自江西乐平洞穴堆积中的飞松鼠类材料，命名为"*Pteromys lopingensis* 新种"，但其个体很大，P4 比臼齿大，P4–M2 的后脊与原脊连接而不直接与原尖相连，中附尖脊形、明显向颊侧凸出（不包括原著中 Fig. 1b 所示的"上臼齿"，实际上该牙齿为另一属种的下臼齿），下颊齿具有显著的下内尖而下中附尖弱小，牙齿的这些形态显然有悖于 *Pteromys* 属的特征。标本的构造和尺寸与现生 *Belomys pearsonii* 及川黔地区发现的该种化石很接近。另外，重庆歌乐山和贵州织金的 *Petaurista* cf. *brachyodus*（Young et Liu, 1950；徐余瑄等，1957），被郑绍华（1993）归入该种。

复齿鼯鼠属 Genus *Trogopterus* Heude, 1898

模式种 黄腹飞鼠 *Pteromys xanthipes* Milne-Edwards, 1867 = *Trogopterus xanthipes* (Milne-Edwards, 1867)

鉴别特征 体型较大的鼯鼠类。吻部短，眶间区凹陷，眶后突显著、前方有小刻缺，听泡大；下门齿尖端与颊齿列磨蚀面持平，齿虚位的颌骨部分不特别粗壮，角突宽大。颊齿的齿尖比齿脊醒目；P3 很小；P4 臼齿化，次方形，尺寸比臼齿大（相对比 *Belomys* 的更大）；P4–M2 有次尖，原脊完整，后脊短、不与原脊直接连接而与原脊向原尖会聚，原小尖和后小尖显著，前者比后者小，中附尖脊形、向颊侧凸出，原尖和次尖间的舌侧有明显的凹谷；M3 小，不向后伸展，有后脊和后小尖。下颊齿具有显著的下内尖、下中尖和下次小尖；下中附尖小；无前颊侧谷；下内尖角区折角形；齿凹中次生脊比上臼齿的更发育，并与齿尖和齿脊连接，构成众多齿坑。

中国已知种 化石仅 *Trogopterus xanthipes* 一种。

分布与时代 重庆，早更新世；贵州，中更新世；北京，晚更新世。

评注 现生的 *Trogopterus* 为一单型属，在我国局部地分布于云南、贵州、四川、重庆、西藏、山西、河北、辽宁等的森林地区。该属的牙齿形态与 *Belomys* 者比较相似，在分类上可能归入一族。化石仅发现于川黔地区和北京房山（郑绍华，1993）。

黄复齿鼯鼠 *Trogopterus xanthipes* (Milne-Edwards, 1867)

（图 105）

正模 现生种，未指定。河北东部。

归入标本 IVPP V 9626，破碎的上、下颌骨及颊齿 87 件（川黔地区）。IVPP V 15060，破碎的上、下颌骨 3 件（北京房山）。

鉴别特征 下颊齿列长度约 15.8–17.0 mm。与 *Belomys* 的种类相比，牙齿尺寸显著大，齿冠也相对高，上颌咬肌结节更粗壮，腭骨与上颌骨缝合线的位置相对靠前，M3 较少退化、具有稍明显的后小尖，中附尖更向颊侧凸出，p4–m3 的下次小尖较清晰，m1 和 m2 的下中脊在下后尖和下内尖间横向向外凸出而不是靠近下后尖向后内伸出。

产地与层位 重庆巫山宝坛寺，下更新统；贵州桐梓岩灰洞、天门洞，以及威宁观风海天桥，中更新统；北京房山十渡，上更新统。

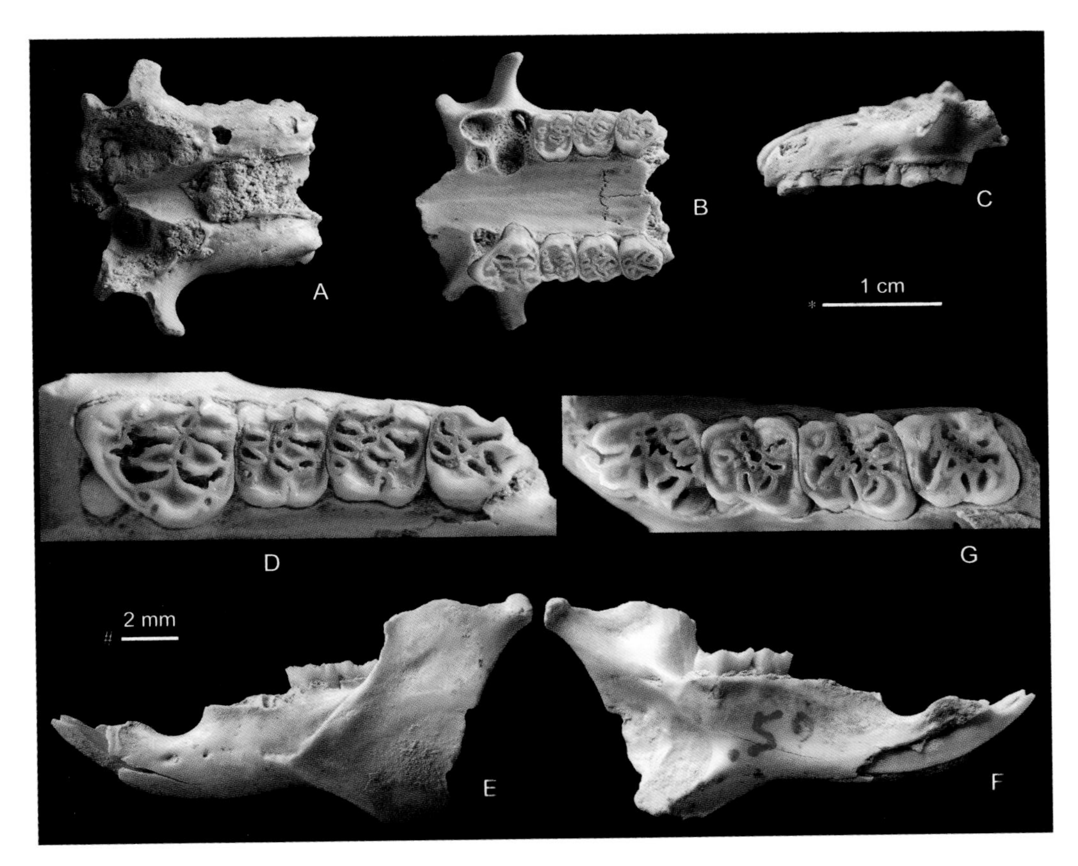

图 105 黄复齿飞鼠 *Trogopterus xanthipes*

A–C. 附有右 P4–M3 和左 M1–3 的头骨前部（IVPP V 9626.1），D. 附有 P3–M3 的破损左上颌骨（IVPP V 9626.3），E, F. 附有 m1 和 m2 的破损左下颌骨（IVPP V 9626.50），G. 附有 p4–m3 的破损右下颌骨（IVPP V 9626.31，反转）：A. 背面视，B. 腹面视，C, E. 颊侧视，D, G. 冠面视颊齿列，F. 舌侧视；比例尺：* - A–C, E, F，# - D, G

高冠松鼠亚科 Subfamily Aepyosciurinae Wang et Qiu, 2003

高冠松鼠亚科目前仅发现于中国的早更新世，生存的时间似乎很短，起源和演化历史尚不清楚。其头骨低而宽，松鼠型颧-咬肌结构；门齿孔小；额骨额面宽；眶后突和咬肌结节明显；眶下孔位置相对较高；听泡膨大，具隔板；下颌骨的角突相对大，下部明显内弯；后腭孔位于上颌骨-腭骨缝内；咬肌神经孔和颊脊神经孔彼此分开。牙齿构造相对简单；齿式：1•0•2•3/1•0•1•3；颊齿单面高冠，脊齿型，齿尖不明显，咀嚼面平坦。P4–M3 和 p4–m3 具四横脊；P4–M3 原尖前后伸长，无小尖和次尖，后脊与后边脊连接，舌后角向后凸出。

高冠松鼠亚科仅有单一属种，化石发现于甘肃早更新世地层。

高冠松鼠属 Genus *Aepyosciurus* Wang et Qiu, 2003

模式种 东方高冠松鼠 *Aepyosciurus orientalis* Wang et Qiu, 2003

鉴别特征 体型中等松鼠。头骨眶间区适度收缩、且明显小于眶后收缩处的宽度；眶后突不大，略向侧后方伸展；间顶骨发育；吻部短；两上颊齿列向后靠拢；后腭孔位于上颌骨-腭骨缝；腭骨上 M3 舌侧有一对小后腭孔；颧弓板长，后缘达眶上切迹之后、M1 后缘外方；眶下孔位置较高，具眶下管；咬肌结节很发达，远位于眶下孔的前腹侧；咬肌神经孔和颊肌神经孔彼此分开；翼蝶管后孔位于卵圆孔前；下颌咬肌窝很浅，前缘位于 m2 下方，纵向咬肌嵴发达，翼肌窝大而深；齿式：1•0•2•3/1•0•1•3；门齿宽，不很弯曲，釉质层主要覆盖在唇面；P3 小，单尖，单根；P4–M3 和 p4–m3 四边形，单面高冠，冠面平坦，齿尖不明显，齿脊发育。P4–M3 后内角后伸，后脊后弯、与后边脊连接，中凹很大，前、后凹小；p4–m3 下内脊完全，后弯，与下后边脊相连。

中国已知种 仅模式种。

分布与时代 甘肃，早更新世。

评注 该属的未定种还发现于青海和西藏的早上新世地层（Deng et al., 2011；Li et al., 2014）。邱占祥等（2004）推测，该属可能为地栖松鼠。

东方高冠松鼠 *Aepyosciurus orientalis* Wang et Qiu, 2003

（图 106）

正模 IVPP V 12739，头骨前部，具一对 I2、左 P4、M1、M3，及右 P3–4 和 M3。甘肃东乡龙担，下更新统。

归入标本 IVPP V 13526, V 13545–13549, V 13553, V 13527，具头骨及部分肢骨的两个个体，较完好的头骨 5 件，下颌骨 1 件（甘肃东乡）。

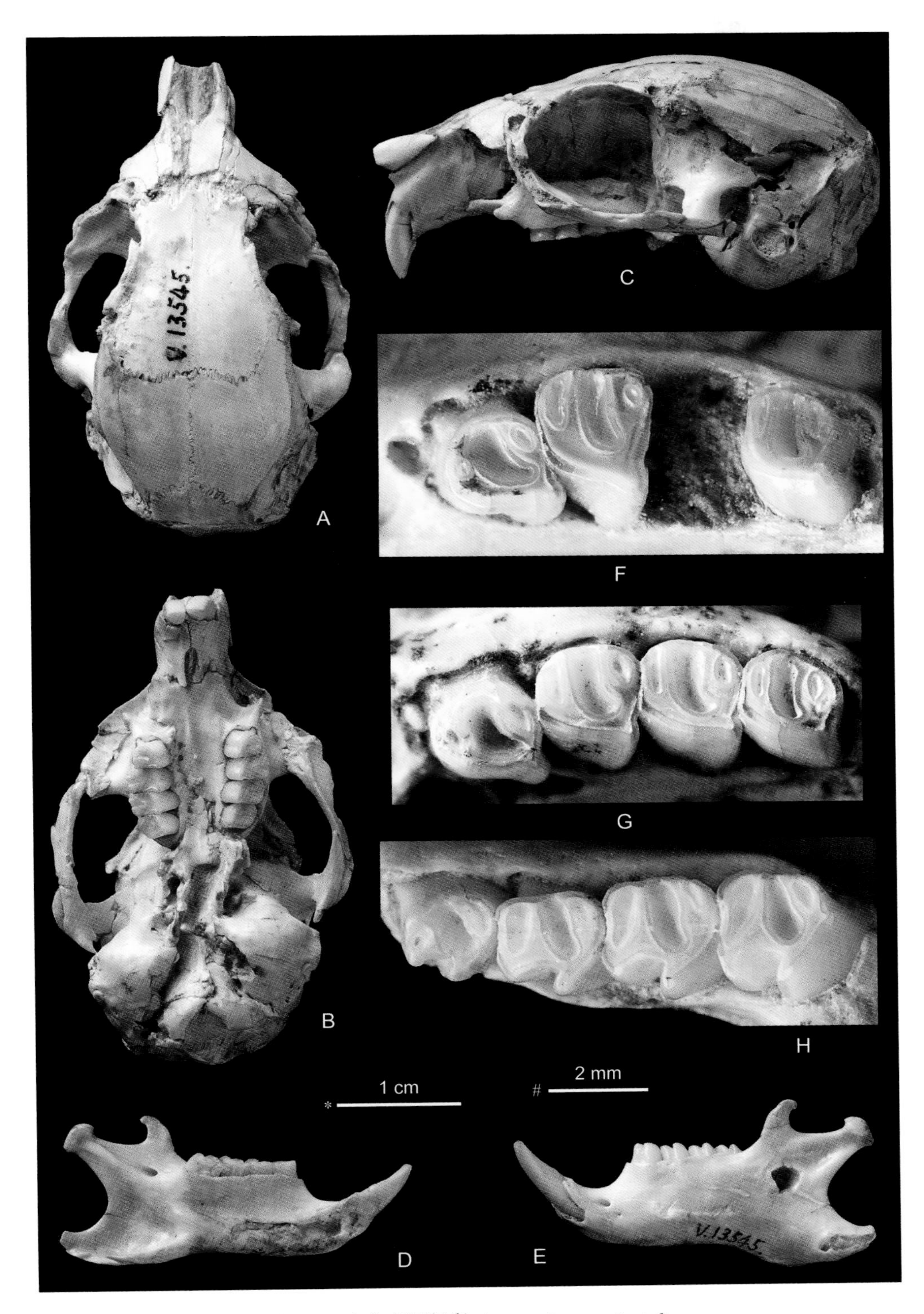

图 106　东方高冠松鼠 *Aepyosciurus orientalis*

A–C. 具有完整齿列的头骨（IVPP V 13545），D, E. 具 p4–m3 保存较完好的左下颌骨（IVPP V 13545），F. 附有 P4、M1 和 M3 的左上颌骨碎块（IVPP V 12739，正模），G. 右 P3–M3（IVPP V 13526，反转），H. 右 p4–m3（IVPP V 13546，反转）：A. 背面视，B. 腹面视，C. 侧面视，D. 舌侧视，E. 颊侧视，F–H. 冠面视；比例尺：* - A–E，# - F–H

鉴别特征　同属。

产地与层位　甘肃东乡龙担，下更新统。

雪松鼠亚科？ Subfamily Cedromurinae? Korth et Emry, 1991

雪松鼠亚科为一类古老的松鼠，可能只生存于古近纪。其头骨低而宽，吻短，咬肌构造独特：下颌骨咬肌结节如同一般原始松鼠的，前伸可达 m1 后半部之下，但颧骨增宽、在眶下孔的侧方向前背部倾斜。颊齿齿冠低；上臼齿的前尖与中附尖之间具低脊（“外脊”）；“外脊”部分或全部封闭中凹的颊侧；后脊在接近原尖处收缩；M1 和 M2 的次尖通常明显；下臼齿有从下内尖伸向三角座凹、发育程度不同的下次脊，以及封闭的下三角座凹；下中尖很发育。

该亚科的材料很稀少，最早出现于北美的晚始新世。亚洲的 *Oligosciurus* 可能属于该亚科，但标本零星、稀缺。

鲜松鼠属 Genus *Oligosciurus* Wang et Qiu, 2004

模式种　党河鲜松鼠 *Oligosciurus dangheensis* Wang et Qiu, 2004

鉴别特征　个体较小而原始的松鼠。下颌骨咬肌窝前缘位于 m2 下方；冠状突前缘近垂直，下端起于 m2 后下方；颏孔位于 p4 后齿根之前。颊齿齿冠很低；臼齿前缘明显窄于后缘，下次尖特别向前外方伸、明显超出下原尖，具明显的下内尖、下次尖和下中附尖，下外脊位置较靠内侧，无下中尖。

中国已知种　仅模式种。

分布与时代　甘肃，早渐新世。

评注　该属的下颌咬肌窝前缘和颏孔的位置较靠后，齿冠和齿脊低，下内尖明显，具下次脊和双齿根，显示了其在松鼠科中非常原始的性状。下臼齿具下次脊的松鼠类仅见于北美晚始新世的 *Douglassia* 属和渐新世的 *Cedromus* 属（Korth et Emry, 1991；Emry et Korth, 1996b），但 *Oligosciurus* 的个体比北美这两个属显然小得多，而且下臼齿没有下中尖，咬肌窝前缘的位置显得更原始。然而，其冠状突前缘近于垂直，下端起始很靠后，颏孔和咬肌窝前缘的位置较靠后等特征，与松鼠科的已知属都不同。这里多少有疑问地将其归入雪松鼠亚科纯粹是由于其原始的性状以及某些与 *Cedromus* 属相似的特征，它在松鼠科中的准确分类位置有待进一步的发现和研究。其实，*Oligosciurus* 属归入雪松鼠亚科的可能性还是存在的，这不仅因为其具有一些原始、与该亚科相似的形态特征，而且事实已证明该亚科出现于亚洲，蒙古的 *Kherm* 属被归入 Cedromurinae 就是一例（Minjin, 2004；Wang et Dashzeveg, 2005）。

党河鲜松鼠 *Oligosciurus dangheensis* Wang et Qiu, 2004

（图 107）

正模 IVPP V 13556，附有 m1 和 m2 的右下颌骨碎块。甘肃阿克塞铁匠沟，下渐新统狍牛泉组。

鉴别特征 同属。

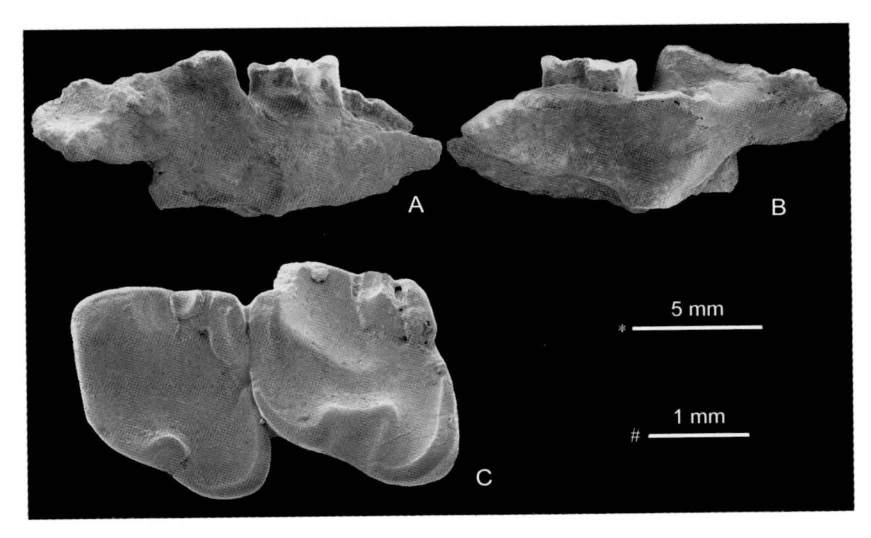

图 107　党河鲜松鼠 *Oligosciurus dangheensis*

A–C. 附有 m1 和 m2 的右下颌骨碎块（IVPP V 13556，正模）：A. 颊侧视，B. 舌侧视，C. 冠面视，反转；比例尺：* - A, B，# - C

睡鼠科 Family Gliridae Muirhead, 1819

模式属 榛睡鼠 *Glis* Brisson, 1762

定义与分类 睡鼠是一类古老的、现今仍生活在地球上的啮齿类动物。一般认为睡鼠起源于始啮型（protrogomorphous）的啮齿动物，是早始新世由亚洲迁入欧洲的壮鼠类（ischyromyoids）中的 Microparamyinae 动物演化而来（Thaler, 1966；Hartenberger, 1971, 1994, 1998；Vianey-Liaud, 1994；Daams et de Bruijn, 1995；Dawson, 2015）。睡鼠类在新近纪的早中期曾经较为繁荣，但中新世晚期趋于衰落；迄今发现的化石超过 44 属，达 200 种，主要分布于欧洲大陆。现生睡鼠在啮齿目中很独特：没有盲肠。其体型小、眼大，一般夜间活动，多居于灌木丛或营树栖生活，食性杂，因冬眠习性而得名。现生睡鼠共有 8 属 14–15 种，分布于欧亚大陆和非洲。其中 5 个属（*Eliomys*, *Dryomys*, *Glis*, *Myomimus*, *Muscardinus*）主要分布在欧洲的北纬 60º 以南，向东达伏尔加河和乌拉尔河，东南界为小亚细亚、高加索、伊朗、天山和阿尔泰山；*Eliomys* 的南界达北非阿特拉斯山脉。其余 3 个属：日本睡鼠属（*Glirulus*）分布在日本的本州、九州和四国；非洲睡鼠属（*Graphiurus*）分布在非洲的撒哈拉以南至南非；毛尾睡鼠属（*Chaetocauda*）分布在中国四川。我国拥有现生睡鼠两属两种：林睡鼠（*Dryomys nitedula*）和四川毛尾睡鼠（*Chaetocauda sichuanensis*）。前者分布于新疆西北部（王应祥，2003），后者是 1985 年在我国四川省北部平武王朗自然保护区新发现的一个属种（王酉之，1985）。

睡鼠的起源、演化及其系统发育关系一直是许多形态学和分子生物学学者研究的课题，研究的手段多种多样：头骨与牙齿形态、门齿釉质层显微结构、咀嚼系统、舌头构造、耳区构造、阴茎骨、线粒体和染色体组型等。由于研究手段和样本多寡的不同，得出的系统发育关系多有差异，由此而建立的分类体系也各不相同。对此，Daams 和 de Bruijn（1995）以及 Holden（2005）有较为详细的综述，Dawson（2015）和 Fabre 等（2015）分别总结了近十多年来形态学和分子生物学在研究啮齿类演化方面所取得的进展和成果，睡鼠类是重要的研究对象之一。这里简要介绍一些对于睡鼠的系统发育关系和分类位置的主要不同观点。Wilson（1949b）依据头骨构造和牙齿形态的相似性将睡鼠作为超科（Gliroidea）与鼠超科（Muroidea）和跳鼠超科（Dipoidea）一起置于鼠型亚目（Myomorpha），推测起源于 *Paramys baccatus* 类群。Wahlert 等（1993）对现生睡鼠的头骨、下颌骨形态和牙齿等特征做了聚类分析，得出的结论是：睡鼠超科是单系分支，与鼠超科（Muroidea）+ 跳鼠超科（Dipoidea）组成姐妹类群，这三个超科组成鼠型亚目。Daams 和 de Bruijn（1995）不同意他们的观点，认为睡鼠从欧洲的壮鼠科（Ischyromyoidae）辐射演化而来，自成单系类群，是一独立的超科，而不是鼠型亚目的成员；虽然大部分属种看来具有鼠型头骨形态和单系的门齿釉质层，但欧洲睡鼠的鼠型头骨与亚洲鼠超科和跳鼠超科的鼠型头骨是各自独立演化而来的（参阅 Vianey-Liaud, 1985），睡鼠超科与鼠超科和跳鼠超科不是姐妹类群的关系，它不应是鼠型亚目的成员。另有些学者的研究结果揭示了睡鼠类与松鼠类的亲近关系：Meng（1990）发现了北美早始新世的 Sciurida（松鼠下目）的 *Reithoroparamys* 的耳区构造与现生的睡鼠超科之间的共近裔特征；Lavocat 和 Parent（1985）对中耳的解剖以及 Bugge（1971, 1985）对颈动脉系统的分析表明，睡鼠类与松鼠类之间有很密切的系统发育关系。近十多年来分子生物学的最新研究成果（Fabre et al., 2015）对啮齿类各超科之间的关系，提出了 3 个主要单系组合（monophyletic assemblage），认为睡鼠科属于松鼠单系组合，即松鼠超科（= 松鼠科 + 山河狸科）+ 睡鼠科。这一成果支持了形态学的观察结果。

本志将睡鼠的分类单元作为松鼠型亚目下的睡鼠科。

目前，颊齿形态是化石睡鼠分类唯一可采用的依据。Daams 和 de Bruijn（1995）依据颊齿形态将睡鼠科分为 5 个亚科（Gliravinae, Glirinae, Dryomyinae, Myomiminae, Bransatoglirinae），共记载有 38 属和 177 种。当前，欧亚的古生物学者一般都使用 Daams 和 de Bruijn（1995）的分类系统，本志也采用这一分类方案。此外尚有 Wahlert 等（1993）、

McKenna 和 Bell（1997）以及 Holden（2005）等各家分类，此处不作详细介绍。

鉴别特征 睡鼠的齿式为1•0•1•3/1•0•1•3，通常为低冠脊型齿。上颊齿一般具有 3 个齿尖：前尖、后尖和原尖，下颊齿 5 个齿尖：下原尖、下中尖、下次尖、下后尖和下内尖。上下颊齿一般都具有 4 条长的主脊和若干条位于主脊之间的较短和较弱的附脊（见图 108）。

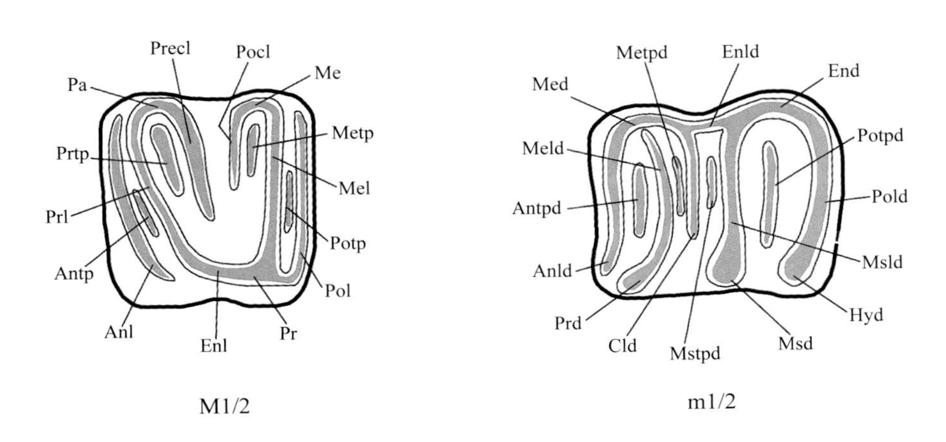

图 108 睡鼠科臼齿构造模式图（依据 Daams, 1999 和 Freudenthal, 2004 略做修改）

Anl. 前边脊（anteroloph），Anld. 下前边脊（anterolophid），Antp. 前边附脊（anterotrope），Antpd. 下前边附脊（anterotropid），Cld. 下中间脊（centrolophid），End. 下内尖（entoconid），Enl. 内脊（endoloph），Enld. 下内脊（endolophid），Hyd. 下次尖（hypoconid），Me. 后尖（metacone），Med. 下后尖（metaconid），Mel. 后脊（metaloph），Meld. 下后脊（metalophid），Metp. 后附脊（metatrope），Metpd. 下后附脊（metatropid），Msd. 下中尖（mesoconid），Msld. 下中脊（mesolophid），Mstpd. 下中附脊（mesotropid），Pa. 前尖（paracone），Pocl. 后中间脊（postcentroloph），Pol. 后边脊（posteroloph），Pold. 下后边脊（posterolophid），Potp. 后边附脊（posterotrope），Potpd. 下后边附脊（posterotropid），Pr. 原尖（protocone），Prd. 下原尖（protoconid），Precl. 前中间脊（precentroloph），Prl. 原脊（protoloph），Prtp. 原附脊（prototrope）

中国已知属 化石：*Gliruloides*, *Microdyromys*, *Orientiglis*, *Eliomys*?, *Miodyromys*, *Myomimus*；现生：*Dryomys* 和 *Chaetocauda*。

分布与时代 新疆，晚渐新世、早中新世、现代；江苏，早中新世；内蒙古，早中新世—上新世；甘肃，中中新世；山西，上新世；四川，现代。

评注 睡鼠科曾有过多个拉丁学名，主要有：Gliridae Muirhead, 1819（或 Gliridae Thomas, 1896/1897），Myoxidae Gray, 1821（或 Myoxidae Waterhouse, 1839），Leithiidae Lydekker, 1895 和 Muscardinidae Palmer, 1899。最后两个名称显然是晚出异名。至于前面两个，Simpson（1945）认为睡鼠科 Myoxidae Gray, 1821 是无效名称，因为该科的模式属 *Myoxus* Zimmermann, 1780 是 *Glis* Brisson, 1762 的晚出异名，因此主张采用 Gliridae Thomas, 1896/1987 作为睡鼠科的学名。然而 Hopwood（1947）认为 *Glis* Brisson, 1762 违反了林奈的生物命名双名法的规定，是无效的，应被 *Myoxus* Zimmermann, 1780 替

代。Wahlert 等（1993）、Holden（2005）和另一些学者，也因为上述原因，竭力主张用 Myoxidae Gray, 1821 作为睡鼠科的拉丁文学名。但是，由于属名 *Glis* 已被普遍地使用了 200 多年，长期以来欧洲多数学者用 Gliridae Thomas, 1896 作为睡鼠科的拉丁文学名。为了学名使用的稳定性，1994 年 Gentry 提请国际动物命名委员会保留 Brisson 创建的属名 *Glis*。1998 年国际动物命名委员会正式裁定，*Glis* 为可用属名，而 *Myoxus* Zimmermann, 1780 作为其晚出异名。因此睡鼠科的学名已统一为 Gliridae，Myoxidae 被废除。

又因为 Muirhead 在 1819 年建立的 Glirini 族，早于 Thomas 在 1896 建立的 Gliridae，依据《国际动物命名法规》（第四版）（中文版，52 页）50.3 条款，Muirhead 应被作为 Gliridae 的命名人，睡鼠科的学名应为 Gliridae Muirhead, 1819。

睡鼠起源于欧洲，最早的化石记录是法国 Mas de Gimel 早始新世（MP 10）的 *Eogliravus wildi*（Hartenberger, 1971；Daams et de Bruijn, 1995；Daams, 1999），因此推测其起源在晚古新世至早始新世这段时间（Hartenberger, 1994, 1998），一些分子生物学研究的估算（Adkins et al., 2002；Huchon et al., 2002）与此推测一致。*Eogliravus* 属的牙齿形态介于 ischyromyoid 的 *Microparamys* (*Spamacomys*) 与真正的睡鼠 *Gliravus* 之间。

欧洲一直拥有最多的睡鼠化石记录，记录表明：睡鼠科的分化始于早始新世，在渐新世继续分化，至早中新世晚期（大约 MN 4–5）达到顶峰，成为那个时期啮齿类动物群中的主要成员，最高丰度竟达到 90%，并达最大多样性。但自 MN 5 往后，其地位被仓鼠科（Cricetidae）取代，种的数量和标本数量都渐趋减少。中中新世晚期（MN 7/8），睡鼠科在多样化程度和在啮齿类动物组合中的丰度方面都已明显下降，晚中新世（MN 11）以后，除一些岛屿属种外，在欧洲、亚洲和非洲仅有少量的睡鼠记载，这种情况一直持续至今。睡鼠曾成功地占领了几乎所有的生态位（Daams et de Bruijn, 1995；Freudenthal et Martín-Suárez, 2013），Mein 和 Romaggi（1991）在法国晚中新世发现了带翼膜、具有滑翔能力的 *Glirulus*。完整的睡鼠化石很罕见，Storch 和 Seiffert（2007）在德国的中始新世早期的地层中发现了完整的 *Eogliravus wildi* 睡鼠化石。

睡鼠在早渐新世才进入亚洲（Ünay-Bayraktar, 1989），我国最早的记载是在晚渐新世（吴文裕等，2016）。Shevyreva（1992）曾报道的哈萨克斯坦斋桑盆地始新世的睡鼠被认为是疑名（nomen dubium）（Daams et de Bruijn, 1995；Dawson, 2015）。在亚洲，睡鼠从未在啮齿类动物组合中占有过主导地位，早中新世时以鼠超科为主的啮齿动物组合中是以仓鼠类和 / 或跳鼠类居多。

我国对睡鼠化石的研究起步相当晚，是在 20 世纪 80 年代初引进了小哺乳动物筛洗技术以后，才开始发现了睡鼠化石（Fahlbusch et al., 1983；Wu, 1985）。目前，除内蒙古中部新近纪地层外，产睡鼠化石的地点较少，标本不够丰富，且绝大多数标本都为零散的牙齿，这在一定程度上影响了分类记述的准确程度。此外，我们的研究在起步的时候，主要借鉴欧洲的研究成果，将我国的睡鼠属种与欧洲已有的属种比对，因此在属的认定上会有一定的牵强附会。随着材料的逐步增加，渐渐显现出，睡鼠从欧洲扩散至亚洲和中国之后，可能有其独立于欧洲睡鼠的演化线系。但是，由于我国积累的材料还很少，尚难于对发现的化石睡鼠做综合的、系统的梳理。本志原则上暂保留原有著作中的分类名称，待材料积累到一定程度，再做系统的修正更为妥帖。

林睡鼠亚科 Subfamily Dryomyinae De Bruijn, 1967

模式属 林睡鼠属 *Dryomys* Thomas, 1906

定义与分类 该亚科睡鼠的颊齿咀嚼面凹，齿面构造较复杂，通常附脊较主齿脊窄；上臼齿具有内脊。目前包括 16 个属：*Dryomys*, *Eliomys*, *Leithia*, *Graphiurus*, *Glirulus*, *Hypnomys*, *Microdyromys*, *Graphiurops*, *Paraglirulus*, *Tyrrhenoglis*, *Maltamys*, *Anthracoglis*, *Eivissia*, *Chaetocauda*, *Gliruloides*, *Orientiglis*。该亚科中最早出现的分子是瑞士 Bumbach 1 早渐新世（MP 25）的 *Microdyromys praemurinus*（Uhlig, 2001, 2002）。中新世时期属种数增加，拥有 8 个现生睡鼠属中的 5 个。

中国已知属 *Gliruloides*, *Microdyromys*, *Orientiglis*, *Eliomys*?，共 4 属。

分布与时代 新疆，晚渐新世和早中新世；江苏，早中新世；内蒙古，早中新世晚期—晚中新世晚期；甘肃，中中新世。

似日本睡鼠属 Genus *Gliruloides* Wu, Meng, Ye, Ni et Bi, 2016

模式种 周氏似日本睡鼠 *Gliruloides zhoui* Wu, Meng, Ye, Ni et Bi, 2016

鉴别特征 中等大小的睡鼠。颊齿咀嚼面凹，上、下臼齿通常都具 9 条横向的主齿脊和附脊，有时具有次级附脊。上颊齿的前边附脊和后边附脊以及下颊齿的下前边附脊和下后边附脊都很发育，几乎占其所在齿谷的整个长度。上颊齿的横脊颊侧端趋于游离。M1 和 M2 具 V 形或窄 U 形三角座，内脊不完整或近于完整，前中间脊不与内脊相连，内脊舌侧壁具明显的纹饰。下颊齿的下内脊通常不连续；下臼齿下前边脊的颊侧端稍向后弯，但不与下原尖相连。p4, m1–m3, P4, M1–M3 的齿根数分别为 2, 2, 3, 3。下臼齿的下原尖和下中尖总呈前伸的长钩状。

中国已知种 仅模式种。

分布与时代 新疆，晚渐新世。

评注 模式种周氏似日本睡鼠（*Gliruloides zhoui*）曾先后被命名为 *Glirulus* sp.（吴文裕等，2000）和 *Vasseuromys* sp.（孟津等，2001, 2006；叶捷等，2001a, b；Ye et al., 2003），2016 年吴文裕等为其建立了新的属种，并将其归入 Dryomyinae 亚科。该属与 *Glirulus* 在形态上相似，但后者上颊齿的三角座均为宽 U 形，并具有完整的内脊，前中间脊通常与内脊相交，横向齿脊颊侧端通常不游离；与 *Vasseuromys* 属的最主要形态差异在于上颊齿具有很发育的前边附脊和后边附脊，而后者上颊齿的前边附脊和后边附脊通常缺失或很不发育。土耳其阿纳托里早中新世的 *Vasseuromys duplex* 和 *Vasseuromys* aff. *V. duplex* (Ünay, 1994) 被归入该属。目前，在我国所发现的睡鼠中似日本睡鼠属（*Gliruloides*）是时代最早的记录。

周氏似日本睡鼠 *Gliruloides zhoui* Wu, Meng, Ye, Ni et Bi, 2016

（图 109）

Glirulus sp.：吴文裕等，2000，37 页

Vasseuromys sp.：孟津等，2001，46 页；叶捷等，2001a，196 页；叶捷等，2001b，285 页；叶捷等，2003，222 页；Ye et al., 2003, p. 576；孟津等，2006，213 页

正模 IVPP V 18110.1，左 M2。新疆富蕴铁尔斯哈巴合（XJ 98035 地点），上渐新统铁尔斯哈巴合组（哺乳动物组合 I 带，铁 -I 带）。

副模 IVPP V 18110.2–5，4 枚颊齿。产地与层位同正模。

归入标本 IVPP V 11812, V 18111–18113，颊齿 9 枚（新疆准噶尔盆地）。

鉴别特征 P4 相对于上臼齿较大。上、下臼齿都具 9 条横脊，仅极少数标本少一条

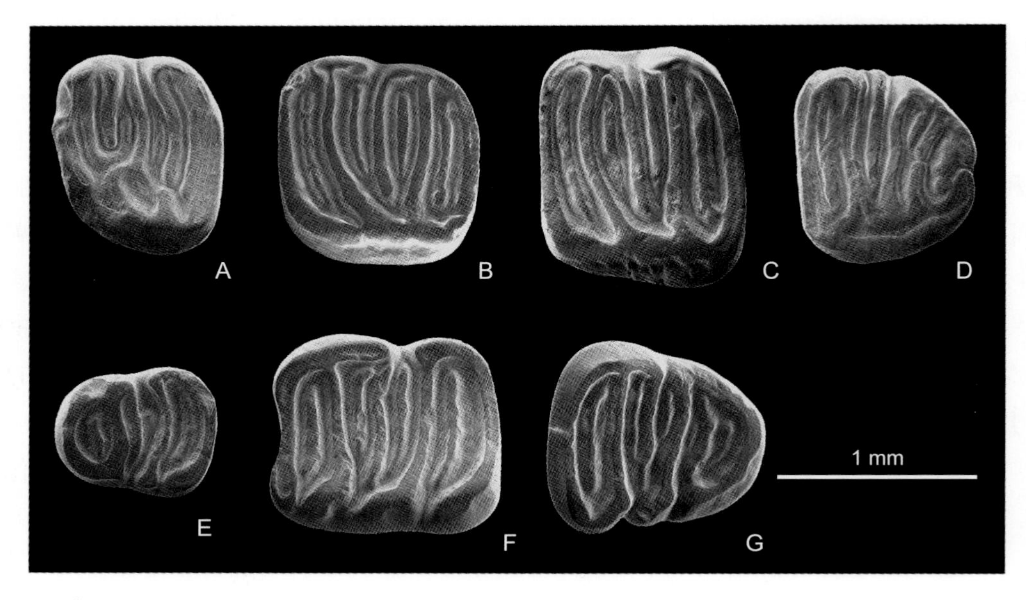

图 109 周氏似日本睡鼠 *Gliruloides zhoui*

A. 左 P4（IVPP V 18111.1），B. 左 M1/2（IVPP V 18112），C. 左 M2（IVPP V 18110.1，正模），D. 左 M3（IVPP V 18110.2），E. 右 p4（IVPP V 18111.3，反转），F. 右 m1（IVPP V 18110.3，反转），G. 右 m3（IVPP V 18110.5，反转）：冠面视

或多一条次级附脊。已受磨蚀的上颊齿具有完整或近于完整的内脊。下颊齿的下内脊不连续。大多 m1 仅具有一条下前边附脊，下前边脊颊侧端与下原尖的分开位于颊侧。下臼齿的下原尖和下中尖总是呈向前伸的长钩状，且下后脊几乎总是先由舌侧略向后伸向颊侧、然后折向前颊侧。

产地与层位 新疆富蕴铁尔斯哈巴合、福海萨尔多依腊，上渐新统铁尔斯哈巴合组（哺乳动物组合 I 带，铁 -I 带）。

评注 *Gliruloides zhoui* 与归入该属的另外两个产自土耳其早中新世的种 *G. duplex* 和 *G.* aff. *G. duplex* 的主要差别在于后者的 M1/2 的内脊不完整和较多的 m1, m2 具有两条下前边附脊。

小林睡鼠属 Genus *Microdyromys* De Bruijn, 1966

模式种 孔尼华小林睡鼠 *Microdyromys koenigswaldi* De Bruijn, 1966

鉴别特征 较小型睡鼠。颊齿咀嚼面凹。上颊齿内脊舌侧壁具纹饰，上臼齿的 4 条主脊与内脊相连接。M1 和 M2 的前中间脊较后中间脊长；与其他属相比，上、下第四前臼齿和上、下第三臼齿相对较大；附脊较主脊低。

中国已知种 仅 *Microdyromys orientalis* 一种。

分布与时代 江苏、新疆，早中新世（山旺期）。

评注 小林睡鼠属在欧洲的地理分布广、地史分布长，由晚渐新世至晚中新世。至 1995 年欧洲已发现的种还有 *Microdyromys complicatus*，*M. legidensis*，*M. monspeliensis*，*M. praemurinus*，*M. sinuosus* (Daams et de Bruijn, 1995)，*M. hildebrandti* (Werner, 1994)。在我国新疆准噶尔盆地北缘早中新世和哈萨克斯坦斋桑盆地中中新世地层中也有该属化石的发现（Kowalski et Shevyreva, 1997；孟津等，2006；Maridet et al., 2011）。

近年来，欧洲一些学者对 *Microdyromys* 属做了较大的修正：Freudenthal（1997）认为应将比利时 Hoogbutsel 和西班牙 Montalbán 早渐新世的 *Bransatoglis misonnei* 归入 *Microdyromys* 属；Freudenthal 和 Martin-Suárez（2007a, b）继而正式将欧洲早渐新世的尺寸小、具有与 *Microdyromys* 相似齿面构造的 *Bransatoglis heissigi* 和 *B. misonnei* 两个种也归入了 *Microdyromys*，还建立了另一个早渐新世的新种 *M. puntarronensis*，并推测 *Microdyromys* 很可能由 *Bransatoglis misonnei* 演化而来，在早渐新世时就已分化为两个演化支系。他们都将 *Microdyromys* 属由 Dryomyinae 转至 Bransatoglirinae。Uhlig（2001, 2002）对德国和瑞士睡鼠的研究成果是这一学术观点的重要依据，虽然 Uhlig 与他们的观点不完全一致，她并未将这些小型 *Bransatoglis* 归入 *Microdyromys* 属，并指出了（2001, p. 163）*Bransatoglis misonnei* 与 *Microdyromys* 之间的主要形态差异。本志暂将 *Microdyromys* 属仍置于 Dryomyinae。

东方小林睡鼠 *Microdyromys orientalis* Wu, 1986

（图 110）

Dryomyinae gen. et sp. indet.：李传夔等，1983，317 页

正模 IVPP V 8000.2，左 M1。江苏泗洪双沟，下中新统下草湾组。

副模 IVPP V 8000.1, 3–7，颊齿 6 枚。产地与层位同正模。

鉴别特征 P4 很大。上颊齿的原脊和后脊分别向前、后凸弯；附脊少：仅具原附脊，无前边附脊和后边附脊；原脊舌侧壁上有纹饰。下臼齿齿脊较挺直，下前边脊颊侧端与下原尖的分开位于前缘，都具下前边附脊和下后边附脊，有时有下后附脊和下中附脊，下中间脊长；下中尖发育、大多向前呈钩状；m2 宽度大于长度；下臼齿双或三齿根。

评注 该种的建立基于江苏下中新统下草湾组的 7 枚颊齿（吴文裕，1986）。邱铸鼎和李强（2016）在研究内蒙古中部新近纪的睡鼠时，提出不排除 *Microdyromys orientalis* 归入 *Orientiglis* 的可能性。编者认为两者在形态上还是有一定的差异，尤其是在下臼齿齿脊的形态和走向上迥然不同，而且由于 *M. orientalis* 的标本太少，M1 和 M2 仅各有一枚，不能确定其 M1 的前边脊与原尖的连接方式。故暂不归入 *Orientiglis*，保留在 *Microdyromys* 属内较为稳妥。

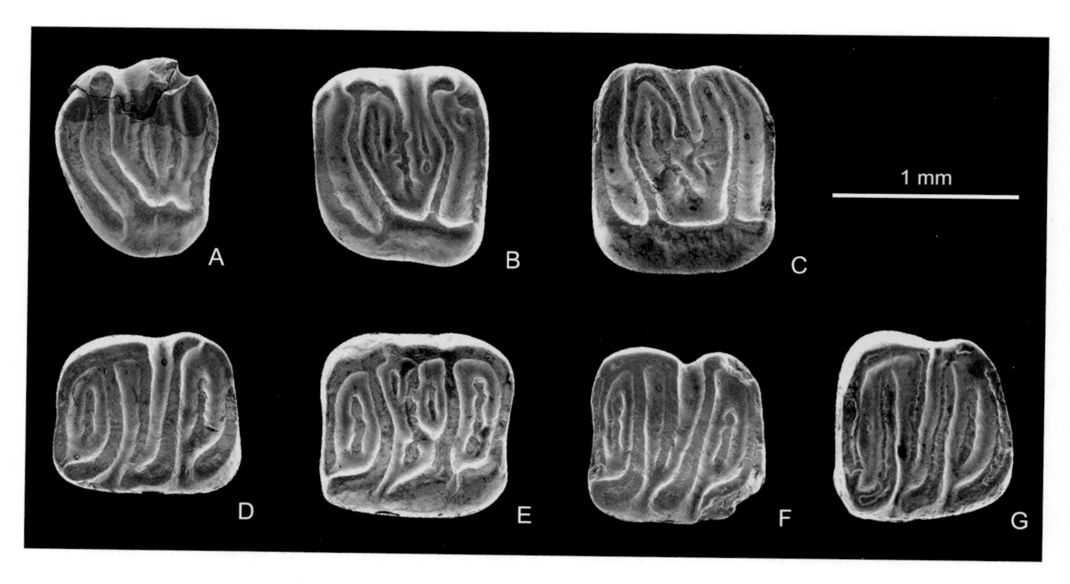

图 110 东方小林睡鼠 *Microdyromys orientalis*

A. 左 P4（IVPP V 8000.1），B. 左 M1 （IVPP V 8000.2，正模），C. 右 M2 （IVPP V 8000.3，反转），D. 左 m1（IVPP V 8000.4），E. 右 m1（IVPP V 8000.5，反转），F. 右 m1（IVPP V 8000.6，反转），G. 右 m2（IVPP V 8000.7，反转）：冠面视

东方小林睡鼠（亲近种）*Microdyromys* aff. *M. orientalis* Wu, 1986

（图 111）

Maridet 等（2011）描述了采自新疆布尔津市西北 XJ 200604 地点早中新世的一枚 m2（IVPP V 18130，Maridet 等原定为 m1）。编者认为该标本在形态上与江苏泗洪早中新世山旺期的 *Microdyromys orientalis* 相似，但尺寸稍大；尺寸虽与内蒙古默尔根中中新世晚期的 *M. wuae*（=*Orientiglis wuae*）接近，但后者下中间脊的前、后有附脊，且下中间脊断续不连贯。此外与欧洲早中新世的各种也都有一定差异。由于仅有一枚牙齿，暂定为东方小林睡鼠的亲近种。邱铸鼎和李强（2016）在研究内蒙古中部新近纪的睡鼠时，将其归入了 *Orientiglis wuae*。从形态上看该标本确实与内蒙古中部较低层位的一些 m2 标本更相似。由于标本太少，暂保留 Maridet 等的处理方案。

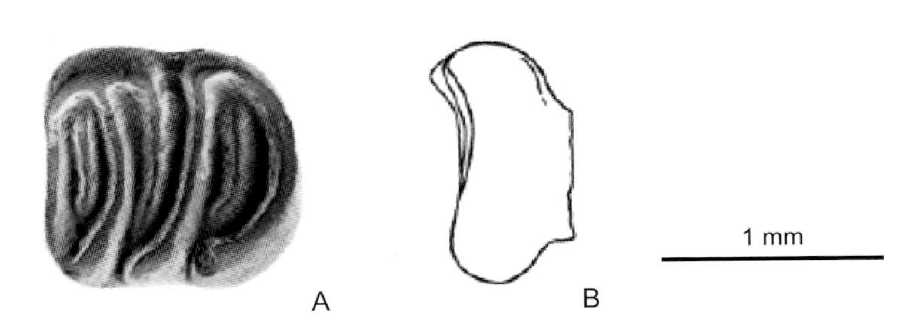

图 111　东方小林睡鼠（亲近种）*Microdyromys* aff. *M. orientalis*
左 m2（IVPP V 18130）：A. 冠面视，B. 后面视（改自 Maridet et al., 2011）

东方睡鼠属 Genus *Orientiglis* Qiu et Li, 2016

模式种　吴氏小林睡鼠 *Microdyromys wuae* Qiu, 1996 = *Orientiglis wuae* (Qiu, 1996)

鉴别特征　小型睡鼠，咀嚼面凹，齿尖不明显。附脊与主脊粗细相对均匀，脊高近等。上颊齿内脊舌侧壁光滑或具弱的纹饰。M1 的前边脊一般不与内脊连接，而 M2 的前边脊几乎都与内脊相连；M1 和 M2 除主脊和原附脊外，只有少量标本具有短、弱的前边附脊和后附脊，前中间脊通常比后中间脊长且两者分开，内脊后部连续。m1 和 m2 除主脊外都具有下前边附脊和下后边附脊，下前边脊颊侧端与下原尖的分开位于前缘，下中间脊前后侧常见短的下后附脊和下中附脊。

中国已知种　仅模式种。

分布与时代　内蒙古、甘肃，早中新世晚期—晚中新世晚期。

评注　模式种产自内蒙古苏尼特左旗赛罕高毕苏木默尔根中中新统通古尔组。*Orientiglis* 与 *Microdyromys* 的主要不同在于：*Microdyromys* 的 M1 和 M2 的前边脊基本上都与内脊连接，上颊齿内脊舌侧壁有明显的纹饰；而 *Orientiglis* 的 M1 的前边脊一般不与内脊连接，M2 的前边脊几乎都与内脊相连，上颊齿内脊的舌侧壁平滑或只有弱的纹饰。

吴氏东方睡鼠 *Orientiglis wuae* (Qiu, 1996)

（图 112，图 113）

Microdyromys wuae：邱铸鼎，1996，69 页

Miodyromys sp.：邱铸鼎，1996，74 页（部分）

Microdyromys wuae：邱铸鼎，2001，299 页

Microdyromys sp., *Microdyromys* sp. 1, and *M. wuae*：Qiu et al., 2013, p. 177–179, 181, 182

正模　IVPP V 10365，左 M1/2。内蒙古苏尼特左旗默尔根，中中新统通古尔组。

副模　IVPP V 10366. 1–6，6 枚颊齿。产地与层位同正模。

归入标本　IVPP V 10367, V 19556–19568，破碎下颌支 1 件和颊齿 231 枚（内蒙古中部地区）。IVPP V 12589，颊齿 3 枚（甘肃永登）。

鉴别特征　同属。

产地与层位　内蒙古苏尼特左旗敖尔班、嘎顺音阿得格，下中新统敖尔班组；苏尼特右旗 346 地点，中中新统通古尔组；苏尼特左旗巴伦哈拉根、必鲁图，苏尼特右旗阿木乌苏、沙拉，阿巴嘎旗灰腾河，上中新统。甘肃永登泉头沟，中中新统泉头沟组。

评注　邱铸鼎（1996）在研究内蒙古苏尼特左旗赛罕高毕苏木默尔根中中新世通古

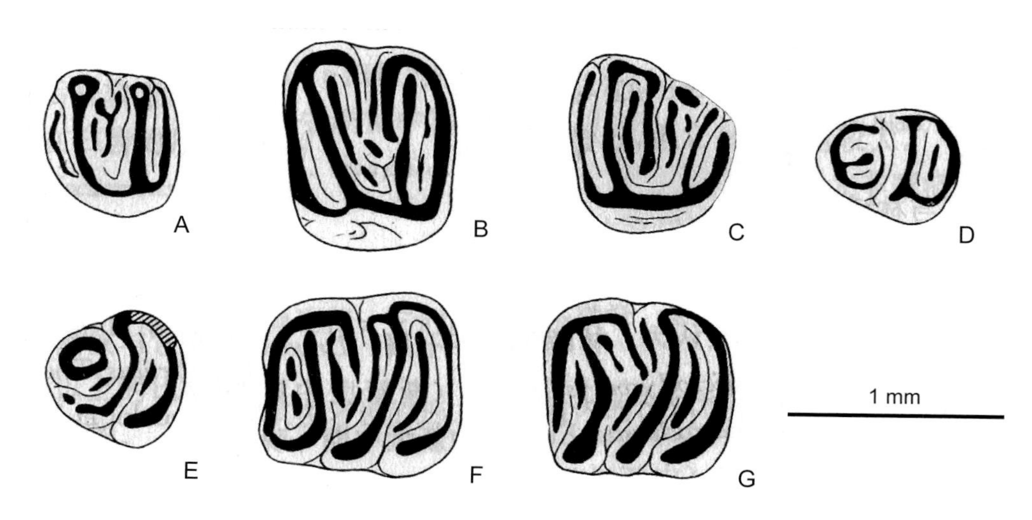

图 112　吴氏东方睡鼠 *Orientiglis wuae* 模式标本

A. 左 P4（IVPP V 10366.1），B. 左 M1/2（IVPP V 10365，正模），C. 左 M3（IVPP V 10366.2），D. 右 dp4（IVPP V 10366.3，反转），E. 右 p4（IVPP V 10366.4，反转），F. 右 m1（IVPP V 10366.5，反转），G. 右 m2（IVPP V 10366.6，反转）：冠面视（改自邱铸鼎，1996）

尔期的睡鼠化石时，依据 7 枚颊齿建立了 *Microdyromys* 的一个新种 *M. wuae*。

邱铸鼎和李强（2016）又记述了从内蒙古中部多个地点的自早中新世晚期至晚中新世晚期地层采集到的众多材料。这些源自不同层位的标本在形态和尺寸上虽有差异，但变化连续，且都覆盖了正模地点的标本，作者将所有标本归入了同一个种。丰富的样本

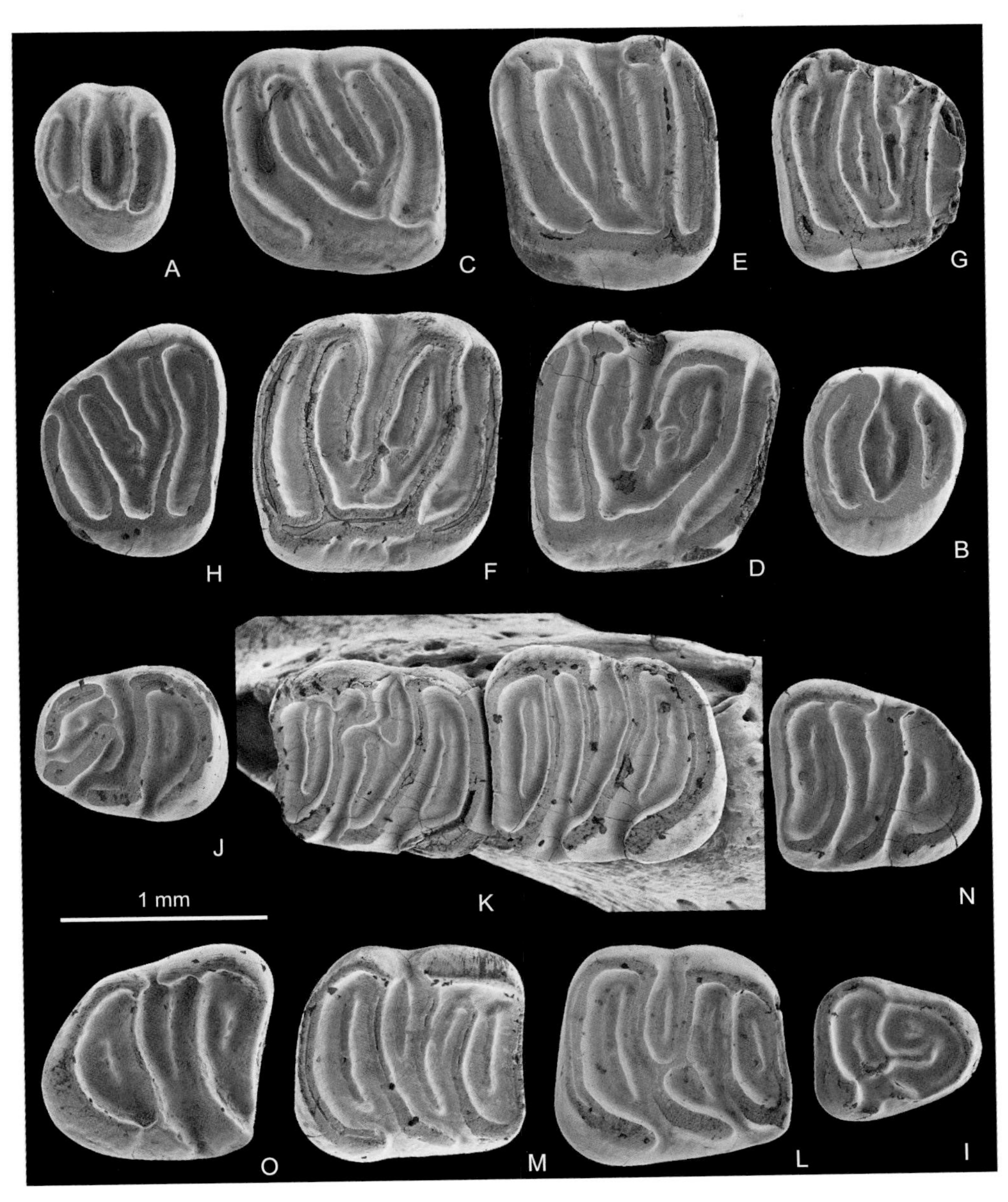

图 113　吴氏东方睡鼠 *Orientiglis wuae* 归入标本

A. 左 DP4（IVPP V 19568.1），B. 右 P4（IVPP V 19565.1），C. 左 M1（IVPP V 19563.1），D. 右 M1（IVPP V 19560.1），E. 左 M2（IVPP V 19566.2），F. 右 M2（IVPP V 19557.1），G. 左 M3（IVPP V 19565.2），H. 右 M3（IVPP V 19560.2），I. 右 dp4（IVPP V 19560.3），J. 左 p4（IVPP V 19559.1），K. 带有 m1 和 m2 的左下颌骨碎块（IVPP V 19566.1），L. 右 m1（IVPP V 19568.2），M. 右 m2（IVPP V 19565.3），N. 左 m3（IVPP V 19565.4），O. 右 m3（IVPP V 19567.1）：冠面视（引自邱铸鼎、李强，2016）

显示，大多数（约 2/3）M1 的前边脊舌侧是游离的、不与原尖连接，而在多于 2/3 的 M2 中前边脊与原尖是连接的，且上颊齿的内脊舌侧壁平滑或只有弱的纹饰，主脊与附脊的高度及粗细程度大致相当。依照这些不同于 *Microdyromys* 的特征，原先建立的 *M. wuae* 被指定为新属 *Orientiglis* 的模式种。原作者（邱铸鼎，1996）指定的归入标本（IVPP V 10366）与正模来自同一地点和层位，应作为副模。

这些源自多个层位的标本都被归为同一个种，该种在年代跨度大于 10 Ma 的时间里，似乎具有前臼齿逐渐退化，以及 m1 和 m2 下后附脊和下中附脊渐趋发育的演化趋势。这里，除了提供 *Orientiglis wuae* 模式标本的图片，也提供了 1996 年后从内蒙古中部其他地点所采标本的图版，供读者参考比较。

果园睡鼠属 Genus *Eliomys* Wagner, 1840

模式种 大耳果园睡鼠 *Eliomys melanurus* (Wagner, 1840)

鉴别特征 颊齿嚼面很凹，下颊齿凹陷程度甚于上颊齿。上颊齿的 3 个齿尖（前尖、后尖和原尖）非常明显，具 4 条横向的主脊，将齿面分为 3 个齿凹。P4 稍小于臼齿，M3 稍小于 M2。下臼齿具 5 个发育的齿尖（颊侧的下原尖、下中尖和下次尖以及舌侧的下后尖和下内尖）和 4 条横向主齿脊，p4 具 3 个齿尖。

中国已知种 *Eliomys*? sp.。

分布与时代 新疆，早中新世山旺期。

评注 现生睡鼠 *Eliomys* 与 *Dryomys* 的牙齿形态很接近，齿尖排列相同。但 *Dryomys* 的齿面凹陷程度较差，齿尖较弱，前臼齿相对较小。通常认为现生的 *Eliomys* 与 *Dryomys* 的亲缘关系最近。DNA 片段和 12S rRNA 序列的系统发育分析也显示，在包括 *Myomimus* 和 *Muscardinus* 在内的演化支系中，*Eliomys* 与 *Dryomys* 为姐妹属（Montgelard et al., 2003；Holden, 2005）。*Eliomys* 的已知化石种有德国晚中新世最早期的 *E. assimilis* Mayr, 1979 和 *E. reductus* Mayr, 1979，法国和西班牙上新世的 *E. intermedius* Friant, 1953 以及晚中新世至上新世的 *E. truci* Mein et Michaux, 1970（Van de Weerd, 1976）。

果园睡鼠?（未定种） *Eliomys*? sp.

（图 114）

Maridet 等（2011）将新疆布尔津 XJ 200604 地点的一枚左 M2（IVPP V 18131）鉴定为 *Eliomys* 存疑属的未定种，主要依据是其咀嚼面较为凹陷、有发育的后尖，以及较高的内脊。然而其齿面特征，与现生的 *Eliomys* 和 *Dryomys* 以及已知的 *Eliomys* 各化石种都相去甚远，而且其咀嚼面凹陷程度较低。该标本仅与西班牙 de Montredon 晚中新世的

E. cf. *truci* Mein et Michaux, 1970 相似（Aguilar, 1981, pl. 6, fig. 16），且尺寸较大（1.21 mm × 1.36 mm vs 1.03 mm × 1.25 mm）。事实上，*Microdyromys* 的一些种也可有如此的齿面构造。该齿的定名为 *Eliomys*? sp. 乃权宜之计。

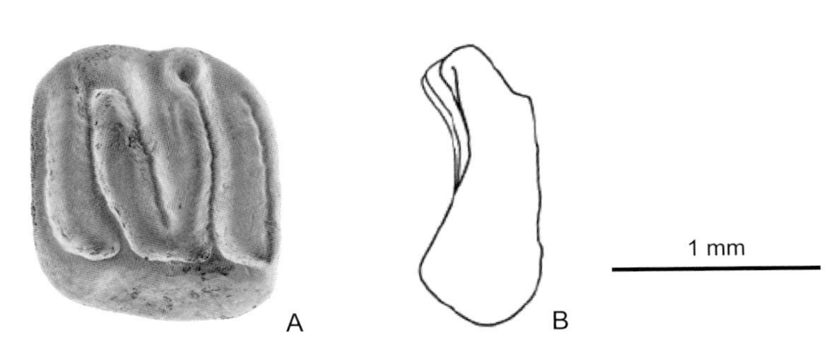

图 114　果园睡鼠?（未定种）*Eliomys*? sp.
左 M2（IVPP V 18131）：A. 冠面视，B. 后面视轮廓（改自 Maridet et al., 2011）

鼠尾睡鼠亚科 Subfamily Myomiminae Daams, 1981

模式属　鼠尾睡鼠属 *Myomimus* Ognev, 1924

定义与分类　该亚科睡鼠的颊齿咀嚼面凹。主齿尖相当发育，附脊较主脊窄；M1–2 的内脊通常缺失；齿面构造简单至很复杂；一些属的臼齿齿冠较高。该亚科自晚始新世（MP 17）在欧洲出现，包括 *Myomimus*, *Miodyromys*, *Peridyromys*, *Dryomimus*, *Vasseuromys*, *Pseudodryomys*, *Praearmantomys*, *Armantomys*, *Nievella*, *Tempestia*, *Altomiramys*, *Prodryomys*, *Carbomys*, *Margaritamys*, *Ramys* 15 个属（Daams et de Bruijn, 1995）。其中 *Myomimus* 的两个种 *M. roachi* 和 *M. personatus* 至今还生活在东欧和西南亚。亚科内大部分属分布在欧洲；20 世纪 80 年代后在巴基斯坦（Munthe, 1980）、中国和哈萨克斯坦的中新世（Kowalski et Shevyreva, 1997）发现 *Myomimus*, *Miodyromys*, *Prodryomys* 3 个属。

中国已知属　*Miodyromys* 和 *Myomimus* 两属。

分布与时代　内蒙古，早中新世—早上新世；新疆，早中新世。

评注　该亚科名称因模式属 *Myomimus* 而得名，中文译名曾被称为微睡鼠亚科（邱铸鼎，1996）。现生睡鼠的各属大多尾巴覆以浓密的毛，但 *Myomimus* 尾巴如同老鼠，仅覆以稀疏短毛，故得属名 Myo（鼠，希腊词源）-mimus，英文名称为 Mouse-tailed dormouse，因此该亚科的中译名改为鼠尾睡鼠亚科。

中新睡鼠属 Genus *Miodyromys* Kretzoi, 1943

模式种　木女神中新睡鼠 *Miodyromys hamadryas* (Forsyth Major, 1899)

鉴别特征 牙齿中等大小，咀嚼面凹。上臼齿的原脊和后脊在舌侧分别与内脊相交组成V形或U形三角座；M1–2有6条主脊：前边脊、原脊、前中间脊、后中间脊、后脊和后边脊；附脊0–3条，通常仅出现在三角座内；前边脊舌侧总不与内脊连接，前边脊与后边脊的颊侧端游离；原脊通常与后边脊的舌端相连。m1–3具5条主脊：下前边脊、下后脊、下中间脊、下中脊和下后边脊，1–4条附脊，下后边附脊在所有附脊中最长和最粗壮；具2–3齿根。

中国已知种 仅 *Miodyromys asiamediae* 一种。

分布与时代 新疆，早中新世（山旺期晚期）；内蒙古中部，早中新世—晚中新世早期。

评注 Kretzoi（1943）在建属时没有给予鉴别特征。Baudelot（1972）和Mayr（1979）给该属下过定义。Daams和de Bruijn（1995）指出Mayr的定义有错。这里依据目前已有的 *Miodyromys* 各个种的共同特征拟定了该属的鉴别特征。但该属的有效性尚有争议，Daams 和 de Bruijn（1995）认为 *Miodyromys*、*Prodryomys*、*Pseudodryomys* 和 *Peridyromys* 有可能为同物异名。欧洲晚渐新世至中新世有多个种被归入此属。这些种的牙齿中等大小，上臼齿具两条中间脊，上下臼齿都具有一条以上的附脊。最早的种是西班牙北部晚渐新世（MP 30）的 *M. hugueneyae*，最晚的是西班牙Can Ponsich晚中新世早期（MN 9）的 *M. hamadryas*。欧洲早中新世—中中新世（MN 2b–MN 7/8）归入这个属的还有 *M. aegercii* (Baudelot, 1972)，*M. biradiculus* Mayr, 1979，*M. praecox* Wu, 1993，*M. prosper* (Thaler, 1966)，*M. vagus* Mayr, 1979。

中亚中新睡鼠 *Miodyromys asiamediae* Maridet, Wu, Ye, Ni et Meng, 2011

（图115）

Miodyromys sp.：邱铸鼎，1996，74页（部分）

Prodryomys sp.：Qiu et al., 2013, p. 177

正模 IVPP V 18129.6，左m2。新疆哈巴河XJ 200604地点，下中新统上部。

副模 IVPP V 18129.1–5，颊齿5枚。产地与层位同正模。

归入标本 IVPP V 18129.7–8，2枚极其残破的dp4/p4（新疆准噶尔盆地）。IVPP V 19569–19577，上、下颌骨各一件，颊齿34枚（内蒙古中部地区）。

鉴别特征 中等尺寸的 *Miodyromys*。上颊齿的后尖明显较前尖发育。P4相对于M1较大，并具有U形三角座。M1较宽，前中间脊较后中间脊长；原附脊较发育，无后附脊。m2具下前边附脊和下后边附脊，无下后附脊和下中附脊。p4明显长，由两齿根合并为单齿根（具2髓腔）。

产地与层位 新疆哈巴河 XJ 200604 地点，下中新统上部。内蒙古苏尼特左旗敖尔班、嘎顺音阿得格，下中新统敖尔班组；巴伦哈拉根，上中新统；苏尼特右旗 346 地点，中中新统。

评注 该种的建立仅基于较少的标本，随着材料的增加，鉴别特征也会随之完善。邱铸鼎和李强（2016）将内蒙古中部数个地点中新世早期至晚中新世早期的 36 件标本也归入了 *Miodyromys asiamediae*，并认为默尔根 II 地点原指定为 *Miodyromys* sp. 中的 M1 和 M2（邱铸鼎，1996，74 页，图 40A, B）有可能属于该种。

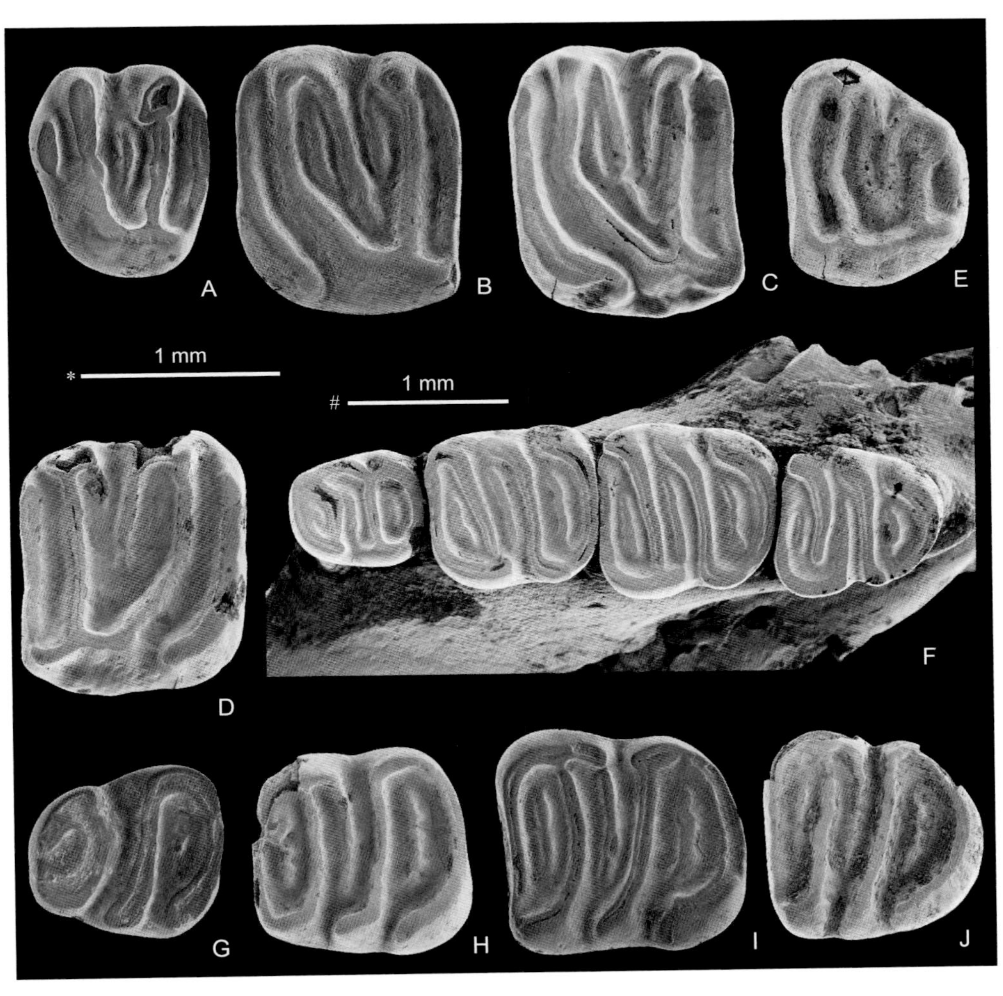

图 115 中亚中新睡鼠 *Miodyromys asiamediae*

A. 左 P4（IVPP V 18129.1），B. 左 M1（IVPP V 18129.3），C. 左 M2（IVPP V 19576.1），D. 右 M2（IVPP V 19577.1），E. 左 M3（IVPP V 19573.1），F. 带有 p4–m3 的破损右下颌骨（IVPP V 19571.1），G. 左 p4（IVPP V 18129.5），H. 左 m1（IVPP V 19575.1），I. 左 m2（IVPP V 18129.6，正模），J. 左 m3（IVPP V 19573.3）；冠面视；比例尺：* - A–E, G–J，# - F（除 A, B, G, I 引自 Maridet et al., 2011 外，均引自邱铸鼎、李强，2016）

鼠尾睡鼠属 Genus *Myomimus* Ognev, 1924

模式种 假面鼠尾睡鼠 *Myomimus personatus* Ognev, 1924

鉴别特征 颊齿咀嚼面稍凹。M1 和 M2 的前边脊游离，不与内脊前端相连。下臼齿不具有下前边附脊，下中间脊较短， 三齿根（前 2 后 1 根）。

中国已知种 *Myomimus sinensis* 和 *Myomimus* sp.。

分布与时代 内蒙古，晚中新世—早上新世；山西，上新世。

评注 该属的模式种为现生种，模式地点在土库曼斯坦 Koppef-Dagh 山脉，位于土库曼斯坦 - 伊朗边境的 Sumbar 河的 Kaine-Kassyr 附近。现生种分布于保加利亚、土耳其、土库曼斯坦、伊朗，以及乌兹别克斯坦的局部地区。该属另有两个现生种：分布于保加利亚、土耳其和希腊东缘的 *Myomimus roachi* 和分布于伊朗的濒危属种 *Myomimus setzeri*。化石属种也分布于欧洲和亚洲：西班牙晚中新世（MN 9）的 *M. dehmi*，奥地利晚中新世（MN 11）的 *M. compositus* (Bachmayer et Wilson, 1970)，希腊上新世（MN 15）的 *M. maritsensis* de Bruijn, Dawson et Mein, 1970，以色列更新世的 *M. qafzensis* (Haas, 1973) 和 *M. roachi* (Bate, 1937)，巴基斯坦晚中新世的 *M. sumbalenwalicus* Munthe, 1980，以及中国晚中新世—上新世的 *M. sinensis* Wu, 1985。曾报道的土耳其阿纳托里中部早中新世的 *Myomimus* sp.（MN 3，Keseköy，见 Ünay, 1994），编者认为不应归入 *Myomimus*，因其下臼齿具有发育的下前边附脊。

中华鼠尾睡鼠 *Myomimus sinensis* Wu, 1985

（图 116）

Gliridae gen. et sp. indet. I：Fahlbusch et al., 1983, p. 221

正模 IVPP V 7259.1，左 M2。内蒙古化德二登图 2，上中新统二登图组。

副模 IVPP V 7259.2–177，176 枚颊齿。产地与层位同正模。

归入标本 IVPP V 7260.1–20, V 11903.1–139，159 枚颊齿（内蒙古中部地区）。

鉴别特征 上臼齿齿面构造通常较 *Myomimus dehmi* 的复杂，M1 和 M2 的内脊的舌侧壁上具多变的齿带；下臼齿齿面构造与 *M. dehmi* 的模式地点 Pedregueras IIC 的标本相似，但颊侧齿尖之间或有结节存在。尺寸与希腊的 *M. maritsensis* 和 *M.* cf. *dehmi* 的接近。

产地与层位 内蒙古化德二登图 2、哈尔鄂博 2，上中新统二登图组或至上新统底部；化德比例克，下上新统。

评注 该种牙齿形态的个体变异很大，表现在 M1 和 M2 的内脊舌侧壁上不同发育程度的纹饰（仅具纹饰、或由不同数量结节组成的舌侧齿带、或有发育的舌侧齿带），前、后中间脊相交或分开，内脊的发育程度不同，以及不同的附脊数；下臼齿颊侧齿尖之间或有釉质结节存在，齿脊间有时具不规则连接，间或齿脊中断，甚至个别 m2 的后齿根也二分。然而个体间的形态和大小变异是连续的，应为种内变异。因图版篇幅有限，未能将所有变异表现出来，读者可参阅有关文献。中华鼠尾睡鼠的相似种还发现于内蒙古中部地区层位比二登图组略低的地层中（邱铸鼎、李强，2016）。

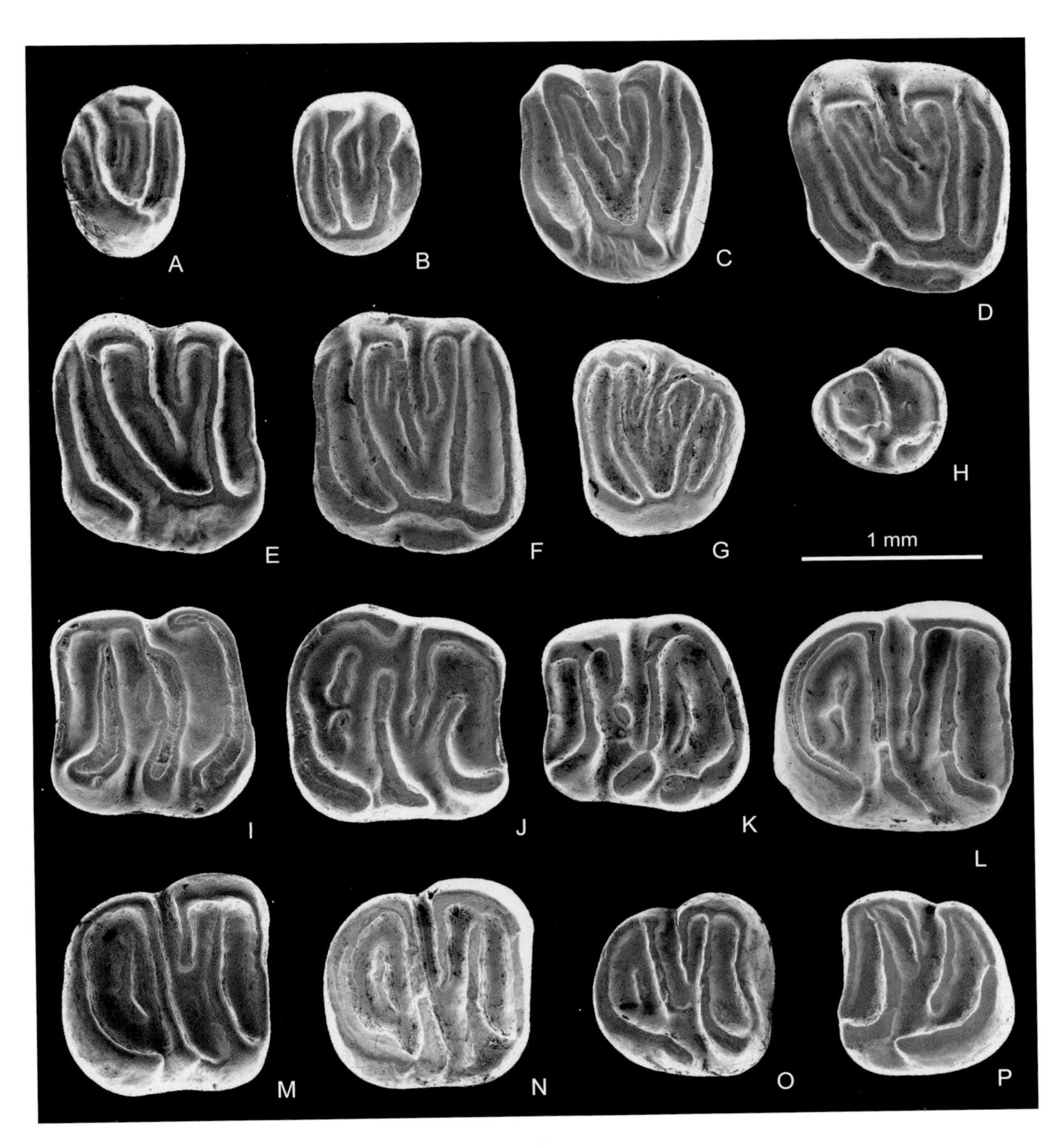

图 116　中华鼠尾睡鼠 *Myomimus sinensis*

A. 左 P4（IVPP V 7259.4），B. 右 P4?（IVPP V 7259.10），C. 左 M1（IVPP V 7259.22），D. 左 M1（IVPP V 7259.30），E. 左 M2（IVPP V 7259.46），F. 左 M2（IVPP V 7259.1，正模），G. 左 M3（IVPP V 7259.83），H. 左 p4（IVPP V 7259.97），I. 左 m1（IVPP V 7259.99），J. 右 m1（IVPP V 7259.120），K. 左 m1（IVPP V 7259.116），L. 右 m2（IVPP V 7259.154），M. 右 m2（IVPP V 7259.152），N. 右 m2（IVPP V 7259.144），O. 右 m3（IVPP V 7259.176），P. 左 m3（IVPP V 7259.163）：冠面视

鼠尾睡鼠（未定种）*Myomimus* sp.

（图 117）

山西榆社云簇盆地张凹沟 YS97 地点的高庄组醋柳沟段（上新世 MN15）产出一枚右 m2（IVPP V 8842）（Wu, 2017）。该齿下前边附脊缺失，仅有的附脊是下后边附脊，下中间脊短，下中脊直、舌后 - 颊前向伸展，与下中尖一起组成“高尔夫球杆”状，与内蒙古二登图 2 的 *Myomimus sinensis* 一些下臼齿的下中脊很相似，具有三齿根（前齿根二分）。该齿具有典型的 *Myomimus* 的特征：无下前边附脊和下中间脊短。由于仅有一枚牙齿，暂不定种。

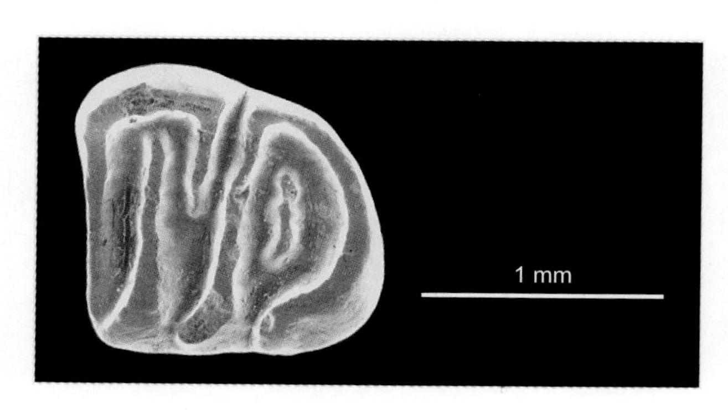

图 117　鼠尾睡鼠（未定种）*Myomimus* sp.
右 m2（IVPP V 8842，反转）：冠面视

松鼠型亚目分类位置不确定 Suborder SCIUROMORPHA incertae sedis

河狸超科 Superfamily Castoroidea Gill, 1872

概述与分类　河狸超科是一类大中型啮齿动物，分布于北美和亚欧大陆，最早出现于北美的早始新世，并一直延续至今。河狸类动物在新近纪相当分化，特别在北美种类很多，高度分异；现生的河狸类仅有一属两种，残存在全北区靠北地带。该超科成员头骨具松鼠型颧 - 咬肌构造，松鼠型下颌，眶下孔垂向挤压，门齿粗壮、单系釉质层微结构，颊齿脊型、P4/p4 通常强大；营陆上穴居或具半水栖习性。

据 McKenna 和 Bell（1997）统计及最近的一些报道（Korth et Samuels, 2015；Mörs et al., 2016），河狸类共有 30 个已绝灭的属，分别归入佳型鼠科（Eutypomyidae）和河狸科（Castoridae），通常认为这两个科组成了河狸超科。在学者中，河狸类在较高阶元的分类上并未获得一致的意见。Simpson（1945）认为河狸超科与山河狸超科（Aplodontoidea）、

松鼠超科（Sciuroidea）及囊鼠超科（Geomyoidea）一起构成松鼠型亚目（Sciuromorpha）；Korth（1994）和Hugueney（1999）也赞同Simpson将河狸超科置于松鼠型亚目（Sciuromorpha）之下的意见。Wood（1955a, 1965）虽然同意将河狸科与佳型鼠科归入河狸超科，但却将其置于河狸型亚目（Castorimorpha）之下。Landry（1999）基于头骨、头后骨骼及软组织解剖学的研究认为河狸类与松鼠型类（sciuromorphs）亲缘关系最为密切；McKenna和Bell（1997）则主张将河狸科、佳型鼠科及根鼹鼠科（Rhizospalacidae）共同构成河狸型下目（Infraorder Castorimorpha）；动物分类学家如Carleton（1984）和Helgen（2005）都将河狸科置于河狸型亚目之中。据现代分子生物学的研究，仅有少数证据支持将河狸科的冠类群置于松鼠型亚目之下（Nedbal et al., 1996；DeBry et Sagel, 2001），更多的证据特别是对细胞核内和线粒体基因的研究结果则显示，河狸科的冠类群与囊鼠类（包括囊鼠科Geomyidae和异鼠科Heteromyidae）关系最密切（Douady et al., 2000；Murphy et al., 2001；Adkins et al., 2001； Huchon et al., 2002；Montgelard et al., 2002；Adkins et al., 2003；Blanga-Kanfi et al., 2009；Wu et al., 2012；Fabre et al., 2012）。简而言之，河狸科不是松鼠类动物的姐妹群是分子生物学的研究结果；如果考虑化石种类，佳型鼠科是河狸科的姐妹群；如果单考虑现生种类，囊鼠类是河狸科的姐妹群。Fabre等（2013）认为河狸科与非洲的鳞尾松鼠型亚目Anomaluromorpha（跳兔*Pedetes*＋鳞尾松鼠*Anomalurus*）的冠类群之间关系最亲近，这一新奇的观点还有待进一步研究来确认。由于河狸类在高阶元的分类远未取得比较一致的意见，本志书赞同河狸超科包括佳型鼠科和河狸科，并将该超科置于“松鼠型亚目分类位置不确定”阶元之下的意见。

河狸超科在中国仅有河狸科而未发现佳型鼠科的踪迹。河狸科在中国最早出现于渐新世，化石主要发现于北方的新近纪地层，残存的一个现生种分布于新疆北部的河流地段（马勇等，1987）。

河狸科 Family Castoridae Hemprich, 1820

模式属 河狸属*Castor* Linnaeus, 1758

定义与分类 河狸科通常被认为是佳型鼠科（Eutypomyidae）的姐妹群，并一起构成河狸超科（Castoroidea）。该科孑遗种类河狸（*Castor fiber*）和北美河狸（*C. canadensis*）都善游泳，有啃树筑坝行为，被誉为动物界中的“建筑师”（汪松等，1994）。

河狸科为一单系类元的观点广泛为研究者所接受，但对该科的亚科级如何划分仍存在分歧。最早Stirton（1935）根据门齿的形态将河狸科分为半扁平门齿型（semi-flattened incisors）和凸型门齿型（convex incisors）两大类。Simpson（1945）将河狸科二分为Castoroidinae和Castorinae两个亚科，McKenna和Bell（1997）持大致相同观点，只不

过将 *Eocastoroides* 单独列于这两个亚科之外。Korth（1994）将该科分为 Castorinae、Palaeocastorinae、Castoroidinae 和一个未定亚科（包括 *Agnotocastor* 和 *Hystricops* 两属）。Xu（1995）则将河狸科细分为 Agnotocastorinae、Castorinae、Fossocastorinae、Asiacastorinae 和 Castoroidinae 5 个亚科。Korth（2001）将河狸科分为 4 个亚科：Agnotocastorinae、Palaeocastorinae、Castoroidinae 和 Castorinae。Rybczynski（2007）基于支序分析划分出 Castorinae、Castoroidinae 和 Palaeocastorinae 及其他一些不能归入这 3 个亚科的属；Flynn 和 Jacobs（2008b）同 Rybczynski（2007）一样也将河狸科划分为古河狸亚科（Palaeocastorinae）、河狸亚科（Castorinae）和拟河狸亚科（Castoroidinae），而将其他一些较原始的类型则笼统地归入基干河狸类（basal castorids）中。基于目前的研究程度以及在分类上的歧见，编者暂时未对中国的河狸科化石种类作亚科一级的归属处理。

鉴别特征 头骨扁平而厚重，具松鼠型颧 - 咬肌结构，有松鼠型下颌，但以微弱的或彻底消失的眶后突、脊形和较高冠的颊齿而区别于松鼠类。咬肌前支（外层咬肌）在吻部向上向前延伸，后期种类眶下孔被挤压形成管状。颧弓发达，颧骨与泪骨大多连接，前部宽大。蝶腭孔大多位于上颌骨内。穴居种类的听泡较大，但半水栖的种类听泡相对小，且外耳道呈长管状斜向侧上方伸出。下颌颏突通常发达。齿式为 1•0•1(2)•3/1•0•1•3。门齿粗壮，唇侧具半扁平或圆凸的釉质层，釉质层表面或光滑、或具有不同程度的沟槽纹饰，釉质层微结构为单系（uniserial）。颊齿在早期的种类中齿冠中到高冠，后期一些种类彻底无根，咀嚼面通常平坦，一般具 4 条横脊。肱骨通常发育内上髁孔（entepicondylar foramen）。股骨骨干上具第三转子。胫骨和腓骨远端有融合的趋势但未彻底融合。具有阴茎骨。前后肢均为五趾，前肢具强壮的爪，第二指适应半水栖生活和梳洗行为，现生种类后足具蹼。半水栖种类远端尾椎扁平。

该科颊齿的构造模式图如图 118。

图 118 河狸科四类型颊齿构造模式图

A, B. *Propalaeocastor*，C, D. *Steneofiber*，E, F. *Castor*，G, H. *Dipoides*；A, C, E, G. 上颊齿，B, D, F, H. 下颊齿
Amefd. 下前后坑（premetafossettid），Amsf. 前中坑（premsofossette），Amsfd. 下前中坑（premsofossettid），Anl. 前边脊（anteroloph），Anld. 下前边脊（anterolophid），Ecld. 下外脊（ectolophid），End. 下内尖（entoconid），Enfd. 下内坑（entofossettid），Enl. 内脊（endoloph），Ensd. 下内沟（entostriid），Enxd. 下内褶（entoflexid），Hy. 次尖（hypocone），Hyd. 下次尖（hypoconid），Hyld. 下次脊（hypolophid），Hys. 次沟（hypostria），Hysd. 下次沟（hypostriid），Hyx. 次褶（hypoflexus），Hyxd. 下次褶（hypoflexid），Me. 后尖（metacone），Med. 下后尖（metaconid），Mef. 后坑（metafossette），Mefd. 下后坑（metafossettid），Mel. 后脊（metaloph），Meld. 下后脊（metalophid），Mes. 后沟（metastria），Mesd. 下后沟（Metastriid），Meul. 后小脊（metalophule），Mex. 后褶（metaflexus），Mexd. 下后褶（metaflexus），Mss. 中沟（mesostria），Mssd. 下中沟（mesostriid），Mstcd. 下后附尖脊（metastylid crest），Mstd. 下后附尖（metastylid），Msx. 中褶（mesoflexus），Msxd. 下中褶（mesoflexid），Pa. 前尖（paracone），Paf. 前坑（parafossette），Pas. 前沟（parastria），Past. 前附尖（parastyle），Pax. 前褶（paraflexus），Pmsf. 后中坑（postmesofossette），Pmsfd. 下后中坑（postmesofossettid），Pol. 后边脊（posteroloph），Pold. 下后边脊（posterolophid），Ppcs. 后前棱（postparacrista），Pr. 原尖（protocone），Prd. 下原尖（protoconid），Prl. 原脊（protoloph），Prul. 原小脊（protolophule）（引自 Li et al., 2017）

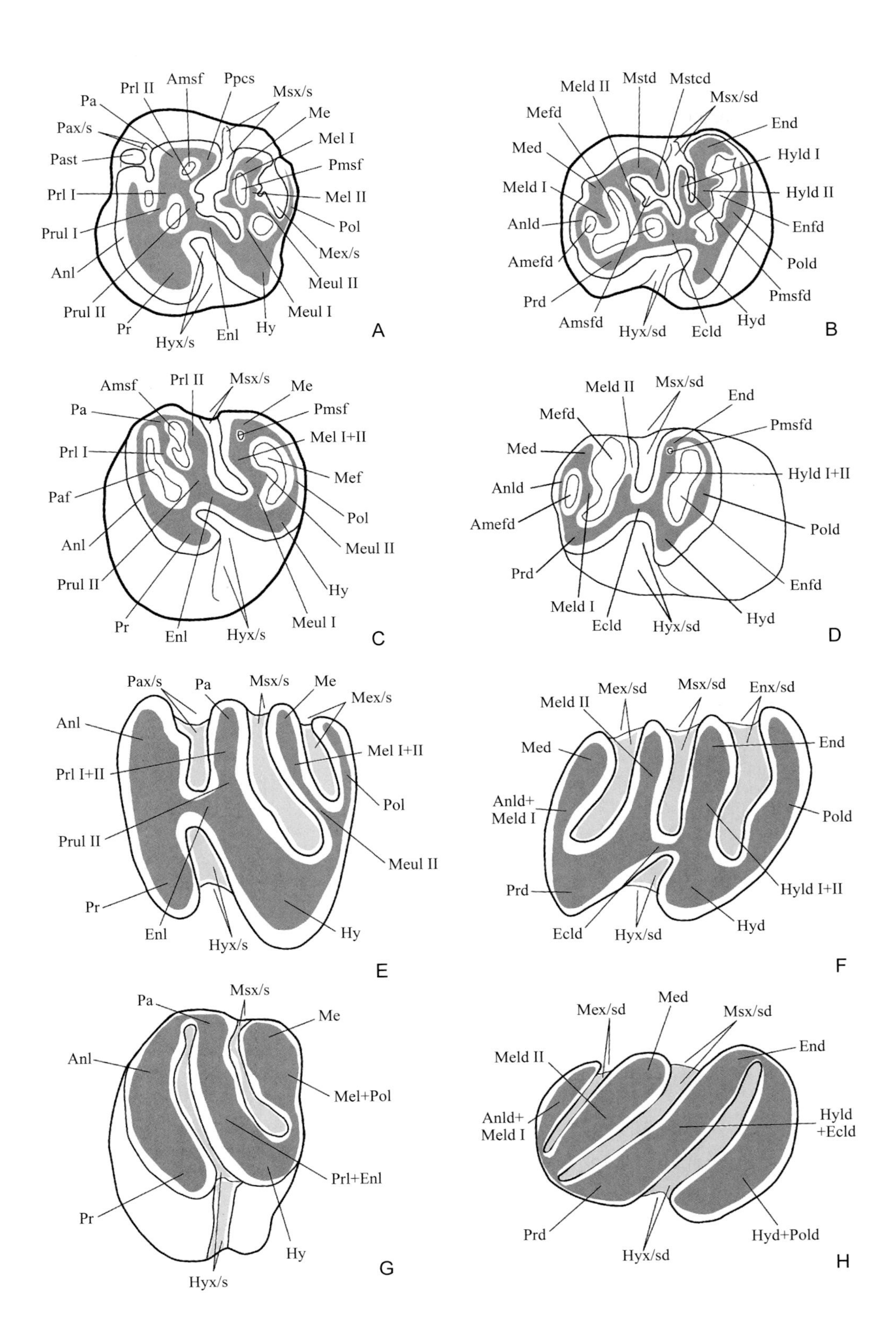
Prl II
Amsf
Ppcs
Msx/s
Pa
Me
Pax/s
Mel I
Past
Pmsf
Prl I
Mel II
Prul I
Pol
Mex/s
Anl
Meul II
Prul II
Meul I
Pr
Hy
Enl
Hyx/s
A
Meld II
Mstd
Mstcd
Msx/sd
Mefd
End
Med
Hyld I
Meld I
Hyld II
Anld
Enfd
Amefd
Pold
Pmsfd
Prd
Hyd
Amsfd
Hyx/sd
Ecld
B
Amsf
Prl II
Msx/s
Me
Pa
Pmsf
Mel I+II
Prl I
Mef
Paf
Pol
Anl
Meul II
Prul II
Hy
Meul I
Pr
Enl
Hyx/s
C
Meld II
Msx/sd
End
Mefd
Pmsfd
Med
Hyld I+II
Anld
Amefd
Pold
Prd
Enfd
Meld I
Hyd
Ecld
Hyx/sd
D
Pax/s
Pa
Msx/s
Me
Mex/s
Anl
Mel I+II
Prl I+II
Pol
Prul II
Meul II
Pr
Enl
Hy
Hyx/s
E
Meld II
Mex/sd
Msx/sd
Enx/sd
Med
End
Anld+
Meld I
Pold
Prd
Hyld I+II
Ecld
Hyx/sd
Hyd
F
Pa
Msx/s
Me
Anl
Mel+Pol
Prl+Enl
Pr
Hy
Hyx/s
G
Mex/sd
Med
Msx/sd
End
Meld II
Anld+
Meld I
Hyld
+Ecld
Prd
Hyd+Pold
Hyx/sd
H

中国已知属 *Propalaeocastor*, *Youngofiber*, *Steneofiber*?, *Anchitheriomys*, *Hystricops*, *Monosaulax*, *Dipoides*, *Castor*, *Eucastor*, *Trogontherium*，共 10 属。

分布与时代 北美、欧洲、亚洲，北美晚始新世至今、欧亚大陆早渐新世至今。

评注 河狸科最早出现于北美始新世晚期，渐新世时遍布全北区。河狸科长时期呈现较高的多样性，但随着环境的变迁及人类活动范围的扩大，自更新世以来其种类急剧衰减，栖息地缩小，濒临绝灭。现存的河狸分别栖息于欧亚北部（*Cator fiber*）和北美（*C. canadensis*）的泰加林和针阔混交林中的河流和湖泊生境中，在中国仅见于新疆北部青河县的布尔根河流域（马勇等，1987；张荣祖等，1997）。该科在中国的首次出现时间与欧洲相近，都是早渐新世，略晚于北美。化石证据表明，河狸科在北美和欧亚大陆之间可能有过多次迁移，但迄今在中国尚无任何佳型鼠科化石的发现。

原古河狸属 Genus *Propalaeocastor* Borissoglebskaya, 1967

模式种 哈萨克斯坦原古河狸 *Propalaeocastor kazachstanicus* Borissoglebskaya, 1967

鉴别特征 一类原始的小型河狸。齿式：1•0•2•3/1•0•1•3。上颌骨颧突具有倾斜坡面。眶下孔大。眶下沟（infraorbital cannal）短。松鼠型下颌。下颏突（digastric eminence）在某些种内出现。下门齿釉质中等程度凸起，表面光滑无沟，下门齿齿根末端形成大的鼓泡。下颊齿齿列与上升支之间形成宽阔的空间。颊齿中等冠高，侧面单高，褶沟内无白垩质填充。上颊齿齿列具 P3，P4 近方形，略大于 M1 和 M2，M3 最小。P4–M3 发育具有复杂尖 - 脊 - 坑构造的前尖团块（paraocone mass）和后尖团块（metacone mass），通常发育前中褶（坑）和后中褶（坑）。下颊齿中，p4 前后向拉长，大于所有臼齿。臼齿冠面轮廓近长方形。下前中坑在某些种中出现，下后中坑永远出现。

中国已知种 仅 *Propalaeocastor irtyshensis* 一种。

分布与时代 新疆，早渐新世。

评注 该属由 Borissoglebskaya（1967）依据哈萨克斯坦 Kyzylkak 的 Dzhezkazgan 早渐新世的材料建立。属的有效性曾有争议，Lytschev 和 Shevyreva（1994）、Lopatin（2003, 2004）均认为 *Propalaeocastor* 是 *Steneofiber* 的同物异名。不过，目前普遍认同 *Propalaeocastor* 是有效属（McKenna et Bell, 1997；Korth, 2001；Wu et al., 2004）。编者认为，Kretzoi（1974）建立的 *Asteneofiber* 应该是 *Propalaeocastor* 的晚出异名。根据 Li 等（2017）的系统总结，归入该属的种类除模式种 *P. kazachstanicus* 之外，至少还有 *P. coloradensis*（Wilson, 1949a），*P. butselensis*（Misonne, 1957），*P. kumbulakensis* Lytschev, 1970，*P. galushai*（Emry, 1972），"*Steneofiber* aff. *dehmi*"（见 Hugueney, 1975），*P. aubekerovi*（Lytschev, 1978），*P. readingi*（Korth, 1988），*P. schokensis*（Bendukidze, 1993），*P. shevyrevae*（Lytschev et Shevyreva, 1994），*P.* sp. aff. *P. shevyrevae*（Lytschev et Shevyreva, 1994），

P. zaissanensis（Lytschev et Shevyreva, 1994），*P. primus*（Korth, 1998），*P. irtyshensis* Wu et al., 2004 13 个种，分布于欧亚大陆和北美的晚始新世至晚渐新世。其中 Korth（1998）依据美国北达科他州 Burle 组材料建立的 *Oligothriomys* 属应是 *Propalaeocastor* 的同物异名，其唯一的种“*O.*” *primus* 应转入 *Propalaeocastor* 属内。北美和东亚的 *Agnotocastor* 属中的 4 个种“*A.*” *coloradensis*、“*A.*” *galushai*、“*A.*” *aubekerovi* 和“*A.*” *readingi* 与该属的模式种 *A. praetereadens* 差别较大，被转入 *Propalaeocastor* 属内。*Propalaeocastor* 的高阶元归属目前仍未确定。Xu（1995）在讨论 *Anchitheriomys* 的系统地位时提出 *Propalaeocastor* 不具备真正意义上的河狸类下颌形态，可能并不属于河狸科。稍后，Xu（1996）指出 *Propalaeocastor* 中的 *P. kumbulakensis* 可能属于 *Eutypomys*。McKenna 和 Bell（1997）和 Wu 等（2004）将 *Propalaeocastor* 归入 Castorinae 中，而 Korth（2001）则把它放在 Agnotocastorinae 下的 Anchitheriomyini。Korth（2004）将 Anchitheriomyini 提升为 Anchitheriomyinae，*Propalaeocastor* 被归入该亚科，Korth 和 Samuels（2015）延续了这种划分。最近，Mörs 等（2016）在 Anchitheriomyinae 下建立了 Minocastorini，*Propalaeocastor* 被归入该族。基于 Li 等（2017）的系统研究，*Propalaeocastor* 无疑属于河狸科，但因化石材料特别是头骨的缺乏，属的亚科地位仍值得进一步研究。

额尔齐斯原古河狸 ***Propalaeocastor irtyshensis*** **Wu, Meng, Ye et Ni, 2004**

（图 119）

正模 IVPP V 13690，右上颌骨残段带 P4–M3。新疆布尔津 XJ 200203 地点，下渐新统额尔齐斯河组。

归入标本 IVPP V 23138–23141，下颌支残段 3 件，颊齿 3 枚（新疆吉木乃）。

鉴别特征 P3 存在。眶下孔大，眶下沟短。以具有较高的下颌厚度（p4 之下），P4 上内脊完整，后中褶开放，下颊齿上具有两个下前中坑、下中褶更横向，下颌缺少颏突而区别于 *Propalaeocastor kazachstanicus*。以褶沟和坑内具有更复杂的隔板和刺，更往后延伸的中褶而区别于 *P. butselensis*。以较小的尺寸、较低的齿冠，中褶不那么向后延伸，P4 上的后中褶封闭，p4 上具有两个下前中褶而区别于 *P. kumbulakensis*。以 M3 次褶与中褶分开而区别于 *P. zaissanensis*。以具有更简化的前尖团块和后尖团块及上颊齿缺失后小脊 I 而区别于 *P. schokensis*。以缺少颏突和具有更高的下颌厚度（p4 之下）而区别于 *P. aubekerovi*。以 m1 和 m2 外形更为横向加宽而区别于 *P. readingi*。以颊齿齿冠较低、坑内褶皱较弱，p4 缺少下前后坑但具有两个下前中坑，m3 不甚拉长且下内坑里缺少分隔等特征而区别于 *P. shevyrevae*。以较小的尺寸及较低的齿冠而区别于 *P. primus*。

产地与层位 新疆布尔津 XJ 200203 地点和吉木乃 XJ 20150619LQ01、XJ 20150621–22LQ01、XJ 20140623NI022 地点，下渐新统额尔齐斯河组。

评注 该种由 Wu 等（2004）根据仅有的一段带 P4–M3 的上颌骨建立。最近，Li 等（2017）报道了新疆吉木乃地区一些新材料，包括上、下颌和一些零散的颊齿，为该种的形态特征增添了更多的内容，使得原有种征得到厘定。

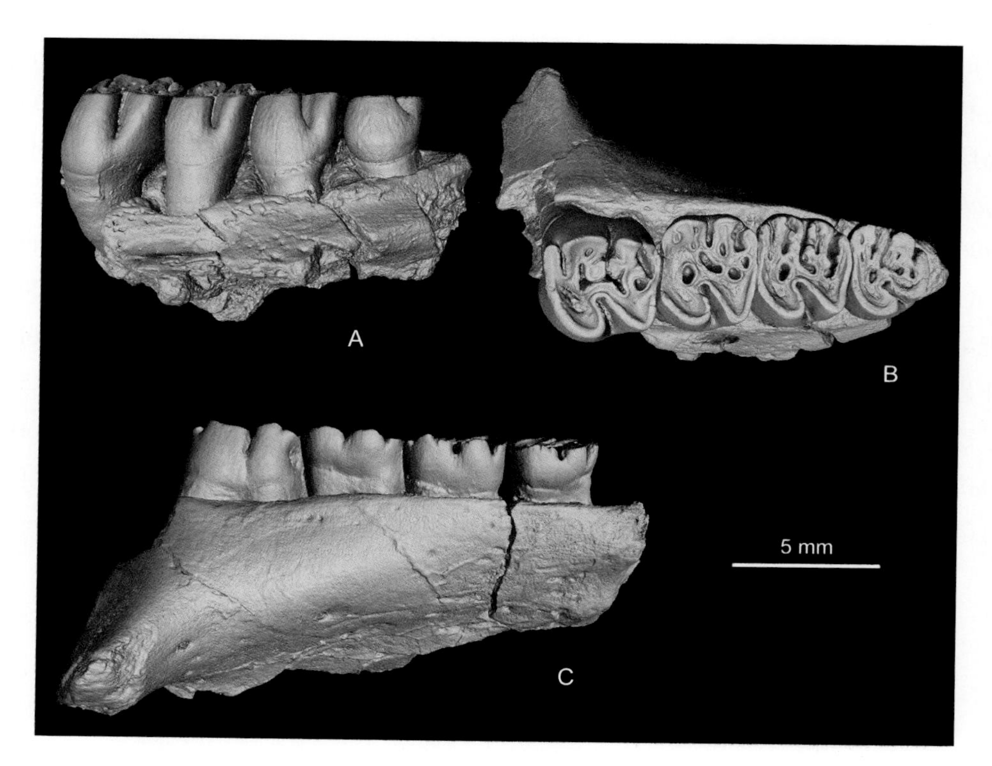

图 119 额尔齐斯原古河狸 *Propalaeocastor irtyshensis*
右上颌附 P4–M3（IVPP V 13690，正模，反转）：A. 舌侧视，B. 冠面视，C. 颊侧视

杨氏河狸属 Genus *Youngofiber* Chow et Li, 1978

模式种 中华杨氏河狸 *Youngofiber sinensis*（Young, 1955）

鉴别特征 大型河狸，个体仅小于 *Castoroides* 者。头骨粗壮而厚实，吻部相当厚长，颜面部中脊中间稍凸出。门齿孔小，位置偏前。具深的前臼齿前凹和突出的表层咬肌突。鼻骨长，后部狭窄。颧弓位置偏后，其前根在 P4 外后侧，后根在 M3 之后。下颌骨比其他河狸类更肿厚，咬肌前端点位于 p4 下后方。门齿粗大，门齿釉质层圆凸，表面具多条发达的沟槽。颊齿有根。P4 是上颊齿中最大者，P4>M3>M2 和 M1；M1、M2、m1 和 m2 的齿宽大于齿长。上颊齿外侧及下颊齿内侧常有 4 沟（坑），褶沟较窄，可能无白垩质充填。P4 次沟短，短于中沟，其余颊齿次沟较长，但均未到达齿冠基部。嚼面视，次褶前部与前褶交叠；后边脊呈发达的环状；下次褶在下中褶和下内褶之间往舌侧延伸；下前后坑（premetafossettid）非常发达；下中褶和下内褶横向延伸，长度均为冠面宽度之半。

中国已知种 仅模式种。

分布与时代 江苏，早中新世（山旺期）。

评注 目前该属仅有模式种 *Youngofiber sinensis* 一种，零星地发现于中国和日本早中新世地层。产自江苏泗洪下草湾的模式种，最初被杨钟健（1955）归入 *Trogontherium* 属，后经周明镇和李传夔（1978）重新鉴定，并建立了 *Youngofiber* 属，明确指出 *Youngofiber* 的颊齿齿冠较低，齿根粗壮而长，颧弓及下颌咬肌窝前端点的相对位置偏后，吻部长而厚，巨大的门齿与颊齿相比显得极不相称，颊齿的嚼面几乎全具有 4 个沟（坑），上颊齿的次沟部分地叠覆在前沟之上，P4 的次沟短、不长于中沟，表明其形态与 *Trogontherium* 属的特征有明显的差别。Xu（1995）将 *Youngofiber* 置于 Asiacastorinae 亚科中，Korth（2001）则将之归入 Castoroidinae 亚科下的 Trogontheriini 族内。

该属在日本发现于中部地区的瑞浪和西部的松江美保关（Mihonoseki）地点，但材料非常稀少（Tomida et Setoguchi, 1994；Nishioka et al., 2011）。

中华杨氏河狸 *Youngofiber sinensis* (Young, 1955)

（图 120）

Trogontherium sinensis：杨钟健，1955，55 页；周明镇、王伴月，1964，341 页

Trogontherium cuvieri：裴文中，1957，17 页

正模 IVPP V 793，可能属于同一成年个体的残破头骨带左侧 M1–3 和右侧 P4–M3、残破左下颌带 m1–2 及门齿碎片。江苏泗洪下草湾，下中新统下草湾组。

归入标本 IVPP V 5791, V 10457，残破头骨、上颌骨碎块及门齿（江苏泗洪）。

鉴别特征 同属。

产地与层位 江苏泗洪下草湾，下中新统下草湾组。

评注 *Youngofiber sinensis* 的形态较独特，其个体硕大；吻部长而厚，颧弓及下颌咬肌窝前端点的相对位置偏后；门齿异常粗壮，门齿釉质层表面具有强烈刻划的沟槽纹饰；P4 显著大于后面所有的臼齿，体积有 M1 的 2 倍多；上颌齿虚位明显长于齿列总长；左、右上齿列不平行排列而前后呈“八”字形。

窄颅河狸属 Genus *Steneofiber* Geoffroy Saint-Hilaire, 1833

模式种 窄颅河狸 *Steneofiber castorinus* Pomel, 1846

鉴别特征 头骨狭窄，仅宽于 *Agnotocastor*，窄于其余的河狸属者。头骨长、宽比约为 1.40，鼻骨的长、宽比约为 2.5–3.0。后部颧骨比其他河狸的要长，后部颧骨、头骨长

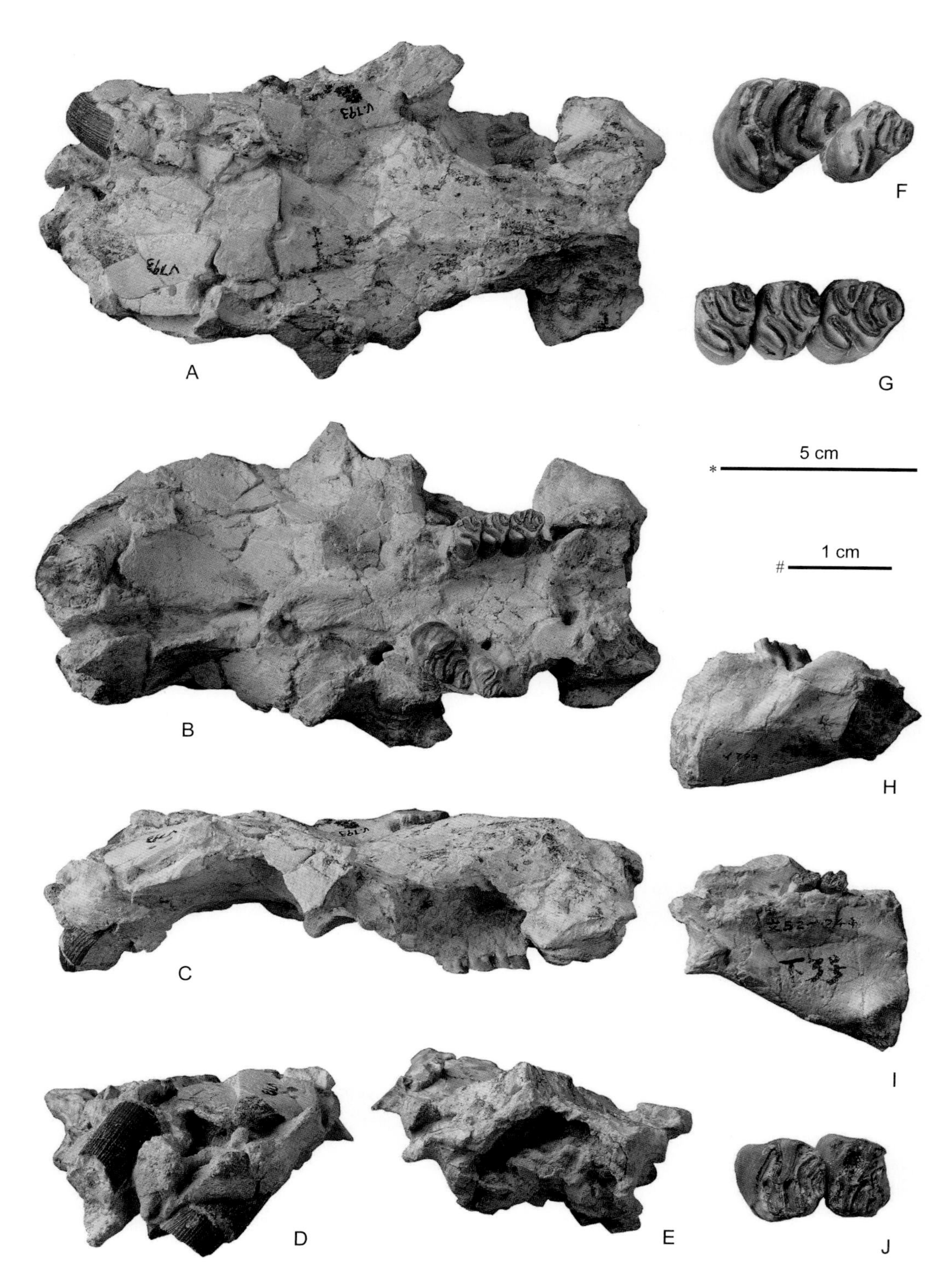

图 120　中华杨氏河狸 *Youngofiber sinensis*

头骨及颊齿（IVPP V 793，正模）：A. 顶面视，B. 腹面视，C. 左侧面视，D. 吻端视，E. 枕面视，F. 右上齿列 P4–M1 冠面视（反转），G. 左上齿列 M1–3 冠面视，H. 下颌骨碎块颊侧视，I. 下颌骨碎块舌侧视，J. 左 m2–3 冠面视；比例尺：＊- A–E, H, I，# - F, G, J

度之比约为0.25–0.33。眶上脊在眶收缩与人字脊的前三分之一处形成矢状脊。背视泪骨较大。颚凹口终止于M3的后缘。颊齿中至高冠，上颊齿的前褶、后褶和下颊齿的下后褶、下内褶在中度磨蚀阶段均已封闭，颊齿冠面形态呈前后双环状。下颊齿通常保留有极小（退化）的下前后坑和下后中坑。颊齿的齿沟中，次沟和下次沟最长，中沟和下中沟次之，所有沟均未延伸到齿冠基部。

中国已知种 *Steneofiber? changpeiensis* 和 *S.? zhaotungensis* 两种。

分布与时代 河北，中中新世；云南，晚中新世。

评注 该属主要发现于欧洲的渐新世—中中新世地层，此外还见于东南亚中新统。Flynn和Jacobs（2008b）在回顾北美的化石河狸时认为北美根本就没有真正的*Steneofiber*属，把原先归入*Steneofiber*的北美种类转到*Neatocastor*、*Palaeocastor*、*Capacikala*、*Pseudopalaeocastor*、*Fossorcastor*和*Monosaulax* 6个属中。中国新疆准噶尔盆地中中新世地层中记录为"*Steneofiber depereti*"（吴文裕等，1998）和宁夏同心丁家二沟中中新世动物群中记录为"*Steneofiber* sp."（Qiu et Qiu, 1995）的河狸材料均未作详细描述，是否真正归入该属还需作重新鉴定。不过，我国云南禄丰的cf. *Monosaulax* sp.（邱铸鼎等，1985）和元谋的*Monosaulax* sp.（蔡保全，1997）倒可能属于*Steneofiber*，如果将其与我国河北张北中中新世的*Steneofiber? changpeiensis*、泰国清迈（Chiang Mai）和湄莫（Mae Moh）盆地中中新世的*S. siamensis*（Suraprasit et al., 2011）和我国云南昭通晚中新世的*Steneofiber? zhaotungensis*联系起来，它们可能代表了*Steneofiber*或者河狸科一个新的、在东亚的演化支系，该支系在中中新世时明显有一次从北往南的扩散。

张北窄颅河狸？ *Steneofiber? changpeiensis* (Li, 1962)

（图121）

Monosaulax changpeiensis sp. nov.：李传夔，1962，72页

Steneofiber hesperus：Xu, 1994, p. 85

正模 IVPP V 2644，未成年个体的右下颌骨残段带残破的门齿和完整的齿列p4–m3。河北张北瓦房营子，中中新统汉诺坝组。

鉴别特征 大小、齿型与北美的*Neatocastor hesperus*比较接近。下颌骨体较纤细，颏孔位于p4的下前方，无下颏突。门齿外缘呈半圆形凸面，表面光滑无纹饰；颊齿中等冠高，褶沟内无白垩质充填。p4的下中沟强烈向前延伸，并与下后坑融合。下臼齿具有下前后坑，无下前中坑和下后中坑，下次沟与下中沟内角交错排列，下中沟和下次沟向下延伸几至牙冠基部。

评注 该种目前仅发现于河北张北两面井瓦房营子西南汉诺坝玄武岩的黏土夹层

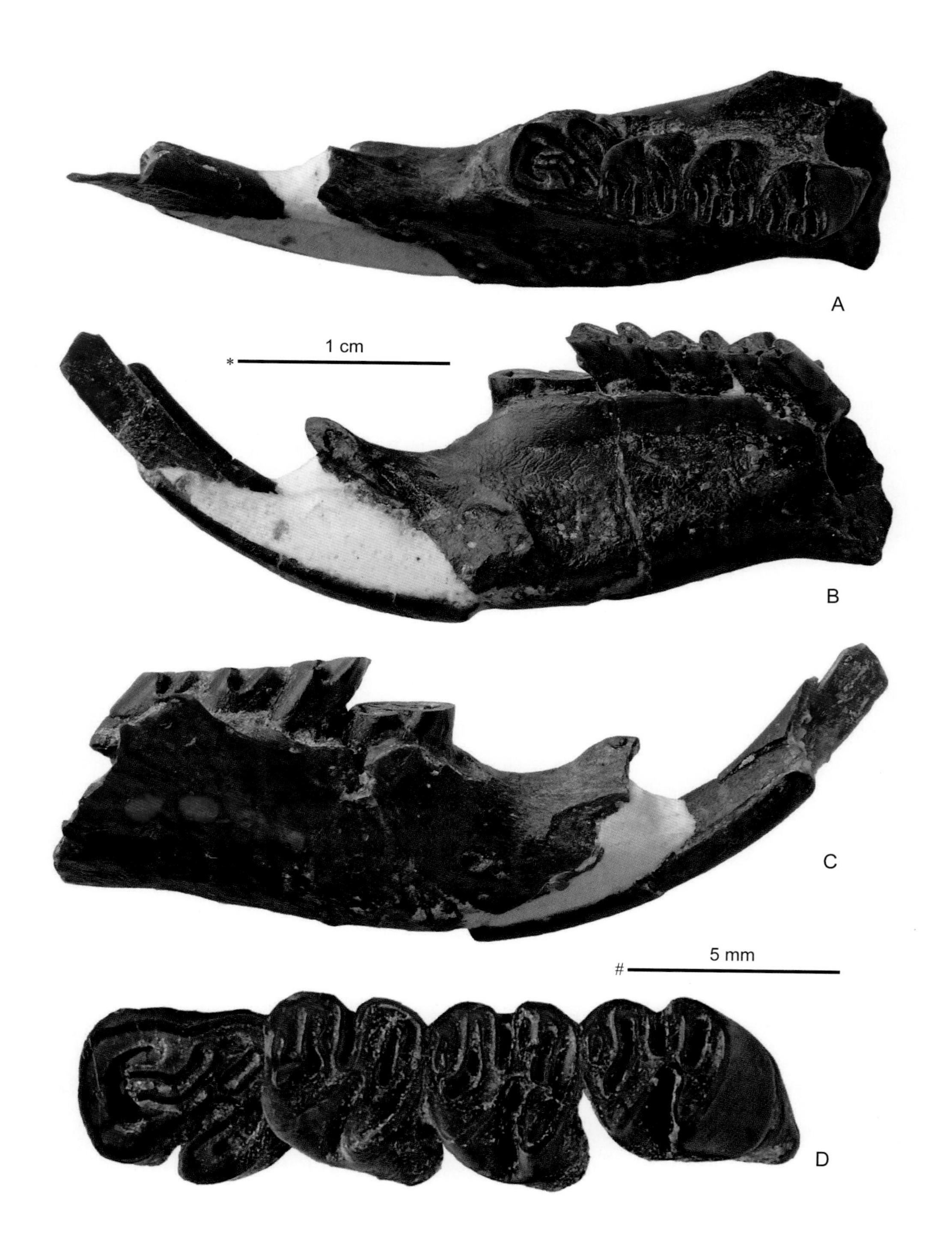

图 121　张北窄颅河狸？ *Steneofiber*? *changpeiensis*

右下颌支（IVPP V 2644，正模）：A. 冠面视，B. 舌侧视，C. 颊侧视，D. 右下齿列 p4–m3 冠面视（反转）；比例尺：* - A–C，# - D

中，最初被指定为 *Monosaulax changpeiensis*（李传夔，1962）。Xu（1994）认为张北的“*M.*” *changpeiensis* 是北美“*Steneofiber*” *hesperus* 的同物异名。不过，Korth（1996）指出北美的“*S.*” *hesperus* 完全不同于旧大陆的 *Steneofiber* 及中国张北的“*M.*” *changpeiensis*，并以“*S.*” *hesperus* 为模式种建立了 *Neatocastor* 属。Wilson（1960）曾指出，*Steneofiber* 与 *Monosaulax* 的最主要区别在于前者 P4 的前褶比中褶持续时间长（即前沟比中沟深），p4 的前缘多呈角状，下臼齿的下原尖柱较尖锐，下前后坑不甚发育。张北“*M.*” *changpeiensis* 的下颌骨更纤细，颏孔位置明显靠前，咬肌窝发育较弱，颊齿齿冠较低，褶沟内无白垩质充填，臼齿上下前后坑明显发达，明显区别于中中新世内蒙古通古尔台地的 *Monosaulax tungurensis* 者。“*M.*” *changpeiensis* 目前仅有下颌骨，头骨、上颊齿特别是 P4 的形态无法得知，能否准确归入 *Monosaulax* 仍存疑。考虑到其颊齿褶沟内无白垩质充填，似乎归入 *Steneofiber* 中较为合适。

昭通窄颅河狸？ ***Steneofiber*? *zhaotungensis*** **(Shi, Guan, Pan et Tang, 1981)**

（图 122）

Sinocastor zhaotungensis：时墨庄等，1981，4 页；Jablonski et al., 2014, p. 1254, table 1

正模 BMNH BPV 275，同一成年个体的左侧上、下颌骨，带有全部上、下颊齿，及两段门齿。云南昭通水塘坝，上中新统昭通组。

鉴别特征 下颌支骨体粗壮。门齿齿槽突发育。下颌颏突明显。颊齿具有明显分叉的牙根，齿冠较低。颊齿中前臼齿最大，咀嚼面近似长方形。上颊齿的次沟和下颊齿的下次沟均延伸至牙冠基部，其余各沟较短。短沟数目一般为 3 条，在 p4 及 m3 上有增多的变化。门齿外侧表面圆凸，釉质层表面光滑、无明显的纵沟或皱纹。

评注 时墨庄等（1981）建种时将模式标本归入 Young（1934）建立的 *Sinocastor* 属，并命名为 *zhaotungensis* 新种。邱铸鼎等（1985）认为该种与 *Sinocastor*（=*Castor*）在颊齿形态上存在明显差别，不赞同将其归入 *Sinocastor*（=*Castor*）属。在颊齿形态上，Suraprasit 等（2011）报道的泰国 *Steneofiber siamensis* 新种，与我国云南昭通的“*Sinocastor*” *zhaotungensis* 和禄丰的 cf. *Monosaulax* sp.（邱铸鼎等，1985）及元谋的 *Monosaulax* sp.（蔡保全，1997）高度相似。它们的个体均比 *Sinocastor*（=*Castor*）小，颊齿齿冠更低，臼齿显著短于前臼齿，磨蚀后的颊齿冠面形态接近 S 形，上颊齿的前褶、中褶、后褶及下颊齿的下后褶、下中褶和下内褶均封闭成坑，下次褶与下内坑斜向相对排列，并保留有较原始的次生小坑，排除了其属于 *Sinocastor* (=*Castor*) 的可能。考虑到这些产自亚洲东南部中中新世—晚中新世地层的河狸化石在地理分布上相近，时代较连续，本志书倾向于认为它们属于同一演化支系，或可暂时存疑归入 *Steneofiber* 属，或可指定为一新的属。

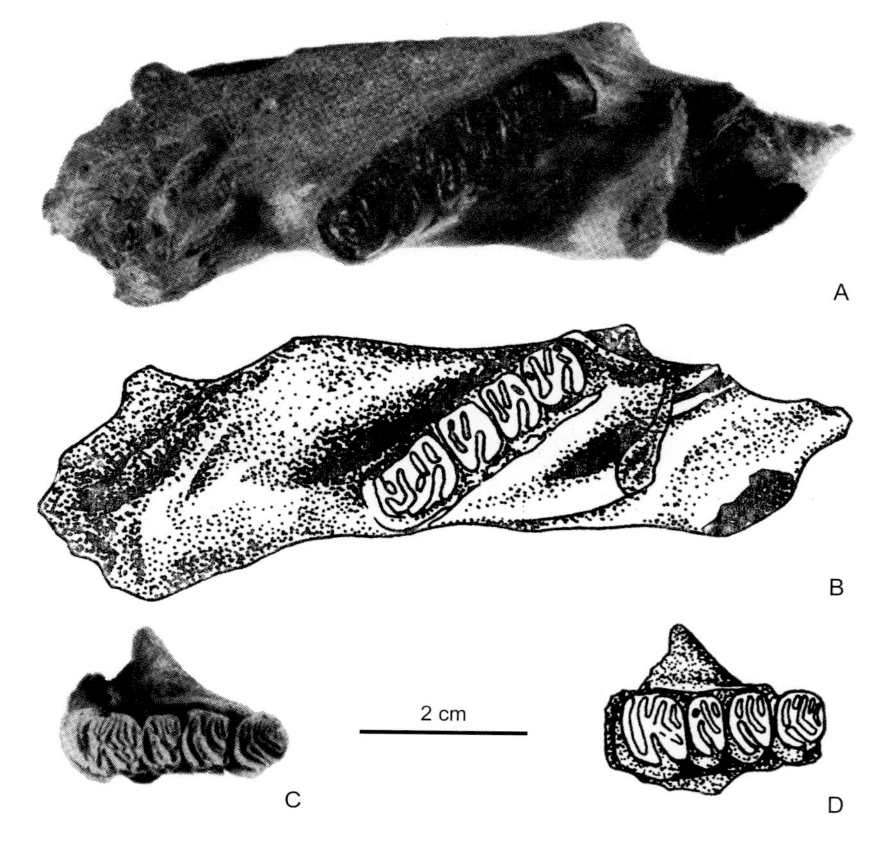

图 122 昭通窄颅河狸? *Steneofiber? zhaotungensis*
同一个体的破损左下颌骨和上颌骨（BMNH BPV 275，正模）：A, B. 左下颌带 p4–m3，C, D. 左上颌带 P4–M3；均冠面视（引自时墨庄等，1981）

近兽鼠属 Genus *Anchitheriomys* Roger, 1898

模式种 魏氏豪猪 *Hystrix wiedenmanni* Roger, 1885 = 魏氏近兽鼠 *Anchitheriomys wiedenmanni* (Roger, 1885)

鉴别特征 大型河狸，仅小于 *Castoroides* 和 *Youngofiber*。鼻骨相对较窄长。下颌骨齿虚位不缩短。门齿的釉质层表面呈弧形凸起，具多条微弱的纵沟，沟槽的发育程度不如 *Youngofiber* 及 *Castoroides* 强烈，但比 *Trogontherium* 者发达。颊齿具齿根，中等冠高。颊齿褶沟内多分隔、刺或褶皱，具有类似于 *Propalaeocastor* 的尖 - 脊 - 坑团块构造，但前中坑、后中坑、下前后坑、下前中坑和下后中坑都较退化或消失。P4 的尺寸与上臼齿相当；p4 不像其他河狸那样拉长，其前部有一大的新月形下后坑。上臼齿的次沟和中沟及下臼齿的下次沟和下中沟都未伸达齿冠的基部。

中国已知种 仅 *Anchitheriomys tungurensis* 一种。

分布与时代 内蒙古、新疆，中中新世。

评注 该属分布广，除亚洲外还出现于欧洲和北美。*Anchitheriomys* 为 Roger 1898 年依据德国巴伐利亚（Bavaria）恐象（*Dinotherium*）砂岩层中的零星材料建立，模式种为 *An. wiedenmanni*。Matthew（1918）根据美国内布拉斯加（Nebraska）中新世 Snake Creek 组中的材料指定了 *Amblycastor* 属，模式种为 *Am. fluminus*。Stirton（1934）将内蒙古通古尔的大型河狸归入 *Amblycastor* 属，建立过 *Am. tungurensis* 新种。稍后，Argyropulo（1939）命名了产自高加索地区的 *Am. caucasicus*。Schreuder（1951）及 Stehlin 和 Schaub（1951）都注意到德国的 *Anchitheriomys* 与高加索、通古尔及北美的 *Amblycastor* 之间的高度相似性，认为 *Amblycastor* 是 *Anchitheriomys* 的同物异名。Korth（1994）认为 *Anchitheriomys* 和 *Amblycastor* 在颊齿形态的复杂程度上有区别，仍视为独立的两个属，并指出无论是 *Anchitheriomys* 还是 *Amblycastor*，头骨的形态、拉长的吻部、颊齿较低冠及冠面形态复杂程度都与佳型鼠类（eutypomyid）更相似，因此将两属从河狸科中剔除而归入佳型鼠科 Eutypomyidae。McKenna 和 Bell（1997）也将 *Anchitheriomys* 归入佳型鼠科，但认同 *Amblycastor* 是 *Anchitheriomys* 的异名。然而，多数学者更认同 *Amblycastor* 是 *Anchitheriomys* 的晚出异名，且归属于河狸科（Wilson, 1960；Voorhies, 1990；Xu, 1994, 1995；邱铸鼎，1996；Korth, 2001；Rybczynski, 2007；Flynn et Jacobs, 2008b；Mörs et al., 2016）。

通古尔近兽鼠 *Anchitheriomys tungurensis* (Stirton, 1934)

（图 123）

Amblycastor tungurensis：Stirton, 1934, p. 694；Stirton, 1935, p. 413；Qiu et al., 1988, p. 401；Qiu, 1988, p. 834；吴文裕，1988，257 页

正模 AMNH 26538，门齿残片，左下颌残段带 p4–m3，零散的齿列和牙齿包括左 P4–M2，右 M1–2，右 p4 和右 m2。内蒙古通古尔，中中新统通古尔组。

归入标本 IVPP V 10355.1–2，破碎的下颌骨和门齿各一件（内蒙古通古尔）。IVPP V 8133，一枚左 M1/2（新疆福海）。

鉴别特征 下颌水平支较长，具发达的颏突，颏孔位置位于 p4 的下前方。颊齿具齿根，中等冠高。所有颊齿基部明显膨大，冠面上的坑或褶的釉质层强烈褶皱。P4 上发育有前中坑和后中坑。M1 有前中坑但无后中坑。下颊齿发育有极小（退化）的下前中坑，下后中坑均已彻底消失。p4 具有极小的下前后坑。m3 不拉长。所有的沟均未伸达齿冠基部。次褶在前褶与中褶之间向颊侧延伸，其长度约为冠面宽度的 1/5 长。下次沟短，远高于齿冠基部。

产地与层位 内蒙古苏尼特左旗通古尔，中中新统通古尔组；新疆福海播塔莫因，中中新统哈拉玛盖组。

评注 该种为 Stirton（1934）依据内蒙古通古尔地区中中新世铲齿象（*Platybelodon*）层中的材料建立，最初被归入由 Matthew（1918）建立的 *Amblycastor* 属，后被转入 *Anchitheriomys* 属（邱铸鼎，1996）。该种与北美的 *An. fluminus* 和德国的 *An. wiedenmanni* 相比，尺寸较大，颊齿咀嚼面更为复杂，下颌联合部也更加强壮。在亚洲，该种还零星发现于哈萨克斯坦斋桑（Zaysan）盆地的中中新世地层（Lytschev et Aubekerova, 1971；Agadjanyan, 1985）。

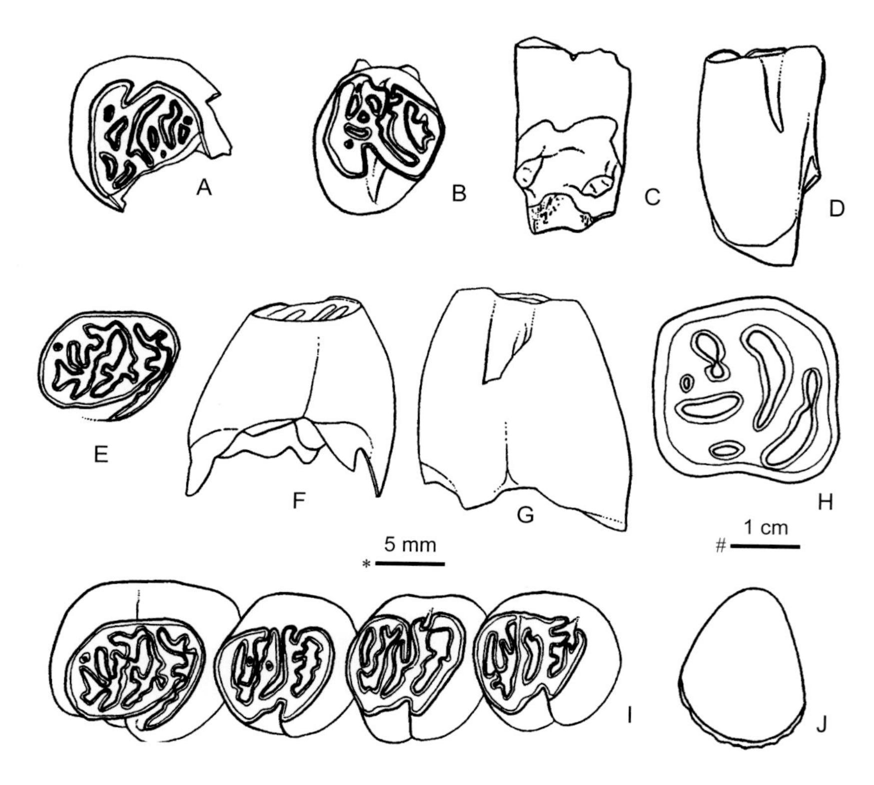

图 123　通古尔近兽鼠 *Anchitheriomys tungurensis*

可能为同一个体的脱落牙齿及齿列（AMNH 26538，正模）：A. 右 P4（反转），B–D. 左 M1，E–H. 左 m2，I. 左下颌齿列 p4–m3，J. 门齿；A, B, E, I. 冠面视，C, G. 颊侧视，D, F. 舌侧视，H, J. 横切面；比例尺：* - A–G, I, J，# - H（引自 Stirton, 1934）

豪狸属 Genus *Hystricops* Leidy, 1858

模式种 维纳斯豪猪 *Hystrix* (*Hystricops*) *venustus* Leidy, 1858

鉴别特征 大个体河狸，颊齿尺寸介于 *Anchitheriomys* 和 *Castor* 者之间。门齿釉质层近扁平，表面光滑无纵沟；颊齿具有齿根，褶沟有薄的白垩质填充，前臼齿明显大于臼齿，第三臼齿不明显拉长。颊齿咀嚼面构造类似于 *Monosaulax* 者，但前中坑、后中坑、下前中坑和下后中坑均已彻底消失，下前后坑在轻度磨蚀的颊齿上保留，但在中、高度磨蚀的颊齿上消失。次沟最长，向下延伸终止于釉质曲线之上；前沟与次沟长度近等；后沟短；下次沟长，但下中沟和下后沟短；（下）前褶和（下）后褶封闭较早，上颊齿的前坑和后坑及下颊齿的下后坑与下内坑明显比 *Monosaulax* 者狭窄。

中国已知种 仅 *Hystricops mengensis* 一种。

分布与时代 内蒙古，中中新世至晚中新世早期。

评注 该属的属型种发现于北美 Niobrara 河中中新世 Loup Fork 层，最初被作为 *Hystrix* 属的亚属归入豪猪科，后又曾一度被归入新大陆豪猪类的 *Erethizon* 属（Hay, 1902）。Matthew（1902）最先认为 *Hystricops* 应属于河狸类，Stirton（1935）首次明确地将其归入河狸科。*Hystricops* 属仅有 3 个已知种，包括模式种和 *H. browni* Shotwell, 1963 两个北美种及中国的 *H. mengensis*，材料均非常稀少，使该属在河狸科中的位置至今仍未完全确定。

蒙豪狸 *Hystricops mengensis* Qiu et Li, 2016

（图 124）

Hystricops? sp.：Qiu et Qiu, 1995, p. 62；邱铸鼎，1996，56 页；Qiu et al., 2013, p. 181

Castor sp.：Qiu et al., 2006, p. 164；Qiu et al., 2013, p. 181

正模 IVPP V 19630，左 p4。内蒙古苏尼特右旗阿木乌苏，上中新统阿木乌苏层。

副模 IVPP V 19631.1–13，一段门齿和 12 枚颊齿。产地与层位同正模。

归入标本 IVPP V 10359, V 19632–19634，破损的下颌骨两段，牙齿 4 枚（内蒙古中部地区）。

鉴别特征 个体小于 *Hystricops venustus* 和 *H. browni*；p4 与 m1 或 m2 的长、宽比值比 *H. venustus* 的小，均不超过 1.5；P4 和 M1 次褶的位置比 *H. browni* 的更靠后、前沟和中沟更短。

产地与层位 内蒙古苏尼特左旗敖尔顺查布 II、阿勒特希热、铁木钦，苏尼特右旗 346 地点，中中新统通古尔组；苏尼特右旗阿木乌苏，上中新统。

评注 该种门齿外侧的釉质层表面明显较平坦，颊齿的冠面结构比较简化，与 *Castor* 较相似，但牙齿的尺寸略大，齿冠更低，褶沟内白垩质较薄，前褶和后褶封闭极早，下颊齿保留有极小的下前后坑。McKenna 和 Bell（1997）将 *Hystricops* 与 *Castor* 并置于 Castorinae 亚科 Castorini 族下的 Castorina 亚族似乎是有一定道理的。*Hystricops* 在中国的出现时间为中中新世晚期—晚中新世早期，在北美该属出现的时代范围（Hemingfordian 早期至 Hemphillian 早期，即早中新世晚期—晚中新世早期，大约距今 18.8–7.5 Ma）之内，因此内蒙古中部地区 *Hystricops* 很可能由北美迁移而来。

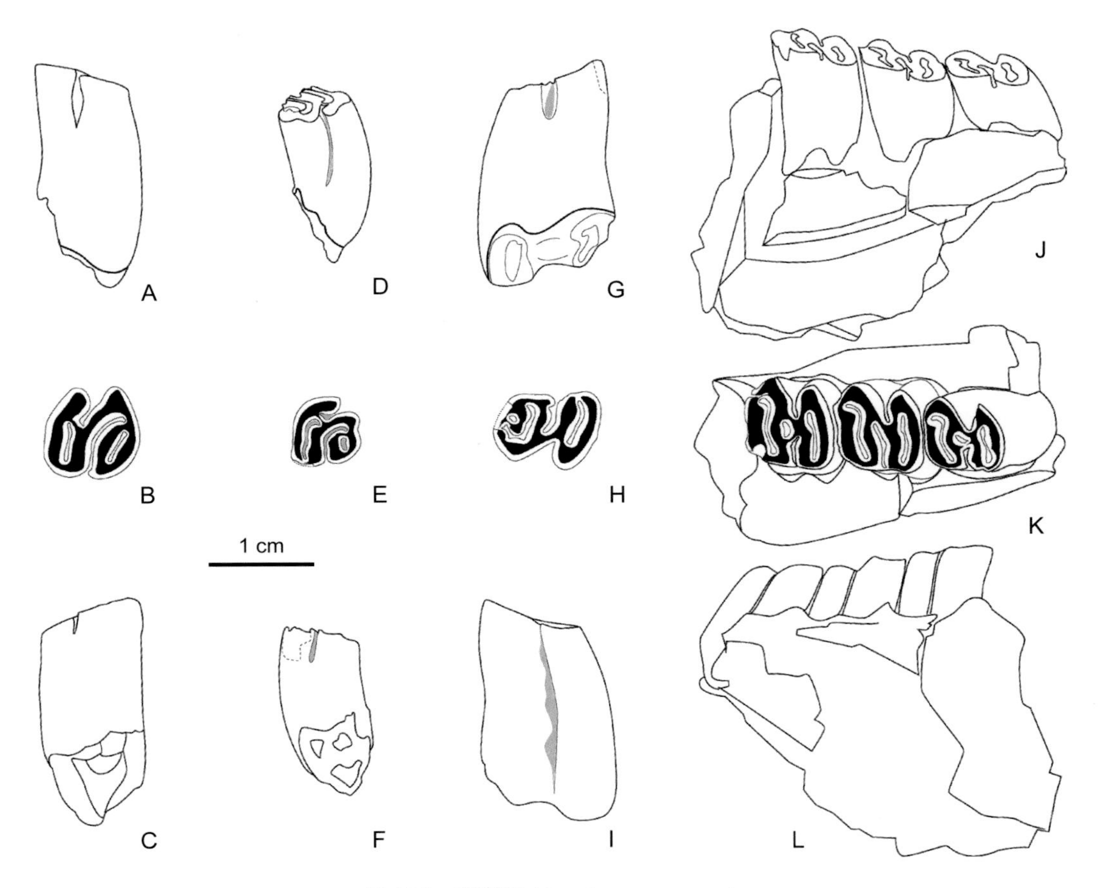

图 124　蒙豪狸 *Hystricops mengensis*

A–C. 左 P4（IVPP V 19632.3），D–F. 左 M3（IVPP V 19631.6），G–I. 左 p4（IVPP V 19630，正模），J–L. 右下颌支附 m1–3（IVPP V 19632.1）：A, D, G, J. 舌侧视，B, E, H, K. 冠面视，C, F, I, L. 颊侧视（引自邱铸鼎、李强，2016）

单沟河狸属 Genus *Monosaulax* Stirton, 1935

模式种　平颅单沟河狸 *Monosaulax pansus* (Cope, 1875)

鉴别特征　小至中型河狸。门齿唇侧横切面圆凸，釉质层表面光滑无沟。颊齿冠高中等，具有齿根，褶沟内填充有厚的白垩质。前臼齿明显大于臼齿，第三臼齿不明显拉长。下颊齿无下前中坑和下后中坑，轻度磨蚀的颊齿上偶见小而浅的前中坑、后中坑和下前后坑。颊齿侧面通常具 4 条沟，其中次沟和下次沟最长，但未延伸至齿冠基部，其余沟均明显短于次沟或下次沟。P4 前沟深于中沟，M1–3 前沟浅于中沟，下颊齿的下中沟明显深于下后沟和下内沟。

中国已知种　仅 *Monosaulax tungurensis* 一种。

分布与时代　青海，中中新世（通古尔期）；内蒙古，中中新世（通古尔期）至晚中新世早期（灞河期）。

评注 Stirton（1935）以 *Steneofiber pansus* Cope, 1875 为模式种建立了 *Monosaulax* 属。由于模式标本一度失踪，*Monosaulax* 的有效性长期被质疑，甚至被认为是 *Eucastor* 属的同物异名（Stout, 1967；Xu, 1994）。Korth（2000a, 2002a）重新发现了 *M. pansus* 的模式标本并确认了 *Monosaulax* 属的有效性。根据 Flynn 和 Jacobs（2008b）的厘定，北美的 *Monosaulax* 种类共有 7 个种，即 *M. pansus*，*M. curtus* (Matthew et Cook, 1909)，*M. progressus* Shotwell, 1968，*M. typicus* Shotwell, 1968，*M. skinneri* Evander, 1999，*M. valentinensis* Evander, 1999 和 *M. baileyi* Korth, 2004，分布时代为 Arikareean 至 Clarendonian 期，即早中新世晚期到中中新世，大约 20.0–9.0 Ma。在中国，记述为 *Monosaulax* 的材料发现于河北张北、内蒙古通古尔和云南禄丰、元谋等地，分别被记述为"*M.*" *changpeiensis*、"*M.*" *tungurensis*、cf. *Monosaulax* sp. 和 *Monosaulax* sp.（李传夔，1962, 1963b；邱铸鼎，1996；邱铸鼎等，1985；蔡保全，1997）。根据邱铸鼎和李强（2016）最新的研究，目前仅有 *M. tungurensis* 一种可以准确地归入由 Korth（2002a）重新恢复的 *Monosaulax* 属，而张北的"*M.*" *changpeiensis*、禄丰的 cf. *Monosaulax* sp. 和元谋的 *Monosaulax* sp. 似乎更接近于 *Steneofiber*，又或者代表了一个新的河狸类群。

通古尔单沟河狸 *Monosaulax tungurensis* Li, 1963

（图 125）

"*Monosaulax*" *tungurensis*：邱铸鼎，1996，53 页；Qiu et al., 2013, p. 177

Steneofiber hesperus：Xu, 1994, p. 85；Xu, 1995, p. 39

"*Monosaulax*" sp.：Qiu et al., 2013, p. 177

正模 IVPP V 2733，一件不完整的左下颌骨，保留了水平支部分，具 dp4–m2。内蒙古通古尔奔巴图，中中新统通古尔组。

归入标本 IVPP V 10356–10358, V 20131, V 20132, V 19635，上、下颌骨残段 2 件，颊齿 103 枚（内蒙古中部地区）。

鉴别特征 一种相对较大的 *Monosaulax*，具较高的齿冠。上颊齿保留有小（退化）的前中坑和后中坑，下颊齿保留有小（退化）的下前后坑。上颊齿的次沟和下颊齿的下次沟长，几乎延伸至齿冠基部；上次褶和下次褶宽，延伸深度小于咀嚼面宽度之半；下颊齿的下次褶强烈向后延伸。P4 的次褶与前褶斜向相对；p4 的下后褶与下内褶封闭较早，中度磨蚀时内侧仅留下下中沟；下臼齿下原尖和下次尖较尖锐。

产地与层位 内蒙古苏尼特左旗通古尔台地（奔巴图、默尔根 II、曼德林查巴 II、呼尔郭拉金），中中新统通古尔组；苏尼特右旗阿木乌苏，上中新统。青海柴达木大红沟，中中新统。

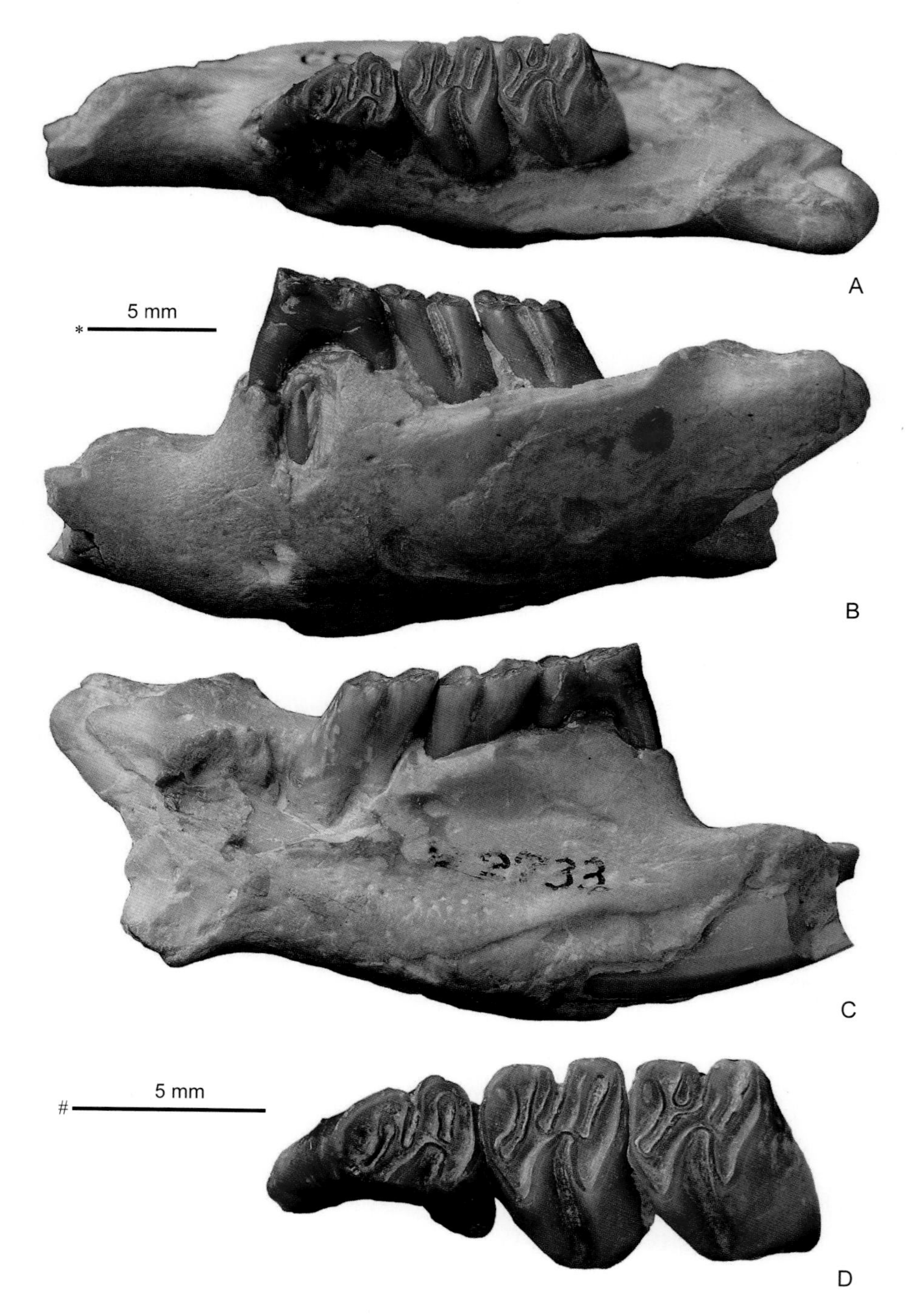

图 125　通古尔单沟河狸 *Monosaulax tungurensis*

破损左下颌附 dp4–m2（IVPP V 2733，正模）：A, D. 冠面视，B. 颊侧视，C. 舌侧视；比例尺：* - A–C，# - D

评注　该种为李传夔（1963b）依据内蒙古通古尔材料，在继河北张北的“*Monosaulax*” *changpeiensis* 之后建立的第二个 *Monosaulax* 属的种。邱铸鼎（1996）描述了在通古尔中中新世层位增加的材料，对该种的鉴别特征进行了增补。Xu（1994）认为该种是北美“*Steneofiber*” *hesperus* 的同物异名，但未被普遍接受（Korth, 1996；Flynn et Jacobs, 2008b；邱铸鼎、李强，2016）。该种目前仅发现于中国的华北和西北地区（李强、王晓鸣，2015；邱铸鼎、李强，2016）。

假河狸属 Genus *Dipoides* Schlosser, 1902

模式种 疑惑假河狸 *Dipoides problematicus* Schlosser, 1902

鉴别特征 一类小型的河狸。门齿釉质层圆凸，表面纹饰极弱，无明显的纵沟。颊齿高冠，前臼齿略大于或与臼齿近等大，（下）次褶与（下）中褶强烈交错排列，褶沟往下延伸均达牙齿基部，褶沟内多具白垩质充填。早期种类颊齿具有弱的齿根，年轻个体保留有前褶（下后褶）、后褶（下内褶）、前坑（下后坑）和后坑（下内坑）。后期种类颊齿无根，前臼齿具3条沟或褶，臼齿冠面呈典型的S形，仅具2条沟或褶，无前褶（下后褶）、后褶（下内褶）、前坑（下后坑）和后坑（下内坑）。

中国已知种 *Dipoides anatolicus*, *D. majori*, *D. mengensis*，共3种。

分布与时代 内蒙古、山西，晚中新世（保德期）至上新世；河北，? 早更新世早期。

评注 Hugueney（1999）和Xu（1994, 1995）都使用了 *Dipoides* Jäger, 1835 作为该属的名称，然而，McKenna和Bell（1997）及Flynn和Jacobs（2008b）都认为 *Dipoides* Jäger, 1835 是裸记名称，而 *Dipoides* Schlosser, 1902 才具有效性，本书采用这一观点。Jäger命名强调该属颊齿形态上与 *Dipus* 和 *Pedetes* 有相似之处，杨钟健（1955）将“*Dipoides*”直译为“似跳鼠河狸”。不过考虑到河狸与跳鼠系统关系甚远，颊齿形态上区别也比较明显，因此本书依照《中国脊椎动物化石手册》（1979）采用“假河狸”作为该属的中译名。据不完全统计，该属目前至少有11个种，除模式种 *D. problematicus* Schlosser, 1902 外，还有 *D. majori* Schlosser, 1903，*D. stirtoni* Repenning, 1987，*D. williamsi* Stirton, 1936，*D. wilsoni* Hibbard, 1949，*D. rexroadensis* Hibbard, 1949，*D. smithi* Shotwell, 1955，*D. anatolicus* Ozansoy, 1961，*D. vallicula* Shotwell, 1970，*D. tanneri* Korth, 1998，*D. mengensis* Qiu et Li, 2016。

Dipoides 最早出现于北美的Clarendonian期（约10 Ma），一直延续到Blancan晚期（约2.5 Ma）；在欧洲最早出现于Turolian早期（MN 11，约8 Ma），最晚延续到上新世早期（Flynn et Jacobs, 2008b；Hugueney, 1999）；在中国，比较确切的分布时代为晚中新世至上新世晚期，约7–4 Ma。在欧亚大陆的出现时间明显晚于北美的首次出现记录，目前看来可能在晚中新世早期该属从北美往欧亚扩散。中国的 *Dipoides* 记录中，河北泥河湾盆地大南沟的一段门齿被鉴定为 *Dipoides* sp.（汤英俊、计宏祥，1983），如若鉴定正确的话，那么 *Dipoides* 在中国也延续到了早更新世。

安纳托利亚假河狸 *Dipoides anatolicus* Ozansoy, 1961

（图 126）

Dipoides cf. *majori*：Schlosser, 1924, p. 27, pl. II；Fahlbusch et al., 1984, p. 213

Dipoides majori：Young, 1927, p. 11, pl. 1, fig. 5；Teilhard de Chardin, 1942, p. 17, fig. 17

Dipoides majori：Xu, 1994, p. 84（part）；Qiu et al., 2013, p. 184

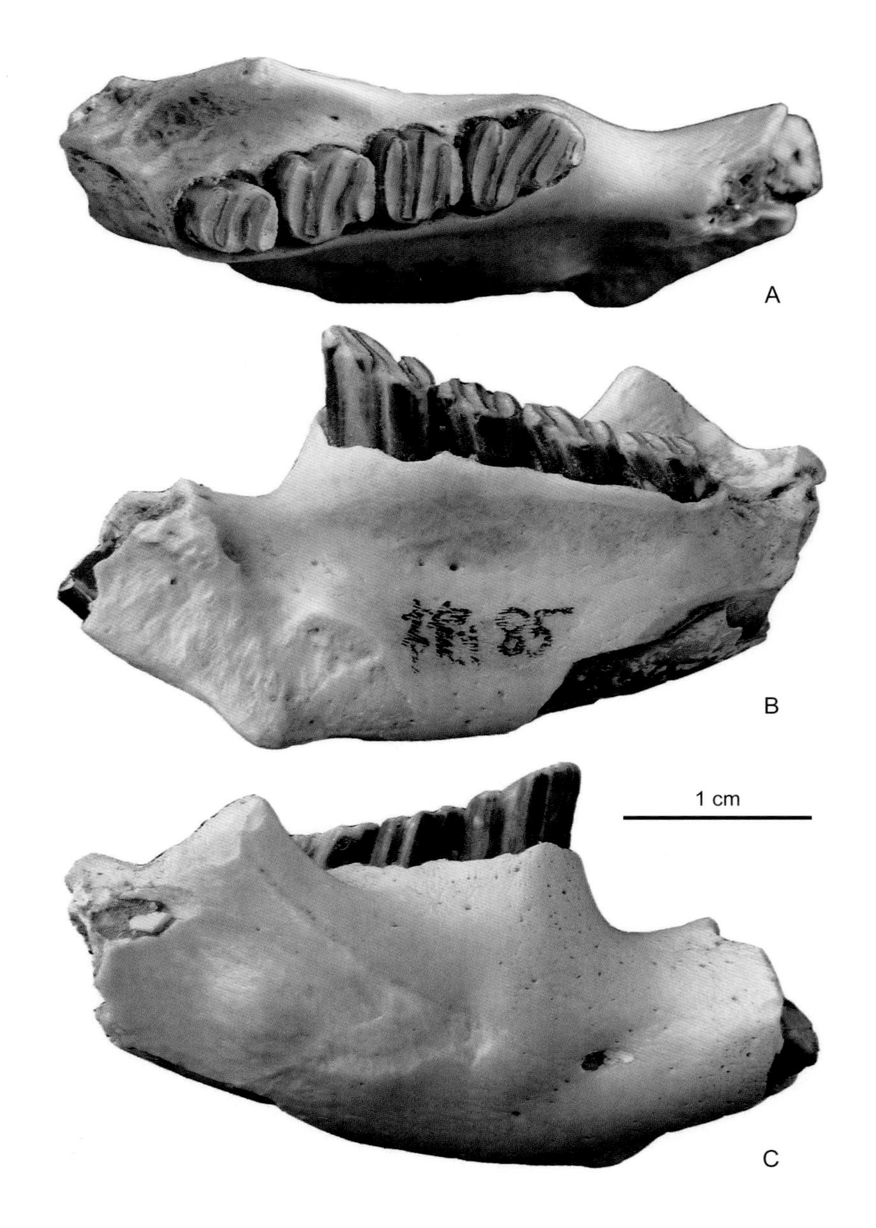

图 126　安纳托利亚假河狸 *Dipoides anatolicus*

破损的右下颌骨附 p4–m3（IVPP V 10470）：A. 冠面视（反转），B. 舌侧视，C. 颊侧视

正模 未编号的两件下颌骨残段分别带 p4–m1 和 m1（Ozansoy, 1961, pl. II, fig. 3），收藏于土耳其安卡拉（Ankara）的 d'Etudes et de Reserches Minières 研究所。

归入标本 IVPP V 10468–10470，下颌支残段 1 件，颊齿 26 枚（山西榆社）。IVPP V 19639, V 19640，下颌支残段 4 件，颊齿 11 枚（内蒙古中部地区）。

鉴别特征 颊齿冠面形态近似于 *Dipoides majori* 者，但尺寸较小，p4 前部的两条脊强壮、并在颊侧紧密连接。下颌骨较纤细，颏孔位于p4 前下方，位置比 *D. majori* 者更靠前。

产地与层位 内蒙古化德乌兰察尔（Olan Chorea）、二登图，上中新统二登图组；哈尔鄂博，上中新统二登图组—? 下上新统。山西榆社马会，上中新统马会组。

评注 该种是根据土耳其安纳托利亚（Anatolia）Düz Pinar 的材料所建，产自欧洲哺乳动物分带中的 MN 12/MN 13 界线附近（~6.6 Ma）。中国的 *Dipoides* 材料原先几乎被全部归入 *D. majori* 种或其相似种，Xu（1994）首次从中识别出 *D. anatolicus*。该种颊齿冠面形态与 *D. majori* 的接近，如果只根据零散牙齿，两个种的形态不易区分，因此必须要综合考虑个体大小及下颌骨的形态。山西榆社的 *D. anatolicus* 出现于盆地的下部层位，古地磁测年为约 6.0–5.5 Ma（Flynn et al., 1997）；内蒙古二登图和哈尔鄂博的化石年代通常被认为约在 5.3 Ma 晚中新世 / 早上新世界线附近（Fahlbusch et al., 1983；Qiu et al., 2006）。因此中国的 *D. anatolicus* 出现的时代大致可以约束到约 6.0–5.0 Ma，明显早于 *D. majori* 的记录。

梅氏假河狸 *Dipoides majori* Schlosser, 1903

（图 127）

Dipoides cf. *majori*：Schlosser, 1924, p. 27

Dipoides sp.：Qiu et Qiu, 1995, p. 66

Dipoides sp.：Li et al., 2003, p. 108, table 1

正模 未编号的一段左下颌骨残段带 m1–3（Schlosser, 1903, pl. II, fig. 14）。标本购自天津中药铺，下落不明，Teilhard de Chardin（1942）怀疑其来自山西。

归入标本 IVPP V 10463–10467, V 19641–19643，上、下颌骨残段 4 件，颊齿 14 枚（山西榆社和内蒙古中部地区）。

鉴别特征 颊齿齿根始终开放。门齿的釉质层面圆凸，表面纹饰极弱，无明显的纵沟。下前臼齿在不同磨蚀阶段都具有下前沟。咀嚼面形态在下臼齿呈简化的 S 形，仅在上前臼齿偶有似 S 形出现，绝大多数的上前臼齿和所有的上臼齿均为 S 形。上颊齿的尺寸是 *Dipoides* 属中最大者，但下颊齿的尺寸略小于北美的 *D. rexroadensis*；下前臼齿和下第三臼齿的齿宽比齿长小，而第一和第二下臼齿的齿宽与齿长相当。

产地与层位 内蒙古阿巴嘎旗高特格，下上新统；山西榆社高庄、麻则沟，上新统

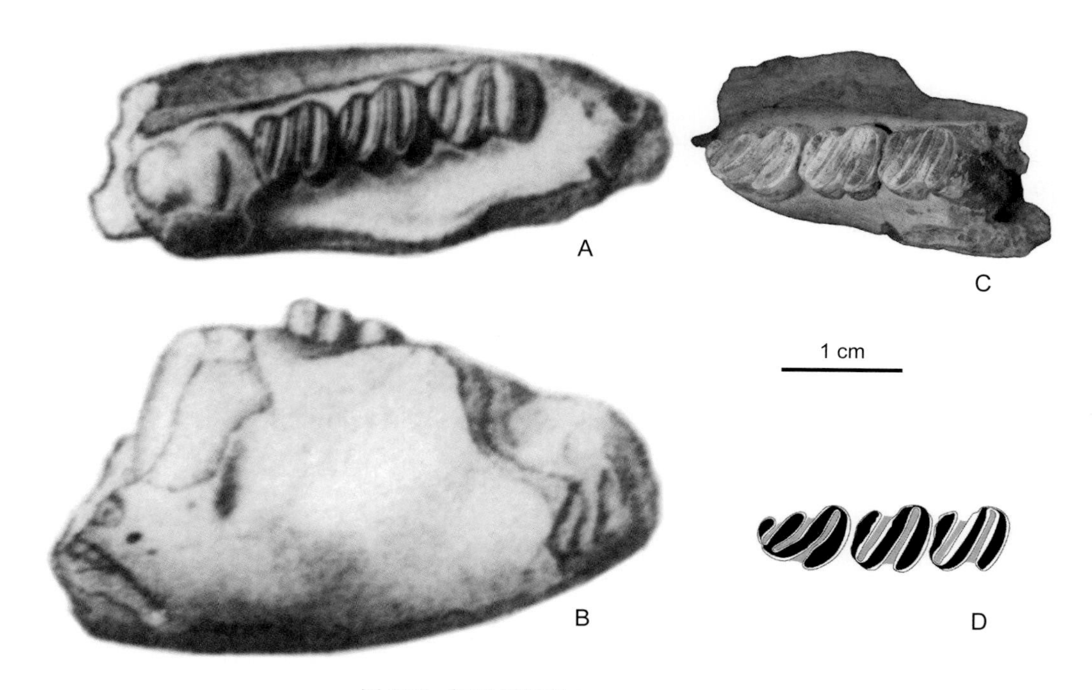

图 127　梅氏假河狸 *Dipoides majori*

A, B. 左下颌骨碎块附 m1–3（无编号，正模），C, D. 右下颌骨碎块附 p4–m2（IVPP V 19641.1，反转）：A, C, D. 冠面视，B. 颊侧视（A, B 引自 Schlosser, 1903；C, D 引自邱铸鼎、李强，2016）

高庄组和麻则沟组。

评注　该种的中文名曾长期被译为“大假河狸”。建种时种名“majori”是献给瑞士动物学家和古脊椎动物学家 Charles Immanuel Forsyth Major 先生，并不是形容词“major”的变形，因此该种正确的中译名应为“梅氏假河狸”。梅氏假河狸是中国 *Dipoides* 种类中最进步者，其下颌骨粗壮，颏孔位置靠后，颊齿尺寸明显较大，齿根始终不闭合，除 p4 外的颊齿冠面形态都简化为 S 形，缺乏下内坑。根据目前的化石记录，该种出现于山西榆社盆地和内蒙古高特格等地点，古地磁测年结果分别为约 4.9–3.4 Ma 和约 4.2 Ma（Flynn et al., 1997；徐彦龙等，2007；O’Connor et al., 2008），时代局限于上新世。

蒙假河狸 ***Dipoides mengensis* Qiu et Li, 2016**

（图 128）

Dipoides major：齐陶，1979，259 页

Dipoides sp.：Qiu et al., 2013, p. 180

正模　IVPP V 5816，左下颌支带 p4–m2。内蒙古四子王旗大庙，上中新统。

归入标本　IVPP V 19644，一枚后部破损的 M1/2（内蒙古中部地区）。

图 128　蒙假河狸 *Dipoides mengensis*

左下颌支附 p4–m2（IVPP V 5816，正模）：A. 冠面视，B. 颊侧视，C. 舌侧视（引自邱铸鼎、李强，2016）

鉴别特征　*Dipoides* 属中个体较小种；下颌支相对纤细。颊齿具封闭的齿根；p4 咀嚼面保留下内坑，下后沟明显短于下中沟。

产地与层位　内蒙古四子王旗大庙，上中新统；阿巴嘎旗宝格达乌拉，上中新统宝格达乌拉组。

评注　该种的模式标本产自内蒙古四子王旗大庙“三趾马层”，最初被齐陶（1979）归入 *Dipoides major* 种，邱铸鼎和李强（2016）指定为他们建立的 *D. mengensis* 新种的正型标本。该种在大庙和宝格达乌拉地点发现的材料都很少，两地的时代均为晚中新世保德期，大约 7.0 Ma，代表 *Dipoides* 目前在中国发现的最低层位。

河狸属 Genus *Castor* Linnaeus, 1758

模式种　河狸 *Castor fiber* Linnaeus, 1785

鉴别特征　一类中等体型的河狸。泪骨从颅顶可视。咬肌起始脊（masseteric origin ridge）直，且是所有河狸类中最发达者。眶下孔位于咬肌起始脊的腹侧，眶下沟成细管状。颧骨 - 泪骨连接紧密。基枕骨凹坑明显。门齿釉质层较扁平，表面光滑，纹饰极弱。颊齿高冠、具齿根。咀嚼面构造为典型的 *Castor* 型，一般只具 4 个开放的褶，上颊齿的前褶和后褶及下颊齿的下内褶很晚才封闭成前坑、后坑和下内坑，颊齿侧面的（下）次沟伸达齿冠基部，其他的沟则相对较短且长短不一。坑和沟内均为厚的白垩质所填充。

中国已知种 仅 *Castor anderssoni* 一种。

分布与时代 内蒙古，晚中新世（保德期）—上新世（高庄期）；山西，晚中新世（保德期）—早更新世；青海，早上新世；甘肃，上新世—早更新世；北京、辽宁，中更新世。

评注 中国晚中新世至更新世的一类较大个体、牙齿形态与现生河狸 *Castor fiber* 相似的化石河狸，或被归入欧洲的 *Chalicomys* 属（Schlosser, 1924；Teilhard de Chardin, 1926；Teilhard de Chardin et Young, 1931），或被归入 *Sinocastor* 属（Young, 1927, 1934；Teilhard de Chardin, 1942；辽宁省博物馆、本溪市博物馆，1986）。而 Xu（1994, 1995）和王伴月（2005）都将这些标本归入 *Castor* 属，并认为 *Sinocastor* 是 *Castor* 的同物异名。Flynn 和 Jacobs（2008b）将 *Sinocastor* 降格为 *Castor* 的亚属。不过，Rybczynski 等（2010）仍坚持 *Sinocastor* 是有效的独立属，认为中国新近纪的"*Castor*"都属于 *Sinocastor*，*Castor* 在中国出现的时代在中更新世之后。编者认为，头骨和牙齿上的形态难以把 *Sinocastor* 和 *Castor* 区分开，前者为后者晚出异名的观点似乎更可取。

Castor 为河狸类的一个近代洲际性属，除亚洲外还发现于欧洲和北美的晚中新世—现代（McKenna et Bell, 1997）。

安氏河狸 *Castor anderssoni* (Schlosser, 1924)

（图 129）

Chalicomys anderssoni：Schlosser, 1924, p. 22, pl. II；Teilhard de Chardin, 1926, p. 43

Castor zdanskyi：Young, 1927, p. 10, Taf. 1

Chalicomys broilii：Teilhard de Chardin et Young, 1931, p. 4, fig. 1, pl. I

Castor sp.：Young, 1934, p. 51, fig. 15

Sinocastor anderssoni：Young, 1934, p. 57；Teilhard de Chardin, 1942, p. 2, figs. 4–8；Fahlbusch et al., 1984, p. 213；辽宁省博物馆、本溪市博物馆，1986，41, 42 页；Qiu et Qiu, 1995, p. 65；Rybczynski et al., 2010, p. 1

Sinocastor broili：Young, 1934, p. 57

Sinocastor zdanskyi：Young, 1934, p. 57；Teilhard de Chardin, 1942, p. 8, fig. 11；Qiu et Qiu, 1995, p. 64；辽宁省博物馆、本溪市博物馆，1986，41, 42 页

Castor broilii：Stirton, 1935, p. 447

Castor zdanskyi：Stirton, 1935, p. 448；Xu, 1994, p. 88；Qiu et al., 2013, p. 185

Sinocastor anderssoni mut. *progressa*：Teilhard de Chardin, 1942, p. 6, figs. 9–10

Eucastor youngi：Teilhard de Chardin, 1942, p. 14, fig. 13；Xu, 1994, p. 83

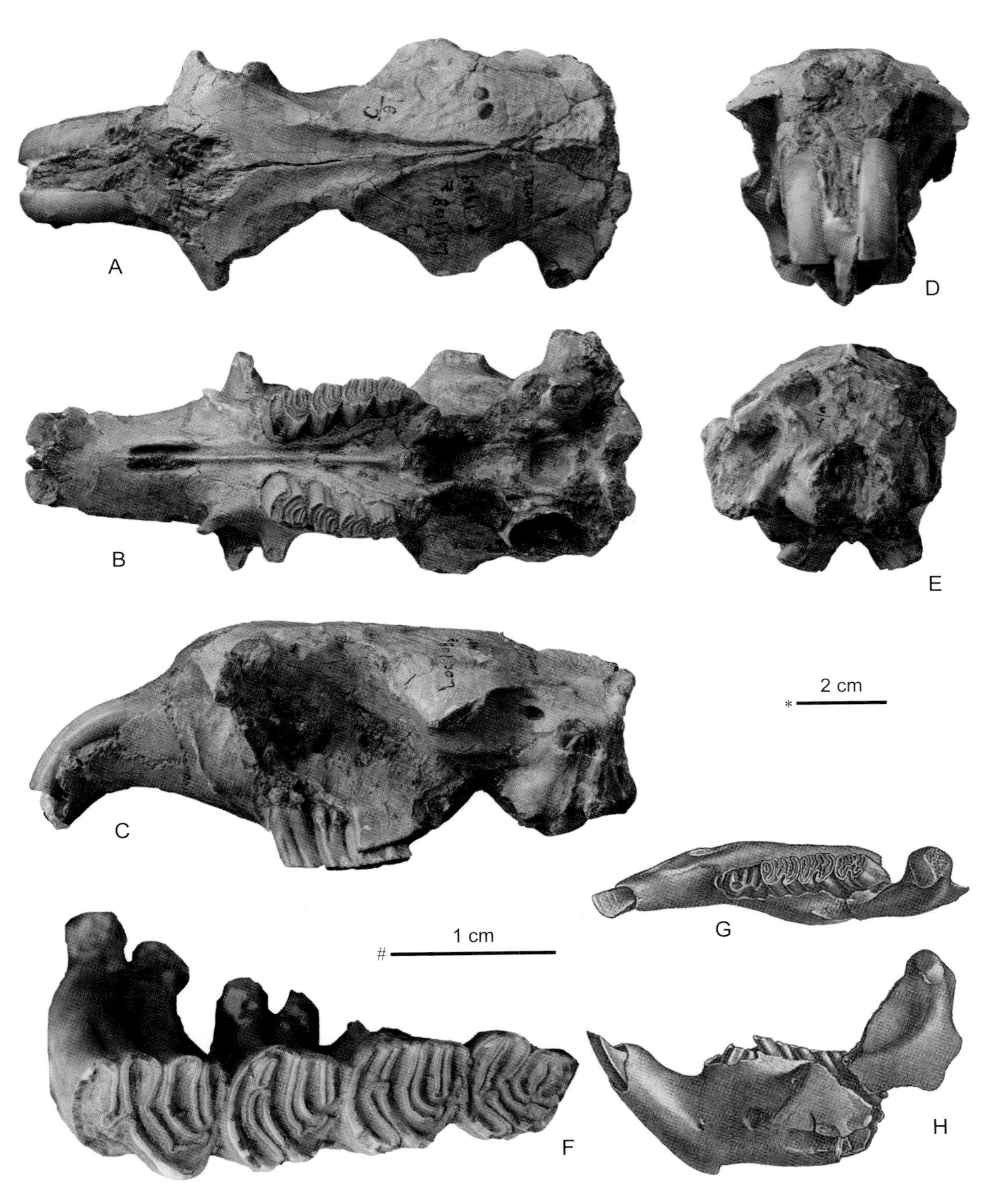

图 129　安氏河狸 *Castor anderssoni*

A–F. 破损头骨附左右齿列（IVPP V 10472），G, H. 破损右下颌骨带 p4–m3（未编号，选模，反转）：A. 背面视，B. 腹面视，C. 左侧视，D. 吻端视，E. 枕面视，F, G. 冠面视，H. 颊侧视；比例尺：* - A–E, G–H，# - F（G, H 引自 Schlosser, 1924）

选模 Schlosser（1924）建立该种时并未指定该种的正模，后来 Stirton（1935）指定标本中的一件年轻个体右下颌残段带 p4–m3 为选模（见 Schlosser, 1924, pl. II, fig. 43），标本可能收藏于瑞典乌普萨拉大学。

归入标本 AMNH F: AM 64070–64073，不完整头骨一件，下颌骨两件；IVPP V 10471, V 10472, V 19645–19652, V 11902, V 20130, V 13572，几乎完整的头骨及破损的上颌骨各一件，破损的下颌骨 4 件，牙齿 66 枚；BXGM B.S.M 7901A-18, 8001A-145, 8001A-109, 8001A-90, 8001A-84, 46，破损的上、下颌骨各一件，颊齿 4 枚。

鉴别特征 头骨形态与现生种 *Castor fiber* 略有差异：鼻骨为椭圆形，不明显狭长；颧突较宽，咬肌脊不发育（其前缘不连续）；基枕骨凹坑近圆形。颊齿形态与 *C. fiber* 的差别非常小，明显的区别在于前沟、后沟、中沟、下后沟、下中沟和下内沟长短不一，向下延伸均未至齿冠基部。

产地与层位 内蒙古化德二登图，上中新统二登图组；化德比例克、阿巴嘎旗高特格，下上新统。山西保德（Loc. 3、108），上中新统保德组；榆社马会，上中新统马会组；榆社高庄、麻则沟，上新统高庄组、麻则沟组；寿阳下川，下更新统。甘肃灵台小石沟，上新统；临夏龙担，下更新统。青海东陵丘，下上新统。北京周口店 Loc. 1，中更新统。辽宁本溪庙后山，中更新统。

评注 中国发现的 *Castor* 类化石，除有少量头骨和下颌支外，多数为零散牙齿。就颊齿而言，尺寸上无法与现生的 *Castor fiber* 区别开，形态上，与 *C. fiber* 唯一的不同在于臼齿颊侧和下臼齿舌侧的沟都比较短，而现生种所有的沟向下延伸均至齿冠基部。*Chalicomys broilii* Teilhard de Chardin et Young（1931）被普遍认为是 *C. anderssoni* 的晚出异名（Stirton, 1935；Teilhard de Chardin, 1942；Xu, 1994, 1995；王伴月，2005）。*Sinocastor zdanskyi* Young, 1927 的材料多为近老年个体，下颌骨和颊齿冠面形态均落入 *C. anderssoni* 的变异范围，也为后者的晚出异名。Teilhard de Chardin（1942）建立的 *S. anderssoni* mut. *progressa*，其唯一区别于 *C. anderssoni* 的特征是颊齿的前沟、（下）中沟、后沟、下后沟和下内沟较长，这恰好是 *C. anderssoni* 演化上的进步性状，相似的情况还见于早更新世甘肃龙担和中更新世辽宁本溪庙后山等地点中的 *C. anderssoni* 标本。*Eucastor youngi* Teilhard de Chardin, 1942 是建立在错误鉴定之上的，也是 *C. anderssoni* 的晚出异名（邱铸鼎、李强，2016）。

Castor anderssoni 的出产地目前大多缺乏精确的年代数据，少数的几个古地磁剖面如在山西榆社盆地的出现年代约为 6.1–3.4 Ma，在甘肃灵台剖面的出现晚于 4.0 Ma，在内蒙古高特格剖面的年代大概为 4.2 Ma（Flynn et al., 1997；郑绍华、张兆群，2001；徐彦龙等，2007；O'Connor et al., 2008）。据此，中国不同地点 *Castor* 出现的时间均晚于其在欧洲的约 11 Ma 和北美的约 7.5 Ma 等首次出现时间（Hugueney, 1999；Flynn et Jacobs, 2008b）。

真河狸属 Genus *Eucastor* Leidy, 1858

模式种 斜沟真河狸 *Eucastor tortus* Leidy, 1858

鉴别特征 个体较小，后眶骨收缩显著，吻部伸长，上颌齿虚长度比上颊齿列长大一倍多。颊齿高冠，齿根于牙齿磨蚀后形成；门齿外侧横切面圆凸，釉质层表面光滑无纹饰；前臼齿不简化为S形；臼齿在磨蚀早期、特别是在较原始的种中出现有前褶、后褶、下后褶和下内褶形成的釉岛，磨蚀加深后形成S形。次沟和下次沟长，其余诸沟均较短。

中国已知种 仅 *Eucastor plionicus* 一种。

分布与时代 内蒙古，早上新世；河北，晚上新世。

评注 *Eucastor* 为 Leidy 1858 年依据美国内布拉斯加（Nebraska）奈厄布拉勒河（Niobrara River）地区的河狸材料建立。该属除模式种 *E. tortus* 之外，在北美还有 *E. dividerus* Stirton, 1935，*E. lecontei* (Merriam, 1896)，*E. malheurensis* Shotwell et Russell, 1963，*E. phillisi* Wilson, 1968，*E. tedi* Korth, 1999 五种，出现于 Hemingfordian 早期至 Hemphillian 晚期（18.8–5.8 Ma）（Flynn et Jacobs, 2008b）。在欧洲，Hugueney（1999）将欧洲的一些类似 *Eucastor* 的化石河狸归入 *Schreuderia* 并带有疑问地作为前者的亚属，时代分布为 Astaracian 晚期至 Vallesian 晚期（MN7–10），即中中新世晚期至晚中新世早期。然而 McKenna 和 Bell（1997）却将欧洲的 *Schreuderia* 和北美的 *Eucastor* 视为不同的属。在中国，Teilhard de Chardin（1942）曾依据山西榆社盆地的标本建立了 *Eucastor youngi* 种，并多次为研究者引用（Xu, 1994, 1995；Flynn et Jacobs, 2008b），不过正如前文所述，“*E. youngi*”是建立在错误鉴定之上，应是 *Castor anderssoni* 的晚出异名。中国真正的 *Eucastor* 似乎仅发现于内蒙古高特格和河北泥河湾稻地的上新统，出现的时代比欧洲和北美的都晚。

上新真河狸 *Eucastor plionicus* Qiu et Li, 2016

（图 130）

Eucastor sp.：蔡保全，1987，128 页，表 1

Castorinae indet.：Qiu et al., 2013, p. 185

正模 IVPP V 19636，年轻个体的右下颌支残段带 i 和 p4–m2。内蒙古阿巴嘎旗高特格（DB 03-1 地点），下上新统。

归入标本 IVPP V 19637, V 19638，臼齿 2 枚（内蒙古阿巴嘎旗）。IVPP V 19230，颊齿 3 枚（河北泥河湾盆地）。

鉴别特征 个体小。下门齿外侧横切面圆凸，釉质层表面光滑。下颌齿虚长度明显短于下颊齿齿列的长度。颊齿高冠，具齿根，褶沟内无白垩质充填。下颊齿上具有 4 条褶；

下中褶与下次褶前后轻微交错排列；下次沟深，但未延伸至齿冠基部；下中沟远短于下次沟，下后沟和下内沟极短。上颊齿具 3 条褶和两个封闭的坑，中褶最宽，轻微磨蚀时横穿整个冠面，前褶与次褶斜向相对排列；磨蚀初期阶段具小的前中坑和长而弯曲的后坑；次沟长，前沟和中沟都很短。

产地与层位 内蒙古阿巴嘎旗高特格，下上新统；河北蔚县稻地，上上新统稻地组。

评注 在北美，*Eucastor* 属的出现时代为早中新世晚期至晚中新世晚期，并被认为是 *Monosaulax*–*Dipoides* 演化路线的中间环节，其早期种类的颊齿仍保留 *Monosaulax* 的冠面形态，后期种类的颊齿齿冠增高、构造简化，发展出类似 *Dipoides* 的 S 形简单构造（Korth, 2002b； Flynn et Jacobs, 2008b）。现知 *E. plionicus* 为该属在中国的唯一代表，仅出现于上新世，远晚于在北美的出现时间。目前看来，*Eucastor* 演化出 *Dipoides* 后，两属在晚中新世—上新世时期曾长期共存。*E. plionicus* 下颊齿的咀嚼面形态仍为 *Monosaulax* 型模式，未简化成 S 形构造，显得相对保守，很可能代表了 *Eucastor* 从北美迁移到东亚后衍生出的一个支系，同时也代表了该属的最后出现。

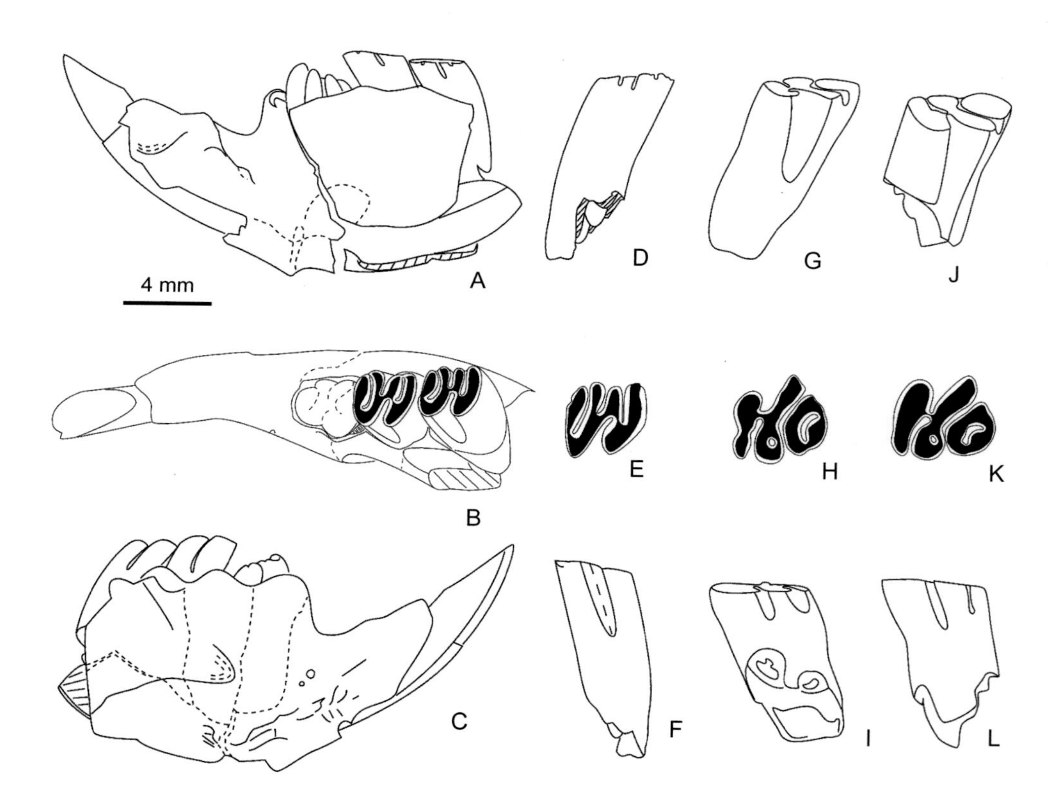

图 130 上新真河狸 *Eucastor plionicus*

A–C. 破损右下颌骨附门齿及 p4–m2（IVPP V 19636，正模），D–F. 左 m1/2（IVPP V 19638），G–I. 右 DP4（IVPP V 19230.1），J–L. 右 M1/2（IVPP V 19230.2）：A, D, G, J. 舌侧视，B, E, H, K. 冠面视，C, F, I, L. 颊侧视；B, H, K 反转（引自邱铸鼎、李强，2016）

大河狸属 Genus *Trogontherium* Fischer de Waldheim, 1809

模式种 居氏大河狸 *Trogontherium cuvieri* Fischer de Waldheim, 1809

鉴别特征 大型河狸。头骨厚重。鼻骨宽且长（约为头骨总长的 1/3）。P4 前缘具有一对深而长、前后向延伸的切迹。门齿横切面外侧圆凸，釉质层表面具有多条细小的沟槽。颊齿高冠，具有齿根，通常发育 4 条褶。前臼齿明显大于臼齿，臼齿中第三臼齿明显拉长，M3 长度大于 M1–2 者。P4 的次褶内角与前褶内角叠覆。M3 的后边脊为环状。

中国已知种 仅模式种。

分布与时代 山西，早更新世—中更新世；北京、河北、辽宁、安徽，中更新世。

评注 尽管 *Trogontherium* 被称为“大河狸”或“巨河狸”，但其个体并不是河狸科中最大者，根据 Xu（1994, 1995）的测量，该属的个体与 *Anchitheriomys* 的接近，小于 *Youngofiber*，远小于科中体型最大的 *Castoroides*。目前该属只有 *Trogontherium cuvieri* 和 *T. minus* 两种，两个种尺寸上较易区别，后者明显小于前者。Mayhew（1978）建立的 *T. minutum* 由于缺乏头骨等材料，目前很难确定其准确的分类位置。根据 Fostowicz-Frelik（2008）的回顾，*T. cuvieri* 分布于欧亚大陆的晚上新世至中更新世地层，而 *T. minus* 的时代主要为上新世至更新世最早期，两个种在上新世最晚期—更新世最早期时段曾短暂地共同出现（Hugueney et al., 1989）。在中国，*T. cuvieri* 出现于中国北方早更新世至中更新世，而 *T. minus* 仅有郑绍华和李传夔（1986）在描述中国的模鼠（*Mimomys*）时提到过在山西襄汾大柴村汾河西岸灰绿色黏土层中曾发现过“属于 *Trogontherium minus* 的两枚臼齿及一段上门齿”，但未见进一步的详细报道，因此襄汾的河狸标本的确切归属及是否代表 *T. minus* 在中国的首次发现尚不可知。

居氏大河狸 *Trogontherium cuvieri* Fischer de Waldheim, 1809

（图 131）

Trogontherium cf. *cuvieri*：Zdansky, 1928, p. 52；Pei, 1930, p. 375；Young, 1934, p. 52

Sinocastor anderssoni：Teilhard de Chardin, 1942, p. 5 (part)

?*Eucastor stirtoni*：Teilhard de Chardin, 1942, p. 12

Trogontherium sp.：贾兰坡、王建，1978，7 页；宗冠福，1981，174 页；汤英俊等，1983，79 页

正模 一件头骨，产自亚速海（Azov Sea）海滨第四纪堆积物，收藏于莫斯科（据 Mayhew, 1978）。

归入标本 IVPP V 10458, V 10459, V 10477, V 10478, V 10460, V 10461, V 10481, V 2824, V 6748, V 6115，破损的上、下颌骨 6 件，牙齿 9 枚（中国中东部地区）。

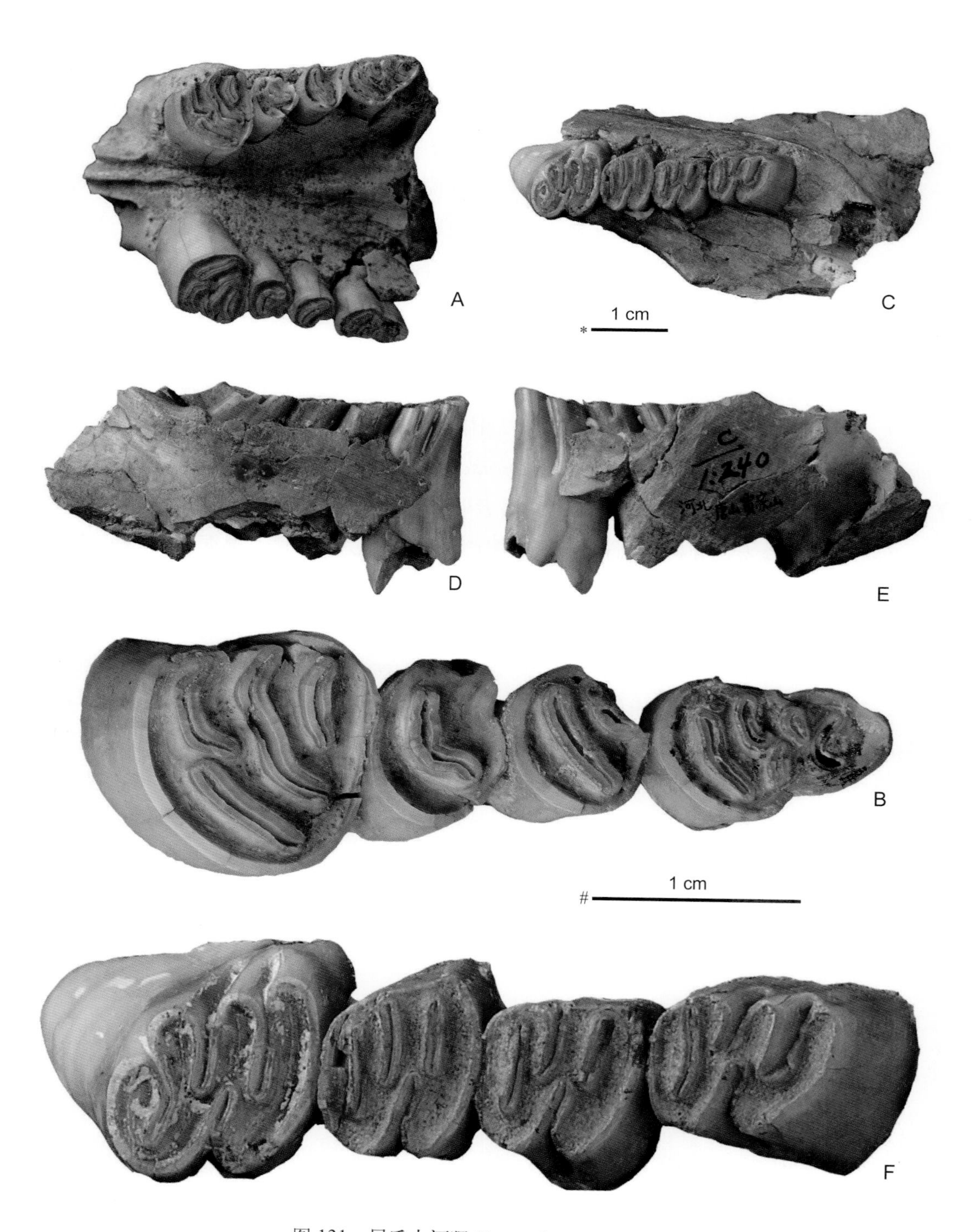

图 131　居氏大河狸 *Trogontherium cuvieri*

A, B. 残破头骨附左右完整齿列（IVPP V 10461），C–F. 残破左下颌骨附 p4–m3（IVPP V 10458）：A. 腹面视，B. 右 P4–M3 冠面视（反转），C. 冠面视，D. 舌侧视，E. 颊侧视，F. 左 p4–m3 冠面视；比例尺：* - A, C–E, # - B, F

鉴别特征 一种大型的 *Trogontherium*，个体比 *Castoroides* 和 *Youngofiber* 小而与 *Anchitheriomys* 近似。头骨厚重。颚骨上 P4 前部具有两个沿着矢状缝的侧面、前后向强烈拉长的切迹。下颌下颏突和门齿末端隆突发达，颏孔位于 p4 的下前方。后侧视，下颌冠状突和角突形成近乎直角的弯折。下颌 m3 与上升支之间的空间（翼外肌附着处）宽大。门齿横切面外侧较圆凸，釉质层表面具弱的纵沟。颊齿高冠，具弱的齿根。次褶的内角与前褶的内角相叠覆。P4 是上颊齿中最大者。M1 和 M2 大小相当，但都明显小于 P4 和 M3。M3 的后边脊发育为环形脊。下次褶在下中褶与下内褶之间延伸。下颊齿的褶在冠面上较横直。颊齿侧面的沟的长度约为齿冠高度的一半。

产地与层位 山西榆社海眼，下更新统海眼组；西侯度、临猗，下更新统；屯留，中更新统。北京周口店、河北唐山贾家山、辽宁营口金牛山、安徽和县猿人地点，中更新统。

评注 该种在中国最早出现于山西榆社盆地海眼组、山西西侯度和临猗等地点，时代通常被认为是早更新世（Flynn et al., 1997；贾兰坡、王建，1978；汤英俊等，1983）。北京周口店、河北唐山贾家山、辽宁营口金牛山、山西屯留、安徽和县猿人地点的时代通常被认为是中更新世（Zdansky, 1928；Pei, 1930；张镇洪等，1976；宗冠福，1981；郑绍华，1983）。林一璞等（1984）在报道与“元谋人”伴生的小哺乳动物群时，曾提及“可能属大河狸的一枚门齿”，并“与山西榆社的（*Trogontherium*）标本较为相似”，但郑绍华（1983）指出其“不具备该属的特征，可能为另一大型鼠类的门齿”。根据 Fostowicz-Frelik（2008）的回顾，该种在欧洲生存的年代为晚上新世至中更新世。因此，*Trogontherium cuvieri* 在中国的最早记录似乎稍晚于欧洲的首次出现，因此，中国的该种可能是从欧洲迁移而来，在早更新世—中更新世时占据了中国北方中东部地区，不过是否扩散到中国南方还有待新的材料的验证。

鼠型亚目 Suborder MYOMORPHA Brandt, 1855

中—小型啮齿类，头骨的颧 - 咬肌结构极为发育，可以说是松鼠型和豪猪型颧 - 咬肌结构的结合。前臼齿减退，无或缺 P3/p3；臼齿可退化为两个；门齿釉质层结构通常为单系。鼠型类中的跳鼠超科最早出现于早始新世，鼠超科最早记录为中始新世，两类均延续至今。除极地外世界性分布。

鼠型亚目的分类诸家意见不一，仅依近年较有影响的分类意见简述如下：

Simpson（1945）在鼠型亚目之下，分了 3 个超科：Muroidea、Dipodoidea 和 Gliroidea。

Wood（1955a）除保留 Simpson 的 Muroidea 和 Dipodoidea 之外，又增添了 Geomyoidea，同时把 Simpson 的 Gliroidea 置于 cf. Myomorpha inc. sed. 之下。

Thaler（1966）在啮齿目分类中分出 16 个亚目级阶元，其中第 12 阶元为 Myomorpha，但该亚目仅包括 1 个科：Muridae。

Chaline 和 Mein（1979）把鼠型亚目置于松鼠型下颌亚目（Suborder Sciurognathi）之下，称为鼠型下目，其下包括 4 个超科：

Infraorder Myomorpha

Superfamily Gliroidea

Superfamily Geomyoidea

Superfamily Dipodoidea

Superfamily Muroidea

Korth（1994）在鼠型亚目之下设置了 2 个下目，同时把原松鼠有疑义地置于鼠型亚目之下。其分类系统是：

Suborder Myomorpha

Infraorder Myodonta

Superfamily Muroidea

Superfamily Dipodoidea

Infraorder Geomorpha

Superfamily Geomyoidea

Superfamily Eomyoidea

Suborder ?Myomorpha inc. sed.

Family Sciuravidae

McKenna 和 Bell（1997）的鼠型亚目分类是：

Suborder Myomorpha

Infraorder Myodonta

Superfamily Dipodoidea

Superfamily Muroidea

Family Simimyidae（仅有北美始新世的 2 个属）

Family Muridae（作者安排了 29 个亚科，包括了自始新世至今的所有仓鼠、䶄、鼢鼠、沙鼠、竹鼠、鼠等）

Infraorder Gliromorpha

Infraorder Geomorpha

Superfamily Eomyoidea

Superfamily Geomyoidea

Nowak（1999）类似 Chaline 和 Mein（1979），同样是在 Suborder Sciurognathi 之下设置了 7 个下目，Myomorpha 是其中之一，下设 3 个超科：Geomyoidea、Dipodoidea 和 Muroidea。

Wilson 和 Reeder（2005）的 Myomorpha 仅设 2 个超科：Dipodoidea 和 Muroidea。

Janis 等（2008）的 Myomorpha 下设 Myodonta，也包括 Dipodoidea 和 Muroidea。此外还把 Geomyidae、Heteromyidae、Eomyidae、Castoridae 和 Eutypomyidae 纳入 Myomorpha 之中。

上述 Myomorpha 的各种分类系统均不相同，本志书采取了简单的分类办法，即：

Suborder Myomorpha

Family Eomyidae

Infraorder Myodonta

Superfamily Dipodoidea

Superfamily Muroidea [见本志书第三卷第五册（下） 啮型类 II：啮齿目 II]

始鼠科 Family Eomyidae Winge, 1887

模式属 始鼠属 *Eomys* Schlosser, 1884

定义与分类 始鼠科是一类已绝灭的、分布于北美和欧亚大陆的小—中型啮齿动物，个别体型较大。外形及生活习性似松鼠，并被认为与现今仍生活在美洲的囊鼠类 geomyoids （geomyids+heteromyids）有较近的亲缘关系。始鼠最早出现于北美中始新世晚期，晚始新世时其踪迹到达中亚哈萨克斯坦斋桑盆地（Emry et al., 1997），早渐新世（MP 21）时出现在欧洲（Engesser, 1979）。始鼠在新生代中期高度分化，种类丰富，常是小哺乳动物群的主要类群。至 2016 年已发现逾 46 属、百多种。始鼠在北美和亚洲的绝灭时间都在中新世末，在欧洲是更新世（200 万年前）。最晚的始鼠是德国的 *Eomyops* sp. 和捷克的 *Estramomys* sp.（Engesser, 1999）。过去一直认为始鼠仅分布于全北区，邱铸鼎（2006；Qiu, 2017a）在中国云南和江苏发现的中新世始鼠，使其分布范围扩展至现今的东洋区内。地史时期中，北美与欧亚大陆的始鼠有过多次迁徙和交流，曾共有 *Pseudotheridomys*、*Leptodontomys*（=?*Eomyops*）和 *Megapeomys* 属。

始鼠适应于不同的生态环境：地栖或树栖，地面或地下穴居，干旱或湿润环境。在德国 Enspel 的晚渐新世沥青质火山碎屑岩中还发现了具滑翔能力的始鼠 *Eomys quercyi*（Storch et al., 1996），这是迄今发现的最古老的能滑翔的啮齿类动物。

始鼠的分类位置至今尚无定论。依据头骨和牙齿形态，早期的学者们曾将其置于鼠型亚目或松鼠型亚目。Wilson（1949a, b）有保留地将始鼠科与北美的囊鼠科和异鼠科都归入囊鼠超科，置于鼠型亚目 Myomorpha 之内。Korth（1994）、McKenna 和 Bell（1997）等将始鼠另作为超科（Eomyoidea），与囊鼠超科（Geomyoidea）一起放在鼠型亚目（Myomorpha）下的囊鼠下目（Geomorpha）中（见上）。然而，虽然始鼠具有大多数鼠型亚目啮齿类的仓鼠型臼齿，并具有鼠型亚目的若干头骨特征，但是始鼠的头骨

颧 - 咬肌构造、下颌肌肉系统都是松鼠型的，颅后骨骼也与松鼠类的相似（Storch et al., 1996），这些特征与其鼠型亚目的分类地位是相悖的。Flynn（2008a）和 Dawson（2015）仍认可始鼠与囊鼠间的亲缘关系，尽管化石证据还不够充分，但他们认为始鼠科不是鼠型亚目的基干支系，而是啮齿动物在新北区辐射演化而成的一个支系，这一支系的特征是：具有松鼠型的头骨和下颌的颧 - 咬肌构造，以及特化了的单系门齿釉质显微结构。最近十多年来分子生物学的最新研究成果表明，囊鼠与河狸科、而不是与鼠型亚目的亲缘关系更近 （Adkins et al., 2003；Huchon et al., 2002；Fabre et al., 2015）。因此始鼠科的鼠型亚目分类地位有待重新考虑。本志暂将始鼠科仍置于鼠型亚目。

始鼠科被分为 3 个亚科：Yoderimyinae、Apeomyinae 和 Eomyinae（Fejfar et al., 1998），分布于欧亚和北美；我国目前仅发现有 Eomyinae 亚科和 Apeomyinae 两个亚科的化石。

关于始鼠的起源，Korth（1994）综合了一些欧美学者的观点，认为始鼠的祖先支系可能会在北美始新世的先松鼠类（sciuravids）中找到，因为北美早期始鼠的颊齿与先松鼠类非常相似，只是后者的上、下颊齿中还未形成真正的内脊和下外脊、牙齿脊型化程度较差，此外还比大多数始鼠多一枚 P3（始鼠 Yoderimyinae 亚科的大部分成员是具有 P3 的）。Korth（1994）还认为，王伴月和李春田（1990）描述的中国东北晚始新世的先松鼠类争胜鼠 *Zelomys* 与北美大致同时期的始鼠 *Namatomys* 颊齿形态相似，很可能 *Zelomys* 是始鼠科早期辐射的一部分。

鉴别特征 始鼠与松鼠很相似，头骨纤细，不特化，不具矢状脊，除一个属外都不具有眶后突。头骨具松鼠型颧 - 咬肌构造，下颌为简单的松鼠型构造；头后骨骼纤细。门齿珐琅质为单系显微结构。齿式：1•0•1•3/1•0•1•3，仅早期种类保留有上前臼齿 P3（北美的 Yoderimyinae 和哈萨克斯坦的 *Symplokomys zaysanicus* 具有两枚上前臼齿），颊齿齿冠一般不高，近方形或长方形，丘型齿或脊型齿：4 个主齿尖由粗细程度不同的齿脊相连，原尖（下原尖）和次尖（下次尖）之间通常有纵向齿脊连接，下前臼齿（p4）的下前边尖的发育程度各异。该科牙齿的构造模式图如图 132 所示。

中国已知属 *Eomys*, *Asianeomys*, *Eomyodon*, *Leptodontomys*, *Keramidomys*, *Ligerimys*, *Pentabuneomys*, *Plesieomys*, *Heteroeomys*, *Yuneomys*, *Apeomys*，共 11 属。

分布与时代 内蒙古，早渐新世晚期—中新世；新疆，晚渐新世—中中新世；甘肃，晚渐新世—晚中新世；江苏，早中新世；云南，晚中新世。

评注 关于始鼠科的命名人问题，欧洲的学者一般采用 Eomyidae Depéret et Douxami 1902，而北美学者采用 Eomyidae Winge, 1887。Fahlbusch（1970）追述，Depéret 和 Douxami 于 1902 年基于 *Eomys* Schlosser, 1884 建立了 Eomyidae。然而早在 1887 年时，Winge 曾在其关于南美巴西啮齿类的著作中在 Dipodidae 之下建立了 Eomyini、Dipodini 和 Spalacini 三个族，Eomyini 内仅包括 *Eomys* Schlosser, 1884 一个属。《国际动物命名法规》

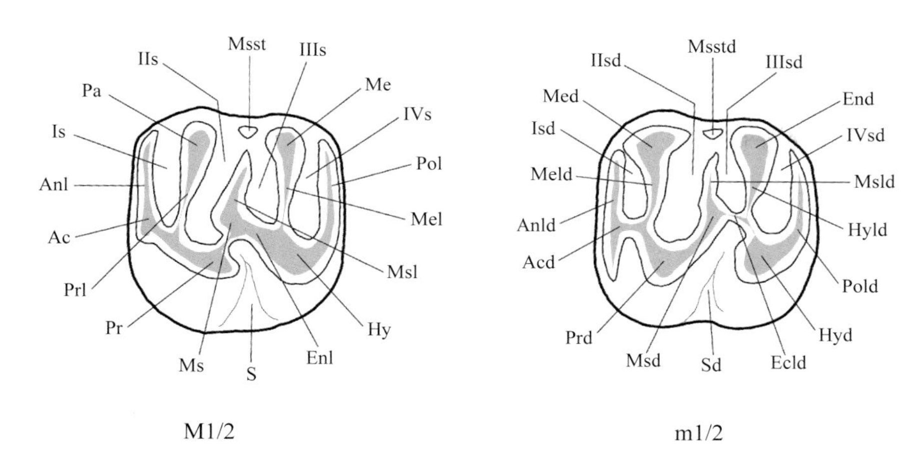

图 132　始鼠科臼齿构造模式图

Ac. 前边尖（anterocone），Acd. 下前边尖（anteroconid），Anl. 前边脊（anteroloph），Anld. 下前边脊（anterolophid），Ecld. 下外脊（ectolophid），End. 下内尖（entoconid），Enl. 内脊（endoloph），Hy. 次尖（hypocone），Hyd. 下次尖（hypoconid），Hyld. 下次脊（hypolophid），Me. 后尖（metacone），Med. 下后尖（metaconid），Mel. 后脊（metaloph），Meld. 下后脊（metalophid），Ms. 中尖（mesocone），Msd. 下中尖（mesoconid），Msl. 中脊（mesoloph），Msld. 下中脊（mesolophid），Msst. 中附尖（mesostyle），Msstd. 下中附尖（mesostylid），Pa. 前尖（paracone），Pol. 后边脊（posteroloph），Pold. 下后边脊（posterolophid），Pr. 原尖（protocone），Prd. 下原尖（protoconid），Prl. 原脊（protoloph），S. 上齿谷（内谷，sinus），Sd. 下齿谷（下外谷，sinusid），Is、IIs、IIIs、IVs. 上颊侧齿谷 I、II、III、IV（syncline I, II, III, IV），Isd、IIsd、IIIsd、IVsd. 下舌侧齿谷 I、II、III、IV（synclinid I, II, III, IV）

（第四版）50.3 条规定：作者身份不受级别或组合改变的影响。50.3.1 条明确规定：科级类群、属级类群或种级内一个命名分类单元名称的作者身份不受它所在级别的影响。因此 Winge 应被认为是 Eomyidae 的命名人。

中国新近纪的始鼠类化石中，尚有发现于新疆准噶尔盆地北缘布尔津北西 XJ 200604 地点早中新世的一枚右 M3（IVPP V 18135），被指定为 Eomyidae indet.（Maridet et al., 2011），本志不予详述。

始鼠亚科 Subfamily Eomyinae Winge, 1887

模式属　始鼠属 *Eomys* Schlosser, 1884

定义与分类　在始鼠科中，始鼠亚科（Eomyinae）以不具有 P3、下颌咬肌脊前端终止于 p4 下方以及不同的下门齿釉质层显微构造区别于北美的 Yoderimyinae，以齿冠较低和不具有椭圆形双叶型的下颊齿区别于 Apeomyinae。

评注　Winge 1887 年建立 Eomyini 以及 Wood（1955b）建立 Yoderimyinae 和 Eomyinae 两个亚科时都没有赋予 Eomyini 或 Eomyinae 明确的定义或鉴别特征，也未见任何有关学者有明确表述。虽然 Eomyinae 这个阶元是 Wood（1955b）第一个建立的，然而按照新的《国际动物命名法规》（第四版）50.3 条规定，Winge 被认作是 Eomyinae 的命名人。

始鼠属 Genus *Eomys* Schlosser, 1884

模式种 齐特尔始鼠 *Eomys zitteli* Schlosser, 1884

鉴别特征 中—大型的丘齿型始鼠。具 4 个较高的主齿尖，其间由两条横齿脊及一条纵脊相连接。M3 的后半部非常收缩，而 m3 后半部稍变窄。下前边脊在 p4 中缺失或存在，在 m1–m3 中总存在。下后脊横向伸展至下原尖的前部，下次脊不同程度地弯向后方，与下后边脊后下次尖后臂相连；除 m3 外，下后边脊总是存在。上颊齿的原脊和后脊横向伸展或稍向前弯，分别与前边脊或原尖前臂和次尖前臂相交，内脊前端与原尖后颊侧角相连，中脊和下中脊长短不一，偶尔缺失。

中国已知种 仅 *Eomys orientalis* 一种。

分布与时代 内蒙古，早渐新世晚期。

评注 *Eomys* 是欧亚大陆最古老、最原始和最分化的始鼠。在欧洲，*Eomys* 几乎在整个渐新世（MP 21–MP 29）时期广泛地分布于法国、瑞士、德国和西班牙（Engesser, 1999）；在亚洲目前仅发现于我国内蒙古早渐新世。由于绝大部分的研究材料是形态上差异很小的零散颊齿，因此这个属的研究困难而曲折。*Eomys* 在牙齿形态上与北美晚始新世至早渐新世的 *Adjidaumo* 非常相似，因此人们曾对二者是否系同物异名进行过较长时间的讨论（Wood, 1937, 1980；Stehlin et Schaub, 1951；Wang et Emry, 1991），但 Fahlbusch（1973）指出了两者头骨缝合线间的差异，Wang 和 Emry（1991）还讨论了两者在颊齿形态上的不同，目前仍将其作为两个独立的属看待。

东方始鼠 *Eomys orientalis* Wang et Emry, 1991

（图 133）

正模 IVPP V 9554，左 m1/2。内蒙古杭锦旗巴拉贡乌兰曼乃（原三盛公），下渐新统乌兰布拉格组。

副模 IVPP V 9552, V 9553, V 9555–9558，颊齿 6 枚。产地与层位同正模。

归入标本 IVPP V 9559–9560，前臼齿 2 枚（内蒙古千里山）。

鉴别特征 尺寸与 *Eomys antiquus* 相近。颊齿低冠，具明显的主齿尖和低矮的横脊；上、下中脊短；内脊和下外脊完整；内谷和下外谷稍斜向伸展；上、下臼齿的齿谷向外开放；上臼齿的齿谷 IIs 和 IVs 长；后脊斜伸，与次尖前臂相交；P4 具有前边脊和很不发育的齿谷 Is；m1 与 m2 的下次脊短且后弯，使齿谷 IVsd 和下后边脊变短。

产地与层位 内蒙古杭锦旗巴拉贡乌兰曼乃（原三盛公）、鄂托克旗千里山，下渐新统乌兰布拉格组上段。

评注 命名人原指定的 5 枚归入标本（IVPP V 9553, V 9555–9558）与正模产自同一

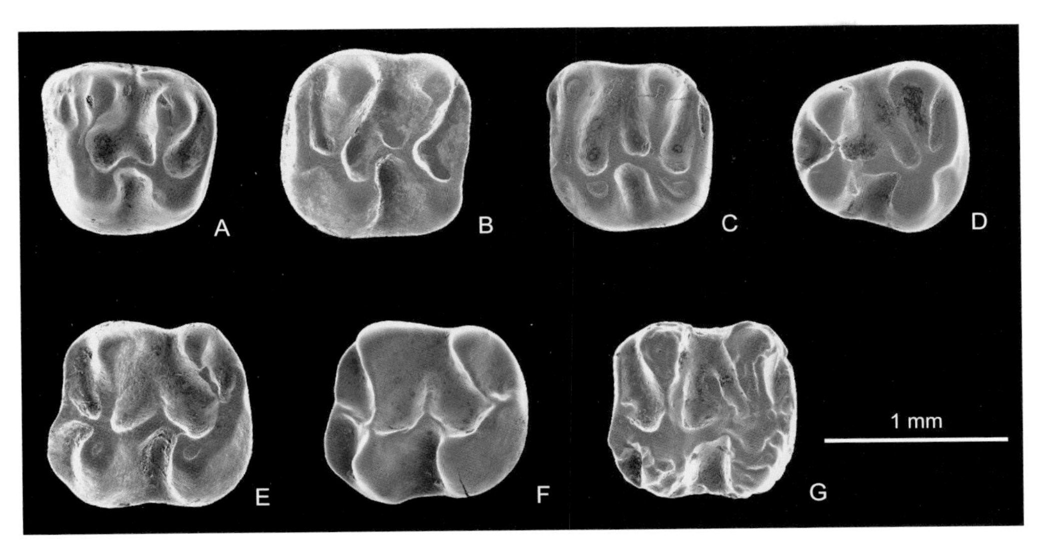

图 133　东方始鼠 *Eomys orientalis*

A. 右 P4（IVPP V 9559，反转），B. 右 M1/2（IVPP V9552，反转），C. 左 M1/2（IVPP V 9553），D. 左 p4（IVPP V 9560），E. 左 m1/2（IVPP V9554，正模），F. 右 m1/2（IVPP V 9555，反转），G. 左 m1/2（IVPP V 9556）：冠面视

地点和层位，应纳入副模范畴。

亚洲始鼠属 Genus *Asianeomys* Wu, Meng, Ye et Ni, 2006

模式种　准噶尔亚洲始鼠 *Asianeomys junggarensis* Wu, Meng, Ye et Ni, 2006

鉴别特征　小至中等尺寸的低冠齿始鼠。丘脊型颊齿，齿尖、齿脊粗壮。通常有中尖和下中尖、中附尖和下中附尖。上颊齿无舌侧前边脊，内脊前端与原尖后端连接而不与原脊相连，原脊舌端与前边脊或原尖前臂相交，因此齿谷 IIs 较齿谷 Is 长。下颊齿的下次脊通常横向伸展与下次尖前臂或下次尖相交而不是向后弯交于下后边脊，形成较长的齿谷 IVsd。上、下颊齿的内脊与下外脊完整但细弱，或不同程度地中断。m1 和 m2 四齿根；dp4 和 p4 缺失下前边脊和下后脊。

中国已知种　*Asianeomys junggarensis*, *A. asiaticus*, *A. dangheensis*, *A. engesseri*, *A.* aff. *A. engesseri*, *A. fahlbuschi*，共 6 种。

分布与时代　内蒙古，早？或晚渐新世—早中新世；甘肃，晚渐新世；新疆，晚渐新世—早中新世。

评注　该属是 Wu 等（2006）依据新疆准噶尔盆地北缘晚渐新世和早中新世的始鼠化石建立的。其特征是具有 *Eomys* 和 *Eomyodon* 型的上颊齿及 *Pseudotheridomys* 型的下颊齿，即其上颊齿的内脊与原尖的后端相连而不是与原脊相连（不同于 *Pseudotheridomys*），原脊舌端与前边脊或原尖前臂相交，因此上颊侧齿谷 II 较上颊侧齿谷 I 长；其下颊齿的下次脊横向伸展，与下次尖前臂或下次尖相连，而不是后弯与下后边脊相连（不同于 *Eomys* 和 *Eomyodon*）。据此特征，我国内蒙古杭锦旗巴拉贡乌兰曼乃（原三盛公）早渐新世或晚渐新世的 *Pseudotheridomys asiaticus*（Wang et Emry, 1991）和甘肃党河晚渐新世的 *Eomyodon dangheensis*（王伴月，2002）、哈萨克斯坦咸海地区早中新世的 *Pseudotheridomys yanshini*（Lopatin, 2000, 2004）、蒙古中部早中新世的 Eomyidae indet.（Höck et al., 1999）都应归入 *Asianeomys* 属。换句话说，目前，在亚洲没有确凿的 *Pseudotheridomys* 属记录，而 *Asianeomys* 属仅分布在中亚。Maridet 等（2010）描述的德国南部渐新世最早期的 *Asianeomys? meohrenensis* 应排除出 *Asianeomys* 属。而 *Pseudotheridomys* 和 *Eomyodon* 却是欧洲晚渐新世至早中新世时期较为广泛分布的属。此外，仅有少量的可能是属于 *Eomyodon* 的记载：我国内蒙古一枚 *Eomyodon* sp. 的 m1/2（Wang et Emry, 1991, fig. 4L）和哈萨克斯坦咸海地区早中新世的 *Eomyodon bolligeri*（Lopatin, 2000, 2004）。*Asianeomys* 和 *Eomyodon* 属有可能是从 *Eomys* 演化出的不同支系，与 *Pseudotheridomys* 关系甚远。确凿的系统发育关系的确定有待于更多的发现。

该属的未定种还发现于新疆准噶尔盆地北缘的早中新世 XJ 99005 和 XJ 200604 地点（Wu et al., 2006；Maridet et al., 2011）。

准噶尔亚洲始鼠 *Asianeomys junggarensis* Wu, Meng, Ye et Ni, 2006

（图 134）

Pseudotheridomys asiaticus：叶捷等，2001a，198 页；叶捷等，2001b，285 页；Ye et al., 2003, p. 576

正模 IVPP V 14452.1，左 M1/2。新疆富蕴铁尔斯哈巴合（XJ 98035 地点），上渐新统铁尔斯哈巴合组。

副模 IVPP V 14452.2–6，颊齿 5 枚。产地与层位同正模。

归入标本 IVPP V 14453–14454，颊齿 4 枚（新疆富蕴）。

鉴别特征 P4、M1 和 M2 近方形。P4 的前边脊或有或无；P4、M1 和 M2 的原脊前舌向伸展，交于前边脊与原尖前臂的交会点附近，由此形成的齿谷 Is 短于或等于齿谷 IIIs，但较齿谷 IIs 和 IVs 短得多；后边脊直，因而齿谷 IVs 也直。dp4 下前边尖小，无下外脊；p4 无下前边尖和下后脊。下臼齿具下前边尖，下后脊交于下原尖的前部。除 dp4 外，颊齿的 m1/2 下中尖和下中脊发育，中脊和下中脊长，均向齿缘渐变细；通常有中附尖和下中附尖，颊齿的内脊和下外脊少中断。上颊齿的中脊向前凸弯。

产地与层位 新疆富蕴铁尔斯哈巴合（XJ 98035, XJ 98024, XJ 200209 地点），上渐新统铁尔斯哈巴合组。

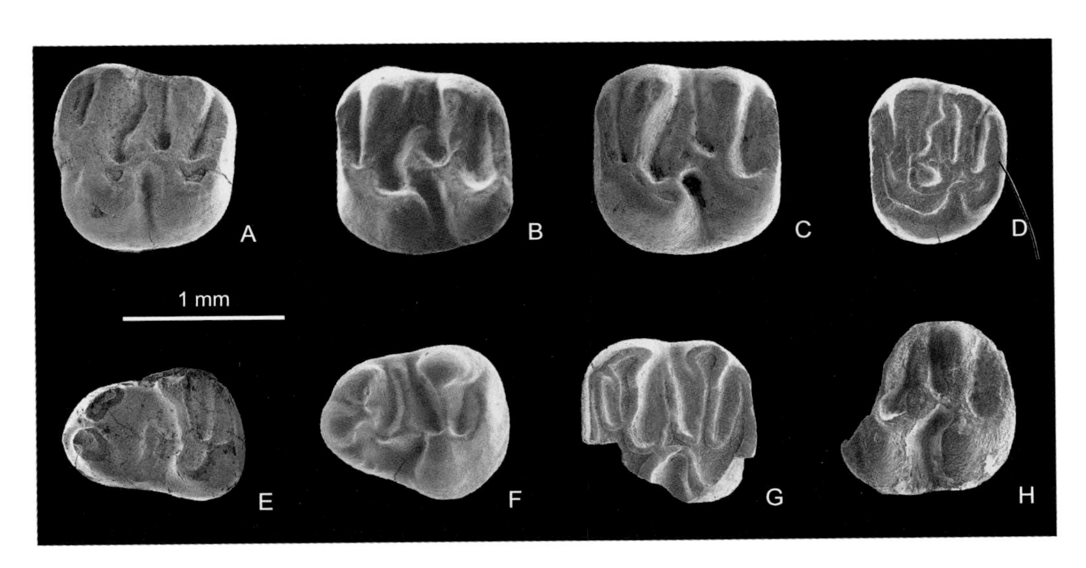

图 134 准噶尔亚洲始鼠 *Asianeomys junggarensis*

A. 左 P4（IVPP V 14452.2），B. 左 M1/2（IVPP V 14452.1，正模），C. 左 M1/2（IVPP V 14453.1），D. 右 M3（IVPP V 14454.1，反转），E. 右 dp4（IVPP V 14452.4，反转），F. 左 p4（IVPP V 14452.5），G. 残破左 m1/2（IVPP V 14453.2），H. 残破左 m1/2（IVPP V 14452.6）：冠面视（引自 Wu et al., 2006）

亚细亚亚洲始鼠 *Asianeomys asiaticus* (Wang et Emry, 1991)

（图 135）

Pseudotheridomys asiaticus：Wang et Emry, 1991, p. 373

Eomyodon asiaticus：王伴月，2002，140 页

Pseudotheridomys sp.：王伴月，2002，140 页

正模 IVPP V 9574，右 m1/2。内蒙古杭锦旗巴拉贡乌兰曼乃（原三盛公），下渐新统或上渐新统。

副模 IVPP V 9562–9573, V 9575–9577，颊齿 15 枚。产地与层位同正模。

鉴别特征 中型亚洲始鼠。颊齿的主齿尖明显，横齿脊发育；在早期磨蚀阶段，上臼齿的原脊和后脊、下臼齿的下后脊和下次脊高于其他横脊；上臼齿的中脊较长并向前方弯凸，有时几乎伸达齿缘；中附尖发育。p4 缺失下前边尖，下中脊长；下臼齿的下中脊长，伸及齿缘，下前边脊游离或与下原尖相连，下舌侧齿谷开放或封闭。

评注 Wang 和 Emry 于 1991 年建立了 *Pseudotheridomys asiaticus*，后来王伴月（2002）将其归入 *Eomyodon* 属，但将一枚下臼齿 IVPP V 9575（m1/2）仍留在 *Pseudotheridomys* 内，指定为 *Pseudotheridomys* sp.。2006 年 Wu 等认为 *P. asiaticus* 种的上颊齿并不具有 *Pseudotheridomys* 属的特征，而与 *Eomys* 属的相似，因此将其归入 *Asianeomys* 属内。至于标本 IVPP V 9575（m1/2），其下次脊明显地与下次尖前臂连接，与 *Pseudotheridomys*

和 *Asianeomys* 的下颊齿都相近，考虑到该齿与 *A. asiaticus* 出自同一地点和层位，归入 *A. asiaticus* 更合适些。这个种不可能归入 *Eomyodon* 属是因为其下颊齿的下次脊并不后弯与下次尖后臂或下后边脊相连。原作者指定的归入标本与正模来自同一地点和层位，应作为副模。该地点另有一枚右 M1/2（IVPP V 9581），原作者暂命名为存疑属 *Pseudotheridomys*。编者认为该标本同样不可能归属 *Pseudotheridomys*，除前边脊和后边脊低而细以及上齿谷横向伸展外，其主要牙齿构造与 *Eomys*、*Eomyodon* 和 *Asianeomys* 相同，由于标本与 *A. asiaticus* 来自同一地点和层位，很可能归属相同种。据原作者（Wang et Emry, 1991）所述，该种产出层位有两种可能性：下渐新统或上渐新统。

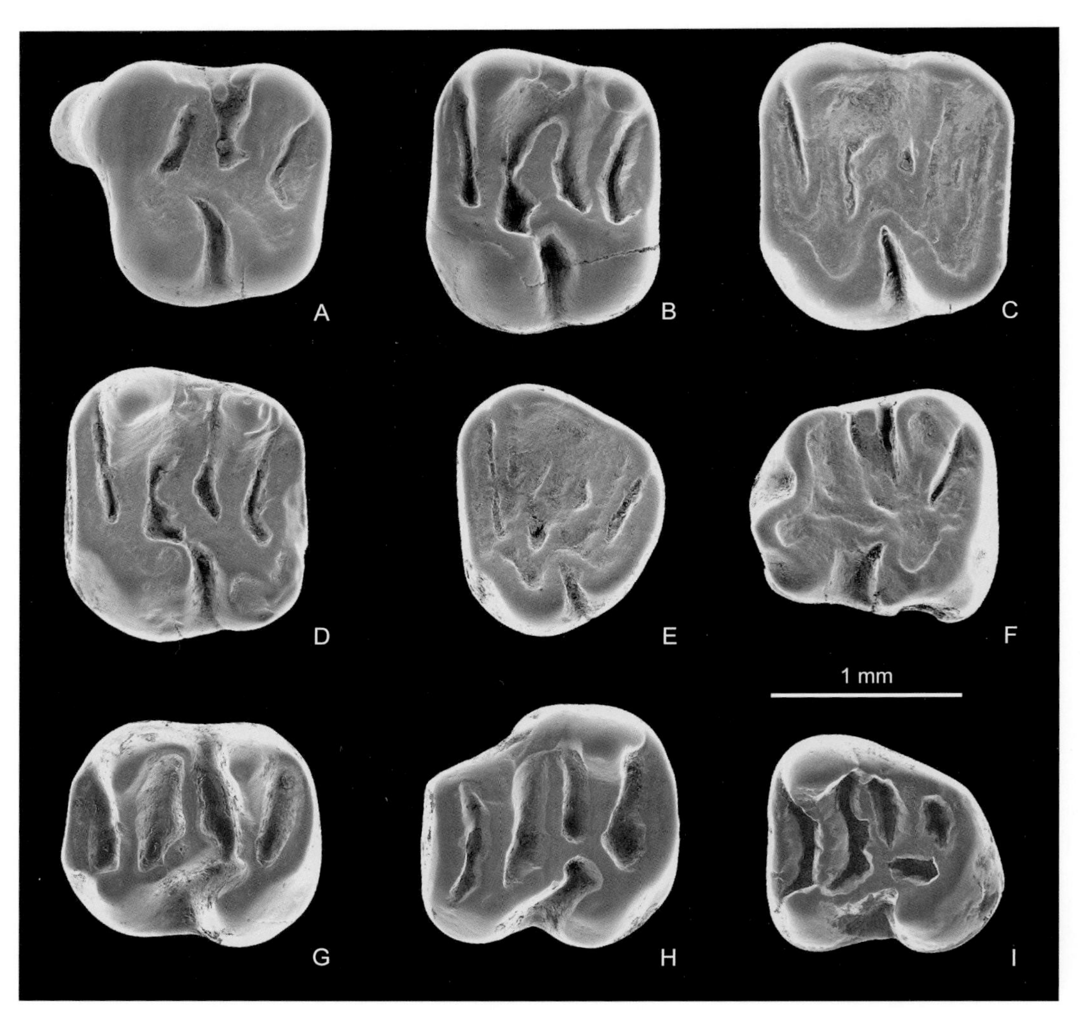

图 135　亚细亚亚洲始鼠 *Asianeomys asiaticus*

A. 左 P4（IVPP V 9562），B. 右 M1/2（IVPP V 9564，反转），C. 右 M1/2（IVPP V 9565，反转），D. 左 M1/2（IVPP V 9568），E. 右 M3（IVPP V 9572，反转），F. 左 p4（IVPP V 9573），G. 右 m1/2（IVPP V 9574，正模，反转），H. 左 m1/2（IVPP V 9575），I. 右 m3（IVPP V 9577，反转）：冠面视

党河亚洲始鼠 *Asianeomys dangheensis* (Wang, 2002)

（图 136）

Eomyodon dangheensis：王伴月，2002，139 页

正模 IVPP V 13103.1，左 m1/2。甘肃阿克塞燕丹图，上渐新统。

副模 IVPP V 13103.2–5，颊齿 4 枚。产地与层位同正模。

鉴别特征 较小型的 *Asianeomys*。颊齿低冠，具明显的齿尖，齿的纵脊常中断。下颊齿具后颊侧沟；p4 具下原附尖，无下前边尖或下前边脊；m1/2 下前边脊游离，无下前边尖，下中脊长，舌侧谷均开放。M1/2 前尖后刺封闭齿谷 IIs，中脊长而直，内脊位于近纵中轴处。

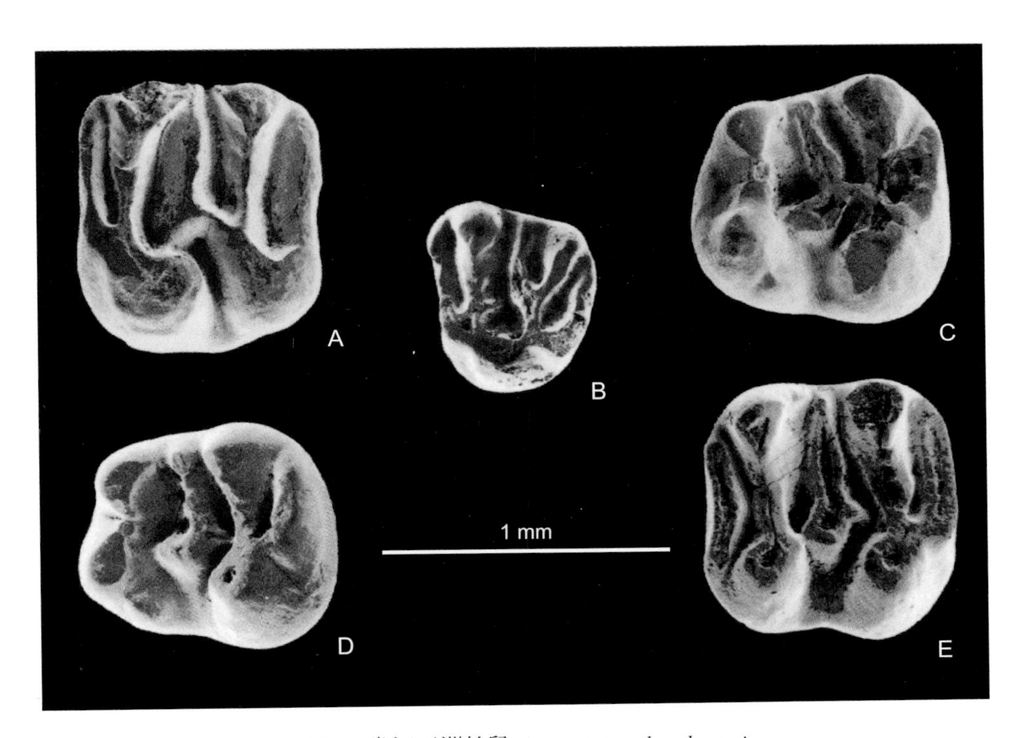

图 136 党河亚洲始鼠 *Asianeomys dangheensis*

A. 左 M1/2（IVPP V 13103.4），B. 右 M3（IVPP V 13103.5，反转），C. 左 p4（IVPP V 13103.2），D. 右 p4（IVPP V 13103.3，反转），E. 左 m1/2（IVPP V 13103.1，正模）：冠面视（引自王伴月，2002）

评注 该种由王伴月（2002）为甘肃省党河地区晚渐新世的始鼠建立，当时被归入始齿鼠（*Eomyodon*）。*Eomyodon* 属的主要鉴别特征为：颊齿 *Eomys* 型，但有脊型齿化趋势，上、下臼齿的纵脊通常中断；p4、m1 和 m2 的下次脊与下后边脊或下次尖后臂相交（Engesser, 1987）。Wu 等（2006）在研究新疆准噶尔盆地北缘晚渐新世和早中新世的

始鼠时认为 *Eomyodon dangheensis* 的上臼齿确为 *Eomys* 型，但其 p4、m1 和 m2 的下次脊并不后弯与下后边脊或下次尖后臂相交，而是横向伸展与下次尖或下次尖前臂相交，因而将该种归入 *Asianeomys* 属。

恩氏亚洲始鼠 ***Asianeomys engesseri*** **Wu, Meng, Ye et Ni, 2006**

（图 137）

正模 IVPP V 14457.1，右 m1。新疆福海 XJ 99005 剖面 4–4.5 m 处，下中新统索索泉组 S-II 哺乳动物组合带。

副模 IVPP V 14457.2, 3，颊齿 2 枚。产地与层位同正模。

归入标本 IVPP V 14456，左 M1/2（新疆福海）。

鉴别特征 较大的 *Asianeomys*。M1/2 的前边脊横向伸展与原尖的前臂相交；前尖具有后刺；中脊向前凸弯，长度约为原脊的一半，不伸及齿的唇缘；后边脊向前膨凸，致使齿谷 IVs 向前凸弯。下臼齿具有下前边尖。上下臼齿的内脊和下外脊完整。

产地与层位 新疆福海 XJ 99005 地点剖面 2 m 和 4–4.5 m 处，下中新统索索泉组 S-II 哺乳动物组合带。

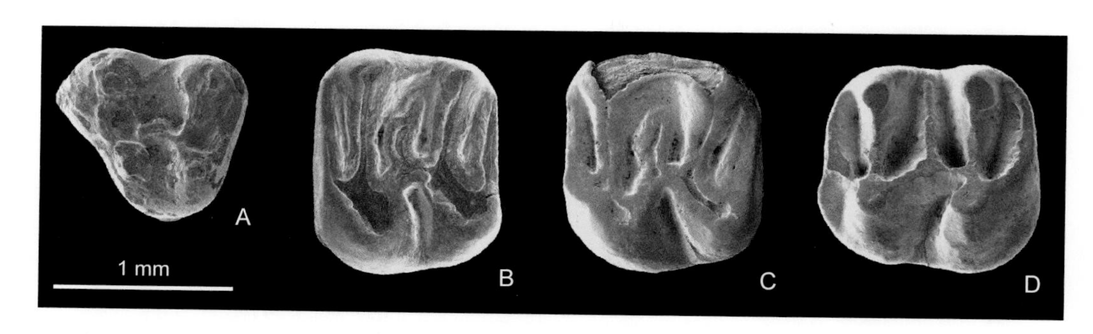

图 137 恩氏亚洲始鼠 *Asianeomys engesseri*

A. 右 DP4（IVPP V 14457.2，反转），B. 左 M1/2（IVPP V 14456），C. 右 M1/2（IVPP V 14457.3，反转），D. 右 m1（IVPP V 14457.1，正模，反转）：冠面视（引自 Wu et al., 2006）

恩氏亚洲始鼠（亲近种） ***Asianeomys*** **aff.** ***A. engesseri*** **Wu, Meng, Ye et Ni, 2006**

（图 138）

归入标本 IVPP V 18132.1–5，DP4 两枚，P4、M1/2 和 M3 各一枚。

产地与层位 新疆布尔津 XJ 200604 地点，下中新统山旺阶。

评注 Maridet 等 2011 年描述了产自新疆布尔津 XJ 200604 地点的 5 枚牙齿，均为上颊齿。其形态与 *Asianeomys* 属相似。与新疆铁尔斯哈巴合 XJ 99005 地点的 *Asianeomys* 比较，其主齿尖更发育、尺寸大于 *A. fahlbuschi* 和 *A. junggarensis* 而与 *Asianeomys engesseri* 相近，此外，M1/2 的原脊横向伸展且与原尖的前臂相连、后脊前舌向斜伸、上臼齿的纵脊完整也与 *A. engesseri* 相似；但是缺失前尖后刺，中脊不向前弯凸，M3 具有弱的舌侧前边脊。很可能为一新的属种，因标本有限，暂定为恩氏亚洲始鼠的亲近种。Maridet 等（2011）对化石产地小哺乳动物组合的分析认为，产化石层位的时代与江苏泗洪及内蒙古嘎顺音阿得格早中新世动物群时代大致相当。

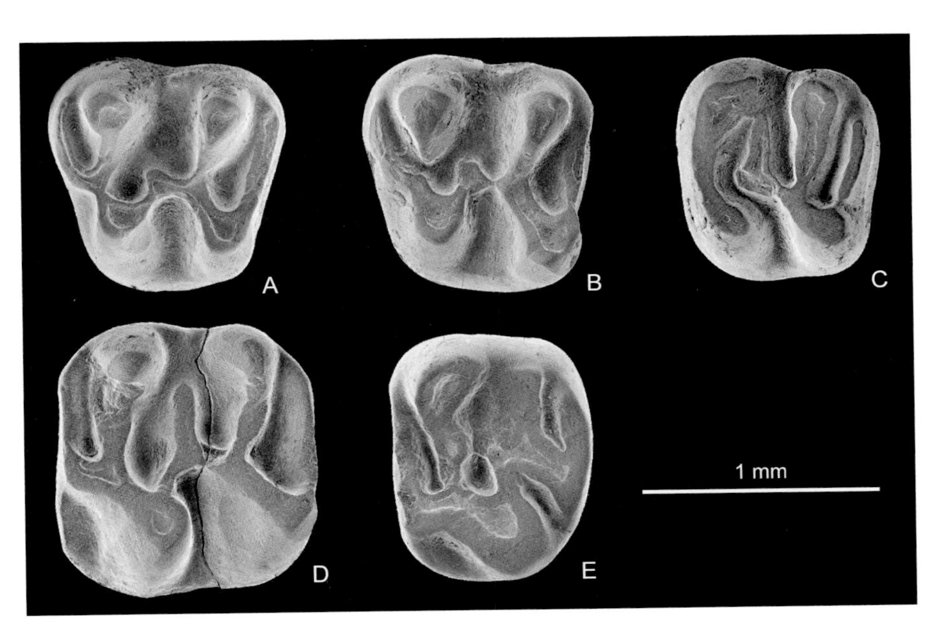

图 138　恩氏亚洲始鼠（亲近种）*Asianeomys* aff. *A. engesseri*

A. 左 DP4（IVPP V 18132.1），B. 右 DP4（IVPP V 18132.2，反转），C. 右 P4（IVPP V 18132.3，反转），D. 右 M1/2 （IVPP V 18132.4，反转），E. 左 M3（IVPP V 18132.5）：冠面视（引自 Maridet et al., 2011）

法氏亚洲始鼠 *Asianeomys fahlbuschi* Wu, Meng, Ye et Ni, 2006

（图 139）

正模　IVPP V 14455.1，右 M1/2。新疆福海 XJ 99005 地点，下中新统索索泉组 S-II 哺乳动物组合带。

副模　IVPP V 14455.2, 5，臼齿 2 枚。产地与层位同正模。

归入标本　IVPP V 19584–19589，一残破左下颌水平支带 m1，颊齿 120 枚（内蒙古中部地区）。

鉴别特征　较小型的 *Asianeomys*。M1/2 的前边脊与原尖前臂相交于约齿宽的 2/3 处，形成明显的棱角；前尖具有后刺；后脊前舌向伸展，与次尖前臂相交；后边脊的中部前凸，致使齿谷 IVs 向前凸弯；中脊长且向前凸弯。m1/2 的下前边尖位于齿纵轴的颊侧；下次脊与下次尖前臂相交；上下臼齿的内脊和下外脊纤细或稍有中断。

产地与层位 新疆福海 XJ 99005 地点，下中新统索索泉组；内蒙古苏尼特左旗敖尔班和嘎顺音阿得格，下中新统敖尔班组。

评注 Wu 等（2006）建种时将两枚 M3（IVPP V 14455.3 和 V 14455.4）归入其中，应从该种剔除。邱铸鼎和李强（2016）描述了内蒙古中部敖尔班（下）和嘎顺音阿得格早中新世晚期较丰富的 *Asianeomys* 材料，鉴定为 *A. fahlbuschi*。他们认为这批材料在形态和尺寸方面具有明显的变异性，其中无明显的界线，变异的范围涵盖了 Wu 等（2006）建立的新疆准噶尔盆地 S-II 带的 3 个种（*A. fahlbuschi*、*A. engesseri* 和 *A.* sp.），因此建议将 *A. engesseri* 和 *A.* sp. 并入 *A. fahlbuschi* 种内。编者认为，建种时确实标本很少，但鉴于新疆的 3 个种之间的界线较分明，产化石层位的年龄（21.9–21.7 Ma）早于内蒙古产化石层位（敖尔班组，18–21 Ma）且产地距内蒙古较远，暂时保留原有的 3 个种。

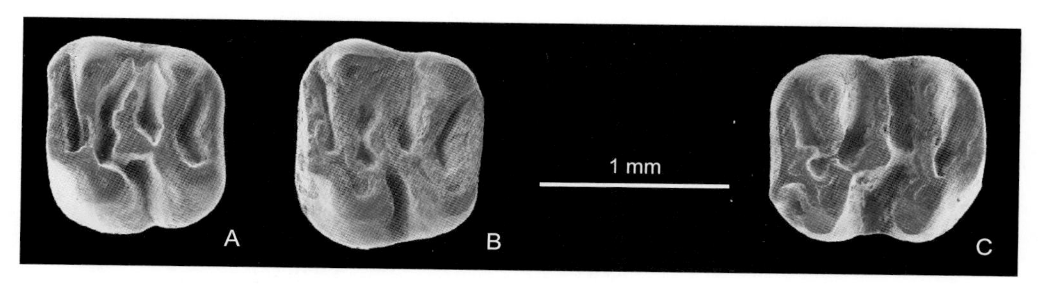

图 139 法氏亚洲始鼠 *Asianeomys fahlbuschi*

A. 右 M1/2（IVPP V 14455.1，正模，反转），B. 右 M1/2（IVPP V 14455.2，反转），C. 左 m1/2（IVPP V 14455.5）：冠面视（引自 Wu et al., 2006）

始齿鼠属 Genus *Eomyodon* Engesser, 1987

模式种 弗尔克始齿鼠 *Eomyodon volkeri* Engesser, 1987

鉴别特征 小至中等尺寸始鼠。颊齿似 Eomys，但趋于脊齿化；原始种类齿冠很低，进步种类齿冠较高。上、下臼齿的纵脊通常中断，在进步种类中甚于原始种类；在 p4–m2 中下次脊向后与下后边脊或下次尖后臂相交；下臼齿的下前边脊在颊侧与下原尖相交或全然不相交，在原始种类中，与 Eomys 一样，与下原尖前臂相交。上、下颊齿通常具有长的中脊；下臼齿的下后脊常常指向后方。P4 的齿谷 Is 通常缺失或不很发育。m3 经常具有下次脊。下门齿的外侧具有纵向的釉质脊。

中国已知种 仅 *Eomyodon* sp.。

分布与时代 内蒙古千里山，早渐新世晚期。

评注 始齿鼠（*Eomyodon*）因其颊齿形态与始鼠（*Eomys*）很相似而得名。

始齿鼠（未定种）*Eomyodon* sp.

（图 140）

产自内蒙古千里山早渐新世晚期、乌兰布拉格组上段顶部 IVPP 78018 地点的一枚右 m1/2（IVPP V 9561），Wang 和 Emry（1991, fig. L）将其归入 *Eomyodon* sp.。*Eomyodon* 属的鉴别特征包括：颊齿 *Eomys* 型，但趋于脊型化；上、下臼齿的纵脊常常中断；如同 *Eomys*，p4、m1 和 m2 的下次脊交于下后边脊或下次尖后臂（Engesser, 1987）。这枚下臼齿的齿脊发育，且其下次脊向后弯与下后边脊相交，与 *Eomyodon* 属下颊齿的特征吻合。

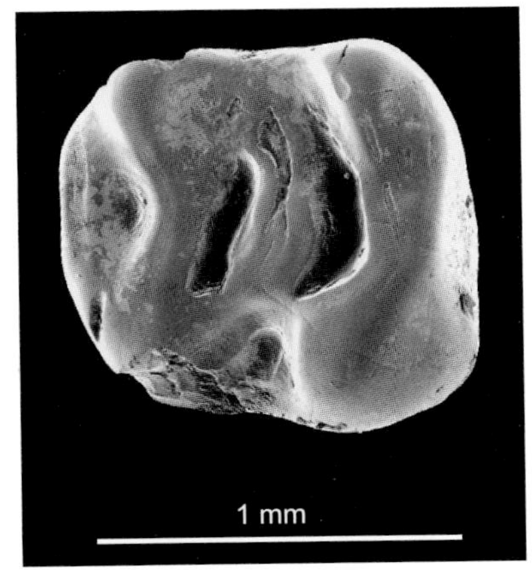

图 140 始齿鼠（未定种）
Eomyodon sp.
右 m1/2（IVPP V9561，反转）：冠面视

Eomyodon 属 1991 年前的化石发现仅分布于欧洲晚渐新世（MP 28）至早中新世（MN 1）。1991 年 Wang 和 Emry 描述了前面提到的内蒙古千里山早渐新世晚期的这枚牙齿，若其确属 *Eomyodon*，则该属在亚洲出现的时间远早于欧洲。2002 年王伴月描述了甘肃党河晚渐新世的 *E. dangheensis*，并将内蒙古杭锦旗巴拉贡乌兰曼乃（原三盛公）早或晚渐新世的 *Pseudotheridomys asiaticus* 归入了 *Eomyodon* 属，这两个种后来都被归入了 *Asianeomys*（Wu et al., 2006），至今在中国被归入 *Eomyodon* 属的仅有此枚 m1/2。由于没有同时发现上颊齿，其归属还有待更多材料的发现才能予以证实。

小齿鼠属 Genus *Leptodontomys* Shotwell, 1956

模式种 俄勒冈小齿鼠 *Leptodontomys oregonensis* Shotwell, 1956

鉴别特征 很小的丘齿型始鼠。上臼齿的前边脊发育，具舌侧支；有短的中脊，内脊连续；上齿谷近于横向伸展，齿谷 IIs 与 IVs 内伸超过牙齿中线。下臼齿的咀嚼面构造为 *Eomys* 型，具有小的下中尖、长的下前边脊和完整的下外脊，下次脊通常向后与下次尖的后臂或下后边脊连接，下前边脊舌侧支发育；M3 和 m3 不甚退化；m3 常有下次脊。

中国已知种 *Leptodontomys gansus* 和 *L. lii* 两属。

分布与时代 内蒙古，早中新世（谢家期）至晚中新世（保德期）；甘肃，晚中新世（保德期）。

评注 该属最先发现于北美，由 Shotwell（1956）建立，模式种为美国俄勒冈州 Mckay Reservoir 地点的 *Leptodontomys oregonensis*。后来在欧洲发现的一些体型很小、臼齿形态与其相似的始鼠也被归入了该属（Hugueney et Mein, 1968；Fahlbusch, 1973；Fejfar, 1974）。

在亚洲的小齿鼠被发现之前，对于欧洲和北美的 *Leptodontomys* 是否应归入同一属以及是否有共同的祖先，曾有不同的意见。以 Fahlbusch （1973）为代表的意见是，它们在形态上相似，应归同一属，北美的 *Leptodontomys* 是在中新世中期由欧洲经亚洲迁入的。Engesser（1979）则认为，没有迹象表明这个属是由欧洲向北美扩散的，旧大陆与新大陆的 *Leptodontomys* 在臼齿和下颌骨的形态上有很大的差异，且北美 *Leptodontomys* 的下门齿没有腹侧纵沟，它们之间形态上的相似性仅是一种趋同现象，应该属于两个不同的属，建议将欧洲的 *Leptodontomys* 定名为“*Eomyops*”。不久后在甘肃天祝发现了中国的 *Leptodontomys* 的第一个种 *L. gansus*（郑绍华、李毅，1982）。Fahlbusch 等（1983）将内蒙古化德二登图和哈尔鄂博所发现的始鼠化石都归入该种。邱铸鼎（Qiu, 1994）注意到，Engesser 用以区分 *Eomyops* 和 *Leptodontomys* 的特征，在甘肃和内蒙古的 *L. gansus* 材料中表现不够清晰或是具有两者间的过渡特征。此后邱铸鼎（1996）又描述了内蒙古通古尔的 *L. lii*，并进一步对北美和欧洲的小齿鼠的形态作了详细的对比和分析，认为它们之间的形态差异“不甚分明”，并赞同小齿鼠有可能通过白令海峡由旧大陆向新大陆扩散的观点。显然，他明确地表明了古北区与新北区的小齿鼠应该归为同一个属。然而，近年邱铸鼎和李强（2016）又认为，下门齿腹侧纵沟的存在应是区别新、旧大陆两属始鼠的重要依据，鉴于我国目前尚未发现这一属的下门齿，暂时还是使用 *Leptodontomys* 属名。

该属除模式种及我国的两个已知种外，尚有 *Leptodontomys quartzi*（美国，中中新世，Barstovian），*L. catalaunicus*（西班牙和德国，晚中新世，MN 9），*L. oppligeri*（瑞士，中中新世，MN 8），*L. bodvanus*（匈牙利，晚中新世，MN 14），*L. hebeiseni*（瑞士，中中新世，MN 5/6）（Hartenberger, 1966；Jánossy, 1972；Engesser, 1990；Kälin, 1997）。

甘肃小齿鼠 *Leptodontomys gansus* Zheng et Li, 1982

（图 141）

Leptodontomys aff. *gansus*：邱铸鼎，1996，64 页；Qiu et al., 2013, p. 180

Leptodontomys sp.：Qiu et al., 2013, p. 178, 181–183

Leptodontomys cf. *L. lii*：Qiu et al., 2013, p. 181

正模 IVPP V 6286，一破损右下颌支带 p4–m3。甘肃天祝松山，上中新统。

归入标本 IVPP V 10362, V 19605–19613，破碎下颌骨 2 件，颊齿 135 枚（内蒙古中部地区）。

鉴别特征 较小的小齿鼠。颊齿齿尖较弱；中脊和下中脊短或仅表现为微弱的凸起；

内脊和下外脊完整。上臼齿前边脊的舌侧支和下臼齿下前边脊的颊侧支发育，上臼齿的齿谷 IIs 与 IVs 内伸超过牙齿中线。p4 下次脊与下次尖或次尖后臂连接，m1 和 m2 下次脊向后与下次尖的后臂或下次尖与下后边脊的结合处相连，下后边脊与下次脊或下次尖后臂的联结处常呈近直角形；m3 的下次脊很退化。

产地与层位 甘肃天祝松山，上中新统。内蒙古苏尼特左旗嘎顺音阿得格，下中新统敖尔班组；苏尼特左旗默尔根、苏尼特右旗 346 地点，中中新统通古尔组；苏尼特左旗巴伦哈拉根、必鲁图，苏尼特右旗阿木乌苏，阿巴嘎旗灰腾河，上中新统；化德二登图、哈尔鄂博，上中新统二登图组—? 下上新统。

评注 *Leptodontomys gansus* 最先发现于甘肃天祝松山，材料仅为一带有 p4–m3 的

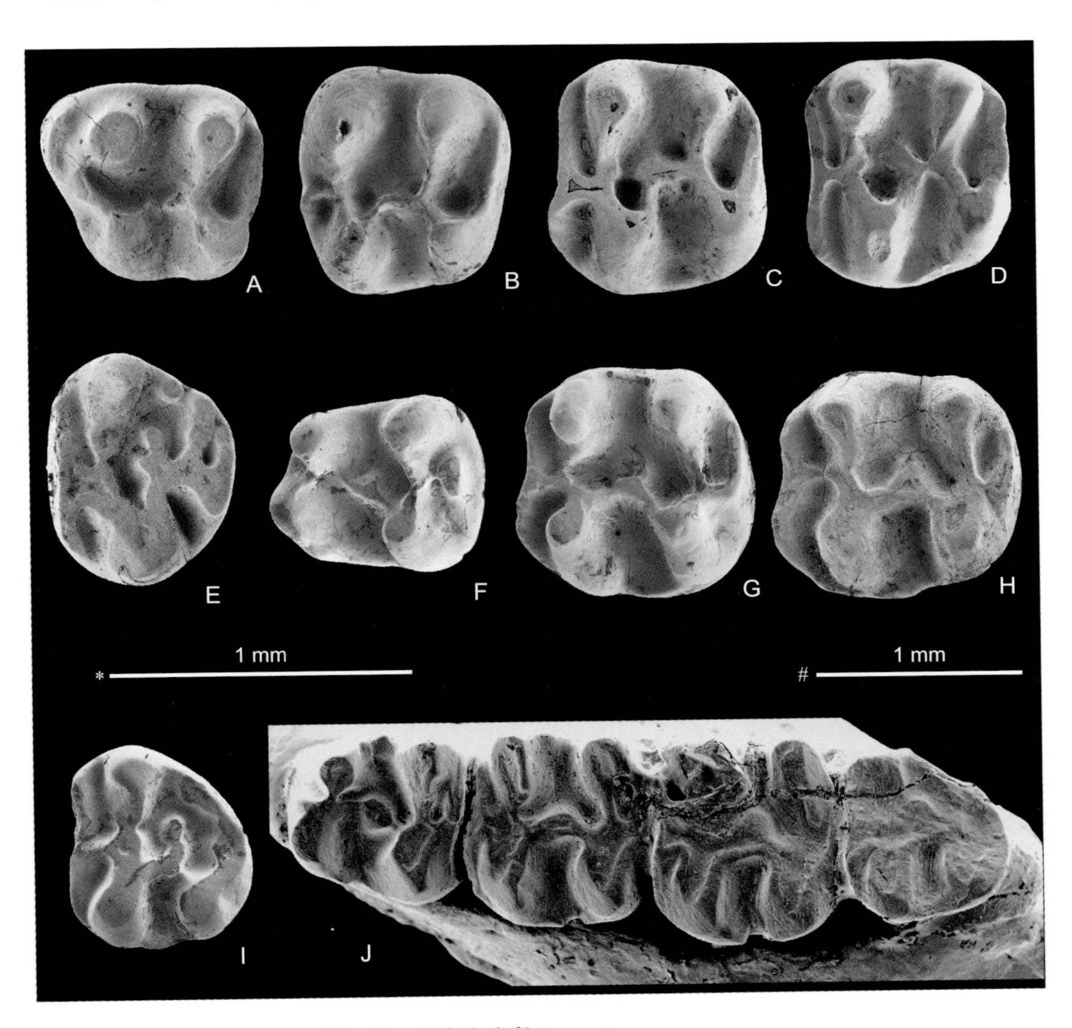

图 141 甘肃小齿鼠 *Leptodontomys gansus*

A. 右 DP4（IVPP V 19608.1，反转），B. 左 P4（IVPP V 19611.1），C. 左 M1/2（IVPPV 19608.2），D. 左 M1/2（IVPP V 19612.2），E. 右 M3（IVPP V 19609.1，反转），F. 左 p4（IVPP V 19612.5），G. 左 m1/2（IVPP V 19612.6），H. 左 m1/2（IVPP V 19609.2），I. 左 m3（IVPP V 19612.7），J. 带 p4–m3 的破损右下颌骨（IVPP V 6286，正模，反转）：冠面视；比例尺：* - A–I，# - J（A–I 引自邱铸鼎、李强，2016）

破损右下颌骨（郑绍华、李毅，1982）。其后，Fahlbusch 等（1983）将内蒙古化德二登图和哈尔鄂博所发现的始鼠化石都归入该种。邱铸鼎和李强（2016）研究了内蒙古中部 10 个地点自早中新世中期至中新世最晚期的小齿鼠。虽然不同地点和层位的牙齿尺寸和形态有些差异，但其个体差异处于合理的变异范围之内，不能将其截然分开，因此作者将所有材料都归入了 *L. gansus*。通古尔默尔根 II 的 *L.* aff. *L. gansus*（邱铸鼎，1996）也应归入该种。

李氏小齿鼠 *Leptodontomys lii* Qiu, 1996

（图 142）

Leptodontomys sp.：Qiu et al., 1988, p. 401；Qiu, 1988, p. 834；Qiu et al., 2013, p. 181, 183

Pentabuneomys sp.：Qiu et al., 2013, p. 177, 178, 182, 183

Leptodontomys cf. *L. lii*：Qiu et al., 2013, p. 181

正模 IVPP V 10360，左 M1/2。内蒙古苏尼特左旗默尔根，中中新统通古尔组。

副模 IVPP V 10361.1–8，颊齿 8 枚。产地与层位同正模。

归入标本 IVPP V 19614–19623，残破下颌骨 2 件，颊齿 134 枚（内蒙古中部地区）。

鉴别特征 较大的 *Leptodontomy*s。颊齿齿冠较高，齿尖、齿脊粗壮。上臼齿前边脊的舌侧支和下臼齿下前边脊的颊侧支显著，中脊和下中脊短—中长；下臼齿的下次脊向后与下次尖后臂或下后边脊连接，下后边脊通常以直角与下次脊或下次尖的后臂相连；m3 下内尖和下次脊明显不如 *L. gansus* 的退化，下中尖似乎也较膨大些。

产地与层位 内蒙古苏尼特左旗敖尔班和嘎顺音阿得格，下中新统敖尔班组；苏尼特右旗 346 地点，中中新统通古尔组；苏尼特左旗巴伦哈拉根和必鲁图、苏尼特右旗阿木乌苏和沙拉、阿巴嘎旗灰腾河，上中新统。

评注 建种时命名人将 IVPP V 10361 标本作为归入标本处理，因这些标本与正模产自同一地点和层位，按《国际动物命名法规》应作为该种的副模。

据邱铸鼎和李强（2016）研究，*Leptodontomys lii* 在内蒙古中部多个地点与 *L. gansus* 在相同的地点和层位共生，形态上与 *L. gansus* 没有明显不同，只是尺寸差别较大，齿冠较高、齿尖齿脊较粗壮、中脊略明显。而且与 *L. gansus* 相同，不同地点和层位的 *L. lii* 的牙齿在形态和尺寸上差异不大，处于正常的变异范围，因此都被归入同一个种。*Leptodontomys lii* 最早出现于内蒙古早中新世的敖尔班组下部，最晚记录于灰腾河或必鲁图的上中新统。该种出现的时间比 *L. gansus* 稍早，消失的时间也早些。*L. lii* 牙齿尺寸的变化情况与 *L. gansus* 的相似，随着产出层位渐高尺寸渐变小。这种相似性，或许说明小齿鼠属的牙齿尺寸有从大到小的演化趋势。但是，较高层位地点的 *L. lii* 牙齿的尺寸与同

一地点的 *L. gansus* 比较接近。因此，在这些地点中被划分为 *L. lii* 和 *L. gansus* 的两个种，其牙齿尺寸的接近究竟是各自在演化结果上的巧合，还是就是一个种，是有待今后解决的问题。目前区别这两个种主要依靠牙齿大小，而非形态特征。

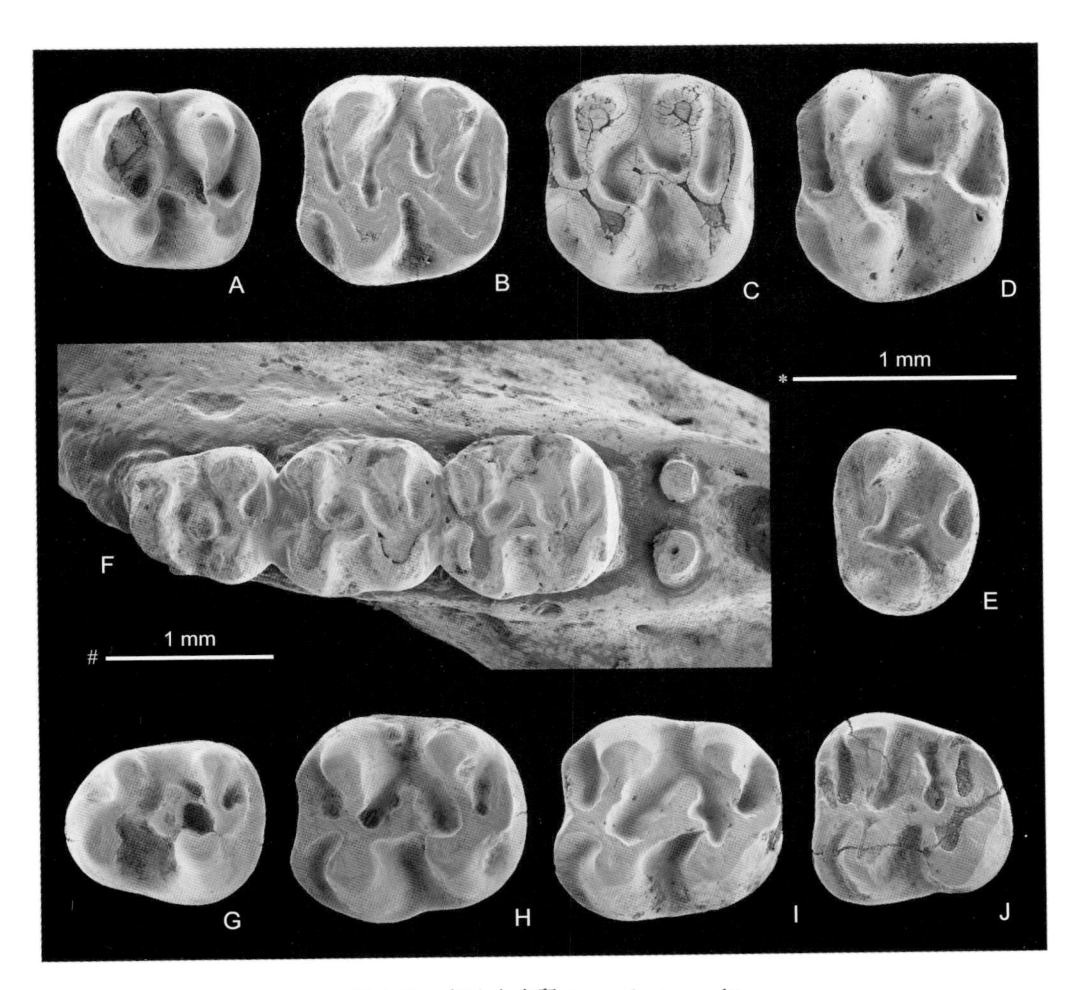

图 142　李氏小齿鼠 *Leptodontomys lii*

A. 右 P4（IVPP V 19622.1，反转），B. 左 M1/2（IVPP V 10360，正模），C. 左 M1/2（IVPP V 19618.2），D. 左 M1/2（IVPP V 19620.1），E. 左 M3（IVPP V 19614.1），F. 带有 p4–m2 的破损左下颌骨（IVPP V 19616.1），G. 右 p4（IVPP V 19622.2，反转），H. 左 m1/2（IVPP V 10361.5），I. 右 m1/2（IVPP V 19618.3，反转），J. 左 m3（IVPP V 19616.2）：冠面视；比例尺：* - A–E, G–J，# - F（除 B, H 外均引自邱铸鼎、李强，2016）

瓦鼠属 Genus *Keramidomys* Hartenberger, 1966

模式种　珀氏瓦鼠 *Keramidomys pertesunatoi* Hartenberger, 1966 = *Peudotheridomys* (*Keramidomys*) *pertesunatoi* Hartenberger, 1966

鉴别特征　较小的脊型齿始鼠，前臼齿臼齿化。P4 通常无前边脊和齿谷 Is；M1 和

M2 无前边脊舌侧支，原尖后内向延伸，齿谷 Is 向内延伸仅达牙齿纵轴线，三齿根；m1 和 m2 下次脊与下外脊连接，四齿根。上、下颊齿的中脊和下中脊一般都很长，偶见完全缺失。上臼齿的内脊常中断；下臼齿下外脊中部弱，且下前边脊不退化。M3 和 m3 通常不甚退化。

中国已知种 *Keramidomys fahlbuschi* 和 *K. magnus* 两种。

分布与时代 内蒙古，早中新世晚期（谢家期）至晚中新世（灞河期）；新疆，早中新世及中中新世晚期。

评注 *Keramidomys* 曾译为“凯拉鼠”属（邱铸鼎，1996；邱铸鼎、李强，2016）。属名称源于 keramid（希腊文，意为屋瓦；原命名人意指属型种 *K. pertesunatoi* 产地出产有可制作屋瓦的黏土），故本志书将属名汉译改为瓦鼠。

Keramidomys 是欧洲地史分布较长的始鼠属，从 MN 4 – MN 14，较集中地分布在欧洲的西部：西班牙、法国、德国、瑞士和捷克，共有 7 个种，模式种产自西班牙 Can Llobateres 地点的晚中新世（MN 9）地层中。1996 年首次在我国内蒙古通古尔中中新世被发现（邱铸鼎，1996），在后来近 20 年中又陆续在内蒙古多个中新世不同时期的地点中有所发现，除 *K. fahlbuschi* 外，还增添了一个较大的新种 *K. magnus*（邱铸鼎、李强，2016）。在新疆福海顶山盐池中中新世晚期记载有 *K. fahlbuschi*（吴文裕等，2009），布尔津早中新世有其未定种（Maridet et al., 2011）。

法氏瓦鼠 *Keramidomys fahlbuschi* Qiu, 1996

（图 143）

正模 IVPP V 10363，左 M1/2。内蒙古苏尼特左旗默尔根 II，中中新统通古尔组。

副模 IVPP V 10364. 1, 3–6，颊齿 5 枚。产地与层位同正模。

归入标本 IVPP V 19590–19599，破损的下颌骨 3 件，颊齿 153 枚（内蒙古中部地区）。IVPPV 15609，m1/2 1 枚（新疆福海）。

鉴别特征 较小的 *Keramidomys*。颊齿的主尖未完全融入齿脊，常见弱小的中尖和下中尖，咀嚼面磨蚀后微凹。臼齿具有 5 条横脊，中脊和下中脊几乎总伸至齿缘，末端通常游离。P4 偶有前边脊或其痕迹；p4 常有下前边尖的痕迹，双齿根。m1 和 m2 的下次尖不明显延伸，下外脊很少中断。

产地与层位 内蒙古苏尼特左旗敖尔班、嘎顺音阿得格，下中新统敖尔班组；苏尼特左旗默尔根、苏尼特右旗 346 地点，中中新统通古尔组；苏尼特左旗巴伦哈拉根、必鲁图，阿巴嘎旗灰腾河，上中新统。新疆福海顶山盐池，中中新统顶山盐池组底部。

评注 命名者在建种时把正模外的材料（IVPP V 10364）都作为归入标本，因为这些“归入标本”与正模产自同一地点和层位，应作为副模，但其中的一枚 p4（IVPP

V 10364.2）排除在本种外（邱铸鼎、李强，2016）。

Maridet 等（2011）记述了新疆布尔津北西 XJ 200604 地点早中新世山旺期的两枚下臼齿（IVPP V 18134）。其尺寸大于内蒙古的 *Keramidomys fahlbuschi*，但落入 *K. magnus* 尺寸变异范围之内（邱铸鼎，1996；邱铸鼎、李强，2016），形态上与内蒙古的两个种没有什么差异。鉴于该地点样品太小，暂定为瓦鼠的未定种。

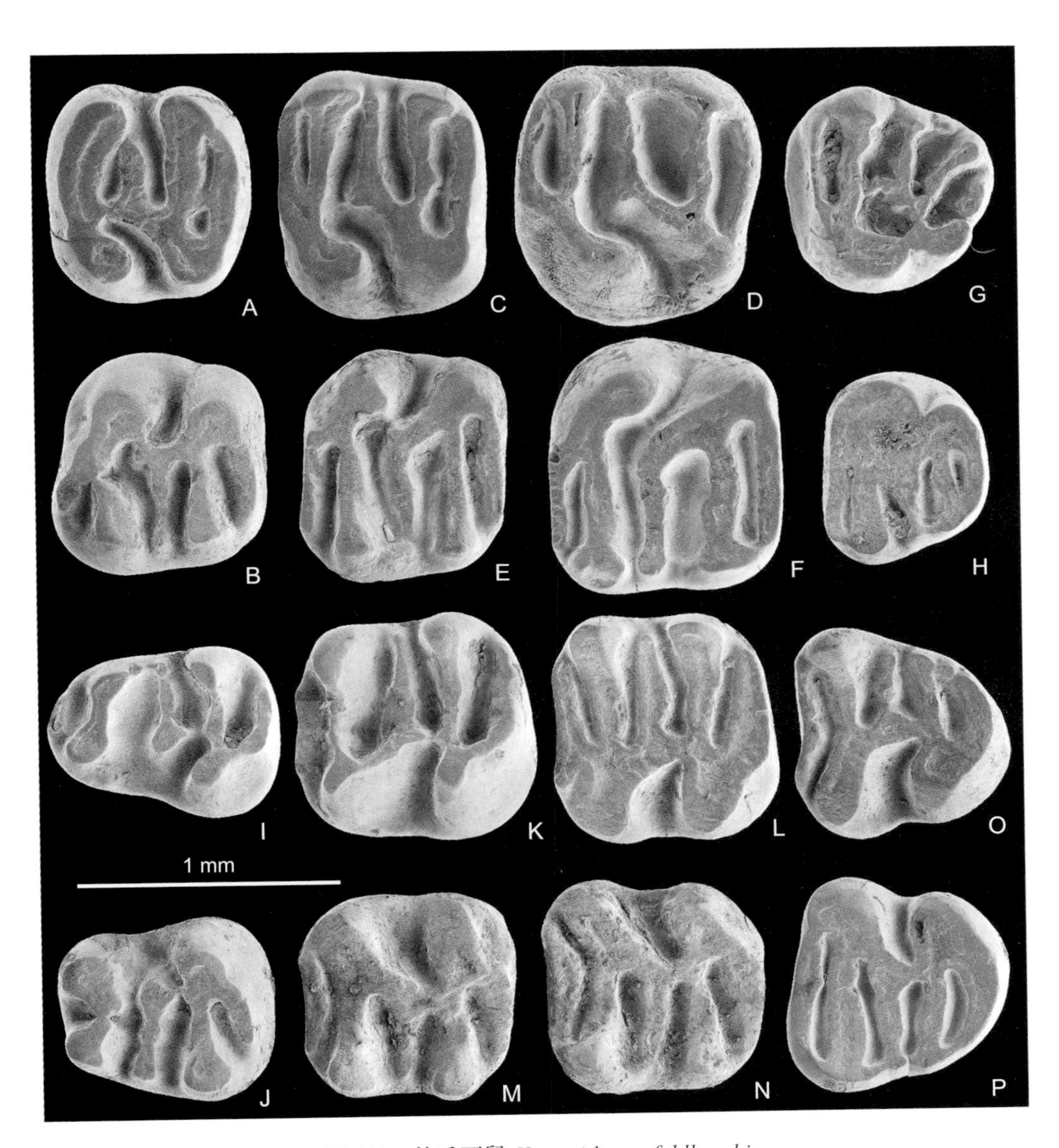

图 143　法氏瓦鼠 *Keramidomys fahlbuschi*

A. 左 P4（IVPP V 19596.1），B. 右 P4（IVPP V 19590.1），C. 左 M1/2（IVPP V 19597.2），D. 左 M1/2（IVPP V 10363，正模），E. 右 M1/2（IVPP V 19594.1），F. 右 M1/2（IVPP V 19599.1），G. 左 M3（IVPP V 19590.2），H. 右 M3（IVPP V 19594.2），I. 左 dp4（IVPP V 19594.3），J. 右 p4（IVPP V 19592.1），K. 左 m1/2（IVPP V 19597.3），L. 左 m1/2（IVPP V 19596.2），M. 右 m1/2（IVPP V 19590.3），N. 右 m1/2（IVPP V 10364.4），O. 左 m3（IVPP V 19590.5），P. 右 m3（IVPP V 19597.4）：冠面视（除 D, N 外均引自邱铸鼎、李强，2016）

邱铸鼎和李强（2016）研究了内蒙古中部7个地点自下中新统上部至上中新统7个不同层位的 *Keramidomys fahlbuschi* 的丰富材料，指出它们之间有明显的尺寸和形态变异，但这些变异是连续的，没有从中识别出不同种的界线。邱铸鼎（1996）指定的模式标本的形态和尺寸落入这些标本的变异范围之内。因此邱铸鼎和李强（2016）将这批材料都归入 *K. fahlbuschi*。这个种在一千多万年的时间里尺寸变化不大、形态改变缓慢，可能的演化趋势是颊齿的脊型化，上颊齿外脊和下颊齿下内脊的渐趋发育，使中脊末端与齿尖的连接随之加强。另外，内脊前端的指向有逐渐向外移动的趋势。

邱铸鼎和李强（2016）认为，*Keramidomys* 在欧洲的7个种，多数种的化石材料都不多，因此种内的变异情况不是很清楚，一些种的种间差异特征并不十分显著。*K. fahlbuschi* 的牙齿尺寸与欧洲的 *K. carpathicus* 和 *K. thaleri* 的较为接近，形态也很相似，与两者仅有细微的差别：主齿尖脊化的程度稍低，上、下中尖略显粗壮。

大瓦鼠 ***Keramidomys magnus* Qiu et Li, 2016**

（图144）

正模 IVPP V 19600，右M1/2。内蒙古苏尼特左旗巴伦哈拉根，上中新统巴伦哈拉根层（灞河期）。

副模 IVPP V 19601，颊齿176枚。产地与层位同正模。

归入标本 IVPP V 19602–19604，颊齿61枚（内蒙古中部地区）。

鉴别特征 尺寸较大的种。颊齿咀嚼面磨蚀后微凹，主尖完全融入齿脊。臼齿具有5条横脊，中脊和下中脊几乎总伸达齿缘，末端多与前尖或下后尖连接。P4无前边脊；M1和M2的颊侧谷向内延伸约达齿宽之半，齿谷Is、IIs和IVs的颊侧通常高位封闭，有形成外脊的趋势。p4具明显的下前边脊；m1和m2下次尖不明显延伸，下外脊很少中断，齿谷Isd、IIsd和IVsd的舌侧通常高位封闭，有形成下内脊的趋势。

产地与层位 内蒙古苏尼特右旗阿木乌苏、沙拉，上中新统（灞河期）；苏尼特左旗巴伦哈拉根、必鲁图，上中新统（灞河期—保德期）。

评注 *Keramidomys magnus* 是 *Keramidomys* 属内尺寸最大的种，形态上与 *K. fahlbuschi* 最为相似，两者可能具有密切的祖裔关系。其演化趋势为：牙齿尺寸增大、更趋脊形以及外脊和下内脊渐趋发育。

卢瓦鼠属 Genus *Ligerimys* Schaub, 1951

模式种 弗氏卢瓦鼠 *Ligerimys florancei* Stehlin et Schaub, 1951

鉴别特征 小—大型脊齿型始鼠，咀嚼面近于平坦。颊齿的前后两对齿尖分别由前

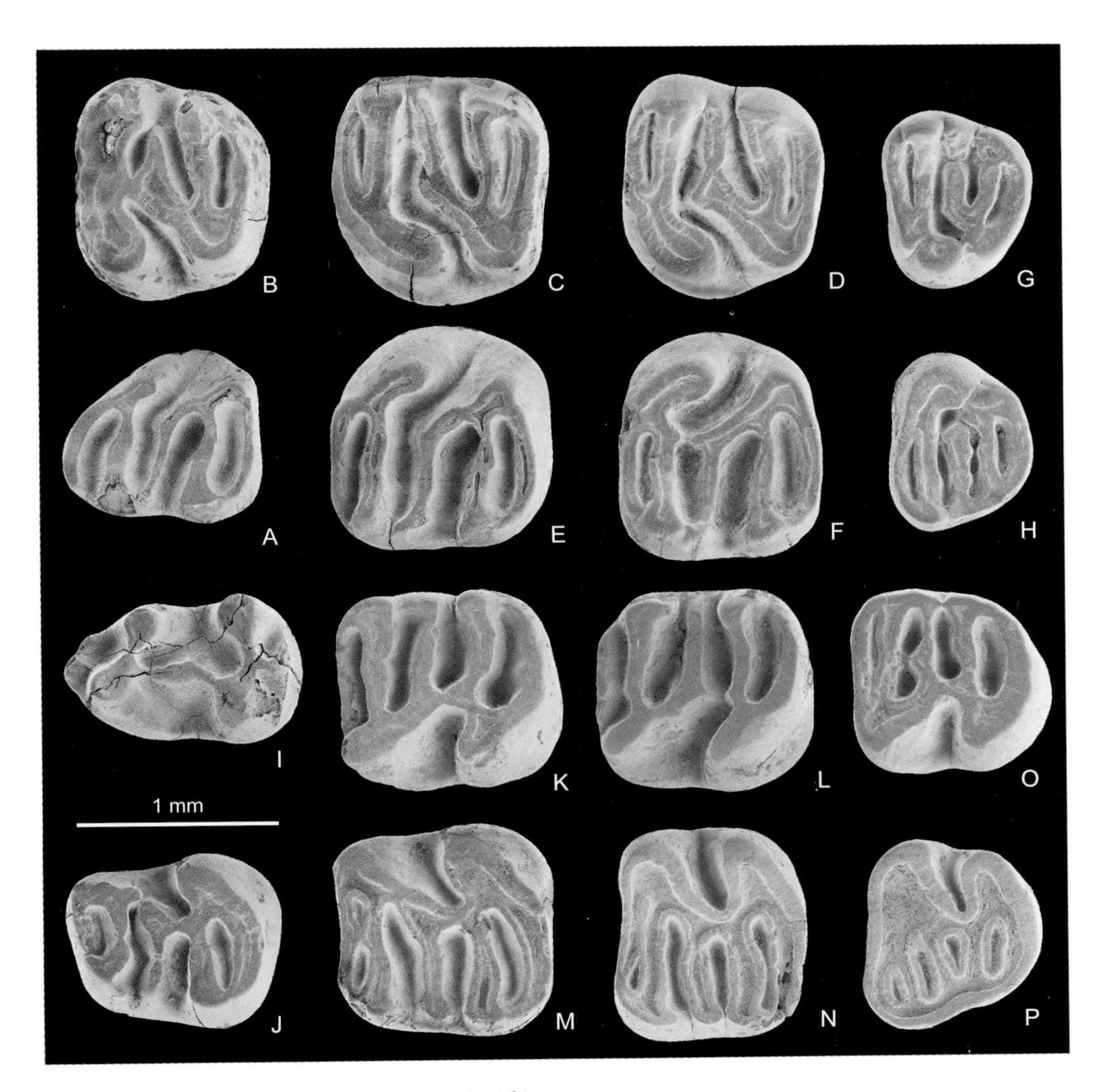

图 144　大瓦鼠 *Keramidomys magnus*

A. 右 DP4（IVPP V 19601.1），B. 左 P4（IVPP V 19601.2），C. 左 M1/2（IVPP V 19601.3），D. 左 M1/2（IVPP V 19601.4），E. 右 M1/2（IVPP V 19600，正模），F. 右 M1/2（IVPP V 19604.1），G. 左 M3（IVPP V 19602.1），H. 右 M3（IVPP V 19604.2），I. 左 dp4（IVPP V 19604.3），J. 右 p4（IVPP V 19601.5），K. 左 m1/2（IVPP V 19604.4），L. 左 m1/2（IVPP V 19604.5），M. 右 m1/2（IVPP V 19601.6），N. 右 m1/2（IVPP V 19601.7），O. 左 m3（IVPP V 19603.1），P. 右 m3（IVPP V 19601.8）：冠面视（引自邱铸鼎、李强，2016）

后两对横脊连接，横齿脊高，齿谷宽深。上颊齿的中脊缺失或不完整；下颊齿的下中脊完整，通常与下后尖相连。P4 /p4 的前边脊 / 下前边脊发育，但在臼齿中前边脊 / 下前边脊部分或全部退化。下颊齿冠面通常由前后两个椭圆形或菱形齿叶组成，之间由一短纵脊相连，有时纵脊消失。第三臼齿常常很退化。

中国已知种　仅 *Ligerimys asiaticus* 一种。

分布与时代　内蒙古，早中新世（谢家期）。

评注 以法国地名卢瓦命名的卢瓦鼠属原来仅发现于欧洲早中新世的 MN3–4 带，已知有 9 个种，除产自法国 Suèvres 早中新世的模式种 *Ligerimys florancei* Stehlin et Schaub, 1951 外，尚有 *L. lophidens* (Dehm, 1950)，*L. antiquus* Fahlbusch, 1970，*L. ellipticus* Daams, 1976，*L. freudenthali* Alvarez Sierra, 1987，*L. fahlbuschi* Alvarez Sierra, 1987，*L. magnus* Alvarez Sierra, 1987，*L. palomae* Alvarez Sierra, 1987，*L. oberlii* Engesser, 1990。

亚洲卢瓦鼠 *Ligerimys asiaticus* Qiu et Li, 2016

（图 145）

Ligerimys sp.：Qiu et al., 2013, p. 177

正模 IVPP V 19581，右 M1/2。内蒙古苏尼特左旗敖尔班（下），下中新统敖尔班组下段。

归入标本 IVPP V 19582，V 19583，臼齿 2 枚（内蒙古中部地区）。

鉴别特征 硕大的卢瓦鼠。臼齿略显单面高冠。M1/2 的原尖呈压扁状、舌 - 后向伸长，无中脊，齿谷 IIs+IIIs 的颊侧开放；m1/2 的下前边脊缺失，下中脊完整、粗壮，下外脊近于中断，舌侧主尖融入高的下内脊，齿谷 IIsd 向外延伸长度约达齿宽的三分之二。

产地与层位 内蒙古苏尼特左旗敖尔班（下）和嘎顺音阿得格，下中新统敖尔班组。

评注 内蒙古这一卢瓦鼠以较大的尺寸，以及 M1/2 的中脊完全缺失、m1/2 的下前边脊完全缺失而明显不同于欧洲的 9 个已知种。

Ligerimys 曾被认为是欧洲始鼠类的土著属，由 *Pseudotheridomys* 演化而来（Engesser, 1999）。该属在内蒙古的发现，使其分布范围扩展到亚洲，但亚洲卢瓦鼠的起源及其与欧洲卢瓦鼠的关系尚不清楚。

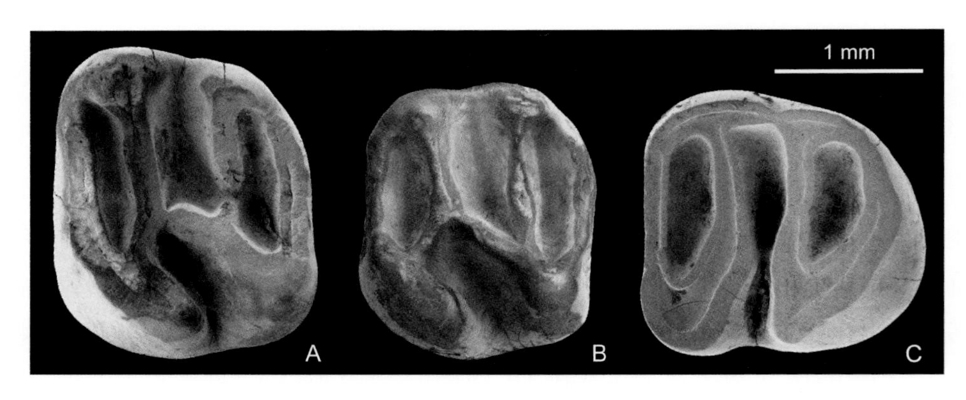

图 145 亚洲卢瓦鼠 *Ligerimys asiaticus*

A. 右 M1/2（IVPP V 19581，正模，反转），B. 左 M1/2（IVPP V 19583），C. 右 m1/2（IVPP V 19582，反转）：冠面视（引自邱铸鼎、李强，2016）

五尖始鼠属 Genus *Pentabuneomys* Engesser, 1990

模式种 罗讷始鼠? *Eomys*? *rhodanicus* Hugueney et Mein, 1968 = *Pentabuneomys rhodanicus* (Hugueney et Mein, 1968)

鉴别特征 中等大小的丘齿型始鼠。齿尖浑圆；上颊齿具中尖，下颊齿大多具有明显的下中尖；M1 和 M2 的前边脊舌侧支清晰；上颊齿的内谷（上齿谷）和下颊齿的下外谷（下齿谷）通常近于对称；若具有上、下中脊，通常中脊都较短；p4–m2 的齿谷 IVsd 很发育。

中国已知种 仅 *Pentabuneomys fejfari* 一种。

分布与时代 内蒙古，早中新世—晚中新世（谢家期—灞河期）。

评注 *Pentabuneomys* 是 Engesser（1990）为法国 Vieux Collonges 早中新世（MN 4）的 *Eomys*? *rhodanicus* Hugueney et Mein, 1968 建立的属，建属依据是：尺寸比 *Leptodontomys*/*Eomyops* 大、且有较圆形的齿尖和较明显的中间尖（中尖和下中尖）。邱铸鼎和李强（2016）认为 *Pentabuneomys* 属的颊齿基本构造与 *Eomys* 和 *Leptodontomys*/*Eomyops* 非常相似，导致一些种的归属很困难。因此，*Pentabuneomys* 是否是 *Leptodontomys*/*Eomyops* 的晚出异名，有待今后研究。

菲氏五尖始鼠 *Pentabuneomys fejfari* Qiu et Li, 2016

（图 146）

Pentabuneomys sp.：Qiu et al., 2013, p. 177, 178 (part)

正模 IVPP V 19624，左 M1/2。内蒙古苏尼特左旗巴伦哈拉根，上中新统下部。

副模 IVPP V 19625，颊齿 38 枚。产地与层位同正模。

归入标本 IVPP V 19626–19629，颊齿 6 枚（内蒙古中部地区）。

鉴别特征 尺寸与模式种 *Pentabuneomys rhodanicus* 接近，但上臼齿的中尖和下臼齿的下中尖较弱，上中脊和下中脊相对较长，M3 的后脊和 m3 的下次脊较退化。

产地与层位 内蒙古苏尼特左旗敖尔班、嘎顺音阿得格，下中新统敖尔班组；苏尼特右旗阿木乌苏，上中新统下部。

评注 此前，*Pentabuneomys* 属仅有欧洲的一个种 *P. rhodanicus*（Engesser, 1990, 1999）。*P. fejfari* 的尺寸与其接近，但其中间齿尖的发育似乎稍弱，上、下中脊相对较长，M3 后脊和 m3 的下次脊较退化。

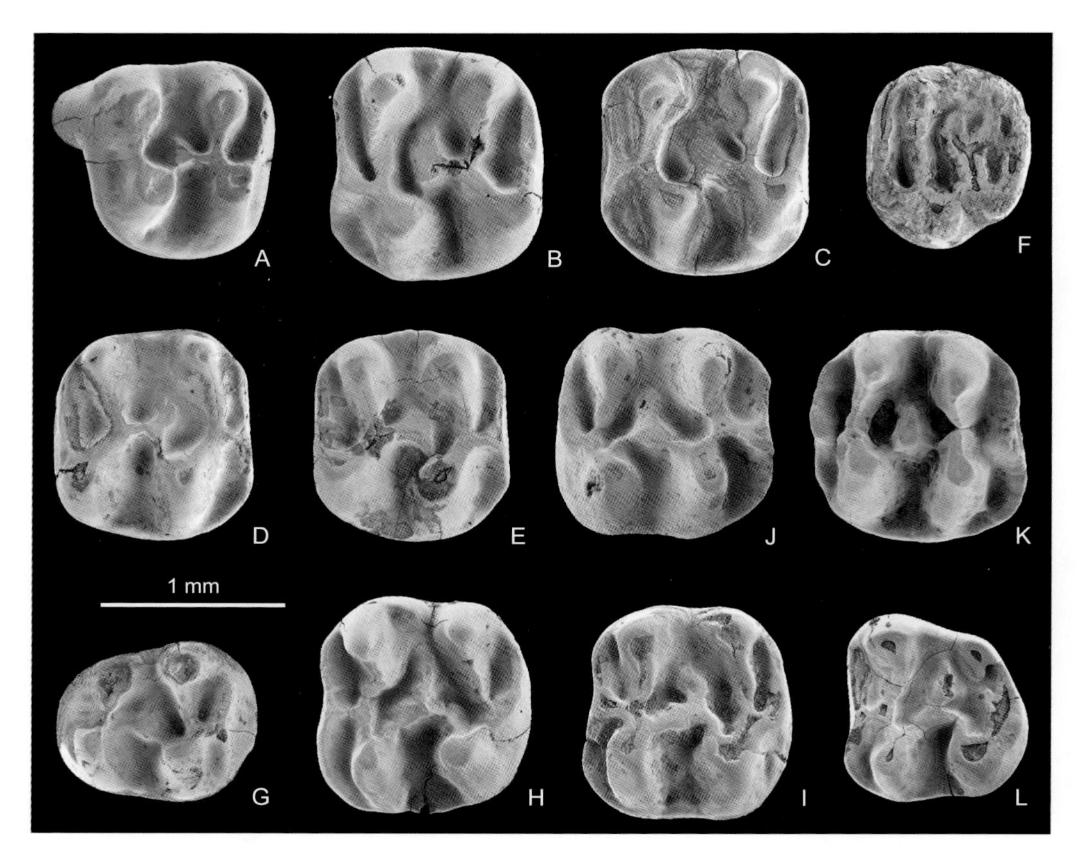

图 146　菲氏五尖始鼠 *Pentabuneomys fejfari*

A. 左 P4（IVPP V 19625.1），B. 左 M1/2（IVPP V 19624，正模），C. 左 M1/2（IVPP V 19625.2），D. 右 M1/2（IVPP V 19625.3），E. 右 M1/2（IVPP V 19625.4），F. 左 M3（IVPP V 19626），G. 右 p4（IVPP V 19625.5，反转），H. 左 m1/2（IVPP V 19625.6），I. 左 m1/2（IVPP V 19629.1），J. 右 m1/2（IVPP V 19625.7），K. 右 m1/2（IVPP V 19625.8），L. 左 m3（IVPP V 19625.9）：冠面视（引自邱铸鼎、李强，2016）

近始鼠属 Genus *Plesieomys* Qiu, 2006

模式种　奇特近始鼠 *Plesieomys mirabilis* Qiu, 2006

鉴别特征　小型丘齿型始鼠。颊齿的舌、颊侧主尖近同等发育，横向齿脊弱。M1–2 舌侧前边脊几乎缺失；中脊长度中等，其末端通常膨胀成小尖；上齿谷窄，近乎横向伸展。m1–2 的下次脊常中断或缺失，下前边脊和下后边脊较短而弱，下中脊短或缺失，齿谷 Isd 和 IVsd 狭窄。

中国已知种　仅模式种。

分布与时代　云南，中新世晚期（保德期早期）。

评注　*Plesieomys* 与 *Eomys* 形态特征相似，可能为其后裔。它以牙齿横脊较弱、上臼齿中脊末端肿胀区别于其他丘齿型始鼠。该属与北美的 *Pseudadjidaumo* 有点相似，但系统关系尚不清楚。

奇特近始鼠 *Plesieomys mirabilis* Qiu, 2006

（图 147）

Eomyidae gen. et sp. nov.：Qiu, 1994, p. 51 (part)

Eomyidae gen. et sp. indet.：Ni et Qiu, 2002, p. 538 (part)；邱铸鼎，2006，317 页

正模 IVPP V 14726，左 M1/2。云南禄丰石灰坝，上中新统石灰坝组（第 6 层）。

副模 IVPP V 14727.5–12，颊齿 8 枚。产地与层位同正模。

归入标本 IVPP V 14727.1–4, V 14735，颊齿 5 枚（云南禄丰）。IVPP V 14728, V 14736，颊齿 14 枚（云南元谋）。

鉴别特征 同属。

产地与层位 云南禄丰石灰坝，上中新统石灰坝组；元谋雷老，上中新统小河组。

评注 命名人在建种时，将禄丰石灰坝地点中与正模产自不同层位的几枚牙齿（IVPP V 14727.1–4）和产自元谋雷老的 11 枚颊齿（IVPP V 14728.1–11）也都归入副模，这里将其改为归入标本。

邱铸鼎（2006）曾记述了云南禄丰石灰坝和元谋雷老的 4 枚下臼齿（IVPP V 14735–14736），定名为 Eomyidae gen. et sp. indet.。但这几枚下臼齿的尺寸与 *Plesieomys mirabilis* 很接近，形态上相似，只是冠面上具有明显的次生脊。编者认为，这是种内的变异现象，应可归入 *P. mirabilis*。

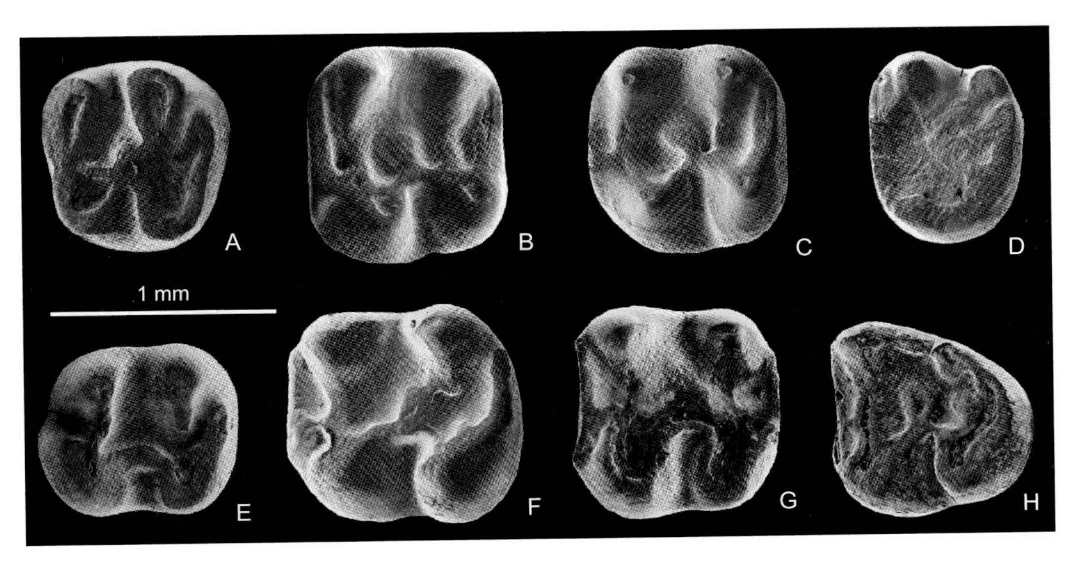

图 147 奇特近始鼠 *Plesieomys mirabilis*

A. 右 P4（IVPP V 14727.1，反转），B. 左 M1/2（IVPP V 14726，正模），C. 右 M1/2（IVPP V 14728.2，反转），D. 右 M3（IVPP V 14727.7，反转），E. 左 p4（IVPP V 14727.4），F. 右 m1/2（IVPP V 14728.3，反转），G. 左 m1/2（IVPP V 14728.8），H. 右 m3（IVPP V 14727.11，反转）：冠面视（引自邱铸鼎，2006）

异始鼠属 Genus *Heteroeomys* Qiu, 2006

模式种 云南异始鼠 *Heteroeomys yunnanensis* Qiu, 2006

鉴别特征 丘齿型始鼠。颊齿的舌、颊侧主尖发育程度不等，具有中等长度的中脊和下中脊。上臼齿舌侧前边脊缺失，而颊侧前边脊很长、其舌端接近舌侧，并与原尖前臂连接；齿脊常呈串珠状。

中国已知种 仅模式种。

分布与时代 云南，中新世晚期（保德期早期）。

云南异始鼠 *Heteroeomys yunnanensis* Qiu, 2006

（图 148）

Eomyidae gen. et sp. nov.：Qiu, 1994, p. 51 (part)

Eomyidae gen. et sp. indet.：Ni et Qiu, 2002, p. 538 (part)

正模 IVPP V 14729，右 M1/2。云南禄丰石灰坝，上中新统石灰坝组（第 5 层）。

归入标本 IVPP V 14730，颊齿 5 枚；云南禄丰。IVPP V 14731，颊齿 6 枚；云南元谋。

鉴别特征 同属。

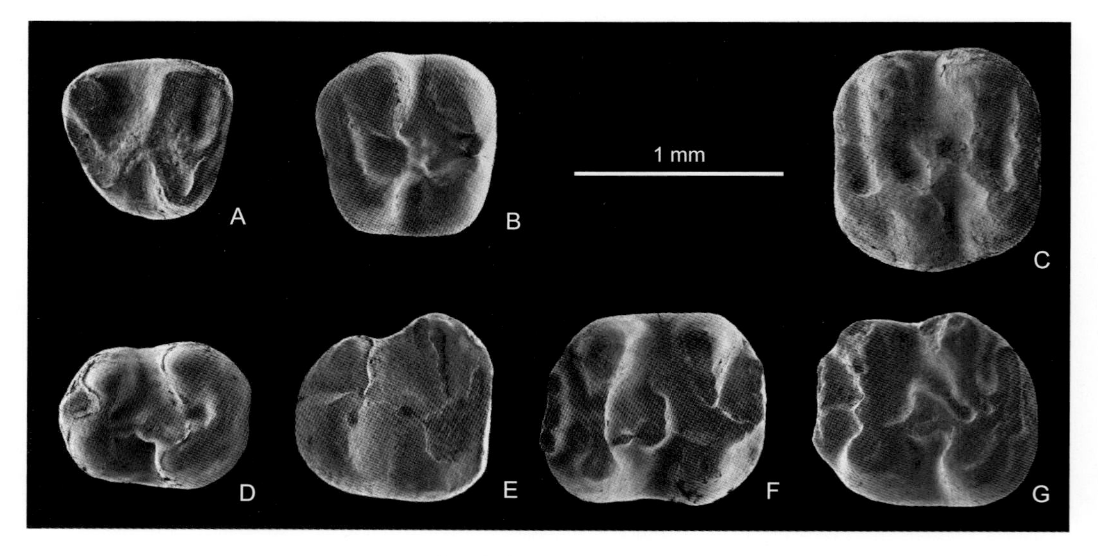

图 148 云南异始鼠 *Heteroeomys yunnanensis*

A. 右 DP4（IVPP V 14730.2，反转），B. 右 P4（IVPP V 14730.3），C. 右 M1/2（IVPP V 14729，正模，反转），D. 右 dp4（IVPP V 14731.4，反转），E. 左 p4（IVPP V 14731.5），F. 左 m1/2（IVPP V 14730.1），G. 右 m1/2（IVPP V 14731.6，反转）：冠面视（改自邱铸鼎，2006）

产地与层位 云南禄丰石灰坝，上中新统石灰坝组；云南元谋雷老，上中新统小河组。

评注 建种时命名者指定 IVPP V 14730 和 V 14731 标本为副模，因其与正模或不在同一层位，或不在同一地点，应作为归入标本。

该种同时具有始鼠类原始的和进步的特征。原始特征为：相对较大的前臼齿以及几乎垂直于牙齿纵轴的原脊和下后脊。进步特征为：齿冠较高；上臼齿颊侧前边脊伸及近舌侧并与原尖前臂或前边尖相连，上颊齿谷 Is 和 IVs 窄长；下臼齿前边脊短。串珠状的齿脊是这一属种特有的性状，尚未见于其他始鼠。*Heteroeomys* 可能由 *Eomys* 演化而来，但起源于何时何地还有待于今后的发现和研究。

云南始鼠属 Genus *Yuneomys* Qiu, 2017

模式种 细小小齿鼠 *Leptodontomys pusillus* Qiu, 2006 = *Yuneomys pusillus* (Qiu, 2006)

鉴别特征 小型始鼠，丘型齿。M1 和 M2 的舌侧前边脊弱，中脊短，内脊完整，上齿谷近乎横向伸展，齿谷 IIs 和 IVs 的舌端超越牙齿中线；m1 和 m2 的下中尖很小，无下中脊，下前边脊和下后边脊窄，下外脊完整，下齿谷宽阔，齿谷 IIsd 和 IVsd 宽，下次脊通常向前与下次尖或下次尖前臂相交。

中国已知种 仅模式种。

分布与时代 云南，晚中新世。

评注 模式种 *Yuneomys pusillus* 原被归入 *Leptodontomys*（邱铸鼎等，1985；邱铸鼎，2006）。邱铸鼎和李强（2016）在研究内蒙古新近纪的 *Leptodontomys* 属时，已注意到该种与属内其他种之间有较明显的区别。之后邱铸鼎（Qiu, 2017a）将其另建新属。*Yuneomys* 属与 *Leptodontomys* 属的最主要差别在于前者尺寸更小、M1/2 舌侧前边脊弱、下颊齿的下中尖很弱、无下中脊，以及下次脊与下次尖或下次尖前臂连接（非 *Eomys* 型），后者的下次脊总是与下次尖后臂或下后边脊连接（*Eomys* 型）。

在云南元谋雷老晚中新世还发现有该属的未定种。

细小云南始鼠 *Yuneomys pusillus* (Qiu, 2006)

（图 149 A–F）

Leptodontomys sp. nov.：邱铸鼎等，1985，19 页（部分）

Leptodontomys sp. nov. 1：Qiu, 1994, p. 51

Leptodontomys pusillus：邱铸鼎，2006，315 页

正模 IVPP V 14732，右 M1/2。云南禄丰石灰坝，上中新统石灰坝组（第 6 层）。

副模 IVPP V 14733.3–6，颊齿 4 枚。产地与层位同正模。

归入标本 IVPP V 14733.1–2, M1/2 和 m1/2 各一枚（云南禄丰）。

鉴别特征 同属。

产地与层位 云南禄丰石灰坝，上中新统石灰坝组第 5 层和第 6 层。

评注 云南元谋雷老 Loc. 9905 地点产出上、下前臼齿各一枚，形态上与 *Yuneomys pusillus* 相似但尺寸稍大。由于样品太少而暂作为云南始鼠未定种处理（图 149 G, H）。

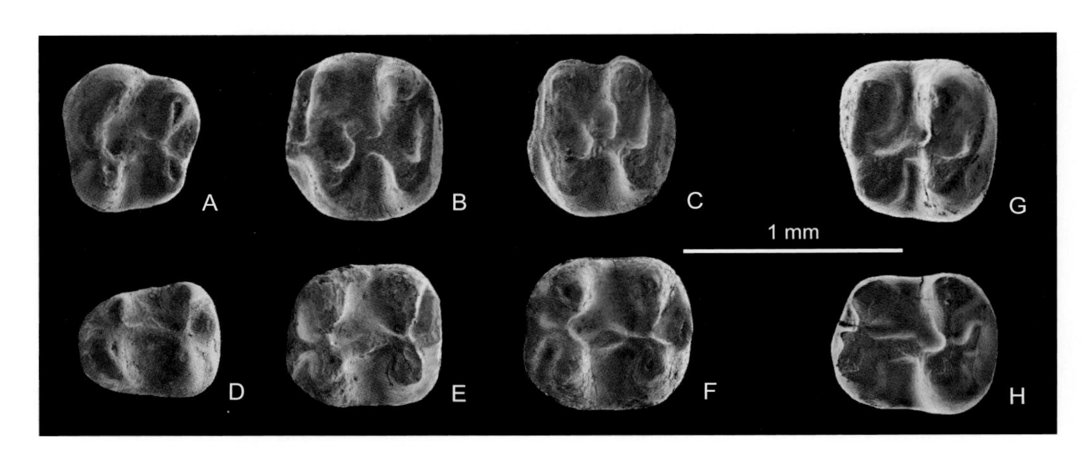

图 149 细小云南始鼠 *Yuneomys pusillus* 及云南始鼠（未定种）*Yuneomys* sp.

Yuneomys pusillus：A. 左 P4（IVPP V 14733.4），B. 右 M1/2（IVPP V 14732，正模，反转），C. 右 M1/2（IVPP V 14733.1，反转），D. 左 p4（IVPP V 14733.5），E. 左 m1/2（IVPP V 14733.2），F. 左 m1/2（IVPP V 14733.6）；*Yuneomys* sp.：G. 右 P4（IVPP V 14734.1，反转），H. 右 p4（IVPP V 14734.2，反转）；均冠面视（引自邱铸鼎，2006）

别齿始鼠亚科 Subfamily Apeomyinae Fejfar, Rummel et Tomida, 1998

模式属 别齿始鼠属 *Apeomys* Fahlbusch, 1968

定义与分类 别齿始鼠亚科 Apeomyinae 是一类具有纤细下颌骨的始鼠动物。下颌齿虚位浅凹，其前端位于齿槽面之下；下颌咬肌脊前伸止于 p4 下方。颊齿为较高的低冠齿，完全脊齿化；下颊齿为“双叶型齿”，缺失纵向齿脊。

该亚科的化石记录很少，但地理分布广，迄今仅有 *Apeomys*、*Megapeomys* 和 *Apeomyoides* 3 个属。最早的化石记录是欧洲晚渐新世的 *Apeomys*；*Megapeomys* 主要分布于欧洲和北美早中新世；*Apeomyoides* 仅出现在北美的中中新世（Fahlbusch, 1968；Fejfar et al., 1998；Morea et Korth, 2002；Smith et al., 2006）。在亚洲的化石记录仅有日本早中新世的 *Megapeomys* 的一枚 p4 和中国早中新世的 *Apeomys* 的一枚 P4。

别齿始鼠属 Genus *Apeomys* Fahlbusch, 1968

模式种 图氏别齿始鼠 *Apeomys tuerkheimae* Fahlbusch, 1968

鉴别特征 体型中等的别齿始鼠类。与 *Eomys* 属相比，吻部长而窄，下颌骨的齿虚位长和颊齿齿冠较高。下颊齿的颊侧较高于舌侧；咀嚼面由横向齿脊和窄而深的齿凹组成，两齿叶间的齿谷 IIIsd 深，齿面经磨蚀后下凹。m1 和 m2 缺失下前边脊，两个齿叶呈相似的椭圆形，齿叶上的小齿凹形状近似、均向舌后侧斜伸约 10º，齿谷 IIsd 和 IVsd 封闭。m3 三角形，后叶窄。上颊齿舌侧高于颊侧，也缺失纵向脊，前边脊、原脊、后脊和后边脊近乎横向伸展，中脊在 M1–2 上很少中断并斜向连接前尖和次尖，在 P4 和 M3 上不伸及颊侧齿缘。

中国已知种 仅 *Apeomys asiaticus* 一种。

分布与时代 江苏，早中新世。

亚洲别齿始鼠 *Apeomys asiaticus* Qiu, 2017

（图 150）

Apeomys sp.：Qiu et Qiu, 2013, p. 147

正模 IVPP V 23218，右 P4。江苏泗洪郑集，下中新统下草湾组。

鉴别特征 较大的别齿始鼠属。P4 的前边脊与原脊融合，齿谷 Is 缺失或在磨蚀的早期已消失，中脊缺失，上颊侧齿谷 IIs+IIIs 的舌侧封闭。

评注 该种是别齿始鼠属至今在亚洲的唯一发现，且仅以一枚 P4 为代表。这枚前

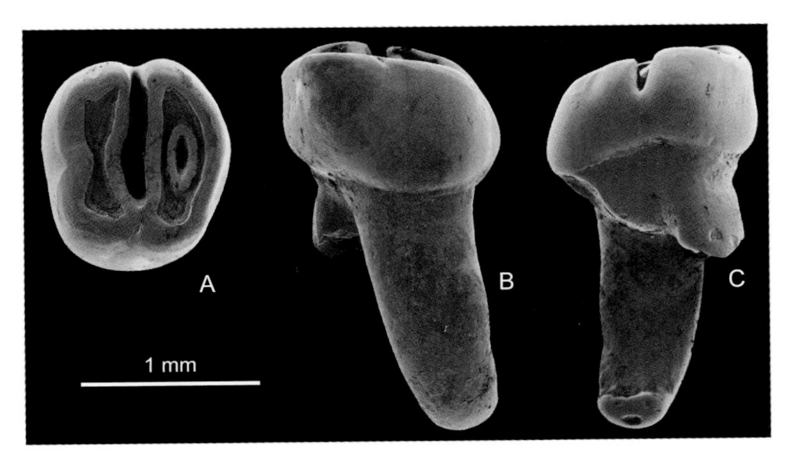

图 150 亚洲别齿始鼠 *Apeomys asiaticus*

右 P4（IVPP V 23218，正模，反转）：A. 冠面视，B. 舌侧视，C. 颊侧视（引自 Qiu, 2017a）

臼齿于20世纪80年代采集自江苏泗洪，是欧洲学者B. Engesser和O. Fejfar从众多标本中识别出来的。该种被认为从欧洲迁入，比欧洲较为原始的*Apeomys tuerkheimae*稍进步（Qiu, 2017a）。Fejfar等（1998）推测别齿始鼠类生活于较干的环境。

鼠齿下目 Infraorder MYODONTA Schaub, 1958

Schaub（1958）创建Myodonta时，是在Stehlin和Schaub（1951）建立的依牙齿齿脊作分类，把啮齿类二分为Pentalophodonta和Non-Pentalophodonta两个亚目的分类系统中提出的，是在Non-Pentalophodonta之下创建的一个新下目（Inrfraorder Myodonta），而不是放在依传统的头骨颧-咬肌为分类基础的三个亚目之内。当时，Schaub在新下目下归入了Dipodoidea和Muroidea两个超科。Korth（1994）采用了Schaub的分类办法，但Myodonta是在Suborder Myomorpha下的一个下目。McKenna和Bell（1997）的鼠齿下目依然包括鼠和跳鼠两个超科。其中鼠超科仅有两科，除Simimyidae（只有发现于北美始新世的两属）外，其余均被McKenna和Bell归入了Muridae一科，包括鼠类、仓鼠类、鼾类、沙鼠类、鼢鼠类、竹鼠类等29个亚科。这显然是无奈之举，也鲜有专家依从这种分类办法。跳鼠超科也分两个科：Armintomyidae和Dipodidae。Armintomyidae仅发现于北美中始新统，现已绝灭。Dipodidae则分布于古北区，其化石从下始新统到更新统均有发现，现生跳鼠仍生活在该区的蒙新腹地。近年来，学者们也多以Myodonta作为分类阶元，包括跳鼠类和鼠类两个超科，而不注重于Myodonta的上级阶元是Suborder Myomorpha还是Suborder Non-Pentalophodonta。分子生物学综合研究也支持Myodonta，同样包括了跳鼠和鼠科，但Myodonta是置于Mouse Related Clade之下（Fabre et al., 2015, fig. 2）。

科不确定 Incertae familiae

二连鼠属 Genus *Erlianomys* Li et Meng, 2010

模式种 综合二连鼠 *Erlianomys combinatus* Li et Meng, 2010

鉴别特征 较为原始的鼠齿类。齿式：1•0•1•3/1•0•?1•3。齿冠低，主尖较为发育，连接各尖的脊简单、细弱。有P4，m1有前压痕也表明有一个小的p4或者dp4。M1和M2大小相当。臼齿前齿带（下前齿带）明显，与原尖（下原尖）之间没有连接或连接的脊很弱。m1的下前尖很弱或缺失，下原尖与下后尖彼此孤立；m2–3下原尖后棱发育，下次小尖明显，下次脊短、有时直接与下次小尖相连；下外脊低矮、不发育。上、下臼齿均无中脊。

中国已知种 仅模式种。

分布与时代 内蒙古，早始新世晚期（阿山头期）。

综合二连鼠 *Erlianomys combinatus* Li et Meng, 2010

（图 151）

正模 IVPP V 14615.1，左 M1。内蒙古二连努和廷勃尔和，下始新统阿山头组底部。

副模 IVPP V 14615.2–86，85 枚单独上、下颊齿。产地与层位同正模。

鉴别特征 同属。

评注 过去传统上认为跳鼠类和鼠类之间在牙齿上的最大区别是 P4 的存在与否，P4 出现在跳鼠类而在鼠类中缺失。但是，随着早期仓鼠类化石材料的不断发现，P4 或者 DP4 也出现在早期仓鼠中（童永生，1997；Wang et Dawson, 1994；Emry et al., 1998b；Li, 2012），因此二者之间的区别变得模糊。另外，诸多早期鼠齿类化石，如 *Pauromys*、*Simimys*、*Nonomys* 和 *Elymys* 等属，也表现出既有鼠类也有跳鼠类形态特征的特点。近来无论是基于对仓鼠类的系统发育分析（Rodrigues et al., 2010），或是联合化石记录和分子证据共同探讨跳鼠类的演化分异（Zhang et al., 2013；Pisano et al., 2015），都显示在中

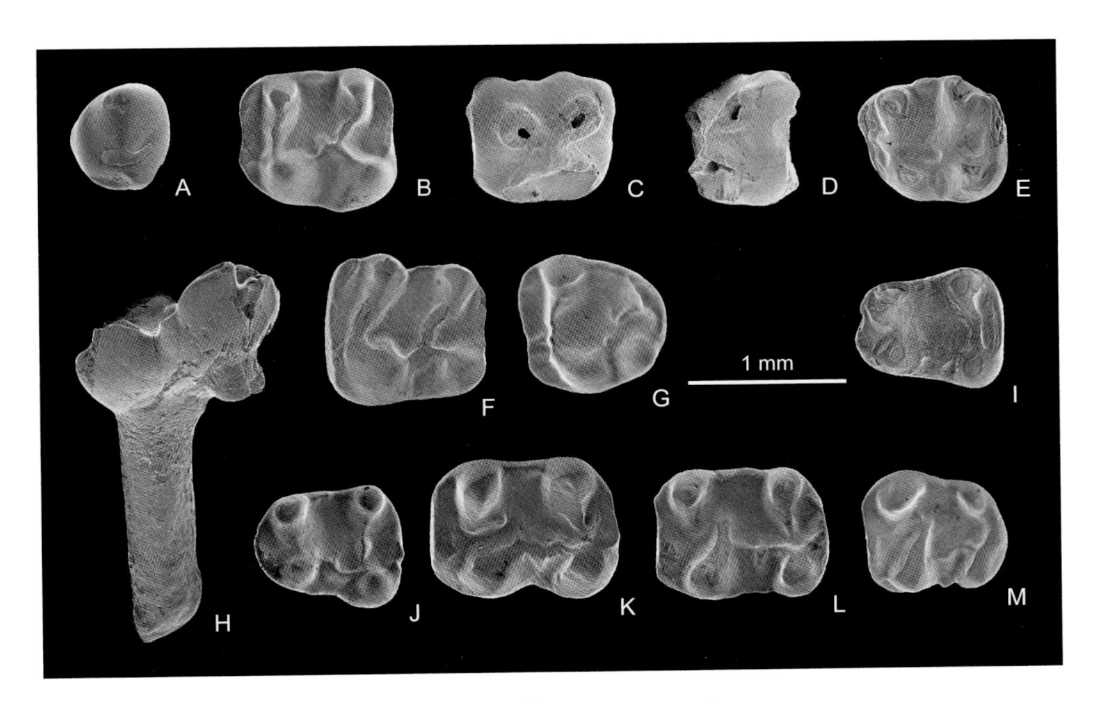

图 151 综合二连鼠 *Erlianomys combinatus*

A. 左 P4（IVPP V 14615.2），B. 左 M1（IVPP V 14615.1，正模），C, D. 左 M1（IVPP V 14615.3），E. 右 M1（IVPP V 14615.9，反转），F. 右 M2（IVPP V 14615.27，反转），G. 右 M3（IVPP V 14615.31，反转），H. 左 m1（IVPP V 14615.36），I. 左 m1（IVPP V 14615.35），J. 右 m1（IVPP V 14615.40，反转），K. 左 m2（IVPP V 14615.53），L. 左 m2（IVPP V 14615.54），M. 右 m3（IVPP V 14615.79，反转）：A, B, E–G, I–M. 冠面视，C. 根部视，D. 前面视，H. 舌侧视（引自 Li et Meng, 2015）

始新世时鼠类与跳鼠类已开始分异，但是早期鼠类和跳鼠类化石在形态上难以截然区分（Li et al., 2017）。二连鼠也如此，其与早期的鼠类和跳鼠类都有相似之处、又都不尽相同，难以将其准确地归入鼠类或者跳鼠类当中，所以原作者暂时将其归入鼠齿下目。

跳鼠超科 Superfamily Dipodoidea Fischer von Waldheim, 1817

概述与分类 跳鼠超科是一类中小型啮齿动物，分布于新旧大陆，其起源可能与先松鼠类（sciuravids）有关，最早出现于亚洲的早始新世（Shevyreva, 1984），并一直延续至今。

在牙齿形态上，跳鼠超科与鼠超科（Muroidea）成员，特别是较原始的仓鼠类甚为相似（Wang, 1985；Emry et al., 1998b）。Schaub（1958）与 McKenna 和 Bell（1997）的分类都体现了这两个类群接近的亲缘关系，他们把跳鼠超科与鼠超科一起归入鼠齿下目（Myodonta）。分子生物学的研究也显示了跳鼠超科和鼠超科构成一个接近的姐妹群（见 Klingener, 1964, 1984），从而有力地支持了形态分类学对现生和化石种类的研究成果。在 McKenna 和 Bell（1997）较近代的分类中，跳鼠超科包括了两个科，即跳鼠科（Dipodidae）和阿尔明托鼠科（Armintomyidae）。但是，Flynn（2008b）将在北美中始世地层中发现的、仅有 *Armintomys*（Dawson et al., 1990）一个属的 Armintomyidae 降格为亚科，把 *Armintomys* 置于 Dipodidae 的基干位置，认为跳鼠超科只有 Dipodidae 一个科。

跳鼠科 Family Dipodidae Fischer von Waldheim, 1817

模式属 跳鼠属 *Dipus* Zimmermann, 1780

定义与分类 跳鼠科是一类多数属种具跳跃运动功能的啮齿动物。根据形态构造、栖息环境和生活习性，现生的跳鼠常被分为林跳鼠类（zapodines, jumping mice）、蹶鼠类（sicistines, birch mice）和跳鼠类（dipodines, jerboas）。跳鼠科的现生种类，在亚洲古北区的多样性丰富，在北美则缺少 jerboas 类跳鼠。

跳鼠科为一单系类群得到众多研究者的认同（Vinogradov, 1930；Ellerman, 1940；Klingener, 1984；Stein, 1990；Shenbrot, 1992；Shenbrot et al., 1995）。但该科较高阶元的分类在学者中仍未取得一致的看法。这些歧见，不仅反映在对上述 Armintomyidae 阶元地位的认识，而且更多的是将跳鼠类归入一个跳鼠科（Dipodidae），还是分为林跳鼠科（Zapodidae）和跳鼠科（Dipodidae）两个科，甚至是多个科，以及对亚科的认定问题。这些争议开始于 20 世纪 20 年代。最初，Vinogradov（1925）把跳鼠类分为 Zapodidae 和 Dipodidae 两科；在 1930 和 1937 年又将其都指定为 Dipodidae 一个科，同时分出林跳鼠亚科（Zapodinae）、长耳跳鼠亚科（Euchoreutinae）、心颅跳鼠亚科（Cardiocraniinae）、五趾跳鼠亚科（Allactaginae）、跳鼠亚科（Dipodinae）和蹶鼠亚科（Sicistinae）。Vinogradov 的经典工作为跳鼠类的系统分类研究奠定了基础，同时也开始了研究者对该类群较高阶元分类方案的讨论。然而，尽管在其后的研究中一些类元的关系有所变化，但无论形态分类学还是系统发育学的研究，也无论对现生属种还是对化石种类的研究，在很大程度上都未脱离 Vinogradov 早年的分类框架（Ellerman, 1940；Pavlinov et Shenbrot, 1983；Shenbrot, 1992；Stein, 1990；Zazhigin et Lopatin, 2000a）。研究者通常或者将这一类群都归入 Dipodidae 一个科（Ellerman, 1940；Ellerman et Morrison-Scott, 1951；Savinov, 1970；Hugueney et Vianey-Liaud, 1980；Klingener, 1984；Holden, 1993；McKenna et Bell, 1997；王应祥，2003；Holden et Musser, 2005），或者将其分为 Zapodidae 和 Dipodidae 两个科（Simpson, 1945；Wilson, 1949b；Wood, 1955a；Schaub, 1958；Corbet, 1978；Wang, 1985；Corbet et Hill, 1992；Fahlbusch, 1992；Martin, 1994；童永生，1997；Daxner-Höck, 1999；邱铸鼎、李强，2016）。Zazhigin 和 Lopatin（2000a）从古生物形态学的角度考虑，列出了 Zapodidae（包括 Sicistinae 和 Zapodinae）、Allactagidae（包括 Allactaginae 和 Euchoreutinae）以及 Dipodidae（包括 Cardiocraniinae、Dipodinae 和 Lophocricetinae）三个科。近年分子生物的系统发育学研究，建议将跳鼠类分为 Sicistidae、Zapodidae 和 Dipodidae（包括 Allactaginae、Dipodinae、Euchoreutinae 和 Cardiocraniinae）（Wu, 2010；Lebedev et al., 2013）。Pavlinov 和 Shenbrot（1983）对跳鼠类雄性生殖系统进行过解剖学研究，从中区别出 Euchoreutinae、Allactaginae、Cardiocraniinae、Salpingotinae 和 Dipodinae，并将这些亚科都归入 Dipodidae 科。但 Shenbrot（1992）在把雄性生殖系统的形态、臼齿齿冠构造和听泡解剖特征一起，进行支序分析和形态分异度（degree of morphological divergence）的研究时，却得出一个折中的分类方案，把跳鼠类分为 Allactagidae、Dipodidae（包括 Cardiocraniinae、Paradipodinae 和 Dipodinae）、Sminthidae（包括 Sminthinae = Sicistinae 和 Euchoreutinae）及 Zapodidae，并认为这四个科组成了 Dipodoidea 超科。这一分类方案同样被 Pavlinov 等（1995）和 Shenbrot 等（1995）采纳。Stein（1990）根据肢骨肌学的系统发育学研究，提出保留两个科，即“原始的”Sicistidae 和“进步”的 Dipodidae（包括 zapodines、euchoreutines 和其他的 dipodids）。在她的方案中，Euchoreutinae 与 zapodines 和 allactagines 为一姐妹群。此外，也有一些研究者提出把那些出现较早的跳鼠类归入 Zapodidae，把 Dipodidae 局限于中新世及以后出现于旧大陆的跳鼠类的意见（Zazhigin et Lopatin, 2000a；Lopatin et Zazhigin, 2000；Rose, 2006；邱铸鼎、李强，2016）。毋庸置疑，当前跳鼠类在亚科和科一级水平上的分类尚未解决，歧见多源于对该类动物的单视角观察，解决的最佳渠道可能是集形态学和分子生物学多特征的广泛支序分析和检验。

中国现生跳鼠类的多样性明显，化石属种也多，材料还相当丰富。关于该类群的分类，在公认的方案未得到落实的情况下，本志书主要基于现生和化石跳鼠类的形态特征，保留 Vinogradov（1930）关于将跳鼠类归入跳鼠超科的 Dipodidae 科，将跳鼠超科与鼠超科（Muroidea）一起置于鼠齿下目（Myodonta）之下，并支持将跳鼠科分为林跳鼠亚科（Zapodinae）、蹶鼠亚科（Sicistinae）、脊仓跳鼠亚科（Lophocricetinae）、五趾跳鼠亚科（Allactaginae）、跳鼠亚科（Dipodinae）、心颅跳鼠亚科（Cardiocraniinae）和长耳跳鼠亚科（Euchoreutinae）7 个亚科的分类方案。具体如下：

鼠形亚目 Myomorpha Brandt, 1855

鼠齿下目 Myodonta Schaub, 1955 （见 McKenna et Bell, 1997）

跳鼠超科 Dipodoidea Fischer von Waldheim, 1817

跳鼠科 Dipodidae Fischer von Waldheim, 1817

林跳鼠亚科 Zapodinae Coues, 1875

蹶鼠亚科 Sicistinae Allen, 1901

脊仓跳鼠亚科 Lophocricetinae Savinov, 1970

五趾跳鼠亚科 Allactaginae Vinogradov, 1925

跳鼠亚科 Dipodinae Fischer von Waldheim, 1817

心颅跳鼠亚科 Cardiocraniinae Vinogradov, 1925

长耳跳鼠亚科 Euchoreutinae Lyon, 1901

鼠超科 Muroidea Illiger, 1811

在中外研究者中，对部分属在亚科中的位置也存在很多不同的意见，对此有待日后研究的系统梳理，本志书的归类暂时依据各属种的形态，特别是牙齿的构造特征。

鉴别特征 头骨具豪猪型颧 - 咬肌构造，眶下孔大、供外层咬肌通过，眶下孔的下内侧形成一个神经、血管通道的开口，听泡通常膨大，门齿孔伸长，下颌骨一般较纤细，咬肌窝伸达 m1 下方，后肢通常比前肢长。齿式：1•0•0–1•3/1•0•0•3；门齿釉质层的微细结构一般为单系，只在早期的属种中存在从散系向单系过渡的现象；颊齿具齿根；P4 或无（极少数属），多数退化成小的圆锥形齿；臼齿近方形或前后向略伸长，低冠到高冠不等，由丘形齿向脊形齿进化，在齿列上的长度通常从前往后依次递减。

中国已知属（化石） *Primisminthus*, *Allosminthus*, *Heosminthus*, *Gobiosminthus*, *Sinosminthus*, *Parasminthus*, *Plesiosminthus*, *Litodonomys*, *Sinodonomys*, *Eozapus*, *Sinozapus*, *Sicista*, *Omoiosicista*, *Lophocricetus*, *Shamosminthus*, *Heterosminthus*, *Paralophocricetus*, *Protalactaga*, *Paralactaga*, *Allactaga*, *Brachyscirtetes*, *Dipus*, *Cardiocranius*, *Salpingotus*，共 24 属。

分布与时代 跳鼠科全北区分布，最早出现于早始新世或中始新世早期。亚洲出现时间似乎稍早，化石的属种也多，主要分布在中部地区；北美出现略晚，种类少些；欧洲至晚渐新世才出现，种类有限；北非的化石最早记录于中中新世。中国跳鼠科动物包括了上述确定的 7 个亚科，其中 Lophocricetinae 为绝灭亚科，Cardiocraniinae 的化石发现得很少，Euchoreutinae 至今未见有化石的报道（故在志书的编录中缺如）。中国跳鼠类最早记录于中始新世地层，发现于华北和西南地区（Wang, 1985；童永生，1997）；渐新世中期至新近纪晚期较为分化，在动物群中经常占有重要的地位，主要出现于华北和西北地区，特别是蒙新高原一带（Bohlin, 1946；黄学诗，1992；邱铸鼎、李强，2016）；新近纪后期 Zapodinae 和 Sicistinae 明显衰退，Lophocricetinae 在新近纪后期即绝迹，更新世以来蒙新地区耐干旱的 Allactaginae、Dipodinae、Cardiocraniinae 和 Euchoreutinae 则相对兴旺。

林跳鼠亚科 Subfamily Zapodinae Coues, 1875

模式属 牧地跳鼠 *Zapus* Coues, 1875

概述与定义 一类个体较小、具中度跳跃本能，地史上出现较早的跳鼠。*Eozapus*、*Napaeozapus* 和 *Zapu*s 三属是现生的林跳鼠，分布于全北区温带干旱、半干旱的草原和森林草原，但在荒漠、戈壁未见有其踪迹。其中的 *Eozapus* 具有较为原始的性状，在牙齿形态上与北美和欧亚大陆晚渐新世—中新世 *Plesiosminthus* 的特征有相似之处（Klingener, 1963；Martin, 1994）。这一亚科被认为起源于亚洲地区，中国在渐新世以来地层中发现的一些跳鼠类，也与上述现生属共有许多相似的特征。

鉴别特征 该亚科动物的听泡不扩大，颚骨不很宽，颈椎不愈合，后肢骨不特别长，中间蹠骨分离。上门齿唇缘有或无纵沟；多数属具细小、单尖、单齿根的 P4；颊齿齿冠较低；丘、脊型（早期种类）—脊型齿，齿脊通常比齿尖相对显著。上臼齿舌、颊侧主尖近对位排列，内谷纵向窄、横向浅且不对称；M1 和 M2 的前边脊、中脊和后边脊一般都很发育，前边尖和中尖常常不明显，后边脊与次尖连接、个别属种在连接处可能会有所收缩，但没有显著的后边脊舌侧支和后内谷。下臼齿下外谷纵向较宽；m1 和 m2 通常无下后边脊颊侧支和下后外谷（下次谷）；m1 长大于宽，下前边尖低、弱，下后边尖通常不发育。

图 152 为林跳鼠亚科臼齿构造模式图。

中国已知属 *Primisminthus*, *Allosminthus*, *Heosminthus*, *Sinosminthus*, *Gobiosminthus*, *Parasminthus*, *Litodonomys*, *Plesiosminthus*, *Sinodonomys*, *Eozapus*, *Sinozapus*，共 11 属。

分布与时代 全北区，中中始新世—现代。中国：华北（河南、山西、内蒙古），中始新世—上新世；西北（甘肃、青海、新疆），晚渐新世—早中新世；西南（云南），晚始新世。

评注 在哈萨克斯坦东部 Taldy-Kurgan 地区的中始新统中还发现有 *Aksyiromys*（Emry et al., 1998b），在蒙古湖谷地区的下渐新统中还发现有 *Onjosminthus*（Daxner-Höck et al., 2014）。

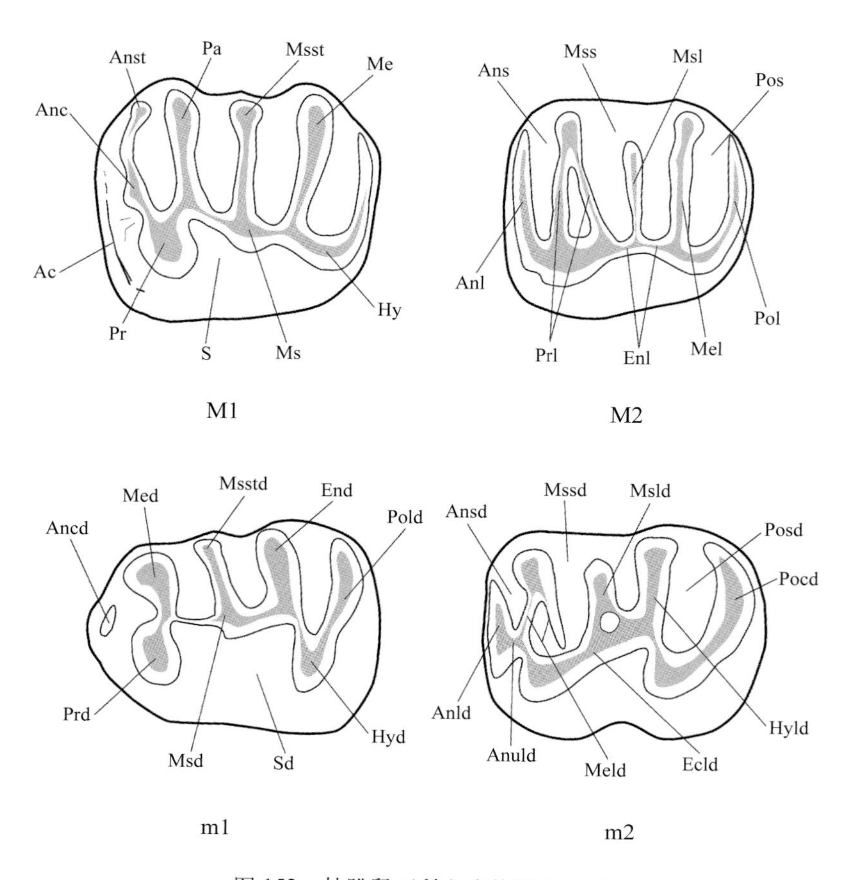

图 152　林跳鼠亚科臼齿构造模式图

Ac. 前齿带（anterior cingulum），Anc. 前边尖（anterocone），Ancd. 下前边尖（anteroconid），Anl. 前边脊（anteroloph），Anld. 下前边脊（anterolophid），Ans. 前边谷（anterosinus），Ansd. 下前边谷（anterosinusid），Anst. 前附尖（anterostyle），Anuld. 下前小脊（anterolophulid），Ecld. 下外脊（ectolophid），End. 下内尖（entoconid），Enl. 内脊（entoloph），Hy. 次尖（hypocone），Hyd. 下次尖（hypoconid），Hyld. 下次脊（hypolophid），Me. 后尖（metacone），Med. 下后尖（metaconid），Mel. 后脊（metaloph），Meld. 下后脊（metalophid），Ms. 中尖（mesocone），Msd. 下中尖（mesoconid），Msl. 中脊（mesoloph），Msld. 下中脊（mesolophid），Mss. 中间谷（mesosinus），Mssd. 下中间谷（mesosinusid），Msst. 中附尖（mesostyle），Msstd. 下中附尖（mesostylid），Pa. 前尖（paracone），Pol. 后边脊（posteroloph），Pold. 下后边脊（posterolophid），Pos. 后边谷（posterosinus），Pocd. 下后边尖（posteroconid），Posd. 下后边谷（posterosinusid），Pr. 原尖（protocone），Prd. 下原尖（protoconid），Prl. 原脊（protoloph），S. 内谷（sinus），Sd. 下外谷（sinusid）

始蹶鼠属 Genus *Primisminthus* Tong, 1997

模式种　晋始蹶鼠 *Primisminthus jinus* Tong, 1997

鉴别特征　臼齿丘 - 脊型，主尖丘形，齿脊相对纤弱。M1 原脊 I 与前尖连接，连接脊时见局部肿大；上臼齿原尖后臂弱或缺失，中尖清楚，次尖前臂伸向牙齿中央，中附尖常存在，内谷横向深、纵向窄；m1 三角座短，m1 和 m2 的下中尖清楚，下外脊细弱或缺失；m2 和 m3 的下后尖前臂弱，通常不与下前边尖连接；m3 无下次脊，下内尖退化，但仍清楚。

中国已知种 *Primisminthus jinus*, *P. shanghenus*, *P. yuenus*，共 3 种。

分布与时代 河南，中始新世中—晚期（伊尔丁曼哈期—沙拉木伦期）；山西，中始新世最晚期（那读期）。

评注 始蹶鼠属的臼齿具有林跳鼠亚科的基本特征，但性状原始。在系统分类上，它似乎与中亚地区的 *Ulkenulastomys* 和 *Aksyiromys* 等属（见 Shevyreva, 1984）处于林跳鼠亚科的基干位置上。该属除上述的三种外，尚有发现于河南渑池任村上河任村段下化石层的 *Primisminthus* cf. *P. jinus*（童永生，1997）。

晋始蹶鼠 ***Primisminthus jinus*** **Tong, 1997**

（图 153）

正模 IVPP V 10293，右 M1。山西垣曲土桥沟，中始新统河堤组寨里段。

副模 IVPP V 10293.1–28，臼齿 28 枚。产地与层位同正模。

鉴别特征 M1 的长度略大于宽度，原尖后臂极弱或无，后尖近于孤立，伸向中尖的后脊极弱或缺失；M2 前附尖相对发育；下臼齿下后尖前臂（下后脊 I）弱，有时伸达下前边尖，m3 的下外脊完整，比较平直。

评注 原命名者在描述该种时把正模外的材料当做“归入标本”，因为这些标本与正模都采自山西垣曲寨里土桥沟的同一层位，故称其为副模。

在河南渑池任村上河附近任村段下化石层（中始新世晚期，沙拉木伦期）发现有该种的相似种（童永生，1997）。

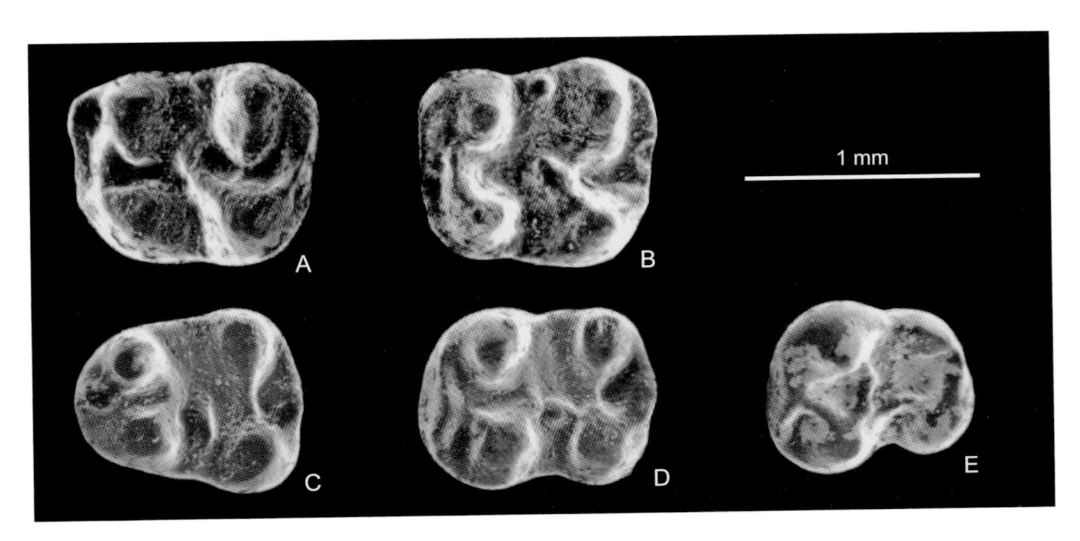

图 153 晋始蹶鼠 *Primisminthus jinus*

A. 右 M1（IVPP V 10293，正模，反转），B. 左 M2（IVPP V 10293.10），C. 左 m1（IVPP V 10293.15），D. 左 m2（IVPP V 10293.20），E. 左 m3（V 10293.23）：冠面视（引自童永生，1997）

上河始蹶鼠 *Primisminthus shanghenus* Tong, 1997

（图 154）

正模 IVPP V 10295，左 M1。河南渑池上河，中始新统河堤组任村段。

副模 IVPP V 10295.1–15，臼齿 15 枚。产地与层位同正模。

鉴别特征 臼齿尺寸和形态与模式种 *Primisminthus jinus* 者很接近，但 M1 的前尖和后尖相对高瘦，后尖成脊状伸向次尖或伸至次尖前臂；M3 构造较简单，后尖近于消失，无后脊和中脊；m3 下外脊弯曲，下原尖后臂明显。

评注 原命名者在描述时把正模外的材料作为“归入标本”，因为这些标本与正模都采自河南渑池任村南 2 km 上河中始新世晚期的河堤组任村段下化石层，故这里称其为副模。

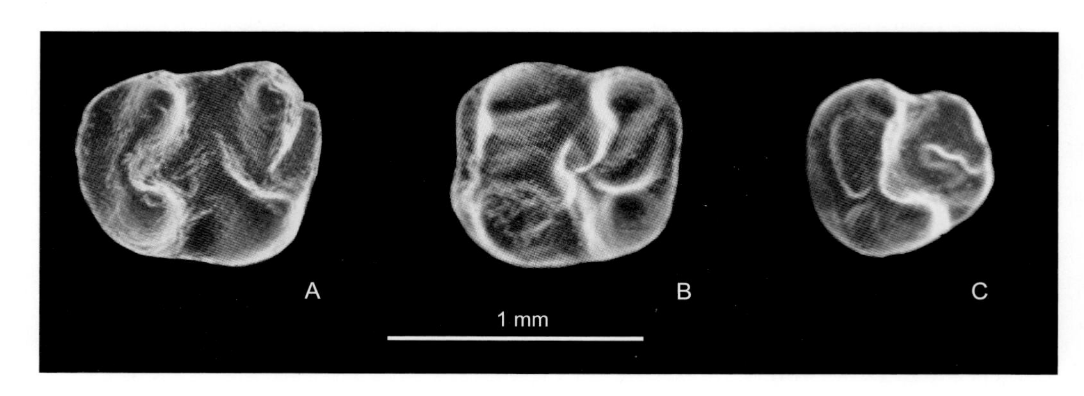

图 154 上河始蹶鼠 *Primisminthus shanghenus*

A. 左 M1（IVPP V 10295，正模），B. 右 M2（IVPP V 10295.3，反转），C. 左 M3（IVPP V 10295.10）：冠面视（引自童永生，1997）

豫始蹶鼠 *Primisminthus yuenus* Tong, 1997

（图 155）

正模 IVPP V 10296，右 M1。河南淅川石皮沟，中始新统核桃园组。

副模 IVPP V 10296.1–47，臼齿 47 枚。产地与层位同正模。

鉴别特征 M1 短宽，后尖脊状，后脊与中尖相连，原尖后臂常清楚，伸向牙齿中央与次尖前臂相会；M2 无前边尖。下臼齿下中尖清楚，往往横向延伸，下外脊很弱，有时缺失；m2 和 m3 的下后尖前臂不发育、近于缺失，下原尖前臂弱，常与靠近颊侧的下前边尖相连。

评注 原命名者在描述时把正模外的材料作为“归入标本”，因为这些标本与正模都采自河南淅川核桃园村北石皮沟的中始新统核桃园组，故这里称其为副模。

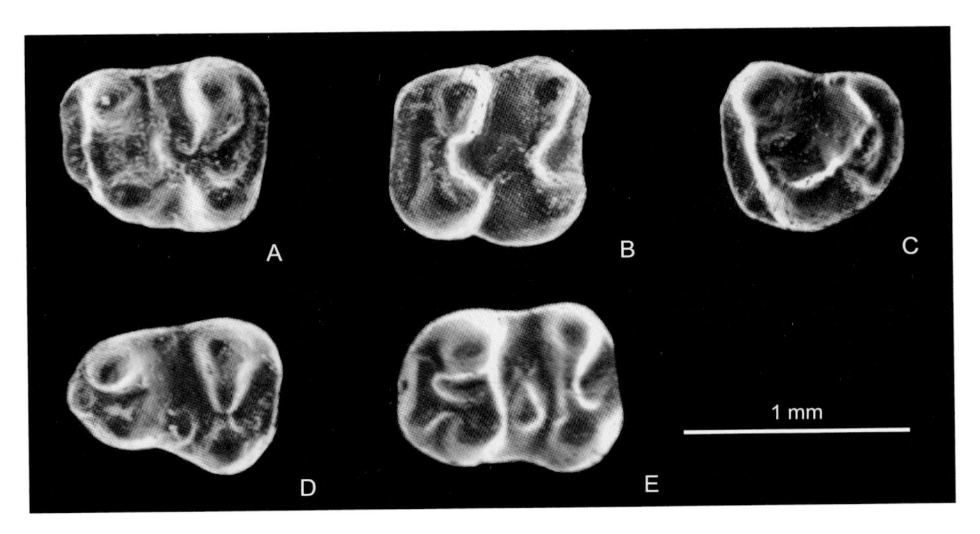

图 155　豫始蹶鼠 *Primisminthus yuenus*

A. 右 M1（IVPP V 10296，正模，反转），B. 左 M2（IVPP V 10296.9），C. 右 M3（IVPP V 10296.13，反转），D. 左 m1（V 10296.20），E. 左 m2（V 10296. 31）：冠面视（引自童永生，1997）

奇异蹶鼠属　Genus *Allosminthus* Wang, 1985

模式种　蕾奇异蹶鼠 *Allosminthus ernos* Wang, 1985

鉴别特征　较原始的跳鼠类动物。门齿孔向后伸达 M1 前缘；下颌骨的咬肌窝向前伸达 m1 的下方，上、下咬肌嵴在前端呈锐角相交，颏孔位于该交角的下方、下颌骨的中部。齿式：1•0•1•3/1•0•0•3。颊齿齿冠低，主尖粗壮，齿脊细弱。M1 和 M2 大小相近。上臼齿中脊短到中等长，后脊完全，内脊完全或不完全，具三齿根。M1 原尖前臂与前尖连接，形成完全的原脊 I；原脊 II 由无到有。M2 和 M3 的后脊伸达次尖前臂。下臼齿具下外脊，下中脊短或无，具两齿根。m1 和 m2 下次脊完整。m2 和 m3 下后脊 I 和下后脊 II 由完全到无。m1 下三角座短而窄，下前边尖很小。m2 下前边尖位于牙齿纵轴附近。m3 下次脊细弱或无。

中国已知种　*Allosminthus ernos*, *A. diconjugatus*, *A. majusculus*, *A.* cf. *A. majusculus*, *A. uniconjugatus*，共 5 种。

分布与时代　河南，中始新世晚期（沙拉木伦期）；山西，中始新世最晚期（沙拉木伦期晚期）；云南和内蒙古，晚始新世（乌兰戈楚期）。

评注　奇异蹶鼠（*Allosminthus*）是一属性状较为原始的跳鼠，最先由王伴月（Wang, 1985）根据云南曲靖材料命名，仅包括两个种（*Allosminthus ernos* 和 *A. majusculus*）。童永生（1997）在研究山西垣曲和河南渑池的跳鼠时，建立了 *Banyuesminthus*。Daxner-Höck（2001）根据蒙古的材料建了 *Tatalsminthus khandae*。王伴月（2008, 2009）认为，*Banyuesminthus* 和 *Tatalsminthus* 都是 *Allosminthus* 的晚出异名。Daxner-Höck 等（2014）

将 Daxner-Höck（2001）原归入 *Heosminthus* 的 *H. minutus* 改归入 *Allosminthus*。这样，*Allosminthus* 就包含 6 个种（*Allosminthus ernos, A. diconjugatus, A. majusculus, A. uniconjugatus, A. khandae, A. minutus*）。

该属同样出现于蒙古下渐新统（Daxner-Höck, 2001；Daxner-Höck et al., 2014）。在中国，除上述四种外，相似种和未定种尚分别发现于内蒙古二连浩特上始新统呼尔井组和云南曲靖上始新统蔡家冲组（Wang, 1985；王伴月，2009）。

蕾奇异蹶鼠 *Allosminthus ernos* Wang, 1985

（图 156）

正模 IVPP V 7632.1，左 M1。云南曲靖蔡家冲，上始新统蔡家冲组。

副模 IVPP V 7632.2–41，40 枚臼齿。产地与层位同正模。

归入标本 IVPP V 14992，左 m2（内蒙古二连浩特）。IVPP V 17814.1–42，上、下颌骨 3 件，臼齿 39 枚（内蒙古四子王旗）。

鉴别特征 牙齿尺寸与 *Heosminthus primiveris* 的相近；齿冠低；齿尖明显而钝，齿脊低弱；下后边尖明显或不明显；无游离的下次尖后臂。

产地与层位 云南曲靖蔡家冲，上始新统蔡家冲组。内蒙古二连浩特火车站东，上始新统呼尔井组；四子王旗脑木根额尔登敖包，上始新统“上红层”（乌兰戈楚组上部）。

评注 Wang（1985）在描述产自云南曲靖蔡家冲地点化石时把正模以外的材料作为

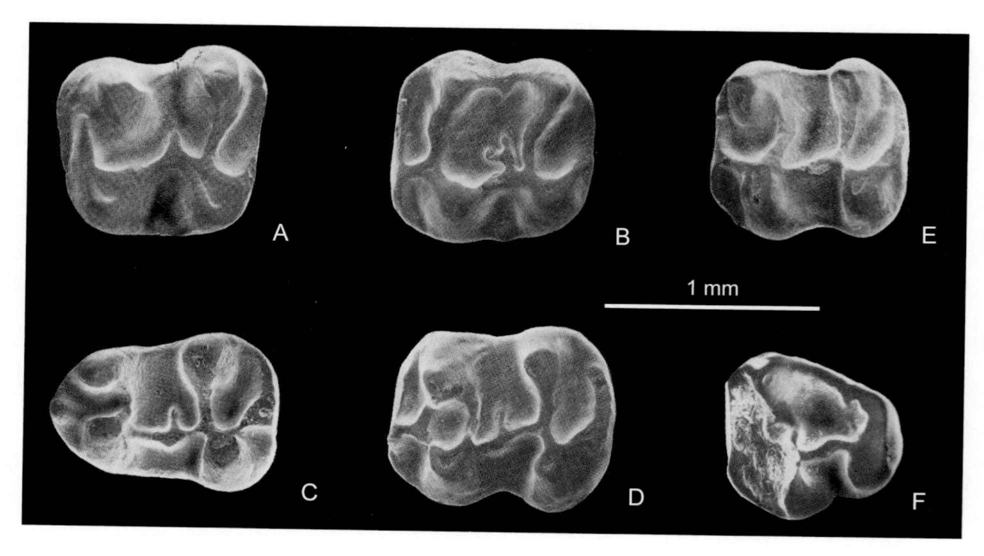

图 156 蕾奇异蹶鼠 *Allosminthus ernos*

A. 左 M1（IVPP V 7632.1，正模），B. 右 M2（IVPP V 7632.18，反转），C. 右 m1（IVPP V 7632.27，反转），D. 右 m2（IVPP V 7632.36，反转），E. 左 m2（IVPP V 7632.28），F. 右 m3（IVPP V 7632.41，反转）：冠面视（引自 Wang, 1985）

“归入标本”。因为这些标本与正模都采自云南曲靖蔡家冲 80027 同一地点的相同层位（第四层），故这里称其为副模。

Li 等（2016）将 IVPP V 17814.28–30 和 V 17814.36–42 误写为 IVPP V 17813.28–30 和 V 17813.36–42，本志书特此对上述归入标本的编号予以更正。

双连奇异蹶鼠 *Allosminthus diconjugatus* (Tong, 1997)

（图 157）

Banyuesminthus diconjugatus：童永生，1997，136 页

正模 IVPP V 10297，左 M1。山西垣曲土桥沟，中始新统河堤组寨里段。

副模 IVPP V 10297.1–6，臼齿 6 枚。产地与层位同正模。

鉴别特征 M1 前尖后臂明显，几乎与原尖后臂相连构成原脊 II；M2 具初始的前尖后臂；上臼齿中脊清楚。下臼齿主尖略前后向收缩，m2 下后尖前臂明显。

评注 原命名者在描述该种时把正模外的材料作为“归入标本”，因为这些标本与正模都采自山西垣曲寨里中始新世最晚期河堤组寨里段，故称其为副模。相似种 *Allosminthus* cf. *A. diconjugatus* 发现于内蒙古自治区锡林郭勒盟二连浩特晚始新世呼尔井组（王伴月，2008）和乌兰察布四子王旗脑木根额尔登敖包，上始新统“上红层”下部（乌兰戈楚组上部）（Li et al., 2017）。

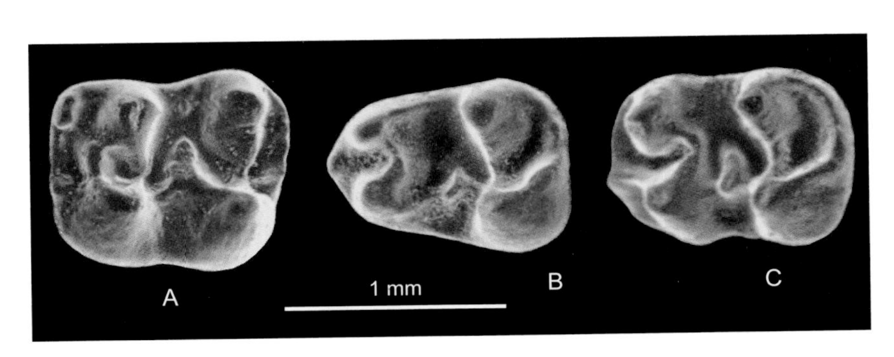

图 157 双连奇异蹶鼠 *Allosminthus diconjugatus*

A. 左 M1（IVPP V 10297，正模），B. 右 m1（IVPP V 10297.2，反转），C. 右 m2（IVPP V 10297.3，反转）：冠面视（引自童永生，1997）

大奇异蹶鼠 *Allosminthus majusculus* Wang, 1985

（图 158）

正模 IVPP V 7634，左 m2。云南曲靖蔡家冲，上始新统蔡家冲组。

归入标本 IVPP V 14991，颊齿 3 枚（内蒙古二连浩特）。

鉴别特征 尺寸比 *Allosminthus ernos* 约大 1/3；臼齿较粗壮，齿尖较钝，齿脊较发达，下中脊短或发达，下次尖后臂有或无；m2 下后脊 I 和下后脊 II 完全，长度彼此相近。

产地与层位 云南曲靖蔡家冲，上始新统蔡家冲组；内蒙古二连浩特火车站东，上始新统呼尔井组。

评注 Wang（1985）依发现于云南蔡家冲的材料建立了 *Allosminthus majusculus*，但该文的图 24 错把 *A. ernos* 的一枚 m3（V 7632.41）当做该种的正模。其后，Wang（1987）对此作了更正。

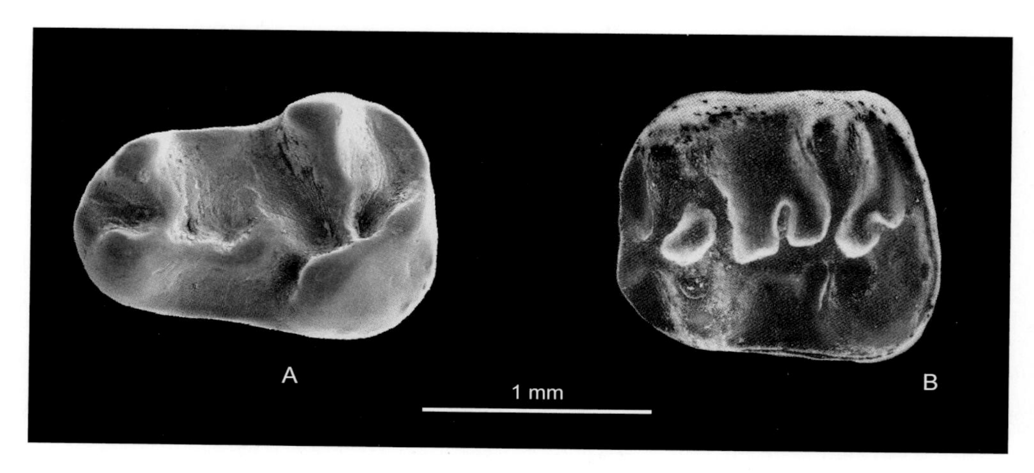

图 158 大奇异蹶鼠 *Allosminthus majusculus*

A. 左 m1（IVPP V 14991.1），B. 左 m2（IVPP V 7634，正模）：冠面视（A 引自王伴月，2008；B 引自 Wang, 1987）

大奇异蹶鼠（相似种）*Allosminthus* cf. *A. majusculus* Wang, 1985

（图 159）

归入标本 IVPP V 17813.1–29，29 枚单个上、下臼齿。

产地与层位 内蒙古四子王旗脑木根额尔登敖包，上始新统“上红层”下—中部（乌兰戈楚组上部）。

鉴别特征 与 *Allosminthus* 已知各种的区别是：尺寸较大，M1 和 M2 具中—长的中脊，m1 下中脊长，有时 M1/m1 具发达的中附尖（下中附尖）；与 *A. diconjugatus*、*A. minutus* 和 *A. khandae* 的区别在于 M1 缺原脊 I 和 II。与 *A. majusculus* 的区别是 m2 的下后脊较短而弱，m1 的下中脊较长。

评注 Li 等（2016）在记述额尔登敖包“上红层”中发现的 *Allosminthus* cf. *A. majusculus* 时将归入该种的标本误写为正模（Holotype），本志书编者将其改为归入标本。

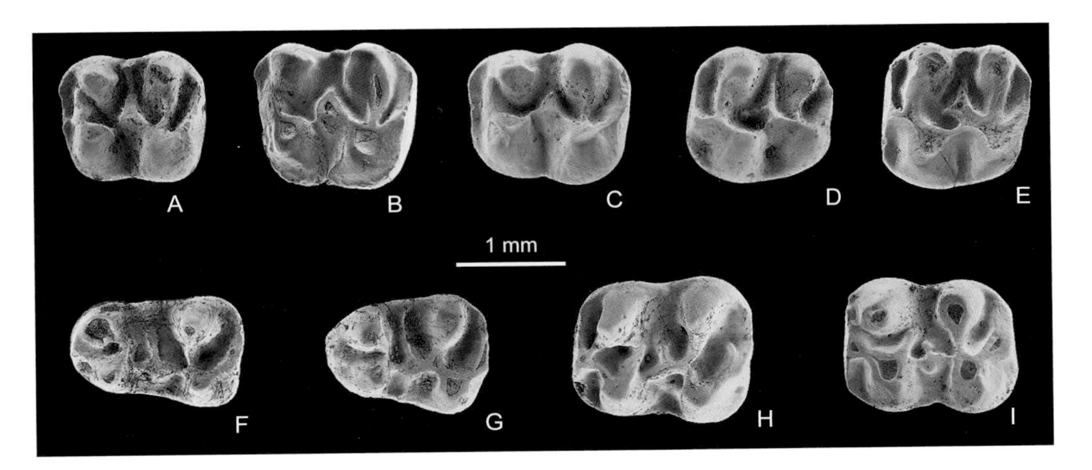

图 159　大奇异蹶鼠（相似种）*Allosminthus* cf. *A. majusculus*

A. 左 M1（IVPP V 17813.2），B. 左 M1（IVPP V 17813.3），C. 右 M1（V 17813.5，反转），D. 左 M2（IVPP V 17813.11），E. 右 M2（IVPP V 17813.15，反转），F. 左 m1（IVPP V 17813.16），G. 左 m1（IVPP V 17813.17），H. 左 m2（IVPP V 17813.26），I. 右 m2（V 17813.29，反转）：冠面视（引自 Li et al., 2016）

单连奇异蹶鼠 ***Allosminthus uniconjugatus*** **(Tong, 1997)**

（图 160）

Banyuesminthus uniconjugatus：童永生，1997，137 页

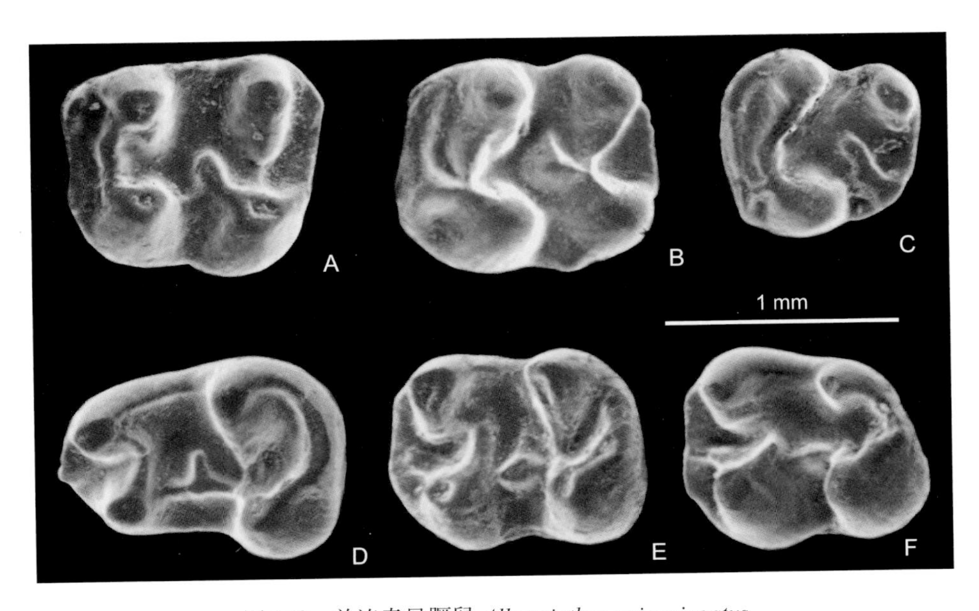

图 160　单连奇异蹶鼠 *Allosminthus uniconjugatus*

A. 左 M1（IVPP V 10298，正模），B. 左 M2（IVPP V 10298.3），C. 左 M3（IVPP V 10298.6），D. 右 m1（IVPP V 10298.8，反转），E. 右 m2（IVPP V 10298.10，反转），F. 右 m3（IVPP V 10298.15，反转）：冠面视（引自童永生，1997）

正模 IVPP V 10298，左 M1。河南渑池上河，中始新统河堤组任村段。

副模 IVPP V 10298.1–17，臼齿 17 枚。产地与层位同正模。

鉴别特征 M1 具初始的前尖后臂，M2 无前尖后臂，上臼齿中脊清楚、但弱。下臼齿齿尖相对圆钝；m2 下前边尖近居中，下后尖前臂不明显，下中脊不大发育。

评注 原命名者在描述该种时把正模外的材料作为“归入标本”，因为这些标本与正模都采自河南渑池任村南 2 km 上河中始新世晚期的河堤组任村段下化石层，故可称其为副模。

晓蹶鼠属 Genus *Heosminthus* Wang, 1985

模式种 原始晓蹶鼠 *Heosminthus primiveris* Wang, 1985

鉴别特征 个体大小与近蹶鼠属的较小者 *Plesiosminthus promyarion* 相近；齿式：1•0•1•3/1•0•0•3；门齿唇侧无纵沟；臼齿主尖明显；M3 和 m3 不很退化。M1 的前缘窄于后缘；原尖前臂短，位置靠近前尖，但其间有浅沟相隔；后脊与次尖相连。M1 和 M2 的内谷宽而浅，不很斜。上臼齿的后边脊与次尖连接。m1–3 下中脊长；m1 的下前边尖小而低。上臼齿具三齿根。

中国已知种 *Heosminthus primiveris* 和 *H. nomogensis* 两种。

分布与时代 云南、内蒙古，始新世晚期（乌兰戈楚期）。

评注 McKenna 和 Bell（1997）认为 *Heosminthus* 是 *Plesiosminthus* 的晚出异名。但 *Heosminthus* 属的上门齿唇侧无纵沟，臼齿主尖显著，M1 原尖前臂短、不与前尖连接等形态与 *Plesiosminthus* 的属征有明显差别，因此编者认为 *Heosminthus* 应为独立的有效属。

Heosminthus 属包括 4 个已知种（*H. primiveris*、*H. nomogensis*、*H. borrae* 和 *H. chimidae*）。前二者发现于中国云南和内蒙古的上始新统，后二者发现于蒙古中部湖谷地区的下渐新统（Wang, 1985；Daxner-Höck, 2001；Daxner-Höck et al., 2014；Li et al., 2016）。该属的未定种还发现于内蒙古阿拉善克克阿木早渐新世或晚始新世地层（王伴月、王培玉，1991；Zhang et al., 2016）。

原始晓蹶鼠 *Heosminthus primiveris* Wang, 1985

（图 161）

正模 IVPP V 7630.1，左 M1。云南曲靖蔡家冲（IVPP Loc. 80026），上始新统蔡家冲组。

副模 IVPP V 7630.2–30，臼齿 29 枚。产地与层位同正模。

归入标本 IVPP V 7631，M2 1 枚（云南曲靖）。

鉴别特征 较原始的晓蹶鼠。臼齿尺寸中等，具较明显、粗大的主尖和较低弱的齿脊；M1 原尖前臂较短；M2 的原脊 II 发育相对较弱；M3 后部较少退化，中脊较长，后脊与后边脊相连；m1 下前边尖孤立，无前齿带，m1 和 m2 的下中附尖和下次小尖较明显。

产地与层位 云南曲靖蔡家冲（IVPP Loc. 80026, 80027），上始新统蔡家冲组。

评注 原命名者在描述该种时把正模外的材料作为“归入标本”，因为其中的 V 7630.2–30 标本与正模都采自同一地点和层位（云南曲靖晚始新世蔡家冲组的第四层），故称其为副模。

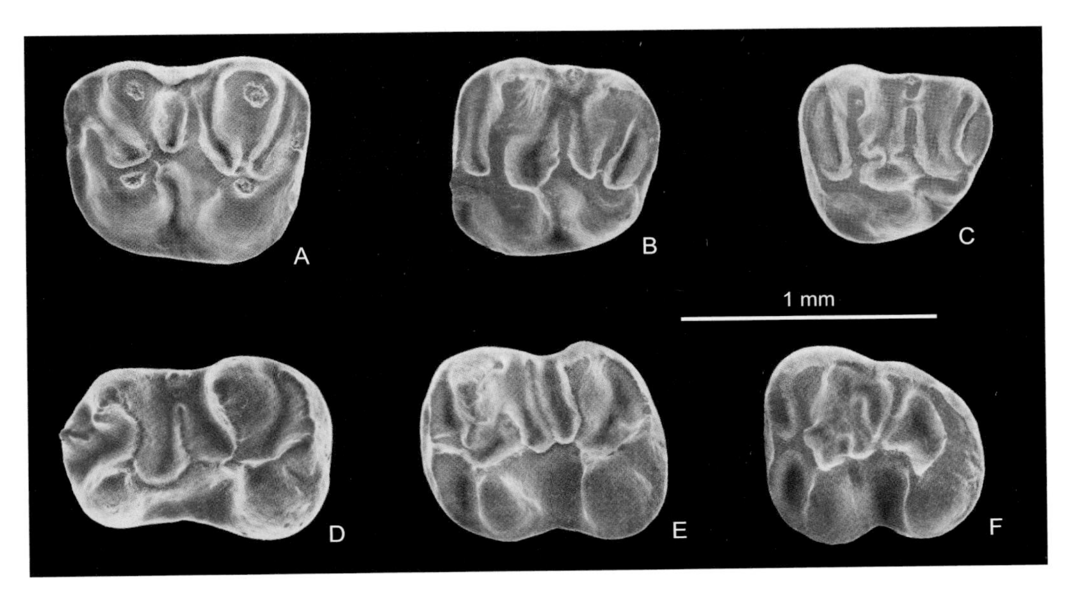

图 161 原始晓蹶鼠 *Heosminthus primiveris*

A. 左 M1（IVPP V 7630.1，正模），B. 左 M2（IVPP V 7630.12），C. 左 M3（IVPP V 7630.18），D. 右 m1（IVPP V 7630.21，反转），E. 左 m2（IVPP V 7630.25），F. 左 m3（IVPP V 7630.27）：冠面视（引自 Wang, 1985）

脑木根晓蹶鼠 *Heosminthus nomogensis* Li, Gong, Wang, 2016

（图 162）

正模 IVPP V 17810，右上颌骨具 M1–3。内蒙古四子王旗脑木根额尔登敖包，上始新统“上红层”中、下部。

副模 IVPP V 17811.1–12，单个臼齿 12 枚。产地与层位同正模。

鉴别特征 较原始的晓蹶鼠。臼齿具较明显、粗大的主尖和较低弱的齿脊；M1/m1 和 M2/m2 的尺寸较 *H. primiveris* 稍宽大；M1 原尖前臂较短；M1 和 M2 的原脊 II 完全；M3 后部较明显退化，中脊较短，后脊与次尖相连；m1 下前边尖孤立；m1 和 m2 的下中附尖和下次小尖较弱。

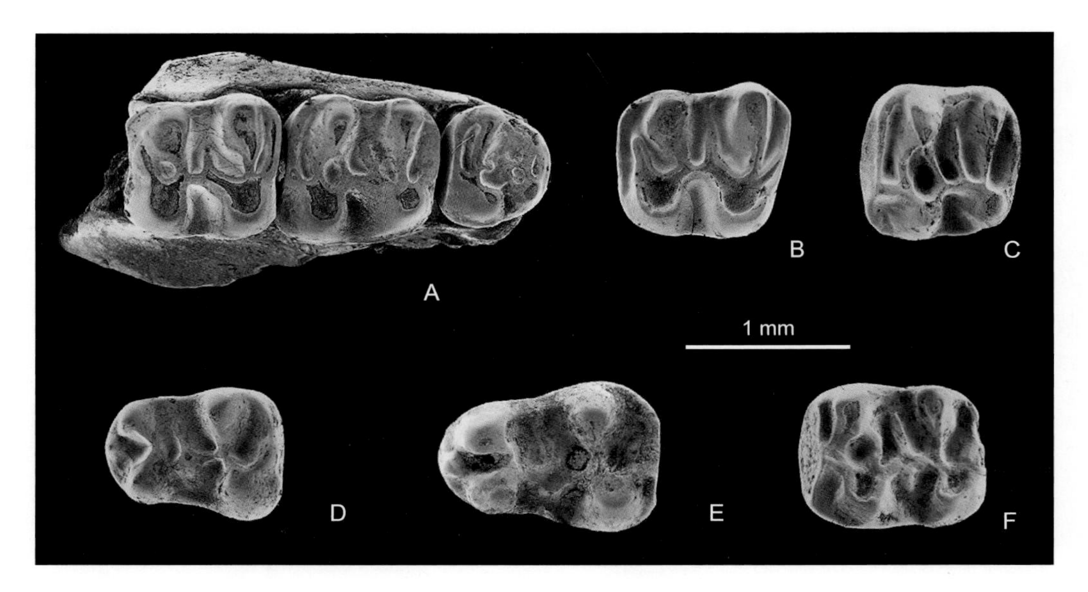

图 162　脑木根晓蹶鼠 *Heosminthus nomogensis*

A. 右上颌骨具 M1–3（IVPP V 17810，正模，反转），B. 右 M1（IVPP V 17811.1，反转），C. 左 M2（IVPP V 17811.3），D. 左 m1（IVPP V 17811.5），E. 右 m1（IVPP V 17811.9，反转），F. 左 m2（IVPP V 17811.10）：冠面视（引自 Li et al., 2016）

中华蹶鼠属 Genus *Sinosminthus* Wang, 1985

模式种　封闭中华蹶鼠 *Sinosminthus inapertus* Wang, 1985

鉴别特征　大小与 *Parasminthus asiaecentralis* 相近。齿式：1•0•1•3/1•0•0•3；上门齿唇侧无纵沟，臼齿的后边脊（或下后边脊）从次尖（或下次尖）伸出；上臼齿三齿根。M1 的前尖通过原脊 I 和 II 近与原尖双连接，前边脊发达，后脊与次尖后臂或后边脊相连；M2 原脊 I 和 II 近于等长；M1–3 中脊发达、长，内谷宽、浅、近对称。m1 的下中脊长，但在 m2 和 m3 中短于下原尖后臂（= 下后脊 II），下原尖后臂发育变异，或游离，或与下后尖或下后附尖连接；下次小尖刺在 m1 通常存在，在 m2 偶尔存在。M3/m3 较少退化。

中国已知种　仅模式种。

分布与时代　河南，中始新世晚期（沙拉木伦期）；云南、内蒙古，晚始新世（乌兰戈楚期）；甘肃，晚渐新世（塔奔布鲁克期）。

评注　McKenna 和 Bell（1997）认为 *Sinosminthus* 是 *Plesiosminthus* 的晚出异名。但 *Sinosminthus* 的上门齿唇侧无纵沟，M1 的前尖与原尖双连接，形态与 *Plesiosminthus* 的属征不符，因此编者认为 *Sinosminthus* 应为独立的有效属。

该属除上述已知种外，尚有发现于甘肃兰州盆地上渐新统和内蒙古乌兰察布四子王旗脑木根额尔登敖包晚始新世“上红层”的未定种（Wang et Qiu, 2000；Li et al., 2016），发现于河南渑池中始新统河堤组任村段的一个相似于该属的未定种（童永生，1997）。

封闭中华蹶鼠 *Sinosminthus inapertus* Wang, 1985

（图 163）

正模 IVPP V 7628.12，左 M1。云南曲靖蔡家冲，上始新统蔡家冲组。

副模 IVPP V 7628.1–11, 13–131，附有 M1 和 M2 的上颌骨碎块 1 件，脱落的牙齿 129 枚。产地与层位同正模。

归入标本 IVPP V 7629，m2 1 枚（云南曲靖）。

鉴别特征 同属。

产地与层位 云南曲靖蔡家冲、大湾头，上始新统蔡家冲组。

评注 原命名者在描述该种时，把正模外的材料作为“归入标本”，因为正模（IVPP V 7628.12）与 IVPP V 7628 号的其余的标本都采自云南曲靖晚始新世蔡家冲组的第四层，故后者称为副模。

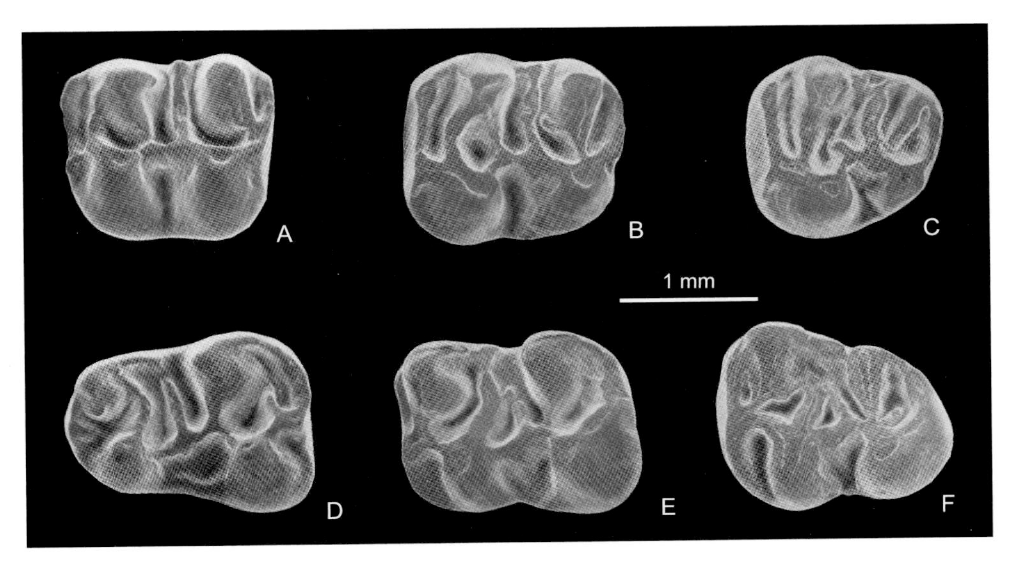

图 163 封闭中华蹶鼠 *Sinosminthus inapertus*

A. 左 M1（IVPP V 7628.12，正模），B. 右 M2（IVPP V 7628.42，反转），C. 右 M3（IVPP V 7628.52，反转），D. 右 m1（IVPP V 7628.74，反转），E. 左 m2（IVPP V 7628.84），F. 左 m3（IVPP V 7628.102）：冠面视（引自 Wang, 1985）

戈壁蹶鼠属 Genus *Gobiosminthus* Huang, 1992

模式种 邱氏戈壁蹶鼠 *Gobiosminthus qiui* Huang, 1992

鉴别特征 上臼齿个体向后依次递减，咀嚼面构造明显脊形化，齿沟和齿谷深、窄。M1 和 M2 构造相似：原脊单一、与内脊连接；中脊发育；后脊指向后与后边脊相连。M3 不甚退化，原脊向前与原尖连接，内脊断开，中脊颊端与后尖相连。

中国已知种 仅模式种。

分布与时代 内蒙古，早渐新世（乌兰塔塔尔期）。

评注 McKenna 和 Bell（1997）认为 *Gobiosminthus* 和 *Plesiosminthus* 为同物异名。但 *Gobiosminthus* 的特征（如 M1 和 M2 构造相似，后脊后指与后边脊连接，M2 的原脊单一等）与 *Plesiosminthus* 的属征明显不同，因此编者认为 *Gobiosminthus* 应为独立的有效属。

该属除上述已知种外，尚有发现于内蒙古乌兰塔塔尔下渐新统一个存疑的未定种（黄学诗，1992）。

邱氏戈壁蹶鼠 *Gobiosminthus qiui* Huang, 1992

（图 164）

正模 IVPP V 10167，一件附有 M1–3 的残破右上颌骨。内蒙古阿拉善左旗乌兰塔塔尔，下渐新统乌兰塔塔尔组。

副模 IVPP V 10167.1，1 枚 M1。产地与层位同正模。

归入标本 IVPP V 10165–10166，颊齿 8 枚（内蒙古阿拉善左旗）。

鉴别特征 同属。

产地与层位 内蒙古阿拉善左旗乌兰塔塔尔，下渐新统乌兰塔塔尔组。

评注 原著者的归入标本中有一枚 M1（IVPP V 10167.1）与正模产自内蒙古阿拉善左旗乌兰塔塔尔同一地点和层位（UTL 7a），应为副模。

Vianey-Liaud 等（2006）将内蒙古乌兰塔塔尔地区的地层分为三层：Ulan I (UTL 1) = 部分下渐新统；Ulan II (UTL 2, 3, 4, 5, 7) = 上渐新统下部；Ulan III (UTL 6, 8) = 上渐新

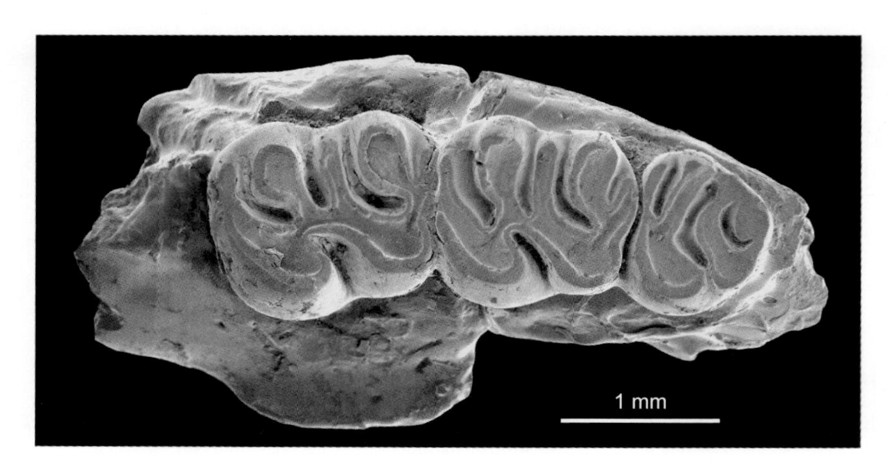

图 164 邱氏戈壁蹶鼠 *Gobiosminthus qiui*
破损右上颌骨，附有 M1–3（IVPP V 10167，正模，反转）：冠面视

统上部。Zhang 等（2016）对乌兰塔塔尔地区的地层进一步研究后认为：Ulan I 和 Ulan II 的时代为早渐新世乌兰塔塔尔期，只有 Ulan III 的时代为晚渐新世塔奔布鲁克期。编者采纳了 Zhang 等（2016）的建议。此后，所记述的产自乌兰塔塔尔地区的产哺乳动物化石的地层时代均采用后者的观点。

副蹶鼠属 Genus *Parasminthus* Bohlin, 1946

Bohlinosminthus：Lopatin, 1999, p. 433；Lopatin, 2004, 274；叶捷等，2001b，285 页；Daxner-Höck et Wu, 2003, p. 140；Daxner-Höck et al., 2010, p. 358；Daxner-Höck et al., 2014, p. 176；孟津等，2006，213 页

模式种 中亚副蹶鼠 *Parasminthus asiaecentralis* Bohlin, 1946

鉴别特征 小到中等大小的跳鼠类。上门齿唇侧光滑无沟；臼齿的主尖相对显著，后边脊在与次尖的连接处常收缩，中脊发育；上臼齿的内谷狭窄且不对称。M1 的前尖一般以单一的原脊与原尖连接，后尖与次尖中部、次尖后臂或后边脊相连；M2 具一或两条原脊；M1 和 M2 具三或四齿根。m2 和 m3 的下原尖和下后尖为单连接，下后脊 I 完全，下后脊 II 不完整。

中国已知种 *Parasminthus asiaecentralis*, *P. huangshuiensis*, *P. parvulus*, *P. tangingoli*, *P. xiningensis*，共 5 种。

分布与时代 内蒙古，早渐新世（乌兰塔塔尔期）；甘肃、新疆，晚渐新世—早中新世（塔奔布鲁克期—谢家期）；青海，早中新世（谢家期）。

评注 步林（Bohlin, 1946）在创建 *Parasminthus* 属时命名了 3 个种（*P. asiaecentralis*、*P. tangingoli* 和 *P. parvulus*），但未指定属型种。因 *P. asiaecentralis* 的正型标本保存较好，而且是该属被描述的第一个种，故以其作为属型种。步氏在拼写该种时，在中亚之间加上了连字符，拼成“*asiae-centralis*”，按照《国际动物命名法规》（第四版），这是必须改正的不正确原始拼法，故此改为 *asiaecentralis*。

Stehlin 和 Schaub（1951）、Kowalski（1974）以及 McKenna 和 Bell（1997）认为 *Parasminthus* 是 *Plesiosminthus* 的晚出异名。其实，Bohlin（1946）早已指出，*Parasminthus* 和 *Plesiosminthus* 虽然在牙齿的许多形态上相似，但前者的上门齿唇侧无沟与后者的具纵沟而有所不同，两者可能代表不同的支系。Wilson（1960）也明确指出 *Parasminthus* 和 *Plesiosminthus* 两者在齿根上也有区别，但他仍将 *Parasminthus* 作为 *Plesiosminthus* 的亚属。Wang（1985）进一步指出两者不但在门齿有无纵沟、颊齿的齿根数上有区别，而且颊齿的冠面结构也有所不同，赞同 Bohlin（1946）的观点：*Parasminthus* 应为不同于 *Plesiosminthus* 的有效属。编者认同 Bohlin（1946）和 Wang（1985）的 *Parasminthus* 应为

一有效属的观点。

Lopatin（1999）在研究哈萨克斯坦的标本时建立了 *Bohlinosminthus* 新属，并将原归入 *Parasminthus* 的部分种（如 *P. parvulus*）也归入到该属。叶捷等（2001b）、Daxner-Höck 和 Wu（2003）、Lopatin（2004）、孟津等（2006）、Daxner-Höck 等（2010, 2014）采用了这一分类意见。但 López-Antoñanzas 和 Sen（2006）认为 *Bohlinosminthus* 是 *Parasminthus* 的晚出异名。编者赞同 López-Antoñanzas 和 Sen 的意见。

该属除上述 5 种外，尚有发现于哈萨克斯坦上渐新统的 *Parasminthus quartus*、*P. debruijni* 和 *P. cubitalus*。另外，在蒙古湖谷地区的渐新统中也发现有 *Parasminthus* 化石（Daxner-Höck et al., 1997, 2010, 2014；Höck et al., 1999；Daxner-Höck et Badamgrav, 2007）。在我国甘肃、内蒙古等地还发现有 *Parasminthus* 的未定种。

中亚副蹶鼠 *Parasminthus asiaecentralis* Bohlin, 1946

（图 165）

正模 IVPP T. b. 593b，一件附有 P4–M3 的破碎左上颌骨。甘肃阿克塞燕丹图，上

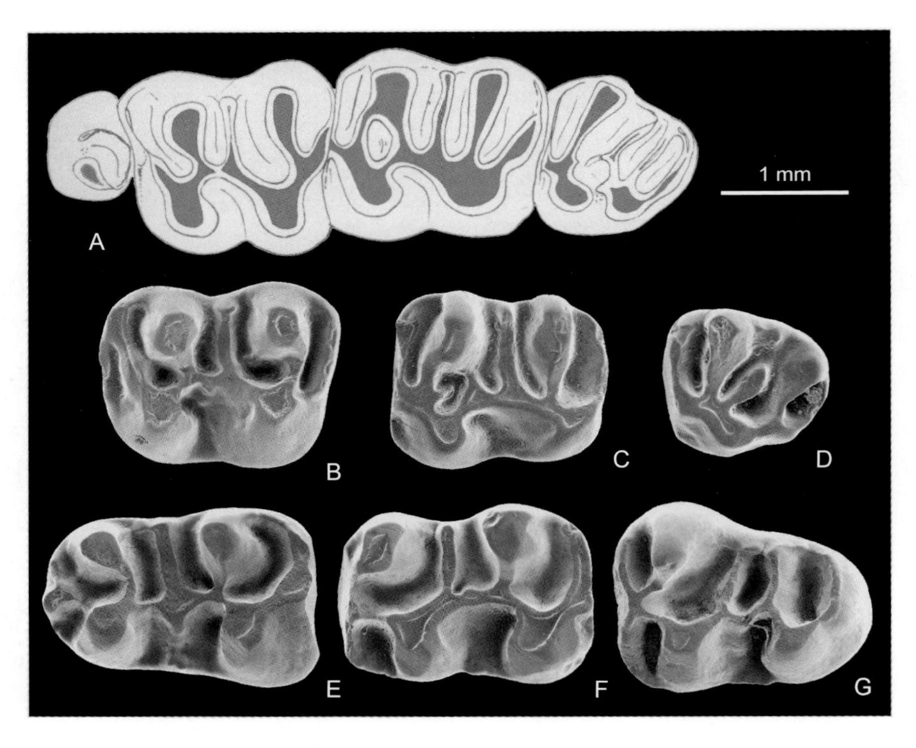

图 165 中亚副蹶鼠 *Parasminthus asiaecentralis*

A. 保存在破碎左上颌骨上的 P4–M3（IVPP T. b. 593b，正模），B. 左 M1（IVPP V 10133.15），C. 左 M2（IVPP V 10133.25），D. 左 M3（IVPP V 10133.41），E. 左 m1（IVPP V 10136.18），F. 左 m2（IVPP V 10133.56），G. 左 m3（IVPP V 10136.31）：冠面视（A 引自 Bohlin, 1946）

渐新统狍牛泉组上部。

归入标本 IVPP T. b. 591, IVPP V 13593，8 枚单个颊齿（甘肃阿克塞）。IVPP V 10131–10137，上、下颌骨各两件，163 枚颊齿（内蒙古阿拉善左旗）。IVPP V 11748–11752，23 枚颊齿（甘肃永登）。新疆准噶尔盆地（标本未描述）。

鉴别特征 大个体的 *Parasminthus*。P4 冠面由一主尖和后齿带组成，M1 和 M2 后缘在次尖和后边脊间有清楚的后凹，M1 后脊与次尖或后边脊连接，M2 多具双原脊，m1 下前尖孤立。

产地与层位 甘肃阿克塞燕丹图，上渐新统狍牛泉组上部；兰州永登，上渐新统咸水河组下段上部。内蒙古阿拉善左旗乌兰塔塔尔，渐新统乌兰塔塔尔组。新疆福海、富蕴，上渐新统铁尔斯哈巴合组。

评注 王伴月和邱占祥（Wang et Qiu, 2000）认为：Bohlin（1946）有疑问地归入 *Parasminthus asiaecentralis* 的 IVPP T. b. 569a 和被黄学诗（1992）归入此种的部分采自乌兰塔塔尔的标本，应改归为 *P. tangingoli* 种。

在蒙古湖谷地区下渐新统的三达河组还发现有该种的相似种（Daxner-Höck et al., 2014）。

湟水副蹶鼠 *Parasminthus huangshuiensis* (Li et Qiu, 1980)

（图 166）

Plesiosminthus huangshuiensis：李传夔、邱铸鼎，1980，204 页

正模 IVPP V 5997，左上颌骨碎块附 M1–2。青海湟中谢家，下中新统谢家组。

鉴别特征 个体大的 *Parasminthus*。M1 和 M2 较为横宽，齿尖显著，齿脊短，内谷

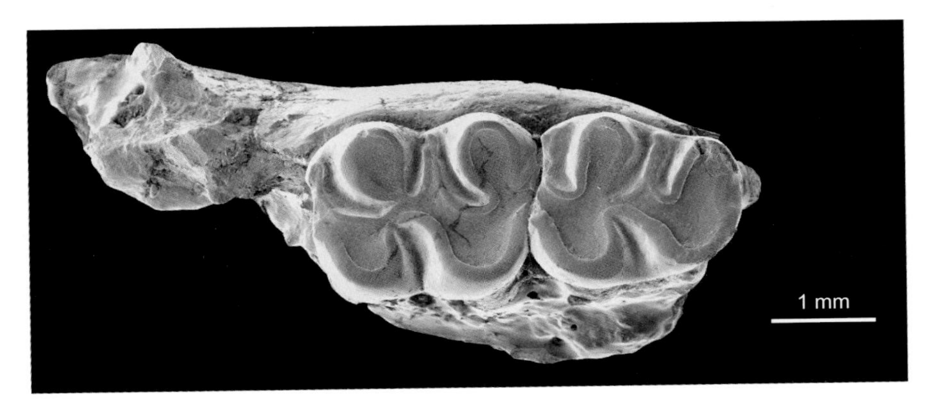

图 166 湟水副蹶鼠 *Parasminthus huangshuiensis*
左上颌骨碎块，附有 M1–2（IVPP V 5997，正模）：冠面视

深而窄，后边谷弱小，后缘在次尖和后边脊间的后凹不明显；M1 的内侧缘比外侧缘短，后脊后指、与次尖后臂连接；M2 原脊单一，近横向与原尖相连。

评注 该种最先被归入 *Plesiosminthus*，后被 Wang（1985）移至 *Parasminthus*。

小副蹶鼠 *Parasminthus parvulus* Bohlin, 1946

（图 167）

Bohlinosminthus parvulus：Lopatin, 1999, p. 433；叶捷等，2001b，285 页；Daxner-Höck et Wu, 2003, p. 140；Daxner-Höck et al., 2010, p. 358；Daxner-Höck et al., 2014, p. 178；孟津等，2006，213 页

Parasminthus tangingoli：黄学诗，1992，255 页（部分）

正模 IVPP T. b. 592a，一件附有 M1 后半部和 M2–3 的破碎右上颌骨。甘肃阿克塞燕丹图，上渐新统狍牛泉组上部。

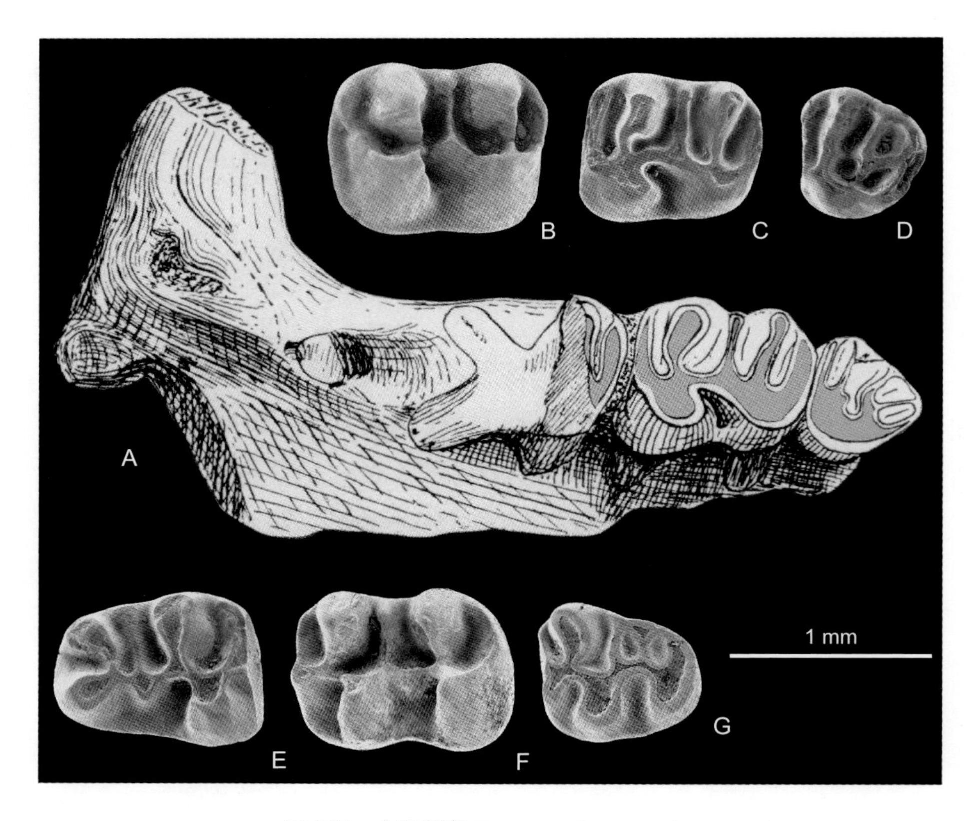

图 167 小副蹶鼠 *Parasminthus parvulus*

A. 破碎右上颌骨，保存 M1–3（M1 的前部破损）（IVPP T. b. 592a，正模，反转），B. 左 M1（IVPP V 10161.55），C. 左 M2（IVPP V 10161.131），D. 左 M3（IVPP V 10161.138），E. 左 m1（IVPP V 10161.206），F. 左 m2（IVPP V 10161.211），G. 左 m3（IVPP V 10161.277）：冠面视（A 引自 Bohlin, 1946）

归入标本 IVPP T. b. 211, T. b. 231, T. b. 239, T. b. 243, T. b. 557, T. b. 561, T. b. 583, T. b. 586, T. b. 589–593，7 件部分上、下颌骨，28 枚颊齿（甘肃阿克塞）。IVPP V 10158–10164, V 17665，上、下颌骨 6 件，上、下颊齿列 31 件，颊齿 1533 枚（内蒙古阿拉善左旗）。IVPP V 11758–11762，11 件颌骨，464 枚颊齿（甘肃永登）。

鉴别特征 小个体的 *Parasminthus*。P4 冠面通常为 E 形，M1 和 M2 后缘在次尖和后边脊间无后凹，M1 后脊与次尖连接，M2 原脊单一，m1 下前边尖相对发育弱。

产地与层位 甘肃阿克塞燕丹图，上渐新统狍牛泉组上部；兰州永登，上渐新统咸水河组下段上部。内蒙古阿拉善左旗乌兰塔塔尔，渐新统乌兰塔塔尔组。新疆福海、富蕴，上渐新统铁尔斯哈巴合组（标本未详细描述）。

评注 Lopatin（1999）将 *Parasminthus parvulus* 归入他建立的 *Bohlinosminthus* 新属。叶捷等（2001b）、Daxner-Höck 和 Wu（2003）、Lopatin（2004）、孟津等（2006）、Daxner-Höck 等（2010, 2014）采用了这一分类意见。但 López-Antoñanzas 和 Sen（2006）认为 *Bohlinosminthus* 是 *Parasminthus* 的晚出异名，并将原指定为 *Bohlinosminthus* 的 3 个种（*B. parvulus*、*B. quartus* 和属型种 *B. cubitalus*）都归入 *Parasminthus*。编者赞同 López-Antoñanzas 和 Sen 的观点。

王伴月和邱占祥（Wang et Qiu, 2000）认为：被黄学诗（1992）归入此种的上述乌兰塔塔尔的归入标本中有一部分标本应改归为 *Parasminthus tangingoli* 种，而归入 *P. tangingoli* 的部分标本，应改归为此种。

党河副蹶鼠 *Parasminthus tangingoli* Bohlin, 1946

（图 168）

Parasminthus asiae-centralis：Bohlin, 1946, p. 18 (part)；黄学诗，1992，250 页（部分）

Plesiosminthus tangingoli：Kowalski, 1974, p. 167

Parasminthus parvulus：黄学诗，1992，260 页（部分）

正模 IVPP T. b. 593a，一件附有 P4–M2 的破碎右上颌骨。甘肃阿克塞燕丹图，上渐新统狍牛泉组上部。

归入标本 IVPP T. b. 557, T. b. 561, T. b. 569, T. b. 571–572, T. b. 586, T. b. 588–591, 和 T. b. 593，18 枚颊齿（甘肃阿克塞）。IVPP V 10151–10157，4 件具颊齿的部分上颌骨，27 件上、下颊齿列和 912 枚单个颊齿（内蒙古阿拉善左旗）。IVPP V 11753–11757，1 件破损下颌骨和 105 枚颊齿（甘肃永登）。

鉴别特征 个体中等的 *Parasminthus*。P4 冠面由一主尖和后齿带组成，M1 和 M2 后缘在次尖和后边脊间有后凹，M1 后脊多与次尖中部连接，M2 少数具双原脊，m1 下前

边尖与下后尖或 / 和下原尖相连。

产地与层位 甘肃阿克塞燕丹图，渐新统狍牛泉组上部；兰州永登，上渐新统咸水河组下段上部。内蒙古阿拉善左旗乌兰塔塔尔，渐新统乌兰塔塔尔组。新疆福海、富蕴，上渐新统铁尔斯哈巴合组（标本未详细描述）。

评注 Wang 和 Qiu（2000）认为：在上述乌兰塔塔尔标本中，被黄学诗（1992）归入 *Parasminthus parvulus* 的部分标本应改归为 *P. tangigoli* 种，而归入 *P. asiaecentralis* 和 *P. parvulus* 的部分标本，应改归此种。

Kowalski（1974）在描述蒙古的标本时，赞同 Stehlin 和 Schaub（1951）把 *Parasminthus* 视为 *Plesiosminthus* 的晚出异名的观点，将 *P. tangingoli* 归入 *Plesiosminthus* 属。编者赞同 Bohlin（1946）和 Wang（1985）关于 *Parasminthus* 应为不同于 *Plesiosminthus* 的有效属的意见，*P. tangingoli* 仍应归入 *Parasminthus* 属。

Parasminthus tangingoli 和其相似种也发现于蒙古湖谷地区下渐新统三达河组（Kowalski, 1974；Daxner-Höck et al., 2014）。

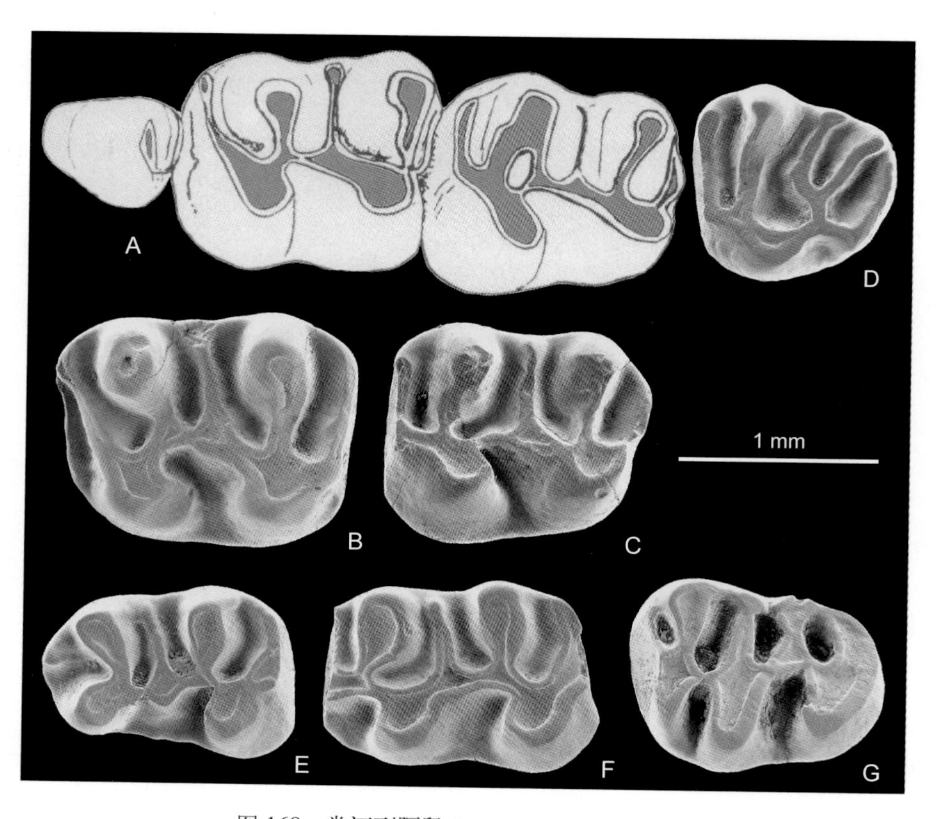

图 168 党河副蹶鼠 *Parasminthus tangingoli*

A. 保存在破碎右上颌骨上的 P4–M2（IVPP T. b. 593a，正模，反转），B. 左 M1（IVPP V 10155.7），C. 左 M2（IVPP V 10155.25），D. 左 M3（IVPP V 10156.25），E. 左 m1（IVPP V 10156.39），F. 左 m2（IVPP V 10155.55），G. 左 m3（IVPP V 10156.52）：冠面视（A 引自 Bohlin, 1946）

西宁副蹶鼠 *Parasminthus xiningensis* (Li et Qiu, 1980)

（图 169）

Plesiosminthus xiningensis：李传夔、邱铸鼎，1980，203 页

正模 IVPP V 5996，一完整右上颊齿列（P4–M3）。青海湟中谢家，下中新统谢家组。

鉴别特征 个体较大的 *Parasminthus*。P4 冠面由一主尖和后齿带组成，齿带的颊侧缘肿胀、呈齿尖形；M1 和 M2 比 *P. asiaecentralis* 的狭长，内谷也较为开阔，后脊前指、与次尖前臂连接，后缘在次尖和后边脊间有后凹；M1 的内侧缘明显比外侧缘短；M2 原脊单一、与弱的中尖相连，内脊的前部极弱；M3 较退化，后尖与后脊融入后边脊，内脊完全断开。

评注 该种最先归入 *Plesiosminthus*，后被 Wang（1985）转至 *Parasminthus*。尽管尚未发现其上门齿，但上臼齿的主尖相对比齿脊醒目，M1 和 M2 后边脊与次尖的连接处明显收缩，这些形态与 *Plesiosminthus* 属的特征有所不同，而与 *Parasminthus* 属者更相似，显然这一转置是适宜的。

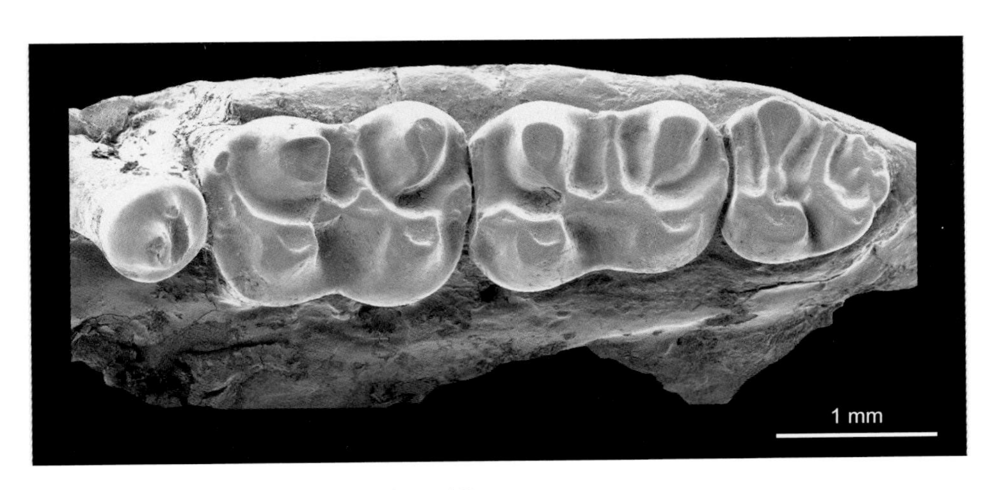

图 169 西宁副蹶鼠 *Parasminthus xiningensis*

右上颌骨碎块，附有 P4–M3（IVPP V 5996，正模，反转）：冠面视

简齿鼠属 Genus *Litodonomys* Wang et Qiu, 2000

模式种 黄河简齿鼠 *Litodonomys huangheensis* Wang et Qiu, 2000

鉴别特征 中—小型个体跳鼠；臼齿脊齿型，齿尖压扁状，齿脊显著。M1 和 M2 长大于宽，中部颊 - 舌向收紧，中尖一般弱小，中脊短—长；前边尖融会于原尖，并与前边脊组成前颊 - 后舌向斜嵴。M1 后边脊与次尖的连接处略收缩，内脊从次尖伸至原脊和

原尖后臂的连接处；M2 原脊单一、稍向前舌方斜伸与内脊会聚于前边尖；M1 和 M2 四齿根。m1 长度比 m2 的大，下前边尖发育弱，下后尖位置相对比下原尖的靠前，具有舌前向延伸的下中脊，下外脊完全或有时中断；m2 有发育的下前边脊，下中脊极短或缺失；m3 下次脊与下后边脊融合。

中国已知种 *Litodonomys huangheensis*, *L. lajeensis*, *L. minimus*, *L. xishuiensis*，共 4 种。

分布与时代 新疆，晚渐新世—早中新世；甘肃，晚渐新世—中中新世（塔奔布鲁克期—通古尔期）；青海，早中新世（谢家期）；内蒙古，早中新世（谢家期—山旺期）。

评注 在中国除上述已知种外，尚有发现于甘肃党河地区的 *Litodonomys* cf. *L. huangheensis*，以及新疆准噶尔盆地多个未定种和内蒙古嘎顺音阿得格的未定种（王伴月，2003；孟津等，2006；Kimura, 2010a）。该属还发现于哈萨克斯坦 Batpaksunde 的下中新统（Lopatin et Zazhigin, 2000）。

黄河简齿鼠 *Litodonomys huangheensis* Wang et Qiu, 2000

（图 170）

Parasminthus sp. II：Wang et Qiu, 2000, p. 20

正模 IVPP V 11768.1，右 m2。甘肃永登上西沟，上渐新统咸水河组下段上部。

副模 IVPP V 11768.2–5，4 枚臼齿。产地与层位同正模。

归入标本 IVPP V 11766, V 11767，4 枚臼齿（甘肃永登）。

鉴别特征 下臼齿比例上相对较窄长，下外脊位于牙齿中轴线的颊侧；m1 的下中脊短；m2 的下中脊短或无；m2 和 m3 的前边脊较发育，并有纵脊与下后脊相连；m3 较少退化，长大于宽，下中间谷和下外谷相对较长。

产地与层位 甘肃永登上西沟、峡沟，上渐新统咸水河组下段上部。

评注 原命名者在描述该种时把正模外的材料作为“归入标本”，其中的 V 11768.2–5 标本与正模都采自甘肃永登上西沟 GL 199601B 地点的同一层位，故这里将其

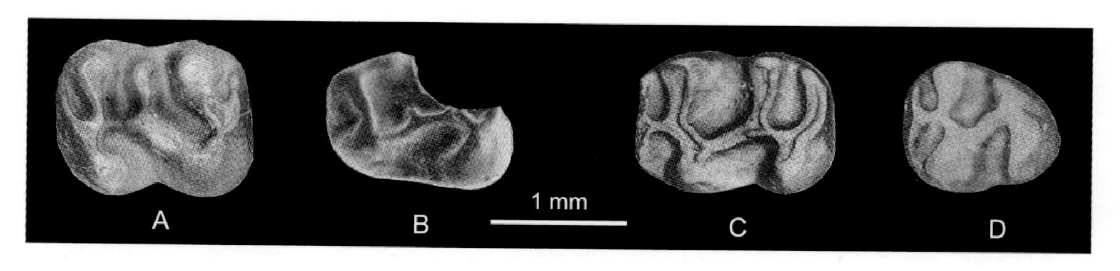

图 170 黄河简齿鼠 *Litodonomys huangheensis*

A. 右 M1（IVPP V 11766.1，反转），B. 右 m1（IVPP V 11768.2，反转），C. 右 m2（IVPP V 11768.1，正模，反转），D. 右 m3（IVPP V 11767.2，反转）：冠面视（引自 Wang et Qiu, 2000）

指定为副模。采自同一地区 GL 9513C 地点的一枚 M1（IVPP V 11766.1）被王伴月和邱占祥（Wang et Qiu, 2000）记述为 *Parasminthus* sp. II。其形态符合 *Litodonomys* 属的特征，尺寸与 *L. huangheensis* 的匹配，故编者将其归入该种。Rodrigues 等（2014）报道在内蒙古乌兰塔塔尔渐新世地层中发现了该种的 M3 和 m3 各一枚，但依其图示的牙齿形态特征，编者认为是否可归入该属种尚待进一步的发现和研究。

拉脊简齿鼠 *Litodonomys lajeensis* (Li et Qiu, 1980)

（图 171）

Plesiosminthus lajeensis：李传夔、邱铸鼎，1980，204 页

Parasminthus lajeensis：Wang, 1985, p. 363

正模 IVPP V 5998，左 M2。青海西宁湟中谢家，下中新统谢家组。

鉴别特征 个体小，与 *Litodonomys minimus* 接近，但 M2 比例上较 *L. minimus* 狭长，中脊显著发育、伸达颊缘，后边脊较完整、与后尖连接封闭后边谷。

评注 该种的材料仅有发现于青海西宁盆地的一枚上臼齿，最先指定为 *Plesiosminthus* 属，曾被 Wang（1985）移至 *Parasminthus* 属，后经邱铸鼎和李强（2016）订正为 *Litodonomys* 属。

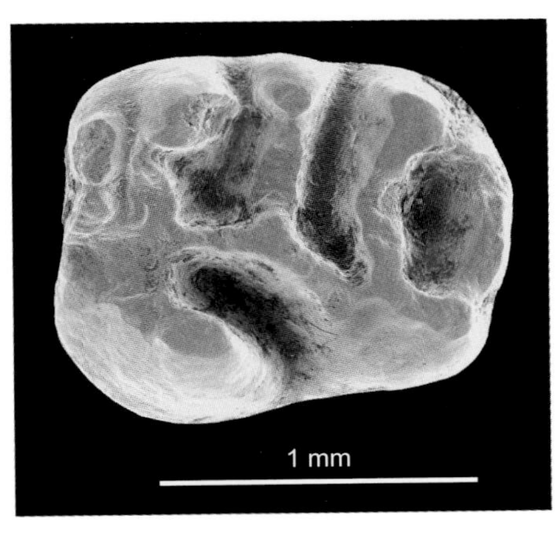

图 171　拉脊简齿鼠 *Litodonomys lajeensis*
左 M2（IVPP V 5998，正模）：冠面视

最小简齿鼠 *Litodonomys minimus* Kimura, 2010

（图 172）

正模 IVPP V 15890.1，左 M1。内蒙古苏尼特左旗嘎顺音阿得格（IVPP Loc. IM 0401），下中新统敖尔班组。

副模 IVPP V 15890.2–9，8 枚臼齿。产地与层位同正模。

归入标本 IVPP V 19661.1–20, V 19662.1–21, V 19663，两件破损颌骨，41 枚臼齿（内蒙古苏尼特左旗）。

鉴别特征 个体小；臼齿相对狭长，齿尖呈较压扁状；M1 前边尖弱或缺失，后脊与次尖连接；M2 的中脊长，原脊稍向前舌侧伸；m1 和 m2 常有显著的下中尖；m2 的下中脊极弱或完全缺失，下内尖多与下中尖相连。

产地与层位 内蒙古苏尼特左旗嘎顺音阿得格、敖尔班（下），下中新统敖尔班组下段。

评注 *Litodonomys lajeensis* 的正模除轮廓上比 *L. minimus* 同一牙齿相对狭长外，在尺寸及许多形态上都落入后者的变异范围，不排除在更多材料发现后证明两者为同物异名。

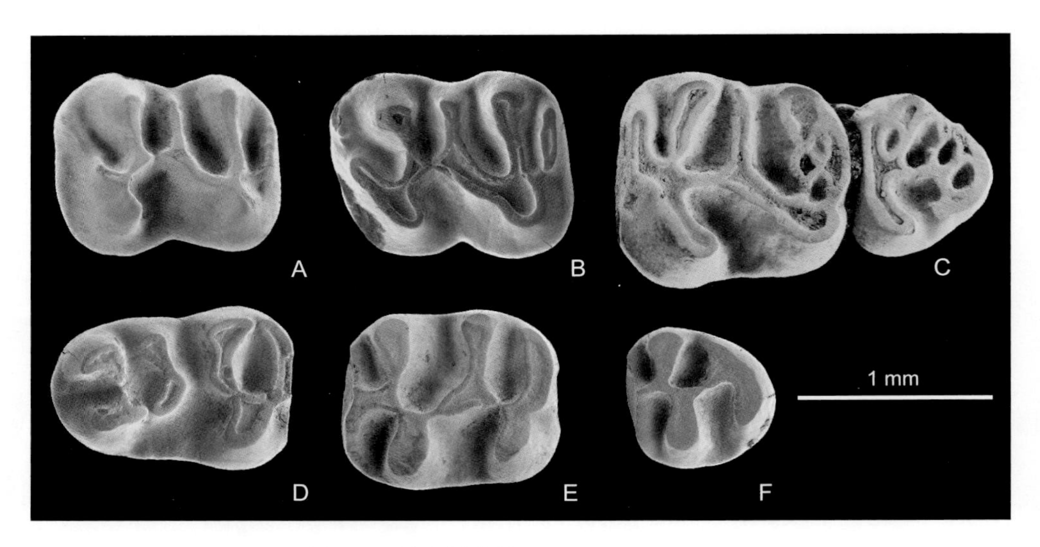

图 172 最小简齿鼠 *Litodonomys minimus*

A. 左 M1（IVPP V 15890.1，正模），B. 右 M1（IVPP V 19662.1，反转），C. 左上颌骨碎块附着的 M2–3（IVPP V 19661.1），D. 左 m1（V 19662.3），E. 左 m2（IVPP V 19662.4），F. 左 m3（IVPP V 19662.5）：冠面视（A 引自 Kimura, 2010a；B–F 引自邱铸鼎、李强，2016）

西水简齿鼠 *Litodonomys xishuiensis* Wang, 2003

（图 173）

正模 IVPP V 13599，可能为同一个体的左、右下颌骨。甘肃肃北西水沟，中中新统铁匠沟组中部。

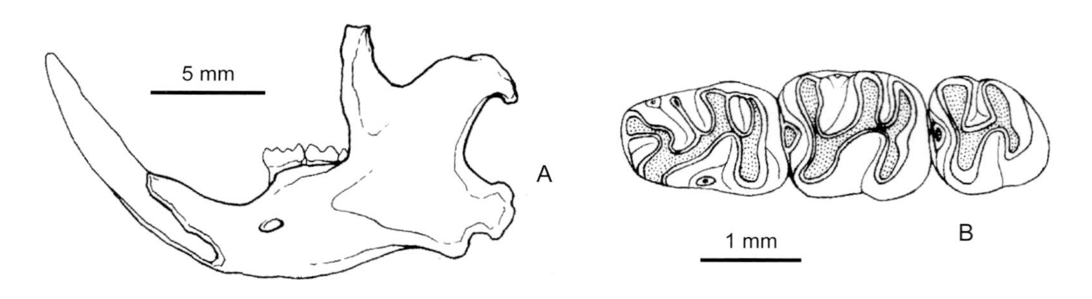

图 173 西水简齿鼠 *Litodonomys xishuiensis*

左下颌骨及颊齿（IVPP V 13599，正模）：A. 左下颌骨颊侧视，B. 左 m1–3 冠面视（引自王伴月，2003）

鉴别特征 下臼齿比例上较宽短，下外脊约位于牙齿的中轴线附近；m1 下中脊长，伸达齿的舌缘；m2 无下中脊的痕迹；m2 和 m3 的前边脊弱，下前边尖很显著，但不与下后脊相连，下后脊呈前凹的弧形；m3 宽大于长，下中间谷和下外谷明显缩短。

近蹶鼠属 Genus *Plesiosminthus* Viret, 1926

模式种 绍氏近蹶鼠 *Plesiosminthus schaubi* Viret, 1926

鉴别特征 齿式如同跳鼠类中的蹶鼠：1•0•1•3/1•0•0•3。上门齿唇侧有纵沟。P4 像现生 *Sicista* 属的那样退化；但 M3 较为发育，具有正常上臼齿的构造。下臼齿中 m1 和 m2 的相对大小与 *Sicista* 的正好相反，即 m1 比 m2 大，而 *Sicista* 属中 m2 比 m1 大。另外，上臼齿的内谷和下臼齿的下外谷不像 *Sicista* 的那样宽大和横向，而是非常倾斜地向咀嚼面的前外侧和后内侧收缩。颧弓非常低，如同 *Sicista* 的一样。

中国已知种 *Plesiosminthus asiaticus*, *P. barsboldi*, *P. vegrandis*，共 3 种。

分布与时代 新疆，晚渐新世；内蒙古，早中新世（谢家期）。

评注 在牙齿的形态上，*Plesiosminthus* 属与 *Heosminthus*、*Parasminthus*、*Litodonomys* 和 *Schaubeumys* 属的比较接近，但其上门齿唇侧有纵沟，臼齿脊型（齿尖呈不同程度的压扁状，齿脊相对显著），上臼齿仅具三齿根，齿尖位于牙齿的四角，M2 和 M3 常有双原脊，m2 和 m3 屡见下原尖后臂。这些特征的组合，特别是上门齿唇侧具纵向沟，使其不同于以上各属。

该属在蒙古、哈萨克斯坦、欧洲乃至北美渐新世或早中新世地层都有发现（Schaub, 1930；Wood, 1935；Black, 1958；Engesser, 1987；Korth, 1987；Alvarez et al., 1996；Lopatin, 1999；Daxner-Höck et al., 2014）。属的未定种还见于中国新疆准噶尔盆地（Daxner-Höck et Wu, 2003）。

亚洲近蹶鼠 *Plesiosminthus asiaticus* Daxner-Höck et Wu, 2003

（图 174）

正模 IVPP V 12724.6，左 M1。新疆富蕴铁尔斯哈巴合（IVPP Loc. XJ 98035），上渐新统铁尔斯哈巴合组。

副模 IVPP V 12724.1–5, 7–115，114 枚牙齿，包括 15 枚完整或破损的上门齿。产地与层位同正模。

归入标本 IVPP V 12723.1–68, 68 枚牙齿（新疆准噶尔盆地）。IVPP V 19600.1–2，臼齿 2 枚（内蒙古苏尼特左旗）。

鉴别特征 *Plesiosminthus* 属中的大种；M1 常有前齿带，后脊往往伸至次尖；M2 具双原脊，原尖与原脊II的连接弱、有时中断；M3与M1和m3与m1的长度之比分别为0.76和0.84；m2大多有（90%）下后脊II；m1具下中尖，下中脊有时很显著；下外脊短；下次脊与下次尖前臂连接。

产地与层位 新疆福海、富蕴乌伦古河地区（IVPP Loc. XJ 98035, XJ 98023），上渐新统铁尔斯哈巴合组；内蒙古苏尼特左旗敖尔班（下），下中新统敖尔班组下段。

评注 该种也发现于蒙古的湖谷地区（Daxner-Höck et al., 2014）。

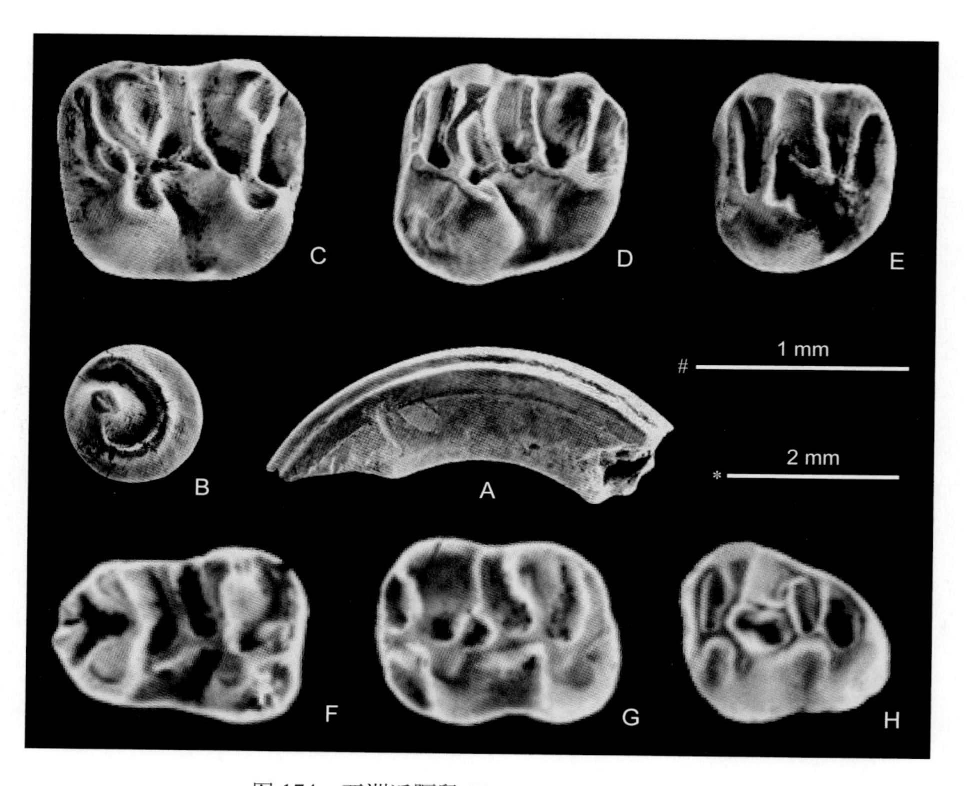

图 174 亚洲近蹶鼠 *Plesiosminthus asiaticus*

A. 左上门齿（IVPP V 12724.50），B. 左 P4（IVPP V 12724.4），C. 左 M1（IVPP V 12724.6，正模），D. 左 M2（IVPP V 12723.10），E. 左 M3（IVPP V 12723.38），F. 左 m1（IVPP V 12724.21），G. 右 m2（IVPP V 12724.29，反转），H. 左 m3（IVPP V 12723.21）：A. 外侧视，B–H. 冠面视；比例尺：* - A，# - B–H（引自 Daxner-Höck et Wu, 2003）

巴氏近蹶鼠 *Plesiosminthus barsboldi* Daxner-Höck et Wu, 2003

（图 175）

Parasminthus cf. *P. tangingoli*：Qiu et al., 2006, p. 180 (part)

正模 NHMW 2001z 0066/0002/1（蒙古与奥地利联合发掘编号），附有P4–M1的右上颌骨碎块。蒙古湖谷地区 Unkheltseg（UNCH-A/3），下中新统 Loh 组（D 带）。

归入标本 IVPP V 19653–19655, V 15886–15889，一具 m1–3 的破碎下颌骨，牙齿 62 枚（内蒙古苏尼特左旗）。

鉴别特征 *Plesiosminthus* 属中的大种。臼齿齿尖多少呈前后向压扁状；上臼齿的后脊与次尖或次尖前部相连；M1 和 M2 的横脊显著，后边脊与次尖连接，后缘在次尖和后边脊间无后凹；M1 无明显的前齿带；M2 具有双原脊，其中的原脊 II 与原尖的连接弱。下臼齿的齿尖略错位排列，下中尖强大，下次脊与下次尖前部或下外脊后部相连，下外脊短、连接下原尖的近中侧；m1 和 m2 的后边脊与下次尖连接，后缘下次尖与后边脊的连接处可能稍收缩，但无明显的后凹；m1 无次生脊，m2 下前边尖显著、与下后脊 I 连接，m2 和 m3 的下原尖多有明显与下后尖连接的后臂。第三臼齿大，相对不甚退化；M3 与

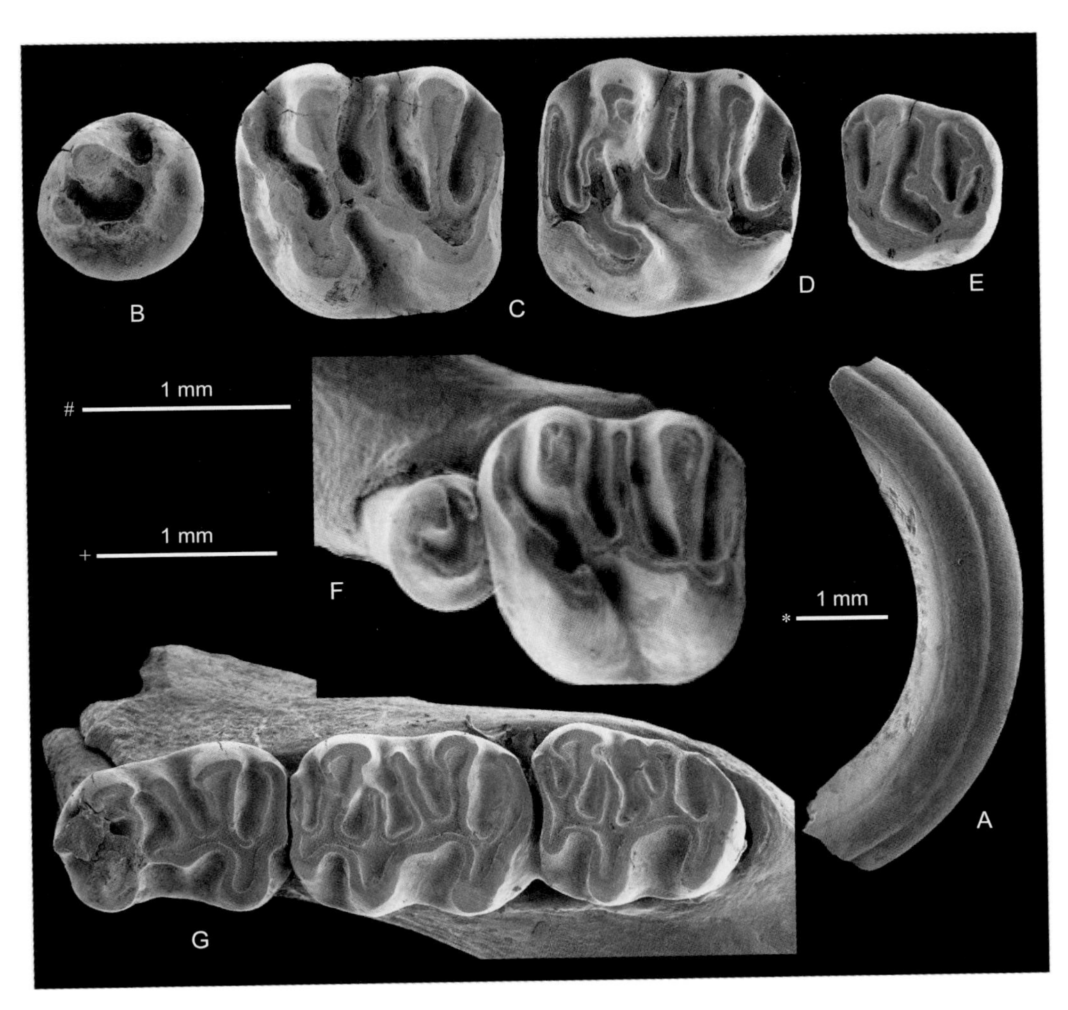

图 175 巴氏近蹶鼠 *Plesiosminthus barsboldi*

A. 左上门齿（IVPP V 19654.1），B. 左 P4（IVPP V 19654.2），C. 右 M1（IVPP V 19654.3，反转），D. 左 M2（IVPP V 19653.2），E. 右 M3（IVPP V 19653.3，反转），F. 右 P4–M1（NHMW 2001z 0066/0002/1，正模，反转），G. 附有 m1–3 的破损左下颌骨（IVPP V 19654.7）：A. 外侧视，B–G. 冠面视；比例尺：* - A，# - B–F，+ - G（A–E, G 引自邱铸鼎、李强，2016；F 引自 Daxner-Höck et Wu, 2003）

M1 和 m3 与 m1 长度之比分别为 0.83 和 0.86 左右。

产地与层位 内蒙古苏尼特左旗敖尔班、嘎顺音阿得格，下中新统敖尔班组。

小近蹶鼠 *Plesiosminthus vegrandis* Kimura, 2010

（图 176）

Parasminthus cf. *P. parvulus*：Qiu et al., 2006, p. 180

正模 IVPP V 15884.22，左 m2。内蒙古苏尼特左旗嘎顺音阿得格，下中新统敖尔班组。

副模 IVPP V 15882–15883, V 15884.1–21, 23–24, V 15885，3 件破碎的下颌骨，颊齿

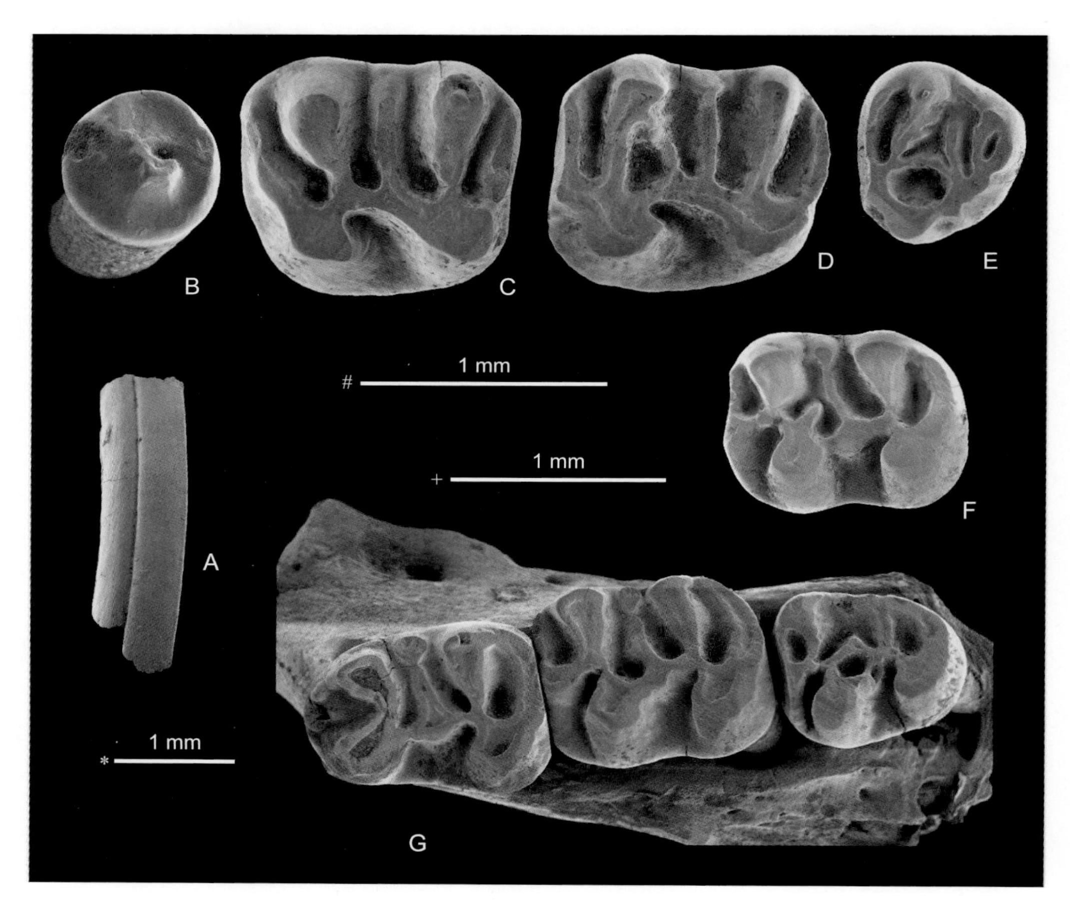

图 176 小近蹶鼠 *Plesiosminthus vegrandis*

A. 右上门齿（IVPP V 19657.1），B. 左 P4（IVPP V 19657.2），C. 右 M1（IVPP V 19656.3，反转），D. 左 M2（IVPP V 19656.4），E. 左 M3（V 19656.6），F. 左 m2（IVPP V 15884.22，正模），G. 附有 m1–3 的破损左下颌骨（IVPP V 19656.1）：A. 唇侧视，B–G. 冠面视；比例尺：* - A，# - B–F，+ - G（F 引自 Kimura, 2010a；A–E, G 引自邱铸鼎、李强，2016）

54 枚。产地与层位同正模。

归入标本 IVPP V 19656–19659，12 件破碎颌骨，牙齿 100 枚（内蒙古苏尼特左旗）。

鉴别特征 *Plesiosminthus* 属中的小种。臼齿齿尖多少呈压扁状，无明显的次生脊。上臼齿的后脊与次尖或次尖前部相连；M1 和 M2 的后边脊与次尖连接，后缘在次尖和后边脊间无后凹；M1 偶见弱的前齿带；M2 多有强的原脊 I 和弱的原脊 II。下臼齿的下中尖显著，m1 和 m2 的下次脊与下次尖前臂或下外脊后部相连，下后边脊与下次尖连接，在连接处的后缘无明显的后凹；m2 的下原尖后臂发育，并倾向于与下中脊连接；m3 时有下原尖后臂。第三臼齿相对较退化；m3 与 m1 的长度之比为 0.80 或更小。

产地与层位 内蒙古苏尼特左旗嘎顺音阿得格、敖尔班，下中新统敖尔班组。

中华齿鼠属 Genus *Sinodonomys* Kimura, 2010

模式种 简中华齿鼠 *Sinodonomys simplex* Kimura, 2010

鉴别特征 齿冠低，丘型齿；M1 和 M2 四齿根。独有衍征：上、下臼齿的中脊缺如或仅在第一和第二臼齿中留有痕迹；M1 的前壁稍扩张，前尖与内脊连接而与原尖分开；第一和第二臼齿都没有原尖（下原尖）后臂；m2 的下前边脊与下后脊 II 间由一宽阔的齿凹隔开。与 *Litodonomys* 属的共有衍征：M1 滴水状的原尖顶端与前边脊连接；m1 下前边尖退化成连接下后尖基部的细脊，下后脊 II 直。与 *Litodonomys* 属的差异特征：M1、M2 和 m2 次方形，比 *Litodonomys* 属的短 10%；m1 的下后尖与下原尖横向对位排列。

中国已知种 仅模式种。

分布与时代 内蒙古，早中新世（谢家期—山旺期）。

简中华齿鼠 *Sinodonomys simplex* Kimura, 2010

（图 177）

正模 IVPP V 15892.1，左 M1。内蒙古苏尼特左旗嘎顺音阿得格（IVPP Loc. IM 0401），下中新统敖尔班组。

归入标本 IVPP V 15893.1–4，4 枚臼齿（内蒙古苏尼特左旗）。

鉴别特征 同属。

产地与层位 内蒙古苏尼特左旗嘎顺音阿得格（IVPP Loc. IM 0401, 0406），下中新统敖尔班组。

评注 原研究者（Kimura, 2010a）将 IVPP V 15893.1–4 标本作为副模，虽然其与正模都采自苏尼特左旗的嘎顺音阿得格，但产自不同地点，这里被视为归入标本。*Sinodonomys simplex* 的相似种发现于内蒙古敖尔班（邱铸鼎、李强，2016）。

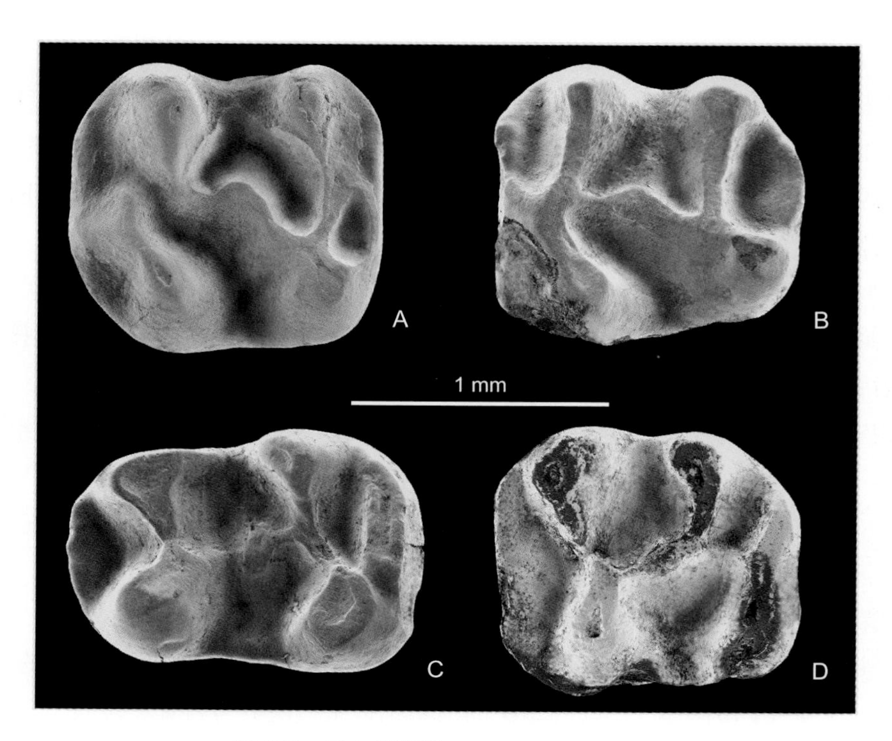

图 177　简中华齿鼠 *Sinodonomys simplex*

A. 左 M1（IVPP V 15892.1，正模），B. 左 M2（IVPP V 15893.2），C. 右 m1（IVPP V 15893.3，反转），D. 右 m2（IVPP V 15893.4，反转）：冠面视

林跳鼠属 Genus *Eozapus* Preble, 1899

模式种　四川林跳鼠 *Eozapus setchuanus* Pousargues, 1896（现生种）

鉴别特征　林跳鼠亚科中颊齿构造较简单、齿脊相对醒目的一属；臼齿没有清楚的中尖，中脊和后边脊强大。M1 和 M2 的长度明显大于宽度，没有前边尖和后边尖，后边脊和次尖相连；M1 的内脊连接原脊与次尖，使内谷横向较深、向前颊侧延伸；M2 和 M3 的内脊与原尖和次尖相连，使内谷在 M2 中很浅，在 M3 中几乎不显；M2 和 M3 的原脊单一，与原尖连接。下臼齿的下外脊与牙齿中轴线斜交，下后边脊与下次尖融会形成牙齿后边显著的齿脊，m1 的下外谷宽阔，m2 和 m3 的下外谷狭窄、向后舌方延伸；m2 无下原尖后臂。

中国已知种　*Eozapus major* 和 *E. similis* 两化石种。

分布与时代　内蒙古，晚中新世（灞河期—保德期）。

评注　在现代的动物群中，*Eozapus* 为一单型属，分布于我国四川、甘肃和云南的部分地区。化石种发现于欧亚大陆，在欧洲出现于晚中新世的 MN10–11 带，但该属似乎没有过明显的繁荣时期，在地层中不很常见。

较大林跳鼠 *Eozapus major* Qiu et Li, 2016

（图 178）

正模 IVPP V 19666，右 M2。内蒙古苏尼特左旗巴伦哈拉根，上中新统下部（巴伦哈拉根层）。

副模 IVPP V 19667，一枚 M2。产地与层位同正模。

鉴别特征 牙齿尺寸比现生种 *Eozapus setchuanus* 的略小，比化石种 *E. similis* 的明显大。齿脊相对细弱，内谷较宽阔；M2 的原脊略伸向前方与原尖的前臂连接，前边脊和后边脊相对比原脊和后脊弱得多。

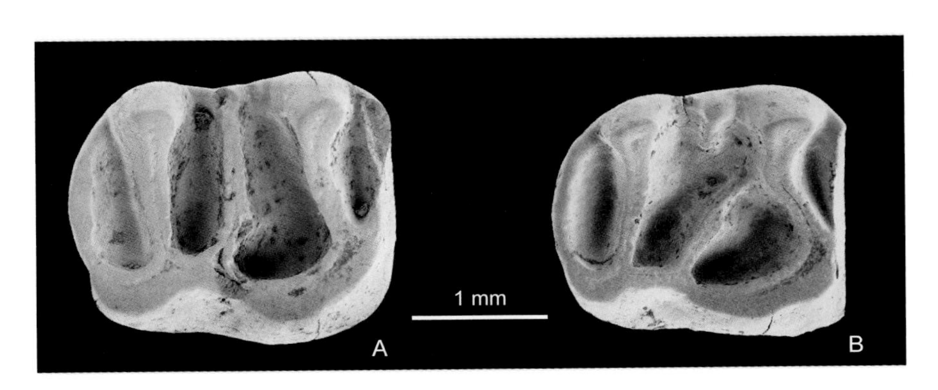

图 178 较大林跳鼠 *Eozapus major*

A. 右 M2（IVPP V 19666，正模），B. 右 M2（IVPP V 19667）：冠面视（引自邱铸鼎、李强，2016）

相似林跳鼠 *Eozapus similis* Fahlbusch, 1992

（图 179）

Eozapus sp. nov.：Fahlbusch et al., 1983, p. 214；Qiu, 1988, p. 838

正模 IVPP V 7313，左 m1。内蒙古化德二登图，上中新统二登图组。

副模 IVPP V 7314.1–308，臼齿 308 枚。产地与层位同正模。

归入标本 IVPP V 7315.1–9, V 19665.1–30，臼齿 39 枚（内蒙古化德）。

鉴别特征 与现生的 *Eozapus setchuanus* 相比，牙齿尺寸明显小，但形态相似；m1 相对较大，m2 比较短，m3 相对于 m2 不那样缩短；下中尖与下中脊组成的嵴与下原尖和下后尖组成的嵴分离，或与下原尖的后臂连接；下后尖与下中脊不相连。

产地与层位 内蒙古化德二登图，上中新统二登图组；化德哈尔鄂博，上中新统二登图组—? 下上新统。

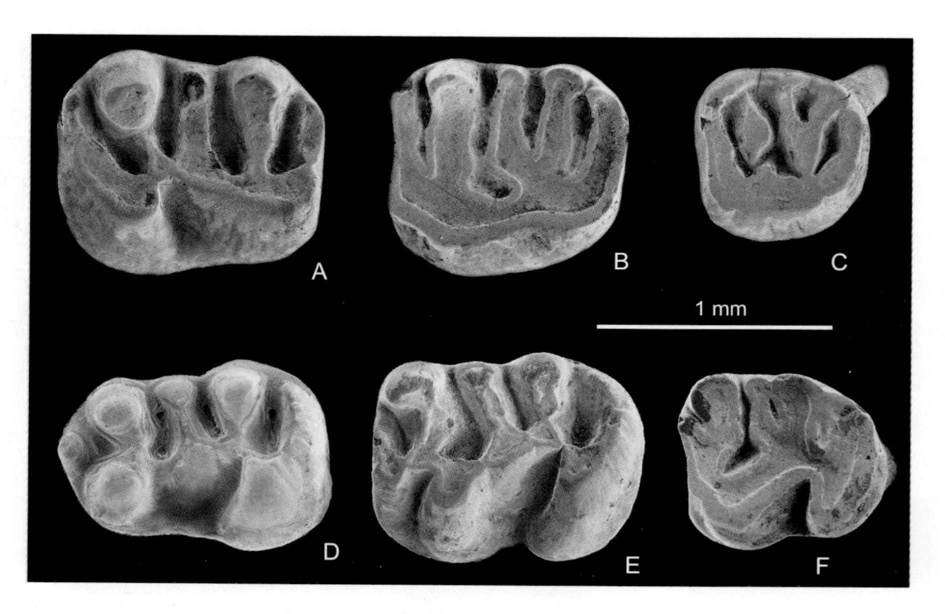

图 179　相似林跳鼠 *Eozapus similis*

A. 左 M1（IVPP V 19665.1），B. 左 M2（IVPP V 19665.2），C. 左 M3（IVPP V 19665.3），D. 左 m1（IVPP V 7313，正模），E. 左 m2（IVPP V 19665.5），F. 左 m3（IVPP V 19665.6）：冠面视（除 D 外均引自邱铸鼎、李强，2016）

中华林跳鼠属 Genus *Sinozapus* Qiu et Storch, 2000

模式种　弗尔克中华林跳鼠 *Sinozapus volkeri* Qiu et Storch, 2000

鉴别特征　林跳鼠亚科中个体较大的一属；臼齿丘 - 脊型齿，略单面高冠，没有明显的中尖，中脊和后边脊强大。M1 和 M2 近方形，没有前边尖和后边尖，内脊连接次尖与原尖后臂，后边脊与次尖相连，常有趋于连接中脊、后脊和后边脊的纵向刺（spur）；M2 和 M3 具有与原尖前臂和后臂连接的双原脊，内谷浅；M3 原尖与前边脊间的舌侧有弱的凹弯。m1 与 m2 的下外脊连接下原尖和下次尖、并与牙齿中轴线近平行，下后边脊与下次尖相连，下外谷宽阔；m2 偶见发育程度不同的下原尖后臂。

中国已知种　*Sinozapus volkeri* 和 *S. parvus* 两种。

分布与时代　内蒙古，晚中新世—上新世早期（灞河期—高庄期）。

评注　模式种种名曾译为“法氏中华林跳鼠”（邱铸鼎、李强，2016），现按原意改称弗尔克中华林跳鼠。在内蒙古化德二登图还发现该属的未定种（邱铸鼎、李强，2016）。

弗尔克中华林跳鼠 *Sinozapus volkeri* Qiu et Storch, 2000

（图 180）

正模　IVPP V 11911，左 M1。内蒙古化德比例克，下上新统比例克层。

副模 IVPP V 11912.1–43，颊齿 43 枚。产地与层位同正模。

归入标本 IVPP V 19668，1 枚 M2（内蒙古中部地区）。

鉴别特征 *Sinozapus* 属中个体较大的一种；上臼齿的颊侧主尖和下臼齿的舌侧主尖较明显地前后向压扁，齿脊相对醒目，中脊、后脊和后边脊间的纵刺较发育；M2 和 M3 原尖与前边脊间的舌侧凹（原始或退化的原谷）模糊；m2 的下原尖后臂较弱；上臼齿的内谷和下臼齿的下外谷相对宽大。

产地与层位 内蒙古化德比例克、阿巴嘎旗高特格，下上新统比例克层。

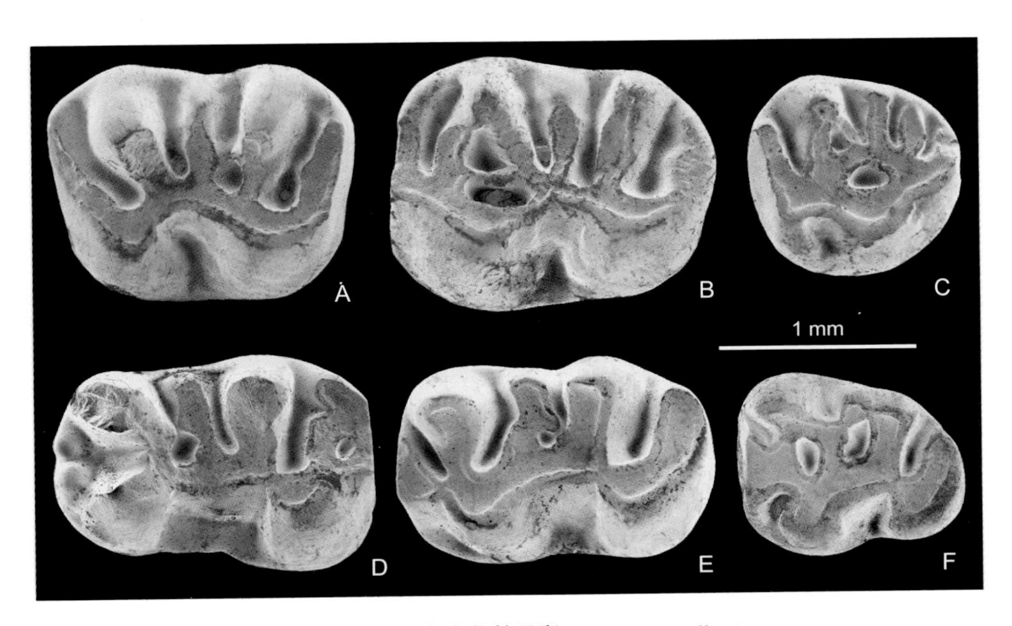

图 180 弗尔克中华林跳鼠 *Sinozapus volkeri*

A. 左 M1（IVPP V 11911，正模），B. 左 M2（IVPP V 11912.1），C. 左 M3（IVPP V 11912.2），D. 左 m1（IVPP V 11912.3），E. 左 m2（IVPP V 11912.4），F. 左 m3（IVPP V 11912.5）：冠面视（引自 Qiu et Storch, 2000）

小中华林跳鼠 *Sinozapus parvus* Qiu et Li, 2016

（图 181）

Sinozapus sp.：Qiu et al., 2006, p. 181；Qiu et al., 2013, p. 181, 182

正模 IVPP V 19669，左 M1。内蒙古苏尼特右旗沙拉，上中新统沙拉层。

副模 IVPP V 19670，1 枚 m2。产地与层位同正模。

归入标本 IVPP V 19671–19673，臼齿 9 枚（内蒙古中部地区）。

鉴别特征 与模式种 *Sinozapus volkeri* 相比，牙齿的尺寸小得多，齿脊发育弱，上臼齿的颊侧主尖和下臼齿的舌侧主尖不甚前后向压扁，中脊、后脊和后边脊间的纵刺不很显著，m2 的下原尖后臂较清楚，内谷和下外谷相对窄、浅。

产地与层位 内蒙古苏尼特右旗阿木乌苏、沙拉，苏尼特左旗巴伦哈拉根，阿巴嘎旗灰腾河，上中新统下部。

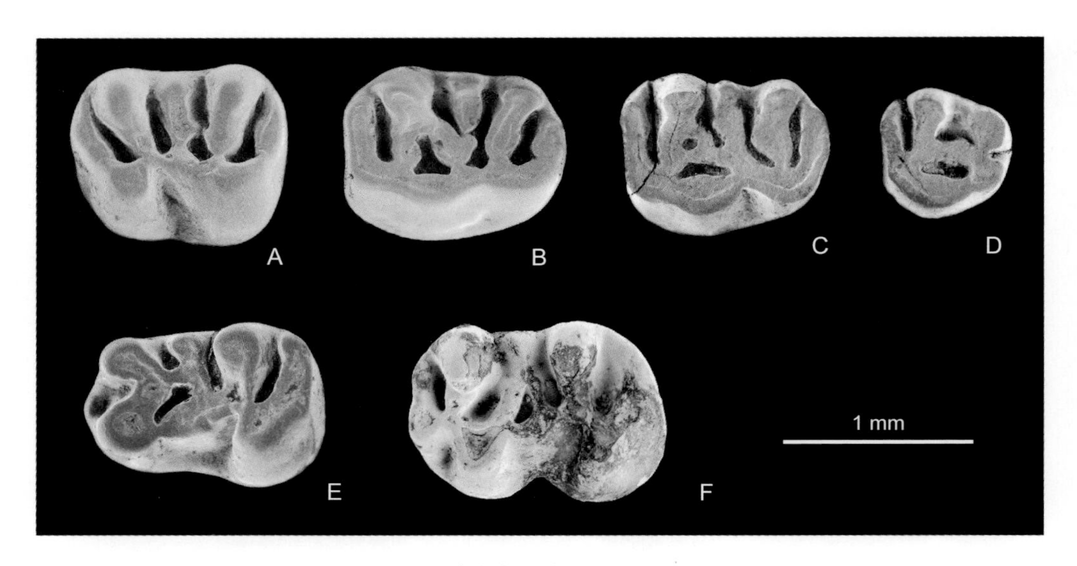

图 181 小中华林跳鼠 *Sinozapus parvus*

A. 左 M1（IVPP V 19669，正模），B. 左 M2（IVPP V 19671.1），C. 右 M2（IVPP V 19673.1，反转），D. 左 M3（IVPP V 19673.2），E. 右 m1（IVPP V 19671.2，反转），F. 左 m2（IVPP V 19670）：冠面视（引自邱铸鼎、李强，2016）

蹶鼠亚科 Subfamily Sicistinae Allen, 1901

模式属 蹶鼠属 *Sicista* Gray, 1827

概述与定义 一类体型小、不擅长跳跃运动的跳鼠。现今分布于欧亚大陆古北区、适应森林 - 草甸环境的 *Sicista* 属被认为是这一亚科残存的唯一成员，显然也是蹶鼠亚科的模式属。该属最早出现于中国的早中新世，新近纪后期在内蒙古地区还相当繁荣；从最初出现至今，其牙齿的形态似乎没有发生很明显的改变。

鉴别特征 听泡不扩大，颈椎骨不愈合，后肢骨相对短，中间蹠骨分离。上门齿舌侧通常平滑无沟；具细小、单齿尖的 P4；颊齿低冠，丘 - 脊型齿，主尖和主脊通常不同程度地向齿谷伸出次生脊或刺。上臼齿内谷和下臼齿下外谷相对宽阔，且近对称。臼齿的舌、颊侧主尖近对位排列；M1 和 M2 的前边脊、后边脊和中脊都不很发育，但前边尖明显，后边脊与后脊或次尖间由纵向脊连接，形成短的后边脊舌侧支和小的次谷（后内谷），有时有小的后边尖。下臼齿 m1 和 m2 的下后边脊通过纵向脊与下次尖连接，形成短的下后边脊颊侧支和小的下次谷（后外谷）；m1 长大于宽，有较显著、与下原尖连接的下前边尖和小的下后边尖。

图 182 为蹶鼠亚科臼齿构造模式图。

中国已知属 仅 *Sicista* 和 *Omoiosicista* 两属。

分布与时代 内蒙古、山西、甘肃，早中新世—现代。

评注 该亚科同样出现于俄罗斯、乌克兰和哈萨克斯坦的早中新世—现代。北美也报道有其化石的发现，但需要进一步的研究和核实。亚洲古近纪至早中新世地层中发现的几个属（如 *Allosminthus* 和 *Parasminthus* 等），先前曾被归入该亚科（Wang, 1985；

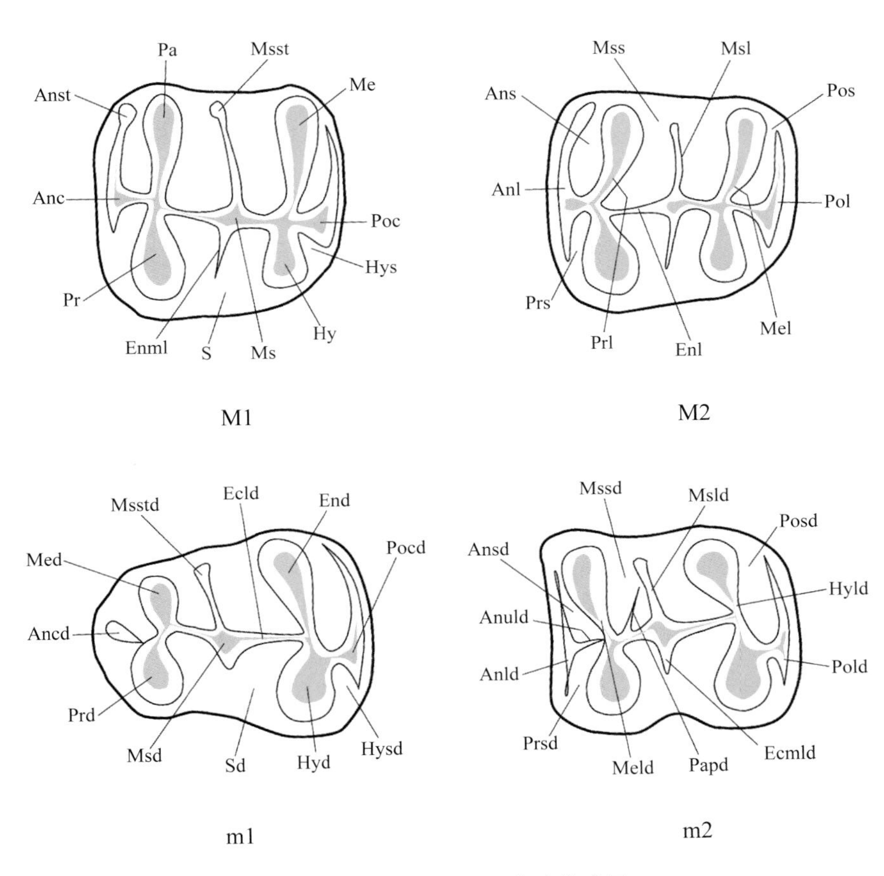

图 182 蹶鼠亚科臼齿构造模式图

Anc. 前边尖（anterocone），Ancd. 下前边尖（anteroconid），Anl. 前边脊（anteroloph），Anld. 下前边脊（anterolophid），Anst. 前附尖（anterostyle），Ans. 前边谷（anterosinus），Ansd. 下前边谷（anterosinusid），Anuld. 下前小脊（anterolophulid），Ecld. 下外脊（ectolophid），Ecmld. 下外中脊（ectomesolophid），End. 下内尖（entoconid），Enl. 内脊（entoloph），Enml. 内中脊（entomesoloph），Hy. 次尖（hypocone），Hyd. 下次尖（hypoconid），Hyld. 下次脊（hypolophid），Hys. 次谷（hyposinus），Hysd. 下次谷（hyposinusid），Me. 后尖（metacone），Med. 下后尖（metaconid），Mel. 后脊（metaloph），Meld. 下后脊（metalophid），Ms. 中尖（mesocone），Msd. 下中尖（mesoconid），Msl. 中脊（mesoloph），Msld. 下中脊（mesolophid），Mss. 中间谷（mesosinus），Mssd. 下中间谷（mesosinusid），Msst. 中附尖（mesostyle），Msstd. 下中附尖（mesostylid），Pa. 前尖（paracone），Papd (Pmsld). 下原尖后臂（假下中脊）(posterior arm of protoconid, pseudomesolophid)，Poc. 后边尖（posterocone），Pocd. 下后边尖（posteroconid），Pol. 后边脊（posteroloph），Pold. 下后边脊（posterolophid），Pos. 后边谷（posterosinus），Posd. 下后边谷（posterosinusid），Pr. 原尖（protocone），Prd. 下原尖（protoconid），Prl. 原脊（protoloph），Prs. 原谷（protosinus），Prsd. 下原谷（protosinusid），S. 内谷（sinus），Sd. 下外谷（sinusid）

McKenna et Bell, 1997），但从牙齿的形态构造看，似乎与模式属 *Sicista* 的特征有较大的不同，因而被排除出这一亚科。Li 等（2013）报道过甘肃阿克塞红崖子渐新统中的两枚臼齿，指定为 Sicistini indet.，但形态表明似乎归入 Zapodinae 亚科更妥。

似蹶鼠属 Genus *Omoiosicista* Kimura, 2010

模式种 富氏似蹶鼠 *Omoiosicista fui* Kimura, 2010

鉴别特征 个体较大的蹶鼠；门齿孔后端位于 M1 前缘的正内侧；臼齿趋于丘齿型，齿尖比齿脊高而显著，尖、脊间的次生脊不发育。M1 和 M2 前宽总大于后宽；前尖常有弱的后棱；后边脊有时通过纵向脊连接次尖与后脊的联结处；三齿根。M1 圆方形，具明显的前边尖和前齿带；后脊后指，与次尖后部或次尖后臂连接。M2 双原脊，有明显的前边脊舌侧支。m1 和 m2 的下中脊长而横向，下次脊多与下外脊相连。m2 有下原尖后臂。

中国已知种 仅模式种。

分布与时代 内蒙古，早中新世（谢家期—山旺期）。

富氏似蹶鼠 *Omoiosicista fui* Kimura, 2010

（图 183）

Parasminthus cf. *P. tangingoli*：Qiu et al., 2006, p. 180 (part)

Zapodidae gen. et sp. nov. I：Qiu et al., 2013, p. 179

正模 IVPP V 15895.7，右 m2。内蒙古苏尼特左旗嘎顺音阿得格（IVPP Loc. IM 0401），下中新统敖尔班组。

副模 IVPP V 15895.1–6，颊齿 6 枚。产地与层位同正模。

归入标本 IVPP V 15894, V 19693, V 19694，破碎的上、下颌骨 10 件，颊齿 30 枚（内蒙古苏尼特左旗）。

鉴别特征 同属。

产地与层位 内蒙古苏尼特左旗嘎顺音阿得格、敖尔班，下中新统敖尔班组。

评注 建名者将 IVPP V 15894 指定为副模，因其与正模不是产自相同的地点，故此改称归入标本。

蹶鼠属 Genus *Sicista* Gray, 1827

模式种 草原鼠 *Mus subtilis* Pallas, 1773 = *Sicista subtilis* (Pallas, 1773)（现生种）

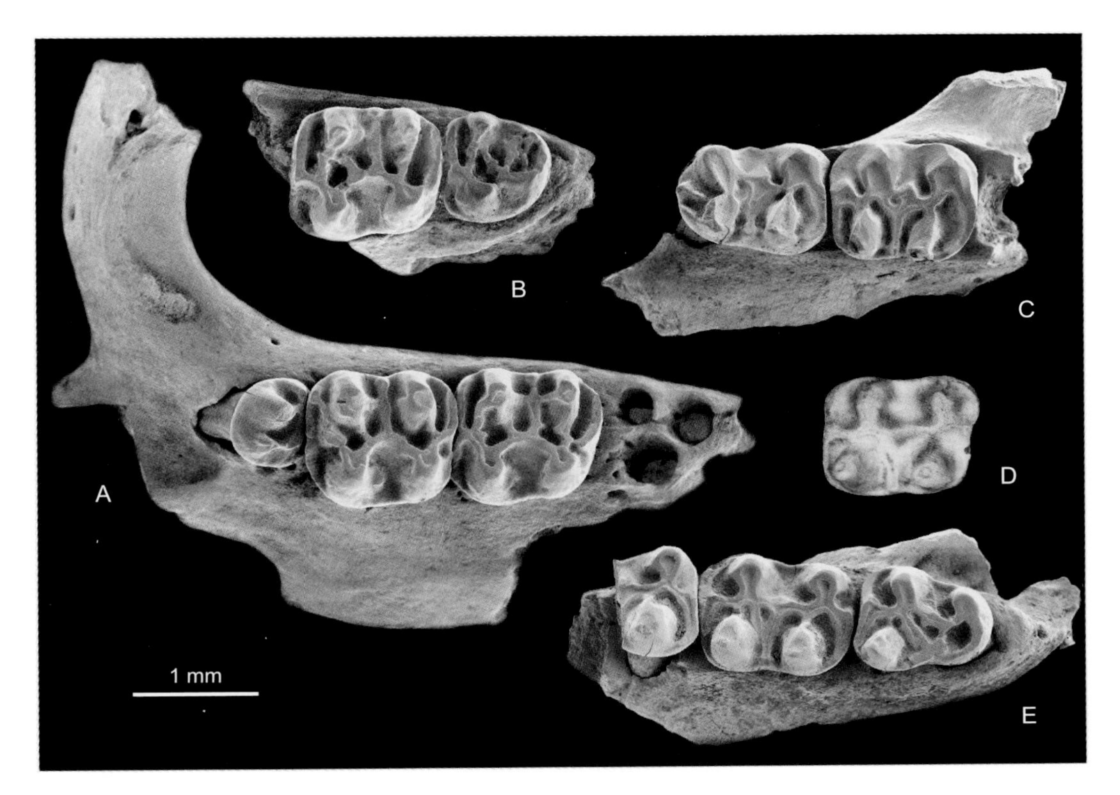

图 183 富氏似蹶鼠 *Omoiosicista fui*

A. 附有 P4–M2 的破损左上颌骨（IVPP V 19693.1），B. 附有 M2 和 M3 的左上颌骨碎块（IVPP V 19693.2），C. 附有 m1 和 m2 的右下颌骨碎块（IVPP V 19693.3），D. 右 m2（IVPP V 15895.7，正模），E. 附有 m1–3 的右下颌骨碎块（IVPP V 19693.4）：冠面视（D 引自 Kimura, 2010a；A–C, E 引自邱铸鼎、李强，2016）

鉴别特征 个体小、齿冠低；齿尖比齿脊高而显著，尖、脊间常有发育的次生脊。M1 和 M2 次方形，前宽一般稍大于后宽；主尖对位排列；内谷近对称；后边脊的舌侧支和次谷明显；三齿根。M1 的前边尖显著。m1 和 m2 长大于宽，主尖特别是舌侧主尖前后向略压扁，下后边脊的颊侧支和下次谷明显；除 m1 前排主尖外，内、外侧主尖明显错位排列；下中脊长，但低而弱。m1 的前边尖发育，常与下原尖连接。

中国已知种 *Sicista bilikeensis*, *S. ertemteensis*, *S. prima*, *S. wangi*，共 4 个化石种。

分布与时代 内蒙古，晚中新世—早上新世（灞河期—高庄期）；甘肃，中新世—上新世。

评注 *Sicista* 为一现生属，仍生存有十余种，主要分布在亚洲的古北区。在中国，该属的化石材料除内蒙古中部地区晚新近纪地层中较丰富外，其他地点很少见；除上述种外，尚有山西榆社，甘肃灵台、秦安和阿克塞（红崖子）发现的未定种（张兆群、郑绍华，2000；刘丽萍等，2011；Li et al., 2013；Qiu, 2017b）。在国外，该属的化石种出现于俄罗斯外贝加尔的晚上新世、乌克兰的早上新世和哈萨克斯坦的晚中新世（Kormos, 1930；Savinov, 1970；Erbaeva, 1976）。

比例克蹶鼠 ***Sicista bilikeensis* Qiu et Li, 2016**

（图 184）

Sicista sp.：Qiu, 1988, p. 838 (part)；Qiu et Storch, 2000, p. 187；Qiu et al., 2013, p. 185 (part)

正模 IVPP V 11905.1，左 M1。内蒙古化德比例克，下上新统比例克层。

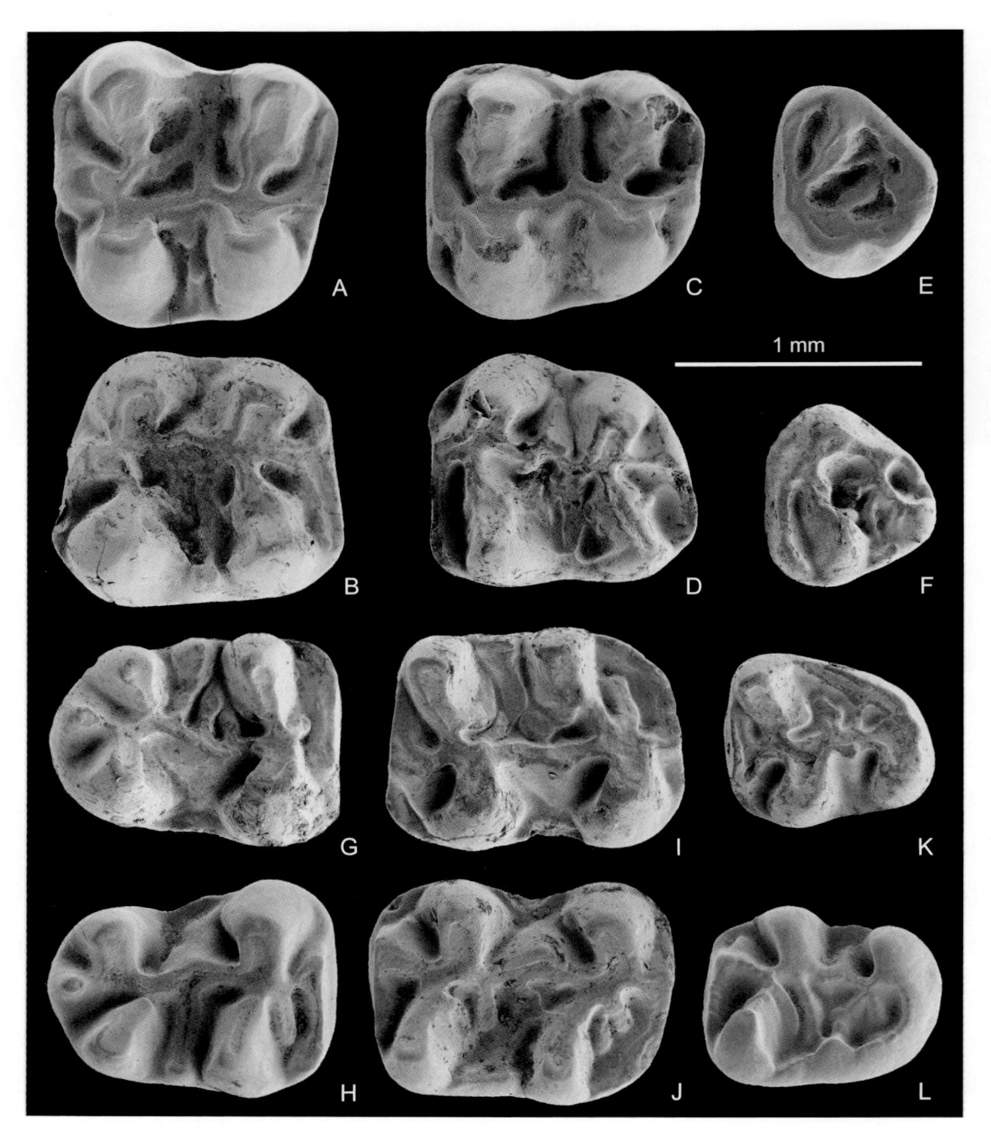

图 184 比例克蹶鼠 *Sicista bilikeensis*

A. 左 M1（IVPP V 11905.1，正模），B. 右 M1（IVPP V 11905.2），C. 左 M2（IVPP V 11905.3），D. 右 M2（IVPP V 11905.4），E. 左 M3（IVPP V 11905.5），F. 右 M3（IVPP V 11905.6），G. 左 m1（IVPP V 11905.7），H. 右 m1（IVPP V 11905.8），I. 左 m2（IVPP V 11905.9），J. 右 m2（IVPP V 11905.10），K. 左 m3（IVPP V 11905.11），L. 右 m3（IVPP V 11905.12）：冠面视（引自邱铸鼎、李强，2016）

副模 IVPP V 11905.2–698，破碎的上、下颌骨 8 件，颊齿 689 枚。产地与层位同正模。

归入标本 IVPP V 19692.1–3，臼齿 3 枚（内蒙古中部地区）。

鉴别特征 个体中等大小，齿尖高而尖锐。M1 的原脊多数指向前舌方、与前边尖连接；次生脊与主脊围成 3 个釉质岛者超过牙齿总量的 20%；少量牙齿具有内中脊。m1–3 的主尖前后向压扁；半数以上的 m1 和几乎所有 m2 的下后边谷有从下次尖伸出的次生脊。m1 的下次脊从下内尖向颊后侧伸出，并多与下次尖连接。部分 m2 和 m3 具下原尖后臂。

产地与层位 内蒙古阿巴嘎旗宝格达乌拉，上中新统宝格达乌拉组；化德比例克，下上新统比例克层。

二登图蹶鼠 *Sicista ertemteensis* Qiu et Li, 2016

（图 185）

Sicista sp.：Fahlbusch et al., 1983, p. 214 (part)；Qiu, 1988, p. 838 (part)；Qiu et Qiu, 1995, p. 64 (part)；Li et al., 2003, p. 108；Qiu et al., 2006, p. 165 (part)；2013, p. 184 (part)

正模 IVPP V 19680，左 M1。内蒙古化德二登图 2，上中新统二登图组。

副模 IVPP V 19681.1–671，臼齿 671 枚。产地与层位同正模。

归入标本 IVPP V 19682–19691，下颌骨 1 件，颊齿 137 枚（内蒙古中部地区）。

鉴别特征 个体中等大小，齿尖高而尖锐。M1 的原脊多横向，与原尖连接；次生脊与主脊围成 3 个釉质岛的牙齿仅约占总量的 10%；少量牙齿具内中脊。m1–3 的主尖明显前后压扁；半数以上的 m1 和 m2 下后边谷有从下次尖伸出的次生脊。m1 的下次脊向后颊侧伸与下次尖连接。部分 m2 和 m3 具下原尖后臂。

产地与层位 内蒙古苏尼特右旗 346 地点，中中新统通古尔组；苏尼特右旗沙拉、苏尼特左旗巴伦哈拉根、必鲁图，上中新统；化德二登图、哈尔鄂博，上中新统二登图组—? 下上新统；阿巴嘎旗高特格，下上新统。

始蹶鼠 *Sicista prima* Kimura, 2010

（图 186）

Sicista sp. nov.：Qiu et al., 2013, p. 9

正模 IVPP V 15898.2，左 M1。内蒙古苏尼特左旗嘎顺音阿得格，下中新统敖尔班组。

副模 IVPP V 15896–15899，颊齿 16 枚。产地与层位同正模。

归入标本 IVPP V 19675–19677，附 M1 破碎上颌骨 1 件，臼齿 31 枚（内蒙古中部

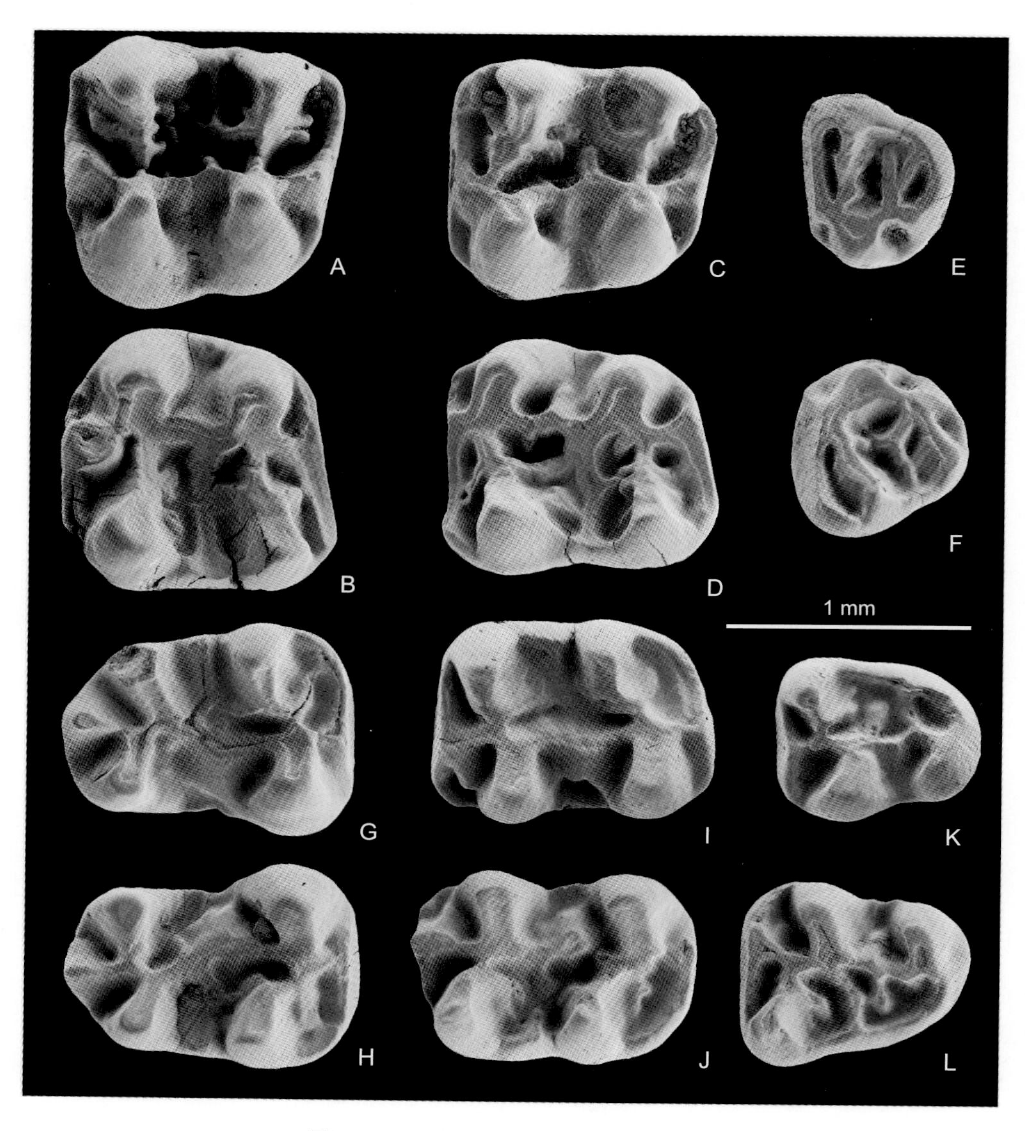

图 185　二登图蹶鼠 *Sicista ertemteensis*

A. 左 M1（IVPP V 19680，正模），B. 右 M1（IVPP V 19681.1），C. 左 M2（IVPP V 19681.2），D. 右 M2（IVPP V 19681.3），E. 左 M3（IVPP V 19681.4），F. 右 M3（IVPP V 19681.5），G. 左 m1（IVPP V 19681.6），H. 右 m1（IVPP V 19681.7），I. 左 m2（IVPP V 19681.8），J. 右 m2（IVPP V 19681.9），K. 左 m3（IVPP V 19681.10），L. 右 m3（IVPP V 19681.11）：冠面视（引自邱铸鼎、李强，2016）

地区）。

鉴别特征　个体很小，齿尖和齿脊相对较弱。M1 和 M2 的原脊与原尖连接，常见不完整的双后脊，但次生脊与主脊围成的釉质岛未能超过 3 个；m1–3 的主尖前后向不甚压扁，m1 和 m2 的下后边谷具有从下次尖伸出的明显次生脊，m1 的下次脊横向与下外脊后部连接，m2 和 m3 具有发育的下原尖后臂。

产地与层位　内蒙古苏尼特左旗嘎顺音阿得格、敖尔班（下），下中新统敖尔班组。

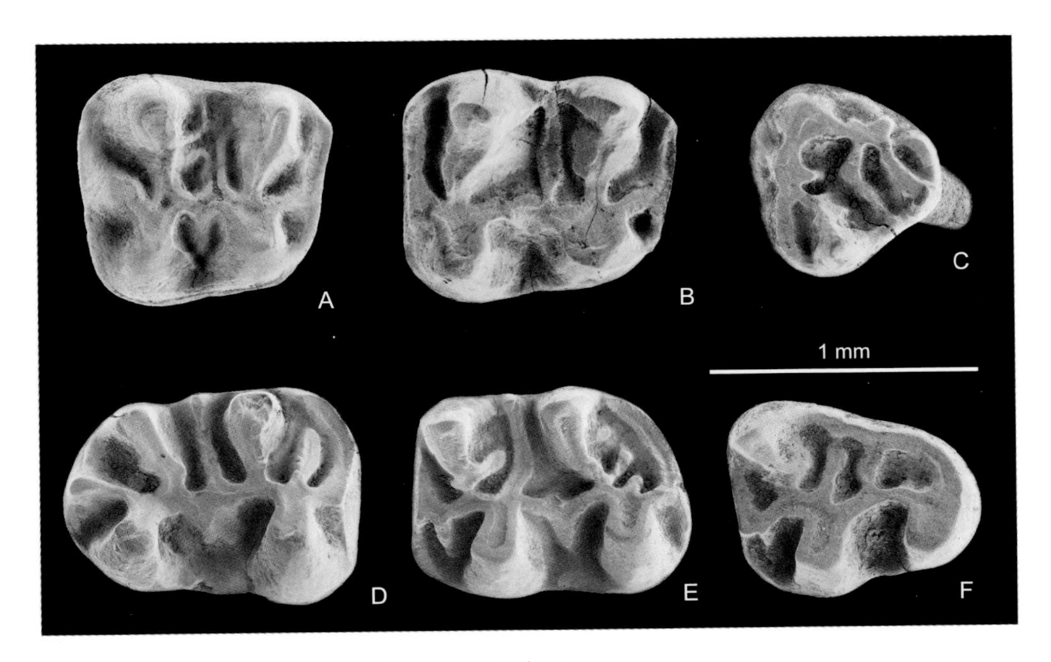

图 186　始蹶鼠 *Sicista prima*

A. 左 M1（IVPP V 15898.2，正模），B. 左 M2（IVPP V 19675.2），C. 右 M3（IVPP V 19675.3），D. 左 m1（IVPP V 19675.4），E. 左 m2（IVPP V 19675.5），F. 左 m3（IVPP V 19675.6）：冠面视（A 引自 Kimura, 2010b；B–F 引自邱铸鼎、李强，2016）

王氏蹶鼠 *Sicista wangi* Qiu et Storch, 2000

（图 187）

Sicista sp.：Fahlbusch et al., 1983, p. 214 (part)；Qiu, 1988, p. 838 (part)；Qiu et Qiu, 1995, p. 64 (part)；Qiu et al., 2013, p. 185 (part)

正模　IVPP V 11930，右 M1。内蒙古化德比例克，下上新统比例克层。

副模　IVPP V 11931.1–103，颊齿 103 枚。产地与层位同正模。

归入标本　IVPP V 19678–19679，附 M1 破碎上颌骨 1 件，臼齿 62 枚（内蒙古化德）。

鉴别特征　个体大，颊齿咀嚼面构造简单，臼齿的中脊相对显著，齿尖高而尖锐。M1 的原脊多数指向前舌方，与前边尖连接者超过标本数的三分之二；次生脊未能与主脊围成 3 个釉质岛；内中脊见于少量标本。m1–3 的主尖呈前 - 后向压扁状；m1 和 m2 从下次尖伸向下后边谷的次生脊短而弱。m1 的下次脊与下次尖连接。m2 和 m3 中的下原尖后臂不多见。

产地与层位　内蒙古化德二登图，上中新统二登图组；哈尔鄂博，上中新统二登图组—? 下上新统；比例克，下上新统。

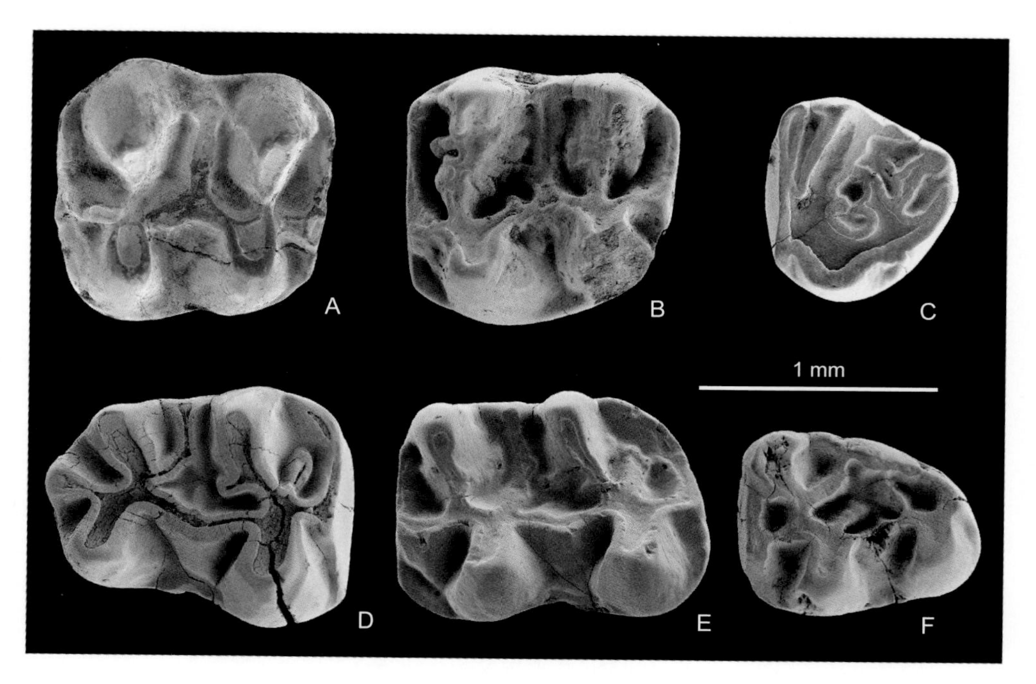

图 187　王氏蹶鼠 *Sicista wangi*

A. 右 M1（IVPP V 11930，正模，反转），B. 左 M2（IVPP V 19678.2），C. 左 M3（IVPP V 19678.3），D. 左 m1（IVPP V 19678.4），E. 左 m2（IVPP V 19678.5），F. 左 m3（IVPP V 19678.6）：冠面视（A 引自 Qiu et Storch, 2000；B–F 引自邱铸鼎、李强，2016）

脊仓跳鼠亚科 Subfamily Lophocricetinae Savinov, 1970

模式属　脊仓跳鼠属 *Lophocricetus* Schlosser, 1924

概述与定义　一类分布于亚洲古北区，个体小—中型的跳鼠，最早出现于渐新世，进入上新世后即绝灭。

鉴别特征　齿式：1•0•1•3/1•0•0•3；颊齿低—中等高冠，臼齿丘 - 脊型，齿尖相对显著，舌、颊侧主尖多少错位排列；M1 和 M2 的前边脊、中脊和后边脊不很发育，前边尖、中尖和后边尖通常较明显，内谷中等大小、不对称；M1 常具原尖舌后侧棱或原附尖，前边脊游离，原脊和后脊单一，后边脊通过后边尖或纵向脊与后脊连接，有短的后边脊舌侧支和次谷；M2 的后边脊与次尖相连；m1 和 m2 常有下前边尖和明显的下后边尖，外谷中等大小、不对称；m1 的下次脊与下中尖或下外脊连接，有下外中脊，在下次尖和后边脊之间常有下次谷。

图 188 为脊仓跳鼠亚科臼齿构造模式图。

中国已知属　*Lophocricetus*, *Shamosminthus*, *Heterosminthus*, *Paralophocricetus*，共 4 属。

分布与时代　内蒙古、山西、陕西、甘肃、青海、新疆，早渐新世—上新世。

评注　Lophocricetinae 同样出现于蒙古、俄罗斯、乌克兰和哈萨克斯坦的早渐新世—

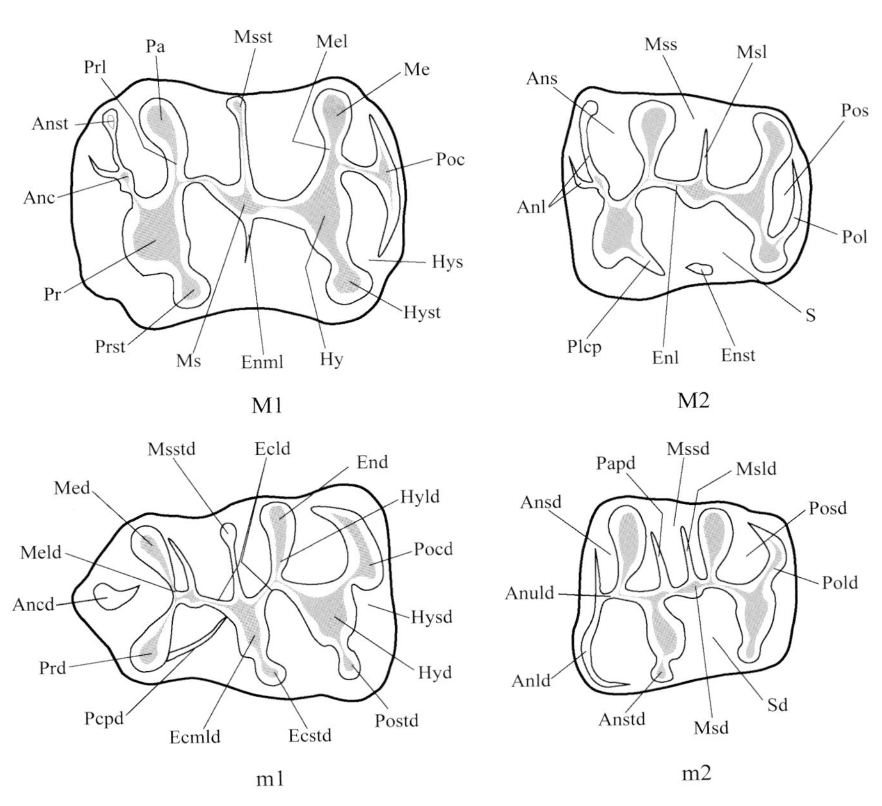

图 188　脊仓跳鼠亚科臼齿构造模式图

Anc. 前边尖（anterocone），Ancd. 下前边尖（anteroconid），Anl. 前边脊（anteroloph），Anld. 下前边脊（anterolophid），Anst. 前附尖（anterostyle），Anstd. 下前边附尖（anterostylid），Ans. 前边谷（anterosinus），Ansd. 下前边谷（anterosinusid），Anuld. 下前小脊（anterolophulid），Ecld. 下外脊（ectolophid），Ecmld. 下外中脊（ectomesolophid），Ecstd. 下外附尖（ectostylid），End. 下内尖（entoconid），Enl. 内脊（entoloph），Enml. 内中脊（entomesoloph），Enst. 内附尖（entostyle），Hy. 次尖（hypocone），Hyd. 下次尖（hypoconid），Hyld. 下次脊（hypolophid），Hys. 次谷（hyposinus），Hysd. 下次谷（hyposinusid），Hyst. 次附尖（hypostyle），Me. 后尖（metacone），Med. 下后尖（metaconid），Mel. 后脊（metaloph），Meld. 下后脊（metalophid），Ms. 中尖（mesocone），Msd. 下中尖（mesoconid），Msl. 中脊（mesoloph），Msld. 下中脊（mesolophid），Mss. 中间谷（mesosinus），Mssd. 下中间谷（mesosinusid），Msst. 中附尖（mesostyle），Msstd. 下中附尖（mesostylid），Pa. 前尖（paracone），Papd (Pmsld). 下原尖后臂（假下中脊）（posterior arm of protoconid，pseudomesolophid），Pcpd. 下原尖后脊（posterior crest of protoconid），Plcp. 原尖舌后侧棱（posterolingual rib of protocone），Poc. 后边尖（posterocone），Pocd. 下后边尖（posteroconid），Pol. 后边脊（posteroloph），Pold. 下后边脊（posterolophid），Pos. 后边谷（posterosinus），Posd. 下后边谷（posterosinusid），Postd. 下后边附尖（posterostylid），Pr. 原尖（protocone），Prd. 下原尖（protoconid），Prl. 原脊（protoloph），Prst. 原附尖（protostyle），S. 内谷（sinus），Sd. 下外谷（sinusid）

上新世（Savinov, 1970, 1977；Zazhigin et Lopatin, 2000b；Lopatin, 2001；Zazhigin et al., 2002）；Zazhigin 等（2002）将俄罗斯的 *Sibirosminthus* 和 *Lophosminthus* 属也归入这一亚科。

沙漠蹶鼠属 Genus *Shamosminthus* Huang, 1992

模式种　童氏沙漠蹶鼠 *Shamosminthus tongi* Huang, 1992

鉴别特征 门齿孔后缘达 M1 前缘或 P4 中部；颏孔位于下颌骨背缘近齿虚位处、m1 前齿根的前外侧。上、下门齿唇侧无纵沟。M1 和 M2 长明显大于宽，无明显的原尖舌后侧棱或原附尖，次尖与后边脊之间有浅的次谷；M1 原脊完全、与原尖或内脊连接；后脊略舌后向伸，与次尖后臂相连；后边脊通过显著的纵向脊与后脊相会。M2 原脊和后脊单一，略前向或横向分别与原尖和次尖或它们的前臂连接。m1 下前边尖小而孤立，下中尖和下后边尖明显，下中脊弱或缺，下外脊细弱，下外中脊弱或无；m2 的下中脊与下后尖连接或不连接，下后脊单一、短，与下前边尖相连。

中国已知种 仅模式种。

分布与时代 内蒙古，渐新世（乌兰塔塔尔期—塔奔布鲁克期）。

评注 McKenna 和 Bell（1997）认为 *Shamosminthus* 是 *Plesiosminthus* 的晚出异名，而 Daxner-Höck（2001）仍相信其系有效属。编者认为 *Shamosminthus* 的 M1 后边脊通过纵向脊与后脊连接，M1 和 M2 的次尖和后边脊之间有明显的次谷和后边脊的舌侧支，m1 和 m2 有明显的下后边尖，下次尖和后边脊之间有下次谷和后边脊的颊侧支，这些形态与 *Plesiosminthus* 属的特征有明显的差异，应属于不同的支系，因此赞同将其作为独立的有效属。该属的另一种 *S. sodovis* 和未定种出现于蒙古湖谷地区的早渐新世（Daxner-Höck, 2001）。

童氏沙漠蹶鼠 *Shamosminthus tongi* Huang, 1992

（图 189）

正模 IVPP V 10315，附有 P4–M3 的残破左上颌骨。内蒙古阿拉善左旗乌兰塔塔尔，渐新统乌兰塔塔尔组。

副模 IVPP V 10315.1–6，3 件上齿列，3 枚 M1。产地与层位同正模。

鉴别特征 个体较大的一种。M1 和 M2 的长度相对较大，中尖大，磨蚀后成三角形；中脊向颊侧迅速变细变低；内脊弱、甚至中断。

评注 命名者把上述副模标本置于归入标本，由于材料与正模都发现于乌兰塔塔尔的 UTL8b，故可当做该种的副模。

异蹶鼠属 Genus *Heterosminthus* Schaub, 1930

模式种 东方异蹶鼠 *Heterosminthus orientalis* Schaub, 1930

鉴别特征 脊仓跳鼠亚科中个体较小、齿冠较低的一属；颊齿丘 - 脊型齿；臼齿齿尖稍错位排列，相对比齿脊显著；一般具有中尖。M1 和 M2 总有中脊，常有双前边脊，原脊与内脊连接，常见原尖舌后侧棱，但仅极少数形成原附尖；M1 的后边脊舌侧支和次

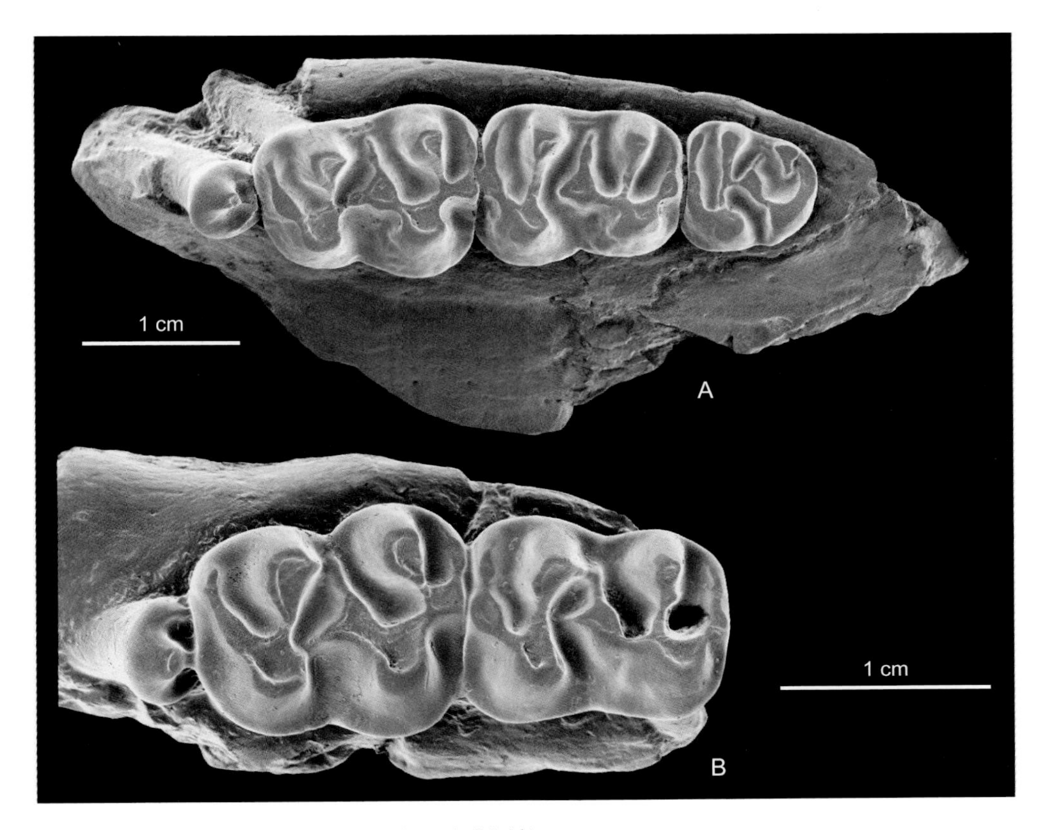

图 189　童氏沙漠蹶鼠 *Shamosminthus tongi*

A. 左上颌骨碎块，附有 P4–M3（IVPP V 10315，正模），B. 右上颌骨碎块，附有 P4–M2（IVPP V 10315.1，反转）：冠面视

谷显著。下臼齿无明显的颊侧齿带和附尖；m1 与 m2 的长度近似相等；m1 有下外中脊，下内尖与下中尖连接；m2 多为双齿根，常有伸向下后尖的下原尖后臂（假下中脊），无下中脊，在较早期的种类中下中尖与下原尖后臂间常有脊相连。

中国已知种　*Heterosminthus orientalis*, *H. lanzhouensis*, *H. intermedius*, *H. firmus*, *H. erbajevae*, *H. nanus*, *H. gansus*，共 7 种。

分布与时代　甘肃，晚渐新世—晚中新世（塔奔布鲁克期—? 保德期）；内蒙古，早中新世—晚中新世（谢家期—灞河期）；青海，中中新世（通古尔期）；新疆，早中新世—晚中新世（谢家期—通古尔期）。

评注　在形态上，*Heterosminthus* 较进步种与 *Lophocricetus* 较原始种有很多相似之处，属的确定常常会遇到困难。一般来说，*Heterosminthus* 属的个体较小，齿冠较低，M1 和 M2 的中尖、中脊显著，M1 的原附尖极不发育、内脊与原脊连接，M2 常有双前边脊，下臼齿颊侧齿带和附尖不发育，m1 与 m2 的长度接近，m1 下内尖与下中尖相连，m2 总有伸向下后尖的下原尖后臂。

Heterosminthus 曾被认为系从 *Plesiosminthus* 或 *Parasminthus* 演化而来（邱铸鼎，1996；

Wang et Qiu, 2000）。随着化石在中亚地区的大量发现，Zazhigin 和 Lopatin（2000b）、Daxner-Höck（2001）相信，该属起源于早渐新世 *Shamosminthus* Huang, 1992 的可能性更大。

该属集中分布于亚洲中部地区，主要出现于渐新世晚期至中中新世，除上述种外，尚有 *Heterosminthus mongoliensis*、*H. honestus* 和 *H. jucundus* 3 种，共 10 种。在国外，发现于蒙古的晚渐新世—早中新世、哈萨克斯坦的早中新世—中中新世和俄罗斯的早中新世地层之中（Zazhigin et Lopatin, 2000b；Lopatin, 2001）。但值得一提的是，在异蹶鼠属中，多数种的材料都不多，种内的形态变异情况不是很清楚，种间的界限多少有些模糊，一些种的确立显得证据不够充分。因此，对该属多数种而言，尚需更多材料的发现和深入研究。

东方异蹶鼠 *Heterosminthus orientalis* Schaub, 1930

（图 190）

Paracricetulus schaubi：Young, 1927, p. 30 (part)

Protalactaga tunggurensis：Wood, 1936, p. 1；邱铸鼎等，1981，162 页

“*Protalactaga*” *tunggurensis*：Qiu et al., 1988, p. 1487；Qiu, 1988, p. 834

Heterosminthus cf. *H. orientalis*：Qiu et al., 2013, p. 183

正模 附有 m1–3 的右下颌骨（Young, 1927, Taf. II, figs. 8, 9；Schaub, 1930, fig. 10；作为拉氏收藏品保存于瑞典乌普萨拉大学博物馆，标本号不明）。甘肃平丰（即现在的兰州市永登县）泉头沟，中中新统咸水河组上部。

归入标本 IVPP V 12404.1–295，破损的上、下颌骨 103 件，颊齿 192 枚（甘肃永登）；IVPP V 18865.1–64, V 18874.1–5，颊齿 69 枚（甘肃阿克塞）。IVPP V 6015, V 6016，臼齿两枚（青海互助）。IVPP V 10368–10370，10 件具颊齿的破上、下颌骨和 517 枚单个颊齿，和 IVPP V 19695–19699，1 件破损的下颌骨，651 枚颊齿（内蒙古中部地区）。IVPP V 15607, V 15608，颊齿 8 枚（新疆福海）。

鉴别特征 个体中等大小。大部分 M1 和 M2 具原尖后舌侧棱，但形成原附尖者不足十分之一；M2 少有双原脊。m1 和 m2 没有下中脊；标本中 m1 下原尖后脊出现者少于四分之一，下假中脊出现者不足三分之一，下内尖与下中尖连接；m2 前边脊舌侧支发育弱，下外中脊极少见，下原尖和下后尖通常分开地与下前边尖连接；m3 明显退化。

产地与层位 甘肃永登泉头沟、阿克塞红崖子，青海民和隆治沟和互助担水路，中中新统咸水河组；新疆福海顶山盐池，中中新统—上中新统顶山盐池组；内蒙古苏尼特右旗 346 地点、阿木乌苏，苏尼特左旗默尔根、呼尔郭拉金、巴伦哈拉根、必鲁图，阿巴嘎旗乌兰呼苏音，中中新统通古尔组—上中新统。

评注 Schaub（1930）依杨钟健（Young, 1927）记述的 *Paracricetulus schaubi* 建立了 *Heterosminthus*。Wood（1936）基于内蒙古的材料指定过 *Protalactaga tunggurensis*。邱铸鼎（1996）在描述内蒙古通古尔的材料时认为 *P. tunggurensis* 和 *H. orientalis* 是同物异名，并对此前记述的 *P. tunggurensis* 作了订正。

Heterosminthus orientalis 的相似种，发现于新疆准噶尔盆地的索 3 带（孟津等，2006）。

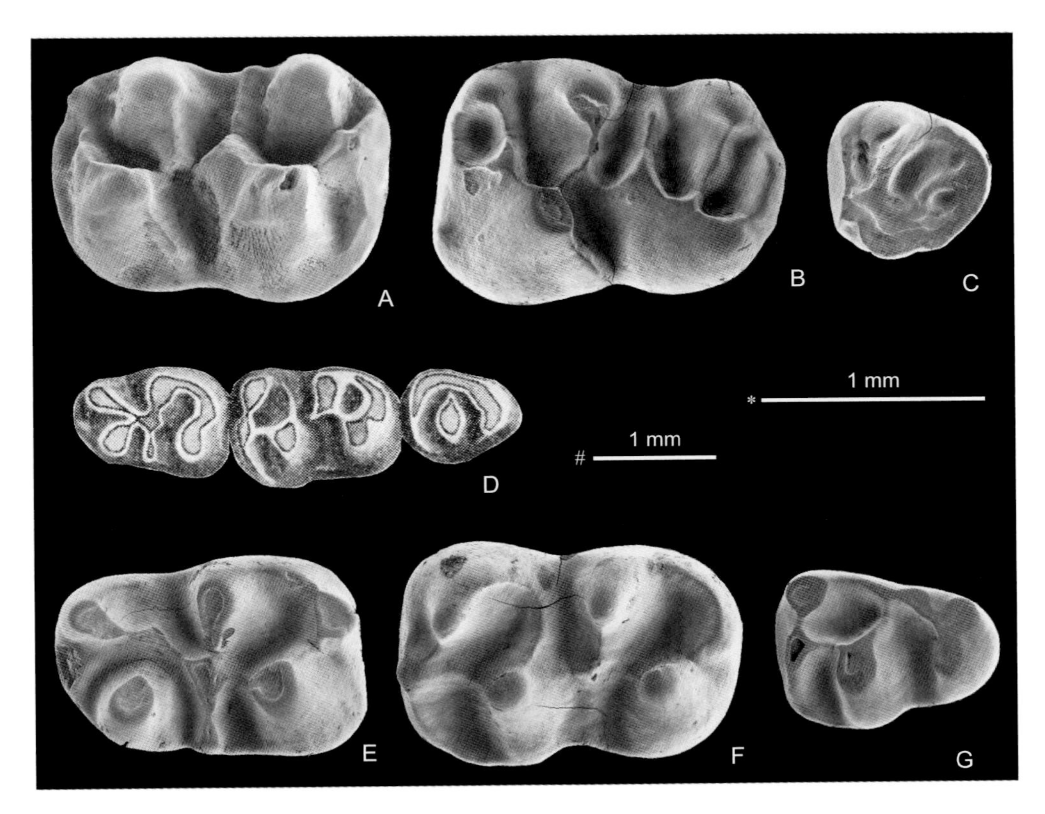

图 190　东方异蹶鼠 *Heterosminthus orientalis*

A. 左 M1（IVPP V 19698.1），B. 右 M2（IVPP V 19695.2，反转），C. 左 M3（IVPP V 19698.3），D. 附在破碎右下颌骨上的 m1–3（标本保存于瑞典乌普萨拉大学博物馆，具体编号不明，正模，反转），E. 左 m1（V 19695.3），F. 左 m2（V 19695.4），G. 左 m3（V 19698.6）：冠面视；比例尺：* - A–C，E–G，# - D（A–C, E–G 引自邱铸鼎、李强，2016；D 引自 Schaub, 1930）

叶氏异蹶鼠 ***Heterosminthus erbajevae* Lopatin, 2001**

（图 191）

Heterosminthus sp.：Qiu et al., 2006, p. 180 (part)；Qiu et al., 2013, p. 179 (part)

正模 PIN no. 4800/2，附有 m1 的破碎右下颌骨 (Zazhigin et Lopatin, 2001, fig. 1c–e)；俄罗斯贝加尔 Aya，中中新统。

归入标本 IVPP V 15874–15878, V 19702–19704，破碎的下颌骨1件，臼齿73枚（内蒙古中部地区）。

鉴别特征 牙齿轮廓相对比 *Heterosminthus orientalis* 的短宽。M1和M2有原脊舌后侧棱和双前边脊及双前附尖；M3退化，内脊和前边脊缺失；m1具有长的假下中脊；m2具连接下中尖和下原尖后臂（假下中脊）中部的斜脊，m2和m3有长的下原尖后臂。

产地与层位 内蒙古苏尼特左旗嘎顺音阿得格、敖尔班（下），下中新统敖尔班组。

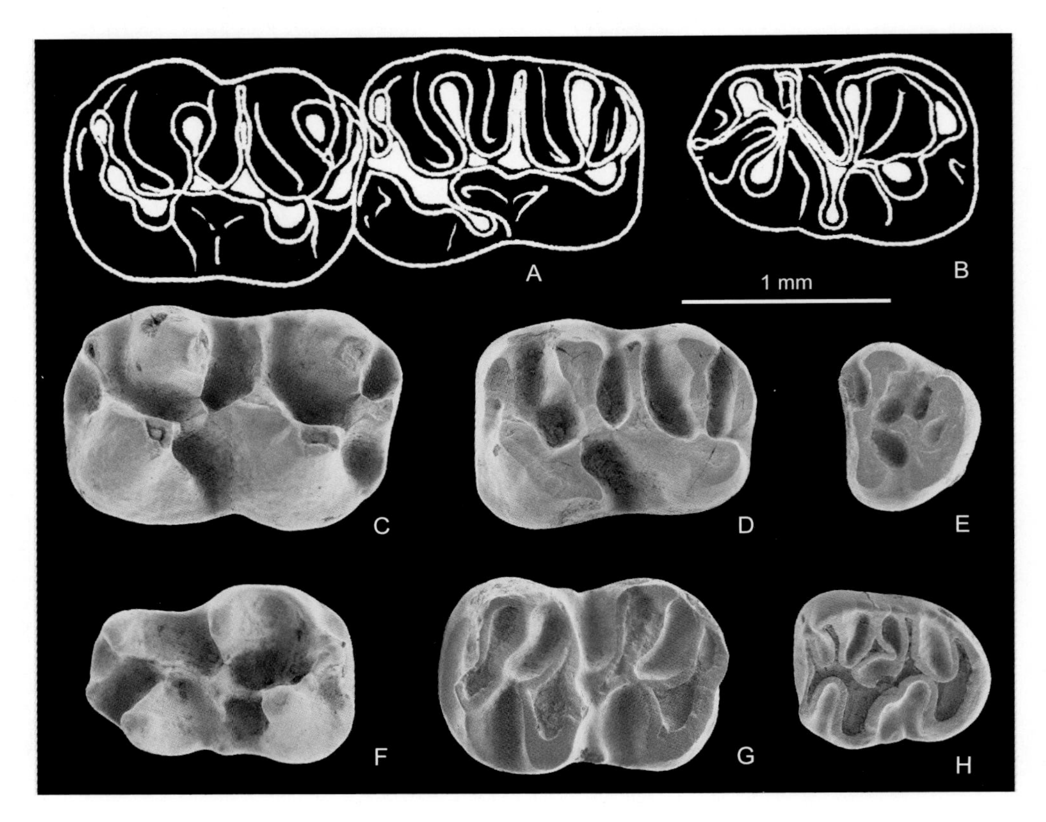

图191 叶氏异蹶鼠 *Heterosminthus erbajevae*

A. 附在左上颌骨碎块上的M1–2（PIN no 4800/3），B. 右m1（PIN no 4800/2，正模，反转），C. 左M1（IVPP V 19704.1），D. 左M2（IVPP V 19704.2），E. 左M3（IVPP V 19702.4），F. 左m1（IVPP V 19704.3），G. 右m2（IVPP V 19702.5，反转），H. 左m3（IVPP V 19704.5）：冠面视（A, B引自Lopatin, 2001；C–H引自邱铸鼎、李强，2016）

强健异蹶鼠 *Heterosminthus firmus* Zazhigin et Lopatin, 2000

（图192）

Heterosminthus sp.：Qiu et al., 2006, p. 180 (part)；Qiu et al., 2013, p. 177 (part)

正模 PIN no. 4051/105，附有M1–2的破碎右上颌骨（Zazhigin et Lopatin, 2000b, fig. 3n）。哈萨克斯坦 Ayaguz，下中新统。

归入标本 IVPP V 19700–19701，破碎的上、下颌骨 2 件，臼齿 40 枚（内蒙古中部地区）。

鉴别特征 个体较大。M1 和 M2 的原脊舌后侧棱不发育；M2 常有双前边脊和双原脊。m1 的假下中脊通常显著，时见下原尖后脊；m2 有连接下中尖和下原尖后臂的斜脊，

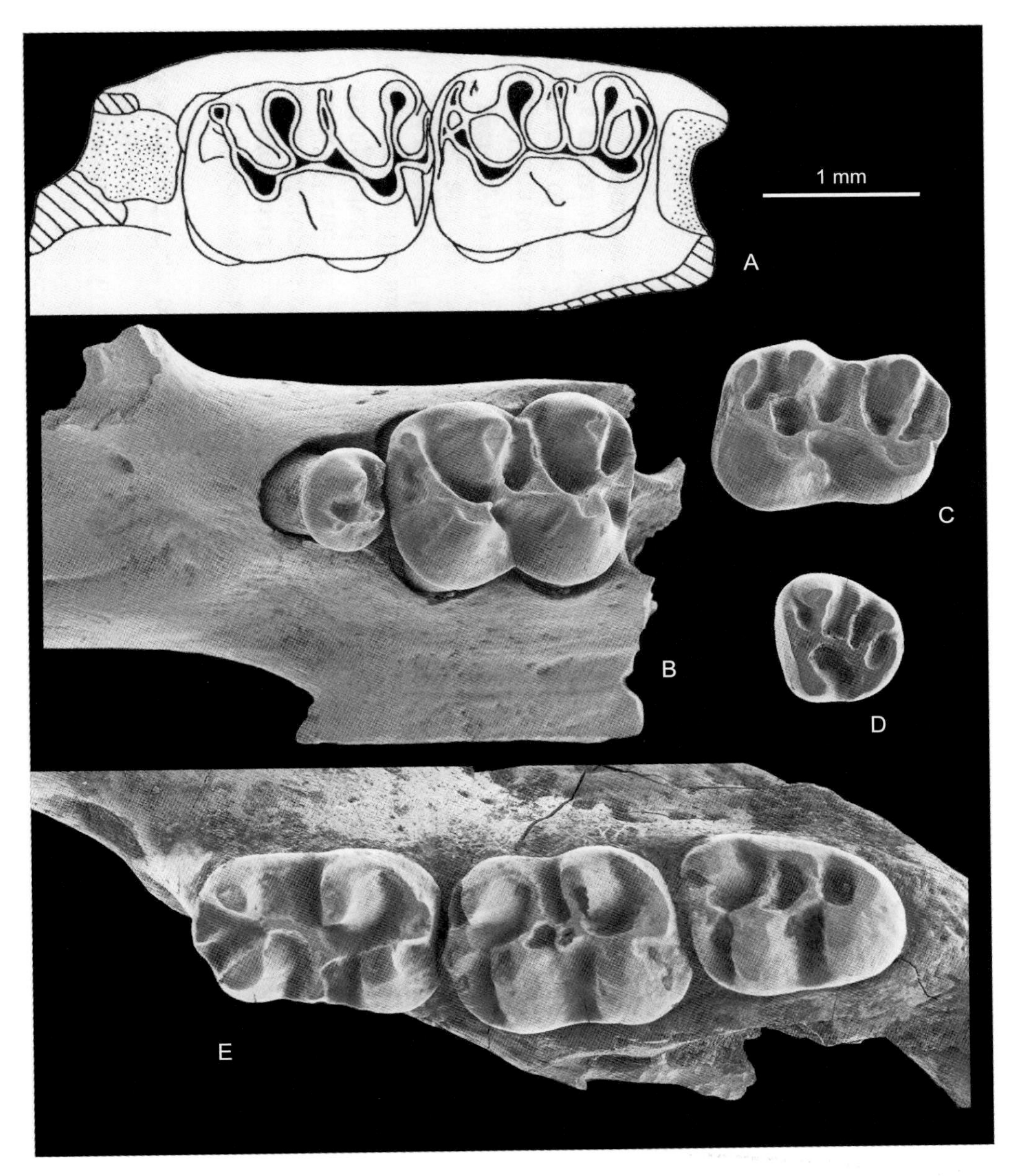

图 192 强健异蹶鼠 *Heterosminthus firmus*

A. 附有 M1 和 M2 的右上颌骨碎块（PIN no. 4051/105，正模，反转），B. 附有 P4 和 M1 的左上颌骨碎块（IVPP V 19700.1），C. 左 M2（IVPP V 19701.2），D. 左 M3（IVPP V 19701.），E. 附有 m1–3 的左下颌骨碎块（IVPP V 19700.2）：冠面视（A 引自 Zazhigin et Lopatin, 2000；B–E 引自邱铸鼎、李强，2016）

无下外中脊，下原尖和下后尖与前边尖的连接点分开。

产地与层位 内蒙古苏尼特左旗敖尔班（下），下中新统敖尔班组。

甘肃异蹶鼠 *Heterosminthus gansus* Zheng, 1982

（图 193）

Heterosminthus simplicidens：郑绍华，1982，141 页

Protalactaga cf. *tunggurensis*：郑绍华，1982，142 页

正模 IVPP V 6305，左 m1 和 m2。甘肃天祝松山，上中新统。

副模 IVPP V 6306–6310，颊齿 7 枚。产地与层位同正模。

鉴别特征 牙齿尺寸落入 *Heterosminthus orientalis* 相应牙齿的变异范围。M1 单前边脊，原尖舌后侧棱不明显，中脊短；m1 和 m2 没有下中脊；m1 的下外中脊发育；m2 没有下原尖后臂。

评注 郑绍华（1982）在记述该种时，还记述了“*Heterosminthus simplicidens* sp. nov. 和 *Protalactaga* cf. *tunggurensis* Wood, 1936”。Qiu（1985）认为甘肃天祝的这些材料属于相同的种，标本的形态具有 *Heterosminthus* 属的特征，可以归入 *H. gansus*。这一异蹶鼠显然属于较为进步的一种，但其 M1 没有明显的原尖舌后侧棱，m2 的下原尖后臂不发

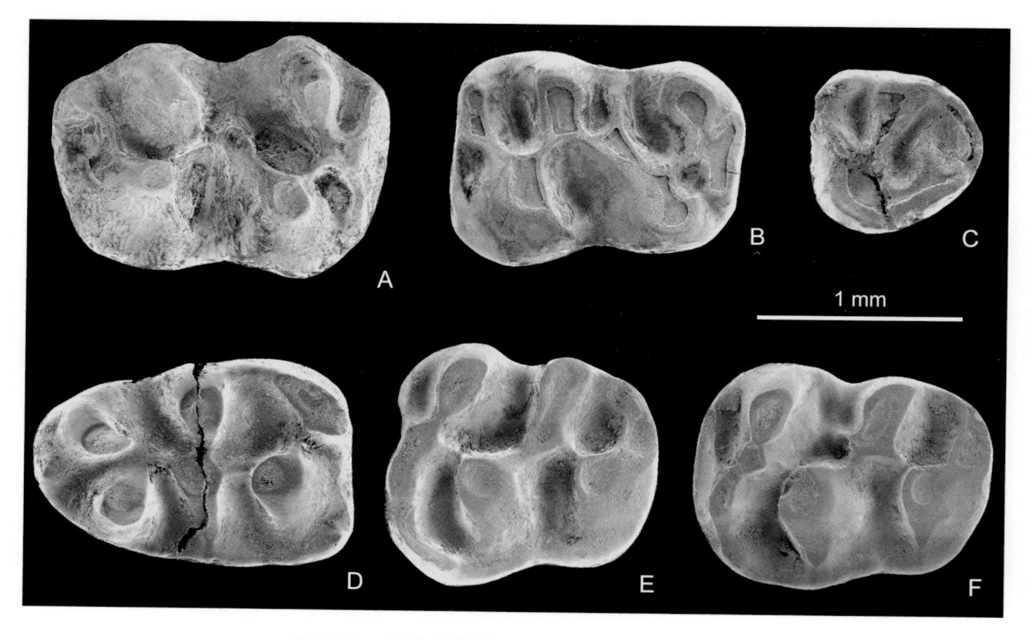

图 193 甘肃异蹶鼠 *Heterosminthus gansus*

A. 左 M1（IVPP V 6310），B. 左 M2（IVPP V 6310.1），C. 左 M3（IVPP V 6309），D, E. 左 m1 和 m2（IVPP V 6305，正模），F. 左 m2（IVPP V 6306）：冠面视

育，与已知种有所不同。由于材料太少，种内的变异情况还不清楚，有待进一步的发现和研究。Daxner-Höck（2001）在描述蒙古湖谷地区的跳鼠时，把发现于“E”带的一些材料归入 *H. gansus* 种，但那些标本的尺寸较大，而且 M1 和 M2 的原附尖显著，M1 的内脊接近于与前尖相连，与甘肃跳鼠的形态尚有所不同。

中间异蹶鼠 *Heterosminthus intermedius* Wang, 2003

（图 194）

正模 IVPP V 13597，可能为同一个体的上颌骨具右 I2 和左、右 P4–M2，一段右下颌骨具 i2 和 m1–3，一段左下颌骨具 i2 和 m1–2。甘肃阿克塞铁匠沟，下中新统西水沟组。

鉴别特征 臼齿颊、舌侧主尖稍错位排列；M2 和 m2 较短宽；M1 和 M2 前边尖和原尖舌后棱发育，但无原附尖；M1 原尖后臂较发达，具前内凹；M2 的前齿带较短而低，原尖前臂较发达，后脊与次尖连接；m1 的下原尖后臂（下假中脊）较显著、与下中附尖相连，下外中脊较长、横向延伸，下次脊斜向前伸、与下中尖前的下外脊连接；m2 下后尖较少前移，下前边脊颊侧支和下中尖较发达，具弱的下外中脊；m3 稍退化，仍具下内尖、下次脊、下中间谷和下后边谷。

评注 *Heterosminthus intermedius* 的相似种发现于新疆准噶尔盆地的索 2 和索 3 带（孟津等，2006）。Kimura（2010a）认为王伴月（2003）记述的 *H. intermedius* 是 *H. erbajevae* 的晚出异名。

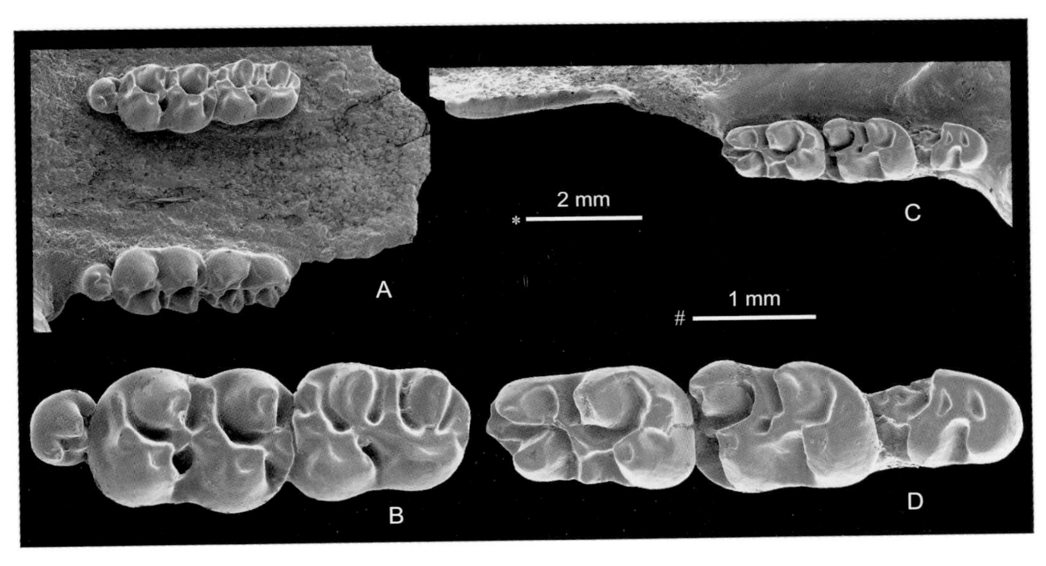

图 194 中间异蹶鼠 *Heterosminthus intermedius*

可能为同一个体的上颌骨和下颌骨碎块，具右 I2 和左、右 P4–M2，右 i2 和 m1–3，左 i2 和 m1–2（IVPP V 13597，正模）：A. 破碎的上颌骨及保存的左、右 P4–M2，B. 左 P4–M2，C. 破碎的右下颌骨及保存的 i2–m3（反转），D. 右 m1–3（反转）；均冠面视；比例尺：* - A, C，# - B, D

兰州异蹶鼠 *Heterosminthus lanzhouensis* Wang et Qiu, 2000

（图 195）

?Sicistinae indet.：Bohlin, 1946, p. 53

正模 IVPP V 11773.1，左 m1。甘肃永登上西沟（IVPP Loc. GL 9601B 地点），上渐新统咸水河组。

副模 IVPP V 11773.2–9，3 枚 m1，5 枚 m2。产地与层位同正模。

归入标本 IVPP V 11769–11772，臼齿 13 枚（甘肃兰州盆地）。IVPP V 13596，m1 和 m3 各一枚（甘肃阿克塞）。

鉴别特征 大小与 *Heterosminthus orientalis* 相近，但形态上属较原始的异蹶鼠。颊齿相对稍短宽，舌、颊侧主尖相对较少错位排列；M1 和 M2 具前边尖和原尖舌后棱，但无明显的原附尖；m1 下外中脊通常向前颊侧倾斜，下外脊呈折线形，下中脊较显著且常见；m2 具下中尖和显著的假下中脊，下前边脊较发育，有连接下中尖和下原尖后臂的斜脊。

产地与层位 甘肃永登峡沟、上西沟，上渐新统咸水河组；阿克塞燕丹图，上渐新统狍牛泉组。

评注 原命名者在描述时把正模外的材料当做“归入标本”，因为 IVPP V 11773.2–9 标本与正模都采自兰州盆地上西沟 GL 9601B 地点的同一层位，故这里称其为副模。

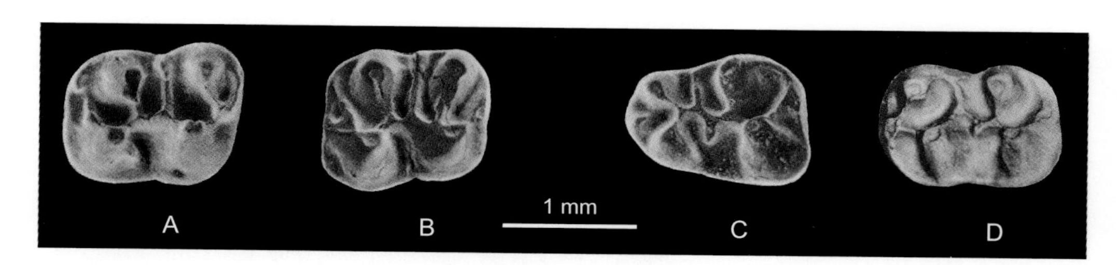

图 195 兰州异蹶鼠 *Heterosminthus lanzhouensis*
A. 左 M1（IVPP V 11772.1），B. 左 M2（IVPP V 11771.1），C. 左 m1（IVPP V 11773.1，正模），D. 右 m2（IVPP V 11773.8，反转）：冠面视（引自 Wang et Qiu, 2000）

矮小异蹶鼠 *Heterosminthus nanus* Zazhigin et Lopatin, 2000

（图 196）

正模 PIN no. 4059/2121，右 M1。哈萨克斯坦 Batpaksunde，下中新统 Akzhar 组。

归入标本 IVPP V 15879–15881, V 19705–19706，破碎的上颌骨 2 件，臼齿 21 枚（内蒙古中部地区）。

鉴别特征 个体小。M1 和 M2 多具单前边脊，无原附尖，原尖舌后侧棱不发育；M1 偶见内附尖和内中脊；M2 时见双原脊。m1 的下中脊显著，下原尖后脊弱；m2 前边脊舌侧支发育，有连接下中尖和下原尖后臂的斜脊，下原尖和下后尖分开地与前边尖连接。

产地与层位 内蒙古苏尼特左旗嘎顺音阿得格、敖尔班（下），下中新统敖尔班组。

评注 *Heterosminthus nanus* 的相似种发现于新疆准噶尔盆地的索 2 和索 3 带（孟津等，2006）。

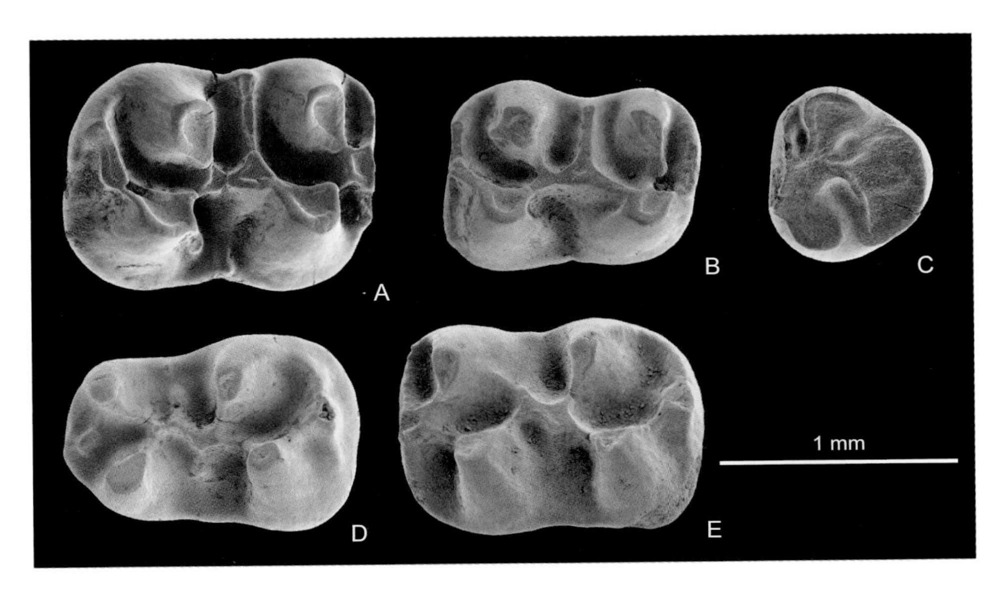

图 196 矮小异蹶鼠 *Heterosminthus nanus*

A. 右 M1（IVPP V 19706.2，反转），B. 左 M2（IVPP V 19706.3），C. 右 M3（IVPP V 19706.4，反转），D. 左 m1（IVPP V 19706.5），E. 左 m2（IVPP V 19705.1）：冠面视（引自邱铸鼎、李强，2016）

脊仓跳鼠属 Genus *Lophocricetus* Schlosser, 1924

模式种 葛氏脊齿跳鼠 *Lophocricetus grabaui* Schlosser, 1924

鉴别特征 脊仓跳鼠亚科中个体较大、齿冠较高的一属，牙齿齿脊相对比 *Heterosminthus* 的显著。上臼齿前部和下臼齿后部的颊、舌侧主尖明显错位排列；大部分 M1 和 M2 具有显著的原附尖，但无次附尖。M1 次尖强大，一般有中尖，内脊前部常与前尖或原脊连接，有明显的后边脊舌侧支和次谷，中脊短或无；M2 偶见双前边脊。下臼齿常有明显的颊侧齿带和附尖；m1 长度比 m2 的大，常有强大的下外中脊（“G”），下次尖与下中尖或下内尖或下次脊连接；m2 有强壮的、后伸达下原尖颊侧的前边脊，没有或极少有伸向下后尖的下原尖后臂（假中脊）。

中国已知种 *Lophocricetus grabaui* 和 *L. xianensis* 两种。

分布与时代 陕西、甘肃、青海，晚中新世；内蒙古，晚中新世—上新世（保德期—高庄期）。

评注 *Lophocricetus* 系基于内蒙古二登图发现的少量破碎下颌骨和牙齿建立的一属，最早被当做仓鼠类描述（Schaub, 1934），后被 Savinov（1970）归入跳鼠类，并以其为模式属建立了 Lophocricetinae 亚科。该属与 *Heterosminthus* 似有密切的祖裔关系，在形态上，进步的 *Heterosminthus* 种和较原始的 *Lophocricetus* 种具有较多的镶嵌特征，以致难以进行属的界定。本书采用把 M1 原附尖的发育程度、m1 与 m2 的长度比，以及 m2 下原尖后臂的发育程度作为两属的区别准则（邱铸鼎、李强，2016）。

该属同样出现于俄罗斯、乌克兰、哈萨克斯坦和蒙古的晚上新世（Savinov, 1970, 1977；Topachevsky et al., 1984；Zazhigin et al., 2002）。

葛氏脊仓跳鼠 *Lophocricetus grabaui* Schlosser, 1924

（图 197）

选模 MEUU M 3372.65（Schlosser, 1924, pl. 3, fig. 33，保存于瑞典乌普萨拉大学博物馆），一件具 m1–3 的右下颌骨（Schlosser 建名时未指定正模，Qiu 于 1985 年描述采自二登图 2 增加的材料时将这一标本作为选模）。内蒙古化德二登图 1，上中新统二登图组。

副选模 MEUU M 3372.65, M 101.116.66，具 m1 和 m2 的破碎左、右下颌骨两件。产地与层位同选模。

归入标本 IVPP V 7165–7166, V 11906, V 19707，破碎的上、下颌骨 64 件，臼齿 848 枚（内蒙古中部地区）。

鉴别特征 一种个体大、齿冠较高的脊仓跳鼠。M1 的原附尖强大，中尖一般显著，极个别具很弱的中脊，内脊和后边脊几乎在所有牙齿中都分别与前尖和后尖连接。M2 的前边脊单一，低弱甚至缺失；原附尖发育比 M1 的弱，变异也大；极个别有弱的中尖，但无中脊；内脊几乎都与前尖连接，但经常发育弱。m1 多数有下前边尖和显著的下后边尖；下外中脊强大；下次尖多数与下内尖连接。m2 无伸达下后尖的下原尖后臂。

产地与层位 内蒙古化德二登图、苏尼特左旗必鲁图，上中新统二登图组；化德哈尔鄂博，上中新统二登图组—? 下上新统；化德比例克，下上新统。甘肃秦安董湾，上中新统。

评注 Schlosser（1924）在记述该种时未指定正模，Qiu（1985）描述二登图地点增加的材料时将 Schlosser 上述描述的一件标本作为选模。Qiu（1985）在记述标本时，标本编号的前缀“瑞典乌普萨拉大学演化博物馆”的缩写为 PIU，在志书中现改为 MEUU，如 PIU M 3372.65，现改为 MEUU M 3372.65。

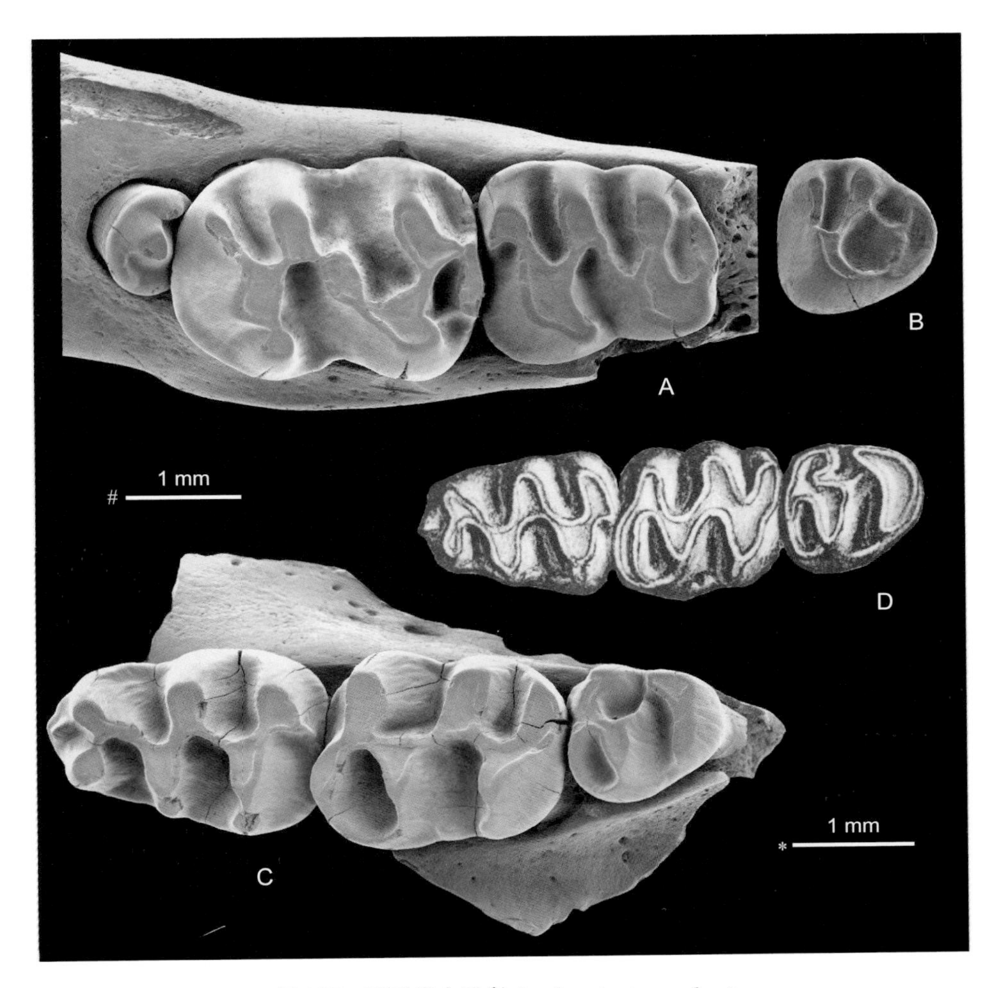

图 197 葛氏脊仓跳鼠 *Lophocricetus grabaui*

A. 左上颌骨碎块，附有 P4–M2（IVPP V 7165.1），B. 左 M3（IVPP V 19707.3），C. 左下颌骨碎块，附有 m1–3（IVPP V 7165.140），D. 右 m1–3（MEUU M 3372.65，选模，反转）：冠面视；比例尺：* - A–C，# - D（B 引自邱铸鼎、李强，2016；D 引自 Schlosser, 1924）

西安脊仓跳鼠 *Lophocricetus xianensis* Qiu, Zheng et Zhang, 2008

（图 198）

Lophocricetus cf. *L. gansu*：Zhang et al., 2002, p. 171 (part)；Qiu et al., 2003, p. 446 (part)；Qiu et al., 2006, p. 181；Qiu et al., 2013, p. 182

Lophocricetus cf. *L. xianensis*：Qiu et Li, 2008, p. 289

正模 IVPP V 15346，右 M1。陕西蓝田第 19 地点（IVPP Loc. 蓝田 19），上中新统灞河组。

副模 IVPP V 15347.1–20，臼齿 20 枚。产地与层位同正模。

归入标本 IVPP V 15347.21–22，臼齿 2 枚（陕西蓝田）。IVPP V 15460.1–33，颊齿 33 枚（青海德令哈）。IVPP V 19708–19713，破碎的上、下颌骨 30 件，颊齿 668 枚（内蒙古中部地区）。

鉴别特征 个体较小；M1 和 M2 常有发育程度不同的中尖和中脊；M1 多有明显的原附尖，内脊与前尖或原脊连接，后边脊常与后脊相连；M2 偶见双前边脊；m1 和 m2 具中等发育程度的下外附尖和外齿带；m1 通常有显著的下中尖和下外中脊，下次尖或与下中尖连接，或与下内尖、下次脊相连；m2 多为三根齿，通常没有下原尖后臂。

产地与层位 陕西蓝田第 19、12 和 Ms 16 地点，上中新统灞河组；青海德令哈深沟，上中新统上油砂山组；内蒙古苏尼特左旗巴伦哈拉根、必鲁图，苏尼特右旗沙拉，阿巴嘎旗宝格达乌拉、灰腾河，上中新统。

评注 建名者将 IVPP V 15347.21–22 的两枚臼齿归入副模。因其并非与正模一同产自蓝田的第 19 地点，故应视为归入标本。

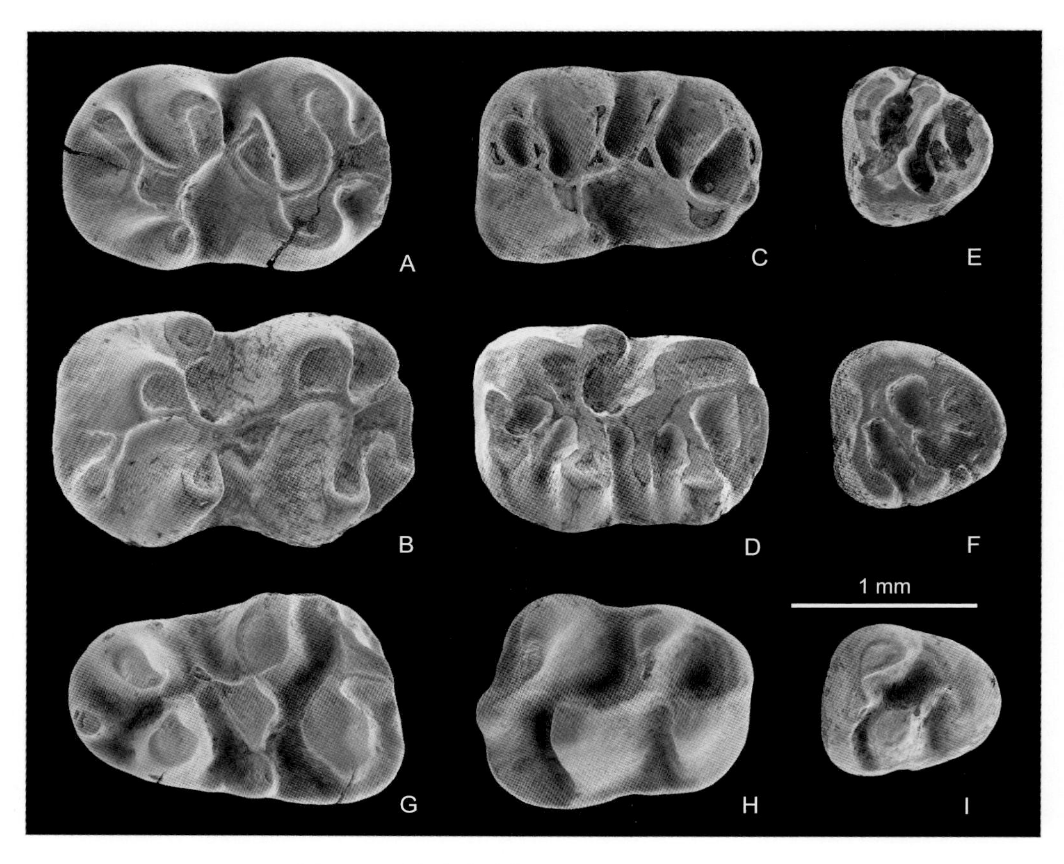

图 198 西安脊仓跳鼠 *Lophocricetus xianensis*

A. 左 M1（IVPP V 19710.1），B. 右 M1（IVPP V 15346，正模），C. 左 M2（IVPP V 19709.2），D. 右 M2（IVPP V 15347.7），E. 左 M3（IVPP V 19711.1），F. 右 M3（IVPP V 19710.2），G. 左 m1（IVPP V 19708.1），H. 左 m2（IVPP V 19711.2），I. 左 m3（V 19713.3）：冠面视（B 和 D 引自 Qiu et al., 2008，其余引自邱铸鼎、李强，2016）

副脊仓跳鼠属 Genus *Paralophocricetus* Zazhigin, Lopatin et Pokatilov, 2002

模式种 进步脊齿跳鼠 *Lophocricetus* (*Paralophocricetus*) *progressus* Zazhigin, Lopatin et Pokatilov, 2002（俄罗斯贝加尔湖 Olkhon 岛，下上新统）

鉴别特征 脊仓跳鼠亚科中个体较大、齿冠较高的一属。上臼齿前部和下臼齿后部的主尖明显错位排列；M1 和 M2 的次尖较靠颊侧、接近位于牙齿的中后部，大部分具有显著的原附尖和次附尖，无中尖和中脊，内脊前部与前尖连接，后边脊强壮；M1 次谷远伸颊侧；M2 的后边脊与次附尖连接，封闭次谷；M3 的内脊弱或缺失。下臼齿颊侧附尖和齿带发育，m2 的外侧齿带倾向于从下原尖或前边脊连续伸达下后边脊。

中国已知种 仅 *Paralophocricetus pusillus* 一种。

分布与时代 内蒙古，晚中新世—上新世（保德期—高庄期）。

评注 根据内蒙古二登图 *Lophocricetus grabaui* Schlosser, 1924 的部分标本，Schaub（1934）建立了 *L. pusillus*。Zazhigin 等（2002）在研究脊仓跳鼠类化石时命名了 *Paralophocricetus* 亚属，并把 *L. pusillus* 置于其中。邱铸鼎等（Qiu et al., 2008）后将这一亚属提升为属级分类单元。

该属在俄罗斯西伯利亚地区、蒙古和哈萨克斯坦的晚中新世和早上新世地层中有多个种的发现（Savinov, 1970；Zazhigin et al., 2002）。

细小副脊仓跳鼠 *Paralophocricetus pusillus* (Schaub, 1934)

（图 199）

Lophocricetus grabaui：Schlosser, 1924, p. 41 (part)；Miller, 1927, p. 16 (part)

Mus sp.：Schlosser, 1924, p. 44

Lophocricetus pusillus：Schaub, 1934, p. 35；Fahlbusch et al., 1983, p. 214；Qiu, 1985, p. 52

选模 MEUU M 3373.67（Schlosser, 1924, pl. 3, fig. 31，保存于瑞典乌普萨拉大学博物馆），一件具 m1–2 的右下颌骨（Schaub 建名时未指定正模，Qiu 于 1985 年描述采自二登图 2 增加的材料时将这一标本作为选模）。内蒙古化德二登图 1，上中新统二登图组。

副选模 MEUU M 3372.68，具 m1–2 的破碎下颌骨一件。产地与层位同选模。

归入标本 IVPP V 7167–7168, V 11907，破碎的上、下颌骨 122 件，臼齿 840 枚（内蒙古化德）。

鉴别特征 同属。

产地与层位 内蒙古化德二登图 1、2，上中新统二登图组；化德哈尔鄂博 2，上中新统二登图组—? 下上新统；化德比例克，下上新统。

评注 Schaub（1934）在记述内蒙古二登图啮齿类化石时，将 Schlosser（1924）作为 *Lophocricetus grabaui* 和 *Mus* sp. 描述的两件下颌骨碎块指正为 *L. pusillus*。Qiu（1985）在记述二登图地点增加的材料时将产自二登图 1 中的一件标本（MEUU M 3372.68）作为归入标本。由于该标本与选模采自相同的地点和层位，本志书将其列为副选模。该种亦见于蒙古和俄罗斯 Tuva（Zazhigin et al., 2002）。

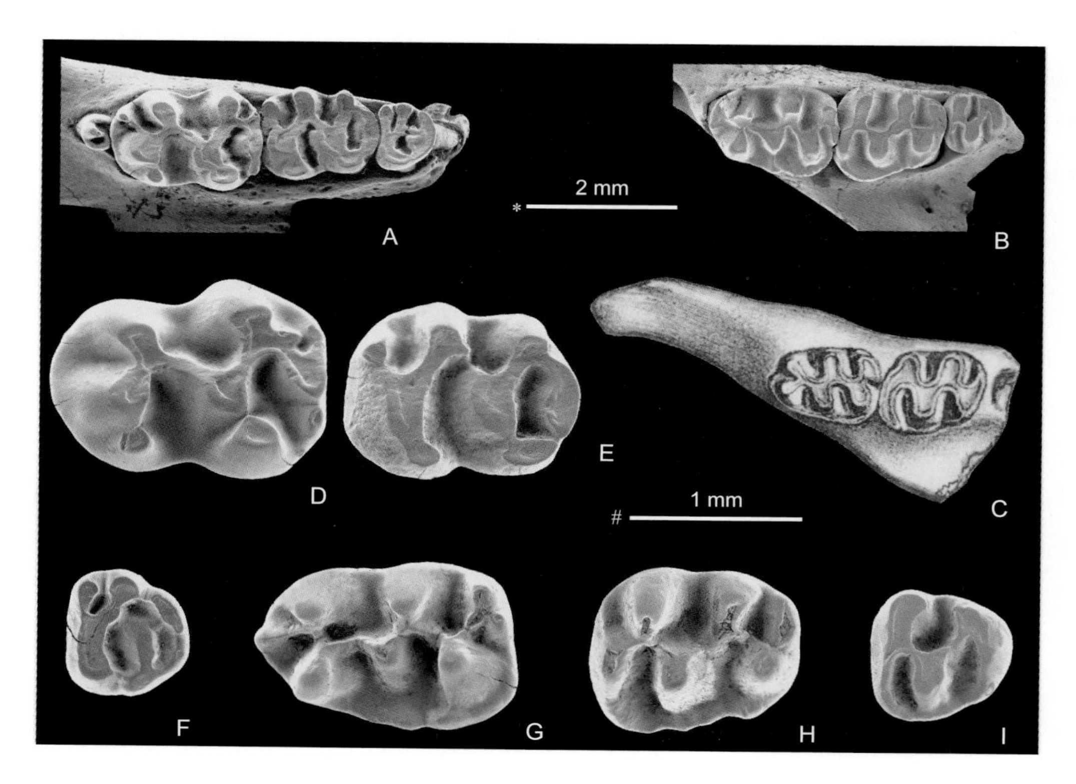

图 199　细小副脊仓跳鼠 *Paralophocricetus pusillus*

A. 左上颌骨碎块，附有 P4–M3（IVPP V 7167.1），B. 左下颌骨碎块，附有 m1–3（IVPP V 7167.16），C. 右下颌骨碎块，附有 m1–2（MEUU M 3373.67，选模，反转），D. 左 M1（IVPP V 7167.4），E. 左 M2（IVPP V 7167.6），F. 左 M3（IVPP V 7167.9），G. 左 m1（IVPP V 7167.11），H. 右 m2（IVPP V 7167.12，反转），I. 左 m3（IVPP V 7167.13）：冠面视；比例尺：* - A–C，# - D–I（C 引自 Schlosser, 1924）

五趾跳鼠亚科 Subfamily Allactaginae Vinogradov, 1925

模式属 五趾跳鼠（地兔）属 *Allactaga* Cuvier, 1836

概述与定义 一类个体中到大型、擅长跳跃的跳鼠，可能于早中新世或渐新世晚期由林跳鼠类演化而来。现生的五趾跳鼠亚科动物分布于古北区南部干旱地带，适应荒漠草原的开阔环境。

鉴别特征 听泡扩大，颈椎骨愈合，后肢骨很长，中间蹠骨愈合为“炮骨”，后足 5 趾骨。齿式为：1•0•1•3/1•0•0•3；上门齿前缘平滑无沟。P4 单齿根，构造简化，但具有清楚的尖、脊构造；颊齿中等至高齿冠，丘-脊型齿，齿脊通常显著；第一臼齿不特别伸长；上臼齿的前边脊发达、具明显的中尖和中脊，下臼齿有下中尖和下中脊；m1 具有明显的下外中脊，下前边尖通常较退化。

图 200 为五趾跳鼠亚科颊齿构造模式图。

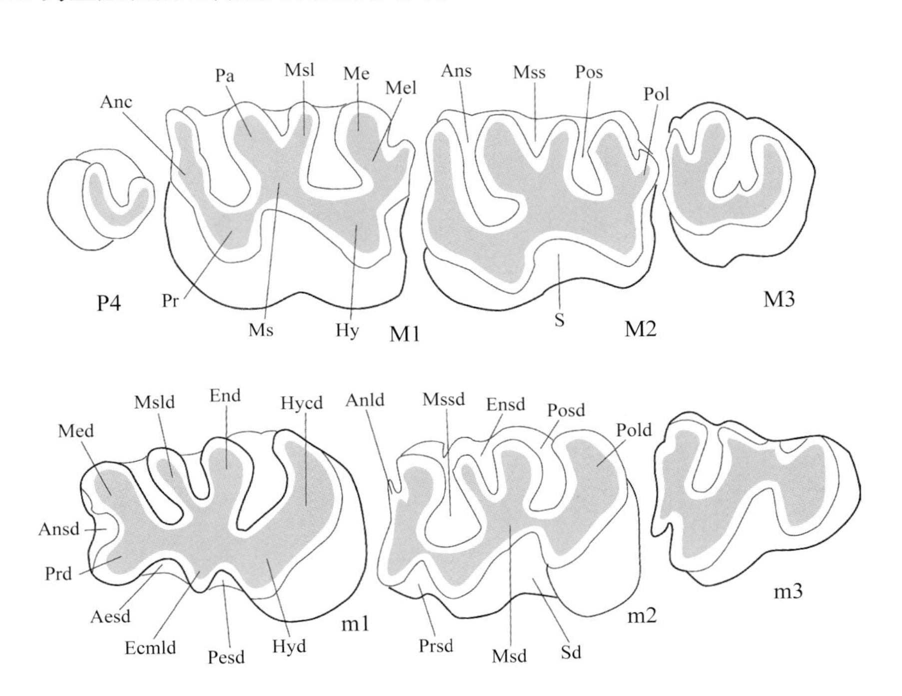

图 200　五趾跳鼠亚科颊齿构造模式图（依 Qiu, 2003 和李强、邱铸鼎，2005，略修改）

Aesd. 下前边外谷（anteroectosinusid），Anc. 前边尖（anterocone），Anld. 下前边脊（anterolophid），Ans. 前边谷（anterosinus），Ansd. 下前边谷（anterosinusid），Ecmld. 下外中脊（ectomesolophid），End. 下内尖（entoconid），Ensd. 下内谷（entosinusid），Hy. 次尖（hypocone），Hycd. 下次小尖（hypoconulid，下后边尖），Hyd. 下次尖（hypoconid），Me. 后尖（metacone），Med. 下后尖（metaconid），Mel. 后脊（metaloph），Ms. 中尖（mesocone），Msd. 下中尖（mesoconid），Msl. 中脊（mesoloph），Msld. 下中脊（mesolophid），Mss. 中间谷（mesosinus），Mssd. 下中间谷（mesosinusid），Pa. 前尖（paracone），Pesd. 下后边外谷（posteroectosinusid），Pol. 后边脊（posteroloph），Pold. 下后边脊（posterolophid），Pos. 后边谷（posterosinus），Posd. 下后边谷（posterosinusid），Pr. 原尖（protocone），Prd. 下原尖（protoconid），Prsd. 下原谷（protosinusid），S. 内谷（sinus），Sd. 下外谷（sinusid）

中国已知属　*Protalactaga*, *Paralactaga*, *Allactaga*, *Brachyscirtetes*，共 4 个化石属。

分布与时代　内蒙古、山西、陕西、甘肃、青海、新疆，中中新世（通古尔期）—上新世（麻则沟期）；内蒙古、河北、黑龙江、吉林，上新世（麻则沟期）—近代。

评注　摩洛哥、蒙古和哈萨克斯坦的新近纪地层也有该亚科动物的发现。

原跳鼠属　Genus *Protalactaga* Young, 1927

模式种　葛氏原跳鼠 *Protalactaga grabaui* Young, 1927

鉴别特征 五趾跳鼠亚科中个体最小的一属。颊齿低冠，丘-脊型齿；M1 和 M2 的前尖既不指向前边脊，也不与中脊相连；m1 和 m2 的下中脊与下内尖分开；m1 具较长的下外中脊，下原尖、下次尖、下内尖和下中附尖分别通过下外脊、下次脊和下中脊与下外中脊会聚于下中尖。

中国已知种 *Protalactaga grabaui*, *P. major*, *P. lantianensis*, *P. lophodens*，共 4 种。

分布与时代 甘肃，中中新世（通古尔期）；内蒙古、新疆，中中新世—晚中新世（通古尔期—灞河期）；陕西、青海，晚中新世（灞河期）。

评注 Shenbrot（1984）曾将 *Protalactaga* 与 *Paralactaga* 属合并为 *Paralactaga* 亚属，归入 *Allactaga* 属。不过，这一意见尚未获得多数研究者的赞同（邱铸鼎，1996；Zazhigin et Lopatin, 2000c；Qiu et Storch, 2000；邱铸鼎，2000；Qiu, 2003；Kordikova et al., 2004；李强、郑绍华，2005；吴文裕等，2009）。编者认为，*Protalactaga* 的 m1 具显著的下外中脊，m1 和 m2 的下外脊、下次脊、下中脊和下外中脊会聚于下中尖是其独有衍征，可与 *Paralactaga* 属和 *Allactaga* 属分开。例如最近 Nesin 和 Kovalchuk（2017）依据乌克兰 Fruanzovka 晚中新世地点的材料命名的 *Allactaga fru*，其牙齿尺寸小以及齿脊和齿尖的发育和排列，在编者看来与下述中国的 *Pr. lantianensis* 或 *Pa. minor* 都非常相似，而与 *Allactaga* 的有所不同。

该属的未定种出现于甘肃临夏盆地和青海德令哈深沟（Qiu et Li, 2008；Deng et al., 2013）。摩洛哥、蒙古和哈萨克斯坦中中新世地层中也有该属的发现（Jaeger, 1977；Zazhigin et Lopatin, 2000c）。

葛氏原跳鼠 *Protalactaga grabaui* Young, 1927

（图 201）

Protalactaga cf. *grabaui*：Qiu et al., 1988, p. 401；Qiu, 1988, p. 834；邱铸鼎、王晓鸣，1999，125 页

选模 MEUU M 3427.162（Young, 1927, Taf. III, figs. 19, 20 或 Schaub, 1934, text-fig. 18, pl. fig. 13；保存于瑞典乌普萨拉大学博物馆），具 m1–3 的破损右下颌骨（Young 建名时未指定正模，Schaub 在 1934 年的评述中也未确定选模，邱铸鼎于 1996 年描述内蒙古通古尔的材料时将这一标本作为该种的选模）。甘肃平丰（即现在的兰州市永登县）泉头沟，中中新统咸水河组上部。

归入标本 IVPP V 12405，15 件残破的上、下颌骨，303 枚颊齿（甘肃兰州盆地）。IVPP V 10371–10372, V 19716–19719，130 余枚臼齿（内蒙古中部地区）。IVPP V 15605–15606，臼齿 6 枚（新疆福海）。

鉴别特征 个体小，齿脊弱，齿尖略呈压扁状；M1 和 M2 的长度明显大于宽度，

M3 和 m3 不甚退化，m1 的下后脊缺失、下后尖孤立。

产地与层位 甘肃永登泉头沟，中中新统咸水河组；内蒙古苏尼特右旗 346 地点、阿木乌苏，苏尼特左旗默尔根、巴伦哈拉根、必鲁图，中中新统通古尔组—上中新统灞河组；新疆福海顶山盐池，中中新统—上中新统顶山盐池组。

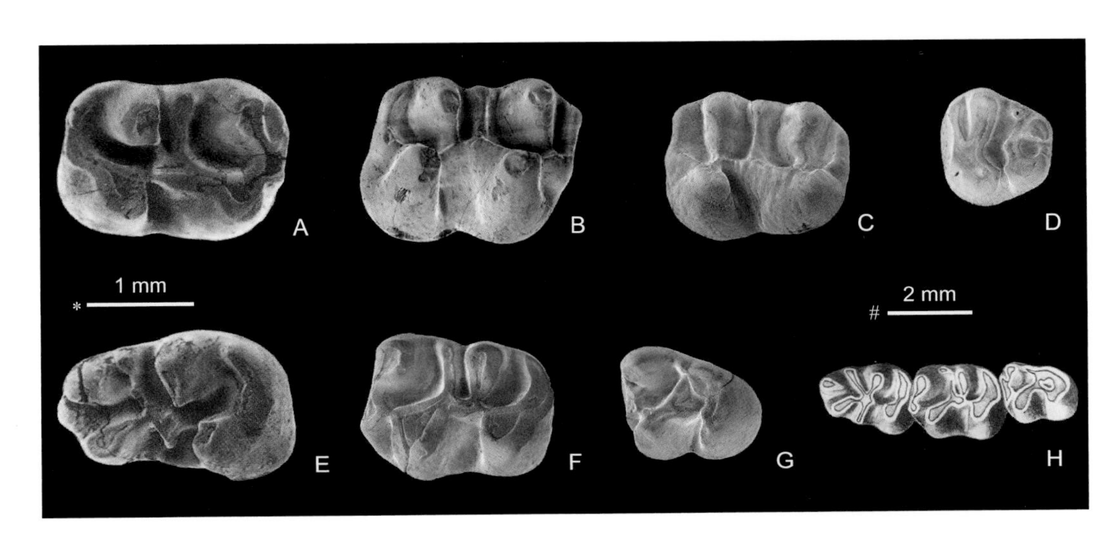

图 201 葛氏原跳鼠 *Protalactaga grabaui*

A. 左 M1（IVPP V 12405.21），B. 左 M1（IVPP V 19718.1），C. 右 M2（IVPP V 19718.2，反转），D. 左 M3（IVPP V 19716.5），E. 左 m1（IVPP V 12405.176），F. 左 m2（IVPP V 19716.8），G. 左 m3（IVPP V 19718.5），H. 破损右下颌骨上附着的 m1–3（MEUU M 3427.162，正模，反转）：冠面视；比例尺：* - A–G，# - H（A, E 引自邱铸鼎，2000；B–D, F, G 引自邱铸鼎、李强，2016；H 引自 Schaub, 1934）

蓝田原跳鼠 *Protalactaga lantianensis* Li et Zheng, 2005

（图 202）

Protalactaga sp.：张兆群等，1999，58 页

Protalactaga major：Zhang et al., 2002, p. 171；Qiu et al., 2003, p. 445

正模 IVPP V 14435，左 M1。陕西蓝田灞河第 12 地点，上中新统灞河组。

副模 IVPP V 14436.1–44，颊齿 44 枚。产地与层位同正模。

归入标本 IVPP V 14436.45–48，臼齿 4 枚（陕西蓝田）。IVPP V 19721，臼齿 10 枚（内蒙古中部地区）。

鉴别特征 个体较大，臼齿丘 - 脊型。M1 和 M2 的原脊后内向靠近中脊，后脊明显后位，后边脊短且较为向后外倾斜。m1 和 m2 的下次脊明显前内向靠近下中脊。第三臼齿相对退化。

产地与层位 陕西蓝田灞河第 6、12、19 及 Ms 14 地点，上中新统灞河组；内蒙古苏尼特左旗巴伦哈拉根，上中新统。

评注 这里仅把与正模一起采自蓝田第 12 地点的标本当做副模。李强和郑绍华（2005）怀疑记述为 *Paralactaga minor* 的标本（见郑绍华，1982）可归入 *Protalactaga lantianensis*。

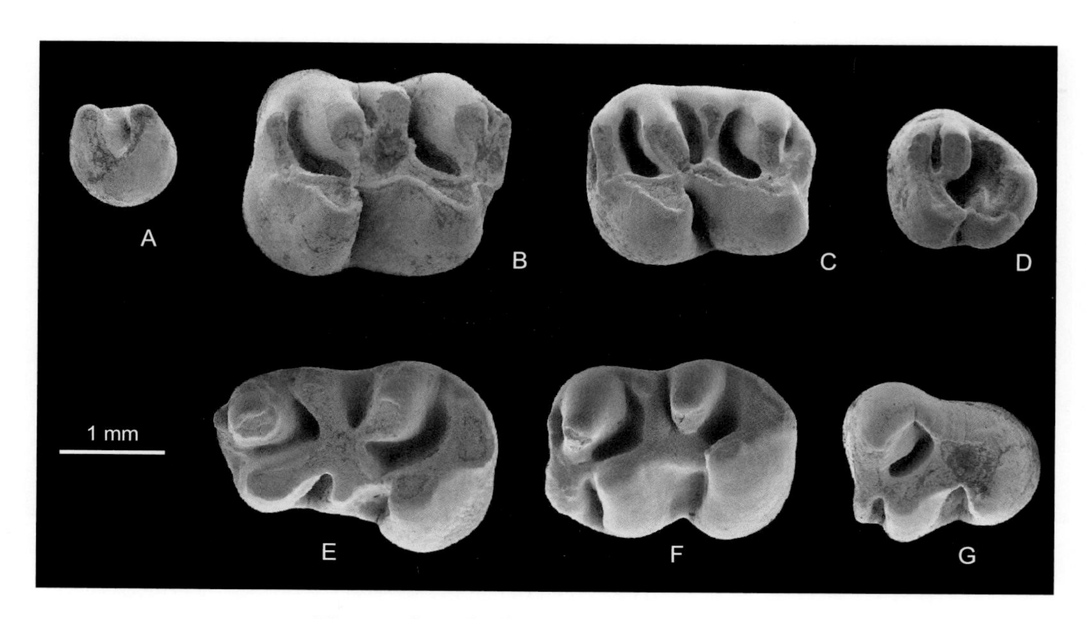

图 202　蓝田原跳鼠 *Protalactaga lantianensis*

A. 左 P4（IVPP V 14436.2），B. 左 M1（IVPP V 14435，正模），C. 左 M2（IVPP V 14436.15），D. 左 M3（IVPP V 14436.23），E. 右 m1（IVPP V 14436.25，反转），F. 右 m2（IVPP V 14436.48，反转），G. 右 m3（IVPP V 14436.42，反转）：冠面视（引自李强、郑绍华，2005）

脊齿原跳鼠 *Protalactaga lophodens* Qiu et Li, 2016

（图 203）

Protalactaga cf. *P. major*：邱铸鼎、王晓鸣，1999，125 页

Protalactaga sp.：Wang et al., 2009, p. 121；Qiu et al., 2013, p. 181

正模 IVPP V 19722，左 M1。内蒙古苏尼特左旗巴伦哈拉根，上中新统。

副模 IVPP V 19723.1–24，臼齿 24 枚。产地与层位同正模。

归入标本 IVPP V 19724，颊齿 3 枚（内蒙古苏尼特右旗）。

鉴别特征 *Protalactaga* 中个体最大者。齿冠较高，臼齿齿尖明显脊形化。M1 和 M2 近方形，中尖和后边尖不明显，前边脊发达，后边脊退化，原脊和中脊多横向、并分别与原尖和内脊中部连接，后脊多后内向与后边脊相连。第三臼齿较退化。

产地与层位 内蒙古苏尼特左旗巴伦哈拉根、苏尼特右旗阿木乌苏，上中新统。

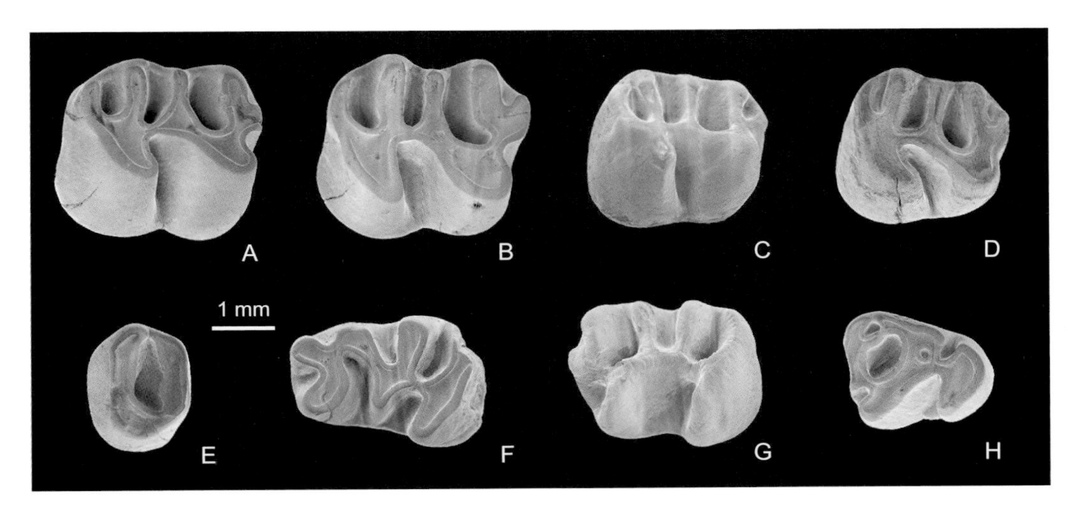

图 203　脊齿原跳鼠 *Protalactaga lophodens*

A. 左 M1 （IVPP V 19722，正模），B. 左 M1（IVPP V 19723.1），C. 右 M2（IVPPV 19723.6，反转），D. 左 M2 （IVPP V 19723.4），E. 左 M3（IVPP V 19724.1），F. 右 m1（IVPP V 19723.9，反转），G. 右 m2（IVPP V 19723.11，反转），H. 左 m3（IVPP V 19723.12）：冠面视（引自邱铸鼎、李强，2016）

大原跳鼠 *Protalactaga major* Qiu, 1996

（图 204）

Protalactaga sp.：Qiu et al., 1988, p. 401；Qiu, 1988, p. 834

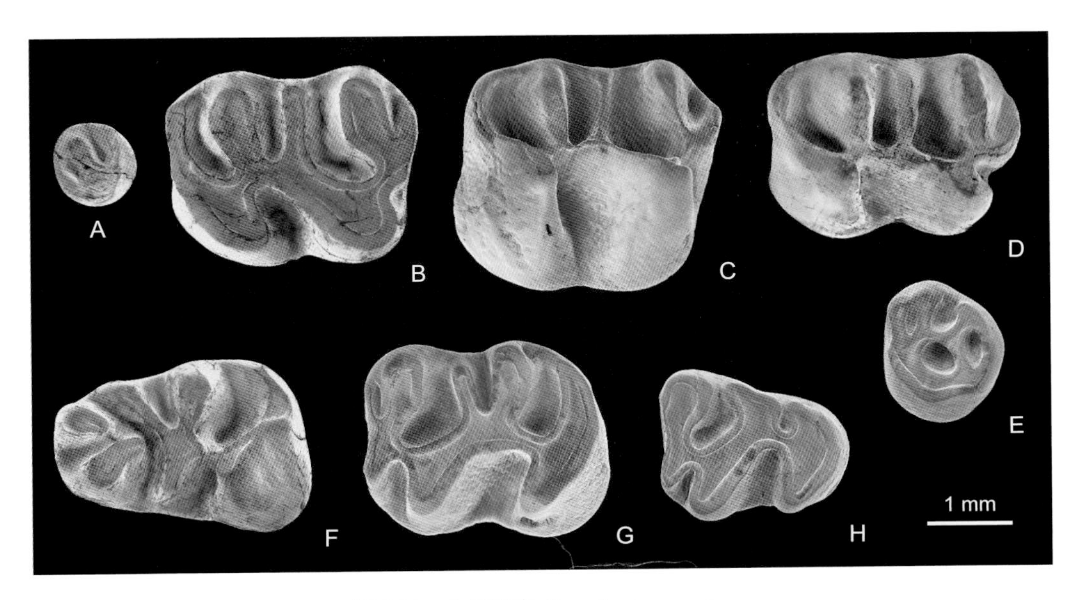

图 204　大原跳鼠 *Protalactaga major*

A. 左 P4（IVPP V 10374.1），B. 右 M1（IVPP V 10374.2，反转），C. 左 M1（IVPP V 19720.3），D. 左 M2（IVPP V 10374.3），E. 右 M3（IVPP V 19720.7，反转），F. 右 m1（IVPP V 10373，正模，反转），G. 左 m2（IVPP V 19720.11），H. 右 m3（IVPP V 19720.12，反转）：冠面视（C, E, G, H 引自邱铸鼎、李强，2016）

正模 IVPP V 10373，右 m1。内蒙古苏尼特左旗默尔根 II，中中新统通古尔组。

副模 IVPP V 10374.1–3，颊齿 3 枚。产地与层位同正模。

归入标本 IVPP V 12406，颊齿 28 枚（甘肃永登）。IVPP V 19720，臼齿 20 枚（内蒙古中部地区）。IVPP V 15603–15604，臼齿 12 枚（新疆福海）。

鉴别特征 个体较大，齿脊相对较强壮，齿尖呈明显压扁状；M1 和 M2 横宽；m1 的前部明显收缩，下原尖和下后尖相对较弱、彼此靠近，但下原尖孤立。

产地与层位 甘肃永登泉头沟，中中新统咸水河组；内蒙古苏尼特左旗默尔根、苏尼特右旗 346 地点，中中新统通古尔组；新疆福海顶山盐池，中中新统—上中新统顶山盐池组。

评注 命名者在描述时把正模外的材料当做"归入标本"，因为 IVPP V 10374 标本与正模都采自苏尼特左旗默尔根 II 的同一层位，故改称为副模。

短跃鼠属 Genus *Brachyscirtetes* Schaub, 1934

模式种 魏氏五趾跳鼠 *Allactaga wimani* Schlosser, 1924 = *Brachyscirtetes wimani* (Schlosser, 1924)

鉴别特征 个体较大的一属跳鼠。颊齿高冠、脊齿型，咀嚼面平坦、五趾跳鼠型构造。P4 甚为弱小；M1 和 M2 的中脊和后边脊通常不发育或较退化，随着磨蚀可能分别与前尖和后尖融合，原尖和前边脊、次尖与前尖在磨蚀后期分别融合而形成粗壮的斜脊。m1 的下中脊位置非常靠前、与下原尖连成斜脊，下外中脊粗壮、与下内尖连成斜脊，下后边脊十分发育；m2 的下中脊通常短弱或非常退化，随着磨蚀而与下内尖融会，下内尖与下原尖融合形成斜脊。第三臼齿不甚退化。

中国已知种 *Brachyscirtetes wimani*, *B. tomidai*, *B. robustus*，共 3 种。

分布与时代 内蒙古，晚中新世—上新世（保德期—高庄期）；甘肃，晚中新世（保德期）。

评注 *Brachyscirtetes* 属最初由 Schaub（1934）建立。属型种的模式标本为 Schlosser（1924）记述、产自内蒙古二登图 1 的"*Allactaga wimani*"的几枚臼齿和一些肢骨，以及 Young（1927）作为"*Paralactaga major*"记述的、产自甘肃泾川瓦窑堡的一枚 m1。Savinov（1970）认为"*P. major*"与"*A. wimani*"系 *Brachyscirtetes* 属的两个不同种，认定 *B. major* 为有效种。Zazhigin 和 Lopatin（2000c）认同这一观点，并认为 *B. wimani* 以其"m1 的下后尖指向和下前边尖缺失"而区别于 *B. major*。*B. major* 的材料仅有 1 枚 m1，其尺寸与二登图 2 地点发现的 *B. wimani* 者接近。值得注意的是，同样的一枚 m1，在 Young（1927, Taf. I, fig. 15）和 Schaub（1934, Taf.-fig. 22）出示的图上有明显的不同，Schaub 的绘图似乎更精准一些，其稍后外向的下后尖与下原尖后臂连接，也与内蒙古二登图 2

的 *B. wimani* 的形态相似（Qiu, 2003）。至于 m1 下前边尖的发育，在跳鼠类中属于明显变异的形态。基于上述理由，*B. major* 被认为是 *B. wimani* 的同物异名。

原先 *Brachyscirtetes* 被译为“低冠蹶鼠属”，这一名称似乎与词意不符，与标本的形态和归类也不相称。在希腊词中，brachy 意为“短的”，“scirtto-”有跳跃的意味，故此改译为“短跃鼠”。*B. robustus* 也出现于哈萨克斯坦的晚中新世地层（Savinov, 1977）。

魏氏短跃鼠 ***Brachyscirtetes wimani* (Schlosser, 1924)**

（图 205）

Allactaga wimani：Schlosser, 1924, p. 31 (part)

Paralactaga major：Young, 1927, p. 17

Brachyscirtetes sp.：Qiu et al., 2013, p. 181

选模 标本号不明（Schlosser, 1924, pl. II, fig. 3；Schaub, 1934, Taf.-fig. 22；标本保存于瑞典乌普萨拉大学博物馆），右 m1（Schlosser 建名时未指定正模，本书将这一标本指定为选模）。内蒙古化德二登图 1，上中新统二登图组。

副选模 标本号不明（Schlosser, 1924, pl. II, figs. 1, 8, 13；Schaub, 1934, Taf.-figs. 3–5, 20；标本保存于瑞典乌普萨拉大学博物馆），1 枚 M1、2 枚 m1、1 枚 m2、1 枚门齿，1 件蹠骨和 1 件跟骨。产地与层位同选模。

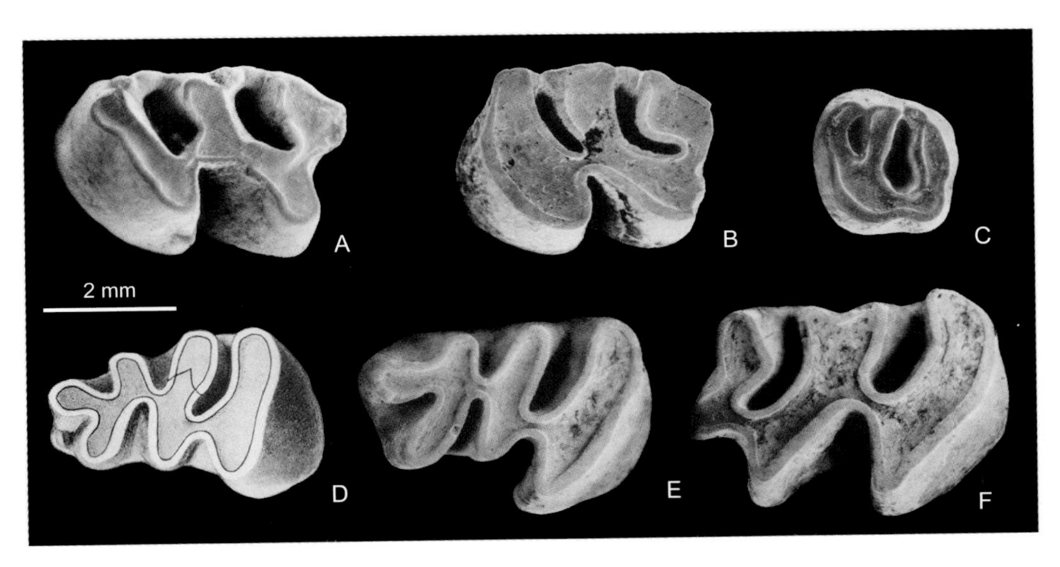

图 205 魏氏短跃鼠 *Brachyscirtetes wimani*

A. 左 M1（IVPP V 13038.1），B. 左 M2（IVPP V 12747.1），C. 左 M3（IVPP V 12747.2），D. 右 m1（标本保存于瑞典乌普萨拉大学博物馆，具体编号不明，选模，反转），E. 右 m1（IVPP V 12747.7，反转），F. 左 m2（IVPP V 12747.9）：冠面视（A–C, E, F 引自 Qiu，2003；D 引自 Schaub, 1934）

归入标本 IVPP V 12747, V 13038, V 19743，臼齿 20 枚和数件肢骨（内蒙古中部地区）。下门齿、右 m1 和右股骨上段各一件，标本号不明（Young, 1927, Taf. 1, figs. 14–16）（甘肃泾川瓦窑堡）。

鉴别特征 *Brachyscirtetes* 属中个体较小者。M1 具残留的中脊，四齿根；m1 的下后尖指向前内方、与下原尖的夹角通常为锐角，下外中脊、下中尖与下后尖形成的斜脊呈明显前外 - 后内向。

产地与层位 甘肃泾川瓦窑堡，上中新统；内蒙古苏尼特左旗巴伦哈拉根、化德二登图、哈尔鄂博、乌兰察尔（Olan Chorea），上中新统二登图组—? 下上新统。

评注 该种还发现于蒙古的 Kirgiz-Nur 地区（Zazhigin et Lopatin, 2000c）。

粗壮短跃鼠 *Brachyscirtetes robustus* Savinov, 1970

（图 206）

Paralactaga sp.：Li et al., 2003, p. 108；Qiu et al., 2013, p. 185

Brachyscirtetes sp.：Qiu et al., 2013, p. 177

正模 ZIKAS No M-552/60- п，附有 P4–M2 的破碎右上颌骨。哈萨克斯坦帕夫洛达，上中新统（原为下上新统）帕夫洛达组。

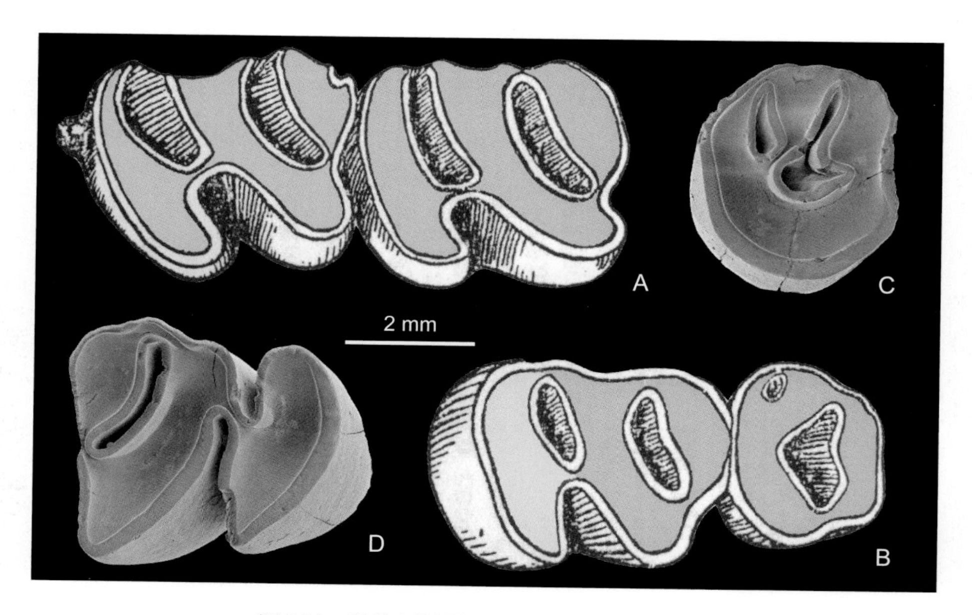

图 206 粗壮短跃鼠 *Brachyscirtetes robustus*

A. 右 P4–M2（ZIKAS No M-552/60- п，正模，反转），B. 右 M2–3（ZIKAS No M-553/60- п，反转），C. 左 M3（IVPP V 19744），D. 左 m3（IVPP V 19745）：冠面视（A, B 引自 Savinov, 1970；C, D 引自邱铸鼎、李强，2016）

归入标本 IVPP V 19744, V 19745，臼齿 2 枚（内蒙古中部地区）。

鉴别特征 *Brachyscirtetes* 属中个体大者。齿尖明显脊形化；M1 和 M2 前、后部分的宽度近等，前尖相对丘形；m1 的宽度大，无下前边尖，下原尖和下后尖间的下前边谷呈钝角形，齿尖末端较尖锐。

产地与层位 内蒙古阿巴嘎旗高特格，下上新统。

评注 在内蒙古化德比例克的早上新世地层中有 *Brachyscirtetes robustus* 相似种的记录（Qiu et Storch, 2000）。

富田氏短跃鼠 *Brachyscirtetes tomidai* Li, 2015

（图 207）

Paralactaga sp.：Qiu et al., 2013, p. 183

正模 IVPP V 17731.1–6，可能属于同一个体附有左 M2–3 的破碎左上颌骨，附有 m3 的右下颌骨，以及 4 枚脱落的臼齿。内蒙古四子王旗乌兰花，上中新统。

归入标本 IVPP V 19741, V 19742，臼齿 10 枚（内蒙古中部地区）。

鉴别特征 *Brachyscirtetes* 属中个体较小者。M2 的前尖相对比 *B. wimani* 和 *B. robustus* 的更显丘形；M2 的中脊和后边脊及 m2 的下中脊未分别与前尖、后尖和下内尖融合；m1 下原尖和下后尖近纵轴对称，两者之间的下前边谷成钝角形，下外脊长、前部

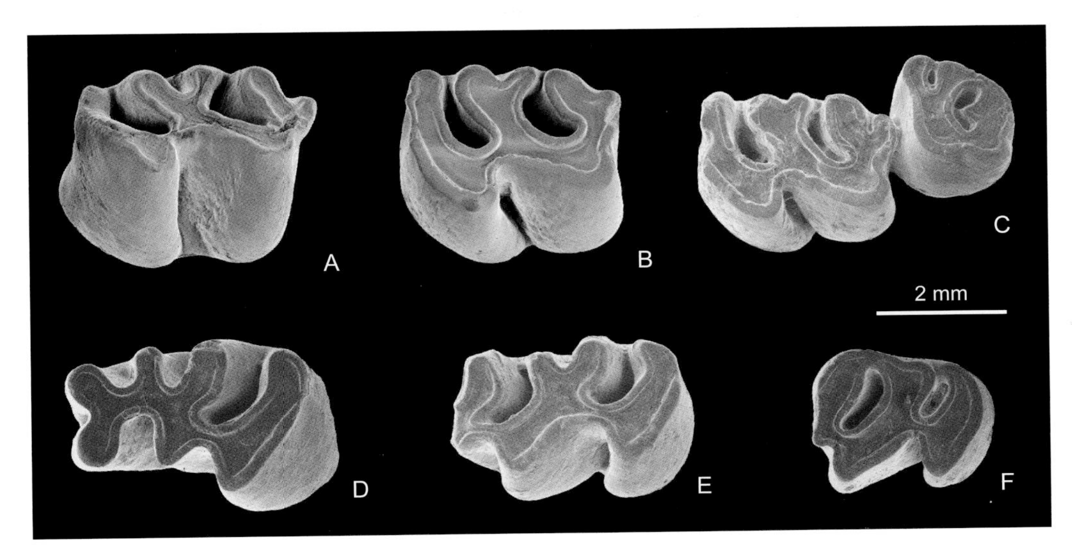

图 207 富田氏短跃鼠 *Brachyscirtetes tomidai*

A. 左 M1（IVPP V 19741.2），B. 左 M2（IVPP V 19742.1），C. 附有 M2 和 M3 的左上颌骨碎块（IVPP V 17731.1，正模），D. 右 m1（IVPP V 17731.4，正模，反转），E. 左 m2（IVPP V 17731.5，正模），F. 右 m3（IVPP V 17731.6，正模，反转）：冠面视（A, B 引自邱铸鼎、李强，2016；C–F 引自 Li, 2015）

位近纵轴。

产地与层位 内蒙古四子王旗乌兰花，上中新统；阿巴嘎旗宝格达乌拉，上中新统宝格达乌拉组。

副跳鼠属 Genus *Paralactaga* Young, 1927

模式种 安氏副跳鼠 *Paralactaga anderssoni* Young, 1927

鉴别特征 五趾跳鼠亚科中个体中型者，颊齿中等冠高、丘 - 脊型齿。P4 相对强壮；M1 和 M2 具有发育的前边脊、小的中尖、显著的中脊和弱小的后边脊与后边谷，前尖与中尖或中脊连接，后尖与后边脊相连；M3 较大，可能有中脊。m1 下后尖的位置通常略比下原尖的靠前，具有小的下中尖和短的下外中脊，下中脊常与下中尖和下次脊的连接处相连。

中国已知种 *Paralactaga anderssoni*, *P. minor*, *P. parvidens*, *P. shalaensis*, *P. suni*，共 5 种。

分布与时代 内蒙古，晚中新世—上新世（灞河期—高庄期）；陕西，晚中新世（保德期）；甘肃，晚中新世（保德期）—晚上新世（麻则沟期）；河北，晚上新世（麻则沟期）。

评注 该属的未定种出现于甘肃灵台、陕西蓝田和河北阳原泥河湾（张兆群、郑绍华，2000；李强、郑绍华，2005；Cai et al., 2013）。哈萨克斯坦晚中新世地层中也有该属化石的发现（Savinov, 1977）。

安氏副跳鼠 *Paralactaga anderssoni* Young, 1927

（图 208）

选模 标本号不明（Young, 1927, Taf. I, fig. 7 或 Schaub, 1934, Taf.-fig. 15；标本保存在瑞典乌普萨拉大学博物馆），左 m1。甘肃泾川瓦窑堡，上中新统。

副选模 标本号不明（标本保存在瑞典乌普萨拉大学博物馆），1 枚左 i2，4 枚臼齿和 5 件肢骨（Young, 1927, Taf. I, figs. 6, 7, 9–13 或 Schaub, 1934, text-figs. 6–8, Taf.-figs. 5, 11, 20）。产地与层位同选模。

归入标本 IVPP V 19733，6 枚臼齿（内蒙古苏尼特左旗）。

鉴别特征 *Paralactaga* 属中个体较小者，比 *P. suni* 还小；M1 和 M2 具三齿根。

产地与层位 甘肃泾川瓦窑堡，上中新统；内蒙古苏尼特左旗巴伦哈拉根，上中新统巴伦哈拉根层；河北阳原稻地，上上新统稻地组。

评注 杨钟健在命名该种时，用脱落的牙齿拼成的下臼齿列显然有误（见 Young, 1927, Taf. I），Schaub（1934）做了订正，指出：Young（1927）所研究的标本（Young, 1927, Taf. I, figs. 6–13）中，除图 6 的 M3 和图 8 的肱骨被排除外，其余标本均为群模。

邱铸鼎和李强（2016）选取了其中的m1为模式标本。编者将除选模以外群模的其他标本均列为副选模。此外，Young（1927, p. 15）还列举了许多产于甘肃泾川瓦窑堡同一地点的其他标本（标本均保存在瑞典乌普萨拉大学博物馆）。因未进行详细研究，也未绘图，这些标本的归属有待进一步研究。

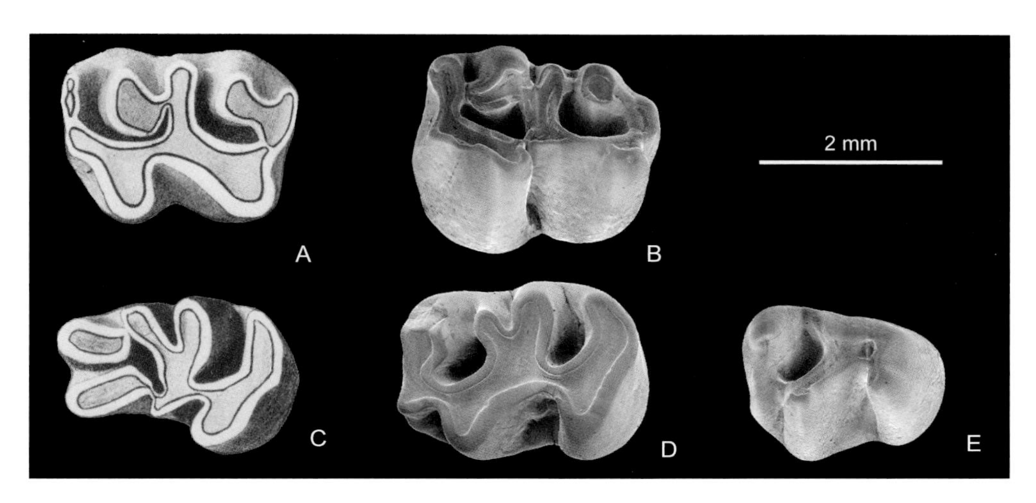

图 208　安氏副跳鼠 *Paralactaga anderssoni*

A. 左 M2（标本保存于瑞典乌普萨拉大学博物馆，具体编号不明，副选模），B. 左 M2（IVPP V 19733.1），C. 左 m1（标本保存于瑞典乌普萨拉大学博物馆，具体编号不明，选模），D. 右 m2（IVPP V 19733.3，反转），E. 左 m3（IVPP V 19733.4）：冠面视（A, C 引自 Schaub, 1934；B, D, E 引自邱铸鼎、李强，2016）

小副跳鼠 *Paralactaga minor* Zheng, 1982

（图 209）

Spalacinae gen. et sp. indet.：郑绍华，1982，143 页

正模 IVPP V 6302，附 m1 和 m2 的破碎右下颌骨。甘肃天祝松山，上中新统。

副模 IVPP V 6303–6304, V 6311，M2、m2 和 M3 各一枚。产地与层位同正模。

鉴别特征 *Paralactaga* 中个体小者。M2 的前尖弱，前边脊长，后边脊融入后尖，无明显的后边谷；M3 的后尖退化、完全融入后边脊，内脊极弱、远离前尖；m1 和 m2 的下中脊与下次脊会聚于显著的下中尖；m1 无下前边尖，下后尖与下原尖前缘近齐平、并与下原尖和下中脊连接；m2 具明显的下前边脊。

评注 原作者列为其他材料的 IVPP V 6304 因与正模产自同一地点和同一层位，被改归为副模。郑绍华（1982）在命名该种的论文中，把一枚与 *Paralactaga minor* 产出地点和层位相同的 M3 归入 Spalacinae gen. et sp. indet.。这枚牙齿具有 *Paralactaga* 属的特征，尺寸和形态与 *P. minor* 匹配可比，显然可以作为副模之一归入该种。李强和郑绍华

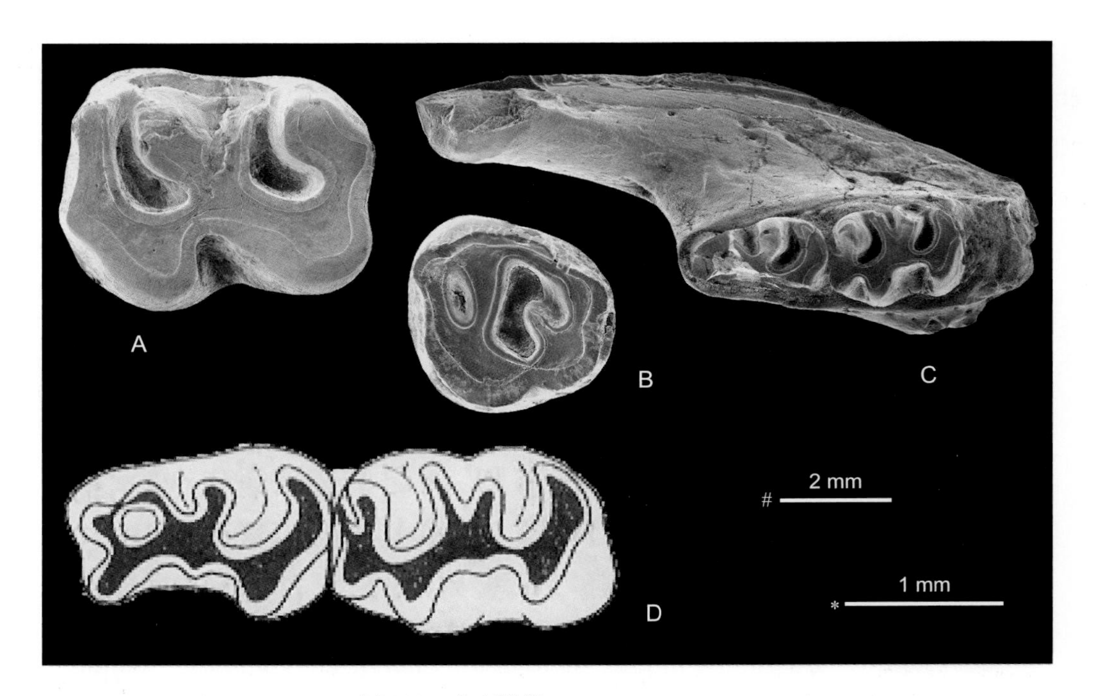

图 209　小副跳鼠 *Paralactaga minor*

A. 右 M2（IVPP V 6303，反转），B. 左 M3（IVPP V 6311），C, D. 右下颌骨碎块所附的 m1–2（IVPP V 6302，正模，反转）：冠面视；比例尺：* - A, B, D，# - C（D 引自郑绍华，1982）

（2005）怀疑该种可归入 *Protalactaga lantianensis*，期待能有更多发现与研究予以证实。

小齿副跳鼠 *Paralactaga parvidens* Qiu et Li, 2016

（图 210）

Paralactaga sp. 1：Qiu et al., 2006, p. 181；Qiu et al., 2013, p. 182

Paralactaga cf. *P. anderssoni*：Qiu et al., 2013, p. 183

正模　IVPP V 19734，右 M1。内蒙古苏尼特右旗沙拉，上中新统沙拉层。

副模　IVPP V 19735.1–6，臼齿 6 枚。产地与层位同正模。

归入标本　IVPP V 19736–19738，破损的上颌骨 1 件和臼齿 5 枚（内蒙古中部地区）。

鉴别特征　*Paralactaga* 属中个体较小者。齿脊比齿尖低。M1 和 M2 的原脊后内向与中脊基部连接，中脊较细弱，多后外向倾斜，后边脊极不发育。M3 较方形，内脊相对发育、甚至近与前尖后壁接触，后尖不甚退化、甚至呈孤立状态。

产地与层位　内蒙古苏尼特右旗沙拉、苏尼特左旗必鲁图，上中新统（灞河期）；阿巴嘎旗宝格达乌拉，上中新统宝格达乌拉组。

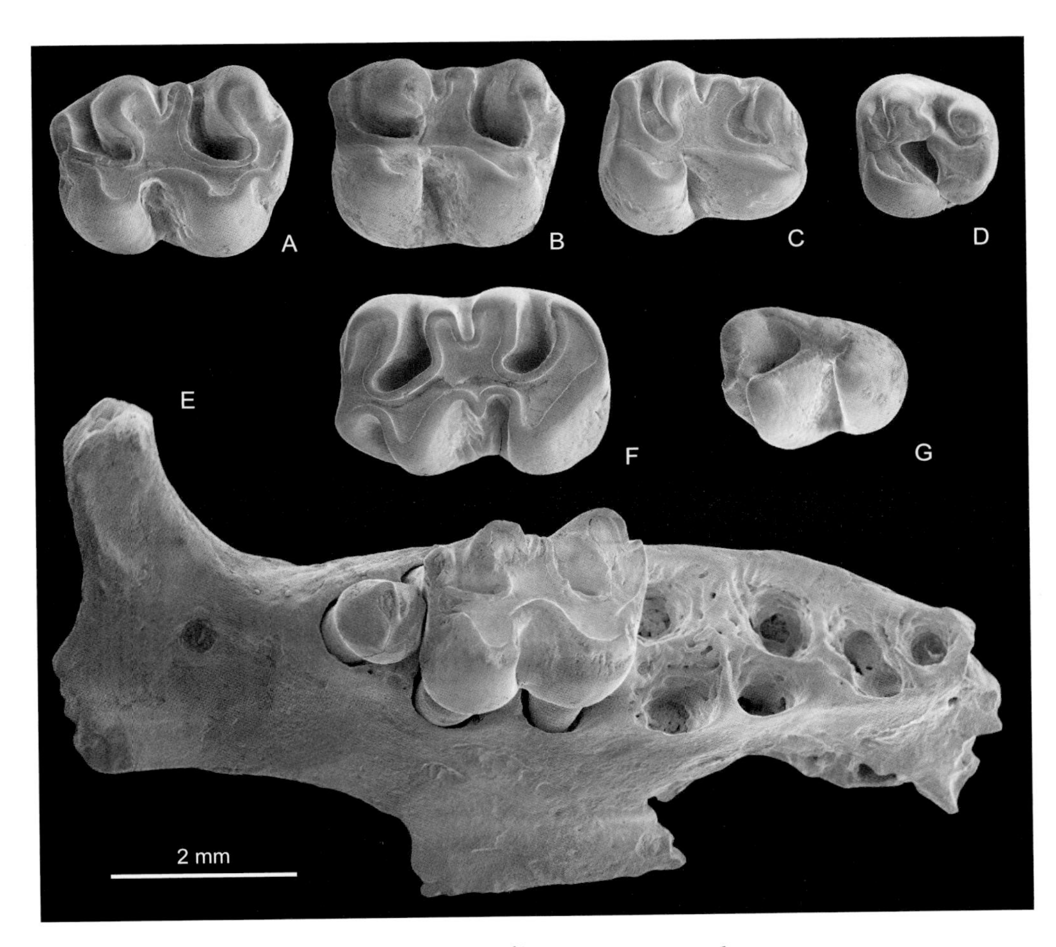

图 210　小齿副跳鼠 *Paralactaga parvidens*

A. 左 M1（IVPP V 19738.1），B. 右 M1（IVPP V 19734，正模，反转），C. 左 M2（IVPP V 19735.1），D. 左 M3（IVPP V 19735.2），E. 附有 P4 和 M1 的破损左上颌骨（IVPP V 19737），F. 左 m2（IVPP V 19738.2），G. 右 m3（IVPP V 19735.5，反转）：冠面视（引自邱铸鼎、李强，2016）

沙拉副跳鼠 ***Paralactaga shalaensis* Qiu et Li, 2016**

（图 211）

Paralactaga sp. 2：Qiu et al., 2006, p. 181；Qiu et al., 2013, p. 182

正模　IVPP V 19739，左 m1。内蒙古苏尼特右旗沙拉，上中新统沙拉层。

副模　IVPP V 19740.1–7，颊齿 7 枚。产地与层位同正模。

鉴别特征　*Paralactaga* 属中个体较大者。颊齿齿冠较高，齿尖相对脊形。M1 的前边脊强壮、指向前外方，原脊后内向与中脊中部连接。m1 和 m2 的下次尖、后边脊组成牙齿后部强大的齿脊；m1 的下原尖与下中尖间无连接，下原尖与下后尖融合，其组合体通过舌侧的纵脊向后与下中尖或下次脊相连；无游离的下中脊；m2 无下前边脊，下中脊短小。

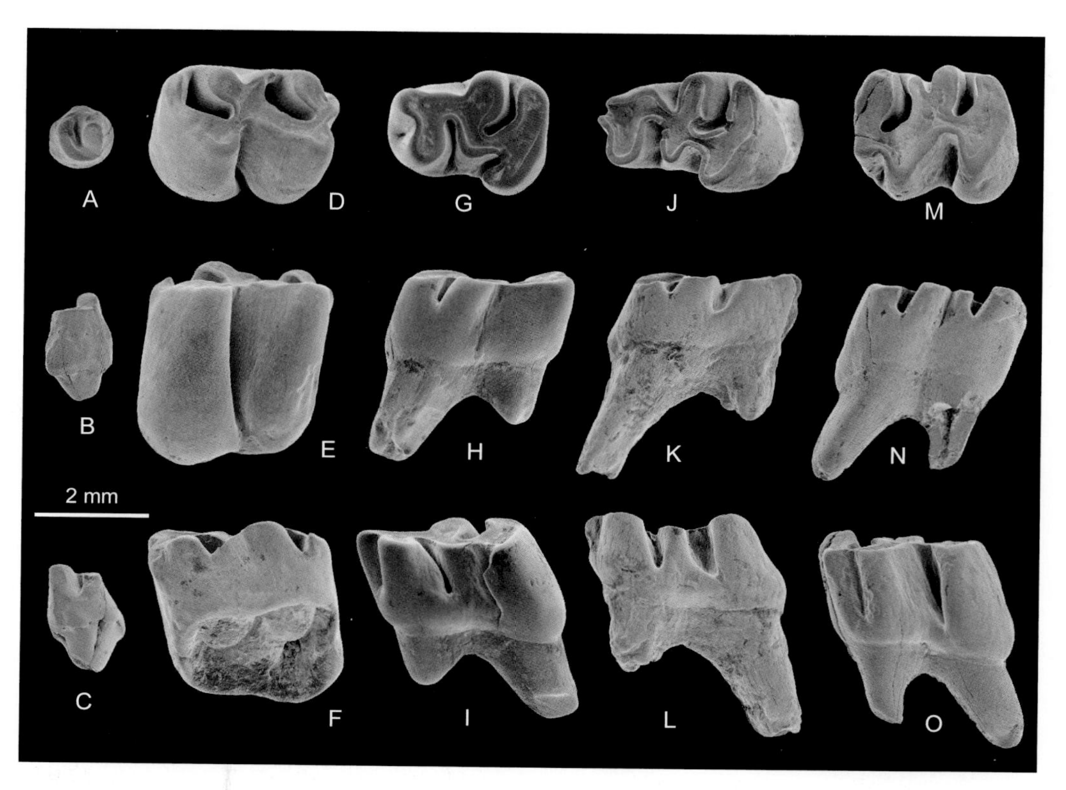

图 211 沙拉副跳鼠 *Paralactaga shalaensis*

A–C. 右 P4（IVPP V 19740.1），D–F. 左 M1（IVPP V 19740.2），G–I. 左 m1（IVPP V 19739，正模），J–L. 左 m1（IVPP V 19740.4），M–O. 左 m2（IVPP V 19740.6）：A, D, G, J, M. 冠面视，B, E, H, K, N. 舌侧视，C, F, I, L, O. 颊侧视（引自邱铸鼎、李强，2016）

孙氏副跳鼠 *Paralactaga suni* Teilhard de Chardin et Young, 1931

（图 212）

Paralactaga anderssoni：Fahlbusch et al., 1983, p. 215

Paralactaga sp.：蔡保全，1987，130 页

Paralactaga cf. *P. anderssoni*：张兆群，1999，172 页

正模 IVPP RV 31051.1 和 IVPP RV 31051.2（Teilhard de Chardin et Young, 1931, pl. V, figs. 32, 33, Cat. C. L. G. S. C. No. C/10），可能为同一个体的附有 M1–2 的破左上颌骨和附有 M2–3 的破右上颌骨。陕西神木，上中新统。

归入标本 IVPP V 11908, V 12746, V 13037, V 19725–19732，附有 m1–3 的下颌骨残段和近 100 枚颊齿（内蒙古中部地区）。无编号（见蔡保全，1987），一枚 m1（河北阳原）。IVPP V 5956，一枚 m1（甘肃宁县）。

鉴别特征 *Paralactaga* 中个体较大者。M1 和 M2 的后边脊短、但明显，具四齿根；

m1 的下前边尖微弱或无，m2 时见下前边脊，中脊或下中脊在第三臼齿仍能识别。

产地与层位 陕西神木，上中新统。内蒙古化德二登图、哈尔鄂博，上中新统二登图组—下上新统；化德比例克、阿巴嘎旗高特格，下上新统。甘肃宁县，上上新统。河北阳原泥河湾，上上新统。

评注 邱铸鼎和李强（2016）在提及 Teilhard de Chardin 和 Young（1931）建的 *P. suni* 种的标本时，认为他们未指出正模，将该同一个体的两件标本分别指认为选模和选副模，并分别给以重新编号。事实上，Teilhard de Chardin 和 Young（1931）在建此种时，虽未指定正模，但他们明确指出具臼齿的左、右两件破上颌骨很可能属同一个体，而且只用了一个编号（Cat. C. L. G. S. C. No. C/10）。因为建种时只有一件标本，因此这一个体的标本自动为正模。

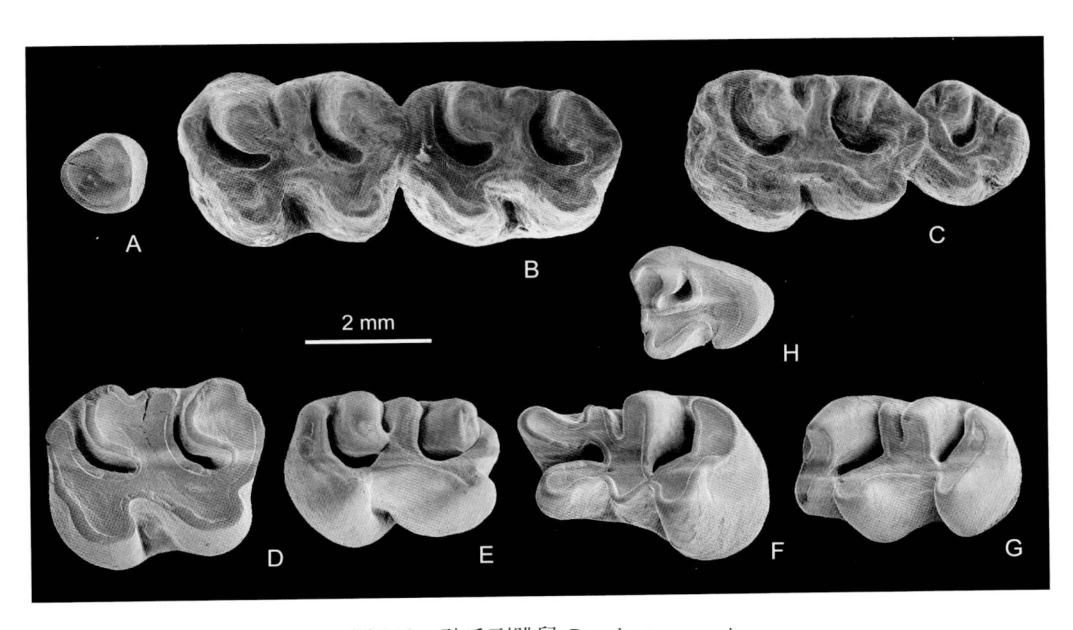

图 212 孙氏副跳鼠 *Paralactaga suni*

A. 左 P4（IVPP V 19726.1），B. 左 M1–2 （IVPP RV 31051.1，正模），C. 右 M2–3 （IVPP RV 31051.2，正模，反转），D. 右 M1（IVPP V 19728.1，反转），E. 右 M2（IVPP V 19726.2，反转），F. 右 m1（IVPP V 19731，反转），G. 右 m2（IVPP V 19727，反转），H. 左 m3（IVPP V 19726.5）：冠面视（引自邱铸鼎、李强，2016）

五趾跳鼠属 Genus *Allactaga* F. Cuvier, 1837

模式种 跳小鼠 *Mus jaculus* Pallas, 1778=*Allactaga jaculus* (Pallas, 1778)

鉴别特征 五趾跳鼠亚科中个体中—大者，听泡相对较小，颊齿中度高冠。上门齿多少向前倾斜，前缘光滑无沟；P4 相对强壮；M1 和 M2 具有发育的前边脊和明显的后边脊与后边谷，前尖与中脊和内脊的相连处连接，后尖与后边脊相连；M3 相对小。m1

下后尖的位置明显比下原尖靠前，有小的下中尖和短的下外中脊，下中脊常与下中尖和下次脊的连接处相连；m2 的下中脊较退化。

中国已知种（化石） 仅 *Allactaga sibirica* 一种。

分布与时代 内蒙古、黑龙江、吉林、河北，更新世。

评注 该属为现生属，在中国有四种，栖息于蒙新高原的干旱地区和东北的北部（王应祥，2003）。化石很罕见，而且对其种的指定不很确定。在文献中偶见将属名 *Allactaga* 写成 *Alactaga*，甚至在同文中有并存现象，后者显然是笔误。

西伯利亚五趾跳鼠 *Allactaga sibirica* (Forster, 1778)

（图 213）

正模 未指定，现生种。俄罗斯西伯利亚贝加尔东南。

鉴别特征 个体比现生种 *Paralactaga elater* 和 *P. bullata* 大得多。下颌水平支在 m1 处高 6.2 mm 左右，齿虚长约 6.2 mm，咬肌窝浅、表面粗糙。下门齿扁薄，前端远高出颊齿咀嚼面；下颊齿列长在 7.7 mm 左右；m1 的下外中脊短，但清楚；m2 比 m1 长、大，下中脊与下次脊近愈合；m1 与 m3 的长度之比为 1.43 左右。

产地与层位 内蒙古鄂尔多斯萨拉乌苏、巴林左旗碧流台（乌尔吉），吉林前郭尔罗斯青头山，黑龙江哈尔滨阎家岗，河北阳原泥河湾，更新统。

评注 在中国，五趾跳鼠化石最早发现于内蒙古萨拉乌苏和河北阳原泥河湾的更新世地层，先前指定为“*Alactaga* cf. *annulata*”（Boule et Teilhard de Chardin, 1928；Teilhard de Chardin et Piveteau, 1930）。其后，在吉林前郭尔罗斯青山头、内蒙古赤峰市巴林左旗碧流台、黑龙江阎家岗发现了“*Allactaga sibirica annulata* 或 *A. sibirica*”（金昌柱等，1984；陆有泉等，1986；黑龙江文物管理委员会等，1987）；在泥河湾的大致相同层位中又发现了一些标本，归入“*Alactaga* cf. *A. sibirica*”或者“*Allactaga* sp.”（Cai et al., 2013）。所有这些地点发现的材料都很少，也只有简单的报道，多数未作较具体的描述和比对，而所有发现者都倾向于认为这些标本属于现代概念的 *Allactaga sibirica* 或者其相似种，因此，这里暂时将这些发现都指定为这一种，准确的鉴定有待进一步的发现和研究。

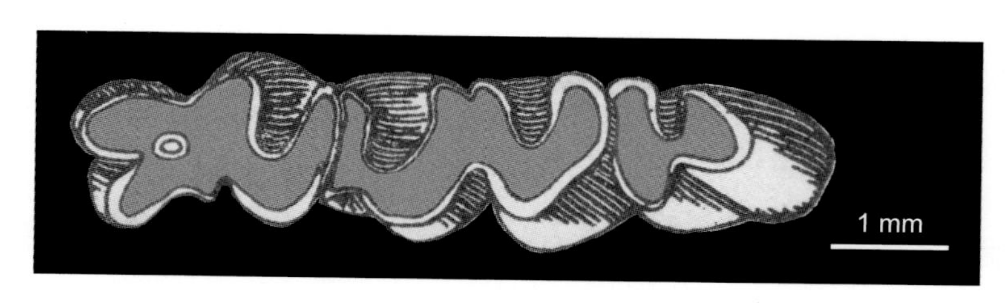

图 213 西伯利亚五趾跳鼠 *Allactaga sibirica*

左 m1–3（吉林省地质局区调队编号 JQ825–091）：冠面视（引自金昌柱等，1984）

跳鼠亚科 Subfamily Dipodinae Fischer von Waldheim, 1817

概述与定义 一类个体中型大小、擅长跳跃的跳鼠，现生跳鼠亚科动物的分布和对环境的适应与五趾跳鼠类接近。

鉴别特征 听泡发达，颈骨愈合，后肢骨很长，中间蹠骨愈合为“炮骨”，后足3趾骨。齿式：1•0•1•3/1•0•0•3；上门齿唇侧有明显的纵沟。P4单齿根，单锥形齿尖，无齿脊；颊齿中等高冠，丘-脊型齿，齿脊通常显著；上臼齿的前边脊细弱，中尖和中脊极少见；下臼齿也无下中尖和下中脊；m1无下外中脊，下前边尖通常较显著。

图214为跳鼠亚科颊齿构造模式图。

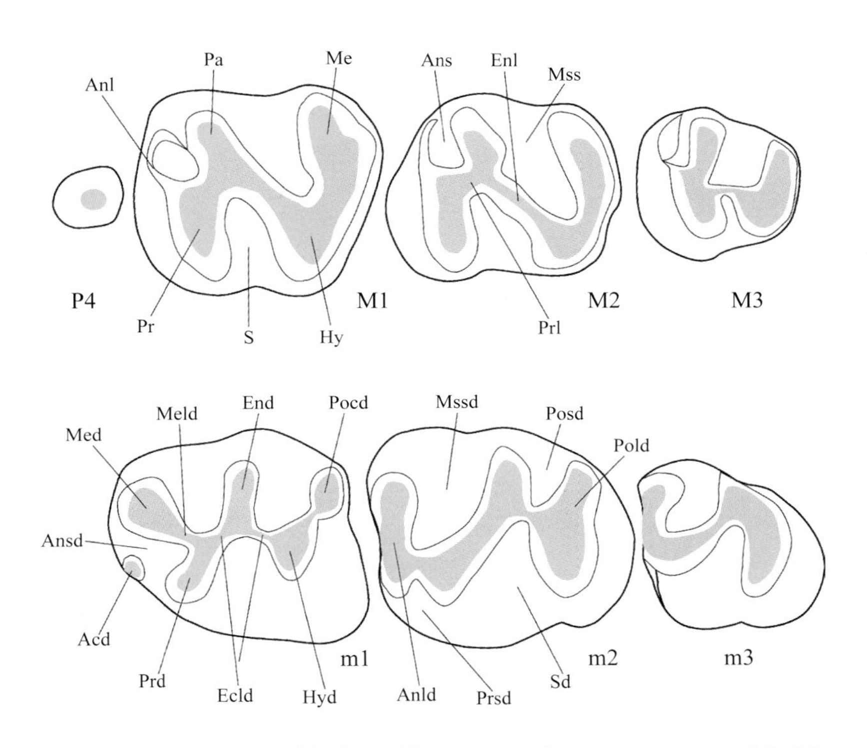

图214 跳鼠亚科颊齿构造模式图（依Qiu, 2003和Li et Qiu, 2005，略修改）

Acd. 下前边尖（anteroconid），Anl. 前边脊（anteroloph），Anld. 下前边脊（anterolophid），Ans. 前边谷（anterosinus），Ansd. 下前边谷（anterosinusid），Ecld. 下外脊（ectolophid），End. 下内尖（entoconid），Enl. 内脊（entoloph），Hy. 次尖（hypocone），Hyd. 下次尖（hypoconid），Me. 后尖（metacone），Med. 下后尖（metaconid），Meld. 下后脊（metalophid），Mss. 中间谷（mesosinus），Mssd. 下中间谷（mesosinusid），Pa. 前尖（paracone），Pocd. 下后边尖（posteroconid），Pold. 下后边脊（posterolophid），Posd. 下后边谷（posterosinusid），Pr. 原尖（protocone），Prd. 下原尖（protoconid），Prl. 原脊（protoloph），Prsd. 下原谷（protosinusid），S. 内谷（sinus），Sd. 下外谷（sinusid）

中国已知属 确定为化石种的只有 *Dipus* 一属。

评注 在中国现生的哺乳动物群中，跳鼠亚科包括两个属：三趾跳鼠属（*Dipus*）和羽尾跳鼠属（*Stylodipus*）。在华北干旱的荒漠地区，*Dipus* 的化石尚属常见，但确凿的

Stylodipus 化石至今还未发现，报道过的仅有青海德令哈深沟动物群的一枚 M3，被指定为有疑义的 *Stylodipus* 属（Qiu et Li, 2008）。

三趾跳鼠属 Genus *Dipus* Zimmermann, 1780

模式种 三趾跳鼠 *Dipus sagitta* Pallas, 1773

鉴别特征 中等大小的三趾跳鼠。P4 粗壮，单尖、单齿根。臼齿低冠，丘 - 脊型齿，典型的三趾跳鼠型构造；通常没有中尖和下中尖、中脊和下中脊。M1 和M 2 的主尖对向或轻微交错排列，后尖强大，内脊粗壮、倾斜；M1 的前边脊通常低、弱；m1 和 m2 常发育有下后边尖；m2 的下前边脊与下后尖连成横线。第三臼齿相对不甚退化。

中国已知种 *Dipus fraudator, D. nanus, D. pliocenicus*，共 3 种。

分布与时代 内蒙古、山西、甘肃、河北，晚中新世—更新世（保德期—泥河湾期）。

评注 长期以来，三趾跳鼠属（*Dipus*）被认为只有现生的 *D. sagitta*（Pallas, 1773）一种。Schlosser（1924）和 Savinov（1970）分别在研究内蒙古和哈萨克斯坦的跳鼠类化石时建立过 *Sminthoides* 和 *Scirtodipus* 属。Qiu 和 Storch（2000）在记述内蒙古比例克的跳鼠标本时，注意到 *Sminthoides* 与 *Dipus* 和 *Scirtodipus* 属在牙齿形态上差异甚微。Zazhigin 和 Lopatin（2001）认为 *Sminthoides* 是 *Dipus* 的晚出异名，但仍认为 *Scirtodipus* 系有效属。李强和邱铸鼎（2005）对中国的"*Sminthoides* 属"和现生的 *Dipus* 属进行了重新研究，确认 *Sminthoides* 和 *Scirtodipus* 是 *Dipus* 属晚出异名的意见。

在哈萨克斯坦、俄罗斯和蒙古的晚中新世至上新世的地层所产的跳鼠类化石中，还有多种三趾跳鼠的报道（Zazhigin et Lopatin, 2001）。本书认为，其中属于 *Dipus* 属的仅有 *D. fraudator*、*D. kazakhstanica*、*D. conditor*、*D. essedum*、*D. singularis*、*D. iderensis* 和 *D. perfectus*。在中国，该属的未定种还发现于甘肃的上新统（张兆群、郑绍华，2000）。

伪三趾跳鼠 *Dipus fraudator* (Schlosser, 1924)

（图 215）

Sminthoides fraudator：Schlosser, 1924, p. 34 (part)；Schaub, 1934, p. 3；郑绍华，1976，112 页；Fahlbusch et al., 1983, p. 215；Qiu, 1988, p. 839；Qiu, 2003, p. 140；Flynn et al., 1991, p. 251；Qiu et Qiu, 1995, p. 64

Sminthoides sp. nov.：蔡保全，1987，130 页

Dipus sp. nov.：Qiu et al., 2013, p. 182 (part)

选模 MEUU M 3364.25（Schlosser, 1924, pl. III, fig. 2；保存于瑞典乌普萨拉大学博

物馆)，具 M1 和 M2 的破损左上颌骨（Schlosser 建名时未指定正模，编者将这一标本指定为选模）。内蒙古化德二登图 1，上中新统二登图组。

归入标本 IVPP V 12748, V 13039, V 19755–19757，两件残破的上颌骨，159 枚颊齿（内蒙古中部地区）。IVPP V 4767，一件残破的上颌骨，一枚臼齿（甘肃合水）。IVPP V 15526，32 枚颊齿（山西保德）。

鉴别特征 三趾跳鼠中个体较小者，臼齿低冠，丘 - 脊型齿。M1 和 M2 具弱的前边脊，无中尖、中脊、后边脊和后边谷，前尖和后尖与次尖相连；m1 和 m2 的主尖错位排列，没有下中尖和下中脊。

产地与层位 内蒙古苏尼特左旗巴伦哈拉根、必鲁图，阿巴嘎旗宝格达乌拉，化德二登图、哈尔鄂博，上中新统灞河组、宝格达乌拉组、二登图组—下上新统。山西保德戴家沟，上中新统保德组；榆社盆地，上新统高庄组、麻则沟组、海眼组。河北阳原、蔚县泥河湾，上新统稻地组。甘肃合水华池，更新统。

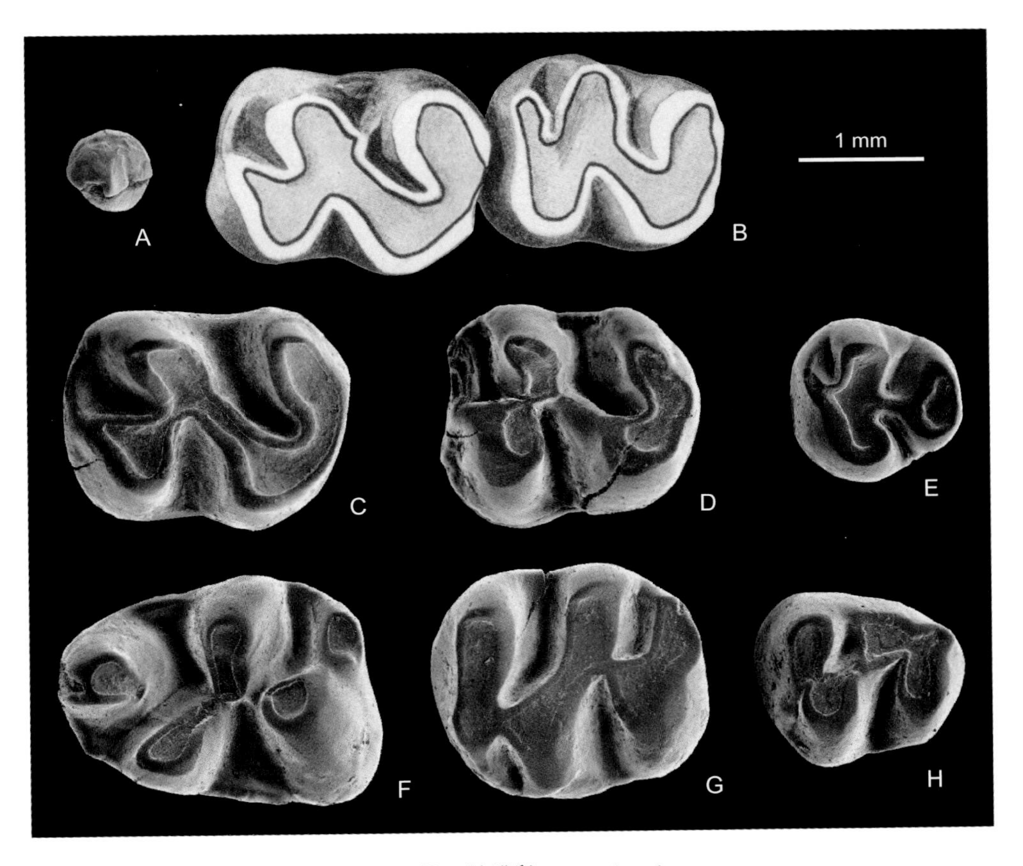

图 215 伪三趾跳鼠 *Dipus fraudator*

A. 左 P4 (IVPP V 12748.13)，B. 左 M1 和 M2 (MEUU M 3364.25，选模)，C. 右 M1 (IVPP V 12748.28，反转)，D. 右 M2 (IVPP V 12748.41，反转)，E. 右 M3 (IVPP V 12748.53，反转)，F. 左 m1 (IVPP V 12748.80)，G. 左 m2 (IVPP V 12748.105)，H. 左 m3 (IVPP V 12748.114)：冠面视 (B 引自 Schaub, 1934；其余引自李强、邱铸鼎，2005)

评注 该种还出现于蒙古的 Khirgis-Nur 和俄罗斯的 Tuva（Zazhigin et Lopatin, 2001）。

矮小三趾跳鼠 *Dipus nanus* Qiu et Li, 2016

（图 216）

Sminthoides? sp.：邱铸鼎、王晓鸣，1999，126 页

Dipus sp. nov.：Qiu et al., 2006, p. 181；Liu et al., 2008, p. 126；Qiu et al., 2013, p. 182 (part)

正模 IVPP V 19753，右 M1。内蒙古苏尼特右旗沙拉，上中新统沙拉层。

副模 IVPP V 19754.1–4，臼齿 4 枚。产地与层位同正模。

鉴别特征 极小型三趾跳鼠。臼齿低冠。M1 前部窄，保留有中尖和后边脊的痕迹，内脊与前尖连接；M2 内脊与原尖 - 前尖的联合部相连，具残留的中脊；m1 齿脊弱，下次小尖不甚膨大。

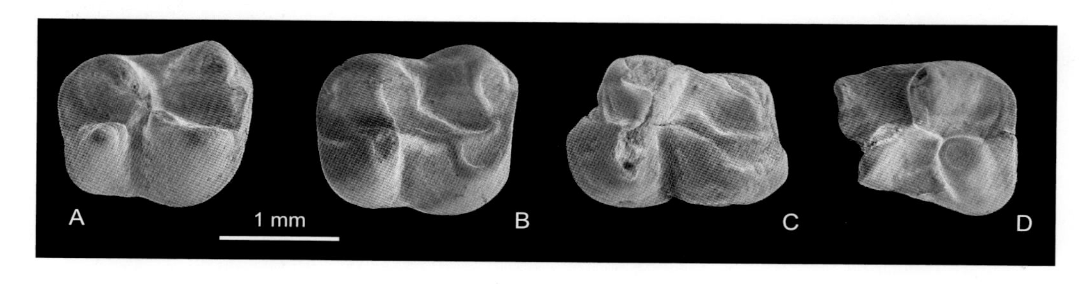

图 216 矮小三趾跳鼠 *Dipus nanus*

A. 右 M1（IVPP V 19754.1，反转），B. 右 M1（IVPP V 19753，正模，反转），C. 左 M2（IVPP V 19754.2），D. 右 m1（IVPPV 19754.3，反转）：冠面视（引自邱铸鼎、李强，2016）

上新三趾跳鼠 *Dipus pliocenicus* Qiu et Li, 2016

（图 217）

Sminthoides fraudator：Flynn et al., 1991, p. 256；Qiu et Storch, 2000, p. 191；Li et al., 2003, p. 108

Sminthoides sp.：张兆群、郑绍华，2000，图 1；郑绍华、张兆群，2001，图 3

Dipus cf. *D. fraudator*：李强、邱铸鼎，2005，32 页；Qiu et al., 2013, p. 185

正模 IVPP V 19746，右 m2。内蒙古阿巴嘎旗高特格（IVPP Loc. DB 02-2 地点），下上新统高特格层。

副模 IVPP V 19747.1–30，附 P4–M1 的破碎上颌骨，臼齿 29 枚。产地与层位同正模。

归入标本 IVPP V 11913, V 19748–19752，颊齿 278 枚（内蒙古中部地区）。

鉴别特征 个体较小的一种三趾跳鼠。M3 通常具有内脊。m1 和 m2 的下次脊粗壮；m1 下后脊常发育；m2 舌侧后部明显收缩，下次脊位置偏舌侧，下后边脊短，下后边谷窄而浅；m3 下前边脊极弱或缺失。

产地与层位 内蒙古阿巴嘎旗高特格、化德比例克，甘肃灵台文王沟，下上新统；山西榆社高庄、麻则沟，下上新统高庄组、麻则沟组。

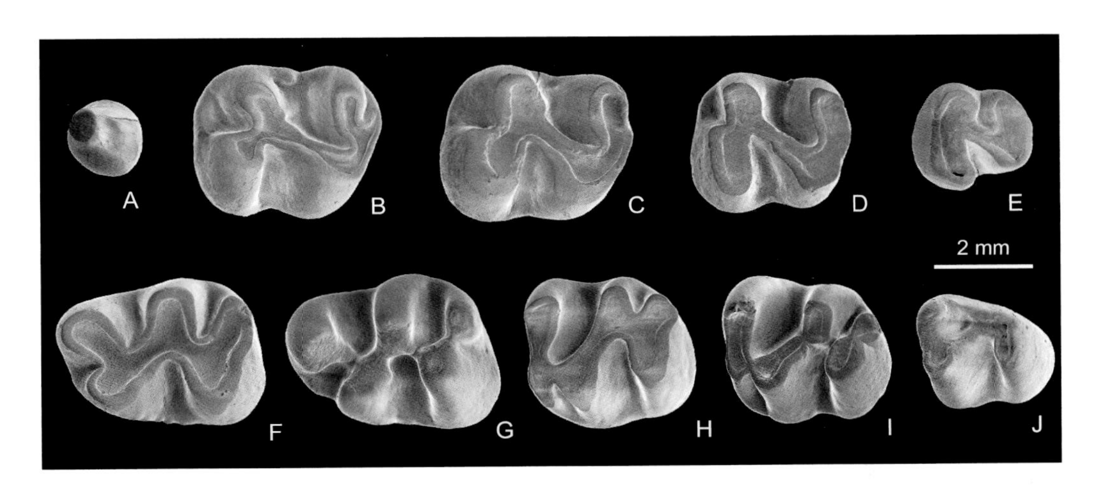

图 217 上新三趾跳鼠 *Dipus pliocenicus*

A. 左 P4（IVPP V 19751.1），B. 左 M1（IVPP V 19748.1），C. 左 M1（IVPP V 19748.2），D. 左 M2（IVPP V 19748.4），E. 右 M3（IVPPV 19751.2，反转），F. 左 m1（IVPP V 19748.6），G. 左 m1（IVPP V 19747.1），H. 左 m2（IVPP V 19751.4），I. 右 m2（IVPP V 19746，正模，反转），J. 左 m3（IVPP V 19751.8）：冠面视（引自邱铸鼎、李强，2016）

心颅跳鼠亚科 Subfamily Cardiocraniinae Vinogradov, 1925

概述与定义 为一类侏儒型跳鼠，个体很小。现生种类的分布与五趾跳鼠和三趾跳鼠类相似，多栖息于荒漠平原的沙地灌丛中。

鉴别特征 听泡硕大，顶骨异常狭小，后足 3 趾骨。齿式：1•0•1•3/1•0•0•3；上门齿唇侧有或无沟。颊齿低冠，丘 - 脊型齿，构造与三趾跳鼠类相似；P4 单尖、似圆锥状体、无齿脊；臼齿无中尖和中脊，M1 和 M2 的前边脊发育弱或缺失，内谷中等大小、不对称；m1 和 m2 的主尖错位排列，下外谷宽阔、近对称；m1 下前边尖不发育，具有下后边尖和下次谷；M3 和 m3 明显退化。

中国已知属 *Cardiocranius* 和 *Salpingotus* 两属。

评注 目前，该亚科的化石还很稀少，在中国仅有发现于华北和西北局部地区上中新统的零星牙齿。

五趾心颅跳鼠属 Genus *Cardiocranius* Satunin, 1903

模式种 五趾心颅跳鼠 *Cardiocranius paradoxus* Satunin, 1903

鉴别特征 个体小型的五趾跳鼠。头骨似心形，听泡膨隆、其宽大于颧弓宽度。上门齿近与头骨垂直，唇侧有纵沟。P4 细小，单尖、单齿根。臼齿三趾跳鼠型构造，齿脊粗壮；没有中尖和中脊。M1 和 M2 略比 *Dipus* 的狭长，有发育的前边脊和后边脊的残留痕迹，内脊斜向、连接次尖和前尖；M1 具明显的前边尖；M3 后边退化，次尖和后尖融会。m1 和 m2 下后边脊呈齿尖形，下外脊折曲、前部连接下内尖和下原尖，下外谷宽、深；m2 有明显的、连续于前边脊与下次尖的齿带；m3 的下次尖和下内尖融会。

中国已知种 仅 *Cardiocranius pusillus* 一种。

分布与时代 内蒙古、陕西，晚中新世（灞河期）。

评注 现生的五趾心颅跳鼠为一单型属，在中国分布于蒙新高原的荒漠草原地区。

小五趾心颅跳鼠 *Cardiocranius pusillus* Li et Zheng, 2005

（图 218）

Dipodidae gen. et sp. nov.：Zhang et al., 2002, p. 171 (part)；Qiu et al., 2003, p. 445 (part)

Cardiocranius sp.：Qiu et al., 2006, p. 181 (part)；Qiu et al., 2013, p. 182 (part)

正模 IVPP V 14439，右 m1。陕西蓝田第 19 地点，上中新统灞河组。

归入标本 IVPP V 19759，一枚 m1（内蒙古中部地区）。

鉴别特征 个体细小；齿尖和齿脊相对弱，齿尖较少压扁形。m1 的下外脊不明显拉长且较直，下外谷相对浅。

产地与层位 陕西蓝田第 19 地点，上中新统灞河组；内蒙古苏尼特右旗沙拉，上中新统。

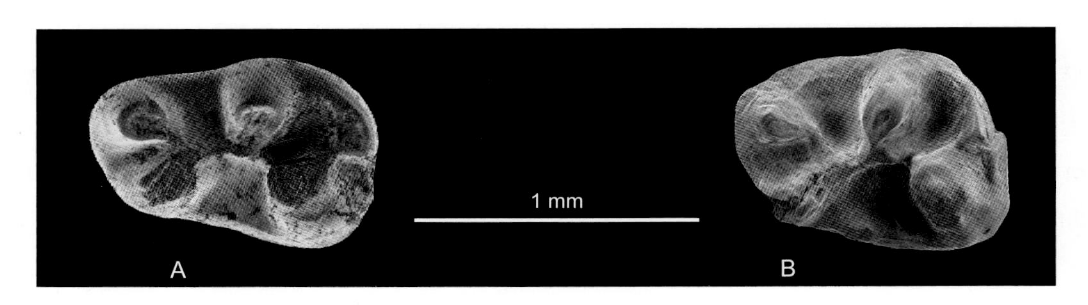

图 218 小五趾心颅跳鼠 *Cardiocranius pusillus*

A. 右 m1（IVPP V 14439，正模，反转），B. 右 m1（IVPP V 19759，反转）：冠面视（A 引自李强、郑绍华，2005；B 引自邱铸鼎、李强，2016）

三趾心颅跳鼠属 Genus *Salpingotus* Vinogradov, 1922

模式种 三趾心颅跳鼠 *Salpingotus kozlovi* Vinogradov, 1922

鉴别特征 个体小型的三趾跳鼠。头骨似心形；颧弓前部很宽，向后逐渐变细，中部有向下方凸出的刀状突起；听泡巨大、强烈隆起。上门齿向后倾斜。P4 相对粗壮，单尖、单齿根。臼齿三趾跳鼠型构造，齿脊很短；没有中尖和中脊。M1 和 M2 相对比 *Dipus* 的狭长，低处常有小的前边尖，无后边脊；M1 的原尖位置明显靠前，内脊斜向、连接次尖和前尖；M2 的前边脊不甚发育，但前边尖显著，内脊纵向、连接次尖与原尖；M3 很退化，仅原尖较明显。m1 和 m2 的下外脊纵向、连接下次尖与下原尖，下外谷宽、浅；m3 甚为退化，仅存下原尖和下后尖。

中国已知种（化石） 仅 *Salpingotus primitivus* 一种。

分布与时代 内蒙古、陕西，晚中新世（灞河期）。

评注 三趾心颅跳鼠为现生属，在中国有三种，分布于蒙新高原地区的荒漠草原地带（王应祥，2003）。

原始三趾心颅跳鼠 *Salpingotus primitivus* Li et Zheng, 2005

（图 219）

Dipodidae gen. et sp. nov.：Zhang et al., 2002, p. 171 (part)；Qiu et al., 2003, p. 445 (part)

Cardiocranius sp.：Qiu et al., 2006, p. 181 (part)；Qiu et al., 2013, p. 182 (part)

正模 IVPP V 14438，左 m1。陕西蓝田第 19 地点，上中新统灞河组。

归入标本 IVPP V 19758，一枚 m1（内蒙古中部地区）。

鉴别特征 个体很小；齿尖和齿脊相对弱。m1 的下后尖较少向前凸出，下外脊不明显拉长且略弯曲，下外谷较深。

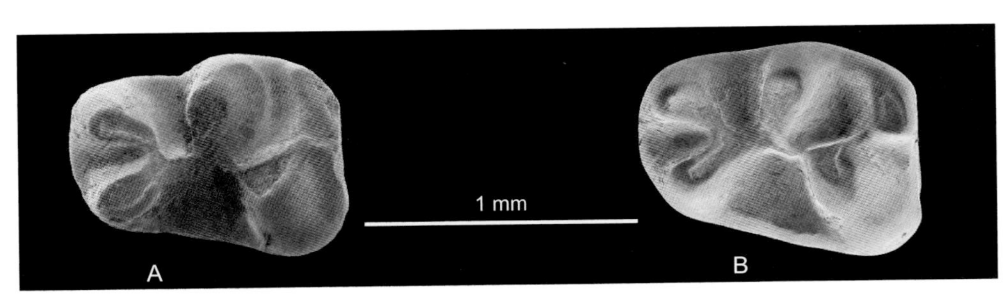

图 219 原始三趾心颅跳鼠 *Salpingotus primitivus*

A. 左 m1（IVPP V 14438，正模），B. 左 m1（IVPP V 19758）：冠面视（A 引自李强、郑绍华，2005；B 引自邱铸鼎、李强，2016）

产地与层位 陕西蓝田第 19 地点，上中新统灞河组；内蒙古苏尼特右旗沙拉，上中新统。

豪猪型下颌亚目 Suborder HYSTRICOGNATHA Tullberg, 1899

豪猪型下颌亚目应是 Tullberg（1899）在他的《Ueber das System der Nagetiere: Eine Phylogenetische Studie》一书中先提出来的。当时他把 Simplicidentati 划分为 2 个族（tribus）和 4 个亚族（subtribus）：

Ordo Glires
  Subordo Duplicidentati
  Subordo Simplicidentati
    Tribus Hystricognathi
      Subtribus Bathyergormorphi
      Subtribus Hysticomorphi
    Tribus Sciurognathi
      Subtribus Myomorphi
      Subtribus Sciuromorphi

Tullberg 的 Hystricognathi 含义是下颌上升支与含下门齿齿槽的水平支不在同一垂直面上，下颌角突内翻。而其余的分类依据主要还是头骨的颧 - 咬肌结构。

自 Tullberg 专著出版后的半个世纪，很少有古生物学家或生物学家采用他的分类办法。Simpson（1945，p. 198）甚至评价说“这种分类只不过是对分类阶元做了少许调整，不可能与正确有效的传统三亚目分类抗争”。直到 Lavocat（1951，p. 72）才启用“hystricognathies”，并进一步分出“orthohystricognathes”：南美啮齿类和“parahystricognathes”：旧大陆与非洲啮齿类。随着近几十年来古生物学的发展和大量豪猪型下颌啮齿类化石的发现，对这一类群在分类上的研讨也在深入。先是 1959 年 Wood 和 Patterson 提出 Suborder Caviomorpha 的概念，把南美所有具有豪猪型下颌的啮齿类（hystricognathous rodents）都归入了这一亚目。其后 1967 年 Lavocat 又提出 Suborder Phiomorpha，把非洲的 hystricognathous rodents 归入了该亚目。截至目前南美豪猪亚目（Caviomorpha）已有 Caviidae、Hydrochoeridae、Chinchillidae 等 13 科，而非洲豪猪亚目（Phiomorpha）也有 Miophiomyidae、Kenyamyidae 等 6 科（McKenna et Bell, 1997）。南美最早的豪猪型下颌啮齿类是发现在秘鲁中始新世晚期（约 41 Ma）的 *Cachiyacuy* 等（Antoine et al., 2012），非洲最早的化石记录是利比亚的 *Phiomys hammudal*、*Protophiomys durattalahensis* 和 *Talahphiomys libycus* 等，也同样是在中始新世晚期（38–39 Ma）（Jaeger et al., 2010）。中国仅发现 Hystricidae 一科（见下）。

豪猪型下颌啮齿类的起源如今仍不很明确。Marivaux 等 (2002) 对巴基斯坦 Bugti 早渐新世啮齿类做过支序分析，指出早期的 hystricognathous rodents 与亚洲的 ctenodactyloids 有着亲近的系统关系，清楚地表明前者起源于亚洲。Marivaux 等 (2004b) 依据啮齿类牙齿形态分析，做出的支序图，将古近纪的啮齿类分为两大支系：其一为最早的 ctenodactyloid 类（包括 Ctenodactylidae, Chapattimyidae, Yuomyidae, Diatomyidae 等）和 hystricognathous 类（包括 Tsaganomyidae, Baluchimyinae, 'phiomorphs', 'caviomorphs' 等）；其二为最早的壮鼠类 (the earliest 'ischyromyoid')（包括 Muroidea + Dipodoidea + Geomyoidea + Anomaluroidea + Castoroidea + Sciuravidae + Gliroidea，和 Sciuroidea + Aplodontoidea + Theridomorpha 等）。根据化石材料的全面分析，他们提出了 Baluchimyinae 为豪猪型下颌啮齿类。Baluchimyinae 是 Flynn 等（1986）依据发现在巴基斯坦中新世的啮齿类而提出的一个新亚科，归属于南亚的 Chapattimyidae 科。Marivaux 等（2000）记述了在泰国晚始新世地层中的 *Baluchimys krabiense*，它扩大了 baluchimyines 类的时空分布，并被认为与北非的 *Protophiomys* 关系密切。Jaeger 等（2010，p. 196）更明确认为 baluchimyines 和 phiomyids 有共同的祖先。2015 年，Barbière 和 Marivaux 在研究旧大陆古近纪和新近纪豪猪型下颌啮齿类的演化系统发育时，提出“hystricognathi 的起源可以追溯到中始新世中期，极有可能起源于亚洲”。应当指出的是，上述所有结论都仅限于对牙齿材料的分析，而真正显示具豪猪型下颌的 baluchimyines 化石只发现了一件残破右下颌，指定为 *Bugtimys zafarullahi* Marivaux et al., 2002，在分类上还是被作者仅归诸于 Infraorder Hystricognathi Tullberg, 1899，并未指定科级的分类位置。至于亚洲早期的 ctenodactyloids 化石（包括南亚的 Chapattimyidae）至今尚未发现一件具有雏形的豪猪型下颌标本。因此，比较恰当的论断应该是 hystricognathous rodents（包括 Baluchimyinae）与亚洲早期的 ctenodactyloid rodents 有亲近的系统关系（或姐妹群），而前者的起源推测上应是起源于后者。自 2000 年 Huchon 等提出“梳趾豪猪型啮齿类”（Ctenohystrica）这一新概念（即 Ctenodactylidae 和 Hystricognathi 应为一个类群）之后，分子生物学家和现生生物学家都依从这一概念，而不少古生物学家也采纳了 Ctenohystrica，并尝试着进行啮齿类的分类研究，但迄今为止还没有一位把亚洲古近纪的 ctenodactyloid 啮齿类置于 Ctenohystrica 之中。

豪猪科 Family Hystricidae Fish de Waldheim, 1817

模式属 豪猪属 *Hystrix* Linnaeus, 1758

定义与分类 豪猪科为啮齿动物现生科，也是我国境内唯一具有豪猪型头骨（hystricomorphous skull）和豪猪型下颌（hystricognathous mandible）的化石啮齿类。该科分布仅限于旧大陆，是个体最大、演化较为成功的一类啮齿动物。现生豪猪最显著的特征是背部和尾部长有尖锐的刺或棘，因此也被称为“箭猪”或“刺猪”。关于豪猪科的起源在上世纪学者们认为可能与欧洲古新纪的兽鼠科（Theridomyidae）或亚洲古新纪的梳趾鼠科（Ctenodactylidae）有关系（Sen, 1999），直到近年有关其起源和系统关系的研究才有了明显的突破。Sallam 等（2009）在做 phiomorphs 和 caviomorphs 化石的系统发育分析时提出化石证据与分子生物学的测年论据相当符合，即 Hystricidae 与 Phiomorpha-Caviomorpha 支系的分异时间约在 39 Ma，而非洲和西亚的 Phiomorpha 与南美的 Caviomorpha 的分异时间是在 36 Ma。换言之，豪猪科的分异应在豪猪型下颌的两大类分异之前。他们还首次提出，*Hystrix* 与 Phiomorpha 的 *Guadeamus*（瓜地鼠，埃及 Fayum 凹地的地名，从音译）可能构成姐妹群。Sallam 等（2011）在记述 *Guadeamus* 的新材料时，在其严格合意树分析中更明确了 *Guadeamus* 与 *Hystrix* 的姐妹群关系，并指出两者有 11 个共近裔自性性状，其中 8 个是确凿的。Barbière 和 Marivaux（2015）曾指出，豪猪科是一个长期生存的现代豪猪型下颌的啮齿类支系，尽管它的起源与演化还有争议，但如果我们承认豪猪类与始新世—渐新世非洲的 *Guadeamus* 有紧密的相关关系，那我们所做的系统发育分析将有力支持这一观点，同时也有力地剔除了许多对豪猪科似是而非的支序分析。

鉴别特征 豪猪型头骨和豪猪型下颌。深层咬肌起于吻部侧壁，穿过大的眶下孔，抵达下颌咬肌脊，而浅层、表层咬肌基本不超过颧弓之前；颧弓不外扩，鼻腔膨大，腭前孔非常小。下颌角突与下颌水平支（或下门齿）不处在同一个垂直平面上。门齿和釉质层全为复系型（multiseria）。颊齿冠面相对平整、由多个沟褶组成，DP4 由 P4 替代，颊齿中—高冠，齿式为 1•0•1•3/1•0•1•3，脊型齿。前肢和后肢各具五指（趾），拇指退化。

该科牙齿的构造模式图如下：

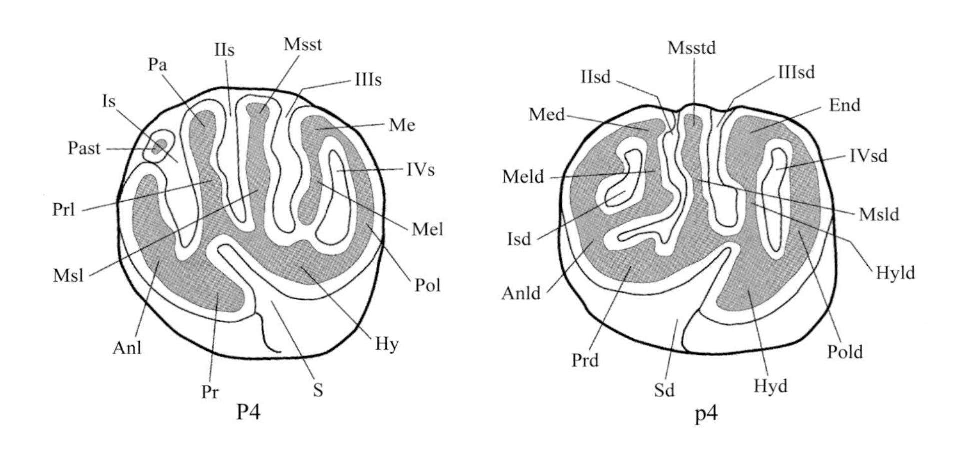

图 220 豪猪科颊齿构造模式图（引自王伴月、邱占祥，2002）

Anl. 前边脊（anteroloph），Anld. 下前边脊（anterolophid），End. 下内尖（entoconid），Hy. 次尖（hypocone），Hyd. 下次尖（hypoconid），Hyld. 下次脊（hypolophid），Me. 后尖（metacone），Med. 下后尖（metaconid），Mel. 后脊（metaloph），Meld. 下后脊（metalophulid），Msl. 中脊（mesoloph），Msld. 下中脊（mesolophid），Msst. 中附尖（mesostyle），Msstd. 下中附尖（mesostylid），Pa. 前尖（paracone），Past. 前附尖（parastyle），Pol. 后边脊（posteroloph），Pold. 下后边脊（posterolophid），Pr. 原尖（protocone），Prd. 下原尖（protoconid），Prl. 原脊（protoloph），S. 内谷 / 舌侧沟（sinus），Sd. 下外谷 / 下颊侧沟（sinusid），Is, IIs, IIIs, IVs. 颊侧谷 / 沟（buccal sinus），Isd, IIsd, IIIsd, IVsd. 下舌侧谷 / 沟（lingual sinus）

中国已知属 *Hystrix*, *Atherurus*, *Trichys*，共 3 属。

分布与时代 主要分布于华南和西南的大部分地区，华北、西北和东北地区也有零星分布，晚中新世—现代。

评注 豪猪科的现生种类主要分布在非洲、南亚、东南亚和欧洲南部的地中海沿岸的意大利和希腊，是典型的热带 - 亚热带型动物（Nowak, 1999）。中国豪猪科的现生种类共有 2 属 2 种 6 亚种，主要分布于长江流域及其以南地区（张荣祖等，1997；王应祥，2003；潘清华等，2007），但化石记录最北可以到达北纬 40º 左右的东北辽宁营口地区（郑绍华，1993）。世界上最早的豪猪化石发现于非洲埃及 Sheikh Abdallah 的 Vallesian 地层中（MN 9）（Mein et Pickford, 2010）。欧洲最早的记录是晚中新世的 Vallesian 期（MN 10；Sen, 1999）；中国最早的化石发现于晚中新世地层（王伴月、祁国琴，2005）。

关于豪猪科的分类，有的学者将其分为两个亚科：豪猪亚科（Hystricinae）和帚尾豪猪亚科（Atherurinae）（如 Simpson, 1945；McKenna et Bell, 1997；Nowak, 1999；Wilson et Reeder, 2005）；但不少学者，包括现生哺乳动物学者，是坚持不分亚科的（潘清华等，2007；Schaub, 1958；Sen, 1999；王应祥，2003；Wilson et Reeder, 2005）。即使是建议分亚科者，对科内为数不多的属的归属也有不同的意见 [如对 *Sivcanthion* 属，Simpson（1945）归入豪猪亚科，而 McKenna 和 Bell（1997）则归入帚尾豪猪亚科]。为鉴别特征清晰，编者赞同采用不分亚科的办法。

豪猪属 Genus *Hystrix* Linnaeus, 1758

模式种 非洲冕豪猪 *Hystrix cristata* Linnaeus, 1758

鉴别特征 体型较帚尾豪猪明显大而粗壮；头骨前部增高，鼻骨宽长，通常大于颅长的 30%，其后缘多在泪骨之后，额骨大于顶骨、后缘为浑圆状、有顶嵴，但枕部较低，眶前窝和颞窝几乎大小相等，听泡小而圆。该属头骨和颊齿的演化趋势：腭面两颊齿列由向前分开变为彼此平行或向前靠近；颊齿齿冠由中等到高冠；颊齿的褶沟由相对较深变为相对较浅；冠面轮廓由近方形或长方形到近圆形；M3/m3 渐趋退化。

中国已知种 *Hystrix gansuensis*, *H. kiangsenensis*, *H. lagrelii*, *H. lufengensis*, *H. magna*, *H. subcristata*, *H. zhengi*，共 7 种。

分布与时代 云南、甘肃，晚中新世；广西、安徽、湖北、重庆、北京，早—中更新世；浙江、河南，早更新世；贵州，中—晚更新世；辽宁、四川，中更新世；海南，全新世。

评注 现生种分布于欧亚南部和非洲北部地区，包括 8 种（Nowak, 1999；Wilson et Reeder, 2005）。中国 *Hystrix* 属现生种在种级的分类上尚存争议：Allen（1938, 1940）将其指定为华南豪猪（*H. subcristata*）和云南豪猪（*H. yunnanensis*）两种；Ellerman 和 Morrison-Scott（1951）认为两者分别是尼泊尔豪猪 *H. hodgsoni* 和马来豪猪 *H. brachyura*

的同物异名，张荣祖等（1997）也赞同这一意见；王应祥（2003）则认为上述种类在形态上达不到种一级差别，一起归入马来豪猪种，分属四个亚种。

甘肃豪猪 *Hystrix gansuensis* Wang et Qiu, 2002

（图 221）

正模 IVPP V 13052，头骨前部，背侧向受挤压稍变形，具左、右 P4–M3。甘肃广河小杂村，上中新统。

归入标本 HZPM HZM 0401，1 件头骨的前部（甘肃和政）。IVPP V 12715, V 12716，上颌骨碎块 3 件、颊齿 1 枚（甘肃和政）。

鉴别特征 一种个体很大的豪猪。鼻骨增大，后缘向后圆凸，伸到 M3 的后上方；门齿与 P4 间齿缺长；两齿列彼此近于平行，腭面较宽；后鼻孔前缘弧形，位于 M2 和 M3 交界处舌侧；颊齿为中等高冠齿；单面高冠，具三齿根；DP4 的舌侧沟仅与颊侧的 Is 连；P4 前边脊短，前尖大而向颊方突出，Is 的颊侧开口，具低小的前附尖；上臼齿褶 Is 不向颊侧开口；M3 较少退化。

产地与层位 甘肃广河小杂村，和政禾托、黑岭顶、十里墩，上中新统。

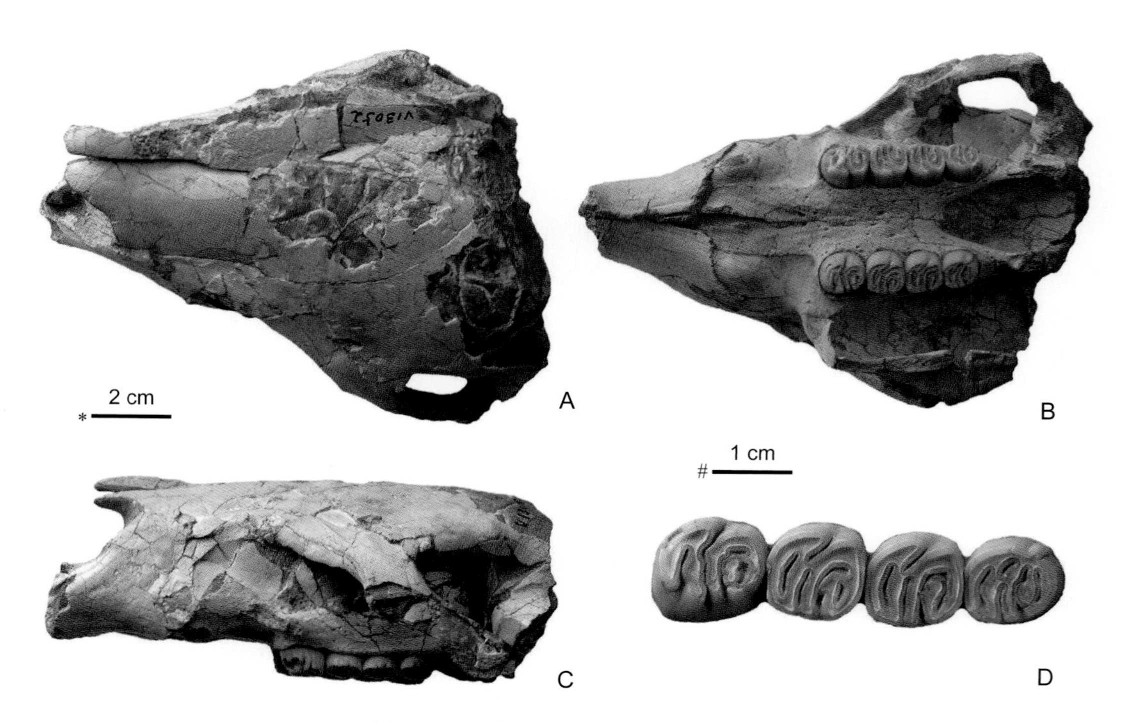

图 221 甘肃豪猪 *Hystrix gansuensis*

头骨的前部附左右完整的颊侧齿列（IVPP V 13052，正模）：A. 顶面视，B. 腹面视，C. 左侧视，D. 冠面视右 P4–M3；比例尺：* - A–C，# - D

评注 依头骨和颊齿的形态特征，*Hystrix gansuensis* 要比欧洲的 *H. parvae* 和 *H. primigenia*、南亚的 *H. sivalensis*，以及云南的 *H. lufengensis* 进步，而比晚上新世和第四纪的 *Hystrix* 属各种显得原始。

江山豪猪 *Hystrix kiangsenensis* Wang, 1931

（图 222）

Hystrix cf. *subcristata*：Young, 1934, p. 109；Teilhard de Chardin, 1936, p. 22；Teilhard de Chardin et Pei, 1941, p. 98; Colbert et Hooijer, 1953, p. 41; Chia, 1957, p. 247; 叶元正、阎德发，1975，195 页；胡长康、齐陶，1978，20 页

Hystrix subcristata：Young et Liu, 1950, p. 63；裴文中，1987，86 页；黄万波、方其仁，1991，71 页；郑绍华，1993，115 页（部分）

正模 一件右下颌骨带 p4、m1（无标本号，标本下落不明）（见 Wang, 1931, p. 47, fig. 2）。

归入标本 9 枚牙齿（无标本号，浙江江山）。IVPP V 5028, V 5029, V 5030, V 11511, 3 件下颌骨, 2 枚颊齿（广西柳城）。CQMNH CV 1056.1–2, 颊齿 2 枚（重庆巫山）。NHMG MH 0059 等, 48 枚颊齿（广西百色）。IVPP V 13220, 6 件下颌骨和 138 枚牙齿（湖北建始）；IVPP V 2935，1 件残破头骨带上齿列（陕西蓝田）；IVPP C/C 1769–1774，2 件下颌骨，颊齿 4 枚（北京周口店）；1 件残破下颌带 p4、m1（北京周口店，无标本号，见 Teilhard de Chardin, 1936, p. 22）；IVPP cp. 270，1 件下颌骨（北京周口店）；IVPP V 1665，1 件下颌骨（湖北长阳）；IVPP V 9668，3 件残破下颌及 268 枚颊齿（川黔地区）；1 件上颌骨（无标本号，安徽铜山）。AMNH 18747，1 件下颌骨（重庆盐井沟）。

鉴别特征 一种平均个体比拉氏豪猪（*Hystrix lagrelii*）大、但明显小于硕豪猪（*Hystrix magna*）的化石豪猪种。

产地与层位 浙江江山龙嘴洞、重庆巫山龙骨坡、广西柳城巨猿洞和百色么会洞、陕西蓝田公王岭、湖北建始龙骨洞，下更新统；北京周口店第一、第九和第十三地点，重庆盐井沟，湖北长阳，安徽铜山，川黔地区岩灰洞、挖竹湾洞、白岩脚洞、穿洞（上）、歌乐山龙骨洞，中更新统。

评注 Van der Weers 和 Zheng（1998）通过对广西柳城巨猿洞、重庆巫山龙骨坡和周口店第一、第十三等地点豪猪化石的测量研究，认为一种平均个体比 *Hystrix lagrelii* 大，但比 *H. magna* 小的种都应该归入 *H. kiangsenensis*。该种正型标本产于浙江江山龙嘴洞，根据原文献描述其时代为“上新世末或第四纪初期”，即：早更新世早期。郑绍华（2004）在研究湖北建始龙骨洞动物群时，依据下颌齿列长度、P4 与 p4 的长度以及 m1/2 的长宽值，

认为我国以前很多曾被作为 *H. subcristata* 或相似种、偏小型的 *Hystrix* 都应归入江山豪猪。笔者认为 *H. kiangsenensis* 很可能代表了我国早—中更新世不同于 *H. subcristata* 的一个化石种类。Van der Weers 和 Zheng（1998）曾指出被归入 *H. kiangsenensis* 的来自柳城巨猿洞和周口店第一、十三地点的标本与现生 *H. subcristata* 的不同表现在：M1/2、m1/2 和 P4/p4 的平均宽度均较大。

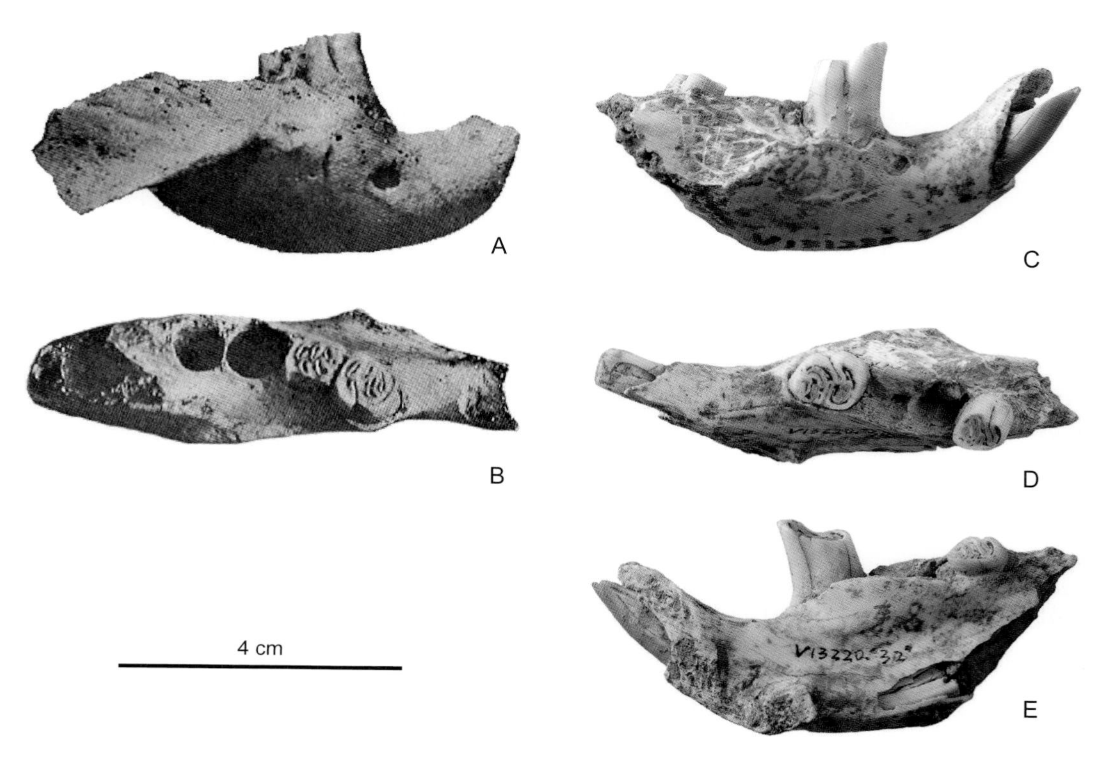

图 222 江山豪猪 *Hystrix kiangsenensis*

A, B. 右下颌骨带 p4、m1（正模，无标本号），C–E. 右下颌骨（IVPP V 13220.32）：A, C. 颊面视，B, D. 冠面视，E. 舌侧视（A 和 B 引自 Wang, 1931）

拉氏豪猪 *Hystrix lagrelii* Lonnberg, 1924

（图 223）

正模 MEUU M 3701，一件完整的头骨带 P4–M3。河南渑池，更新统。

归入标本 IVPP V 6196, V 6197，2 件残破下颌骨（北京房山）。IVPP RV 41009，1 件几乎完整的头骨、3 件残破下颌骨（北京周口店）。3 件残破下颌骨和 3 枚牙齿（无标本号，北京周口店）。

鉴别特征 *Hystrix* 属平均个体最小的一个种。鼻骨显著短，其长度只占鼻 - 枕骨长度的 33%–40%，额骨发育，顶部明显比额部低，枕面基本垂直。高齿冠，颊齿的横截面呈圆形；上腭骨的后缘可达左右 M2 的水平连线。

产地与层位 河南渑池、北京房山龙牙洞，下更新统；北京周口店第九地点、第十三地点和第二十地点，以及辽宁营口金牛山，中更新统。

评注 拉氏豪猪最早发现于河南渑池早更新世地层，之后陆续在我国北方发现它的踪迹，最北扩散至北纬 40º 左右，但迄今还未在我国南方出现。它可能代表一种生活于中国北方早—中更新世的小型化石豪猪（Lonnberg, 1924；Teilhard de Chardin, 1936；Teilhard de Chardin et Pei, 1941；贾兰坡等，1959；黄万波、关键，1983；郑绍华、韩德芬，1993）。

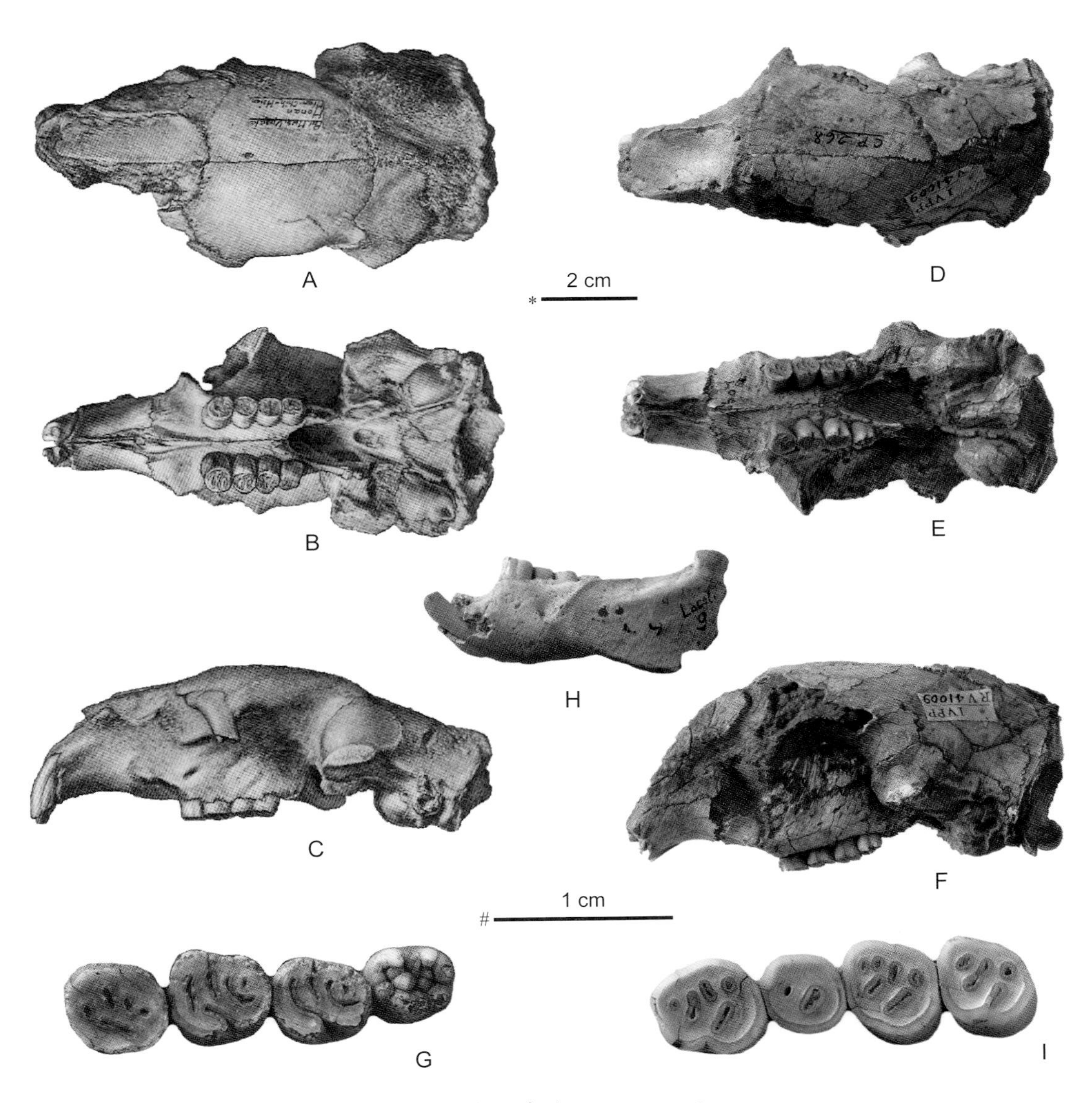

图 223 拉氏豪猪 *Hystrix lagrelii*

A–C. 保存较完整的头骨（MEUU M3701，正模），D–G. 稍破损头骨及其左 P4–M3 齿列（RV 41009），H–I. 左下颌骨及其 p4–m3 齿列，无标本号）：A, D. 顶部视，B, E. 腹面视，C, F. 左侧视，G, I. 冠面视，H. 颊侧视；比例尺：* - A–F, H， # - G, I（A–C 引自 Lonnberg, 1924）

禄丰豪猪 *Hystrix lufengensis* Wang et Qi, 2005

（图 224）

Hystrix sp.：邱铸鼎等，1985，21 页

Hystrix primigenia：Van der Weers, 2004, p. 75

正模 IVPP V13823，一件可能属于同一个体的压扁而破碎的头骨具左 I2、P4–M3、右 P4–M3 的印痕，左下颌骨具 i2、p4–m3 和一段右下颌骨具 i2、m3。云南禄丰石灰坝（D 剖面第 3 层），上中新统石灰坝组。

归入标本 IVPP V14151–14153, V 14147–14153，下颌骨碎块 1 件，颊齿 30 枚（云南禄丰）。

鉴别特征 一种个体中等、较原始的豪猪。两上颊齿列往前靠近。下颌骨水平支较低；齿隙长，上缘稍凹，其前端明显上翘，高于下颊齿冠面。颊齿齿冠较低；上颊齿舌

图 224 禄丰豪猪 *Hystrix lufengensis*

可能为同一个体的左上颌骨带 P4–M3 和左下颌骨带 p4–m3（IVPP V 13823，正模）：A. 腹面视，B, D. 舌侧视，C. 颊侧视，E. 冠面视左 p4–m3；比例尺：* - A, B, E，# - C, D

侧沟横向较短，在成年个体不与颊侧褶相通，也不重叠；P4 大，前尖在成年时仍孤立，中附尖很发达但不与中脊连，颊侧褶 IIIs 和 IVs 相连成 U 形谷；M3 较少退化；上颊齿具三齿根，内侧齿根大，具明显纵沟；下颊齿通常四齿根。

产地与层位 云南禄丰石灰坝，上中新统石灰坝组。

评注 禄丰古猿地点的豪猪化石材料，最初由邱铸鼎等（1985）暂指定为 *Hystrix* sp.。Van der Weers（2004）记述过产自禄丰的部分豪猪牙齿化石，并将其归入欧洲的 *H. primigenia*。王伴月和祁国琴（2005）在对禄丰产出的豪猪化石（包括头骨、下颌骨等）作了进一步的研究后，认为这些材料不应该归入 *H. primigenia*，并建立了新种。在形态上，*H. lufengensis* 具有比欧洲 *H. parvae* 稍进步的特征，比 *H. primigenia* 和 *H. sivalensis* 及其他种都原始，它可能代表亚洲目前已知最早、最原始的豪猪，其产出时代距今约 8 Ma，与欧洲 Turolian 期较早期的时代大致相当。

硕豪猪 *Hystrix magna* Pei, 1987

（图 225）

Hystrix cf. *H. magna*：金昌柱、刘金毅，2009，186 页

选模 IVPP V11550.2，右 P4。广西柳城巨猿洞，下更新统。

归入标本 IVPP V 5036, V 11550，颊齿 3 枚（广西柳城）。IVPP V 10999，1 件基本完整的头骨缺失颊齿（广西崇左）。IVPP V 14005，1 件 M2（安徽繁昌）。IVPP V 13219，1 件残破下颌骨和 62 枚牙齿（湖北建始）。NHMG MH 0339, MH 0340, MH 0621, MH 0393, MH 0515, MH 0161，3 件残破上颌骨，3 枚牙齿（广西百色）。残破下颌骨 1 件，牙齿 6 枚（无编号，湖北郧西）。

鉴别特征 一种个体很大的豪猪。头长仅小于 *Hystrix primigenia* 和 *H. refossa*，大于 *Hystrix* 已知其他各种。头高在 *Hystrix* 属种中最大。鼻骨后端超过泪骨后缘。后部呈圆弧状，仅比前部稍宽，不同于 *Hystrix* 属中除 *H. brachyura* 外的其他种；但鼻骨比 *H. brachyura* 上隆强烈，相对宽度也大。前颌骨鼻突较窄。鳞骨在额 - 顶缝下方呈显著的丘状隆起。枕部轻微后突，侧枕脊与枕脊平行，长而发达，副枕突末端未达枕髁下缘。基枕骨正中骨脊两侧各具一疣状突起。听泡前端呈钝的尖凸状。颊齿尺寸大小与 *H. zhengi* 的相当，明显大于第四纪其他种，颊齿高冠，P4 和 p4 的舌侧褶沟比颊侧的浅，牙根生长相对较早；p4 的前端相对少变窄。

产地与层位 广西柳城巨猿洞、崇左独头山洞、百色么会洞，安徽繁昌人字洞，湖北建始龙骨洞，下更新统；湖北郧西黄龙洞，上更新统。

评注 硕豪猪由裴文中（1987）依据广西柳城巨猿洞的标本建立，但并未给予明确的

定义。由于其测量标本和所归入标本在原文文字和图版中不能一一对应，因此很难判断：①哪些标本是产自柳城巨猿洞的；②哪一件标本属于正型标本；③牙齿齿冠高度。更为困难的是作者所图示的标本后来竟不知所终。郑绍华（1993）指定了产自重庆巫山龙骨坡的一件左 p4（IVPP V 9669）为该种的正型标本，但这件标本后又被 Van der Weers 和 Zhang（1999）列为 *Hystrix zhengi* 的模式标本且被广泛接受。这里只好依据 Van der Weers 和 Zhang 文中图版列出的一件 P4（IVPP V 11550.2）作为该种的选模。郭建崴（1997）描述了一件产自广西崇左早更新世独山洞的硕豪猪头骨化石，虽然缺失颊齿，但依然可看出该种的主要

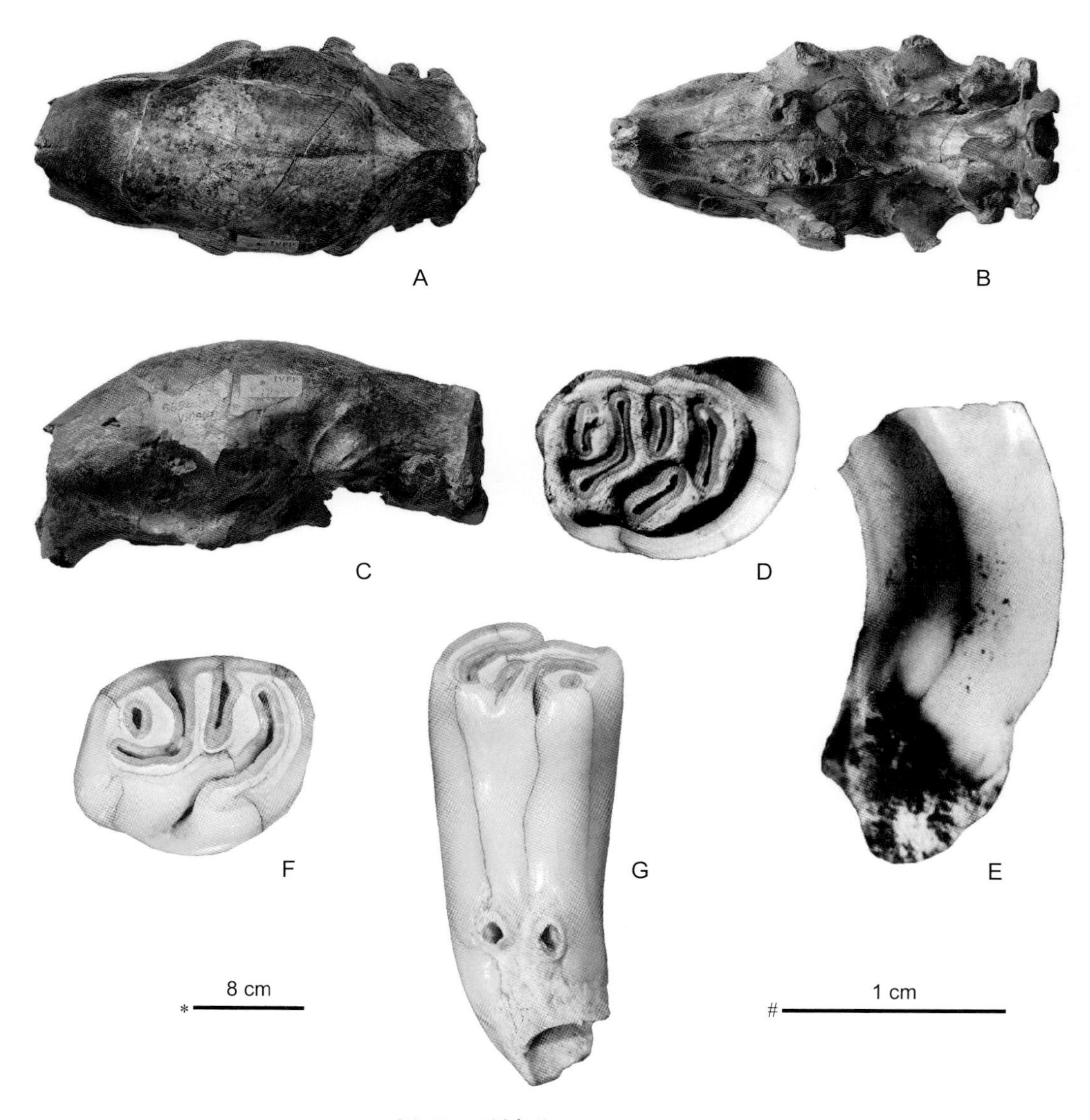

图 225　硕豪猪 *Hystrix magna*

A–C. 基本完整的头骨（IVPP V10999），D, E. 右 P4（IVPP V 11550.2，选模），F, G. 右 M2（IVPP V14005）：A. 顶面视，B. 腹面视，C. 右侧视，D, F. 冠面视，E, G. 舌侧视；比例尺：* - A–C，# - D–G（D, E 引自 Van der Weers et Zhang, 1999；F, G 引自金昌柱、刘金毅，2009）

特征。郑绍华（2004）认为 *H. magna* 可能与印尼爪哇的 *H. gigantea* 和欧洲的 *H. refossa* 是同物异名。硕豪猪广泛发现于我国南方早更新世的洞穴、裂隙堆积中，曾被认为是我国南方早更新世巨猿动物群的典型代表种类。但湖北郧西黄龙洞亦发现该种，说明硕豪猪也有生存至晚更新世的可能（郑绍华，1993, 2004；郭建崴，1997；Van der Weers et Zheng, 1998；Van der Weers et Zhang, 1999；武仙竹，2006；金昌柱、刘金毅，2009；王頠，2013）。

华南豪猪 *Hystrix subcristata* Swinhoe, 1870

（图 226）

Hystrix brachyura subcristata：Van der Weers, 1979, p. 244；郝思德、黄万波，1998，80 页

正模 现生标本，未指定。

归入标本 IVPP V 5082, V 5083，2 件完整的头骨（广西柳江）。IVPP V 5704, V 5707, V 5711, V 5716, V 5032–5034, V 5036，4 件残破下颌骨，14 枚颊齿（广西诸山）。2 件残破下颌及 12 枚牙齿（无编号，湖北郧西）。IVPP V 13948.1–57，2 件残破头骨，9 件残破上颌骨或下颌骨，32 枚牙齿，14 件骨骼（北京房山）。HNM HV 00406–00432，9 件残破上颌骨或下颌骨，18 枚牙齿（海南三亚）。

鉴别特征 鼻骨宽大，头骨后部明显扩展，后端达到前额骨的后端并超过颧骨根部；从侧面看，鼻骨、顶部和额骨都向上突出，顶部基本与额部等高，枕面向后下方倾斜强

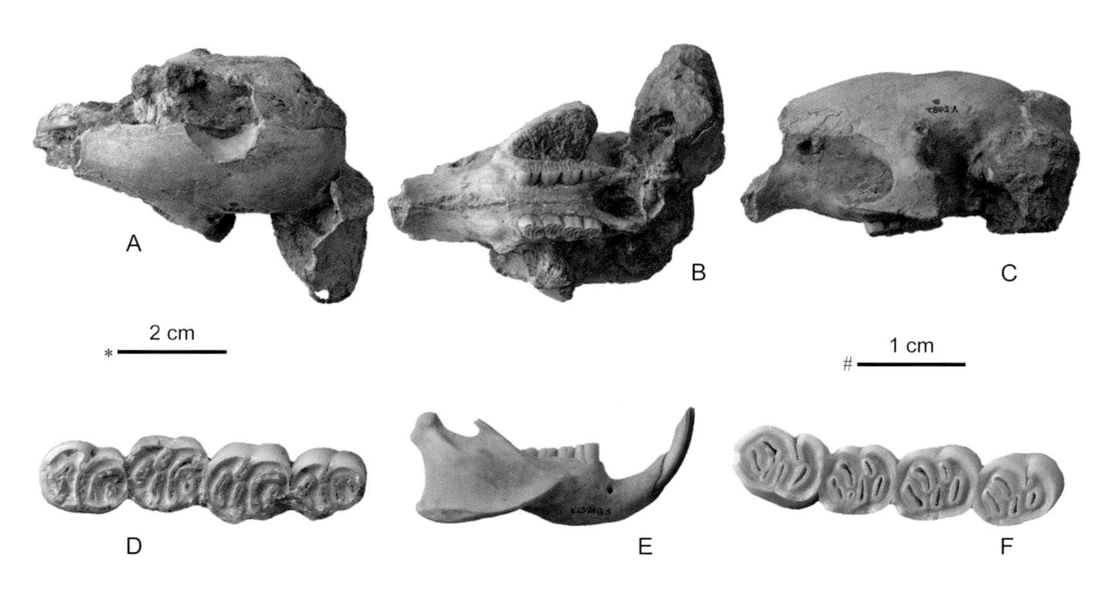

图 226 华南豪猪 *Hystrix subcristata*

A–D. 破损头骨及其右 P4–M3 齿列（IVPP V 5082），E, F. 近完整的右下颌骨及其 p4–m3 齿列（IVPP V 13948.5）：A. 顶部视，B. 腹面视，C. 右侧视，D, F. 冠面视，E. 颊侧视；比例尺：* - A–C, E，# - D, F

烈。下颌垂直支一般发育且倾斜，水平支强大，并在后端膨大，冠状突很小，角突不明显，齿虚位较长，颏孔较大，位于 p4 前下方。

产地与层位 广西柳江硝岩洞，中更新统；北京房山田园洞、湖北郧西黄龙洞、海南三亚落笔洞，上更新统—全新统。

评注 在中国，报道产出 *Hystrix* sp. 或 *H. subcristata* 的化石地点有数十个，但绝大多数为单个牙齿，既没有详细的描述和图示，也没有标本的测量数据，加之标本的保存地点十分分散，系统整理和研究非常困难。这里所列的标本主要是记载有颊齿列或颊齿测量数据的材料（裴文中，1987；郑绍华，1993；郝思德、黄万波，1998；同号文，2005；武仙竹，2006）。华南豪猪可能代表一种生活于我国中、晚更新世（甚至全新世）的中—小型化石豪猪。

郑氏豪猪 *Hystrix zhengi* Van der Weers et Zhang, 1999

（图 227）

Hystrix magna：裴文中，1987，89 页（部分标本）

Hystrix magna：黄万波、方其仁，1991，72 页

Hystrix magna：郑绍华，1993，124 页

正模 IVPP V 9669，1 枚左 p4。重庆巫山龙骨坡，下更新统。

归入标本 IVPP V 11549.1–3，3 枚 p4（广西柳城）。

鉴别特征 一种偏大型、低冠的豪猪。个体与 *Hystrix magna* 相当，但齿冠高度尤其是珐琅质层的高度明显比 *H. magna* 低；p4 的颊侧褶沟相对宽浅；牙根生长相对较早；p4 的前端相对少变窄。

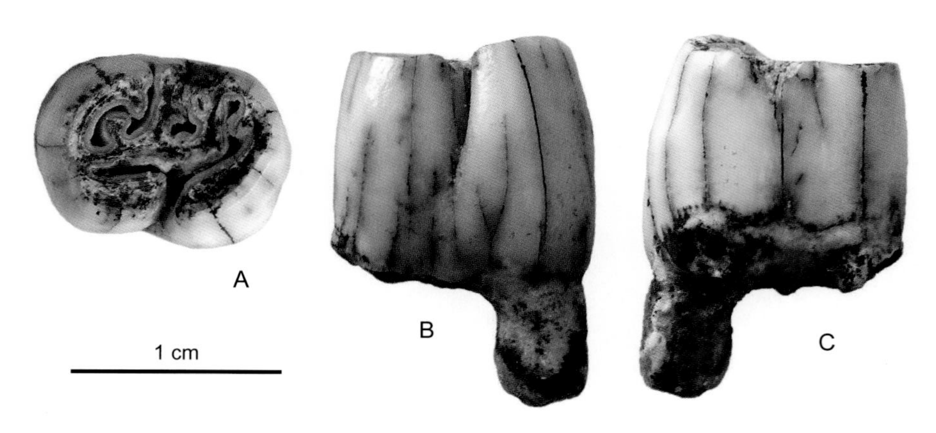

图 227 郑氏豪猪 *Hystrix zhengi*

A–C. 左 p4（IVPP V 9669，正模）：A. 冠面视，B. 颊侧视，C. 舌侧视

产地与层位 重庆巫山龙骨坡、广西柳城巨猿洞，下更新统。

评注 郑氏豪猪与硕豪猪的牙齿尺寸接近，两者难以区分，但是从齿冠高度特别是珐琅质层的高度看，*Hystrix zhengi* 明显低于 *H. magna*。该种的大小相当于欧洲晚中新世到上新世（MN12–MN16）的 *H. primigenia*，但齿冠稍高，很可能代表了低冠类豪猪在欧亚大陆的最晚出现。

帚尾豪猪属 Genus *Atherurus* Cuvier, 1829

模式种 大帚尾豪猪 *Atherurus macrourus* (Linnaeus, 1758)

鉴别特征 体型较豪猪属 *Hystrix* 明显小；鼻骨窄长，颧弓颧突后基部向后超过上颊齿列前端；额骨发育，其长大约为颅全长的40%，额骨后缘为直边、无顶嵴，顶间骨发育；颊齿低冠，唇侧为 4 褶沟。

中国已知种 仅模式种。

分布与时代 海南、广西、贵州、四川、重庆、湖北等地，早更新世至现代。

评注 该属有 2 个现生种，分别为分布于非洲的 *Atherurus africanus* 和亚洲的 *A. macrourus*（Nowak, 1999；Wilson et Reeder, 2005）。

大帚尾豪猪 *Atherurus macrourus* (Linnaeus, 1758)

（图 228）

Atherurus sp.：裴文中，1987，85 页

Atherurus cf. *A. macrourus*：郑绍华，1993，113 页

正模 现生标本，未指定。产于马来西亚马六甲地区。

归入标本 IVPP V 5085–5088，4 件残破下颌骨（广西柳城）。IVPP V 9666.1–14，4 件残破下颌骨，10 枚牙齿（川黔地区）。1 件下颌骨及 6 枚牙齿（无编号，湖北郧西）；HNM HV 00246, HV 00249–00405，157 件残破上颌或下颌（海南三亚）。

鉴别特征 下颌骨水平支下缘微向下凸，其与角突交界处轻微向上凹，而角突最下端向下仅略超过水平支下缘。咬肌脊下支粗壮而上支模糊，其前端止于 m1 下缘。

产地与层位 广西柳城巨猿洞，下更新统；贵州挖竹湾洞、岩灰洞、白岩角洞，中更新统；湖北郧西黄龙洞、海南三亚落笔洞，上更新统—全新统。

评注 大帚尾豪猪在我国主要分布于长江以南地区，其化石最早发现于早更新世的广西柳城巨猿洞，其后在我国南方中、晚更新世甚至全新世的地层中有零星发现（裴文中，1987；郑绍华，1993；郝思德、黄万波，1998；武仙竹，2006）。

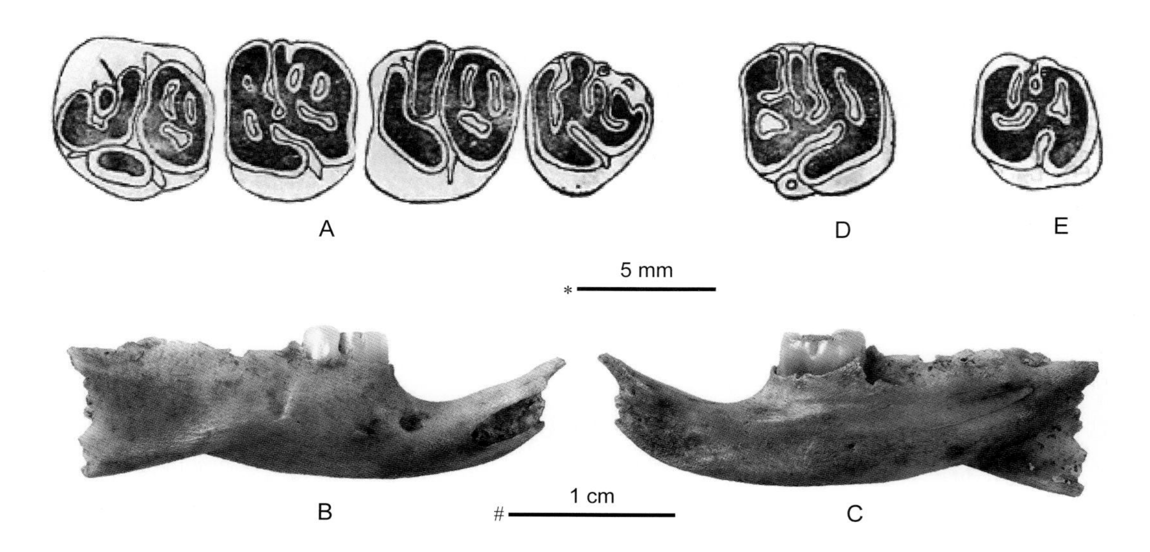

图 228　大帚尾豪猪 *Atherurus macrourus*

A. 右 P4–M3 齿列（IVPP V 9666.12，反转），B, C. 残破下颌骨（IVPP V 9666.3），D. 左 m2（IVPP V 9666.10），E. 右 m3（IVPP V 9666.11，反转）：A, D, E. 冠面视，B. 颊侧视，C. 舌侧视；比例尺：* - A, D, E，# - B, C（A, D, E 引自郑绍华，1993）

依测量数据，早、中更新世的标本（如广西和贵州）个体相对大，而时代较晚的海南的标本则个体相对小。在早、中更新世的标本数量相对少的情况下，编者将这种差异归为个体变异。

长尾豪猪属 Genus *Trichys* Günther, 1877

模式种　长尾豪猪 *Trichys lipura* Günther, 1877（=*Hystrix fasciculata* Shaw, 1801）

鉴别特征　体型较豪猪属明显小，与大帚尾豪猪相当或略小。下颌骨相对细瘦，下颌孔位置很高，齿虚位相当长，颊齿低冠，p4 舌侧单褶沟，下后脊、下中脊和下次脊相对不发育。

中国已知种　仅 *Trichys* cf. *T. fasciculata*。

分布与时代　贵州、四川、重庆、湖北，中更新世至晚更新世。

长尾豪猪（相似种）*Trichys* cf. *T. fasciculata* Shaw, 1801

（图 229）

归入标本　1 件下颌骨（未编号，广西崇左）。IVPP V 9667.1–14，14 枚牙齿（贵州挖竹湾洞）。1 件下颌骨（无编号，湖北郧西）。

鉴别特征　下颌骨水平支细瘦，角突与下颌下缘交界处强烈向上凹，具有相当长的齿虚位以及位置很高的下颌孔，颊齿低冠。p4 较短粗，舌侧只有一个褶沟，下后脊、下中脊和下次脊相对不发育；m1 和 m2 颊侧褶沟与舌侧第 2 或 3 褶沟通常贯通；m3 有孤立的下后尖；m2、m3 只 2 褶沟；下臼齿四齿根；上臼齿舌侧褶沟相对稍靠后。

产地与层位 广西崇左濑湍（IVPP Loc. 5660），层位不详；贵州桐梓挖竹湾洞，中更新统；湖北郧西黄龙洞，上更新统。

评注 长尾豪猪化石在我国仅有零星发现，除了广西崇左濑湍和湖北郧西黄龙洞的两件下颌骨，其余都是单个颊齿材料。产自广西崇左的这件下颌骨依水平支细瘦、角突与下颌下缘交界处强烈向上凹、齿虚位很长以及下颌孔位置很高等特性显示出与 *Atherurus* 属下颌骨形态的显著差异，加上颊齿的低冠，因此与现生的 *Trichys* 属相一致。由于迄今发现的标本数量太少，暂以相似种处理。

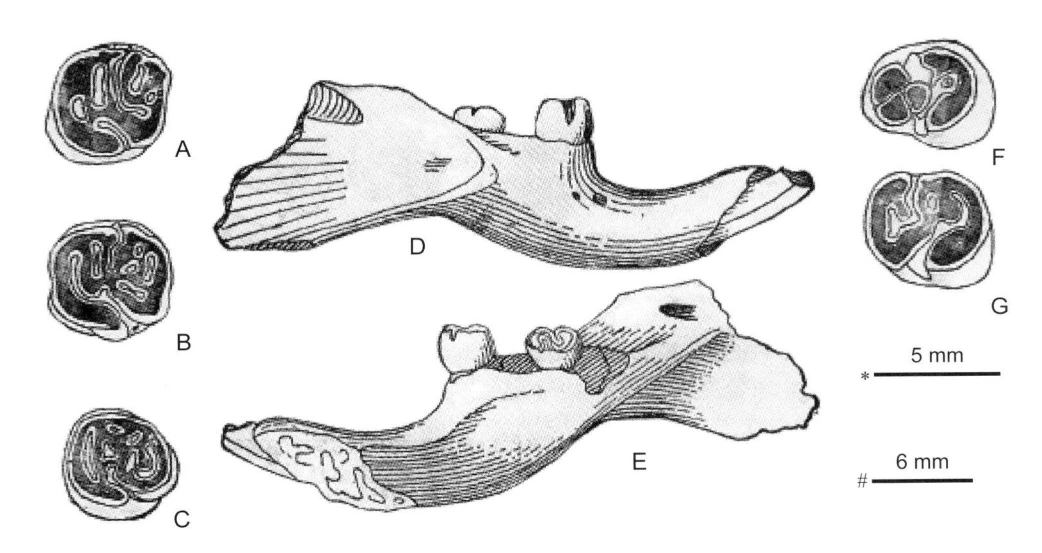

图 229 长尾豪猪（相似种）*Trichys* cf. *T. fasciculata*

A. 左 M1（IVPP V 9667.7），B. 左 M2（IVPP V 9667.9），C. 右 M3（IVPP V 9667.11，反转），D–G. 残破下颌骨及其附着的 p4（F）和 m2（G）（IVPP Loc. 5660）：A–C, F, G. 冠面视，D. 颊侧视，E. 舌侧视；比例尺：* - A–C, F, G，# - D, E（引自郑绍华，1993）

亚目位置不确定 Incerti subordinis

[相当于 Hartenberger（1998）的 Suborder 5: Ctenodactylomorpha]

梳趾鼠超科 Superfamily Ctenodactyloidea Tullberg, 1899

现生的梳趾鼠超科只包含生活在非洲北部的梳趾鼠科（Ctenodactylidae）；然而，自始新世初期直至晚中新世，梳趾鼠类在亚洲广泛分布、数量众多、高度分异，是非常重要的一类啮齿类。

有关梳趾鼠超科的研究可以追溯到 19 世纪末期。Tullberg（1899）首次使用了梳趾鼠超科（Ctenodactyloidea），但很长时间以来这个超科只有 Ctenodactylidae 一个现生科，如 Simpson（1945）在对化石和现生啮齿类所做的系统分类中，就将 Ctenodactylidae 放在 ?Hystricomorpha 或 ?Myomorpha inc. sed. 之下的 Ctenodactyloidea 超科之下。直到 1946 年 Bohlin 首次将一些已绝灭的属种如 *Tataromys*、*Karakoromys*、*Leptotataromys*、*Yindritemys* 和 *Sayimys* 归入该超科。Wood（1955a）在他提出的分类方案中继续沿用 Simpson（1945）的 Ctenodactyloidea，但把它置于 cf. Sciuromorpha 之下，同时把 *Tataromys*、*Karakoromys* 和 *Ctenodactylus* 全归入 Ctenodactylidae 之中。

20 世纪 60 年代以来，随着在中国、蒙古、哈萨克斯坦和巴基斯坦等多个地点大量梳趾鼠类化石的发现和报道，对梳趾鼠类的认识也快速加深，不同的学者也对梳趾鼠类提出了各自的分类意见。

Wood（1977）从系统发育学的角度对梳趾鼠科进行了研究，并将亚洲始新世的 *Saykanomys*、*Advenimus*、*Tsilingomys* 和 *Yuomys* 等 16 个已绝灭的属归入 Ctenodactylidae 科。Hussain 等（1978）根据印巴次大陆始新世地层中的梳趾鼠类化石建立了 Chapattimyidae。Shevyreva（1983）通过对蒙古奈马尔盖特盆地（Nemegt Basin）早始新世地层中啮齿类化石的研究，建立了包括 *Adolomys*、*Tsagankhushumys*、*Geitonomys*、*Advenimus*、*Woodomys*、*Bumbanomys* 和 *Tamquammys* 在内的 Tamquammyidae。Dawson 等（1984）根据 P4 和 p4 是否臼齿化，建立两个科即 Cocomyidae 和 Yuomyidae，同时指出梳趾鼠超科（Ctenodactyloidea）包括有 Cocomyidae、Chapattimyidae 和 Yuomyidae 三个科。Flynn 等（1986）认为被 Dawson 等（1984）归入到 Cocomyidae 中的 *Cocomys* 没有豪猪型的头骨构造而将其从梳趾鼠超科中移除，并重新划分且认为该超科包括 Ctenodactylidae、Chapattimyidae 和 Yuomyidae 三个科。Wang（1994）又重新将 *Cocomys* 归入到梳趾鼠超科当中，同时提出梳趾鼠超科包括 5 个科：Cocomyidae、Tamquammyidae、Chapattimyidae、Yuomyidae 和 Ctenodactylidae。

Shevyreva（1989）和 Dashzeveg（1990a）相继对产于蒙古奈马尔盖特盆地 Bumban 段的梳趾鼠类化石进行了报道，Shevyreva（1989）将化石材料分别归入梳趾鼠超科下的 Tamquammyidae、Ctenodactylidae 和 Chapattimyidae 三个科，同时还新建立 Ivanantoniidae； Dashzeveg 则根据 P4 和 p4 是否臼齿化、以及眶下孔大小和颧弓位置等特征划分早期的梳趾鼠类，分别归入他建立的 Cocomyinae 及 Advenimurinae 两个亚科。

童永生（1997）在对河南李官桥盆地的梳趾鼠类化石进行研究时，根据上、下颊齿的形态特征建议将 Tamquammyidae 分为两个亚科：似鼠亚科（Tamquammyinae）和秦岭鼠亚科（Tsinlingomyinae）；同时将 Yuomyidae 分为豫鼠亚科（Yuomyinae）、皇冠鼠亚科（Stelmomyinae）和珍鼠亚科（Zoyphiomyinae）。至此，梳趾鼠超科（Ctenodactyloidea）

包含有 Cocomyidae、Tamquammyidae、Chapattimyidae、Yuomyidae 和 Ctenodactylidae。

McKenna 和 Bell（1997）并没有采用梳趾鼠超科（Ctenodactyloidea），他们在对啮齿类进行分类时新建 Sciuravida 亚目，将亚洲古近纪的“ctenodactyloids”和非洲的 ctenodactylids 全部归入其中。但是有关 Sciuravida 的概念并没有被广泛接受，有学者还因为该亚目的建立缺少证据而提出质疑（Wible et al., 2005；Rose, 2006）。2006 年，Rose 仍然使用包含有 Cocomyidae、Chapattimyidae、Yuomyidae、Tamquammyidae、Gobiomyidae 和 Ctenodactylidae 的梳趾鼠超科，并指出该超科分类位置属于亚目不确定（Suborder uncertain）。

由上可见，梳趾鼠类的分类是个非常复杂的问题，依据不同特征所做出的分类也不相同。在纷繁复杂的分类面前，学者们也开始进行一些高阶元的系统小结（Dawson et al., 1984；Shevyreva, 1989；Dashzeveg, 1990a；Averianov, 1996；Dashzeveg et Meng, 1998a；Wang, 1994, 1997；Marivaux et al., 2004b；Wible et al., 2005；Li et Meng, 2015）。越来越多的研究表明，上述这些科或亚科，如 Cocomyidae 和 Yuomyidae（Dawson et al., 1984）、Cocomyinae 和 Advenimurinae（Dashzeveg, 1990a）、Tamquammyidae 和 Chapattimyidae（Averianov, 1996）、Tamquammyidae 和 Yuomyidae（童永生，1997），这些分类单元都不是单系类群。造成目前这种混乱局面的原因一方面是梳趾鼠类自始新世初就已显示出进化快、平行演化多的演化方式；另一方面由于材料多为单个零散的牙齿，很少有完整的头骨和颅后骨骼，仅依据颊齿特征建立的分类系统自然很难完全反映系统发育的关系。

20 世纪 90 年代，随着科学技术的发展，分子生物学家开始关注啮齿类的演化及分类问题。Huchon 等（2000）根据啮齿类中 15 个科和 8 类真兽类中 *vWF* 基因的研究，提出“梳趾豪猪型啮齿类”（Ctenohystrica）的概念，其包括所有现生的 Ctenodactylidae 和 Hystricognathi。随后，又有多位研究者通过对啮齿类不同核基因的分析来探讨啮齿类分类问题，均提出 Ctenohystrica 为单系类群（Adkins et al., 2002；Huchon et al., 2002；Blanga-Kanfi et al., 2009）。Marivaux 等（2004b）进一步拓宽 Ctenohystrica 的概念，除了 Hystricognathi 的基干和冠类群，还将所有与现生梳趾鼠科相关的早期基干类群，以及所有现生或者已绝灭的与其有密切关系的梳趾鼠类，如 Ctenodactylidae、Chapattimyidae、Yuomyidae、Tamquammyidae 和 Diatomyidae 都包括在这一类群当中。

如今，有关梳趾鼠类的分类尚没有一个被普遍接受的方案，由于梳趾鼠超科内传统的科级分类多不是单系类群，有学者建议最好暂不对始新世的梳趾鼠类群进行科一级的归纳（Dashzeveg et Meng, 1998a；Meng et al., 2001；Li et Meng, 2015）。尽管 Ctenohystrica 是个在分子生物学和现生生物学中被确认的单系类群，但 Ctenohystrica 对中亚早期的 ctenodactyloids 的归属尚是个有待商榷的问题。在现阶段还没有一个能够被普遍接受的科级分类体系的情况下，将所有的始新世梳趾鼠类统一归入梳趾鼠超科之下，是我们编写志书的权宜之计。

科不确定 Incertae familiae

在新近的系统发育分析中普遍认为，除包含有现生梳趾鼠 *Ctenodactylus* 及一些化石属种的梳趾鼠科（Ctenodactylidae）为单系外，在传统归入梳趾鼠超科中的一些科并不都是单系类群。系统发育分析的结果显示，梳趾鼠类一些化石属种在科一级归属上存在困难，这些问题显然在短期内难以得到解决。不能进行准确的科一级分类的主要是早期的梳趾鼠类，包括有曾被归入 Cocomyidae、Tamquammyidae、Yuomyidae 和 Chapattimyidae 几个科中的属种。本志书的编写拟将这两部分暂时分开，把不能或者很困难地进行科一级归并的梳趾鼠类均归入到该超科中的不确定科。

归入不确定科的梳趾鼠类头骨为始啮型或豪猪型颧 - 咬肌结构，具有松鼠型下颌骨。与梳趾鼠科一样，未确定科梳趾鼠类的齿式为 1•0•2–1•3/1•0•1–?0•3，门齿釉质微细结构也多为复系，颊齿从前到后同样依次增大。但与梳趾鼠科的属相比，这些梳趾鼠类的齿冠多为低冠齿，颊齿齿尖发育而齿脊简单，上颊齿多为方形，上臼齿的次尖和下臼齿的下次小尖一般更为显著。

这部分梳趾鼠类分布于亚洲的早—中始新世。我国已知属有 *Advenimus*, *Bandaomys*, *Chenomys*, *Cocomys*, *Exmus*, *Hannanomys*, *Hohomys*, *Tamquammys*, *Simplicimys*, *Yuanomys*, *Anadianomys*, *Chuankueimys*, *Euboromys*, *Saykanomys*, *Stelmomys*, *Tsinlingomys*, *Yongshengomys*, *Yuomys*, *Viriosomys*, *Xueshimys*, *Zodiomys*, *Zoyphiomys*, *Dianomys*, *Ageitonomys*，共 24 属。

有关这些早期梳趾鼠类臼齿构造术语如图 230 所示。

陌生鼠属 Genus *Advenimus* Dawson, 1964

模式种 贝氏陌生鼠 *Advenimus burkei* Dawson, 1964

鉴别特征 中等大小的始新世早期梳趾鼠类。下齿式：1•0•1•3，颊齿低冠。P4 次臼齿化，具有发育的前、后尖。下颊齿由前向后依次增大，有四个锥状主尖，舌侧主尖呈脊状、磨蚀后成横脊；下原尖后棱短，下三角座向后开放；下外脊虽弱，但已形成隔离下外谷和下中凹的纵脊；下次小尖明显，在稍稍磨蚀的 m1–2 上呈独立的齿尖，位置接近下次尖，后内齿带长；而在 m3 下次小尖虽大但和下次尖一起形成下后壁；p4 次臼齿化、具前齿带，下次小尖不如下臼齿发育，前后收缩、靠近下次尖。

中国已知种 *Advenimus burkei*, *A. hupeiensis*, *A. ulungurensis*，共 3 种。

分布与时代 内蒙古、湖北和新疆，早始新世。

评注 由 Dawson（1964）建立的 *Advenimus* 属，当初怀疑是先松鼠科（Sciuravidae）中的一员，但 Dawson 已意识到陌生鼠与渐新世出现的梳趾鼠科有关。1971 年，Jaeger

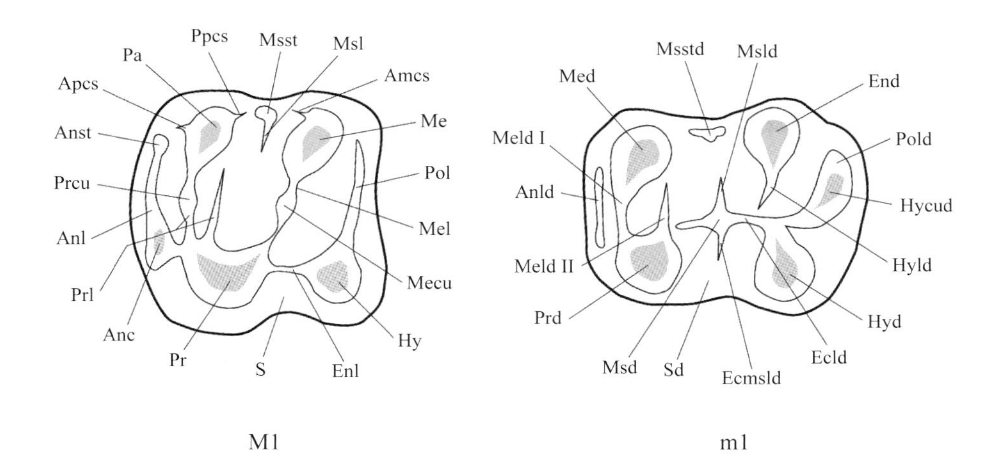

图 230　早期梳趾鼠类（科不确定）臼齿构造模式图

Amcs. 后尖前棱（premetacrista），Anc. 前边尖（anterocone），Anl. 前边脊（anteroloph，= precingulum or anterior cingulum on upper molar，前齿带），Anld. 下前边脊（anterolophid，= precingulum or anterior cingulum on lower molar，下前齿带），Anst. 前附尖（anterostyle，= parastyle），Apcs. 前尖前棱（preparacrista），Ecld. 下外脊（ectolophid），Ecmsld. 下外中脊（ectomesolophid），End. 下内尖（entoconid），Enl. 内脊（entoloph），Hy. 次尖（hypocone），Hycud. 下次小尖（hypoconulid），Hyd. 下次尖（hypoconid），Hyld. 下次脊（hypolophid），Me. 后尖（metacone），Mecu. 后小尖（metaconule），Med. 下后尖（metaconid），Mel. 后脊（metaloph），Meld I. 下后脊 I（metalophid I or preprotocristid，下原尖前棱），Meld II. 下后脊 II（metalophid II or postprotocristid，下原尖后棱），Msd. 下中尖（mesoconid），Msl. 中脊（mesoloph），Msld. 下中脊（mesolophid），Msst. 中附尖（mesostyle），Msstd. 下中附尖（mesostylid），Pa. 前尖（paracone），Pol. 后边脊（posteroloph，= posterior cingulum on upper molar，后齿带），Pold. 下后边脊（posterolophid，= posterior cingulum on lower molar，下后齿带），Ppcs. 前尖后棱（postparacrista），Pr. 原尖（protocone），Prcu. 原小尖（protoconule，= paraconule），Prd. 下原尖（protoconid），Prl. 原脊（protoloph），S. 内谷（sinus，舌侧凹），Sd. 下外谷（sinusid）

曾提出陌生鼠可能是现生梳趾鼠类的祖先。Wood（1977）指出陌生鼠属与塞依卡鼠（*Saykanomys*）相似，并将其归入梳趾鼠科（Ctenodactylidae）。Hussain 等（1978）则将这两属归入 Chapattimyidae。Dawson 等（1984）建立豫鼠科（Yuomyidae）时，将 *Advenimus* 属归入其中。同年，Wang（1984）又将陌生鼠包括在 Chapattimyidae。Dashzeveg（1990a）在其 Cocomyidae 科下建立陌生鼠亚科（Advenimuinae），包括 *Advenimus*、*Tsinlingomys*、*Chkhikvadzomys* 和 *Boromys* 属。Wang（1994）和童永生（1997）将 *Advenimus* 和 *Saykanomys* 属置于豫鼠科，但也有不同的看法。Averianov（1996）仍将这两个属归入 Chapattimyidae。Meng 等（2001）在对新疆的 *Advenimus ulungurensis* 进行研究时，认为目前早期梳趾鼠类系统发育关系不清楚，而未将其归入任何一个已知的科内。

Dawson（1964）建立陌生鼠属时，记述了两个种（*Advenimus burkei* 和 *A. bohlini*）和一个相似种（cf. *Advenimus* sp.）。其中，*A. bohlini* 与 Shevyreva（1972）记述的 *Saykanomys chalchae* 很相似，有学者认为 *Saykanomys* 是 *Advenimus* 的晚出异名（Dawson et al., 1984；Dashzeveg, 1990a；Kumar et al., 1997）。但 Averianov（1996）和童永生（1997）认为 *Saykanomys* 是一个有效的属名，而 *chalchae* 是 *bohlini* 种的晚出异名。童永生（1997）

认为 *Saykanomys* 的下颊齿齿冠较高，齿尖略显高锐，p4 下次小尖较靠近下内尖，m1–2 下次小尖成锥状、位于牙齿后缘的中央，后内齿带和后外齿带同样发育，这些特征可同 *Advenimus* 属相区别。

贝氏陌生鼠 ***Advenimus burkei*** **Dawson, 1964**

（图 231）

正模 AMNH 26664，左下颌骨存 m1–3 和部分门齿。内蒙古二连乌兰勃尔和，下始新统阿山头组。

副模 AMNH 26665，一段右下颌骨存 p4–m2。产地与层位同正模。

鉴别特征 中等大小的原始梳趾鼠类（m1 长 2.3 mm）；p4 前齿带发育，跟座稍窄于三角座，下次尖低；下臼齿下后尖不大前倾，下中尖较大，下次脊明显，且向后延伸至下次尖。咬肌窝前缘在 m2 中部的下方。

评注 王伴月（2001b）记述了内蒙古二连浩特火车站东上始新统呼尔井组露头（中国科学院古脊椎动物与古人类研究所化石地点号 88001）发现的两枚下臼齿（IVPP V 12526.1–2），鉴定为 *Advenimus* cf. *A. burkei*，并指出呼尔井标本与 Dawson（1964）记载的 *A. burkei* 不同，而与 Averianov（1996）记述的 *A.* cf. *A. burkei* 相近，其 m1–2 的下外脊更发育，下原尖后棱更向舌侧延伸，无明显的下中尖。正如原作者指出，呼尔井下臼齿以其下外脊更明显而与 *A. burkei* 的正模不同，似乎也不同于吉尔吉斯斯坦标本。

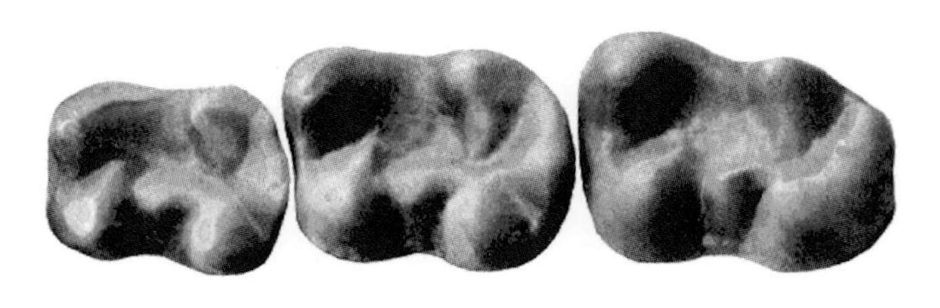

图 231 贝氏陌生鼠 *Advenimus burkei*

左 m1–3（AMNH 26664，正模）：冠面视（引自 Dawson, 1964）

湖北陌生鼠 ***Advenimus hupeiensis*** **Dawson, Li et Qi, 1984**

（图 232）

正模 IVPP V 5248，右下颌骨，存 m1–3 和已残的 p4。湖北丹江口王家寨，下始新统玉皇顶组。

归入标本 IVPP V 16507，左下颌骨存 m1–3（内蒙古二连盆地）。

鉴别特征 个体中等的一类梳趾鼠。下颌咬肌窝前缘伸至 m2 与 m3 的交界处。p4 三角座略宽于跟座，下次尖比该属其他的种更为发育。m1–2 下原尖前、后棱都很发育，将三角座封闭，m3 下原尖后棱较弱、使下三角座向后开口。下外脊完整、有明显的下中尖。下次脊很短、横向发育且末端游离。

产地与层位 湖北丹江口王家寨，下始新统玉皇顶组；内蒙古二连乌兰勃尔和，下始新统脑木根组。

评注 Dawson 等（1984）认为，*Advenimus hupeiensis* 咬肌窝位置靠后，齿脊发育不大明显，在属内已知种中比较原始。内蒙古标本产于脑木根组上部的 *Gomphos* 层，相对于正模略显得粗壮一点、下颌骨骨体略矮。

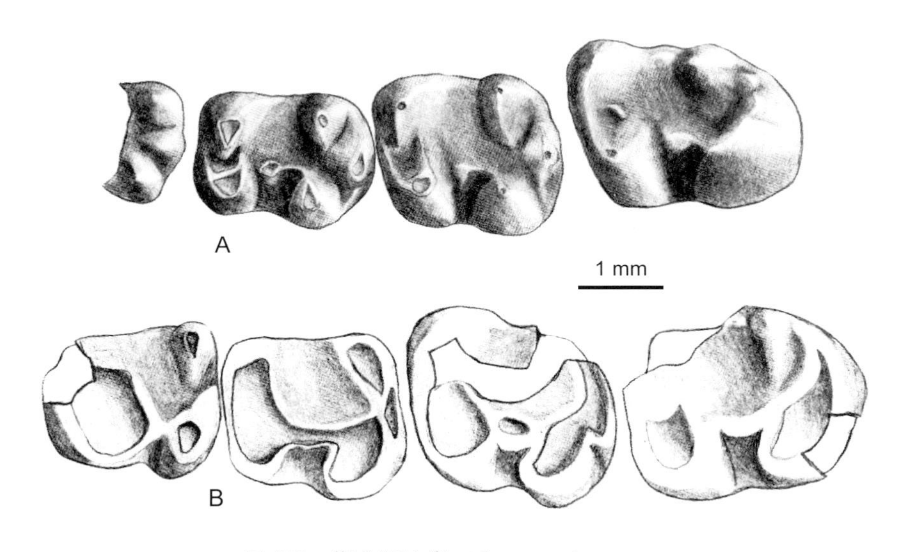

图 232 湖北陌生鼠 *Advenimus hupeiensis*

A. 右 p4 和 m1–3（IVPP V 5248，正模，反转），B. 右 p4–m3（IVPP V 5249，反转）：冠面视（引自 Dawson et al., 1984）

乌伦古陌生鼠 *Advenimus ulungurensis* Meng, Wu et Ye, 2001

（图 233）

正模 IVPP V 12674，同一个体的左右下颌骨，左下颌骨存破残的下门齿和 p4–m1，右下颌骨存破残的下门齿和 p4 及 m2–3，以及零散的左 P4 和 M2。新疆福海萨尔多伊腊，下始新统“乌伦古河组”。

副模 IVPP V 12675–12684，包括下颌、单独的下臼齿、距骨和跟骨。产地与层位同正模。

归入标本 IVPP V 16499, V 16506，下颌骨存 p4–m3 两件（内蒙古二连盆地）。

鉴别特征 中等大小的梳趾鼠类，颊齿为低冠齿，从前到后依次增大。P4 和 p4 半臼齿化。P4 前齿带明显，发育的前尖和后尖彼此靠近，分别通过原脊和后脊与原尖相连；M2 前齿带明显，不具有小尖。下颌咬肌窝明显，前端延伸至 m2 与 m3 的交界处。p4 跟座比三角座宽，前齿带不发育，下后尖和下原尖彼此孤立，有明显的下次小尖；下臼齿中下原尖与下后尖的前方通过下原尖前棱和下后尖前棱形成完整但低矮的前齿带，下原尖后棱、下次脊不很发育，下次脊向后外侧斜伸，有时延伸至下次小尖的基部；下中尖和下中附尖都不发育；下外脊低矮但连续。

产地与层位 新疆福海萨尔多伊腊，下始新统“乌伦古河组”；内蒙古二连呼和勃尔和，下始新统阿山头组。

评注 乌伦古陌生鼠的正模产自新疆乌伦古河南岸哈拉玛盖“乌伦古河组”中的 *Advenimus* 层。在内蒙古二连盆地呼和勃尔和的阿山头组上部也发现尺寸和形态相近的下颌骨，只是阿山头组采到的 IVPP V 16499 标本中的 m2 形状更显得方一些，m3 尺寸略小，下外脊和下次脊更弱；另一个标本（IVPP V 16506）的 m3 具有下中尖和下外中脊。

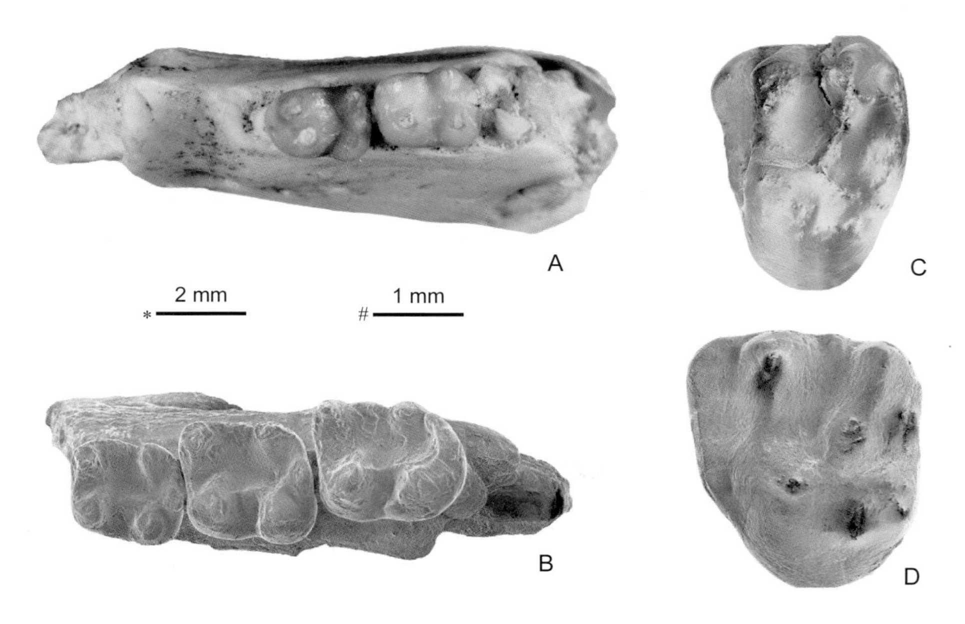

图 233 乌伦古陌生鼠 *Advenimus ulungurensis*

A. 右下颌骨带 p4–m1（IVPP V 12677，反转），B. 右下颌骨带 m1–3（IVPP V 12675，反转），C, D. 左 P4 和左 M2（IVPP V 12674，正模）：冠面视；比例尺：* - A, B，# - C, D

半岛鼠属 Genus *Bandaomys* Tong et Dawson, 1995

模式种 中华半岛鼠 *Bandaomys zhonghuaensis* Tong et Dawson, 1995

鉴别特征 与其他始新世早期梳趾鼠类区别如下：P4 后尖很退化，无原小尖；下颊齿向后增大不明显，下次小尖弱，下中尖小；p4 跟座比三角座宽，下内尖比下次尖大得多；m1 三角座和跟座几乎等宽。

中国已知种 仅模式种。

分布与时代 山东，早始新世早期。

评注 *Bandaomys* 是根据山东五图的材料建立，最初依其 p4 有下次小尖而归入豫鼠科（Yuomyidae）（Tong et Dawson, 1995）。后来童永生和王景文（2006）指出，P4/p4 的发育在梳趾鼠类中变化无常，认为 *Bandaomys* 的形态似乎更接近似鼠科（Tamquammyidae）的成员。确实，早始新世早期的梳趾鼠类中的 P4/p4 臼齿化或非臼齿化远不如中始新世梳趾鼠的清楚，由于其分化还不很明显，所以导致在科级归入时常有不同的见解。

如 *Bandaomys*，P4 有不大发育的后尖。在蒙古 Nemegt 盆地 Bumban 段发现的梳趾鼠中也有类似的情况，如被 Dashzeveg（1990a）归入到 Cocomyidae 的 *Tsagamys subitus*（有人认为是 *Tsagankhushumys deriphatus* 的晚出异名）的 P4/p4，P4 的后尖比 *Bandaomys* 的发育，p4 下次小尖也较明显，但终究都不如中始新世豫鼠类的明显。在李官桥盆地玉皇顶组，*Hohomys lii* 的 P4 虽无后尖，却有弱的次尖，p4 有小的下次小尖；同一地点的 *Exmus mini*，P4 存在初始的后尖，p4 下次小尖与下次尖和下内尖组成牙齿的后缘；在同一盆地的大致相当层位发现的 *Hannanomys lini*，只有下颌骨标本，其 p4 后齿缘上仍有“极小但尚可分辨的下次小尖”。在内蒙古脑木根组上部的三种梳趾鼠 *Yuanomys zhoui*、*Advenimus hupeiensis* 和 *Chenomys orientalis* 中，*Y. zhoui* 的 P4 似 *Cocomys* 和 *Tamquammys* 的 P4，但有一小而明显的次尖，归入 *A. hupeiensis* 的标本无前臼齿，*Ch. orientalis* 的 p4 有一小且横向的下次小尖。就目前已知的早始新世早期梳趾鼠标本来看，P4/p4 臼齿化或非臼齿化的分化并不明显，所以在归入某一科时常有不同的见解。

近年李茜和孟津在早期梳趾鼠的 P4/p4 臼齿化方面做了有益的探讨，他们认为臼齿化的 P4/p4 应当有如下特征：P4 后尖的大小与前尖相近、并与前尖相分离，有明显的前齿带；p4 有清楚的下三角座，跟座有发育的下次小尖，下次脊明显、横向延伸（Li et Meng, 2015）。据这一定义，典型的臼齿化 P4/p4 是在阿山头期才开始出现，如 *Yuomys*、*Petrokozlovia* 等，非臼齿化 P4/p4 的典型特征在 *Tamquammys* 中也比较清楚。由此，早始新世早、中期梳趾鼠类中所提到的一些臼齿化或非臼齿化的 P4/p4 并不典型。

Wible 等（2005）认为 *Bandaomys* 不具备基本的梳趾鼠类特征，将其排除在梳趾鼠之外。但近年来有关梳趾鼠类的系统发育研究中多数仍然将其归入梳趾鼠类的基干类群（Dashzeveg et Meng, 1998b；王伴月，2001a；Li et Meng, 2015）。

中华半岛鼠 *Bandaomys zhonghuaensis* Tong et Dawson, 1995

（图 234）

正模 IVPP V 10689，同一个体的头骨，保存有门齿、附有 P4–M2 的左上颌骨、右

M1 和 M3、附有 p4–m1 和 m3 的左下颌骨、附有 m1 的右下颌骨以及右 p4、m2 和 m3。山东昌乐五图，下始新统五图组。

鉴别特征 同属。

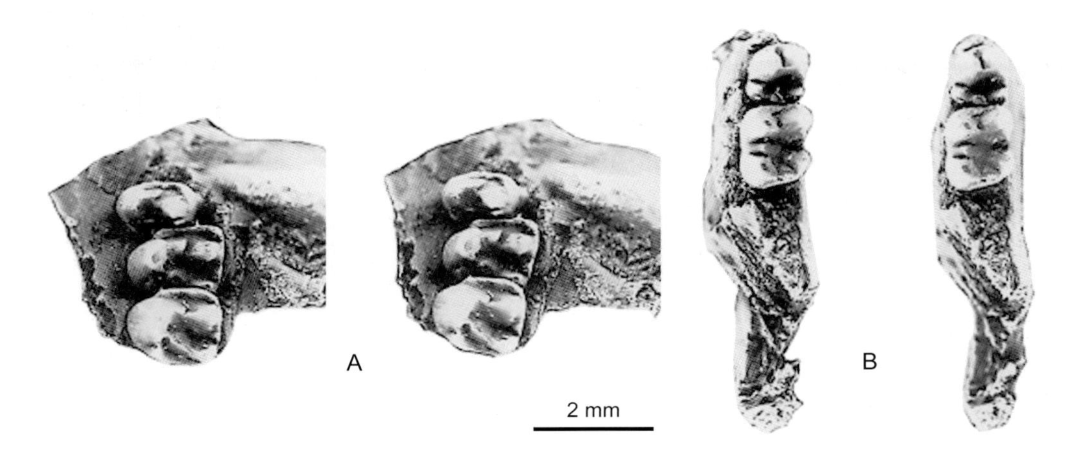

图 234 中华半岛鼠 *Bandaomys zhonghuaensis*
同一个体的左上颌骨（A）和左下颌骨（B）（IVPP V 10689，正模）：冠面视（立体图）（引自 Tong et Dawson, 1995）

晨鼠属 Genus *Chenomys* Li et Meng, 2015

模式种 东方晨鼠 *Chenomys orientalis* Li et Meng, 2015

鉴别特征 原始的梳趾鼠。不同于已知早期的梳趾鼠在于 p4 有小且横向发育的下次小尖，下臼齿舌侧的下后尖和下内尖较颊侧的下原尖和下次尖靠前，下原尖后棱在 m2 中较发育，下次脊在 m1 和 m2 中斜向后方与下次小尖相连，m3 中下次脊横向或者斜向后方与下外脊相交。

中国已知种 仅模式种。

分布与时代 内蒙古，早始新世。

东方晨鼠 *Chenomys orientalis* Li et Meng, 2015

（图 235）

正模 IVPP V 17805.1，右下颌骨带 m1–3。内蒙古二连呼和勃尔和，下始新统脑木根组。

副模 IVPP V 17805.2，右下颌骨带 m2–3；IVPP V 17805.3，右下颌骨带 m3；IVPP V 17805.4，右下颌骨带 p4。产地与层位同正模。

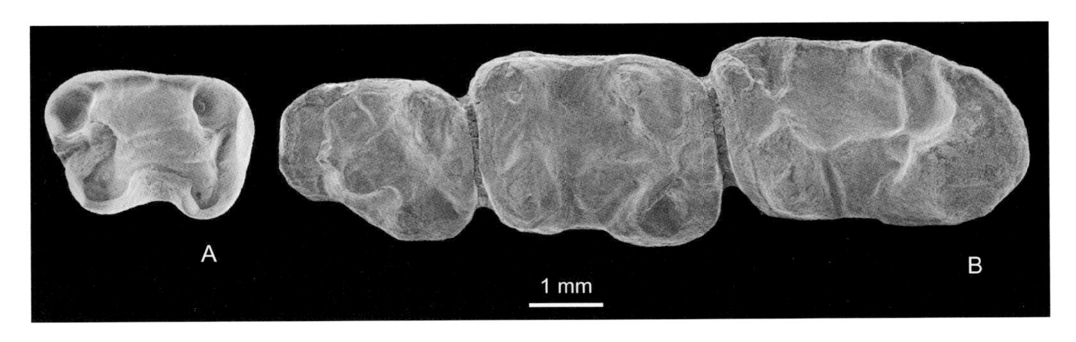

图 235　东方晨鼠 *Chenomys orientalis*
A. 右 p4（IVPP V 17805.4，反转），B. 右 m1–3（IVPP V 17805.1，正模，反转）：冠面视（引自 Li et Meng, 2015）

鉴别特征　同属。

钟健鼠属 Genus *Cocomys* Dawson, Li et Qi, 1984

模式种　岭茶钟健鼠 *Cocomys lingchaensis* (Li, Qiu, Yan et Xie, 1979) = *Microparamys lingchaensis* Li, Qiu, Yan et Xie, 1979

鉴别特征　始啮型头骨，眶下孔并不增大；颅区长、面区短；吻部短而粗壮；上颌骨的颧突后根在 P4 之后；腭骨向前延伸；翼蝶骨眶上翼低；视神经孔大；颞孔位置靠前；翼窝深；岩骨上的鼓室上翼及梨状孔大；有镫骨动脉孔。松鼠型下颌，冠状突高，髁状突高于下颌水平支；咬肌窝深，由背、腹缘组成，其中背缘更为明显，咬肌窝前端延伸至 m2 和 m3 交界处的下方。齿式为 1•0•2•3/1•0•1•3。颊齿从前到后依次增大，DP4 臼齿化，P4 无臼齿化、颊侧仅有一个尖。上臼齿有发育的小尖，次尖明显，后脊指向原尖。下门齿延伸至 m3，门齿釉质显微结构为复系或散系。p4 下三角座比下跟座略宽，有发育的下原尖和下后尖，增大的下内尖及横向发育的下次尖组成下跟座后缘。下臼齿中下原尖前棱发育、连接下原尖和下后尖，下原尖后棱短；下中尖发育；下次小尖明显增大。

中国已知种　仅模式种。

分布与时代　湖南，早始新世（岭茶期）。

岭茶钟健鼠 *Cocomys lingchaensis* (Li, Qiu, Yan et Xie, 1979)
（图 236）

Microparamys lingchaensis：李传夔等，1979，76 页

正模　IVPP V 5374，左下颌骨，具有完好齿列。湖南衡东岭茶，下始新统岭茶组。

鉴别特征 同属。

评注 最初研究者（李传夔等，1979）将其归入副鼠科（Paramyidae）。随后，Dawson等（1984）指出标本与副鼠类有明显的区别，其颊齿从前到后依次增大，P4颊侧仅有一个尖，p4相对较小的下跟座以及下臼齿中有发育的下次小尖，这些特征都表明其与梳趾鼠类关系更近，并将其归入梳趾鼠超科（Ctenodactyloidea）的钟健鼠科（Cocomyidae）。后来的研究，不同学者对其分类位置有不同认识，Dashzeveg（1990a）将其归入他所建立的Cocomyinae；Averianov（1996）将其归入他所建立的似鼠科（Tamquammyidae）；而童永生（1997）仍建议将眶下孔不大的 *Cocomys* 自成一科（Cocomyidae）。不管怎样，在多个系统发育分析中显示，钟健鼠是最为原始的梳趾鼠类（Wible et al., 2005；Dashzeveg et Meng, 1998a；王伴月，2001a；Li et Meng, 2015），同时是啮齿类系统发育中的基干类群（Meng et al., 2003；Asher et al., 2005）。

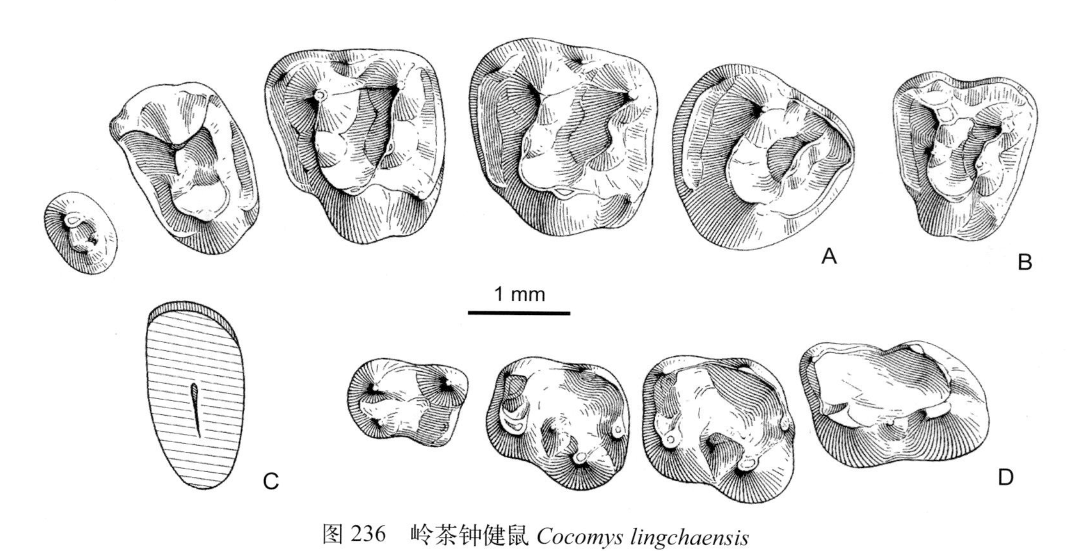

图 236 岭茶钟健鼠 *Cocomys lingchaensis*

A. 右上颊齿（IVPP V 7403，反转），B. 右 DP4（IVPP V 7405，反转），C. 右 I2（反转），D. 左下颊齿（IVPP V 3547，正模）：A, B, D. 冠面视，C. 横切面（引自 Li et al., 1989）

外鼠属 Genus *Exmus* Wible, Wang, Li et Dawson, 2005

模式种 明镇外鼠 *Exmus mini* Wible, Wang, Li et Dawson, 2005

鉴别特征 小型梳趾鼠类，丘型齿，齿式为1•0•2•3/1•0•1•3，P4–M3略显单侧高冠。P4前尖大，其后侧有一小的后尖，前、后脊无小尖；上臼齿无前小尖；p4跟座比三角座稍宽，下内尖、下次尖和下次小尖很发育。听泡膨大，紧贴头骨；下颌咬肌窝前缘在m2三角座的下方。不同于 *Cocomys* 在于：P4有小的后尖、缺失小尖，上臼齿无前小尖、有相对较大的后小尖，颧突前根位置靠前并且更为垂直，听泡相对膨大；与同一层位的梳趾鼠比较，不同于 *Advenimus hubeiensis* 在于个体较小，咬肌窝位置更靠前；不同于 *Hohomys lii* 在于个体小得多，门齿孔更小，P3 简单；与产自邻近青塘岭的 cocomyid gen. indet.（胡耀明，1995）比较，明镇种的 p4 跟座比三角座宽；不同于 *Hannanomys lini* 在于 p4 跟座比三角座宽，下臼齿缺少发育的下原尖后棱和下次小尖，咬肌窝位置更靠前。

中国已知种 仅模式种。

分布与时代 湖北，早始新世。

明镇外鼠 *Exmus mini* Wible, Wang, Li et Dawson, 2005

（图 237）

正模 IVPP V 7429，头骨和下颌骨，上颊齿存有右侧 I2、P3、DP4、M1–3，左侧 I2、DP4、M1–3，下颊齿存左、右侧 i2、dp4、m1–3。湖北丹江口王家寨，下始新统玉皇顶组中段。

鉴别特征 同属。

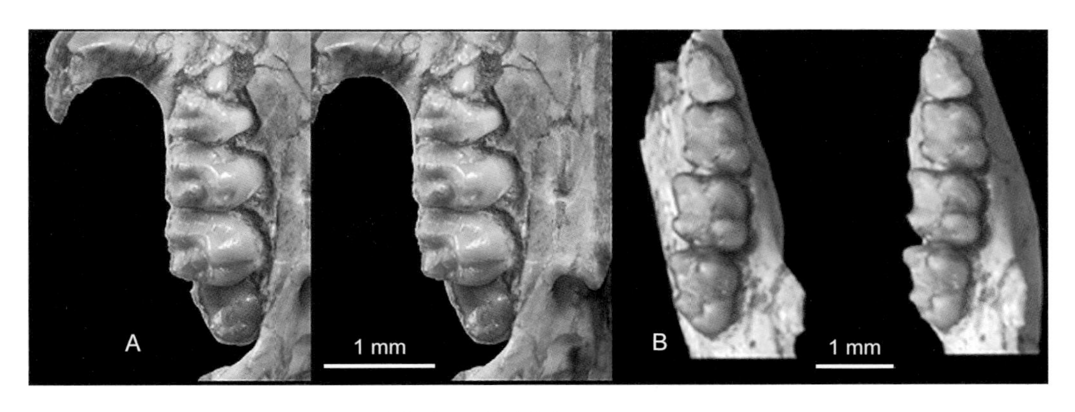

图 237 明镇外鼠 *Exmus mini*

同一个体存 P3–M3 的右上颌骨（A）和存 dp4–m3 的右下颌骨（B）（IVPP V 7429，正模）：冠面视（立体照片）（引自 Wible et al., 2005）

汉南鼠属 Genus *Hannanomys* Guo, Wang et Yang, 2000

模式种 林氏汉南鼠 *Hannanomys lini* Guo, Wang et Yang, 2000

鉴别特征 中小型梳趾鼠类。咬肌脊前部分为两支，其一支向上伸至 m2 跟座下方，另一支向前上方延伸至 m2 前缘之下。因 p4 非臼齿化，三角座显著宽于跟座，m2 下原尖后棱弱，具下中尖，下跟盆分为下中凹及狭窄的下后凹。与 *Tamquammys* 最为接近，区别在于：p4 有极弱的下次小尖；m2 下外脊在下中尖之前仍有极弱的前棱，下次脊与下次小尖和下次尖均不连接；下次小尖内侧形成明显的后内齿带。

中国已知种 仅模式种。

分布与时代 湖北，早始新世。

林氏汉南鼠 *Hannanomys lini* Guo, Wang et Yang, 2000

（图 238）

正模 IVPP V 11831，右下颌水平支残段，带有 p4–m2。湖北丹江口黄家槽，下始新统上部。

鉴别特征 同属。

评注 据黄学诗等（1996）报道，在湖北丹江口黄家槽村雷陂化石地点还发现菱臼兽（*Rhombomylus*）的上、下颌骨。菱臼兽在新疆吐鲁番盆地十三间房动物群、湖北丹江口市习家店镇大尖动物群和安徽来安舜山组等下始新统上部地层中都有发现。因此，雷陂化石层的时代可能是早始新世岭茶晚期，与同一盆地的习家店镇大尖、青塘岭化石层位相当。

原作者认为 *Hannanomys* 在 p4 形态上与 *Tamquammys* 和 *Chuankueimys* 共有较多相似的形态，同时，它的 m2 又有一些与 *Advenimus* 和 *Hohomys* 相似的特征。根据系统发育分析，*Hannanomys* 与 *Tamquammys* 互为姐妹群。但近年的系统发育分析表明，该属与 *Advenimus*、*Saykanomys* 接近（Li et Meng, 2015）。

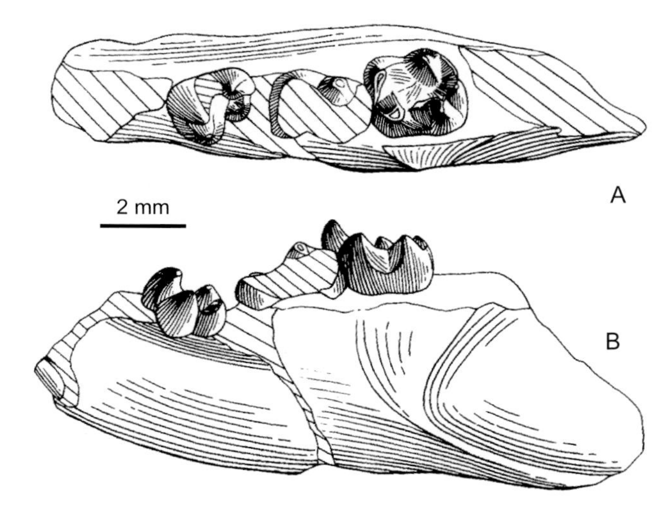

图 238 林氏汉南鼠 *Hannanomys lini*

右下颌骨，存 p4–m2（IVPP V 11831，正模，反转）：A. 冠面视，B. 颊侧视（引自郭建崴等，2000）

鄂豫鼠属 Genus *Hohomys* Hu, 1995

模式种 李氏鄂豫鼠 *Hohomys lii* Hu, 1995

鉴别特征 个体大小接近黄鼠的梳趾鼠。头骨前部短而高；眶下孔较大，颧-咬肌结构为雏形的豪猪型（或为始啮型与豪猪型的过渡类型），颧弓前根后缘在P4之后。门齿孔特别大，杏仁形，孔内有向上开口的V形骨屏板。下颌骨为松鼠型，咬肌窝前缘在m2跟座之下。齿式为1•0•2•3/1•0•1•3。颊齿低冠，丘-脊型齿；P3结构比超科内其他已知的属种复杂，P4无后尖，但有次尖；上臼齿似 *Cocomys*，但更为方形，前小尖无或不明显；p4三角座比跟座高，跟座上有小的下次小尖与下次尖顶端相连。下外脊位置偏内，下臼齿与 *Advenimus* 相近，但m1–2的下次脊较弱，伸向下次小尖，而m3无此脊。

中国已知种 仅模式种。

分布与时代 湖北，早始新世。

李氏鄂豫鼠 *Hohomys lii* Hu, 1995

（图239）

正模 IVPP V 10839，同一个体头骨的前部及两个下颌的水平支部分。湖北丹江口王家寨，下始新统玉皇顶组中段。

鉴别特征 同属。

评注 李氏鄂豫鼠的p4有小的下次小尖，据此，原作者将其归入豫鼠科。在Li和Meng（2015）关于梳趾鼠类的系统研究中，该属为梳趾鼠类的基干类群之一。

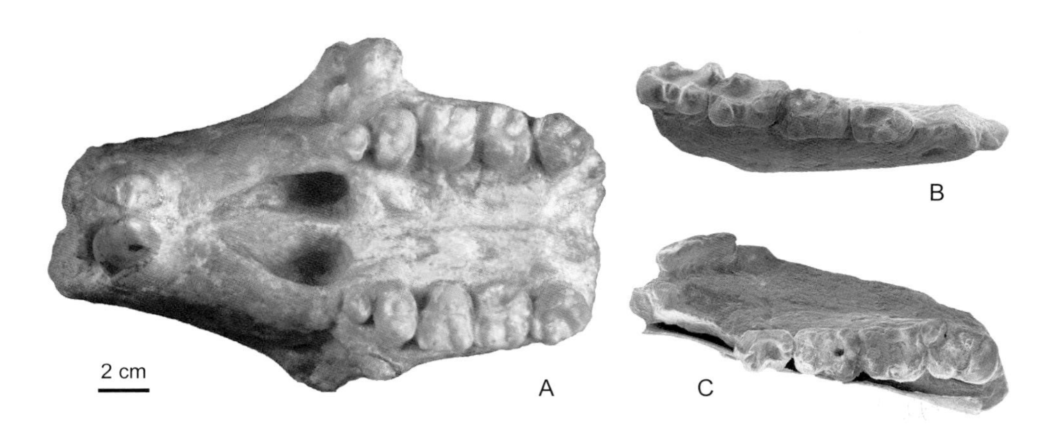

图239 李氏鄂豫鼠 *Hohomys lii*

头骨的前部带左右完整颊齿P3–M3（A）及附有p4–m3的右（B）、左（C）下颌骨（IVPP V 10839，正模）：冠面视

似鼠属 Genus *Tamquammys* Shevyreva, 1971

模式种 迷你似鼠 *Tamquammys tantillus* Shevyreva, 1971

鉴别特征 小型的梳趾鼠类，颊齿为低冠齿，从前到后依次增大。P4和p4未臼齿化。P4常有前、后附尖。上臼齿齿尖清楚，次尖发育，后小尖大，原脊分叉，后脊不完全。p4相对窄长，无下次小尖。下臼齿齿脊发育，下外脊上有明显的下中尖，下次小尖明显，下次脊发育、指向下次小尖，下次尖或与下外脊相连，后内齿带和后外齿带退化。

中国已知种 *Tamquammys dispinorus*, *T. fractus*, *T. longus*, *T. robustus*, *T. wilsoni*，共5种。

分布与时代 内蒙古、河南，早始新世—中始新世。

评注 似鼠最早发现于哈萨克斯坦斋桑盆地下始新统Obayla Svita，根据非同寻常的P4形态，被初步认为是一种灵长类（Shevyreva, 1969）。随着同时具有P4和上臼齿材料的发现，才被归入Sciuravidae（Shevyreva, 1971b, 1976）。Wood（1974b, 1977）将*Tamquammys*归入梳趾鼠科（Ctenodactylidae），Shevyreva（1983）建立似鼠科（Tamquammyidae），Dawson等（1984）将似鼠归入钟健鼠科（Cocomyidae），后来的多位学者仍将该属归入似鼠科（Averianov, 1996；Shevyreva, 1989；童永生，1997）。

双棘似鼠 *Tamquammys dispinorus* Tong, 1997

（图240）

正模 IVPP V 10252，具i1–m3的左下颌骨。河南淅川石皮沟，中始新统中期核桃园组。

副模 IVPP V 10252.1–83, V 10253.1–119，上颌、下颌及若干单独上、下颊齿。产地与层位同正模。

鉴别特征 p4跟座短窄，m1–2延长，下臼齿下原尖后棱不完全，下次脊末端向前弯曲，在下次尖前方与下外脊连接，后齿带弱。P4前、后脊较短，常有前、后附尖，后齿带舌端突起成小的次尖。上臼齿双原脊中前一条末端不膨大，后一条发育、伸向前尖基部。

评注 与模式种比较，双棘种p4跟座比较短窄，后齿带斜，P4原尖前、后脊短，无后小尖。相对于威氏种，双棘种m1和m2比较窄长，m1下次脊指向下次尖，P4无后小尖。威氏种的m1和m2横宽，几成方形，m1下次脊有点向后外方斜伸。模式种和双棘种的下臼齿比较窄长，下次脊大多指向下次尖。因此，相对来说，双棘种在臼齿形态上更接近模式种。

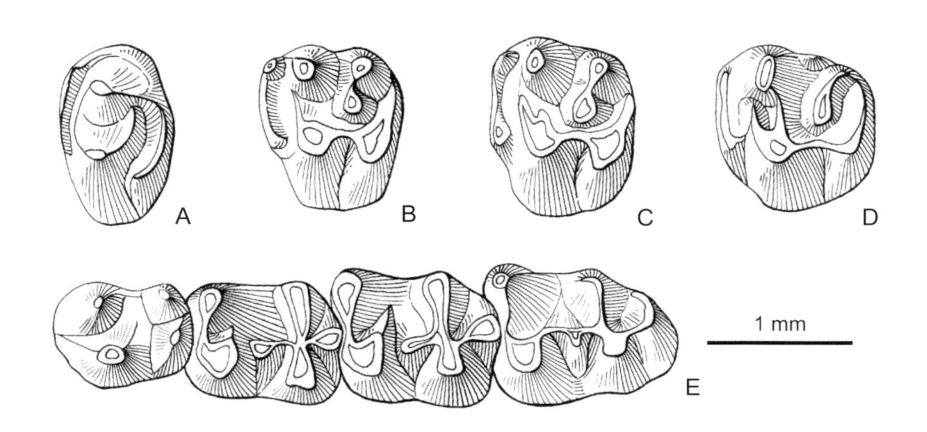

图 240　双棘似鼠 *Tamquammys dispinorus*

A. 左 P4（IVPP V 10253.22），B. 左 M1（IVPP V 10253.59），C. 左 M2（IVPP V 10253.68），D. 左 M3（IVPP V 10253.103），E. 左 p4–m3（IVPP V 10252，正模）：冠面视（引自童永生，1997）

分离似鼠 *Tamquammys fractus* Li et Meng, 2015

（图 241）

正模　IVPP V 17798，存 P4–M2 的右上颌骨。内蒙古二连呼和勃尔和，中始新统伊尔丁曼哈组底部。

鉴别特征　中等大小的似鼠类。臼齿宽明显大于长，齿尖高耸、棱脊清晰。前尖前、后棱和后尖前、后棱发育，因前尖后棱未与后尖前棱相连，使得牙齿外壁形成中央缺口。原小尖和后小尖显著。原脊为两条，原尖和后小尖彼此孤立，后脊较弱仅连接后小尖与后尖。内脊发育。前、后齿带发育。

图 241　分离似鼠 *Tamquammys fractus*

右上颌骨，存 P4–M2（IVPP V 17798，正模，反转）：冠面视（引自 Li et Meng, 2015）

长似鼠 *Tamquammys longus* Li et Meng, 2015

（图 242）

正模　IVPP V 16505，部分头骨带两侧门齿，及左侧颊齿 DP4、M2–3，右侧颊齿 DP4–M3。内蒙古二连呼和勃尔和，下始新统阿山头组底部。

鉴别特征　个体中等，头骨前部短而高；眶下孔较大，为豪猪型的头骨，颧突前缘介于 P3 和 P4 之间，后缘在 P4 之后。门齿孔中等大小。颊齿低冠，DP4 中原尖与后小尖之间无连接。臼齿原脊（原尖前棱）为单脊向前延伸至前尖的前舌侧，而未与前尖相连；M2 中无前小尖；中附尖很小，尤其在 M2 和 M3 中不明显。

评注 该标本臼齿原脊仅一条未分叉，但原作者仍将其归入到 *Tamquammys* 中，原因如下：①该标本头骨的基本形态与粗壮似鼠（*T. robustus*）很接近；②尽管典型的 *Tamquammys* 原脊分为两条，但仍有部分标本中只有一条原脊，哺乳动物常会在幼年个体中保留一些原始形态，该标本可能代表保留了原始特征的个体。

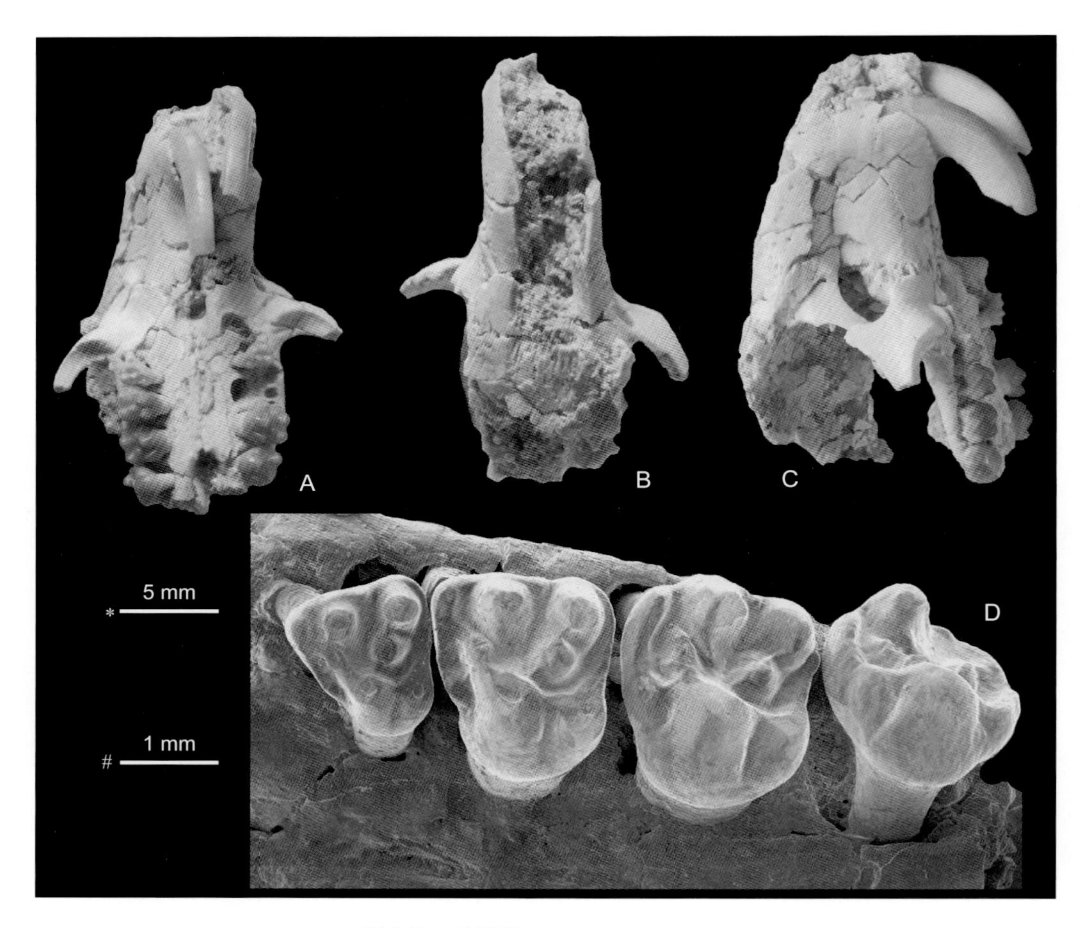

图 242 长似鼠 *Tamquammys longus*

破损头骨和右上颊齿列（IVPP V 16505，正模）：A. 冠面视，B. 背面视，C. 侧面视，D. 冠面视（右 DP4–M3，反转）；比例尺：∗ - A–C，# - D（引自 Li et Meng, 2015）

粗壮似鼠 *Tamquammys robustus* Li et Meng, 2015

（图 243）

Ctenodactyloidea gen. et sp. indet. 2：Meng et Li, 2010, p. 394

正模 IVPP V 17770.1，左上颌骨带 M1–3。内蒙古二连呼和勃尔和，下始新统阿山头组底部。

归入标本 IVPP V 17770, V 17771–17783, V 17797, V 16887，部分保存的头骨，上颌、下颌及若干单独上、下颊齿（内蒙古二连盆地）。

鉴别特征 中等大小的梳趾鼠。眶下孔大，下颌角突直指后下方，下颌外侧咬肌窝明显、前端延伸至 m2 中部下方。在已知的似鼠中，该种个体最大，颊齿上的尖更为膨大、脊更为明显。不同于威氏似鼠在于：m1 中下原尖后棱更短，p4 下跟座略宽。m1 中下次脊与下次小尖相连的特点区别于 *Tamquammys tantillus* 和 *T. dispinorus*。

产地与层位 内蒙古二连呼和勃尔和，下始新统脑木根组上部、阿山头组底部和下部。

评注 Meng 和 Li（2010）鉴定为 Ctenodactyloidea gen. et sp. indet. 2 的产自脑木根组上部的左 M2（IVPP V 16887）可归入本种。

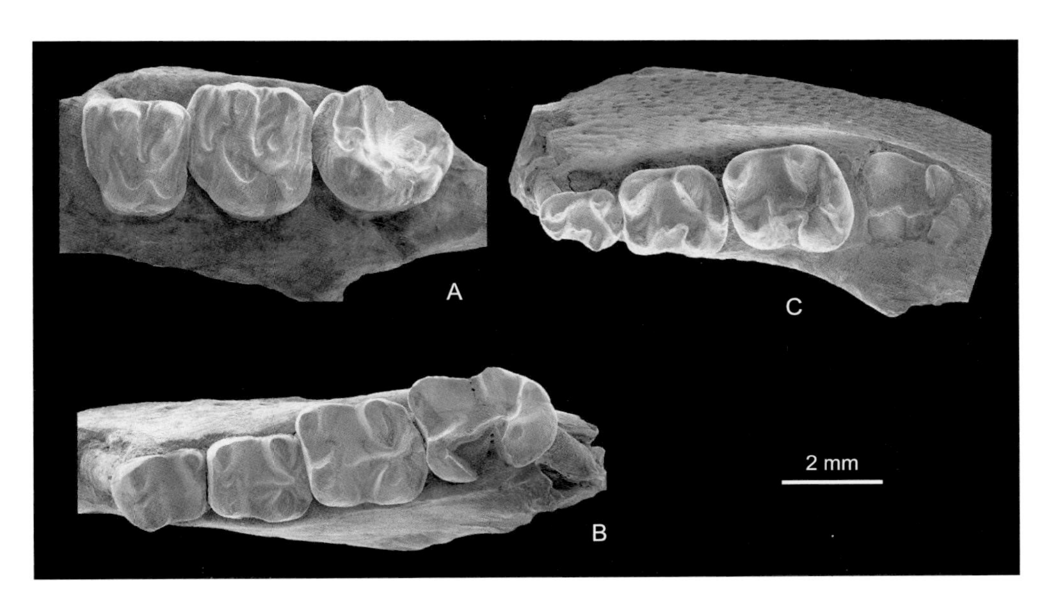

图 243 粗壮似鼠 *Tamquammys robustus*

A. 左上颌骨带 M1–3（IVPP V 17770.1，正模），B. 右下颌骨带 p4–m3（IVPP V 17772.5，反转），C. 右下颌骨带 dp4–m3（IVPP V 17773.5，反转）：冠面视（引自 Li et Meng, 2015）

威氏似鼠 *Tamquammys wilsoni* Dawson, Li et Qi, 1984

（图 244）

Ctenodactyloidea gen. et sp. indet. 1：Meng et Li, 2010, p. 394

正模 IVPP V 5678，部分头骨并保存有部分门齿，及左侧 DP3–M2 和右侧 P4。内蒙古二连呼和勃尔和，下始新统阿山头组。

副模 IVPP V 5679–5683，包括左右下颌和单个左侧下臼齿。产地与层位同正模。

归入标本 IVPP V 16886, V 17784–17796, V 17806–17812，若干上颌、下颌及单独上、下颊齿（内蒙古二连盆地）。

鉴别特征 小型的梳趾鼠类，颊齿为低冠齿，从前到后依次增大。P4和p4无臼齿化。P4有发育的原脊和后脊，将原尖和前尖相连，后脊上有明显的后小尖。上臼齿原脊为2条，前小尖和后小尖明显，后小尖与原尖之间的连接弱。原尖与次尖的舌侧凹明显但并不很深。下颌咬肌窝前端延伸至m2的中部。p4跟座比三角座窄，下后尖和下原尖彼此孤立，无下次小尖。下臼齿中下原尖前、后棱发育，下次小尖明显，下外脊发育，下中尖明显，下次脊在m1中与下次小尖连接，在m2–3中与下次尖或下外脊相连。

产地与层位 内蒙古二连呼和勃尔和，下始新统脑木根组上部、下始新统阿山头组、中始新统伊尔丁曼哈组底部。

评注 该种与 *Tamquammys dispinorus* 的区别在于：后者P4没有后小尖，M1双原脊的前一条末端没有形成前小尖而是与前尖相连，m1的下次脊横向延伸指向下次尖。*T. tantillus* 原尖前棱的形态也更接近于 *T. dispinorus*。

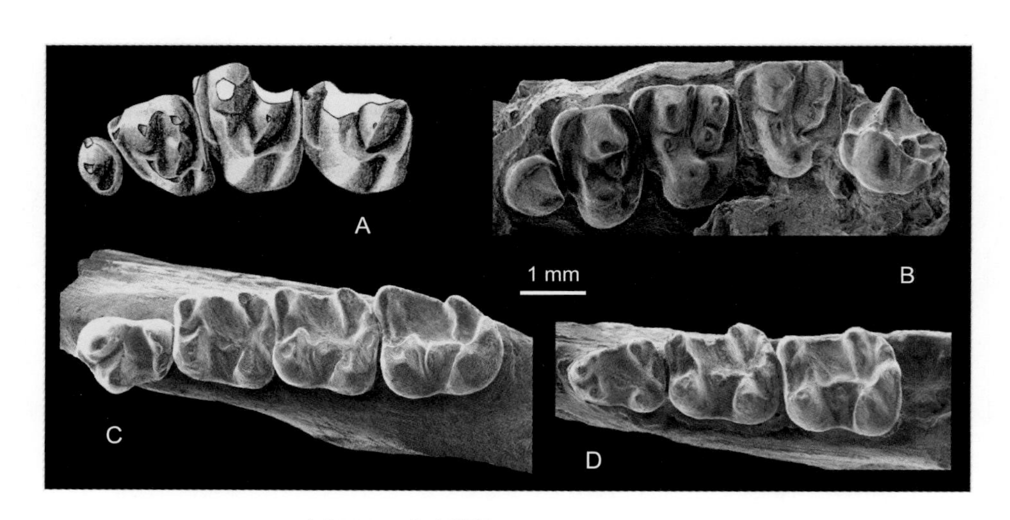

图244 威氏似鼠 *Tamquammys wilsoni*

A. 残破头骨上附着的左DP3–M2（IVPP V 5678，正模），B. 右上颌带P3–M3（IVPP V 17790，反转），C. 右下颌带p4–m3（IVPP V 17786.2，反转），D. 右下颌带dp4–m2（IVPP V 17787.5，反转）：冠面视（A引自Dawson et al., 1984，B–D引自Li et Meng, 2015）

简鼠属 Genus *Simplicimys* Li et Meng, 2015

模式种 美丽简鼠 *Simplicimys bellus* Li et Meng, 2015

鉴别特征 个体较小的梳趾鼠。上臼齿原脊为单条、完整，与前尖相连。不同于早期其他的梳趾鼠类在于其原尖和后小尖之间连接更明显，使中凹呈 U 形。前小尖小或弱，后小尖比前小尖大。次尖低、小。下臼齿中 m1 下次脊斜向后方发育、与下次小尖相连；m2 中下次脊横向发育与下次尖相交；m3 中亦横向发育。

中国已知种 仅模式种。

分布与时代 内蒙古，早—中始新世。

美丽简鼠 *Simplicimys bellus* Li et Meng, 2015

（图 245）

正模 IVPP V 16500.1，左 M1。内蒙古二连呼和勃尔和，中始新统伊尔丁曼哈组底部。

归入标本 IVPP V 16500.2–59, V 16501, V 17813，单独的上、下颊齿（内蒙古二连盆地）。

鉴别特征 同属。

产地与层位 内蒙古二连呼和勃尔和，中始新统伊尔丁曼哈组底部、下始新统阿山头组上部。

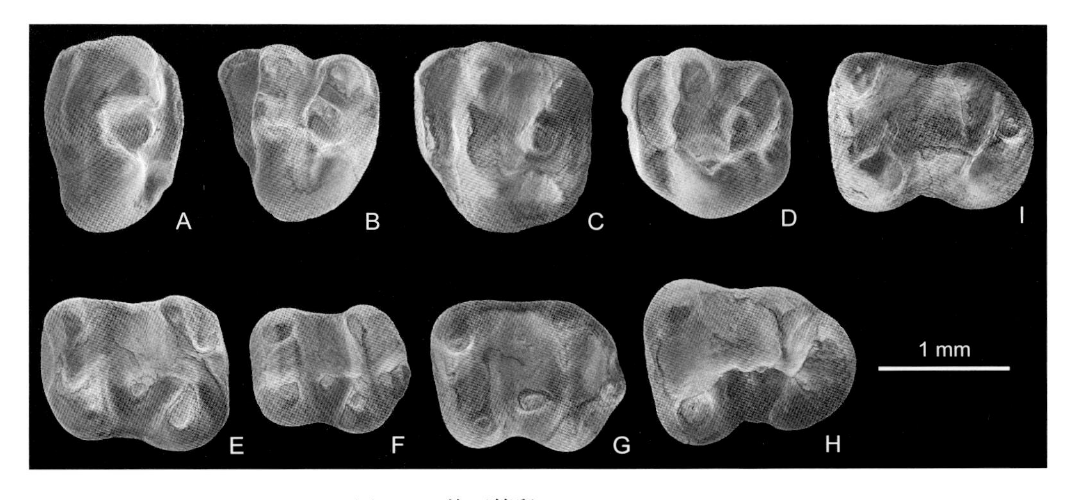

图 245 美丽简鼠 *Simplicimys bellus*

A. 左 P4（IVPP V 16500.5），B. 左 M1（IVPP V 16500.1，正模），C. 右 M2（IVPP V 16500.35，反转），D. 右 M3（IVPP V 16500.53，反转），E. 左 m1（IVPP V 16501.9），F. 左 m1（IVPP V 16501.4），G. 右 m2（IVPP V 16501.31，反转），H. 左 m3（IVPP V 16501.39），I. 右 m3（IVPP V 16501.44，反转）：冠面视（引自 Li et Meng, 2015）

原鼠属 Genus *Yuanomys* Meng et Li, 2010

模式种 周氏原鼠 *Yuanomys zhoui* Meng et Li, 2010

鉴别特征 不同于斑鼠类（alagomyids）在于具有方形的上臼齿；不同于其他早始新世梳趾鼠类和副鼠类（paramyids）在于其臼齿为丘形齿，具有纤细且孤立的主尖和小尖，前尖和后尖横向延伸，面向三角凹的齿尖面陡直；三角凹宽、横向，清楚地将前尖和后尖隔离。P4 的原尖和前尖圆锥状，不膨大。

中国已知种 仅模式种。

分布与时代 内蒙古，早始新世。

周氏原鼠 *Yuanomys zhoui* Meng et Li, 2010

（图 246）

正模 IVPP V 16884，不完整的左上颌骨存 P4–M2。内蒙古二连呼和勃尔和，下始新统脑木根组上部。

鉴别特征 同属。

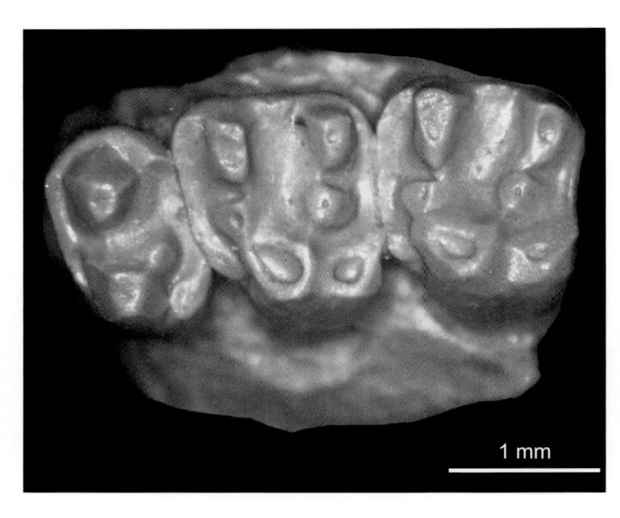

图 246 周氏原鼠 *Yuanomys zhoui*

左上颌骨，存 P4–M2（IVPP V 16884，正模）：冠面视（引自 Meng et Li, 2010）

类滇鼠属 Genus *Anadianomys* Tong, 1997

模式种 倾斜类滇鼠 *Anadianomys declivis* Tong, 1997

鉴别特征 上颊齿次尖和原尖近于等大，两尖间有发育的舌侧沟相隔，次尖稍向舌侧突出，原脊完全、无原小尖，后小尖明显、与原尖隔开或由弱棱连接，后脊斜、指向原尖。上臼齿前齿带平直。下颊齿下原尖后棱完全，下次脊横向、与下外脊相连，前齿带弱。

中国已知种 仅模式种。

分布与时代 河南，中始新世。

评注 童永生（1997）建立该属时将其归入豫鼠科（Yuomyidae）珍鼠亚科（Zoyphiomyinae）。

倾斜类滇鼠 *Anadianomys declivis* Tong, 1997

（图 247）

正模 IVPP V 10280，左 M2。河南渑池上河，中始新统河堤组任村段。

副模 IVPP V 10280.1–5, V 10281–10284，若干单独上、下颊齿。产地与层位同正模。

鉴定特征 同属。

评注 倾斜类滇鼠材料不多，其性质有待进一步的发现。原作者以为 *Anadianomys* 和 *Dianomys* 有一些共同特征，如个体小、齿冠低、P4 次尖发育、M1–2 前齿带平直、不成耳状等可与豫鼠类型（yuomyid）的梳趾鼠类相区别。在目前，虽然该种与 *Dianomys* 在形态上最接近，且出现较早，但也很难说 *Dianomys* 出自 *Anadianomys*。*Dianomys* 比较特化，后脊与原脊平行、与牙齿中线垂直，后齿带发育，下颊齿脊齿化，但上颊齿仍有原小尖的痕迹。而 *Anadianomys* 的原小尖已完全消失，不大可能是 *Dianomys* 的直接祖先。

与倾斜类滇鼠处于同一盆地的山西垣曲古城镇土桥沟河堤组寨里段的标本中有两颗上臼齿（IVPP V 10285 和 10286）与任村段的 *Anadianomys declivis* 很相似，V 10285 与任村种中的 M2（V 10280.2）接近，可能是一颗 M2 或 M1；V 10286 的后小尖较小，类似任村收集品中的 V 10280.5。但寨里的两颗上臼齿次尖不像 *A. declivis* 那样向舌侧突出，

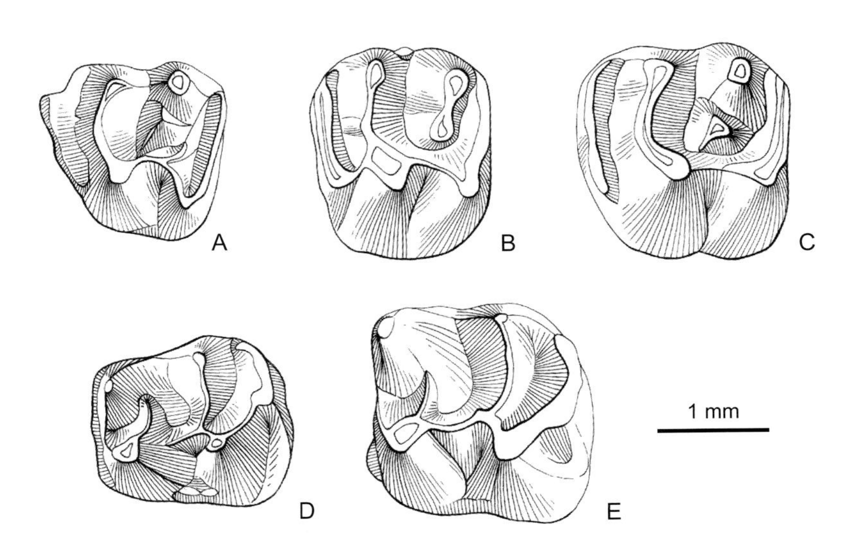

图 247 倾斜类滇鼠 *Anadianomys declivis*

A. 右 P4（IVPP V 10282，反转），B. 左 M1（IVPP V 10281.1），C. 左 M2（IVPP V 10280，正模），D. 左 m1（IVPP V 10284.1），E. 右 m2（IVPP V 10283.1，反转）：冠面视（引自童永生，1997）

因此怀疑寨里标本与任村种之间存在种级水平隔离。由于材料不足，原记述者将其鉴定为 *Anadianomys* cf. *A. declivis*（童永生，1997）。

传夔鼠属 Genus *Chuankueimys* Tong, 1997

模式种 淅川传夔鼠 *Chuankueimys xichuanensis* Tong, 1997

鉴别特征 p4 跟座短窄，后齿带与下内尖之间有小凹缺。下臼齿下原尖较粗壮，下外脊短，外谷窄。m1 小，m1–2 下次脊横，但末端向后弯曲，与下次尖内侧和下次小尖前端相连，与下外脊之间无明显的凹谷。P4 无初始的后尖，前尖外壁浑圆。M1–2 后脊基本完全，后小尖不发育。M3 无后小尖。

中国已知种 仅模式种。

分布与时代 河南，中始新世。

淅川传夔鼠 *Chuankueimys xichuanensis* Tong, 1997

（图 248）

Tsinlingomys youngi：李传夔，1963a，152 页，图版 I，图 1e, f（部分）

正模 IVPP V 10257，具 i1–m3 的左下颌骨。河南淅川北石皮沟，中始新统核桃园组。

副模 IVPP V 10257.1–74, V 10258, V 10258.1–124，不完整上、下颌及若干零星颊齿。产地与层位同正模。

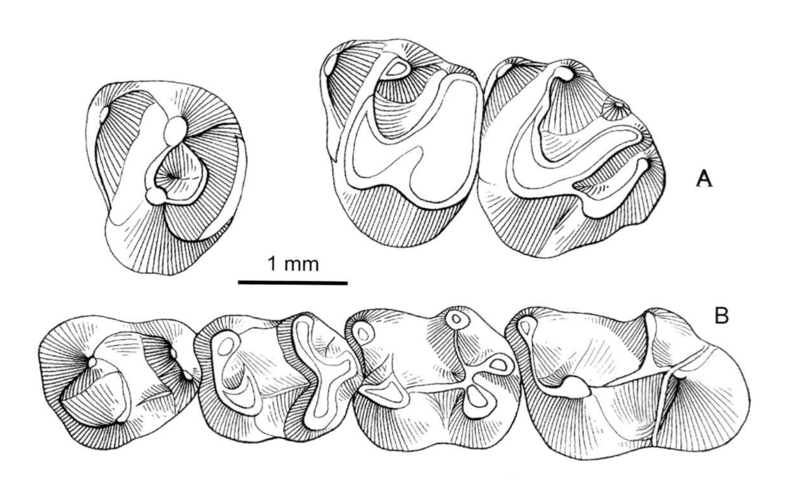

图 248 淅川传夔鼠 *Chuankueimys xichuanensis*

A. 左 P4–M2（IVPP V 10258），B. 右 p4–m3（IVPP V 10257，正模，反转）：冠面视（引自童永生，1997）

鉴别特征 同属。

评注 淅川传夔鼠与杨氏秦岭鼠区别比较明显。秦岭鼠的下次脊明显向后倾斜，与下外脊之间有一宽谷，下原尖高瘦，下中凹和下后凹深宽，下臼齿下后凹封闭等特征与传夔鼠区别明显。两者上臼齿差异同样明显，秦岭鼠的后小尖显著地膨大，大小与后尖相近，后脊较斜，也与归入传夔鼠的上臼齿不同。

李传夔（1963a）记述卢氏的杨氏秦岭鼠时，将产自同一地点的另一个具有 p4–m3 的右下颌骨（IVPP V 2730）作为副型标本也归入杨氏秦岭鼠。此标本与石皮沟的传夔鼠标本很相似，只有一些细节上的差别。卢氏标本似较粗壮，p4 无下外脊，m1–2 下次脊末端较明显地向后弯曲。另外，V 2730 下颌骨骨体高，达到 6.0 mm，超出石皮沟下颌骨标本的变异范围。所以，卢氏的 V 2730 标本有可能代表另一种传夔鼠。

真灰鼠属 Genus *Euboromys* Dashzeveg et McKenna, 1991

模式种 大真灰鼠 *Boromys grandis* Dashzeveg, 1990 = *Euboromys grandis* (Dashzeveg et McKenna, 1991)

鉴别特征 个体较大的早期梳趾鼠类。下臼齿下次脊明显，无下中尖，下次小尖明显、位置接近下次尖，m1 和 m2 呈方形。咬肌窝前缘在 m1 和 m2 接触面的下方。

中国已知种 *Euboromys brachyblastus*, *E. marydawsonae*, *E. obtusus*，共 3 种。

分布与时代 内蒙古、河南，中始新世。

评注 模式种 *Euboromys grandis* 产于蒙古南戈壁 Bugintsav 盆地 Khaichin-Ula II 的中始新世地层，是一种个体相当大的早期梳趾鼠，被归入 Dashzeveg 建立的陌生鼠亚科（Advenimurinae）。据插图测量，m1 长度达到 4.2 mm，是目前已知的早期梳趾鼠中个体最大者。正模（PSS, No.30.4）为右下颌骨，存三颗牙齿，在文中写的是 dp4–m2，但在插图中却注明为 p4–m2。Averianov（1996）认为这个种的分类位置不确定，很可能是似鼠类（tamquammyids）。他主要根据是臼齿齿脊的形态类似 *Tamquammys*，还假设下颌骨的最前面的牙齿是 dp4。但在 Dashzeveg（1990a）描述中提到，最前面的牙齿跟座已严重磨蚀，不像是 p4。*E. grandis* 正模右下颌骨最前面的牙齿是 dp4 还是 p4 可作为一个存疑，待解。

最初 Dashzeveg（1990a）在描述模式种的标本时，将其指定为 *Boromys* 属，后发现该名称与古巴的一类第四纪啮齿动物重名，随后将属名重新命名为 *Euboromys*（Dashzeveg et McKenna, 1991）。童永生（1997）未注意到这一名称的改变，将河南淅川石皮沟发现的几颗下颊齿归入了“*Boromys*”属，分别命名为“*B.*” *obtusus* 和“*B.*” *brachyblastus*，并将 Dawson（1964）鉴定为 cf. *Advenimus* sp. 的下颌骨（AMNH 26291）归入“*Boromys*”属，称为“*B.*” *marydawsonae*。这些种都应该相应改称 *Euboromys* 属，不过这些标本还未与蒙古的标本进行标本间的直接对比，这一工作今后需要做。

短枝真灰鼠 ***Euboromys brachyblastus* (Tong, 1997)**

（图 249）

Boromys brachyblastus：童永生，1997，92 页

正模 IVPP V 10270，右 p4。河南淅川石皮沟，中始新统核桃园组。

副模 IVPP V 10270.1–6，零星牙齿。产地与层位同正模。

鉴别特征 一种中等大小的早期梳趾鼠。下颊齿中凹深，下内尖高，下次脊完全，指向或与下次小尖连接，形成封闭的后凹，m2 下次脊与下外脊之间有宽的浅谷相隔。

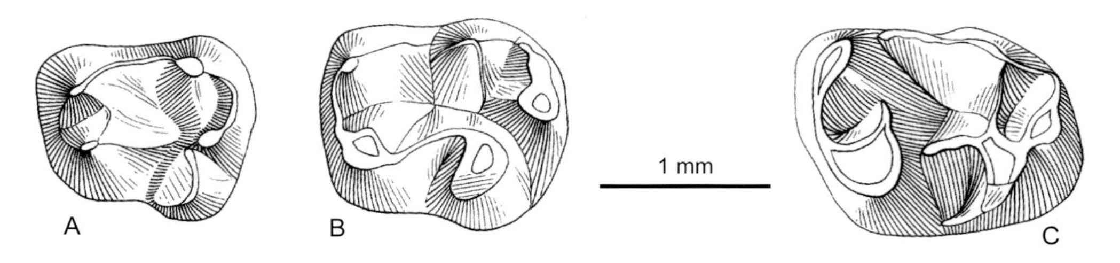

图 249 短枝真灰鼠 *Euboromys brachyblastus*

A. 右 p4（IVPP V 10270，正模，反转），B. 右 m2（IVPP V 10270.2，反转），C. 左 m3（IVPP V 10270.6）：冠面视（引自童永生，1997）

道森真灰鼠 ***Euboromys marydawsonae* (Tong, 1997)**

（图 250）

cf. *Advenimus* sp.：Dawson, 1964, p. 9

正模 AMNH 26291，右下颌骨，存 p4–m3。内蒙古沙拉木伦乌兰胡秀（Chimney Butte），中始新统乌兰希热组。

副模 AMNH 26292，左下颌骨带 m1–3；AMNH 26293，右下颌骨存破损的 p4 和 m1–2。产地与层位同正模。

鉴别特征 下颊齿由 p4 向 m3 增大，p4 下次小尖退化，下次脊向后弯曲；m1 下次脊伸达下次尖，m2–3 下次脊末端伸向下次尖前方的下外脊；m1 长大于宽，m2 长宽相近。

评注 Dawson（1964）记叙过出自内蒙古沙拉木伦地区乌兰胡秀地点乌兰希热组的三件标本（AMNH 26291, 26296, 26293），这些标本与 Dawson 记述的 *Saykanomys bohlini* 共生。从描述和插图中可以看出，AMNH 26291–26293 与 *Euboromys obtusus* 和 *E. grandis* 一样，下颊齿粗壮、短宽，无下中尖，下外脊短，下外谷窄这些特征可使其与 *Advenimus* 和 *Saykanomys* 分开，可归入真灰鼠属（*Euboromys*）。与 *E. obtusus* 和 *E.*

grandis 不同在于 AMNH 26291–26293 标本下次脊比较清楚，在 p4 上伸向下次小尖，在 m1 上指向下次尖，而在 m2–3 末端拐向下外脊。与 Dashzeveg（1990b）记述的 *E. grandis* 比较，乌兰希热的下颊齿较小，下次脊发育。

Meng 等（2001）认为产自乌兰胡秀的三件标本（AMNH 26291, 26296, 26293）肯定可归入同一种，但牙齿齿脊化程度高于 *Euboromys grandis*、*E. obtusus* 和 *E. brachyblastus*，可能代表与 *Advenimus* 不同的一个属，也不可能归入真灰鼠属。看来乌兰胡秀的三件标本的分类位置有待于进一步讨论。

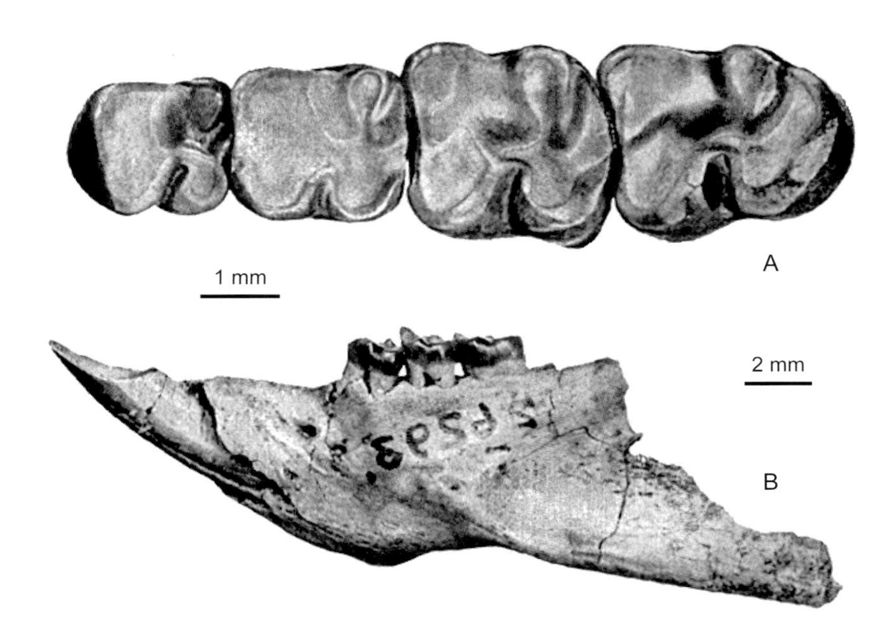

图 250　道森真灰鼠 *Euboromys marydawsonae*

A. 右 p4–m3（AMNH 26291，正模，反转），B. 右下颌骨，存 p4–m2（AMNH 26293，反转）：A. 冠面视，B. 颊侧视（引自 Dawson, 1964）

钝齿真灰鼠 *Euboromys obtusus* (Tong, 1997)

（图 251）

Boromys obtusus：童永生，1997，91 页

正模　IVPP V 10269，右 p4。河南淅川石皮沟，中始新统核桃园组。

副模　IVPP V 10269.1–8，零星下颊齿。产地与层位同正模。

鉴别特征　一种中等大小的早期梳趾鼠。下颊齿中凹较浅，下外脊短，下外谷窄，下内尖低小，下次脊弱、p4–m2 上没入中凹。p4 下次尖发育，下原尖后棱完全；下臼齿相对延长，下原尖后棱短。

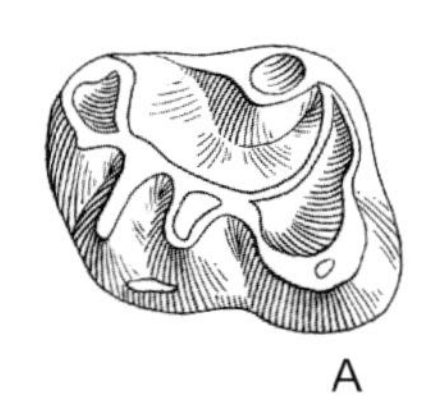

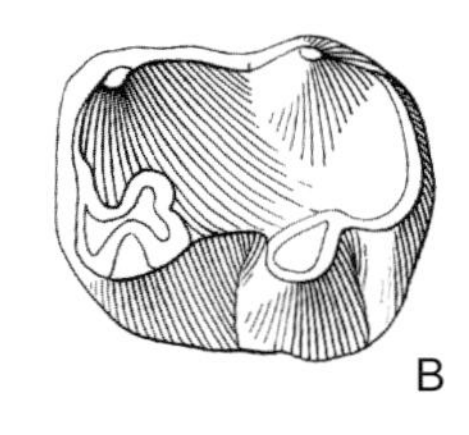

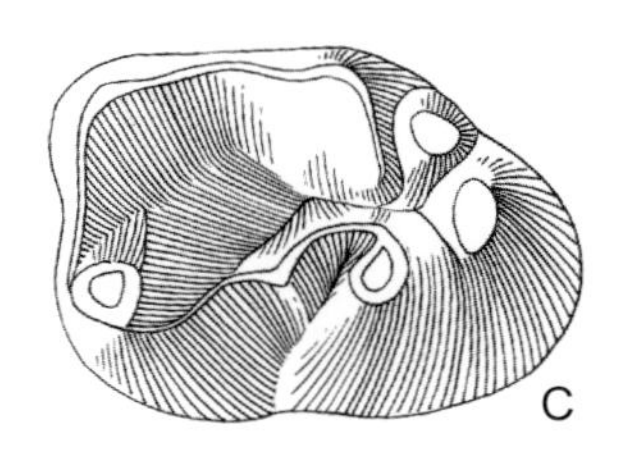

图 251　钝齿真灰鼠 *Euboromys obtusus*

A. 右 p4（IVPP V 10269，正模，反转），B. 左 m1（IVPP V 10269.3），C. 左 m3（IVPP V 10269.7）：冠面视（引自童永生，1997）

评注　与模式种 *Euboromys grandis* 不同在于个体较小，下臼齿略显粗壮，下颊齿中谷比较浅。

塞依卡鼠属 Genus *Saykanomys* Shevyreva, 1972

模式种　步氏塞依卡鼠 *Saykanomys* (*Advenimus*) *bohlini* Dawson, 1964

鉴别特征　小型始新世梳趾鼠类（模式种 m1 长 1.5 mm）。下颊齿齿冠较高，齿尖略显高锐；p4 下次小尖靠近下内尖；m1–2 下次脊指向下次尖，下次小尖呈锥状，位于牙齿后缘的中央；后外齿带和后内齿带同样发育。咬肌窝前缘在 m1 和 m2 接触面的下方。

中国已知种　*Saykanomys bohlini* 和 *S.* cf. *S. bohlini*。

分布与时代　内蒙古、河南，中始新世。

评注　Shevyreva（1972）记述蒙古和哈萨克斯坦始新世啮齿类时，将产于蒙古哈依欣组（Khaychin Svita）的一些标本指为 *Saykanomys chalchae*，同时也将哈萨克斯坦斋桑盆地的一些标本归入这个种。在 Dawson 等（1984）建立豫鼠科（Yuomyidae）时，就提出 *Saykanomys* 属可能是 *Advenimus* 属的晚出异名。Dashzeveg（1990a）再一次肯定了这一想法。在以后的研究中，研究者对 *S. chalchae* 是 *A. bohlini* 的晚出异名未提出异议，但也都认为 *A. bohlini* 与其他两种陌生鼠（*A. burkei* 和 *A. hupeiensis*）有较大区别。Averianov（1996）在论述吉尔吉斯斯坦 Andarak 2 早始新世啮齿类时，认为 *Advenimus* 和 *Saykanomys* 是独立的属，并认为 *chalchae* 是 *bohlini* 的晚出异名。童永生（1997）也提出相同观点，并对已知 *Advenimus* 中的各种进行比较，认为 *S. bohlini* 不同于 *A. burkei* 和 *A. hupeiensis* 在于后两种陌生鼠的 m1–2 下次小尖两侧齿带不对称，后外齿带弱、陡降至下次尖的后侧基部，而后内齿带长、缓慢地伸向下内尖，下次小尖的位置偏向牙齿的颊侧，这一特征在 m2 上更为显著。而在 *S. bohlini* 的下臼齿上，下次小尖往往成三角锥状，突出在牙齿后缘的中央，后外齿带和后内齿带几乎同样发育。再者 *S. bohlini* 主要齿尖相对高锐，而其他两种陌生鼠的齿尖比较低钝。Meng 等（2001）在记述新疆 *A. ulungurensis* 时，根据这些特征也将 *A. ulungurensis* 与 *S. bohlini* 区别开来。这里采用 Averianov 和童永生的分类方案。

步氏塞依卡鼠 *Saykanomys bohlini* (Dawson, 1964)

（图 252）

Advenimus bohlini：Dawson, 1964, p. 8

Saykanomys chalchae：Shevyreva, 1972, p. 135

正模 AMNH 26294，部分左下颌骨，存 p4–m2。内蒙古沙拉木伦乌兰胡秀（Chimney Butte），中始新统乌兰希热组。

鉴别特征 同属。

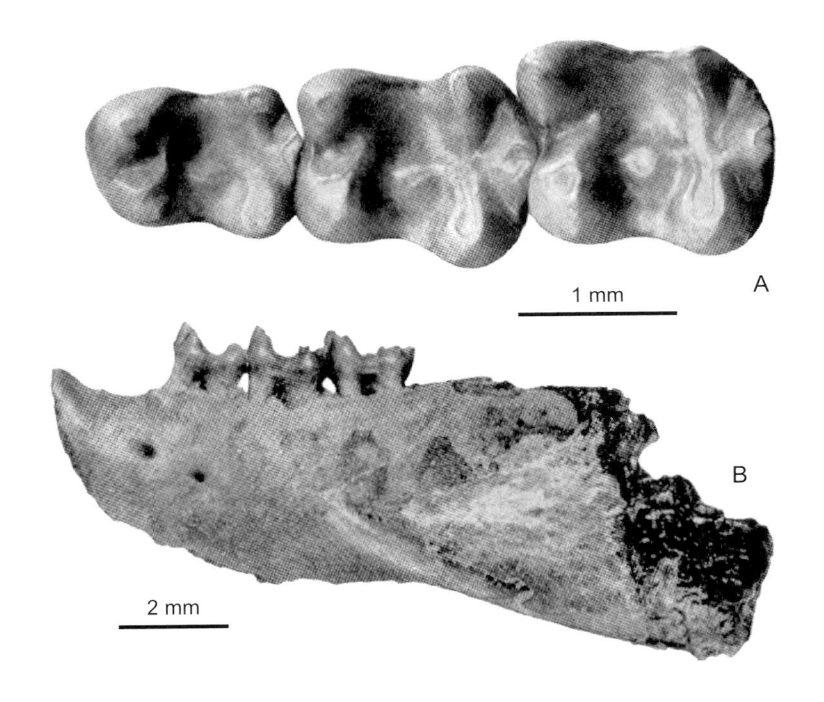

图 252 步氏塞依卡鼠 *Saykanomys bohlini*

A. 左 p4–m2（AMNH 26294，正模），B. 左下颌骨（AMNH 26294，正模）：A. 冠面视，B. 外侧视（引自 Dawson, 1964）

步氏塞依卡鼠（相似种） *Saykanomys* cf. *S. bohlini* Dawson, 1964

（图 253）

材料 IVPP V 10264.1–19 和 IVPP V 10265.1–10，零星颊齿 29 颗。河南淅川石皮沟，中始新统核桃园组。

评注 被 Shevyreva（1972）归入到 *Saykanomys chalchae* 的上臼齿往往有两条原脊。在石皮沟地点筛洗到百余颗具有两条原脊的上臼齿，已被归入到 *Tamquammys* *dispinorum*，其中是否混入 *Saykanomys* 属的上臼齿难以判断。石皮沟标本中的下臼齿与塞依卡鼠属已知种相似，与陌生鼠差异较大。大部分 m1 和 m2 下次脊与下次尖相连，下次小尖居中，后外齿带和后内齿带几乎同样发育，与步氏种相似。但归入到 *Saykanomys* cf. *S. bohlini* 的石皮沟下颊齿中两颗 p4 比较短宽，不如 Dawson (1964) 记述的"*Advenimus*" *bohlini* 和 Shevyreva 描述的 *S.* "*chalchae*" 的那样延长。如果归入标本确是同一种的话，石皮沟标本有可能代表一个新分类单元。

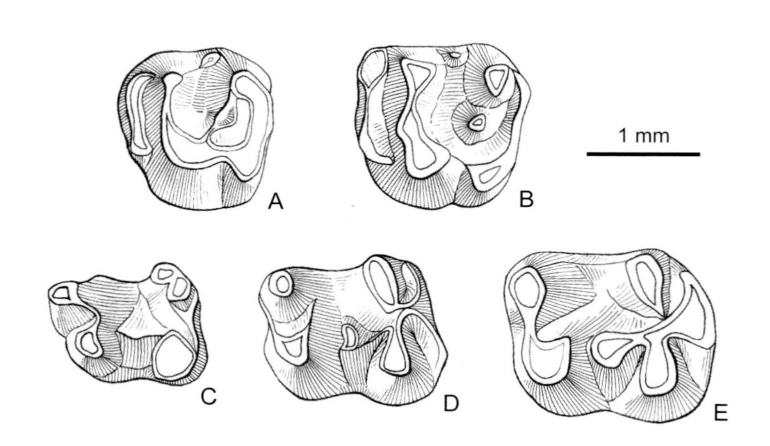

图 253　步氏塞依卡鼠（相似种） *Saykanomys* cf. *S. bohlini*

A. 右 M1（IVPP V 10265.3，反转），B. 右 M2（IVPP V 10265.7，反转），C. 左 p4（IVPP V 10264.1），D. 左 m1（IVPP V 10264.3），E. 左 m2（IVPP V 10264.12）：冠面视（引自童永生，1997）

皇冠鼠属 Genus *Stelmomys* Tong, 1997

模式种　小皇冠鼠 *Stelmomys parvus* Tong, 1997

鉴别特征　一类小型的梳趾鼠。颊齿低冠；p4 短宽，下内尖锥状，下次脊无或很弱；m1–2 下原尖后棱完全，下外脊相对延长，无下中尖，下次脊清楚、在牙齿的中轴处没入跟盆；上臼齿后小尖小，后脊发育，不与原尖相连，原尖和次尖间有明显的凹缺。

中国已知种　仅模式种。

分布与时代　河南，中始新世。

小皇冠鼠 *Stelmomys parvus* Tong, 1997

（图 254）

正模　IVPP V 10266，左下颌骨具 p4–m2。河南淅川石皮沟，中始新统核桃园组。

副模　IVPP V 10266.1–46, V 10267, V 10268，下颌骨及若干单独颊齿。产地与层位同正模。

鉴别特征 同属。

评注 童永生（1997）在建立皇冠鼠时将其归入豫鼠科（Yuomyidae）皇冠鼠亚科（Stelmomyinae）。对照 Li 和 Meng（2015）对早期梳趾鼠臼齿化 P4/p4 的定义，小皇冠鼠的 P4 后尖存在，但远不如前尖发育，前齿带低弱，不如后齿带强，p4 下次小尖时有时无，下次脊很弱、甚至缺失，因此小皇冠鼠 P4/p4 不是典型的臼齿化 P4/p4。

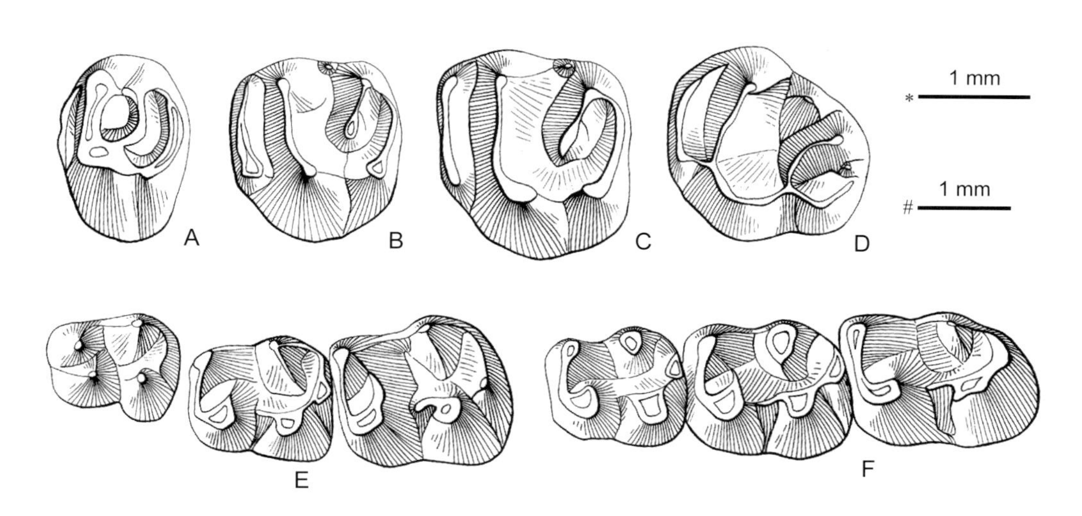

图 254 小皇冠鼠 *Stelmomys parvus*

A. 右 P4（IVPP V 10268.4，反转），B. 右 M1（IVPP V 10267.3，反转），C. 右 M2（IVPP V 10267.20，反转），D. 右 M3（IVPP V 10267.32，反转），E. 左 p4–m2（IVPP V 10266，正模），F. 左 m1–3（IVPP V 10266.1）：冠面视；比例尺：* - A–D，# - E, F（引自童永生，1997）

秦岭鼠属 Genus *Tsinlingomys* Li, 1963

模式种 杨氏秦岭鼠 *Tsinlingomys youngi* Li, 1963

鉴别特征 一类中等大小的似鼠类。P4 常具有初始的后尖；上臼齿次尖低小，后小尖大，明显地向后突出；M3 后小尖退化。p4 跟座由一内侧增高的后齿带组成；下臼齿下原尖高瘦，下中尖弱或无，下外脊相对较长，外谷相对较宽。m1–2 下次脊向后弯曲，与下次小尖连接，下次脊与下外脊之间有宽的凹谷，后凹通常封闭。

中国已知种 仅模式种。

分布与时代 河南，中始新世。

评注 秦岭鼠原归入 Sciuravidae，但已注意到其与北美 Sciuravidae 各属有所区别，如前臼齿退化等（李传夔，1963a；Dawson, 1964）。Wood（1977）首先将 *Tsinlingomys* 与现生的梳趾鼠科（Ctenodactylidae）联系在一起，将其归入梳趾鼠科。Dawson 等（1984）建立钟健鼠科（Cocomyidae）时，也把秦岭鼠归入该科。Flynn 等（1986）又把 *Tsinlingomys* 归入梳趾鼠科。Shevyreva（1983）认为秦岭鼠或许可归入她建立的似鼠科

（Tamquammyidae），但 Dashzeveg（1990a）再一次将秦岭鼠归入钟健鼠科。不过，王伴月（Wang, 1994）赞同将 *Tsinlingomys* 归入似鼠科，随后的研究者通常也将其归入似鼠科，如 Averianov（1996）。童永生（1997）建立的秦岭鼠亚科（Tsinlingomyinae），包括了秦岭鼠和传夔鼠（*Chuankueimys*）。

李传夔（1963a）根据河南卢氏县王家坡发现的两件下颌骨标本（IVPP V 2729 和 V 2730）建立了杨氏秦岭鼠（*Tsinlingomys youngi*）。重新对正型标本观察后发现，这两件标本有一些区别，不宜归入同一种。童永生（1997）将 IVPP V 2730 标本归入另一属——传夔鼠属（*Chuankueimys*）。

杨氏秦岭鼠 *Tsinlingomys youngi* Li, 1963

（图 255）

Tsinlingomys youngi：李传夔，1963a，152 页（部分）

正模 IVPP V 2729，具 m1–3 的右下颌骨。河南卢氏王家坡，中始新统卢氏组。

归入标本 IVPP V 10225–10256，上颌、下颌残段及若干单独颊齿（河南淅川）。

鉴别特征 同属。

产地与层位 河南卢氏王家坡，中始新统卢氏组；淅川石皮沟，中始新统核桃园组。

评注 童永生（1997）记述河南淅川石皮沟地点化石时，发现石皮沟地点的下颊齿不论在形态上还是尺寸上与杨氏秦岭鼠的模式标本（V 2729）基本一致，所以将石皮沟标本归入杨氏种。与产于卢氏盆地王家坡的模式标本比较，石皮沟标本也显示出一些微小的差异，如王家坡标本下臼齿有微弱的下中附尖，而在石皮沟标本中仅在 m3 上出现，又如石皮沟标本下次脊通常比较倾斜，下次尖高，下原尖相对直立。

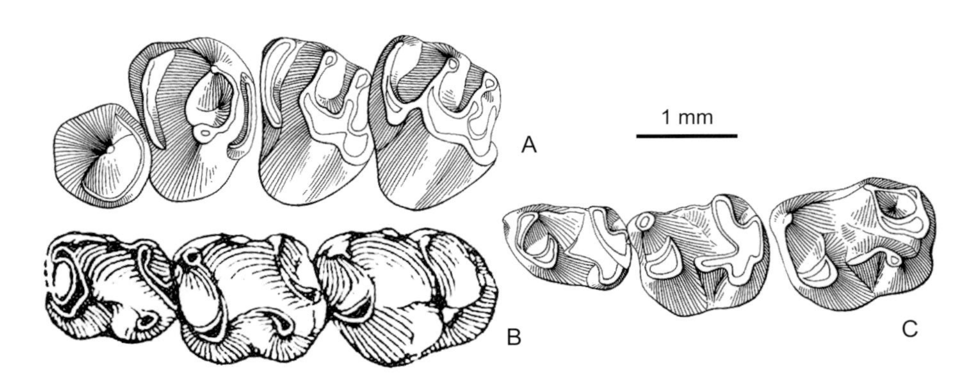

图 255 杨氏秦岭鼠 *Tsinlingomys youngi*

A. 右 P3–M2（IVPP V 10256.3，反转），B. 右 m1–3（IVPP V 2729，正模，反转），C. 左 dp4–m2（IVPP V 10255.1）：冠面视（A 引自李传夔，1963a；B, C 引自童永生，1997）

永生鼠属 Genus *Yongshengomys* Li et Meng, 2015

模式种 膨大永生鼠 *Yongshengomys extensus* Li et Meng, 2015

鉴别特征 个体较小的梳趾鼠。不同于大部分早期梳趾鼠在于上臼齿冠面呈楔形，有膨大的前附尖，前齿带架向颊侧增宽，次尖向舌侧突出、位于原尖后内侧。

中国已知种 仅模式种。

分布与时代 内蒙古，中始新世。

膨大永生鼠 *Yongshengomys extensus* Li et Meng, 2015

（图 256）

正模 IVPP V 16504.1，左 M1/2。内蒙古二连呼和勃尔和，中始新统伊尔丁曼哈组。

副模 IVPP V 16504.2–25，若干单颗 DP4 及 M1/2。产地与层位同正模。

鉴别特征 同属。

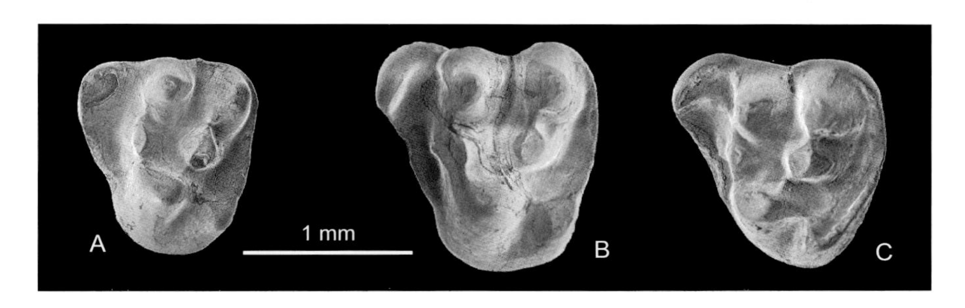

图 256 膨大永生鼠 *Yongshengomys extensus*
A. 右 DP4（IVPP V 16504.4，反转），B. 左 M1/2（IVPP V 16504.1，正模），C. 右 M1/2（IVPP V 16504.25，反转）：冠面视（引自 Li et Meng, 2015）

豫鼠属 Genus *Yuomys* Li, 1975

模式种 豚豫鼠 *Yuomys cavioides* Li, 1975

鉴别特征 个体较大的梳趾鼠类，上颊齿中度舌侧高冠，丘 - 脊型齿。P4 次尖无或弱，具耳状前齿带架；上臼齿次尖和原尖几乎等大，位于原尖后方；后小尖明显，但不膨大。p4 延长，跟座宽；下颊齿下次脊横向发育、延伸到下外脊，后凹向内开放；P4 和 p4 分别大于 M1 和 m1。

中国已知种 *Yuomys altunensis*, *Y. cavioides*, *Y. eleganes*, *Y. huangzhuangensis*, *Y. huheboerhensis*, *Y. minggangensis*, *Y. weijingensis*, *Y. yunnanensis*，共 8 种。

分布与时代 河南、内蒙古、新疆、山东、云南，中始新世。

评注 李传夔（1975）记述 *Yuomys cavioides* 时将其归入壮鼠超科（Ischyromyoidea），怀疑是副鼠亚科（Paramyinae）成员。但他曾设想将亚洲具有大眶下孔的几个属（*Saykanomys*、*Yuomys*、*Tamquammys* 和 *Terraboreus*）建立一新亚科。王景文（1978）、王伴月和周世全（1982）记述 *Y. eleganes* 和 *Y. minggangensis* 时也将豫鼠归入副鼠科或亚科。其实，Wood（1977）已指出豫鼠与现生的梳趾鼠类更相似，代表了与已知的梳趾鼠科成员不同的支系。Hussain 等（1978）研究巴基斯坦中始新世啮齿类时，将 *Saykanomys* 和 *Petrokozlovia* 归入他们建立的 Chapattimyidae。Dawson 等（1984）以 *Yuomys* 为模式属建立新的科级分类单元——豫鼠科（Yuomyidae），并将 *Petrokozlovia*、*Advenimus* 和 *Saykanomys* 归入豫鼠科，定义如下：具有豪猪型头骨和松鼠型下颌的梳趾鼠类，齿式为 1•0•2•3/1•0•1•3，颊齿锥形或脊形。P4/p4 亚臼齿化，具有后尖和下次尖；上臼齿前小尖存在，后小尖特别发育；下臼齿齿脊横向延伸，下后尖后棱明显。他们并不同意将 *Saykanomys* 和 *Petrokozlovia* 归入 Chapattimyidae。Shevyreva（1984）继续将 *Petrokozlovia*、*Saykanomys* 和她新建的三个属归入 Chapattimyidae。随后，Wang（1984）将中亚和东亚的 *Saykanomys* 和 *Advenimus* 与南亚次大陆的始新世梳趾鼠类（*Chapattimys*、*Birbalomys* 和 *Gumbatomys*）一起组成 Chapattimyidae，同时认为豫鼠科仅包括 *Yuomys*、*Petrokozlovia*、*Terraboreus* 和 *Dianomys*。童永生（1997）赞同 Hartenberger（1982）和 Dawson 等（1984）的意见，认为南亚次大陆始新世 Chapattimyidae 是独立于亚洲本土的原始梳趾鼠类发展的旁支，可能与 Flynn 等（1986）记述的南亚中新世的 baluchimyids 有关。并指出 Chapattimyidae 和 Yuomyidae 在颊齿形态上相近，但还可以区分。Chapattimyidae 的 P4 近于方形，前齿带架窄，次尖不大，上颊齿齿尖常呈圆珠状，p4 相对较小，下臼齿下外脊往往弯曲。南亚种齿冠较低，釉质层常起皱，也很有特色。这些特征似可用以区分中亚和东亚的始新世梳趾鼠类。根据以上可见，至今有关豫鼠科（Yuomyidae）的定义及归入属种并没有一致认识。多个系统发育研究表明（Wang, 1997；Dashzeveg et Meng, 1998a；Li et Meng, 2015），Daswon 等（1984）建立的 Yuomyidae、童永生（1997）指定的 Yuomyidae 及 Chapattimyidae 都不是单系类群。

除上述 8 个命名种外，在内蒙古二连盆地呼和勃尔和剖面伊尔丁曼哈组底部还发现了几枚颊齿（IVPP V 17805–7），标本的形态与豫鼠属的特征基本一致，但由于材料太少，被指定为该属的未定种（Li et Meng, 2015）。

豚豫鼠 *Yuomys cavioides* Li, 1975

（图 257）

Cricetodon schaubi：Wood et Chow, 1957, p. 268

Ischyromyoidea gen. et sp. nov.：周明镇等，1973，172, 174 页

正模 IVPP V 4796.1–4，同一个体的上下完整齿列（缺左 P3）。河南渑池任村，中始新统河堤组。

副模 IVPP V 4797–4801，上、下颌骨 4 件，单颗颊齿 6 枚。产地与层位同正模。

归入标本 IVPP V 4802，头骨一件（河南济源）。IVPP V 4803，下颌一件（内蒙古达尔罕茂名安联合旗）。IVPP V 10263.1–2，上、下颌骨各一件（河南渑池）。

鉴别特征 牙齿尺寸较大（m1 长 3.55–3.80 mm）。P4 无次尖；上臼齿原尖和次尖的舌侧面被伸达齿根的浅凹（舌侧凹）分开，具中附尖；下颊齿下内尖位置偏前，下次脊伸达下外脊；p4 三角座封闭；下臼齿下原尖后棱短，三角座向后开口，下次脊中部常有小尖，m2 下中附尖明显并将中凹封闭。

产地与层位 河南渑池任村（中国科学院古脊椎动物与古人类研究所化石地点编号 5313），中始新统河堤组；济源栗子沟，始新统济源群。内蒙古达尔罕茂名安联合旗乌拉乌苏，中始新统。

评注 在建名的描述中，IVPP V 4797–4801 和 V 4802 分别被指定为归入标本与“副型标本”。由于前者与正模采自相同的地点和层位，这里视为副模；后者因与正模不是产自同一地点，故被当做归入标本。

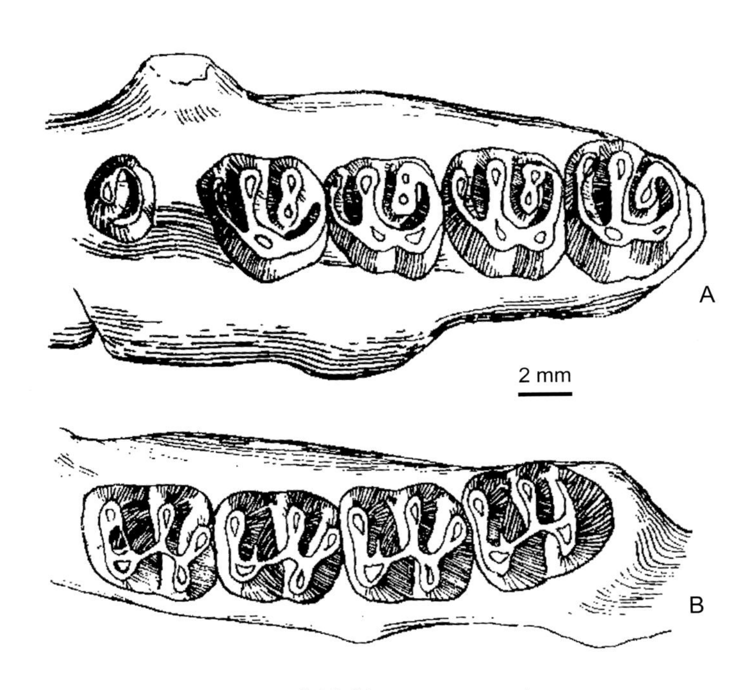

图 257 豚豫鼠 *Yuomys cavioides*

A. 右 P3–M3（IVPP V 4796，正模，反转），B. 右 p4–m3（IVPP V 4796，正模，反转）：冠面视（引自李传夔，1975）

阿尔金豫鼠 *Yuomys altunensis* Wang, 2017

（图 258）

正模 IVPP V 16295.1，右上颌骨带 P4 齿根及 M1–3。新疆阿尔金彩虹沟，中始新统溪水沟组。

副模 IVPP V 16295.2，左上颌骨带 M1–2；IVPP V 16295.3，左上颌骨带 M2–3；IVPP V 16295.4，右上颌骨带 M2。产地与层位同正模。

鉴别特征 个体较大的一类豫鼠；齿冠较高，宽大于长；臼齿的后尖与后小尖明显分开，后脊相对较长、但不完全，次尖明显小于原尖，舌侧凹伸达臼齿齿冠基部，后齿带与后尖舌侧相连；M3 后尖为新月形，后齿带较短。

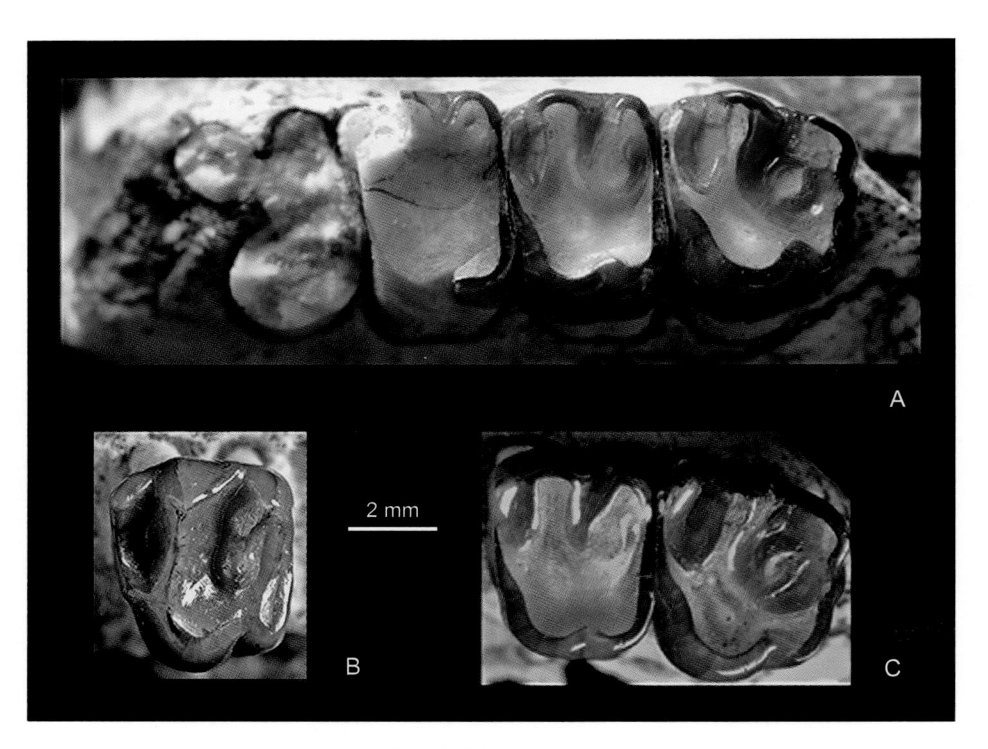

图 258 阿尔金豫鼠 *Yuomys altunensis*

A. 右上颌骨带 P4 齿根及 M1–3（IVPP V 16295.1，正模，反转），B. 右 M2（IVPP V 16295.4，反转），C. 左 M2–3（IVPP V 16295.3）：冠面视（引自 Wang, 2017）

秀丽豫鼠 *Yuomys eleganes* Wang, 1978

（图 259）

正模 IVPP V 5308，带有较完整下颊齿列的左、右下颌水平支，右 M2 和部分肢骨。河南桐柏大栗树村，中始新统李士沟组。

鉴别特征 较大的壮鼠类，下齿式：1•0•1•3。个体比 *Y. cavioides* 稍小（m1 长 3.3 mm）。下门齿弧度相对较小，平缓地伸向前上方；下颊齿的下次脊外伸到下外脊，下外脊较短，位置偏内，无下中尖；下原尖后棱短，下三角座不封闭；下原尖和下后尖不连成脊，互为孤立的尖；下后尖在 m2 和 m3 中明显向前方延伸使得冠面呈菱形。上臼齿宽大于长。下颌水平支低长，下缘较平直。

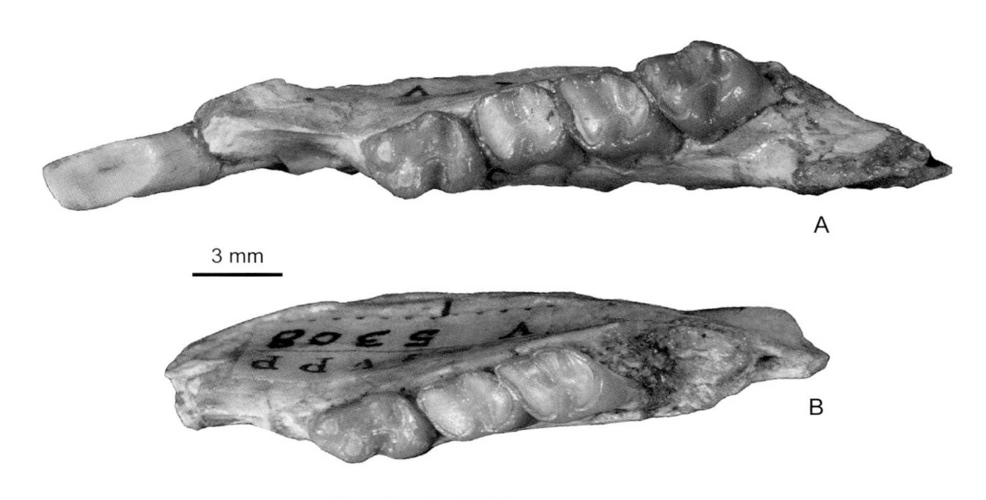

图 259 秀丽豫鼠 *Yuomys eleganes*
A. 破损的右下颌骨附 p4–m3（IVPP V 5308，正模，反转）；B. 破损的左下颌骨附 p4–m2（IVPP V 5308，正模）：冠面视

黄庄豫鼠 *Yuomys huangzhuangensis* Shi, 1989
（图 260）

正模 SDM 84001，左上颌残段，具 P4–M2。山东曲阜狼头沟，中始新统黄庄组。

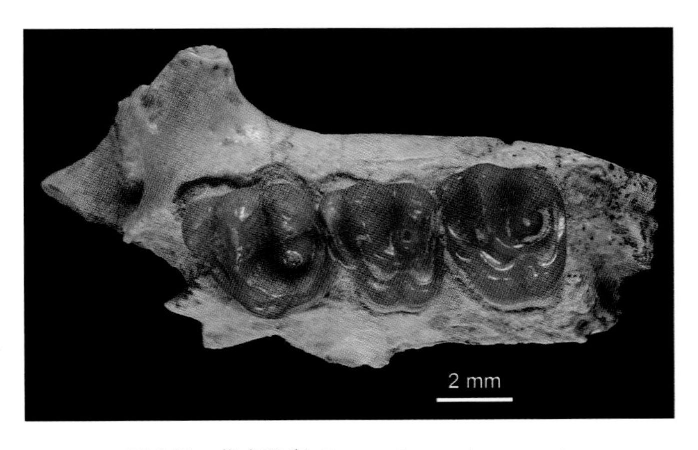

图 260 黄庄豫鼠 *Yuomys huangzhuangensis*
左上颌骨，存 P4–M2（SDM 84001，正模）：冠面视

鉴别特征 牙齿尺寸和形态与该属的模式种 *Yuomys cavioides* 相近。M1–2 相对窄长，次尖与原尖近于等大，无中附尖，在舌侧以直达齿根的浅沟（舌侧凹）分开；P4 具次尖和原小尖，次尖明显小于原尖，二尖以舌侧浅沟（舌侧凹）分开，浅沟仅限齿冠上半部。

呼和勃尔和豫鼠 *Yuomys huheboerhensis* Li et Meng, 2015

（图 261）

正模 IVPP V 17803.1，左 M1。内蒙古二连呼和勃尔和，中始新统伊尔丁曼哈组。

副模 IVPP V 17803.2–9, V 17804，单独上、下颊齿若干。产地与层位同正模。

鉴别特征 在已知的豫鼠属当中个体最小，结构更为简单，没有出现下中附尖和下次脊上的小尖等构造。P4 无次尖。上臼齿 M1 和 M2 次尖明显，后小尖与后尖等大；后尖和后小尖之间由短的后脊连接，通常后小尖不与原尖相连，但磨蚀之后与原尖弱连接；无中附尖。下臼齿下原尖后棱短，下三角座向后开口；下外脊完整，下次脊横向发育、延伸至下外脊；m3 出现弱的下中尖；下中凹宽阔。

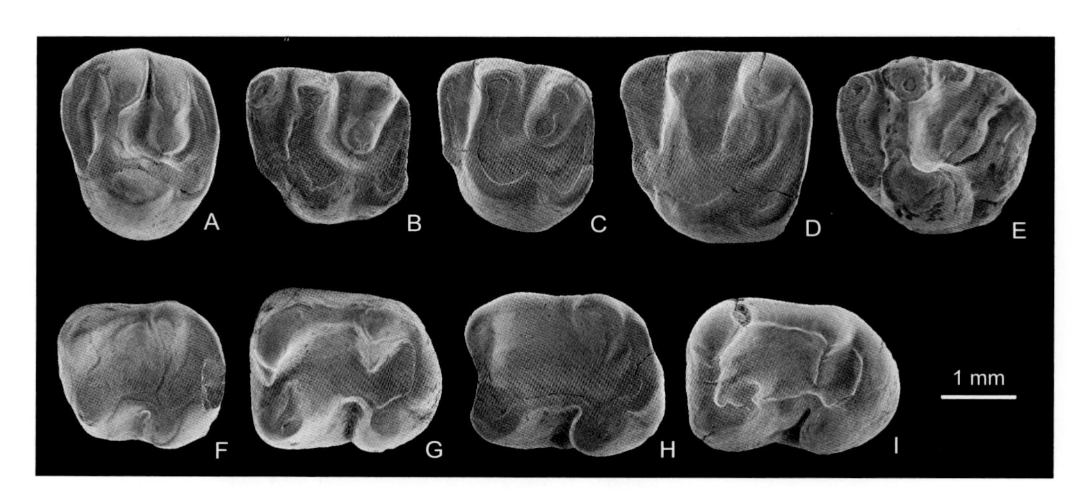

图 261 呼和勃尔和豫鼠 *Yuomys huheboerhensis*

A. 左 P4（IVPP V 17803.2），B. 左 M1（IVPP V 17803.1，正模），C. 右 M1（IVPP V 17803.6，反转），D. 右 M2（IVPP V 17803.8，反转），E. 左 M3（IVPP V 17803.9），F. 右 m1（IVPP V 17804.2，反转），G. 右 m1（IVPP V 17804.1，反转），H. 左 m2（IVPP V 17804.3），I. 左 m3（IVPP V 17804.7）：冠面视（引自 Li et Meng, 2015）

明港豫鼠 *Yuomys minggangensis* Wang et Zhou, 1982

（图 262）

正模 IVPP V 6605，右下颌骨具 p4 和 m1。河南明港李庄，中始新统李庄组。

鉴别特征 个体比较大的一种豫鼠（m1 长 4.1 mm）。下颊齿下次脊横向伸达下次尖，

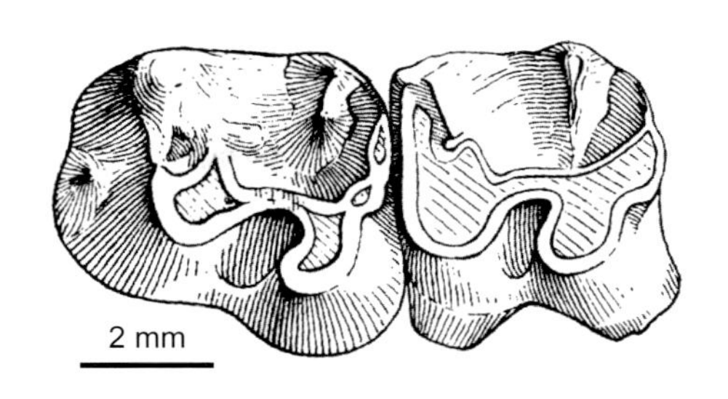

图 262 明港豫鼠 *Yuomys minggangensis*
右下颌骨上附着的 p4 和 m1（IVPP V 6605，正模，反转）：冠面视（引自王伴月、周世全，1982）

下中凹比下后凹大而开阔；p4 下次脊不完全，不与下外脊或下次尖相连，下后尖很发达；m1 下次脊完全，与下次尖连接。

卫井豫鼠 *Yuomys weijingensis* Ye, 1983

正模 IVPP V 6694，左上颌骨一段，具 M1–2。内蒙古四子王旗卫井，中始新统“乌兰希热层”。

副模 IVPP V 6695，一枚左 m2。产地与层位同正模。

鉴别特征 M1、M2 的轮廓相对较宽，舌侧凹（内谷）浅而不伸达齿根；m2 下原尖后棱极短，下次脊发育完整并拐向前外方、斜交于下外脊中部，与后期的其他种相比较，齿冠上的脊、尖凸起程度较弱。

评注 未见标本，原图版不清晰，无法提供图件。

云南豫鼠 *Yuomys yunnanensis* Huang et Zhang, 1990

（图 263）

正模 IVPP V 8758，右下颌骨存 dp4–m2。云南建水龙觅，中始新统岔科组。

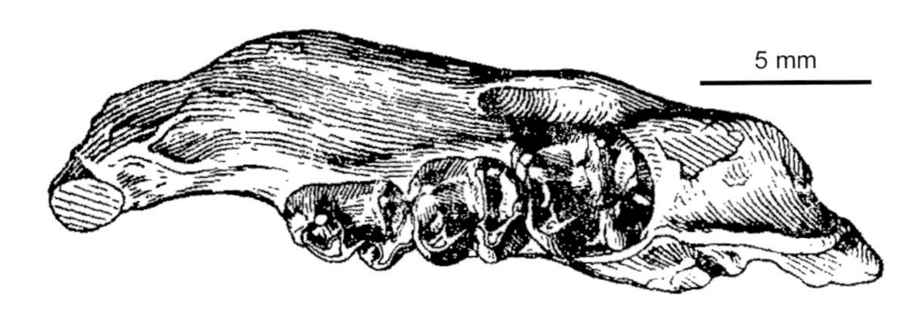

图 263 云南豫鼠 *Yuomys yunnanensis*
右下颌骨保存 dp4–m2（IVPP V 8758，正模，反转）：冠面视（引自黄学诗、张建农，1990）

鉴别特征 牙齿尺寸较小，与豚豫鼠相近（m1 长 3.5 mm）。下颊齿三角凹大；下原尖前棱细弱，后棱长、与下后尖在基部相连。下次脊细而平直，在 m1 中与下次尖的前缘在横向上对齐，m2 中前移、超过下次尖的前缘。下外脊相对靠外。

强鼠属 Genus *Viriosomys* Tong, 1997

模式种 景文强鼠 *Viriosomys jinweni* Tong, 1997

鉴别特征 一种中等大小的似鼠类，牙齿粗壮，棱脊发育。P4 原脊、后脊完全，具前、后附尖。上臼齿延长，原脊和后脊强，原脊不分叉，后脊伸到原尖，无原小尖，后小尖退化。次尖大，内脊发育，次尖和原尖之间舌侧沟（内谷）窄浅。前齿带颊端与前尖之间有凹缺相隔。

中国已知种 仅模式种。

分布与时代 河南，始新世中期。

景文强鼠 *Viriosomys jinweni* Tong, 1997

（图 264）

正模 IVPP V 10254，右上颌骨具 P4–M2。河南淅川石皮沟，中始新统核桃园组。

鉴别特征 同属。

评注 强鼠的 P4 无后尖，具前、后附尖，上臼齿齿脊发育，次尖大，内脊粗壮，前齿带也较窄，形态上更接近 P4 未臼齿化的似鼠（*Tamquammys*），而与钟健鼠（*Cocomys*）和秦岭鼠（*Tsinlingomys*）相差较大。由于以上特点，童永生（1997）将强鼠属归入似鼠亚科（Tamquammyinae）。强鼠属与似鼠属的区别在于其上颊齿齿脊粗壮，上臼齿原脊不分叉，后小尖退化，内脊短。原脊和后脊的发育，使其更类似 Shevyreva（1989）记述的 *Bumbanomys edestus*（Averianov 在 1996 年认为 *B. edestus* 是 *Tsagankhushumys deriphatus*

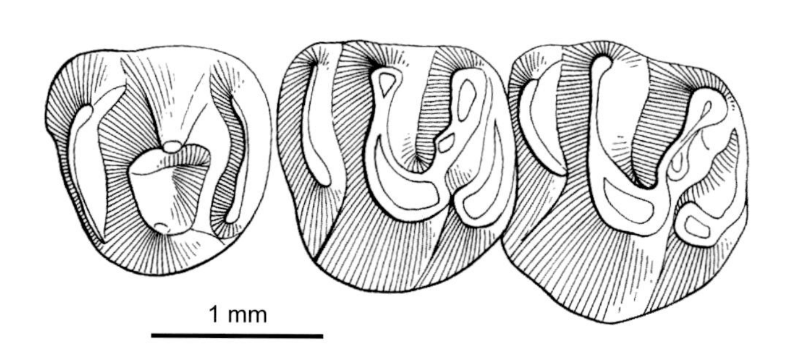

图 264 景文强鼠 *Viriosomys jinweni*

右上颌骨上附着的 P4–M2（IVPP V 10254，正模，反转）：冠面视（引自童永生，1977）

的晚出异名）。但 *B. edestus* 的牙齿比较细巧，P4 有清楚的次尖，次尖和原尖间的舌侧纵沟明显，M1 相对横宽，前齿带与前尖连接，不像强鼠那样前齿带颊端与前尖间断开。

学诗鼠属 Genus *Xueshimys* Tong, 1997

模式种 深裂学诗鼠 *Xueshimys dissectus* Tong, 1997

鉴别特征 小型梳趾鼠类，颊齿低冠。p4 下次尖小，P4 臼齿化。m1–2 无下中尖，下外脊接近牙齿中线，下外谷很深，下内尖和下次小尖相对发育，下次小尖居中，后内齿带较弱。上颊齿次尖在原尖后方，内脊低弱，后小尖退化，前齿带平直。

中国已知种 仅模式种。

分布与时代 河南，中始新世。

评注 童永生（1997）建立该属时将其归入豫鼠科（Yuomyidae）皇冠鼠亚科（Stelmomyinae）。

深裂学诗鼠 *Xueshimys dissectus* Tong, 1997

（图 265）

正模 IVPP V 10271，左 m2。河南渑池上河，中始新统河堤组任村段。

副模 IVPP V 10271.1–27, V 10272.1–25，若干单独上、下颊齿。产地与层位同正模。

鉴别特征 同属。

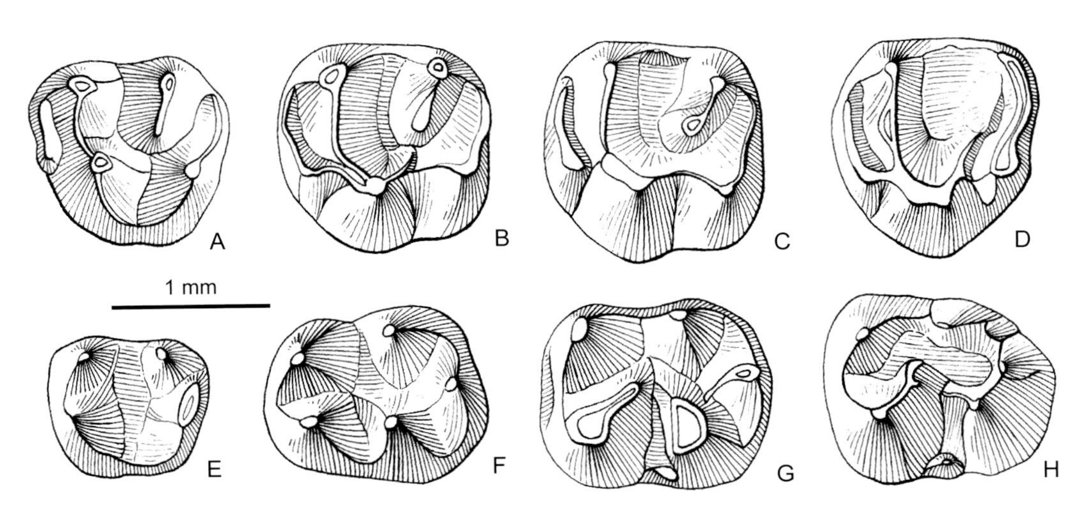

图 265 深裂学诗鼠 *Xueshimys dissectus*

A. 右 P4（IVPP V 10272.2，反转），B. 左 M1（IVPP V 10272.7），C. 左 M2（IVPP V 10272.16），D. 左 M3（IVPP V 10272.23），E. 左 p4（IVPP V 10271.18），F. 左 m1（IVPP V 10271.10），G. 左 m2（IVPP V 10271，正模），H. 左 m3（IVPP V 10271.22）：冠面视（引自童永生，1997）

细鼠属 Genus *Zodiomys* Tong, 1997

模式种 龙门细鼠 *Zodiomys longmensis* Tong, 1997

鉴别特征 小型豫鼠类。上颊齿次尖明显地向舌侧突出，后尖比前尖略大，后脊粗短，后小尖弱，前齿带退化。p4 跟座退化、与三角座等宽，无下次小尖；m2 下次小尖大，近于孤立。

中国已知种 仅模式种。

分布与时代 河南，中始新世。

评注 童永生（1997）建立该属时将其归入豫鼠科（Yuomyidae）珍鼠亚科（Zoyphiomyinae）。

龙门细鼠 *Zodiomys longmensis* Tong, 1997

（图 266）

正模 IVPP V10276，右 M2。河南渑池上河，中始新统河堤组任村段。

副模 IVPP V 10276.1–8, V 10277, V 10278.1–2, V 10279.1–3，若干单独颊齿。产地与层位同正模。

鉴别特征 同属。

评注 *Zodiomys longmensis* 与 *Zoyphiomys sinensis* 很相似，但也有明显的差别：上颊齿前齿带窄，后小尖显弱，M2 次尖相对地更向舌侧突出，后尖比前尖略大；下臼齿前齿带较弱，m2 下次小尖大。如果材料中的 p4（V 10279.1）归入 *Z. longmensis* 无误，则表明该种 p4 的形态介于豫鼠类和似鼠类之间，而其跟座比似鼠类宽大，但又不如豫鼠类那样发育。

Zodiomys 上颊齿形态基本上与 *Zoyphiomys* 一致，这表明两者之间可能有比较紧密

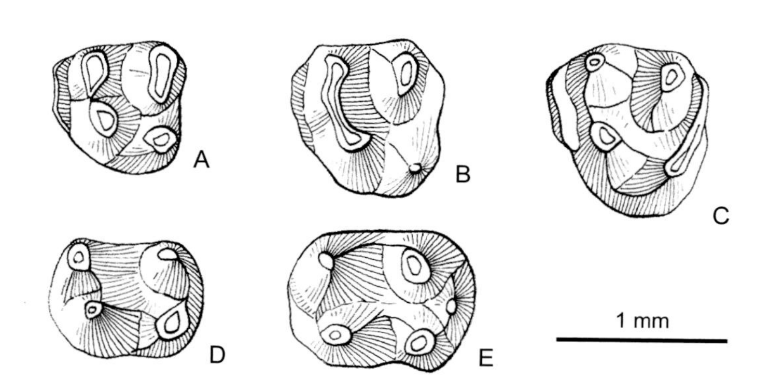

图 266 龙门细鼠 *Zodiomys longmensis*

A. 左 P4（IVPP V 10276.8），B. 左 M1（IVPP V 10276.4），C. 右 M2（IVPP V 10276，正模，反转），D. 左 p4（IVPP V 10279.1），E. 左 m1（IVPP V 10278.3）：冠面视（引自童永生，1997）

的亲缘关系，如果前齿带退化、后小尖趋于消失、后尖增大、次尖向舌侧突出是一些进步特征的话，*Zodiomys* 则可能由 *Zoyphiomys* 状的啮齿类演变而来。这些形态变化与 *Zoyphiomys* 出现较早而 *Zodiomys* 时代较晚也相吻合。

珍鼠属 Genus *Zoyphiomys* Tong, 1997

模式种 中国珍鼠 *Zoyphiomys sinensis* Tong, 1997

鉴别特征 颊齿齿尖发育，齿脊弱，上颊齿适度高冠。P4 延长，后脊不完整，原脊完全。上臼齿次尖向舌侧突出，后小尖明显。M1 后脊指向原尖，有弱棱与原尖连接；M2 后脊有时指向次尖，与原尖不相连。下臼齿下次小尖居中、大、近于孤立，下次脊不大发育。

中国已知种 *Zoyphiomys sinensis* 和 *Z. grandis* 两种。

分布与时代 河南，中始新世。

评注 童永生（1997）建立该属时将其归入豫鼠科（Yuomyidae）珍鼠亚科（Zoyphiomyinae）。

中国珍鼠 *Zoyphiomys sinensis* Tong, 1997

（图 267）

正模 IVPP V 10273，右 M2。河南淅川石皮沟，中始新统核桃园组。

副模 IVPP V 10273.1–15, V 10274, V 10274.1–3，右侧下颌及若干单独颊齿。产地与层位同正模。

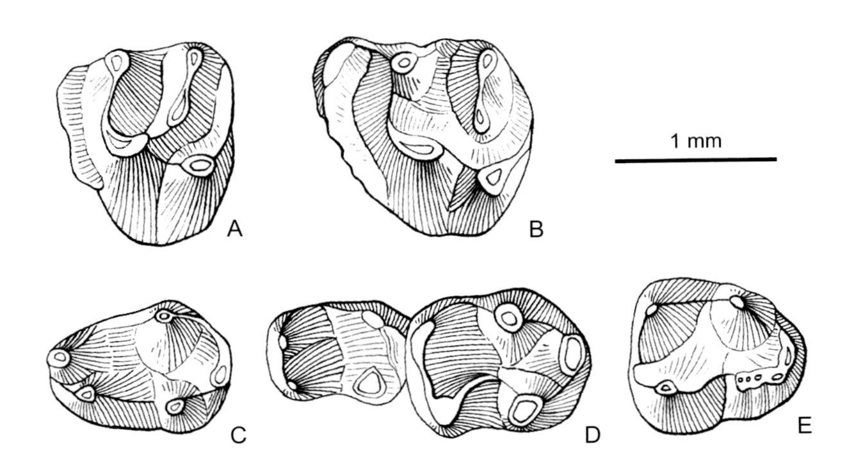

图 267 中国珍鼠 *Zoyphiomys sinensis*

A. 左 M1（IVPP V 10273.4），B. 右 M2（IVPP V 10273，正模，反转），C. 左 dp4（IVPP V 10274.1），D. 右 p4–m1（IVPP V 10274，反转），E. 左 m3（IVPP V 10274.3）：冠面视（引自童永生，1997）

鉴别特征 个体小，上臼齿原脊较弱，次尖和原尖几乎等大。

评注 印巴次大陆的chapattimyids上颊齿中次尖常强烈地向舌侧突出，与中国的*Zoyphiomys sinensis*，尤其与印巴次大陆的"*Saykanomys*" *lavocati*和"*S.*" *ijlsti*的上臼齿形态接近（见Hussain et al., 1978, pl. 6, fig. 4和pl. 2, fig. 2）。印巴这两个种后来被Hartenberger（1982）归入*Birbalomys*属的*Basalomys*亚属。中国珍鼠与印巴种的区别在于上颊齿中度舌侧高冠，齿尖较高锐，后小尖相对较弱，无中附尖，前齿带向颊侧扩大；下颊齿无下中尖，下外脊不弯曲。

大珍鼠 *Zoyphiomys grandis* Tong, 1997

（图268）

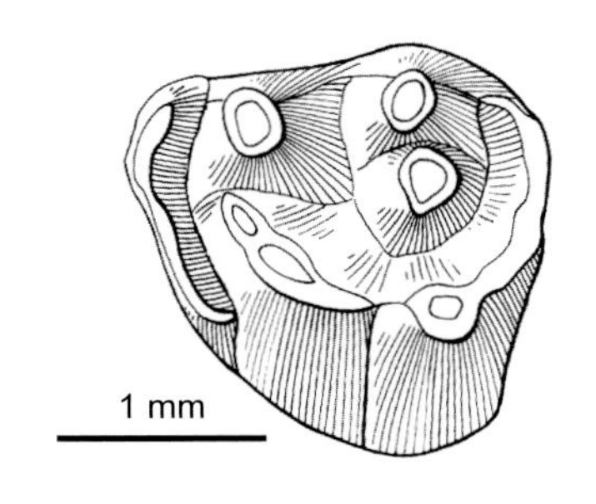

图268 大珍鼠 *Zoyphiomys grandis* 左M2（IVPP V 10275，正模）：冠面视（引自童永生，1997）

正模 IVPP V 10275，左M2。河南淅川石皮沟，中始新统核桃园组。

鉴别特征 M2长宽约是属型种的1.5倍，具小的原小尖，后小尖大，前齿带向颊侧增宽不明显。

评注 这颗牙齿与印巴次大陆的始新世梳趾鼠很相似，尤其与*Birbalomys ijlsti*的上臼齿十分接近。但与中国珍鼠一样，其舌侧高冠，后小尖相对较小、与后尖接近，这些特征有别于印巴种。

滇鼠属 Genus *Dianomys* Wang, 1984

模式种 隐滇鼠 *Dianomys obscuratus* Wang, 1984

鉴别特征 中—小型的梳趾鼠类，齿式：1•0•2•3/1•0•1•3，颊齿低冠，具有四条几乎同样发育的横脊。上颊齿的原脊完整，后脊常完全、单一或分岔。DP4、P4和M1的前齿带低，并不与原尖连接；P4有时缺失前齿带，而M2–3的前齿带高并与原尖相连。前凹在DP4、P4和M1上小且浅，或缺失，而在M2–3上比较大、深；在P4–M2上内脊常完全，在M3上变化较大；P4/p4臼齿化，P4后尖在前尖的后外方、比前尖高，后脊比原脊高；M1–2次尖在原尖后方，与原尖几乎等大；舌侧凹横向。下颊齿下原尖后棱很发育、延伸到牙齿的舌缘，下外脊在牙齿纵中轴的偏颊侧、前颊向延伸、完整且直；下臼齿三角座盆常封闭并从m1向m3增大，下外谷向后内方延伸；p4下原尖前棱不完全或缺失。上颊齿和下臼齿均为三齿根，p4和dp4双齿根。

中国已知种 *Dianomys obscuratus*和*D. qujingensis*。

分布与时代 云南，晚始新世。

隐滇鼠 ***Dianomys obscuratus*** **Wang, 1984**

（图 269）

正模 IVPP V 7299，左 M1。云南曲靖蔡家冲（中国科学院古脊椎动物与古人类研究所化石野外地点号：80026），上始新统蔡家冲组。

副模 IVPP V 7300–7304, V 7306–7309，若干单独颊齿。产地与层位同正模。

归入标本 IVPP V 12388–12392，若干单独颊齿（云南曲靖）。

鉴别特征 个体较小的滇鼠，颊齿主尖明显。上颊齿后脊单一，后小尖或显或隐；P4 前齿带和前凹存在，后小尖常不完全，次尖小；P4–M2 内脊很发育；上臼齿后脊常完全；下颊齿下后附尖发育，p4 下三角凹舌侧封闭，下中凹附棱弱或缺失；在 m1 和 dp4 下中脊缺失。

产地与层位 云南曲靖蔡家冲（中国科学院古脊椎动物与古人类研究所化石野外地点号：80020, 80021, 80022, 80026, 85001, 85003），上始新统蔡家冲组第四层、第六层。

评注 王伴月（2001a）指出，根据新发现的标本，原先鉴定为 M1/2 的标本实际上是 M1。也就是说，这个种的正模（IVPP V 7299）是左 M1。同时，她也指出根据正模以为隐滇鼠的上颊齿后脊是不完全的，而新发现的标本表明后脊通常是完全的。

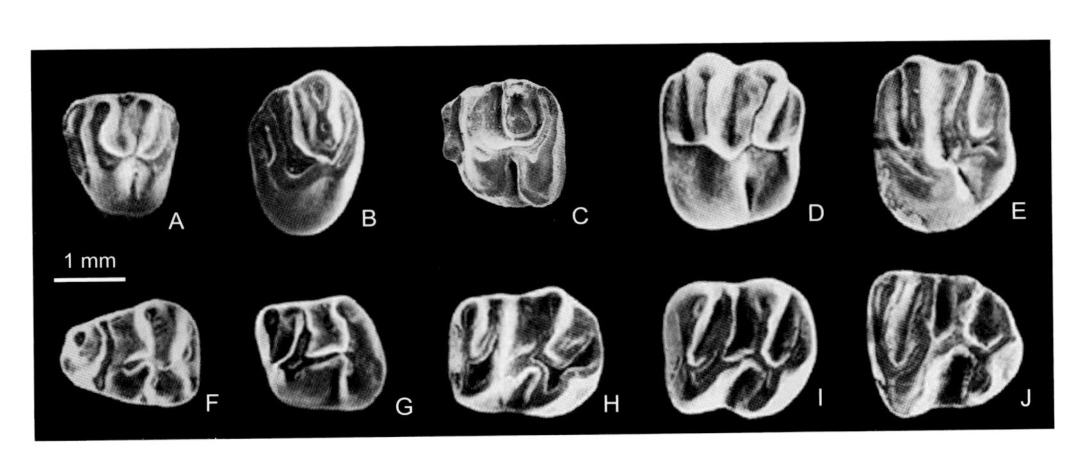

图 269 隐滇鼠 *Dianomys obscuratus*

A. 左 DP4（IVPP V 12392.1），B. 左 P4（IVPP V 12392.12），C. 左 M1（IVPP V 7299，正模），D. 左 M2（IVPP V 12392.33），E. 左 M3（IVPP V 12392.48），F. 右 dp4（IVPP V 12392.55，反转），G. 右 p4（IVPP V 12392.58，反转），H. 左 m1（IVPP V 12392.62），I. 左 m2（IVPP V 12392.74），J. 左 m3（IVPP V 12392.91）：冠面视（A, B, D–J 引自王伴月，2001a；C 引自 Wang, 1994）

曲靖滇鼠 ***Dianomys qujingensis*** **Wang, 1984**

（图 270）

Dianomys obscuratus：Wang, 1984, p. 42 (part)

正模　IVPP V 7310，左 m3。云南曲靖大湾头（中国科学院古脊椎动物与古人类研究所化石野外地点号：80022），上始新统蔡家冲组。

归入标本　IVPP V 7305, V 12393–12395，左下颌骨带 p4–m3，若干单独上、下颊齿（云南曲靖）。

鉴别特征　个体比 *D. obscuratus* 大，颊齿齿冠稍高，齿脊发育。上颊齿后脊分叉成 § 状，无后小尖；P4 前齿带缺失，后脊完全，次尖和原尖几乎等大；内脊在 M1 完全，M2 部分完全，M3 缺失；下颊齿下后附尖弱或缺失；p4 下后尖孤立，下内尖臂和下后凹明显；dp4 和 m1 具下中脊，p4 有较发育的附加刺。

产地与层位　云南曲靖蔡家冲、大湾头（中国科学院古脊椎动物与古人类研究所化石野外地点号：80021, 80022, 80026），上始新统蔡家冲组第四层、第六层。

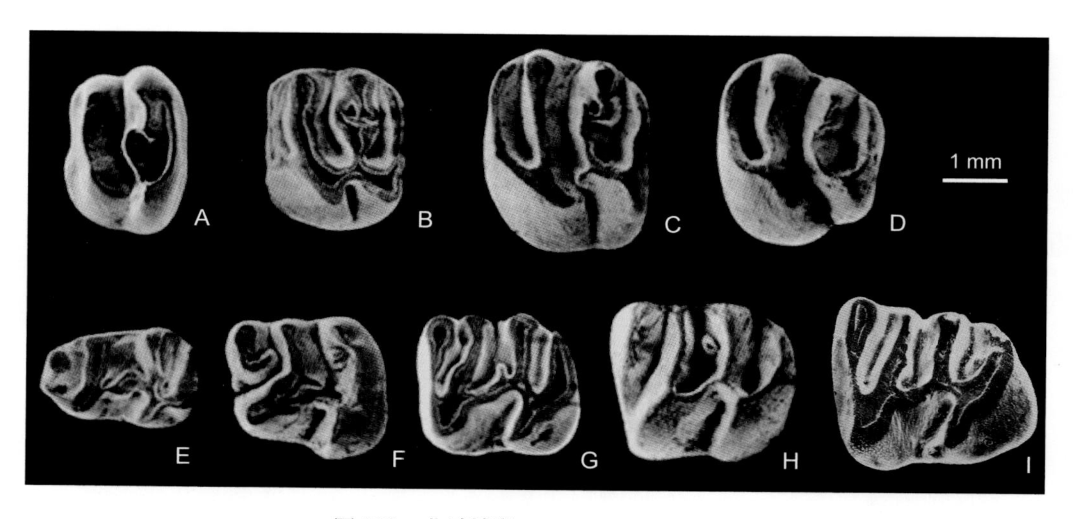

图 270　曲靖滇鼠 *Dianomys qujingensis*

A. 右 P4（IVPP V 12394，反转），B. 右 M1（IVPP V 12393.5，反转），C. 右 M2（IVPP V 12393.10，反转），D. 右 M3（IVPP V 12393.16，反转），E. 右 dp4（IVPP V 12393.18，反转），F. 右 p4（IVPP V 12393.20，反转），G. 右 m1（IVPP V 12393.25，反转），H. 右 m2（IVPP V 12393.29，反转），I. 左 m3（IVPP V 7310，正模）：冠面视（A–H 引自王伴月，2001a；I 引自 Wang, 1994）

孤鼠属 Genus *Ageitonomys* Wang, 2010

模式种　内蒙孤鼠 *Ageitonomys neimongolensis* Wang, 2010

鉴别特征　小型梳趾鼠；上齿式：1•0•1•3；颊齿为低冠的丘型齿，较长窄，齿尖粗钝，齿脊低弱；原尖和次尖位置较外侧的主尖明显靠后；原脊低，向后舌方斜伸；后脊向原尖斜伸；无原小尖；前齿带低短；P4 臼齿化；M1/2 次尖位于原尖正后方；内脊完全，长而直；内凹开阔；后小尖明显。

中国已知种　仅模式种。

分布与时代 内蒙古，早渐新世。

评注 关于孤鼠的分类位置仍然是个谜。王伴月（2010）建孤鼠属时因其上齿式为1•0•1•3，而且认为其最前面的上颊齿为臼齿化的P4。根据前臼齿的情况，她将目前已知梳趾鼠类分三大类：P4非臼齿化，具P3；P4非臼齿化，无P3；P4臼齿化，具P3。由于孤鼠与上述三种类型的梳趾鼠的特征都不符合，因此将其归入梳趾鼠超科的未定科。编者对有关标本进行了观察，发现孤鼠已知的标本少而零散，未见有上颌骨同时具P4和臼齿者。这样就提出一个问题：王伴月所描述的上颊齿最前面臼齿化的牙齿究竟是恒齿P4还是乳齿DP4？如果是后者，它的P4是臼齿化，还是非臼齿化？为了解决孤鼠的分类位置，还需发现更多、更好的标本才能解决。编者赞同原作者暂时仍将孤鼠归入Ctenodactyloidea的地位不定之意见。

内蒙孤鼠 *Ageitonomys neimongolensis* Wang, 2010

（图271）

?Ctenodactyloidea gen. et sp. nov.：王伴月、王培玉，1991，48页

正模 IVPP V 15913.1，左M1–2一枚。内蒙古阿拉善左旗克克阿木地点（h1-0），

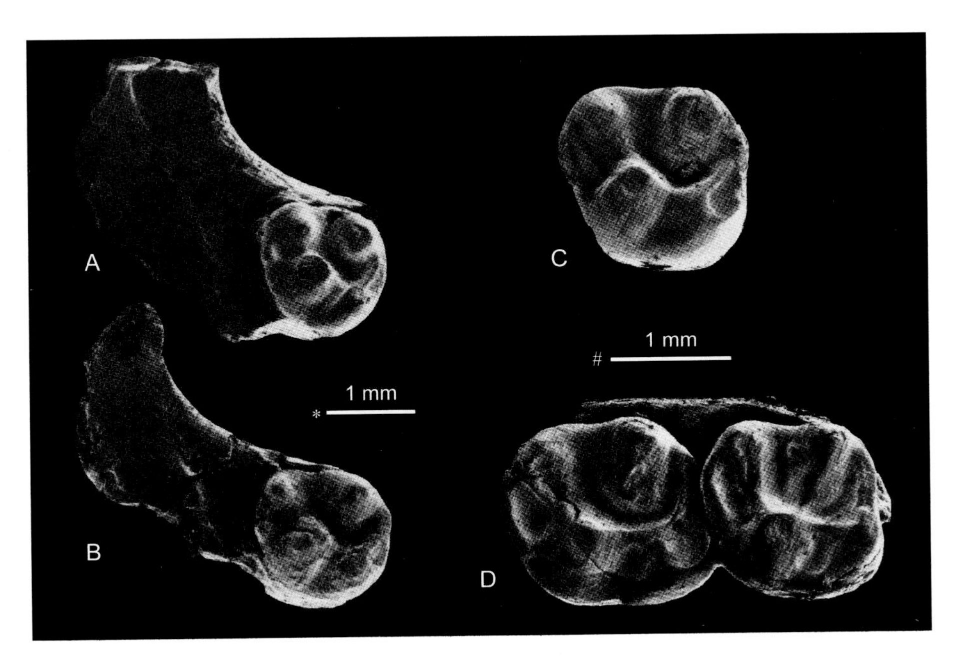

图271 内蒙孤鼠 *Ageitonomys neimongolensis*

A. 部分左上颌骨具P4（IVPP V 15913.2），B. 部分左上颌骨具P4（IVPP V 15913.3），C. 左P4（IVPP V 15913.4），D. 左M1–2（IVPP V 15913.1，正模）：冠面视；比例尺：* - A, B，# - C, D（引自王伴月，2010）

下渐新统乌兰塔塔尔组。

副模 IVPP V 15913.2–4，两段具 P4 的左上颌骨和一枚左 P4。产地与层位同正模。

鉴定特征 同属。

评注 王伴月（2010）在描述此种时，只指出了正模和归入标本，未指出副模。因原作者的归入标本与正模产自同一地点和层位（内蒙古阿拉善左旗锡林高勒苏木扎哈布拉格东南约 11 km 克克阿木地点的早渐新世或晚始新世乌兰塔塔尔组底部），编者将其改称为副模。另外，克克阿木地点的地层在乌兰塔塔尔组中属较低的层位，其时代可能早达晚始新世（Zhang et al., 2016）。

梳趾鼠科 Family Ctenodactylidae Gervais, 1853

模式属 梳趾鼠属 *Ctenodactylus* Gray, 1828

定义与分类 梳趾鼠科是一类起源于亚洲，古近纪时在亚洲很繁盛，而现在仅生活在非洲北部和东部的啮齿动物。

梳趾鼠科（Ctenodactylidae）是 Gervais 1853 年基于现生属 *Ctenodactylus* 建立的，因其现生种的后脚具梳形趾，并常用趾梳理毛发而得名。亚洲发现的一些化石种类（如 *Karakoromys*、*Tataromys*、*Leptotataromys*、*Yindirtemys* 和 *Sayimys* 等）曾被归入“Tataromyidae”（Bohlin, 1946），但考虑到这些属与 *Ctenodactylus* 很相似，故将其均归入 Ctenodactylidae 科。Lavocat（1961）曾认为 Tataromyidae 为有效的科，并分为 Sayimyinae 和 Tataromyinae 2 个亚科。童永生（1997）也认为 Bohlin（1946）提出的塔塔鼠科（Tataromyidae）是有效的，并将 *Tataromys*、*Yindirtemys*、*Bounomys*、*Karakoromys* 和他建立的新属 *Protataromys* 均归入 Tataromyidae。但多数研究人员只采用 Ctenodactylidae 科的名称。Wang（1994, 1997）、Dashzeveg 和 Meng（1998a）、王伴月（2001a）应用分支系统分类的方法对梳趾鼠超科（Ctenodactyloidea）进行了系统分析，将 Ctenodactylidae 分成 4 个亚科（Tataromyinae、Karakoromyinae、Distylomyinae 和 Ctenodactylinae），*Protataromys* 与该 4 亚科为姐妹群关系。编者认为，尽管 Bohlin（1946）曾提到了带引号的“Tataromyidae”，而且总结了 *Karakoromys*、*Tataromys*、*Leptotataromys*、*Yindirtemys* 和 *Sayimys* 等化石的共同特征，但 Bohlin 在其文章中的其他部分（包括目录和索引）并未正式使用“Tataromyidae”，而是将亚洲有关的化石种类均置于 Ctenodactylidae 科中。Wood（1977）认为 Bohlin 并不打算建 Tataromyidae 科，只是为了方便才用了“Tataromyidae”名称。编者赞同 Wood（1977）的意见，还是用 Ctenodactylidae 而不用“Tataromyidae”为好，以免引起不必要的混乱。关于 Ctenodactylidae 的分类，编者采用了王伴月（2001a, b）的分类意见。如果将 *Protataromys* 也归入 Ctenodactylidae，它只是较早分出的一支，未归入 4 亚科的任何亚科。

梳趾鼠科的分布仅限于亚洲、地中海地区和非洲北部和东部。该科是在亚洲起源的，在亚洲古近纪时很繁盛，发现的化石极为丰富，从中始新世一直到晚中新世地层均有发现。该科在中新世时迁至地中海地区和非洲北部。现生种生活在非洲赤道以北的沙漠和半沙漠的多岩石地区。由于梳趾鼠科在古近纪和新近纪高度分异，演化快，化石的研究对亚洲及地中海周边地区的生物地层学研究有重要意义。

鉴别特征 梳趾鼠科为具豪猪型颧-咬肌结构和松鼠型下颌骨的啮齿动物。下颌骨的冠状突和关节突均由高到低逐渐退化，咬肌嵴很发达。已知门齿的微细结构为复系。齿式：1•0•2–1•3/1•0•1–?0•3。颊齿齿冠或低或高。P4 和 p4 未臼齿化，小于臼齿，有的可能在早期就消失。DP4 和 dp4 臼齿化。臼齿尺寸由前往后增大。上臼齿由具次尖的方形结构变为双脊形。下臼齿为三脊形或双脊形，下次小尖大。

图 272 为梳趾鼠科臼齿模式构造图。

梳趾鼠科现已知有 4 个亚科和不确定亚科的 3 个属（*Protataromys*、*Ottomania* 和 *Confiniummys*）。上述 4 亚科和 *Protataromys* 化石在中国均有发现，但 *Ottomania* 和 *Confiniummys* 仅发现于土耳其小高加索的始新世或渐新世地层中（见 de Bruijn et al., 2003）。

中国已知亚科 Tataromyinae、Karakoromyinae、Distylomyinae 和 Ctenodactylinae 4 亚科及亚科不确定的 *Protataromys* 属。

卡拉鼠亚科 Subfamily Karakoromyinae Wang, 1994

模式属 卡拉鼠属 *Karakoromys* Matthew et Granger, 1923

概述 卡拉鼠亚科是 Ctenodactylidae 中出现较早、分支较早、较原始的一类亚洲土著啮齿动物。其化石仅发现于东亚和中亚的早渐新世地层中，成为亚洲下渐新统的经典化石。该亚科已知包括 2 属（*Karakoromys* 和 *Euryodontomys*）。

鉴别特征 小型的梳趾鼠类。头骨腭部相对较宽，上颌骨颧突位于 P4 之前，蝶腭孔位于上颌骨内。下颌骨粗壮，颏孔位于 p4 下方；咬肌窝浅，向前伸达 m1 下方；咬肌嵴的前部很发达，水平延伸，后部伸达下颌角。齿式：1•0•2–1•3/1•0•1•3。颊齿低冠，粗壮，相对较宽；P4 后脊通常不完全，前齿带弱或无；上臼齿内脊很发达；次尖大；后脊粗，但不完全，不伸达原尖；内脊较发达，纵向延伸；内凹浅，横向，或多或少对称；前齿带与原脊相连；无前边尖。下臼齿下三角座大，下原尖后臂较向后伸，具直的颊部，舌部明显或不明显；下外脊约位于齿的纵中线位置，缺前齿带；m3 的下次小尖退化。

中国已知属 *Karakoromys* 和 *Euryodontomys* 两属。

分布与时代 内蒙古、甘肃、新疆，早渐新世（乌兰塔塔尔期）。

评注 卡拉鼠亚科是 Wang（1994）建立的。但 Vianey-Liaud 等（2006）认为 Wang（1994）在建亚科时所依据的 *Karakoromys* 的特征都是原始特征，建亚科的证据不足，

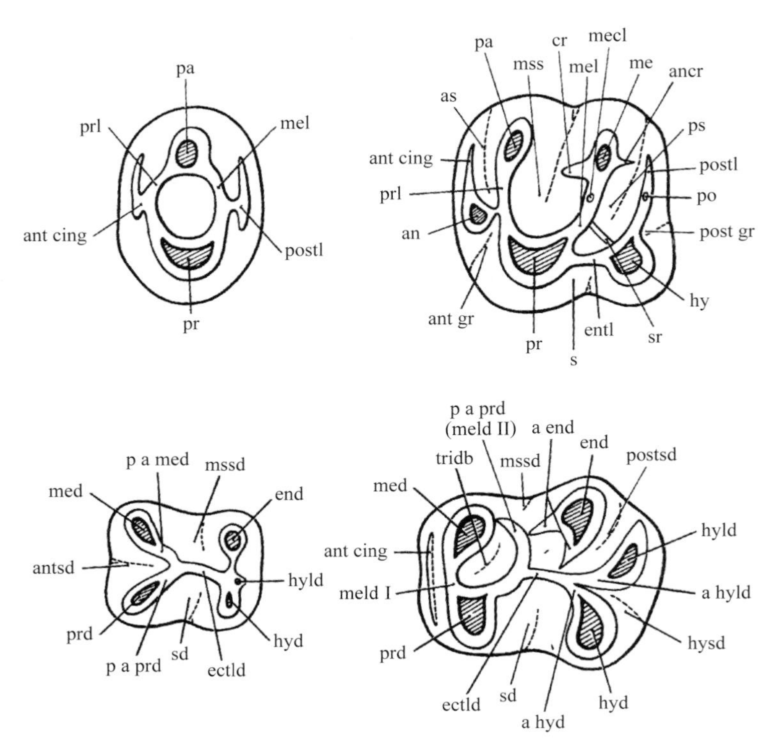

图 272　梳趾鼠科臼齿模式构造图（引自 Wang, 1997）

上：左 P4 和左上臼齿

an. 前边尖（anterocone），ancr. 反前刺（antecrochet），ant cing. 前齿带（anterior cingulum = 前边脊 anteroloph），ant gr. 前沟（anterior groove），as. 前凹（anterosinus），cr. 前刺（crochet），entl. 内脊（entoloph），hy. 次尖（hypocone），me. 后尖（metacone），mecl. 后小尖（metaconule），mel. 后脊（metaloph），mss. 中凹（mesosinus），pa. 前尖（paracone），po. 后边尖（posterocone），postl. 后边脊（posteroloph = 后齿带 posterior cingulum），post gr. 后沟（posterior groove），pr. 原尖（protocone），prl. 原脊（protoloph），ps. 后凹（posterosinus），s. 内凹（sinus），sr. 短脊（short ridge）；

下：左 p4 和左下臼齿

a end. 下内尖臂（arm of entoconid），a hyd. 下次尖臂（arm of hypoconid），a hyld. 下次小尖臂（arm of hypoconulid），ant cing. 前齿带（anterior cingulum），antsd. 下前凹（anterosinusid），ectld. 下外脊（ectolophid），end. 下内尖（entoconid），hyd. 下次尖（hypoconid），hyld. 下次小尖（hypoconulid），hysd. 下次凹（hyposinusid），med. 下后尖（metaconid），meld I. 下后脊 I（metalophid I），meld II. 下后脊 II（metalophid II），mssd. 下中凹（mesosinusid），p a med. 下后尖后臂（posterior arm of metaconid），p a prd. 下原尖后臂（posterior arm of protoconid），postsd. 下后凹（posterosinusid），prd. 下原尖（protoconid），sd. 下外凹（sinusid），tridb. 下三角座盆（trigonid basin）

取消卡拉鼠亚科，将 *Karakoromys* 和 ?*Euryodontomys* 均归入塔塔鼠亚科。编者参照 Ctenodactyloidea 较原始属（如 *Cocomys* 和 *Exmus*）的特征（如颊齿的低冠丘形齿，后脊有或多或少的细脊与原尖连接，内脊低弱和次尖小于原尖等）（见 Li et al., 1989；Wible et al., 2005），将 *Karakoromys* 属与 Tataromyinae 的各属作了比较，发现 *Karakoromys* 的确具有许多近祖特征（如齿冠较低，齿脊较弱细，M1/2 内凹较对称、较浅等），但也具有一些较 Tataromyinae 内各属较进步的近裔特征（如 M1/2 后脊不与原尖连，而有时还与后边脊连；次尖大小与原尖相近；有较发达的连接原尖和次尖的内脊等）。而 Tataromyinae 虽具不同于 *Karakoromys* 的近裔特征（如颊齿的齿冠较高，齿脊较发达，冠面较复杂，M1/2 内凹深，斜向后颊侧延伸等），但也具有一些比 *Karakoromys* 较原始的近祖特征（如 M1/2 后脊与原尖连，无内脊，次尖明显小于原尖等）。两者演化的方向不同。这些都表明 *Karakoromys* 可能代表 Ctenodactyloidea 中较 Tataromyinae 稍早分出的一支。Vianey-Liaud 等（2010, p. 546, fig. 15）对 Ctenodactylidae 所作的分支系统分析也表明这一点。编者认为 *Euryodontomys* 的近裔特征与 *Karakoromys* 的相同，而不同于 Tataromyinae 者，也应被归入 Karakoromyinae 亚科。因此，编者赞同 Wang（1994, 1997）和王伴月（2001a, b）的意见：Karakoromyinae 仍为 Ctenodactyloidae 中较早分出的、独立的亚科，包括 *Karakoromys* 和 *Euryodontomys* 两属。

该亚科也出现于蒙古和哈萨克斯坦的早渐新世（三达河期）。

卡拉鼠属 Genus *Karakoromys* Matthew et Granger, 1923

Terrarboreus：Shevyreva, 1971a，p. 81

Woodomys：Shevyreva, 1971a，p. 83；Shevyreva, 1994, p. 116

模式种 始离卡拉鼠 *Karakoromys decessus* Matthew et Granger, 1923

鉴别特征 小型的梳趾鼠类。颊齿为低冠齿。臼齿的横脊高；主尖明显，但不膨大。上臼齿后脊不完全，其舌端通常游离；连接后脊和后边脊的短脊弱或无；中凹通常与后凹相通，形成 U 形谷。下臼齿的下原尖后臂舌部明显或不明显，伸达或不达下后尖，下三角座盆开口或封闭；下内尖臂横向；下内尖、下次尖和下次小尖近圆锥形。m3 的下跟座退化。

中国已知种 仅 *Karakoromys decessus* 一个确定种。

分布与时代 内蒙古、甘肃、新疆等，早渐新世（乌兰塔塔尔期）。

评注 *Karakoromys* 是 Matthew 和 Granger（1923a）建立的。Shevyreva（1971a）根据采自哈萨克斯坦的上颌骨建立了 *Terrarboreus* 属，根据采自蒙古和哈萨克斯坦的下颌骨建立了 *Woodomys* 属。Wang（1997）认为 *Terrarboreus* 和 *Woodomys* 均是 *Karakoromys* 属的晚出异名。

Karakoromys sp. 发现于内蒙古鄂尔多斯市杭锦旗巴拉贡镇以东巴拉贡乌兰曼乃下渐新统乌兰布拉格组和甘肃兰州盆地渐新统咸水河组下段下部和阿克塞红崖子的渐新统（邱占祥等，1997；Wang, 1997；Li et al., 2013）。

始离卡拉鼠 *Karakoromys decessus* Matthew et Granger, 1923

（图 273）

Karakoromys decessus (partim)：Teilhard de Chardin et Leroy, 1942, p. 25；Kowalski, 1974, p. 166

Terrarboreus arcanus：Shevyreva, 1971a, p. 81；Russell et Zhai, 1987, p. 332

Woodomys chelkaris：Shevyreva, 1971a, p. 83；Russell et Zhai, 1987, p. 306

Tataromys sp.：王伴月等，1981，28 页

Tataromys spp. (partim)：黄学诗，1982，340 页

?*Karakoromys decessus*：黄学诗，1985，36 页

Karakoromys decessus?：Russell et Zhai, 1987, p. 292

Karakoromys cf. *decessus*：王伴月、王培玉，1991，67 页

Woodomys dimetron：Shevyreva, 1994, p. 116

正模 AMNH 19070，下颌骨具左、右水平支和颊齿及完整的左下门齿。蒙古查干诺尔盆地洛地点，下渐新统三达河组红色岩层。现存于 AMNH。

归入标本 IVPP V 7351, V 12051.1–3 和 V 23600.1–2 等 6 件标本（内蒙古阿拉善左旗乌兰塔塔尔地区）；IVPP V 10576.1–140（内蒙古阿拉善左旗克克阿木地点）；IVPP V 10577–10579 和 IVPP V 12044 等 46 件标本［内蒙古杭锦旗巴拉贡乌兰曼乃（原三盛公）

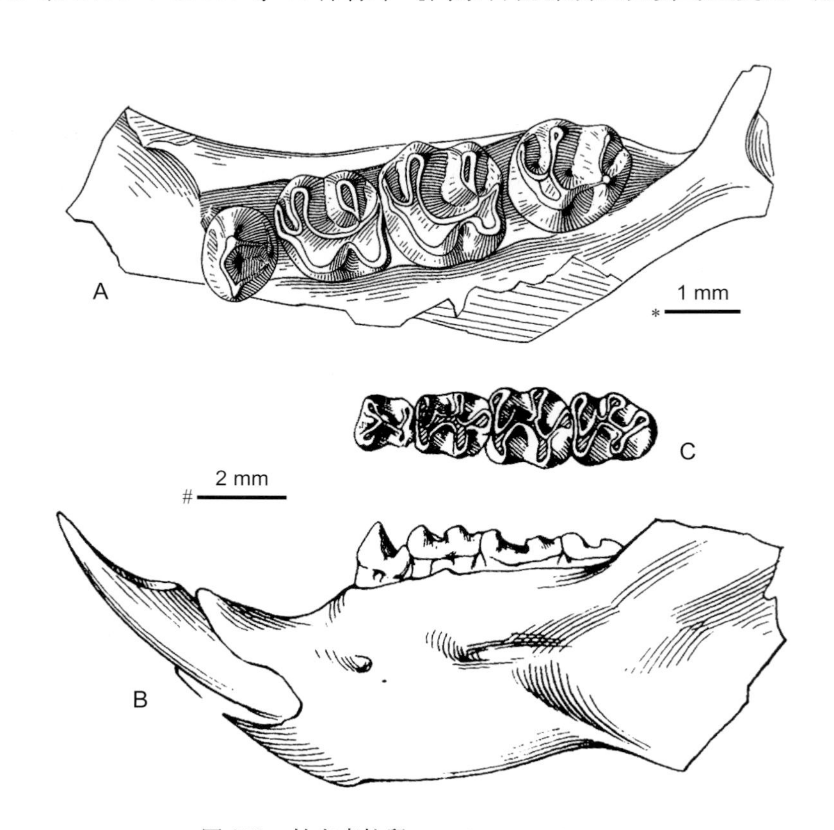

图 273 始离卡拉鼠 *Karakoromys decessus*

A. 左上颌骨具 P4–M3（IVPP V 10576.1），B, C. 左下颌骨具完整齿列及其上的 p4–m3（AMNH 19070，正模）：A, C. 颊齿冠面视，B. 下颌骨颊侧视；比例尺：* - A，# - B, C（A 引自 Wang, 1997；B, C 引自 Matthew et Granger, 1923b）

地区]；IVPP V 10580–10584 等 20 件标本（内蒙古千里山地区）；IVPP V 13558，1 件下颌骨（产自甘肃党河流域）；IVPP V 18883.1–3，颊齿 3 枚（甘肃阿克塞）。

鉴别特征 蝶腭孔与 P4 和 M1 连接处相对；上臼齿后脊粗壮，后小尖有或无；p4 下后尖通常孤立，下次小尖通常明显；下臼齿的下原尖后臂舌部短或不明显，不达下后尖，下三角座盆开口。

产地与层位 内蒙古阿拉善左旗乌兰塔塔尔和克克阿木，下渐新统乌兰塔塔尔组下部；鄂托克旗伊克布拉格（= 千里山）和杭锦旗巴拉贡乌兰曼乃（原三盛公），下渐新统乌兰布拉格组。甘肃阿克塞县铁匠沟、红崖子，下渐新统狍牛泉组下部。新疆布尔津盆地，下渐新统克孜勒托尕依组上部。

评注 *Karakoromys decessus* 的中文名原被译为“退隐卡拉鼠”。其实，拉丁文“decessus”的原意并无退隐的意思，而与英文“departure”相当。其意为：启程、离开、出发、偏离等。Matthew 和 Granger（1923b）并未对其名称作解释，但指出该属的臼齿结构可能与 *Tataromys* 最接近。编者考虑到 *K. decessus* 只是与 *Tataromys* 稍有不同，建议其中文名改称为：始离卡拉鼠，表示与 *Tataromys* 属开始分离。

我国新疆准噶尔盆地布尔津下渐新统有该种的报道，但未见详细的描述（Sun et al., 2014）；蒙古下渐新统三达河组和哈萨克斯坦下渐新统布兰组和库斯托组（Kusto Formation）也均产有此种（Matthew et Granger, 1923b；Shevyreva, 1971a；Kowalski, 1974；Wang, 1997；Vianey-Liaud et al., 2006；Schmidt-Kittler et al., 2007）。

宽齿鼠属 Genus *Euryodontomys* Wang, 1997

模式种 大宽齿鼠 *Euryodontomys ampliatus* Wang, 1997

特征 颊齿为低冠齿，但较 *Karakoromys* 的齿冠稍高；颊齿比例上较宽短。上臼齿后脊舌端有一很发达的短脊连接后边脊；中凹为大的 L 形。下臼齿下原尖后臂（= 下后脊 II）完全，其舌部很发达，与下后尖相连；下三角座盆大而封闭；下内尖丘形，具窄而稍斜的下内尖臂。m3 短，下次小尖很退化。

中国已知种 *Euryodontomys ampliatus* 和 *E. exiguus* 两种。

分布与时代 内蒙古，早渐新世（乌兰塔塔尔期）。

大宽齿鼠 *Euryodontomys ampliatus* Wang, 1997

（图 274）

Tataromys cf. *sigmodon*：黄学诗，1985，31 页

正模 IVPP V 7344，一段左下颌骨具 m1–3。内蒙古阿拉善左旗乌兰塔塔尔，下渐新统乌兰塔塔尔组下部。

归入标本 IVPP V 10586 和 V 10587.1–3，具颊齿的 2 件上颌骨和 2 件下颌骨（内蒙古杭锦旗和阿拉善左旗）。

鉴别特征 臼齿尺寸为 *Karakoromys decessus* 的 1.5 倍；下臼齿下后尖和下内尖为大的丘形尖，下内尖臂横向延伸。

产地与层位 内蒙古阿拉善左旗乌兰塔塔尔，下渐新统乌兰塔塔尔组下部；杭锦旗巴拉贡乌兰曼乃（原三盛公），下渐新统乌兰布拉格组。

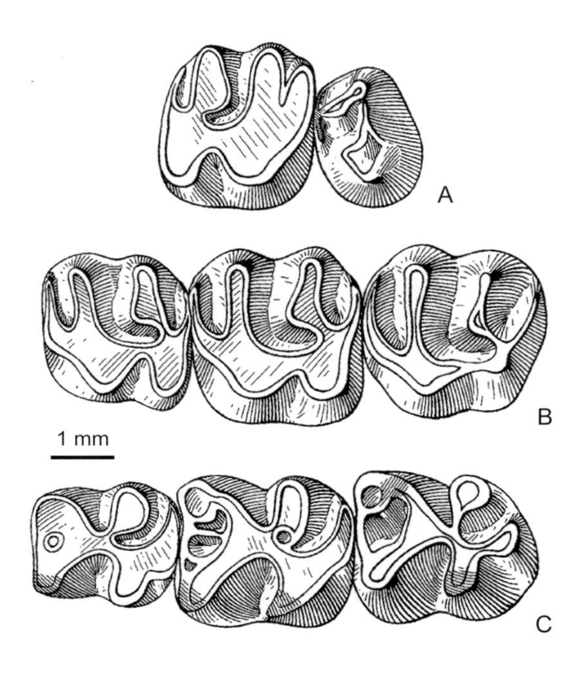

图 274　大宽齿鼠 *Euryodontomys ampliatus*

A. 右 P4–M1（IVPP V 10587.2），B. 左 M1–3（IVPP V 10587.1），C. 左 m1–3（IVPP V 7344，正模）：冠面视（引自 Wang, 1997）

小宽齿鼠 *Euryodontomys exiguus* Wang, 1997

（图 275）

Tataromys bohlini (partim)：黄学诗，1985，29 页

Yindirtemys bohlini (partim)：Vianey-Liaud et al., 2006, p. 153

正模 IVPP V 7350.4，一段右下颌骨具 m1–3。内蒙古阿拉善左旗乌兰塔塔尔，下渐新统乌兰塔塔尔组。

鉴别特征 臼齿尺寸约为 *Euryodontomys ampliatus* 的0.5倍；下臼齿下内尖臂稍前斜，下次小尖较退化；m3 更退化。

评注 Vianey-Liaud 等（2006）认为 Wang（1997）建的 *Euryodontomys exiguus* 只是基于一件磨蚀较深的 m1–3，而且认为该种下臼齿跟座短的特征与他们的"*Yindirtemys bohlini*"是一致的，因此是无效的；并将该标本归入"*Y. bohlini*"。编者比较了有关资料和标本后认为：*E. exiguus* 虽然只是基于一件磨蚀稍深的 m1–3，但该标本的冠面形态和结构都明显地保留。其颊齿的形态结构（如下臼齿下次小尖退化，m3 明显退化等），与 *Bounomys bohlini* 的明显不同，而是与 *E. ampliatus* 的很相似，只是其尺寸较小。编者赞同 Wang (1997) 的意见：*E. exiguus* 为有效种。至于 Vianey-Liaud 等 (2006) 的"*Yindirtemys bohlini*"，编者将在 *B. bohlini* 种中评述。

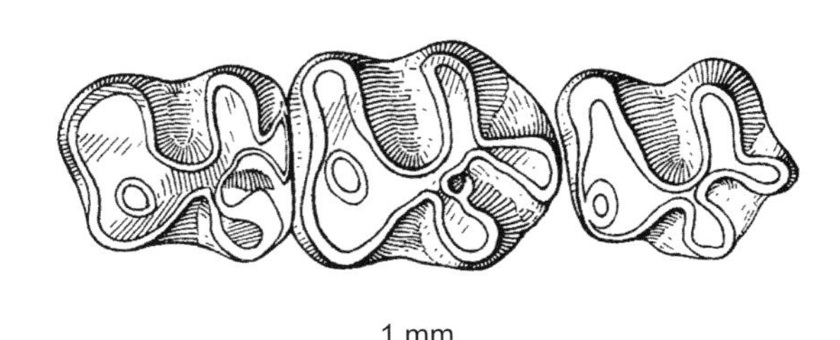

图 275 小宽齿鼠 *Euryodontomys exiguus*
右 m1–3（IVPP V 7350.4，正模）：冠面视（引自 Wang, 1997）

塔塔鼠亚科 Subfamily Tataromyinae Lavocat, 1961

模式属 塔塔鼠属 *Tataromys* Matthew et Granger, 1923

概述 塔塔鼠亚科是 Ctenodactylidae 中出现较早，分异也较早、较多，最为繁盛的一类亚洲土著啮齿动物，化石仅发现于东亚和中亚的早渐新世到中中新世的地层。塔塔鼠亚科在亚洲由于化石很丰富，演化变异较快，经常成为划分和确定渐新统和中新统等地层的标志性的种类。

Lavocat（1961）在建塔塔鼠亚科时包括 *Tataromys*、*Karakoromys* 和 *Africanomys* 3 属。Wang（1997）将后两属从 Tataromyinae 移出，分别归入 Karakoromyinae 和 Ctenodactylinae 两亚科中，而将 *Yindirtemys* 和 *Bounomys* 两属归入到塔塔鼠亚科。Vianey-Liaud 等（2006, p. 121）认为塔塔鼠亚科包括 *Karakoromys*、*Tataromys*、*Yindirtemys* 和他们新建的 *Alashania* 属和 ?*Euryodontomys*。稍后，Schmidt-Kittler 等（2007）在 Tataromyinae 中又增加了一新属（*Huangomys*）。编者进一步比较分析了上述各属的特征，已将 *Euryodontomys* 归回到 Karakoromyinae 亚科，而且认为 *Alashania* 是 *Tataromys* 的晚出异名（见下面的评注）。这

样塔塔鼠亚科现仅包括 *Tataromys*、*Bounomys*、*Huangomys* 和 *Yindirtemys* 4 属。

鉴别特征 头骨高而窄，顶面平，面部长，颅部短，吻部长而粗壮；鼻骨长，上颌骨前颧弓根下支位于 P4 上方；蝶腭孔位于上颌骨内；后鼻孔下缘（= 硬腭后缘）远位于 M3 之后方。下颌骨高而粗壮，具高的冠状突和关节突；咬肌窝浅，向前伸达 m1 的下方，咬肌嵴分成水平延伸的前部和伸向角突的后部两部分；颏孔位于 p4 下方。颊齿齿冠由低冠到中等高冠。上臼齿具 4 横脊；后脊完全，并与原尖连；原尖为 V 形，具很发达的、向后颊方延伸的后臂。M1 和 M2 缺内脊；内凹深，斜向后颊侧伸，直指后凹。下臼齿的下原尖后臂完全，位置前移，其颊部与下后脊 I 融合，下三角座盆通常被封闭。

中国已知属 *Tataromys*, *Bounomys*, *Huangomys*, *Yindirtemys*，共 4 属。

塔塔鼠属 Genus *Tataromys* Matthew et Granger, 1923

Tataromys (partim)：Teilhard de Chardin, 1926, p. 27；Kowalski, 1974, p. 160；黄学诗，1982，341 页；黄学诗，1985，28 页

Karakoromys：Teilhard de Chardin, 1926, p. 28

"*Karakoromys*" (partim)：Bohlin, 1937, p. 42

Leptotataromys：Bohlin, 1946, p. 107；Schaub, 1958, p. 781

Leptotataromys (partim)：黄学诗，1985，32 页

Muratkhanomys：Shevyreva, 1994, p. 116

Roborovskia：Shevyreva, 1994, p. 119

Alashania：Vianey-Liaud et al., 2006, p. 139

模式种 褶齿塔塔鼠 *Tataromys plicidens* Matthew et Granger, 1923

鉴别特征 额骨背部比鼻骨短；间顶骨大，三角形；颞窝大，颞嵴明显，但无颞孔；眼眶大，完全位于额骨侧面；咬肌神经孔和颊肌神经孔分开；门齿孔长。约位于上颌齿隙中部；腭部较宽；上颌骨长，腭骨后移，后腭孔位于与 M2 相对的上颌骨 - 腭骨缝上；后鼻孔宽。颊齿为低冠—中等高冠，具压缩的齿尖和细的齿脊。P4 原脊直或稍弯曲，前齿带弱。上臼齿原脊横向延伸，较细。p4 下外脊长，位置靠近舌侧；下中凹和下外凹宽，均为 U 形的。下臼齿的下三角座短；下原尖后臂窄，其中部不膨大，短的舌部与下后尖连；下三角座盆小而封闭或无；下外脊直，位置近舌侧；下中凹宽而浅，下次凹深；下次尖、下内尖和下次小尖扁平；无前齿带。

中国已知种 *Tataromys plicidens*, *T. sigmodon*, *T. minor*, *T. parvus*，共 4 种。

分布与时代 华北和西北地区（包括内蒙古、宁夏、甘肃等省区），早渐新世（乌兰塔塔尔期）—早中新世（谢家期）。

评注 *Tataromys* 属的化石在亚洲中部和东部地区很丰富，在蒙古和哈萨克斯坦早渐新世（三达河期）地层也有分布。该属的研究历史较长，包括的种类也较混杂。由前面的异名录可以看出，该属的化石曾被命名为 *Karakoromys*、*Leptotataromys*、*Muratkhanomys*、*Roborovskia* 和 *Alashania* 等。编者认为 Matthew 和 Granger（1923b）在建 *Tataromys* 新属时，只绘制了 *T. plicidens* 上颊齿的图，而且未赋予 *T. sigmodon* 任何插图。这可能是导致 Bohlin（1946）仅根据下颊齿建立 *Leptotataromys* 属，并造成有关标本命名混乱的主要原因。直到 1997 年 Wang 认为原归入 *Karakoromys* 的部分标本和 *Leptotataromys*、*Muratkhanomys*、*Roborovskia* 三属均是 *Tataromys* 属的晚出异名。编者还认为，Vianey-Liaud 等（2006）根据内蒙古乌兰塔塔尔部分标本建立的 *Alashania* 属与 *Tataromys* 也是同物异名。他们所列举的该属的鉴别特征事实上与 *Tataromys* 的一致，所强调的与 *Tataromys* 的区别并不明显，所列举的新种（*A. tengkoliensis*）的“鉴定特征”（长的下次凹）实际上是 *Tataromys* 属内的变异现象。Wang（1997，p. 11, 16, 20）在记述 *T. plicidens* 和 *T. sigmodon* 时多次提及这一变异。而且有的 *T. plicidens* 标本（如 IVPP V 10534.1）的左、右 m1 的下次凹的形态就不同。事实上，Vianey-Liaud 等记述的“*A. tenkoliensis*”的鉴别特征也是：“通常在 dp4（8/10）和有的（some）下臼齿的下次凹长而窄”，所列举该种的一枚 m1（pl. 6, fig. 19）的下次凹也是短的。这些都证明了 Wang（1997）认为长的下次凹实际上是 *Tataromys* 属内的变异现象的判断是合理的。基于以上的分析，编者确信 *Alashania* 为 *Tataromys* 的晚出异名。

褶齿塔塔鼠 *Tataromys plicidens* Matthew et Granger, 1923

（图 276，图 277）

Tataromys：Teilhard de Chardin, 1926, p. 27

Karakoromys(?)：Teilhard de Chardin, 1926, p. 27

?*Karakoromys decessus* (partim)：Teilhard de Chardin et Leroy, 1942, p. 25

Tataromys plicidens (partim)：Teilhard de Chardin et Leroy, 1942, p. 25

?*Karakoromys* sp.：Teilhard de Chardin et Leroy, 1942, p. 89

Leptotataromys gracilidens (partim)：黄学诗、王令红，1984，39 页；黄学诗，1985，32 页

Leptotataromys cf. *L. gracilidens*：黄学诗，1985，35 页；Russell et Zhai, 1987, p. 292

Muratkhanomys kulgayninae：Shevyreva, 1994, p. 117

Roborovskia collega：Shevyreva, 1994, p. 120

正模 AMNH 19082，上颌骨具左和右 P4–M3。蒙古查干诺尔盆地洛地点，下渐新统三达河组。现存于 AMNH。

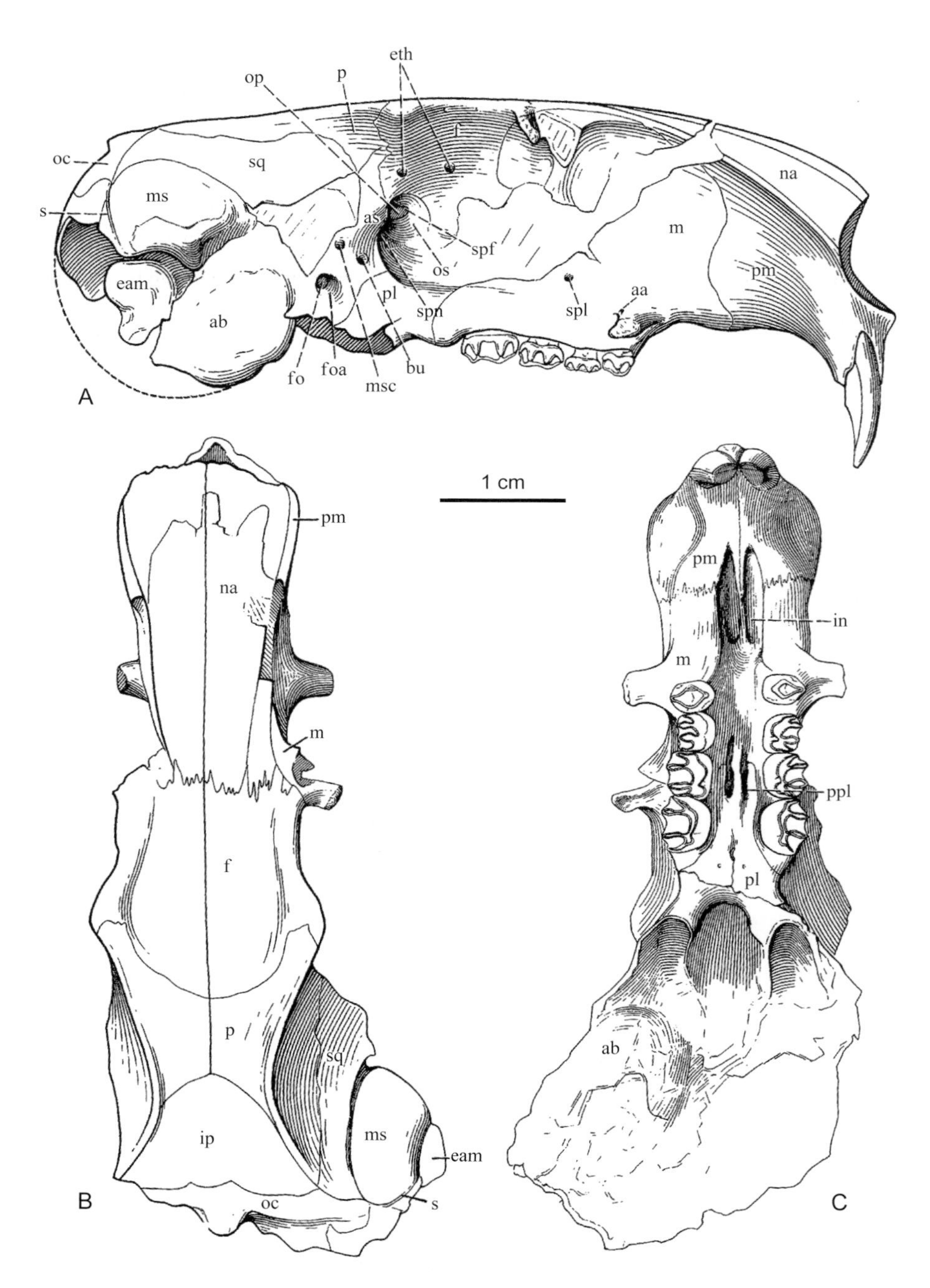

图 276　褶齿塔塔鼠 *Tataromys plicidens* 头骨

IVPP V 10534.1：A. 右侧面视，B. 背侧视，C. 腹面观

aa. 前齿槽孔（anterior alveolar foramen），ab. 听泡（auditory bulla），as. 翼蝶骨（alisphenoid），bu. 颊肌神经孔（buccinator foramen），eam. 外耳道（external auditory meatus），eth. 筛孔（ethmoid foramen），f. 额骨（frontal），fo. 卵圆孔（foramen ovale），foa. 副卵圆孔（foramen ovale accessorius），in. 门齿孔（incisive foramen），ip. 间顶骨（interparieta），m. 上颌骨（maxillary），ms. 乳突骨（mastoid），msc. 咬肌神经孔（masticatory foramen），na. 鼻骨（nasal），oc. 枕骨（occipital），op. 视神经孔（optic foramen），os. 眶蝶骨（orbitalosphenoid），p. 顶骨（parietal），pl. 腭骨（palatine），pm. 前颌骨（premaxillary），ppl. 腭后孔（posterior palatine foramen），s. 隔板（septum），spf. 蝶额孔（sphenofrontal foramen），spl. 蝶腭孔（sphenopalatine foramen），spn. 蝶裂（sphenoid fissure），sq. 鳞骨（squamosal）（引自 Wang, 1997）

副模　AMNH 19081, 19083, 19084，3 件上颌和下颌。

归入标本　IVPP V 7345.76, V 7346.1–11, V 12041, V 23625–23627 等 49 件标本（内蒙古阿拉善左旗）。IVPP V 10534–10539，6 件标本和 Teilhard de Chardin（1926）记述的 2 件标本（内蒙古杭锦旗）。

鉴别特征　中等大小的 *Tataromys*；蝶腭孔的位置与 M1 和 M2 连接处相当；颊齿中度高冠，具压缩的尖和脊；P4 前齿带低；上臼齿后脊稍弯曲，前边尖明显，中凹为宽的 U 形，前凹和后凹横向延伸；M3 后脊与次尖相连；下臼齿的下三角座非常短，下三角座盆小而封闭或无，下次小尖在 m1 通常与下内尖或（和）下次尖相连，在 m2 和 m3 与下次尖连接。

产地与层位　内蒙古阿拉善左旗乌兰塔塔尔，下渐新统乌兰塔塔尔组；杭锦旗巴拉贡乌兰曼乃（原三盛公），下渐新统乌兰布拉格组上部。甘肃永登树屏，下渐新统上部咸水河组下段。

评注　Vianey-Liaud 等（2006）文中所列举的产自内蒙古阿拉善左旗乌兰塔塔尔地区的“*T. plicidens*”的标本中包括有 UTL 7 地点的标本。但在他们归还给 IVPP 的标本中却没有 UTL 7 地点的标本。因不知 UTL 7 地点的标本情况，故在上述本种的归入标本中未

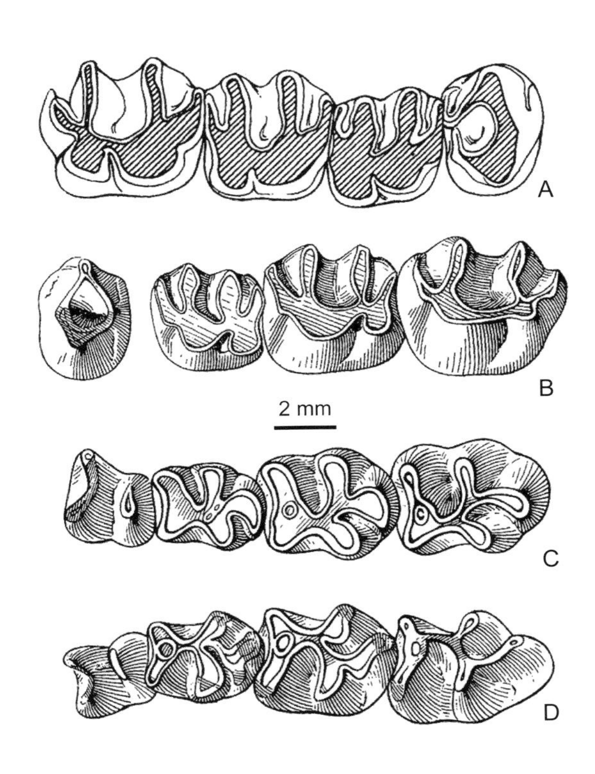

图 277　褶齿塔塔鼠 *Tataromys plicidens* 颊齿

A. 右 P4–M3（AMNH 19082，正模），B. 左 P4–M3（IVPP V 10534.1），C. 右 p4–m3（IVPP V 10534.16），D. 左 p4–m3（V 10534.17）：冠面视（A 引自 Matthew et Granger, 1923b；B–D 引自 Wang, 1997）

列举 UTL 7 地点的标本。

蒙古查干诺尔盆地洛地点下渐新统三达河组、湖谷地区塔塔尔沟（Tatal Gol）下渐新统三达河组和塔庆沟（Taatsiin Gol）上渐新统三达河组和洛组（Matthew et Granger, 1923b；Schmidt-Kittler et al., 2007），以及哈萨克斯坦下渐新统布兰组（Buran Formation）（Emry et al., 1998a）也产有此种化石。

小塔塔鼠 *Tataromys minor* (Huang, 1985)

（图 278）

?*Leptotataromys*：Mellett, 1968, p. 6

Karakoromys (?= *Leptotataromys*) cf. *Karakoromys* sp.：Mellett, 1968, p. 10

Tataromys cf. *grangeri*：Kowalski, 1974, p. 164

Karakoromys decessus (partim)：Kowalski, 1974, p. 166

Tataromys grangeri (partim)：黄学诗，1982，340 页

Tataromys spp. (partim)：黄学诗，1982，340 页

Tataromys bohlini (partim)：黄学诗，1985，29 页

Leptotataromys minor：黄学诗，1985，36 页

Leptotataromys? sp.：Russell et Zhai, 1987, p. 306

Alashania：Vianey-Liaud et al., 2006, p. 132

正模 IVPP V 7347，一段右下颌骨具 m1。内蒙古阿拉善左旗，下渐新统乌兰塔塔尔组。

归入标本 IVPP V 7350.3, V 12047–12048 等 8 件标本（内蒙古阿拉善左旗）；IVPP V 10544–10549 等共 108 件标本（内蒙古杭锦旗）；IVPP V 10550–10552 等 10 件标本（内蒙古鄂托克旗）。

鉴别特征 小而原始的 *Tataromys*。蝶腭孔位于 M1 内侧。下颌骨细。颊齿齿冠低，主尖明显，齿脊低而细。前齿带在 P4 通常缺失；在上臼齿上通常孤立，并具明显的前边尖。P4 的后脊通常舌端游离，向后延伸。M1 和 M2 的中凹为宽 V 形；后脊很低，往舌部变细，指向原尖后臂并与其相连；原尖为锐的 V 形；内凹深，向后颊侧斜伸，并常与后凹相通。M3 的后脊游离，或向后弯，与后边脊或次尖连；后边尖和后沟明显。下臼齿下内尖臂低、细而斜，下次小尖臂低。

产地与层位 内蒙古阿拉善左旗乌兰塔塔尔，下渐新统乌兰塔塔尔组；杭锦旗巴拉贡乌兰曼乃（原三盛公），下渐新统乌兰布拉格组上部；鄂托克旗伊克布拉格（= 千里山），下渐新统乌兰布拉格组上段。甘肃永登树屏，下渐新统上部咸水河组下段。

评注 黄学诗（1985）在建 *Tataromys minor* 种时，将其归入 *Leptotataromys* 属。Wang（1997）认为 *Leptotataromys* 为 *Tataromys* 的晚出异名，将“*minor*”种转归入 *Tataromys* 属。

Vianey-Liaud 等（2006, p. 132）认为 *Tataromys parvus* 与 *T. minor* 为同物异名；认为 Wang（1997）归入 *T. minor* 的标本不属该种，其中的 AMNH 19075 和 AMNH 84208 均应归属他们所建的 *Alashania* 新属。编者在 *Tataromys* 属的评注中已明确指出：他们的“*Alashania*”的特征只是 *Tataromys* 属内的变异现象，前者是后者的晚出异名。事实上，AMNH 19075 和 AMNH 84208 两件标本的 m2 的下次沟的形态彼此就不同。这再一次证明了 Wang（1997）和编者的判断：下次沟形状的不同，是种内变异。因此，上述标本无疑均应归入 *Tataromys* 属。

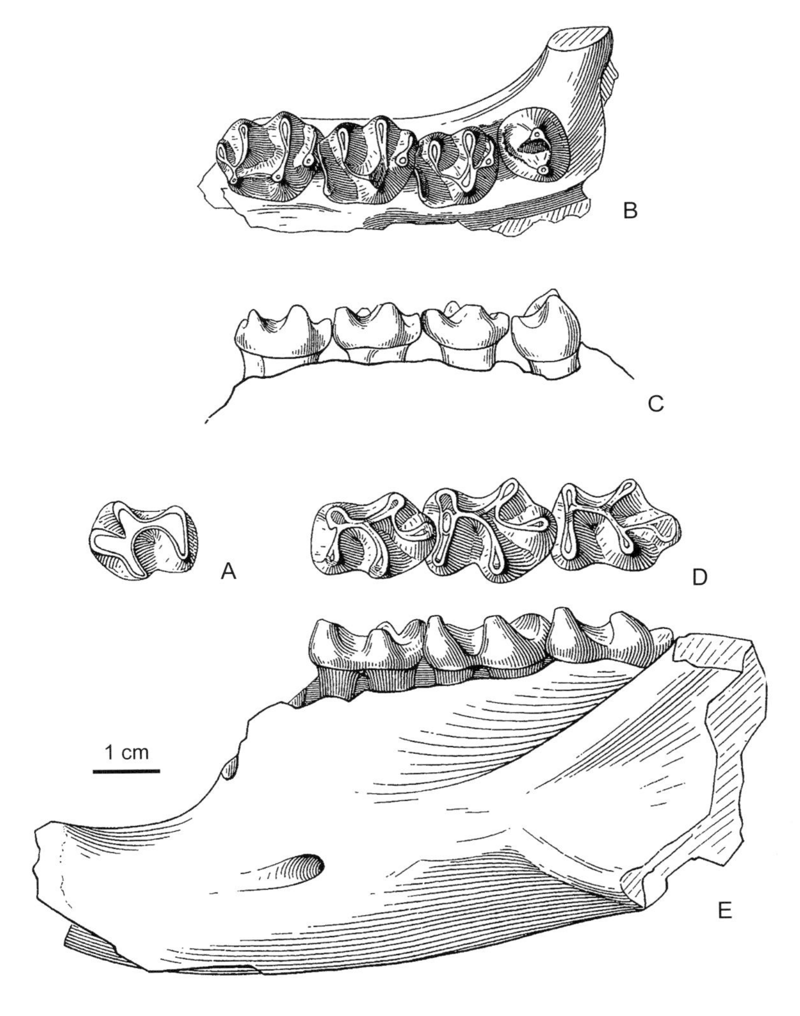

图 278 小塔塔鼠 *Tataromys minor*

A. 右 m1（IVPP V 7347，正模），B, C. 右上颌骨具 P4–M3（AMNH 22077），D, E. 左下颌骨具 m1–3（AMNH 84208）；A, B, D. 冠面视，C. 舌侧视，E. 颊侧视（均引自 Wang, 1997）

关于 *Tataromys parvus* 和 *T. minor* 的关系，Wang（1997）已对两种不同的特征有了明确的记述。编者进一步观察比较了有关标本，发现 *T. minor* 的正模为一磨蚀稍深的 m1，但其保存部分仍显露出该 m1 齿冠是比较低的。而且 Wang（1997）所归入的、产自乌兰塔塔尔地区和其他地区的下颊齿（包括 AMNH 19075 和 AMNH 84208 等）的齿冠也都比较低，齿尖较明显，齿脊较细弱等，这些都与 *T. parvus* 的形态不同，而与 *T. minor* 的特征一致，而且能与 *T. minor* 的上颊齿的特征相匹配。因此，编者仍采用 Wang（1997）的意见：*Tataromys minor* 和 *T. parvus* 分别代表不同的种。

因 Vianey-Liaud 等（2006）认为 *Tataromys parvus* 是 *T. minor* 的晚出异名，他们将产自乌兰塔塔尔的小个体的 *Tataromys* 的标本全部归属为 *T. minor*。他们所列举的 *T. minor* 的鉴别特征主要是 *T. parvus* 的。从他们的图版 4 所绘的图看，其中许多标本明显是属于 *T. parvus* 的。但因他们记述的标本数量较大，其中哪些标本属 *T. minor*？而哪些标本又属 *T. parvus*？需要进一步详细研究后才能区分，因此在本种的归入标本中未列出 Vianey-Liaud 等（2006）研究的产自乌兰塔塔尔的标本。

蒙古的 Tatal Gol、Boongreen Gol 和 Khatan Khayrkhan 下渐新统三达河组和哈萨克斯坦下渐新统布兰组中都产有 *T. minor* 化石（Kowalski, 1974；Emry et al., 1998a）。

Schmidt-Kittler 等（2007）还根据在蒙古湖谷地区的 Khung Valley 地点下渐新统—上渐新统洛组（Loh Formation）中所采的化石标本建了一新亚种（*Tataromys minor longidens*）。

纤小塔塔鼠 *Tataromys parvus* Wang, 1997

（图 279）

Karakoromys cf. *decessus*：Bohlin, 1937, p. 42；Teilhard de Chardin et Leroy, 1942, p. 89；Bohlin, 1946, p. 244；Lavocat, 1961, p. 53；Russell et Zhai, 1987, p. 365

?*Karakoromys decessus* (partim)：Teilhard de Chardin et Leroy, 1942, p. 25

Tataromys minor (partim)：Vianey-Liaud et al., 2006, p. 132

正模 IVPP Sh. 38，一段上颌骨具右 P4–M2 和左 P4–M1。甘肃肃北沙拉果勒河 [石墙（羌）子沟]，上渐新统白杨河组沙拉果勒层。

归入标本 IVPP V 10553–10556，13 枚单个颊齿（内蒙古千里山地区）。

鉴别特征 大小尺寸与 *Tataromys minor* 的相近，其蝶腭孔位于 P4 上方。颊齿齿冠较高，主尖压缩而不明显，齿脊较高而细，前齿带与原脊相连。P4 的原脊和后脊均完全。M1–3 的原脊很发达；后脊强烈后弯，并与后边脊连；原尖为钝的 V 形，其后臂近于纵向延伸；前凹和后凹浅，中凹为宽的 L 形，内凹浅而斜；无前边尖。

产地与层位 甘肃肃北沙拉果勒河 [Shargaltein-Tal (Gol)，= 盐池湾附近的党河流域]

南岸石墙（羌）子沟，上渐新统白杨河组沙拉果勒层；内蒙古鄂托克旗伊克布拉格（=千里山），下渐新统乌兰布拉格组上段和上渐新统伊克布拉格组。

评注 Vianey-Liaud 等（2006）认为 *Tataromys parvus* 为 *T. minor* 的晚出异名，将产自乌兰塔塔尔的小个体的 *Tataromys* 标本全部归属为 *T. minor*。实际上许多标本明显是属于 *T. parvus* 的。但因他们记述的标本数量较大，需要进一步详细研究后才能区分，因此在本种的归入标本中未列出 Vianey-Liaud 等（2006）研究的产自乌兰塔塔尔的标本。

Bohlin（1937）所研究的、产自甘肃的、原以“Sh”或“T. b.”为代号编号的标本，因今后需另以“RV”为代号重新编号，本志书中目前均仍暂用“Sh”或“T. b.”为代号的原编号（以下同）。

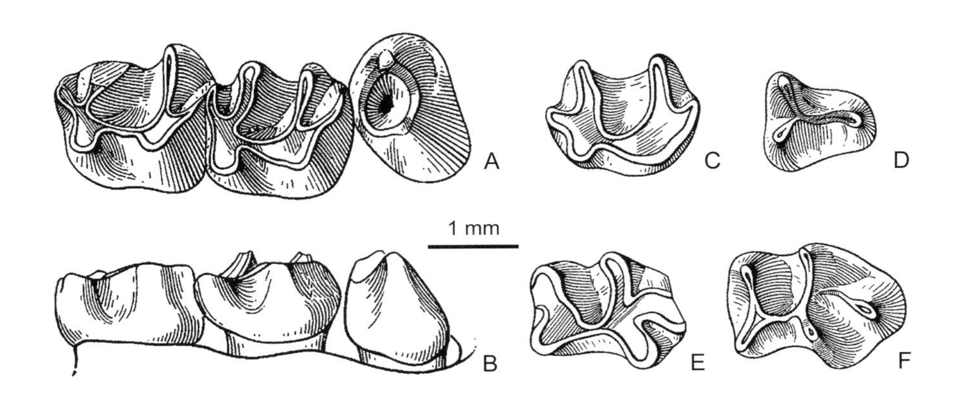

图 279　纤小塔塔鼠 *Tataromys parvus*

A, B. 右 P4–M2（IVPP Sh 38，正模），C. 右 M3（IVPP V 10553.5），D. 右 p4（IVPP V 10553.7），E. 右 m1（IVPP V 10553.8），F. 右 m2（IVPP V 10555.1）：A, C–F. 冠面视，B. 舌侧视（均引自 Wang, 1997）

西格马齿塔塔鼠 *Tataromys sigmodon* Matthew et Granger, 1923

（图 280）

Tataromys cf. *plicidens*：Teilhard de Chardin, 1926, p. 27

“*Karakoromys*”：Bohlin, 1937, p. 42

Leptotataromys gracilidens：Bohlin, 1946, p. 107；Wood, 1977, p. 125

Tataromys (?*Leptotataromys*) cf. *sigmodon*：Stehlin et Schaub, 1951, p. 290；黄学诗，1985，27 页

Tataromys spp. (partim)：黄学诗，1982，340 页

Leptotataromys gracilidens (partim)：黄学诗、王令红，1984，39 页；黄学诗，1985，32 页；Russell et Zhai, 1987, p. 292

Leptotataromys cf. *gracilidens*：邱占祥、谷祖纲，1988，207 页

Muratkhanomys velivolus：Shevyreva, 1994, p. 117

Tataromys boreas：Shevyreva, 1994, p. 120

Alashania tengkoliensis：Vianey-Liaud et al., 2006, p. 139

正模 AMNH 19079，上颌骨具左和右 P4–M3。蒙古查干诺尔盆地洛地点，下渐新统三达河组。现存于 AMNH。

归入标本 IVPP Sh 35（甘肃肃北）；IVPP V 7345 和 V 12043–12046 等共约 133 件标本和 IVPP V 23601–23605, V 23628–23633 等共约 1178 件标本（内蒙古阿拉善左旗）；IVPP V 10540–10542 和 V 12042 等共 23 件标本（内蒙古杭锦旗）；IVPP V 10543.1–9，共 9 件标本（内蒙古鄂托克旗）；LZU LDV 860910（甘肃兰州盆地）。

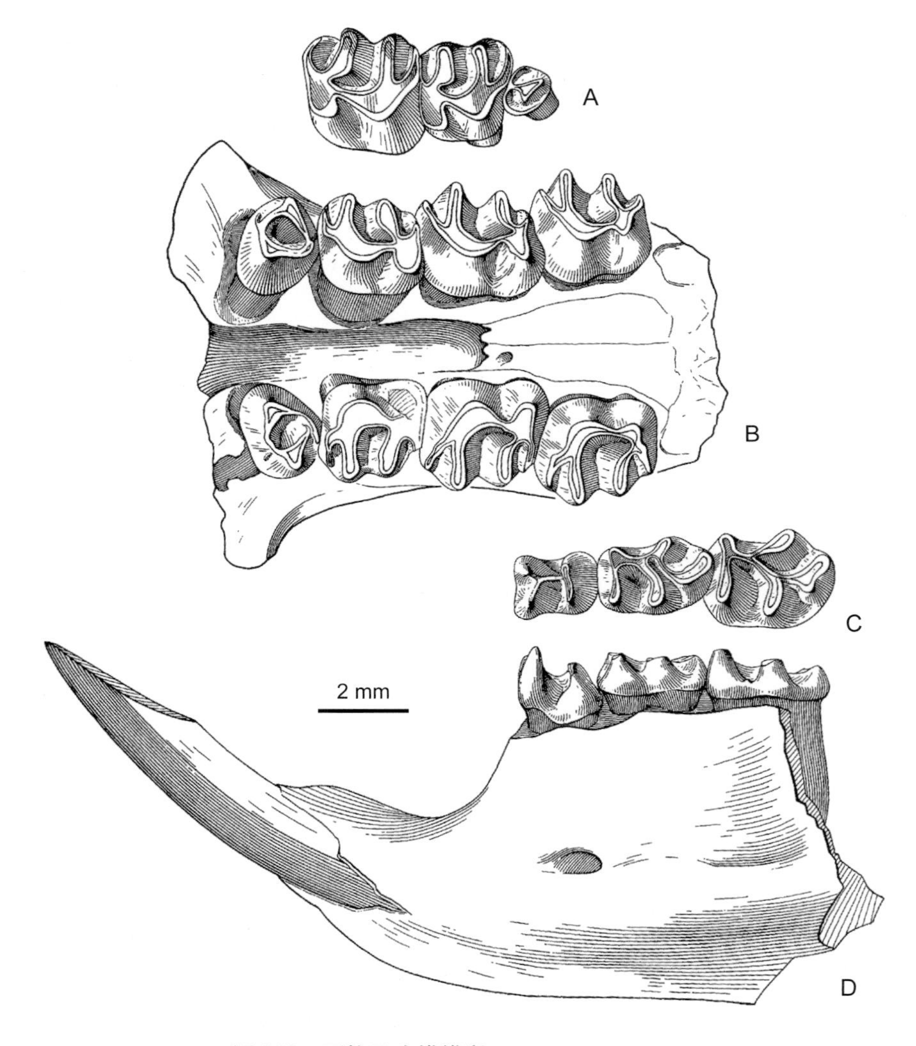

图 280 西格马齿塔塔鼠 *Tataromys sigmodon*

A. 右 DP3、DP4 和 M1（IVPP V 12043.1），B. 上颌骨具左、右 P4–M3 （AMNH 19079，正模），C, D. 左下颌骨具 i2 和 p4–m2（V 10541.1）：A–C. 冠面视，D. 颊侧视（引自 Wang, 1997）

鉴别特征 尺寸较 *Tataromys plicidens* 小。蝶腭孔位于 M1 的上方。P4 后脊较向后延伸，完全或不完全；前齿带通常与原脊相连，后齿带舌部弱或无。上臼齿中凹为 L 形，后凹短；后脊强烈后弯或斜向后伸，与后边脊连接。下臼齿下三角座相对较长，通常具有稍大、封闭的三角座盆；下次小尖通常与下次尖臂相连。

产地与层位 内蒙古阿拉善左旗乌兰塔塔尔，渐新统乌兰塔塔尔组；杭锦旗巴拉贡乌兰曼乃（原三盛公）和鄂托克旗伊克布拉格（= 千里山），下渐新统上部乌兰布拉格组上段。甘肃肃北沙拉果勒河 [Shargaltein-Tal (Gol)，= 盐池湾附近的党河流域] 南岸石墙（羌）子沟，上渐新统白杨河组沙拉果勒层；兰州皋兰山，下渐新统上部咸水河组下段。

评注 *Tataromys sigmodon* 中文名原被译为"西玛塔塔鼠"或"西格玛塔塔鼠"。种名源于"sigm"和"odon"（希腊词，sigm 意"S 形"，被误为与"sigma"等同，长期读作西格马；odon 意"齿"）。鉴于此，编者将该种的中文名称改称为"西格马齿塔塔鼠"。

编者在 *Tataromys* 的评注中已指出 Vianey-Liaud 等（2006）所建的新属（*Alashania*）是 *Tataromys* 的晚出异名。他们所列举的该属新种（*A. tengkoliensis*）的鉴别特征中除了前面已讨论过的下颊齿下次凹较狭长的特点外，还列有一特征："稍小于 *Y. ulantatalensis* 和 *T. sigmodon*"。编者将 Vianey-Liaud 等（2006）的"*A. tengkoliensis*"的颊齿测量表（Tabs. 15–17）与 *T. sigmodon* 的颊齿测量表（包括 Vianey-Liaud, 2006, Tabs. 5–10 和 Wang, 1997, Tabs. 4, 5）作了详细的比较，发现虽然前者在颊齿测量的最小值和平均值上的确稍小于后者，但两者的差别不大，而所测量的绝大多数尺寸都是彼此重叠的。更主要的是："*A. tengkoliensis*"正模的所有测量数值均在 *T. sigmodon* 的测量数值的变异范围内。因此，编者认为无论根据颊齿的形态特征还是尺寸大小，*A. tengkoleinsis* 应为 *T. sigmodon* 的晚出异名。

该种还发现于蒙古湖谷地区（= 查干诺尔盆地）洛地点下渐新统三达河组和哈萨克斯坦下渐新统布兰组（Emry et al., 1998a）。相似种（*T.* cf. *T. sigmodon*）发现于甘肃党和流域下渐新统狍牛泉组下部（王伴月、邱占祥，2004）。

丘齿鼠属 Genus *Bounomys* Wang, 1994

Tataromys spp. (partim)：黄学诗，1982，340 页

Tataromys (partim)：黄学诗，1985，28 页

Yindirtemys (partim)：Vianey-Liaud et al., 2006, p. 145；Schmidt-Kittler et al., 2007, p. 187

模式种 步氏塔塔鼠 *Tataromys bohlini* Huang, 1985

特征 个体由小到中等的梳趾鼠类。门齿孔大，腭部宽，蝶腭孔约位于 P4 和 M1 的连接处水平。颊齿低冠，适度丘形，主尖明显或膨大，齿脊弱。上臼齿前边尖发达；前

齿带孤立或与原脊连；原尖V形；原脊和后脊中部低而窄，均与原尖连；中凹横向；缺内脊；连接后脊和后边脊的短脊弱或无；后凹长，与内凹连或不连。p4下外脊长，位于下前沟较靠颊侧。下臼齿下原尖后臂完全，其颊部与下后脊I融合，其中部膨大；下三角座盆大而封闭；下外脊位于臼齿近中线处；下内尖丘形，通常具2个弱的脊臂，其前臂总是存在，其横臂弱或缺；下次小尖臂弱而低；前齿带弱或无。

中国已知种 *Bounomys bohlini* 和 *B. ulantatalensis* 两种。

分布与时代 内蒙古、宁夏和甘肃，渐新世。

评注 黄学诗（1985）在 *Tataromys* 属中建了两个新种：*T. ulantatalensis* 和 *T. bohlini*。Wang（1994, 1997）认为归入该两新种的多数标本应代表不同于 *Tataromys* 的新属，称其为丘齿鼠属（*Bounomys*）。Vianey-Liaud 等（2006, p. 146）认为 Wang 建 *Bounomys* 属的特征均是原始特征，而该两种具有与 *Yindirtemys* 的共有的下中尖和其他的尖为新月形的近裔特征，又将 *Bounomys* 的两种转归入到 *Yindirtemys* 属。Schmidt-Kittler 等（2007）采用了后者的意见。

编者进一步观察对比了有关标本和资料后认为：Wang（1994, 1997）在建 *Bounomys* 时对其特征作了明确的比较和讨论。*Bounomys* 的腭部较宽，颊齿主尖不是新月形而是膨大的丘形，齿脊变短、变细弱，下内尖常具分叉的脊臂等，而 *Yindirtemys* 的腭部狭窄，颊齿齿冠变得较高，齿脊发达并弯曲等。两者的演化方向完全不同，明显代表不同的演化分支。显然，*Bounomys* 仍应为一有效属。*Bounomys* 属包括 *B. bohlini* 和 *B. ulantatalensis* 两种。此外，Vianey-Liaud 等（2006）记述为 *Yindirtemys ulantatalensis* or *Y. bohlini* 产自内蒙古阿拉善左旗乌兰塔塔尔地区的标本也应改归为 *Bounomys*，即为 *B. ulantatalensis* or *B. bohlini*。

该属也出现于蒙古湖谷地区早渐新世（三达河期）（Schmidt-Kittler et al., 2007）和哈萨克斯坦斋桑盆地早渐新世（三达河期）（Emry et al., 1998a）。

步氏丘齿鼠 *Bounomys bohlini* (Huang, 1985)

（图281）

Tataromys granger (partim)：黄学诗，1982，340页

Tataromys bohlini (partim)：黄学诗，1985，29页；Russell et Zhai, 1987, p. 292

Yindirtemys bohlini：Vianey-Liaud et al., 2006, p. 153；Schmidt-Kittler et al., 2007, p. 187

正模 IVPP V 7348，一残破头骨和下颌骨。内蒙古阿拉善左旗乌兰塔塔尔，下渐新统乌兰塔塔尔组上部。

副模 一具左和右P4–M3的残破头骨（IVPP V 7349）。产地与层位同正模。

归入标本 IVPP V 7350, V 12049, V 23642–23645 等 103 件标本（内蒙古阿拉善左旗）；IVPP V 10570–10572 等 7 件标本（内蒙古杭锦旗）。

鉴别特征 小型的梳趾鼠。上臼齿的前边脊游离；中凹横向较平直，其内端不向后弯；内凹与后凹常相通。下臼齿下内尖孤立，其前臂弱，不形成明显的舌侧纵脊；横向的后臂弱或无。

产地与层位 内蒙古阿拉善左旗乌兰塔塔尔，下渐新统乌兰塔塔尔组；杭锦旗巴拉贡乌兰曼乃(原三盛公)，下渐新统乌兰布拉格组。宁夏海原袁家窝窝，下渐新统清水营组。甘肃永登树屏，下渐新统咸水河组下段。

评注 黄学诗（1985）归入 *Tataromys bohlini* 的标本中的大部分被 Wang（1997）归入 *Bounomys bohlini*，还有两件标本被分别归入了小塔塔鼠和小宽齿鼠（详见前）。

Vianey-Liaud 等（2006，p. 154）将 *Bounomys bohlini* 归入 *Yindirtemys* 属，而且认为该种的下臼齿的下次小尖退化变短是该种的特征；进而认为 Wang（1997）建的属种（*Euryodontomys exiguus*）的正模（IVPP V 7350.4）也应归入 *Y. bohlini*。编者在前面关于 *Bounomys* 和 *Euryodontomys exiguus* 的评论中分别明确指出该两类都是有效的，*B. bohlini* 也是有效的，他们的“*Y. bohlini*”应是 *B. bohlini* 的晚出异名。现在需要说明的是：下臼齿的下次小尖退化变短不是 *B. bohlini* 种的特征。从 Wang（1997, figs. 27, 28）的插图可以明显地看到，*B. bohlini* 的下臼齿的下次小尖都较发育，显然比 *Euryodontomys exiguus* 的发达得多。

Vianey-Liaud 等（2006）文中所列举的产自内蒙古阿拉善左旗乌兰塔塔尔地区的“*Yindirtemys bohlini*”的标本未包括 UTL 1 地点的标本。但在他们交还给 IVPP 的标有“*Y. bohlini*”的标本中确有 UTL 1 地点的标本。因此，在上述本种的归入标本中，编者增加了 UTL 1 地点的材料。

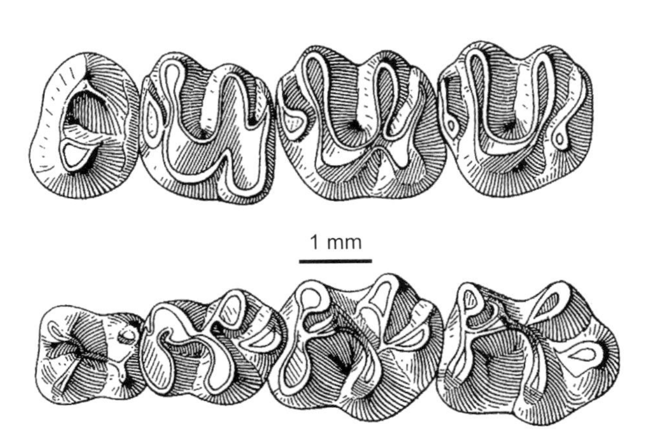

图 281 步氏丘齿鼠 *Bounomys bohlini*

左 P4–M3（上）和左 p4–m3（下）（IVPP V 7348，正模）：冠面视（引自 Wang, 1997）

乌兰塔塔尔丘齿鼠 *Bounomys ulantatalensis* (Huang, 1985)

（图 282）

Tataromys spp. (partim)：黄学诗，1982，340 页

Tataromys ulantatalensis：黄学诗，1985，28 页；Russell et Zhai, 1987, p. 292

Leptotataromys grancilidens (partim)：黄学诗，1985，32 页；Russell et Zhai, 1987, p. 292

Yindirtemys ulantatalensis：Vianey-Liaud et al., 2006, p. 146

正模 IVPP V 7341，一段左下颌骨具 p4–m3。内蒙古阿拉善左旗乌兰塔塔尔，下渐新统乌兰塔塔尔组。

副模 一段左下颌骨具 dp4–m3（IVPP V 7342）。产地与层位同正模。

归入标本 IVPP V 7343, V 7345, V 10575, V 23637–23641 等共计 739 件标本（内蒙古阿拉善左旗）；IVPP V 10574（内蒙古杭锦旗）。

鉴别特征 臼齿个体约为 *Bounomys bohlini* 的 1.5 倍。上臼齿前尖和后尖膨大，后尖大于前尖，原脊和后脊短窄，前齿带与原脊连，内凹与后凹分开。下臼齿由发达的下内尖的前臂和横向的后臂封闭成大的中央盆。

产地与层位 内蒙古阿拉善左旗乌兰塔塔尔，渐新统乌兰塔塔尔组；杭锦旗巴拉贡乌兰曼乃（原三盛公），下渐新统乌兰布拉格组上部。宁夏海原，下渐新统清水营组。甘肃永登树屏，下渐新统咸水河组下段。

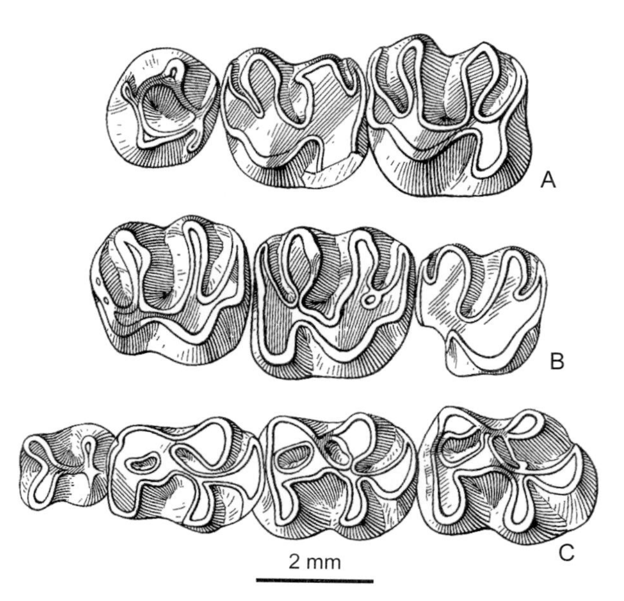

图 282 乌兰塔塔尔丘齿鼠 *Bounomys ulantatalensis*

A. 左 P4–M2（IVPP V 10575.1），B. 右 M1–M3（IVPP V 7345.17），C. 左 p4–m3（IVPP V 7341，正模）：冠面视（引自 Wang, 1997）

评注 黄学诗（1985）建的 *Tataromys ulantatalensis* 种和描述的 *Leptotataromys gracilidens* 的部分标本均被 Wang（1997）归入 *Bounomys ulantatalensis* 种。

Vianey-Liaud 等（2006, p. 146）认为黄学诗（1985）的 *Tataromys ulantatalensis* 和 Wang（1997）的 *Bounomys ulantatalensis* 均应是 *Yindirtemys ulantatalensis*，并将他们描述的产自内蒙古阿拉善左旗乌兰塔塔尔地区的一些标本也均归为 *Y. ulantatalensis*。编者在 *Bounomys* 属的评论中已明确指出：Vianey-Liaud 等（2006）的 *Y. ulantatalensis* 也是 *B. ulantatalensis* 的晚出异名。Vianey-Liaud 等（2006）所列举的产自内蒙古阿拉善左旗乌兰塔塔尔地区的"*Y. ulantatalensis*"的标本包括有 UTL 1 等地点，而未列举 UTL 5 地点的标本。但在他们交还给 IVPP 的标本中却没有 UTL 1 地点的标本，而只有 UTL 5 地点的标本。因不知 UTL 1 地点的标本情况，因此，在上述本种的归入标本中编者未列举 UTL 1 地点的，而增加了 UTL 5 地点的标本。

蒙古湖谷地区早渐新世（三达河期）有此种的亲近种（Schmidt-Kittler et al., 2007）。

黄氏鼠属 Genus *Huangomys* Schmidt-Kittler, Vianey-Liaud, Marivaux, 2007

模式种 频繁黄氏鼠 *Huangomys frequens* Schmidt-Kittler, Vianey-Liaud, Marivaux, 2007

鉴别特征 小型的、尺寸与 *Tataromys minor* 相近的、臼齿伸长的梳趾鼠类。P4 横向较 M1 者宽。p4 三角形，缺下次小尖；下原尖和下后尖相连形成的脊横向上比 m1 者长。上臼齿具很发达的前边尖和显著的后边脊；后边尖向颊侧移，或位于后边脊的末端。下臼齿的下次小尖前臂向舌侧弯伸，与下内尖连；与此相应，下次凹远伸向舌侧；下后脊 I 为脊形；无下三角盆的痕迹。

中国已知种 仅模式种。

分布与时代 内蒙古，早渐新世（乌兰塔塔尔期）—晚渐新世（塔奔布鲁克期）。

评注 该属也发现于蒙古早渐新世（三达河期）—晚渐新世（塔奔布鲁克期）地层（Höck et al., 1999；Vianey-Liaud et al., 2006；Schmidt-Kittler et al., 2007）。

频繁黄氏鼠 *Huangomys frequens* Schmidt-Kittler, Vianey-Liaud, Marivaux, 2007

（图 283）

Tataromys minor：Höck et al., 1999, p. 115

Tataromyinae gen. nov. et sp. nov.：Vianey-Liaud et al., 2006, p. 166

正模 NHMW 2006z 0068/0001，一段左下颌骨具 p4–m3。蒙古湖谷地区塔沁沟（Taatsinn Gol）TGR-B 剖面 B/1 层。现存于奥地利维也纳自然历史博物馆（NHMW）。

归入标本 IVPP V 23611–23616 等 148 件标本（内蒙古阿拉善左旗）。

鉴别特征 同属。

产地与层位 内蒙古阿拉善左旗乌兰塔塔尔，渐新统乌兰塔塔尔组。

评注 Schmidt-Kittler 等（2007, p. 201）所列的产有此种的乌兰塔塔尔地区的地点还有 UTL 2 地点。但在他们归还给 IVPP 的、产有此种的地点的名单中却无 UTL 2 地点。因不知 UTL 2 地点的标本情况，故上述此种的归入标本中未列 UTL 2 地点的标本。

蒙古湖谷地区下渐新统三达河组—上渐新统洛组中也产有此种（Schmidt-Kittler et al., 2007）。

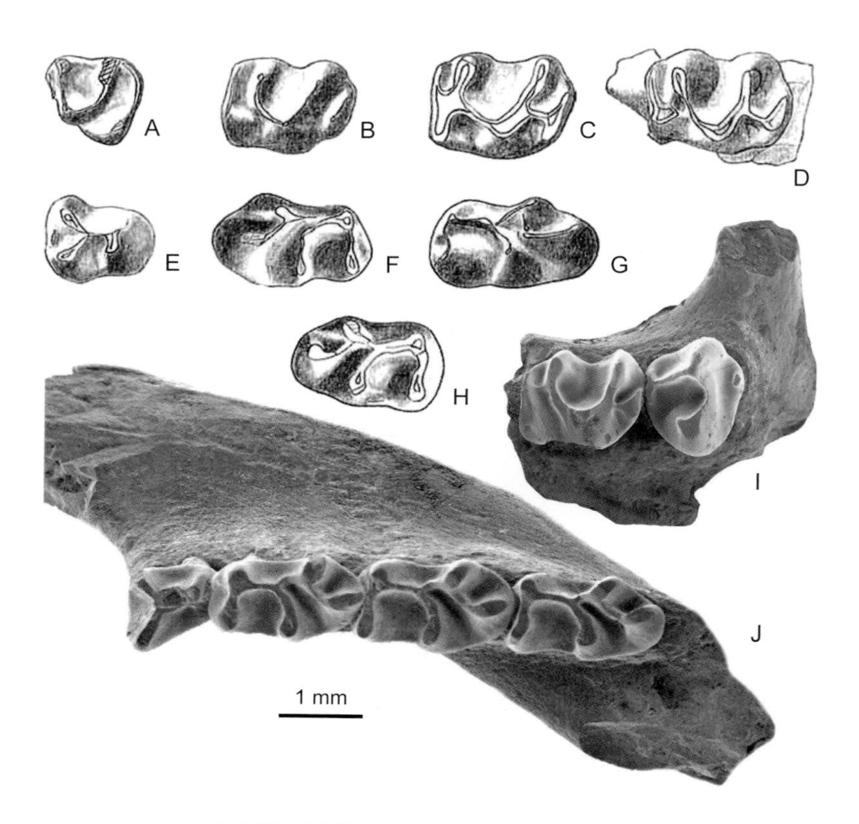

图 283 频繁黄氏鼠 *Huangomys frequens*

A. 左 DP4（IVPP V 23611.6），B. 右 M1（IVPP V 23611.7），C. 右 M2（IVPP V 23611.8），D. 右 M3（IVPP V 23611.9），E. 右 p4（IVPP V 23611.1），F. 右 m1（IVPP V 23611.3），G. 左 m2（IVPP V 23611.4），H. 右 m3（IVPP V 23611.5），I. 右上颌骨具 P4–M1（IVPP V 23612.1），J. 左下颌骨具 p4–m3（NHMW 2006z 0068/0001，正模）：冠面视（A–H 引自 Vianey-Liaud et al., 2006；J 引自 Schmidt-Kittler et al., 2007）

燕丹图鼠属 Genus *Yindirtemys* Bohlin, 1946

Tataromys (partim)：Teilhard de Chardin, 1926, p. 27；Kowalski, 1974, p. 160

Tataromys：Bohlin, 1946, p. 90；李传夔、邱铸鼎，1980，212 页；邱占祥、谷祖纲，1988，204 页

Yindirtemys（Partim）：Vianey-Liaud et al., 2006, p. 145；Schmidt-Kittler et al., 2007, p. 187

模式种 格氏燕丹图鼠 *Yindirtemys grangeri* (Bohlin, 1946)=*Tataromys grangeri* Bohlin, 1946

鉴别特征 个体由小到大型的梳趾鼠类。头骨腭部很窄。上颊齿舌侧齿冠稍高于颊侧者，下颊齿齿冠中等高；颊齿主尖明显、为丘形，齿脊发达。P4 的原脊和后脊完全，同样发达。上臼齿前边尖大，后尖具反前刺。p4 下外脊短。下臼齿具前齿带，下原尖后臂膨大为新月形，下三角座盆相当大，下外脊约位于齿的中部，下内尖、下次尖和下次小尖成新月形。

中国已知种 *Yindirtemys grangeri*, *Y. deflexus*, *Y. suni*, *Y. ambiguus*, *Y. xiningensis*, *Y. shevyrevae*，共 6 种。

分布与时代 内蒙古、甘肃和新疆，晚渐新世（塔奔布鲁克期）；青海，早中新世（谢家期）。

评注 Bohlin（1946）在建 *Yindirtemys* 属时曾以 *Y. woodi* 为模式种。但王伴月（1991）证明了 *Y. woodi* 与 *Tataromys grangeri* 是同物异名，为无效种。然而，*T. grangeri* 的特征明显不同于 *Tataromys* 者，不能被归入 *Tataromys* 属，而应代表不同于 *Tataromys* 的属。根据《国际动物命名法规》第 67.1 荐则 67B 款，不得不继续使用 *Yindirtemys* 这一属名，而以 *Yindirtemys grangeri* 为其模式种。

Bohlin（1946）在建 *Yindirtemys* 属时仅有模式种（*Y. woodi*）一种。王伴月（1991）将原归入 *Tataromys* 属的一些种（如 *T. deflexus*, *T. gobiensis*, *T. suni*, *T.* cf. *T. plicidens*, *T.* cf. *T. sigmodon* 等）归入 *Yindirtemys* 属。Vianey-Liaud 等（2006）和 Schmidt-Kittler 等（2007）将 *Bounomys* 的两个种（*B. bohlini* 和 *B. ulantatalensis*）归入 *Yindirtemys* 属，并建了一新种（*Y. shevyrevae*）。但编者认为 *Bounomys* 及其包含的两个种都是有效的（见前面关于 *Bounomys* 的评注）。这样，*Yindirtemys* 属现已知包括 8 个种（*Y. grangeri*, *Y. deflexus*, *Y. gobiensis*, *Y. suni*, *Y. birgeri*, *Y. ambiguus*, *Y. xiningensis*, *Y. shevyrevae*）。其中除了 *Y. gobiensis* 仅发现于蒙古上渐新统三达河组山地段和 *Y. birgeri* 发现于哈萨克斯坦上渐新统咸海组外，其他种在我国均有发现。

此外，在甘肃党河流域、内蒙古鄂尔多斯市、新疆准噶尔盆地等地的上渐新统还发现若干未定种 *Yindirtemys* spp.（Wang, 1997；孟津等，2006）。

Yindirtemys 属的中文名称原被称为"阴河鼠"。*Yindirtemys* 名称的来源为 Yindirte + mys。依地图上所示，"Yindirte"是中文地名"燕丹图"的译音。"*Yindirtemys*"中文应为"燕丹图鼠"，编者建议改称其为"燕丹图鼠"。

格氏燕丹图鼠 *Yindirtemys grangeri* (Bohlin, 1946)

（图 284）

Tataromys grangeri：Bohlin, 1946, p. 91；邱占祥、谷祖纲，1988，206 页

Yindirtemys woodi：Bohlin, 1946, p. 108；Wood, 1977, p. 126；Bendukidze, 1993, p. 60

Tataromys cf. *grangeri*：王伴月等，1981，27 页

正模 IVPP T. b. 586a，一段右下颌骨具 i2 和 p4–m3。甘肃阿克塞燕丹图，上渐新统狍牛泉组上部。

归入标本 IVPP T. b. 207, T. b. 561, T. b. 569, T. b. 576, T. b. 577, T. b. 580, T. b. 588–590, T. b. 592, T. b. 593a–d，14 件标本（甘肃阿克塞）；LZU LDV 860908（甘肃兰州盆地）。IVPP V 7963–7969，7 件标本（内蒙古鄂托克旗）。

鉴别特征 小型的 *Yindirtemys*。上臼齿具很发达的前边尖、前尖和后尖。M1 和 M2 的后脊横向，与原尖连接；中凹横向延伸；连接后脊与后边脊的短脊弱。M3 前齿带孤立；具内脊；后尖向前舌侧延伸，并具前刺和反前刺，反前刺伸达后边脊。下臼齿的下后脊 II 完全，下三角座盆封闭，下内尖、下次尖和下次小尖稍成新月形。

产地与层位 甘肃阿克塞燕丹图，上渐新统狍牛泉组上部；永登和皋兰山，上渐新统咸水河组下段上部。内蒙古鄂托克旗伊克布拉格（= 千里山），上渐新统伊克布拉格组。

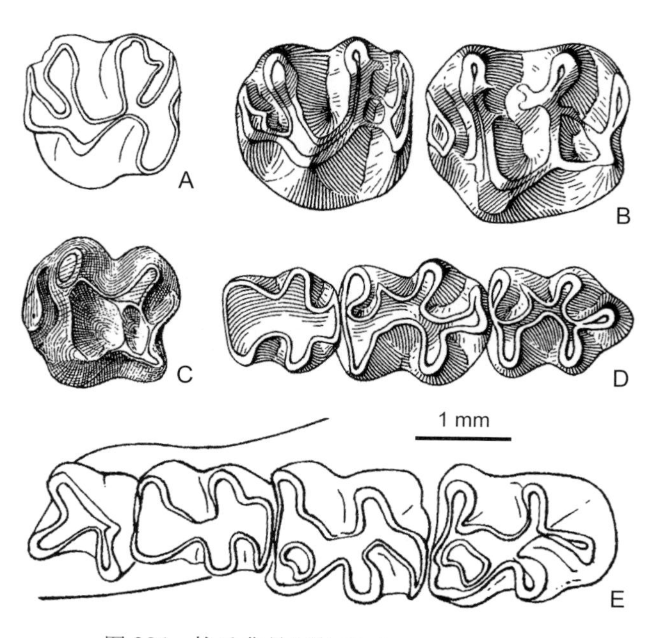

图 284 格氏燕丹图鼠 *Yindirtemys grangeri*

A. 左 M2（IVPP T. b. 593b），B. 左 M2–M3（IVPP V 7963），C. 左 M3（IVPP T. b. 577），D. 左 m1–m3（IVPP V 7968），E. 右 p4–m3（IVPP T. b. 586a，正模）：冠面视（引自 Wang, 1997）

评注 *Yindirtemys grangeri* 的种名“grangeri”的中文译名曾被称为“谷氏”或“葛氏”。根据《英语姓名译名手册》，“granger”译为“格兰杰”，故编者建议“grangeri”用“格氏”为好。*Y. grangeri* 中文名为格氏燕丹图鼠。

疑惑燕丹图鼠 *Yindirtemys ambiguus* Wang, 1997

（图 285）

Tataromys cf. *plicidens*：Bohlin, 1937, p. 40；Stehlin et Schaub, 1951, p. 289；Schaub, 1958, p. 780

Tataromys plicidens（partim）：Teilhard de Chardin et Leroy, 1942, p. 25

Tataromys cf. *plicidens*（partim）：Bohlin, 1946, p. 95

Yindirtemys plicidens：Wood, 1977, p. 123

正模 IVPP Sh. 281，一段上颌骨具右 P4–M3 和左 M2–3。甘肃肃北沙拉果勒河 [石墙（羌）子沟]，上渐新统白杨河组沙拉果勒层。

归入标本 IVPP RV 46001（即原 T. b. 575）, T. b. 212, T. b. 224, T. b. 236, T. b. 248, T. b. 557, T. b. 558, T. b. 566, T. b. 568–572, T. b. 574, T. b. 576, T. b. 582, T. b. 583, T. b. 585, T. b. 587–593 等 54 件标本（甘肃党河流域燕丹图）；IVPP Sh. 59, Sh. 60, Sh. 67, Sh. 74, Sh. 99–105, Sh. 107, Sh. 108, Sh. 110, Sh. 144, Sh. 145, Sh. 147, Sh. 150, Sh. 221–223, Sh. 226, Sh. 257, Sh. 269, Sh. 282, Sh. 322, Sh. 500, Sh. 534, Sh. 608, Sh. 703, Sh. 705, Sh. 706, Sh. 708, Sh. 710, Sh. 712, Sh. 713, Sh. 715, Sh. 717, Sh. 719, Sh. 720, Sh. 731, Sh. 737, Sh. 752, Sh. 773, Sh. 777–779, Sh.781, Sh. 782, Sh. 785, Sh. 786, Sh.788, Sh. 790–793 56 件标本（甘肃党河流域沙拉果勒）。IVPP V 5913, V 5915, V 5917–5921, V 5924, V 5929, V 5930,

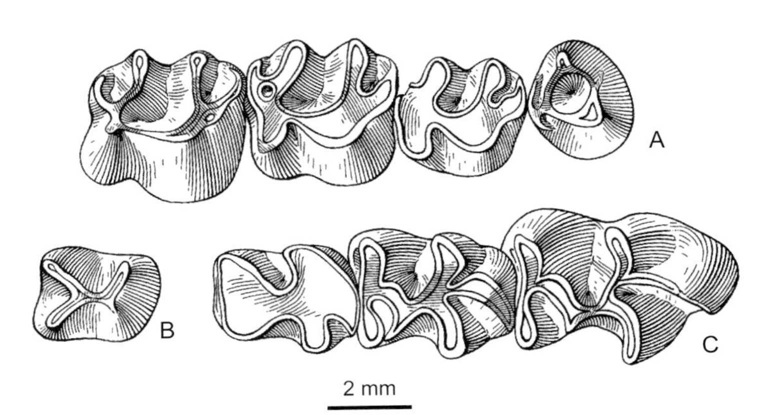

图 285 疑惑燕丹图鼠 *Yindirtemys ambiguus*

A. 右 P4–M3（IVPP Sh. 281，正模），B. 左 p4（IVPP T. b. 576a），C. 右 m1–3（IVPP T. b. 589b）：冠面视（引自 Wang, 1997）

V 5932–5934, V 10568 14 件标本（内蒙古鄂托克旗）。IVPP V 10566–10567 2 件标本（内蒙古杭锦旗）。

鉴别特征 中等个体的 *Yindirtemys*。颊齿齿尖为明显丘形，齿脊适当膨大；上臼齿前边尖明显，后脊强烈弯曲，中凹后弯，后凹短；M3 缺连接前尖和后尖的脊刺；下臼齿原尖后臂舌部稍倾斜，下三角座盆通常开口。

产地与层位 甘肃肃北沙拉果勒 [Shargaltein-Tal (Gol)，= 盐池湾附近的党河流域南岸石墙（羌）子沟]，上渐新统白杨河组沙拉果勒层；阿克塞燕丹图，上渐新统狍牛泉组上部。内蒙古鄂托克旗伊克布拉格（= 千里山）和杭锦旗巴拉贡乌兰曼乃（原三盛公），上渐新统伊克布拉格组。

评注 在甘肃党河流域晚渐新世狍牛泉组发现有 *Y*. cf. *Y. ambiguus*（王伴月、邱占祥，2004）。在新疆准噶尔盆地晚渐新世铁尔斯哈巴合组哺乳动物组合 I 带发现有 *Y*. aff. *Y. ambiguus*（孟津等，2006）。

弯棱燕丹图鼠 *Yindirtemys deflexus* (Teilhard de Chardin, 1926)

（图 286）

Tataromys deflexus：Teilhard de Chardin, 1926, p. 28；Teilhard de Chardin et Leroy, 1942, p. 25；Stehlin et Schaub, 1951, p. 125；Mellett, 1968, p. 6；Kowalski, 1974, p. 160；王伴月等，1981，29 页

Tataromys sp.：Stehlin et Schaub, 1951, p. 289；Schaub, 1958, p. 781

Yindirtemys sajakensis：Bendukidze, 1993, p. 60；Lucas et al., 1998, p. 327

正模 MNHN CHN 85，一段右上颌骨具 M2–3。内蒙古杭锦旗巴拉贡乌兰曼乃（原三盛公）。现存于 MNHN。

归入标本 IVPP V 5898–5912, V 5914, V 5916, V 5922, V 5923, V 5925–5928, V 10561, 和 V 1056231 件标本（内蒙古鄂托克旗）；IVPP V 10557–10560 等 9 件标本（内蒙古杭锦旗）；IVPP V 23658 和 V 23659 等 21 件标本（内蒙古阿拉善左旗）。

鉴别特征 大个体的 *Yindirtemys*。上臼齿有发展附加脊的趋势，原脊和后脊强烈向前弯曲；后尖膨大；前齿带很发达，形成第三叶。M3 原脊和后脊有被原脊的反前刺和后脊的前刺相连的趋势，经磨蚀后在齿的中央形成封闭的釉质盆。

产地与层位 内蒙古杭锦旗巴拉贡乌兰曼乃（原三盛公）和鄂托克旗伊克布拉格（= 千里山），上渐新统伊克布拉格组；阿拉善左旗乌兰塔塔尔，上渐新统乌兰塔塔尔组上部。

评注 弯棱燕丹图鼠 *Yindirtemys deflexus* 是 Teilhard de Chardin（1926）建立的，正模为一右 M2–3，他当时将该种归入 *Tataromys* 属。Kowalski（1974）遵循了 Teilhard de Chardin（1926）对 *T. deflexus* 的分类意见，将一些下颊齿归入该种。Bendukidze（1993）

建了新种 *Y. sajakensis*。Wang（1994）将 *T. deflexus* 改归入 *Yindirtemys* 属。Wang（1997）认为 *Y. sajakensis* 是 *Y. deflexus* 的晚出异名。

此种还发现于蒙古查干诺尔盆地和湖谷地区上渐新统三达河组和洛组（Kowalski, 1974；Schmidt-Kittler et al., 2007；Oliver et Daxner-Höck, 2017）以及哈萨克斯坦上渐新统咸海组（Bendukidze, 1993；Lucas et al., 1998；Bendukidze et al., 2009）。

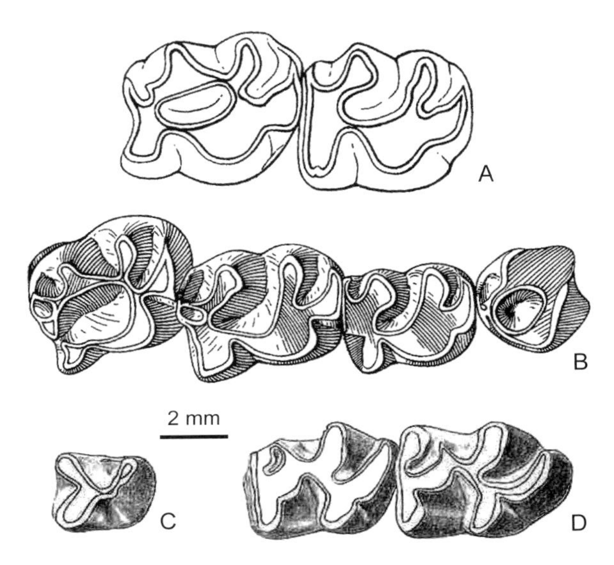

图 286　弯棱燕丹图鼠 *Yindirtemys deflexus*

A. 右 M2–3（MNHN CHN 85，正模），B. 右 P4–M3（IVPP V 5899），C. 左 p4（IVPP V 23658.4），D. 左 m2–3（IVPP V 23658.1）：冠面视（A, B 引自 Wang, 1997；C, D 引自 Vianey-Liaud et al., 2006）

谢氏燕丹图鼠 *Yindirtemys shevyrevae* Vianey-Liaud, Schmidt-Kittler et Marivaux, 2006

（图 287）

正模　IVPP V 23649.1，一段左下颌骨具 p4–m3。内蒙古阿拉善左旗乌兰塔塔尔（UTL 7 地点），下渐新统乌兰塔塔尔组下部。

归入标本　IVPP V 23649.2–76, V 23650–23655 等 923 件标本（内蒙古阿拉善左旗）。

鉴别特征　个体较小，尺寸与 *Yindirtemys grangeri* 相近的 *Yindertemys*。下臼齿下原尖后臂颊部较直，不膨大成尖；其后壁与下原尖也无明显的垂向沟相隔。上臼齿后脊横向或向后斜伸，并常与次尖或后边脊连接。

产地与层位　内蒙古阿拉善左旗乌兰塔塔尔，下渐新统乌兰塔塔尔组。

评注　Vianey-Liaud 等（2006）归入此种的上臼齿的冠面形态变异较大。这些牙齿与下臼齿是否匹配？是代表不同的种类还是表明此种上牙的形态变异的确很大？需要认真仔细地研究才能判断。因归入的标本较多，编者暂时保留原著者列出的所有归入标本。

Vianey-Liaud 等（2006）原文中在此种名下所列的产出地点中未列 UTL 3 和 UTL 5 地点。但在他们归还标本给 IVPP 时，名单中却列有此种的这两个地点，因此，编者列出上述两地点的标本。

内蒙古阿拉善左旗乌兰塔塔尔地区 UTL6 地点还产有 *Yindirtemys* aff. *shevyreva*（Vianey-Liaud et al., 2006）。

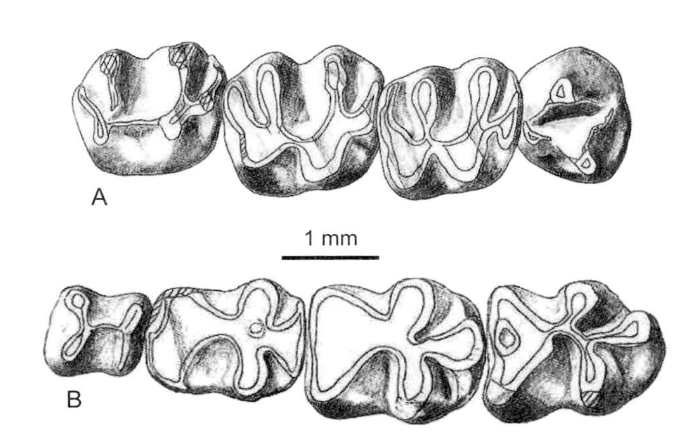

图 287　谢氏燕丹图鼠 *Yindirtemys shevyrevae*
A. 右 P4–M3（IVPP V 23650.1），B. 左 p4–m3（IVPP V 23649.1，正模）：冠面视（引自 Vianey-Liaud et al., 2006）

孙氏燕丹图鼠 *Yindirtemys suni* (Li et Qiu, 1980)

（图 288）

Tataromys suni：李传夔、邱铸鼎，1980，205 页；王伴月等，1981，27 页；邱占祥、谷祖纲，1988，204 页

正模　IVPP V 5992，一段左上颌骨具 P4–M3。青海湟中谢家（IVPP Loc. 1978027），下中新统谢家组。

副模　IVPP V 5993，包括上、下颌和单个颊齿共 47 件标本。产地与层位同正模。

归入标本　IVPP V 10563–10565 等 65 件标本（内蒙古鄂托克旗）；LZU LDV 860902–860907 6 件标本（甘肃兰州盆地）。

鉴别特征　大型的 *Yindirtemys*。上颊齿齿尖膨大。P4 后齿带发达。上臼齿的原脊和后脊近于平直，呈横向延伸；中凹为横向；前边尖很发达；后脊的反前刺弱。p4 下次尖退化，但总具有下次小尖。下臼齿下三角座盆大而开口，下次尖圆而钝，具横向的下内尖臂。

产地与层位　内蒙古鄂托克旗伊克布拉格（= 千里山），上渐新统伊克布拉格组；青海湟中谢家，下中新统谢家组；甘肃兰州皋兰山，上渐新统咸水河组下段上部。

评注 李传夔和邱铸鼎（1980）建立 *Yindirtemys suni* 种时，将其归入 *Tataromys* 属。邱占祥和谷祖纲（1988）将甘肃兰州盆地皋兰山的标本也归入该种。Wang（1994, 1997）将该种改归入 *Yindirtemys* 属。

因李传夔和邱铸鼎（1980）建此种时所列的归入标本与正模产于同一地点和层位，编者将其改称为副模。

蒙古查干诺尔盆地和湖谷地区上渐新统三达河组和洛组产有此种（Wang, 1997；Oliver et Daxner-Höck, 2017）。

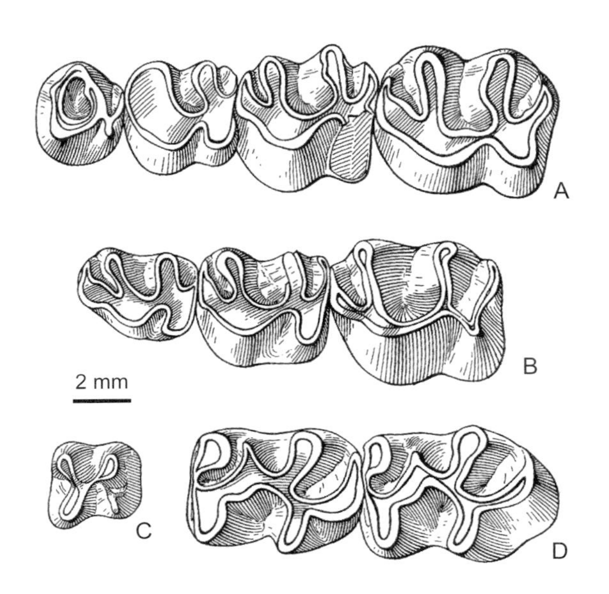

图 288 孙氏燕丹图鼠 *Yindirtemys suni*

A. 左 P4–M3（IVPP V 5992，正模），B. 左 DP4–M2（IVPP V 10564.36），C. 左 p4（IVPP V 5993.33），D. 左 m2–3（IVPP V 5993.30）：冠面视（引自 Wang, 1997）

西宁燕丹图鼠 *Yindirtemys xiningensis* Wang, 1997

（图 289）

Tataromys sp.：李传夔、邱铸鼎，1980，206 页

正模 IVPP V 5994.1，一段左上颌骨具 M1–2。青海湟中谢家（IVPP Loc. 1978027），下中新统谢家组。

副模 IVPP V 5994.2–4 3 件标本。产地与层位同正模。

鉴别特征 中等个体的 *Yindirtemys*。上臼齿为舌侧单面高；前齿带孤立；前边尖很发达；前尖和后尖丘形，后尖具反前刺；原脊和后脊低而弯曲，向舌侧方向彼此靠近；中凹为 U 形。下臼齿下原尖后臂完全，下三角座盆封闭。

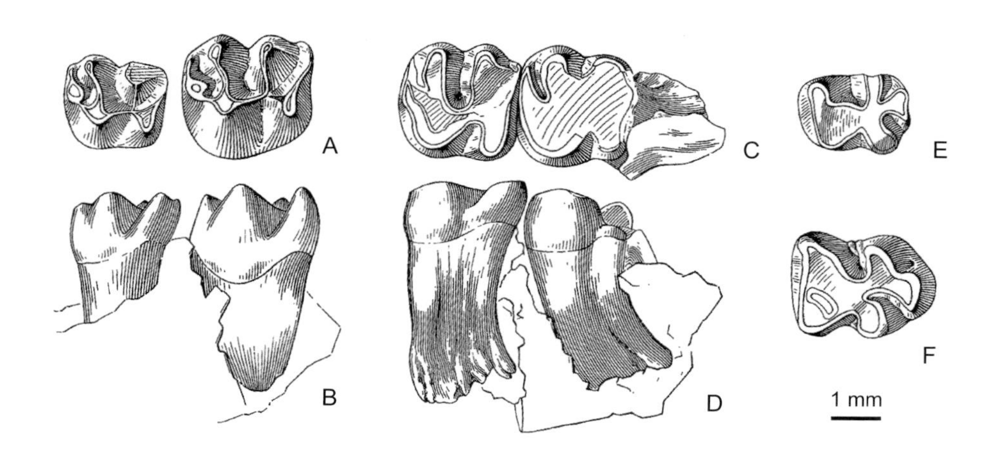

图 289　西宁燕丹图鼠 *Yindirtemys xiningensis*

A, B. 左 M1–2（IVPP V 5994.1，正模），C, D. 左 M2–3（IVPP V 5994.2），E. 右 m1（IVPP V 5994.3），F. 右 m3（IVPP V 5449.4）：A, C, E, F. 冠面视，B, D. 舌侧视（引自 Wang, 1997）

双柱鼠亚科 Subfamily Distylomyinae Wang, 1988

模式属　双柱鼠属 *Distylomys* Wang, 1988

定义与分类　双柱鼠亚科是已绝灭的亚洲土著啮齿动物，个体中等。其化石主要发现于蒙新高原的晚渐新世至中中新世地层。因在地质历史中延续的时间短，对地层时代确定具有一定的意义。王伴月（1988）在最初记述双柱鼠类时，尽管发现其下颌骨和颊齿的形态与梳趾鼠科的相似，但仍认为双柱鼠类是梳趾鼠超科中的一个科级单元，主要原因是双柱鼠属（*Distylomys*）的下颊齿列中最前面的牙齿是 p4，臼齿化的 p4 显然不同于具非臼齿化 p4 的梳趾鼠科。稍后，王伴月和齐陶（1989）证明原双柱鼠属（*Prodistylomys*）的下颊齿中最前面的牙齿是 dp4，而不是 p4，而有些梳趾鼠科的 dp4 是臼齿化的，故 Wang（1994, 1997）将双柱鼠类作为亚科归入梳趾鼠科。毕顺东等（Bi et al., 2009）根据在新疆发现的材料的研究，指出双柱鼠类头骨与上牙的形态表明双柱鼠类与梳趾鼠科仍有明显区别，主张恢复双柱鼠类科级的分类地位，并对该科的鉴别特征作了修订。而 Vianey-Liaud 等（2010）却将 *Prodistylomys xinjiangensis* 归入梳趾鼠亚科的梳趾鼠族。邱铸鼎和李强（2016）研究了产自内蒙古的材料，也赞同 Bi 等（2009）的双柱鼠类为科一级的分类地位的意见，对科的鉴别特征也提出了修订和补充意见。编者根据现已知的、保存较好的 *Distylomys* 和 *Tataromys* 头骨标本对比分析了 Distylomyinae 与 Ctenodactylidae 头骨、下颌骨和牙齿的异同点。发现前者与后者主要区别是（括号内为 *Tataromys*）：①鼻骨较窄长，后端向后延伸超过前颌骨者（约在同一横线上）；②下颌齿隙较浅（较深）；③颏孔位置近齿隙背缘（较低，约位于下颌骨的中部）；④颊齿齿冠较高，为双柱型齿（低冠丘 - 脊型齿）等（依 Wang, 1997；Bi et al., 2009）。事实上，Ctenodactylidae 中一些更新世和现生的属（如 *Massoutier, Felovia, Pectinator, Ctenodactylus, Irhoudia* 等）也都为高冠双柱型齿（Jaeger, 1971）。编者认为如果只是根据上述少数头骨上的区别将 *Distylomys* 类作为科级单元与 Ctenodactylidae 分开，理由似乎并不充分。此外，该类上、下颊齿列最前面的牙齿也很可能都是乳齿而不是恒齿（详见下面的评注）。至于是否将双柱鼠类完全归入 Ctenodactylinae，还有待发现更多的材料来论证。基于上述分析，编者建议仍将双柱鼠类作为 Ctenodactylidae 中的一个亚科级单元。

鉴别特征 头骨具豪猪型颧-咬肌结构和松鼠型下颌骨的啮齿类；鼻骨较窄长，后端向后延伸超过前颌骨后端；两上颊齿列向前彼此靠近；下颌骨粗壮，下颌齿隙较浅；颏孔位于齿隙近背缘处；咬肌窝伸达 dp4 下方，咬肌嵴很发达；齿式：1•0•1•3/1•0•1•3；颊齿为高冠齿（齿冠高，具齿根）或永高冠齿（齿冠高，无齿根），尺寸由前往后通常不明显增大；DP4 非臼齿化，上臼齿为双叶型，两叶间有或无齿质桥；dp4 臼齿化；下臼齿双叶型，两叶间具齿质桥；门齿釉质层具复系微细结构。

该亚科的牙齿构造模式图如下：

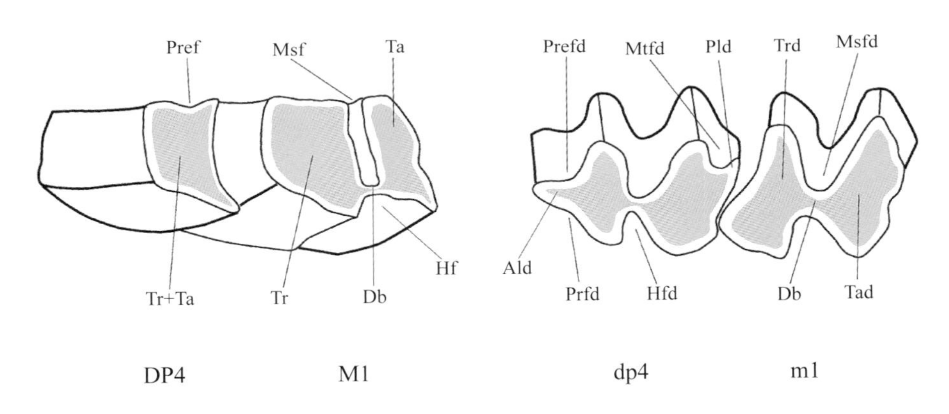

图 290 双柱鼠亚科颊齿构造模式图

Ald. 下前边脊（anterolophid），Db. 齿质桥（dentine bridge），Hf. 次褶（hypoflex），Hfd. 下次褶（hypoflexid），Msf. 中褶（mesoflexus），Msfd. 下中褶（mesoflexid），Mtfd. 下后褶（metaflexid），Pld. 下后边脊（posterolophid），Pref. 前褶（preflexus），Prefd. 下前褶（preflexid），Prfd. 下原褶（protoflexid），Ta. 跟座（talon），Tad. 下跟座（talonid），Tr. 三角座（trigon），Trd. 下三角座（trigonid）（引自邱铸鼎、李强，2016；稍修订）

中国已知属 *Distylomys, Prodistylomys, Allodistylomys*，共 3 属。

分布与时代 中国内蒙古，晚渐新世—中中新世；新疆，早中新世。蒙古，早中新世。

评注 王伴月（1988）在建双柱鼠属（*Distylomys*）时，认为其下颊齿列中最前面的牙齿是 p4。稍后，王伴月和齐陶（1989）证明原双柱鼠属（*Prodistylomys*）的下颊齿中最前面的牙齿是 dp4，而不是 p4；并怀疑 *Distylomys* 的 p4 也可能是 dp4。Bi 等（2009）认为产自新疆的 *Distylomys burqinensis* 的下颌骨的最前面的牙齿都是 p4。邱铸鼎和李强（2016）认为产自内蒙古的 *Distylomys tedfordi*、*D. burqinensis* 和 *Prodistylomys mengensis*

都有 dp4 和 p4 存在，认为 dp4 与 p4 的不同主要是前者有较显著的下后褶。的确，邱、李所确认的 dp4 的冠面都有很明显的下后褶。但仔细观察后发现：这些 dp4 的下后褶只是在齿冠的上部近冠面处较明显，往齿冠下部则逐渐变浅小，最后消失。这一特点在单个牙齿的齿冠侧面看得很清楚。所以，在磨蚀较深的牙齿上就很难区分 dp4 和 p4 了。邱铸鼎和李强（2016）从内蒙古发现的较多的标本也证明：p4 下后褶的存在与否都和牙齿的磨蚀程度息息相关。需要指出的是：*Prodistylomys xinjiangensis* 的正模（IVPP V 7962）下颊齿最前面的牙齿的确是 dp4，而不是 p4。因此，就产生了一个问题：目前已知的双柱鼠类下颊齿列的最前面的臼齿化的牙齿究竟全都是 dp4，还是有的是 dp4，而有的是 p4？编者观察了目前已知的双柱鼠类的标本后发现，不但 IVPP V 7962（*Prodistylomys xinjiangensis*）的 dp4 下方未见有 p4 的痕迹；而且 IVPP V 16015.1（*Prodistylomys lii*）下颌骨最前面已脱落的牙齿从齿冠高低看，不是 p4 而是 dp4，其下方也未见有 p4 的痕迹。另外，已知的下颌骨最前面的颊齿的磨蚀程度都比较深，其下方均未见有替换牙齿的痕迹。编者推论：双柱鼠类下颌骨最前面的颊齿很可能都是 dp4，而不是 p4。同样地，双柱鼠类上颊齿列的最前面的牙齿也很可能都是 DP4 而不是 P4。因此，在对双柱鼠亚科最前面的颊齿的记述中编者暂时分别称其为 dp4 和 DP4。如果双柱鼠类的上、下颌最前面的颊齿的确是 DP4 和 dp4，双柱鼠类的分类位置似乎仍为梳趾鼠科中的一亚科为宜。

双柱鼠属 Genus *Distylomys* Wang, 1988

模式种 特氏双柱鼠 *Distylomys tedfordi* Wang, 1988

鉴别特征 门齿孔小；齿列向前会聚；颏孔位于齿隙近背缘处；咬肌嵴明显，伸达 dp4 下方；下颌骨角突松鼠型。齿式：1•0•1•3/1•0•1•3。颊齿永高冠型，颊齿尺寸由前向后通常不递增。DP4 非臼齿化。上臼齿双叶型，两叶间无齿质桥。dp4 臼齿化，三角座前端明显向前凸出，下次褶与下中褶近同等发育，三角座和跟座间有窄的齿质桥。下臼齿双叶型，中间有齿质桥相连，三角座呈颊侧比舌侧大的扁长三角形，前内缘与前外缘约呈直角相交。下中褶和下次褶宽而深，彼此相对，有白垩质充填。

中国已知种 *Distylomys tedfordi*, *D. burqinensis*, *D. qianlishanensis*，共 3 种。

分布与时代 内蒙古、新疆，晚渐新世—中中新世。

特氏双柱鼠 *Distylomys tedfordi* Wang, 1988

（图 291）

正模 AMNH 114262，右下颌骨具 i2 和 dp4–m2。内蒙古苏尼特右旗推饶木，中中新统通古尔组。

归入标本 IVPP V 19412–19414，32 枚颊齿（内蒙古苏尼特左旗）。

鉴别特征 双柱鼠属中个体较小的一种，颏孔在齿隙处的位置较高，紧邻背缘，dp4 与 m1/2 近等长，dp4 三角座前端较尖。

产地与层位 内蒙古苏尼特右旗推饶木，中中新统通古尔组；苏尼特左旗嘎顺音阿得格，下中新统敖尔班组下段。

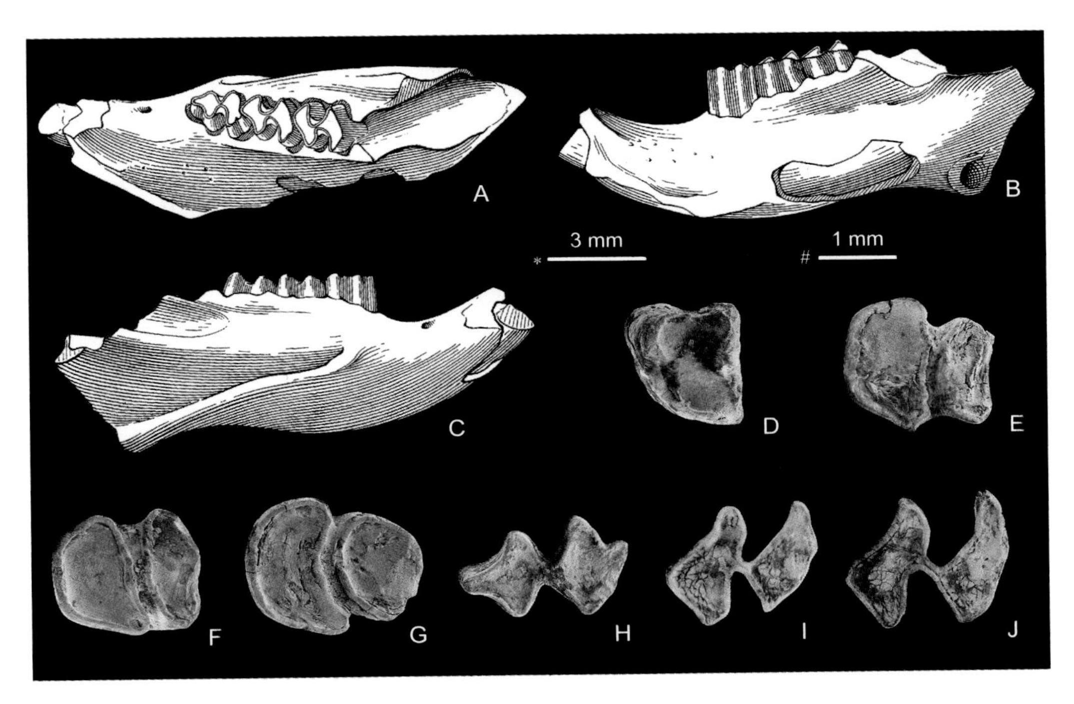

图 291 特氏双柱鼠 *Distylomys tedfordi*

A–C. 右下颌骨具 i2 和 dp4–m2（AMNH 114262，正模），D. 右 DP4（IVPP V 19412.1，反转），E. 左 M1/2（IVPP V 19412.2），F. 右 M1/2（IVPP V 19414.1，反转），G. 右 M3（IVPP V 19414.2，反转），H. 左 dp4（IVPP V 19414.3），I. 右 m1/2（IVPP V 19414.4，反转），J. 右 m1/2（IVPP V 19414.5，反转）：A, D–J. 冠面视，B. 舌侧视，C. 颊侧视；比例尺：* - A–C，# - D–J（A–C 引自王伴月，1988；邱铸鼎、李强，2016）

布尔津双柱鼠 *Distylomys burqinensis* Bi, Meng, Wu, Ye et Ni, 2009

（图 292）

正模 IVPP V 16014.1，头骨前部（具左、右 dp4–M3）和下颌骨。新疆布尔津黑山头（IVPP Loc. XJ 200601 地点），下中新统索索泉组。

副模 IVPP V 16014.2–66，4 件上腭具颊齿，4 件前颌骨具门齿，29 件下颌骨具下牙，28 枚上、下颊齿。产地与层位同正模。

归入标本 IVPP V 19415–19421，破碎的上、下颌骨 5 件、颊齿 209 枚（内蒙古中部地区）。

鉴别特征 颊齿尺寸介于 *Distylomys tedfordi* 和 *D. qianlishanensis* 种之间，比前者稍大，比后者略小；dp4 相对比 m1 长。形态上与 *D. tedfordi* 的不同在于 dp4 的下前边脊较长，下后边脊（下后褶）经磨蚀后消失；m1 相对较宽，且三角座舌端较尖锐。与 *D. qianlishanensis* 不同在于其 dp4 下前边脊较尖锐、跟座次三角形，下臼齿的三角座三角形，以及颏孔在下颌骨上的位置较高。

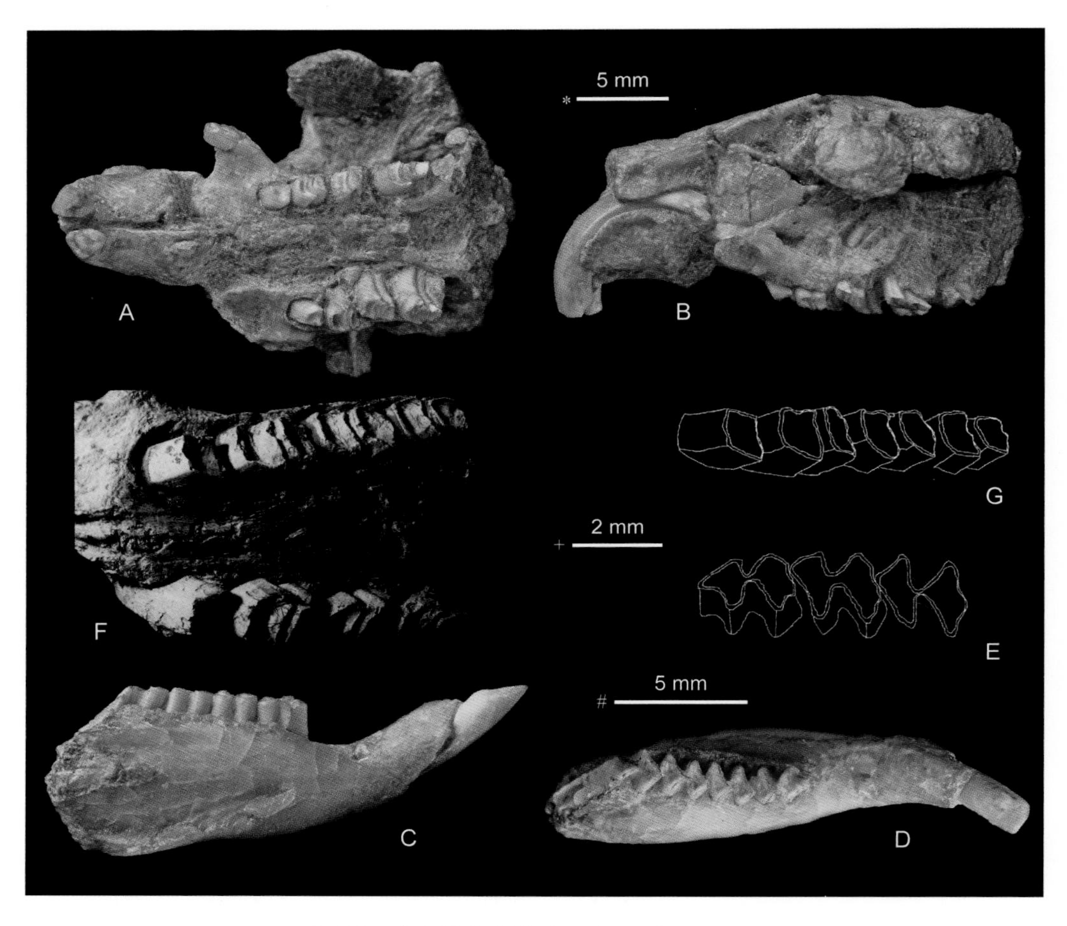

图 292 布尔津双柱鼠 *Distylomys burqinensis*

A–E. 头骨、右下颌骨和左 dp4–m2（IVPP V 16014.1，正模），F, G. 上颌骨及左 DP4–M3（IVPP V 16014.2）：A, F. 腹面视，B. 左侧面视，C. 颊侧视，D, E, G. 冠面视；比例尺：* - A, B，# - C, D，+ - E, F, G（E, F, G 引自 Bi et al., 2009）

产地与层位 新疆布尔津黑山头，下中新统索索泉组；内蒙古苏尼特左旗敖尔班、嘎顺音阿得格，下中新统敖尔班组下段。

评注 毕顺东等（Bi et al., 2009）在描述此种时，只指出了正模和归入标本，未指出副模。编者将原作者的与正模产于同一地点和层位的归入标本改称为副模。

千里山双柱鼠 *Distylomys qianlishanensis* Wang, 1988

（图 293）

正模 IVPP V 7961，可能为同一个体的左下颌骨具 dp4–m2 和 m3 的三角座，和右下颌骨具 dp4–m3。内蒙古鄂托克旗伊克布拉格（IVPP Loc. 79017 地点），上渐新统伊克布拉格组。

鉴别特征 颊齿尺寸较 *Distylomys tedfordi* 约大 1/4。下颌骨较粗壮。颏孔在齿隙上的位置较 *D. tedfordi* 的稍低。门齿相对较窄。颊齿，特别是跟座相对较窄长。dp4 与 m1 近等长。dp4 三角座前端较钝圆。颊齿无任何下后褶的痕迹。

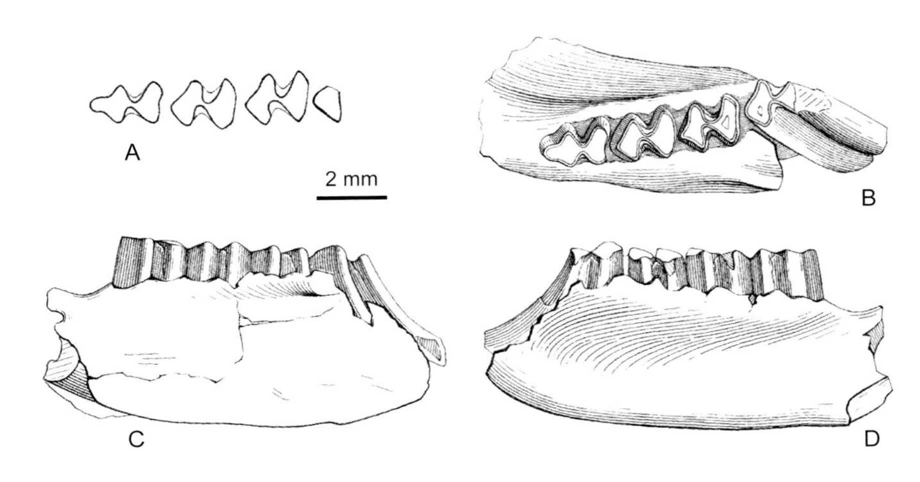

图 293 千里山双柱鼠 *Distylomys qianlishanensis*

同一个体的左、右下颌骨具 dp4–m3（IVPP V 7961，正模）：A. 左 dp4–m2 和 m3 三角座，B. 右下颌骨具 dp4–m3（反转）；A, B. 冠面视，C. 颊侧视，D. 舌侧视（引自王伴月，1988）

原双柱鼠属 Genus *Prodistylomys* Wang et Qi, 1989

模式种 新疆原双柱鼠 *Prodistylomys xinjiangensis* Wang et Qi, 1989

鉴别特征 颊齿高冠，具齿根，下颊齿尺寸向后不递增。上臼齿咀嚼面构造双叶型，舌侧具有连接三角座和跟座的齿质桥。dp4 三角座前端不甚向前凸出，下次褶明显，三角座和跟座间有窄的齿质桥；下臼齿三角座约呈颊部大于舌部的宽短的椭圆形，其前缘为颊部向前圆凸、舌部稍后凹的 S 形。下次褶比下中褶开阔。中褶、下中褶和下次褶常有薄的白垩质充填。

中国已知种 *Prodistylomys xinjiangensis*, *P. lii*, *P. wangae*, *P. mengensis*，共 4 种。

分布与时代 内蒙古和新疆，早中新世。

评注 *Prodistylomys* 目前已知 4 种。邱铸鼎和李强（2016）根据对内蒙古标本的研究认为：前三种（*P. xinjiangensis*, *P. lii*, *P. wangae*）“所发现的材料都太少，牙齿的种内变异情况不明，它们的牙齿尺寸接近，基本形态相似，种间的差异甚为微妙”。怀疑 *P. lii* 和 *P. wangae* 与 *P. xinjiangensis* 的不同很可能只是个体变异。编者认为邱、李的看法有一定的道理，但在目前材料不够多的情况下，建议 *Prodistylomys* 属仍暂时保留四个种。

新疆原双柱鼠 *Prodistylomys xinjiangensis* Wang et Qi, 1989

（图 294）

正模 IVPP V 7962，一段左下颌骨具 i2 和 dp4–m3。新疆福海吃巴尔我义（IVPP Loc. 82503 地点），下中新统索索泉组。

鉴别特征 个体尺寸与 *Distylomys tedfordi* 相近，但较 *Distylomys* 原始的双柱鼠类。与 *Distylomys* 的区别在于：颊齿具齿根；dp4 与 *Distylomys* 的 dp4 相似，但三角座较短，跟座较长，具下后坑和下后褶；m1/2 三角座为短而宽的平行四边形，跟座较三角座窄而长，约呈菱形；下后褶很发育，在嚼面上伸达跟座中部，但往齿根部逐渐消失；下次褶比下中褶开阔，白垩质层薄。

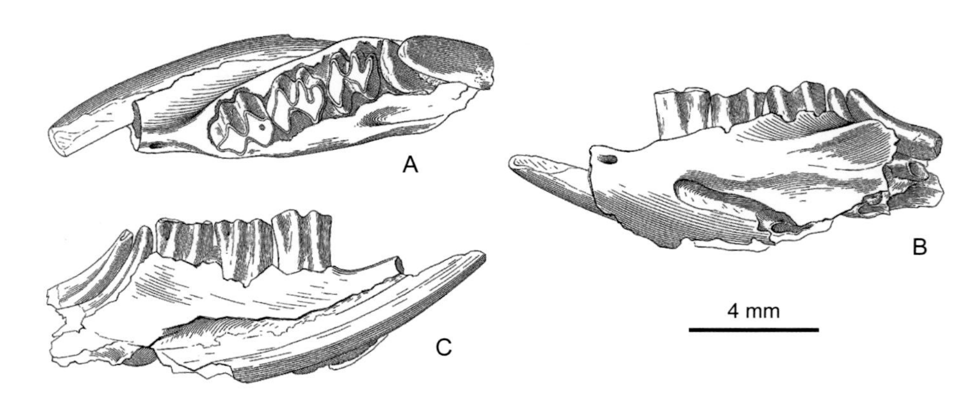

图 294 新疆原双柱鼠 *Prodistylomys xinjiangensis*

左下颌骨具 i2 和 dp4–m3（IVPP V 7962，正模）：A. 冠面视，B. 颊侧视，C. 舌侧视（引自王伴月、齐陶，1989）

李氏原双柱鼠 *Prodistylomys lii* Bi, Meng, Wu, Ye et Ni, 2009

（图 295）

正模 IVPP V 16015.1，一段右下颌骨具 i2 和 m1–3。新疆福海吃巴尔我义（IVPP Loc. 82503 地点），下中新统索索泉组。

副模 IVPP V 16015.2，右 M3；IVPP V 16015.3，右 dp4。产地与层位同正模。

鉴别特征 颊齿尺寸与 *P. xinjiangensis* 相近，但颊齿为较低的高冠齿，具很发达的齿根，无下后褶。

评注 毕顺东等（Bi et al., 2009）在描述此种时，只指出了正模和归入标本，未指出副模。因原作者的归入标本均与正模产自同一地点的同一层位，故编者将其改称为副模。

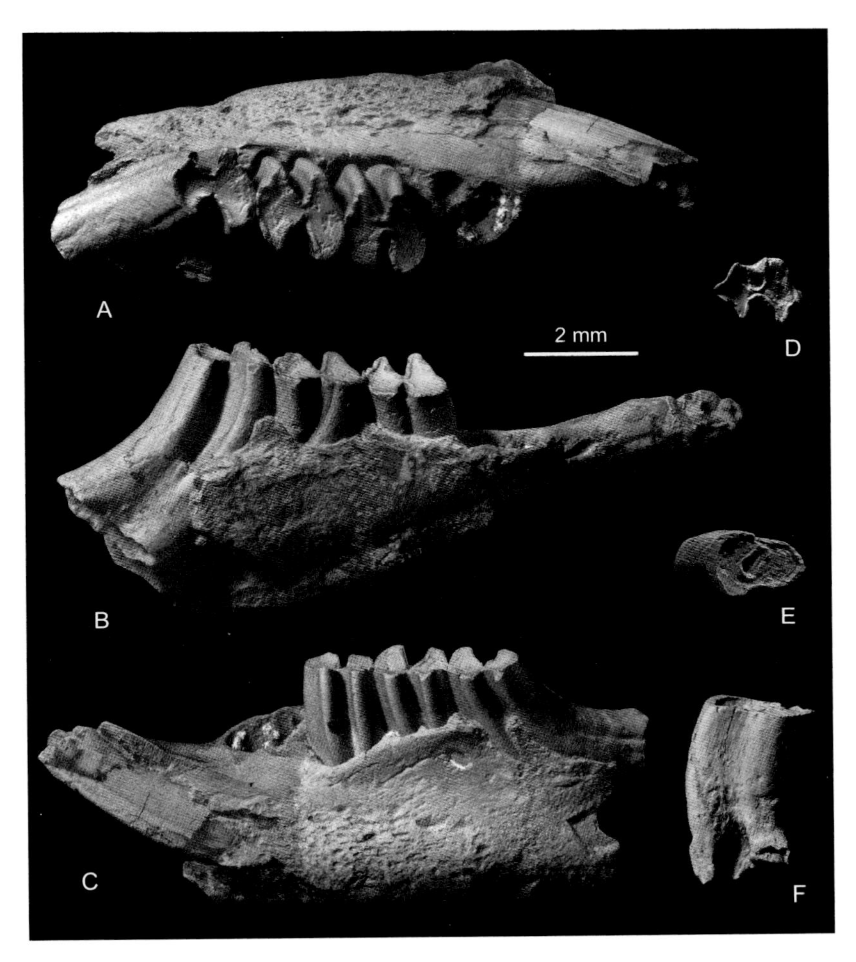

图 295　李氏原双柱鼠 *Prodistylomys lii*

A–C. 右下颌骨具 i2 和 m1–3（IVPP V 16015.1，正模），D. 右 dp4（IVPP V 16015.3），E, F. 右 M3（IVPP V 16015.2）：A, D, E. 冠面视，B, F. 颊侧视，C. 舌侧视（引自 Bi et al., 2009）

蒙原双柱鼠 *Prodistylomys mengensis* Qiu et Li, 2016

（图 296）

Prodistylomys xinjiangensis：王伴月、王培玉，1991，610 页；Wang, 1997, p. 58, table 23

Prodistylomys/Distylomys sp.：Qiu et al., 2013, p. 177

正模 IVPP V 19403，右 M1/2。内蒙古苏尼特左旗敖尔班（下）（IVPP Loc. IM

0507 地点)，下中新统敖尔班组下段。

副模 IVPPV 19404.1–57，颊齿 57 枚。产地与层位同正模。

归入标本 IVPP V 19405–19411，破损的下颌骨 2 件，颊齿 58 枚（内蒙古中部地区）。IVPP V 8785，下颊齿 2 枚（内蒙古阿拉善左旗）。

鉴别特征 颊齿尺寸较小；DP4 的舌侧壁和颊侧壁具浅褶；上臼齿三角座肾形；上臼齿特别是 M3 在磨蚀的早期阶段不出现齿质桥；dp4 三角座呈近等边三角形；m1 和 m2 的齿褶多有白垩质充填。

产地与层位 内蒙古苏尼特左旗敖尔班和嘎顺音阿得格，下中新统敖尔班组下段；阿拉善左旗乌尔图，下中新统乌尔图组。

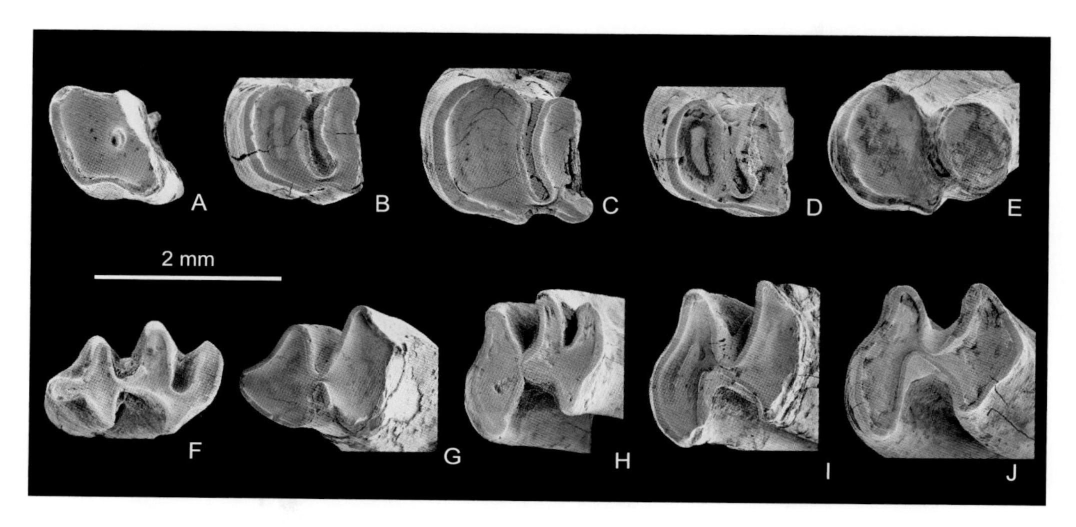

图 296 蒙原双柱鼠 *Prodistylomys mengensis*

A. 左 DP4（IVPP V 19411.1），B. 左 M1/2（IVPP V 19409.1），C. 右 M1/2（IVPP V 19403，正模，反转），D. 右 M1/2（IVPP V 19411.2，反转），E. 左 M3（IVPP V 19411.3），F. 左 dp4（IVPP V 19404.1），G. 右 dp4（IVPP V 19404.2），H. 右 m1/2（IVPP V 19404.4，反转），I. 左 m1/2（IVPP V 19404.3），J. 左 m3（IVPP V 19404.5）：冠面视（引自邱铸鼎、李强，2016）

王氏原双柱鼠 *Prodistylomys wangae* Bi, Meng, Wu, Ye et Ni, 2009

（图 297）

正模 IVPP V 16016.1，一段右下颌骨具 i2 和 dp4–m2。新疆布尔津黑山头（IVPP Loc. XJ 200601 地点），下中新统索索泉组。

副模 IVPP V 16016.2–5，下颌骨两段分别具 i2，dp4–m2 和 i2，m1–2，臼齿两枚。产地与层位同正模。

鉴别特征 颊齿尺寸与 *Prodistylomys xinjiangensis* 和 *P. lii* 的相近。颊齿的白垩质层较厚，m1 的下三角座舌端较圆缓。与 *P. lii* 的区别是颊齿齿冠较高，具较弱小的齿根和

m2 的跟座较短。与 *P. xinjiangensis* 的区别在于下臼齿缺下后褶。

评注 毕顺东等（Bi et al., 2009）在描述此种时，只指出了正模和归入标本，未指出副模。因原作者的归入标本均与正模产自同一地点的同一层位，故将原作者的归入标本改称为副模。

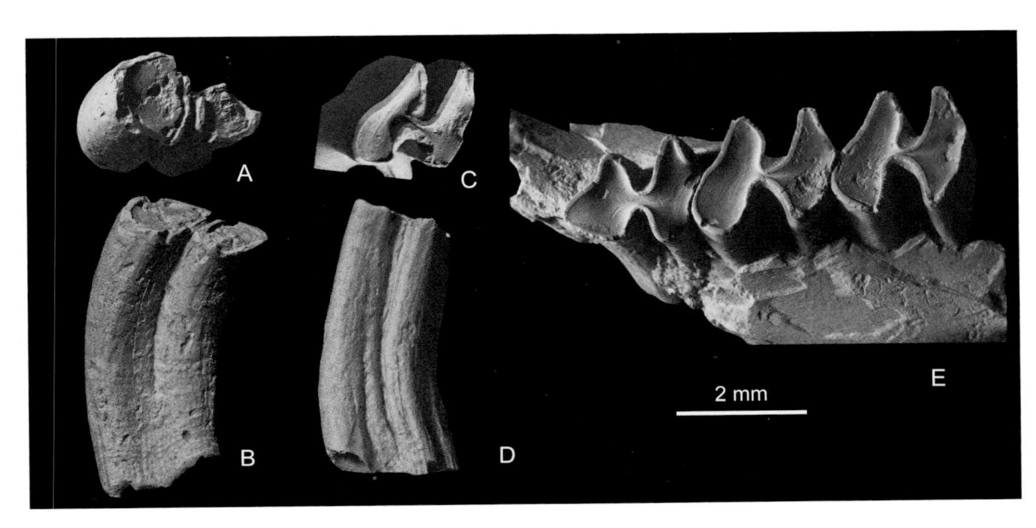

图 297 王氏原双柱鼠 *Prodistylomys wangae*

A, B. 右 M3（IVPP V 16016.2，A 反转），C, D. 左 m1（IVPP V 16016.5），E. 右下颌骨具 i2, dp4–m2（IVPP V 16016.1，正模，反转）：A, C, E. 冠面视，B, D. 颊侧视（引自 Bi et al., 2009）

异双柱鼠属 Genus *Allodistylomys* Qiu et Li, 2016

模式种 草原异双柱鼠 *Allodistylomys stepposus* Qiu et Li, 2016

鉴别特征 颊齿高冠，具齿根。下颊齿尺寸向后递增；dp4 比 m1 短，三角座前端和舌端圆钝，下次褶不发育，三角座和跟座间有宽阔的齿质桥相连；下臼齿三角座呈颊侧部肥大的椭圆形，前缘和外缘连成半圆弧形或圆弧形；m3 长度明显比 m2 的大，跟座比齿座宽；下臼齿下中褶和下次褶有薄的白垩质充填。

中国已知种 仅模式种。

分布与时代 内蒙古，早中新世（谢家期）。

草原异双柱鼠 *Allodistylomys stepposus* Qiu et Li, 2016

（图 298）

正模 IVPPV 19422，一段左下颌骨具 i2 及 dp4–m3。内蒙古苏尼特左旗敖尔班（下）（IVPP Loc. IM 0511 地点），下中新统敖尔班组下段。

归入标本 IVPP V 19423，一段右下颌骨具 dp4 及 m1–2（内蒙古苏尼特左旗）。

鉴别特征 同属。

产地与层位 内蒙古苏尼特左旗敖尔班（下）（IVPP Loc. IM 0511, 0507 地点），下中新统敖尔班组下段。

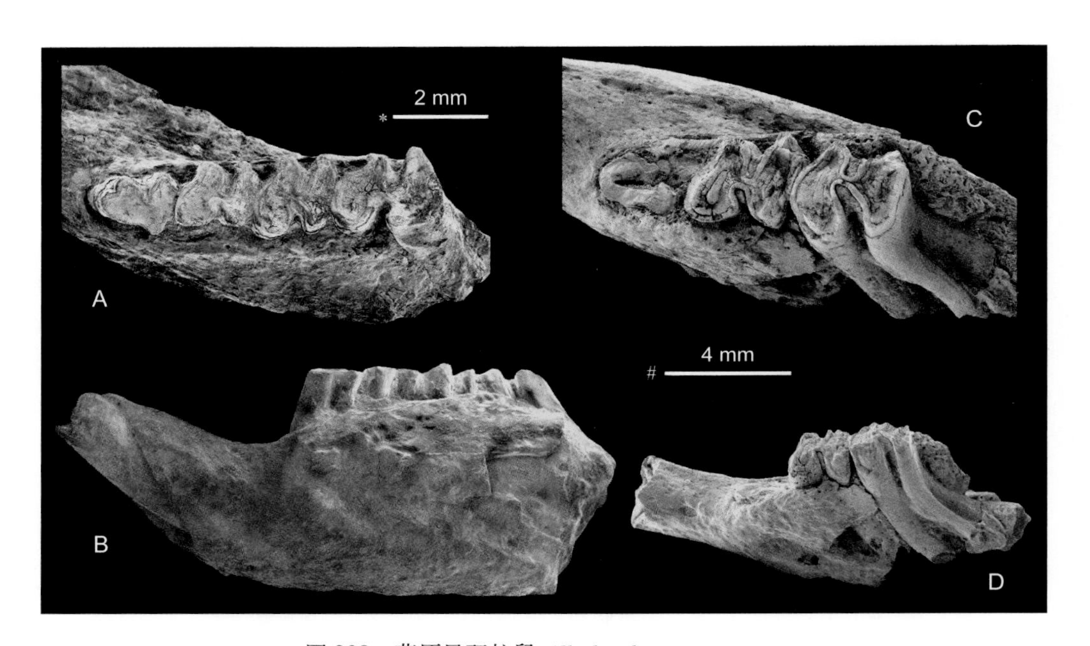

图 298 草原异双柱鼠 *Allodistylomys stepposus*

A, B. 左下颌骨具 i2 和 dp4–m3（IVPP V 19422，正模），C, D. 右下颌骨具 dp4–m2（IVPP V 19423，反转）：A, C. 冠面视，B, D. 颊侧视；比例尺：* - A, C，# - B, D（引自邱铸鼎、李强，2016）

梳趾鼠亚科 Subfamily Ctenodactylinae Hinton, 1933

模式属 梳趾鼠属 *Ctenodactylus* Gray, 1828

概述 梳趾鼠亚科是 Ctenodactylidae 中出现较早，但分异较晚、延续的时间较长的一类，而且一直延续到现在。该亚科最早的代表也出现在亚洲中东部，后经过南亚、西亚，迁往非洲。在非洲，现生的梳趾鼠类主要生活在沙漠和半沙漠的多岩石地区，适应于多岩石地区的沙漠气候，而不喜欢潮湿的气候。

Hinton（1933）建了梳趾鼠亚科（Ctenodactylinae）。后来，Lavocat（1961）建了豪鼠亚科（Sayimyinae）。Wang（1997）认为 Sayimyinae 是 Ctenodactylinae 的晚出异名。编者赞同 Wang（1997）的意见。

梳趾鼠亚科所包括的种类较多。目前比较肯定的有从渐新世到现在的 13 属（*Sayimys*, *Prosayimys*, *Metasayimys*, *Africanomys*, *Sardomys*, *Pireddamys*, *Irhoudia*, *Pellegrinia*, *Helanshania*, *Ctenodactylus*, *Pectinator*, *Massouteria*, *Felovia*）（Baskin, 1996；Wang,

1997；Vianey-Liaud et al., 2010）。该亚科的化石主要发现于亚洲下渐新统—下上新统，地中海下中新统和更新统，北非中中新统—下更新统。其中后 4 属（*Ctenodactylus*, *Pectinator*, *Massouteria*, *Felovia*）为现生属，仍生活在北非和东非。

鉴别特征 头骨相对较低而宽，顶面稍凸，吻部细，颞窝小，颞嵴弱。下颌骨相对较细；咬肌嵴粗壮，呈水平向延伸达低的下颌髁；冠状突弱或无。齿式：1•0•2–1•3/1•0•1–0•3。颊齿为单面高冠—高冠齿。P4 和 p4 退化，有可能在一生的早期就消失。上臼齿趋向成双叶型，具内脊，次尖大，内凹深而向前斜，后脊不完全或与后边脊连，前凹和后凹短或无。下臼齿趋于三叶型或双叶型，下原尖后臂退化变细。

中国已知属 *Helanshania* 和 *Sayimys* 两属。

分布与时代 中国内蒙古，早渐新世（乌兰塔塔尔期）；江苏，早中新世（山旺期）；新疆，早中新世—中中新世（山旺期—通古尔期）；甘肃和宁夏，中中新世（通古尔期）。南亚和西亚，早中新世—早上新世。地中海地区，早中新世和更新世。非洲，中中新世—现代。

贺兰山鼠属 Genus *Helanshania* Vianey-Liaud, Gomes Rodrigues, Marivaux, 2010

模式种 沙漠贺兰山鼠 *Helanshania deserta* Vianey-Liaud, Rodrigues, Marivaux, 2010

鉴别特征 臼齿齿冠较 Tataromyinae 的高，而低于 Ctenodactylinae 已知的其他属。下臼齿的下三角盆浅，具不完全的下后脊 I 和短的下后脊 II；下外脊与下后脊 II 相连，并具小的下中尖；下内脊位于齿的中央；下原尖和下次尖前后压缩，形成斜的横脊；下中凹与下后凹大小相近；具刚萌出的下次小尖。上臼齿为单面高冠齿；原尖和次尖大小相近；中凹深，向后弯；前、后凹向颊侧开放；内凹浅，近于对称；原脊横向延伸，与原尖连接；后脊膨胀，斜向后内方延伸，与次尖后部相连。

中国已知种 仅模式种。

分布与时代 内蒙古，早渐新世（乌兰塔塔尔期）。

评注 *Helanshania* 虽被原著者归入到 Ctenodactylinae，但该属与 Ctenodactylinae 中目前已知的属有明显不同的特征：如颊齿齿冠较低，上臼齿内凹横向，不前斜等等。如果该属被归入 Ctenodactylinae 的话，它显然代表该亚科中一较早分出的、较原始的分支。编者认为：与目前已知的 Ctenodactylidae 中各类比较，除了齿冠稍高外，*Helanshania* 颊齿的其他形态结构均与 *Karakoromys* 的相似，因此更趋向于认为 *Helanshania* 很可能代表 Karakoromyinae 中较 *Karakoromys* 稍进步的后裔。但因 *Helanshania* 目前已知的标本太少，暂时采用原著者的分类意见。

沙漠贺兰山鼠 *Helanshania deserta* Vianey-Liaud, Rodrigues, Marivaux, 2010

（图 299）

正模 IVPP V 23666.1，左 m2。内蒙古阿拉善左旗乌兰塔塔尔（UTL 1 地点），下渐新统乌兰塔塔尔组。

副模 IVPP V 23666.2，左 M1。产地与层位同正模。

归入标本 IVPP V 23667.1–2，臼齿 2 枚（内蒙古阿拉善左旗）。

鉴别特征 同属。

产地与层位 内蒙古阿拉善左旗乌兰塔塔尔（UTL 1 地点和 UTL 4 地点），下渐新统乌兰塔塔尔组。

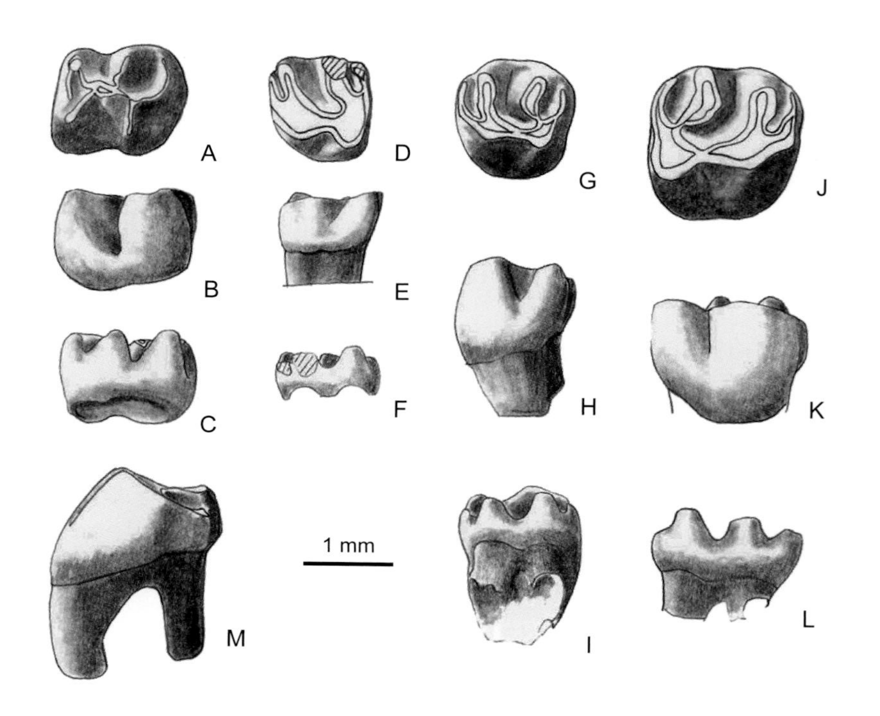

图 299 沙漠贺兰山鼠 *Helanshania deserta*

A–C. 左 m2（IVPP V 23666.1，正模），D–F. 左 M1（IVPP V 23666.2），G–I. 左 M3(?)（IVPP V 23667.2），J–M. 右 M2（IVPP V 23667.1）：A, D, G, J. 冠面视，B, E, H, K. 颊侧视，C, F, I, L. 舌侧视，M. 前侧视（引自 Vianey-Liaud et al., 2010）

豪鼠属 Genus *Sayimys* Wood, 1937

模式种 西瓦豪鼠 *Sayimys sivalensis* (Hinton, 1933)

鉴别特征 颊齿中等高冠，脊形，具齿根，齿冠无白垩质充填。具 DP3。与臼齿相比 P4/p4 较大。上颊齿为单面高冠（内侧齿冠高于外侧者）。P4 前边脊不与前尖相连。

上臼齿为方形（而不是前后伸长的长方形），次尖与原尖大小相近，内凹向前斜伸，具初始的前凹和后凹。下颊齿常具后外齿带，但无前齿带。下臼齿通常无下后脊 II。m1 和 m2 的下中凹的长度等于或长于下后凹。下颌骨咬肌嵴很发达，水平伸，至少达 m1 前齿根下方。颏孔位置相对较高，位于 p4 之前。

中国已知种 *Sayimys obliquidens* 和 *S. sihongensis* 两种。

分布与时代 江苏，早中新世晚期（山旺期）；新疆，早中新世—中中新世（山旺期—通古尔期）；甘肃、宁夏，中中新世（通古尔期）。

评注 *Sayimys* 属最早出现于早中新世，并一直延续到上新世，除在中国外，该属的化石还发现于南亚（巴基斯坦和印度）、蒙古、哈萨克斯坦、土耳其、沙特阿拉伯、以色列和利比亚的新近纪地层。该属目前已知包括 8 种：*S. sivalensis*, *S. obliquidens*, *S. intermedius*, *S. badauni*, *S. baskini*, *S. giganteus*, *S. assarraanensis*, *S. sihongensis*（Hinton, 1933；Bohlin, 1946；Sen et Thomas, 1979；Munthe, 1980；Wessels et al., 1982, 2003；Flynn et Jacobs, 1990；Baskin, 1996；de Bruijn, 1999；López-Antoñanzas et Sen, 2003, 2004；López-Antoñanzas et al., 2004；López-Antoñanzas et Knoll, 2011；Qiu, 2017a）。

另外，在我国宁夏同心丁家二沟中中新统彰恩堡组，新疆准噶尔盆地北缘夺勒布勒津下中新统索索泉组顶部和乌伦古河流域中中新统顶山盐池组，甘肃临夏、和政中新统的上庄组和虎家梁组，以及阿克塞红崖子的中新统还发现有 *Sayimys* 未定种或 *Sayimys obliquidens* 的相似种（曹忠祥等，1990；Qiu et Qiu, 1995；吴文裕等，2009；叶捷等，2012；Deng et al., 2013；Li et al., 2013）。

斜齿豪鼠 *Sayimys obliquidens* Bohlin, 1946

（图 300）

Sayimys cf. *obliquidens*：Bohlin, 1946, p. 110

Sayimys：Bohlin, 1946, p. 110

Metasayimys obliquidens：Jaeger, 1971, p. 123；Sen et Thomas, 1979, p. 35

"*Sayimys*" *obliquidens*：de Bruijn et al., 1981, p. 96

正模 IVPP T. b. 268，一段左下颌骨具 i2 和破的 p4–m2 和完好的 m3。甘肃阿克塞铁匠沟，中中新统铁匠沟组中部。

副模 IVPP T. b. 279b，一段右下颌骨具 p4–m2。产地与层位同正模。

归入标本 IVPP T. b. 254 和 T. b. 261，2 件具上颊齿的部分上颌骨；IVPP T. b. 279a，部分头骨具右 P4–M3（甘肃党河流域）。

鉴别特征 大小和形态结构均与 *Sayimys sivalensis* 的相似；但咬肌嵴仍有与下颌角

突的下缘相连的痕迹，下臼齿下三角座与下跟座的宽度相同或相近，下后脊 II 横向延伸。

产地与层位 甘肃阿克塞铁匠沟，中中新统铁匠沟组中部。

评注 Jaeger（1971）认为 *Sayimys obliquidens* 应归入 *Metasayimys* 属，但 Wang（1997）认为 *S. obliquidens* 的门齿和下臼齿的形态结构和无白垩质等与 *Sayimys* 的相似，而与 *Metasayimys* 的区别明显，*S. obliquidens* 仍应归入 *Sayimys* 属。

Bohlin（1946）在记述党河的 *Sayimys* 标本时，对有的标本的鉴定不确定（或称其为

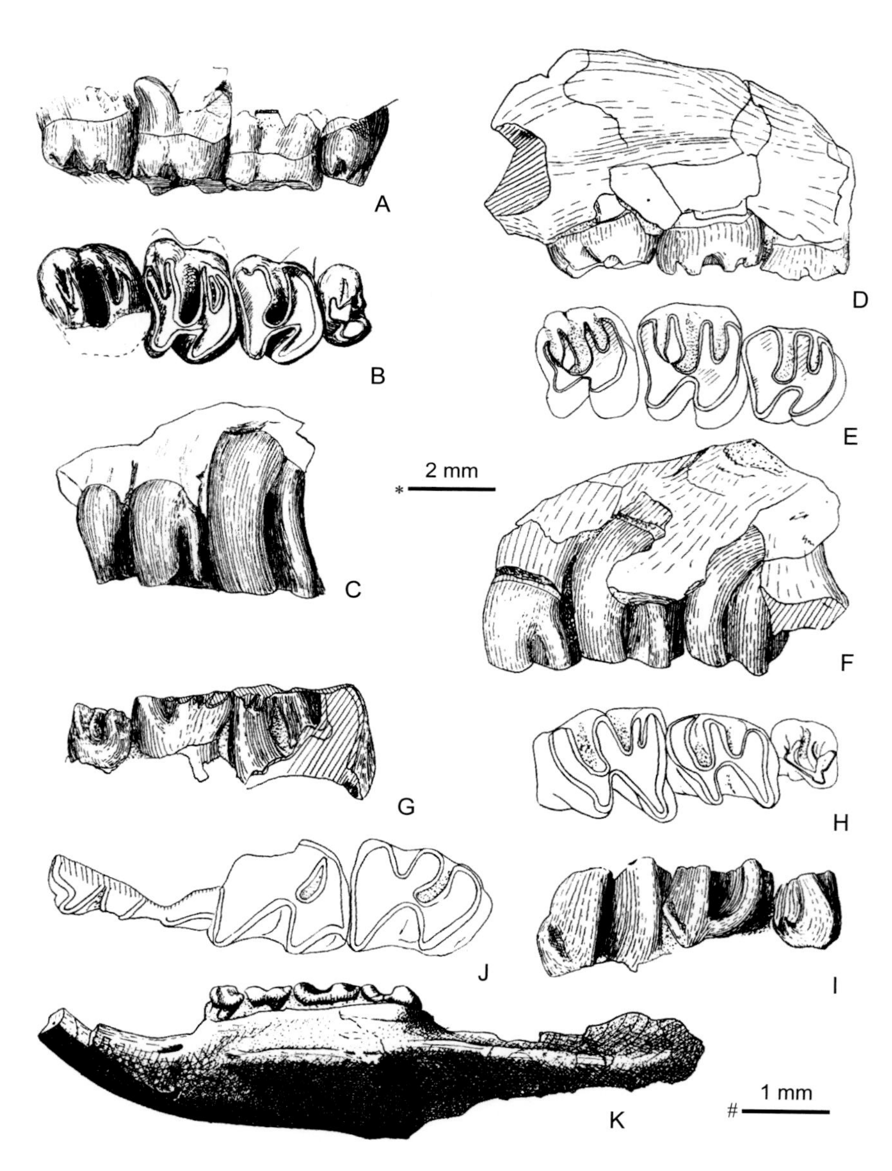

图 300 斜齿豪鼠 *Sayimys obliquidens*

A–C. 右 P4–M3（IVPP T. b. 254），D–F. 右 M1–3（IVPP T. b. 261），G–I. 右 p4–m2（IVPP T. b. 279b），J, K. 左下颌骨具 i2 和 p4–m3（IVPP T. b. 268，正模）：A, D, I, K. 颊侧视，B, E, H, J. 冠面视，C, F, G. 舌侧视；比例尺：* - A–J，# - K（引自 Bohlin, 1946）

Sayimys cf. *obliquidens*，或只是 *Sayimys* 等），Wang（1997）认为 Bohlin（1946）所记述的四件标本均属 *Sayimys obliquidens* 种。编者采纳 Wang（1997）的意见。

在哈萨克斯坦早中新世地层中发现有 *Sayimys obliquidens* 和 *S.* aff. *obliquidens*（Kordikova et de Bruijn, 2001）。

泗洪豪鼠 *Sayimys sihongensis* Qiu, 2017

（图 301）

Sayimys sp.：李传夔等，1983，317 页；Qiu et Qiu, 1995, p. 61；Qiu et Qiu, 2013, p. 147

正模 IVPP V 23215，左 M1。江苏泗洪郑集，下中新统下草湾组。

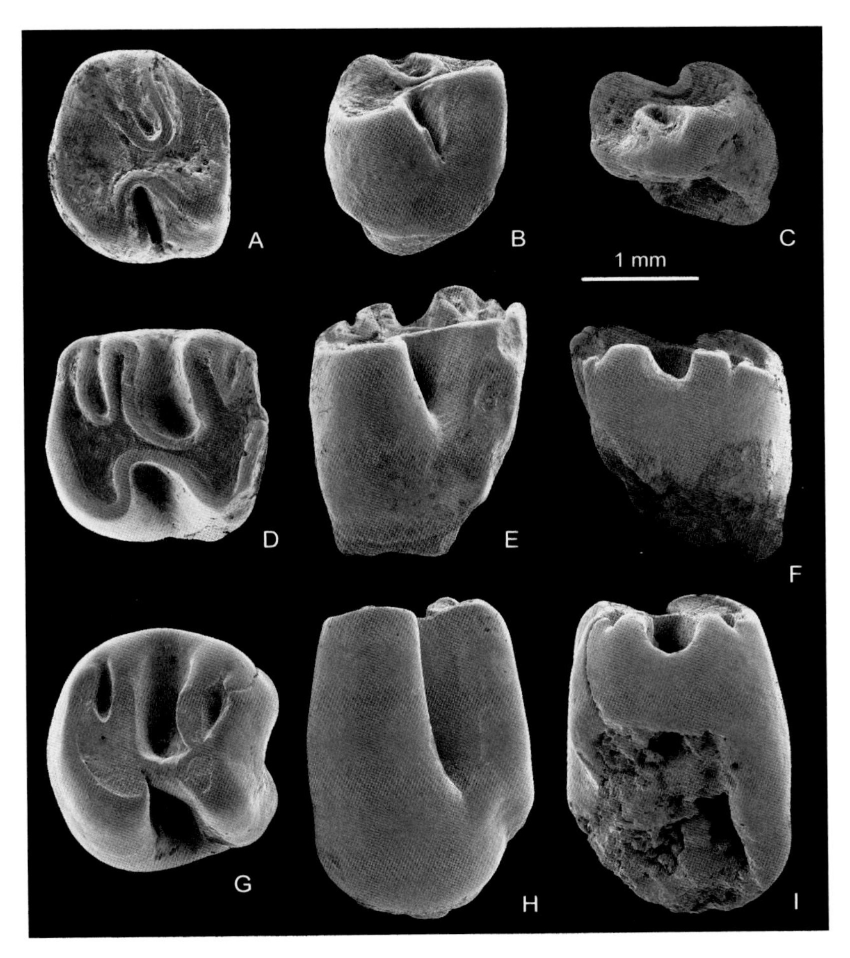

图 301 泗洪豪鼠 *Sayimys sihongensis*

A–C. 右 DP4（IVPP V 23216，反转），D–F. 左 M1（IVPP V 23215，正模），G–I. 右 M3（IVPP V 23217，反转）：A, D, G. 冠面视，B, E, H. 舌侧视，C, F, I. 颊侧视（引自 Qiu, 2017a）

副模 IVPP V 23216，右 DP4。产地与层位同正模。

归入标本 IVPP V 23217，右 M3（江苏泗洪）。

鉴别特征 小个体的豪鼠。DP4 的前凹和后凹经磨蚀后很快消失，原尖位于次尖的稍内侧，前、后尖明显向颊侧突出，原脊和后脊明显地长于前边脊和后边脊。M1 的轮廓约为方形；次尖稍大于原尖；原脊和后脊直，约呈横向延伸；前凹和后凹都很发达，前凹横向长于后凹；内凹纵向较中凹宽，较深于中凹。M3 具横向短的前、后凹；横向延伸的中凹横向长，纵向窄。

产地与层位 江苏泗洪郑集、松林庄，下中新统下草湾组。

亚科不确定 Incertae subfamily

原塔塔鼠属 Genus *Protataromys* Tong, 1997

模式种 渑池原塔塔鼠 *Protataromys mianchiensis* Tong, 1997

鉴别特征 中等大小的塔塔鼠，齿冠低。P4 后齿带发育。M1 和 M2 呈矩形，宽大于长；前、后齿带比原脊和后脊低，分别起于原尖和次尖的顶端；后脊伸向原尖；后小尖明显。M3 与 M1 和 M2 相似，但次尖较小，后脊较低。p4 跟座和三角座宽度相近，具弧形的下后脊，三角凹成盆状，下外脊唇位。下臼齿下后脊 II 发育，伸达下后尖后方；下外脊斜，从下原尖顶端伸达下次尖舌侧。m1 和 m2 下次小尖大，具唇侧后齿带。m3 无唇侧后齿带。

中国已知种 *Protataromys mianchiensis* 和 *P. yuanquensis* 两种。

分布与时代 河南，中始新世晚期（沙拉木伦期）；山西，中始新世最晚期（沙拉木伦晚期）；内蒙古，晚始新世（乌兰戈楚期）。

评注 童永生（1997）在建 *Protataromys* 属时包括两个种（*P. mianchiensis* 和 *P. yuanquensis*）。de Bruijn 等（2003）认为 *P. yuanquensis* 和 *P. mianchiensis* 建种时所依据的标本太少，两者似应为同物异名。编者重新观察了上述两种的标本，认为虽然归入这两个种的标本的确不多，但两种间仍存在一些明显的区别。编者认为还是暂时保留两个种为好。

另外，王伴月（2001b）还记述了产自内蒙古二连浩特附近上始新统呼尔井组的一原塔塔鼠未定种（*Protataromys* sp.）。

渑池原塔塔鼠 *Protataromys mianchiensis* Tong, 1997

（图 302）

正模 IVPP V 10259，右 M1。河南渑池上河，中始新统上部河堤组任村段下化石层。

副模 IVPP V 10259.1–5, V 10260.1–9，14 枚单个颊齿。产地与层位同正模。

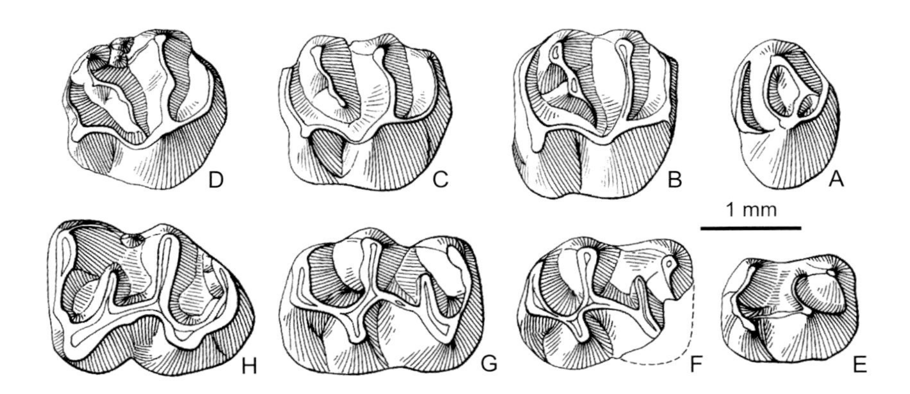

图 302 渑池原塔塔鼠 *Protataromys mianchiensis*

A. 左 P4（IVPP V 10259.1），B. 右 M1（IVPP V 10259，正模），C. 右 M2（IVPP V 10259.3），D. 右 M3（IVPP V 10259.5），E. 右 p4（IVPP V 10260.3），F. 右 m1（IVPP V 10260.6），G. 右 m2（IVPP V 10260.7），H. 左 m3（IVPP V 10260.9）：冠面视（引自童永生，1997）

鉴别特征 p4–m2 下后脊 II 稍向前弯，常与下后尖相连；下三角座盆常被封闭。M3 后脊指向原尖。

评注 童永生（1997）仅指出正模和归入标本。因指定的归入标本均与正模产自同一地点和同一层位，编者将其改称为副模。

垣曲原塔塔鼠 *Protataromys yuanquensis* Tong, 1997

（图 303）

正模 IVPP V 10261，右 m2(?)。山西垣曲土桥沟，中始新统河堤组寨里段。

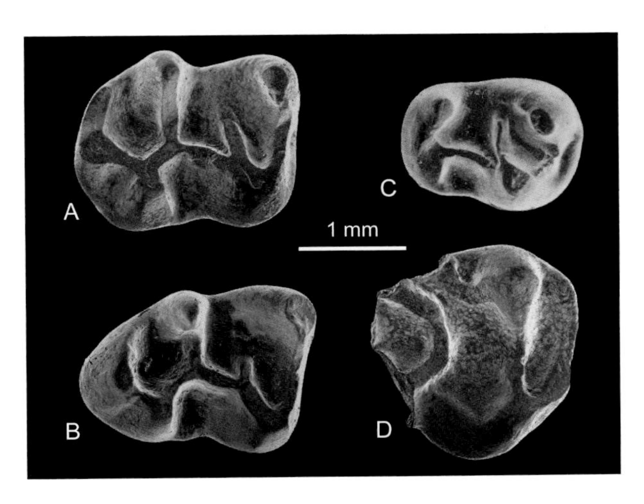

图 303 垣曲原塔塔鼠 *Protataromys yuanquensis*

A. 右 m2(?)（IVPP V 10261，正模），B. 右 m3（IVPP V 10261.2），C. 右 p4（IVPP V 10261.1），D. 右 M3（IVPP V 10262.1）：冠面视（C 引自童永生，1997）

副模 IVPP V 10261.1–2 和 IVPP V 10262.1–2，4 枚单个颊齿。产地与层位同正模。

鉴别特征 p4 下后脊 II 前弯，与下后尖相连；m1–m2 下后脊 II 较直，斜向后舌侧伸，不与下后尖连接；三角座盆向后开口。M3 后脊发达，明显后弯，与次尖相连。

评注 童永生（1997）仅指出正模和归入标本。因他的归入标本均与正模产自同一地点和同一层位，编者将其归入标本改称为副模。

戈壁鼠科 Family Gobiomyidae Wang, 2001

模式属 戈壁鼠属 *Gobiomys* Wang, 2001

定义与分类 该科为亚洲古近纪的土著啮齿类，代表梳趾鼠类在始新世后绝灭了的一个支系，与梳趾鼠科组成一姐妹群。该科化石主要发现于中国内蒙古中—上始新统和云南上始新统，此外在蒙古和哈萨克斯坦的上始新统也有发现。戈壁鼠科已知包括 *Gobiomys*、*Youngomys* 和 *Mergenomys* 三属。

鉴别特征 具豪猪型头骨和松鼠型下颌骨的梳趾鼠类。下颌骨咬肌窝伸达 m2 前缘或 m1 下方，具明显的咬肌嵴。齿式：1•0•2 (1?) •3/1•0•1•3。颊齿齿冠低，主尖发育，齿脊较细弱。第四前臼齿非臼齿化。上臼齿无原小尖，后脊向原尖方向斜伸或无，后小尖通常明显，内脊低弱或无。p4 无下后脊。下臼齿下原尖后臂明显后伸，其舌部弱小或无；下三角凹向后开口；下外脊约位于牙齿的纵中轴处；无下中尖；下内尖臂通常弱或无。m1–2 下次小尖发育，位于齿的后缘中部。

中国已知属 *Gobiomys* 和 *Youngomys* 两属。

分布与时代 亚洲，中—晚始新世。

评注 *Mergenomys* 属仅发现于蒙古的上始新统。在哈萨克斯坦上始新统发现的化石可能代表戈壁鼠科一新属、种，尚待进一步研究。

颊齿所用术语见梳趾鼠科的模式图（图 272）。

戈壁鼠属 Genus *Gobiomys* Wang, 2001

模式种 内蒙古迈根鼠 *Mergenomys neimongolensis* Meng, Ye et Huang, 1999

鉴别特征 中—小型梳趾鼠。上颌骨颧突后缘位于 P3 外方或稍前，门齿孔大，后端达 P4 舌侧。齿式：1•0•2•3/1•0•1•3。颊齿从前往后增大；齿尖明显，但不膨大；齿凹开阔。P4 前尖和原尖圆锥形，后脊弱或无，前、后齿带发育，三齿根。上臼齿宽大于长。从 M1 到 M3 后小尖逐渐变弱小，后脊由无到完全发育。M1 和 M2 具弱的内脊。p4 下外脊靠近颊侧。下臼齿下外脊位于齿的纵中轴偏颊侧，下外凹横向稍窄。m1–2 下次小尖位于牙齿后缘中部。m3 无明显下次小尖。

中国已知种 *Gobiomys neimongolensis*, *G. asiaticus*, *G. exiguus*，共 3 种。

分布与时代 内蒙古，中、晚始新世（沙拉木伦期—乌兰戈楚期）。

内蒙古戈壁鼠 *Gobiomys neimongolensis* (Meng, Ye et Huang, 1999)

（图 304）

Mergenomys neimongolensis：孟津等，1999，165 页，图版 I，图 1–3

正模 IVPP V 11701，右下颌骨残段具 m1–2 及 p4 的齿槽。内蒙古苏尼特右旗巴彦乌兰，中始新统沙拉木伦组。

归入标本 IVPP V 12518.1–17，14 件上、下颌骨，3 枚臼齿（内蒙古阿拉善左旗）。IVPP V 12519, V 12520，上、下颌骨各一件，33 枚颊齿（内蒙古二连盆地）。

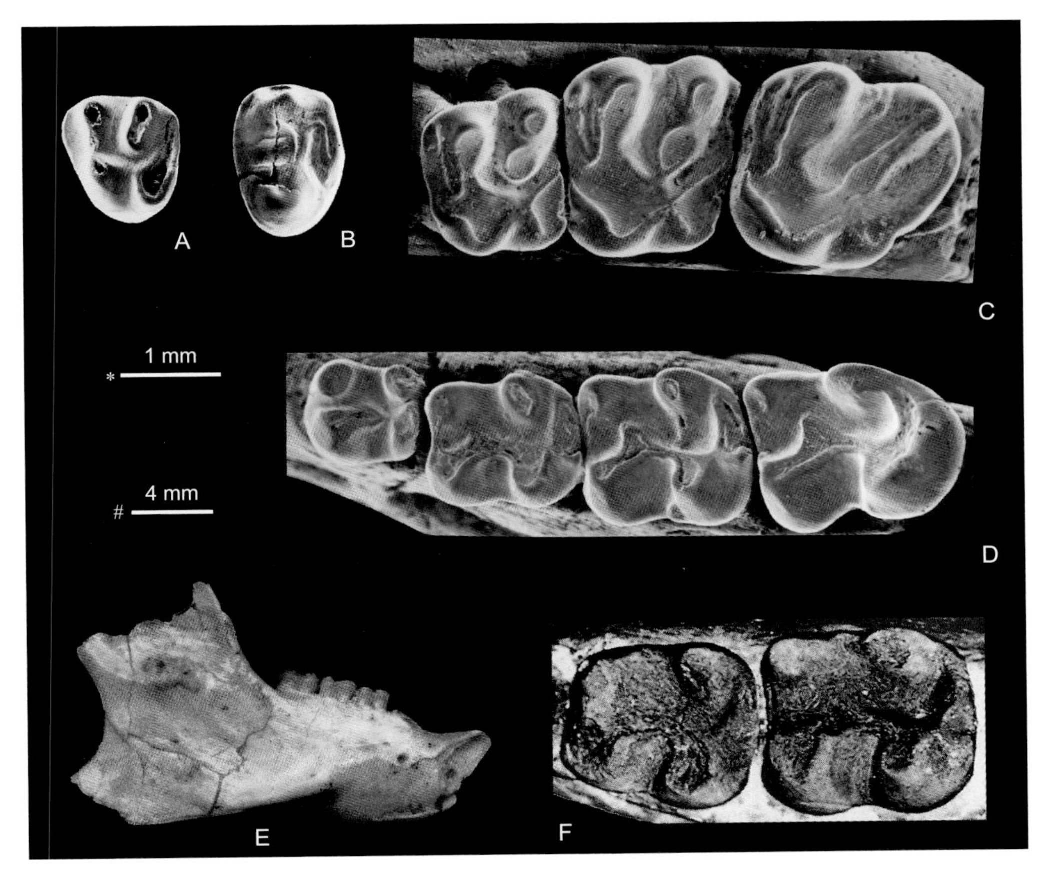

图 304 内蒙古戈壁鼠 *Gobiomys neimongolensis*

A. 右 DP4（IVPP V 12519.2，反转），B. 左 P4（IVPP V 12519.4），C. 左 M1–3（IVPP V 12518 .1），D. 右 p4–m3（IVPP V 12518.7，反转），E. 右下颌骨（IVPP V 12518.8），F. 右 m1–2（IVPP V 11701，正模，反转）：A–D, F. 冠面视，E. 颊侧视；比例尺：* - A–D，F，# - E（A–E 引自王伴月，2001b；F 引自孟津等，1999）

鉴别特征 上颌骨颧突后缘与 P3 相对。M1 具较发达的后小尖，但无后脊。下臼齿具游离的下原尖后臂舌部，下前齿带很弱或无，无明显的下内尖臂。

产地与层位 内蒙古苏尼特右旗巴彦乌兰，中始新统沙拉木伦组；二连浩特火车站东、二连盐池，上始新统呼尔井组；阿拉善左旗豪斯布尔都，上始新统查干布拉格组。

评注 内蒙古戈壁鼠最早是孟津等（1999）根据在内蒙古巴彦乌兰地区发现的标本建立，并被归入蒙古的迈根鼠属（*Mergenomys*）。王伴月（2001b）将该种作为属型种，建立了戈壁鼠属（*Gobiomys*）。

亚洲戈壁鼠 *Gobiomys asiaticus* Wang, 2001

（图 305）

正模 IVPP V 12524.1，一段左上颌骨具 M1–2。内蒙古四子王旗额尔登敖包（IVPP Loc. 91004 地点），上始新统乌兰戈楚组“下白层”。

副模 IVPP V 12524.2–5，一段左上颌骨具 M1，一段右下颌骨具 m1–2，2 枚颊齿。产地与层位同正模。

鉴别特征 小型的戈壁鼠。上颌骨颧突后缘位于 P3 的颊方。上臼齿较宽短，后小尖

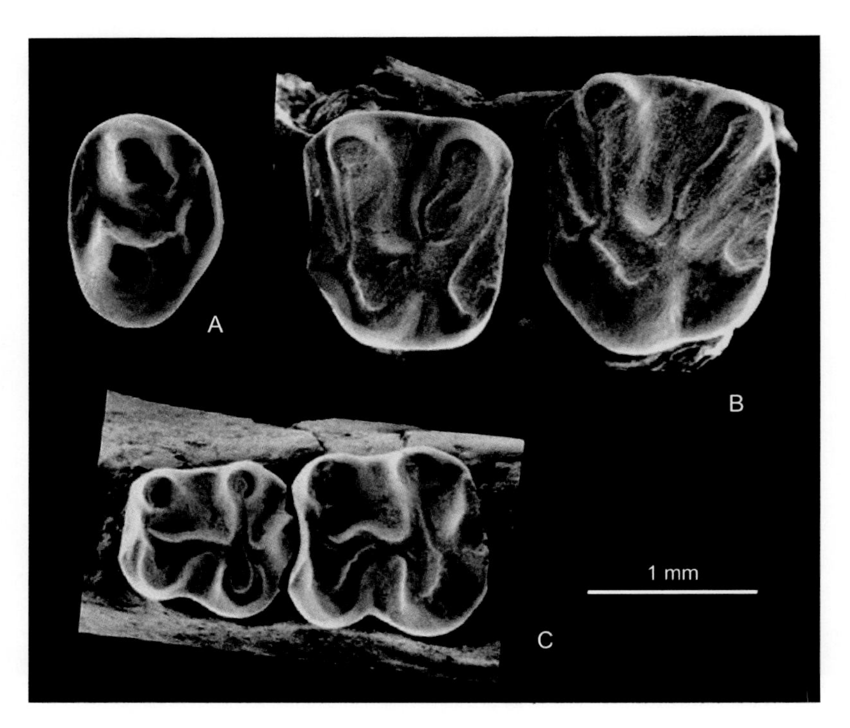

图 305 亚洲戈壁鼠 *Gobiomys asiaticus*

A. 右 P4（IVPP V 12524.3，反转），B. 左 M1–2（IVPP V 12524.1，正模），C. 右 m1–2（IVPP V 12524.4，反转）：冠面视（引自王伴月，2001b）

较弱，后脊较发达。下臼齿前齿带较发育，下内尖臂完全，伸达下次尖。

评注 王伴月（2001b）在描述此种时，只指出了正模和归入标本，未指出副模。原作者的归入标本与正模都产于内蒙古乌兰察布市四子王旗脑木根苏木额尔登敖包 IVPP Loc. 91004 地点的上始新统乌兰戈楚组“下白层”，应视为副模。

内蒙古四子王旗额尔登敖包“下白层”的归属一直存在不同的看法。王伴月（2001b）在描述此种时将“下白层”归入中始新统沙拉木伦组，但后来又归入上始新统乌兰戈楚组（王伴月，2007）。

小戈壁鼠 *Gobiomys exiguus* Wang, 2001

（图 306）

正模 IVPP V 12521.1，一段左上颌骨具 M1–2。内蒙古四子王旗额尔登敖包（IVPP Loc. 91004），上始新统乌兰戈楚组“下白层”。

副模 IVPP V 12521.2–6，三段上颌骨和 2 枚颊齿。产地与层位同正模。

归入标本 IVPP V 12522.1–7，7 枚颊齿（内蒙古二连盆地）。

特征 小型的戈壁鼠，比 *Gobiomys neimongolensis* 约小 1/3。上颌骨颧突后缘在 P3 之前。下臼齿缺下原尖后臂舌部、下内尖臂和下前齿带。

产地与层位 内蒙古四子王旗额尔登敖包，上始新统乌兰戈楚组；二连浩特火车站东，上始新统呼尔井组。

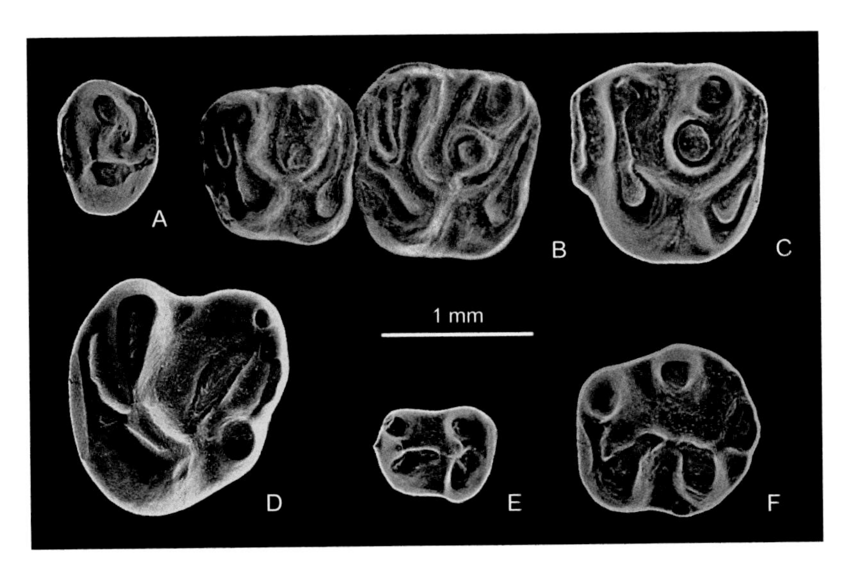

图 306 小戈壁鼠 *Gobiomys exiguus*

A. 左 P4（IVPP V 12521.5），B. 左 M1–2（IVPP V 12521.1，正模），C. 右 M2（IVPP V 12522.3，反转），D. 左 M3（IVPP V 12522.4），E. 右 p4（IVPP V 12521.6，反转），F. 左 m1/2（IVPP V 12522.5）：冠面视（引自王伴月，2001b）

评注 王伴月（2001b）在描述此种时，只指出了正模和归入标本，未指出副模。IVPP V 12521.2–6 与正模产自相同的地点和层位，应视为副模。

在内蒙古锡林郭勒盟二连浩特火车站东（IVPP Loc. 88001 地点）的上始新统呼尔井组中还产有 1 枚 P4（IVPP V 12523）和 3 枚上臼齿（IVPP V 12651, V 12652.1–2）。前者的基本形态与 *G. exiguus* 很相似，但比 *G. exiguus* 小得多，而且其原尖后臂不发达，被归入该种的相似种；后者的尺寸与 *G. exiguus* 的相近，但 M1/2 的长大于宽、前齿带较低、原尖为 V 形，后小尖很弱小、无明显的内脊、在内凹的入口处有附加脊，M3 的原脊较长、向后弯曲、后尖小、后边脊比后脊发达、次尖的位置较少靠近原尖等，可能代表不同于 *Gobiomys* 的已知种的新种，甚至不同的属，被研究者归入 *Gobiomys* spp.（王伴月，2001b）。

杨氏鼠属 Genus *Youngomys* Wang, 2001

模式种 云南杨氏鼠 *Youngomys yunnanensis* Wang, 2001

鉴别特征 比 *Karakoromys* 更原始的梳趾鼠类；颊齿相当长，齿冠低，具钝的主尖和低的横脊；上臼齿长大于宽，后小尖明显，但不膨大；后脊斜向原尖延伸；内脊完全；内凹宽，横向延伸；下臼齿的下原尖后臂主要向后伸，无舌部；下内尖臂弱，不伸达下外脊；下外脊位于牙齿的纵中线处；下次小尖不膨大，位于牙齿后缘的中部。

中国已知种 *Youngomys yunnanensis* 和 *Y. pisinnus* 两种。

分布与时代 云南，晚始新世（乌兰戈楚期）。

评注 *Youngomys* 属原被王伴月（2001a）归入到梳趾鼠科。王伴月（2001b）对梳趾鼠类及有关种类进行分支系统分析后认为 *Youngomys* 与 *Gobiomys* 有最近的亲缘关系，两者组成一姐妹群，因此将 *Youngomys* 归入戈壁鼠科。

除上述两个已知的种外，在云南省曲靖蔡家冲（IVPP Loc. 80026 地点）的上始新统蔡家冲组第四层还发现了 4 枚上臼齿（IVPP V 12399.1–4）。其尺寸和形态与 *Y. yunnanensis* 的相似，但冠面外形近方形，并具完全的、与原尖相连的后脊，M1/2 无内脊，但次尖前臂伸达后脊，M3 次尖的位置向前移靠近原尖。由于这些不同，研究者将其指定为 *Gobiomys*? sp.，同时也不排除这些臼齿可能代表 *Youngomys* 的一新种，甚至不同于 *Youngomys* 的新属（王伴月，2001a）。

云南杨氏鼠 *Youngomys yunnanensis* Wang, 2001

（图 307）

正模 IVPP V 12396.1，1 枚左 M1/2。云南曲靖蔡家冲（IVPP Loc. 80022 地点），上

始新统蔡家冲组第六层。

副模 IVPP V 12396.2，1 枚 M1/2。产地与层位同正模。

归入标本 IVPP V 12395.1–13, V 12397.1–2，15 枚颊齿（云南曲靖）。

鉴别特征 个体中等的 *Youngomys*。上颊齿齿脊很发达，后脊通常以一细脊与原尖相连，后小尖弱或不明显，次尖位于原尖后方，前齿带与后边脊大小相近，与原尖相连，其颊端不伸达齿的颊侧缘。

产地与层位 云南曲靖蔡家冲（IVPP Loc. 80022, 80021, 85003 地点），上始新统蔡家冲组第四层和第六层。

评注 王伴月（2001a）在描述此种时，只指出了正模和归入标本，未指出副模。编者将原作者的、与正模产于同一地点和层位的归入标本改称为副模。

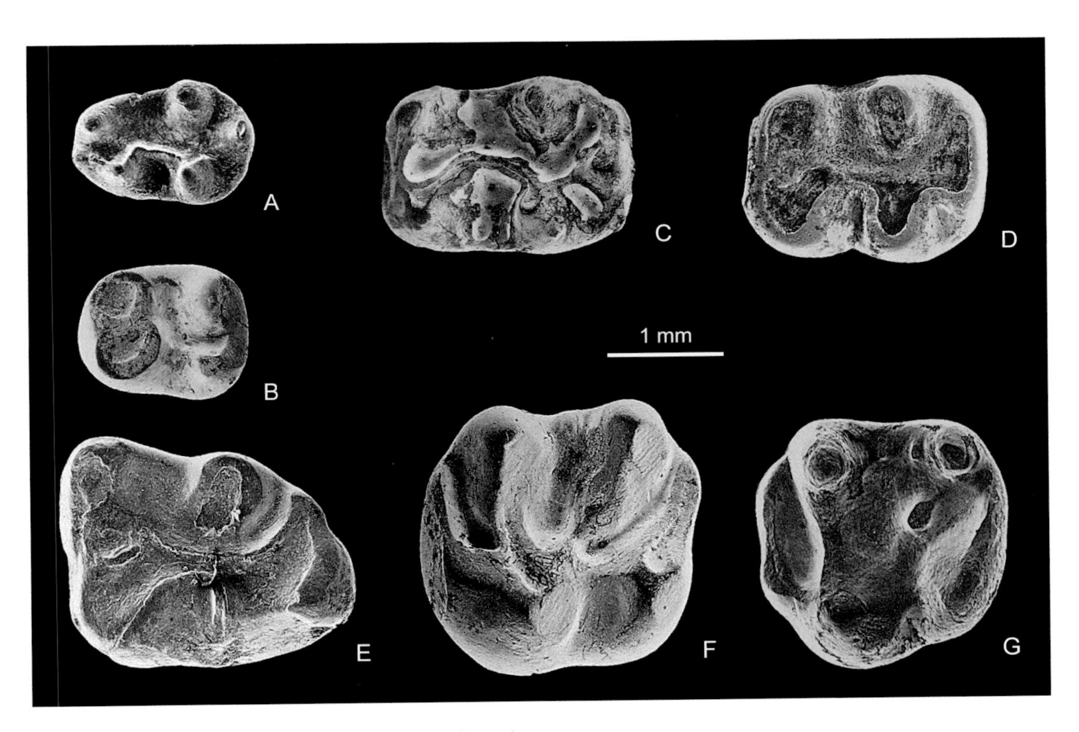

图 307 云南杨氏鼠 *Youngomys yunnanensis*

A. 右 dp4（IVPP V 12395.6，反转），B. 右 p4（IVPP V 12395.7，反转），C. 左 m1/2（IVPP V 12395.8），D. 左 m1/2（IVPP V 12397.2），E. 右 m3（IVPP V 12395.12，反转），F. 左 M1/2（IVPP V 12396.1，正模），G. 右 M3（IVPP V 12395.5，反转）：冠面视（引自王伴月，2001a）

小杨氏鼠 *Youngomys pisinnus* Wang, 2001

（图 308）

正模 IVPP V 12398.1，右 M1/2。云南曲靖蔡家冲（IVPP Loc. 80026 地点），上始新统蔡家冲组第四层。

副模 IVPP V 12398.2–8，7 枚颊齿。产地与层位同正模。

鉴别特征 个体较 *Youngomys yunnanensis* 的小。颊齿为低冠的丘型齿，横脊低而弱。上臼齿通常具明显的后小尖和不完全的后脊；M1/2 次尖位于原尖后舌方，前齿带的位置较向颊侧移，不与原尖连，但其颊端稍膨大，伸达齿的颊侧缘。

评注 王伴月（2001a）在描述此种时，只指出了正模和归入标本，未指出副模。因原作者的归入标本与正模产于同一地点和层位，编者将其改称为副模。

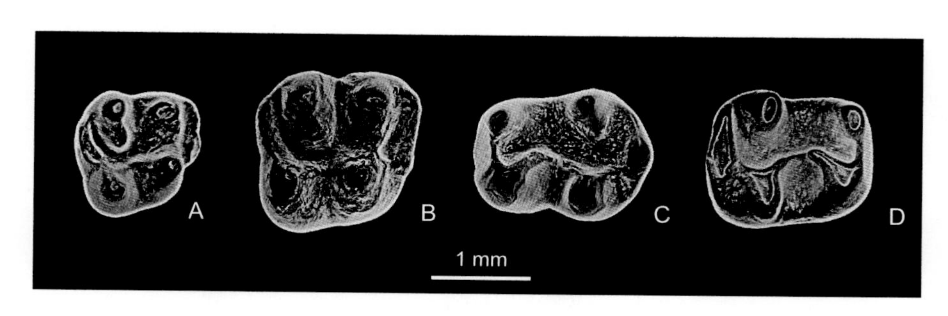

图 308 小杨氏鼠 *Youngomys pisinnus*

A. 右 DP4（IVPP V 12398.4），B. 右 M1/2（IVPP V 12398.1，正模），C. 左 m1/2（IVPP V 12398.6），D. 右 m1/2（IVPP V 12398.8）：冠面视（引自王伴月，2001a）

硅藻鼠科 Family Diatomyidae Mein et Ginsburg, 1997

模式属 硅藻鼠属 *Diatomys* Li, 1974

定义与分类 硅藻鼠是一类繁盛于亚洲第三纪中期的啮齿动物，但最早的化石却发现在欧洲塞尔维亚的早渐新世地层中（Marković et al., 2017）。截至目前，该科的化石共发现有 6 属 11 种。1974 年，李传夔在记述山东硅藻鼠时，由于标本严重挤压变形，难以判断对分类至关重要的颧 - 咬肌结构，当时即以“科待定”“或为新科”置于双脊型臼齿的？囊鼠超科（?Geomyoidea）之下。1997 年，Mein 和 Ginsburg 在研究泰国里（Lee Mae Long）盆地早中新世的哺乳动物群时，率先提出了 Diatomyidae（新科），并将其置于梳趾鼠超科（Ctenodactyloidea）之下。

鉴别特征 个体中等至小型的啮齿类。具豪猪型头骨及松鼠型下颌；门齿釉质层为复系结构；齿式：1•0•2–1•3/1•0•1•3；颊齿双脊型、小尖缺失，前臼齿通常具三齿根，臼齿四根；颞部与下颌结合处的髁突低矮；下颌冠状突退化；颅后骨骼未特化。

中国已知属 仅模式属。

分布与时代 山东、江苏、安徽，早中新世。

评注 1）硅藻鼠科的时空分布：除在欧洲塞尔维亚早渐新世地层中（约 32 Ma）发现的未期鼠（*Inopinatia*）（Markovieć et al., 2017）外，硅藻鼠科化石主要发现于亚洲。其时空分布断断续续经历了四个阶段：①渐新世中—晚期（约 28–23 Ma）：有众多主要发现在南亚印巴次大陆的硅藻鼠类，如假鼠（*Fallomus*）（Flynn et al., 1986；Marivaux et Welcomme, 2003；Nanda et Sahni, 1998）、玛丽鼠（*Marymus*）（Flynn, 2007）、皮埃尔鼠（*Pierremus*）（López-Antoñanzas, 2011）等。之后，从渐新世最晚期至中新世最早期的约五六百万年间，硅藻鼠化石发现极少，可称第一个间断。②早中新世晚期（约 18 Ma 前后）相当于中国的山旺期的地层中，在东亚、南亚等多个地点发现了至少 3 种以上的硅藻鼠（*Diatomys*）。之后，又无任何发现，可称为第二个间断。③中中新世晚期（约 11 Ma 前后）相当于通古尔期晚期的地层中，在巴基斯坦 Nagri 组发现了两枚最大的硅藻鼠类的下臼齿——维霖鼠（*Willmus*）（Flynn et Morgan, 2005）。再后的 1100 万年中更无硅藻鼠类化石发现，曾被认为该类动物已彻底灭绝。④直到 2005 年在老挝喀斯特洞穴中发现了一种现生啮齿动物，认为是一类新奇的物种，取名谜岩鼠（*Laonastes aenigmamus* Jenkins et al., 2005），并以此创建了一个新科 Laonastidae。但到次年 Dawson 等（2006）在将谜岩鼠的骨骼与在山东山旺新发现的、保存更为完整的 *Diatomys shantungensis* 骨架（IVPP V 12692）比较之后，发现两者保留许多相同的关键性状：都有大的眶下孔、具有豪猪型头骨结构；共同的松鼠型下颌、冠状突缺失、髁突极低；相同的齿式、双脊型颊齿及门齿复系釉质层（multiserial）结构等等，一切说明谜岩鼠并不是一个奇特物种，只不过是绝迹 1100 万年的硅藻鼠类的一个孑遗、一个活化石而已。至于是不是消失了 1100 万年似乎尚有争议，原因是 Ni 和 Qiu（2002）在记述云南元谋雷老晚中新世哺乳动物群（8 Ma）时，报道了一枚发现于 9905 地点的 p4，指定为“Pedetidae gen. et sp. indet.”。Flynn（2006）认为这枚双脊型、高齿冠的下颊齿极有可能为一硅藻鼠类牙齿。果如是，则硅藻鼠类在地球上仅仅“消失”了 800 万年。

2）硅藻鼠科的分类阶元归属及起源：硅藻鼠类虽不像同期的鼠超科化石那样丰富，但也断断续续地在地球上出现了近三千万年。由于化石保存零散，除山东山旺有几件完整压扁了的骨架和泰国里盆地有多达 500 余件的残破颌骨、单个牙齿及若干肢骨外，其他地点多为单个牙齿，这给硅藻鼠类的高级分类阶元和系统发育研究带来了困难。尽管学者们把它先后归入不同的分类阶元，如新科 /?Geomyoidea（李传夔，1974），Chapattimyidae/Ctenodactyloidea（Flynn et al., 1986），Diatomyidae/Ctenodactyloidea（Mein et Ginsburg, 1997），但直到 2006 年，Dawson 等在对骨骼，尤其是头骨的全面分析基础上，才确立了硅藻鼠科应归入 Ctenodactyloidea 的系统关系。这一结论同样也得到分子生物学的支持（Huchon et al., 2007）。分子生物学的研究显示：Diatomyidae、Ctenodactylidae 及 Hystricognathi 共同构成 Ctenohystrica 支系，而 Ctenodactylidae 与 *Laonastes* 的分异时间当在约 44 Ma，即相当于中始新世鲁泰特期（约相当我国的伊尔丁曼哈期）。在中亚这一时期内，确有类似于双脊型的数种微小啮齿类化石发现，如 *Hydentomys*（童永生，1997）、*Dolosimus*（Dawson et al., 2010）、*Butomys prima*（Dashzeveg et Meng, 1998a）和 *Mergenomys orientalis*（Dashzeveg et Meng, 1998a）等。鉴于化石材料仅为单个牙齿，虽不能肯定这几种动物就与硅藻鼠类起源有关，但至少可以说明雏形的颊齿双脊类啮齿动物在中亚中始新世时已有发现。东亚是早期 ctenodactyloids 演化、辐射中心，种种线索显示硅藻鼠类应当起源于亚洲。

3）硅藻鼠类的演化趋势概括有：①个体逐渐增大，多数渐新世种类的 m2 长约在 1.6–2.1 mm，中中新世时，m2 长约在 2.2–2.7 mm，至晚中新世的 *Willmus* 个体更大；②齿冠增高；③附尖、小脊等退化，趋于简单的双脊型；④早期的硅藻鼠类，如 *Inopinatia*、*Fallomus* 等的前臼齿（DP4/dp4）为终生生长，但后期的硅藻鼠（*Diatomys*）尚未见前臼齿终生生长的确切报道，是否应将这一特征写入硅藻鼠科的鉴别特征之中（Marković et al., 2017）尚待研究、证实。

硅藻鼠属 Genus *Diatomys* Li, 1974

模式种 山东硅藻鼠 *Diatomys shantungensis* Li, 1974

鉴别特征 个体较大的硅藻鼠类，具豪猪型头骨、松鼠型下颌，地栖兼有树栖或穴居，长尾，齿式：1•0•1•3/1•0•1•3，门齿釉质层为复系（multiserial），颊齿低冠，双脊型，下前臼齿（p4）前脊由清楚的三个小尖组成、前脊向前突出，下臼齿的第三叶（hypoconlid）不发育。

中国已知种 仅模式种。

分布与时代 山东、江苏、安徽，早中新世晚期。

评注 该属发现于江苏的材料未见有详细的描述，安徽繁昌的材料出自裂隙堆积，也未作详细描述（李传夔等，1983；Qiu et Jin, 2016）。

山东硅藻鼠 *Diatomys shantungensis* Li, 1974

（图 309）

Diatomys cf. *D. shantungensis*：李传夔等，1983，317 页

Diatomys cf. *D. shantungensis*：Qiu et Qiu, 2013, p. 147

正模 BMNH 5967，一具近于完整并带有毛须痕迹的侧压骨架印模，前后肢下部缺失，具有大部分的牙齿。山东临朐解家河，下中新统山旺组。

副模 IVPP V 2925，一具侧压骨骼的前半身，保存有完整齿列。产地与层位同正模。

鉴别特征 同属。

产地与层位 山东临朐解家河，下中新统山旺组；江苏泗洪松林庄、双沟、郑集，下中新统下草湾组。

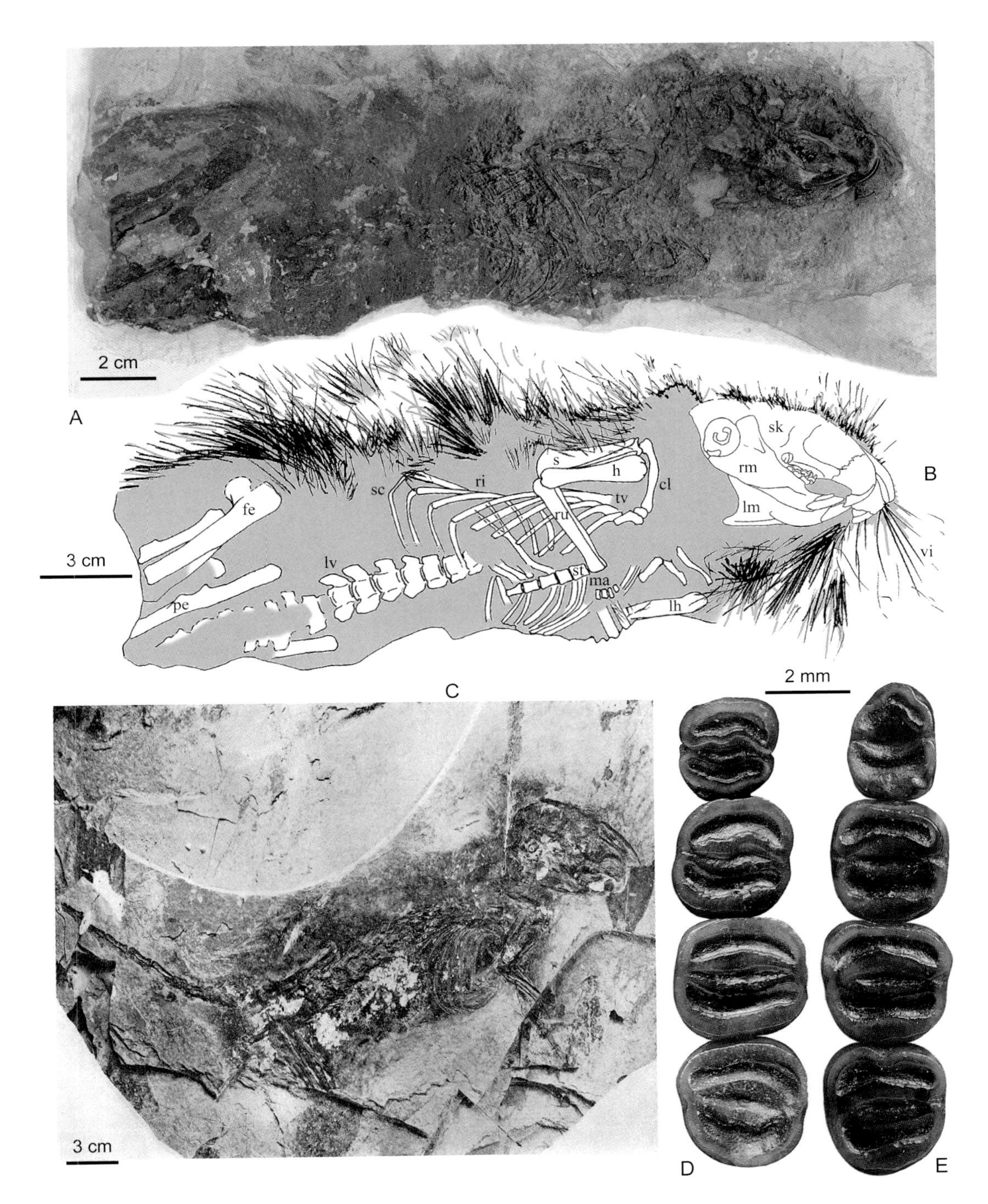

图 309　山东硅藻鼠 *Diatomys shantungensis*

A, B. 近于完整的骨架（IVPP V 12692，B 为骨架复原线条图），C. 带毛的完整骨架（BMNH 5967，正模），D. 左 P4–M3（IVPP V 2925），E. 右 p4–m3（IVPP V 2925，反转）：A–C. 右侧视，D, E. 冠面视（A, B 引自 Dawson et al., 2006，C, E 引自李传夔，1974）

cl. 锁骨（clavicle），fe. 股骨（femur），h. 右肱骨（right humerus），lh. 左肱骨（left humerus），lm. 左下颌骨（left mandible），lv. 腰椎（lumbar vertebrae），ma. 前爪（manubrium），pe. 骨盆（pelvis），ri. 肋骨（ribs），rm. 右下颌骨（right mandible），ru. 桡骨 + 尺骨（radius+ulna），s. 肩胛骨（scapula），sc. 胸软骨（sternal cartilage），sk. 头骨（skull），st. 胸骨（sternum），tv. 胸椎（thoracic vertebrae），vi. 髭（vibrissa）

评注 正模标本业已损毁，无法获得清晰图版。江苏泗洪的标本尚未编号研究。

硅藻鼠科？ Family Diatomyidae? Mein et Ginsburg, 1997

期位鼠属 Genus *Dolosimus* Dawson, Li et Qi, 2010

模式种 期位期位鼠 *Dolosimus dolus* Dawson, Li et Qi, 2010

鉴别特征 极小型的啮齿类，颊齿低冠、近于双脊型；上臼齿型的颊齿三齿根，p4和下臼齿双齿根；颊齿脊齿型，齿尖不发育且多呈脊形；上臼齿型的颊齿通常有一在后尖和后小尖间形成、指向原尖的短脊，上颊齿冠面周边由齿脊环绕；p4三角座较跟座窄长；下臼齿于磨蚀初期在下原尖处有一后脊，磨蚀后形成双脊；颊齿侧横谷较舌侧者为宽。

中国已知种 仅模式种。

分布与时代 江苏，中始新世早期（伊尔丁曼哈期）。

评注 属名中的“dolosi”源于dolosus（拉丁文，意为蒙骗、误导）。命名者借助其意显示该类动物的分类位置仍模糊不清，期望有一准确定位，故译为期位。

中始新世的*Dolosimus*的发现可能会为diatomyids的起源提供一些有利的线索，但材料仅限于牙齿，尚不能肯定*Dolosimus*是否与硅藻鼠类或非洲跳兔类（pedeteds）这些具有明显双脊齿型颊齿的啮齿类有直接的亲缘关系。

期位期位鼠 *Dolosimus dolus* Dawson, Li et Qi, 2010

（图310）

正模 IVPP V 16967，一个臼齿化的右下牙齿。江苏溧阳上黄裂隙堆积D地点，中始新统下部。

副模 IVPP V 16968–17015，颊齿48枚。产地与层位同正模。

鉴别特征 同属。

评注 建名者描述时将正模外的材料都指定为归入标本，因其与正模产自相同地点和层位，在此改为副模。

猪齿鼠属 Genus *Hydentomys* Tong, 1997

模式种 隐脊猪齿兽 *Hydentomys crybelophus* Tong, 1997

鉴别特征 个体极小的啮齿类（颊齿长度0.6–0.9 mm）。颊齿低冠、方形，齿尖呈锥状，基本为四尖、两排；M1和M2原尖与次尖等大、为深的齿谷分开，后脊有时较清楚、

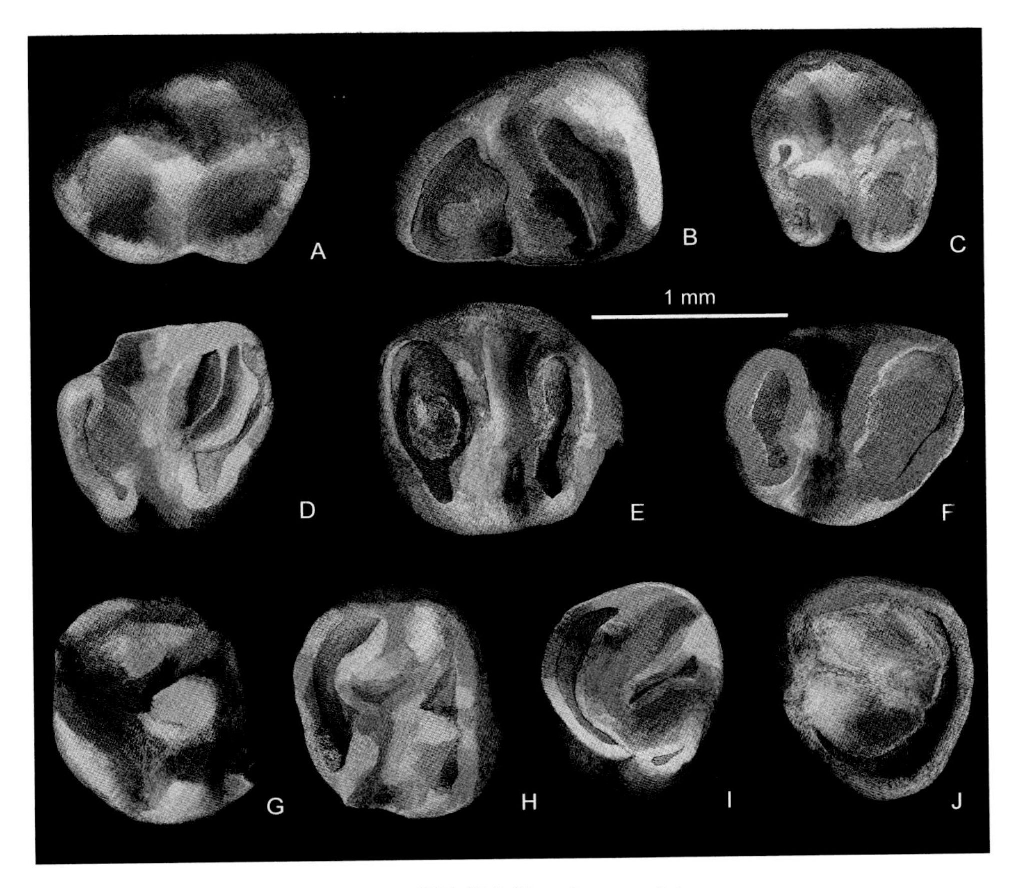

图 310 期位期位鼠 *Dolosimus dolus*

A. 右 p4（IVPP V 16977），B. 右 p4（IVPP V 16972），C. 左 m1/2（IVPP V 16978），D. 左 m1/2（IVPP V 17011），E. 右 m（IVPP V 16967，正模），F. 左 m3（IVPP V 17015），G. 左 M（IVPP V 16984），H. 左 M（IVPP V 16985），I. 左 M（IVPP V 16986），J. 右 M（IVPP V 16987）：冠面视（引自 Dawson et al., 2010）

与原尖相连，前后齿带弱或无；P4 次尖小、齿脊弱；下臼齿具前齿带，齿尖呈明显双排排列、中间无脊连接，前齿带发育，包围着下原尖前侧基部，后齿带或隐或显；p4 三角形、三齿尖。

中国已知种 *Hydentomys crybelophus* 和 *H. major* 两种。

分布与时代 河南，中始新世中期（伊尔丁曼哈期）。

评注 童永生（1997）在建立该属时，将 *Hydentomys* 归入囊鼠超科？（Geomyoidea?）中的科未定（Family incertae sedis）。江苏溧阳 *Dolosimus* 的发现，表明在中始新世时，我国确有类似硅藻鼠类（diatomyids）的双脊齿鼠类的存在，出现的时代远早过在南亚渐新世地层中发现的 *Fallomus* 和塞尔维亚早渐新世的 *Inopinatia*。这些中始新世的双脊齿类有可能为硅藻鼠类的起源提供一些线索，但毕竟所有材料均是单个的颊齿，缺少更多的诸如头骨、颧 - 咬肌结构等重要的分类依据，目前，只能将其从 Geomyoidea 中剔出，暂附于 Diatomydae? 之下，有待今后发现更多的材料时予以订正。

隐脊猪齿鼠 *Hydentomys crybelophus* Tong, 1997

（图 311）

正模 IVPP V 10300，左 M1/2。河南淅川石皮沟，中始新统核桃园组。

副模 IVPP V 10300.1–10, V 10301–10304，35 颗单个牙齿。产地与层位同正模。

鉴别特征 同属。

评注 建名者描述时将正模外的材料都指定为归入标本，因其与正模产自相同地点和层位，在此改为副模。

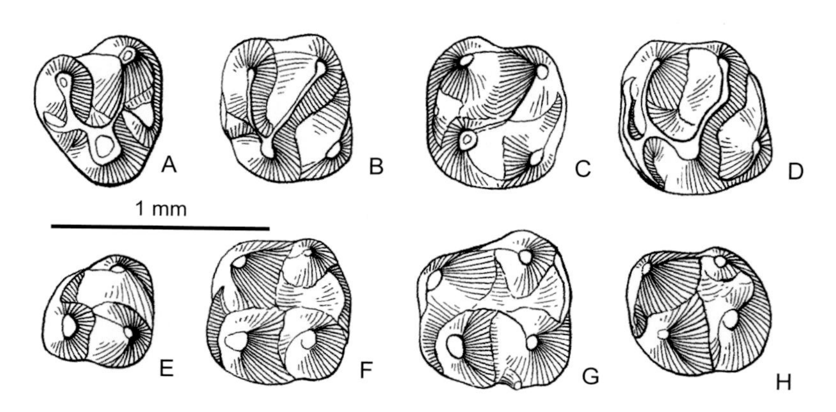

图 311 隐脊猪齿鼠 *Hydentomys crybelophus*

A. 左 P4（IVPP V 10301.4），B. 左 M1/2（IVPP V 10300，正模），C. 右 M2?（IVPP V 10300.8，反转），D. 左 M2（IVPP V 10300.6），E. 左 p4（IVPP V 10303.1），F. 左 m1?（IVPP V 10302.2），G. 左 m2?（IVPP V 10302.9），H. 左 m3（IVPP V 10304）：冠面视（引自童永生，1997）

大猪齿鼠 *Hydentomys major* Tong, 1977

（图 312）

正模 IVPP V 10305，左 M1/2。河南淅川石皮沟，中始新统核桃园组。

副模 IVPP V 10306，1 颗右 m1。产地与层位同正模。

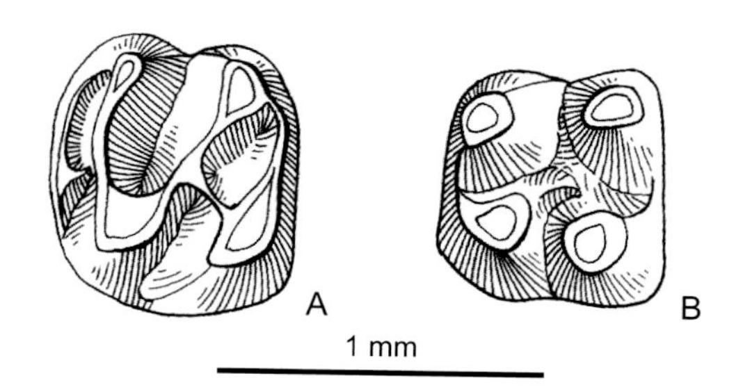

图 312 大猪齿鼠 *Hydentomys major*

A. 左 M1/2（IVPP V 10305，正模），B. 右 m1（IVPP V 10306，反转）：冠面视（引自童永生，1997）

鉴别特征 个体较大，上臼齿齿尖前后收缩，原脊和后脊明显，前齿带强，下臼齿下后尖前棱虽弱，但与下原尖相连。

评注 建名者描述时将正模外的材料都指定为归入标本，因其与正模产自相同地点和层位，在此改称副模。

啮齿目（分类位置不明） RODENTIA incertae sedis

圆柱齿鼠科 Family Cylindrodontidae Miller et Gidley, 1918

模式属 圆柱齿鼠属 *Cylindrodon* Douglass, 1902

定义与分类 圆柱齿鼠科为已绝灭的、半穴居或穴居类型啮齿动物，分布于亚洲和北美，化石在北美最为丰富，从下始新统到上渐新统都有发现。该科在亚洲出现稍晚，出现于中始新世到早渐新世。在亚洲主要发现于我国山西的中始新统和内蒙古的上始新统和下渐新统，蒙古的中始新统—下渐新统和哈萨克斯坦的上始新统—下渐新统。

圆柱齿鼠科（Cylindrodontidae）最初由 Miller 和 Gidley（1918）建立，并将其归入跳鼠超科（Dipodoidea）。Simpson（1945）认为，圆柱齿鼠类只是松鼠型亚目（Sciuromorpha）山河狸超科（Aplodontoidea）壮鼠科（Ischyromyidae）中的一亚科。Wahlert（1974）根据头骨的特征也认为圆柱齿鼠类是壮鼠科的一亚科。Wood（1974b）将 Simpson 的圆柱齿鼠亚科提升为科，并认为该科包括 3 个亚科：圆柱齿鼠亚科（Cylindrodontinae）、威氏鼠亚科（Jaywilsonomyinae）和查干鼠亚科（Tsaganomyinae）。Wood（1980）认为圆柱齿鼠科是豪猪型下颌亚目（Hystricognatha）中的一科，但只包括圆柱齿鼠亚科和威氏鼠亚科，将查干鼠亚科排除在外。McKenna 和 Bell（1997）将圆柱齿鼠科归入其建立的祖松鼠亚目（Sciuravida）。Emry 和 Korth（1996a）认为 cylindrodontids 在啮齿目中的位置不确定。Walsh 和 Store（2007）认为要确认 cylindrodontids 的姐妹群和外类群的关系，目前还缺乏可信的证据。

编者采用 Emry 和 Korth（1996a）的建议，将其作为啮齿类分类位置不明（Rodentia incertae sedis）中的一科；同时将该科分为圆柱齿鼠亚科和威氏鼠亚科两个亚科，以及一个位置不确定的亚科（包括仅发现于北美的 *Dawsonomys*、*Presbymys* 和 *Sespemys* 三属）。

鉴别特征 具始啮型头骨和次豪猪型下颌骨；头骨短宽而背腹向扁平，具短、宽而高的吻部和弱的矢状脊；具小的眶下孔；颧弓宽，纵向延伸；与颊齿的位置比较，颧弓前根的位置相对比较靠后；听泡膨大，完全骨化；下颌骨高，咬肌窝的位置靠后；齿式：1•0•2–1•3/1•0•1•3；I2 通常强烈弯曲；i2 在早期种类较纤细，晚期种类的变宽，且横切面变为三角形；门齿的釉质层为散系或单系；颊齿由低冠到完全高冠，总具齿根；冠面为圆形或卵圆形；上、下颊齿通常具四横脊，无中脊和下中脊；具中附尖；次尖明显或不明显；

上颊齿内脊完全，通常与四横脊相连；P4 的尺寸在较原始的种类小于上臼齿，在较进步的种类则与 M1/2 的相近；下臼齿具完全的下外脊和下次脊；p4 的尺寸由小于下臼齿到近等于 m1/2；m3 的尺寸在较原始的种类与 m2 相近，在较进步的种类则小于 m2。

中国已知亚科 圆柱齿鼠亚科（Cylindrodontinae）和威氏鼠亚科（Jaywilsonomyinae）两个亚科。

分布与时代 北美，早始新世—晚渐新世；亚洲，中始新世—早渐新世。

该科牙齿的构造模式图如下：

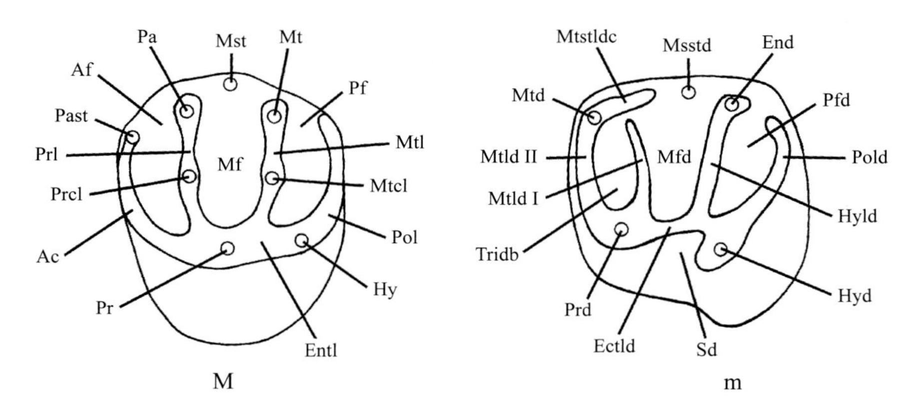

图 313 圆柱齿鼠科颊齿模式图

Ac. 前齿带（anterior cingulum），Af. 前凹（anterior fossette），Ectld. 下外脊（ectolophid），End. 下内尖（entoconid），Entl. 内脊（enteloph），Hy. 次尖（hypocone），Hyd. 下次尖（hypoconid），Hyld. 下次脊（hypolophid），M. 上臼齿（upper molar），m. 下臼齿（lower molar），Mf. 中凹（middle fossette），Mfd. 下中凹（middle fossettid），Msstd. 下中附尖（mesostylid），Mst. 中附尖（mesostyle），Mt. 后尖（metacone），Mtcl. 后小尖（metaconule），Mtd. 下后尖（metaconid），Mtl. 后脊（metaloph），Mtld I. 下后脊 I（metalophid I），Mtld II. 下后脊 II（metalophid II），Mtstldc. 下后附尖脊（metastylid crest），Pa. 前尖（paracone），Past. 前附尖（parastyle），Pf. 后凹（posterior fossette），Pfd. 下后凹（posterior fossettid），Pol. 后边脊（posteroloph），Pold. 下后边脊（posterolophid），Pr. 原尖（protocone），Prcl. 原小尖（protoconule），Prd. 下原尖（protoconid），Prl. 原脊（protoloph），Sd. 下内凹（sinusid），Tridb. 下三角座盆（trigonid basin）

圆柱齿鼠亚科 Subfamily Cylindrodontinae Miller et Gidley, 1918

模式属 圆柱齿鼠属 *Cylindrodon* Douglass, 1902

鉴别特征 该亚科的头骨通常较平；吻部和门齿孔均相对较短，门齿孔的长度短于上齿隙长的 1/2；额嵴明显，往后会聚形成矢状嵴；上门齿前端较少弯曲，向后可伸达眼眶前；门齿唇面圆或部分变平；颊齿为中—高冠齿，总具齿根；P4/p4 尺寸近于或大于 M1/m1；M3/m3 通常明显小于 M2/m2；上颊齿的次尖发达或不发达，后脊通常完全，伸达内脊；P3 存在或无；P4 近臼齿化，其前尖和后尖颊侧面几乎在同一纵线上；上臼齿内脊约呈前 - 后向延伸；下颌骨粗壮；下齿隙背缘稍凹；咬肌窝向前伸达 m1/m2 交界处的下方；下颌骨内侧的翼内窝为深的袋状；下臼齿下后脊 II 完全，下三角座盆为封闭的盆；

i2 釉质层微细结构为单系。

中国已知属 *Ardynomys* 和 *Orientocylindrodon* 两属。

分布与时代 北美，中始新世—早渐新世；亚洲，晚始新世—晚渐新世。

评注 圆柱齿鼠亚科目前已知包括6属（圆柱齿鼠 *Cylindrodon*、假圆柱齿鼠 *Pseudocylindrodon*、阿尔丁鼠 *Ardynomys*、东方圆柱齿鼠 *Orientocylindrodon*、原阿尔丁鼠 *Proardynomys* 和 *Polinaomys*）。其中 *Cylindrodon* 仅发现于北美上始新统。*Pseudocylindrodon* 发现于北美中—上始新统，在亚洲发现于蒙古的下渐新统（Vinogradov et Gambaryan, 1952）。*Ardynomys* 发现于北美的上始新统，在亚洲发现于哈萨克斯坦和我国内蒙古的上始新统—下渐新统，以及蒙古和我国新疆准噶尔盆地的上始新统（Vinogradov et Gambaryan, 1952；Sun et al., 2014）。*Orientocylindrodon* 仅发现于我国的中始新统（童永生，1997）。*Proardynomys* 仅发现于蒙古东戈壁省的中始新统（Dashzeveg et Meng, 1998b）。*Polinaomys* 仅发现于哈萨克斯坦的渐新统（Tyutkova, 1997）。

阿尔丁鼠属 Genus *Ardynomys* Matthew et Granger, 1925

模式种 奥氏阿尔丁鼠 *Ardynomys olsoni* Matthew et Granger, 1925

鉴别特征 颊齿齿冠为低—中等高度的圆柱齿鼠类；齿间的磨损只是在牙齿顶端磨蚀很深时才切过釉质层；具小的P3；P4–M3的原脊和后脊向原尖会聚；次尖小或无；下颊齿具高的下次尖；p4下次脊的大小变化不一，但通常靠近下后边脊，而且不如其他的脊发达；臼齿的下后脊II伸达下后尖颊侧；门齿唇面平或稍圆；上颌骨-前颌骨缝在门齿孔后端穿过齿隙；泪骨大；上门齿的齿根在眼眶腹面形成显著的隆凸，使眼眶底面的供眶下动脉、静脉和神经的通道变得很狭窄；通常只有一个颏孔；下颌联合部粗大而粗糙；下颌颏突显著；下颌角有些弯曲。

我国已知种 仅模式种。

分布与时代 内蒙古，晚始新世（乌兰戈楚期）—早渐新世（乌兰塔塔尔期）。

评注 该属现已知包括6种（*Ardynomys olsoni*, *A. kazachstanicus*, *A. glambus*, *A. vinogradovi*, *A. saskatchewaensis*, *A. occidentalis*）和2个未定种。6个命名种中，前四种发现于亚洲的上始新统或下渐新统：我国内蒙古四子王旗巴润绍，晚始新世乌兰戈楚期；蒙古的额尔吉林·卓，晚始新世额尔吉林·卓期和早渐新世三达河期；哈萨克斯坦东哈萨克斯坦州斋桑盆地晚始新世额尔吉林·卓期和卡拉干达州热兹卡兹甘地区早渐新世三达河期（Matthew et Granger, 1925b；Vinogradov et Gambayan, 1952；Dawson, 1968；Wood, 1970；Shevyreva, 1972；王伴月、孟津，2009）。后两种在北美的上始新统中发现（Burke, 1936；Storer, 1978；Emry et Korth, 1996a）。在我国内蒙古，除上已知的命名种外，还有两个未定种，一个发现于四子王旗巴润绍的上始新统，另一个发现于阿拉善左旗克克阿木下渐新统或上始新统的乌兰塔塔尔组（王伴月、王培玉，1991；王伴月、孟津，2009；Zhang et al., 2016）。

奥氏阿尔丁鼠 *Ardynomys olsoni* Matthew et Granger, 1925

（图 314）

Ardynomys chihi：Matthew et Granger, 1925b, p. 7；Vinogradov et Gambaryan, 1952, p. 16

Ardynomys russelli：Dashzeveg, 1996, p. 342

正模 AMNH 20368，右下颌骨具 i2 和 p4–m3。蒙古额尔吉林 • 卓，上始新统额尔吉林 • 卓组。

归入标本 AMNH 22108，一段左下颌骨具 i2 和 m2；AMNH 22109，一段左下颌骨具 p4–m3。两件标本均产自我国内蒙古四子王旗巴润绍（巴仁少）喇嘛庙北 4 英里（= 6.4 km），上始新统乌兰戈楚组。

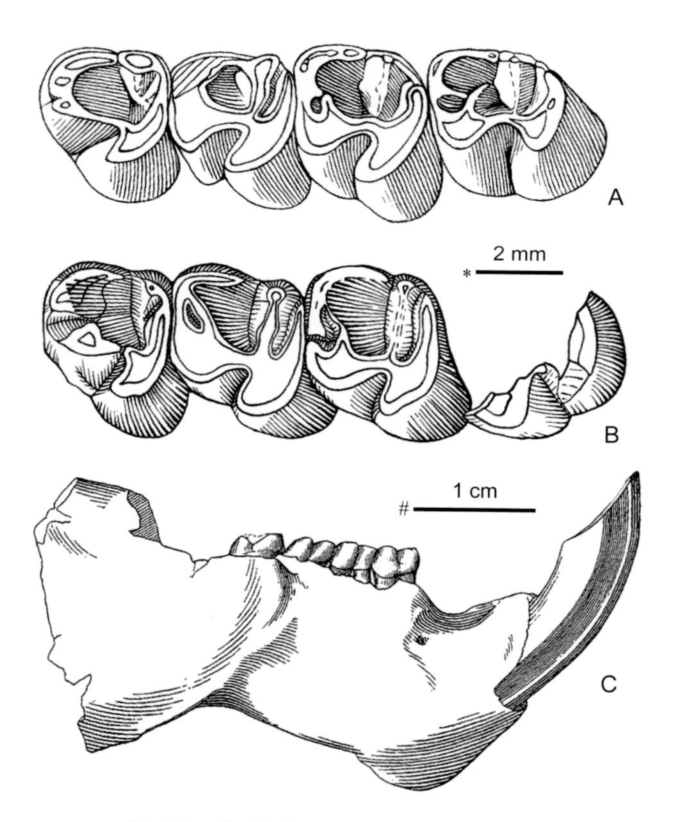

图 314 奥氏阿尔丁鼠 *Ardynomys olsoni*

A. 左 p4–m3（AMNH 22109），B, C. 右下颌骨及保存的 i2 和 p4–m3（AMNH 20368，正模，B 反转）：A, B. 冠面视，C. 颊侧视；比例尺：* - A, B，# - C（A 引自王伴月、孟津，2009；B 引自 Wood, 1970；C 引自 Matthew et Granger, 1925b）

特征 大型种。p4 下次脊的大小和位置均是可变的，有时从下外脊伸出，有时从下次尖伸出。下臼齿的下后脊 I 在未磨损时不完全，下中凹向舌侧开口，下后凹在磨损后封闭。i2 的唇面平。

评注 Matthew 和 Granger（1925b）根据采自蒙古额尔吉林•卓（原为阿尔丁敖包）上始新统（原为下渐新统）额尔吉林•卓组（原为阿尔丁敖包组）的标本建了 *Ardynomys* 属，并建了两个种（*A. olsoni* 和 *A. chihi*）。Vinogradov 和 Gambaryan（1952）将他们采自蒙古阿尔丁敖包的标本也分别归入到 *A. olsoni* 和 *A. chihi* 两个种。Dawson（1968）怀疑 *A. chihi* 的有效性，认为该种与 *A. olsoni* 的区别只是同一种内的个体变异。Wood（1970）明确地将 *A. chihi* 作为 *A. olsoni* 的晚出异名，这一观点被后来的学者所接受。我国的 *A. olsoni* 的标本原来并未被描述，只是 Dawson（1968）曾指出中亚考察团（1925 年）在内蒙古巴润绍喇嘛庙北 4 英里（= 6.4 km）乌兰戈楚层中采的两件下颌骨（AMNH 22108 和 AMNH 22109）是属于 *A. olsoni* 的。王伴月和孟津（2009）对上述标本作了补充描述，并论证了 Dashzeveg（1996）所描述的蒙古的晚始新世的 *A. russelli* 也是 *A. olsoni* 的晚出异名。

中亚考察团 1928 年在内蒙古四子王旗白音敖包苏木东台地雅麻敖包（Jhama Obo）的乌兰戈楚层中采集了两件下颌骨（AMNH 26076 和 AMNH 26077，野外号：674）。AMNH 26076 是一段左下颌骨具正在萌出的 m3。AMNH 26077 为一段右下颌骨具 m1–2。它们的臼齿形态特征与 *Ardynomys olsoni* 的相似，其尺寸也在后者的变异范围内。但它们与 *Ardynomys* 的已知种（包括 *A. olsoni*）仍有一些区别：如臼齿在下原尖和下次尖间有附加的小尖，下次尖不很往前伸等。Dawson（1968）、王伴月和孟津（2009）确认它们为 *Ardynomys* 属的未定种。此外，王伴月和王培玉（1991）在内蒙古阿拉善盟阿拉善左旗克克阿木下渐新统或上始新统乌兰塔塔尔组底部第一层红砂岩（h1-0）中采到一枚左 M1/2（IVPP V 15914）。其冠面与 *A. glambus* 的相似：为长窄的卵圆形，舌侧齿冠高于颊侧者；具 4 条横脊，原脊和后脊往舌侧相互靠近，均与原尖相连；具后小尖；前边脊和后边脊分别与前尖和后尖连接，封闭前凹和后凹；中凹大，向颊侧开口。它的尺寸比 *A. glambus* 的稍长；比 *A. olsoni* 的稍短，比例上较窄长。也被王伴月和孟津（2009）确认为 *Ardynomys* 属的未定种。

东方圆柱齿鼠属 Genus *Orientocylindrodon* Tong, 1997

模式种 李官桥东方圆柱齿鼠 *Orientocylindrodon liguanqiaoensis* Tong, 1997

鉴别特征 上颊齿单侧高冠，嚼面呈方形。P3 存在。P4 和 M1–2 次尖在原尖后方，舌侧磨蚀面前后延伸。P4 后脊完全，与原脊近于平行，通过后小尖与原尖连接；中凹窄；无中附尖。M1–2 具中附尖，后边脊不与后尖连接，后凹向唇侧开口。M1 比 M2 小。

中国已知种 仅模式种。

分布与时代 河南，中始新世中期（伊尔丁曼哈期）。

评注 童永生（1997）在建立东方圆柱齿鼠时，仅将该属归入圆柱齿鼠科，未归入任何亚科。编者认为该属颊齿的形态结构与圆柱齿鼠亚科的相似，而与威氏鼠亚科的明显不同，故将其归入圆柱齿鼠亚科。

李官桥东方圆柱齿鼠 *Orientocylindrodon liguanqiaoensis* Tong, 1997

（图 315）

正模 IVPP V 10244，右上颌骨具 P4–M2。河南淅川石皮沟，中始新统核桃园组。

鉴别特征 同属。

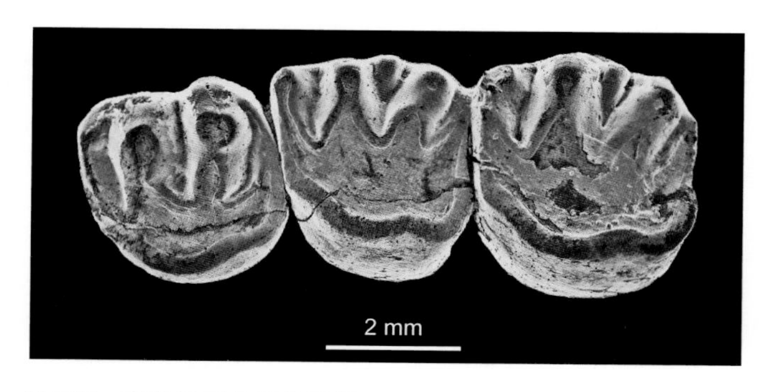

图 315 李官桥东方圆柱齿鼠 *Orientocylindrodon liguanqiaoensis*
右 P4–M2（IVPP V 10244，正模，反转）：冠面视

威氏鼠亚科 Subfamily Jaywilsonomyinae Wood, 1974

模式属 威氏鼠属 *Jaywilsonomys* Ferrusquia et Wood, 1969

鉴别特征 吻部和门齿孔均相对较长，门齿孔之长大于齿隙长的 1/2；额嵴很弱，无矢状嵴；上门齿前端强烈弯曲，门齿往后不伸达眼眶。颊齿为低冠—较高冠齿，总具齿根；P4/p4 通常明显小于 M1/m1；P4 不完全臼齿化，其后尖颊侧面比前尖者更向颊侧伸；M1–2 通常宽大于长，具强的前边脊、原脊和后边脊；上臼齿具次尖，但较原尖弱小；后脊在 P4 有时完全伸达次尖，但在 M1–3 通常不完全或通过后小尖伸达后边脊；M3 冠面约为圆形，其尺寸约近于或大于 M2。下颌骨较纤细，下齿隙背缘平直，具明显的嵴；颏孔通常单一；咬肌窝前端伸达 m2 下三角座的下方；下颌骨内侧面粗糙，翼内窝为明显的袋状，但较圆柱齿鼠亚科的浅；p4 下次脊完全，有时具完全的下后脊 II，下三角座盆通常向前开口；下臼齿通常长大于宽；m3 尺寸近于或大于 m2；i2 唇面稍平，横向较窄，釉质层具散系微细结构。

中国已知属 *Anomoemys*, *Mysops*, *Pareumys*，共 3 属。

分布与时代 北美和亚洲，中始新世—早渐新世。

评注 该亚科已知包括5属（*Mysops*, *Pareumys*, *Anomoemys*, *Jaywilsonomys*, *Sespemys*）。其中前三属在我国都有发现，后两属仅发现于北美（Wood, 1980；Walsh et Store, 2007）。

异鼠属 Genus *Anomoemys* Wang, 1986

模式种 洛原松鼠 *Prosciurus lohiculus* Matthew et Granger, 1923 = *Anomoemys lohiculus*（Matthew et Granger, 1923）

鉴别特征 颊齿单面高冠，四条横脊都很发达，几乎等高；原尖前后伸长，磨蚀后呈纵脊状，与前、后边脊相连续，无游离的原尖前臂；次尖不明显；前尖和后尖不很明显；原小尖和后小尖明显；后脊不完全，有纵脊连接原脊、后小尖和后边脊；P4具前附尖；dp4具下中尖和下次小尖；p4具下后脊I；下颊齿三角座盆开阔而封闭，下后附尖脊发达，下后脊II完全，伸向后内方；下外脊直；下次尖高冠，主要伸向前颊侧，下次小尖明显。

中国已知种 仅模式种。

分布与时代 内蒙古、宁夏，早渐新世（乌兰塔塔尔期）。

评注 该属也分布于蒙古和哈萨克斯坦早渐新世三达河期，以及北美的中始新世尤因他期（Matthew et Granger, 1923b；Wood, 1962；Mellett, 1968；Kowalski, 1974；Shevyreva, 1976）。王伴月等（1994）报道过在宁夏回族自治区海原下渐新统清水营组产有此属化石。

洛异鼠 *Anomoemys lohiculus* (Matthew et Granger, 1923)

（图316）

Prosciurus lohiculus：Matthew et Granger, 1923b, p. 7；Teilhard de Chardin et Leroy, 1942, p. 25；Kowalski, 1974, p. 152

Prosciurus? *lohiculus*：Stehlin et Schaub, 1951, p. 110

Plesispermophilus lohiculus (part)：Wood, 1962, p. 236；Shevyreva, 1976, p. 22

?*Plesispermophilus lohiculus*：Mellett, 1968, p. 6, 8, 10

正模 AMNH 19100，左上颌骨具P3–M2。蒙古查干诺尔盆地洛河地点。

归入标本 IVPP V 7956，左上颌骨具P4–M3（内蒙古杭锦旗）。IVPP V 10409, V 10409.1–28, V 17669. 1–18, V 17670.1–2，破损的上、下颌骨22件，颊齿27枚（内蒙古阿拉善左旗）。

鉴别特征 同属。

产地与层位 内蒙古杭锦旗巴拉贡乌兰曼乃（原三盛公），下渐新统乌兰布拉格组；阿拉善左旗乌兰塔塔尔，下渐新统（?）乌兰塔塔尔组。宁夏海原，下渐新统清水营组（标本未详细描述，见王伴月等，1994）。

评注 洛异鼠种是 Matthew 和 Granger（1923b）建立的。当时他们将该种归入副鼠科的原松鼠属（*Prosciurus*），称其为洛原松鼠（*P. lohiculus*）。Wood（1962）转而将该种归入 *Plesispermophilus* 属。Rensberger（1975）首先将原松鼠改归入山河狸超科，洛原松鼠随之也归入山河狸超科。王伴月（1986）认为洛原松鼠不属原松鼠属，也不属 *Plesispermophilus* 属，而以洛原松鼠为属型种另建异鼠属（*Anomoemys*），称其为洛异鼠（*A. lohiculus*）；同时还认为 *Anomoemys* 也不能归入山河狸超科，而应属圆柱齿鼠科。Korth（1994）进一步将 *Anomoemys* 归入威氏鼠亚科。

另外，该种化石还发现于蒙古查干诺尔盆地下渐新统三达河组，哈萨克斯坦斋桑盆地下渐新统奇里克塔组（Matthew et Granger, 1923b；Mellett, 1968；Kowalski, 1974；Shevyreva, 1976）。

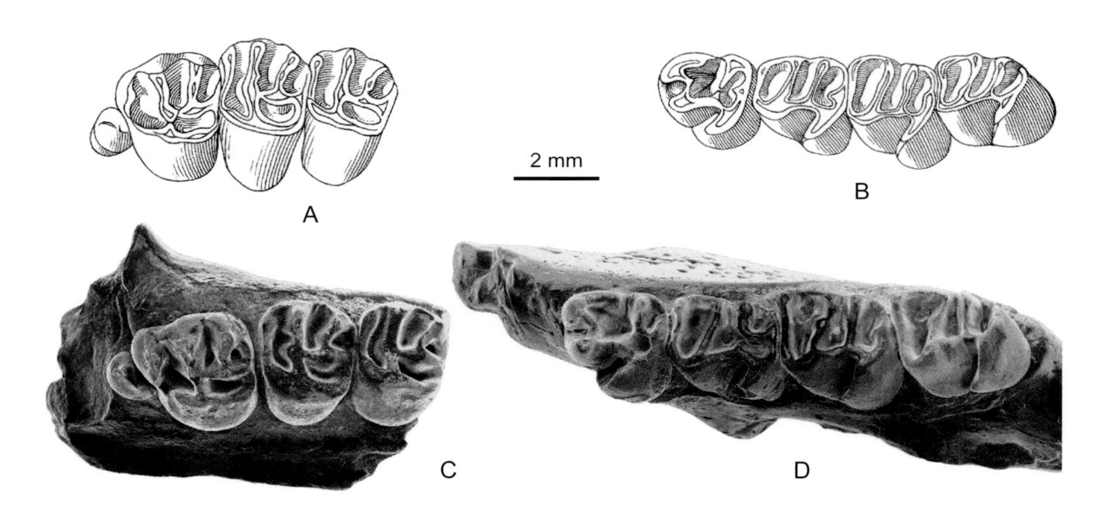

图 316 洛异鼠 *Anomoemys lohiculus*

A. 左上颌骨附着的 P3–M2（AMNH 19100，正模），B. 左 p4–m3（IVPP V 10409.9），C. 左上颌骨具 P3–M2（IVPP V 10409），D. 左下颌骨具 p4–m3（IVPP V 10409.10）：冠面视（A 引自 Matthew et Granger, 1923b）

迈索鼠属 Genus *Mysops* Leidy, 1871

似迈索鼠（未定种） Cf. *Mysops* spp.

（图 317）

Mysops 原仅分布于北美的中始新世。童永生（1997，64–66 页）报道了产自河南淅川核桃园村北石皮沟中始新世中期核桃园组中的 6 枚单个上、下颊齿（IVPP V 10242–

10243, V 10247–10250）。其上臼齿舌侧高冠，具四条横脊，后脊完全；内脊前后伸长；次尖弱；后边脊与后尖相连，封闭后凹。这些特点与 *Ardynomys occidentalis* 的相似，也与 *Mysops* 的相近。下臼齿中等高度，颊侧齿冠稍高于舌侧者。p4 跟座明显宽于下三角座，下三角座盆封闭。下臼齿下次尖向后外方凸出，其前壁平，与牙齿纵轴近于垂直等特点与 *Mysops* 和 *Pareumys* 的类似，而不同于渐新世的圆柱齿鼠类；下次脊完全，其与下外脊连接点的位置较靠后等特点与 *Mysops* 的相近，而与其他圆柱齿鼠类不同。因这些颊齿的尺寸不一，形态有差异，童永生（1997）认为它们可能代表多种迈索鼠。

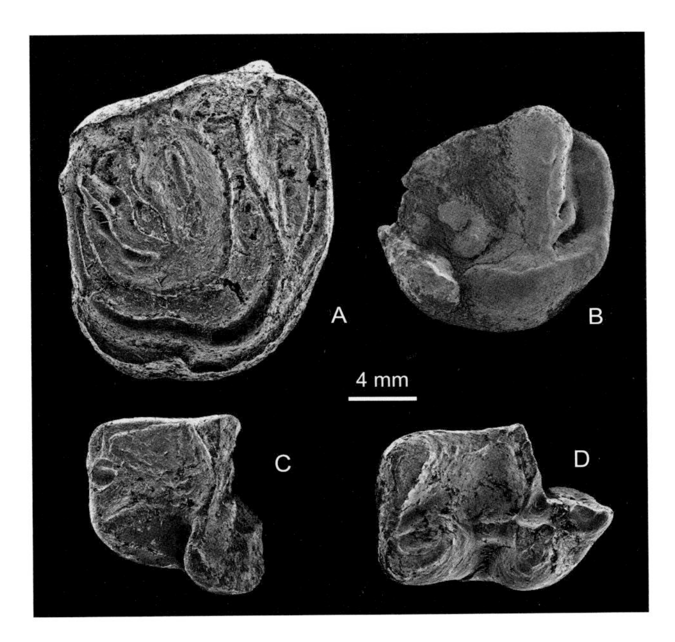

图 317　似迈索鼠（未定种） Cf. *Mysops* spp.

A. 右 M2(?)（IVPP V 10242），B. 右 M3（IVPP V 10248），C. 左 p4（IVPP V 10249），D. 左 m1/2（IVPP V 10250）：冠面视

类真鼠属　Genus *Pareumys* Peterson, 1919

似类真鼠（未定种）　Cf. *Pareumys* sp.

（图 318）

Pareumys 原已知仅分布于北美的中始新世。童永生（1997，67–68 页）报道了产自河南淅川核桃园村北石皮沟中始新世中期核桃园组中的 3 枚单个的上颊齿 [P4?（IVPP V 10245）和 2 枚 M2（IVPP V 16246.1, 2）]。这些上颊齿单侧高冠显著，有四横脊，次尖不大，前边脊和后边脊高等特点均与早期的圆柱齿鼠类的相仿。其后脊不完全，不与内脊连的特点更像 *Pareumys* 的原始类型。

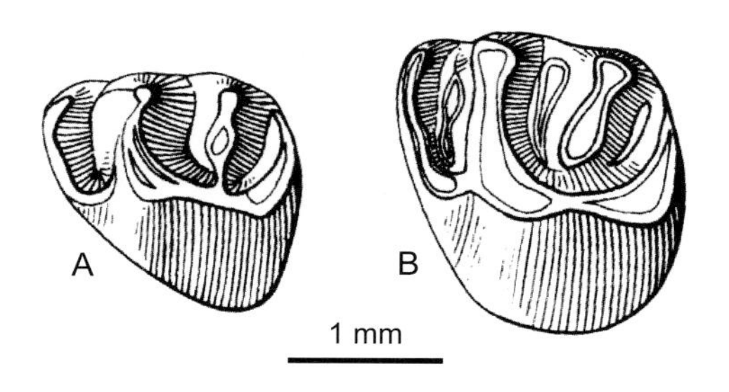

图 318　似类真鼠（未定种）Cf. *Pareumys* sp.
A. 左 P4(?)（IVPP V 10245），B. 左 M2（IVPP V 10246.1）：冠面视
（引自童永生，1997）

争胜鼠科 Family Zelomyidae Dawson, Huang, Li et Wang, 2003

模式属　争胜鼠属 *Zelomys* Wang et Li, 1990

定义与分类　争胜鼠科是一类在始新世时仅生活在亚洲的啮齿动物，现已全部绝灭。王伴月和李春田（1990）在建争胜鼠属（*Zelomys*）时认为该属具始啮型头骨和松鼠形下颌骨，而颊齿的形态与先松鼠科（Sciuravidae）的相似，因而将其归入始啮亚目的先松鼠科。后来，有的研究者（Korth, 1994；Chiment et Korth, 1996；童永生，1997）根据下颊齿的形态，认为 *Zelomys* 应归入始鼠科（Eomyidae）。王伴月和欧阳涟（1999）认为 *Zelomys orientalis* 门齿的釉质层微细结构为单系，与 Eomyidae 的相似，*Zelomys* 与 Eomyidae 的关系可能比与 Sciuravidae 的近。但她们认为 *Zelomys* 的门齿和头骨的形态结构要比 Eomyidae 的原始，可能代表较原始的一类。特别是其下颊齿的形态结构与已知的始鼠类不同，它至少代表与 Eomyinae 不同的支系。Dawson 等（2003）根据发现的较多的材料，认为争胜鼠与始鼠科（Eomyidae）虽有某些相似之处，但可能是独立发展的一个支系，为此建立了争胜鼠科（Zelomyidae）。争胜鼠科与其他鼠类的系统关系仍不清楚。

鉴别特征　具始啮型头骨、松鼠型下颌骨颧 - 咬肌结构的啮齿类；下颌骨的咬肌窝向前伸达 m2 的下方。齿式：1•0•2•3/1•0•1•3。已知种类的门齿釉质层为散系或单系。颊齿低冠。P3 很发达，圆锥形，具单一的齿根。P4 臼齿化。P4–M2 次尖与原尖大小相近；内凹大。P4–M3 的颊侧壁有变平或变凹的趋势。p4–m3 的下前边尖通常与原尖前臂连接；下外脊很发达；下次脊横向，在次尖之前与下外脊相连。p4 次臼齿化。p4–m2 的宽度往后逐渐增大。

该科牙齿冠面构造模式图如图 319 所示。

中国已知属　*Zelomys*, *Andersomys*, *Haozi*, *Suomys*，共 4 属。

分布与时代　吉林、江苏、河南和山西，中始新世中期—晚始新世。

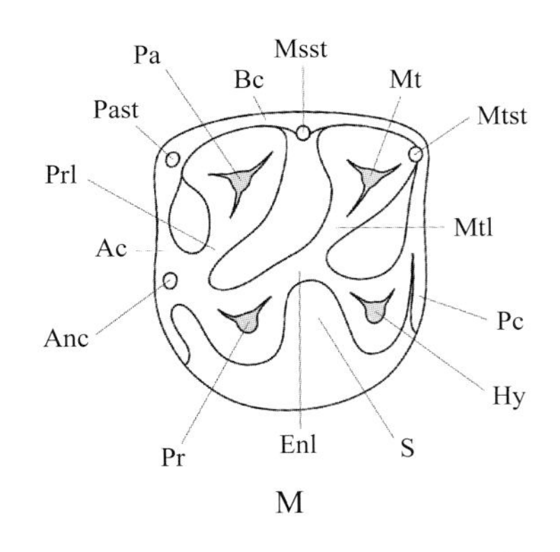

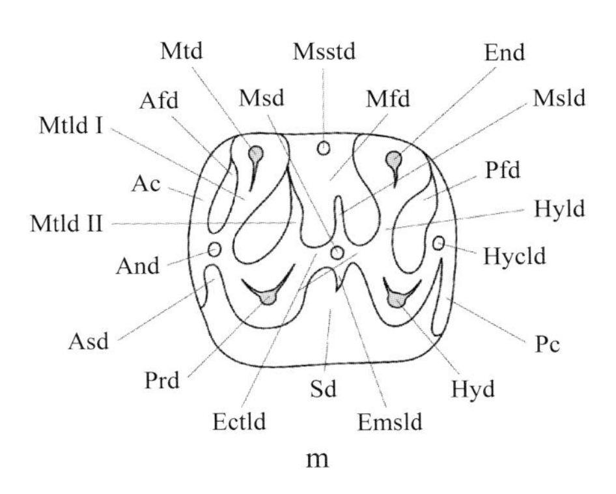

图 319　争胜鼠科臼齿冠面构造模式图

Ac. 前齿带（anterior cingulum），Afd. 下前凹（anterior fossettid），Anc. 前边尖（anterocone），And. 下前边尖（anteroconid），Asd. 下前外凹（anterior sinusid），Bc. 颊侧齿带（buccal cingulum），Ectld. 下外脊（ectolophid），Emsld. 下外中脊（ectomesolophid），End. 下内尖（entoconid），Enl. 内脊（entoloph），Hy. 次尖（hypocone），Hycld. 下次小尖（hypoconulid），Hyd. 下次尖（hypoconid），Hyld. 下次脊（hypolophid），Mfd. 下中凹（middle fossettid），Msd. 下中尖（mesoconid），Msld. 下中脊（mesolophid），Msst. 中附尖（mesostyle），Msstd. 下中附尖（mesostylid），Mt. 后尖（metacone），Mtd. 下后尖（metaconid），Mtl. 后脊（metaloph），Mtld I. 下后脊 I（metalophid I），Mtld II. 下后脊 II（metalophid II），Mtst. 后附尖（metastyle），Pa. 前尖（paracone），Past. 前附尖（parastyle），Pc. 后齿带（posterior cingulum），Pfd. 下后凹（posterior fossettid），Pr. 原尖（protocone），Prd. 下原尖（protoconid），Prl. 原脊（protoloph），S. 内凹（sinus），Sd. 下外凹（sinusid）

争胜鼠属 Genus *Zelomys* Wang et Li, 1990

模式种　东方争胜鼠 *Zelomys orientalis* Wang et Li, 1990

鉴别特征　具始啮型头骨，松鼠型下颌骨，颏孔位于 p4 前下方。颊齿的尺寸由 p4 往 m2 逐渐增大；颊齿低冠，齿尖和齿脊均明显，但齿脊较纤细；具下前边尖，下中附尖明显，下外脊完全。下臼齿下原尖前臂伸达前齿带，下后脊 I 与前齿带或下原尖前臂相连；下后脊 II 在 m1–2 很长，通常与下后尖相连，而在 m3 较短，不与下后尖连接；下中脊短，下次脊发达，横向伸达下次尖前臂；下次小尖明显；下前齿带很发达；颊齿具釉质褶皱。与 *Andersomys* 和 *Suomys* 的区别在于臼齿形牙齿的前尖和后尖颊侧面不变平，也不形成新月形齿和 p4 小于 m1。与 *Haozi* 的区别在于颊齿缺前附尖和后附尖。

中国已知种　*Zelomys orientalis*, *Z. gracilis*, *Z. joannes*, *Z.* cf. *Z. joannes*，共 4 种。

分布与时代　吉林、江苏和山西，中始新世中—晚期（伊尔丁曼哈期—沙拉木伦期）。

东方争胜鼠 *Zelomys orientalis* Wang et Li, 1990

（图 320）

正模　IVPP V 8797，一段左下颌骨具 i2 和 p4–m3。吉林桦甸公郎头（IVPP Loc. 85006），中始新统桦甸组第三段。

归入标本 IVPP V 8798，一段左下颌骨具m1–3；IVPP V 8799，部分头骨（吉林桦甸）。

鉴别特征 下颌骨较粗壮，水平支较高；齿隙较短；下门齿粗壮，弯曲度大；p4下原尖近丘形，无明显的下后脊II，下次脊向后斜，与下次小尖连接，下后凹很浅小。

产地与层位 吉林桦甸公郎头（IVPP Loc. 85006）、公吉屯（IVPP Loc. 85007），中始新统桦甸组第三段。

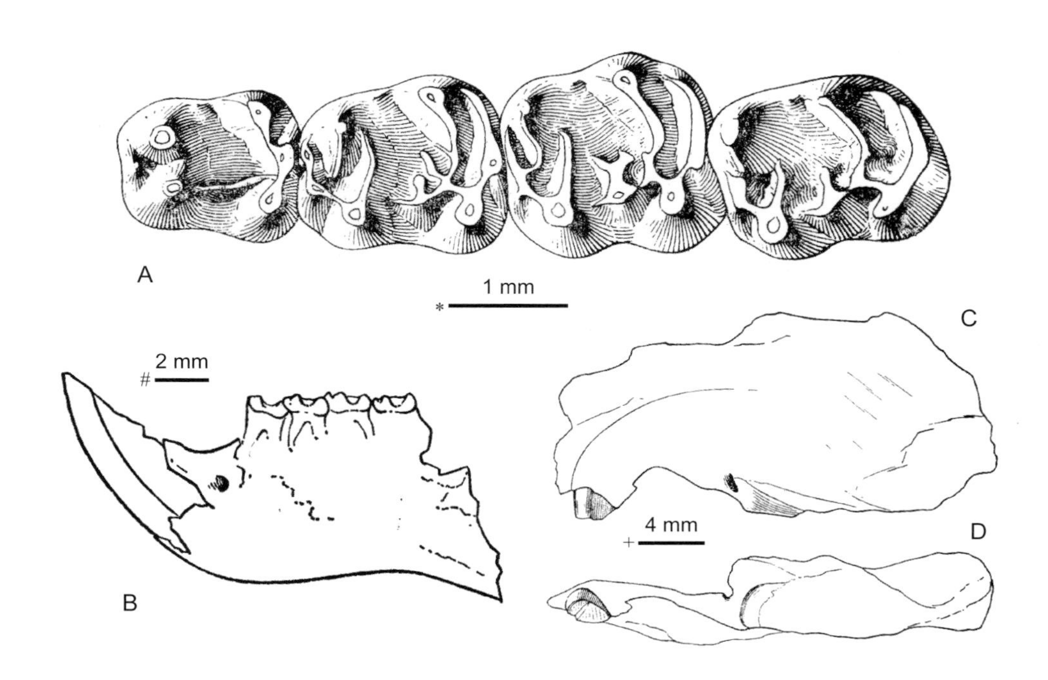

图320 东方争胜鼠 *Zelomys orientalis*

A, B. 左下颌骨及附在其上的i2和p4–m3（IVPP V 8797，正模），C, D. 头骨（IVPP V 8799）：A. 冠面视，B, C. 左侧视，D. 腹面视；比例尺：* - A，# - B，+ - C, D（引自王伴月、李春田，1990）

纤细争胜鼠 *Zelomys gracilis* Wang et Li, 1990

（图321）

正模 IVPP V 8800，一段右下颌骨具i2和dp4–m2。吉林桦甸公郎头（IVPP Loc. 85006），中始新统桦甸组第三段。

副模 IVPP V 8801，一段左下颌骨具p4–m1。产地与层位同正模。

鉴别特征 下颌骨较纤细，齿隙较长；下门齿纤细，弯曲度较小；颊齿不很粗壮；p4下原尖V形，下后尖较高大，下后脊II较发达，下次脊横向延伸，与下次尖前臂相连；m2下中脊不分叉。

评注 王伴月和李春田（1990）将吉林桦甸盆地所产的争胜鼠分为两个种（*Zelomys orientalis* 和 *Z. gracilis*）。Dawson等（2003）认为 *Z. gracilis* 的正模（V 8800）是幼年个

体，其最前面的下牙是乳齿 dp4，而不是恒齿 p4，而且其尺寸与 *Z. orientalis* 的相近，应是后者的晚出异名。

编者仔细比较了两个种的标本，虽然赞同 Dawson 等（2003）对正模（V 8800）的意见：该标本是幼年个体，其最前面的牙齿是乳齿 dp4；但认为其副模（V 8801）下颌骨的最前面的牙齿是 p4，而不是 dp4。该 p4 与 dp4 的基本特征是一致的：它们的下原尖均为 V 形，即下原尖具明显的前、后臂，其前臂沿齿的前缘延伸，形成前齿带；下次脊伸向下外脊与下次尖连接处等。而 *Z. orientalis* 的 p4 则明显不同：其 p4 的下原尖为丘形，下次脊向后伸达下次小尖等。此外，V 8800 的下颌骨高度很低，其 i2 的形状、大小和弯曲度也与 *Z. orientalis* 的明显不同。这些区别都不能用年龄的个体差异来解释。编者认为，*Z. gracilis* 仍为有效种。

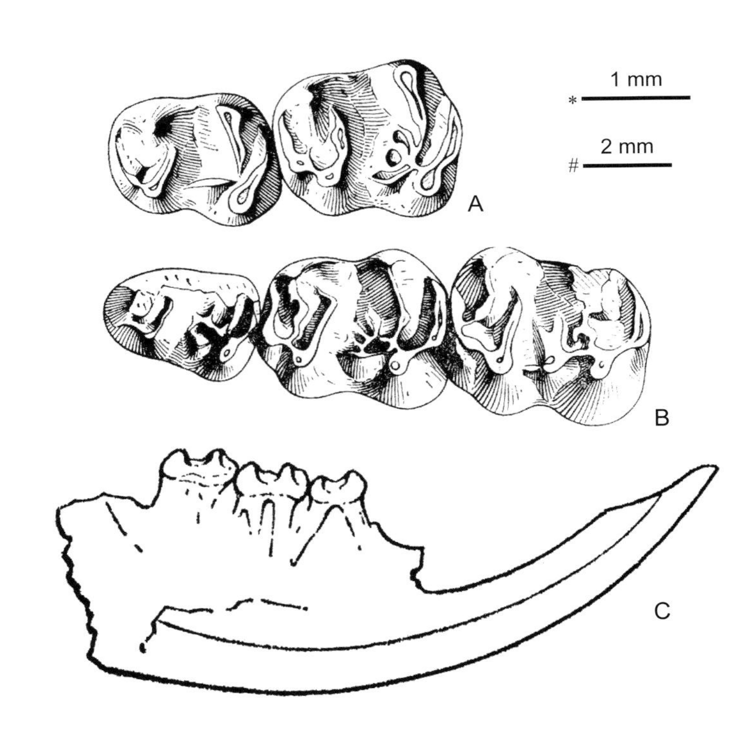

图 321　纤细争胜鼠 *Zelomys gracilis*

A. 左 p4–m1（IVPP V 8801），B, C. 右下颌骨及附在其上的 i2 和 dp4–m2（IVPP V 8800，正模）：A, B. 冠面视，C. 颊侧视；比例尺：* - A, B，# - C（引自王伴月、李春田，1990）

约翰争胜鼠 *Zelomys joannes* Dawson, Huang, Li et Wang, 2003

（图 322）

正模　IVPP V 13516，一段右下颌骨具 dp4–m2 和 m3 的下跟座。山西垣曲郭家（火烧坡），中始新统河堤组峪里段。

副模 IVPP V 13517, V 13518.1–28，一段左下颌骨、28 枚单个牙齿。产地与层位同正模。

鉴别特征 下臼齿下后脊 II 短，均不与下后尖连接，无下中脊。门齿釉质层微细结构为散系。p4 较 *Zelomys orientalis* 和 *Z. gracilis* 的稍长。与 *Z. orientalis* 的区别还在于 p4 的下次脊与下外脊相连。与 *Z. gracilis* 的区别还在于其 p4 和 dp4 无下原尖前臂。

评注 因原著者在描述此种时，只指出了正模和归入标本，未指出副模。编者将原作者描述的、与正模同产自山西垣曲郭家火烧坡的归入标本改称为副模。

王伴月和欧阳涟（1999）根据 *Zelomys orientalis* 上门齿的切片，认为其釉质层的微细结构为单系，而 Dawson 等（2003）所作的 *Z. joannes* 的下门齿的微细结构却为散系。编者重新观看了 *Z. orientalis* 的门齿切片，发现该横切面中大部分为单系，但有一小部分仍保留有散系的痕迹。这表明 *Zelomys* 属于较早出现的较原始的种类，其门齿的微细结构正处于由散系向单系的演变过程中。

如果 *Zelomys joannes* 的门齿的微系结构确实为散系，而其颊齿的冠面结构较简单，加上它出现的时代较早，很可能 *Z. joannes* 代表 *Zelomys* 属中的较原始的种。

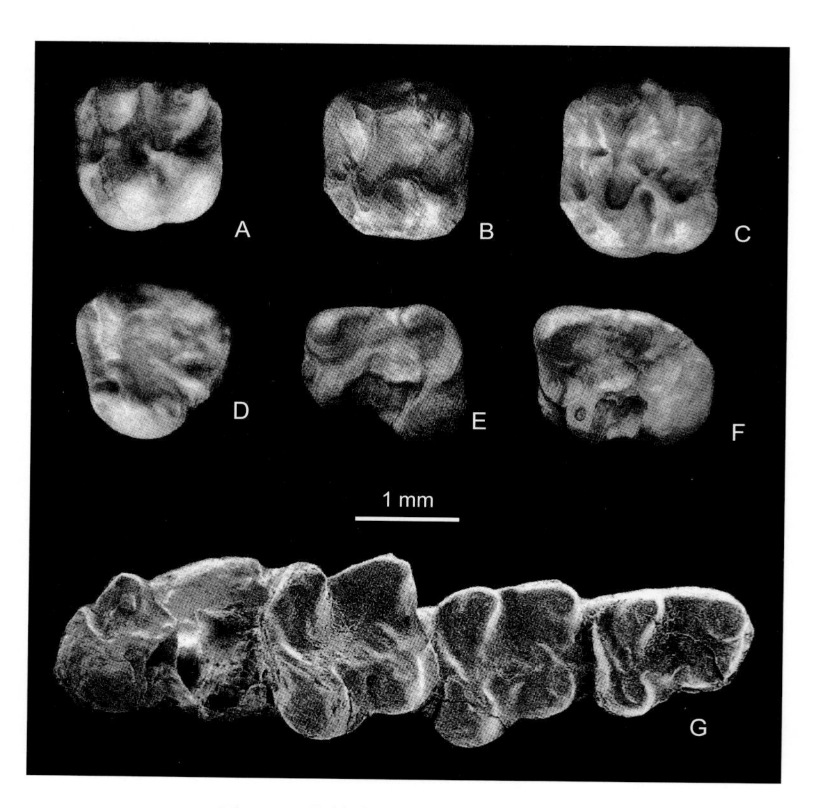

图 322 约翰争胜鼠 *Zelomys joannes*

A. 右 ?DP4（IVPP V 13518.3，反转），B. 左 M1/2（IVPP V 13518.2），C. 左 M1/2（IVPP V 13518.1），D. 左 M3（IVPP V 13518.4），E. 右 p4（IVPP V 13518.5，反转），F. 右 m3（IVPP V 13518.6，反转），G. 右下颌骨具 dp4–m2 和破 m3（IVPP V 13516，正模）：冠面视（引自 Dawson et al., 2003）

约翰争胜鼠（相似种） *Zelomys* cf. *Z. joannes* Dawson, Huang, Li et Wang, 2003

（图 323）

在江苏省溧阳县上黄镇水母山三叠纪青龙灰岩的采石场的中始新统中部的裂隙堆积的 IVPP Loc. 93006D 地点，采集到 49 枚单个牙齿（IVPP V 11545.1–49），并在 IVPP Loc. 93006E 地点采集到 2 枚单个牙齿（IVPP V 11560.1–2）。这些标本在大多数形态结构上都与 *Zelomys joannes* 的相似，但它们的下原尖的后臂比 *Z. joannes* 更发达。在争胜鼠科内，牙齿在齿系中的相对大小对确定种、属很重要。因不能确定上黄地点的上述单个牙齿在齿系中的相对大小是否与 *Z. joannes* 的一致，因此暂时只能将它们作为 *Z. joannes* 的相似种看待。

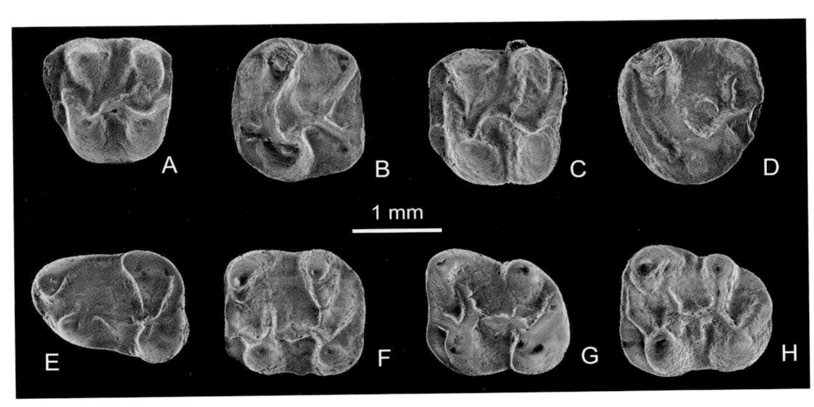

图 323　约翰争胜鼠（相似种） *Zelomys* cf. *Z. joannes*

A. 右 P4（IVPP V 11545.4，反转），B. 左 M1（IVPP V 11545.41），C. 右 M1/2（IVPP V 11545.11，反转），D. 右 M3（IVPP V 11545.19，反转），E. 右 p4（IVPP V 11545.21，反转），F. 左 m1/2（IVPP V 11545.27），G. 左 m3（IVPP V 11545.38），H. 左 m3（IVPP V 11545.35）：冠面视

安氏鼠属 Genus *Andersomys* Dawson, Huang, Li et Wang, 2003

模式种　老文安氏鼠 *Andersomys laoweni* Dawson, Huang, Li et Wang, 2003

鉴别特征　P4/p4 大于 M1/m1 的争胜鼠类；P4 的前尖和后尖以及 M1 后尖的颊侧面变平。与 *Suomys* 的区别在于臼齿形的牙齿无新月形尖。

中国已知种　*Andersomys laoweni* 和 *A. austrarx* 两个种。

分布与时代　山西，中始新世晚期（很可能延续到晚始新世）。

老文安氏鼠 *Andersomys laoweni* Dawson, Huang, Li et Wang, 2003

（图 324）

正模　IVPP V 13519，一段右下颌骨具 p4–m3。山西垣曲寨里（土桥沟河岸），中始新统河堤组寨里段。

副模 IVPP V 13520–13523，一段左下颌骨具 p4–m2 和 3 件具上颊齿的右上颌骨。产地与层位同正模。

鉴别特征 与 *Zelomys orientalis* 的区别在于 p4–m3 具相当强的下外脊，但缺从下外脊伸到下中凹的短的横脊（= 无下中脊）。牙齿尺寸比 *Z. joannes* 的大，但比 *Andersomys austrarx* 的小。P4 的颊侧齿带不如 *A. austrarx* 的明显。

评注 Dawson 等（2003）在描述此种时，只指出了正模和归入标本。编者将其描述的与正模一同产自山西垣曲寨里村东土桥沟河岸剖面第一地点的归入标本改称为副模。

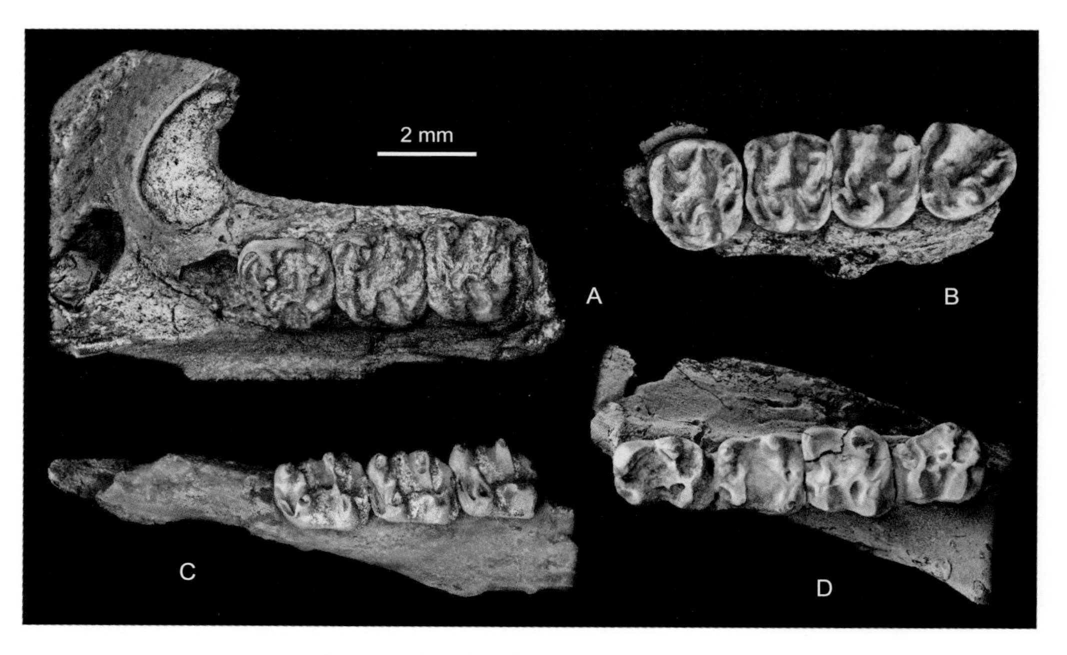

图 324　老文安氏鼠 *Andersomys laoweni*

A. 右上颌骨具 M1–3（IVPP V 13521，反转），B. 右上颌骨具 P4–M3（IVPP V 13522，反转），C. 左下颌骨具 p4–m2（IVPP V13520），D. 右下颌骨具 p4–m3（IVPP V 13519，正模，反转）：冠面视（引自 Dawson et al., 2003）

南堡头安氏鼠 *Andersomys austrarx* Dawson, Huang, Li et Wang, 2003

（图 325）

正模 IVPP V 13524，左 p4。山西垣曲南堡头，中始新统最上部或上始新统河堤组。

副模 IVPP V 13524.1–10，颊齿 10 枚。产地与层位同正模。

鉴别特征 颊齿尺寸较 *A. laoweni* 的稍大，P4 具很发达的颊侧齿带，p4 的前缘壁较圆。

评注 Dawson 等（2003）在描述此种时，只指出了正模和归入标本，未指出副模。

因这些“归入标本”与正模都产自山西垣曲南堡头村附近同一地点和层位，编者将其改称为副模。

编者详细比较了 *Andersomys austrarx* 和 *A. laoweni*，发现两者的区别不大：① *A. austrarx* 颊齿的尺寸与 *A. laoweni* 是彼此重叠的：除了前者的 p4 和 M1/2 稍大和 m1/2 稍宽于后者的外，两者的 P4 尺寸和 m1/2 的长度都相近，而且前者 M3 的尺寸并不长于后者，反而短于后者；② p4 的前缘壁在两者也都较圆；③前者 P4 的颊侧齿带较发达的特征，因 *A. austrarx* 只有一枚 P4，而 *A. laoweni* 仅有三枚 P4，其中的两枚 P4 也都保存得不很好，故颊侧齿带发育程度的区别是否是个体变异，值得考虑。但因两种的已知标本都很少，要解决上述问题，有待更多标本的发现。编者仍暂时保留 *A. austrarx*。

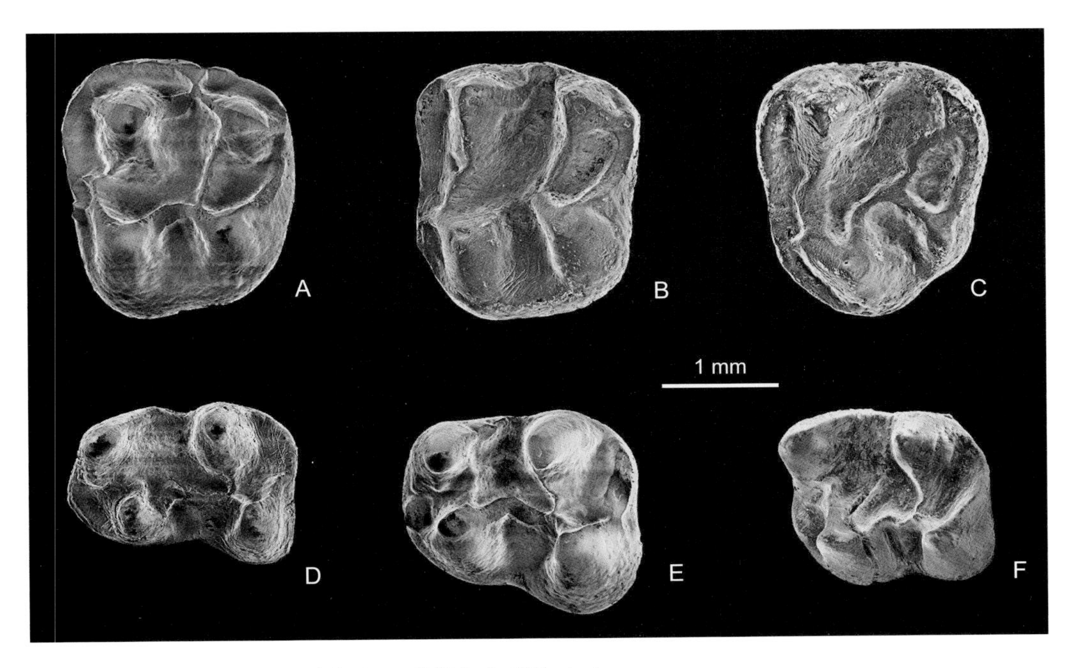

图 325　南堡头安氏鼠 *Andersomys austrarx*

A. 左 P4（IVPP V 13524.2），B. 左 M1/2（IVPP V 12524.3），C. 左 M3（IVPP V 13524.6），D. 左 dp4（IVPP V 13524.8），E. 左 p4（IVPP V 13524，正模），F. 右 m1/2（IVPP V 13524.9，反转）：冠面视

耗子属 Genus *Haozi* Dawson, Huang, Li et Wang, 2003

模式种　简单耗子 *Haozi simplex* Dawson, Huang, Li et Wang, 2003

鉴别特征　颊齿齿尖较显丘形；P4–M1 颊侧齿尖的颊侧面仅稍变平；前附尖和后附尖较明显；P4 的尺寸与 M1 的相近和 P4 的三角座较跟座宽。

中国已知种　仅模式种。

分布与时代　河南，中始新世（沙拉木伦期）。

简单耗子 *Haozi simplex* Dawson, Huang, Li et Wang, 2003

（图 326）

Sciuravidae：童永生、王景文，1980，24 页

正模 IVPP V 13525，左上颌骨具 P3–M1 和破的 M2。河南卢氏锄沟峪，中始新统锄沟峪组。

鉴别特征 同属。

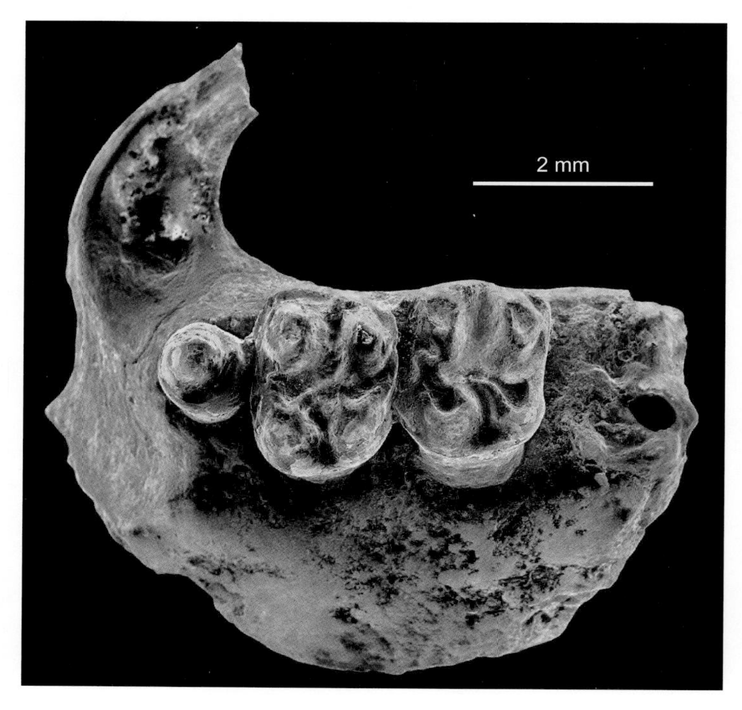

图 326 简单耗子 *Haozi simplex*

左上颌骨具 P3–M1 和破的 M2（IVPP V 13525，正模）：冠面视

苏鼠属 Genus *Suomys* Dawson, Huang, Li et Wang, 2003

模式种 新月苏鼠 *Suomys selenis* Dawson, Huang, Li et Wang, 2003

鉴别特征 P4 尺寸大于其他上颊齿，并具强的前齿带和颊侧齿带的争胜鼠。颊齿显现新月形齿：P4–M2 的前尖和后尖以及 M3 的前尖颊侧变平，并有伸长的前、后棱，使其颊侧壁成 W 形；中附尖显著；下牙的颊侧尖也具棱，使颊侧壁也呈 W 形结构。

中国已知种 仅模式种。

分布与时代 江苏，中始新世（沙拉木伦期，或 / 和晚始新世乌兰戈楚期）。

新月苏鼠 *Suomys selenis* Dawson, Huang, Li et Wang, 2003

（图 327）

正模 IVPP V 11643.1，一右上颌骨具 P4–M2 和 P3 齿槽。江苏溧阳上黄（IVPP Loc. 93006 B），中始新统（沙拉木伦期，或 / 和晚始新世乌兰戈楚期）。

副模 IVPP V 11643.2–107，上颌骨 1 件，颊齿 105 枚。产地与层位同正模。

归入标本 IVPP V 11642.1–2, V 11644.1–85，颊齿 87 枚（江苏溧阳）。

鉴别特征 同属。

产地与层位 江苏溧阳上黄（IVPP Loc. 93006 A, B, C），中始新统上部（或 / 和上始新统）。

评注 Dawson 等（2003）在描述此种时，只指出了正模和全模（hypodigm）。根据新的《国际动物命名法规》和《中国古脊椎动物志》编写规则，编者将其全模标本中与正模产自同一地点和层位者改称为副模，而产于其他地点的改称为归入标本。

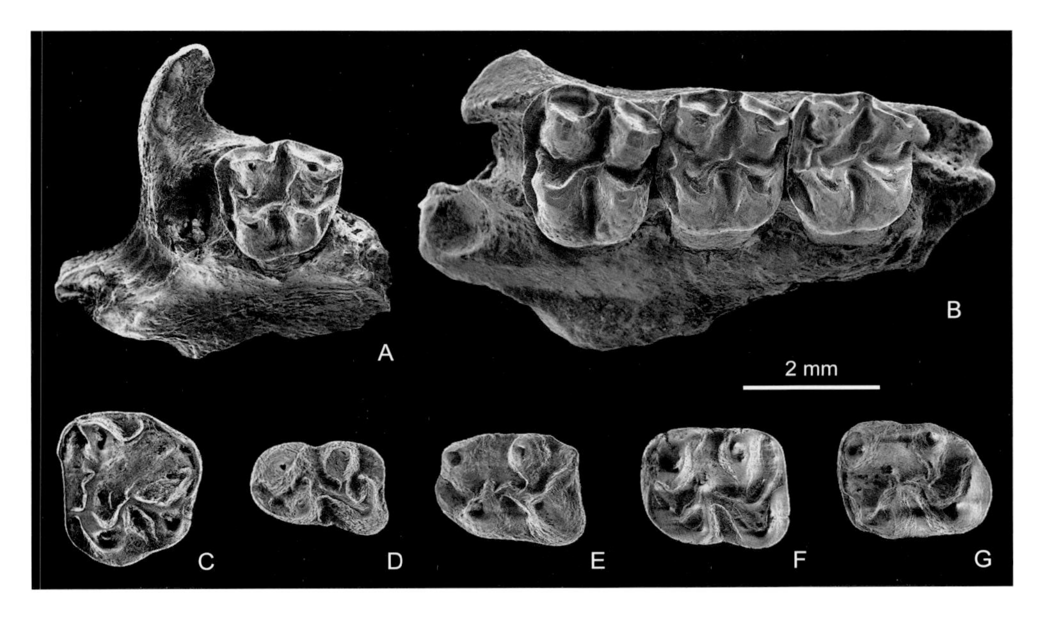

图 327 新月苏鼠 *Suomys selenis*

A. 右上颌骨具 P3 齿槽和 DP4（IVPP V 11643.2，反转），B. 右上颌骨具 P3 齿槽和 P4–M2（IVPP V 11643.1，正模，反转），C. 左 M3（IVPP V 11643.51），D. 左 p4（IVPP V 11643.58），E. 右 m1/2（IVPP V 11643.65，反转），F. 右 m1/2（IVPP V 11643.93，反转），G. 右 m3（IVPP V 11643.105，反转）：冠面视

查干鼠科 Family Tsaganomyidae Matthew et Granger, 1923

模式属 查干鼠属 *Tsaganomys* Matthew et Granger, 1923

定义与分类 该科是亚洲土著的、穴居的啮齿类，现已全部绝灭。化石发现于中国、

蒙古和哈萨克斯坦等地的渐新统，是亚洲渐新统的经典化石之一。

Matthew 和 Granger（1923a）最早命名了 Tsaganomyinae（查干鼠亚科），将其归入 Bathyergidae（滨鼠科）。Landry（1957）甚至认为查干鼠类应归入 Bathyerginae（滨鼠亚科）。Teilhard de Chardin（1926）认为查干鼠类应代表独立的科。Patterson 和 Wood（1982）将查干鼠亚科正式提升为查干鼠科（Tsaganomyidae）。而 Wood（1937）将 *Tsaganomys* 归入到 Cylindrodontidae 科，这一观点得到一些学者的支持（如 Kowalski, 1974；黄学诗，1993 等等）。Wood（1974b）认为查干鼠类与 Bathyergidae 没有关系，而应是圆柱齿鼠科（Cylindrodontidae）的一亚科（Tsaganomyinae）。Emry 和 Korth（1996a）认为查干鼠类不属圆柱齿鼠类，而是旧大陆具豪猪型头骨的啮齿类（hystricomorphous rodents）早期辐射的一部分。McKenna 和 Bell（1997）将 *Tsaganomys* 归入豪猪型下颌亚目（Hystricognatha）。Wang（2001）认为 Tsaganomyidae 与 Bathyergidae 或（和）Cylindrodontidae 均无系统关系，与豪猪型下颌鼠类（hystricognathi）也无直接的系统关系，而是代表啮齿类中独特的一支。将其作为啮齿类分类位置不定（Rodentia incertae sedis）中一独立的科。

鉴别特征 中—大型的、穴居的啮齿动物，其大小与旱獭（*Marmota*）相近。头骨粗壮而低，具始啮型的颧 - 咬肌结构；矢状嵴和项嵴显著；眼眶很小；颞窝很大；项面很低宽，向前倾斜；脑颅近三角形，眶后收缩区很窄；颧弓强大，几乎成半圆形；其前端由上颌骨和颧骨组成，宽而近于垂向延伸；眶下孔为小的卵圆形；颧骨向背内方向延伸，与前颌骨相连；听泡前面平，内有强壮的隔板；锤骨和砧骨不愈合；无颈内动脉系统；下颌骨为豪猪型，具向外张开的角突和高的冠状突；颏孔位于 p4 之前。齿式：1•0•1–2•3/1•0•1•3；门齿呈匍匐状，具平的唇面；上门齿向后伸进眼眶，其齿槽后端伸达 M1–2 外背侧，并在上颌骨的侧壁形成隆突；下门齿向后伸达髁状突的下方。门齿釉质层的微细结构为复系；颊齿列的冠面呈阶梯状排列；颊齿圆柱形，单面高冠，具 4 横脊，无次尖；冠面的釉质层很薄，结构很低弱，经磨蚀很快消失，使冠面变成周边高内凹的面。

中国已知属 *Tsaganomys*, *Cyclomylus*, *Coelodontomys*，共 3 属。

分布与时代 中国、蒙古和哈萨克斯坦，渐新世。

查干鼠属 Genus *Tsaganomys* Matthew et Granger, 1923

Cyclomylus：Matthew et Granger, 1923b, p. 5 (part)

Beatomus：Shevyreva, 1972, p. 143

模式种 阿尔泰查干鼠 *Tsaganomys altaicus* Matthew et Granger, 1923

鉴定特征 中—大型的查干鼠类。鼻骨 - 额骨缝的位置前于前颌骨 - 额骨缝内端的位置；左、右前臼齿前嵴（antepremolar crest）弯曲，在门齿孔后方彼此相连；前颌骨 -

上颌骨缝与前臼齿前嵴相交；眶下孔卵圆形，其长轴近于水平延伸，与颧弓前根腹面的前缘近于平行；上门齿齿槽后部背缘和颊齿冠面间的夹角约为40º。P4齿冠直，位于上门齿内侧。臼齿从上门齿内侧向上伸进眼眶。下颊齿齿冠向前舌向弯曲，伸达下门齿颊侧。颊齿为很高的单侧高冠，具短而顶端尖的、圆锥形的髓腔；齿质部的高与髓腔的高度之比大；冠面的釉质层很薄，尖和脊均很低弱，经磨蚀后，颊齿表面无齿芯。下颊齿下外凹近于横向延伸。p4冠面近方形，具低的下后脊I、长的下后脊II，下后尖与下原尖大小相近。门齿釉质层外层（PE）薄，无斜的釉柱；内层（PI）的施氏明暗带（HSB）的带宽由5–7根倾斜度为20º–30º的釉柱组成。

中国已知种　仅模式种。

分布与时代　内蒙古、甘肃和宁夏，早渐新世（乌兰塔塔尔期）；甘肃，晚渐新世（塔奔布鲁克期）。

评注　*Tsaganomys* 是 Matthew 和 Granger（1923a）建立的。Shevyreva（1972）另建 *Beatomus* 属。Wang（2001）认为：Matthew 和 Granger（1923a）记述的 *Cyclomylus* 部分标本应归入 *Tsaganomys*；而 Shevyreva（1972）的 *Beatomus* 是 *Tsaganomys* 的晚出异名。

该属也发现于蒙古早渐新世（三达河期）—晚渐新世（塔奔布鲁克期）和哈萨克斯坦早渐新世（三达河期）地层（Matthew et Granger, 1923a；Kowalski, 1974；Shevyreva, 1994；Wessels et al., 2014）。

“*Tsaganomys*”曾被译为“查干鼠”或“察干鼠”。因该属名来源于地名“Tsagan Nor”，而该地名在地图上被译为“查干诺尔”，编者建议统一采用“查干鼠”的名称。

阿尔泰查干鼠 *Tsaganomys altaicus* Matthew et Granger, 1923

（图328—图330）

Cyclomylus lohensis：Matthew et Granger, 1923a, p. 5 (part)；Kowalski, 1974, p. 158 (part)；黄学诗，1982，339页

Tsaganomys sp.：Teilhard de Chardin, 1926, p. 30；王伴月等，1981，27页；Emry et al., 1998a, p. 308 (part)

Beatomus bisus：Shevyreva, 1972, p. 143；Shevyreva, 1974, p. 51

Cyclomylus minutus：Kowalski, 1974, p. 160

Cyclomylus cf. *C. minutus*：黄学诗，1982，339页

Tsaganomys minutus：黄学诗，1993，39页

Beatomus gloriadei：Shevyreva, 1994, p. 112

正模　AMNH 19019，同一个体的头骨和下颌骨。蒙古查干诺尔盆地洛地点，下渐新

统三达河组。现存于 AMNH。

副模 AMNH 19020 和 AMNH 19037（2 件头骨，有的具下颌骨）。产地与层位同正模。

归入标本 IVPP V 11388, V 11390–11403（内蒙古杭锦旗）；IVPP V 11404–11410（内蒙古鄂托克旗）；IVPP V 10410–11416（内蒙古阿拉善左旗）；AMNH 26185（内蒙古二连盆地，标本现存 AMNH）。IVPP V 11421–11424（宁夏海原和固原）。IVPP V 11417–11420, V 11539–11542, V 11825–11826（甘肃兰州盆地）；V 13822（甘肃临夏盆地），IVPP Sh1 和 W 25（甘肃党河流域）。

鉴别特征 同属。

产地与层位 内蒙古阿拉善左旗乌兰塔塔尔和呼和陶勒盖，下渐新统乌兰塔塔尔组上部；鄂托克旗托里庙和伊克布拉格（千里山）、杭锦旗巴拉贡乌兰曼乃（原三盛公），下渐新统乌兰布拉格组上部；四子王旗脑木根敖包，下渐新统上脑岗代组。宁夏海原袁家窝窝和固原寺口子，下渐新统清水营组上部。甘肃永登霍家坪、南坡坪和瞿家川，下渐新统咸水河组下段；兰州皋兰山，上渐新统皋兰山红色泥岩；东乡东塬牙沟，上渐新统椒子沟组；肃北沙拉果勒 [Shargaltein-Tal (Gol)，= 盐池湾附近的党河] 和五道垭峪，渐新统。

评注 Matthew 和 Granger（1923a）建立了 *Tsaganomys altaicus* 和 *Cyclomylus lehensis* 两个属、种。Wang（2001）认为他们归入 *C. lohensis* 的部分标本（如 AMNH 19097）应归入 *T. altaicus*，而他们归入 *T. altaicus* 的部分标本（详见下）并不属于此种，而应归入 *Coelodontomys* 属。此外，Teilhard de Chardin（1926）的 *Tsaganomys* sp.，Shevyreva（1972, 1994）的 *Beatomus* 的两个种，Kowalski（1974）的 *Cyclomylus minutus* 和部分的 *C. lohensis*，黄学诗（1982）的 *Cyclomylus lohensis* 和 *C.* cf. *C. minutus*，黄学诗（1993）的 *Tsaganomys minutus* 都被认为是 *T. altaicus* 的晚出异名（Wang, 2001）。Bryant 和 McKenna

图 328 阿尔泰查干鼠 *Tsaganomys altaicus* 正模

A, B. 头骨和左下颌骨（AMNH 19019，正模，立体照片）：冠面视（引自 Wang, 2001）

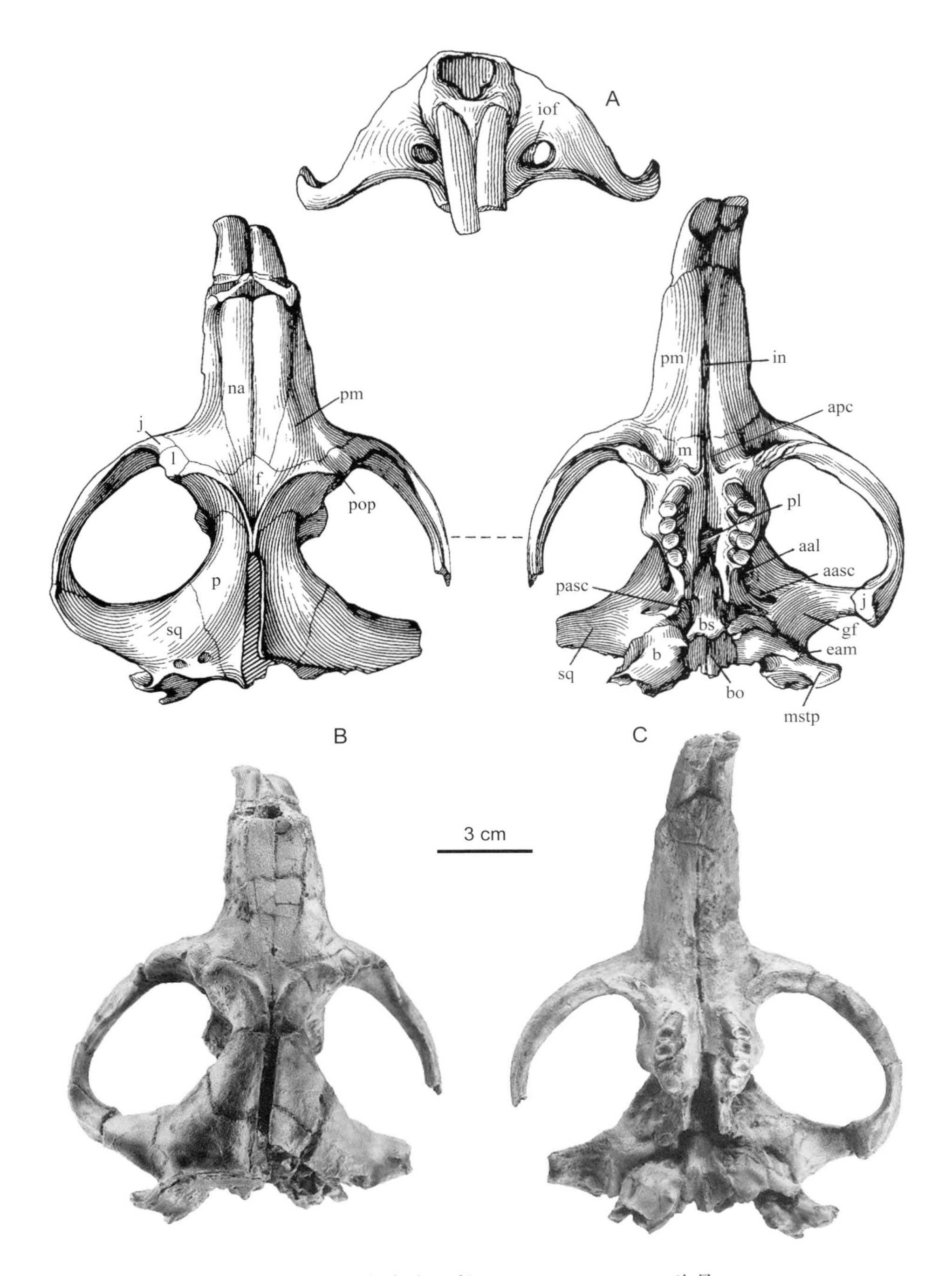

图 329　阿尔泰查干鼠 *Tsaganomys altaicus* 头骨

IVPP V 11390：A. 前面视，B. 背面视（照片和绘图），C. 腹面视（照片和绘图）（引自 Wang, 2001）
aal. 前翼裂（anterior alar fissure），aasc. 翼蝶管前口（anterior opening of the alisphenoid canal），apc. 前臼齿前嵴（antepremolar crest），b. 听泡（bulla），bo. 基枕骨（basioccipital），bs. 基蝶骨（basisphenoid），eam. 外耳道（external auditory meatus），f. 额骨（frontal），gf. 臼窝（glenoid fossa），in. 门齿孔（incisive foramen），iof. 眶下孔（infraorbital foramen），j. 颧骨（jugal），l. 泪骨（lachrymal），m. 上颌骨（maxillary），mstp. 乳突（mastoid process），na. 鼻骨（nasal），p. 顶骨（parietal），pasc. 翼蝶管后孔（posterior opening of the alisphenoid canal），pl. 腭骨（palatine），pm. 前颌骨（premaxillary），pop. 眶后突（postorbital process），sq. 鳞骨（squamosal）

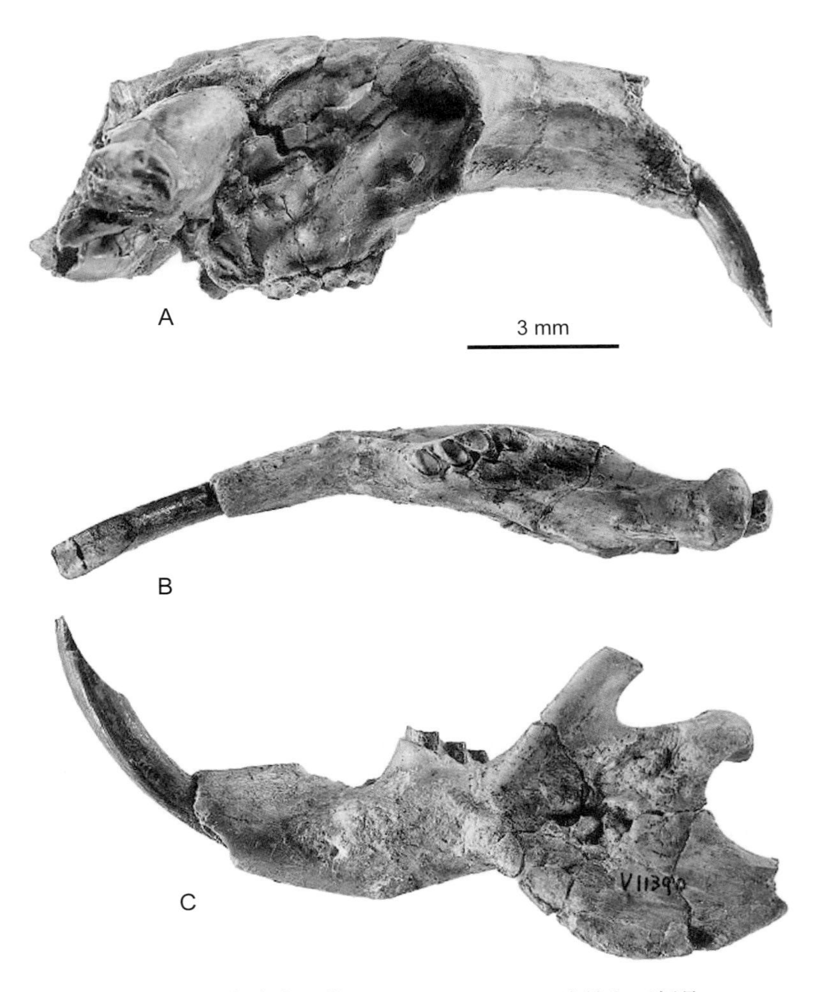

图 330　阿尔泰查干鼠 *Tsaganomys altaicus* 头骨和下颌骨
IVPP V 11390：A, C. 颊侧视，B. 冠面视（引自 Wang, 2001）

（1995）将当时已知的 Tsaganomyidae 的所有属、种均归入 *T. altaicus*，认为 Tsaganomyidae 只包含 *T. altaicus* 一个属、种。Wang（2001）不同意 Bryant 和 McKenna 的观点，认为他们归入该种的标本中只有一部分属于 *T. altaicus*，大部分标本应分别归入 *Cyclomylus* 或 *Coelodontomys* 属（详见下）。

关于皋兰山红层的时代，邱占祥和谷祖纲（1988）认为是早中新世，但从兰州盆地岩石地层学的角度，红色泥岩属咸水河组下段，其时代为晚渐新世。

Matthew 和 Granger（1923a）原列为 *Tsaganomys altaicus* 种的副模标本共有 6 件。其中三件（AMNH 19029, 19033, 19038）已被 Wang（2001）归入到 *Coelodontomys* 属（见下）。还有一件（AMNH 19030 标本）因 Wang（2001）未见到，故在文中未提及。该标本的归属有待进一步观察确定。

蒙古查干诺尔盆地洛地点早渐新世三达河组和哈萨克斯坦斋桑盆地早渐新世布兰组

均产有此种化石（Matthew et Granger, 1923a；Kowalski, 1974；Wessels et al., 2014）。

圆柱鼠属 Genus *Cyclomylus* Matthew et Granger, 1923

Pseudotsaganomys：Vinogradov et Gambaryan, 1952, p. 18

Sepulkomys：Shevyreva, 1972, p. 139

Tsaganomys：Bryant et McKenna, 1995, p. 5 (part)

模式种 洛圆柱鼠 *Cyclomylus lohensis* Matthew et Granger, 1923

鉴别特征 小—中型查干鼠类。头骨无前臼齿前嵴；眶下孔小，卵圆形，其长轴垂向延伸，几乎与颧弓前根的腹面的前缘垂直。P4 从上门齿齿槽囊的下方长出；p4 从下门齿的上方长出。颊齿为单面高冠，具封闭的齿根；釉质层相对较厚；齿壁上具白垩质；齿质部分短，髓腔部分长，其顶端平或凹；颊齿在未磨蚀或较少磨蚀时尖和脊明显，具 4 横脊；齿冠表面经较深磨蚀后具齿芯。下颊齿下后脊 I 明显，下次尖膨大，下外凹向后舌方斜伸。p4 冠面卵圆形，下三角座窄，下后尖比下原尖发达，无下后脊 I。

中国已知种 *Cyclomylus lohensis*, *C. intermedius*, *C. biforatus*，共 3 种。

分布与时代 内蒙古、宁夏、新疆，早渐新世乌兰塔塔尔期。

评注 Matthew 和 Granger（1923a）建立了 *Cyclomylus*。后来，Vinogradov 和 Gambaryan（1952）建立了 *Pseudotsaganomys*，Shevyreva（1972）又建立了 *Sepulkomys*。Bryant 和 McKenna（1995）认为上述三属及其种都是 *Tsaganomys altaicus* 的晚出异名。Wang（2001）认为 *Cyclomylus* 是有效的属，而 *Pseudotsaganomy* 和 *Sepulkomys* 是 *Cyclomylus* 的晚出异名。Wang（2001）同时也指出：Matthew 和 Granger（1923a）原归入 *C. lohensis* 的部分标本应分属 *Tsaganomys*（如 AMNH 19097）和 *Coelodontomys*（如 AMNH 19099）。

新疆准噶尔盆地布尔津下渐新统有 *Cyclomylus lohensis* 的记录，但未见详细描述（Sun et al., 2014）。该属还发现于蒙古和哈萨克斯坦早渐新世三达河期（Matthew et Granger, 1923a；Vinogradov et Gambaryan, 1952；Shevyreva, 1972, 1994；Bryant et McKenna, 1995）。

洛圆柱鼠 *Cyclomylus lohensis* Matthew et Granger, 1923

（图 331，图 332）

Pseudotsaganomys turgaicus：Vinogradov et Gambaryan, 1952, p. 20

Pseudotsaganomys mongolicus：Vinogradov et Gambaryan, 1952, p. 22

Cyclomylus mashkovae：Shevyreva, 1994, p. 112

Tsaganomys altaicus：Bryant et McKenna, 1995, p. 5 (part)

正模 AMNH 19096，侧向被挤压的部分头骨。蒙古查干诺尔盆地洛地点，下渐新统三达河组。现存于 AMNH。

归入标本 IVPP V 11456–11459（中国内蒙古鄂托克旗），V 11460–11467（中国内蒙古杭锦旗），V 11543（蒙古查干诺尔盆地）。

鉴别特征 眶下孔单一。上颊齿从上门齿后部的下方长出，下颊齿从下门齿的上方长出。颊齿为相对低的单面高冠，颊、舌侧齿冠高差小；釉质层相当厚，尖和脊很发达。

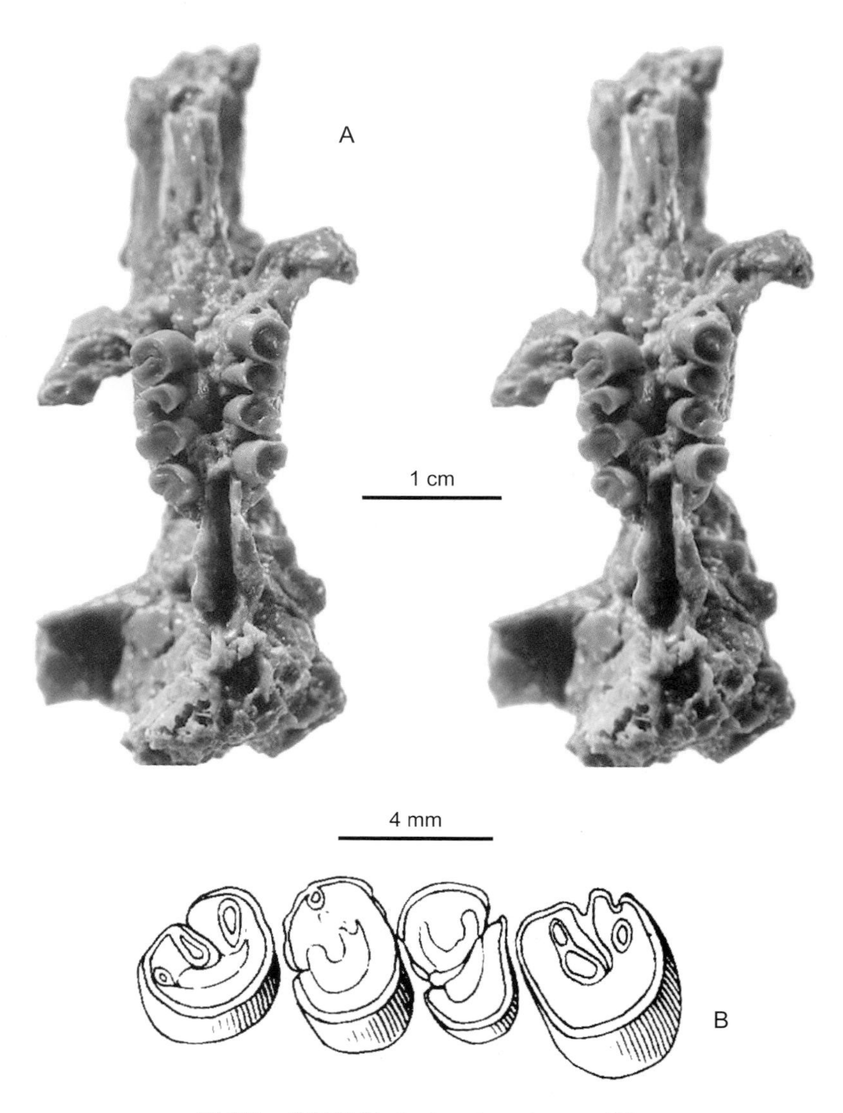

图 331 洛圆柱鼠 *Cyclomylus lohensis* 正模

A. 头骨（AMNH 19096，正模），B. 右 P4–M3（AMNH 19096，正模）：A. 头骨腹面视（立体照片），B. 冠面视（引自 Wang, 2001）

上颊齿具封闭的三齿根。下颊齿双齿根。P4/p4 比臼齿大。下门齿的釉质层薄，釉质层外层（PE）相对较厚，其厚约为釉质层总厚的 40%，其釉柱近于 30º 倾斜；内层（PI）施氏明暗带（HSB）的带宽由 3–4 根倾斜度近 30º 的釉柱组成。

产地与层位 内蒙古鄂托克旗伊克布拉格（千里山地区）和杭锦旗巴拉贡乌兰曼乃（原三盛公），下渐新统乌兰布拉格组。

评注 Vinogradov 和 Gambaryan（1952）建了 *Pseudotsaganomys turgaicus* 种，Shevyreva（1994）建了 *Cyclomylus mashkovae* 种。Bryant 和 McKenna（1995）认为上述两种和 *C. lohensis* 都应归入 *Tsaganomys altaicus*。但 Wang（2001）认为 *P. turgaicus* 和 *C. mashkovae* 应是 *C. lohensis* 的晚出异名；*P. mongolicus* 也可能是 *C. lohensis* 的晚出异名。编者采纳了这一意见。

Matthew 和 Granger（1923a）在建 *Cyclomylus lohensis* 时原列有 4 件副模标本。其中 AMNH 19097 和 AMNH 19099 被 Wang（2001）分别归入 *Tsaganomys* 和 *Coelodontomys*。因 Wang（2001）未见到被列为副模的另两件标本（AMNH 19095 和 AMNH 19098），在文中也未提及该两件标本的归属，其归属有待进一步观察确定。

蒙古大湖区早渐新世三达河组和哈萨克斯坦早渐新世布兰组均产有此种（Matthew et Granger, 1923a；Vinogradov et Gambaryan, 1952；Kowalski, 1974；Emry et al., 1998a；Wessels et al., 2014）。

图 332　洛圆柱鼠 *Cyclomylus lohensis* 颊齿

左 p4–m3（IVPP V 11543）：冠面视（立体照片）（引自 Wang, 2001）

双孔圆柱鼠 *Cyclomylus biforatus* Wang, 2001

（图 333）

正模 IVPP V 11442，不完整的头骨。内蒙古杭锦旗巴拉贡乌兰曼乃（原三盛公，IVPP Loc. 1977046），下渐新统乌兰布拉格组上部。

副模 IVPP V 11443，11 枚单个颊齿。产地与层位同正模。

归入标本 IVPP V 11441, V 11444–11452（内蒙古杭锦旗）。

鉴别特征 眶下孔被分隔成两个孔。颊齿齿冠高，单面高冠显著；具封闭的单齿根，无小齿根；M1–2 从上门齿内侧长出。

产地与层位 内蒙古鄂托克旗伊克布拉格（千里山地区）和杭锦旗巴拉贡乌兰曼乃（原三盛公），下渐新统乌兰布拉格组上部。

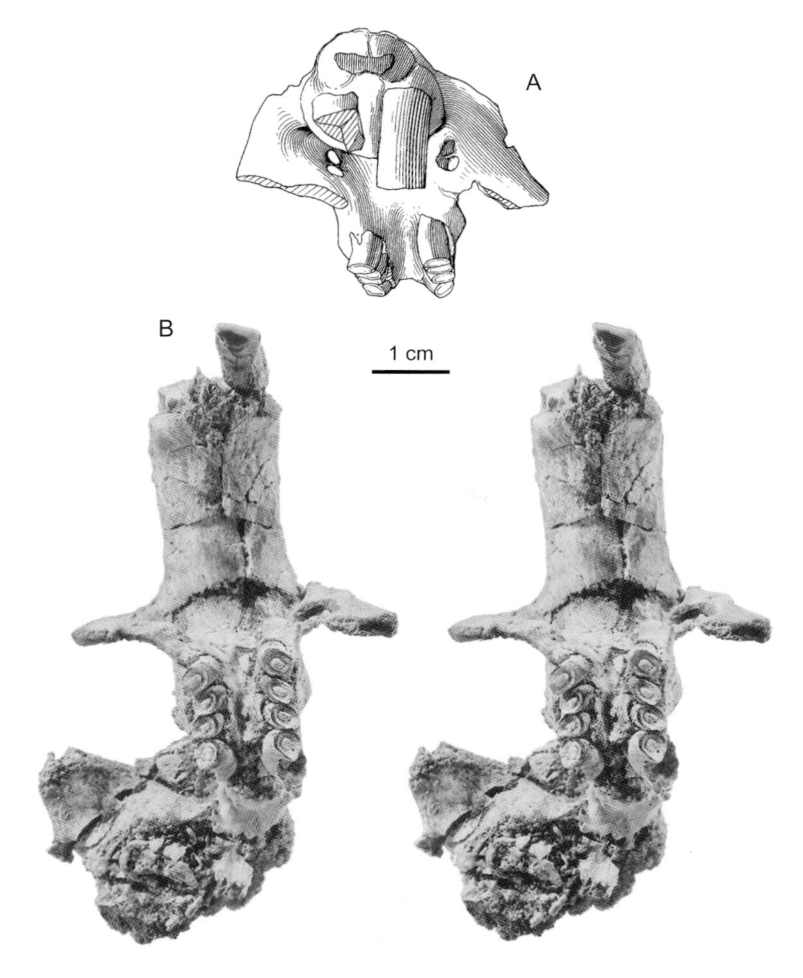

图 333 双孔圆柱鼠 *Cyclomylus biforatus*

头骨（IVPP V 11442，正模）：A. 前面视，B. 腹面视（立体照片）（引自 Wang, 2001）

评注 被原著者作为归入标本的 IVPP V 11443 因与正模产于同一地点和层位，现被改归为副模。

蒙古大湖区早渐新世三达河组有疑似此种的化石（Wessels et al., 2014）。

中间圆柱鼠 *Cyclomylus intermedius* Wang, 2001

（图 334）

Cyclomylus lohensis：杨钟健、周明镇，1956，448 页；Shevyreva, 1974, p. 52

Tsaganomys altaicus：Bryant et McKenna, 1995, p. 5 (part)

正模 IVPP V 823，右下颌骨具 i2 和 p4–m3。宁夏灵武清水营，下渐新统清水营组。

归入标本 IVPP V 11453–11455（内蒙古杭锦旗）；AMNH 26186 和 26187（内蒙古二连盆地）。

鉴别特征 具中等单面高冠的 *Cyclomylus*。最低侧齿冠与最高侧齿冠间的高差大；下臼齿从下门齿的颊侧长出；P4/ p4 大于臼齿；上颊齿具封闭的三齿根，下颊齿具两个封闭的齿根。

产地与层位 宁夏灵武清水营，下渐新统清水营组。内蒙古杭锦旗巴拉贡乌兰曼乃（原三盛公）和鄂托克旗伊克布拉格（千里山地区），下渐新统乌兰布拉格组；四子王旗脑木根敖包，下渐新统上脑岗代组。

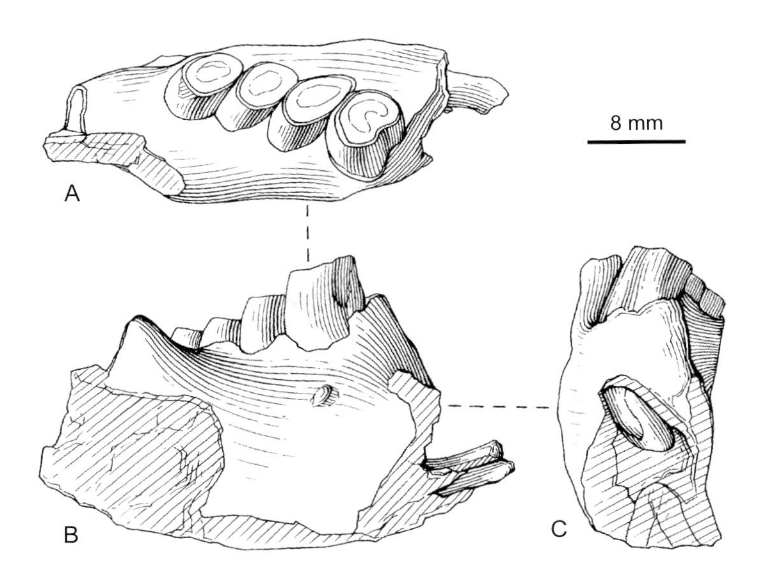

图 334 中间圆柱鼠 *Cyclomylus intermedius*

一段右下颌骨具 i2 和 p4–m3（IVPP V 823，正模）：A. 冠面视，B. 颊侧视，C. 前面视（引自 Wang, 2001）

腔齿鼠属 Genus *Coelodontomys* Wang, 2001

Tsaganomys：Matthew et Granger, 1923a, p. 2 (part)；Vinogradov et Gambaryan, 1952, p. 23 (part)；Shevyreva, 1974, p. 56；Bryant et McKenna, 1995, p. 6 (part)

Cyclomylus：Matthew et Granger, 1923a, p. 5 (part)

模式种 亚洲腔齿鼠 *Coelodontomys asiaticus* Wang, 2001

鉴别特征 个体中等的查干鼠类。鼻骨稍向后伸长，鼻骨 - 额骨缝与前颌骨 - 额骨缝内端在同一横线上；眶下孔小，卵圆形，其长轴近于垂向延伸，与颧弓前根的腹面前缘近于垂直；左、右前臼齿前嵴往前靠近，但彼此不相连；前颌骨 - 上颌骨缝与 2 前臼齿前嵴相交；上门齿齿槽后部背缘与颊齿冠面间的夹角接近 60º；上门齿从 P4 与上臼齿之间伸出（即 P4 起于上门齿颊侧，经由上门齿腹侧向颊侧弯曲处伸出；上臼齿起于眼眶部，经由上门齿的内侧向颊侧弯曲伸出）；下颊齿向颊侧或前颊侧弯曲；p4 从下门齿上方伸出，下臼齿从下门齿颊侧伸出。颊齿为很高的单面高冠，有白垩质覆盖，具开放的齿根；齿质部很短，髓腔部很发达，呈圆柱形；冠面的釉质层稍厚，经磨蚀后冠面结构消失早，但冠面具芯；下颊齿下次尖膨大；p4 为卵圆形，下三角座窄；下门齿釉质层外层（PE）薄，釉柱约呈 30º 倾斜；施氏明暗带（HSB）的带宽由 4–5 根倾斜度近 30º 的釉柱组成。

中国已知种 仅模式种。

分布与时代 内蒙古、甘肃，早渐新世乌兰塔塔尔期。

评注 Wang（2001）认为：Matthew 和 Granger（1923a）归入 *Tsaganomys altaicus* 的部分标本（如 AMNH 19021、AMNH 19033、AMNH 19038 等）和归入 *Cyclomylus lohensis* 的部分标本（如 AMNH 19099），Vinogradov 和 Gambaryan（1952）报道的蒙古和哈萨克斯坦等地产的 *Tsaganomys* 的部分标本，Bryant 和 McKenna（1995）归并的 *Tsaganomys* 的部分标本，以及 Shevyreva（1974）所报道的 *Tsaganomys* 的标本，都应归入 *Coelodontomys*。

亚洲腔齿鼠 *Coelodontomys asiaticus* Wang, 2001

（图 335，图 336）

Tsaganomys altaicus：Matthew et Granger, 1923a, p. 2 (part)；Vinogradov et Gambaryan, 1952, p. 23 (part)；Shevyreva, 1974, p. 56；Bryant et McKenna, 1995, p. 6 (part)

Cyclomylus lohensis：Matthew et Granger, 1923a, p. 5 (part)

Tsaganomys altaicus：Emry et al., 1998a, p. 308 (part)

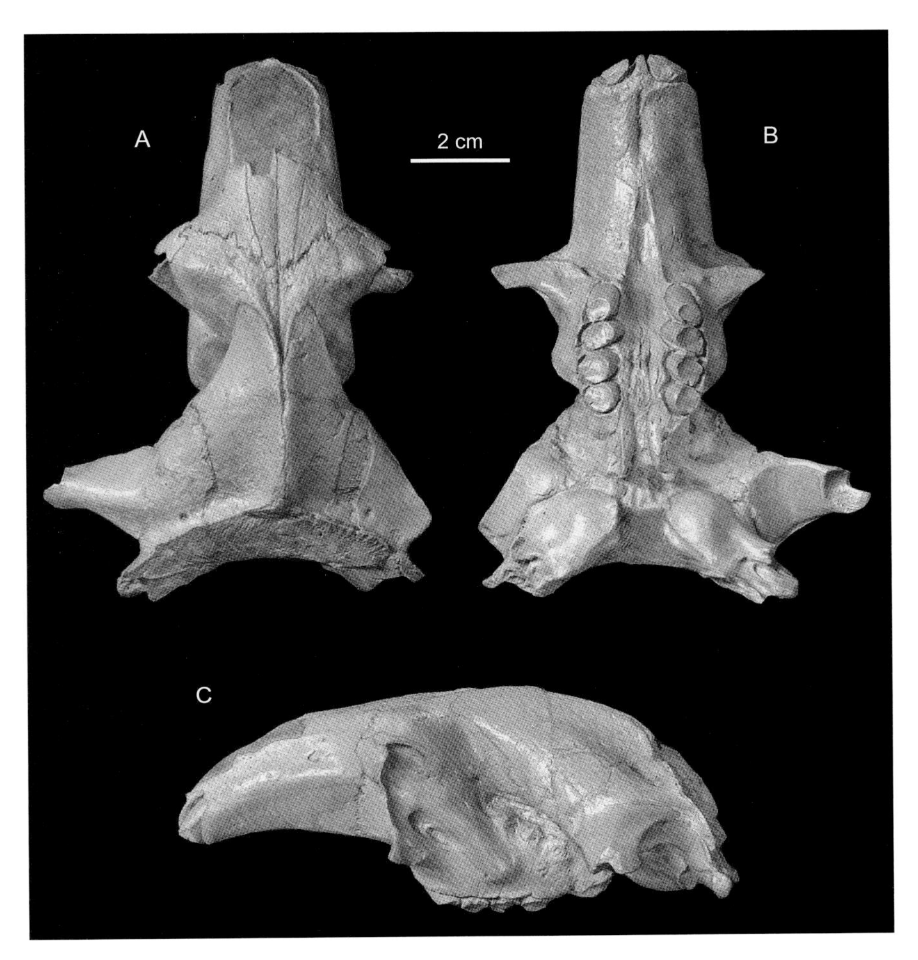

图 335　亚洲腔齿鼠 *Coelodontomys asiaticus* 正模

头骨（AMNH 21675，正模）：A. 背面视，B. 腹面视，C. 左侧面视（引自 Bryant et McKenna, 1995）

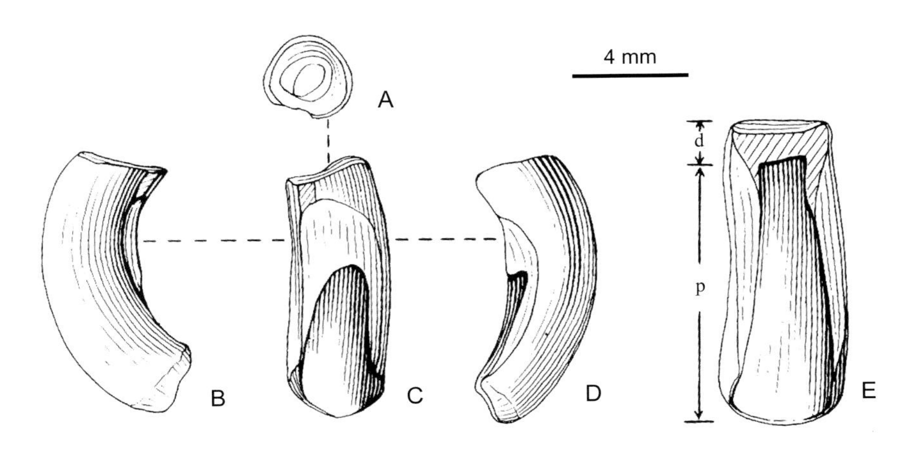

图 336　亚洲腔齿鼠 *Coelodontomys asiaticus* 颊齿

A–D. 右上臼齿（IVPP V 11428），E. 颊齿纵剖面（IVPP V 11433）：A. 冠面视，B. 前面视，C, E. 颊侧视，D. 后面视；d. 齿质部分（dentine part），p. 髓腔（pulp cavity）（引自 Wang, 2001）

正模　AMNH 21675，近于完整的头骨。蒙古查干诺尔盆地北，“大峡谷”（“Grand Canyon”, field No. 531），下渐新统三达河组。现存于 AMNH。

归入标本　IVPP V 11427–11438（内蒙古杭锦旗和阿拉善左旗）。IVPP V 13559, V 13560（甘肃党河下游）。

鉴别特征　同属。

产地与层位　内蒙古阿拉善左旗乌兰塔塔尔，下渐新统乌兰塔塔尔组上部；鄂托克旗伊克布拉格（千里山地区）和杭锦旗巴拉贡乌兰曼乃（原三盛公），下渐新统乌兰布拉格组上部。甘肃阿克塞铁匠沟，下渐新统狍牛泉组下部。

评注　如上面异名表所述，Matthew 和 Granger（1923a）、Vinogradov 和 Gambaryan（1952）、Bryant 和 McKenna（1995）等归入 *Tsaganomys altaicus* 的部分标本，Matthew 和 Granger（1923a）归入 *Cyclomylus lohensis* 的部分标本，以及 Shevyreva（1974）归入 *T. altaicus* 的标本均被 Wang（2001）归入此种。

该种还见于蒙古大湖区查干诺尔盆地的早渐新世三达河组，哈萨克斯坦斋桑盆地的早渐新世布兰组（Matthew et Granger, 1923a；Vinogradov et Gambaryan, 1952；Shevyreva, 1974；Bryant et McKenna, 1995）。

参考文献

卜文俊 (Bu W J), 郑乐怡 (Zheng L Y) 译 . 2007. 国际动物命名法规 (第四版). 北京 : 科学出版社 . 1–135

蔡保全 (Cai B Q). 1987. 河北阳原 - 蔚县晚上新世小哺乳动物化石 . 古脊椎动物学报 , 25(2): 124–136

蔡保全 (Cai B Q). 1997. 哺乳动物——食虫目、兔形目、啮齿目 . 见 : 和志强 (He Z Q) 主编 . 元谋古猿 . 昆明 : 云南科技出版社 . 65–68

曹忠祥 (Cao Z X), 杜恒俭 (Du H J), 赵其强 (Zhao Q Q), 程捷 (Cheng J). 1990. 甘肃广河地区中中新世哺乳动物化石的发现及其地层学意义 . 现代地质 , 4(2): 16–28

郭建崴 (Guo J W). 1997. 记广西崇左硕豪猪一头骨化石 . 古脊椎动物学报 , 35(2): 145–153

郭建崴 (Guo J W), 王原 (Wang Y), 杨学安 (Yang X A). 2000. 湖北丹江口早始新世梳趾鼠类一新属及伴生哺乳动物化石 . 古脊椎动物学报 , 38(4): 303–313

韩德芬 (Han D F), 许春华 (Xu C H). 1989. 中国南方第四纪哺乳动物群兼论原始人类的生活环境 . 见吴汝康 (Wu R K), 吴新智 (Wu X Z), 张森水 (Zhang S S) 主编 . 中国远古人类 . 北京 : 科学出版社 . 338–364

郝思德 (Hao S D), 黄万波 (Huang W B). 1998. 三亚落笔洞遗址 . 海口 : 南方出版社 . 1–164

黑龙江文物管理委员会 , 哈尔滨市文化局 , 中国科学院古脊椎动物与古人类研究所东北考察队 . 1987. 阎家岗——旧石器时代晚期古营地遗址 . 北京 : 文物出版社 . 1–133

胡长康 (Hu C K), 齐陶 (Qi T). 1978. 陕西蓝田公王岭更新世哺乳动物群 . 中国古生物志，总号第 155 册 , 新丙种第 21 号 . 北京 : 科学出版社 . 1–64

胡耀明 (Hu Y M). 1995. 湖北丹江口市早始新世梳趾鼠类新属种 . 古脊椎动物学报 , 33(1): 24–38

黄万波 (Huang W B), 关键 (Guan J). 1983. 京郊燕山一早更新世洞穴堆积与哺乳类化石 . 古脊椎动物与古人类 , 21: 69–76

黄万波 (Huang W B), 方其仁 (Fang Q R) 等 . 1991. 巫山猿人遗址 . 北京 : 海洋出版社 . 1–198

黄万波 (Huang W B), 徐自强 (Xu Z Q), 郑绍华 (Zheng S H), 吕遵谔 (Lü Z E), 黄蕴平 (Huang Y P), 顾玉珉 (Gu Y M), 董为 (Dong W). 2000. 巫山迷宫洞旧石器时代洞穴遗址 1999 试掘报告 . 龙骨坡史前文化志 , 2. 北京 : 中华书局 . 7–63

黄万波 (Huang W B), 郑绍华 (Zheng S H), 高星 (Gao X), 徐自强 (Xu Z Q), 顾玉珉 (Gu Y M), 王宪曾 (Wang X Z), 马志帮 (Ma Z B), 赵贵林 (Zhao G L). 2002. 14 万年前“奉节人”——天坑地缝地区发现古人类遗址 . 北京 : 中华书局 . 1–83

黄学诗 (Huang X S). 1982. 内蒙古阿左旗乌兰塔塔尔地区渐新世地层剖面及动物群初步观察 . 古脊椎动物学报 , 20(4): 337–349

黄学诗 (Huang X S). 1985. 内蒙阿左旗乌兰塔塔尔中渐新世的梳趾鼠类 . 古脊椎动物学报 , 23(1): 27–38

黄学诗 (Huang X S). 1992. 内蒙古阿左旗乌兰塔塔尔地区中渐新世的林跳鼠科化石 . 古脊椎动物学报 , 30(4): 249–286

黄学诗 (Huang X S). 1993. 内蒙古乌兰塔塔尔地区中渐新世的圆柱鼠科啮齿类 . 古脊椎动物学报 , 31(1): 33–43

黄学诗 (Huang X S), 王令红 (Wang L H). 1984. 多元分析方法分辨细齿小塔塔鼠的下臼齿 . 古脊椎动物学报 , 22(1): 39–48

黄学诗 (Huang X S), 张建农 (Zhang J N). 1990. 云南建水早第三纪哺乳类的发现 . 古脊椎动物学报 , 28(4): 296–303

黄学诗 (Huang X S), 郑绍华 (Zheng S H), 李超荣 (Li C R), 张兆群 (Zhang Z Q), 郭建崴 (Guo J W), 刘丽萍 (Liu L P). 1996. 丹江库区脊椎动物化石和旧石器的发现与意义 . 古脊椎动物学报 , 34(3): 228–234

贾兰坡 (Chia L P), 王建 (Wang J). 1978. 西侯度 : 山西更新世早期古文化遗址 . 北京 : 文物出版社 . 1–85

贾兰坡 (Chia L P), 赵资奎 (Chao T K), 李炎贤 (Li Y X). 1959. 周口店附近新发现的哺乳动物化石地点 . 古脊椎动物与古人类 , 1: 47–51

金昌柱 (Jin C Z), 刘金毅 (Liu J Y). 2009. 安徽繁昌人字洞——早期人类活动遗址 . 北京 : 科学出版社 . 1–439

金昌柱 (Jin C Z), 徐钦奇 (Xu Q Q), 李春田 (Li C T). 1984. 吉林青山头遗址哺乳动物群及其地质时代 . 古脊椎动物学报 , 22(4): 314–323

金昌柱 (Jin C Z), 郑龙亭 (Zheng L T), 孙承凯 (Sun C K). 2009. 啮齿目 . 见 : 金昌柱 (Jin C Z), 刘金毅 (Liu J Y) 主编 . 安徽繁昌人字洞——早期人类活动遗址 . 北京 : 科学出版社 . 166–219

李传夔 (Li C K). 1962. 河北张北第三纪河狸化石 . 古脊椎动物学报 , 6(1): 72–75

李传夔 (Li C K). 1963a. Paramyid 和 Sciuravids 在中国的新发现 . 古脊椎动物学报 , 7(2): 151–160

李传夔 (Li C K). 1963b. 通古尔河狸化石的新材料 . 古脊椎动物学报 , 7(3): 376–344

李传夔 (Li C K). 1974. 山东临朐中新世啮齿类化石 . 古脊椎动物学报 , 12(1): 43–53

李传夔 (Li C K). 1975. 河南、内蒙古晚始新世啮齿类化石 . 古脊椎动物学报 , 13(1): 58–70

李传夔 (Li C K). 1977. 安徽潜山 Eurymyloids 化石 . 古脊椎动物学报 , 15(2): 103–118

李传夔 (Li C K), 邱铸鼎 (Qiu Z D). 1980. 青海西宁盆地早中新世哺乳动物化石 . 古脊椎动物学报 , 18(3): 198–214

李传夔 (Li C K), 邱占祥 (Qiu Z X), 阎德发 (Yan D F), 谢树华 (Xie S H). 1979. 湖南衡阳盆地早始新世哺乳动物化石 . 古脊椎动物学报 , 17(1): 71–80

李传夔 (Li C K), 林一璞 (Lin Y P), 顾玉珉 (Gu Y M), 侯连海 (Hou L H), 吴文裕 (Wu W Y), 邱铸鼎 (Qiu Z D). 1983. 江苏泗洪下草湾中中新世脊椎动物群 . 古脊椎动物与古人类 , 21(4): 313–327

李强 (Li Q), 邱铸鼎 (Qiu Z D). 2005. 对拟蹶鼠属 (*Sminthoides* Schlosser) 的重新认识 . 古脊椎动物学报 , 43(1): 24–35

李强 (Li Q), 王晓鸣 (Wang X M). 2015. 青海柴达木盆地新近纪河狸化石及其古环境意义 . 第四纪研究 , 35(3): 584–595

李强 (Li Q), 郑绍华 (Zheng S H). 2005. 记陕西蓝田晚中新世灞河组 4 种跳鼠 (Dipodidae, Rodentia) 化石 . 古脊椎动物学报 , 43(4): 283–296

辽宁省博物馆 , 本溪市博物馆 . 1986. 庙后山 , 辽宁省本溪市旧石器文化遗址 . 北京 : 文物出版社 . 1–102

林一璞 (Lin Y P), 潘悦容 (Pan Y R), 陆庆五 (Lu Q W). 1984. 云南元谋早更新世哺乳动物群 . 见 : 周国兴 (Zhou G X), 张兴永 (Zhang X Y) 主编 . 元谋人——云南元谋古人类与古文化图文集 . 昆明 : 云南人民出版社 . 141–162

刘丽萍 (Liu L P), 郑绍华 (Zheng S H), 张兆群 (Zhang Z Q), 王李花 (Wang L H). 2011. 甘肃董湾晚新近纪地层及中新统 / 上新统界线 . 古脊椎动物学报 , 49(2): 229–240

陆有泉 (Lu Y Q), 李毅 (Li Y), 金昌柱 (Jin C Z). 1986. 乌尔吉晚更新世动物群和古生态环境 . 古脊椎动物学报 , 24(2): 152–162

马勇 (Ma Y), 王逢桂 (Wang F G), 金善科 (Jin S K), 李思华 (Li S H). 1987. 新疆北部地区啮齿动物的分类和分布 . 北京 : 科学出版社 . 1–274

毛方园 (Mao F Y), 李传夔 (Li C K), 孟津 (Meng J), 李茜 (Li Q), Fostowicz-Frelik L, 王元青 (Wang Y Q), 赵凌霞 (Zhao L X), 王伴月 (Wang B Y). 2017. 牙齿釉质显微结构术语简介和规范汉语译名的建议 . 古脊椎动物学报, 55(4): 347–366

孟津 (Meng J), 叶捷 (Ye J), 黄学诗 (Huang X S). 1999. 内蒙古巴彦乌兰地区始新世哺乳类及相关地层问题 . 古脊椎动物学报 , 37(3): 165–174

孟津 (Meng J), 吴文裕 (Wu W Y), 叶捷 (Ye J), 毕顺东 (Bi S D). 2001. 新疆准噶尔盆地北缘铁尔斯哈巴合晚渐新世两种啮形类耳区的形态研究 . 古脊椎动物学报 , 39(1): 43–53

孟津 (Meng J), 叶捷 (Ye J), 吴文裕 (Wu W Y), 岳乐平 (Yue L P), 倪喜军 (Ni X J). 2006. 准噶尔盆地北缘谢家阶底界——推荐界线层型及其生物 - 年代地层和环境演变意义 . 古脊椎动物学报 , 44(3): 205–236

潘清华 (Pan Q H), 王应祥 (Wang Y X), 岩崑 (Yan K). 2007. 中国哺乳动物彩色图鉴 . 北京 : 中国林业出版社 . 1–420

裴文中 (Pei W Z). 1957. 中国第四纪哺乳动物群的地理分布 . 古脊椎动物学报 , 1(1): 9–24
裴文中 (Pei W Z). 1987. 广西柳城巨猿洞及其他山洞之食肉类、长鼻类和啮齿类化石 . 中国科学院古脊椎动物与古人类研究所集刊 , 18: 1–134
齐陶 (Qi T). 1979. 记内蒙古大庙地区上新世晚期几种化石哺乳类 . 古脊椎动物学报 , 17(3): 259–260
邱占祥 (Qiu Z X), 谷祖纲 (Gu Z G). 1988. 甘肃兰州第三纪中期哺乳动物化石地点 . 古脊椎动物学报 , 26(3): 198–213
邱占祥 (Qiu Z X), 王伴月 (Wang B Y), 邱铸鼎 (Qiu Z D), 颉光普 (Xie G P), 谢骏义 (Xie J Y), 王晓鸣 (Wang X M). 1997. 甘肃兰州盆地咸水河组研究的新进展 . 见：童永生 (Tong Y S) 等编 . 演化的实证——纪念杨钟健教授百年诞辰论文集 . 北京：海洋出版社 . 177–192
邱占祥 (Qiu Z X), 邓涛 (Deng T), 王伴月 (Wang B Y). 2004. 甘肃东乡龙担早更新世哺乳动物群 . 中国古生物志，总号第 191 册 , 新丙种第 27 号 . 北京：科学出版社 . 1–198
邱铸鼎 (Qiu Z D). 1981. 山东临朐中新世松鼠类一新属 . 古脊椎动物学报 , 19(3): 228–238
邱铸鼎 (Qiu Z D). 1987. 江苏泗洪下草湾中中新世脊椎动物群——7. 山河狸科 (哺乳纲 , 啮齿类). 古脊椎动物学报 , 25(4): 283–296
邱铸鼎 (Qiu Z D). 1996. 内蒙古通古尔中新世小哺乳动物群 . 北京：科学出版社 . 1–216
邱铸鼎 (Qiu Z D). 2000. 甘肃兰州盆地中中新世泉头沟动物群的食虫类、跳鼠类和兔形类 . 古脊椎动物学报 , 38(4): 287–302
邱铸鼎 (Qiu Z D). 2001. 甘肃兰州盆地中中新世泉头沟动物群的睡鼠类和沙鼠类 . 古脊椎动物学报 , 39(4): 297–305
邱铸鼎 (Qiu Z D). 2002. 云南禄丰古猿地点的松鼠类 . 古脊椎动物学报 , 40(3): 177–193
邱铸鼎 (Qiu Z D). 2006. 云南禄丰、元谋晚中新世古猿地点始鼠科化石 . 古脊椎动物学报 , 44 (4): 307–319
邱铸鼎 (Qiu Z D), 李强 (Li Q). 2016. 内蒙古中部新近纪啮齿类动物 . 中国古生物志，总号第 198 册 , 新丙种第 30 号 . 北京：科学出版社 . 1–684
邱铸鼎 (Qiu Z D), 林一璞 (Lin Y P). 1986. 江苏泗洪下草湾中中新世脊椎动物群——5. 松鼠科 (哺乳纲 , 啮齿类). 古脊椎动物学报 , 24(3): 195–209
邱铸鼎 (Qiu Z D), 倪喜军 (Ni X J). 2006. 小哺乳动物 . 见：祁国琴 (Qi G Q), 董为 (Dong W) 主编 . 蝴蝶古猿产地研究 . 北京：科学出版社 . 113–131
邱铸鼎 (Qiu Z D), 孙博 (Sun B). 1988. 山东山旺新发现的小哺乳动物化石 . 古脊椎动物学报 , 26(1): 50–58
邱铸鼎 (Qiu Z D), 王晓鸣 (Wang X M). 1999. 内蒙古中部中新世小哺乳动物群及其时代顺序 . 古脊椎动物学报 , 37(2): 120–139
邱铸鼎 (Qiu Z D), 阎翠玲 (Yan C L). 2005. 山东山旺新发现的中新世松鼠类化石 . 古脊椎动物学报 , 43(3): 194–207
邱铸鼎 (Qiu Z D), 李传夔 (Li C K), 王士阶 (Wang S J). 1981. 青海西宁盆地中新世哺乳动物 . 古脊椎动物与古人类 , 19(2): 156–173
邱铸鼎 (Qiu Z D), 李传夔 (Li C K), 胡绍锦 (Hu S J). 1984. 云南呈贡三家村晚更新世小哺乳动物群 . 古脊椎动物学报 , 22(4): 281–293
邱铸鼎 (Qiu Z D), 韩德芬 (Han D F), 祁国琴 (Qi G Q), 林玉芬 (Lin Y F). 1985. 禄丰古猿地点的小哺乳动物化石 . 人类学学报 , 4(1): 13–32
石荣琳 (Shi R L). 1989. 山东曲阜晚始新世黄庄动物群 . 古脊椎动物学报 , 27(2): 87–102
时墨庄 (Shi M Z), 关键 (Guan J), 潘润群 (Pan R Q), 汤大忠 (Tang D Z). 1981. 云南昭通晚第三纪褐煤层哺乳动物化石 . 北京自然博物馆研究报告 , (11): 1–15
孙玉峰 (Sun Y F), 王志彦 (Wang Z Y), 刘金远 (Liu J Y), 王辉 (Wang H), 徐钦琦 (Xu Q Q), 金昌柱 (Jin C Z), 李毅 (Li Y), 侯连海 (Hou L H). 1992. 大连海茂动物群 . 大连：大连理工大学出版社 . 1–137

汤英俊 (Tang Y J), 计宏祥 (Ji H X). 1983. 河北省蔚县上新世—早更新世间的一个过渡哺乳动物群 . 古脊椎动物与古人类 , 21(3): 241–251

汤英俊 (Tang Y J), 宗冠福 (Zong G F), 徐钦琦 (Xu Q Q). 1983. 山西临猗早更新世地层及哺乳动物群 . 古脊椎动物学报 , 21(1): 77–86

同号文 (Tong H W). 2005. 周口店田园洞古人类化石点的无颈鬃豪猪 . 古脊椎动物学报 , 43: 135–150

同号文 (Tong H W), 张双权 (Zhang S Q), 李青 (Li Q), 许治军 (Xu Z J). 2008. 北京房山十渡西太平洞晚更新世哺乳动物化石 . 古脊椎动物学报 , 46(1): 51–70

童永生 (Tong Y S). 1997. 河南李官桥和山西垣曲盆地始新世中期小哺乳动物 . 中国古生物志 , 总号第 186 册 , 新丙种第 26 号 . 北京 : 科学出版社 . 1–256

童永生 (Tong Y S), 王景文 (Wang J W). 1980. 河南潭头、卢氏和灵宝盆地上白垩统—下第三系的划分 . 古脊椎动物学报, 18(1): 21–27

童永生 (Tong Y S), 王景文 (Wang J W). 2006. 山东昌乐五图盆地早始新世哺乳动物群 . 中国古生物志 , 总号第 192 册 , 新丙种第 28 号 . 北京 : 科学出版社 . 1–195

汪松 (Wang S), 王家骏 (Wang J J), 罗一宁 (Luo Y N). 1994. 世界兽类名称 (拉汉英对照). 北京 : 科学出版社 . 1–285

王伴月 (Wang B Y). 1986. *Prosciurus lohiculus* 的分类位置 . 古脊椎动物学报 , 24(4): 285–294

王伴月 (Wang B Y). 1987. 内蒙古中渐新世山河狸科化石的发现 . 古脊椎动物学报 , 25(1): 32–45

王伴月 (Wang B Y). 1988. 内蒙古梳趾鼠类一新科——双柱鼠科 . 古脊椎动物学报 , 26(1): 35–49

王伴月 (Wang B Y). 1991. 内蒙古上渐新统中 *Yindirtemys* (啮齿目 , 梳趾鼠科) 的发现 . 古脊椎动物学报 , 29 (4): 296–302

王伴月 (Wang B Y). 2001a. 云南曲靖晚始新世的梳趾鼠类化石 . 古脊椎动物学报 , 39(1): 24–42

王伴月 (Wang B Y). 2001b. 内蒙古始新世梳趾鼠类化石 . 古脊椎动物学报 , 39(2): 98–114

王伴月 (Wang B Y). 2002. 始鼠化石在甘肃党河地区上渐新统的发现 . 古脊椎动物学报 , 40 (2): 139–145

王伴月 (Wang B Y). 2003. 甘肃党河地区第三纪中期的跳鼠化石 . 古脊椎动物学报 , 41(2): 89–103

王伴月 (Wang B Y). 2005. 甘肃东乡龙担的河狸 (啮齿类 , 哺乳动物) 化石——龙担哺乳动物群补充报道之一 . 古脊椎动物学报 , 43(3): 237–242

王伴月 (Wang B Y). 2007. 内蒙古晚始新世兔形类 . 古脊椎动物学报 , 45(1): 43–58

王伴月 (Wang B Y). 2008. 内蒙古二连浩特呼尔井组的某些啮齿类化石 . 古脊椎动物学报 , 46(1): 21–30

王伴月 (Wang B Y). 2009. 关于塔塔尔蹶鼠属 (*Tatalsminthus*) 的新认识 . 古脊椎动物学报 , 47(1): 81–84

王伴月 (Wang B Y). 2010. 内蒙古下渐新统梳趾鼠类一新属 . 古脊椎动物学报 , 48(1): 79–83

王伴月 (Wang B Y), 李春田 (Li C T). 1990. 我国东北地区第一个老第三纪哺乳动物群的研究 . 古脊椎动物学报 , 28(3): 165–205

王伴月 (Wang B Y), 孟津 (Meng J). 2009. 中国内蒙古的阿尔丁鼠 (*Ardynomys*) 化石 . 古脊椎动物学报 , 47(3): 240–244

王伴月 (Wang B Y), 欧阳涟 (Ouyang L). 1999. 争胜鼠 (*Zelomys*) 的门齿釉质结构和分类位置 . 古脊椎动物学报 , 37(1): 40–47

王伴月 (Wang B Y), 齐陶 (Qi T). 1989. 双柱鼠科一新属在新疆的发现 . 古脊椎动物学报 , 27(1): 28–36

王伴月 (Wang B Y), 祁国琴 (Qi G Q). 2005. 云南禄丰古猿化石地点的豪猪化石 . 古脊椎动物学报 , 43(1): 11–23

王伴月 (Wang B Y), 邱占祥 (Qiu Z X). 2002. 甘肃临夏盆地晚中新世豪猪一新种 . 古脊椎动物学报 , 40(1): 23–33

王伴月 (Wang B Y), 邱占祥 (Qiu Z X). 2003. 青藏高原东北缘黄土底部发现松鼠一新亚科 . 科学通报 , 48(2): 183–186

王伴月 (Wang B Y), 邱占祥 (Qiu Z X). 2004. 甘肃党河下游地区早渐新世哺乳动物化石的发现 . 古脊椎动物学报 , 42(2): 130–143

王伴月 (Wang B Y), 王培玉 (Wang P Y). 1991. 内蒙古阿拉善左旗克克阿木中渐新世早期哺乳动物化石的发现 . 古脊椎动物学报 , 29(1): 64–71

王伴月 (Wang B Y), 周世全 (Zhou S Q). 1982. 河南信阳平昌关盆地晚始新世哺乳动物化石 . 古脊椎动物学报 , 20(3): 203–215

王伴月 (Wang B Y), 常江 (Chang J), 孟宪家 (Meng X J), 陈金荣 (Chen J R). 1981. 内蒙千里山地区中、上渐新统的发现及其意义 . 古脊椎动物学报 , 19(1): 26–34

王伴月 (Wang B Y), 阎志强 (Yan Z Q), 陆彦俊 (Lu Y J), 陈国新 (Chen G X). 1994. 宁夏海原两个第三纪中期哺乳动物群的发现 . 古脊椎动物学报 , 32(4): 285–296

王伴月 (Wang B Y), 翟人杰 (Zhai R J), Dawson M R. 1998. 壮鼠化石在中国的首次发现 . 古脊椎动物学报 , 36(1): 1–12

王景文 (Wang J W). 1978. 河南省桐柏地区的两栖犀类和副鼠类化石 . 古脊椎动物学报 , 16(1): 22–29

王頠 (Wang W). 2013. 广西田东么会洞早更新世遗址 . 北京 : 科学出版社 . 1–170

王应祥 (Wang Y X). 2003. 中国哺乳动物种和亚种分类名录与分布大全 . 北京 : 中国林业出版社 . 1–394

王西之 (Wang Y Z). 1985. 睡鼠科一新属新种——四川毛尾睡鼠 . 兽类学报 , 5(1): 67–75

王元青 (Wang Y Q), 孟津 (Meng J) , 金迅 (Jin X). 2012. 内蒙古二连盆地古近系研究回顾及存在问题 . 古脊椎动物学报 , 50(3): 181–203

魏涌澎 (Wei Y P). 2010. 新疆准噶尔盆地北缘中中新世阿特拉旱松鼠及其生态环境讨论 . 古脊椎动物学报 , 48(3): 220–234

吴文裕 (Wu W Y). 1986. 江苏泗洪下草湾中中新世脊椎动物群——4. 睡鼠科 (哺乳纲 , 啮齿目). 古脊椎动物学报 , 24(1): 32–43

吴文裕 (Wu W Y). 1988. 准噶尔盆地北缘中中新世啮齿类 . 古脊椎动物学报 , 26(4): 250–264

吴文裕 (Wu W Y), 叶捷 (Ye J), 孟津 (Meng J), 王晓鸣 (Wang X M), 刘丽萍 (Liu L P), 毕顺东 (Bi S D), 董为 (Dong W). 1998. 新疆准噶尔盆地北缘第三纪地层古生物研究新进展 . 古脊椎动物学报 , 36(1): 24–31

吴文裕 (Wu W Y), 叶捷 (Ye J), 毕顺东 (Bi S D), 孟津 (Meng J). 2000. 新疆准噶尔盆地北缘晚渐新世睡鼠化石的发现 . 古脊椎动物学报 , 38(1): 36–42

吴文裕 (Wu W Y), 孟津 (Meng J), 叶捷 (Ye J), 倪喜军 (Ni X J), 毕顺东 (Bi S D), 魏涌澎 (Wei Y P). 2009. 准噶尔盆地北缘顶山盐池组中新世哺乳动物 . 古脊椎动物学报 , 47(3): 208–233

吴文裕 (Wu W Y), 倪喜军 (Ni X J), 叶捷 (Ye J), 孟津 (Meng J), 毕顺东 (Bi S D). 2013. 新疆准噶尔盆地北缘中中新世早期的原圆齿鼠 (Promylagaulinae, Mylagaulidae). 古脊椎动物学报 , 51(1): 55–70

吴文裕 (Wu W Y), 孟津 (Meng J), 叶捷 (Ye J), 倪喜军 (Ni X J), 毕顺东 (Bi S D). 2016. 新疆准噶尔盆地北缘晚渐新世睡鼠再研究 . 古脊椎动物学报 , 54(1): 36–50

武仙竹 (Wu X Z). 2006. 郧西人——黄龙洞遗址发掘报告 . 北京 : 科学出版社 . 1–271

徐彦龙 (Xu Y L), 仝亚博 (Tong Y B), 李强 (Li Q), 孙知明 (Sun Z M), 裴军令 (Pei J L), 杨振宇 (Yang Z Y). 2007. 内蒙古高特格含上新世哺乳动物化石地层的磁性年代学研究 . 地质论评 , 53(2): 250–261

徐余瑄 (Xu Y X), 李玉清 (Li Y Q), 薛祥煦 (Xue X X). 1957. 贵州织金县更新世哺乳动物化石 . 古生物学报 , 5(2): 343–350

薛祥煦 (Xue X X), 李传令 (Li C L), 邓涛 (Deng T), 陈民权 (Chen M Q), 张学锋 (Zhang X F). 1999. 陕西洛南龙牙洞动物群的特点、时代及环境 . 古脊椎动物学报 , 37(4): 309–325

杨钟健 (Young C C). 1955. 记安徽泗洪县下草湾发见的巨河狸化石并在五河县戚咀发见的哺乳类动物化石 . 古生物学报 , 3(1): 55–66

杨钟健 (Yang C C), 周明镇 (Chow M C). 1956. 甘肃宁武渐新世哺乳类动物化石 . 古生物学报 , 4(4): 447–459

叶捷 (Ye J). 1983. 内蒙古乌兰希热晚始新世哺乳动物初步分析 . 古脊椎动物学报 , 21(2): 109–118

叶捷 (Ye J), 吴文裕 (Wu W Y), 孟津 (Meng J). 2001a. 新疆准噶尔盆地北缘乌伦古河地区第三系简介 . 地层学杂志 , 25(3): 193–200

叶捷 (Ye J), 吴文裕 (Wu W Y), 孟津 (Meng J). 2001b. 新疆乌伦古河地区第三纪哺乳动物群初析及地层年代确定 . 地层学杂志 , 25(4): 283–287

叶捷 (Ye J), 孟津 (Meng J), 吴文裕 (Wu W Y). 2003. *Paraceratherium* 在新疆准噶尔盆地北缘的发现及其意义 . 古脊椎动物学报 , 41(3): 220–229

叶捷 (Ye J), 吴文裕 (Wu W Y), 倪喜军 (Ni X J), 毕顺东 (Bi S D), 孙继敏 (Sun J M), 孟津 (Meng J). 2012. 新疆准噶尔盆地北缘夺勒布勒津剖面的地层学及环境意义 . 中国科学 , 42(10): 1523–1532

叶元正 (Ye Y Z), 阎德发 (Yan D F). 1975. 皖南铜山第四纪哺乳动物化石新地点 . 古脊椎动物与古人类 , 13: 195–196

翟人杰 (Zhai R J). 1978. 吐鲁番盆地东部桃树园子群的哺乳动物化石 . 中国科学院古脊椎动物与古人类研究所甲种专刊 , 13: 126–131

张荣祖 (Zhang R Z), 金善科 (Jin S K), 全国强 (Quan G Q), 李思华 (Li S H), 叶宗耀 (Ye Z Y), 王逢桂 (Wang F G), 张曼丽 (Zhang M L). 1997. 中国哺乳动物分布 . 北京 : 中国林业出版社 . 1–280

张兆群 (Zhang Z Q). 1999. 甘肃宁县上新世小哺乳动物群 . 见 : 王元青 (Wang Y Q), 邓涛 (Deng T) 主编 : 第七届中国古脊椎动物学学术年会论文集 . 北京 : 海洋出版社 . 167–177

张兆群 (Zhang Z Q), 郑绍华 (Zheng S H). 2000. 甘肃灵台文王沟 (93002 地点) 晚中新世—早上新世生物地层 . 古脊椎动物学报 , 38(4): 274–286

张兆群 (Zhang Z Q), 郑绍华 (Zheng S H), 刘丽萍 (Liu L P), Fortelius M, Lunkka J P, Kaakinen A, Selanne L. 1999. 灞河组生物地层学研究新进展 . 见 : 王元青 (Wang Y Q), 邓涛 (Deng T) 主编 : 第七届中国古脊椎动物学学术年会论文集 . 北京 : 海洋出版社 . 55–60

张镇洪 (Zhang Z H), 傅仁义 (Fu R Y), 孙玉文 (Sun Y W), 崔德文 (Cui D W), 杨庆昌 (Yang Q C), 周玉峰 (Zhou Y F), 邢文盛 (Xing W S), 胡金彩 (Hu J C), 肖华山 (Xiao H S), 张玉满 (Zhang Y M), 张森水 (Zhang S S). 1976. 辽宁营口金牛山发现的第四纪哺乳动物群及其意义 . 古脊椎动物学报 , 14(2): 120–127

张镇洪 (Zhang Z H), 魏海波 (Wei H B), 许振宏 (Xu Z H). 1986. 第四章 动物化石 . 见 : 辽宁省博物馆 , 本溪市博物馆编 . 庙后山——辽宁省本溪市旧石器文化遗址 . 北京 : 文物出版社 . 35–66

郑绍华 (Zheng S H). 1976. 甘肃合水一中更新世小哺乳动物群 . 古脊椎动物与古人类 , 14(2): 112–119

郑绍华 (Zheng S H). 1982. 甘肃天祝松山第二地点中上新世小哺乳动物 . 古脊椎动物与古人类 , 20(2): 138–147

郑绍华 (Zheng S H). 1983. 和县猿人地点的小哺乳动物群 . 古脊椎动物学报 , 21(3): 230–240

郑绍华 (Zheng S H). 1993. 川黔地区第四纪啮齿类 . 北京 : 科学出版社 . 1–270

郑绍华 (Zheng S H). 2004. 建始人遗址 . 北京 : 科学出版社 . 1–412

郑绍华 (Zheng S H), 韩德芬 (Han D F). 1993. 七、哺乳类化石 . 见 : 张森水 (Zhang S S) 主编 . 金牛山 (1978 年发掘) 旧石器遗址综合研究 . 中国科学院古脊椎动物与古人类研究所集刊 , 19: 43–128

郑绍华 (Zheng S H), 李传夔 (Li C K). 1986. 中国的模鼠 (*Mimomys*) 化石 . 古脊椎动物学报 , 24(2): 81–109

郑绍华 (Zheng S H), 李毅 (Li Y). 1982. 甘肃天祝松山第一地点上新世兔形类和啮齿类动物 . 古脊椎动物学报 , 20(1): 35–44

郑绍华 (Zheng S H), 张联敏 (Zhang L M). 1991. 食虫目、翼手目、啮齿目 . 见 : 黄万波 (Huang W B), 方其仁 (Fang Q R) 等主编 . 巫山人遗址 . 北京 : 海洋出版社 . 29–85

郑绍华 (Zheng S H), 张兆群 (Zhang Z Q). 2001. 甘肃灵台晚中新世—早更新世生物地层划分及其意义 . 古脊椎动物学报 , 39(3): 215–228

中国科学院古脊椎动物与古人类研究所《中国脊椎动物化石手册》编写组编 . 1979. 中国脊椎动物化石手册 (增订版). 北京 : 科学出版社 . 1–665

周明镇 (Chow M C). 1959. 东北第四纪哺乳动物化石志 . 中国科学院古脊椎动物与古人类研究所甲种专刊 , 3: 1–82

周明镇 (Chow M C), 李传夔 (Li C K). 1978. “下草湾系”•“巨河狸”•“淮河过渡区”——订正一个历史的误解 . 地层学杂志 , 2(2): 122–130

周明镇 (Chow M C), 王伴月 (Wang B Y). 1964. 江苏南京浦镇及泗洪下草湾中新世脊椎动物化石 . 古脊椎动物学报 , 8(4): 341–351

周明镇 (Chow M C), 李传夔 (Li C K), 张玉萍 (Zhang Y P). 1973. 河南、山西晚始新世哺乳类化石地点与化石层位 . 古脊椎动物与古人类 , 11(2): 165–181

宗冠福 (Zong G F). 1981. 山西屯留小常村更新世哺乳动物化石 . 古脊椎动物学报 , 19(2): 174–183

Adkins R M, Gelke E L, Rowe D R, Honeycutt R L. 2001. Molecular phylogeny and divergence time estimates for major rodent groups: Evidence from multiple genes. Mol Biol Evol, 18(5): 777–791

Adkins R M, Walton A H, Honeycutt R L. 2003. Higher-level systematics of rodents and divergence time estimates based on two congruent nuclear genes. Mol Phylogenet Evol, 26: 409–420

Agadjanyan A K. 1985. Neogene faunas of small mammals from the Soviet Union. In: Abstracts of VIIIth RCMNS Congress, Hungary, 1985: 44–46

Aguilar J-P. 1981. Evolution des rongeurs miocènes et paléogéographie de la Mediterranee occidentale. Thèse. Montpellier: Univ Sci Techn Languedoc. 1–203

Allen G M. 1938, 1940. The mammals of China and Mongolia. Nat Hist Central Asia, 11(1-2): 1–1350

Allen J A. 1901. Note on the names of a few South American mammals. Proc Biol Soc Washington, 14: 183–185

Alston E R. 1876. On the classification of the order Glires. Proc Zool Soc London, 61–98

Alvarez Sierra M A. 1987. Estudio sistemático y bioestratigráfico de los Eomyidae (Rodentia) del Oligoceno superior y Mioceno inferior español. Scripta Geol, 86: 1–207

Alvarez Sierra M A, Daams R, Lacomba Andueza J I. 1996. The rodents from the Upper Oligocene of Sayatón 1, Madrid Basin (Guadalajara, Spain). Proc Kon Ned Akad Wetensch, Ser B, 99(1-2): 1–23

Anderson D. 2008. Ischyromidae. In: Janis C M, Gunnell G F, Uhen M D eds. Evolution of Tertiary Mammals of North America. New York: Cambridge University Press. 311–325

Anemone R L, Dawson M R, Beard K C. 2012. The Early Eocene rodent *Tuscahomys* (Cylindrodontidae) from the Great Divide Basin, Wyoming: Phylogeny, biogeography, and paleoecology. Ann Carnegie Mus, 80: 187–205

Antoine P O, Marivaux L, Croft D A, Billet, Gonerod M, Jaramillo C, Martin T, Orliac M J, Tejada J, Altamirana A J, Duanthon F, Fanjat G, Rousse S, Gismondi R S. 2012. Middle Eocene rodents from Peruvian Amazonia reveal the pattern and timing of caviomorph origins and biogeography. Proc R Soc, London B, 279: 1319–1326

Argyropulo A I. 1939. Remains of a beaver (*Amblycator caucasicus* sp. n.) from the Pliocene of the Ciscaucusia. C R Acad Sci Moscow, 25: 636–639

Asher R J, Meng J, McKenna M C, Wible J R, Dashzeveg D, Rougier G, Novacek M J. 2005. Stem lagomorpha and the antiquity of Glires. Science, 307: 1091–1094

Averianov A O. 1996. Early Eocene Rodentia of Kyrgyzstan. Bull Mus Natl Hist Nat, Paris, 4e sér, 18 C: 663–671

Bachmayer F, Wilson R W. 1970. Die Fauna der altpliozänen Höhlen- und Spaltenfüllungen bei Kohfidisch, Burgenland (Österreich). Ann Nat Mus Wien, 74: 533–587

Barbière F, Marivaux L. 2015. Phylogeny and evolutionary history of hystricognathous rodents from the Old World during the Tertiary: New insights into the emergence of modern "phiomorph" families. In: Cox P G, Hautier L eds. Evolution of the Rodents: Advances in Phylogeny, Functional Morphology and Development. Cambridge: Cambridge University Press. 87–138

Baskin J A. 1996. Systematic revision of Ctenodactylidae (Mammalia, Rodentia) from the Miocene of Pakistan. Palaeovertebrata, 25(1): 1–49

Bate D M A. 1937. New Pleistocene mammals from Palestine. Am Mag Nat Hist, 10: 397–400

Baudelot S. 1972. Etude des Chiroptères, Insectivores et Rongeurs du Miocène de Sansan. Thèse Doctoral d'Etat. Toulouse. 1–364

Bendukidze O G. 1993. Small Mammals of Miocene from Southwestern Kazakhstan and Turgai. Tbilissi: Mechuereba. 1–144

Bendukidze O G, de Bruijn H, van den Hoek Ostende L W. 2009. A revision of Late Oligocene associations of small mammals from the Aral Formation (Kazakhstan) in the National Museum of Georgia, Tbilissi. Palaeodiversity, 2: 343–377

Bi S D, Meng J, Wu W, Ye J, Ni X. 2009. New distylomyid rodents (Mammalia: Rodentia) from the Early Miocene Suosuoquan Formation of northern Xinjiang, China. Am Mus Novit, 3663: 1–18

Bi S D, Meng J, McLean S, Wu W Y, Ni X J, Ye J. 2013. A new genus of aplodontid rodent (Mammalia: Rodentia) from the Late Oligocene of northern Junggar Basin, China. PLoS ONE, 8(1): e52625

Black C C. 1958. A new sicistine rodent from the Miocene of Wyoming. Breviora, 86: 1–7

Black C C. 1963. A review of the North American Tertiary Sciuridae. Bull Mus Comp Zool, Harvard, 130: 109–248

Black C C. 1968. The Oligocene rodent *Ischyromys* and discussion of the family Ischyromyidae. Ann Carnegie Mus, 39: 272–305

Black C C. 1971. Paleontology and geology of the Badwater Creek area, central Wyoming. Part 7: Rodents of the family Ischyromyidae. Ann Carnegie Mus, 43: 179–217

Black C C, Kowalski K. 1974. The Pliocene and Pleistocene Sciuridae (Mammalia, Rodentia) from Poland. Acta Zool Cracov, 30(6): 461–486

Blanga-Kanfi S, Miranda H, Penn O, Pupko T, DeBry R W, Huchon D. 2009. Rodent phylogeny revised: Analysis of six nuclear genes from all major rodent clades. BMC Evolutionary Biology, 71(9): 1–12

Bohlin B. 1937. Oberoligozäne Säugetiere aus dem Shargaltein-Tal (Western Kansu). Palaeont Sin, New Ser C, 3: 1–66

Bohlin B. 1946. The fossil mammals from the Tertiary deposit of Taben-buluk, western Kansu. Part 2: Simplicidentata, Carnivora, Artiodactyla and Primates. Palaeont Sin, New Ser C, (8B): 1–259

Borissoglebskaya M B. 1967. A new genus of beavers from the Oligocene of Kazakhstan. Byulleten Moskovskogo Obshchestva Ispytaleley Prirody, Otdel Biologicheskiy, 72(6): 129–135

Boule M, Teilhard de Chardin P. 1928. Paléolithique de la Chine (Paléontologie). Arch Instit Paléont Hum, Paris, 4: 27–102

Bouwens P, de Bruijn H. 1986. The flying squirrels *Hylopetes* and *Petinomys* and their fossil record. Proc Kon Ned Akad Wetensch, Ser B, 89(2): 113–123

Brandt J F. 1855. Beiträge zur nähern Kenntniss der Säugethiere Russlands. Mém Acad Imp Sci St.-Pétersbourg, Ser 6, Vol. 9, 375 pp (*non vidi*)

Bryant J D, McKenna M C. 1995. Cranial anatomy and phylogenetic position of *Tsaganomys altaicus* (Mammalia: Rodentia) from the Hsanda Gol Formation (Oligocene), Mongolia. Am Mus Novit, 3156: 1–42

Bugge J. 1971. The cephalic arterial system in mole-rats (Spalacidae) bamboo-rats (Rhizomyidae), jumping mice and jerboas (Dipodoidea) and dormice (Glirioidea) with special reference to the systematic classification of rodents. Acta Anatomica, 79: 165–180

Bugge J. 1985. Systematic value of the carotid arterial pattern in rodents. In: Luckett W P, Hartenberger J-L eds. Evolutionary Relationships among Rodents: A Multidisciplinary Analysis. New York: Plenum Press. 355–379

Burke J J. 1936. *Ardynomys* and *Desmatolagus* in the North American Oligocene. Ann Carnegie Mus, 25: 135–154

Cai B Q, Zheng S H, Liddicoat J C, Li Q. 2013. Review of the Litho-, Bio-, and Chronostratigraphy in the Nihewan Basin, Hebei, China. In: Wang X M, Flynn L J, Fortelius M eds. Fossil Mammals of Asia—Neogene Biostratigraphy and Chronology. New York: Columbia University Press. 218–242

Carleton M D. 1984. Introduction to rodents. In: Anderson S, Layne J N eds. Orders and Families of Recent Mammals of the World. New York: John Wiley and Sons. 255–265

Chaline J. 1977. Rodents, evolution, and prehistory. Endeavour, New Ser, 1(2): 44–51

Chaline J, Mein P. 1979. Les Rongeurs et L'Évolution. Paris: Doin Editeurs. 1–235

Chia L P. 1957. Note on the human and some other mammalian remains from Changyang, Hubei. Vert PalAsiat, 1: 247–257

Chiment J J, Korth W W. 1996. A new genus of eomyid rodent (mammalia) from the Eocene (Uintan-Duchesnean) of southern California. J Paleont, 16(1): 116–124

Clemens W A. 1997. Characterization of enamel microstructure and application of the origins of prismatic structures in systematic analyses. In: von Koenigswald W, Sande P M eds. Tooth Enamel Microstructure. Rotterdam: Balkema, Netherlands. 85–112

Colbert E H, Hooijer D A. 1953. Pleistocene mammals from the limestone fissures of Szechwan, China. Bull Am Mus Nat Hist, 102(1): 1–134

Corbet G B. 1978. The mammals of the Palaearctic Region: A taxonomic review. London: Brit Mus Nat Hist. 1–314

Corbet G B, Hill J E. 1992. Mammals of the Indomalayan Region: A Systematic Review. London: Oxford University Press. 1–488

Cox P G, Hautier L. 2015. Evolution of the Rodents. New York: Cambridge University Press. 1–611

Daams R. 1976. Miocene rodents (Mammalia) from Cetina de Aragón (prov Zaragoza) and Buñol (prov Valencia), Spain. Proc Kon Ned Akad Wetensch, Ser B, 79(3): 152–182

Daams R. 1981. The dental pattern of the dormice *Dryomys*, *Myomimus*, *Microdyromys* and *Peridyromys*. Utrecht Micropaleontological Bulletins, Special Publication, 3: 1–115

Daams R. 1999. Family Gliridae. In: Rössner G E, Heissig K eds. The Miocene Land Mammals of Europe. München: Verlag Dr. Friedrich Pfeil. 301–318

Daams R, de Bruijn H. 1995. A classification of the Gliridae (Rodentia) on the basis of dental morphology. Hystrix (n. s.), 6(1-2): 3–50

Dashzeveg D. 1990a. The earliest rodents (Rodentia, Ctenodactyloidea) of central Asia. Acta Zool Cracov, 33: 11–35

Dashzeveg D. 1990b. New trends in adaptive radiation of Early Tertiary rodents (Rodentia, Mammalia). Acta Zool Cracov, 33: 37–44

Dashzeveg D. 1996. A new *Ardynomys* (Rodentia, Cylindrodontidae) from the Eocene of eastern Gobi Desert, Mongolia. Palaeovertebrata, 25(2–4): 339–348

Dashzeveg D. 2003. A new species of *Tribosphenomys* (Glires, Rodentia) from the Early Eocene of Nemegt Basin, Mongolia and its implication for alagomyid phylogeny. Proc Mongolian Acad Sci, 1: 49–62

Dashzeveg D, McKenna M C. 1991. *Euboromys*, a new name for the Eocene rodent *Boromys* Dashzeveg, 1990, not *Boromys* Miller, 1916. J Vert Paleont, 11(4): 527

Dashzeveg D, Meng J. 1998a. New Eocene ctenodactyloid rodents from the eastern Gobi Desert of Mongolia and a phylogenetic analysis of ctenodactyloids based on dental features. Am Mus Novit, 3246: 1–20

Dashzeveg D, Meng J. 1998b. A new Eocene cylindrodont rodent (Mammalia, Rodontia) from the eastern Gobi of Mongolia. Amer Mus Novit, 3253: 1–18

Dashzeveg D, Russell D E. 1988. Palaeocene and Eocene Mixodontia (Mammalia, Glires) of Mongolia and China. Palaeontology, 31(1): 129–164

Dashzeveg D, Hartenberger J-L, Martin T, Legendre S. 1998. A peculiar ninute Glires (Mammalia) from the Early Eocene of Mongolia. Bull Carnegie Mus Nat Hist, 34: 104–209

Dawson M R. 1964. Late Eocene rodents (Mammalia) from Inner Mongolia. Am Mus Novit, 2191: 1–15

Dawson M R. 1968. Oligocene rodents (Mammalia) from East Mesa, Inner Mongolia. Am Mus Novit, 2324: 1–12

Dawson M R. 1977. Late Eocene rodents radiations: North America, Europe and Asia. Géobios Mém Spe, 1: 195–209

Dawson M R. 2015. Emerging perspectives on some Paleogene sciurognath rodents in Laurasia: the fossil record and its interpretation. In: Cox P G, Hautier L eds. Evolution of the Rodents: Advances in Phylogeny, Functional Morphology and Development. Cambridge: Cambridge University Press. 70–86

Dawson M R, Beard C K. 1996. New late Paleocene rodents (Mammalia) from Big Multi Quarry, Washakie Basin, Wyoming. Palaeovertebrata, 25: 301–321

Dawson M R, Beard C K. 2007. Rodents of the family Cylindrodontidae (Mammalia) from the earliest Eocene of the Tuscahoma Formation, Mississippi. Ann Carnegie Mus, 76: 135–144

Dawson M R, Wang B Y. 2001. Middle Eocene Ischyromyidae (Mammalia: Rodentia) from the Shanghuang fissures, southeastern China. Ann Carnegie Mus, 70(3): 221–230

Dawson M R, Li C K, Qi T. 1984. Eocene ctenodactyloid rodents (Mammalia) of eastern central Asia. Carnegie Mus Nat Hist Spec Pub, 9: 138–150

Dawson M R, Krishtalka L, Stucky T K. 1990. Revision of the Wind River faunas, Early Eocene of central Wyoming. Part 9: The oldest known hystricomorphous rodent (Mammalia Rodentia). Ann Carnegie Mus Nat Hist, 59: 135–147

Dawson M R, Huang X S, Li C K, Wang B Y. 2003. Zelomyidae, a new family of Rodentia (Mammalia) from the Eocene of Asia. Vert PalAsia, 41(4): 249–270

Dawson M R, Marivaux L, Li C K, Beard K C, Matais G. 2006. *Laonastes* and the "Lazarus Effect" in Recent Mammals. Science, 311: 1456–1458

Dawson M R, Li C K, Qi T. 2010. The Diatomyidae (Mammalia, Rodentia) and Bilohodonty in Middle Eocene Asian rodents. Vert PalAsiat, 48(4): 328–335

Daxner-Höck G. 1999. Family Zapodidae. In: Rössner G E, Heissig K eds. The Miocene Land Mammals of Europe. München: Verlag Dr. Friedrich Pfeil Press. 337–342

Daxner-Höck G. 2001. New zapodids (Rodentia) from Oligocene-Miocene deposits in Mongolia. Part 1. Senckenbergiana lethaea, 81(2): 351–389

Daxner-Höck G, Badamgrav D. 2007. Geological and stratigraphical setting. In: Daxner-Höck G ed. Oligocene-Miocene Vertebrates from the Valley of Lakes (Central Mongolia)—Morphology Phylogenetic and Stratigrapic Implications. Ann Naturhist Mus Wiena, Ser. A, 108: 1–24

Daxner-Höck G, Wu W Y. 2003. *Plesiosminthus* (Zapodidae, Mammalia) from China and Mongolia: Migrations to Europe. In: Reumer J W F, Wessels W eds. Distribution and Migration of Tertiary Mammals in Eurasia. A Volume in Honour of Hans de Bruijn, Deinsea, 10: 127–151

Daxner-Höck G, Höck V, Badamgarav D, Furmüller G, Frank W, Montag O, Schmid H P. 1997. Cenozoic stratigraphy based on a sediment-basalt association in Central Mongolia as requirement for correlation across Central Asia. In: Aguilar J P, Legendre S, Michaux J eds. Biochronologie mammalienne du Cénozoique en Europe et domains reliés. Mém TranInst, Montpellier, E P H E, 21: 163–176

Daxner-Höck G, Badamgarav D, Erbajeva M. 2010. Oligocene stratigraphy based on a sediment-basalt association in Central Mongolia (Taatsiin Gol and Taatsiin Tsagaan Nuur Area, Valley of Lakes): Review of a Mongolian-Austrian Project. Vert PalAs, 48(4): 348–366

Daxner-Höck G, Badamgrav D, Maridet O. 2014. Dipodidae (Rodentia, mammalia) from Oligocene and Early Miocene of Mongolia. Ann Nat Mus Wien. Ser A, 116: 131–214

de Bruijn H. 1966. Some new Miocene Gliridae from the Calatayud area (Prov. Zaragoza, Spain). Proc Kon Ned Akad Wetensch, Ser B, 69(3): 58–78

de Bruijn H. 1967. Gliridae, Sciuridae y Eomyidae (Rodentia, Mammalia) miocenos de Calatayud (provincia de Zaragoza, España) y su relación con la biostratigrafia del area. Boletin del Instituto Geologico y Minero de Espaňe, 78: 187–373

de Bruijn H. 1999. Superfamily Sciuroidea. In: Rössner G E, Heissig K eds. The Miocene Land Mammals of Europe. München: Verlag Dr. Friedrich Pfeil Press. 271–280

de Bruijn H, Mein P. 1968. On the mammalian fauna of the *Hipparion*-beds in the Calatayud-Teruel Basin. Part V, The Sciurinae. Proc Kon Ned Akad Wetensch, Ser B, 71(1): 73–90

de Bruijn H, Dawson M R, Mein P. 1970. Upper Pliocene Rodentia, Lagomorpha and Insectivora (Mammalia) from the Isle of Rhodes (Greece). Proc Kon Ned Akad Wetensch, Ser B, 73(5): 535–584

de Bruijn H, Hussain T, Leinders J J M. 1981. Fossil rodents from the Murree Formation near Banda Daud Shah Kohat, Pakistan. Proc Kon Ned Akad Wetensch, Ser B, 84(1): 71–99

de Bruijn H, Ünay E, Saraç G, Yilmaz A. 2003. A rodent assemblage from the Eo/Oligocene boundary interval near Süngülü, Lesser Caucasus, Turkey. Coloquios de Paleontologia, 5(1): 47–76

DeBry R W, Sagel R M. 2001. Phylogeny of Rodentia (Mammalia) inferred from the nuclear-encoded gene IRBP. Mol Phylogenet Evol, 19(2): 290–301

Dehm R. 1950. Die Nagetiere aus dem Mittel-Miocan (Burdigalium) von Wintershof-West bei Eichstatt in Bayern. N Jb Miner Geol Paläont, Abh B, 91: 321–428

Deng T, Wang X M, Fortelius M, Li Q, Wang Y, Tseng Z J, Takeuchi G T, Saylor J E, Säilä L K, Xie G P. 2011. Out of Tibet: Pliocene woolly rhino suggests high-plateau origin of Ice Age megaherbivores. Science, 333: 1285–1288

Deng T, Qiu Z X, Wang B Y, Wang X M, Hou S K. 2013. Late Cenozoic biostratigraphy of the Linxia Basin, northwestern China. In: Wang X M, Flynn L J, Fortelius M eds. Fossil Mammals of Asia—Neogene Biostratigraphy and Chronology. New York: Columbia University Press. 243–273

Depéret C, Douxami H. 1902. Les vertébrés oligocènes de Pyrimont-Challonges (Savoie). Abh Schweiz Paläont Gesell, 29(1): 1–90. (*non vidi*)

Douady C, Carels N, Clay O, Catzeflis F, Bernardi G. 2000. Diversity and phylogenetic implications of CsCI profiles from rodent DNAs. Mol Phylogenet Evol, 17(2): 219–230

Ellerman J R. 1940. The Families and Genera of Living Rodents.Vol. I. Rodents other than Muridae. London: Brit Mus Nat Hist. 1–689

Ellerman J R. 1941. The Families and Genera of Living Rodents. Vol. II. Muridae. London: Brit Mus Nat Hist. 1–690

Ellerman J R, Morrison-Scott T C S. 1951. Checklist of Palaearctic and Indian Mammals 1758 to 1946. London: Brit Mus Nat Hist. 1–810

Emry R J. 1972. A new species of *Agnotocastor* (Rodentia, Castoridae) from the Early Oligocene of Wyoming. Am Mus Novit, 2485: 1–72

Emry R J, Korth W W. 1989. Rodents of the Bridgerian (Middle Eocene) Elderberry Canyon Local Fauna of eastern Nevada. Smithson Contrib Paleont, 67: 1–14

Emry R J, Korth W W. 1996a. Cylindrodontidae. In: Prothero D R, Emry R J eds. The Terrestrial Eocene-Oligocene transition in North America. New York: Cambridge University Press. 399–416

Emry R J, Korth W W. 1996b. The Chadronian squirrel "*Sciurus*" *jeffersoni* Douglass, 1901: a new generic name, new material, and its bearing on the early evolution of Sciuridae (Rodentia). J Vert Paleont, 16(4): 775–780

Emry R J, Thorington R W. 1984. The tree squirrel *Sciurus* as a living fossil. In: Eldredge N, Stanley S eds. Living Fossils. New York: Springer-Verlag. 23–31

Emry R J, Wang B Y, Tjutkova L A, Lucas S G. 1997. A late Eocene eomyid rodent from the Zaysan Basin of Kazakhstan. J Vert Paleont, 17(1): 229–234

Emry R J, Lucas S G, Tyutkova L A, Wang B Y. 1998a. The Ergilian-Shandgolian (Eocene-Oligocene) transition in the Zaysan Basin, Kazakstan. In: Beard K C, Dawson M R eds. Dawn of the Age of Mammals in Asia. Bull Carnegie Mus Nat Hist, 34: 298–312

Emry R J, Tyutkova L A, Lucas S G, Wang B Y. 1998b. Rodents of the Middle Eocene Shinzhaly Fauna of eastern Kazakstan. J Vert Paleont, 18(1): 218–227

Engesser B. 1979. Relationships of some insectivores and rodents from the Miocene of North America and Europe. Bull Carnegie Mus Nat Hist, 14: 1–68

Engesser B. 1987. New Eomyidae, Dipodidae and Cricetidae (Rodentia, Mammalia) of the Lower Freshwater Molasses of Switzerland and Savoy. Ecl Geol Helv, 80(3): 943–994

Engesser B. 1990. Die Eomyidae (Rodentia, Mammalia) der Molasse der Schweiz und Savoyens. Schweiz Paläont Abh, 112: 1–444

Engesser B. 1999. Family Eomyidae. In: Rößner G E, Heißig K eds. The Miocene Land Mammals of Europe. Munich: Verlag Dr. Friedrich Pfeile. 319–336

Erbaeva M A. 1976. Fossiliferous bunodont rodents of the Transbaikal area. Geology and Geophysics, 194(2): 144–149 (in Russian)

Esselstyn J A, Achmadi A S, Rowe K C. 2012. Evolutionary novelty in a rat with no molars. Biol Lett, DOI: 10.1098/rsbl.2012.0574

Evander R L. 1999. Rodents and lagomorphs (Mammalia) from the Railway Quarries local fauna (Miocene, Barstovian) of Nebraska. Paludicola, 2: 240–257

Fabre P-H, Hautier L, Dimitrov D, Douzery E J. 2012. A glimpse on the pattern of rodent diversification: a phylogenetic approach. BMC Evol Biol, 12: 88

Fabre P-H, Jonsson K A, Douzery E J. 2013. Jumping and gliding rodents: Mitogenomic affinities of Pedetidae and Anomaluridae deduced from an RNA-Seq approach. Gene, 531: 388–397

Fabre P-H, Hautier L, Douzery E J P. 2015. A synopsis of rodent molecular phylogenetics, systematics and biogeography. In: Cox P G, Hautier L eds. Evolution of the Rodents—Advances in Phylogeny, Functional Morphology and Development. Cambridge: Cambridge University Press. 19–69

Fahlbusch V. 1968. Neue Comyidae (Rodentia, Mamm.) au seiner aquitanen Spaltenfüllung von Weißenburg in Bayern. Mitt Bayer Staatssamml Paläont Hist Geol, 8: 219–245

Fahlbusch V. 1970. Population verschiebungen bei tertiären Nagertieren, eine Studie an oligozänen und miozänen Eomyiden Europas. Bayer Akad Wissensch math-naturw Kl Abh N F, 145: 1–136

Fahlbusch V. 1973. Die stammesgeschichtlichen Beziehungen zwischen den Eomyiden (Mammalia, Rodentia) Nordamerikas und Europas. Mitt Bayer Staatssamml Paläont Hist Geol, 13: 141–175

Fahlbusch V. 1992. The Neogene mammalian faunas of Ertemte and Harr Obo in Inner Mongolia (Nei Mongol), China.—10. *Eozapus* (Rodentia). Senckenbergiana lethaea, 72: 199–217

Fahlbusch V Z, Qiu Z D, Storch G. 1983. Neogene mammalian faunas of Ertemte and Harr Obo in Nei Monggol, China—1. Report on field work in 1980 and preliminary results. Sci Sin, Ser B, 26(2): 205–224

Fahlbusch V Z, Qiu Z D, Storch G. 1984. Neogene micromammal faunas from Inner Mongolia: Recent investigations on biostratigraphy, ecology and biogeography. In: Whyte R O ed. The Evolution of the East Asian Environment: Volume II Palaeobotany, Palaeozoology, and Palaeoanthropology. Hongkong: University Hongkong. 697–707

Fejfar O. 1974. Die Eomyiden und Cricetiden (Rodentia, Mammalia) des Miozäns der Tschechoslowakei. Palaontograph A, 146: 100–180

Fejfar O, Rummel M, Tomida Y. 1998. New eomyid genus and species from the Early Miocene (MN zones 3–4) of Europe and Japan related to *Apeomys* (Eomyidae, Rodentia, Mammalia). In: Tomida Y, Flynn L J, Jacobs L L eds. Advances in Vertebrate Paleontology and Geochronology. Tokyo: Nat Sci Mus Monographs, 14: 123–143

Ferrusquia-Villafranca I, Wood A E. 1969. New fossil rodents from the early Oligocene Rancho Gaitan Local Fauna, northeastern Chihuahua, Mexico. Texas Men Mus, Pearce-Sellards Ser 16: 1–13

Flynn L J. 2006. Evolution of the Diatomyidae, an endemic family of Asian rodents. Vert PalAsiat, 44(2): 182–192

Flynn L J. 2007. Origin and evolution of the Diatomyidae, with clues to paleoecology from the fossil record. Bull Carnegie Mus Nat Hist, 39: 173–181

Flynn L J. 2008a. Eomyidae. In: Janis C M, Gunnell G F, Uhen M D eds. Evolution of Tertiary Mammals of North America, Volume 2: Small Mammals, Xenarthrans, and Marine Mammals. Cambridge: Cambridge University Press. 415–427

Flynn L J. 2008b. Dipodidae. In: Janis C M, Gunnell G F, Uhen M D eds. Evolution of Tertiary Mammals of North America. New York: Cambridge University Press. 406–414

Flynn L J, Jacobs L L. 1990. Preliminary analysis of Miocene small mammals from Pasalar, Turkey. J Human Evol, 19: 423–436

Flynn L J, Jacobs L L. 2008a. Aplodontoidea. In: Janis C M, Gunnell G F, Uhen M D eds. Evolution of Tertiary Mammals of North America. New York: Cambridge University Press. 377–390

Flynn L J, Jacobs L L. 2008b. Castoroidea. In: Janis C M, Gunnell G F, Uhen M D eds. Evolution of Tertiary Mammals of North America. New York: Cambridge University Press. 391–414

Flynn L J, Morgan M E. 2005. Anunusual diatomyid rodent from an infrequently sampled late Miocene interval in the Siwaliks of Pakistan. Palaeont Electronic, 8.1.17A: 1–10

Flynn L J, Jacobs L L, Cheema I U. 1986. Baluchimynae, a new ctenodactyloid rodent subfamily from the Miocene of Baluchistan. Am Mus Novit, 2841: 1–58

Flynn L J, Russell D E, Dashzeveg D. 1987. New Glires (Mammalia) from the Early Eocene of the People's Republic of Mongolia. Proc Kon Ned Akad Wetensch, Ser B 90(2): 133–142

Flynn L J, Teidford R H, Qiu Z X. 1991. Enrichment and stability in the Pliocene mammalian fauna of North China. Paleobiology, 17: 246–265

Flynn L J, Wu W Y, Downs III W R. 1997. Dating vertebrate microfaunas in the Late Neogene record of northern China.

Palaeogeog Palaoclimat Palaeoecol, 133: 227–242

Fostowicz-Frelik Ł. 2008. First recod of *Trogontherium cuvieri* (Mammalia, Rodentia) from the middle Pleistocene of Poland and review of the species. Geodiversitas, 30(4): 765–778

Freudenthal M. 1997. Paleogene rodent faunas from the province of Teruel (Spain). In: Aguilar J P, Legendre S, Michaux J eds. Actes du Congrès Biochro M'97. Mémoires Travaux Ecole Pratique des Hautes Etudes, Institut Montpellier, 21: 397–415

Freudenthal M. 2004. Gliridae (Rodentia, Mammalia) from the Eocene and Oligocene of the Sierra Palomera (Teruel, Spain). Treballs del Museu de Geologia de Barcelona, 12: 97–173

Freudenthal M, Martín-Suárez E. 2007a. *Microdyromys* (Gliridae, Rodentia, Mammalia) from the Early Oligocene of Montalbán (Prov. Teruel, Spain). Scripta Geol, 135: 179–211

Freudenthal M, Martín-Suárez E. 2007b. Revision of the subfamily Bransatoglirinae (Gliridae, Rodentia, Mammalia). Scripta Geol, 135: 241–273

Freudenthal M, Martín-Suárez E. 2013. New ideas on the systematics of Gliridae (Rodentia, Mammalia). Spanish Jour Palaeont, 28(2): 239–252

Friant M. 1953. Une faune du Quaternaire ancien en France méditerranéenne (Sète, Herault). Ann Soc Géol Nord, 73: 161–170

Gentry A. 1994. Case 2928. *Regnum Animale*..., Ed. 2 (M. J. Brisson, 1762): proposed rejection, with the conservation of the mammalian generic names *Philander* (Marsupialia), *Pteropus* (Chiroptera), *Glis*, *Cuniculus* and *Hydrochoerus* (Rodentia), *Meles*, *Lutra* and *Hyaena* (Carnivora), *Tapirus* (Perissodactyla), *Tragulus* and *Giraffa* (Artiodactyla). Bull Zool Nomenclature, 51(2): 135–146

Gervais F L P. 1853. Description ostéologique de l'*Anomalurus* et remarques sur la classification naturelle des rogeurs. Ann Sci Nat Zool, Paris, Ser 3, 20: 238–246

Gingerich P D. 1976. Cranial anatomy and evolution of Early Tertiary Plesiadapidae (Mammalia, Primates). Papers on paleontology no.15. Ann Abrbor: Mus Paleont, Univ Michigan. 1–141

Goodwin H T. 2008. Sciuridae. In: Janis C M, Gunnell G F, Uhrn M D eds. Evolution of Tertiary Mammals on North America. New York: Cambridge University Press. 355–376

Graur D, Hide W A, Li W-H. 1991. Is the guinea-pig a rodent? Nature. 351: 649–652

Haas G. 1973. The Pleistocene glirids of Israel. Verh Nat Ges Basel, 83: 76–110

Hartenberger J-L. 1966. Les rongeurs du Vallésien (Miocène supérieur) de Can Llobateres (Sabadell, Espagne): Gliridae et Eomyidae. Bull Soc Géol France, 7(8): 596–604

Hartenberger J-L. 1971. Contribution a l'étude des gengres *Gliravus* et *Microparamys* (Rodentia) de l'Eocène d'Europe. Palaeovertebrata, 4(4): 97–135

Hartenberger J-L. 1982. A review of the Eocene Rodents of Pakistan. Contrib Mus Paleont, Univ Michigan, 26(2): 19–35

Hartenberger J-L. 1985. The Order Rodentia: Major questions on their evolutionary origin, relationships and suprafamilial systematics. In: Luckett W P, Hartenberger J L eds. Evolutionary Relationship among Rodents: A Multidisciplinay Analysis. New York: Plenum Press. 1–33

Hartenberger J-L. 1994. The evolution of the Gliroidea. In: Tomida Y, Li C K, Setoguchi T eds. Rodent and Lagomorph Families of Asian Origin and Diversification. Tokyo: Nat Sci Mus Monographs, 8: 19–33

Hartenberger J-L. 1998. Description de la radiation des Rodentia (Mammalia) du Paleocene superieur au Miocène; incidence phylogenetique. C R Acad Sci, Paris, 326: 439–444

Hartenberger J-L, Luckett W P. 2015. Foreword. In: Cox P G, Hautier L eds. Evolution of Rodents. New York: Cambridge

University Press. XII–XIV

Hautier L, Cox P G. 2015. Rodentia: A model order? In: Cox P G, Hautier L eds. Evolution of Rodents. New York: Cambridge University Press. 1–18

Hay O P. 1902. Bibliography and catalogue of the fossil vertebrate of North America. Bull US Geol Surv, 179: 1–868

Helgen K M. 2005. Family Castoridae. In: Wilson D E, Reeder D M eds. Mammal Species of the World—A Taxonomic and Geographic Reference. Third Edition, Vol. 2. Baltimore: Johns Hopkins University Press. 842–843

Hibbard C W. 1949. Pliocene Saw Rock Canyon fauna in Kansas. Contrib Mus Paleont, Univ Michigan, 7: 91–105

Hight M E, Goodman M, Prychodko W. 1974. Immunological studies of the Scuyrudae. Ststenatuc Zoology, 23: 12–25

Hinton M. 1933. Diagnosis of new genera and species of rodents from Indian Tertiary deposits. Ann Mag Nat Hist, Ser 10, 12(72): 620–622

Höck V, Daxner-Höck G, Schmid H P, Badamgarav D, Frank W, Furtmüller G, Montag O, Barsbold R, Khand R, Sodov J. 1999. Oligocene–Miocene sediments, fossils and basalts from the Valley of Lakes (Central Mongolia)—An integrated study. Mitt Österr Geol Ges, 90: 83–125

Holden M E. 1993. Family Myoxidae. In: Wilson D E, Reeder D M eds. Mammal Species of the World—A Taxonomic and Geographic Reference. Second Edition. Washington: Smithsonian Institution Press. 763–770

Holden M E. 2005. Family Gliridae. In: Wilson D E, Reeder D M eds. Mammal Species of the World—A Taxonomic and Geographic Reference. Third Edition, Vol. 2. Baltimore: Johns Hopkins University Press. 819–841

Holden M E, Musser. 2005. Family Dipodidae. In: Wilson D E, Reeder D M eds. Mammal Species of the World—A Taxonomic and Geographic Reference. Third Edition, Vol. 2. Baltimore: Johns Hopkins University Press. 871–893

Hopkins S S B. 2004. Phylogeny and biogeography of the genus *Ansomys* Qiu, 1987 (Mammalia: Rodentia: Aplodontidae) and description of a new species from the Barstovian (Mid-Miocene) of Montana. J Paleont, 78: 731–740

Hopkins S S B. 2008. Phylogeny and evolutionary history of the Aplodontoidea (Mammalia: Rodentia). Zool J Linn Soc, 153: 769–838

Hopwood A T. 1947. The generic names of the mandrill and baboons, with notes on some of the genera of Brisson, 1762. Proc Zool Soc London, 117: 533–536

Howell A B. 1927. Five new Chinese squirrels. Jour Washington Acad Sci, 41: 80–83

Huang X S, Li C K, Dawson M R, Liu L P. 2004. *Hanomys malcolmi*, a new simplicidentate mammal from the Paleocene of central China: Its relationships and stratigraphic implications. Bull Carnegie Mus, 36: 81–90

Huchon D, Catzeflis F M, Douzery E J P. 1999. Molecular evolution of the nuclear von Willebrand factor gene in mammals and the phylogeny of rodents. Mol Biol Evol, 16: 577–589

Huchon D, Catzeflis F M, Douzery E J P. 2000. Variance of molecular datings, evolution of rodents and phylogeny affinities between Ctenodactylidae and Hystricognathi. Proc R Soc, London, B 267: 393–402

Huchon D, Madsen O, Sibbald M J J B, Ament K, Stanhope M J, Catzeflis F, de Jong W W, Douzery E J P. 2002. Rodent phylogeny and a timescale for the evolution of Glires: Evidence from an extensive taxon sampling using three nuclear genes. Mol Biol Evol, 19: 1053–1065

Huchon D, Chevret P, Jordan U, Klpatrick C W, Ranwez V, Jenkins P D, Brosius J R, Schmitz J R. 2007. Multiple molecular evidences for a living mammalian fossil. Proc Nat Acad Sci, 104(18): 7495–7499

Hugueney M. 1975. Les Castoridae (Mammalia, Rodentia) dans l'Oligocène d'Europe. Colloque Internationaux du Centre National de la Recherche Scientifique, 218: 791–804

Hugueney M. 1999. Family Castoridae. In: Rössner G E, Heissig K eds. The Miocene Land Mammals of Europe. München:

Verlag Dr. Friedrich Pfeil. 281–300

Hugueney M, Mein P. 1968. Les Eomyidae (Mammalia, Rodentia) néogènes de la région lyonnaise. Géobios, 1: 187–203

Hugueney M, Vianey-Liaud M. 1980. Les Dipodidae (Mammalia, Rodentia) d'Europe Occidentale au Paleogene et au Neogene Inferieur: Origine et evolution. Palaeovertebrata, Mémoire Jubilaire en Homage á R. Lavocat. 303–342

Hugueney M, Guerin C, Poidevin J-L. 1989. Découverte de *Trogontherium minus* Newton, 1890 (Rodentia: Castoridae) dans le Villafranchien inférieur de Perrier-Étouaires (Puy-de-Dôme, France): implications phylogénétiques. C R Acad Sci, Sér II, 309(7): 763–768

Hussain S T, de Bruijn H, Leinders J M. 1978. Middle Eocene rodents from the Kala Chitta Range (Punjab, Pakistan) (I). Proc Kon Ned Akad Wetetensch, Ser B 81: 74–112

International Commission on Zoological Nomenclature. 1998. Opinion 1894: *Regnum Animals*..., Ed. 2 (M.J. Brisson, 1762): Rejected for nomenclatural purposes, with the conservation of the mammalian generic names *Philander* (Marsupialia), *Pteropus* (Chiroptera), *Glis*, *Cuniculus* and *Hydrochoerus* (Rodentia), *Meles*, *Lutra* and *Hyaena* (Carnivora), *Tapirus* (Perissodactyla), *Tragulus* and *Giraffa* (Artiodactyla). Bull Zool Nomenclature, 55(1): 64–71

International Commission on Zoological Nomenclature. 1999. International Code of Zoological Nomenclature. Fourth Edition. London: The International Trust for Zoological Nomenclature. 1–306

Ivy L D. 1990. Systematics of Late Paleocene and Early Eocene Rodentia (Mammalia) from the Clarks Fork Basin, Wyoming. Contrib Mus Paleont, Univ Michigan, 28(2): 21–70

Jablonski N G, Su D F, Flynn L J, Ji X P, Deng C L, Kelley J, Zhang Y G, Yin J Y, You Y S, Yang X. 2014. The site of Shuitangba (Yunnan, China) preserves a unique, terminal Miocene fauna. J Vert Paleont, 34(5): 1251–1257

Jaeger J J. 1971. Un cténodactylidé (Mammalia, Rodentia) nouveau, *Ihroudia bohlini* n.g. n. sp., du Pléistocène inférieur du Maroc. Rapport avec les formes actuelles et fossiles. Notes Serv Géol Maroc, 31(237): 113–140

Jaeger J J. 1977. Les Rongeurs du Miocene moyen et superieur du Maghreb. Palaeovertebrata, 8(1): 1–166

Jaeger J J, Marivaux L, Salem M, Bilal A A, Benamml M, Chaimanee Y, Duringer P, Marandat B, Métais E, Schuster M, Valentin X, Brunet M. 2010. New rodent assemblages from the Eocene Dur at-Talhah escarpment (Sahara of Central Libya): Systematic, biochronologic and paleobiogeographic implications. Zool J Linn Soc, 160: 195–213

Janis C, Dawson M R, Flynn L J. 2008. Glires summary. In: Janis C M, Gunnell G F, Uhen M D eds. Evolution of Tertiary Mammals of North America,Vol. 2. New York: Cambridge University Press. 263–292

Jánossy D. 1972. Middle Pliocene microvertebrate fauna from the Osztramos Loc. (Northern Hungary). Ann Hist Nat Mus Nat Hungary, 64: 27–52

Jenkins P D, Kilpatrick C W, Mark F, Robinson M F, Robert J, Timmins R J. 2005. Morphological and molecular investigations of a new family, genus and species of rodent (Mammalia: Rodentia: Hystricognatha) from Lao PDR. Systematics and Biodiversity, 2(4): 419–454

Jepsen G L. 1937. A Paleocene rodent, *Paramys atavus*. Proc Am Philos Soc, 78: 291–301

Jin C Z, Kawamura Y, Hiroyuki T. 1999. Pliocene and Early Pleistocene insectivore and rodent faunas from Dajushan, Qipanshan and Haimao in North China and the reconstruction of the faunal succession from the Late Miocene to Middle Pleistocene. J Geosci Osaka City Univ, 42: 1–19

Kälin D. 1997. *Eomyops hebeiseni* n. sp., a new large Eomyidae (Rodentia, Mammalia) of the Upper Freshwater Molasse of Switzerland. Ecl Geol Helv, 90(3): 629–637

Kelly T S, Korth W W. 2005. A new species of *Ansomys* (Rodentia, Aplodentidae) from the Late Hemingfordian (Early Miocene) of northwestern Nevada. Paludicola, 5(3): 85–91

Kimura Y. 2010a. New material of dipodid rodents (Dipodidae, Rodentia) from the Early Miocene of Gashunyinadege, Nei Mongol, China. J Vert Paleont, 30(6): 1860–1873

Kimura Y. 2010b. The earliest record of birch mice from the Early Miocene Nei Mongol, China. Naturwissenschaften, DOI: 10.1007/s00114-010-0744-1

Klingener D. 1963. Dental evolution of *Zapus*. J Mammalogy, 44(2): 248–260

Klingener D. 1964. The Comparative Myology of Four Dipodoid Rodents (Genera *Zapus*, *Napaeozapus*, *Sicista*, and *Jaculus*). Miscellaneous Publications, Mus Zool Univ Michigan, 124: 1–100

Klingener D. 1984. Gliroid and dipodoid rodents. In: Anderson S, Jones J K eds. Orders and Families of Recent Mammals of the World. New York: John Wiley and Sons. 381–388

Kordikova E G, de Bruijn H. 2001. Early Miocene rodents from the Aktau Mountains (south-eastern Kazakhstan). Senckenbergiana lethaea, 81(2): 391–405

Kordikova E G, Heizmann E P J, de Bruijn H. 2004. Early–Middle Miocene vertebrate faunas from western Kazakhstan. Part 1. Rodentia, Insectivora, Chiroptera, and Lagomorpha. N Jb Geol Paläont Abh, 231(2): 219–276

Kormos T. 1930. Diagnosen neuer Säugetiere aus der oberpliozänen Fauna des Somlyoberges bei Püspökfurdo. Ann Mus Nat Hung, 27: 237–246

Korth W W. 1984. Earliest Tertiary evolution and radiation of rodents in North America. Bull Carnegie Mus Nat Hist, 24:5–69

Korth W W. 1985. The rodents *Pseudotomus* and *Quadratomus* and the content of the tribe Manitshini (Paramyinae, Ischyromyidae). J Vert Paleont, 5(2): 139–152

Korth W W. 1987. New rodents (Mammalia) from the late Barstovian (Miocene) Valentine Formation, Nebraska. J Paleont, 61: 1058–1064

Korth W W. 1988. A new species of beaver (Rodentia, Castoridae) from the Middle Oligocene (Orellan) of Nebraska. J Paleont, 62: 965–967

Korth W W. 1992. A new genus of proscirine rodent (Mammalia: Rodentia: Aplodontidae) from the Oligocene (Orellan) of Montana. Ann Carnegie Mus, 61: 171–175

Korth W W. 1994. The Tertiary Record of Rodents in North America. In: Stehli F G, Jones D S eds. Topic in Geobiology, 12. New York: Plenum Press. 1–319

Korth W W. 1996. A new genus of beaver (Mammalia: Castoridae: Rodnetia) from the Arikareean (Oligocene) of Montana and its bearing on castorid phylogeny. Ann Carnegie Mus, 65: 167–179

Korth W W. 1998. Rodents and lagomorphs (Mammalia) from the late Clarendonian (Miocene) Ash Hollow Formation, Brown County, Nebraska. Ann Carnegie Mus, 67: 299–348

Korth W W. 1999. A new species of beaver (Rodentia, Castoridae) fromt the earliest Barstovian (Miocene) of Nebraska and the phgylogeny of *Monosualax* Stirton. Paludicola, 2: 258–264

Korth W W. 2000a. Rediscovery of lost holotype of *Monosaulax pansus* (Rodentia, Castoridae). Paludicola, 2: 279–281

Korth W W. 2000b. Review of Miocene (Hemingfordian to Clarendonian) mylagaulid rodents (Mammalia) from Nebraska. Ann Carnegie Mus, 69: 227–280

Korth W W. 2001. Comments on the systematics and classification of the beavers (Rodentia, Castoridae). J Mammal Evol, 8(4): 279–296

Korth W W. 2002a. Topotypic cranial material of the beaver *Monosaulax pansus* Cope (Rodentia, Castoridae). Paludicola, 4: 1–5

Korth W W. 2002b. Review of the castoroidine beavers (Rodentia, Castoridae) from the Clarendonia (Miocene) of northcentral Nebraska. Paludicola, 4: 15–24

Korth W W. 2004. Beavers (Rodentia, Castoridae) from the Runningwater Formation (Early Miocene, Early Hemingfordian) of western Nebraska. Ann Carnegie Mus, 73(2): 61–71

Korth W W, Emry R J. 1991. The skull of *Cedromus* and a review of the Cedromurinae (Rodentia, Sciuridae). J Paleont, 65(6): 984–994

Korth W W, Samuels J X. 2015. New rodent material from the John Day Formation (Arikareean, Middle Oligocene to Early Miocene) of Oregon. Ann Carnegie Mus, 83(1): 19–84

Korth W W, Tabrum A R. 2011. A new aplodontoid rodent (Mammalia) from the Early Oligocene (Orellan) of Montana and a suggested origin for the family Mylagaulidae. Ann Carnegie Mus, 80: 67–81

Korvenkontio V A. 1934. Mikroskopische untersuchuingen an Nagerincisiven. Ann Zool Soc Zool-Botan Fennicae, 2(4): 1–274

Kowalski K. 1974. Middle Oligocene rodents from Mongolia. Palaeont Polonica, 30: 147–178

Kowalski K, Shevyreva N S. 1997. Gliridae (Mammalia: Rodentia) from the Miocene of the Zaisan Depression (eastern Kazakhstan). Acta Zool Cracov, 40(2): 199–208

Kretzoi M. 1943. Ein neuer Muscardinide aus dem ungarischen Miozän. Föld Közlöny, 73: 271–273

Kretzoi M. 1962. Fauna und Faunenhorizont von Csarnota. Magyar Allami Földtani Intézet Évi Jelentése, Az 1959: 344–395

Kretzoi M. 1974. Wichtigere Streufunde in der Wirbeltiersammlung der Ungarischen Geologischen Anstalt. Magyar Allami Földtani Intézet Évi Jelentése, Alkami Kiaduynya 1974: 415–429

Kumar K, Srivastava R, Sahni A. 1997. Middle Eocene rodents from the Subathu Group, Northwest Himalaya. Palaeovertebrata, 26(1–4): 83–128

Landry S O. 1957. The interrelationships of the New and Old World hystricomorph rodents. Univ Calif Publ Zool, 56: 1–118

Landry S O. 1999. A proposal of a new classification and nomenclature for the Glires (Lagomorpha and Rodentia). Mitt Mus Nat kd Berl, Zool Reihe, 75(2): 283–316

Lavocat R. 1951. Révision de la faune des mammiféres Oligocènes d'Auvergne et du valay. Éditions Sciences et Avenir, Paris. 1–153

Lavocat R. 1961. Le gisement de vertébrés Miocènes de Beni Mellal (Maroc). Étude systématique de la faune de mammifèreset et conclusions générales. Notes et Mém Serv Géol, 155: 29–94

Lavocat R. 1967. Les microfaunes du Néogène d'Afrique Orientale et leurs rapports avec celles de la région paléarctique. In: Bishop W W, Clark J D eds. Background to Evolution in Africa. Chicago: Chicago University Press. 67–72

Lavocat R, Parent J-P. 1985. Phylogenetic analysis of middle ear features in fossil and living rodents. In: Luckett W P, Hartenberger J-L eds. Evolutionary Relationships among Rodents: A Multidisciplinary Analysis. New York: Plenum Press. 333–354

Lebedev V S, Bannikova A A, Pisano J et al. 2013. Molecular phylogeny and systematics of Dipodoidea: a test of morphology—base hypotheses. Zoologica Scripta, 42(3): 231–249

Li C K, Ting S Y. 1985. Possible phylogenetic relationship of Asiatic eurymylids and rodents, with comments on mimotonids. In: Luckett W P, Hartenberger J-L eds. Evolutionary Relationships among Rodent: A Multidisciplinary Analysis. New York: Plenum Press. 35–58

Li C K, Wilson R W, Dawson M R, Krishtalka L. 1987. The origin of rodents and lagomorphs. In: Genoways H H ed. Current Mammalogy, Vol. 1. New York: Plenum Press. 97–108

Li C K, Zheng J J, Ting S Y. 1989. The skull of *Cocomys lingchaensis*, an early Eocene ctenodactyloid rodent of Asia. In: Black C C, Dawson M R eds. Papers on Fossil Rodents—In honor of Albert E Wood. Los Angeles: Spec Ser, Nat Hist Mus Los Angeles County, 33: 179–192

Li L Z, L Q, Lu X Y, Ni X J. 2017. Morphology of an Early Oligocene beaver *Propalaeocastor irtyshensis* and the status of the genus *Propalaeocastor*. PeerJ 5: e3311; DOI: 10.7717/peerj.3311

Li Q. 2012. Middle Eocene cricetids (Rodentia, Mammalia) from the Erlian Basin, Nei Mongol, China. Vert PalAsiat, 50(3): 237–244

Li Q. 2015. *Brachyscirtetes tomidai*, a new Late Miocene dipodid (Rodentia, Mammalia) from Siziwang Qi, central Nei Mongol, China. Hist Biology: An international Journal of Paleobiology, DOI: 10.1080/09812963.2014.996218

Li Q, Meng J. 2010. *Erlianomys combinatus*, a primitive myodont rodent from the Eocene Arshanto Formation, Nuhetingboerhe, Nei Mongol, China. Vert PalAsiat, 48(2): 133–144

Li Q, Meng J. 2013. Eocene ischyromyids (Rodentia, Mammalia) from the Erlian Basin, Nei Mongol, China. Vert PalAsiat, 51(4): 289–304

Li Q, Meng J. 2015. New ctenodactyloid rodents from the Erlian Basin, Nei Mongol, China, and the phylogenetic relationships of Eocene Asian ctenodactyloids. Am Mus Novit, 3828: 1–58

Li Q, Wang X M, Qiu Z D. 2003. Pliocene mammalian fauna of Gaotege in Nei Mongol (Inner Mongolia), China. Vert PalAsiat, 41(2): 104–114

Li Q, Wang X M, Xie G P, Yin A. 2013. Oligocene-Miocene mammalian fossils from Hongyazi Basin and its bearing on tectonics of Danghe Nanshan in northern Tibetan Plateau. PLoS ONE, 8(12): e82816. DOI: 10.1371/joumal.pone.008 2816

Li Q, Xie G P, Takeuchi G T, Deng T, Tseng Z J, Grohe C, Wang X M. 2014. Vertebrate fossils on the roof of the world: Biostratigraphy and geochronology of high-elevation Kunlun Pass Basin, northern Tibetan Plateau, and basin history as related to the Kunlun strike-slip fault. Palaeogeog Palaeoclimat Palaeoecol, 411: 45–55

Li Q, Gong Y X, Wang Y Q. 2016. New dipodid rodents from the Late Eocene of Erden Obo (Nei Mongol, China). Hist Biology, 29(5): 692–703

Liu L P, Zhang Z Q, Cui N, Fortelius M. 2008. The Dipodidae (jerboas) from Loc. 30 of Baode and their environmental significance.Vert PalAsiat, 46(2): 124–132

Lonnberg E. 1924. On a new fossil porcupine from Honan with some remarks about the development of the Hystricidae. Palaeont Sin, Ser D, 1(3): 1–15

Lopatin A V. 1997. The first find of *Ansomys* (Aplodontidae, Rodentia, Mammalia) in the Miocene of Kazakhstan. Paleont Jour, 31(6): 667–670

Lopatin A V. 1999. New Early Miocene Zapodidae (Rodentia, Mammalia) from the Aral Formation of the Altynshokysu Locality (North Aral Region). Paleont Jour, 33(4): 429–438 (English translation from Russian)

Lopatin A V. 2000. New Early Miocene Aplodontidae and Eomyidae (Rodentia, Mammalia) from the Aral Formation of the Altynshokysu Locality (North Aral Region). Paleont Jour, 34(2): 198–202 (English translation from Russian)

Lopatin A V. 2001. A new species of *Heterosminthus* (Dipodidae, Rodentia, Mammalia) from the Miocene of the Baikal Region. Paleont Jour, 35(2): 200–203 (English translation from Russian)

Lopatin A V. 2003. The revision of the Early Miocene beavers (Castoridae, Rodentia, Mammalia) from the North Aral Region. Russian Jour Theriol, 2(1): 15–25

Lopatin A V. 2004. Early Miocene small mammals from the North Aral Region (Kazakhstan) with special reference to their biostratigraphic significance. Paleont Jour, 32 (Sup): 217–323

Lopatin A V, Averianov A O. 2004a. A new species of *Tribosphenomys* (Mammalia: Rodentiaformes) from the Paleocene of Mongolia. In: Lucas S G, Zeigler K E, Kondrashov P E eds. Paleogene Mammals. New Mexico Mus Nat Hist Sci Bull,

26: 169–175

Lopatin A V, Averianov A O. 2004b. The earliest rodents of the genus *Tribosphenomys* from the Paleocene of central Asia. Doklady Biol Sci, 397: 336–337

Lopatin A V, Zazhigin V S. 2000. The history of Dipodoidea (Rodentia, Mammalia) in the Miocene of Asia: 2. Zapodidae. Paleont Jour, 34(4): 449–454 (English translation from Russian)

López-Antoñanzas R. 2011. First diatomyid rodent from the Early Miocene of Arabia. Naturwissenschaften, 98: 117–123

López-Antoñanzas R, Knoll F. 2011. A comprehensive phylogeny of the gundis (Ctenodactylinae, Ctenodactylidae, Rodentia). J System Palaeont, 9(3): 379–398

López-Antoñanzas R, Sen S. 2003. Systematic revision of Miocene Ctenodactylidae (Mammalia, Rodentia) from the Indian subcontinent. Ecl Geol Helv, 96: 521–529

López-Antoñanzas R, Sen S. 2004. Ctenodactylids from the Lower and Middle Miocene of Saudi Arabia. Palaont, 47(6): 1477–1494

López-Antoñanzas R, Sen S. 2006. New Saudi Arabian Miocene jumping mouse (Zapodidae): Systematics and phylogeny. Jour Vert Paleont, 26(1): 170–181

López-Antoñanzas R, Sen S, Saraç G. 2004. A new large ctenodactylid species from the Lower Miocene of Turkey. J Vert Paleont, 24(3): 676–688

Lu X Y, Ni X J, Li L Z, Li Q. 2016. Two new mylagaulid rodents from the Early Miocene of China. PLoS ONE, 11(8): e0159445. DOI: 10.1371/journal. pone. 0159445: 1–17

Lucas S G, Kordikova E G, Emry R J. 1998. Oligocene stratigraphy, sequence stratigraphy, and mammalian biostratigraphy North of Aral Sea, western Kazakstan. In: Beard K C, Dawson M R eds. Dawn of the Age of Mammals in Asia. Bull Carnegie Mus Nat Hist, (34): 313–348

Luckett W P. 1985. Superordinal and Intraordinal affinities of Rodent: Developmental evidence from the dentation and placentation. In: Luckett W P, Hartenberger J-L eds. Evolutionary Relationships among Rodent: A Multidisciplinary Analysis. New York: Plenum Press. 227–277

Luckett W P, Hartenberger J-L. 1985. Evolutionary relationships among rodents: comments and conclutions. In: Luckett W P, Hartenberger J-L eds. Evolutionary Relationships among Rodent: A Multidisciplinary Analysis. New York: Plenum Press. 685–712

Luckett W P, Hartenberger J-L. 1993. Monophyly or Polyphyly of the Order Rodentia: Possible conflict between morphological and molecular interpretations. J Mammal Evol, 1(3): 127–148

Lyon M W. 1901. A comparision of the osteology of the jerboas and jumping mice. Proc US Nat Mus, 23(1228): 659–671

Lytschev G F. 1970. New species of beaver from the Oligocene of the northern Aral region. Paleontologicheskia Zhurnal, 2: 84–89

Lytschev G F. 1978. A new early Oligocene beaver of the genus *Agnotocastor* from Kazakhstan. Paleontologicheskia Zhurnal, 12: 128–130

Lytschev G F, Aubekerova P A. 1971. Iskopaemye Bobry Kazakhstana. Akatsemya Nauk Kazakhskoy SSR, Instityt Zoologiy, Mater. Fauny I Flory Kazakhstana, 5: 12–33

Lytschev G F, Shevyreva N S. 1994. Beavers (Castoridae, Rodentia, Mammalia) from Middle Oligocene of Zaissan Depression (eastern Kazakhstan). In: Paleoteriologiya, Woprosi Teriologii. Moscow: Nauka. 79–106

Maridet O, Hugueney M, Heissig K. 2010. New data about the diversity of Early Oligocene eomyids (Mammalia, Rodentia) in western Europe. Geodiversitas, 32(2): 221–254

Maridet O, Wu W Y, Ye J, Ni X J, Meng J. 2011. New discoveries of glirids and eomyids (Mammalia, Rodentia) in the Early Miocene of the Junggar Basin (Northern Xinjiang, China). Swiss J Paleont, 130: 315–323

Maridet O, Daxner-Höck G, Badamgrrav D, Göhlich U B. 2014. New discoveries of sciurids (Rodentia, Mammalia) from the Valley of Lakes (Central Mongolia). Ann Nat Mus Wien, Serie A, 116: 271–291

Marivaux L, Welcomme J. 2003. New diatomyid and baluchimyine rodents from the Oligocene of Pakistan (Bugti Hills, Balochistan): Systematic and paleobiogeographic implications. J Vert Paleont, 23(2): 420–434

Marivaux L, Benammi M, Ducrocq S, Jaeger J J, Chaimanee Y. 2000. A new baluchimyine rodent from the Late Eocene of the Krabi Basin (Thailand): Palaeobiogeographic and biochronologic implications. C R Acad Sci, Paris, 331: 427–433

Marivaux L, Vianey-Liaud M, Welcomme J L, Jaeger J J. 2002. The role of Asia in the origin and diversification of hystricognathous rodents. Zool Scripta, 31: 225–239

Marivaux L, Chaimanee Y, Yamee C, Srisuk P, Jaejer J. 2004a. The discovery of *Follomus ladakhensis* Nanda and Sahni, 1998 (Mammalia, Rodentia, Diatomyidae) in the lignites of Nong Ta Plong (Phetchaburi province, Thailand): Systematic, biochoronological and paleoenvironmental implications. Geodiversitas, 26(3): 493–507

Marivaux L, Vianey-Liaud M, Jaeger J J. 2004b. High-level phylogeny of early Tertiary rodents: dental evidence. Zool J Linn Soc, 142: 105–134

Marković Z, Wessels W, van de Weerd A A, de Bruijn H. 2017. On a new diatomyid (Rodentia, Mammalia) from the Paleogene of South-East Serbia, the first record of the family in Europe. Palaeobio Palaeoenv Senckenberg. DOI: 10.1007/s12549-017-0301-4

Martin R A. 1994. A preliminary review of dental evolution and paleogeography in the zapodid rodents, with emphasis on Pliocene and Pleistocene taxa. In: Tomida Y, Li C K, Setoguchi T eds. Rodent families of Asian origins and diversification. Tokyo: Nat Sci Mus Monographs, 8: 1–15

Martin T. 1992. Schmeilzmikrosturktur in den den Inzisiven Alt-und Neuweltlicher Hystricognather Nagetiere. Palaeovertebrata, Mém extraordinaire, 1–168

Martin T. 1993. Early rodent incisor enamel evolution: phylogenetic implications. J Mammal Evol, 1: 227–254

Martin T. 1997. Incisor enamel microstructure and systematics in rodents. In: von Koenigswald W, Sander P M eds. Tooth Enamel Microstructure. Rotterdam: Balkema. 163–175

Matthew W D. 1902. A horned rodent from the Colorado Miocene, with a revision of the mylagauli, beavers, and hares of the American Tertiary. Bull Am Mus Nat Hist, 16: 291–310

Matthew W D. 1903. Fauna of the *Titanotherium* Beds at Pipestone Springs, Montana. Bull Am Mus Nat Hist, 19(6): 197–226

Matthew W D. 1910. On the osteology and relationships of *Paramys* and the affinities of the Ischyromyidae. Bull Am Mus Nat Hist, 28: 43–71

Matthew W D. 1918. Contributions to the Snake Creek Fauna, with notes upon the Pleistocene of western Nebraksa. Bull Am Mus Nat Hist, 38: 197–199

Matthew W D. 1924. Third contribution to the Snake Creek fauna. Bull Am Mus Nat Hist, 50: 59–210

Matthew W D, Cook H J. 1909. A Pliocene fauna from western Nebraska. Bull Am Mus Nat Hist, 26: 380–381

Matthew W D, Granger W. 1923a. New bathyergidae from the Oligocene Mongolia. Am Mus Novit, 101: 1–5

Matthew W D, Granger W. 1923b. Nine new rodents from the Oligocene Mongolia. Am Mus Novit, 102: 1–10

Matthew W D, Granger W. 1925a. Fauna and correlation of the Gashoto Formation of Mongolia. Am Mus Novit, 189: 1–12

Matthew W D, Granger W. 1925b. New creodonts and rodents from the Ardyn Obo Formation of Mongolia. Am Mus Novit, 193: 1–72

Mayhew D F. 1978. Reinterpretation of the extinct beaver *Trogontherium* (Mammalia, Rodentia). Philos Trans Royal Soc Lond, B, Biological Sciences, 281(983): 407–438

Mayr H. 1979. Gebissmorphologische Untersuchungen an miozänen Gliriden (Mammalia, Rodentia) Süddeutschlands. Unpublished Ph.D. thesis, Universität München. 1–380

McGrew P O. 1941. The Aplodontoidea. Field Mus Nat Hist, Geological Series, 9: 1–30

McKenna M C. 1961. A note on the origin of rodents. Am Mus Novit, 2037: 1–5

McKenna M C, Bell S K. 1997. Classification of mammals above the species level. New York: Columbia University Press. 1–631

McKenna M C, Meng J. 2001. A new eurymylid (Mammalia, Glires) from the Chinese Paleocene. J Vert Paleont, 21: 565–572

Mein P. 1970. Les sciuropteres (Mammalia, Rodentia) Neogenes D'Europe occidentale. Géobios, 3: 7–77

Mein P, Ginsburg L. 1985. Les Ronguer miocéne infêrieur de Li (Thailande). C R Acad Sci, Paris, 301: 1369–1374

Mein P, Ginsburg L. 1997. Les mammiféres du gisement miocéne infêrieur de Li Mae Long, Thailande. Geodiversitas, 19: 783–844

Mein P, Michaux J. 1970. Une nouveau stade dans l'evolution des Rongeurs pliocènes de l'Europe sud-occidental. C R Acad Sci, Paris, 270: 2780–2783

Mein P, Pickford M. 2010. Vallesian rodents from Sheikh Abdallah, Western Desert, Egypt. Hist Biology, 22: 224–259

Mein P, Romaggi J P. 1991. Une gliridé (Mammalia, Rodentia) planeur dan le Miocène supérieure de l'Ardèche une adaptation non retrouvée dans la nature actuelle. Géobios, 13: 15–50

Mein P, Ginsburg L, Ratanasthien B. 1990. Nouveaux Rongeurs du Miocene de Li (Thailande). C R Acad Sci, Paris, 310: 861–865

Mellett J S. 1968. The Oligocene Hsanda Gol Formation, Mongolia: a revised faunal list. Am Mus Novit, 2318: 1–16

Meng J. 1990. The auditory region of *Reithroparamys dedicatissimus* (Mammalia, Rodentia) and its systimatic implications. Am Mus Novit, 2972: 1–35

Meng J, Li C K. 2010. New rodents from the earliest Eocene of Nei Mongol, China. Vert PalAsiat, 48(4): 390–401

Meng J, Wyss A R. 1994. The enamel microstructure of *Tribosphenomys* (Mammalia, Glires): Functional and phylogenetic implications. J Mammal Evol, 2: 185–203

Meng J, Wyss A R. 2001. The morphology of *Tribosphenomys* (Rodentiaformes, Mammalia): phylogenetic implications for basal Glires. J Mammal Evol, 8: 1–71

Meng J, Wyss A R, Dawson M R, Zhai R J. 1994. Primitive fossil rodent from Inner Mongolia and its implications for mammalian phylogeny. Nature, 370: 134–136

Meng J, Zhai R J, Wyss A R. 1998. The late Paleocene Bayan Ulan fauna of Inner Mongolia, China. Special volume of the Symposium on Cretaceous and Early Tertiary mammals of Asia. Bull Carnegie Mus Nat Hist, 34: 148–185

Meng J, Wu W Y, Ye J. 2001. A new species of *Advenimus* (Rodentia, Mammalia) from the Eocene of northern Junggar Basin of Xinjiang, China. Vert PalAsiat, 39(3): 185–196

Meng J, Hu Y M, Li C K. 2003. The osteology of *Rhombomylus* (Mammalia, Glires): implications for phylogeny and evolution of glires. Bull Am Mus Nat Hist, 275: 1–247

Meng J, Wyss A R, Hu Y M, Wang Y Q, Bowen G J, Koch P L. 2005. Glires (Mammalia) from the Late Paleocene Bayan Ulan locality of Inner Mongolia. Am Mus Novit, 3473: 1–25

Meng J, Li C K, Ni X J, Wang Y Q, Beard K C. 2007a. A new Eocene rodent from the Lower Arshanto Formation in the Nuhetingboerhe (Camp Margetts) area, Inner Mongolia. Am Mus Novit, 3569: 1–18

Meng J, Ni X J, Li C K, Beard K C, Gebo D, Wang Y Q. 2007b. New material of Alagomyidae (Mammalia, Glires) from the Late Paleocene Subeng locality, Inner Mongolia. Am Mus Novit, 3597: 1–29

Miller G S. 1927. Revised determinations of some Tertiary mammals from Mongolia. Palaeont Sin, Ser C, 5: 1–20

Miller G S, Gidley J W. 1918. Synopsis of the supergeneric groups of rodents. Jour Washington Acad Sci, 8: 431–448

Minjin B. 2004. An Oligocene sciurid from the Hsanda Gil Formation, Mongolia. J Vert Paleont, 24(3): 753–756

Misonne X. 1957. Mammifères oligocènes de Hoogbutsel et Hoeleden: I. Rongeurs et Ongulés. Bull Inst Royal Sci Nat Belgique, 33(51): 1–16

Montgelard C, Bentz S, Tirand C, Verneau O, Catzeflis F. 2002. Molecular systematics of Sciurognathi (Rodentia): the mitochondrial cytochrome b and 12S rRNA genes support the Anomaluroidea (Pedetidae and Anomaluridae). Mol Phylogenet Evol, 22: 220–233

Montgelard C, Matthee C A, Robinson T J. 2003. Molecular systematics of dormice (Rodentia: Gliridae) and the radiation of *Graphiurus* in Africa. Proc Royal Soc London, B, 270: 1947–1955

Moore J C. 1959. Relationships among the living squirrels of the Sciurinae. Bull Am Mus Nat Hist, 118(4): 157–206

Morea M F, Korth W W. 2002. A new eomyid rodent (Mammalia) from the Hemingfordian (Early Miocene) of Nevada and its relationship to Eurasian Apeomyinae (Eomyidae). Paludicola, 4(1): 10–14

Mörs T, Tomida Y, Kalthoff D C. 2016. A new large beaver (Mammalia, Castoridae) from the Early Miocene of Japan. J Vert Paleont. DOI: 10.1080/02724634.2016.1080720

Munthe J. 1980. Rodents of the Miocene Daud Khel Local fauna, Mianwali district, Pakistan. Part 1. Sciuridae, Gliridae, Ctenodactylidae, and Rhyzomyidae. Milwaukee Publ Mus, Contrib Biol Geol, 34: 1–36

Murphy W J, Eizirik E, Johnson W E, Zhang Y P, Ryder O A, O'Brien S. 2001. Molecular phylogenetics and the origins of placental mammals. Nature, 409: 614–618

Nanda A C, Sahni A. 1998. Ctenodactyloid rodent assemblage from Kargil Formation, Ladakh molasse group: age and palaebiogeographic implications for the Indian subcontinent in the Oligo-Miocene. Geobios, 31: 533–544

Nedbal M A, Honeycutt R L, Schlitter D A. 1996. Higher-level systematics of rodents (Mammalia, Rodentia): evidence from the mitochondrial 12S rRNA gene. J Mammal Evol, 3(3): 201–237

Nesin V, Kovalchuk O. 2017. A new species of jerboa (Mammalia, Rodentia, *Allactaga*) from the late Miocene of Ukraine. Palaeontologia Electronica 20.2.25A: 1–10

Ni X J, Qiu Z D. 2002. The micromammalian fauna from the Leilao, Yuanmou hominoid locality: implications for biochronology and paleoecology. J Human Evol, 42: 535–546

Nishioka Y, Hirayama R, Kawano S, Tomida Y, Takai M. 2011. X-ray computed tomography examination of a fossil beaver tooth from the Lower Miocene Koura Formation of western Japan. Paleontological Research, 15(1): 43–50

Nowak R M. 1999. Wallker's Mammals of the World. Sixth edition. Baltimore: John Hopkins University Press. 1–1307

O'Connor J, Rrothero D R, Wang X M, Li Q, Qiu Z D. 2008. Magnetic stratigraphy of the Lower Pliocene Gaotege Beds, Inner Mongolia. In: Lucas S G, Morgan G S, Spielmann J A, Prothero D R eds. Neogene Mammals. New Mexico Mus Nat Hist Sci Bull, 44: 431–435

O'Leary M A, Bloch J I, Flynn J I, Gaudin T J, Giallombardo A, Giannini N P, Goldberg S L, Kraatz B P, Luo Z-x, Meng J, Ni X J, Novacek M J, Perini F A, Randall Z S, Rougier G W, Sargis E J, Silcox M T, Simmons N B, Spaulding M, Velazco P M, Weksler M, Wible J R, Cirranello1 A L. 2013. The placental mammal ancestor and the Post-KPg radiation of placentals. Science, 339: 662–667

Ognev S I. 1924. Zamechatel'nyi zverok. Priroda i okhotana Ukraine, Kharkov, 1-2: 115–116

Oliver A, Daxner-Höck G. 2017. Large-sized species of Ctenodactylidae from the Valley of Lakes (Mongolia): An update on dental morphology, biostratigraphy, and paleobiogeography. Palaeont Electronic, 20.1.1A: 1–22

Ozansoy F. 1961. Sur Quelques mammiféres fossils (*Dinotherium*, *Serridentinus*, *Dipoides*) du tertiaire D'anatolie Occidentale-Turquie. Bull Res Explor Inst Turkey, 56: 86–93

Patterson B, Wood A E. 1982. Rodents from the Deseadan Oligocene of Bolivia and the relationships of the Caviomorpha. Bull Mus Comp Zool, 149(7): 371–543

Pavlinov I Ya, Shenbrot G I. 1983. Male genital structure and supraspecific taxonomy of Dipodidae. Leningrad: Trudy Zoolog Inst Akad Nauk SSSR, 119: 67–88

Pavlinov I Ya, Yakhontov E L, Agadzhanyan A K. 1995. Mammals of Eurasia. 1. Rodentia. Taxonomic and Geographic Guide. Moscow: Archives Zool Mus, Moscow State University, 32: 1–289

Pei W C. 1930. On a collection of mammalian fossils from Chiachiashan near Tangshan. Bull Geol Soc China, 9: 371–377

Pei W C. 1936. On the mammalian remains from Locality 3 at Choukoutien. Palaeont Sin, Ser C, 7(5): 1–108

Pei W C. 1940. The Upper Cave Fauna of Choukoutien. Palaeont Sin, New Ser C, 10: 1–100

Pisano J, Condamine F L, Lebedev V, Bannikova A, Quéré J P, Shenbort G I, Pagès M, Michaux J R. 2015. Out of Himalaya: the impact of past Asian environmental changes on the evolutionary and biogeographical history of Dipodoidea (Rodentia). J Biogeogr, 42: 856–870

Pocock R I. 1923. The classification of Sciuridae. Proc Zool Soc London, 1: 209–246

Qi T. 1987. The Middle Eocene Arshanto Fauna (Mammalia) of Inner Mongolia. Ann Carnegie Mus, 56(1): 1–73

Qiu Z D. 1985. The Neogene mammalian faunas of Ertemte and Harr Obo in Inner Mongolia (Nei Mongol), China.—3. Jumping mice—Rodentia: Lophocricetinae. Senckenbergiana lethaea, 66(1/2): 39–67

Qiu Z D. 1988. Neogene micromammals of China. In: Chen E K J ed. The Palaeoenvironment of East Asia from the Mid-Tertiary. Vol. 2. Hong Kong: University of Hong Kong. 834–848

Qiu Z D. 1991. The Neogene mammalian faunas of Ertemte and Harr Obo in Inner Mongolia (Nei Mongol), China.—8. Sciuridae (Rodentia). Senckenbergiana lethaea, 71(3/4): 223–255

Qiu Z D. 1994. Eomyidae in China. In: Tomida Y, Li C K, Setoguchi T eds. Rodent and Lagomorph Families of Asian Origins and Diversification. Tokyo: Nat Sci Mus Monographs, 8: 49–55

Qiu Z D. 2003. The Neogene mammalian faunas of Ertemte and Harr Obo in Inner Mongolia (Nei Mongol), China. — 12. Jerboas. Senckenbergiana lethaea, 83(1/2): 135–147

Qiu Z D. 2015. Revision and supplementary note on Miocene sciurid fauna of Sihong, China. Vert PalAsiat, 53(3): 219–237

Qiu Z D. 2017a. Several rarely recorded rodents from the Neogene of China. Vert PalAsiat, 55(2): 92–109

Qiu Z D. 2017b. Yushe squirrels (Sciuridae, Rodentia). In: Flynn L, Wu W Y eds. Late Cenozoic Yushe Basin, Shanxi Province, China: Geology and Fossil Mammals—Vol. II: Small Mammal Fossils of Yushe Basin. New York: Springer. 59–69

Qiu Z D, Jin C Z. 2016. Sciurid remains from the Late Cenozoic fissure-fillings of Fanchang, Anhui, China. Vert PalAsiat, 54(4): 286–301

Qiu Z D, Li Q. 2008. Late Miocene micromammals from the Qaidam Basin in the Qinghai-Xizang Plateau. Vert PalAsiat, 46(4): 284–306

Qiu Z D, Qiu Z X. 2013. Early Miocene Xiejiahe and Sihong fossil localities and their faunas, eastern China. In: Wang X M, Flynn L J, Fortelius M eds. Fossil Mammals of Asia — Neogene Biostratigraphy and Chronology. New York: Columbia University Press. 142–154

Qiu Z D, Storch G. 2000. The Early Pliocene micromammalian fauna of Bilike, Inner Mongolia, China (Mammalia: Lipotyphla, Chiroptera, Rodentia, Lagomorpha). Senckenbergiana lethaea, 80(1): 173–229

Qiu Z D, Zheng S H, Sen S, Zhang Z Q. 2003. Late Miocene micromammals from the Bahe Formation, Lantian, China. In: Reumer J W F, Wessels W eds. Distribution and Migration of Tertiary Mammals in Eurasia. A Volume in Honor of Hans de Bruijn. Deinsea, 10: 443–453

Qiu Z D, Wang X M, Li Q. 2006. Faunal succession and biochronology of the Miocene through Pliocene in Nei Mongol (Inner Mongolia). Vert PalAsiat, 44(2): 164–181

Qiu Z D, Zheng S H, Zhang Z Q. 2008. Sciurids and zapodids from the Late Miocene Bahe Formation, Lantian, Shaanxi. Vert PalAsiat, 46(2): 111–123

Qiu Z D, Wang X M, Li Q. 2013. Neogene faunal succession and biochronology of central Nei Mongol (Inner Mongolia). In: Wang X M, Flynn L J, Fortelius M eds. Fossil Mammals of Asia—Neogene Biostratigraphy and Chronology. New York: Columbia University Press, 155–186

Qiu Z X, Qiu Z D. 1995. Chronological sequence and subdivision of Chinese Neogene mammalian faunas. Palaeogeog Palaeoclimat Palaeoecol, 116: 41–70

Qiu Z X, Yan D F, Chen G F, Qiu Z D. 1988. Preliminary report on the field work in 1986 at Tung-gur, Nei Mongol. Chinese Sci Bull, 33(5): 399–404

Rensberger J M. 1975. *Haplomys* and its bearing on the origin of the aplodontoid rodents. J Mammalogy, 56(1): 1–14

Rensberger J M. 1979. *Promylagaulus*, progressive aplodontoid rodents of the Early Miocene. Contrib Sci Nat Hist Mus, Los Angeles County, 312: 1–18

Rensberger J M. 1980. A primitive promylagauline rodent from the Sharps Formation, South Dakota. Jour Paleont, 54(6): 1267–1277

Rensberger J M. 1983. Successions of meniscomyine and allomyine rodents (Aplodontidae) in the Oligo-Miocene John Day Formation, Oregon. Univ Calif Pub Geol Sci, 24: 1–157

Rensberger J M, Li C K. 1986. A new prosciurine rodent from Shantung Province, China. J Paleont, 60: 763–771

Repenning C A. 1987. Biochronology of the microtine rodents of the United States. In: Woodburne M O ed. Cenozoic Mammals of North America, Geochronology and Biostratigraphy. Berkeley: University of California Press. 236–268

Rich T H. 1991. Order: Rodentia. In: Vickers-Rich P, Monachan J M, Rich T H eds. Vertebrate Paleontology of Australasia. Melbourne: Pioneer Design Studio. 959–961

Rinderknecht A, Blanco R E. 2008. The largest fossil rodent. Proc R Soc, Biol Sci, 275: 923–928

Rodrigues H G, Marivaux L, Monique V L. 2010. Phylogeny and systematic revision of Eocene Cricetidae (Rodenta, Mammalia) from Central and East Asia: On the origin of cricetid rodents. J Zool Syst Evol Res, 48(3): 259–265

Rodrigues H G, Marivaux L, Vianey-Liaud M. 2014. Rodent paleocommunities from the Oligocene of Ulantatal (Inner Mongolia, China). Palaeovertebrata, 38(1): e3 (1–11)

Rose K D. 2006. The Beginning of the Age of Mammals. Baltimore: Johns Hopkins University Press. 1–428

Roth L, Mercer J M. 2015. Themes and variation in sciurid evolution. In: Cox G, Hautier L eds. Evolution of the Rodents—Advances in Phylogeny, Functional Morphology and Development. New York: Cambridge University Press. 375–410

Russell D E. 1959. Le Crâne de *Plesiadapis*. Bull Soc Géol France, 7th sér, 1: 312–314

Russell D E, Zhai R J. 1987. The Paleogene of Asia: mammals and stratigraphy. Mém Mus Natl Hist Nat Ser Sci, Terre 52: 1–488

Rybczynski N. 2007. Castorid phylogenetics: implications for the evolution of swimming and tree-exploitation in beavers. J Mammal Evol, 14: 1–35

Rybczynski N, Ross E M, Samuels J X, Korth W W. 2010. Re-evalutation of *Sinocastor* (Rodentia: Castoridae) with implications on the origin of modern beavers. PLoS ONE, 5(11): e13990. DOI: 10.1371/journal.pone.0013990

Sallam H M, Seiffertb E R, Steiperc M E, Simons E L. 2009. Fossil and molecular evidence constrain scenarios for the early evolutionary and biogeographic history of hystricognathous rodents. PNAS, 106(39): 16722–16729

Sallam H M, Seiffert E R, Simons E L. 2011. Craniodental morphology and systematics of a new family of hystricognathous rodents (Gaudeamuridae) from the Late Eocene and Early Oligocene of Egypt. PLoS ONE, 6(2): e16525

Savinov P R. 1970. Jerboas (Rodentia, Mammalia) from the Neogene of Kazakhstan. In: Material on Evolution of Terrestrial Vertebrates. Akad Nauk USSR, Otd Obshch Biol. 91–134

Savinov P R. 1977. A new jerboa from northern Kazakhstan. Mater Hist Fauna Flora Kazakhstan, 7: 27–32

Schaub S. 1930. Fossile Sicistinae. Ecl Geol Helv, 23(2): 616–637

Schaub S. 1934. Über einige fossile Simplicidentaten aus China und der Mongolei. Abh Schweiz Paläont Gesell, 54: 1–40

Schaub S. 1953a. Remarks on the distribution and classification of the "Hystricomorpha". Verh Naturf Ges Basel, 64: 389–400

Schaub S. 1953b. La trigonodontie des rongeurs simlicidentés. Ann Paléont, 39: 29–57

Schaub S. 1958. Simplicidentata (Rodentia). In: Piveteau J ed. Traité de Paléontologie. 6(2), L'Origine des Mammifères et les Asoects Fondamentaux de leur Évolution. Paris: Masson et Ci. 659–818

Schlosser M. 1885. Die Nager ders europäischen Tertiärs nebst Betrachtungen über die Organisation und die geschichtliche Entwicklung der Nager überhaupt. Palaeontographica, 31: 19–162

Schlosser M. 1902. Beiträge zur Kenntniss der Säugethierreste aus den süddeutschen Bohnerzen. Geol Paläeont Abh, 5: 21–23

Schlosser M. 1903. Die fossilen Säugethiere Chinas nebst einer Odontographie der recenten Antilopen. Abhandlungen der k. Bayer Akademie der Wiss, 22(1): 1–221

Schlosser M. 1924. Tertiary vertebrates from Mongolia. Palaeont Sin, Ser C, 1(1): 1–119

Schmidt-Kittler N, Vianey-Liaud M. 1979. Evolution des Aplodontidae Oligocenes Europeens. Palaeovertebrata, 9(2): 32–82

Schmidt-Kittler N, Vianey-Liaud M, Marivaux L. 2007. The Ctenodactylidae (Rodentia, mammalia). Ann Nat Mus Wien, 108a: 173–215

Schreuder A. 1951. The three species of *Trogotherium*, with a remark on *Anchitheriomys*. Arch Netherl Zool, 6: 400–433

Sen S. 1999. Family Hystricidae. In: Rossner G E, Heissig K eds. The Miocene Land Mammals of Europe. Munchen: Verlag Dr. Friedrich Pfeil. 327–434

Sen S, Thomas H. 1979. Découverte de Rongeurs dans le Miocène moyen de la Formation Hofuf (Province du Hasa, Arabie saoudite). C R Somm Seances Soc Géol France, 1: 34–37

Shenbrot G I. 1984. Dental morphology and phylogeny of five-toed jerboas of subfamily Allactaginae (Rodentia, Dipodidae). Sbornik Trud Zool Muz MGU, 22: 61–92 (in Russian)

Shenbrot I Ya. 1992. Cladistic approach to the analysis of phylogenetic relationships among dipodoid rodents (Rodentia, Dipodoidea). Sbornik Trudov Zoologicheskovo Muzeya MGU. 29: 176–210

Shenbrot I Ya, Sokolov V E, Heptner V G, Kovalskaya Yu M. 1995. Mammals of the fauna of Russia and contiguous countries. Dipodoid rodents. Moscow: Nauka Publishers. 1–576

Shevyreva N S. 1966. K viprosu ob evolutsii gryizunov po materialam iz Srednego Oligosena Kazakhstana. Bull Moscow Soc Nat Geol, ser. 41(6): 143

Shevyreva N S. 1969. Small mammals from Paleogene of South of Zaissan depression. Byuleten Moskovskogo obschestva ispytatelei prirody, Otdel geologicheskyi, 44(6): 146 (in Russian)

Shevyreva N S. 1971a. New rodents from the Middle Oligocene of Kazakhstan and Mongolia. Trans Paleont Inst Acad Sci USSR, 130: 70–86

Shevyreva N S. 1971b. The first find of Eocene rodents in the USSR. Bull Acad Sci GSSR, 61(3): 745–747

Shevyreva N S. 1971c. The first find of fossorial rodents of the Family Mylagaulidae in the Soviet Union. Bull Acad Sci GSSR, 62(2): 481–484 (in Russian with English abstract)

Shevyreva N S. 1972. New rodents from the Paleogene of Mongolia and Kazakhstan. Paleont Jour, 3: 134–145

Shevyreva N S. 1974. About taxonomic place of *Tsaganomys altaicus*. Based on analysis of molar teeth microstructures of several species in family Cylindrodontidae (Rodentia, Mammalia). In: Kamarenko N N ed. Mesozoic and Cenozoic Faunas and Biostratigraphy of Mongolia. The Joint Soviet-Mongolian Paleontological Expedition, Transaction, 1: 46–59. Moscov: Nauka Press (in Russian)

Shevyreva N S. 1976. Paleogene rodents of Aisa. Trans Paleont Inst Acad Sci USSR, 158: 1–116 (in Russian)

Shevyreva N S. 1983. New rodents of early Eocene of Postaltai Gobi (Mongolia). In: Gromov E M ed. Rodents. Leningrad: Sciences Press. 55–58

Shevyreva N S. 1984. New Early Eocene rodents from the Zaissan depression. In: Daweta L S, Wele S eds. Floras and Faunas of the Zaissan Depression, AH GSSR. 77–114 (in Russian)

Shevyreva N S. 1989. New rodents (Ctenodactyloidea, Rodentia, Mammalia) from the Lower Eocene of Mongolia. Paleont Jour, 3: 60–72

Shevyreva N S. 1992. The first find of dormice (Gliridae, Rodentia, Mammalia) in the Eocene of Asia (Zaissan depression, eastern Kazakhstan). Paleont Jour, 3: 114–116 (in Russian)

Shevyreva N S. 1994. New rodents (Rodentia, Mammalia) from the Lower Oligocene of Zaissan depression (eastern Kazakhstan). Paleont Jour, 28: 111–126 (in Russian with English abstract)

Shevyreva N S, Gabuniya L K. 1986. The first finding of eurymylids (Eurymylidae, Mixodontia, Mammalia) in the USSR. Paleont Jour, 21: 77–82 (in Russian)

Shotwell J A. 1955. Review of the Pliocene beaver *Dipoides*. J Paleonot, 29: 129–144

Shotwell J A. 1956. Hemphilian mammalian assemblages from north-eastern Oregon. Bull Geol Soc Am, 67: 717–738

Shotwell J A. 1958. Evolution and biogeography of the aplodontid and mylagaulid rodents. Evol, 12: 451–484

Shotwell J A. 1963. Mammalian fauna of the Drewsey Formation, Bartlett Mountain, Drinkwater and Otis Basin local faunas. Trans Am Philos Soc, 53: 70–77

Shotwell J A. 1968. Miocene mammals of southeast Oregon and adjacent Idaho. Bull Mus Nat Hist, Oregon University, 14: 1–67

Shotwell J A. 1970. Pliocene mammals of Southeast Oregon and adjacent Idaho. Bull Mus Nat Hist, Oregon University, 17: 1–103

Shotwell J A, Russell D E. 1963. Juntura Basin: Studies in earth history and paleontology. Trans Am Mus Novit, 694: 1–4

Simpson G G. 1945. The principles of classification and a classification of mammals. Bull Amer Mus Nat Hist, 85: 1–350

Smith K S, Cifelli R L, Czaplewski N J. 2006. A new genus of eomyid rodent from the Miocene of Nevada. Acta Palaeont Pol, 51(2): 385–392

Stehlin H G, Schaub S. 1951. Die Trigonodontie der simplicidentaten Nager. Basel: Verlag Birkhäuser AG., 67: 1–385

Stein B R. 1990. Limb myology and phylogenetic relationships in the superfamily Dipodoidea (birch mice, jumping mice, and jerboas). Zeitschrift für Zoologische Systematik und Evolutionshorschung, 28: 299–314

Steppan S J, Storz B L, Hoffmann R S. 2004. Nuclear DNA phylogeny of the squirrels (Mammalia: Rodentia) and the evolution of arboreality from c-myc and RAG1. Mol Phylogenet Evol, 30: 703–719

Stirton R A. 1934. A new species of *Amblycastor* from the *Platybelodon* Beds, Tung Gur Formation of Mongolia. Am Mus Novit, 695: 1–4

Stirton R A. 1935. A review of the Tertiary beavers. Bull Geol Sci Depart, Univ California, 23(10): 391–458

Stirton R A. 1936. A new beaver from the Pliocene of Arizona with notes on the species of *Dipoides*. J Mammalogy, 17: 279–281

Storch G, Seiffert C. 2007. Extraordinarily preserved specimen of the oldest known glirid from the Middle Eocene of Messel Rodentia. J Vert Paleont, 27(1): 189–194

Storch G, Engesser B, Wuttke M. 1996. Oldest fossil record of gliding in rodents. Nature, 379: 439–441

Storer J E. 1978. Rodents of the Calf Creek Local Fauna (Cypress Hills Formation, Oligocene, Chadronian) Saskatchewan. Saskatchewan Culture and Youth Mus Nat Hist Contr, 1: 1–54

Stout T M. 1967. [Addendum in M. F. Skinner and B. E. Taylor] A revision of the geology and paleontology of the Bijor Hills, South Dakoa. Am Mus Novit, 2300: 46–51

Sulimski A. 1964. Pliocene Lagomorpha and Rodentia from Weze-1 (Poland). Acta Palaeont Pol, 9(2): 149–224

Sun J M, Ni X J, Bi S D, Wu W Y, Ye J, Meng J, Windley B F. 2014. Synchronous turnover of flora, fauna, and climate at the Eocene-Oligocene boundary in Asia. Scientific Reports 4: 7463. DOI: 10.1038/srep07 463

Suraprasit K, Chaimanee Y, Martin T, Jaeger J-J. 2011. First castorid (Mammalia, Rodentia) from the Middle Miocene of Southeast Asia. Naturwissenschaften, 98: 315–328

Sych L. 1971. Mixodontia, a new order of mammals from the Paleocene of Mongolia. Palaeont Polanica, 25: 147–158

Szalay F S. 1977. Phylogenetic relationships and a classification of the eutherian Mammalia. In: Hecht M K, Goody P G, Hecht B M eds. Major Patterns in Vertebrate Evolution. New York: Plenum Press. 315–374

Szalay F S. 1985. Rodent and lagomorphmorphotype adaptations, origins, and relationships: Some postcranial attributes analyzed. In: Luckett W P, Hartenberger J-L eds. Evolutionary Relationships among Rodent: A Multidisciplinary Analysis. New York: Plenum Press. 83–132

Szalay F S, Decker R L. 1974. Origins, evolution and function of the pes in the Eocene Adapidae (Lemuriformes, Primates). In: Jenkins F A ed. Primate Locomotion. New York: Academic Press. 239–259

Teilhard de Chardin P. 1926. Description de Mammifères tertiaires de Chine et de Mongolie. Ann Paléont, 15: 1–52

Teilhard de Chardin P. 1936. Fossil mammals from locality 9 of Choukoutien. Palaeont Sin, New Ser C, 7(4): 1–70

Teilhard de Chardin P. 1938. The fossils from locality 12 of Choukoutien. Palaeont Sin, New Ser C, 5: 1–50

Teilhard de Chardin P. 1940. The fossils from locality 18 near Peking. Palaeont Sin, New Ser C, 9: 1–94

Teilhard de Chardin P. 1942. New rodents of the Pliocene and lower Pleistocene of North China. Inst Geo-Biol, 9: 1–101

Teilhard de Chardin P, Leroy P. 1942. Chinese fossil mammals. Inst Géo-Biol, 8: 1–142

Teilhard de Chardin P, Pei W C. 1941. The fossil mammals from Locality 13 of Choukoutien. Palaeont Sin, New Ser C, 11: 1–106

Teilhard de Chardin P, Piveteau J. 1930. Les mammifères fossils de Nihowan (Chine). Ann Paléont, 19: 1–134

Teilhard de Chardin P, Young C C. 1931. Fossil mammals from the Late Cenozoic of northern China. Palaeont Sin, New Ser C, 9: 1–67

Tesakov A S, Lopatin A V. 2015. First record of mylagaulid rodents (Rodentia, Mammalia) from the Miocene of eastern Siberia (Olkhon Island, Baikal Lake, Irkutsk Region, Russia). Doklady Biological Sciences, 460: 23–26

Thaler L. 1966. Les rongeurs fossils du Bas-Languedoc dans leurs rapports avec l'histoire des faunes et la stratigraphie du tertiaire d'Europe. Paris: Mém Mus Hist Nat, C, 17: 1–295

Thomas O. 1906. The Duke of Bedford's zoological exploration in eastern Asia. I. List of mammals obtained by Mr. M. P. Anderson in Japan. Proc Zool Soc London 1905, 2: 331–363

Thomas O. 1908. The genus and subgenus of the *Sciuropterus* group with descriptions of three new species. Ann Mag Nat Hist, 8(1): 1–9

Thorington R W, Hoffmann R S. 2005. Family Sciuridae. In: Wilson D E, Reeder D M eds. Mammal Species of the World, a Taxonomic and Geographic Reference. Third edition, Vol. 1. Baltimore: Johns Hopkins University Press. 754–818

Ting S Y, Meng J, McKenna M C, Li C K. 2002. The osteology of Matutinia (Simplicidentata, Mammalia) and its relationship to *Rhombomylus*. Am Mus Novit, 3371: 1–33

Tomida Y, Setoguchi T. 1994. Tertiary rodents from Japan. In: Tomida Y, Li C K, Setoguchi T eds. Rodent and Lagomorph Families of Asian Origins and Diversification. Tokyo: Nat Sci Mus Monographs, 8: 185–195

Tong Y S, Dawson M R. 1995. Early Eocene rodents (Mammalia) from Shandong Province, China. Ann Carnegie Mus, 64: 51–63

Topachevsky V A, Skorik A F, Rekovets L I. 1984. The earliest jerboas of the subfamily Lophocricetinae (Rodentia, Dipodidae) from the southwest of the European USSR. Kiev Vestn Zool, 4: 32–39

Tullberg T. 1899. Ueber das System der Nagetiere: Eine Phylogenetische Studie. Akad Buchdr Uppsala, 18: 1–514

Tyutkova L A. 1997. A new cylindrodontid (Rodentia, Mammalia) from the *Indricotherium* Fauna. Paleont Jour, 6: 96–101

Uhlig U. 2001. The Gliridae (Mammalia) from the Oligocene (MP24) of Gröben 3 in the folded molasse of southern Germany. Palaeovertebrata, 30(3-4): 151–187

Uhlig U. 2002. Gliridae (Mammalia) aus den oligozänen Molasse-Fundstellen Gröben 2 in Bayern und Bumbach 1 in der Schweiz. N Jb Geol Paläont, Abh, 223: 145–162

Ünay E. 1989. Rodents from the middle Oligocene of Turkish Thrace. Utrecht Micropal Bull Spec Publ, 5: 1–119

Ünay E. 1994. Early Miocene rodent faunas from the Mediterranean area. Part IV. The Gliridae. Proc Kon Ned Akad, Wetensch, 97(4): 445–490

Van der Weerd A. 1976. Rodent faunas of the Mio-Pliocene continental sediments of the Teruel-Alfambra Region, Spain. Utrecht Micropaleontological Bulletin Special Publication 2: 1–217

Van der Weers A. 1979. Notes on Southeast Asian porcupines (Hystrixicidae, Rodentia) IV. On the taxonomy of the subgenus Acanthion F. Cuvier, 1823 with notes on the other taxa of the family. Beaufortia, 29: 215–272

Van der Weers A. 2004. Comparison of Neogene low-crowned *Hystrix* species (Mammalia, Porcupines, Rodentia) from Europe, West and Southeast Asia. Beaufortia, 54: 75–80

Van der Weers A, Zhang Z Q. 1999. *Hystrix zhengi* sp. nov., a brachyodont porcupine (Rodentia) from early Nihewanian stage, early Pleistocene of China. Beaufortia, 49: 55–62

Van der Weers A, Zheng S H. 1998. Biometric analysis and taxonomic allocation of Pleistocene *Hystrix* specimens (Rodentia, Porcupines) from China. Beaufortia, 48: 47–69

Vianey-Liaud M. 1974. *Palaeosciurus goti* n. sp., écureuil Terrestre de l'Oligocène moyen du Quercy. Données nouvelles sur l'apparition des sciuridés en Europe. Ann Paléont, 60(1): 103–122

Vianey-Liaud M. 1985. Possible evolutionary relationships among Eocene and Lower Oligocene rodents of Asia, Europe and North America. In: Luckett W P, Hartenberger J-L eds. Evolutionary Relationships among Rodents: A Multidisciplinary Analysis. New York: Plenum Press. 277–309

Vianey-Liaud M. 1994. La radiation des Gliridae (Rodentia) à l'Eocène Supérieur en Europe Occidentale, et sa descendance Oligocène. Münchner geowiss Abhandlungen: Geologie und Paläontologie, 26: 1–44

Vianey-Liaud M, Schmidt-Kittler N, Marivaux L. 2006. The Ctenodactylidae (Rodentia) from the Oligocene of Ulantatal (Inner Mongolia, China). Palaeovertebrata, 34(3-4): 111–206

Vianey-Liaud M, Gomes Rodrigues H, Marivaux L. 2010. A new Oligocene Ctenodactylinae (Rodentia: Mammalia) from Ulantatal (Nei Mongol): new insight on the phylogenetic origins of the modern Ctenodactylidae. Zool J Linn Soc, 160: 531–550

Vinogradov B S. 1925. On the structure of the external genitalia in Dipodidae and Zapodidae (Roentia) as a classificatory character. Proc Zool Soc, London, 1: 572–582

Vinogradov B S. 1930. On the classification of Dipodidae (Rodentia). 1. Cranial and dental characters. Izvestiya Akad Nauk SSSR, 1930: 331–350

Vinogradov B S. 1937. Fauna of the USSR: Mammals, vol. 3, pt. 4 Jerboas. Mlekopitaiushchie, 1–196 (in Russian)

Vinogradov B S, Gambaryan P P. 1952. Oligotsenovyie tsilindrodontyi Mongolii I Kzakhstana (Cylindrodontidae, Glires, Mammalia). Tr Palaeont Inst Akad Nauk SSSR, 41: 13–42 (in Russian)

Viret J. 1926. Nouvelles observations relatives à la faune de rongeurs de St. Gàrand-le-Puy. Comp Acad Sci, 183: 72–73

von Koenigswald W. 1980. Schmelzstruktur und Morphologie in den Molaren der Arvicolidae (Rodentia). Abh Senckenberg Nat Gesel, 539: 1–129

von Koenigswald W, Sander P M. 1997. Glossary of terms unsed for enamel microstructures. In: von Koenigswald W, Sander P M eds. Tooth Enamel Microstructure. Rotterdam: Balkema. 267–280

Voorhies M R. 1990. Vertebrate paleontology of the proposed Norden Reservoir area, Brown, Cherry, and Keya Paha Counties, Nebraska. Techincal Report 82-09, Division of Archeological Research, University of Nebraska, Lincoln. 1–593

Wahlert J H. 1974. The cranial formina of protrogomophous rodents; an anatomical and phylogenetic study. Bull Mus Comp Aooz, 146(8): 363–410

Wahlert J H. 1989. The three types of incisor enamel in rodents. In: Black C C, Dawson M R eds. Papers on Fossil Rodents—In Honour of Albert E Wood. Los Angeles: Spec Ser, Nat Hist Mus Los Angeles County, 33.1–192

Wahlert J H, Sawiitake S L, Holden M E. 1993. Cranial anatomy and relationships of dormice (Rodentia, Myoxidae). Am Mus Novit, 3061: 1–32

Walsh S L, Store J E. 2007. Cylindrodontidae. In: Janis C M, Gunnell G F, Uhen M D eds. Evolution of Tertiary Mammals of North America. Cambridge: Cambridge University Press. 336–354

Wang B Y. 1984. *Dianomys* gen. nov. (Rodentia, Mammalia) from the Lower Oligocene of Qujing, Yunnan, China. Mainzer geowiss Mitt, 13: 37–48

Wang B Y. 1985. Zapodidae (Rodentia, Mammalia) from the Lower Oligocene of Qujing, Yunnan, China. Mainzer geowiss Mitt, 14: 345–367

Wang B Y. 1987. Some corrections and a new species concerning the paper "Zapodidae (Rodentia, Mammalia) from the Lower Oligocene of Qujing, Yunnan, China". Mainzer geowiss Mitt, 16: 327–328

Wang B Y. 1994. The Ctenodactyloidea of Asia. In: Tomida Y, Li C K, Setoguchi T eds. Rodent and Lagomorph Families of Asian Origins and Diversification. Tokyo: Nat Sci Mus Monographs, 8: 35–47

Wang B Y. 1997. The Mid-Tertiary Ctenodactylidae (Rodentia, Mammalia) of eastern and central Asia. Bull Am Mus Nat Hist, 234: 1–88

Wang B Y. 2001. On Tsaganomyidae (Rodentia, Mammalia) of Asia. Am Mus Novit, 3317: 1–50

Wang B Y. 2017. Discovery of *Yuomys* from Altun Shan, China. Vert PalAsiat, 55(3): 227–232

Wang B Y, Dashzeveg D. 2005. New Oligocene sciurids and aplodontids (Rodentia, Mammalia) from Mongolia. Vert PalAsiat,

43(2): 85–99

Wang B Y, Dawson M R. 1994. A primitive cricetid (Mammalia: Rodentia) from the Middle Eocene of Jiangsu Province, China. Ann Carnegie Mus, 63(3): 239–256

Wang B Y, Emry R J. 1991. Eomyidae (Rodentia: Mammalia) from the Oligocene of Nei Mongol, China. J Vert Paleont, 11(3): 370–377

Wang B Y, Qiu Z X. 2000. Dipodidae (Rodentia, Mammalia) from the Lower Member of Xianshuihe Formation in Lanzhou Basin, Gansu, China. Vert PalAsiat, 38(1): 12–38

Wang K M. 1931. Die Hohlenablagerungen und fauna in der drachen-maul-hohle von Kiangsen, Chekiang. Contrib Nat Res Inst Geol, Acad Sin, 1: 41–67

Wang X M, Qiu Z D, Li Q, Tomida Y, Kimura Y, Tseng Z J, Wang H J. 2009. A new Early to Late Miocene fossiliferous region in central Nei Mongol: lithostratigraphy and biostratigraphy in Aoerban strata. Vert PalAsiat, 47(2): 111–134

Webre M. 1928. Die Saugetiere. Jena: Gustav Fisher. Vol. I + II: 1–898 (*non vidi*)

Werner J. 1994. Beiträge zur Biostratigraphie der Untern Süsswasser-Molasse Süddeutschlands—Rodentia und Lagomorpha (Mammalia) aus den Fundstellen der Ulmer Gegend. Stuttg Beitr Nat, B 200: 1–263

Wessels W, De Bruijn H, Hussain S T, Leinders J. 1982. Fossil rodents from the Chinji Formation, Banda Daud Shah, Kohat, Pakistan. Proc Kon Ned Akad Wetensch, Ser B, 85: 337–364

Wessels W, Fejfar O, Peláez-Campomanes P, De Bruijn H. 2003. Miocene small mammals from Jebel Zelten, Lybia. Coloquios Paleontol Vol Extra, 1: 699–715

Wessels W, Badamgrav D, Van Onselen V, Daxner-Höck G. 2014. Tsaganomyidae (Rodentia Mammalia) from the Oligocene of Mongolia (Valley of Lakes). Ann Nat Mus Wien, Ser A, 116: 293–325

Wible J R, Wang Y Q, Li C K, Dawson M R. 2005. Cranial anatomy and relationships of a new ctenodactyloid (Mammalia, Rodentia) from the Early Eocene of Hubei Province, China. Ann Carnegie Mus, 74: 91–150

Wilson D E, Reeder A M. 1993. Mammal Species of the World—A Taxonomic and Geographic Reference, Second edition. Washington: Smithsonian Institute Press. 1–1207

Wilson D E, Reeder D M. 2005. Mammal Species of the World—A Taxonomic and Geographic Reference, Third edition. Baltimore: John Hopkins University Press. 1–2142

Wilson R L. 1968. Systematics and faunal analysis of a lower Pliocene vertebrate assemblage from Trego County, Kansas. Contrib Mus Paleont, Univ Michigan, 22: 75–126

Wilson R W. 1949a. On some White River fossil rodents. Carnegie Inst Washington Publ, 584: 27–50

Wilson R W. 1949b. Early Tertiary rodents of North America. Carnegie Inst Washington Publ, 584: 67–164

Wilson R W. 1960. Early Miocene rodents and insectivores from northeastern Colorado. Vertebrata, Univ Kansas Paleont Contr, 7: 1–92

Wilson R W. 1989. Rodent origin. In: Black C C, Dawson M R eds. Papers on Fossil Rodents—In Honor of Albert E Wood. Los Angeles: Spec Ser, Nat Hist Mus Los Angeles County. 3–6

Wood A E. 1935. Two new genera of cricetid rodents from the Miocene of western United States. Am Mus Novit, 789: 1–3

Wood A E. 1936. Two new rodents from the Miocene of Mongolia. Am Mus Novit, 865: 1–7

Wood A E. 1937. Rodentia. In: Scott W B, Jepsen G L, Wood A E eds. The Mammalian Fauna of the White River Oligocene, Part II. Trans Am Phil Soc, New Ser, 28: 155–269

Wood A E. 1942. Notes on the Paleocene Lagomorph, *Eurymylus*. Am Mus Novit, 1162: 1–7

Wood A E. 1955a. A revised classification of the rodents. J Mammalogy, 36(2): 165–187

Wood A E. 1955b. Rodents from the Lower Oligocene Yoder Formation of Wyoming. J Paleont, 29: 519–524

Wood A E. 1958. Are there rodent suborders? Syst Zool, 7(4): 169–173

Wood A E. 1962. The Early Tertiary rodents of the family Paramyidae. Trans Am Philos Soc, 52: 1–261

Wood A E. 1965. Grades and clades among rodents. Evolution, 19: 115–130

Wood A E. 1970. The Early Oligocene rodent *Ardynomys* (Family Cylindrodontidae) from Mongolia and Montana. Am Mus Novit, 2418: 1–18

Wood A E. 1974a. Rodentia. In: Encyclopaedia Britannica, 15th edition, Vol. 15. London: Encyclopaedia Britannica. 969–980

Wood A E. 1974b. Early Tertiary vertebrate faunas Vieja Group, Trans-Pecos Texas: Rodentia. Bull Texa Mem Mus, 21: 1–112

Wood A E. 1975. The problem of the hystricognathous rodents. In: Smith G R, Friedland N E eds. Studies on Cenozoic Paleontology and Stratigraphy—In honor of Claud W Hibbard. Mem vol. 3. Ann Arbor: Univ Michigan Papers Paleontology, 12: 75–80

Wood A E. 1977. The evolution of the rodent family Ctenodactylidae. J Palaeont Soc India, 20: 120–137

Wood A E. 1980. The Oligocene rodents of North America. Trans Am Philos Soc, 70(5): 1–68

Wood A E. 1985. The relationships, origin and dispersal of hystricognathous rodents. In: Luckett W P, Hartenberger J-L eds. Evolutionary Relationships among Rodents: A Multidisciplinary Analysis. New York: Plenum Press. 475–514

Wood A E, Patterson B. 1959. The rodents of the Deseadan Oligocene of Patagonia and the beginnings of South American rodent evolution. Bull Mus Comp Zool, 120: 281–428

Wood J K, Chow M C. 1957. New meterials of the earliest primate known in China. Vert PalAsiat, 1(4): 267–272

Wu S Y. 2010. Evolution of bipedalism in Dipodoidea (Rodentia: Mammalia): A molecular and paleobiological investigation. Cambridge: Harvard University Press. 1–186

Wu S Y, Wu W Y, Zhang F C, Ye J, Ni X J, Sun J M, Edwards S V, Meng J, Organ C L. 2012. Molecular and paleontological evidence for a post-Cretaceous origin of rodents. PLoS ONE, 7(10): e46445. DOI: 10.1371/journal.pone.0046445

Wu W Y. 1985. Neogene mammalian faunas of Ertemte and Harr Obo in Nei Mongol, China—6. Gliridae (Rodentia, Mammalia). Senckenbergiana lethaea, 66(1/2): 69–88

Wu W Y. 1993. Neue Gliridae (Rodentia, Mammalia) aus untermiozänen (orleanischen) Spaltenfüllungen Süddeutschlands. Doc Nat, 81: 1–157

Wu W Y. 2017. A dormouse (Gliridae, Rodentia) from Yushe Basin. In: Flynn L, Wu W Y eds. Late Cenozoic Yushe Basin, Shanxi Province, China: Geology and Fossil Mammals—Vol. II: Small Mammal Fossils of Yushe Basin. New York: Springer. 88–89

Wu W Y, Meng J, Ye J, Ni X J. 2004. *Propalaeocastor* (Rodentia, Mammlia) from the Early Oligocene of Burqin Basin, Xinjiang. Am Mus Novit, 3461: 1–16

Wu W Y, Meng J, Ye J, Ni X J. 2006. The first finds of eomyids (Rodentia) from the Late Oligocene–Early Miocene of the northern Junggar Basin, China. Beitr Paläont, 30: 469–479

Wyss A R, Meng J. 1996. Application of phylogenetic taxonomy to poorly resolved crown clades: a stem-modified node-based definition of Rodentia. Syst Biol, 45: 559–568

Xu X F. 1994. Evolution of Chinese Castoridae. In: Tomida Y, Li C K, Setoguchi T eds. Rodent and Lagomorph Families of Asian Origins and Diversification. Tokyo: Nat Sci Mus Monographs, 8: 77–98

Xu X F. 1995. Phylogeny of beavers (Family Castoridae): Applications to faunal dynamics and biochronology since the Eocene. Southern Methodist University, Ph. D. dissertation. 1–287

Xu X F. 1996. Castoridae. In: Prothero D R, Emry R J eds. The Terrestrial Eocene-Oligocene Transition in North America.

Cambridge: Cambridge University Press. 417–432

Ye J, Meng J, Wu W Y. 2003. Oligocene/Miocene beds and faunas from Tieersihabahe in the northern Junggar Basin of Xinjiang. Bull Am Mus Nat Hist, 13(279): 568–585

Young C C. 1927. Fossil Nagetiere aus Nord-China. Paleont Sin, Ser C, 5(3): 1–82

Young C C. 1932. On the fossil vertebrate remains from Localities 2, 7 and 8 at Choukoutien. Palaeont Sin, Ser C, 7(3): 1–24

Young C C. 1934. On the Insectivora, Chiroptera, Rodentia and Primates other than *Sinanthropus* from Locality 1 at Choukoutien. Palaeont Sin, Ser C, 8(3): 1–160

Young C C. 1935. Note on a mammalian microfauna from Yenchingkou near Wanhsien, Szechuan. Bull Geol Soc China, 14: 247–248

Young C C. 1947. Notes on a Pleistocene microfauna from Loping, Kiangsi. Bull Geol Soc China, 27: 163–170

Young C C, Liu P T. 1950. On the mammalian fauna at Koloshan near Chungking, Szechuan. Bull Geol Soc China, 30(1–4): 413–490

Zazhigin V S, Lopatin A V. 2000a. Evolution, phylogeny, and classification of Dipodoidea. In: Agadzhanyan A K, Orlov V N eds. Systematics and Phylogeny of the Rodents and Lagomorphs. Moscow: Theriological Society. 50–52

Zazhigin V S, Lopatin A V. 2000b. The history of the Dipodoidea (Rodentia, Mammalia) in the Miocene of Asia: 1. *Heterosminthus* (Lophocricetinae). Paleont Jour, 34(3): 319–332 (English translation from Russian)

Zazhigin V S, Lopatin A V. 2000c. The history of the Dipodoidea (Rodentia, Mammalia) in the Miocene of Asia: 3. Allactaginae. Paleont Jour, 34(5): 553–565 (English translation from Russian)

Zazhigin V S, Lopatin A V. 2001. The history of the Dipodoidea (Rodentia, Mammalia) in the Miocene of Asia: 4. Dipodinae at the Miocene-Pliocene Transition. Paleont Jour, 35(1): 60–74 (English translation from Russian)

Zazhigin V S, Lopatin A V, Pokatilov A G. 2002. The history of the Dipodoidea (Rodentia, Mammalia) in the Miocene of Asia: 5. Lophocricetus (Lophocricetinae). Paleont Jour, 36(2): 180–194 (English translation from Russian)

Zdansky O. 1928. Die Säugetiere der Quartärfauna von Choukoutien. Palaeont Sin, Ser C, 5(4): 3–146

Zhang Q, Xia L, Kimura Y, Shenbrot G, Zhang Z Q, Ge D Y, Yang Q S. 2013. Tracing the origin and diversification of Dipodoidae (Order: Rodentia): Evidence from fossil record and molecular phylogeny. Evol Biol, 40(1): 32–44

Zhang Z Q, Gentry A W, Kaakinen A, Liu L P, Lunkka J P, Qiu Z D, Sen S, Scott R, Werdelin L, Zheng S H, Fortelius M. 2002. Land mammal faunal sequence of the Late Miocene of China: New evidence from Lantian, Shaanxi Province. Vert PalAsiat, 40(3): 166–178

Zhang Z Q, Liu Y, Wang L H, Kaakinen A, Wang J, Mao F Y, Tong Y S. 2016. Lithostratigraphic context of Oligocene mammalian faunas from Ulantatal, Nei Mongol, China. C R Palevol, 15: 903–910

汉-拉学名索引

E

F

G

H

J

K

L

M

N

O

P

T

W

X

Y

Z

拉-汉学名索引

B

C

D

E

G

H

I

J

K

L

M

Q

R

S

T

V

X

Y

Z

附表一　中国古近纪含哺乳动物[illegible]

国际标准古地磁柱	世		期	哺乳动物期	内蒙古				宁夏	甘肃				新疆		陕西		吉林	北京
					二连盆地		杭锦旗	阿拉善左旗		陇西		兰州	临夏	准噶尔	吐鲁番				
25 C6C C7 C7A? C8 C9	渐新世	晚	夏特期	塔奔布鲁克期			伊克布拉格组			狍牛泉组	白杨河组	咸水河组下段	椒子沟组	索索泉组 铁尔斯哈巴合组	桃树园子群				
30 C10 C11 C12	渐新世	早	吕珀尔期	乌兰塔塔尔期	上脑岗代组		乌兰布拉格组	乌兰塔塔尔组	清水营组	狍牛泉组	白杨河组	咸水河组下段		克孜勒托尕依组	桃树园子群				
35 C13 C15? C16	始新世	晚	普利亚本期	乌兰戈楚期	下脑岗代组 乌兰戈楚组	呼尔井组		查干布拉格组			白杨河组	野狐城组		克孜勒托尕依组	桃树园子群				
40 C17 C18	始新世	中	巴顿期	沙拉木伦期	沙拉木伦组											白鹿原组		桦甸组	长[illegible]店[illegible]
45 C19 C20	始新世	中	卢泰特期	伊尔丁曼哈期	土克木组 乌兰希热组	伊尔丁曼哈组									连坎组	红河组			
50 C21 C22	始新世	早	伊普里斯期	阿山头期	阿山头组									依希白拉组					
55 C23 C24	始新世	早	伊普里斯期	岭茶期	脑木根组										十三间房组				
C25	古新世	晚	坦尼特期	格沙头期	脑木根组										大步组 台子村组				
60 C26	古新世	中	塞兰特期	浓山期															
65 Ma C27 C28 C29	古新世	早	丹麦期	上湖期												樊沟组	鹃岭组		

化石层位对比表（台湾资料暂缺）

山西	河南			湖北		山东	安徽	江苏	江西	湖南	广东	广西	贵州	云南	
	豫西	桐柏	淅川	丹江口	宜昌、房县									滇东	丽江
												公康组 邕宁组	石脑组	蔡家冲组 小屯组	
河堤组	锄沟峪组	五里墩组 李士沟组				黄庄组					油柑窝组	那读组 洞均组		路美邑组	象山组 格木寺组
		毛家坡组						上黄裂隙堆积							
	卢氏组 济源群		核桃园组 大仓房组		牌楼口组	官庄组									
			玉皇顶组		洋溪组 油坪组	五图组	张山集组		新余组	岭茶组					
	潭头组						双塔寺组 土金山组		坪湖里组	栗木坪组	古城村组				
	大章组						痘姆组		池江组		浓山组				
	高峪沟组						望虎墩组		狮子口组	枣市组	上湖组 埗心组				

附图一　中国古近纪哺乳动物化石地点分布图（台湾资料暂缺）

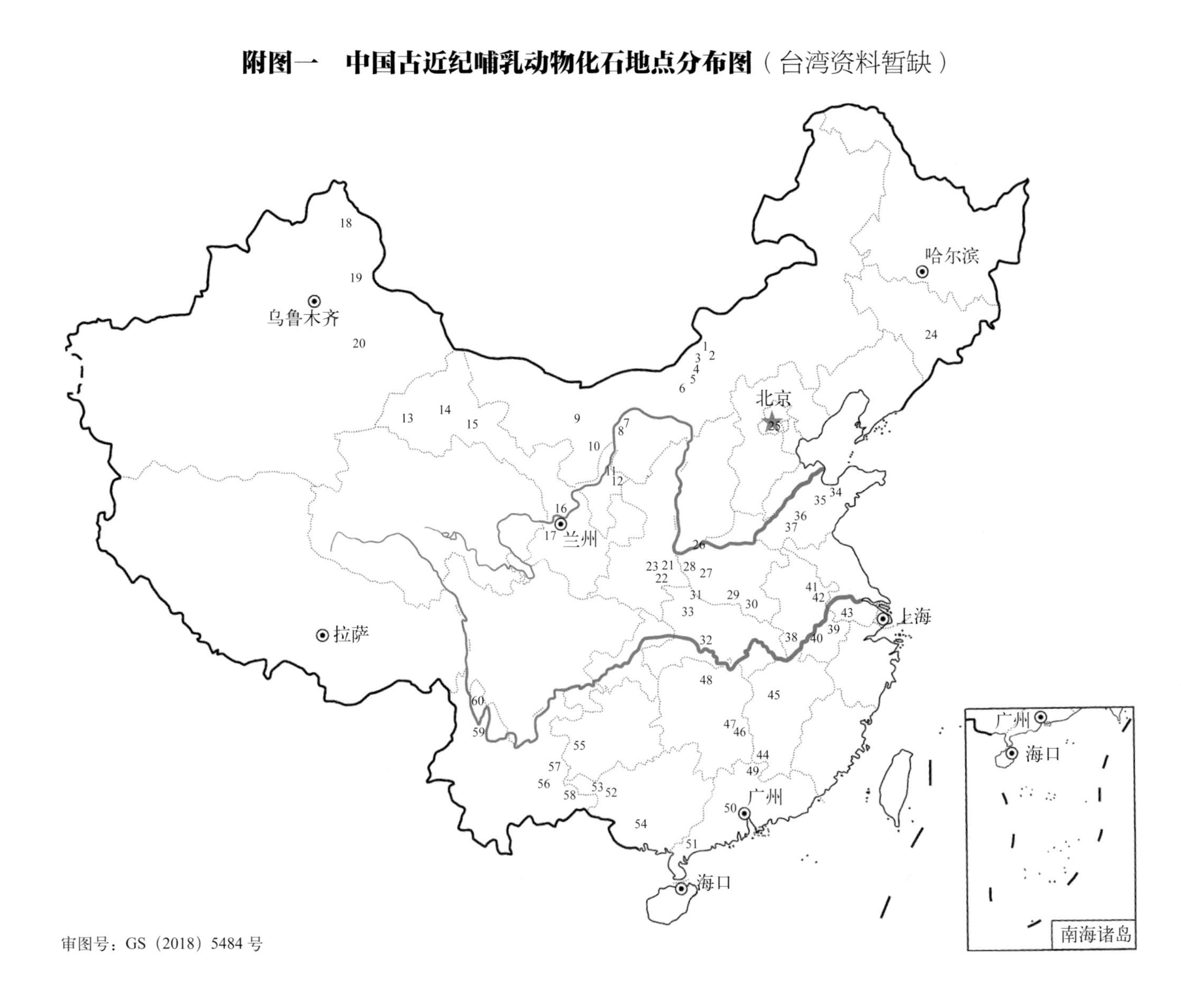

审图号：GS（2018）5484号

附图一之中国古近纪哺乳动物化石地点说明

内蒙古

1. 二连呼尔井：**呼尔井组**，晚始新世。

2. 二连伊尔丁曼哈：**阿山头组**，早始新世—中始新世早期；**伊尔丁曼哈组**，中始新世。

3. 二连呼和勃尔和地区：**脑木根组**，晚古新世—早始新世早期；**阿山头组**，早始新世晚期—中始新世早期；**伊尔丁曼哈组**，中始新世。

4. 苏尼特右旗 - 四子王旗脑木根平台：**脑木根组**，晚古新世—早始新世早期；**阿山头组**，早始新世晚期—中始新世早期；**伊尔丁曼哈组**，中始新世；**沙拉木伦组**，中始新世晚期；**额尔登敖包组**，晚始新世；**上脑岗代组**，早渐新世。

5. 四子王旗额尔登敖包地区：**脑木根组**，晚古新世—早始新世早期；**伊尔丁曼哈组**，中始新世；**沙拉木伦组**，中始新世晚期；**额尔登敖包组**，晚始新世；**下脑岗代组**，晚始新世—早渐新世；**上脑岗代组**，早渐新世。

6. 四子王旗沙拉木伦河流域：**乌兰希热组**，中始新世；**土克木组**，中始新世；**沙拉木伦组**，中始新世晚期；**乌兰戈楚组**，晚始新世；**巴润绍组**，晚始新世。

7. 杭锦旗巴拉贡：**乌兰布拉格组**，早渐新世；**伊克布拉格组**，晚渐新世。

8. 鄂托克旗蒙西镇伊克布拉格：**乌兰布拉格组**，早渐新世；**伊克布拉格组**，晚渐新世。

9. 阿拉善左旗豪斯布尔都盆地：**查干布拉格组**，晚始新世。

10. 阿拉善左旗乌兰塔塔尔：**乌兰塔塔尔组**，早渐新世。

宁夏

11. 灵武：**清水营组**，早渐新世。

12. 盐池大水坑：层位不详，始新世。

甘肃

13. 党河地区：**狍牛泉组**，渐新世。

14. 玉门地区：**白杨河组**，晚始新世—渐新世。

15. 酒西盆地骟马城：**火烧沟组**，中始新世晚期—晚始新世。

16. 兰州盆地：**野狐城组**，晚始新世；**咸水河组下段**，渐新世。

17. 临夏盆地：**椒子沟组**，晚渐新世。

新疆

18. 准噶尔盆地：**额尔齐斯河组**，晚始新世早期；**克孜勒托尕依组**，晚始新世—早渐新世；**铁尔斯哈巴合组**，晚渐新世；**索索泉组**，晚渐新世—早中新世。

19. 准噶尔盆地古尔班通古特沙漠南戈壁：**未命名岩组**，晚古新世—早始新世。

20. 吐鲁番盆地：**台子村组／大步组**，晚古新世；**十三间房组**，早始新世早期；**连坎组**，中始新世；**桃树园子群**，晚始新世—渐新世。

陕西

21. 洛南石门镇：**樊沟组**，早古新世。

22. 山阳盆地：**鹃岭组**，早古新世。

23. 蓝田地区：**红河组**，中始新世；**白鹿原组**，中始新世晚期。

吉林

24. 桦甸盆地：**桦甸组**，中始新世晚期。

北京

25. 丰台区和房山区：**长辛店组**，中始新世晚期。

山西 + 河南

26. 垣曲盆地：**河堤组**，中始新世—晚始新世早期。

河南

27. 潭头盆地：**高峪沟组**，早古新世；**大章组**，中古新世；**潭头组**，晚古新世。

28. 卢氏盆地：**卢氏组**，早—中始新世；**锄沟峪组**，中始新世晚期。

29. 桐柏吴城盆地：**李士沟组 / 五里墩组**，中始新世晚期。

30. 信阳平昌关盆地：**李庄组**，中始新世。

河南 + 湖北

31. 李官桥盆地：**玉皇顶组**，早始新世早期；**大仓房组 / 核桃园组**，早—中始新世。

湖北

32. 宜昌：**洋溪组**，早始新世早期；**牌楼口组**，早始新世晚期—中始新世早期。

33. 房县：**油坪组**，早始新世早期。

山东

34. 昌乐五图：**五图组**，早始新世早期。

35. 临朐牛山：**牛山组**，早始新世早期。

36. 新泰：**官庄组**，早始新世晚期—中始新世。

37. 泗水：**黄庄组**，中始新世晚期。

安徽

38. 潜山盆地：**望虎墩组**，早古新世；**痘姆组**，中古新世。

39. 宣城：**双塔寺组**，晚古新世。

40. 池州：**双塔寺组**，晚古新世。

41. 明光：**土金山组**，晚古新世。

42. 来安：**张山集组**，早始新世早期。

江苏

43. 溧阳：**上黄裂隙堆积**，中始新世。

江西

44. 池江盆地：**狮子口组**，早古新世；**池江组**，中古新世；**坪湖里组**，晚古新世。

45. 袁水盆地：**新余组**，早始新世早期。

湖南

46. 茶陵盆地：**枣市组**，早古新世。

47. 衡阳盆地：**栗木坪组**，晚古新世；**岭茶组**，早始新世早期。

48. 常桃盆地：**剪家溪组**，早始新世早期。

广东

49. 南雄盆地：**上湖组**，早古新世；**浓山组**，中古新世；**古城村组**，晚古新世。

50. 三水盆地：**坾心组**，早古新世；**华涌组**，早始新世。

51. 茂名盆地：**油柑窝组**，中始新世晚期。

广西

52. 百色盆地：**洞均组 / 那读组**，中始新世晚期；**公康组**，晚始新世。

53. 永乐盆地：**那读组**，中始新世晚期；**公康组**，晚始新世。

54. 南宁盆地：**邕宁组**，晚始新世。

贵州

55. 盘县石脑盆地：**石脑组**，晚始新世。

云南

56. 路南盆地：**路美邑组**，中始新世；**小屯组**，晚始新世；**岔科组**，中始新世。

57. 曲靖盆地：**蔡家冲组**，晚始新世—早渐新世。

58. 广南盆地：**砚山组**，晚始新世晚期。

59. 丽江盆地：**象山组**，中始新世晚期。

60. 理塘格木寺盆地：**格木寺组**，中始新世晚期。

附表二　中国新近纪含哺乳动物

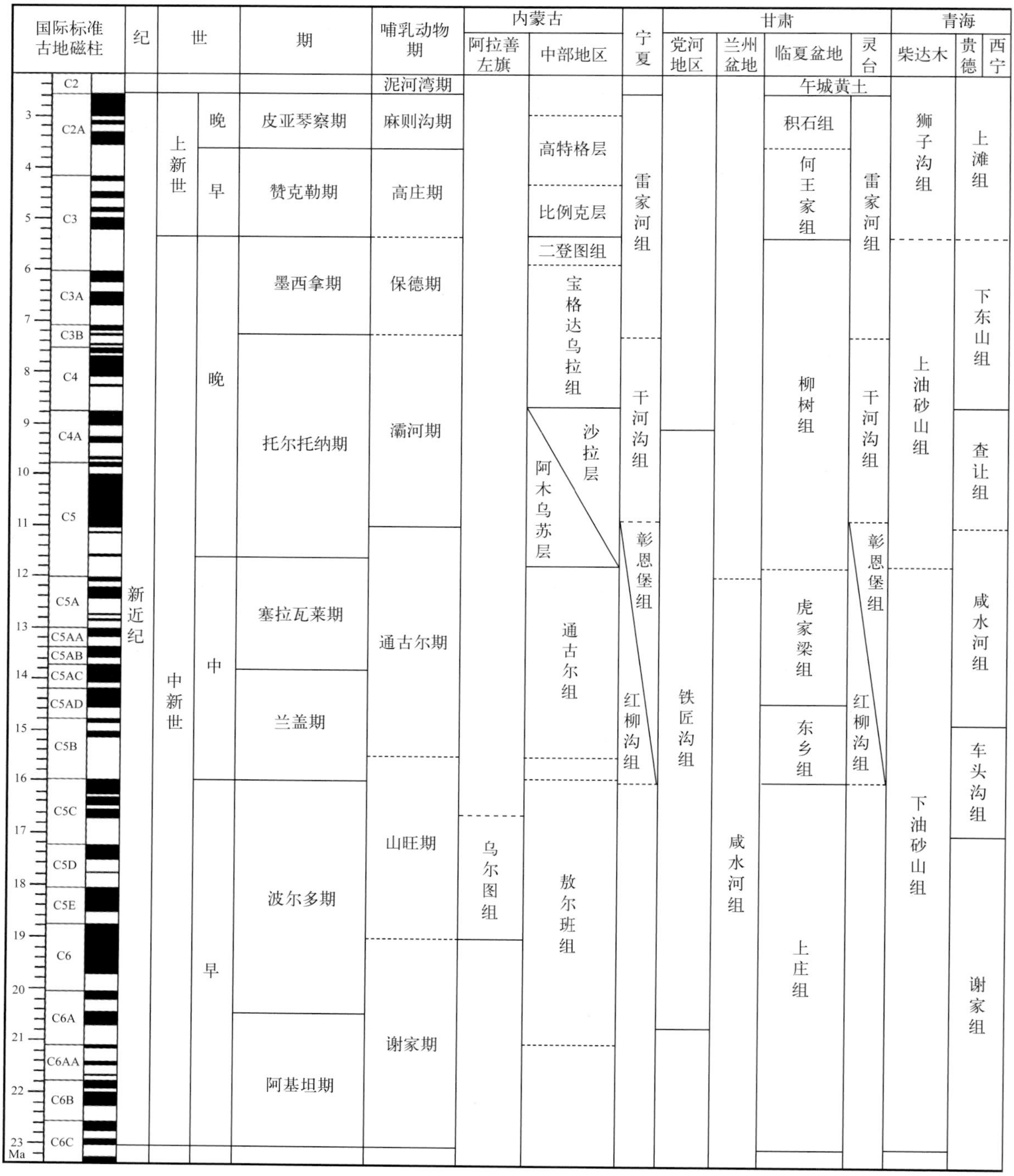

国际标准古地磁柱	纪	世		期	哺乳动物期	内蒙古 阿拉善左旗	内蒙古 中部地区	宁夏	甘肃 党河地区	甘肃 兰州盆地	甘肃 临夏盆地	甘肃 灵台	青海 柴达木	青海 贵德、西宁
C2					泥河湾期						午城黄土	午城黄土		
C2A	新近纪	上新世	晚	皮亚琴察期	麻则沟期		高特格层	雷家河组			积石组	雷家河组	狮子沟组	上滩组
C3	新近纪	上新世	早	赞克勒期	高庄期		高特格层；比例克层	雷家河组			何王家组	雷家河组	狮子沟组	上滩组
C3A	新近纪	中新世	晚	墨西拿期	保德期		二登图组；宝格达乌拉组	雷家河组			柳树组	雷家河组	上油砂山组	下东山组
C3B、C4、C4A、C5	新近纪	中新世	晚	托尔托纳期	灞河期		宝格达乌拉组；沙拉层／阿木乌苏层	干河沟组	铁匠沟组		柳树组	干河沟组	上油砂山组	下东山组；查让组
C5A、C5AA、C5AB、C5AC	新近纪	中新世	中	塞拉瓦莱期	通古尔期		通古尔组	彰恩堡组；红柳沟组	铁匠沟组	咸水河组	虎家梁组	彰恩堡组；红柳沟组	下油砂山组	咸水河组
C5AD、C5B	新近纪	中新世	中	兰盖期	通古尔期		通古尔组	红柳沟组	铁匠沟组	咸水河组	东乡组	红柳沟组	下油砂山组	咸水河组；车头沟组
C5C、C5D、C5E、C6	新近纪	中新世	早	波尔多期	山旺期	乌尔图组	敖尔班组		铁匠沟组	咸水河组	上庄组		下油砂山组	车头沟组；谢家组
C6A、C6AA、C6B、C6C	新近纪	中新世	早	阿基坦期	谢家期		敖尔班组				上庄组			谢家组

Ma（刻度：3、4、5、6、7、8、9、10、11、12、13、14、15、16、17、18、19、20、21、22、23）

化石层位对比表（台湾资料暂缺）

新疆 准噶尔盆地	西藏	陕西 蓝田	陕西 渭南	陕西 临潼	山西 静乐 / 保德	山西 榆社	河北	河南	湖北	山东	江苏	四川	云南
		午城黄土				海眼组	泥河湾组						元谋组
	羌塘组	九老坡组	游河组	杨家湾组	静乐组	麻则沟组	稻地组				宿迁组	盐源组、汪布顶组	沙沟组
	札达组					高庄组							
顶山盐池组	沃马组				保德组	马会组		潞王坟组、大营组	掇刀石组	巴漏河组	黄岗组		石灰坝组、小河组、昭通组
	布隆组	灞河组											小龙潭组
		寇家村组					汉诺坝组	东沙坡组	沙坪组	尧山组	六合组		
哈拉玛盖组													
索索泉组	丁青组	冷水沟组					九龙口组			山旺组	下草湾组、洞玄观组		

附图二　中国新近纪哺乳动物化石地点分布图（台湾资料暂缺）

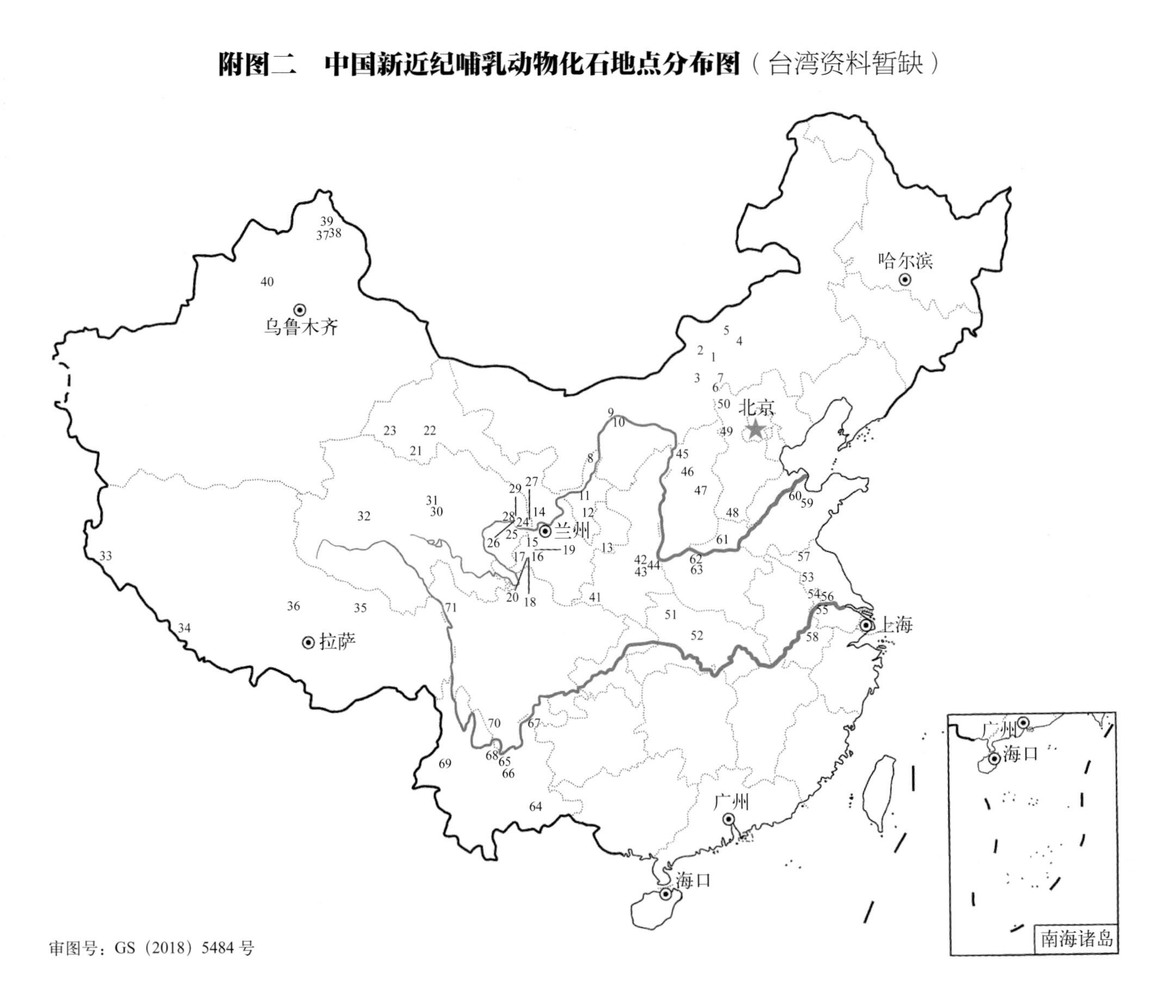

审图号：GS（2018）5484 号

附图二之中国新近纪哺乳动物化石地点说明

内蒙古

1. 苏尼特左旗敖尔班、嘎顺音阿得格：**敖尔班组**，早中新世。
2. 苏尼特左旗通古尔、苏尼特右旗346地点：**通古尔组**，中中新世。
3. 苏尼特右旗阿木乌苏：**阿木乌苏层**，晚中新世早期；沙拉：**沙拉层**，晚中新世早期。
4. 阿巴嘎旗灰腾河：**灰腾河层**，晚中新世；高特格：**高特格层**，上新世。
5. 阿巴嘎旗宝格达乌拉：**宝格达乌拉组**，晚中新世中期。
6. 化德二登图：**二登图组**，晚中新世晚期。
7. 化德比例克：**比例克层**，早上新世。
8. 阿拉善左旗乌尔图：**乌尔图组**，早中新世晚期。
9. 临河：**乌兰图克组**，晚中新世。
10. 临河：**五原组**，中中新世。

宁夏

11. 中宁牛首山、固原寺口子等：**干河沟组**，晚中新世早期。
12. 中宁红柳沟、同心地区等：**彰恩堡组/红柳沟组**，中中新世。

甘肃

13. 灵台雷家河：**雷家河组**，晚中新世—上新世。
14. 兰州盆地（永登）：**咸水河组**，渐新世—中中新世。
15. 临夏盆地（东乡）龙担：**午城黄土**，早更新世。
16. 临夏盆地（广河）十里墩：**何王家组**，早上新世。
17. 临夏盆地（东乡）郭泥沟、和政大深沟、杨家山：**柳树组**，晚中新世。
18. 临夏盆地（广河）虎家梁、和政老沟：**虎家梁组**，中中新世晚期。
19. 临夏盆地（广河）石那奴：**东乡组**，中中新世早期。
20. 临夏盆地（广河）大浪沟：**上庄组**，早中新世。
21. 阿克塞大哈尔腾河：**红崖组**，晚中新世。
22. 玉门（老君庙）石油沟：**疏勒河组**，晚中新世。
23. 党河地区（肃北）铁匠沟：**铁匠沟组**，早中新世—晚中新世。

青海

24. 化隆上滩：**上滩组**，上新世。
25. 贵德贺尔加：**下东山组**，晚中新世晚期。
26. 化隆查让沟：**查让组**，晚中新世早期。
27. 民和李二堡：**咸水河组**，中中新世。

28. 湟中车头沟：**车头沟组**，早中新世—中中新世。

29. 湟中谢家：**谢家组**，早中新世。

30. 柴达木盆地（德令哈）深沟：**上油砂山组**，晚中新世。

31. 德令哈欧龙布鲁克：**欧龙布鲁克层**，中中新世；托素：**托素层**，晚中新世。

32. 格尔木昆仑山垭口：**羌塘组**，晚上新世。

西藏

33. 札达：**札达组**，上新世。

34. 吉隆沃马：**沃马组**，晚中新世晚期。

35. 比如布隆：**布隆组**，晚中新世早期。

36. 班戈伦坡拉：**丁青组**，渐新世—早中新世晚期。

新疆

37. 福海顶山盐池：**顶山盐池组**，中中新世—晚中新世。

38. 福海哈拉玛盖：**哈拉玛盖组**，早中中新世—中中新世。

39. 福海索索泉：**索索泉组**，渐新世—早中新世。

40. 乌苏县独山子：**独山子组**，晚中新世？。

陕西／山西

41. 勉县：**杨家湾组**，上新世。

42. 临潼：**冷水沟组**，早中新世—中中新世早期。

43. 蓝田地区：**寇家村组**，中中新世晚期；**灞河组**，晚中新世早期；**九老坡组**，晚中新世中晚期—上新世。

44. 渭南游河：**游河组**，上新世晚期。

45. 保德冀家沟、戴家沟：**保德组**，晚中新世晚期。

46. 静乐贺丰：**静乐组**，上新世晚期。

47. 榆社盆地：**马会组**，晚中新世；**高庄组**，早上新世；**麻则沟组**，晚上新世；**海眼组**，更新世早期。

河北

48. 磁县九龙口：**九龙口组**，早中新世晚期—中中新世早期。

49. 阳原泥河湾盆地：**稻地组**，上新世晚期；**泥河湾组**，更新世。

50. 张北汉诺坝：**汉诺坝组**，中中新世。

湖北

51. 房县二郎岗：**沙坪组**，中中新世。

52. 荆门掇刀石：**掇刀石组**，晚中新世。

江苏

53. 泗洪松林庄、双沟、下草湾、郑集：**下草湾组**，早中新世。

54. 六合黄岗：**黄岗组**，晚中新世晚期。

55. 南京方山：**洞玄观组**（=**浦镇组**），早中新世。

56. 六合灵岩山：**六合组**，中中新世。

57. 新沂西五花顶：**宿迁组**，上新世。

安徽

58. 繁昌癞痢山：**裂隙堆积**，晚新生代。

山东

59. 临朐解家河（山旺）：**山旺组**，早中新世；**尧山组**，中中新世。

60. 章丘枣园：**巴漏河组**，晚中新世。

河南

61. 新乡潞王坟：**潞王坟组**，晚中新世。

62. 洛阳东沙坡：**东沙坡组**，中中新世。

63. 汝阳马坡：**大营组**，晚中新世。

云南

64. 开远小龙潭：**小龙潭组**，中中新世—晚中新世。

65. 元谋盆地：**小河组**，晚中新世；**沙沟组**，上新世；**元谋组**，更新世。

66. 禄丰石灰坝：**石灰坝组**，晚中新世。

67. 昭通沙坝、后海子：**昭通组**，晚中新世。

68. 永仁坛罐窑：**坛罐窑组**，上新世。

69. 保山羊邑：**羊邑组**，上新世。

四川

70. 盐源柴沟头：**盐源组**，上新世晚期。

71. 德格汪布顶：**汪布顶组**，上新世晚期。

附件

《中国古脊椎动物志》总目录（2016年10月修订）

（共三卷二十三册，计划2015－2020年出版）

第一卷　鱼类　主编：张弥曼，副主编：朱敏

第一册（总第一册）**无颌类**　朱敏等 编著　（2015年出版）

第二册（总第二册）**盾皮鱼类**　朱敏、赵文金等 编著

第三册（总第三册）**辐鳍鱼类**　张弥曼、金帆等 编著

第四册（总第四册）**软骨鱼类 棘鱼类 肉鳍鱼类**
张弥曼、朱敏等 编著

第二卷　两栖类 爬行类 鸟类　主编：李锦玲，副主编：周忠和

第一册（总第五册）**两栖类**　王原等 编著　（2015年出版）

第二册（总第六册）**副爬行类 大鼻龙类 龟鳖类**　李锦玲、佟海燕 编著
（2017年出版）

第三册（总第七册）**鱼龙类 海龙类 鳞龙型类**　高克勤、李淳、尚庆华 编著

第四册（总第八册）**基干主龙型类 鳄型类 翼龙类**
吴肖春、李锦玲、汪筱林等 编著　（2017年出版）

第五册（总第九册）**鸟臀类恐龙**　董枝明、尤海鲁、彭光照 编著　（2015年出版）

第六册（总第十册）**蜥臀类恐龙**　徐星、尤海鲁、莫进尤 编著

第七册（总第十一册）**恐龙蛋类**　赵资奎、王强、张蜀康 编著　（2015年出版）

第八册（总第十二册）**中生代爬行类和鸟类足迹**　李建军 编著　（2015年出版）

第九册（总第十三册）**鸟类**　周忠和等 编著

第三卷　基干下孔类 哺乳类　主编：邱占祥，副主编：李传夔

第一册（总第十四册）**基干下孔类**　李锦玲、刘俊 编著　（2015 年出版）

第二册（总第十五册）**原始哺乳类**　孟津、王元青、李传夔 编著　（2015 年出版）

第三册（总第十六册）**劳亚食虫类 原真兽类 翼手类 真魁兽类 狉兽类**
李传夔、邱铸鼎等 编著　（2015 年出版）

第四册（总第十七册）**啮型类 I：双门齿中目 单门齿中目 - 混齿目**
李传夔、张兆群 编著　（2019 年出版）

第五册（上）（总第十八册上）**啮型类 II：啮齿目 I**　李传夔、邱铸鼎等 编著
（2019 年出版）

第五册（下）（总第十八册下）**啮型类 II：啮齿目 II**
邱铸鼎、李传夔、郑绍华等 编著

第六册（总第十九册）**古老有蹄类**　王元青等 编著

第七册（总第二十册）**肉齿类 食肉目**　邱占祥、王晓鸣、刘金毅 编著

第八册（总第二十一册）**奇蹄目**　邓涛、邱占祥等 编著

第九册（总第二十二册）**偶蹄目 鲸目**　张兆群等 编著

第十册（总第二十三册）**蹄兔目 长鼻目等**　陈冠芳等 编著

PALAEOVERTEBRATA SINICA (modified in October, 2016)

(3 volumes 23 fascicles, planned to be published in 2015–2020)

Volume I Fishes

Editor-in-Chief: **Zhang Miman**, Associate Editor-in-Chief: **Zhu Min**

Fascicle 1 (Serial no. 1) Agnathans **Zhu Min et al.** (2015)

Fascicle 2 (Serial no. 2) Placoderms **Zhu Min, Zhao Wenjin et al.**

Fascicle 3 (Serial no. 3) Actinopterygians **Zhang Miman, Jin Fan et al.**

Fascicle 4 (Serial no. 4) Chondrichthyes, Acanthodians, and Sarcopterygians **Zhang Miman, Zhu Min et al.**

Volume II Amphibians, Reptilians, and Avians

Editor-in-Chief: **Li Jinling**, Associate Editor-in-Chief: **Zhou Zhonghe**

Fascicle 1 (Serial no. 5) Amphibians **Wang Yuan et al.** (2015)

Fascicle 2 (Serial no. 6) Parareptilians, Captorhines, and Testudines **Li Jinling and Tong Haiyan** (2017)

Fascicle 3 (Serial no. 7) Ichthyosaurs, Thalattosaurs, and Lepidosauromorphs **Gao Keqin, Li Chun, and Shang Qinghua**

Fascicle 4 (Serial no. 8) Basal Archosauromorphs, Crocodylomorphs, and Pterosaurs **Wu Xiaochun, Li Jinling, Wang Xiaolin et al.** (2017)

Fascicle 5 (Serial no. 9) Ornithischian Dinosaurs **Dong Zhiming, You Hailu, and Peng Guangzhao** (2015)

Fascicle 6 (Serial no. 10) Saurischian Dinosaurs **Xu Xing, You Hailu, and Mo Jinyou**

Fascicle 7 (Serial no. 11) Dinosaur Eggs **Zhao Zikui, Wang Qiang, and Zhang Shukang** (2015)

Fascicle 8 (Serial no. 12) Footprints of Mesozoic Reptilians and Avians **Li Jianjun** (2015)

Fascicle 9 (Serial no. 13) Avians **Zhou Zhonghe et al.**

Volume III Basal Synapsids and Mammals

Editor-in-Chief: **Qiu Zhanxiang**, Associate Editor-in-Chief: **Li Chuankui**

Fascicle 1 (Serial no. 14) Basal Synapsids **Li Jinling and Liu Jun** (2015)

Fascicle 2 (Serial no. 15) Primitive Mammals **Meng Jin, Wang Yuanqing, and Li Chuankui** (2015)

Fascicle 3 (Serial no. 16) Eulipotyphlans, Proteutheres, Chiropterans, Euarchontans, and Anagalids **Li Chuankui, Qiu Zhuding et al.** (2015)

Fascicle 4 (Serial no. 17) Glires I: Duplicidentata, Simplicidentata-Mixodontia **Li Chuankui and Zhang Zhaoqun** (2019)

Fascicle 5 (1) (Serial no. 18-1) Glires II: Rodentia I **Li Chuankui, Qiu Zhuding et al.** (2019)

Fascicle 5 (2) (Serial no. 18-2) Glires II: Rodentia II **Qiu Zhuding, Li Chuankui, Zheng Shaohua et al.**

Fascicle 6 (Serial no. 19) Archaic Ungulates **Wang Yuanqing et al.**

Fascicle 7 (Serial no. 20) Creodonts and Carnivora **Qiu Zhanxiang, Wang Xiaoming, and Liu Jinyi**

Fascicle 8 (Serial no. 21) Perissodactyla **Deng Tao, Qiu Zhanxiang et al.**

Fascicle 9 (Serial no. 22) Artiodactyla and Cetaceans **Zhang Zhaoqun et al.**

Fascicle 10 (Serial no. 23) Hyracoidea, Proboscidea etc. **Chen Guanfang et al.**

(Q-4351.01)

www.sciencep.com

ISBN 978-7-03-060501-6

定　价：469.00元